Cognitive Organisation

Matthias Haun

Cognitive Organisation

Prozessuale und funktionale Gestaltung
von Unternehmen

 Springer Vieweg

Matthias Haun
Altrip, Deutschland

,

ISBN 978-3-662-52951-5   ISBN 978-3-662-52952-2 (eBook)
DOI 10.1007/978-3-662-52952-2

Die Deutsche Nationalbibliothek verzeichnet diese Publikation in der Deutschen Nationalbibliografie; detaillierte
bibliografische Daten sind im Internet über http://dnb.d-nb.de abrufbar.

Springer Vieweg
© Springer-Verlag GmbH Deutschland 2016

Gedruckt auf säurefreiem und chlorfrei gebleichtem Papier

Springer Vieweg ist Teil von Springer Nature
Die eingetragene Gesellschaft ist Springer-Verlag GmbH Deutschland
Die Anschrift der Gesellschaft ist: Heidelberger Platz 3, 14197 Berlin, Germany

Vorwort

Dieses Buch hat den anscheinend schlichten Titel „Cognitive Organisation", allerdings mit einem adjektivischen Epitheton, also mit Angabe einer Steigerung, einer versteckten Um- oder Aufwertung, eines schwelenden Konfliktes, einer offenen Anklage und damit letztlich doch einer schlichten Provokation. Zusätzlich dazu trägt es aber auch den Untertitel „Verstehen – Wissen – Entwickeln" und als Paar verweisen Titel und Untertitel auf das Ziel des Buches, nämlich in kompakter und verständlicher Weise Wissen für die notwendige Förderung des Denkens (individual development) zur Entwicklung von kognitiven Organisationen (organizational development) zu vermitteln. Diese Notwendigkeit der Entwicklung bzw. Gestaltung ergibt sich vor allem aus Problemen, mit denen sich sowohl neu zu gründende, als auch bereits existierende Organsiationen konfrontiert sehen: die zielorientierte Aufgabenstrukturierung, die Integration von individuellen Menschen und künstlichen Artefakten (Maschinen), die Einführung und Handhabung bestimmter Technologien, die Bestimmung des Verhältnisses der Organisation zu ihrer formalen bzw. informalen Umwelt, die Reaktion auf informelle und emergente Phänomene, die Implementierung bzw. Ausweitung des organisatorischen Lernens, die Kapselung der organisationalen Kompetenz und die Ermöglichung bzw. Aufrechterhaltung des notwendigen organisatorischen Wandels.

Wie sollen nämlich Organisationen agieren, reagieren, interoperieren und sich damit entwickeln, wenn die Politik keinen verlässlichen Rahmen mehr vorgeben kann, wenn Märkte global und unberechenbar werden, wenn Kunden nicht nach stabilen Maßstäben entscheiden, sondern sich von temporären Moden und Designs treiben lassen? Wo findet sich hier noch die stabilisierende Ordnung, die genügend festen Boden verspricht, um von ihr ausgehend Entscheidungen für die Zukunft der Organisaton zu treffen? Auf diese Fragen gibt es heute keine eindeutigen Antworten mehr. Das klägliche Versagen der Politik, die Unbarmherzigkeit der globalen Märkte, das sich stärkende Kundenbewusstsein und die damit einhergehenden Widersprüche, Dilemata und Paradoxien triggern die Entwicklung der Organisationen. Nicht die Einzelentscheidung des Top-Managements erscheint daher als Garant für die Zukunftsperspektive und die Gewähr für die Daseinsberechtigung bzw. das Überleben der Organisation, sondern die Orchestrierung der einzelnen „Kognitionen" zu einer kognitiven Organisation.

Dieses Buch bietet somit erstmals einen umfassenden und praxisorientierten Einblick in einen Organisationsentwicklungsansatz, in dem Erkenntnisse aus den unterschiedlichen Wissenschaftsdisziplinen, vor allem der Betriebswirtschaftslehre und der Kognitionswissenschaft sinnvoll miteinander verbunden werden, um die zukünftige Entwicklung von Organisationen zu systematisieren. Insofern verfolgt das Buch in dieser Hinsicht bereits ein pragmatisches Ziel, indem dieses Buch nicht nur aus einer und nur aus dieser theoretischen Perspektive geschrieben ist, sondern vielmehr die verschiedenen Erkenntnisse der unterschiedlichen Wissenschaftsdisziplinen einbezieht, und zwar soweit, als sie zu den oben aufgeführten Problemen der Organisationsentwicklung echte Problemlösungsalternativen anzubieten hat.

Daher wurde ein grundlegend neuer, ganzheitlicher und vor allem nachhaltiger Ansatz zur Organisationsentwicklung konzipiert. Das Einzigartige an diesem Ansatz ist, dass durch die systematische Anreicherung und Erweiterung von Erkenntnissen aus der Betriebswirtschaftslehre und der Kognitionswissenschaft und durch die dadurch ans Tageslicht getretenen Überschneidungsgebiete und thematischen Brücken, zusätzliche Entwicklungspotenziale gefunden werden konnten. Durch die multiplikative Verknüpfung von aufbau- und ablauforganisatorischen Aspekten von Organisationen sowie deren prozessuale und funktionale Ausgestaltung auf Basis naturanaloger Verfahren, lassen sich auch die „blinden Flecken", sprich, die bisher nicht wahrgenommenen Schwächen der klassischen Methoden der Organisationsentwicklung ausgleichen und damit insgesamt die Lern- und Wettbewerbsfähigkeit von Organisationen erhalten bzw. steigern.

Dieses Buch möchte also zum einen eine verständliche und praxisorientierte Ergebnispräsentation einer wissenschaftsphilosophischen Organisationsforschung sein, was an sich schon ein anspruchsvolles und nicht eben einfaches Vorhaben darstellt. Letzteres daher, da die Organisationssoziologie bzw. klassische Organisationsforschung in den letzten Jahrzehnten aufgrund ihrer stürmischen Entwicklung im Allgemeinen, umfangreicher Aktivitäten und Irritationen im Speziellen, divergierende Begriffsschemata, Typologien und Theorien auf den Markt geworfen hat, ohne diese wirklich kritisch überprüft zu haben. Insofern soll im Rahmen dieses Buches dieser Nachlässigkeit entgegengewirkt werden, indem durch eine wissenschaftsphilosophische „Abdeckung" die „blinden Flecken" in diesem disparaten Sammelsurium aufgezeigt werden. Damit ist verbunden, weil dringend erforderlich, in die gegenwärtigen Theorieansätze zunächst eine gewisse Ordnung zu bringen. So verbindet sich mit dem Begriff der Kognition die wissenschaftsphilosophische Hoffnung auf die Wiedergewinnung einer einstmals verloren gegangenen Einheit, die die auseinander strebenden Wissenschaftsdisziplinen, wieder auf einer neuen theoretischen Abstraktionsstufe basierend, durch ein gemeinsames Vokabular vereinen und sich damit methodisch wieder aneinander annähern könnte. Zur Erbringung dieser Ordnungsleistung ist es hilfreich, Organisationen vorübergehend als rationale, natürliche und offene Systeme aufzufassen. Diese Sicht- und Vorgehensweise dient als Perspektivierung, um die Beiträge der unterschiedlichen Organisationstheorien wissenschaftsphilosophisch zu analysieren und deren Lücken als blinde Flecken aufzuzeigen.

Zum anderen möchte dieses Buch dann, sozusagen als praktische Konsequenz, diese Lücken schließen bzw. die aufgezeigten blinden Flecken ausgleichen. Hierzu werden natürlich bewährte Erkenntnisse der unterschiedlichen Organisationstheorien zusammengefasst und zu einem neuen Vorverständnis integriert. Weiterhin muss dieses Buch zur Erfassung seines Erkenntnisobjektes weitgehend interdisziplinär arbeiten und die Ergebnisse aus verschiedenen Wissenschaften in seinen Wissensbestand aufnehmen und weiterentwickeln. Immerhin hat ein solcher interdisziplinärer Charakter es ermöglicht, Organisationen einmal als Koalition, dann als Quasi-Märkte oder als Politökonomien, um dann diese ein anderes Mal eher als ökologisch-evolutionäre Populationen anzusehen. Um die oftmals damit einhergehenden Komplexität und Diversität nicht noch zu steigern, gilt es, die Erkenntnisse aus diesen Nachbarschaftsdisziplinen nicht nur „blind" aufzunehmen, sondern diese kritisch zu reflektieren und am realen Organisationsalltag zu erproben, um dann Bewährtes gegen Nicht-Bewährtes gnadenlos und konsequent auszutauschen. Nachdem dann ein solch bewährtes Mix an Erkenntnissen erarbeitet wurde, gilt es, diese „Best Practices" in einen organisatorischen Rahmen einzubetten, oder, mit anderen Worten, in einen organisationalen Container einzustellen, der es ermöglicht, die Organisation funktional und prozessual so auszugestalten, dass sie den heutigen bzw. zukünftigen Anforderungen gerecht und deren Überleben gesichert wird. Letzteres ist von dem Postulat bestimmt, dass die Organisation als kognitives Phänomen aufgefasst und demzufolge zur kognitiven Organisation entwickelt werden muss. All dies dient dem Ziel der Steigerung des organisationalen Kognitionsquotienten. Erreichbar wird dieses Ziel durch die Konzeptualisierung der Organisation als kognitives Organisationsmodell und deren funktionale und prozessuale Ausgestaltung auf Basis kognitiver Techniken im Rahmen einer kognitiven Methodologie.

Dieses Buch ist ein Handbuch, will als solches verstanden und demnach auch bewertet werden. Insofern versteht sich dieses Buch als Grundlagenwerk, Leitfaden, Hilfsmittel und Nachschlagewerke für alle die Leser, die sich in Organisationen bewegen und dort neue Wege der Organisationsentwicklung gehen wollen oder gar gehen müssen. Es ist für Menschen geschrieben, die in ihrem späteren Berufsleben mit diesen organisatorischen Problemen konfrontiert sein werden, wie auch für Praktiker, die nach Ideen und konkreten Mustern bei der Lösung dieser Entwicklungsprobleme suchen. Es ist sowohl ein Buch für den an Theorie interessierten Praktiker als für den zur Praxis gezwungenen Theoretiker. In diesem Sinne stellt das Buch sicherlich auch ein Experiment dar, die oft vorzufindende Kluft zwischen der wissenschaftlichen Theorie und der alltäglichen Praxis zu überwinden, wissenschaftliche Texte zu diesem Thema auch Nicht-Wissenschaftlern zugänglich zu machen und Wissenschaftlern wiederum Zugang zu konkreten, mit der Organsationsentwicklung zusammenhängenden Herausforderungen zu verschaffen. Es ist also praktisch konsequent, wenn dieses Buch, anstelle der in der Literatur oftmals gewählten Gliederung nach Schulen, bewusst einer anderen Gliederungslogik folgt. Es erschien einfach fruchtbarer, die Lösung praktischer Organisationsprobleme in den Mittelpunkt zu rücken. Immerhin muss der, der schwimmen lernen will, irgendwann einmal ins Wasser und sich dort bewegen. Daraus ergaben sich im Wesentlichen vier generische Notwendigkeiten bzw. Probleme, die den Kern des Buches und dort den inhaltlichen Verlauf beeinflusst haben: die der Markt-, Organisations-, Personal- und der Lösungsentwicklung.

Ich verwende systemtheoretische, kybernetische, kognitive und philosophische Ansätze zur Analyse und Gestaltung von Lösungssystemen und wurde massgeblich von Kybernetikern, wie Norbert Wiener, Heinz von Foerster, Stafford Beer und Systemtheoretikern, wie Luhmann, Gerhard Roth, einer der Avantgardisten der Kognitionswissenschaften und Philosophen wie Ludwig Wittgenstein und Karl Popper beeinflusst.

So wie das Tauwerk eines Segelschiffes dergestalt gesponnen ist, dass ein Faden durch das ganze Schiff durchgeht, den man nicht herauswinden kann, ohne alles aufzulösen, so zieht sich auch durch dieses Buch ein roter Faden der Begriflichkeiten, der, anfangs noch ganz locker, am Ende aber alles fest verbindet und das Ganze bezeichnet (Abb. 1).

An der Entwicklung eines Ansatzes sind immer viele Personen beteiligt, viele Menschen haben auf die eine oder andere Weise zu diesem Buch beigetragen und es ist daher nicht das Werk eines einzelnen Autors. Mein Dank gilt daher auch all jenen, die an der Entstehung dieses Buches und der Entwicklung meiner Gedanken durch Interesse, durch hilfreiche Diskussionen bzw. durch „kognitive" Unterstützung jedweder Art beteiligt waren. So wurde das Vorhaben im Springer-Verlag von Frau Butz und Herrn Lehnert betreut.

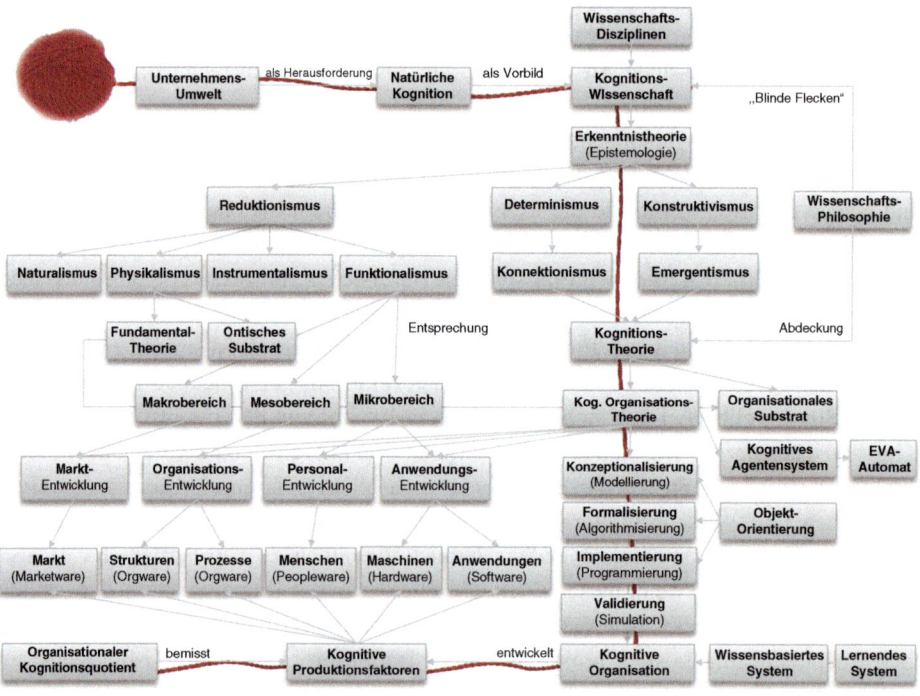

Abb. 1 „Roter Faden"

Ihnen danke ich für die kompetente und hilfreiche Unterstützung auf dem Weg vom ersten Expose, dem rohen Manuskript bis hin zum druckreifen Buch und vor allem für die Geduld, wenn ich den verbindlich vereinbarten Abgabetermin mal wieder nicht halten konnte. Erneut hat mein Lektor mit großer Sorgfalt nicht nur formale und grammatikalische Ungereimtheiten aufgedeckt, sondern auch im Rahmen der wöchentlichen Diskussionen viel zur inhaltlichen Ausgestaltung beigetragen und mir Verbesserungen vorgeschlagen, ohne irgendeine Mitverantwortung für verbliebene Fehler zu tragen. Diese grammatikalischen Unschärfen oder Ungereimtheiten haben ihre Wurzel auschließlich in meiner gelegentlichen, von Sturheit geprägten Überzeugung. Allen, vor allem auch den Ungenannten, habe ich viel, wenn nicht sogar alles, zu verdanken.

Mein größter Dank gilt allerdings den Unternehmen, in denen ich anfangs meine mehr oder weniger erfolgreichen, ersten beruflichen, kleinen Schritte wagen durfte. In dieser Zeit schien mir nicht immer die „normative Kraft des Faktischen" hold, d. h. zur richtigen Zeit am richtigen Ort eingesetzt zu sein. Zu Dank verpflichtet bin aber auch den Unternehmen, in denen ich zum späteren Zeitpunkt dann desöfteren gezwungen war, wiederum mehr oder weniger erfolgreich, die größeren Sprünge machen zu müssen. So war ich als Projektleiter interdisziplinärer Forschungsprogramme für die Entwicklung intelligenter Technologien zuständig, zeichnete mich als Organisationsentwickler bei KMUs für die Umgestaltung von Produktionsprozessen verantwortlich und durfte als Business Developer bei großen Unternehmen, die beispielsweise Techniken fürs Leben entwickeln, die dazu passenden Märkte erschließen. Ohne all diese positiven, aber auch negativen und damit ambivalenten Erfahrungen im Finanzdienstleistungssektor, der Forschung und der Industrie, wäre dieses Buch nicht möglich geworden.

So habe ich aber auch Fehler gemacht, war unsicher oder zu sicher, bin sicherlich in der einen oder anderen Sache bzw. Situation, dem Einen oder der Anderen „auf die Füße getreten", bin vielleicht hier und da über das Ziel hinausgeschossen oder habe in bestimmten Situationen resignierend geschwiegen oder gar zu früh die Neugierde aufgegeben. Hier möge man mir verzeihen.

Altrip   Matthias Haun
im Juni 2016

Lesehinweise

Um das Lesen und den Umgang mit diesem Buch zu erleichtern, sollen folgende Konventionen gelten:

- Das Werk beginnt mit einer gliedernden Übersicht, die die Funktion eines Organisators hat. Die Kapitelüberschriften versuchen schon durch die Knappheit, den Zuschnitt und Rhythmus ihrer Angaben, die Zusammengehörigkeit der Themen zu signalisieren.
- Wichtige Begriffe sind bei ihrem ersten Auftreten *kursiv* geschrieben, weil ihnen eine besondere Bedeutung zukommt oder sie als neue Begriffe eingeführt werden.
- **Fett** gedruckt werden die Schlagwörter in Aufzählungen.
- Das relativ ausführliche Schlagwortregister soll ein schnelles Auffinden von Begriffen und Textstellen ermöglichen.
- Das Verhältnis von Theorie und Praxis ist ihrem Begriff nach sicherlich zunächst gegensätzlich, gespannt, schwierig. Der Abstand zwischen Praxis und Theorie, Handeln und Wissen im Themenumfeld der Organisationsentwicklung wird durch die Vermehrung und Verdichtung von theoretischen Darstellungen oftmals nur vergrößert. Die Berücksichtigung dieses Theorie-Praxis-Problems wird erst dann gelingen, wenn die Praxis in Form von Erfahrungen entsprechend zu Worte kommt, d. h. wenn die Theorien der Praxis nicht alle Geltung, Aufmerksamkeit, Zeit und Druckerschwärze des ausgedruckten Buches oder Bildschirminhaltes des eBooks entzogen haben. Insofern wird dieser Abstand von Theorie und Praxis durch die Einfügung von kritischen Anmerkungen und praxisnahen Beispielen, eingeleitet durch das ☞ Zeichen, vermindert.
- Dieses Buch hat einen festen Kern und es hat Zonen, in denen man sich nur wenig aufhalten oder sich sein Problem oder Thema wählen und dabei lernen kann. Das Buch hat aber auch offene Ränder, die den Leser dazu auffordern, diese zu überschreiten, das Buch somit zu verlassen und Neuland zu betreten.
- Die mathematischen Nowendigkeiten und deren Erörterungen sind so gehalten, dass sie auch für Nicht-Mathematiker verständlich sind.
- Zur Erleichterung des Leseflusses wurden überwiegend maskuline Formulierungen verwendet, die sich auf beide Geschlechter gleichermaßen beziehen.

Generell wurde versucht, die richtige Mischung von Verständlichkeit und Exaktheit zu finden, denn es gehört zu den Charakteristika einer organisationstheoretischen Position, dass sie ausbaufähig ist und die von ihr artikulierten Einsichten in eine angemessene Darstellungsform zu bringen vermag. Dies gilt insbesondere für den in diesem Buch vorgestellten Ansatz, der ja nichts anderes ist als die Entfaltung zahlreicher Gedanken unterschiedlicher Wissenschaftsdisziplinen.

Dieses Buch ist in mehrere Teile gegliedert, so dass der Leser schnell die Informationen findet, nach denen er sucht. Jeder dieser Teile beschäftigt sich mit einem speziellen Thema der kognitiven Organisations(entwicklung) und enthält einzelne Kapitel, die diese Themen dann genauer behandeln.

Dieses Buch soll dabei helfen, die Funktionsweise der kognitiven Organisation, seiner Systeme, vor allem seiner Steuerungs- und Kontrollmechanismen zu verstehen. Sicherlich gibt es noch viele interessante Themen, die den Rahmen dieses Buches allerdings sprengen würden. Diese Themen bleiben insofern weiteren Auseinandersetzungen mit kognitiven Erscheinungen im Allgemeinen und kognitiver Organisationen im Speziellen vorbehalten.

Die hier getroffene erkenntnistheoretische Vorentscheidung zu Gunsten eines hypothetisch-kritischen Realismus hat die Konsequenz, dass die behandelten Phänomene in diesem Buch mit den Produkten der (epistemischen) Wechselwirkung der Wahrnehmungsapparate der Leser mit der diese umgebenden realen, wahrnehmungsunabhängigen Welt, deren Bestandteil sie sind, identifiziert werden können. Dieser erkenntnistheoretische Ansatz kollidiert auch nicht mit der oftmals anzutreffenden Auffassung, dass Organisationen zu komplex und facettenreich und in ihren strukturellen wechselseitigen Verknüpfungen auch viel zu instabil seien, um sie in einer rein empirischen Untersuchungsstrategie adäquat zu erfassen. Die so eingenommene Position eines hypothetisch-kritischen Realismus kann wie folgt in Thesenform konkretisiert werden:

- Es gibt Objekte, Dinge-an-sich, deren Existenz nicht von der menschlichen Wahrnehmung abhängen.
- Die Gesamtheit aller dieser Dinge bezeichnet man als Welt. „Gesamtheit" steht hier als Oberbegriff für „Menge", „System", etc.
- Die Welt ist erfahrbar, wenn auch nur indirekt und möglicherweise nur partiell und durch sukzessive Annäherung.
- Jede Erkenntnis über die Welt ist zunächst hypothetisch, falsifizierbar, korrigierbar und daher nicht endgültig.

Um die kritische Reflexion über den Inhalt dieses Buches im Allgemeinen bzw. über Organisationen als solche anzuregen, empfehlen sich folgende Taktiken:

- **Wisse, was du tust**: Sei dir der Grenzen deiner Konzepte und Methoden bewusst. Speziell: Sei dir bewusst, was du sagen willst, wenn du einem Substantiv das Adjektiv „organisational" voranstellst (z. B. organisationales Verhalten, organisationales Lernen). Wie unterscheidet sich der so benannte Vorgang vom normalen menschlichen Verhalten der Lernenden? Was ist das spezifisch „kognitiv Organisationale"?

- **Erkenne Unvereinbarkeiten an**: Eine Theorie kann nie gleichzeitig allgemein, genau und einfach sein. Es gibt trade-offs: Je allgemeiner anwendbar eine Theorie ist, desto weniger detailreich ist sie, oder je genauer eine Theorie bestimmte Sachverhalte beschreibt, umso komplexer wird sie.
- **Denken**: Organisationen bestehen wesentlich aus Prozessen und Handlungen und erst dann aus Dingen. Die Verwendung von Substantiven lockt Organisationswissenschaftler immer wieder in die Falle, nach Dingen oder Fixpunkten zu suchen und dabei die Prozesse zu übersehen. Es empfiehlt sich daher, mehr Verben und weniger Substantive in der Konzeptualisierung zu gebrauchen.
- **Modifiziere Metaphern**: Kreiere neue Metaphern und modifiziere bestehende, denn Metaphern laden das Denken ein, in bestimmte Richtungen fortzuschreiten. Betrachtet man eine Organisation als Maschine, denkt man anders über Mitarbeiter, als wenn man sie als Organismus betrachtet. Weick verweist in diesem Zusammenhang auch auf die bedenklich hohe Zahl von militärischen Metaphern (z. B. Strategie, Rekrutierung, Stab-Linie) in der Organisations- und Managementsprache.
- **Kultiviere Interesse**: Strebe bewusst danach, interessante Aussagen zu treffen, d. h. Aussagen, die Bekanntes infrage stellen, ohne absurd zu sein.
- **Beschwöre Mini-Theorien**: Versuche, die impliziten Theorien der Organisationsmitglieder sichtbar zu machen. Dies sind nicht Theorien im wissenschaftlichen Sinn, sondern aus der Erfahrung geborene Annahmen über Zusammenhänge, die sehr viel über die jeweilige Organisation verraten.
- **Nicht nur in Gegensätzen denken**: Ein wesentlicher Punkt ist dabei, dass man Ausdrücke wie Teil-Ganzes, System-Umgebung, Statik-Dynamik, Struktur-Prozess usw. nicht als Gegensätze sondern als einander ergänzende und bedingende Begriffspaare ansieht.

Die didaktische Devise des Buches ist zum einen nur so kompliziert zu sein, wie es unbedingt erforderlich ist, um eine Darstellung von Problemen und deren Lösungen zu entwickeln, zum anderen jedoch damit nicht zu simplifizieren, weil sonst viele wesentliche Aspekte und spannende Fragen sozusagen unter den Tisch fallen würden. Anders formuliert: Die Sachverhalte werden so einfach wie möglich und nur so kompliziert wie unbedingt nötig dargestellt. Insofern liegt das didaktische Schwergewicht sicherlich auf einer intuitiven Darstellung. Es versteht sich damit von selbst, dass einzelne Themenfelder nicht immer in der Intensität behandelt werden können, wie dies den Publikationen vorbehalten bleibt, die sich lediglich einem singulären Themengebiet widmen. Wer sich intensiver mit einzelnen Themen auseinandersetzen möchte oder gar muss, findet weitergehende Informationen in der angegebenen Literatur.

Viele Lehr- oder Handbücher sind angefüllt mit Daten, Schaubildern, Tabellen, Flussdiagrammen, Rastern, Mindmaps, gefolgt von zur Wiedergabe des Gelesenen motivierenden Fragelisten. Letztere sehen oftmals nur so aus, als kontrollierten sie das Verständnis, denn in Wirklichkeit erzwingen sie lediglich eine bestimmte Weise zu lesen. Man merkt sich dann sozusagen zwanghaft, was da steht in der gegebenen Wortkonstellation oder Syntax und kann dann richtig antworten, weil man sich *erinnert*, nicht, weil man versteht oder selbst erklären kann. Verstehen und Erklären aber sind für denjenigen, der in der Organisationsentwicklung und damit für die Organisationentwicklung arbeitet, maßgebliche Kategorien, wenn man diese Arbeit ernst nimmt. Insofern bleiben dem Leser in diesem Buch solche Fragelisten erspart, zugunsten zahlreicher Abbildungen, die zum Reflektieren des Gelesenen herausfordern.

So gibt gleich die nachfolgende Abbildung einen ersten Überblick zum Aufbau des Buches, wobei im Unterschied zur Gliederung hier zunächst ein Blick auf die wesentlichen Schwerpunkte und Begrifflichkeiten ermöglicht werden soll (Abb. 2).

Gegen den Verdacht, dem Leser werde in diesem Buch die „Katze im Sack" verkauft, mag die Erinnerung helfen, dass sich der Wert einer Methode, eines Werkzeuges oder eben eines Buches nach dem Gebrauch bemisst: etwa eines Fernrohrs danach, wie es vergrößert und einen Gegenstand in die Nähe holt. Auch sei daran erinnert, dass man nie zur Sache selbst käme, wenn man das Fernrohr nur misstrauisch drehte und wendete. So verhält es sich auch mit diesem Buch. Es ist ein besonderes Mittel, nicht nur Zweck. Insofern ist der Inhalt des vorliegenden Buches auch gar nicht als riesige Umwälzung oder dramatische Revolution, sondern eher als Aufforderung zu einer literarischen Wanderung zu betrachten, die nur andere Wege geht als die üblichen, weil sie sich vor mancher Geradlinigkeit scheut.

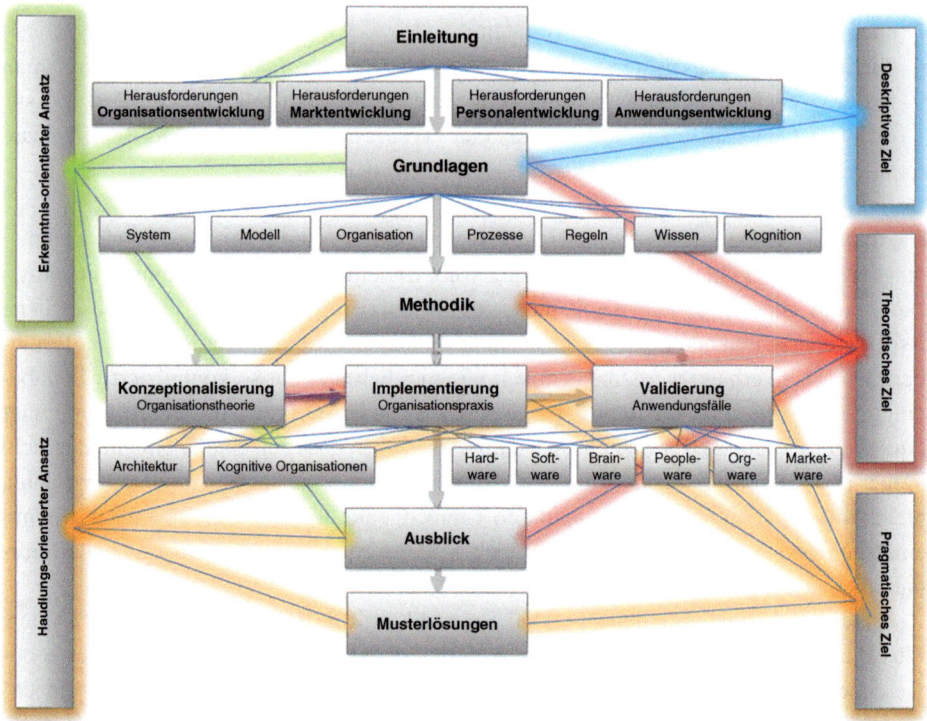

Abb. 2 Buchdesign

Die Auseinandersetzung mit dem Thema der kognitiven Organisation kann eine irritierende, aber auch sehr anregende Erfahrung sein. Ob sich die Leserinnen und Leser von in diesem Buch vorgestellten Überlegungen und Ansätzen irritieren, anregen oder aber irritieren *und* anregen lassen, muss der Einzelne entscheiden. Auf jeden Fall ist kritische Distanz empfohlen, denn nur aus einem solchen reflexiven Abstand ist anfängliche Irritation korrigierbar und als inspirierende Anregung spürbar.

Inhaltsverzeichnis

Die Motivation zu diesem Buch folgt der wissenschaftsgeschichtlichen Regel, dass neue Ideen nicht nur geäußert, sondern auch von der Umgebung verstanden, aufgegriffen und von den Betroffenen verstärkt werden müssen, wenn sie, wie in diesem Fall, die organisatorische Landschaft mit- oder aber sogar umgestalten wollen.

1.1 Probleme als Herausforderung

Derzeit sehen sich der Staat, die Unternehmen und die Gesellschaft mit einer Vielzahl von Problemen konfrontiert: Staatliche Finanzprobleme, Liberalisierung der Märkte, zunehmende internationale Kooperationen, Globalisierung, Boom in den asiatischen Ländern bei gleichzeitiger Sättigung in den entwickelten Staaten, Fragmentierung bei gleichzeitiger Polarisierung der Märkte, Ethisierung, Technologisierung und Beschleunigung der Innovationsrate bei gleichzeitiger Verpflichtung zum nachhaltigen Wirtschaften.

▶ Beispielsweise betrifft dies die nachhaltigen Wettbewerbsvorteile. Die Innovationszyklen werden immer kürzer. Galt früher die Regel, dass sich Organisationen alle sieben bis zehn Jahre sich neu erfinden müsssen, erscheint dies heute bereits nach zwei bis drei Jahren notwendig zu sein.

Nachdem eine Totalerfassung der Probleme – zumal in einem einführenden Kapitel – wegen ihrer prinzipiellen Unbegrenztheit unmöglich ist, soll das folgende Bild eine erste Orientierung geben (Abb. 1.1).

© Springer-Verlag GmbH Deutschland 2016
M. Haun, *Cognitive Organisation*, DOI 10.1007/978-3-662-52952-2_1

Abb. 1.1 Generelle Probleme
der Organisation

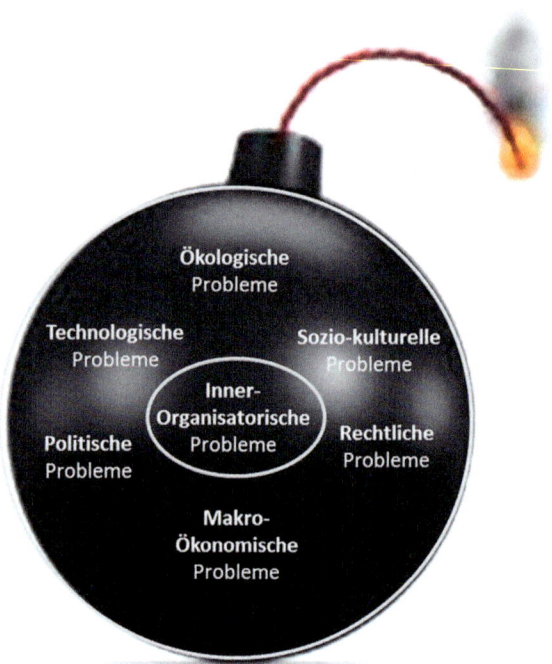

Erschwerend kommt hinzu, dass die aktuellen Zivilisationserscheinungen des 21. Jahrhunderts vor allem drei Charakteristika erkennen lassen: eine Tendenz der Irreversibilität
von Ereignissen, die Unabschließbarkeit (Offenheit) von Ereignissen und die Interdependenz von Ereignissen. Aber genau diese drei Charakteristika repräsentieren auch das, was
eine Organisation bedeutet: ein irreversibles, offenes und in sich vernetztes System (Abb. 2.1).
    Unter diesem Aspekt lassen sich im Wesentlichen demnach die folgenden generellen
Problemfelder unterscheiden:

- **Technologische Probleme**: Wie kaum ein zweiter Bereich ist die technologische Entwicklung für das Leben und Handeln in Organisationen von Bedeutung. Dabei zeigt
  sich häufig, dass Technologien ursprünglich gar nicht für die Felder entwickelt werden,
  in denen sie später ihre Hauptbedeutung entfalten (z. B. Rechner als Schreibsystem).
  Technologien durchlaufen ähnlich wie Produkte einen Lebenszyklus; die technologische Umwelt ist deshalb in fortwährender Veränderung begriffen.
- **Politisch-rechtliche Probleme**: Der Staat und multinationale Staatengemeinschaften
  (z. B. Europäische Union oder NATO) stellen in vielfältiger Weise Einflussquellen der
  betrieblichen Umwelt dar. Meist wird der Einfluss in Form kodifizierter Regelungen
  geltend gemacht. Die Einflusssphäre reicht vom Steuerrecht, Haftpflichtregelungen über
  Rechtsformen und das Arbeitsrecht bis hin zu Verboten von Unternehmenszusammen-
  schlüssen. Zur politisch-rechtlichen Umwelt gehören aber auch grundsätzliche Faktoren
  wie Infrastrukturmaßnahmen, Eigentumspolitik oder Stadtentwicklungsplanung.

- **Sozio-kulturelle Probleme**: Im Unterschied zu den politisch-rechtlichen Entwicklungen, die in der Regel schon allein wegen der Kodifizierung in der Umwelt selbst eine weitgehende Präzisierung erfahren, fehlt es den sozio-kulturellen Entwicklungen meist an Prägnanz, d. h. sie sind selten eindeutig bestimmbar und bedürfen der Interpretation. Das ändert nichts daran, dass sie für das Handlungsgerüst einer Organisation von nachhaltiger Bedeutung sind; ihre Nichtbeachtung oder Fehleinschätzung war in der Vergangenheit häufig die Hauptursache ineffizienter oder nicht mehr funktionstüchtiger Selektionsmuster. Von besonderer Relevanz für das Verstehen der sozio-kulturellen Umwelt sind Ausprägung und Entwicklung demografischer Merkmale und vorherrschender Wertmuster und zwar sowohl aus nationaler wie auch aus internationaler Sicht. Zahlreiche gesellschaftliche Entwicklungen („post-industrielle Gesellschaft", Emanzipation der Frau usw.) haben in den letzten Jahrzehnten die Rahmenbedingungen für das Handeln in Organisationen immer wieder neu geprägt. Zum sozio-kulturellen Bereich gehört auch das Bildungssystem, das aus der Sicht der Organisation die Basis- und Schlüsselqualifikationen für einen effektiven Leistungsprozess vermittelt.
- **Ökologische Probleme**: Im Fortlauf der industriellen Entwicklung ist die Beeinträchtigung der Natur und die Erschöpfung der natürlichen Ressourcen zu einem immer kritischeren Faktor für das organisatorische Handlungsgerüst geworden, wobei die hier interessierenden Leistungsorganisationen in mindestens zweifacher Hinsicht involviert sind. Zum einen stellen die natürlichen Ressourcen Inputfaktoren für den Leistungsprozess dar und sind deshalb in ihrer Entwicklung von großer Bedeutung (z. B. Wasserqualität für Brauereien). Zum anderen werden die Auswirkungen organisatorischer Entscheidungen auf die Entwicklung der Umwelt immer genauer beobachtet und die Reaktionen der Umwelt darauf (neue Gesetzgebung, Berichterstattung in der Presse usw.) entwickeln sich häufig zu einer zentralen Größe im Verhältnis von Umwelt und Organisation. Wie schnell dieses Organisations-Umwelt-Verhältnis brisant werden kann, lässt sich an der jüngsten CO_2 – Debatte in der Automobilindustrie erkennen.
- **Makroökonomische Probleme**: Neben der Wettbewerbsumwelt sind auch die weiteren ökonomischen Rahmenbedingungen von großem Einfluss auf die Entscheidungen in Organisationen. Der Bereich, hier potenziell relevanter Einflussfaktoren, ist äußerst breit. Er umfasst vielfältige gesamtwirtschaftliche (aber auch weltwirtschaftliche) Größen und ihre Entwicklung, wie z. B. Wirtschaftswachstum, Handelsbeziehungen, Staatsverschuldung, Wechselkurse etc. Betroffen sind nicht nur die nach dem Erwerbswirtschaftsprinzip operierenden Organisationen. Dies wird deutlich, wenn man sich vor Augen führt, dass heutzutage z. B. viele öffentliche Anstalten in weitaus stärkerem Maße als früher (makro-)ökonomischen Imperativen ausgesetzt sind (z. B. Krankenhäuser nach den Umstrukturierungen im Gesundheitssystem oder kommunale Energiebetriebe). Für Unternehmen wirkt des Weiteren die zunehmende internationale Verflechtung und Globalisierung der Märkte komplexitätsverstärkend und macht es immer schwieriger, Einzelursachen und ihre Wirkungen eindeutig zu erfassen.

▶ Kritisch und exemplarisch sei bezüglich makroökonomischer Problemstellungen und dort in Bezug auf das Wachstum daran erinnert, dass in der Biokyber-
netik ein Grundsatz nach wie vor gilt, weil er bis heute nicht seine Gültigkeit
verloren hat: Die Funktion eines Systems soll unabhängig von Wachstum sein.
Diesen Grundsatz scheinen die Wachstumsfanatiker nicht zu kennen, wenn sie
propagieren: Ohne Wachstum geht es nicht!

Gleichzeitig zu diesen eher generellen Problemsituationen postuliert sich – wenn auch
noch eher zaghaft, schleichend, hier und da noch praxisfern – sozusagen von selbst eine
vierte industrielle Revolution, indem durch eine „Intelligenzierung" von Produktionsanlagen und industriellen Erzeugnissen bis hin zu Alltagsprodukten mit integrierten Speicher-
und Kommunikationsfähigkeiten, Funksensoren, eingebetteten Aktuatoren und intelligenten
Softwaresystemen eine Brücke zwischen virtueller („cyber space") und dinglicher Welt
geschlagen werden soll. Diese Brücke wird nach deren Bau eine wechselseitige Synchronisation zwischen digitalem Modell und der physischen Realität gestatten.

▶ Im Folgenden bezeichnet der Begriff „Realität" die Welt, so wie sie objektiv, d. h.
unabhängig von der menschlichen Erkenntnis ist. Der Begriff „Wirklichkeit" bezeichnet dagegen das Produkt der menschlichen Erkenntnis, d. h. das, was dem
Erkennenden in seinem phänomenalen Erleben als Realität erscheint.

Letzteres wird nicht nur die derzeitigen Produktlebenszyklen nachhaltig beeinflussen,
sondern auch neue Produktplanungs-, -Steuerung sowie Fertigungsprozesse erfordern. So
kann das Ziel ressourcensparender, weil effizienter Produktionsprozesse damit angestrebt
werden. Außerdem kann damit der Tatsache entsprochen werden, dass das Internet der
Dinge zum Garanten und Treiber für neue „smarte" Geschäftsmodelle, zur Entwicklung
intelligenter und damit „smarter" Produkte und zum Bereitstellen mehrwertiger und damit
„smarter" Dienstleistungen avanciert.

Aber gerade die Folgen dieser Entwicklung, hin zu intelligenten Geschäftsmodellen,
Produkten und Produktionsabläufen, werden gleichfalls neue Herausforderungen mit sich
bringen, die man unter dem Begriff der „informationalen Transparenz" zusammenfassen
und beschreiben kann.

▶ Man kann diese Entwicklung mit dem Evolutionsschub der in den Meeren lebenden Organismen vor rund 540 Millionen Jahren vergleichen. Durch die
plötzliche Transparenz der Ozeane durch das einfallende Sonnenlicht waren
die weithin sichtbaren Tiere gezwungen, sich durch Panzer, Tarnung und Täu-
schungsmuster an die neue transparente Umwelt anzupassen. Sehkraft wurde
zu einem entscheidenden Evolutionsvorteil, Wahrnehmung und Bewegung
entwickelten sich fortan parallel. Bezogen auf die heutige Zeit bedeutet dies,
dass durch die sich weiter entwickelnde Informationsverabeitungstechnologie
und der damit freien Zugänglichkeit von einem immer Mehr an Informationen,

Einzelpersonen, Staaten und auch Organisationen ebenfalls neurartige Schutz-
mechanismen entwickeln müssen.

In diesem Sinne wird die Informationsverarbeitungstechnologie die Macht einiger Personen und Organisationen vermehren und im Umkehrschluss einige Personen und Organisationen entmachten. Durch die digitalen Medien auf dem Trägersystem des Internets
entstehen globale Kommunikationsmöglichkeiten, die teilweise ohne Einhaltung von Regeln gnadenlos abgerufen werden. Durch das enorme Innovationstempo, das durch Dienste wie Youtube, Facebook, Twitter, Tumblr, Instagramm, WhatsApp etc. eher noch verstärkt
wird, bleibt den Organisationen einfach keine Zeit, sich an diese Dienste, Medien und den
damit einhergehenden Möglichkeiten anzupassen. Die Organisationen driften sozusagen
von einem Medium zum anderen, bevor das eine Medium einigermassen „begriffen" ist,
taucht nicht nur schon das andere Medium auf, sondern ist bereits abrufbereit im Einsatz.
Jeder kann alles viel schneller und billiger abrufen, viel tiefer einsehen als es Wert ist und
vor allem, selbst in diesen Qualitäten gesehen werden. Diesem Wandel in Form einer noch
nie dagewesenen Transparenz kann sich niemand mehr entziehen, wenn er nicht aus dem
Wettbewerb ausscheiden und/oder an den Märkten untergehen möchte. Insofern gilt es,
sich diesen damit verbundenen, noch vor Jahren unvorstellbaren Chancen aber auch Risiken durch eine entsprechende Organisationsentwicklung zu stellen.

Ganz langsam, in einigen Bereichen leider zu langsam und damit fast zu spät, reagieren
Organisationen auf diese Transparenztendenz. Regierungen, Armeen, Kirchen, Universitäten, Banken und Industrieunternehmen merken, dass sie ihre bisher lokal begrentzten Wis-
senspfründe nicht mehr nur hegen und pflegen, sondern plötzlich auch verteidigen müssen.
Die alten Methoden des Wissensmanagements im Allgemeinen (sofern überhaupt welche
zur Anwendung kamen) bzw. deren Schutzsschirme im Besonderen greifen nicht mehr
umfassend und müssen modifiziert, wenn nicht sogar aufgegeben werden.

▶   Auch hier kann man sich einer Metapher aus der Biologie bedienen. So wie sich
     eine lebende Zelle durch eine wirksame Membran nach außen hin schützt, so
     benötigen Organisationen eine schützende Schnittstelle zwischen ihren inne-
     ren Angelegenheiten und den äußeren Unwägbarkeit der Umwelt.

Analog hierzu gilt es, auf den informationstechnologischen Druck der Transparenz mit entsprechenden Anpassungen innerhalb der Organisation als auch an den Organisationsgrenzen zu reagieren. Gerade die Organisationseinheiten, die mit der Außenwelt in Kontakt
stehen bzw. die Kontrolle und Selbsterhaltung sicherstellen, werden zunächst betroffen sein.

▶   Beispielsweise machen sich die Auswirkungen der Transparenz in Abteilungen
     wie Werbung, Marketing und Recht bemerkbar. So wandern durch soziale
     Dienste Gerüchte wesentlich schneller ungeprüft und ungebremst jetzt in
     Stunden rund um den Globus. Gleichfalls müssen diese Abteilungen nahezu
     „just-in-time" auf einzelne Nachfragen nachvollziehbar, ehrlich und flexibel

reagieren, will man am Ball und damit im Spiel bzw. im Wettbwerb bleiben. Organisationen mit unbeweglichen Marketing- und Rechtsabteilungen, die eher in Wochen als in Stunden reagieren, werden schon bald das Nachsehen haben.

In manchen Branchen werden sich die Machtverhältnisse zwischen Organisationen und deren Kunden umkehren. So werden öffentliche Kundenbewertungen von Produkten und Dienstleistungen die Einführung einer neuen Marke oder die Aufrechterhaltung alter Marken dann erschweren, wenn die Meinung der Kunden noch mehr an Gewicht zunimmt. Vorteil hiervon ist, dass Organisationen recht früh erkennen, ob Produkte und Dienstleistungen verändert oder gänzlich vom Markt genommen werden müssen. Investitionen in Mittelmäßigkeit werden sich daher in unmittelbarer Zukunft nicht lohnen. Aber auch kleine Gruppen, die sich mit ihren Werten, Überzeugungen und Zielen adhoc organisieren und die Kommunikationskanäle zu ihren Zwecken nutzen, können größeren Organisationen das Leben schwer machen. Größe allein wird daher in Zukunft seine Schutz- bzw- Abschottungskraft verlieren.

Auf Grund dieser bidirektionalen Transparenz zwischen Organisationen und deren Umwelten müssen sich unter Umständen neuartige Organisationsformen herauskristallisieren, die dann dezentraler zu arbeiten vermögen, als es die heutigen Formen ermöglichen. Zu Ende gedacht könnte dies auch bedeuten, dass schlanke und kleine Organisationen mit den Anforderungen der Zukunft unter Umständen eher zu recht kommen, als starre bzw. unbewegliche Großorganisationen. Letztere würden dann, um sich erneut einer Analogie zur Evolutionsbiologie zu bedienen, eventuell zum Aussterben verurteilt sein.

Bleibt man bei den bisherigen biologischen, metaphorischen Betrachtungen, so fällt auf, dass Transparenz nicht nur Vorteile hat. Gleich der Natur besteht eine Organisation aus zahlreichen, aktiven, natürlichen (z. B. Menschen) und künstlichen (z. B. Anwendungssystemen) Teilen. Entgegen der Natur jedoch haben gerade die natürlichen Teile der Organisation vielerlei Interessen und verfügen über unterschiedliche Wahrnehmungsfähigkeiten. Entgegen früheren Zeiten vermögen Menschen ihre individuelle Macht und ihre unterschiedlichsten Begierden immer mehr in das Organsisationsgeschehen bzw. den Organisationsalltag einzubringen.

▶   So konnten sich in früheren Zeiten die Diktatoren noch hinter hohen Mauern verschanzen und nahezu unbeeinflusst ihre Macht über ihre Vasallen ausüben. Die Kirchen sind noch heute prädestiniert, die Belange ihrer Gläubiger ernst zu nehmen, wie sie legitimiert sind, unzureichende oder gar verzerrte Infomationen über Internas zu liefern. Armeen berufen sich nach wie vor auf die Geheimhaltung ihrer Strategien, um dem Feind, aber auch der eigenen Truppe jede Möglichkeiten einer entsprechenden Reaktion zu nehmen. In Einklang mit der Spieltheorie schützen Firmen die Rezepturen bzw. Konstruktionspläne ihrer Produkte, die Expansionspläne oder Unternehmensdaten, um auf einem freien Markt überleben zu können. Regierungen verhandeln nach wie vor hinter verschlossenen Türen, um ihre Wähler nicht über Gebühr mit den Wahrheiten zu belasten.

Aber immer mehr müssen gerade im Verborgenen agierende Organisationen befürchen, dass Informationen nach außen gelangen und damit eine Transprenz geschaffen wird, die deren Existenz mehr als gefährdet.

▶   Ein aktuelles Beispiel hierfür sind die Enthüllungen Edward Snowdens über die Machenschaften des US-Geheimdienstes National Security Agency (NSA). Es zeigt, wie ein einzelner Maulwurf (Whistleblower) über die Ausnutzung traditioneller Medien einen solchen öffentlichen Druck aufzubauen vermag, so dass die NSA als auch die US-Regierung unter einen massiven, internationalen Druck gerät.

Ein Optimist ist, der hier an Selbstheilungs- oder gar Selbstorganisationskräfte glaubt, in deren Folge die tangierten Organisationen sich zu ethischen Maßstäben einer modernen Zivilgesellschaft ausrichten. Vielmehr wird eine solche Transparenz zum einen zu einer Flut von Massnahmen für den Informationsschutz und zum anderen zu einer Flut an Techniken für den Informationsstellungskrieg führen: Diskreditierungskampagnen von unliebsamen Quellen, Präventivangriffe, verdeckte Operationen, Eliminierungen von relevanten Quelldaten oder bestenfalls die Entwicklung neuer Verfahren zur Verschlüsselung und Dechiffrierung schutzwürdiger Daten.

Es wird sich an späterer Stelle dieses Buches aber zeigen, dass gerade in solchen Fällen nur eine entsprechend umfassende Organisationsentwicklung die notwendigen Korrekturen mit sich bringen werden. Letzteres wird zu einer enormen Artenvielfalt und damit – bildlich gesprochen – zu einer Auffächerung des Stammbaums von Organisationsformen führen. Dies reicht von gemeinnützigen Organisationen, die nicht mehr nur einen maximalen Gewinn, sondern auch positive Auswirkungen auf Gesellschaft und Umwelt in den Vordergund stellen, bis hin zu Organisationen, die sich durch neuartige Formen von spontaner und vergänglicher Selbstorganisation auszeichnen. Die Idee der Selbstorganisation bricht dabei sicherlich radikal mit der Vorstellung eines Organisators, der für ein System eine Strukur plant und sie dann gewissermassen von außen dem System vorgibt, mit dem Ziel, damit voraussagbare Ergebnisse zu erzielen.

▶   Das Konzept der Selbstorganisation steht nur anscheinend im Gegensatz zu der der Vorstellung einer organisationalen Strukturplanung. Wie sich später zeigen wird, kann es durchaus im Interesse der Organisationsziele sein, die Logik nicht mehr in einem geplanten Entwurf zu zementieren, sondern in den Prozess zu verlagern. Dies bedeutet, dass die in diesem Buch entwickelte Theorie die Dimension solcher emergenter Prozesse berücksichtigen muss.

Das Tempo, mit dem dieser Stammbaum der Organsiationsformen wächst, wird zum einen von unterschiedlichen Faktoren geprägt sein, als auch der natürliche Baum in seinem Wuchs und seiner Dichtigkeit ein unterschiedliches Bild zeigt. So wird es weiterhin Organisationen geben, die sich sehr intensiv mit ihrer Marke beschäftigen müssen. Wird eine solche Marke dann vernachlässigt, verschwindet die Organisation binnen weniger Monate vom Markt. Bisher tief verwurzelte und hart verkrustete Organisationen wie Vereine oder Kirchen, werden sich der Transparenz stellen müssen, wenn es beispielsweise um die längst fällige Aufarbeitung begangenen Kindesmissbrauches geht. Ansonsten gehen auch solche Organisationen sprichwörtlich ein, indem die in das grelle Tageslicht eingestellten Vorkommnisse zu einem existenzgefährdeten Mitgliederschwund führen werden. Zu guter Letzt werden auch Regierungssysteme, als die bisher am besten geschützten und trägsten Systeme, diesem Transparenzdruck nicht weiterhin ausweichen können. So hat die Politik im Allgemeinen versagt, indem sie die lokalen und globalen Probleme nicht zu lösen vermag. Immer mehr übernehmen multinationale Organisationen diese politische Funktion des Problemlösens, wenngleich hierbei organisatorische Interessen nolens volens nicht ausgeblendet werden. Insofern hat die politische Klasse alles Vertrauen in ihr Regierungsvermögen verloren. Wenn bisher zwar Regierende und Parteien durch Wahlen gestürzt werden, aber die etablierten Staatsorgane unberührt davon veränderungsresistent ausharren konnten, wird der öffentliche Druck also auch hier die Resistenz aufbrechen. In Verbindung mit neuen Technologien wie Big Data, Musteranalysen, Datenvisualisierungen, Cognitive Computing Techniken u. a. wird sich die Transparenz von Herrschaftssystemen für diese schmerzhaft erhöhen.

In einer Organisation tobt die Kommunikation. In dieser Auflage des Buches ist daher noch zu hoffen, dass diese zu erwartende Transparenz, dass diese bereits initiierte Dynamik der informationalen Innovationen die Fähigkeiten zur Kommunikation zwischen Mensch, Maschine und Organisationen zum Wohle der Menschheit auf ein gesundes Maß zu steigern und damit die bisherigen Informations-und Handlungsbarrieren einzureißen vermag.

1.2   Kognition als Lösung

Mit Hilfe eines kognitiven Modells, das ursprünglich zur Entwicklung intelligenter, entscheidungsfähiger Soft-und Hardwaresysteme entwickelt wurde, lassen sich auch Organisationen als solche modellieren. Dabei werden beispielsweise Organisationen als wissensbasierte und lernende Systeme aufgefasst und damit als kognitive Modelle konzeptionalisiert, um diese Modelle dann durch naturanaloge Verfahren und/oder rechnerbasierte Techniken in prozessualer und funktionaler Hinsicht so auszugestalten, dass sich dadurch messbare Mehrwerte in den Wertschöpfungsketten erzielen lassen. Insofern gilt der Ansatz der Kognitiven Organisation (Cognitive Organisation (CO)) neben dem Geschäftsprozessmanagements (Business Process Managements (BPM)) und dem Business Intelligence (BI) als Schlüsselansatz für die Bewältigung der Probleme und Herausforderungen, mit denen sich jede Organisation, die Gesellschaft als Ganzes und damit jeder Einzelne konfrontiert sieht.

▶   So können beispielsweise Städte und Kommunen wirtschaftlichen Erfolg bringen, wenn es ihnen gelingt, die Anforderungen von Konzernen und Mitbürgern nachhaltig in Einklang zu bringen, sprich: zu vernetzen. So bevorzugen multinationale Konzerne und ausländische Geschäftsleute die Infrastrukturen moderner Städte und Kommunen. Leider sucht man in Europa solche vernetzte Infrastrukturen dagegen häufig vergebens. Erschwerend kommt hinzu, dass derzeit Städte und Kommunen mit Luftverschmutzung, Energieverschwendung und Verkehrslärm, als Folge der Entwicklung, kämpfen. Die schlechte Ökobilanz verursacht Kosten in Milliardenhöhe. Auch die Wasser- und Energieversorgung oder die Müllbeseitigung bekommen die Behörden nur schwer in den Griff.

Hier kann unter anderem der Ansatz der Cognitive Organisation helfen, um aus Daten und Informationen das wertvolle Wissen zu generieren, um die genannten Probleme zu lösen. Mit Hilfe des kognitiven Modellansatzes lassen sich aber auch eher strukturelle Probleme lösen.

▶ Was am aktuellen Beispiel der Mobilität aufgezeigt werden soll: Mobilität oder Energie lassen sich als kognitive Strukturen auffassen, um diese dann als kognitive Modelle zu konzeptionalisieren, um diese Modelle dann wiederum durch naturanaloge Verfahren in prozessualer und funktionaler Hinsicht auszugestalten. Letzteres scheint dringend notwendig, denn trotz der zahlreichen, aber leider verteilten Bemühungen um die Einführung und Etablierung von Elektromobilität, basiert die gegenwärtige Energieversorgung des Straßenverkehrs zum überwiegenden Teil auf fossilen Energiequellen, d. h. auf den Erdölprodukten Benzin bzw. Diesel. Auch die in Verbindung mit der weltweit steigenden Nachfrage nach Mobilität und Erdöl zunehmende ökonomische, wie auch strategische Bedeutung (bei gleichzeitiger Endlichkeit dieser Ressource), konnte den Etablierungsprozess von Elektromobilität nicht beschleunigen. Dennoch: Das derzeitige System der Mobilität, welches nahezu vollständig auf die Verfügbarkeit des fossilen Energieträgers Erdöl ausgerichtet ist, lässt sich in dieser Form nicht in die Zukunft übertragen. Der Entwicklung und Verbreitung neuer Antriebskonzepte wird deshalb für die Sicherstellung einer gesellschaftlich notwendigen Mobilität, die gleichzeitig auch den beiden Zielen Nachhaltigkeit und Klimaschutz Rechnung trägt, eine erhebliche Bedeutung zugeordnet. Elektrofahrzeuge und die damit notwendigen intelligenten bzw. kognitiven Infrastrukturen stellen einen wichtigen Bestandteil der modernen und nachhaltigen Mobilität dar (Abb. 1.2).

Kognitive Robotik wird eine weitere Generation neuer, weil kognitiver Robotersysteme ermöglichen. Die neue Generation der kognitiven Roboter wird neben der Simulationstechnik auf die Technologien des Cognitive Computing zugreifen. Dieser Einbezug der Technologien des Cognitive Computing wird nachhaltig zu neuen Architekturen von Robotersystemen führen, was dann wiederum von zentraler Bedeutung für die Ausgestaltung dieser Systeme mit intrinsischer Intelligenz sein wird. Die Kernvoraussetzung einer solchen artifiziellen Intelligenz im Bereich der Robotik ist zum einen die Fähigkeit, selbstständig denken und damit aus sich heraus Schlüsse ziehen zu können. Zum anderen wird maschinelles Lernen und sensorgestütztes Handeln, das Interoperieren, das Bewegen in einer bzw. das Einwirken auf eine dynamische Umwelt, deren Zustände sich permanent ändern und daher unsicher sind, erst ermöglichen.

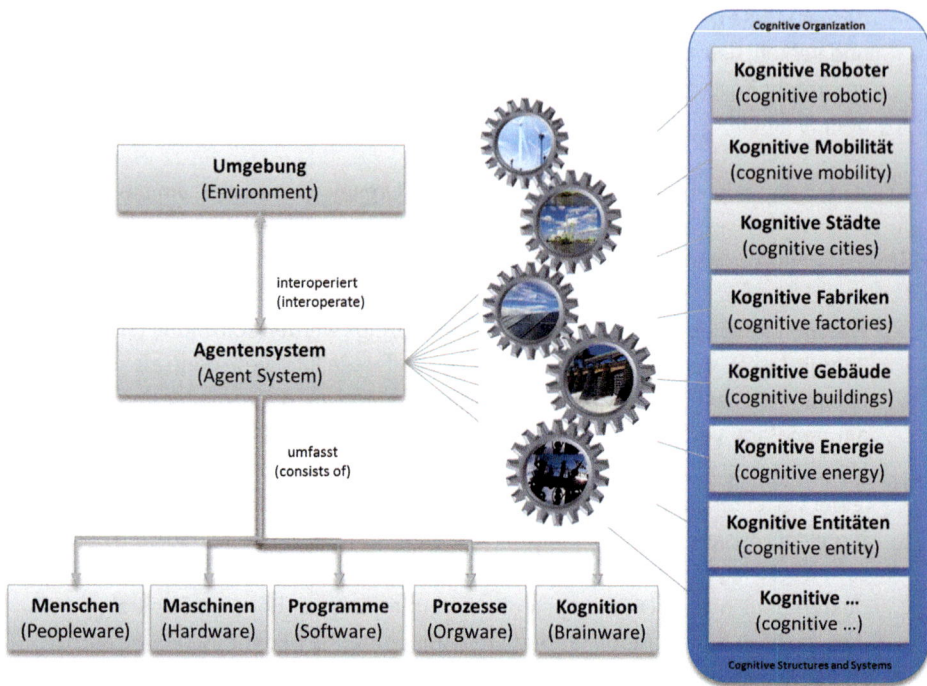

Abb. 1.2 Kognitive Lösungen

Zu guter Letzt ein Wort zum wissenschaftlichen Status dieses Ansatzes. Es wurde hier und
da davon gesprochen, dass Cognitive Organisation einen Paradigmenwechsel einleite. Betrachtet man ein solches Paradigma im Sinne Kuhns, der Paradigma als solche Modelle definiert, aus denen bestimmte fest gefügte Traditionen wissenschaftlicher Forschung erwachsen,
dann könnte es sich durchaus um ein neues Paradigma handeln. Immerhin gibt ein Paradigma
einen Rahmen aus Hypothesen und Axiomen vor, in denen sich die Theorie und Praxis
prozedieren kann. Vielleicht sollte man aber eher bescheiden von einem präparadigma-
tischen Ansatz sprechen, da man sich dann zunächst auf die Praxis konzentrieren kann, um
dann in Ruhe auf einen „Kopernikus" und „Newton" zu warten.

Insofern handelt es sich bei Cognitive Organisation um eine Wissenschaftsdisziplin mit
präparadigmatischem Potenzial, die nicht nur mit kognitiven Modellen arbeitet, sondern
diese Modelle im Rahmen einer entsprechenden Methodik und unter Anwendung spezieller Techniken als kognitive Lösungen in Form kognitiver Strukturen, kognitiver Organisationen oder kognitiver Systeme zur Problemlösung bereitstellt.

1.3   Implikation

Neuartige Probleme und Herausforderungen erfordern das Gehen neuer Wege und die Entwicklung neuer Organisationsformen. Die Organisationstheorie Cognitive Organisation liefert die Grundlagen zur praktischen, kognitiven, prozessualen und funktionalen Ausgestaltung kognitiver Organisationen.

Organisationen

2

In die Entwicklung des Ansatzes der kognitiven Organisationstheorie sind die Erkenntnisse klassischer und neuerer organisationstheoretischer Ansätze eingeflossen. Insofern wurde die Ausgestaltung der kognitiven Organisationstheorie von folgenden Ansätzen beeinflusst:

- Max Webers Analyse der Bürokratie
- Managementlehre, Taylorismus, Human Relations Bewegung und Organisationspsychologie
- Verhaltenswissenschaftliche Organisationstheorie
- Situativer Ansatz
- Institutionenökonomische Theorien, insbesondere Theorie der Verfügungsrechte, Agentur- und Transaktionskostentheorie
- Evolutionstheorien
- Neo-Institutionalistische Theorie
- Interpretative Theorien
- Netzwerktheorien und
- Luhmanns Systemtheorie

In diesem Kapitel werden daher einige dieser einflussnehmenden, klassischen Organisationstheorien dargestellt und anschließend kritisch diskutiert.

2.1 Organisationen als Erkenntnisgegenstand

Organisationen sind allgegenwärtig und als solche sicherlich ein bestimmendes Merkmal moderner Zivilisationen. Insofern soll in diesem Abschnitt herausgearbeitet werden, was Organisationen als Erkenntnis- und Forschungsgegenstand ausmachen.

© Springer-Verlag GmbH Deutschland 2016
M. Haun, *Cognitive Organisation*, DOI 10.1007/978-3-662-52952-2_2

Aus den anfänglichen organisationalen Erscheinungsformen in Form des Militärdienstes, der staatlichen Verwaltung und des Steuerwesens haben sich weitere Organisationsformen entwickelt, wie beispielsweise zur Forschung und Entwicklung (Forschungsorganisationen), Kinderbetreuung (Kindergärten), Schüler- und Erwachsenenbildung (Schulen und Universitäten), Resozialisierung (psychiatrische Kliniken und Gefängnisse), Produktion und Distribution von Produkten (Industriebetriebe, Groß- und Einzelhandel), Dienstleistungen (medizinische Kliniken, Beratungshäuser), Schutz und Wahrung der persönlichen Sicherheit (Polizeibehörden), Schutz und Absicherung der finanziellen Sicherheit und des Geldverkehrs (Versicherung, Banken, Crowd Funding), Pflege und Bewahrung kultureller Angelegenheiten (Museen, Galerien, Bibliotheken), Aufrechterhaltung der Kommunikation (Radio- und Fernsehanstalten, Telefon- und Kommunikationsgesellschaften, Post) und Ermöglichungen der Freizeitgestaltung (Spielhallen, Parks, Vereine). Wenn auch absolut unvollständig, zeigt diese Aufzählung, dass nach wie vor, wenn auch inzwischen etwas abgeschwächt, die Feststellung Parson's gilt:

> „Die Organisationsbildung ist der wichtigste Mechanismus für eine hochdifferenzierte Gesellschaft, um das System in Gang zu halten und Ziele verwirklichen zu können, die die Möglichkeit des einzelnen übersteigt." (Parson 1960, S. 41).

Insofern lassen sich durch Organisationen Probleme bewältigen oder Ziele verwirklichen, die über die Fähigkeiten des Einzelnen weit hinausgehen, sei es der Bau eines 800 Meter hohen Wolkenkratzers, eines achtstöckigen Luxusschiffes, die Entwicklung eines 800 Menschen aufnehmenden Flugzeuges, bis hin zur Erschließung ferner Galaxien durch Sonden. Es liegt also nahe, in einer ersten Annäherung die Organisationen als soziale Strukturen aufzufassen, die von Einzelnen in der Absicht geschaffen werden, um gemeinsam mit anderen bestimmte Ziele zu verfolgen. Organisationen in diesem Sinne sind also künstliche, von Menschen geschaffene Gebilde bzw. Strukturen, deren Eigenschaften weitgehend und zumindest am Anfang der menschlichen Disposition dem Zweck der Zielerreichung unterliegen. Um diese Ziele zu erreichen, nehmen Organisationen als eigenständige Akteure, als „interoperative Agenten" am Geschehen teil, indem sie unter anderem in Form einer Gründung zum Leben erweckt werden, Klage erheben, Ressourcen nutzen, Verträge eingehen, Eigentum besitzen und auch natürlich (nach Zweckerfüllung) oder aber unnatürlich (nach Scheitern) sterben können.

Organisationen lassen sich aus unterschiedlichen Perspektiven betrachten und damit einer Analyse unterziehen. Als gemeinsamer Ausgangspunkt dieser perspektivischen Analysen gilt dabei die Ansammlung der abhängigen Variablen, aus denen die Organisationen als Entität bestehen in:

- dem Verhalten oder den Eigenschaften einzelner beteiligter Entitäten innerhalb von Organisationen,
- der Funktionsweise oder den Eigenschaften eines Aspektes oder Segments der Organisationsstruktur oder
- den Eigenschaften oder Aktionen der Organisation im Sinne einer kollektiven Einheit.

Manchen Forschern geht es darum, individuelles Verhalten im Kontext von Organisationen zu erklären. Auf dieser Ebene werden die Eigenschaften der Organisation als Kontext oder „Umfeld" betrachtet und der Forscher versucht, ihre Auswirkung auf sozialpsychologische Variablen, wie sie in der Einstellung oder im Verhalten von einzelnen spiegeln, zu ergründen. Diese Perspektive wird als *sozialpsychologische Perspektive* bezeichnet. In einer weiteren Perspektive interessieren vor allem die Strukturmerkmale und die sozialen Prozesse, durch die Organisationen und ihre Unterstrukturen gekennzeichnet sind. Die Forscher, die aus dieser Perspektive heraus analysieren, können sich auf die verschiedenen Untereinheiten konzentrieren, die die Organisation umfasst (z. B. Arbeitsgruppen, Abteilungen, Management, Teams, etc.), oder sie untersuchen verschiedene analytische Komponenten (z. B. Spezialisierung, Kommunikation, Hierarchie), um ihre Eigenschaften zu erklären und ihre Wechselbeziehungen zu verstehen. Diese Perspektive ist die sogenannte *strukturelle Perspektive*. In der dritten Perspektive steht die Organisation als ein Gesamtakteur im Mittelpunkt, der in einem größeren System von Beziehungen operiert. Mit Hilfe dieser Sichtweise können die Forscher entweder das Verhältnis zwischen einer einzelnen Organisation oder einer Klasse von Organisationen und ihrer Umwelt untersuchen oder sie gehen den Beziehungen nach, die sich zwischen mehreren Organisationen entwickeln, welche als ein interdependentes System betrachtet werden. Diese Perspektive bezeichnet man als *ökologische Perspektive*.

▶ „Organisation" als Begriff ist zu einem selbstverständlichen Bestandteil der Umgangssprache geworden, über dessen Bedeutung zunächst nicht reflektiert und daher dessen Mehrdeutigkeit in den meisten Kontexten schadensfrei akzeptiert wird. So werden ganze Systeme wie beispielsweise Unternehmen, Kirchen, Gewerkschaften, Behörden, Schulen, Vereine, Regierungen etc. als Organisationen bezeichnet (*Instituioneller Organisationsbegriff*). Institutionell betrachtet erscheinen vor allem drei Aspekte relevant. Im Rahmen einer spezifischen Zweckorientierung sind Organisationen auf spezifische Zwecke hin ausgerichtet. Durch eine geregelte Arbeitsteilung entstehen relativ stabile Organisationstrukturen. Relativ daher, da die stabile Ordnung in vielen Fällen der einer kontinuierlichen Veränderung weichen muss. Organisationen weisen beständige Grenzen auf, die es möglich machen, zwischen einer Innenwelt und Außenwelt (Umwelt) zu unterscheiden. Betrachtet man hingegen die einzelnen Eigenschaften bzw. Merkmale von Systemen, wie beispielsweise Menschen, Zellen, Soft- und Hardwaresyseme etc., so spricht man ebenfalls von zentralistischen, dezentralistschen, geschlossenen, offenen Systemen (*Instrumenteller Organisationsbegriff*). Instrumentell lassen sich dann zwei unterschiedliche Sichtweisen entwickeln, indem zum einen nach dem funktionalen Verständnis die Organisation als eine Funktion der Organisationsführung betrachtet wird, also als eine Aufgabe, die wahrgenommen werden muss, um die Zweckerfüllung der Organisation sicherzustellen. Zum anderen betrachtet das konfigurative Verständnis Organisation als eine stabile Struktur, die in der Regel auf längere Sicht gelten soll.

Auch in Bezug auf Analyse der einzelnen Bestandteile, Elemente oder Entitäten einer Organisation lassen sich unterschiedliche Perspektiven wählen:

- **Analytische Merkmale**: sie ergeben sich aus dem Gesamtresultat der Messung einer bestimmten Eigenschaft auf Seiten der je einzelnen Entität der Organisation (z. B. das Durchschnittsalter der Mitglieder einer Abteilung).
- **Strukturelle Merkmale**: sie ergeben sich aus dem Gesamtergebnis der Messung aller Beziehungen zwischen den Mitgliedern des Kollektives (z. B. Messung der Qualität einer Abteilung).
- **Generelle Merkmale**: Merkmale von Kollektiven, die nicht auf Informationen über einzelne Entitäten oder ihre Beziehungen zueinander basieren (z. B. das Kapitalvermögen einer Gesellschaft).

Je nach gewählter Perspektive erscheinen unter Umständen die einzelnen Elemente einer Organisation in einem „unterschiedlichen Licht". Es macht daher Sinn, aufgrund der damit verbundenen, vielfältigen Erscheinungsformen zur ersten Orientierung auf ein altes, vereinfachendes, aber nach wie vor gültiges Modell zurückzugreifen, das die wesentlichen Strukturelemente einer Organisation aufzeigt.

Dabei verweist die *Sozialstruktur* auf die regelhaften oder sogar standardisierten Beziehungen, die zwischen den beteiligten Entitäten einer Organisation bestehen. Diese Sozialstruktur kann in Teilelemente untergliedert werden. Das erste Teilelement in Form einer normativen Struktur umfasst Werte, Normen und Rollenerwartungen. Werte sind die Kriterien, die bei der Auswahl bzw. Setzung von Verhaltenszielen verwendet werden; Normen sind die generalisierten Regeln der Verhaltenssteuerung, die vor allem die Mittel benennen, die bei der Verfolgung gesetzter Ziele erlaubt und angemessen sind. Rollen sind Erwartungen, geknüpft an bestimmte soziale Positionen oder Wertmaßstäbe zur Einschätzung des Verhaltens der Inhaber dieser Positionen. Eine soziale Position ihrerseits ist ein Ort in einem System sozialer Beziehungen. Diese Werte, Normen und Rollen sind sie dabei so organisiert, dass sie ein relativ kohärentes und konsistentes System von Überzeugungen und Vorschriften zur Steuerung des Verhaltens aller Beteiligten bilden. Das zweite Element stellt die *Verhaltensstruktur* dar, die das tatsächliche und damit faktische Verhalten der Organisation aufzeigt. Erkennbar ist dieses Verhalten durch die Aktivitäten und Interaktionen, durch die die Organisation aus Sicht eines Betrachters wahrgenommen wird. Die normative Struktur und die Verhaltensstruktur einer Sozialstruktur sind dabei weder miteinander identisch noch voneinander unabhängig, sondern vielmehr ineinander verzahnt bzw. gegenseitig gekoppelt. So setzt beispielsweise die normative Struktur die Verhaltensstruktur gewissen Zwängen aus, die das Verhalten prägen oder gar in eine bestimmte Richtung kanalisieren. Ebenso ist die normative Struktur oftmals für die Regelhaftigkeit und Standardisierungsbemühungen verantwortlich (Abb. 2.1).

Andererseits lässt sich im Alltag beobachten, dass das Verhalten der Sozialstruktur hier und da von der normativen Struktur abweicht, was positiv betrachtet, Anlass und Quelle für Innovationen und Veränderungen der Struktur sein kann. Insofern prägt das Verhalten die Normen, wie umgekehrt die Normen das Verhalten prägen.

Abb. 2.1 Organisationsmodell

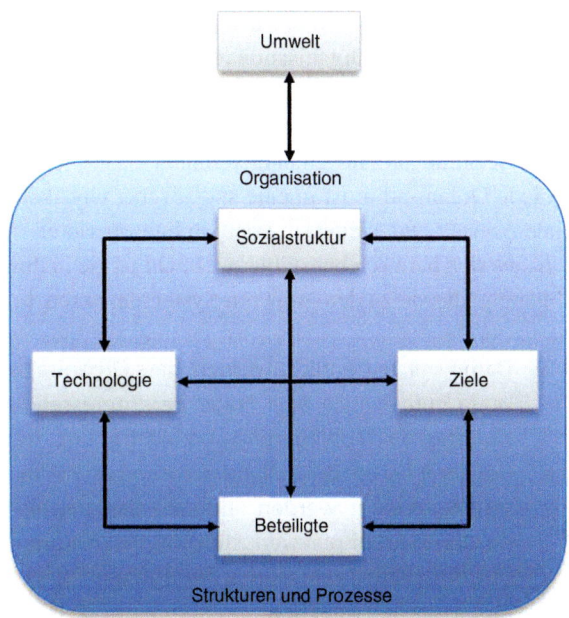

In einer Organisation gilt derjenige oder dasjenige als Beteiligte, wer oder was auf bestimmte Ereignisse reagiert und dadurch zum Fortbestand einer Organisation beiträgt. Dabei kann es vorkommen bzw. wird es üblich sein, dass die jeweils Beteiligten an mehr als einer einzigen Organisation beteiligt sind. So kann jemand gleichzeitig Angestellter in einem Industriebetrieb, Mitglied in einer Gewerkschaft, in einer Kirche, einer politischen Partei, Staatsbürger, Patient in der Praxis, Aktionär in einer oder mehreren Aktiengesellschaften und als Kunde Dienste in Anspruch nehmen. Auch hinsichtlich der Fähigkeiten und Fertigkeiten, die die Beteiligten in die Organisation einbringen, unterscheiden sich die an ihr Beteiligten. Die Binnenstrukturen von Organisationen müssen deshalb so konzipiert sein, dass sie diese Differenzen, die sich fast immer in einer differenten Machtbefugnis und in unterschiedlichen Autonomieansprüchen niederschlagen, auffangen können.

Der Begriff des *Organisationsziels* zählt sicherlich zu den wichtigsten und zugleich strapaziertesten, weil umstrittensten Konzepten in der Organisationsforschung. So neigen einige zu der Auffassung, dass sich Organisationen nur aus ihren Zielen legitimieren. Eine dazu konträre Auffassung vertritt die These, dass Ziele neben der Begründung von Handlung überhaupt keine Funktion für Organisationen haben. In ihren behavioristischen Augen können nur Individuen Ziele haben. Für die meisten Forscher stellen die Ziele inzwischen aber einen unstrittigen und zentralen Aspekt bei der Untersuchung von Organisationen dar.

Die Betrachtung der *Technologie* einer Organisation als Subsumption von Technik und Methodik begründet sich darin, dass Organisationen einen Raum darstellen, in dem eine bestimmte Art von Arbeit auf eine bestimmte Weise geleistet wird, als einen Ort, an dem zum Zweck der Veränderung von Materialien Energie verbraucht wird. Anstelle des Raumbegriffes kann man auch die Organisation als eine Verarbeitungseinheit ansehen, die durch bestimmte Mechanismen einen Input in einen Output transformiert. Um diese Arbeit zu erbringen, muss die Organisation über eine Technologie (Techniken und Methodologie) zur Ausführung dieser Arbeit verfügen. Insofern verfügen alle Organisationen über eine oder mehrere Technologien und unterscheiden sich im Grad, in dem die verwendeten Techniken beherrscht und zur Anwendung kommen.

Jede Organisation ist in eine spezifische, physikalische, technische, kulturelle und soziale *Umwelt* eingebettet, mit der sie interoperieren muss. Keine Organisation ist autark, d. h. aus sich heraus lebensfähig, vielmehr ist sie in ihrem Überleben von den Beziehungen abhängig, die sie zu den größeren Systemen, deren Teil sie sind, herstellen.

▶   Damit soll verdeutlicht werden, dass Organisationen und ihre inhärenten Prozesse immer auch eine Frage der Interessendurchsetzung sind, des Machtkampfes, der Mobilisierung von Mitstreitern, des Schmiedens von Koalitionen, des Kampfes um Besitzstandswahrung usw. Aber auch externe Interessen müssen verarbeitet werden, indem beispielsweise Gewerkschaften Bedenken bezüglich Arbeitplatzverlusten anmelden, Kommunen den Abfluss von Steuergeldern befürchten, Bürgerbewegungen gegen Umweltschutzverletzungen mobil machen oder Konkurrenten wichtige Mitarbeiter abwerben.

Gerade in den Anfängen der Organisationsforschung wurde diese Bedeutung der Verknüpfungen von Organisation und Umwelt vernachlässigt, weil unterschätzt. Erst mit der Etablierung der Systemtheorie ist die Auseinandersetzung von Umwelt und Organisation, insbesondere die allzeit problematische Überlebensfähigkeit des Systems in einer fordernden Umwelt, in den Vordergrund des Interesses der praktischen Organisationsentwicklung gerückt. Die Organisation-Umwelt-Problematik hat sich als eine der meist behandelten Themenstellung in der jüngeren Geschichte der Organisationsforschung erwiesen. So legen gerade die neueren Arbeiten einen stärkeren Akzent auf diese Zusammenhänge.

▶   Beispielsweise entwickeln nur wenige Organisationen ihre eigenen Technologien aufs Neue. Vielmehr übernehmen sie sie aus ihrer Umwelt in Gestalt von Maschinen und Gerätschaften, betriebsfertigen Programmen und ausgeklügelten Verhaltensmaßregeln sowie geschulten Mitarbeitern. Die je einzelne Organisation muss sich bei der Auswahl und Einweisung ihrer Mitarbeiter eo ipso an den allgemeinen Berufs- und Beschäftigungsstrukturen orientieren. Überdies ist die Umwelt die Quelle, aus der der Input kommt, den die Organisation bearbeitet, ebenso wie sie den Output der Organisation aufnimmt.

Diese Organisationselemente – Sozialstruktur, Beteiligte, Ziele, Technologien und Umwelt – können daher als generische Komponenten einer jedweden Organisation angesehen werden. Organisationen sind demnach Systeme dieser Elemente, die wechselseitig aufeinander einwirken. Unabhängig von diesen Elementen lässt sich die Organisation im

Vorfeld der weiteren Untersuchung als rationales, offenes und natürliches System auffassen und konzeptionalisieren.

- Demnach ist eine Organisation ein an der Verfolgung von Zielen orientiertes rationales System mit einer relativ starken Sozialstruktur. Dieser Perspektive folgen u. a. der klassische und der traditionelle Ansatz, der Ansatz der wissenschaftlichen Organisationsführung sowie der Webersche Ansatz.
- Organisationen werden weiterhin als organische bzw. natürliche Systeme gesehen, deren funktionale und prozessuale Ausgestaltung sicherstellen, dass sie sich als ein solches System selbst erhalten und im Wettbewerb überleben. Dazu zählen u. a. der Human Relations- und der institutionelle Ansatz.
- Letztlich sind Organisationen keine geschlossenen Systeme, abgeriegelt von ihrer Umwelt. Sie sind vielmehr offene Systeme und darauf angewiesen, dass Ressourcen (Menschen und Mittel) von außen in ihr System hineinströmen. Hierauf setzen die allgemeine Systemtheorie, Systemplanung und die Umweltansätze auf.

Gerade die Charaktereigenschaft der Organisation als ein offenes System macht es auch schwierig, zur Erleichterung im Vorfelde der Untersuchung bestimmte Organisationstypologien zu entwickeln. Dazu hat die Organisationsforschung eine Vielzahl von Organisationstypologien entwickelt, ein Ende dieser Entwicklungen ist nicht in Sicht. Die Konstruktionsversuche von Typologien können nach theoretischen oder deduktiven und empirischen oder induktiven Ansätzen unterteilt werden. Im ersten Ansatz versuchen die Forscher, eine oder mehrere organisationale Dimensionen zu bestimmen, die sie in theoretischer Hinsicht für relevant erachten. Organisationen, die in diesen wichtigen Dimensionen variieren, weisen, so die Ausgangsthese, auch andere wichtige Unterschiede in Form oder Funktion auf. Zu den gebräuchlichsten Grundlagen für eine Typisierung von Organisationen zählen Autoritäts- und Machtunterschiede, Unterschiede in den Zielen und in der jeweils verwendeten Technologie. Empirische Ansätze hingegen machen keine a priori-Annahmen hinsichtlich signifikanter Variablen. Stattdessen werden hier riesige Mengen von Daten aus Organisationen gesammelt, und die Analyse versucht herauszufinden, ob es Variablenbündel von hoher Korrelation gibt. Bislang konnte weder die deduktive noch die induktive Richtung mit sehr überzeugenden Ergebnissen aufwarten.

▶   Soll eine Organisation am Leben bleiben, muss sie beispielsweise ihre Mitglieder dazu veranlassen, finanzielle Mittel, Energie und Zeit zu ihren Gunsten aufzuwenden. Das heißt, wer in einer Organisation ein kohärentes System von Beziehungen zu erkennen glaubt, ausgerichtet auf die Verfolgung spezifischer Ziele, dürfte der Wahrheit längst nicht so nahekommen, wie derjenige, der von einer opportunistischen Ansammlung divergenter, zeitweilig miteinander vereinigter Interessengruppen ausgeht.

Unabhängig von dem verfolgten Ansatz lassen sich einige wenige „Best Practices" zur Entwicklung von Typologien empfehlen:

- **Bestimmung** der Dimensionen, die die wichtigen Aspekte von Organisationsstrukturen oder -funktionen erklären.
- **Definition** dieser Dimensionen, um die herum eine Typologie konstruiert werden soll.
- **Spezifikation** dieser Dimensionen, wie sie zu operationalisieren sind.
- **Separation** zweier oder mehrerer Dimensionen zur Absteckung des Geltungsbereichs der Typologie, damit diese Dimensionen im statistischen Sinne voneinander unabhängig sind.

Typologien werden häufig dafür gepriesen, dass sie multivariante Organisationsanalysen begünstigen. Zu bedenken ist dabei aber, dass sie Kausalzusammenhänge bisweilen auch eher verdunkeln. Solche Typologien, bekannt bzw. entlehnt aus anderen Wissenschaftsdisziplinen, erwecken zusätzlich den Eindruck, sie könnten zu komplexeren multivarianten Analysen von Organisationen anleiten (Abb. 2.2).

Aus einem solchen Versuch, typologische Zusammenhänge in Diagramme zu pressen, lässt sich einiges ableiten. So zeigen die Diagramme 1 bis 6 beispielsweise, dass in der Feststellung, der Organisationstyp beeinflusse die Beziehungen, eine ganze Reihe unterschiedlicher Behauptungen stecken. Diagramm 1 zeigt, dass der organisationale Kontext O einen direkten Einfluss auf die beiden Variablen A und B hat, dass aber ein direkter Zusammenhang zwischen diesen beiden Variablen nicht gegeben sein muss. Die Diagramme 2 bis 4 illustrieren, dass der organisationale Kontext sowohl A als auch B beeinflusst, dass aber der Zusammenhang zwischen diesen beiden Variablen im Sinne einer Einbahnstraße einmal in jene Richtung weisen (Diagramm 2 und 3), aber auch reziprok sein kann (Diagramm 4). Die Diagramme 5 und 6 sagen, dass der organisationale Kontext nur eine der beiden Variablen beeinflussen kann, die dann aber ihrerseits wieder die andere beeinflusst. Das heißt, obwohl die Typologien die multivariate Analyse zu erleichtern scheinen, spezifizieren diese nur in seltenen Fällen, in welcher Weise der organisationale Kontext die zu betrachtenden Beziehungen beeinflusst. Es kann auch durchaus die Auffassung vertreten werden, dass Organisationen zu komplex und facettenreich und in ihren strukturellen wechselseitigen Verknüpfungen auch viel zu instabil sind, um sie einer rein empirischen

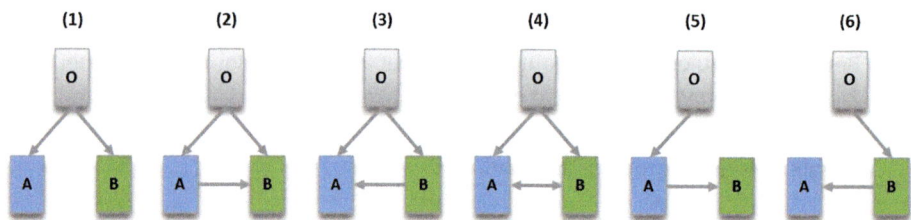

Abb. 2.2 Prozesstypologien

Untersuchungsstrategie so ohne weiteres zu unterziehen. Erschwerend kommt hinzu, dass die oftmals anzutreffende lockere Kopplung organisationaler Elemente die Abwesenheit enger und starrer Verbindungen zwischen den verschiedenen Organisationskomponenten impliziert und dadurch ermöglicht wird, dass viele dieser Elemente zu autonomem Handeln fähig sind. Die Stärke einer guten Typologie – das Clustering von mehreren signifikanten Organisationsmerkmalen – wird somit zum Hemmschuh bzw. Flaschenhals bei der Überprüfung von Hypothesen, die einen spezifischen Kausalzusammenhang zwischen Variablen behaupten. Organisationstypologien sind (verglichen z. B. mit biologischen Schemata) eben einmal relativ ungenau und wenig aussagekräftig, zumal soziale Organisationen ihrem Charakter nach offene Systeme sind.

▶ Es gilt zwischen dem Begriff der Organisation und dessen verbale Ausprägung zu differenzieren. Der Begriff des „Organisierens" ist prozessbezogen und bezeichnet eine Praxis. Es geht unter anderem beim Organisieren darum, Regelungen zu schaffen: Regeln zur Festlegung der Aufgabenverteilung, Regelung der Verknüpfung, Verfahrensrichtlinien für die Bearbeitung von Vorgängen, Beschwerdewege, Kompetenzabgrenzungen, Weisungsrechte, Unterschriftsbefugnisse usw. Formale (formelle) als auch informale (informelle) Regeln dienen dazu, die Praxis der Organisationselemente zu bestimmen und damit vorhersagbar zu machen. Dabei stehen formale und informale Regeln (Organisation) in einer interessanten Wechselbeziehung, zumal diese Wechselbeziehung nicht unerheblich auf die Leistung der Gesamtorganisation einwirkt bzw sich auf die Organisationskultur auswirkt.

Die bisherigen Betrachtungen zeigen, dass Organisationen nicht nur ein wichtiger Forschungsgegenstand darstellen, sondern auch – aus unterschiedlichen Perspektiven betrachtet – unterschiedliche Erkenntnispotenziale in sich verbergen. Diese Perspektiven werden im Mittelpunkt des nächsten Abschnittes stehen. Organisationen sind lebenswichtige Mechanismen zur Verfolgung kollektiver Ziele in modernen Gesellschaften. Sie sind dabei keine neutrale und starre Instrumente, weil sie das, was sie produzieren, prägen und beeinflussen und weil sie als kollektive Akteure agieren, die jeweils gewisse Rechte und Machtbefugnisse haben. In beiden Eigenschaften, als Mechanismen wie als Akteure, gelten Organisationen gerade in der heutigen Zeit des dramatischen Wandels als Quelle einer Reihe schwerwiegender Probleme, vor die die moderne Gesellschaft sich gestellt sieht. Moderne Organisationen liefern nach wie vor den Rahmen für allgemeine soziale Prozesse, aber sie vollziehen diese Prozesse nicht eben so selten auf der Basis hart verkrusteter struktureller Gefüge.

2.2 Klassische Organisationstheorien im Überblick

In diesem Abschnitt soll ein perspektivischer Überblick über die Organisationstheorien erarbeitet werden, die sich im Laufe der letzten Dekaden als forschungsrelevant herauskristallisiert haben. Der Begriff Perspektive erscheint dabei an dieser Stelle nicht willkürlich, sondern wurde bewusst gewählt. Zum einen erscheint die Organisationstheorie auf den ersten Blick als eine vielfältige Disziplin, die nicht einem zentralen Paradigma folgt, das dann die gesamte Forschung und die praktischen Gestaltungsempfehlungen ausrichtet. Bei den zur Sprache kommenden Ansätzen handelt es sich also nicht um singuläre, in sich einheitliche Modelle organisationaler Strukturen, sondern um eine Vielzahl unterschiedlicher Ansätze, die aber dennoch in bestimmten Punkten eine große Familienähnlichkeit aufweisen. Außerdem handelt es sich bei den Ansätzen auch um Denkrichtungen, Schulen, schlimmstenfalls um Paradigmen und der Terminus Perspektive dient sozusagen als eine Art Sicherheitsklammer oder Begriffsschirm, unter dem die einander verwandten Auffassungen „geschützt" untersucht werden können. Eine solche Sicherheits- und Klammerfunktion soll aber auch dem Umstand Rechnung tragen, dass die Modelle teils miteinander konfligieren, teils sich überlappen und teils einander ergänzen.

Letzteres zeigt sich auch in den zahlreichen Versuchen der Vergangenheit, die unterschiedlichen Ansätze einer ordnenden Perspektivierung zuzuführen. So werden die Ansätze unterschieden nach

- ihrer **historischen Entwicklung** (Scott 1961): Klassische Organisationstheorie, Neoklassische Organisationstheorie, Moderne Organisationstheorie;
- der zugrunde liegenden **Methodologie** (Burell und Morgan 1979): präskriptiv/kausalanalytisch/interpretativ usw.;
- nach der **Aggregationsebene** (Pfeffer 1982): Mikro-, Meso- und Makrotheorien,
- dem zugrundeliegenden **Leitbild** (Morgan 2006): Maschine, Gefängnis, Gehirn, Kultur usw.;
- der **Basis-Disziplin**, in der sie ursprünglich entwickelt wurden (Grochla 1975): ingenieurwissenschaftliche, mikroökonomische, psychologische, arbeitswissenschaftliche, soziologische, betriebswirtschaftliche Ansätze usw.

Diese Perspektiven zu kennen und zu verstehen lohnt sich aus mehreren Gründen. Es ist schwierig, den Ansatz der kognitiven Organisation, wie er in den späteren Kapiteln entwickelt wird, ohne Kenntnis der unterschiedlichen Ansätze, die dieser Entwicklung zugrunde liegen, zu erfassen oder sie sich voll zunutze zu machen. Zudem sei dem Leser versichert, dass er mit der Beschäftigung dieses Abschnittes nicht nur Studien aus der Vergangenheit besser verstehen, sondern auch die aktuellen Bemühungen von Organisationsforschern besser beurteilen kann. Denn wiewohl diese Perspektiven sich zu verschiedenen Zeiten herausbildeten, ist es den späteren keineswegs gelungen, die früheren restlos zu verdrängen. Vielmehr leben die Perspektiven nebeneinander fort, und jede kann nach wie vor ihre Gefolgschaft für sich reklamieren. Letzteres Schicksal wird sicherlich auch die Perspektive der kognitiven Organisation treffen. Zumal dieses Buch auch für die Praxis geschrieben wurde und wenn man in dieser ein konkretes, organisatorisches Problem lösen muss, kann man zwischen zwei grundlegenden Vorgehensweisen wählen. Entweder man bevorzugt ausschließlich einen Ansatz unter totaler bzw. radikaler Vernachlässigung aller anderen oder aber man versucht, die prägenden Merkmale mehrere Konzepte miteinander zu kombinieren. Beide Vorgehensweisen setzen allerdings eine kritische Auseinandersetzung mit den Stärken und Schwächen der organisationstheoretischen Ansätze voraus (Abb. 2.3).

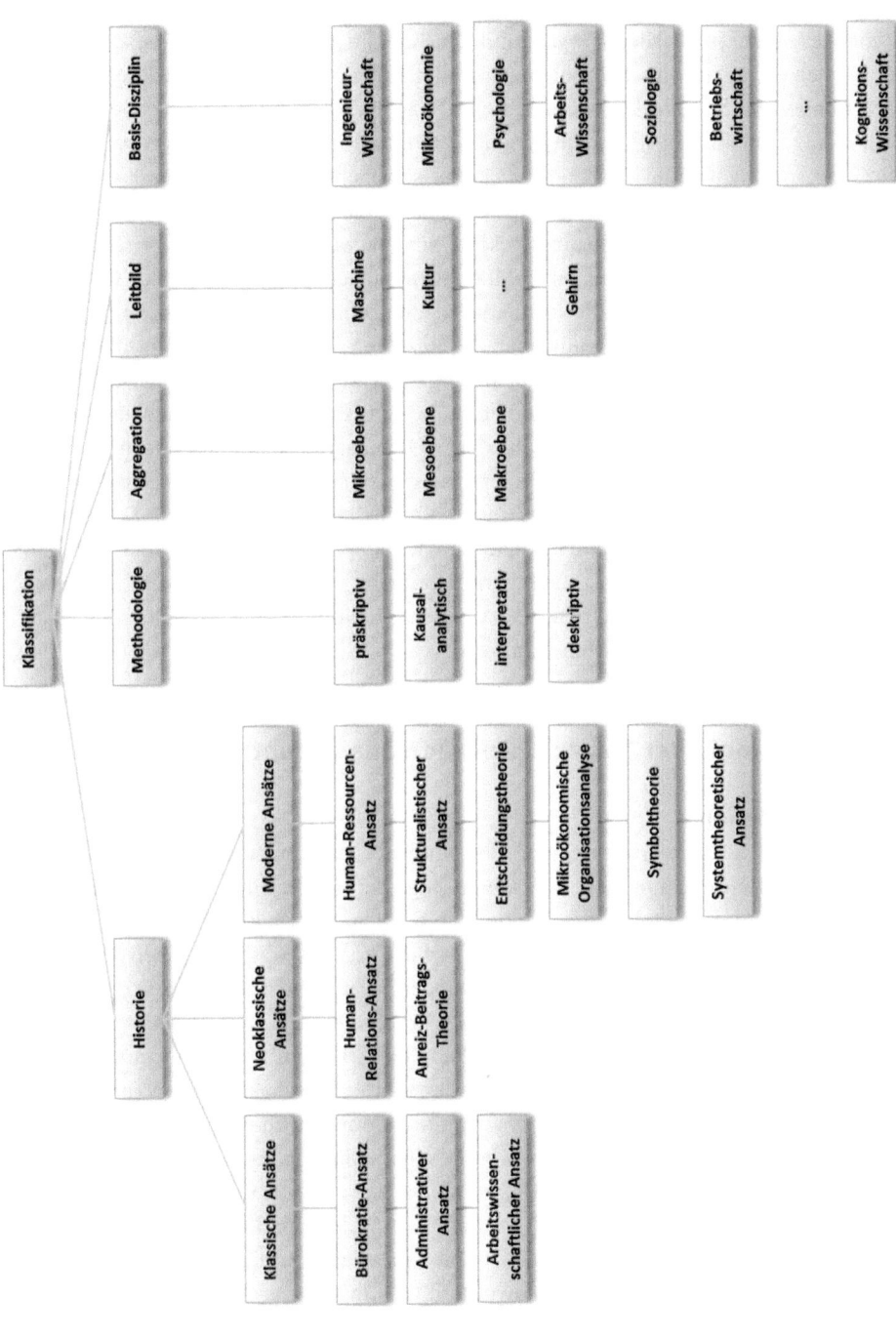

Abb. 2.3 Versuch einer Klassifikation der Organisationstheorien

Ludwig Wittgenstein hat in den „Philosophischen Untersuchungen" wiederholt darauf
hingewiesen, wie viele alltägliche Begriffe „verschwommene Ränder" (§ 71) haben und
wie leicht es einem im sterilen Umgang mit der Sprache geschehen kann, diese Tatsache
zu übersehen. Wittgensteins Feststellungen treffen auch auf die in diesem Buch bzw. in
dessen Kontext zur Sprache kommenden Begriffe zu und zeigen damit auf, was zu tun ist,
um zu klären, ob ein Begriff verschwommene Grenzen hat und welche Verwendung in
diese Grauzone fallen und welche nicht. Man muss zunächst einmal mehr darüber wissen,
in welcher Hinsicht sich die paradigmatischen Fälle ähneln. Das ist deshalb der umfangreiche Schritt dieses Kapitels. Es muss geklärt werden, was es ist, das die verschiedenen
paradigmatischen Ansätze der einzelnen Modelle miteinander verbindet. In den folgenden
Abschnitten wird das Organisationsverständnis der einzelnen Theorien erarbeitet, um über
diesen perspektivischen Zugang zum einen die einzelnen disziplinären Organisationskon-
zepte zu entwickeln und zum anderen gleichzeitig die Systematik der weiteren Ausführungen insgesamt zu erhöhen. Insofern werden in diesem Kapitel das Untersuchungsgebiet
und ihr Gegenstand aus der Sicht verschiedener Organisationstheorien betrachtet, damit
ein erstes Bild davon gewonnen werden kann, wie sich mit dem Wechsel des Standpunktes
durchaus unterschiedliche Perspektiven innerhalb desselben thematischen Zusammen-
hangs erschließen lassen. Die damit erfolgte Entwicklung einer die Wissenschaftsdisziplinen vergleichende Perspektive ist auch darin begründet, weil in den Perspektiven erste
Erklärungsansätze erarbeitet werden, die den Blick für die spätere Modellierung einer
kognitiven Organisation zu schärfen vermögen.

2.2.1   Physiologischer Ansatz (Scientific Management)

2.2.1.1   Motivation

Die Entstehung des *Scientific Managements* ist durch die zunehmende Komplexität privatwirtschaftlicher Betriebe motiviert, die sich im Zuge der industriellen Revolution heraus-
bildete. In England, Frankreich, den Vereinigten Staaten und Deutschland führte dies zu
Beginn des 20. Jahrhunderts zu einem Anwachsen der Verwaltungsprobleme in den Organisationen. Schon Mitte bis Ende des 19. Jahrhunderts war zu beobachten, dass die zunehmende Mechanisierung in den Fabriken mit einer Erhöhung der Betriebsgrößen verbunden
war. In England stieg die durchschnittliche Zahl von Arbeitern pro Betrieb von 137 im
Jahre 1838 auf 191 im Jahre 1888. Dieser Anstieg führte aber zunächst nicht zu größeren
Managementproblemen. Die Fertigung bzw. Produktion war noch weitgehend handwerk-
lich organisiert. Die hier am weitesten verbreitete Organisationsform – besonders in den
USA – war das System der Meister. Hierbei delegierte man nahezu alle Aufgaben der
Fertigungsplanung, -durchführung und -kontrolle an Meister und Vorarbeiter. Innerhalb
dieses dezentralen Systems waren die Meister für nahezu alles zuständig, was die Arbeiter
betraf. So waren sie zum Beispiel verantwortlich für Einstellung, Ausbildung, Lohnfestsetzung, Arbeitsdurchführung und Disziplinarmaßnahmen. Durch die Möglichkeit der
Lohnfestsetzung führten die Werkmeister oft auch leistungsabhängige Lohnsysteme ein,

die eine erhöhte Anreizwirkung besaßen. Die Maschinen wurden in dieser Organisationsform lediglich als große, leistungsfähige Werkzeuge angesehen. Funktionen, wie Verkauf
und Finanzierung waren auf wenige Personen in der Organisationsführung beschränkt. So
traten kaum Probleme der Aufgabenverteilung und Koordination auf. Dies änderte sich
mit dem Trend zur Massenfertigung, der am Ende des 19. Jahrhunderts einsetzte.

Aufgrund des wachsenden Wettbewerbs wurde die Entwicklung der Lohnkosten sehr
häufig aufmerksam und kritisch verfolgt. In dem Bestreben, diesen Wettbewerbsdruck
durch Kostensenkungen aufzufangen, mehrten sich die Eingriffe seitens der Organisationsführung in die von den Meistern ausgehandelten Lohnvereinbarungen. Dies führte jedoch
zur Ausschaltung des Anreizmechanismus des leistungsabhängigen Lohnes, was häufig
Streiks, Ausschreitungen und Arbeitsverweigerungen mit sich brachte. Andererseits verstärkten diese Tendenzen den Eindruck des Managements, dass die bestehende Organisationsform eine effiziente Produktion nicht mehr gewährleisten konnte.

Vor dem Hintergrund dieser Diskrepanz zwischen den Leistungsbedürfnissen des Managements und den organisatorischen Unzulänglichkeiten des herrschenden Systems muss
das Aufkommen einer neuen Bewegung – der wissenschaftlichen Betriebsführung (Scientific
Management) – gesehen werden. In diesem historischen Kontext muss auch das in dieser
Zeit vorherrschende Menschenbild betrachtet werden. Im Zuge der fortlaufenden Mechanisierung wurden die traditionellen handwerklichen Tätigkeiten immer mehr durch weitgehend an- und ungelernte Arbeitnehmer ersetzt, deren Aufgaben sich auf einfache, monotone
Routinetätigkeiten beschränkten. Auf dem Arbeitsmarkt herrschte ein Angebotsüberschuss.
Der Arbeitstag war lang und der Lohn bewegte sich am Existenzminimum, so dass die Ar-
beitskräfte für die Organisationen relativ billig waren. Dementsprechend dominierten beim
Arbeiter die primären Existenz- und Sicherheitsbedürfnisse. Finanzielle Anreize spielten
die dominierende Rolle. Für höhere Bedürfnisse blieb kein Spielraum. Das Management
wurde somit gar nicht mit der Frage nach anderen als finanziellen Bedürfnissen der Arbeiter
konfrontiert. Hieraus entstand jene „finanzielle Anreizideologie", welche heutzutage noch
in Form von Akkordlohnsystemen zu finden ist. Dieser Zeit entsprach folgerichtig ein Menschenbild, das diesen

- als billigen Produktionsfaktor (instrumentaler Aspekt),
- ohne höhere Bedürfnisse (motivationaler Aspekt),
- mit streng rationalem Verhalten im Sinne eines „homo oeconomicus" (rationaler Aspekt)

betrachtete. Da man in dieser Zeit versuchte, den Menschen zu einer gut funktionierenden
Maschine zu transformieren und die Maschine somit zum Vorbild für den arbeitenden
Menschen wurde, spricht man treffend vom mechanistischen Menschenbild dieser Epoche.

2.2.1.2 Konzept des physiologischen Ansatzes

Aus der oben ausgeführten Motivation heraus entwickelte sich die Strömung der wissenschaftlichen Betriebsführung. Diese wurde weitgehend von Ingenieuren getragen, die die Unzulänglichkeiten des vorherrschenden Meistersystems erkannten und deshalb versuchten, die

menschliche Arbeitsleistung innerhalb der Unternehmen unter Zugrundelegung analytischer Methoden effizienter einzusetzen. Der zentrale Ansatzpunkt hierfür war, den Fertigungsbereich als eine einzige, große Maschine zu sehen. Das Problem, das sich hierbei stellte, war, die menschliche Arbeitsleistung in dieses maschinelle System miteinzubeziehen und entsprechend zu optimieren.

Als Hauptvertreter der wissenschaftlichen Betriebsführung gilt der Ingenieur Frederick W. Taylor (1841–1925), der durch seine Arbeiten und Veröffentlichungen, insbesondere „Shop Management" und „The Principles of Scientific Management", maßgeblich an der Entwicklung dieser Management-Richtung beteiligt war. Sein Ziel war es, das bestehende System durch ein System aus Regeln, Prinzipien und ausgearbeiteten Verfahren zu ersetzen, um somit die Produktivität der Arbeiter sowie die Effizienz des Managements zu steigern. Vor allem drei Prinzipien wurden von ihm etabliert:

- **Trennung**: Trennung von Hand- und Kopfarbeit.
- **Akkordlohn**: Die Normalzeit oder stückbezogen die Normalleistung bildet ihrerseits die Grundlage für den Leistungslohn.
- **Personalauswahl**: Die systematische Personalauswahl auf der Basis von exakt spezifizierten Anforderungsprofilen wurde zur Geburtstunde der modernen Personalwirtschaft.

Sein Produktivdenken war rein technisch-rational ausgerichtet. Da nach Taylors Meinung grundsätzlich kein Unterschied zwischen der Gestaltung einer Maschine und der Gestaltung des menschlichen Arbeitseinsatzes besteht, versuchte er in Anlehnung an experimentelle Methoden der Naturwissenschaften, die Arbeit in Betrieben zu analysieren und mit Hilfe der gewonnenen Ergebnisse zu optimieren. Der Ansatz hierfür bestand in einem systematischen Studium der Arbeitsprozesse und der zumutbaren körperlichen Arbeit mit dem Ziel, optimale Arbeitspensen zu ermitteln und Leerzeiten zu eliminieren. Hierzu führte er Zeit- und Bewegungsstudien z. B. bei Arbeitern, die Roheisen auf Eisenbahnwaggons verluden, durch. Diese Art von Studien werden bis in die heutige Zeit weiterentwickelt, wobei diese Entwicklung in Deutschland allein vom REFA-Verband getragen wurde. Als Ergebnis dieser Untersuchung kam Taylor zu der Erkenntnis, dass durch die Aufteilung der Gesamtaufgabe in viele Teilaufgaben eine Erhöhung der Arbeitsproduktivität erreicht werden kann. Taylor stellte fest, dass die einfachen Arbeiter von planenden und vorbereitenden Tätigkeiten entbunden werden mussten, um eine effizientere Arbeit zu gewährleisten. Zu diesem Zweck richtete er eine zentrale Verwaltung ein, die für Arbeitsvorbereitung und Produktionskontrolle zuständig war. Hauptsächlich waren dies Werkstattschreiber, die mit von Taylor entwickelten Auftragskarten diese Koordinationsaufgaben erfüllten.

Insgesamt ist festzustellen, dass mit der Entwicklung dieses Systems die Aufgaben der Arbeiter immer weiter spezialisiert und standardisiert wurden. Dadurch konnten die Ausbildungskosten gering gehalten und Lerneffekte, die sich aus der häufigen mechanischen Wiederholung eines Arbeitsschrittes ergaben, ausgenutzt werden. Dies führte wiederum zu kürzerem Arbeitstakten und zu geringeren Stückkosten. Seine Perfektion fand dieses

System in der Fließfertigung, die von Henry Ford bereits im Jahr 1907 initiiert wurde. Dieses noch recht einfache System wurde von Taylor erweitert, indem er Meister und Vorarbeiter in seine Überlegungen miteinbezog. Aus seinen Untersuchungen und Erfahrungen schloss Taylor, dass der Aufgabenbereich dieser Organisationebene zu umfassend und zu komplex und ihre Qualifikation zu gering sei, um ein effizientes Arbeiten gewährleisten zu können. Auf dieser Grundlage schuf er ein neues Organisationssystem, das er Funktionsmeisterprinzip nannte. Dieses hatte das Ziel, die Managementaufgaben der Meister und Vorarbeiter zu übernehmen und sie somit von Tätigkeiten zu befreien, denen sie nach Ansicht Taylors nicht gewachsen waren. Der gesamte Aufgabenbereich der Werkmeister wurde in ein System differenzierter Planungs-, Überwachungs- und Anweisungsfunktionen zerlegt. Jede dieser unterschiedlichen Teilfunktionen wurde von einem sogenannten Funktionsmeister übernommen. Dieses System sollte nach Taylors Vorstellung in Form eines Mehrliniensystems aufgebaut werden, wobei mehrere Instanzen der untergeordneten Stelle gegenüber weisungsberechtigt seien. Er schlug zur effizienten Leitung einer Werkstatt acht Funktionsmeister, nämlich einen Arbeitsverteiler, einen Unterweisungsbeamten, einen Kosten- und Zeitbeamten, einen Verrichtungsmeister, einen Geschwindigkeitsmeister, einen Prüfmeister, einen Instandhaltungsbeamten sowie einen Aufsichtsbeamten vor, die innerhalb ihrer Tätigkeit jedem Arbeiter gegenüber weisungsbefugt waren. Diese neue Organisationsstruktur führte ebenfalls zu einer höheren Standardisierung und Spezialisierung der Arbeitsabläufe, auch auf der Meisterebene.

Der von Taylor propagierte Trend zur immer weitreichenderen Standardisierung und Spezialisierung entwickelte sich zum maßgeblichen Managementprinzip. Hierdurch wurden innerhalb der industriellen Massenfertigung die Produkte vergleichbarer, was zu einer Intensivierung des Wettbewerbs führte. Diese Entwicklung zeigte sich in einem zunehmenden Druck auf die Preise der einzelnen Produkte, woraus ein stärker ausgeprägtes Kostenbewusstsein innerhalb der Organisationen resultierte. Diesem Kontrollbedürfnis auf Seiten der Organisationsleitung wurde durch die Einführung mehr oder weniger aufwendiger Kostenrechnungs- und Buchhaltungssysteme Rechnung getragen. Taylor leistete auch hier grundlegende Arbeit durch die Einführung einzelner Rationalisierungskonzepte in verschiedenen Teilbereichen. So führte er zum Beispiel zur Verbesserung der fertigungsvorgelagerten Tätigkeiten ein Abrechnungssystem innerhalb des Lager- und Beschaffungswesens ein, was zu erheblichen Kosteneinsparungen führte. Auch standardisierte er das Werkzeugwesen, die Maschinenanordnung und die Maschinenwartung, woraus sich eine weitere Optimierung des Arbeitsablaufes ergab. Taylor vertrat dementsprechend die Ansicht, dass die bestmögliche Anordnung der Werkzeuge und Maschinen sowie gute Arbeitsbedingungen positive Auswirkungen auf die Arbeitsleistung haben.

Um die angestrebte Verbesserung der Arbeitsabläufe zu erreichen, entwickelte Taylor auch noch ein umfassendes Formularwesen, mit dessen Hilfe zum Beispiel die Arbeitszeit für die Fertigung eines Textil-Produktes und der Stoffeinsatz erfasst werden konnten. Die hieraus gewonnen Daten konnten zu Arbeitsplanungs-, Arbeitsdurchführungs- und Kontrollzwecken verwendet werden. Ebenso lieferten sie die Grundlage für die Kostenrechnungssysteme. Taylor installierte somit erstmals ein in sich geschlossenes betriebliches Berichtswesen.

Ein zentraler Themenkomplex, mit dem sich die Anhänger des Scientific Managements weiterhin beschäftigten, war, eine anreizfördernde und wirtschaftlich vertretbare Lohnform für die Arbeiter zu finden. Schon Mitte des 19. Jahrhunderts fand eine Verlagerung vom üblichen Zeitlohn zu einer eher leistungsorientierten Entlohnung statt. Am Anfang dieser Entwicklung stand der Stücklohn, wobei der Lohn linear an die produzierte Stückmenge gekoppelt war. Dieses System erfüllte die Anreizwirkung, eine höhere Leistung und somit höhere Ausbringung zu erzielen. Da jedoch bei der Ermittlung des Stücklohnes zumeist nur unwissenschaftlich geschätzt wurde und dieser oft nicht der geleisteten Arbeit entsprach, kam es bei einem Anstieg der Produktion oft zu drastischen Lohnsteigerungen. Ebenso ließ das System die Marktgegebenheiten vollkommen außer Acht, was dazu führen konnte, dass Produktionsmengen, für die Lohn zu zahlen war, nicht abgesetzt wurden. Diese Faktoren wirkten sich natürlich negativ auf die Wirtschaftlichkeit der Organisationen aus. Um die Wettbewerbsfähigkeit zu garantieren und die Erträge zu steigern, setzte man die Stücklohnrate bei einer Erhöhung der Ausbringungsmenge grundsätzlich herab. Die im Zeitalter der Industrialisierung als primärer Bestandteil der Arbeitsmotivation anzusehende, rein monetäre Anreizwirkung war bei Leistungssteigerung für einen Arbeiter nun aber nicht mehr vorhanden, da er damit zu rechnen hatte, dass jede Steigerung der Ausbeute früher oder später eine Herabsetzung der Löhne mit sich ziehen würde. Der Arbeiter musste somit, um den gleichen Gesamtlohn zu erhalten, mehr arbeiten als früher. Um dieses Dilemma zu beseitigen, konzipierte als erster der Ingenieur Drury ein Gewinnbeteiligungssystem. Dieses Modell basierte darauf, die Arbeiter am Mehrgewinn, der in einer Periode erzielt wurde, zu beteiligen. Das bedeutet, dass eine Gewinnbeteiligung erst dann eintritt, wenn höhere Gewinne als in der Vorperiode zu verzeichnen sind.

Ein weiteres Konzept, Arbeiter am Gewinn partizipieren zu lassen, wurde von Henry B. Towne erarbeitet. Sein Ansatzpunkt war, Gewinnschwankungen, die in keinem unmittelbaren Zusammenhang mit der Arbeitsleistung standen, zu eliminieren. Die Überlegung bestand darin, Kosten, für die der Arbeiter selbst verantwortlich war (z. B. Kosten für Ausschuss), getrennt von den restlichen Kosten zu erfassen, die bei betriebsüblicher Tätigkeit anfallen. Wenn die Kosten pro Stück am Ende einer Abrechnungsperiode geringer sind als die am Anfang geplanten Stückkosten und dieser Kostenrückgang auf die Sorgfältigkeit des Arbeiters zurückzufuhren ist, sollte dieser auch an dem hierdurch entstandenen Gewinn beteiligt werden. Die praktischen Erfahrungen zeigten jedoch, dass das Management das System dahingehend manipulierte, dass sie die vom Arbeiter zu verantwortenden Kosten bewusst niedrig ansetzten und bei vermeintlichen Kostensenkungen dies auf andere Einflussfaktoren zurückführten.

Die Unzulänglichkeiten des Gewinnbeteiligungskonzeptes versuchte Frederick A. Halsey durch ein Prämiensystem auszuschließen. Sein Ansatz bestand darin, auf eine angemessene Ausbringungsmenge einen festgelegten Zeitlohn zu zahlen. Sollte der Arbeiter weniger Zeit für die Bearbeitung seiner Stückzahl benötigen, würde auf diese eingesparte Zeit eine Prämie als Zulage auf den Lohn gezahlt werden. Halseys Vorschlag hierfür war, 1/3 des gesparten anteiligen Zeitlohnes dem Mitarbeiter als Prämie auszuzahlen, wobei dann entsprechend 2/3 des Mehrgewinnes durch die Zeiteinsparung innerhalb der Organisation verbleiben würden. Er sah darin einen Anreiz für den Arbeiter zur Erbringung einer höheren Arbeitsproduktivität. Ebenso setzte das Management die Lohnrate nicht herab, da sie ausreichend am Mehrgewinn partizipierte. Darüber hinaus war die Unternehmensleitung nicht sonderlich an der Feststellung der zur Verwirklichung der Arbeit erforderlichen Zeit interessiert.

Das Modell Taylors zur anreizkompatiblen, angemessenen Entlohnungsform unterschied sich von den bisher betrachteten Konzepten durch die Überzeugung, einer zuverlässigen Ermittlung der angemessenen Arbeitsleistung stünden keine unüberwindbaren Hindernisse entgegen. Mit seinem Stücklohnverfahren (piece rate system) versuchte er, die angemessene Arbeitsleistung für einen Arbeitsvorgang festzulegen. Diese angemessene Arbeitsleistung entwickelte er mit Hilfe der bereits angesprochenen Bewegungs- und Zeitstudien, indem er einen Arbeitsprozess in seine Teilkomponenten zerlegte und diesen entsprechenden Zeiteinheiten zuordnete. Taylor legte somit die optimale Ausbringungsmenge eines Arbeiters von vornherein fest, was er als entscheidenden Vorteil ansah, da hierbei schon die Rationalisierungsreserven im Fertigungsbereich deutlich wurden. Ebenso ließ sich dadurch die bisherige Schwachstelle des Stückkostenverfahrens, die Tendenz zur Herabsetzung der Stücklohnrate, vermeiden, da nun die Löhne der Arbeitsleistung entsprachen.

Die zweite Komponente des Taylor'schen Lohnkonzepts bestand im sogenannten Differenzial-Lohnsystem (differential piece rate), das den Arbeiter dazu bewegen sollte, seine Arbeitsintensität auch auf die Realisierung der Leistungsvorgaben auszurichten. Dieses Stücklohnsystem war so formuliert, dass es zu einer merklichen Reduzierung der Löhne für die Arbeiter führte, falls diese sich weigerten, die angemessene Arbeitsleistung zu erbringen.

2.2.2   Bürokratieansatz

Der *Bürokratieansatz* tritt in zwei Varianten in Erscheinung, indem einmal dem Aspekt der Bürokratie und ein anderes Mal dem Aspekt der Administration mehr Aufmerksamkeit geschenkt wird.

2.2.2.1   Motivation

Die Notwendigkeit von Organisationsstrukturen ist keinesfalls auf die jüngere Vergangenheit beschränkt, sie lässt sich vielmehr besonders in den Bereichen Kirche, Militär und Staatsverwaltung historisch dokumentieren. Bereits im alten Ägypten erforderte der Bau der Pyramiden eine Vielzahl von Verwaltungs-, Planungs- und Transportaufgaben, die organisiert und koordiniert werden mussten. Besondere Probleme ergaben sich beim langen Transport der Steinblöcke zwischen Steinbrüchen und Bauplätzen, der in der Regel nur während der Regenzeit durchgeführt wurde, um so den mühevollen Landtransport auf ein Mindestmaß zu beschränken. Daneben galt es, den Personaleinsatz über die lange Bauzeit hinweg zu arrangieren. Organisationsregeln, die sich aus der Lösung dieser Aufgaben ergaben, wurden dokumentiert und in einer Art Handbuch für die Nachwelt festgehalten. Auch die Verwaltung des ausgedehnten chinesischen Reiches der Choudynastie (1122–249 v. Chr.)

stellte eine große Organisationsaufgabe dar. So entstand um das Jahr 1100 v. Chr. ein „Handbuch zur Verwaltung des Reiches", das die Kompetenzen der einzelnen öffentlichen Ämter abgrenzte und ihre Koordinations- oder Kontrollinstrumente aufzählte. Ein weiteres Grundprinzip der bürokratischen Variante der Organisation ist die Arbeitsteilung. Sie wurde schon im alten Griechenland praktiziert. Arbeiten wurden so aufgegliedert, dass die Tätigkeit eines Einzelnen auf wenige Handgriffe beschränkt war. Die Arbeitsvorgänge selbst wurden von Flötenmusik und Gesang begleitet, die die Tätigkeit beschrieben und den Arbeitern das Arbeitstempo vorgaben. Auch im Mittelalter wurden erstaunlich leistungsfähige Organisationstechniken für die Heeres- und Staatsverwaltung, aber auch für das Gewerbe entwickelt und aufgezeichnet, die sich mit Lagerhaltung, Transport und sogar Finanztransaktionen beschäftigten. Die administrative Variante, die auch die als klassisch oder formal bezeichnete Organisationsliteratur beinhaltet, entstand etwa zeitgleich mit der bürokratischen Variante. Ähnlich wie bei Taylor werden auch in der administrativen Variante Prinzipien für eine möglichst rationale Arbeitsorganisation entwickelt, mit deren Hilfe Führungs- und Verwaltungsaufgaben bewältigt werden können. Waren Taylors Ausführungen noch auf den Bereich der unteren Führungsebene beschränkt, so bezog sich die administrative Variante auf die organisatorische Gestaltung der Gesamtunternehmung. Erster Vertreter dieser Richtung war der Franzose Henry Fayol, der 1916 mit seinem Werk „Administration industrielle et generale" die Grundlagen für diesen Ansatz schuf, dem ebenfalls das Menschenbild des „homo oeconomicus" zugrunde liegt.

2.2.2.2 Konzept des bürokratischen Ansatzes

An diese Entwicklung in der Organisation der Staatsverwaltung beim Übergang von der feudalistischen über die ständische Ordnung hin zum modernen Verfassungsstaat knüpft der explikative Bürokratieansatz von Max Weber (1864–1920) an. Er analysiert die bürokratische Herrschaft selbst, ihre Auswirkungen auf die Gesellschaft sowie ihre Ausbreitung in den einzelnen Ländern. Diesen zentralen Begriff der Herrschaft, definiert er als eine Sonderform von Macht:

> „die Chance [...], für spezifische Befehle bei einer angebbaren Gruppe von Menschen Gehorsam zu finden" (Weber 1976, S. 122).

Für die Entstehung der modernen staatlichen Verwaltungsapparate und ihrer bürokratischen Organisation betont er die zentrale Rolle des Berufsbeamtentums. Die Besetzung von Ämtern beruht nicht länger auf Standesprivilegien, sondern auf Fachwissen. Beamte sind nötig, um die quantitative und qualitative Ausweitung der staatlichen Verwaltungsaufgaben zu bewältigen und dem wachsenden, kulturbedingten Anspruch an den Staat Rechnung zu tragen. Eine weitere historische Voraussetzung für die Bürokratisierung ist die Entwicklung der Geldwirtschaft, die eine Geldentlohnung und damit die Sicherung fester Einkünfte der Beamten ermöglicht.

Max Weber sieht in der Bürokratie eine Form der Legalherrschaft. Er beschäftigt sich mit ihr als die in seiner Zeit dominierende Herrschaftsform in Wirtschaft und Verwaltung, wobei er weniger die Wirklichkeit beschreibt, sondern eher die Zweckmäßigkeit der

bürokratischen Organisation als wirksamste Form der Herrschaftsausübung in den Mittelpunkt stellt. Wenn er demnach von Effizienz spricht, meint er damit die Wirksamkeit der
Herrschaftsausübung, also die sachliche und präzise Erledigung von Befehlen und Anweisungen. Entsprechend der ungefähren Gleichzeitigkeit der bürokratischen Variante mit
dem Scientific Management stimmt das Menschenbild annähernd überein. Da der bürokratische Ansatz jedoch vom soziologischen Denken her stammt, steht weniger das technische Problem der Anpassung des Menschen an die Maschine als vielmehr die damalige
Verbreitung von großen Verwaltungsapparaten im Vordergrund.

Soziologischen Analysen liegt das soziale Handeln von Menschen zugrunde, welches
sich an dem vergangenen, gegenwärtigen oder erwarteten Verhalten anderer orientiert. In
diesem Sinne liegt soziales Handeln auch immer dann vor, wenn es sich um das Verhalten
von Organisationsmitgliedern handelt, beispielsweise die Befolgung einer Anweisung des
Vorgesetzten. Dieses soziale Handeln weist gewöhnlich gewisse Regelmäßigkeiten oder
auch Handlungsabläufe auf, die darauf beruhen, dass verschiedene Individuen in gleicher
Weise auf die Handlungen anderer reagieren. Diese Regelmäßigkeiten im sozialen Handeln
basieren wiederum auf gleicher Interessenslage (zweckrationale Überlegungen), Brauch und
Sitte (freiwilliges Verhalten von Individuen) und der Orientierung an geltenden Normen (garantierte Rechte und Pflichten).

Organisationen zeichnen sich zweifellos durch Regelmäßigkeiten im Handeln ihrer Mitglieder aus. Dieses Handeln ist sozial, da sich die einzelnen Organisationsmitglieder bei
ihren Handlungen am Handeln der übrigen Mitglieder orientieren, um das Organisationsziel zu erreichen. Bei einer kleinen überschaubaren Gruppe stellt das kein Problem dar. Wie
kommen aber die Regelmäßigkeiten in nicht überschaubaren sozialen Gebilden zustande?
Die Organisationsstruktur stellt dabei eine abstrakte Orientierungshilfe dar, auf der die Regelmäßigkeit von Handlungen in komplexen Organisationen beruht. Nur die Kenntnis dieser legitimen Ordnung ermöglicht es einzelnen Organisationsmitgliedern, Erwartungen
über das Verhalten der anderen Organisationsmitglieder zu bilden und ihr eigenes Verhalten daran zu orientieren.

Eine legitime Ordnung ist zumeist äußerlich garantiert, d. h. es existieren Mechanismen,
die auf die Einhaltung der Ordnung hinwirken, an denen sich der Handelnde orientiert.
Weber unterscheidet zwei Mechanismen der äußeren Garantie und darauf aufbauend zwei
Arten legitimer Ordnung: Konvention und Recht. Konventionen sind Normen, die von einem abgegrenzten Personenkreis anerkannt sind und deren Nichtbeachtung zu Missbilli-
gungen führt. Rechte dagegen sind durch Gesetze garantierte Regeln, deren Verletzung
gerichtlich geahndet wird. Eine äußerlich garantierte Ordnung bedingt noch keine innere
Anerkennung durch die handelnden Personen, wodurch eine legitime Ordnung erst entsteht. Diese innere Überzeugung wird durch Tradition (das alt Bewährte hat Geltung), kraft
emotionalen Glaubens, kraft wertrationalen Glaubens (der Glaube an bestimmte Wertbe-
griffe, die durch die Ordnung garantiert werden) oder kraft positiver Satzung (der Glaube
an die Legalität der vereinbarten oder oktroyierten Ordnung selbst) hervorgerufen. Eine
Ordnung kann durch Paktierung aufgrund einer Vereinbarung oder durch Oktroyierung gegenüber einer Minderheit zustandekommen. Jede Möglichkeit, sich selbst durch Paktierung

eine Ordnung zu geben oder anderen eine Ordnung zu oktroyieren sowie die Einhaltung einer Ordnung zu gewährleisten, basiert auf Macht. Die Machtgrundlagen, die eine Person befähigen, dabei seinen Willen auch gegen eine Opposition durchzusetzen, können verschiedenster Natur sein. Herrschaft (Autorität) dagegen bedeutet, dass eine genau definierte Anzahl von Personen den Anordnungen eines Leiters Folge leistet. Eine soziale Bindung entsteht durch Anweisungen auf der einen Seite und Gehorsam auf der anderen. Stellt der Gehorchende die erhaltene Anweisung in den Mittelpunkt seines Handelns, ohne über ihren Sinn und Zweck Kritik zu äußern, handelt es sich um Disziplin. Gehorsam und Disziplin sind ohne Zweifel Phänomene, die jede Organisation kennzeichnen. Eine Organisationsstruktur ist so lange instabil, wie nicht ein ausreichendes Maß an Gehorsam und Disziplin vorhanden ist. Stabilität ist dabei nur gegeben, wenn diese Fügsamkeit auf dem Legitimitätsglauben beruht und nicht etwa aus materiellem Interesse oder aus persönlicher Autoritätslosigkeit hingenommen wird. Auf der anderen Seite versucht derjenige, der Herrschaft ausübt, sich selbst zu rechtfertigen. Dies geht mit dem Bemühen des Herrschers einher, seine Herrschaft auf der Basis des Glaubens an ihre Legitimität aufzubauen. Diesen Glauben gilt es, bei den Untergebenen zu wecken und zu erhalten. Herrschaft lässt sich somit in drei reine Formen aufgliedern, die auf den oben genannten Legitimitätsgründen aufbauen. Jede Herrschaftsform kann alleine oder in Kombination mit anderen auftreten und stellt jeweils die Grundlage für das soziale Handeln in einer Herrschaftsbeziehung dar. Die Aufzählung liefert jedoch keine vollständige Beschreibung aller Herrschaftsformen, sondern soll lediglich dazu dienen, eine konkrete Herrschaftsform zu analysieren:

- Die **legale Herrschaft**, die auf dem Glauben an die Legalität der gesetzten Ordnung und der durch sie weisungsbefugten Personen basiert. Ihre Legitimitätsgeltung hat rationalen Charakter. Den Anweisungen eines Vorgesetzten wird kraft formaler Legalität Gehorsam geleistet.
- Die **traditionale Herrschaft**, die auf dem Glauben an die Geltung der seit jeher geltenden Traditionen und der durch sie zur Herrschaft Autorisierten beruht. Gehorsam wird der Person des an die Tradition gebundenen Herrn entgegengebracht.
- Die **charismatische Herrschaft**, deren Legitimität sich auf den (emotionalen) Glauben an eine Person oder die durch sie geschaffene Ordnung stützt. Anweisungen werden aufgrund persönlichen Vertrauens in das Charisma der Person des Führers befolgt.

Die Bürokratie entsteht aus einer legalen Herrschaft heraus, indem sich legitimierte Entscheidungsträger auf einen bürokratischen Verwaltungsapparat als Herrschaftsinstrument stützen, um damit eine Ordnung aufrechtzuerhalten. Diese Ordnung selbst stellt in der Regel ein auf Rechten aufgebautes, legales Gefüge dar. Die bürokratische Organisationsstruktur besteht aus Beamten, die auf der Basis eines Vertrages beschäftigt sind. Um ein Amt bekleiden zu können, müssen diese Beamte einer fachlichen Qualifikation genügen. Sie empfangen als Entlohnung ein festes Gehalt, unterliegen einer festgelegten Laufbahn und genießen eine langfristige Zukunftssicherung. Sie üben ihr Amt zu festgesetzten Zeiten in eigens dafür vorgesehenen Amtsräumen aus, ohne Eigentum am Amts- oder Betriebsvermögen zu haben. Die Beamten unterliegen dabei einer einheitlichen Amtsdisziplin. Nach Max Weber unterliegen nicht nur öffentliche Beamte einer bürokratischen Ordnung, sondern auch Angestellte, deren Organisationsform bürokratische Züge aufweist. Er grenzt damit Beamte und Angestellte eindeutig von Arbeitern ab. Der Leiter einer bürokratischen Organisationsstruktur bildet eine Ausnahme. Seine Position hat typischerweise keinen rein bürokratischen Charakter, wenngleich er bei seinen Anordnungen an die bestehende Ordnung gebunden ist. Er erlangt seine Legitimation entweder durch eine Wahl (in Bereichen der öffentlichen Verwaltung) oder durch sein Eigentum an Produktionsmitteln (privatwirtschaftlicher Unternehmer). Der bürokratische Verwaltungsstab selbst lässt sich wie folgt beschreiben:

- Jedes Amt ist für eine bestimmte oder eine festgelegte Anzahl von regelmäßigen Tätigkeiten zuständig und besitzt die dafür notwendige sachliche Entscheidungsbefugnis sowie die zur Durchführung der amtlichen Pflichten nötige Weisungsbefugnis – eine Arbeitsteilung, die es den einzelnen Stellen ermöglicht, sich zu spezialisieren. Darüber hinaus ist die Bewältigung von Arbeitssituationen durch ein System von Verfahrensweisen festgelegt. Diese Standardisierung von Arbeitsabläufen sowie die personenunabhängige Festlegung von Rechten und Pflichten einer Amtsstelle führen zur Austauschbarkeit einzelner Personen innerhalb der bürokratischen Struktur, ohne die Struktur selbst zu verändern.
- Es existiert eine festgesetzte Amtshierarchie von über- und untergeordneten Stellen, deren Kompetenzen auch vertikal klar abgegrenzt sind. Eine übergeordnete Instanz hat, neben der Weisungsbefugnis, lediglich die Kontrollfunktion über eine untergeordnete Stelle. Sie ist nicht berechtigt, selbst deren Amtsgeschäfte zu führen. Treten bei gleichgestellten Instanzen Konflikte auf, wird die nächst höhere Instanz eingeschaltet, um eine Entscheidung zu treffen. Sie kann einen größeren Bereich überblicken und verfügt darüber hinaus über eine höhere Qualifikation, die die Aktivitäten der untergeordneten Stellen in geordnete Bahnen lenkt. Als Pendant zum Befehlsweg von oben nach unten ist in der Bürokratie auch ein Beschwerdeweg vorgesehen, der sich von unten nach oben durch die Instanzen zieht.
- Die Amtsführung selbst erfolgt nach einem erlernbaren Regel- und Normengefüge, welches neben der Kompetenzenfestlegung und Verfahren zur individuellen Aufgabenbewältigung auch den sogenannten Dienstweg festlegt. Zwischenmenschliche Beziehungen innerhalb der Bürokratie haben einen unpersönlichen Charakter.
- Fachliche Kompetenz ermöglicht den Aufstieg innerhalb der Amtshierarchie auf einer fest vorgegebenen Laufbahn mit entsprechenden, von unten nach oben gestaffelten Gehältern.
- Neben der schriftlichen Kodifizierung der Verwaltungsordnung besteht für alle Vorgänge das Prinzip der Aktenmäßigkeit. Die Kommunikation, sowohl zwischen den einzelnen Mitgliedern der bürokratischen Organisation als auch nach außen, erfolgt durch Briefe und Formulare. Entscheidungen sowie individuelle Überlegungen zu einzelnen

Fällen sind schriftlich zu dokumentieren und aufzubewahren. Diese Akten dienen der Nachprüfbarkeit und der Kontrolle bürokratischer Entscheidungen, stellen aber auch die Beständigkeit der Aufgabenerfüllung bei einem Amtswechsel sicher.

Wie stark eine Organisation bürokratisiert ist, lässt sich daran erkennen, in welchem Maße sie die genannten Merkmale aufweist. Dabei ist zu beachten, dass nicht alle Bedingungen oder nicht alle in gleich starker Ausprägung auftreten müssen. Ihr gemeinsames Vorkommen kennzeichnet allerdings den reinen Typ der Bürokratie und ermöglicht eine maximale Zweckmäßigkeit und Effizienz. Modifikationen dieser reinen Form sind nach Weber auch dahingehend möglich, dass die Leitung nicht von einer einzigen Person ausgeübt wird. Im Gegensatz zu den „bürokratisch-monokratischen Verwaltungen" stehen bei diesen „kollegialen Behörden" unterschiedliche Arten von Kollegien an der Spitze der Verwaltung. Sie sind eine Möglichkeit, Herrschaft zu beschränken. Die gemeinsame Leitung führt aber zu Kompromissentscheidungen und damit zu einem Verlust an Schnelligkeit und Eindeutigkeit. Darüber hinaus kann ein Meinungswandel einzelner Mitglieder der Kollegien die getroffene Entscheidung in Frage stellen und die Stabilität des ganzen Gefüges beeinflussen. Als weitere Möglichkeiten der Herrschaftsbeschränkung werden von Max Weber die Gewaltenteilung und die Einführung von Wahlbeamten genannt. Daneben zeigt er eine Struktur der Herrschaftsminimierung auf, in der die Leiter nur für kurze Zeit gewählt werden und Beamte nur im Einzelfall zu bestimmten Handlungen ermächtigt werden und damit keine generelle Kompetenz besitzen.

Die Bürokratie ist keinesfalls dabei auf den öffentlichen Sektor beschränkt. Sie beruht vielmehr auf der Konzentration sachlicher Betriebsmittel, die überhaupt erst eine Entlohnung ermöglichen. Man stattet seine Beamten mit den notwendigen Mitteln aus und überwacht deren Verwendung. Somit eröffnet die Bürokratie erst die Möglichkeit, ein großes Vermögen effektiv zu nutzen, liefert also durchaus eine Erklärung für die parallele Entwicklung des Privatkapitalismus. Aus Sicht der Kapitaleigner ist die Bürokratie ein perfektes Instrument, formulierte Ziele zu erreichen und zeichnet sich durch eine straffe Führung und sachliche Leistungsfähigkeit aus. Außerdem erlaubt die Arbeitsteilung Kosteneinsparungen in der Verwaltung.

Ein weiteres Charakteristikum, welches gleichermaßen in der öffentlichen Verwaltung wie in ökonomischen Großbetrieben zu finden ist, besteht darin, dass der Einzelne keinen Einfluss auf das Gesamtgebilde ausüben kann. Die vorgegebenen Zielsetzungen können nur von der obersten Hierarchieebene aus festgelegt und geändert werden. Die Bürokratisierung und mit ihr der Einsatz von Berufsbeamten hat zudem zur Bildung der neuen sozialen Klasse der Beamtenschaft geführt. Für diese existiert eine strikte Trennung von Arbeit und Privatleben, die nicht nur räumlich und zeitlich vollzogen wird, sondern auch auf die persönliche Einstellung ausgedehnt ist. Ein Beamter hat seine Tätigkeit präzise und formal gegenüber jedermann gleich zu verrichten, ohne eigene Kritik an erhaltenen Anweisungen zu üben. Diese Fähigkeit eines Beamten zur Loyalität fließt über das reine Fachwissen hinaus auch in die Einstellungsvoraussetzungen ein.

2.2.2.3 Konzept des administrativen Ansatzes

Fayol (1841–1925) ging bei seinen Arbeiten von der Annahme aus, dass eine optimale Organisation nur dann erreicht wird, wenn übersichtliche und eindeutige Beziehungen zwischen ihren Elementen bestehen. Noch mehr als Weber legte er Wert auf den Führungsprozess und unterschied im Wesentlichen zwischen fünf Basiselementen guter organisatorischer Führung: Planung, Organisation, Befehl, Koordination und Kontrolle, wobei das gesamte Organisieren in einer instrumentellen Beziehung zur Planung als „Mittel zum Zweck" steht. Sein Ansatz, die Organisationstheorie durch eine Sammlung allgemein gültiger Prinzipien auszugestalten, zeigt sich in den folgenden allgemeinen Organisationsprinzipien:

- **Arbeitsteilung**: Mehr und bessere Arbeit bei gleicher Anstrengung ist durch Spezialisierung erzielbar.
- **Autorität** und **Verantwortung**: Autorität ist das Recht, Anweisungen zu erteilen und die Macht, sich Gehorsam zu verschaffen. Autorität verlangt Verantwortung, sie ist das natürliche Gegenstück.
- **Disziplin**: Diese verlangt in erster Linie Gehorsam gegenüber allen Konventionen, die in der Organisation gelten.
- **Einheit der Auftragserteilung**: Für jedwede Arbeit sollte ein Beschäftigter Anweisungen nur von einem Vorgesetzten erhalten.
- **Einheit der Leitung**: Alle Anstrengungen, Koordinierungen, Anweisungen müssen auf ein gemeinsames Ziel und eine Direktion hin ausgerichtet sein.
- **Zentralisierung**: Die Zentralisierung ist natürlicher Bestandteil jeder Organisation, alle Entscheidungen müssen an einem Ort zusammenlaufen. Das optimale Ausmaß an Zentralisierung muss für jede Organisation individuell gefunden werden.
- **Hierarchie**: Sie bezeichnet den Instanzenweg, beginnend bei der höchsten Autorität bis zur untersten Führungsebene. Dies ist der Weg, den alle Kommunikationen zu laufen haben. In Ausnahmefällen ist jedoch die direkte horizontale Kommunikation zu erlauben.
- **Ordnung**: Jeder Mitarbeiter und jede Entität braucht seinen Platz und alles hat auf seinem Platz zu sein (Fayol 1918, S. 19 ff.)

Vor allem rückte er die beiden folgenden Basisprinzipien in den Vordergrund:

- **Prinzip der Einheit der Auftragserteilung**: Jeder Organisationsteilnehmer erhält nur von einem Vorgesetzten Weisungen.
- **Prinzip der optimalen Kontrollspanne**: Kein Vorgesetzter soll mehr Untergebene haben als er überwachen kann.

Unter einer solchen *Kontrollspanne* versteht man die Zahl der Mitarbeiter, die einer Instanz direkt unterstellt sind. In der Literatur schwanken die als optimal betrachteten Spannen zwischen 3 und 10 und später hat man die Art der Aufgabe stärker berücksichtigt und sogar Spannen bis 80 Mitarbeiter in Betracht gezogen. Heute wird das Problem nicht mehr als isoliertes Optimierungsproblem bearbeitet. Unabhängig davon gilt, dass, je kleiner die Kontrollspanne sich ausgestaltet, umso mehr Ebenen weist die Hierarchie auf und umgekehrt.

▶ So ist die Hierarchie auch ein Anreizinstrument, indem mit der Hierarchie Karrieren und Karrierewege festgelegt werden. Ferner ist die Hierarchie zu wesentlichen Teilen auch ein Kontrollinstrument, indem mit ihr die Erfüllung der obersten Organisationsziele sichergestellt werden kann. Allerdings vertragen sich Motivation und insbesondere die heute so oft eingeforderte Innovation mit dem hierarchischen System aus Befehl und Gehorsam nicht. Innovatives Verhalten kann nicht befohlen werden, sondern muss aus dem Interesse an der Problemlösung herauswachsen.

Diese Überlegungen Fayols führten zum sogenannten *Einliniensystem*. Im Weiteren thematisierte Fayol noch Problembereiche wie Arbeitsteilung, Disziplin der Organisationsteilnehmer, Autorität und gerechte Entlohnung. Die Gedanken Fayols wurden Ende der dreißiger Jahre durch die Engländer Urwick und Gulick aufgegriffen und weiter ergänzt. Gulick beschrieb beispielsweise die Möglichkeit, eine Abteilung entweder nach Prozessen oder nach Zweck zu gliedern, woraus später die Unterscheidung zwischen einer funktionalen und einer divisionalen Organisationsstruktur entstand.

Im deutschsprachigen Raum bildete sich in den dreißiger Jahren die klassische betriebswirtschaftliche Organisationslehre als Hauptrichtung der administrativen Variante heraus. Bedeutende Vertreter dieser Richtung waren Nordsieck (1931, 1934); Ulrich (1948) und Kosiol (1962). Kosiol befasste sich dabei besonders mit dem Prozess der Aufgabenanalyse und Aufgabensynthese, in der die durch den Prozess der Aufgabenanalyse entstandenen Aufgabenelemente in Form einer Aufbau- und Ablauforganisation in die Organisation integriert werden.

▶ Demnach wird die *Aufgabenanalyse* durchgeführt, um die Bausteine für die spätere Konstruktion der Organisation (Aufgabensynthese) zu erhalten. Bei dieser Analyse kann man sich an unterschiedlichen Kriterien ausrichten: nach den Verrichtungen (z. B. Sägen, Schweißen, Nieten), nach den Objekten (z. B. Aufgaben an Tischen, Stühlen, Schränken), nach der Phase (nach Planungs-, Realisierungs- und Kontrollaufgaben), nach dem Rang (nach Entscheidungs- und Ausführungsaufgaben) und nach der Zweckbeziehung (nach unmittelbar oder mittelbar auf die Erfüllung der Hauptaufgabe gerichteten Teilaufgaben). Im Anschluss an die Aufgabenanalyse erfolgt die konstruktive Aufgabe der Organisationsgestaltung in Form der *Aufgabensynthese*.

2.2.3 Motivationsorientierter Ansatz

Der *motivationsorientierte Ansatz* lässt sich in zwei aufeinander aufbauende Varianten untergliedern: zum einen in die Human-Relations- und zum anderen in die motivationstheoretische Variante.

2.2.3.1 Motivation

In den ersten Jahrzehnten des 20. Jahrhunderts entstand eine Gegenströmung zum mechanistischen Grundkonzept des arbeitenden Menschen (Mensch als „Einsatzgut", einziger Motivationsfaktor: Lohnhöhe), die Human-Relations Bewegung. Die Grundlage für die Entwicklung dieser Bewegung bilden empirische Untersuchungen bezüglich des Einflusses der Arbeitsbedingungen auf die Arbeitsleistung von Mayo (1880–1949), Roethlisberger, Dickson und Whitehead (Roethlisberger und Dickson 1975, S. 19 ff.), die in den Hawthorne Werken der Western Electric Company durchgeführt wurden. Zum anderen wurde diese Strömung durch den allmählich einsetzenden Wertewandel in der Gesellschaft beeinflusst. Die Thesen, die Anfang der siebziger Jahre in den aufkommenden Wertewandeldiskussionen aufgestellt wurden, sind jedoch auf die damalige Zeit noch nicht anzuwenden. Trotzdem werden nun zum ersten Mal auch die höheren Bedürfnisse des Menschen angesprochen, denn der Mensch wurde von nun an als „sozial motiviertes Gruppenwesen" gesehen, bei dem es nicht nur die physiologischen- und Sicherheitsbedürfnisse zu befriedigen gilt.

2.2.3.2 Konzept des Human-Relation-Ansatzes

Die Studien in den Hawthorne-Werken konzentrierten sich auf mehrere Experimente. Stellvertretend sei an dieser Stelle das sogenannte Lichtexperiment erwähnt: Untersucht werden sollte hier der Einfluss der Beleuchtung der Arbeitsplätze auf die Arbeitsproduktivität der Mitarbeiter. In diesem Zusammenhang wurden eine Test- und eine Kontrollgruppe gebildet. Während die Kontrollgruppe weiterhin unter den alten Bedingungen arbeitete, wurde die Testgruppe wechselnden Lichtverhältnissen ausgesetzt. Erstaunlich am Ergebnis dieses Experimentes war, dass sowohl die Leistung der Test-, als auch die der Kontrollgruppe anstieg. Nach Durchsicht aller vorliegenden Befunde und nach weiteren Experimenten, die insbesondere noch einmal den Einfluss von Lohnanreizsystemen auf die Produktivität prüfen sollten, kam die Forschergruppe zu der Auffassung, dass der entscheidende Grund für die Produktivitätssteigerungen nicht im Lohnsystem oder äußeren Arbeitsbedingungen zu suchen sei, sondern im sozio-emotionalen Bereich und dort in den menschlichen Beziehungen. Sie vermuteten, dass die mit den Experimenten einhergegangene Veränderung der sozialen Beziehungen die Ursache für die rätselhaften Produktivitätsteigerungen sei. Diese Umorientierung von einem rein aufgabenbezogenen zu einem personenbezogenen Führungsstil verbesserte die Arbeitsmoral und führte zu Leistungsverbesserungen. Da der Stand der Wissenschaft zu diesem Zeitpunkt nicht ausreichte, um dieses Phänomen zu erklären, wurden Psychologen mit der Fortführung der Studien beauftragt. Innerhalb der Folgestudien wurden andere physische Arbeitsbedingungen verändert, jedoch war das Ergebnis immer das gleiche: die Leistung beider Gruppen stieg an. Die Erklärung für dieses Phänomen liegt in den durch die Forscher geschaffenen sozialen Beziehungen in Form einer Entwicklung einer Gruppenidentität bei den Untersuchungsgruppen. Folgende Schlussfolgerungen wurden aus den Hawthorne-Experimenten gezogen:

• Organisationsmitglieder verhalten sich nicht rein individualistisch, sogenannte informelle Gruppen haben einen entscheidenden Einfluss auf die Verhaltensweise ihrer Mitglieder.

- Von besonderer Bedeutung scheinen soziales Prestige und persönliches Ansehen des Organisationsmitgliedes zu sein.

Daraus folgt, dass Führungskräfte eine neue soziale Einstellung gegenüber den Arbeitenden pflegen sollen und der Manager muss neben technischen auch über soziale Fähigkeiten verfügen.

Auf dem Human-Relations-Modell aufbauend, kann man die Schlussfolgerung ziehen, dass es bei einer Organisationsform nicht nur darauf ankommt, Aufbau und Ablauf in Organisationen sicherzustellen (instrumentale Rationalität), sondern auch die Bedürfnisse der Systemmitglieder zufriedenzustellen (sozio-emotionale Rationalität). Die Arbeitszufriedenheit wird als wichtigste Voraussetzung hoher Produktivität abgeleitet.

2.2.3.3 Konzept des Motivationstheoretischen Ansatzes

Während die Human-Relations-Variante stark auf die zwischenmenschlichen Beziehungen fixiert ist, treten bei der motivationstheoretischen Variante Komponenten eher in den Vordergrund, die das Verhältnis des Einzelnen zu seiner Arbeit betreffen. Dies resultiert in der Zeit nach dem zweiten Weltkrieg aus der Veränderung der betrieblichen Anforderungsstruktur (von Routinearbeit zu automatisierten Betrieben, zunehmende Verwaltungsapparate). Der Anteil an Problemlösungsaufgaben stieg und damit auch das durchschnittliche Ausbildungsniveau. Aufgrund des dadurch bedingten höheren Qualifikationsniveaus und des ausgetrockneten Arbeitsmarktes kam es zu raschen Lohnsteigerungen. Der somit aufkommende Wohlstand führte zusammen mit verbesserten menschlichen Beziehungen in den Organisationen (Human Relations) zu einer Wandlung der Motivationsstruktur vieler Arbeitnehmer. Bedürfnisse wie Selbstverwirklichung, Verantwortungsübernahme und Partizipation am Entscheidungsprozess traten immer mehr in den Vordergrund des Interesses. Seit diese höheren Bedürfnisse mehr an Gewicht gewonnen haben, kann das Human-Relations-Konzept als überholt angesehen werden. Befriedigende menschliche Beziehungen können zwar den Tag des Mitarbeiters angenehmer gestalten, aber sie können sein Bedürfnis nach weniger fremdbestimmter und weniger routinemäßiger Arbeit nicht immer ganz erfüllen. Dieses wachsende Bewusstsein bezüglich der höheren Bedürfnisse hat auch zu einem revidierten Menschenbild geführt. Der Mensch wird nun nicht mehr nur als sozial motiviertes Gruppenwesen, sondern als individuell motivierter Mensch angesehen.

Aus den obigen Ausführungen lässt sich schon ansatzweise erkennen, dass die vom Human-Relation-Ansatz propagierten, befriedigenden zwischenmenschlichen Beziehungen keineswegs automatisch zu höherer Leistung führen. Es besteht kein zwingender Zusammenhang zwischen Arbeitszufriedenheit und Arbeitsleistung.

▶   Trinkt man beispielsweise den ganzen Tag mit Kollegen Kaffee, so führt dies zu großer Zufriedenheit, aber es wurde nichts geleistet.

Daraus wurde die Schlussfolgerung gezogen, dass eher die Motivation als verantwortliche Variable für die Arbeitsleistung zu betrachten ist. Die wahrgenommene Diskrepanz zwischen dem jetzigen Zustand und einem erreichbaren zukünftigen Zustand ist für die Leistungsbereitschaft maßgebend. Nicht Zufriedenheit, sondern Motivation muss vorhanden sein, um die Wirksamkeit des Personals zu gewährleisten. Dadurch war die Notwendigkeit der Erforschung der menschlichen Bedürfnisse sowie der Zusammenhänge zwischen Motivation und Leistung gegeben. Aus dieser Notwendigkeit entstanden einige motivationstheoretische Modellvarianten.

Der Ansatz von Maslow (1943, 1954) basiert auf der Grundlage seiner klinisch psychologischen Erfahrungen und lieferte eine Bedürfnishierarchie, welche im Kern die menschliche Bedürfnisstruktur in fünf aufeinander aufbauende Bedürfnisebenen aufteilt. Er unterscheidet:

- **Physiologische Bedürfnisse**: Sie umfassen das elementare Verlangen nach Essen, Trinken, Kleidung und Wohnung. Ihr Vorrang vor den übrigen Bedürfnisarten ergibt sich aus den Existenzbedingungen des Menschen.
- **Sicherheitsbedürfnisse**: Sie drücken sich aus in dem Verlangen nach Schutz vor unvorhersehbaren Ereignissen des Lebens (Unfall, Beraubung, Invalidität, Krankheit etc.), die die Befriedigung der physiologischen Bedürfnisse gefährden können.
- **Soziale Bedürfnisse**: Diese umfassen das Streben nach Gemeinschaft, Zusammengehörigkeit und befriedigenden sozialen Beziehungen.
- **Wertschätzungsbedürfnisse**: Sie spiegeln den Wunsch nach Anerkennung und Achtung wider. Dieser Wunsch bezieht sich sowohl auf Anerkennung von anderen Personen als auch auf Selbstachtung und Selbstvertrauen. Es ist der Wunsch, nützlich und notwenig zu sein.
- **Selbstverwirklichungsbedürfnisse**: Sie initiieren das Streben nach Unabhängigkeit, nach Entfaltung der eigenen Persönlichkeit im Lebensvollzug und nach prägenden Aktivitäten.

Die physiologischen Grundbedürfnisse sind Funktionserfordernisse individuellen und gattungsmäßigen Überlebens. Können die in dieser Bedürfnisebene zusammengefassten Motive als befriedigt angesehen werden, wird die nächst höhere Bedürfnisstufe – Sicherheitsbedürfnisse – dominant. Analog dazu werden die höheren Bedürfnisklassen immer erst dann relevant, wenn das Individuum die darunter liegenden Ebenen als langfristig relativ erfüllt betrachtet. Somit kommt nach Maslow einer Ebene mit befriedigten Bedürfnissen keine Motivationswirkung und auch kein verhaltenssteuernder Einfluss mehr zu. Der Mensch wird zu jedem Zeitpunkt nur von dem gerade aktuellen Grundmotiv geleitet. Die Maslowsche Motivationserklärung baut demnach auf zwei basalen Prinzipien auf:

- **Defizitprinzip**: Menschen streben danach, einen empfundenen Mangelzustand (unbefriedigte Bedürfnisse) zu beseitigen. Ein befriedigtes Bedürfnis kann demzufolge keine Motivationskraft entfalten.
- **Progressionsprinzip**: Menschliches Verhalten wird grundsätzlich durch das hierachisch niedrigste, unbefriedigte Bedürfnis motiviert. Gesättigte Bedürfnisse motivieren nicht.

Wenn hier von einer Befriedigung dieser Bedürfnisse gesprochen wird, so meint dies, eine dauerhafte Sicherstellung der Bedürfnisbefriedigungsmöglichkeit und nicht die aktuelle Sättigung.

Maslows Bedürfnispyramide wurde selbstverständlich auch kritisiert:

- In empirischen Untersuchungen konnten Maslows Aussagen nicht gestützt werden.
- Es ist leicht, Gegenbeispiele zu konstruieren, die den Aussagen Maslows widersprechen (z. B. der hungernde, aber doch glückliche Künstler, der sich in seiner Arbeit selbst verwirklicht).
- Die verwendeten Begriffe sind nur sehr schwer zu operationalisieren.

Durch die massive Kritik am Ansatz von Maslow entstand eine Reihe von Modifikationen, wie z. B. das ERG-Modell von Alderfer, die zwar Verbesserungen vornahmen, jedoch am bereits kritisierten Postulat einer allgemeingültigen Motivschichtung festhielten.

Zusammenfassend liegt die Leistung Maslows im Aufzeigen einer sich im Zeitablauf wandelnden Motivstruktur, wobei befriedigte Bedürfnisse als Handlungsantrieb ausscheiden.

Im Gegensatz zu Maslows Ansatz ist die sogenannte Zwei-Faktoren-Theorie von Herzberg (1959) auf der Basis empirischer Erhebungen entstanden. Herzberg und sein Team ließen sich von Pittsburger Ingenieuren und Buchhaltern Arbeitserlebnisse schildern, die diese als möglichst angenehm oder unangenehm empfunden hatten (Abb. 2.4).

Auf diese Art und Weise wurden 5000 Arbeitsepisoden gesammelt, sortiert und den auslösenden Faktoren zugeordnet. Aufgrund der Beobachtung, dass nur ganz selten dieselben

Abb. 2.4 Bedürfnispyramide nach Maslow (Maslow 2002)

Faktoren im Zusammenhang mit guten und schlechten Arbeitserlebnissen genannt wurden, kam Herzberg zu der Vermutung, dass es offenbar zwei Klassen von Faktoren gibt:

- Faktoren, die Zufriedenheit verursachen können (Motivatoren) wie Leistung, Anerkennung, Verantwortung usw.
- Faktoren, die allenfalls Unzufriedenheit abbauen, aber keine Zufriedenheit erzeugen (Hygienefaktoren) wie Organisationspolitik, Überwachung, Beziehung zu Vorgesetzten, Arbeitsbedingungen usw.

Wenn man die Gültigkeit der Herzberg-These unterstellt, so eignen sich die Hygienefaktoren nur zur Schaffung von notwendigen Rahmenbedingungen für die Leistungserbringung. Gute Beziehungen zwischen Vorgesetzten und Untergebenen sind eine Grundbedingung für die Leistungserstellung, da sonst Unzufriedenheit entsteht. Doch ab einer gewissen Grenze lassen sich durch eine weitere Verbesserung dieser Beziehung keine weiteren Leistungsanreize mehr schaffen. Motivatoren sind im Gegensatz dazu unbegrenzt in der Lage, die Zufriedenheit zu erhöhen. Herzberg eröffnet somit neue Perspektiven der Mitarbeitermotivation, indem er das Hauptinteresse der Manager vom Kontext der Arbeit (Hygienefaktoren) weg auf die Arbeit selbst, den Arbeitsinhalt lenkt. Er empfiehlt, die leicht zu identifizierenden negativen Aspekte in den Hygienefaktoren zu eliminieren und sich ganz auf die Motivatoren zu konzentrieren. Das bestätigt die Abkehr von der klassischen Sichtweise des Scientific Managements, nach der es zur Zufriedenstellung von Arbeitern genügt, physiologische Grundbedürfnisse zu befriedigen.

Zum Ansatz von Herzberg lässt sich kritisch einwenden, dass sich die Ergebnisse nur unter der Anwendung der gewählten Forschungsmethode wiederholen lassen. Diese Methodengebundenheit kann auch darauf zurückgeführt werden, dass durch das gezielte Abfragen von Zwei-Erlebnis-Kategorien nur ein Zwei-Faktoren-Ergebnis erzielt wird. Ebenso weist die Messmethodik Schwächen auf, da beispielsweise Zufriedenheit nicht operationalisiert wird. Insgesamt muss man die Ergebnisse von Herzberg als nicht besonders valide ansehen.

▶   Schon an dieser Stelle zeigt sich, dass im Bedürfnis-Begriff empirische und normative Elemente aufeinandertreffen, dass also das Vorliegen eines Bedürfnisses nicht nur eine faktische Fragestellung ist, sondern immer auch einer normativen Beurteilung bedarf.

McGregor entwickelte seine Aussagen in dem 1960 erschienenen Buch „The human side of enterprise". Im ersten Teil dieser Arbeit differenziert er zwischen zwei polaren Menschenbildern:

- **Theorie X**, welche eher dem Menschenbild des Taylorismus entspricht: Der Mensch ist faul, muss zur Arbeit gezwungen werden und möchte sich vor jeder Verantwortung drücken. Entlohnung ist der einzige Motivationsfaktor.

- **Theorie Y**, welche dem oben formulierten Bild des motivierten Menschen stark ähnelt: Der Mensch ist sowohl an Arbeitsleistung als auch an Ruhe oder Spiel interessiert und fühlt sich den Zielen der Organisation gegenüber verpflichtet.

> ▶ Bezüglich der Theorie X hat man in der Praxis das Entstehen und Etablieren soge-
> nannter selbsterfüllender Prognose festgestellt. Sie ergeben sich dadurch, dass
> organisatorische Gestaltungsmaßnahmen, die auf Kontrollbedürftigkeit und Pas-
> sivität abstellen, dem einzelnen Mitarbeiter keinen Freiraum zur Entfaltung seiner
> Fähigkeiten und Möglichkeiten lassen. Dies führt zu Enttäuschung, Verbitterung
> und Abkapselung in Form einer inneren Kündigung. Die Reaktion ist Gleichgül-
> tigkeit oder sogar kontraproduktives Verhalten. Dieses Verhalten wiederum wird
> von den verantwortlichen Organisationsgestaltern und Entscheidungsträgern
> als Zeichen der Richtigkeit ihres Theorie-X-Menschenbildes (miss-)verstanden.

McGregor beschränkt sich nicht nur darauf, die Existenz dieser beiden Grundtypen zu postulieren. Er bezieht im zweiten Teil seines Buches eine klare Position, indem er emp-fiehlt, nur vom Menschenbild Y auszugehen. Dadurch würden Organisationsziele eher er-reicht und die Mitarbeiter zufriedener. Eine Anwendung des Menschenbildes X durch den Vorgesetzten führt dazu, dass sich die Untergebenen tatsächlich so verhalten. Die Variante von McGregor stellt zwar keinen rein motivationstheotetischen Ansatz dar, doch sind seine Aussagen für diesen Teil der Organisationstheorie von Bedeutung, da der Ansatz eine gro-ße Popularität erlangte und auf Basis dieser stark vereinfachenden Annahmen über Mit-glieder von Organisationen konkrete Gestaltungsempfehlungen abgeleitet wurden.

Das Hauptproblem liegt demnach in der falschen Kausalbewertung, indem Ursache und Wirkung von den Organisationsentwicklern schlichtweg verwechselt werden. Nicht das fehlende Interesse, nicht das Streben nach Bequemlichkeit, Drückebergerei oder gar Betrü-gereien sind der Grund für eine solche Art der Organisationsgestaltung, sondern umgekehrt, diese Art der Organisationsgestaltung und das dahinter liegende Menschenbild (Theorie X) sind die eigentliche Ursache genau dieser Verhaltensweisen. Passivität und Opportunismus sind also keine Konstanten, sondern Variablen, und ihre Ausprägung wird wesentlich von dem organisatorischen Umfeld bestimmt, d. h. vor allem auch von der Organisationsgestal-tung. Das impliziert die Forderung, dass Organisationsentwickler sich ihrer Grundannahme über die Natur des menschlichen Handelns bewusst werden und durch ein angemesseneres Menschenbild ersetzen.

Hinsichtlich der Theorie von McGregor kann kritisiert werden, dass diese nicht darauf hinweist, wann welches Menschenbild tatsächlich in der Realität vorliegt. Es handelt sich hier also nicht um einen deskriptiven, sondern um einen normativen Ansatz. Im Weiteren ist zu bemängeln, dass die Beschränkung auf zwei Menschenbilder – einem positiven und einem negativen – der Realität nicht entspricht. In diesem Zusammenhang kann man auf die Theorie von Schein verweisen, der die Theorie von McGregor auf vier Menschenbil-der erweiterte (Abb. 2.5).

Abb. 2.5 Zirkulärer Theorie-
ansatz

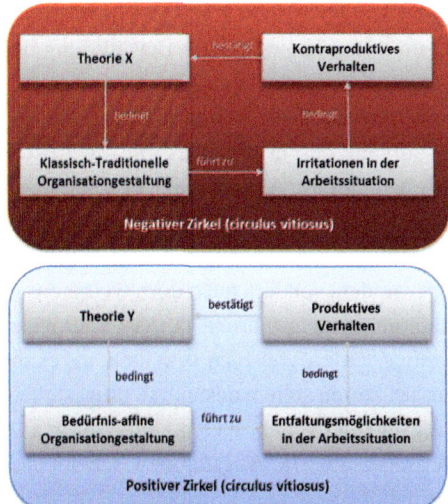

Im Zusammenhang mit der motivationstheoretischen Ausrichtung ist der *Human-Ressource-Ansatz* zu sehen. In Anlehnung an die Human-Relations-Bewegung, die die Organisationsstruktur noch als fest vorgegebenes und zementierte Rahmenstruktur betrachtet, innerhalb dessen die sozialen Aktivitäten zu entfalten sind, geht es dem Human-Ressourcen-Ansatz um eine motiviationsorientierte Neugestaltung organisatorischer Strukturen und Prozesse. Das dabei zugrunde liegende Menschenbild ist das der Humanistischen Psychologie, in dem die Idee des personalen Wachstums im Mittelpunkt steht und von einem nach persönlicher Reife strebenden Menschen ausgegangen wird.

▶   Argyris (1975) geht z. B. davon aus, dass jeder Mensch einen Reifungsprozess
    erstrebe. Ziel ist die reife Persönlichkeit, die durch vielfältige Interessen, diffe-
    renzierte Verhaltensweisen und einem deutlich ausgeprägten Selbstbewusst-
    sein gekennzeichnet sei.

Dieses Menschenbild beruht auf den Grundprinzipien der Humanistischen Psychologie, die in erster Linie das mechanistisch-deterministische Menschenbild der naturwissenschaftlichen Ansätze zunächst ergänzen und dann überwinden will. Auf der Basis eines solchen Menschenbildes ist die traditionelle Organisationsgestaltung problembehaftet, indem sie in vielen Fällen als demotivierend empfunden wird und damit leistungshemmend wirkt. Letzteres zeigt sich durch die folgenden Problemdimensionen:

- **Arbeitsteilung**: Die hoch standardisierte Arbeit gibt dem Individuum so gut wie keinen Raum, seine je spezifischen Kompetenzen zur Geltung zu bringen und ein starkes Identitäts- und Selbstwertgefühl zu entwickeln.
- **Hierarchisierung**: Das strenge Hiearchieprinzip stellt auf Unterordnung und auf reagierende Anpassung ab, nicht auf aktive Rezeption und Akzeptanz.

- **Leitungsverdichtung**: Das Grunderlebnis des Reifestrebens, das Setzen eigener angemessener Ziele und die Bewältigung der Zielerfüllung, all dies bleibt den Organisationsmitgliedern versagt.
- **Kontrollfokussierung**: Die Aufgabe der Führungskraft wird primär als eine Kontroll-
aufgabe beschrieben. Es gilt die Ausführung der angeordneten Arbeiten zu überwachen, um die Abweichung von Soll und Ist möglichst klein zu halten.

Insgesamt zeigt sich dadurch, dass Mitarbeiter nicht nur an ihrer Weiterentwicklung gehin-
dert werden, sondern auch dort, wo bereits ein fortgeschrittenes persönliches Entwicklung-
stadium erreicht worden ist, gewissermaßen gezwungen werden, sich künstlich in einer
weniger reifen Weise zu verhalten, als es ihrem Entwicklungsstand entspricht. Organisationsstrukturen sollten deshalb so umgestaltet werden, dass sie den Mitarbeitern mehr Entfaltungsmöglichkeiten bieten, eine direkte Beteiligung an Entscheidungen ermöglichen,
Vertrauen anstelle Ängste in zwischenmenschlichen Beziehungen schaffen, vielseitige In-
formationswege und Transparenz eröffnen, die Bereiche, Abteilungen, Gruppen als organisatorische Elemente in das Gesamthafte integieren, Fremdkontrolle durch weitgehende
Selbstkontrolle ersetzen. Das Ziel besteht letztlich darin, die Organisation so zu gestalten
bzw. zu entwickeln, dass über die Erreichung der Individualziele zugleich die Organisationsziele erreicht werden. Arbeit wird nicht länger erlitten, sondern freudig als Garant der
Bedürfnisbefriedigung angenommen.

Ein spezieller Zweig der Human-Ressourcen-Schule mit den Namen „Organisationsentwicklung" beschäftigte sich mit dem Problem des geplanten Wandels von Organisationen (Bennis 1969). Der damalige Schwerpunkt lag noch darauf, bestehende, verkrustete
Strukturen zu lockern und den Organisationsmitgliedern die Angst vor Neuem und Unge-
wohntem zu nehmen.

2.2.4 Entscheidungsorientierter Ansatz

Am Ende der dreißiger Jahre gab es in den Vereinigten Staaten keinen Ansatz der Organisationstheorie, der den Praktikern eine umfassende Orientierung bot. Die Managementlehre,
die die Einsparung von Arbeitskräften betont und darauf ausgerichtet ist, Löhne an dem zur
Motivation erforderlichen Minimum zu halten, ist von den Ergebnissen des Human-Relations-Ansatzes erschüttert worden und wurde in der Zeit der großen Depression auch weitgehend als unpassend empfunden. Die Anwendung des Human-Relations-Ansatzes selbst
war in dieser Zeit jedoch noch auf die unteren Hierarchieebenen beschränkt. In dieser wirtschaftlich wie auch politisch unruhigen Zeit verlangten die Manager jedoch dringend nach
einem umfassenden Konzept, weil sie eine wissenschaftliche Argumentationsbasis gegenüber der Gesellschaft, d.h. gegenüber Staat und Gewerkschaft benötigten. In diese Lücke
stießen nun um 1940 Konzeptionen, die betonen, dass es sich bei der Organisationstheorie
um eine angewandte und somit zwangsläufig entscheidungsorientierte Wissenschaft handelt.
Es fällt auf, dass diese Ansätze der Entscheidungstheorie sich in zwei völlig verschiedene

Richtungen aufspalten, nämlich in verhaltenswissenschaftlich deskriptive und mathematisch normative. Mit anderen Worten stehen den Vertretern der formalwissenschaftlichen Organisationstheoretiker, die eine Optimierung der Gestaltungsentscheidungen mit Hilfe quantitativer Methoden anstreben, die Vertreter der empirischen Entscheidungstheoretiker gegenüber, die das faktische Entscheidungsverhalten von Individuen und Gruppen zum Gegenstand ihrer Untersuchungen machen. Beide Richtungen haben nun gemeinsam, dass bei ihnen das Entscheidungsproblem in den Vordergrund gerückt wird. Man hatte realisiert, dass weder die komplexen Entscheidungsprozesse in den immer größer und unübersichtlich werdenden Organisationen erforscht waren, noch systematische Problemlösungs- und Entscheidungstechniken zur Verfügung standen. Insbesondere wurde man sich in dieser Zeit der beschränkten Information des einzelnen Individuums und der damit verbundenen Unsicherheit bewusst. Demzufolge wurde auch das Menschenbild in dieser Forschungsrichtung korrigiert. Dem traditionellen Bild des „economic man" (homo oeconomicus) wird der „administrative man", der mit beschränkten Informationen entscheiden muss, gegenübergestellt.

2.2.4.1 Motivation

Das Anliegen der mathematisch-entscheidungsorientierten Ansätze ist es, formale Entscheidungsmethoden und Entscheidungsmodelle zu entwickeln, mit denen optimale oder auch befriedigende Verhaltensweisen für bestimmte Problemtypen ermittelt werden können. Aufgrund dieser normativen Problemstellung spricht man deshalb auch von normativer Entscheidungstheorie. Auf die Organisationstheorie bezogen, versucht die normativ entscheidungsorientierte Richtung, Entscheidungsmodelle für organisatorische Probleme zu entwerfen. Verschiedene Beiträge beschäftigen sich dabei mit der Gestaltung der Organisationsstruktur. Die Ergebnisse dieser Überlegungen sind im Idealfall konkrete mathematische Verfahren zur optimalen oder zumindest befriedigenden Entscheidung zwischen alternativen Ausprägungen der Organisationsstruktur:

- Probleme der Stellen- und Abteilungsbildung;
- Probleme der Stellenbesetzung;
- Bestimmung der Größe der Leitungsspanne (= Untergebene pro Vorgesetzten);
- Bestimmung der Zahl der Hierarchieebenen;
- Probleme der Gestaltung von Kommunikationssystemen.

Andere Ansätze beschäftigen sich mit der Gestaltung der Ablauforganisation. Es geht dabei um konkrete Entscheidungen über die optimale Strukturierung von Arbeitsabläufen unter den Aspekten Zeitpunkt, Zeitdauer und Reihenfolge von Arbeitsgängen sowie der Anordnung von Arbeitsmitteln.

2.2.4.2 Konzept der mathematisch-entscheidungsorientierten Ansätze

Im Kern geht es bei diesen Ansätzen darum, organistorische Gestaltungsentscheidungen, wie beispielsweise die Bildung von Bereichen bzw. Abteilungen oder die Verteilung von Kompetenzen zu systematisieren und sie unter Anwendung mathematischer Modelle oder formallogischer Operationen einer adäquaten oder sogar optimalen Lösung zuzuführen. (Liermann 2005). Dabei lassen sich zwei Ausprägungen zwischen Prozessmodellen und Strukturmodellen unterscheiden. *Prozessmodelle* studieren mit Schwerpunkt die Organisation als Transformationssysteme, das gegen Vergütung Inputfaktoren zu einem spezifischen Output verarbeitet. Der Transformationsprozess wird arbeitsteilig, also von mehreren Personen erledigt. Die *Strukturmodelle* streben eine Optimierung der hierarchischen Konfiguration und der Abteilungsbildung an unter solchen Zielsetzungen wie Minimierung des Koordinationsbedarfs oder Minimierung der Hierarchiekosten.

Ein namhafter Vertreter solcher Ansätze, die Spieltheorie, wurde von Neumann und Morgenstern Mitte der vierziger Jahre entwickelt. Sie versucht, mit einem formalanalytischen Ansatz optimale Verhaltensstrategien in konfliktären Verhandlungssituationen (Spielen) bereitzustellen. Dazu ist es aber notwendig, dass die Konfliktstruktur vollständig durch Regeln erfasst ist und diese Regeln dem Spieler bekannt sind. Ebenso sollte das Konfliktverhalten rational sein und es muss eine kardinale Nutzenfunktion über die Spielergebnisse vorgegeben sein. Die Spieltheorie ist für die Organisationstheorie insofern von Bedeutung, als sich viele Entscheidungsprozesse der organisatorischen Gestaltung als Verhandlungsprozesse interpretieren lassen. Morgenstern selbst glaubte sogar an die Möglichkeit einer mathematisch-spieltheoretischen Organisationstheorie. Der praktische Wert dieses Modells hängt jedoch davon ab, ob die vom Modell zugrunde gelegten Prämissen die Realität ausreichend wiedergeben. Dies kann aufgrund der oben erwähnten, stark vereinfachenden Annahmen bezüglich Bekanntheit der Konfliktstruktur und rationalen Konfliktverhalten seitens der Individuen momentan noch stark bezweifelt werden.

Die auf Marshak zurückgehende Teamtheorie stellt einen Ansatz zur optimalen Gestaltung arbeitsteiliger Systeme dar. Marshak geht dabei von einer kleinen Gruppe ohne Zielkonflikte – einem Team – aus.

In der Teamtheorie erfolgt die Formulierung einer Organisationsform durch die Definition von

- Entscheidungsregeln;
- Kommunikationsregeln, die angeben, welche Nachrichten unter den Gruppenmitgliedern auszutauschen sind;
- Informationsregeln, die festlegen, welche Zustände und Ereignisse der Umwelt von jedem Mitglied zu beachten sind.

Da es sich aufgrund der vorhandenen Wahrscheinlichkeitsvorstellungen bezüglich der Preiskonstellationen um ein Entscheidungsproblem bei Risiko handelt, ist jene Organisationsform optimal, bei der der Erwartungswert des Gewinnes unter Abzug der Kommunikationskosten maximiert wird. Bei den möglichen Organisationsformen wird zwischen einer zentralen und mehreren dezentralen unterschieden. Beim zentralen System muss jeder Vertreter die Zentrale über den gültigen Preis auf seinem Markt informieren. Die Zentrale entscheidet dann darüber, welche Aufträge durchgeführt werden und erteilt daraufhin jedem Vertreter die Weisung, den jeweiligen Auftrag auf seinem Markt anzunehmen oder abzulehnen. Da die Zentrale über einen höheren Informationsstand (Kenntnis der variablen Kosten und aller Preise) verfügt und somit in der Lage ist, die vorhandenen Zusammenhänge besser zu beurteilen, wird in diesem System ein hoher Gewinnerwartungswert erzielt. Doch es entstehen auch hohe Kommunikationskosten. In dezentralen Systemen erhalten die Vertreter seitens der Zentrale zwar bestimmte Verhaltensvorgaben, doch die Annahme oder Ablehnung des jeweiligen Auftrages erfolgt hier ohne Rücksprache. Die verschiedenen dezentralen Systeme werden danach unterschieden, inwieweit ein Informationsaustausch zwischen den Teammitgliedern stattfindet. Da der einzelne Vertreter über weniger Informationen verfügt als die Zentrale und somit die die gesamte Organisation betreffenden Interdependenzen nicht zu beurteilen vermag, ist bei dezentralen Systemen der Gewinnerwartungswert zumeist niedriger, aber es fallen auch geringere Kommunikationskosten an. Welches System das optimale darstellt, muss im Einzelfall geprüft werden, da dies von den jeweils gültigen Erlösen und Kosten abhängt. Das theoretische Modell ist gegenwärtig zweifellos einer der differenziertesten und aussagefähigsten Ansätze der mathematischen Organisationstheorie. Allerdings sind die Grenzen einer Übertragung auf die Organisationsprobleme der Realität nicht zu übersehen. Dies ist in erster Linie auf die Annahmen weitgehend stabiler Umweltbedingungen zurückzuführen. Die Umwelt wird durch eine bekannte Wahrscheinlichkeitsverteilung über eine bekannte Menge relevanter Umweltzustände abgebildet. Es wird unterstellt, dass die Zentrale alle für die Entscheidung relevanten Kenntnisse besitzt. Nur unter diesen restriktiven Bedingungen ist es möglich, dass die Zentrale eine Entscheidung bezüglich der optimalen Organisationsform treffen kann.

Unterstellt man realistische Umweltbedingungen und eine entsprechend gestiegene Komplexität, reicht die Kapazität einer Zentrale nicht mehr aus, für jedes Teammitglied Entscheidungen zu treffen oder Verhaltensvorgaben zu formulieren. Diese komplexen Probleme lassen sich nur durch die Einrichtung mehrerer Hierarchieebenen optimal lösen. Eine Erweiterung der Teamtheorie über mehrere Hierarchieebenen würde jedoch deren Rahmen sprengen. So lässt sich feststellen, dass dem teamtheoretischen Modell vor allem eine analytische Funktion zukommt. Die Teamtheorie vermittelt entscheidungslogische Einblicke in die grundlegenden Mechanismen und Prinzipien der Koordination in arbeitsteiligen Systemen.

Die lineare Optimierung (Operation Research) wurde als grundlegendes Verfahren entwickelt, um bei Problemen, die durch verschiedene einzuhaltende Nebenbedingungen charakterisiert sind, eine optimale Lösung zu finden. Aus mathematischer Sicht ist die lineare Optimierung für die Lösung von Gleichungssystemen, welche unterdeterminiert sind, besonders geeignet, d. h. von Gleichungssystemen, die mehr Unbekannte als Gleichungen besitzen. Mit dieser Methode können Probleme organisatorischer Art gelöst werden, die sich in Form von Zielfunktion und Nebenbedingungen formulieren lassen. Ein Beispiel hierfür wäre die Minimierung von Personalkosten unter der Nebenbedingung, dass auf den einzurichtenden Stellen die anfallenden Aufgaben auch erfüllt werden. Insgesamt gesehen muss aber kritisch angemerkt werden, dass die gegenwärtig verfügbaren Modelle der linearen Optimierung die komplexen Probleme der organisatorischen Gestaltung nur in ihrer Grundstruktur vereinfacht abbilden können, da die Operationalisierung der benötigten Daten in Zielfunktion und Nebenbedingungen zum Teil nicht oder nur schwer möglich ist.

2.2.4.3   Konzept des Verhaltenswissenschaftlichen Ansatzes

Der empirische bzw. verhaltenswissenschaftliche Ansatz verfolgt das allgemeine Ziel, faktisch beobachtbare Entscheidungsprozesse in Organisationen zu erforschen und zu erklären. Generell gilt, dass idealtypische Entscheidungen dabei nicht als punktueller Wahlakt begriffen, der sozusagen in einem Zuge erledigt würde, sondern vielmehr als ein sich über die Zeit hinweg vollstreckender Prozess aufgefasst wird, der bestimmte, abgrenzbare Phasen durchläuft. Allerdings ist die empirische Theorie organisatorischer Entscheidungen von solchen idealtypischen Phasenschemata mehr und mehr abgerückt, da sie sich als deskriptiv invalide erwiesen hat. Zwar ist es in den meisten Untersuchungen möglich, distinkte Phasen in diesen Prozessen zu identifizieren, ihre Abfolge folgt jedoch nicht einer Linearität: Phasen werden übersprungen, vorweggegriffen, retrograd angewendet, zyklisch wieder aufgelebt, usw. Es konnte aber auch kein einheitliches alternatives Verlaufsschema gefunden werden, so dass es nahe lag, in den organisatorischen Strukturen und Prozessen die überformende Kraft zu vermuten. Außerem entscheiden die Organisationsmitglieder nicht autonom, sie werden in ihren Entscheidungen und den dazu notwendigen Vorbereitungen in mannigfaltiger Weise von der Organisationsstruktur und der ihrer eigenen Dynamik und dort durch die informelle Organisation beeinflusst.

In Anlehnung an diese allgemeinen Beobachtungen wurde der organisationstheoretische Ansatz der verhaltenswissenschaftlichen Entscheidungstheorie von Barnard (1938) begründet und darauf von Simon (1957); March und Simon (1958); Cyert und March (1963); Kirsch (1971) und March und Olson (1976) systematisch weiterentwickelt. In diesem Ansatz werden Handlungen entpersonalisiert, d. h. die Organisation handelt im eigenen Namen, obwohl Personen Träger der Handlung sind. Diese Entpersonalisierung entsteht laut Barnard (1886–1961) durch eine intensivere persönliche Identifikation des Individuums mit der Organisation, aus der sich die Organisationspersönlichkeit entwickelt, die jedes Organisationsmitglied mit allen anderen gemein hat. Das Verhalten der Organisation selbst wird als ein Resultat individueller Entscheidungen und organisatorischer Bedingungen angesehen (Abb. 2.6).

Eine Erklärung des Entscheidungsverhaltens von Individuen in Organisationen erhofft man sich aus der Beantwortung der folgenden Fragen:

- Wie fällen Individuen Entscheidungen?
- Durch welche Bedingungen werden Entscheidungen in der Organisation beeinflusst?
- Wie werden Organisationsziele gebildet?

Simon zeigt in seinem Buch „Administrative Behaviour" (1957) auf, dass objektive Rationalität, wie sie in vielen Modellen der Volks- und Betriebswirtschaftslehre implizit enthalten ist, folgende Bedingungen voraussetzt: Das Individuum kennt alle möglichen Verhaltensalternativen, kann alle Konsequenzen für jede Verhaltensalternative bestimmen und eine Alternative auf Basis eines Wertesystems als die Beste aussondern. Diese Bedingungen, die Kirsch auch als geschlossenes Modell der Entscheidung bezeichnet, treffen auf Entscheidungen in der Realität nicht zu.

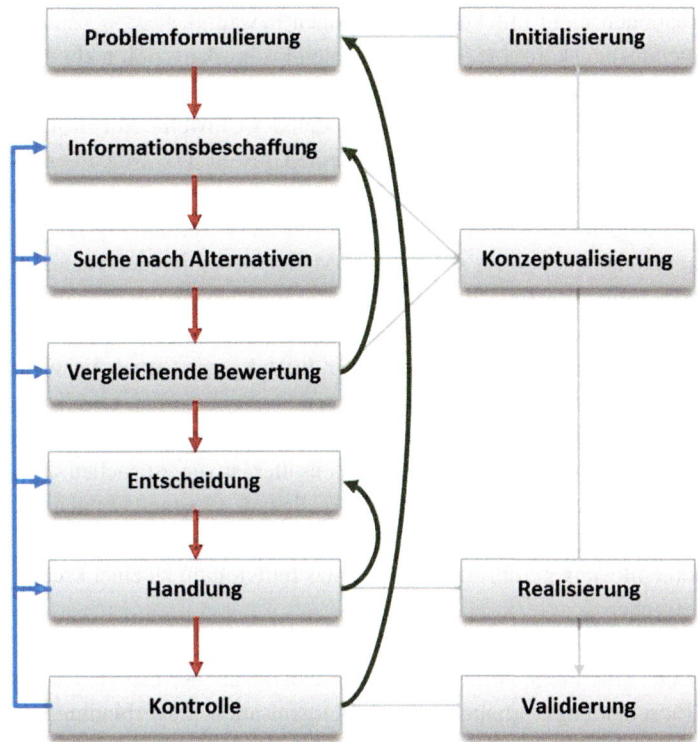

Abb. 2.6 Phasenverläufe eines Entscheidungsprozesses

- Da das das Individuum unmöglich alle Konsequenzen einer möglichen Verhaltensalternative kennen kann (z. B. die Konsequenzen einer Liason).
- Da die Kapazität eines Individuums zur Datenverarbeitung begrenzt ist. Das Individuum ist deshalb nicht in der Lage, alle möglichen Verhaltensalternativen zu kennen.
- Da der Einzelne die Konsequenzen der Verhaltensalternativen nur sehr schwer beurteilen kann, da diese sich erst in der Zukunft einstellen. Er weiß nicht, ob er die Konsequenzen zu diesem Zeitpunkt noch gut findet, da sich bis dahin sein Wertesystem verändert haben könnte.

Um nun zu einer zwar nicht vollkommen rationalen, aber für den einzelnen guten Entscheidung zu gelangen, wenden die Individuen „Tricks" oder auch Techniken an, die es Ihnen erlauben, mit der Fülle der Informationen und mit den Bewertungsschwierigkeiten fertig zu werden:

- Mit Hilfe von sogenannten Verhaltensroutinen wird eine Menge an Informations- und Problemlösungskapazität gespart. Man entscheidet sich beispielsweise am Steuer eines Wagens nicht bewusst, den dritten Gang einzulegen, sondern überlässt dies dem gewohnten Verhalten.

- Wenn Situationen nicht mit Verhaltensroutinen bewältigt werden können, so benötigt man Problemlösungskonzepte. Um die Problemlösungskapazität nicht überzubeanspruchen, setzt das Individuum Vereinfachungsmechanismen ein. Ein sehr wirksamer Vereinfachungsmechanismus ist das „innere Modell der Umwelt". Mit Hilfe dieses Modells selektiert und vereinfacht das Individuum seine Umwelt. Das Modell enthält subjektive Werte, eine begrenzte Zahl von möglichen Verhaltensweisen für bestimmte Situationen sowie Erwartungen, zu welchen Konsequenzen diese Verhaltensweisen fuhren. Jedes Individuum hat beispielsweise sein eigenes Modell bezüglich der Thematik „Auto", auf das er zurückgreift, falls Entscheidungen im Zusammenhang mit dem Auto anfallen. Die Modelle sind natürlich von Person zu Person verschieden, da diese über unterschiedliche Erfahrungen verfügen. Das Modell kann aber durch Lernen verbessert werden, da widersprechende Erfahrungen zu Korrekturen fuhren.
- Durch Senkung des Anspruchsniveaus von einer optimalen auf eine befriedigende Lösung ist es nicht mehr nötig, alle Verhaltensalternativen zu suchen. Das Individuum kann die Suche einstellen, wenn es eine befriedigende Lösung gefunden hat.
- Wenn die bisher vorgeschlagenen „Tricks" und Techniken noch immer zu keiner akzeptablen Problemlösung geführt haben, muss das Individuum zu einer kreativen Problemlösung übergehen.

Es drängt sich nun die Frage auf, wie dieses Grundkonzept der begrenzten Rationalität individuellen Entscheidungsverhaltens mit der Organisation in Verbindung zu bringen ist. Barnard und später auch Simon beantworten die Frage mit der These, dass die Organisation die Individuen zu einer höheren Rationalität befähigt.

Die Organisation ist in der Lage, ihren Mitgliedern Entscheidungsprämissen vorzugeben, die nach Simon in vier Kategorien unterteilt werden:

- Die Organisation teilt ihren Mitgliedern Aufgaben zu und stattet sie mit Programmen oder Verfahrensrichtlinien aus, die bei der Erfüllung der Aufgaben angewendet werden können.
- Zusätzlich werden noch Entscheidungsprämissen in Form von persönlichen Anweisungen, beispielsweise von Vorgesetzten, vorgegeben.
- Die Organisation stellt als Entscheidungshilfen Informationen wie Archive, Handbücher usw. zur Verfügung.
- Mitglieder werden seitens der Organisation trainiert und indoktriniert, um eine Internalisierung der Organisationsziele zu erreichen. Diese wirken dann quasi von innen heraus als Entscheidungsprämissen.

Die Organisation muss nun sicherstellen, dass diese Prämissen auch akzeptiert werden. In der von Simon und March weiterentwickelten Anreiz-Beitrags- Theorie steht die Thematisierung der Organisation als ein System von Handlungen im Mittelpunkt, dessen Bestand stets mit Risiko behaftet und dessen Überleben stets „am Abgrund" steht. Zur Sicherung des Bestandes ist durch die Organisationsführung nicht nur der Zweck der Organisation zu erfüllen, sondern auch fortlaufend ein Gleichgewichtszustand aufrechtzuerhalten. Dieses

Gleichgewicht gilt es gleich in mehrfacher Hinsicht herzustellen, indem zum einen eine Homöostase zwischen formalen und informalen Beziehungen und zum anderen zwischen internen und externen Ansprüchen als auch zwischen Anreizen und Beiträgen gefunden werden muss. Die Anreiz-Beitrags-Theorie lässt sich anhand von vier zentralen Thesen gob beschreiben:

- **Anreize** und **Beiträge**: Wenn Organisationen ihre Existenz der bewussten und absichtsgeleiteten Bereitschaft von Individuen oder Gruppen zur Kooperation verdanken, dann gerät die Frage in den Vordergrund, welche Erwartungen eine Organisation erfüllen muss, damit der Kooperationsverbund aufrechterhalten werden kann. „Beiträge" sind die Handlungen, welche die Organisation benötigt, um ihre Ziele zu erreichen. „Anreize" sind die Gegenleistungen der Organisation, sie sichern die Bereitschaft zur Kooperation und zur Erbringung einer guten Leistung. Ausgehend von diesen Überlegungen lässt sich die Unterscheidung treffen bezüglich der Effizienz und Effektivität von Organisationen. Eine Organisation ist effizient in dem Maße, wie es ihr gelingt, die Teilnehmerziele zu erfüllen, d.h. geeignete Anreize bereitzustellen, um die erforderlichen Beiträge zu erhalten. Sie ist effektiv in dem Maße, wie die richtigen Mittel zur Erreichung des Organisationszweckes gewählt werden.
- **Koalitionen**: Die Balance von Anreizen und Beiträgen ist keineswegs auf die Arbeitnehmer beschränkt, sondern ihrer Logik nach gilt sie für alle diejenigen Individuen oder Gruppen, deren Kooperation für die Erreichung des Organisationszweckes erforderlich ist. Als Folge dieser Überlegung ist keine so einfache Grenzziehung zwischen „Innen" und „Außen" mehr möglich. Gemäss dieser Auffassung sind alle Kooperationsbeteiligten, seien es Kapitaleigner, Arbeitnehmer, Fremdkapitalgeber, Lieferanten oder Abnehmer, Teilnehmer der Organisation. Organisation wird damit als eine Koalition aller kooperierenden Personen/Parteien verstanden. Als Konsequenz daraus kann sich das organisatorische Denken nicht mehr bloß auf die Binnenarchitektur beschränken, sondern muss die Gesamtheit der Anspruchsgruppe (Stakeholder) zum Gegenstand ihrer Überlegungen machen.
- **Autorität** und **Einfluss**: Autorität gestaltet sich als jeweils neu ausgehandelte Autorität. Dies impliziert, dass die Kooperationsbasis und damit die Anerkennung der Autorität jederzeit prekär sind und von Handlung zu Handlung immer wieder neu hergestellt werden müssen.
- **Informelle Organisation**: Informelle Organisation gilt als Funktionsvoraussetzung für betriebliche Kommunikation. Ihr kommt eine wichtige Funktion für den Zusammenhalt formeller Organisation und die Aufrechterhaltung der Mitgliedschaftsmotivation zu.

Der Integration von Individuum und Organisation kommt demnach eine hohe Bedeutung zu. Insofern untersucht diese Theorie auch, was Individuen dazu bewegt, Organisationen beizutreten und in ihnen zu bleiben sowie warum Individuen sich dafür entscheiden, viel oder wenig zu leisten. Die Teilnehmer der Organisation leisten Beiträge an diese und empfangen dafür Anreize von der Organisation. Die Mitglieder werden solange ihre Teilnahme nicht in Frage stellen, wie der persönliche Nutzen der empfangenen Anreize nicht kleiner ist als die Nutzenabnahme, die durch die Beiträge entsteht. Trifft diese Bedingung nicht zu, so resultiert daraus eine Unzufriedenheit des Einzelnen, die wiederum ein Suchverhalten nach neuen Organisationen auslösen kann. Ist dieses Anreiz-Beitrags-Gleichgewicht jedoch gewährleistet, so kann man von einer globalen Akzeptanz der Entscheidungsprämissen ausgehen. Trotz dieser vorhandenen globalen Akzeptanz kann es hin und wieder zu einer Zurückweisung von einzelnen Entscheidungsprämissen kommen. Um diese Ablehnung zu überwinden und die Akzeptanz zu fördern, werden dem Inhalt von Entscheidungsprämissen (z. B. „Es gehört zu den Aufgaben einer Sekretärin, Kaffee zu kochen") sekundäre Informationen hinzugefügt, in denen auf folgende Tatbestände verwiesen wird:

- auf die formale Autorität und auf die damit verbundenen Sanktionsmöglichkeiten (z. B. „Ich als Chef kann über deine Weiterbeschäftigung entscheiden);
- auf Expertenwissen (z. B. „Ich als Chef weiß, dass Kaffee die Konzentrationsfähigkeit steigert");
- auf das Identifikationsbedürfnis der beeinflussten Person mit der beeinflussenden Person (z. B. „Ich habe früher auch immer für meine Vorgesetzten Kaffee gekocht").

Die obigen Ausführungen betreffen die Frage, wie Individuen dahingehend bewegt werden können, die von der Organisation gesetzten Entscheidungsprämissen zu akzeptieren. Es wurde aber noch nicht geklärt, warum Organisationen den Individuen zu einer höheren Rationalität verhelfen. Dazu muss gezeigt werden, wie Organisationen Entscheidungsprämissen gestalten, so dass ihre Akzeptanz eine höhere Rationalität bedeutet. Bei dieser Erhöhung der Rationalität kommt Programmen als Entscheidungsprämissen eine besondere Bedeutung zu. Diese Programme enthalten kurze Codes für relativ komplexe Tatbestände und führen so zu einer erheblichen Reduktion des Informationsaufwandes.

▶   Dies lässt sich am Beispiel eines Lageristen zeigen, für den folgende Entscheidungsregel gilt: „Wenn der Bestellpunkt für Rohstoff A erreicht ist, dann bestelle Menge X". Der Lagerist weiß, dass der Bestellpunkt die erforderliche Mindestmenge für Rohstoff A ist und handelt beim Erreichen dieser Menge entsprechend. Gäbe es diese Regel bezüglich der Mindestmenge nicht, müsste der Lagerist sich ständig darüber informieren, welche Mengen die Produktion benötigt, welche Lieferanten existieren und welche Preise und Lieferzeiten diese haben. In der festgelegten Regel sind alle diese Beziehungen schon verarbeitet; es wurde unter Berücksichtigung der durchschnittlichen Lieferzeiten eine Mindestmenge festgelegt, die die Produktion auf jeden Fall gewährleistet. Durch die verwendete Regel wird somit neben der Reduktion des Informationsaufwandes auch die Unsicherheit in verschiedenen Organisationsbereichen (Lager, Produktion) verringert.

In einer Organisation existieren eine große Anzahl dieser Regeln bzw. Programme. Diese sollten in dem Maße aufeinander abgestimmt sein, dass sie einen Beitrag zur notwendigen Koordination zwischen den einzelnen Teilbereichen leisten und somit wiederum die benötigte Informationsmenge reduzieren.

Es stellt sich nun die Frage, wer eigentlich alle diese Programme konstruiert. Es wird hierzu kein mit übermenschlicher Rationalität ausgestatteter Programmgestalter benötigt, der als einziger in der Lage ist, ein wirksames Geflecht von Programmen als Korsett für die schwache Rationalität der Individuen zu erstellen. Die Konstruktion eines Systems von Programmen erfolgt arbeitsteilig in den einzelnen Bereichen (z. B. Einkaufsspezialist erstellt Einkaufsprogramm). Nur dort, wo der Output eines Programms als Input eines anderen Programms benötigt wird, sind Abstimmungen zwischen den Programmgestaltern notwendig. Wenn Programme keine befriedigende Problemlösung mehr gewährleisten, müssen sie verbessert oder ersetzt werden. Diese Notwendigkeit der Programmverbesserung kündigt sich meist durch interindividuelle Konflikte an.

Es wurde bis jetzt implizit unterstellt, dass die Programme über ein Ziel oder ein Zielsystem verfügen, auf das die Programme ausgerichtet sind und welches auch einen Maßstab für die Brauchbarkeit der Programme darstellt.

▶ Insofern sind diese Programme als verbindlich festgelegte und autorisierte Verfahrensrichtlinien aufzufassen, als generelle Regeln, die das reibungslose Verknüpfen verschiedener spezialisierter Tätigkeiten ohne die Einschaltung von Instanzen sicherstellen sollen. Dabei unterscheidet man im Wesentlichen zwischen Konditional- und Zweckprogrammen. Einem *Konditionalprogramm* liegt das Muster zugrunde: Immer wenn ein Ereignis vom Typ A eintritt, dann ist Handlung B zu ergreifen. Das klassische Beispiel für Konditionalprogramme ist die Fließbandfertigung in der Automobilindustrie. Konditionalprogramme schreiben auch dort den Mitgliedern der Organisation vor, beim Eintritt eines vorher definierten Stimulus bestimmte Verhaltensweisen zu zeigen. Sie werden daher als „Wenn-Dann-Programme" bezeichnet, wobei man sie eigentlich als „Nur-Wenn-Dann-Programme" auffassen muss. Denn was nicht dediziert erlaubt ist, ist definitiv verboten. *Zweckprogramme* hingegen legen in ihrer einfachsten Form formal einen Zweck fest, d. h. es wird ein bestimmter erwünschter Zustand für verbindlich erklärt. Zweckprogramme sind für einige Teilbereiche sinnvoll, niemals jedoch für den gesamten Handlungsbereich. Insgesamt liegt das Problem einer Abstimmung durch Programme darin, dass sie zwar hierarchieentlastend wirken und ein gewisses Maß an Elastizität bringen, von ihrem Aufbau her aber der Organisation einen sehr statischen Rahmen geben und damit ein zu geringes Reaktionsvermögen bei unerwarteten Situationen bewirkt. Mit anderen Worten, überall dort, wo Zweckprogramme eingesetzt werden, sind sie wegen ihrer hohen und ungesicherten Selektivität fortlaufend

beobachtungsbedürftig, um Fehlsteuerung frühzeitig erkennen zu können. Insofern kann man die Zweckprogramme als die antagonistischen Gegenspieler
der Konditionalprogramme auffassen. Während bei Konditionalprogrammen
gilt, das was nicht erlaubt wird, ist verboten, gilt für Zweckprogramme, das was
nicht verboten ist, ist erlaubt. Vergleichend kann man feststellen, dass bei Konditionalprogrammen die Führungskraft Mittel und Wege zur Erreichung des
Ziels definiert. Hingegen definiert die Führungskraft im Zweckprogramm die
Ziele. Erfüllt man die Anforderungen des Konditionalprogramms und scheitert
dennoch, hat man einfach das Falsche gemacht. Scheitert man mit denselben
Tätigkeiten im Zweckprogramm, war man dagegen einfach der Falsche. Mit anderen Worten: Während im Konditionalprogramm die Persönlichkeit des Mitarbeiters wenig Platz hat, ist im Zweckprogramm alles persönlich.

Nach Cyert und March sind Ziele Ergebnisse eines Verhandlungsprozesses zwischen aktiven Organisationsmitgliedern. Passive Organisationsmitglieder greifen nicht in den Zielbildungsprozess ein, da sie Ausgleichszahlungen empfangen und dafür die Zielvorstellungen
der die Ausgleichszahlung anbietenden aktiven Organisationsmitglieder akzeptieren. Arbeiter beispielsweise erhalten Lohn und greifen dafür nicht in den Zielbildungsprozess ein.
    Im Rahmen der Zieldiskussion werden operationalisierbare (z. B. „10 % unseres Um-
satzes müssen wir für Forschung und Entwicklung ausgeben") und nicht operationalisierbare Ziele (z. B. „Wir setzen uns für den Umweltschutz ein") formuliert. Cyert und March
gehen davon aus, dass Organisationen im Wesentlichen von fünf Zielen geleitet werden:

- **Produktionsziele**: bestimmte Auslastung der Produktionskapazität;
- **Lagerhaltungsziele**: bestimmter Vorrat wird festgelegt, möglichst niedrige Kapitalbin-
  dung;
- **Umsatzziel**: der Umsatz muss um 8% gegenüber dem Vorjahr gesteigert werden;
- **Marktanteilsziel**: Absatzmengen werden fixiert;
- **Gewinnziel**: zufriedenstellender Gewinn wird bestimmt;

Cyert und March weisen noch darauf hin, dass zwischen genannten Zielen innerhalb der
Organisation gewisse Konflikte bestehen (z. B. Gewinn- vs. Umsatzziel). Diese vorhandenen Konflikte können dadurch einigermaßen gut gelöst werden, dass sich die Organisation
den Zielen nicht gleichzeitig widmet, sondern sequenziell vorgeht (zuerst wird Umsatz-
dann Gewinnziel verfolgt).

2.2.5 Systemtheoretischer Ansatz

Unter dem Begriff *Systemtheorie* werden heutzutage eine Reihe verschiedener wissenschaftlicher Konzepte zusammengefasst, denen allen ein Streben nach „ganzheitlichem
Verständnis" des jeweils vorhandenen Problems gemeinsam ist. Wenn auch von Systemtheorie gesprochen wird, so handelt es sich doch nicht um eine Theorie im engeren Sinne.

Man kann eher von einer Sammlung unterschiedlicher Modelle bzw. Methoden sprechen, die sich meist auf eine bestimmte Klasse von Problemgegenständen bezieht.

2.2.5.1 Motivation

Den Ausgangspunkt für die verschiedenen Forschungsschwerpunkte innerhalb der Systemtheorie bildet das durch den Biologen L. v. Bertalanffy entwickelte und 1945 erstmals veröffentlichte Konzept der Allgemeinen Systemtheorie. Mit Hilfe dieses Konzeptes wird versucht, einen einheitlichen methodischen Überbau für zahlreiche wissenschaftliche Einzeldisziplinen herzustellen, weshalb der Ansatz der Systemtheorie als auch inter- bzw. multidisziplinär bezeichnet werden kann.

Die zentrale Idee der Systemtheorie liegt in der Erkenntnis, dass zwischen den Theorien verschiedener Disziplinen strukturelle Isomorphien, d. h. Ähnlichkeiten im Aufbau, bestehen, durch deren Erfassung man einerseits zu Erkenntnisfortschritten gelangt, andererseits ein Verständnis für fremde Disziplinen und überdisziplinäre Zusmmenhänge entwickelt. Die Systemtheorie begreift sich als übergreifende Wissenschaft, die Ähnlichkeiten in den Strukturen von Theorien über verschiedene Sachverhalte aufdeckt und diese nutzbar macht. Dabei wird hauptsächlich eine bestimmte Art eines theoretischen Modells konstruiert, welche zwischen den äußerst verallgemeinernden Konstruktionen reiner Mathematik und den spezifischen Theorien spezieller Disziplinen anzusiedeln ist. Die Systemtheorie zielt damit auf eine vielseitige Anwendbarkeit ab, was aber damit verbunden ist, dass ihre formellen Beschreibungskategorien bzw. Instrumente nicht immer mit konkreten Inhalten belegt sind, sondern weitgehend abstrakt bleiben und somit realitätsfremd erscheinen. Deshalb lässt die Systemtheorie für sich die deduktive Ableitung empirischer Hypothesen nicht zu. Trotzdem hat die Systemtheorie große Verbreitung erfahren, insbesondere in wissenschaftlichen Disziplinen, die sich mit äußerst komplexen Tatbeständen beschäftigen (z. B. Biologie, Chemie, Wirtschaftswissenschaften, Soziologie, Politikwissenschaften). In diesen Bereichen erweist sich die wissenschaftliche Durchdringung realer Sachverhalte auf der Basis einfacher Ursache-Wirkungs-Beziehungen häufig als unbefriedigend, weil oft nur isolierte Teilzusammenhänge aus dem komplexen Gesamtzusammenhang ermittelt werden können. Das birgt zum einen die Gefahr der Vernachlässigung wesentlicher Wechselwirkungen in den betreffenden Systemen und begünstigt andererseits die bloße Anhäufung von scheinbar zusammenhanglosen Detailkenntnissen. So ist gerade die Tatsache, dass ein Phänomen zwar umfassend auftritt, jedoch nicht weiter thematisiert und hinterfragt wird, für die Systemtheorie gerade erklärungsbedürftig. Die Systemtheorie soll für die hier angesprochenen Problemfelder eine angemessene Methodik liefern, weil komplexe Phänomene bei ihrer wissenschaftlichen Behandlung Verfahren voraussetzen, die deren Komplexität auch entsprechen.

2.2.5.2 Konzept der Systemtheorie

In der Allgemeinen Systemtheorie werden Systeme als Menge von Elementen, die miteinander in Wechselbeziehung stehen, charakterisiert. Aufgrund dieses hohen Abstraktionsniveaus kann der Systembegriff somit inhaltlich mit Phänomenen unterschiedlichster Gegenstandsbereiche belegt werden.

▶ So lässt sich z. B. ein Atom, ein lebendiger Organismus, eine Organisation, aber
  auch das Universum als System begreifen.

Die Elemente des Systems können selbst wieder Systeme sein (sog. Subsysteme). Die
Konzeption vom Systemtypen oder -ebenen, die sich sowohl in Bezug auf die Komplexität
ihrer Bestandteile als auch auf den Charakter der zwischen diesen Teilen bestehenden
Beziehungen unterscheiden, ist von Boulding, der eine Klassifizierung von Systemen nach
ihrem Komplexitätsgrad vorgeschlagen hat, fruchtbar weiterentwickelt worden. Boulding
benennt die folgenden Systemtypen:

- **Rahmensysteme**: Systeme, deren Strukturen statisch sind, statisch im Sinne der Anordnung von Atomen in einem Kristall oder der Anatomie eines Tieres.
- **Mechanische Systeme**: Einfache dynamische Systeme, deren Bewegungen vorherbe-
  stimmt sind, vergleichbar dem Uhrwerk oder dem Sonnensystem.
- **Kybernetische Systeme**: Systeme, die fähig sind, sich anhand eines extern vorgegebenen Ziels oder Kriteriums selbst zu regulieren, wie z. B. der Thermostat.
- **Offene Systeme**: Systeme, die zur Selbsterhaltung auf der Basis der Verarbeitung (th-
  roughput) von Ressourcen, die aus der Umwelt stammen, fähig sind, etwa im Sinne
  einer lebenden Zelle.
- **Systeme mit vorprogrammierter Entwicklung**: Systeme, die sich nicht durch Dupli-
  zieren, sondern durch die Produktion von Samen oder Eiern, in denen vorprogrammierte
  Instruktionen für die Entwicklung enthalten sind, reproduzieren; wie z. B. das Ei-
  chel-Eiche-System oder das Ei-Henne-System.
- **Systeme mit einer eigenen Vorstellungswelt**: Systeme, die fähig sind, ihre Umwelt
  im Detail wahrzunehmen, ein Vermögen, das es ihnen gestattet, Informationen von
  außen zu empfangen und sie zu einer Vorstellungs- oder Wissensstruktur von der Um-
  welt als Ganzer zusammenzufügen, eine Ebene, auf der Tiere sich bewegen.
- **Systeme, die Symbole gebrauchen**: Systeme, die ein Bewusstsein von sich selbst haben und sprachfähig sind. Die Menschen bewegen sich auf dieser Ebene.
- **Soziale Systeme**: Vielköpfige Systeme, bestehend aus Akteuren, die auf der siebten
  Ebene agieren und eine gemeinsame soziale Ordnung und Kultur miteinander teilen.
  Soziale Organisationen operieren auf dieser Ebene.
- **Transzendentale Systeme**: Systeme, die das „Absolute und das Unerkennbare" bein-
  halten (Boulding 1956, S. 200–207).

Der Grundbaustein der Theorie ist das sogenannte offene System. Unter einem *offenen
System* versteht man Beziehungszusammenhänge zwischen Elementen, die mit ihrer Umgebung (Umwelt) in Austauschbeziehungen stehen. Hierbei kommt es zu einem Austausch
von Energie, Materie und Information. Nur aufgrund dieser Austauschprozesse kann ein
System seine Lebens- und Leistungsfähigkeit bewahren, sich in einem Zustand relativer
Ordnung halten und damit seinen Bestand erhalten. Wird das System von der Umwelt ab-
geschnitten, so „stirbt" es, d. h. seine Ordnung zerfällt. Offene Systeme streben ein gewisses

stabiles Verhältnis zu ihrer Umwelt an, in dem die Austauschgrößen annähernd konstant bleiben. Dieser Gleichgewichtszustand wird als Fließgleichgewicht oder Homöostase (engl: ready state) bezeichnet. Das Gleichgewicht kann in einem offenen System durch Prozesse primärer Regulation (über Strukturveränderungen) und sekundärer Regulation (durch Variation bestimmter Verhaltensparameter innerhalb einer vorgegebenen Struktur) erreicht werden. Gleichgewichtszustände können von verschiedenen Anfangszuständen und auf verschiedenen Entwicklungspfaden erreicht werden.

Systemorientiertes Denken hat in zwei Formen Eingang in die Organisationstheorie gefunden: als organisationssoziologischer Systemansatz und als systemtheoretisch-kybernetischer, deduktiver Ansatz.

Wichtigste Merkmale dieser Ansätze sind:

- die **Betonung des situativen Denkens**: Weil man auch hier vom Grundmodell des gegenüber der Umwelt offenen Systems ausgeht, wird die Systemstruktur permanent von der Situation beeinflusst, die eben von dieser Umwelt determiniert wird. Das Ziel besteht nun nicht mehr darin, absolut gültige Wirkungszusammenhänge zu finden und als Organisationsprinzipien zu empfehlen, sondern für die entsprechende Situation eingegrenzte Aussagen über gewisse Zusammenhänge zu gewinnen;
- die **interdisziplinäre Ausrichtung**: Der systemorientierte Ansatz in der Organisationstheorie tendiert ebenfalls dazu, sich von der disziplinären Betrachtungsweise der Wirtschaftswissenschaften im Allgemeinen oder der Organisationstheorie im Speziellen zu lösen. Es wird beispielsweise sowohl auf naturwissenschaftliche als auch auf psychologische Erkenntnisse zurückgegriffen.

Die Entstehung des Systemansatzes in der Organisationstheorie lässt sich mit den in den 60er Jahren herrschenden Rahmenbedingungen erklären. Die Komplexität vieler Organisationen ist in dieser Zeit sprunghaft gewachsen, die technologischen Fortschritte waren gewaltig, ebenso wurden Ausbildung, Professionalisierung und Bedürfnisniveau der Mitarbeiter gesteigert. Insgesamt kann von einer wachsenden Komplexität und Dynamik der Gesellschaft gesprochen werden. Dabei sind nicht nur die einzelnen Systeme in sich komplex, sondern auch die Beziehungsstrukturen zwischen den Systemen und ebenso die Beziehungen des einzelnen Individuums zu dem jeweiligen System. Es ist daher im Rahmen des organisationstheoretischen Systemansatzes gerechtfertigt, das Menschenbild des „Administrative Man", von welchem in der entscheidungstheoretischen Variante ausgegangen wird, um das Menschenbild des „Complex Man", nämlich des komplexen Menschen, der sich an eine komplexe Umwelt anpasst, zu ergänzen. Unter diesem Blickwinkel befasst sich der organisationssoziologische Ansatz der Systemtheorie mit dem Bestehen und den Wirkungen von sogenannten Sinnsystemen. Unter *Sinnsystemen* versteht man Systeme sinnhafter Orientierung und Identifikation (Orientierungssysteme) bzw. Sinnzusammenhänge von Handlungen (Handlungssysteme). Sie konstatieren Sinn und halten ihn verfügbar. Wenn man einem Objekt oder einem Ereignis Sinn abzugewinnen versucht, so geschieht das durch die Schöpfung von oder im Rückgriff auf Sinnsysteme, die somit die Funktion von Interpretationsschemata wahrnehmen.

Als Begründer dieser Variante der Systemtheorie gilt der amerikanische Soziologe Talcott Parsons, dessen grundlegende Arbeiten im Jahre 1950 entstanden. Der bedeutendste Vertreter dieser Richtung in Deutschland ist der Soziologe Niklas Luhmann, dem es gelungen ist, neben der Vertiefung von Parsonsschen Ideen auch noch einen eigenen, in vielen Punkten von Parsons losgelösten, Ansatz zu formulieren. Parsons und Luhmann sind somit die einzigen, die größere eigene Ansätze auf dem Gebiet der organisationssoziologischen Systemtheorie ausgearbeitet haben.

Das Erkenntnisinteresse der soziologischen Variante zielt auf die Klärung der Frage, wie eine soziale Ordnung angesichts der Vielfalt von Handlungsmöglichkeiten und der Unterschiedlichkeit individueller Perspektiven und Motivlagen möglich ist. Die soziologische Variante stützt sich dabei auf die strukturell-funktionale Theorie, die im Rahmen der Allgemeinen Systemtheorie von L. v. Bertalanffy entwickelt wurde. Diese Theorie geht von den Bezugspunkten der Systemerhaltung und Systemverwirklichung aus und zerlegt das System in die beiden analytischen Kategorien Struktur (statischer Aspekt) und Funktion (dynamischer Aspekt). Durch diesen Ansatz steht bis heute das Systemziel im Mittelpunkt des organisationssoziologischen Interesses. Soziale Prozesse werden somit in bezug auf das Systemziel entweder als funktional oder als dysfunktional angesehen. Hieraus lassen sich auch Unterschiede zwischen Max Webers Bürokratie und dem Begriff der Organisation in der Organisationssoziologie ableiten. Weber klassifiziert die verschiedenen Verbandstypen aufgrund ihrer unterschiedlichen Ordnung und Struktur, ohne dabei die Verbandsziele (z. B. bei der Bürokratie) besonders zu berücksichtigen. In dem hier betrachteten Ansatz wird auf umgekehrte Weise verfahren. Man unterteilt die verschiedenen Organisationen nach den von ihnen verfolgten Zielen. Organisation und Bürokratie sind somit Begriffe auf völlig verschiedenen Ebenen.

Die Untersuchungsbereiche der organisationssoziologischen Variante der Systemtheorie lassen sich allgemein wie folgt zusammenfassen:

- die Ziele der Organisation
- die Struktur der Organisation
- Rollenstruktur
- Kommunikationsstruktur
- Macht- und Autoritätsstruktur
- Personalstruktur
- die Prozesse der Organisation
- Entscheidungsprozesse
- Prozesse der Normenbildung
- Macht- und Konfliktprozesse
- Aufstiegsprozesse
- Anpassungsprozesse (organisatorischer Wandel)
- Zielverschiebungsprozesse
- die Umweltvariablen
- die Leistungswirksamkeit der Organisation

Die Organisationssoziologie hat das Systemdenken sehr stark zu einer auf soziologische Probleme zugeschnittenen Methode gemacht. Parallel zu diesen Überlegungen enstanden seit 1960 noch andere Ansätze, die den Systemansatz ganz anders verwenden. Sie greifen auf *Systemtheorie* und *Kybernetik* zurück, um die kybernetischen Systemeigenschaften wie Regelung, Ultrastabilität, Multistabilität usw. auf soziale Systeme zu übertragen und damit die Dynamik des Systemverhaltens zu beschreiben und zu erklären.

▷   Die Kybernetik (=Steuerungslehre) ist ein bedeutsamer Zweig der Systemtheorie und sie beschäftigt sich mit der Frage, wie Gleichgewichtszustände (Homöostase) und Veränderungen in Systemen gezielt ausgesteuert werden können.

Erster Ausgangspunkt der kybernetischen Variante war die Theorie des offenen Systems von v. Bertalanffy. Ein zweiter Ausgangspunkt waren die informationstheoretischen und regeltechnischen Entwicklungen, zu deren Wegbereiter, neben anderen, Norbert Wiener zählt. Aus diesem Ursprung sind die Konzepte der Rückkopplung, Regelung und Steuerung usw. in die Kybernetik eingegangen. Den Autoren geht es vor allem darum, soziale Systeme kybernetisch zu interpretieren, d. h. zu untersuchen, wieweit sie die Eigenschaften der Selbstregelung, der Anpassung, der Lernfähigkeit, der Selbstdifferenzierung usw. aufweisen und wieweit solche Eigenschaften zur Automatisierung dieser Systeme ausgenützt werden können. Zu diesen Konzepten erfolgen nun einige Erläuterungen:

• **Selbstregelung** ist die Fähigkeit eines Systems, ohne Lenkung (Steuerung) des Systems von außen einen vorgegebenen Sollwert einzuhalten. Die Systemeigenschaft der Regelung lässt sich durch sogenannte Regelkreise abbilden. Ein solcher Regelkreis besteht in seiner einfachsten Form aus den Komponenten Regler, Stellgröße, Regelstrecke, Regelgröße, Soll-Ist-Vergleich und Führungsgröße. Komplexe kybernetische Systeme bestehen oft aus einer Vielzahl miteinander vernetzter Regelkreise.
• **Anpassung** ist die Fähigkeit eines Systems, nicht nur einen Sollwert konstant zu halten, sondern diesen auch an die veränderte Umwelt anzupassen. Diese höhere Stufe der Stabilität erlaubt das Einhalten eines dynamischen Gleichgewichts. Die wichtigsten Formen sind die Ultrastabilität (Fähigkeit zur zufälligen Parametervariierung bis zur Stabilitätserreichung) und die Multistabilität (partielle Anpassungsfähigkeit durch Kombination mehrerer ultrastabiler Subsysteme).
• **Lernfähigkeit** ist die Fähigkeit eines Systems, aus Erfahrungen Konsequenzen für das zukünftige Verhalten zu ziehen. Es wird vor allem die organisierte Lernfähigkeit durch verbesserte Informationsrückkopplung und -auswertung und die maschinelle Lernfähigkeit kybernetischer Maschinen untersucht.
• **Selbstdifferenzierung** ist die Fähigkeit zur selbstständigen strukturellen Evolution und Differenzierung. Das bedeutet, inwieweit ist das System in der Lage, das Komplexitäts- und das Organisationsniveau zu erhöhen und somit die Anpassungs- und Lernfähigkeiten zu verbessern.

- **Automatisierbarkeit** ist schließlich nichts anderes als die Möglichkeit, menschliche Eingriffe in ein System durch dessen kybernetische Fähigkeiten, wie sie soeben erklärt wurden, zu ersetzen. Durch diesen Aspekt wurde das informationstechnologische Interesse an sozialen Systemen geweckt, das mit der Entwicklung von Management-Informations-Systemen seinen Anfang nahm.

Soziale Organisationen sind im Gegensatz zu physikalischen oder mechanischen Strukturen locker verkoppelte Systeme. Die wichtigsten „Flüsse" im Systembereich sind der Material-, der Energie-und der Informationsfluss. Das systemtheoretische Denken hat aber auch unterschiedliche Phasen durchlaufen und dabei unterschiedliche Impulse für die organisationstheorotischen Problem- und Fragestellungen hinterlassen:

- **Kybernetik**: Durch die Kybernetik hat vor allem das Regelkreisschema Eingang in das organisatorische Denken gefunden. Mit dem Regelkreis wird ein Steuerungsprozess beschrieben, der auf der Basis genau vorgegebener Prämissen autonom funktioniert. Der Mensch taucht in der kybernetischen Organisationsumwelt allenfalls als Störung auf. Die kybernetische Systemtheorie (Ashby 1956; Wiener 1963) thematisierte nämlich erstmals das Verhältnis von System und Umwelt als Problem von Konstanz und Veränderung. Die Stabilität eines Systems wurde damit erstmals nicht als Wesenszug von Systemen (ontologischer Ansatz, sondern als Problem definiert, und zwar als ein Problem, das es fortwährend zu lösen gilt (Luhmann 1973, S. 155 f.).
- **Strukturell-funktionale Systemtheorie**: Die funktionalistisch orientierte Systemtheorie studiert die Organisationsstruktur als Problemlösung, als eines von vielen Mitteln, das Systemen zur Verfügung steht, um ihre Probleme zu lösen. Ausgangspunkt dieser Theorie ist eine komplexe, bestandskritische Umwelt, in der zu handeln ohne eine signifikante (Komplexitäts-) Reduktionsleistung überhaupt nicht möglich ist. Die Komplexität der Umwelt bearbeiten heißt zunächst einmal, dass Systeme in sich Strukuren schaffen müssen, die eine Bewältigung der Umweltbezüge ermöglichen. Eine komplexe Umwelt erfordert die Schaffung einer komplexen Binnenstruktur, um die vielfältigen Umweltbezüge erfassen und aufarbeiten zu können. Dabei darf jedoch das grenzerhaltende (identitätstiftende) Komplexitätsgefälle zwischen System und Umwelt nicht verloren gehen. Das bekannteste Muster der Verarbeitung komplexer Umwelten ist dabei sicherlich die organisatorische Ausbildung von Subsystemen, die eine Spezialisierung auf bestimmte Systemfunktionen ermöglichen, z. B. stabilisierende Subsysteme, innovierende Subsysteme, außen-bezogene Subsysteme, integrierende Subsysteme. System/Umwelt-Bezug heißt aber auch, dass Veränderungen in der Umwelt immer wieder neue Probleme für das System darstellen. Dies bedeutet, dass Systeme fortwährend vom Zerfall bedroht sind (Entropie). Die Bestandserhaltung stellt sich daher als permanentes Problem, sie wird durch die einmal gefundene Selektionsleistung nicht definitiv gelöst (Luhmann 1973, S. 39 ff.).
- **Theorie selbstreferenzieller Systeme**: Das System wird nicht mehr länger nur als Aufpasser konzeptualisiert, sondern man geht vielmehr davon aus, dass das System/Umwelt-Verhältnis interoperationaler Natur ist, d. h. eine Organisation bzw. ein System

steht unter starkem Umwelteinfluss, hat aber auch selbst die Möglichkeit, gestaltend auf die Umwelt einzuwirken (Maurer 1971). Systeme besitzen eine begrenzte Autonomie gegenüber der Umwelt. Eine lange favorisierte Sondersperspektive stellte den Umformungsprozess von Ressourcen in den Vordergrund, in dem sie Systeme durch den Zyklus Input-Throughput-Output charakterisierte. Das System ist demnach gewissermaßen doppelt geöffnet zur Input- und zur Outputseite hin und trotzdem (oder gerade dadurch) kann es seinen Bestand sichern. Indem das System Umweltbeziehungen aufnimmt und damit Abhängigkeiten eingeht, ist es in der Lage, sich in der Umwelt zu behaupten und Autonomie aufzubauen. Unabhängigkeit und Abhängigkeit von der Umwelt wurden damit in der Theoriegeschichte erstmals als keine sich wechselseitig ausschließenden Systemmerkmale gesehen (Luhmann 1997, S. 64). Den theoretischen Hintergrund bildete zunächst das biologische Konzept der Homöostase. Ziel sollte es sein, das prästabilisierte Systemgleichgewicht zu wahren, um auf diese Weise das Überleben des Systems sicherzustellen.

- **Autopoiesis**: Im Anschluss an die aus der Biologie stammende Idee der Autopoiesis (Varela 1979; Maturana 1985) erzeugt ein System selbst nicht nur die Strukturen, sondern auch die Elemente, aus denen es besteht. Analog zur Zellbiologie werden Elemente als zeitliche Operationen begriffen, die fortlaufend zerfallen und unaufhörlich durch die Elemente des Systems selbst reproduziert werden müssen.
- **Ressourcen-Abhängigkeits-Theorie**: In Anknüpfung an das Input-Output-Schema verdichtet diese Theorie den weitläufigen System/Umwelt-Bezug auf ein zentrales Problem, nämlich die Abhängigkeit von externen Ressourcen. Organisationen benötigen zur Leistungserstellung Ressourcen verschiedenster Art, über die sie in der Regel nicht selbst, sondern externe Organisationen verfügen. Es steht somit zwangsläufig in zahlreichen engen Austauschbeziehungen zu anderen Organisationen (vertikaler Leistungsverbund). Neben internen Vorkehrungen (Abpufferung, Flexibilisierung usw.) kommt dazu primär der Aufbau kooperativer Beziehungen zu den ressourcenkritischen Systemen in Frage. Dabei zeigt der Ansatz eine ganze Skala solcher Kooperationsstrategien zur Steigerung der Umweltkontrolle auf. Sie reichen von der Kooperation über den Abschluss langfristiger Verträge bis hin zum Joint Venture.
- **Evolutionstheorie**: Der populationsökologische oder evolutionstheoretische Ansatz (McKelvey und Aldrich 1983) interessiert sich primär für den evolutionären Ausleseprozess und versucht die Frage zu beantworten, weshalb bestimmte Systeme oder Systempopulationen (z. B. Branchen) ihr Überleben sichern können, andere dagegen nicht. Die Idee ist, dass die Umwelt – wie in der Natur – aus der Vielfalt der Systeme/Populationen diejeingen ausfiltert, die sich an die speziellen externen Gegebenheiten nicht oder aber nicht hinreichend angepasst haben. Unangepasste Systeme werden ausgelesen, neue Systeme entstehen, der evolutionäre Prozess formt die Entwicklung und Zusammensetzung der System-Population durch die Dynamik von Variation, Selektion und Retention. Die Entwicklung wird als offen gedacht. In der Konsequenz treten Glück und Zufall als zentrale Erklärungsfaktoren für den Erfolg in den Vordergrund; nicht die Organisation, sondern die Umwelt optimiert.

- **Theorie interorganisationaler Beziehungen**: Aufbauend auf dem System/Umwelt-Paradigma konzentriert sich dieser Ansatz zum einen auf organisierte Umwelten und deren Bedeutung für die Organisation. Das praktische Interesse gilt dem Management dieser externen Beziehungen und den Strategien, die dafür zur Verfügung stehen (Benson 1975). Das Thema Kooperation zwischen Organisationen gewinnt dabei immer stärker an Interesse (Dyer und Singh 1998). Gegenstand der Forschung sind hier die verschiedenen Formen der Kollektive (Partnerschaften, Netzwerke usw.) und die Erklärung ihrer Entstehung, die Beziehungen innerhalb wie auch zwischen Kollektiven und ihre Steuerung.

Diese Perspektive lässt erahnen, welche starke Anziehungskraft diese systemtheoretischen Überlegungen und Erkenntnisse für die Entwicklung des kognitiven Ansatzes haben.

2.2.6   Situativer Ansatz

2.2.6.1   Motivation
In den 50er und 60er Jahren waren Vertreter neuerer Ansätze der Meinung, dass in den bisherigen Organisationstheorien die jeweilige Situation, in der sich eine Organisation befindet, zu wenig Berücksichtigung findet. Aus diesem Grund wurden verschiedene situative, d. h. die Organisationssituation explizit miteinbeziehende Ansätze entwickelt. In den situativen Ansätzen („contingency approaches") wird von der Hypothese ausgegangen, dass es nicht möglich ist, eine Aussage zu treffen, welche Organisationsform grundsätzlich die beste ist. Vielmehr ist es so, dass ein und dieselbe Organisationsform je nach Situation unterschiedlich effizient sein kann, so dass die Wahl einer entsprechenden Organisationsform von der für die Organisation relevanten Umwelt abhängig ist.

2.2.6.2   Konzept des situativen Ansatzes
Ziel der situativen Ansätze ist es aus diesem Grund, einen Zusammenhang zwischen Umweltsituation und Organisationsform aufzuzeigen. Hierbei ist die Organisationsform als die von der Umweltsituation abhängige Variable zu sehen. Die Wahl einer geeigneten Organisationsstruktur ist jedoch nicht nur situationsabhängig, sondern wird gleichzeitig durch die Ziele determiniert, die es durch die Gestaltung der Organisation zu verwirklichen gilt. In dem Grundmodell der situativen Ansätze wird davon ausgegangen, dass diejenige Organisationsstruktur gewählt wird, mit der die angestrebten Ziele am ehesten verwirklicht werden können. Aufgrund dieser Struktur kommt es zu bestimmten Verhaltensweisen der Organisationsmitglieder, die jedoch gleichzeitig von den situativen Bedingungen mitbeeinflusst werden. Neben diesen aus dem Zusammenspiel von Situation und Struktur resultierenden Verhaltensweisen ist zusätzlich eine direkte Verhaltenswirkung der situativen Bedingungen zu beachten. Kommt es aufgrund der Kombination von Struktur- und Situationseffekten zu Verhaltensweisen, die von den angestrebten Verhaltensweisen abweichen, so ist davon auszugehen, dass dies die Wirkung einer nicht situationsgerechten

Organisationsstruktur ist. Es ist somit eine Anpassung von Struktur und Situation nötig. In der Regel wird dies durch eine Anpassung der Organisationsstruktur an die situativen Bedingungen erreicht. In Studien wurde nun untersucht, durch welche Variablen eine Situation bestimmt wird und welchen Einfluss diese auf die Gestaltung der Organisationsstruktur haben. Grundsätzlich werden hierbei zwei Arten von Situationsvariablen unterschieden. Zum einen wird die Organisationsstruktur in Abhängigkeit von Umweltveränderungen und zum anderen in Abhängigkeit von der herrschenden Technologie betrachtet.

Burns und Stalker haben Anfang der 60er Jahre untersucht, inwieweit Umweltveränderungen Einfluss auf das Managementsystem haben. Sie fanden heraus, dass je nachdem, ob es sich um eine stabile oder eine dynamische Umwelt handelt, auch unterschiedliche Managementsysteme erforderlich sind. Zwei Typen von Managementsystemen spielen hierbei eine entscheidende Rolle:

- das **mechanistische System**, charakterisiert durch Starrheit und mangelnde Anpassungsfähigkeit an Umweltveränderungen, und
- das **organische System**, das durch einen erhöhten Grad an Flexibilität gekennzeichnet ist.

Die Studie ergab, dass in dynamischen Umweltsituationen vorwiegend ein organisches Managementsystem zur Anwendung kommt, während in stabilen Umweltsituationen das mechanistische System den Vorzug erhält.

In dem 1967 veröffentlichten Ansatz von Lawrence und Lorsch wird nicht von der Organisation als Ganzes, sondern von deren Teilbereichen (Abteilungen) ausgegangen. Der Differenzierungsgrad, d. h. die Anzahl der notwendigen Teilbereiche einer Organisation, wächst mit deren Größe. Ein erhöhter Differenzierungsgrad muss durch verstärkte Integration, d. h. durch stärkere Abstimmung und Koordination der Aktivitäten einzelner Abteilungen, kompensiert werden. Jedem Organisationsbereich steht ein entsprechender Umweltsektor gegenüber. Lawrence und Lorsch beschränkten sich in ihren Untersuchungen auf die Teilbereiche „Produktion", „Marketing" und „Forschung und Entwicklung", sowie auf die zugehörigen Umweltsektoren „techno-ökonomischer Bereich", „Markt" und „Wissenschaft". Die einzelnen Teilbereiche reagieren ähnlich wie bei Burns/Stalker beschrieben auf die für sie relevanten Umweltsituationen. Je nach Umweltsituation können sich für verschiedene Teilbereiche auch unterschiedliche Organisations- und Führungsstrukturen ergeben. Der Grad der Unterschiede der Organisations- und Führungsstrukturen ist hierbei von der Homogenität der „Gesamtumwelt" abhängig, d. h. bestehen große Unterschiede in den Subumwelten (=heterogene Umwelt), so werden auch die Unterschiede in der Struktur zwischen den einzelnen Organisationsbereichen entsprechend groß sein. Dies führt wiederum dazu, dass der Integrationsgrad entsprechend hoch sein muss. Man kann also direkt von der Homogenität (bzw. Heterogenität) der Umwelt auf die notwendigen Integrationsinstrumente schließen. Als mögliche Integrationsmittel nennen Lawrence und Lorsch beispielsweise Projekt-Gruppen, Matrixorganisation und Integrationsabteilungen.

Joan Woodward führte Ende der 50er Jahre eine empirische Erhebung in 100 Industrieorganisationen in England durch. Die erhaltenen Daten veranlassten sie zu der Hypothese, dass verschiedene Fertigungstypen (Technologien) auch verschiedene Organisationsstrukturen hervorrufen. Woodward unterscheidet zwischen drei Technologieklassen:

- Einzel- und Kleinserienfertigung,
- Groß- und Massenfertigung sowie
- Prozessfertigung (z. B. bei chemischen Erzeugnissen).

Sie stellte fest, dass je nach Fertigungstyp bestimmte Ausprägungen von Strukturmerkmalen häufiger vorkommen als andere. Bei der Untersuchung der Effizienz unterschiedlicher Organisationsformen innerhalb eines Fertigungstyps zeigte sich, dass die Organisationen, die dem „typischen" für ihre Technologieklasse ermittelten Organisations- und Führungssystem am ehesten entsprechen, auch am erfolgreichsten waren. Es war jedoch nicht möglich, auf eine von der Technologieklasse unabhängige, optimale Organisationsstruktur zu schließen.

2.2.7 Institutionenlehre

Die Ansätze der Institutionenlehre fokussieren sich auf den institutionellen Charakter von Organisationen. Dabei wird die Organisation als ein regelbestimmtes Handlungssystem betrachtet, dessen Entstehung und Daseinsberechtigung einer ökonomischen Legitimierung bedarf. Bei der Auseinandersetzung mit den Strukuren solcher Handlungssysteme haben sich im Wesentlichen drei Ansätze herausgebildet: der Transaktionskosten-Ansatz, die Theorie der Verfügungsrechte und der Prinzipal-Agenten-Ansatz. Wenngleich diese Ansätze unterschiedlichen Wurzeln entstammen, stimmen sie in vielen Punkten doch überein. So setzen alle drei Ansätze die individuelle Nutzenmaximierung (Opportunismus) voraus, gehen von einer Situation unvollkommener Informationen (Unsicherheit) aus und unterstellen die Kalkülisierbarkeit aller notwendigen Handlungsalternativen (Williamson 1975).

2.2.7.1 Motivation

Sowohl die Property-Rights- und die Transaktionskostentheorie als auch die Principal-Agent-Theorie sind als Zweige der sogenannten Neuen Institutionellen Ökonomie zu sehen. Die Entstehung dieser Theorien ist teils als Erweiterung, teils aber auch als fundamentale Kritik neoklassischen Gedankenguts zu interpretieren. Ziel der Neuen Institutionellen Ökonomie ist es, eine Erklärung für bestimmte vorhandene institutionelle Sachverhalte zu geben.

Die drei oben genannten Theorien beschäftigen sich insbesondere mit der Entwicklung, der Gestaltung und dem effizienten Einsatz von Institutionen, wobei neben der Organisation auch der Markt, Geld, soziale Normen und rechtliche Einrichtungen (z. B. Verfassungen, Vertragsformen und Eigentum) in die Analyse miteinbezogen werden.

2.2.7.2 Konzept der Verfügungsrechte

Der *verfügungsrechtliche Ansatz* (property rights) konzentriert sich auf die Verfügung über Ressourcen und unterschiedliche Regelungen zur Verteilung der Verfügungsrechte in

Organisationen. Verfügungsrechte sind im sozialen Raum definierte und mit Sanktionen ausgestattete Befugnisse von Wirtschaftssubjekten an Gütern und Ressourcen (Demsetz 1967, S. 347). Die Property- Rights- Theorie basiert auf einer 1937 veröffentlichten Arbeit von Coase und wurde in den sechziger Jahren vorwiegend von Alchian und Demsetz weiterentwickelt. Im Wesentlichen begründet sich diese Theorie auf folgende vier Elemente:

- Verhaltensannahmen individueller Nutzenmaximierung,
- Verfügungs- und Handlungsrechte (Property Rights),
- Einbeziehung von Transaktionskosten,
- Einbeziehung von externen Effekten.

Diese Elemente stehen in der Form vollständig spezifizierter Verfügungsrechte als Einzelrechte zur Verfügung:

- **Usus**: Recht auf Nutzung,
- **Usus** fructus: Aneignung des Ertrages (usus fructus).
- **Abusus**: Veränderung von Form und Substanz und
- **Transus**: Veräußerung oder sonstige Übertragung der Rechte an Dritte.

Die Property-Rights-Theorie geht grundsätzlich von der Annahme aus, dass jeder am Wirtschaftsprozess Beteiligte bemüht ist, im Rahmen der von ihm wahrgenommenen Handlungsalternativen, seine eigenen Interessen soweit wie möglich zu verwirklichen. Jedes Individuum ist somit bestrebt, eine Nutzenmaximierung durchzuführen. Auf inhaltliche Argumente der einzelnen Nutzenfunktionen wird in diesem Zusammenhang jedoch nicht näher eingegangen. Vielmehr stehen im Mittelpunkt der Betrachtung die aus der Nutzenmaximierung abgeleiteten Property Rights. Man versteht hierunter die mit einem Gut verbundenen Verfügungs- und Handlungsrechte, die den Wirtschaftssubjekten aufgrund von Rechtsordnungen und Verträgen zustehen. Es wird also davon ausgegangen, dass bei Tauschprozessen nicht das Gut an sich, d. h. seine physischen Eigenschaften, sondern vielmehr Bündel von Rechten, die es erlauben, dieses Gut ganz oder teilweise zu nutzen, gehandelt und bemessen werden. Durch die Zuordnung, Übertragung und Durchsetzung der Property Rights werden Kosten verursacht. Diese sogenannten *Transaktionskosten* lassen sich wie folgt unterscheiden:

- Anbahnungskosten,
- Vereinbarungskosten,
- Kontrollkosten,
- Anpassungskosten.

Neben relativ leicht messbaren Kosten beinhalten die Transaktionskosten jedoch grundsätzlich auch alle ökonomisch relevanten Nachteile, wie z. B. aufzuwendende Zeit, Mühe und dergleichen. In der Regel können einem Wirtschaftssubjekt nicht sämtliche wirtschaftlichen

Folgen der Ressourcennutzung eindeutig zugeordnet werden, die im Rahmen seiner Property-Rights-Struktur entstehen. Hierdurch entstehen externe Effekte (z. B. Umweltschäden), die häufig zu Wohlfahrtsverlusten führen.

Ziel ist es, eine möglichst effiziente Verteilung der Property Rights zu erreichen. Dies bedeutet aber nun, dass die Summe aus Transaktionskosten und den durch externe Effekte hervorgerufenen Wohlfahrtsverlusten minimiert werden muss. Das bedeutet, dass hohe Transaktionskosten und hohe externe Effekte im Rahmen der Property-Rights-Theorie ein Indiz für die Notwendigkeit neuer institutioneller Lösungen sind.

2.2.7.3 Konzept der Transaktionskostentheorie

Der *Transaktionskosten-Ansatz* hat seien Ausgangspunkt in der Annahme, dass die Koordination von Transaktionen durch den Markt sogenannte Koordinationskosten verursacht und damit das Preissystem nicht kostenneutral sein kann. Dabei besteht zwischen der oben behandelten Property-Rights-Theorie und der Transaktionskostentheorie ein enger inhaltlicher Zusammenhang. Werden in der erstgenannten Theorie die in einer Transaktion übertragenen Nutzungs- und Verfügungsrechte in den Mittelpunkt gestellt, so ist in der Transaktionskostentheorie vielmehr die eigentliche Transaktion die elementare sozioökonomische Untersuchungseinheit. Ziel ist es hier, die mit der Transaktion verbundenen Kosten zu minimieren. Transaktionskosten bestehen vornehmlich aus Informations- und Kommunikationskosten, die bei der Anbahnung, Vereinbarung, Kontrolle und Anpassung wechselseitiger Leistungsbeziehungen auftreten, als auch aus Opportunitätskosten.

▶ Transaktionskosten bezeichnen Informations- und Kommunikationskosten, die im Zuge der Anbahnung (Reisekosten, Informationskosten usw.) der Ratifizierung (Zeit, Mühe, Rechtsberatung usw.), der Abwicklung (Anweisung, Kommunikation usw.), der Kontrolle (Qualität, Termine) usw. und der nachträglichen Anpassung (Nachverhandlung, Unvollständige Verträge usw.) von Verträgen entstehen.

Der wohl bekannteste Vertreter der Transaktionskostentheorie ist Williamson. Er entwickelte, basierend auf Überlegungen von Coase, das sogenannte Markt-Hierarchie-Paradigma, mit Hilfe dessen erklärt werden kann, warum ein Teil der ökonomischen Leistungsbeziehungen über den Markt, ein anderer Teil aber hierarchisch, d. h. unter teilweiser Ausschaltung des Preismechanismus koordiniert wird. Das Markt-Hierarchie-Paradigma beruht auf einer paarweisen Gegenüberstellung von Verhaltensannahmen und zugehörigen Umweltfaktoren. Es werden hierbei folgende Paare betrachtet:

- Verhaltensannahmen ⟺ Umweltfaktoren
- Beschränkte Rationalität ⟺ Unsicherheit/Komplexität
- Opportunismus ⟺ Spezifität

Die Verhaltensannahme der beschränkten Rationalität (bounded rationality) basiert auf Erkenntnissen von Simon (Simon 1945). Er stellte fest, dass der Mensch zwar beabsichtigt, rational zu handeln, dies ihm aber nur in begrenztem Umfang gelingt. Gründe für die beschränkte Rationalität sieht er zum einen in der beschränkten Informationsverarbeitungskapazität der menschlichen Kognition, zum anderen aber auch in kommunikativen Defiziten. Gerade in Umweltsituationen, die durch einen hohen Grad an Komplexität und Unsicherheit gekennzeichnet sind, werden die Grenzen der menschlichen Verarbeitungskapazität schnell überschritten. Hierdurch wird es für die Tauschpartner unmöglich, sämtliche Unwägbarkeiten ihrer Transaktionen zu überschauen und zu berücksichtigen, so dass sich Spielräume für opportunistisches Verhalten eröffnen. Die Verhaltensannahme des Opportunismus stellt eine Verschärfung des Konzeptes der individuellen Nutzenmaximierung dar. Über die Bestrebung hinaus, im Rahmen bestehender Regeln und Normen seinen Nutzen zu maximieren, wird unterstellt, dass die Wirtschaftssubjekte strategisch handeln und gegebenenfalls ihre Interessen auch zum Nachteil anderer unter Missachtung bestehender Normen zu verwirklichen versuchen.

▶ Dieser Opportunismus zeigt sich darin, dass alle Transaktionsbeteiligten, wo immer möglich, den eigenen Nutzen verfolgen und dies auch jenseits moralischer Grenzen (Opportunismus). Die Opportunismus-Annahme ist der Dreh- und Angelpunkt der Theorie, indem hier der Hauptgrund für das Marktversagen verortet wird.

Problematisch wird opportunistisches Verhalten in Verbindung mit dem Umweltfaktor Spezifität. Spezifische Leistungsbeziehungen führen in der Regel dazu, dass ein Wechsel des Transaktionspartners unmöglich oder zumindest mit großen Nachteilen verbunden ist. Der Spezifitätsgrad einer Transaktion wird anhand des Wertverlustes gemessen, der entsteht, wenn statt der beabsichtigten Transaktion lediglich die nächstbeste Verwendungsmöglichkeit zustandekommt. Williamson führte in diesem Zusammenhang den Begriff der *fundamentalen Transformation* ein. Hierunter versteht man die Entwicklung einer monopolartigen Transaktionsbeziehung aus einer zunächst unspezifischen Ausgangslage. Ein aus einer Vielzahl potenzieller Transaktionspartner Ausgewählter kann im Verlauf der bestehenden Transaktionsbeziehung, insbesondere wenn es sich um eine häufig wiederkehrende Leistungsbeziehung handelt, transaktionsspezifische Fähigkeiten entwickeln. Die so erlangten Vorteile gegenüber seinen ursprünglichen Mitbewerbern kann er auch im weiteren Verlauf der Transaktionsbeziehung ausnutzen. Der Wechsel zu einem der ursprünglichen Mitbewerber wäre mit Kosten verbunden, die als Maß für den Spezifitätsgrad einer Ressource herangezogen werden. Je höher der Spezifitätsgrad ist, umso eher bleibt Raum für opportunistisches Verhalten. Die Bewertung einer Transaktion geschieht durch Beurteilung der empirisch erfassten Umweltfaktoren Unsicherheit, Komplexität und Spezifität unter Berücksichtigung der getroffenen menschlichen Verhaltensannahmen. Die Beurteilung erfolgt derart, dass zu den zu untersuchenden Koordinationsformen nicht die absoluten Transaktionskostenhöhen ermittelt werden, sondern auf relative Höhen mit Hilfe der oben genannten Einflussfaktoren geschlossen wird. Es wird sich derjenige Koordinationsmechanismus durchsetzen, bei dem möglichst geringe Transaktionskosten entstehen.

2.2.7.4   Konzept der Principal-Agent-Theorie

Dieser Ansatz kontrastiert organisatorische Probleme als Probleme ungleich verteilter Information, speziell als problematisches Verhältnis zwischen Auftraggeber (Prinzipal), und Auftragnehmer (Agent). Der Prinzipal beauftragt aus Wirtschaftlichkeitsgründen (z. B. Arbeitsteilung, fehlende Spezialkompetenz usw) eine gegen Entgelt mit der Wahrnehmung bestimmter Aufgaben und überträgt ihm dazu bestimmte Verfügungsrechte. Das Grundmodell der *Agency-Theorie* kann damit als eine umfassende Theorie zur optimalen Steuerung von dezentralen Aktivitäten angesehen werden. Delegiert ein als Principal bezeichnetes Individuum eine Aufgabe an einen Agenten, so hängt sein Nutzen von dessen Anstrengung ab. Er kann aber als Auftraggeber nicht mit Sicherheit davon ausgehen, dass der Agent in seinem Interesse handelt. Dieser wird seinen eigenen Nutzen aus dieser Kooperation maximieren, auch wenn dies auf Kosten des Principals geht (externe Effekte). Als klassisches Beispiel stelle man sich die Beziehung zwischen Eigner (Principal) und geschäftsführendem Manager (Agent) vor. Dies ist nun aber gerade jene Beziehung, die im Rahmen der Organisationsproblematik besonders interessiert. Der Geschäftsführer trifft Entscheidungen mit großer Tragweite, und der Eigner besitzt wenige realistische Kontrollmöglichkeiten, weshalb die Kooperation oft in Konfrontation endet und die Anreizgewährung in den Vordergrund tritt. Genau hier setzt die normative Agency-Theorie an, indem Anreizverträge entwickelt werden, die dazu führen, dass der Entscheidungsträger aus Eigennutz so handelt, dass er auch den Nutzen der Instanz, also des Principals, maximiert. Hierbei werden insbesondere die Fälle der Risikoneutralität oder -aversion von Principal und Agent sowie Kontrollmöglichkeit/keine Kontrolle unterschieden, wodurch sich unterschiedliche Komplexitätsgrade und Lösungen ergeben.

Die zentralen Grundannahmen dieses Ansatzes lassen sich wie folgt zusammenfassen:

- Der Principal delegiert eine Aufgabe an einen Agenten.
- Der Agent wählt eine aus verschiedenen, gegebenen Handlungsalternativen so aus, dass er seinen eigenen Erwartungsnutzen maximiert. Dieser ist eine steigende Funktion der Belohnung und eine fallende Funktion des Aktivitätsniveaus. Die Form der Nutzenfunktion und damit die Eigenschaften des Agenten sind dem Principal bekannt.
- Der Agent geht die Kooperation nur ein, wenn er dadurch einen Erwartungsnutzen erreichen kann (Kooperationsbedingung). Diesen exogen gegebenen Mindestnutzen kann man sich z. B. als Arbeitslosengeld vorstellen.
- Ist der Agent risikoavers, so fordert er für eine Partizipation am Erfolgsrisiko (einem Prämiensatz, der größer als null ist) eine zusätzliche Risikoprämie.
- Der Principal möchte den Erfolg nach Belohnung (Nettoerfolg) maximieren. Der Bruttoerfolg ist hierbei eine monoton steigende Funktion des Aktivitätsniveaus des Agenten.

Daher ist es für den Principal vorteilhaft, wenn dieser sein Aktivitätsniveau bei gegebener Belohnung erhöht. Der Agent jedoch bevorzugt ein kleineres Aktivitätsniveau, er empfindet Arbeitsleid. Es besteht demnach ein Interessengegensatz.

- Das Ergebnis einer Alternative hängt neben dem Aktivitätsniveau des Entscheidungsträgers auch vom eintretenden Umweltzustand ab. Dieser ist weder dem Principal noch dem Agent bekannt. Es liegt also eine Risikosituation vor, wodurch die Agency-Theorie erst ihren Reiz erhält.
- Der Principal kann im Nachhinein zwar das vom Agenten verursachte Ergebnis kontrollieren, nicht jedoch den tatsächlich eingetretenen Umweltzustand. Daher ist es ihm nicht möglich, einen sicheren Rückschluß auf das Aktivitätsniveau zu ziehen. Der Entscheidungsträger erhält dadurch einen Handlungsspielraum („hidden action"), den er zum Nachteil des Principals ausnutzen kann („moral hazard").
- Es kann sich zudem eine asymmetrische Informationsverteilung daraus ergeben, dass der Agent einen besseren Informationsstand besitzt als der Principal („hidden information"). Zum Beispiel ist der Agent besser über seine persönlichen Eigenschaften (Risikoaversion, Arbeitsleid etc.) informiert, außerdem ist er näher am Ort des Geschehens. In diesem Fall kann der Principal dem Agenten mehrere Vertragsvarianten zur Wahl anbieten und so zumindest einen Teil der Informationen des Agenten nutzen („self-selection").

Besteht für den Principal eine vollkommene, kostenlose Kontrollmöglichkeit, so entsteht aus der oben beschriebenen Kooperation für ihn kein größeres Problem. Er kann dem Agenten einen Anreizvertrag, mit dem er eine „first-best-Lösung" erzielt, vorlegen. Dabei wird er sich natürlich an seinem Ziel, den Erwartungsnutzen des Nettoerfolges zu maximieren, orientieren. So muss er lediglich ein optimales Aktivitätsniveau bestimmen, die zugehörige optimale Belohnung errechnen und diese erst dann auszahlen, wenn der Agent sich auch vereinbarungsgemäß angestrengt hat. Selbst wenn der Agent in diesem Fall risikoavers ist, muss ihm keine Risikoprämie bezahlt werden. Dies ist möglich, weil die Belohnung an das Aktivitätsniveau gebunden wird, so dass der Entscheidungsträger kein Risiko zu tragen hat. Er weiß, dass er seine Belohnung erhält, wenn er tatsächlich das vereinbarte Aktivitätsniveau realisiert, egal welcher Umweltzustand eintritt. Dies ist zugleich das Charakteristikum der „first-best-Lösung": Die beiden Ziele Anreizgewährung und paretoeffiziente Risikoaufteilung können in Einklang gebracht werden, da der Agent durch die Kontrolle des Principals auch ohne Erfolgsbeteiligung motiviert wird, sich anzustrengen. Entfällt die kostenlose Kontrollmöglichkeit, so erfährt der Principal zunächst nur die exakte Höhe des realisierten Ergebnisses. Zudem kennt er auch die „Produktionsfunktion", weiß also, wie das Ergebnis von der Agentenmühe und dem Umweltzustand abhängt. Sein Problem besteht aber darin, dass er nicht überprüfen kann, welcher Umweltzustand eingetreten ist. Damit kann er dann aber auch die Anstrengung des Agenten nicht im Nachhinein ermitteln. Der Agent kann immer „Faulheit mit Pech", d. h. einem ungünstigen Umweltzustand, rechtfertigen; er hat einen „diskretionären Handlungsspielraum", den er zum eigenen Vorteil ausnutzt. Jetzt tritt die Anreizwirkung des Vertrages in den Vordergrund. Der Principal muss aus diesem Grund den Agenten auch dann am Erfolg

beteiligen, wenn er risikoavers ist und eine Risikoprämie verlangt. Das optimale Aktivitätsniveau kann jetzt nicht mehr vereinbart, sondern nur noch durch eine entsprechende
Belohnungsfunktion (d.h. die Wahl von Prämiensatz und Fixum) „induziert" werden.
Würde der Principal in diesem Fall eine Erfolgsbeteiligung unterlassen, so hätte der Agent
keinen Anreiz, überhaupt etwas zu tun. Jetzt können die beiden Ziele Anreizgewährung
und Risikoaufteilung nicht mehr problemlos in Einklang gebracht werden, sie sind nun
konfliktär. Besonders anschaulich kann dieser Konflikt mit folgendem Beispiel verdeutlicht werden: Der Principal sei risikoneutral und der Agent risikoavers. Die paretooptima-
le Risikoaufteilung in dieser Kooperationsbeziehung besteht daher darin, dass der Principal
das gesamte Risiko trägt und der Agent einen Prämiensatz von null, d.h. ausschließlich
ein Fixum, erhält. Unter Anreizgesichtspunkten kann dies jedoch nicht zweckmäßig sein.
Ohne Kontrollmöglichkeit würde der Agent nämlich in diesem Fall ein Aktivitätsniveau
von null wählen. Er muss daher am Erfolg und somit auch am Erfolgsrisiko beteiligt werden, um überhaupt etwas zu tun. Hierfür fordert er aber eine Risikoprämie. Die Konsequenz hieraus ist, dass nun nur noch ein „second-best-Vertrag" möglich ist. Die Differenz
zwischen den maximalen Nettoerfolgen aus „first-best-„ und „second-best-Vertrag" bezeichnet man auch als „agency-costs". Diese Kosten, die durch mangelnde Kontrollmöglichkeit entstehen, hat alleine der Principal zu tragen: Der Agent wird immer so belohnt,
dass er gerade seinen Mindestnutzen erreicht, so dass die Kooperationsbedingung erfüllt
ist. Er erhält für seine Partizipation am Risiko eine Risikoprämie zur Kompensation und
erfährt daher keine Nutzeneinbuße.

Letztlich setzen sich die „agency-costs" demnach aus zwei Komponenten zusammen:
Die erste ist die Risikoprämie, die dem Agenten wegen der Erfolgsbeteiligung gezahlt werden muss. Als zweite Komponente kommt die Erfolgsminderung hinzu, die daraus entsteht,
dass der Agent zu einem kleineren Aktivitätsniveau veranlasst wird, als dies bei vollkommener Kontrollmöglichkeit der Fall gewesen wäre. Dieses kleinere Aktivitätsniveau ist in dieser Situation für den Principal optimal, da der Agent bei jedem höheren Aktivitätsniveau
(und damit einem höheren Prämiensatz!) zwar einen höheren Erfolgserwartungswert erreichen würde, aber dafür eine so hohe Risikoprämie fordern würde, dass sie den Erfolgszu-
wachs überkompensieren würde. Deshalb würden die „agency-costs" auch bei einem
risikoneutralen Agenten entfallen. Dieser fordert ja keine Risikoprämie. Man kann daher die
Anreizwirkung des Belohnungssystems voll ausnutzen, indem man die Organisation an ihn
verpachtet und ihm einen Prämiensatz von eins und ein negatives Fixum (Pachtbetrag) vorgibt. Hier ergeben sich dann jenes optimale Aktivitätsniveau und jener maximale Nettoge-
winn, der durch den „First-best-Vertrag" bei vollkommener Kontrollmöglichkeit erzielt
werden konnte. Unter organisationstheoretischen Gesichtspunkten wird ein Principal daher
aus mehreren zur Wahl stehenden Agenten nicht nur denjenigen bevorzugen, der ceteris
paribus am wenigsten Arbeitsleid empfindet, sondern er wird zusätzlich auch jene Agenten
bevorzugen, die weniger risikoavers sind.

2.3   Klassische Organisationstheorien in der Kritik

2.3.1   Physiologischer Ansatz (Scientific Management)

Als positive Auswirkungen des *Scientific Managements* können die – zumindest kurzfristigen – Produktionssteigerungen, die auf dem rationelleren Einsatz der Mitarbeiter beruhten, angesehen werden. Es ist jedoch nicht zu übersehen, dass dieser Produktivitätsgewinn mit schwerwiegenden Nachteilen verbunden war, die sich erst langfristig auswirkten. Die Kritik an diesem Ansatz setzte schon früh, vor allem durch die Gewerkschaften, ein. Es wurde eingewendet, dass das instrumentale, mechanistische Menschenbild den Menschen entwürdige und ihn zu einer geistlosen Hochleistungsmaschine degradiere. Die spezifisch menschliche Leistungsfähigkeit kommt nicht zur Entfaltung, solange das Individuum nur als „Spezialmaschine" eingesetzt wird.

Selbst im operativen Bereich kann deshalb keine optimale Produktivität erwartet werden. Wenn die Prinzipien des Scientific Managements vom operativen Bereich auf die Leitungsebene übertragen werden, stoßen sie besonders schnell an ihre Grenzen.

Faktoren wie die totale Fremdbestimmung durch das Diktat von Maschinen, insbesondere von Fließbändern und die Unpersönlichkeit der Arbeit haben zu Entwicklungen geführt, die vom Management oft erst heute wahrgenommen werden:

- Zur völligen Zerstörung des traditionellen Handwerksethos, der Liebe zum eigenen Produkt und der Arbeitszufriedenheit. Die Arbeit hat im Leben der meisten Arbeiter ihre frühere zentrale Bedeutung verloren. Resignation und Interesselosigkeit führen zur Verlagerung des Lebens in den Freizeitbereich.
- Zu wachsender Unzufriedenheit und Frustration, resultierend aus der Diskrepanz zwischen der Realität der eigenen Stellung im Betrieb und den durch intensive Werbung angebotenen angeblichen Möglichkeiten der Selbstentfaltung, der Autonomie usw.

Diese negativen Auswirkungen wirken stark auf die Organisation und machen eine ausschließliche Anwendung der Scientific-Management-Prinzipien unmöglich. Im organisationstheoretischen Denken wurde die Gegenbewegung bereits in den dreißiger Jahren durch die Human-Relations-Ansätze ausgelöst.

2.3.2   Bürokratieansatz

Die bürokratische Organisation lässt sich wie folgt charakterisieren:

- Strikte **Regelgebundenheit** der Amtsführung: Im Idealfall ist jedes Handeln durch Regeln bestimmt.
- **Amtskompetenzen**: Präzise Abgrenzung von Autorität und Verantwortung. Die Zuständigkeiten und Befugnisse sind generell festgelegt und leiten sich aus den Positionen ab.

- **Amtshierarchie**: Festgelegtes System von Über- und Unterordnungen mit genau umschriebener Befehlsgewalt. Es herrscht keine Willkür.
- **Aktenmäßigkeit** aller Verwaltungsvorgänge: Alle wichtigen Entscheidungen, Erörterungen oder Verfügungen werden schriftlich fixiert und registriert; nur das Aktenmäßige gilt, Gerüchte, Klatsch oder Vermutungen sind für das Handeln ohne Bedeutung.
- **Neutrale Amtsführung**: Die Amtsführung hat nur der Sache nach zu erfolgen; persönliche Empfindungen und Emotionen sind aus dem Amtsgeschehen völlig fernzuhalten
- **Fachlichkeit**: Die sachgerechte Anwendung der Regeln verlangt schließlich speziell dafür ausgebildete Stelleninhaber „Fachleute" mit entsprechender Fachschulung.

Die wesentlichen Punkte der Kritik am Bürokratieansatz lassen sich an der Behauptung Webers ansetzen, dass die Bürokratie die zweckmäßigste Form für die Ausübung legaler Herrschaft darstellt: Die bürokratische Organisation Max Webers verkörpert ein mechanisches System. Es ist für eine stationäre Umwelt und die Erledigung von Routinearbeiten geeignet, während es von den Problemlösungsaufgaben einer dynamischen Umwelt überfordert ist. Alle Elemente, die die Leistungsfähigkeit einer Bürokratie ausmachen, können durch Übersteigerungen das Gegenteil bewirken. Präzision wird zur Pedanterie, Stabilität zur Starrheit und schriftliche Dokumentation zum Papierkrieg. In einem bürokratisch organisierten Apparat wird der Perfektion der Struktur mehr Beachtung geschenkt als den verfolgten Zielen. Der Mensch ist daher nur zu leicht bereit, für jeden zu arbeiten, der Herrschaft über ihn erlangt. Der Mensch selbst wird nicht als Individuum, sondern als leistungsabgebende Einheit (Produktionsfaktor) gesehen. Man erwartet von ihm ein unterschiedliches Verhalten in Beruf und Privatleben, ohne dadurch hervorgerufene persönliche Konflikte zu berücksichtigen. Der Herrschaftsaspekt rückt in den Mittelpunkt und verdrängt Gesichtspunkte der Motivation und Arbeitszufriedenheit. Der Beamtenstatus verschafft dem Beamten (zumindest in Webers Zeit) eine besondere soziale Wertschätzung, die noch durch das Rangordnungsverhältnis innerhalb der bürokratischen Struktur verstärkt wird. Der Beamte erreicht diesen dienstaltersgebundenen Aufstieg am besten, wenn er die formalen Regeln befolgt, schematisch, aber damit auch oft motivationslos, handelt und keine Kritik äußert.

Zusammenfassend lässt sich sagen, dass die Bürokratie mit zunehmender Industrialisierung eine rasche Verbreitung gefunden und die Entstehung großer Verwaltungen und Fabrikationsbetriebe beschleunigt hat. Ähnlich wie im Scientific Management traten die oben beschriebenen und zunächst vernachlässigten Begleiterscheinungen im Verlauf der Zeit immer mehr in den Vordergrund. Diese Diskrepanz von Idealtypus und Realität rief eine durchaus fruchtbare Kritik an Webers Darstellungen hervor. Weiterführende Argumentationen haben zu unterschiedlichen Weiterentwicklungen geführt, die zu eigenständigen Organisationsansätzen wurden und im weiteren Verlauf dieses Buches behandelt werden. Dabei wurde berücksichtigt, dass in der Realität vielfältige Variationen von bürokratischen Organisationen auftreten, die durch einen Einheitstypus nicht zu beschreiben waren. Ebenso wurde der Frage nachgegangen, unter welchen Bedingungen eine Bürokratie technisch effizient ist und welche Einflüsse diese Effizienz beeinträchtigen (situativer Ansatz).

Die administrative Variante ist auf den ersten Blick ein für den Organisationspraktiker nützlicher Ansatz. Er bietet eine Sammlung von Beispielen organisatorischer Strukturierung und systematisiert diese nach Strukturtypen. Ebenso werden die formalen Elemente der Organisation begrifflich geklärt und abgegrenzt. Doch darf man sich durch diese Ergebnisse nicht darüber hinwegtäuschen lassen, dass dieser Ansatz Grenzen und Schwächen besitzt. Die Umwelt wird gänzlich vernachlässigt („Closed System-Denken"). Situative und dynamische Aspekte, die für die Effizienz von verschiedenen Alternativen ausschlaggebend sind, fließen, wenn überhaupt, nur unsystematisch in die Gestaltung mit ein. Ebenso werden verhaltenswissenschaftliche Aspekte nicht integriert. Organisationsziele werden vorgegeben und der Zielbildungsprozess bleibt unberücksichtigt. Aber der schwerwiegendste Kritikpunkt der administrativen Variante liegt darin begründet, dass diese Organisationsmodelle nie einer empirischen Prüfung unterzogen wurden.

2.3.3 Motivationstheoretischer Ansatz

Als Hauptkenntnisse der Human-Relations-Variante können folgende Punkte angesehen werden:

- Überwindung des mechanistischen Menschenbildes in der Organisationslehre hin zum sozial motivierten Gruppenwesen.
- Förderung der Arbeitszufriedenheit (sozio-emotionale Rationalität) hat tendenziell einen günstigen Einfluss auf die Leistung.
- Ebenso ist positiv zu vermerken, dass die Begründer dieses Ansatzes ihren Erkenntnissen empirische Studien zugrunde legten. Es müssen jedoch grundsätzlich folgende Bedenken geäußert werden:
  - Einseitige Überbewertung der psychologischen Faktoren, Vernachlässigung der strukturellen und technischen Faktoren;
  - Neigung zum „Laissez-faire", da die Arbeitszufriedenheit höchste Bedeutung erlangt;
  - Konflikte werden nur negativ gesehen, Leugnung und Unterdrückung latenter Konflikte und Entwicklung einer „Schein-Harmonie";
  - Vermittlung eines Gefühls der Zufriedenheit statt echter Befriedigung (Ausdruck einer instrumentalen Ausrichtung auf die Produktivität);
  - Tendenz zu einem herablassend gütigen, paternalistischen (partnerschaftlichen) Führungsstil;
  - Grundhypothese „Leistung dank Zufriedenheit" vernachlässigt die Probleme der Leistungsantriebe und Motivation.

Die motivationstheoretische Variante abschließend zu beurteilen, ist im Rahmen dieses Buches sicherlich nicht möglich. Es lässt sich jedoch testieren, dass dieser Ansatz eine bedeutende Weiterentwicklung in der Organisationstheorie darstellt. Werden hier doch erstmals gezielt Organisationsformen nicht nur den betrieblichen, sondern auch den menschlichen Bedürfnissen angepasst. Dieser Trend hat sich bis in die heutige Zeit fortgesetzt, in der flache Hierarchien und lockere Strukturen immer öfter Anwendung finden. Auch das Entstehen von neuen Formen der Arbeitsgestaltung, wie „Job Rotation", „Job Enrichment" und „teilautonome Arbeitsgruppen", ist mit auf diesen Ansatz zurückzuführen. Ebenso wird diskutiert, Handlungsanweisungen und Stellenbeschreibungen auf ein Minimum zu reduzieren, denn die Organisationsziele sowie die Wertvorstellungen, sollten im Idealfall den Handlungsrahmen des Einzelnen abstecken. Es muss jedoch bemängelt werden, dass alle diese neuen Organisationsformen keine Erfolgsgarantie bieten. Dies liegt daran, dass Psychologie und Soziologie nicht in der Lage sind, das Verhalten von Menschen so allgemein zu prognostizieren, dass sich standardisierte Organisationsformen entwickeln lassen.

2.3.4 Entscheidungsorientierte Ansätze

Die mathematischen Modelle zur Ermittlung einer optimalen bzw. befriedigenden Organisationsstruktur und Ablauforganisation müssen, um berechenbar zu bleiben, vereinfachte Annahmen über die Bedingungen der organisatorischen Gestaltung treffen. Dadurch wird ihr praktischer Wert wesentlich eingeschränkt. Die mathematischen Modelle sind in ihren Ergebnissen immer nur so gut wie die Annahmen und Daten, die in sie eingehen. Die den Modellen zugrunde liegenden Hypothesen sind in der Regel empirisch nicht abgesichert oder in ihrem Prognosewert gering, weil nicht alle für die Leistung der Organisation wesentlichen Randbedingungen erfasst werden. Ebenso erfordern mathematische Kalküle kardinal operationalisierbare Daten, die oft allenfalls subjektiv abschätzbar sind. Der große Vorteil der mathematischen Entscheidungsmodelle liegt im Zwang zur logisch konsistenten Hypothesenbildung. Außerdem erfolgt durch sie eine Anregung zu weiterer Hypothesenbildung und -prüfung.

Der Beitrag des verhaltenswissenschaftlich entscheidungsorientierten Ansatzes hat für die Organisationsforschung eine große Bedeutung. Vor allem die neueren Untersuchungen der motivationsorientierten und organisationssoziologischen Richtung werden durch das verhaltenswissenschaftliche Denken von Simon beeinflusst. Es kann jedoch kritisch angemerkt werden, dass im Vergleich zum Human-Relations-Ansatz die Aussagen der verhaltensorientierten Entscheidungstheorie nicht empirisch fundiert sind. Ebenso werden, da der Ansatz vom Individuum ausgeht, die Probleme der organisatorischen Gesamtstruktur vernachlässigt. In den USA kam es sogar so weit, dass Organisationsforschung nur noch als reine Verhaltensforschung betrieben wurde. Daraus ergab sich auch eine Vernachlässigung der pragmatischen Fragestellung, wie der Entscheidungsprozess am zweckmäßigsten organisiert werden soll.

2.3.5   Systemtheoretischer Ansatz

Bezüglich der strukturell-funktionalen Theorie lassen sich beim organisationssoziologischen Ansatz folgende kritischen Anmerkungen treffen:

- Es wird zu sehr vom Gesamtgebilde – dem System – ausgegangen, was man auch als Makrobetrachtung bezeichnet. Diese Makrobetrachtung vernachlässigt die sozialpsychologischen Variablen.
- Es werden nichtsystemnotwendige Prozesse vernachlässigt, weil die Analyse zu stark auf Systemerhaltung ausgerichtet ist.
- Die Ableitung von Praxisaussagen ist nicht möglich, da die verwendeten Variablen eine Operationalisierung nicht ermöglichen.

Zu den Arbeiten der kybernetischen Variante lässt sich kritisch anmerken, dass statt einer empirisch-induktiven Forschung formal-deduktiv vorgegangen wird. Sowohl bei den anglo-amerikanischen Wegbereitern wie auch bei den deutschsprachigen Arbeiten lässt sich übereinstimmend eine gewisse empirische Gehaltlosigkeit und ein Abstraktionsgrad feststellen, der den Bezug auf reale sozialwissenschaftliche Zusammenhänge vermissen lässt und damit den praktischen Wert dieser Modelle in Frage stellt. Positiv kann angemerkt werden, dass kybernetische Ansätze den dynamischen Aspekt der Organisation in ihrer Bedeutung erkannt haben und in Verbindung mit den Vorteilen des Systemdenkens die organisationstheoretische Forschung direkt oder indirekt stark beeinflusst haben. Die systemtheoretisch-kybernetische Variante kann neben den übrigen Ansätzen als ein weiterer Baustein in Richtung einer stärker integrierenden Organisationstheorie gesehen werden.

2.3.6   Situativer Ansatz

Der *situative Ansatz* basiert auf empirisch ermittelten Daten ohne theoriegeleitete Hypothesenformulierung. Dieser Mangel an theoretischer Fundierung und die damit einhergehende fehlende Integration mit Markt- und Wettbewerbstheorien werden als wesentlicher Nachteil dieses Ansatzes angesehen. Zudem wird im situativen Ansatz lediglich die unternehmensinterne Organisationsstruktur erfasst. Externe Leistungsbeziehungen können nicht adäquat dargestellt werden. Es werden somit eine Reihe wichtiger Gestaltungsvariablen (z. B. die effiziente Gestaltung von Arbeitsverträgen und die Organisation von Marktbeziehungen) vernachlässigt oder als gegeben angesehen.

2.3.7   Institutionenansatz

Von den drei vorgestellten Theorien im Rahmen der *Neuen Institutionenlehre* ist in der Property-Rights-Theorie der übergreifendste Ansatz zu sehen. Er erlaubt, die bisher im

ökonomischen Denken meist unberücksichtigt gebliebenen institutionellen Rahmenbedingungen in die Überlegungen einer effizienten Gestaltung von Handlungs- und Verfügungs-
strukturen miteinzubeziehen. Insofern bildet sie den Hintergrund, vor dem mit Hilfe der
Transaktionskosten- bzw. der Principal-Agent- Theorie die zur Koordination einer Leistungsbeziehung geeignetste Institutionenform gewählt wird. Transaktionskosten- und Princi-
pal-Agent- Theorie sind hierbei als konkurrierende Ansätze zu sehen. Vorteile sind auf seiten
der Transaktionskostentheorie aufgrund der besseren Operationalisierbarkeit zu erkennen:
zwar sind sowohl Transaktionskosten als auch Agency-Kosten nur schwer quantifizierbar,
jedoch bietet die Transaktionskostentheorie, im Gegensatz zur Principal-Agent-Theorie,
Möglichkeiten zur Bewältigung dieses Problems an. Sie verzichtet auf die Ermittlung abso-
luter Werte und untersucht lediglich, ob bei einer bestimmten Koordinationsform die zu erwartenden Transaktionskosten größer oder kleiner sind als bei einer anderen.

2.4   Klassische Organisationstechniken im Überblick

Nachdem in den vorherigen Abschnitten die verschiedenen, „klassischen" organisationstheoretische Ansätze gemäß ihrer historischen Entwicklung dargestellt wurden, erfolgt
konsequenterweise in den folgenden Abschnitten eine Darstellung der „klassischen" Instrumente, welche bei der Gestaltung einer effizienten Organisation Anwendung finden.
Diese Instrumente basieren einerseits auf den theoretischen Ansätzen, andererseits auch
auf praktischen Überlegungen.

Obwohl seit der von Nordsieck (1932) vorgenommnen Unterteilung der Organisationslehre in Aufbau- und Ablauforganisation in der Literatur bzw. der dort ausgearbeiteten
Theorie eine strikte Trennung zwischen Aufbau- und Ablauforganisation vollzogen wird,
darf daraus nicht der Eindruck entstehen, dass Aufbau- und Ablauforganisation auch in der
Praxis so strikt voneinander zu trennen sind. Durch die Aufbauorganisation wird ein grober
Rahmen gesteckt, der die Tätigkeiten der Organisationsmitglieder in bestimmte Bahnen
lenken soll. Dies bietet einen weiten Gestaltungsrahmen im Hinblick auf die Steuerung der
Verrichtungs- und Entscheidungsabläufe, wobei diese im Rahmen der Ablauforganisation
detailliert strukturiert werden.

2.4.1   Aufbauorganisation

Die Aufbauorganisation umfasst die Gliederung der Organisation in Subsysteme (Hierarchieebenen, Abteilungen und Stellen) sowie die Schaffung von Leitungs-, Informations-
und Kommunikationsbeziehungen zwischen den Subsystemen. Die Aufbauorganisation
beschäftigt sich demnach mit der Gliederung der Organisation in Aktionseinheiten und
deren Koordination bzw. Integration. Darüber hinaus determiniert die Aufbauorganisation
den Beitrag jedes Aufgabenträgers zur Erreichung des übergeordneten Organisationszieles
und die Verhaltenserwartungen gegenüber anderen Aufgabenträgern.

2.4.1.1   Stellen-und Abteilungsbildung

Im Rahmen der Aufbauorganisation wird eine Organisation in Abteilungen und diese in Unterabteilungen untergliedert. Eine Abteilung besteht aus einer Anzahl von Stellen, die mit Hilfe der Abteilungsbildung zu einer organisatorischen Einheit zusammengefasst werden. Jedem Bereich (Abteilung, Unterabteilung) wird eine Instanz vorgesetzt, die mit bestimmten Kompetenzen ausgestattet ist. Den Instanzen werden in bestimmten Fällen Stäbe zur Seite gestellt, die die Instanz entlasten sollen. Im direkten Zusammenhang mit der Instanzbildung steht die Notwendigkeit der Instanz, Aufgaben und Entscheidungen an untergebene Mitarbeiter zu delegieren, da die Instanz nicht alle Aufgaben selbst erledigen kann. In diesem Zusammenhang ist auch die Betrachtung verschiedener Führungsstile von Interesse.

▶   Der aufbauorganisatorischen Konstruktion gehen Aufgaben- und Problemanalysen voraus, in denen unterschiedliche Kriterien betrachtet werden: Aufgabenvariabilität (Unterschiedlichkeit der Bedingungen der Aufgabenerfüllung im Zeitabauf), Neurartigkeit (Bekanntheitsgrad der Aufgaben), Aufgabeninterdependenz (Ausmaß, in der die Aufgabenerfüllung von vor und nachgelagerten Stellen abhängig ist), Eindeutigkeit (Analysierbarkeit der Aufgaben und das Ausmaß, in der die Korrektheit einer Aufgabenerfüllung vorausbestimmt werden kann) und Transparenz (Ausmaß, in dem die Aufgabenerfüllung kontrollierbar ist).

Eine *Stelle* ist die kleinste organisatorisch zu definierende Organisationseinheit und grenzt aufgabenmäßig, aber nicht unbedingt örtlich, den Zuständigkeits- und Kompetenzbereich für eine bestimmte Person ab. Die Stelle kann definiert werden als ein personenbezogener Aufgabenkomplex, der von einem Personenwechsel unabhängig ist. Darin liegt auch der wesentliche Unterschied zwischen den Begriffen Arbeitsplatz und Stelle. Während die Stelle nicht örtlich fixiert ist, bezeichnet der Arbeitsplatz den Ort der Aufgabenerfüllung. Die Stellenbildung kann aufgaben-, aufgabenträger- und interdependenzbezogen erfolgen.

• Im Rahmen der **aufgabenbezogenen Stellenbildung** wird von den konkreten Aufgabenträgern (Menschen und Sachmitteln) abstrahiert. Das bedeutet, dass beim Menschen als Aufgabenträger mit Hilfe des arbeitswissenschaftlichen Instrumentariums der Arbeits- und Leistungsbewertung eine Normalleistung ermittelt wird, die als allgemeingültig anerkannt wird, da sie unabhängig von einer konkreten Person gebildet wird. Die Normalleistung ist die Leistung, die von einem ausreichend geeigneten Arbeitnehmer durchschnittlich auf Dauer erreicht und erwartet werden kann. Eine weitere Möglichkeit der aufgabenbezogenen Stellenbildung ist durch eine Orientierung an Berufsbilder gegeben, welche Spiegelbilder der Anforderungen von Organisationen an Berufträger darstellen und von fachlich zuständigen Instituten (IHK, Berufsverbände) artikuliert werden.
• Die **aufgabenträgerbezogene Stellenbildung** lässt sich unterscheiden in personenbezogene und sachmittelbezogene Stellenbildung. Bei der personenbezogenen Stellenbildung wird die Aufgabe an die Fähigkeiten und Neigungen des Menschen angepasst.

Die wichtigsten Punkte der personenbezogenen Stellenbildung sind die Motivation der Mitarbeiter und die Humanisierung der Arbeitswelt, die auf die Bedeutung des Menschen zur Aufgabenerfüllung abstellt. Bei der sachmittelbezogenen Stellenbildung wird die Aufgabe an das Sachmittel angepasst, z. B. bei numerisch gesteuerten Werkzeugmaschinen/Industrierobotern oder bei computergestützten Informations- und Kommunikationssystemen.

- Im Rahmen der **interdependenzbezogenen Stellenbildung** werden Aufgaben und Aufgabenträger so zu einer Stelle zusammengefasst, dass ein möglichst geringer Beziehungsaustausch mit anderen Stellen entsteht. Auf diese Weise soll gewährleistet werden, dass eine möglichst geringe Abhängigkeit der Aufgabenerfüllung einer Stelle von einer oder mehreren anderen Stellen entsteht.

Die in der Organisation gebildeten Stellen werden zu Systemen höherer Ordnung, den *Abteilungen*, in der Weise zusammengefasst, dass mehrere Stellen, bzw. Abteilungen einer Leitungsstelle (Instanz) zugeordnet werden. Bei der Zusammenfassung sind beiden Teilaspekte zu berücksichtigen: die Bestimmung der Abteilungsaufgabe nach Art bzw. Umfang und die Festlegung der Abteilungsgliederung (Abteilungsordnung).

Die Abteilungsbildung wird unterschieden in die Zusammenfassung von Stellen unter eine *Instanz* (primäre Abteilungsbildung) und die Zusammenfassung von Abteilungen unter eine übergeordnete Instanz (sekundäre Abteilungsbildung). In beiden Fällen sind Qualität und Umfang der Abteilungsaufgabe zu bestimmen. Die zugrunde liegende Zielsetzung ist die Bildung in sich abgeschlossener und von anderen Abteilungen klar abgegrenzter Abteilungsaufgaben (homogene Abteilungsaufgaben). Darüber hinaus wird der Umfang der Abteilungsaufgabe begrenzt durch Faktoren wie Organisationsgröße, Aufgabenvolumen, Beherrschbarkeit der Abteilung durch die Instanz und dem Wirtschaftlichkeitsprinzip (Abb. 2.7).

Im Rahmen der sekundären Abteilungsbildung wird durch die fortschreitende Vereinigung von Abteilungen niedrigerer Ordnung zu denen höherer Ordnung in Form von *Bereichen* die Organisation strukturiert. Die Anzahl der sich ergebenden Strukturierungsschichten

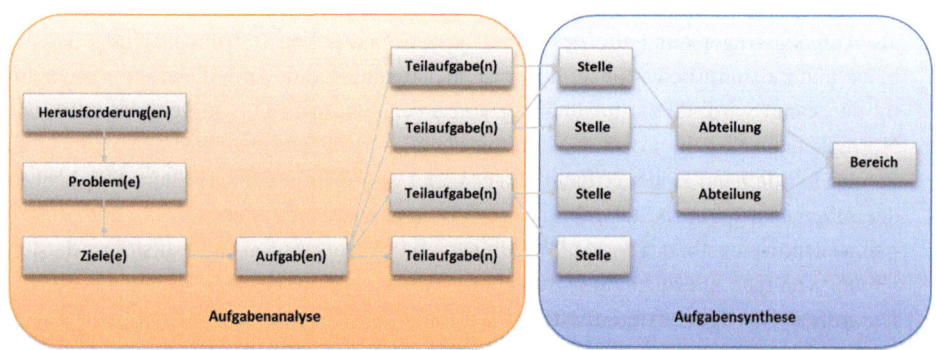

Abb. 2.7 Abteilungs- und Bereichskonstruktion

(Hierarchieebenen) hängt von der Größe der Organisation und der Anzahl der einer Instanz jeweils zugeordneten Stellen/Abteilungen ab.

▶   Mit der Zahl der Hierarchieebenen sind viele Aspekte der Organisationsentwicklung verbunden, so beispielsweise die sogenannte Leitungsintensität. Mit Leitungsintensität wird das Verhältnis von leitenden und unterstützenden zu direkt produktiven Stellen bezeichnet. Häufig ist das Argument zu hören, dass mit wachsender Größe eines Systems die Zahl der Instanzen, die Leitungsintensität und damit der „Wasserkopf" überproportional zunehmen. Wie der Netto-Effekt aussehen wird, hängt dabei von den Organisationsentscheidungen ab, einen zwangsläufigen Zusammenhang im Sinne eines Kausalgesetzes zwischen Systemgröße und Leitungsintensität gibt es nicht.

Die Instanz unterscheidet sich von den zugeordneten Aktionseinheiten durch die ihr übertragene Leitungs- und Führungsaufgabe. Instanzen sind demnach Stellen mit Leitungs- und Führungsaufgaben. Die Leitungsaufgabe wird durch die Komponenten Entscheidungs- und Anordnungsbefugnis, schöpferische Eigeninitiative sowie Eigen- und Fremdverantwortung beschrieben. Zur schöpferischen Eigeninitiative gehört, dass der Aufgabenträger Probleme erkennt und selbstständig adäquate Lösungen erarbeitet. Die Übernahme von Eigen- und Fremdverantwortung beinhaltet, Verantwortung zu tragen für die eigene Aufgabenerfüllung als auch für die der untergeordneten Mitarbeiter. Neben der Leitungsaufgabe erfüllt die Instanz auch Führungsaufgaben, die mit der Leitungsbeziehung zwischen Vorgesetzten und Untergebenen verknüpft sind. Führen beinhaltet das zielorientierte Einwirken auf untergebene Mitarbeiter, in Form von Entscheidungen über die Aufgaben und den Mitarbeitern zu setzende Ziele, Motivation zur Leistung und Koordination von Einzelleistungen zu einer Gesamtleistung.

▶   Die Koordination von Einzelleistung in Form der Arbeitsteilung erzeugt auch Komplexität, indem dadurch eine bestimmte Anzahl von organisatorischen Stellen oder Abteilungen geschaffen werden, die sich zunächst einmal auf das ihr zugewiesenes Teilgebiet konzentrieren. Damit entsteht das Problem auseinanderdriftender Orientierungen der Stellen und Abteilungen. Als weiteres Konfliktpotenzial bringt die Koordination tendenziell eine sogenannte Kommunikationsreduktion mit sich. Mit wachsender Größe stellt sich zunehmend die Tendenz ein, nur noch innerhalb des eigenen Bereiches Informationen auszutauschen und sich damit bewusst nach „außen" abzukapseln, um sich gleichzeitig nach innen zu differenzieren. Grundsätzlich stehen der Organisationsentwicklung zur Bewältigung dieser Koordinationsproblematik einige Ansatzpunkte zur Verfügung. Die *vertikale Verknüpfung* als klassischer Weg der Organisationslehre geschieht auf dem Wege der Hierarchie und zu ihrer Entlastung und Ergänzung eine Abstimmung durch Programme und Pläne. Die *horizontale Verknüpfung* wird durch verschiedene Formen der Selbstabstimmung institutionalisiert. Die *laterale Verknüpfung* spiegelt sich in Vorschlägen zur Ausgestaltung einer internen Netzwerkorgansiation wider.

Soll eine größere Organisation mit einem Minimum an Reibungsverlusten geführt und geleitet werden, ist die Instanzbildung nicht ausreichend, sondern es bedarf des Einsatzes weiterer Instrumente, z. B. Assistenten, Ausschüsse, Kommissionen und Stäbe. Auf letztere soll nun vertiefend eingegangen werden. Eine *Stabsstelle* ist eine nicht weisungsbefugte Aktionseinheit, die einer Instanz zugeordnet ist und diese bei der Erfüllung ihrer Leitungsaufgabe fachlich unterstützt. Die Stabsstelle lässt sich durch drei Merkmale charakterisieren: sie kann nicht ohne Instanz existieren, sie erfüllt eine abgeleitete Leitungsaufgabe und sie besitzt keine Anweisungsbefugnis außerhalb der eigenen Stabshierarchie. Stabsstellen können Instanzen aller Hierarchieebenen zugeordnet werden. Die Funktionen des Stabes sind Sammeln, Aufbereiten und Weitergabe von Informationen bzw. Wissen sowie Erarbeitung, Bewertung und Präsentation relevanter Entscheidungsalternativen.

▶   Stäbe werden in der Praxis für vielfältige Funktionen gebildet. Typische Stabsaufgaben sind: Strategische Planung, Public Relations, Rechtsabteilung, volkswirtschaftliche Fragestellungen, etc. Aber auch plötzlich oder neu auftretende Problemstellungen, wie beispielsweise Fragen des Umweltschutzes oder notwendige Lösungsansätze, wie beispielsweise die kontinuierliche Verbesserung, Eskalationsmanagement oder Wissensmanagement, für die in der bestehenden Organisationstruktur keine Positionierung gefunden werden kann, lassen sich als Stäbe zunächst und ohne große Irritationen quasi wie ein Anhängsel an bestehende Instanzen anhängen.

Im Rahmen der Abteilungs- und Instanzbildung kommt dem Führungsstil, der angewandt wird, besondere Bedeutung zu, da die Leistungsbereitschaft der Mitarbeiter in starkem Maße vom Führungsstil der Organisation abhängt. Unter Führungsstil versteht man die Art und Weise, wie ein Vorgesetzter die Entscheidungen bzw. Verrichtungen in seinem Bereich steuert. Es lassen sich zwei grundsätzlich verschiedene Führungsstile unterscheiden: der autoritäre (autokratische) Führungsstil und der kooperative (demokratische) Führungsstil. Laux unterscheidet sechs verschiedene Führungsstile, wobei es sich um spezielle Variationen der beiden Grundführungsstile handelt.

Der autoritäre Führungsstil lässt sich wie folgt charakterisieren:

- der Führer ist der Herr, die Geführten sind die Untergebenen;
- Mitarbeiter haben eine Abneigung gegen die Arbeit, es fehlt ihnen die Intelligenz, ihre Arbeit selbst einzuteilen;
- nur Ausführungsaufgaben und -verantwortungen werden delegiert, nicht aber Planungs-, Entscheidungs- und Kontrollaufgaben;
- die Führung weiß und kann alles besser als die Untergebenen, auf Beratung und Besprechung wird verzichtet;

- Führung koordiniert durch Einzelentscheidungen;
- das Mittel zur Entscheidungsdurchsetzung ist der Befehl;
- Untergebene werden nur über das Notwendigste informiert.

Typisch für den kooperativen Führungsstil sind folgende Merkmale:

- der Führer ist Lenker und Koordinator, die Geführten sind Mitarbeiter und Partner;
- die Mitarbeiter finden Erfüllung in der Arbeit, wenn ihre persönlichen Ziele gleichzeitig realisierbar sind;
- Mitarbeiter sind hinreichend intelligent, selbst den besten Weg zur Lösung zu finden;
- es werden neben Ausführungs- auch Planungs-, Entscheidungs- und Kontrollaufgaben delegiert;
- die Führung behält sich Dienstaufsicht und Erfolgskontrollen vor;
- die Führung ist auf die Mitwirkung der Mitarbeiter angewiesen, der Einsatz von Koordinationsmitteln (Stab, Kollegien) wird notwendig;
- Informationen müssen weitergegeben werden, damit die Delegation von Entscheidungen erfolgen kann.

In der Realität sind diese Führungsstile nicht auffindbar, da sie Grenztypen darstellen. Es existieren daher eher Mischformen dieser Führungsstile, wobei die Delegation mehr oder weniger stark entwickelt ist. *Delegation* bezeichnet hier das Abgeben von Aufgaben bzw. Kompetenzen an nachgeordnete Stellen. Besondere Bedeutung gewinnt die Delegation im Harzburger Modell, ein Managementmodell, das die Führung im Mitarbeiterverhältnis betont.

2.4.1.2 System der Weisungsbefugnisse

Nachdem im vorhergehenden Kapitel erläutert wurde, dass eine Organisation in Abteilungen und diese in Unterabteilungen oder Stellen gegliedert wird, soll hier nun die Problematik der Koordination der Abteilungen innerhalb der Hierarchie behandelt werden. Aufgrund der hierarchischen Ordnung der Abteilungen entsteht ein Verhältnis zwischen den Abteilungen, wobei übergeordnete Abteilungen das Recht haben, untergeordneten Abteilungen Anordnungen und Weisungen zu erteilen, von denen erwartet wird, dass sie befolgt werden. Zur Ausformulierung dieser rangmäßigen Beziehungen stehen zwei klassische Prinzipien zur Verfügung: das Einliniensystem und das Mehrliniensystem. Darüber hinaus soll hier noch das Stabliniensystem erläutert werden.

Das *Einliniensystem* verwirklicht das von Fayol (1929) verfochtene Prinzip der Einheit der Auftragserteilung. Beim Einliniensystem erhält jeder nachgeordnete Entscheidungsträger nur von einer übergeordneten Instanz Weisungen. Es entsteht eine hierarchische Struktur, bei der die Weisungen der obersten Instanz die einzelnen Stufen des Leitungssystems durchlaufen müssen, denn Weisungsrecht und Folgepflicht besteht nur zwischen zwei unmittelbar aufeinanderfolgenden Stufen Dies führt zu einer klaren Regelung der Unterstellungsverhältnisse mit einer eindeutigen Abgrenzung der Kompetenzbereiche und

Verantwortlichkeiten. Als weiterer Vorteil gilt die Überschaubarkeit und Einfachheit der Beziehungsstruktur. Das Einliniensystem lässt oberen Instanzen einen großen Entfaltungsraum, darüber hinaus können qualifizierte Instanzen als solche erkannt und gefördert werden. Des Weiteren wird die Hierarchie vor Übergriffen und Eingriffen Dritter geschützt. Nachteilig wirkt sich das Einliniensystem aufgrund der Länge und Umständlichkeit der Instanzenwege aus. Darüber hinaus werden Zwischeninstanzen kapazitätsmäßig sehr stark belastet, da sie mit Koordinationsaufgaben beansprucht werden. Des Weiteren entsteht eine personelle Abhängigkeit zwischen Vorgesetzten und Mitarbeitern. Ein weiterer Nachteil besteht im Fehlen der direkten Koordination zwischen hierarchisch gleichrangigen Instanzen und Stellen. Das Einliniensystem lässt den unteren Instanzen nur einen geringen Entfaltungsraum (Abb. 2.8).

Das *Mehrliniensystem* geht auf Taylors Funktionsmeistersystem zurück (Taylor 1913), wobei an die Stelle eines Universalmeisters mehrere auf bestimmte Tätigkeiten spezialisierte Funktionsmeister treten, die jeweils nur innerhalb ihrer Spezialgebiete Weisungen erteilen. An die Stelle des Prinzips der Einheit der Auftragserteilung tritt die Mehrfachunterstellung, indem eine Organisationseinheit mehreren (mindestens zwei) übergeordneten Einheiten unterstellt ist. Daraus resultiert eine Entscheidungsdezentralisation. Beim Mehrliniensystem steht eindeutig die Fachkompetenz im Vordergrund und nicht das hierarchische Denken. Es existiert eine große Anzahl von Instanzen. Aus der Mehrfachunterstellung ergeben sich zwar einerseits überschneidende Kommunikationsbeziehungen, andererseits aber direkte und kurze Kommunikationswege, da Zwischeninstanzen nicht belastet werden. Die Leitungsspitze wird qualitativ entlastet, Vorgesetzte haben mehr die Funktion eines Beraters als die eines Vorgesetzten. Durch die Spezialisierung erhalten die Mitarbeiter ein umfassendes Wissen und vermehrte Erfahrung in einem begrenzten Bereich. Darüber hinaus wird eine sachliche Konfliktträchtigkeit zur Erzeugung produktiver Konflikte für neuartige Lösungen erzeugt. Potentielle Nachteile des Mehrliniensystems liegen im großen Informations- und Kommunikationsbedarf sowie in dem Problem der Abgrenzung von Zuständigkeiten, Weisungen und Verantwortlichkeiten für ein gesamtheitlich koordiniertes Handeln. Die Gesamtentscheidungsfindung kann darüber hinaus äußerst zeitaufwendig werden. Im Mehrliniensystem können leicht sich widersprechende Entscheidungen, infolge von Konkurrenzverhalten zwischen den Fachbereichen, entstehen. Des Weiteren ist die

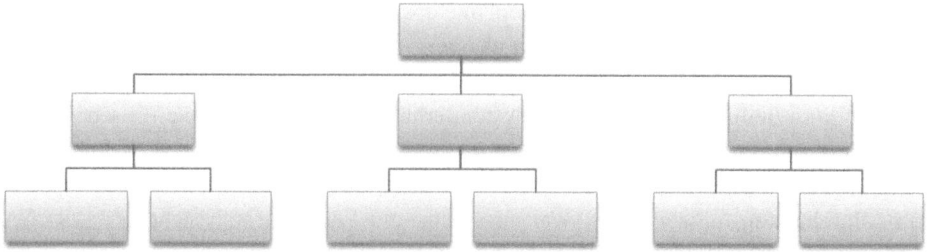

Abb. 2.8 Einliniensystem

Fehlerzurechnung äußerst schwierig. Als letzter möglicher Nachteil sei hier die große Anzahl von Mitarbeitern für Leitungsaufgaben angeführt (Abb. 2.9).

Das *Stabliniensystem*, besser als Einliniensystem mit Stäben bezeichnet, stellt ein System der Weisungsbefugnisse dar, das sowohl die Vorteile des Ein- als auch des Mehrliniensystems zu realisieren sucht. Aufgabe des Stabes ist es, die Instanz bei der Vorbereitung
und Kontrolle ihrer Entscheidung zu unterstützen, Informationen zu beschaffen sowie
Vorschläge auszuarbeiten, aufgrund derer die Instanz ihre Entscheidung trifft. Stäbe besitzen keine Anweisungsbefugnisse außerhalb der eigenen Stelle. Lediglich Instanzen dürfen
in Form des Einliniensystems Weisungen erteilen. Vorteile können sich durch eindeutige
Kommunikationswege und geringes Volumen der Kommunikationsbeziehungen ergeben.
Die Qualität der Entscheidungen erhöht sich aufgrund verbesserter Entscheidungsvorbe-
reitung durch spezialisierte Stäbe. Auch wird ein Ausgleich zwischen dem Spezialistendenken der Stäbe und dem Denken des Gesamtbetrachters durch die Linie erreicht. Die
Instanz wird spürbar entlastet und die Mitarbeiter können bezüglich ihrer Leistungsprofile
exakter eingesetzt werden, da Stabs- und Linienaufgaben unterschiedliche Anforderungsprofile aufweisen (Abb. 2.10).

Als Nachteil kann weiterhin die Belastung von Zwischeninstanzen angeführt werden,
desgleichen die langen Kommunikationswege. Es können hierbei Konflikte zwischen Stab
und Linie auftreten, die neue Koordinationsprobleme heraufbeschwören. Entscheidungen
der Instanz können vom Stab aufgrund seiner Spezialisierung manipuliert werden. Andererseits könnte die Linie die Auswertungen der Stäbe bei der Entscheidungsfindung nicht

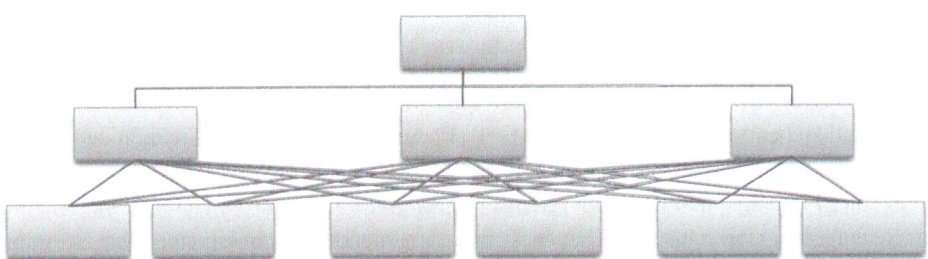

Abb. 2.9 Mehrliniensystem

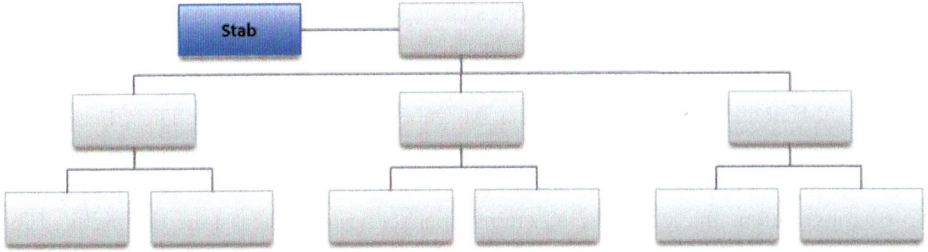

Abb. 2.10 Stabliniensystem

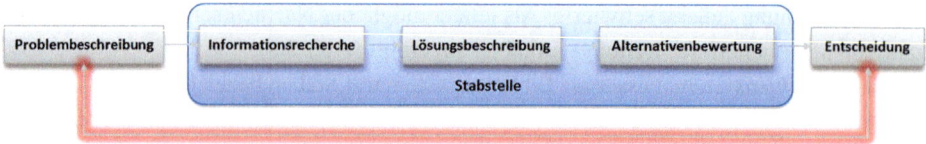

Abb. 2.11 Aufteilung der Aufgaben zwischen Stab (blau) und Linie (rot)

berücksichtigen. Es besteht außerdem die Gefahr der Angliederung von überdimensionierten Stäben (Wasserkopfbildung), um die Wichtigkeit der Instanz erhöht darzustellen. Abschließend taucht das Problem auf, dass hoch qualifizierte Stabsmitarbeiter keine Entscheidungsrechte besitzen.

Es können vier grundlegende Formen des Stabliniensystems unterschieden werden (Abb. 2.11):

- **Stabliniensystem mit Führungsstab**: nur der obersten Instanz ist ein Stab zugeordnet;
- **Stabliniensystem mit zentraler Stabsstelle**: der der obersten Instanz zugeordnete Stab übernimmt Stabsfunktion auch für alle nachgeordneten Instanzen;
- **Stabliniensystem mit Stäben auf mehreren Ebenen**: den Instanzen auf den verschiedenen Hierarchieebenen sind jeweils Stäbe zugeordnet;
- **Stabliniensystem mit Stabshierarchie**: zwischen den Stäben auf den verschiedenen Hierarchieebenen besteht eine unmittelbare Kommunikation, die Stäbe bilden ein hierarchisch strukturiertes Subsystem, wobei Stäbe der höheren Instanzen ein fachliches, ggf. auch disziplinarisches Weisungsrecht besitzen.

Die Leitungsspanne wird definiert als die Anzahl der einem Vorgesetzten direkt unterstellten Stelleninhaber. Die Leitungskapazität einer Instanz hängt von einer Vielzahl, nur im Einzelfall zu beurteilenden Faktoren ab (z. B. Planbarkeit und Veränderlichkeit der Aufgaben von Vorgesetzten und Untergebenen, Entlastung der Instanz durch Stäbe, Vorhandensein eines Planungs- und Kontrollsystems, Führungsstil, Ausmaß der Delegation, Zahl der nachgelagerten hierarchischen Ebenen). Eine zunehmende Leitungsspanne führt zu einem Anwachsen der zu erfüllenden Leitungs- und Führungsaufgaben. Aus Praxiserfahrungen lässt sich entnehmen, dass mit zunehmender Hierarchieebene und je heterogener die Abteilungsaufgaben sind, die Leitungsspanne abnimmt. Durch kooperativen Führungsstil und Entscheidungsdezentralisation erhöht sich dagegen die Leitungsspanne. Darüber hinaus verringert sich die Anzahl der Führungspositionen, was zu geringeren Kosten für die Ausübung der Führungsposition führt. Da die Instanzen dann aber stärker belastet werden, kann es zu Einbußen bei der Qualität der Aufgabenerfüllung kommen. Die Gliederungstiefe der Organisationshierarchie entspricht dabei der Zahl der Vorgesetztenebenen. Daraus lässt sich leicht erkennen: je geringer die Leitungsspanne, desto höher ist die Zahl der Gliederungsstufen, und je höher die Leitungsspanne, desto flacher ist die Hierarchie. Eine Verringerung der Gliederungstiefe ermöglicht demnach die Einsparung von Leitungspositionen, eine Beschleunigung der vertikalen Kommunikationsprozesse, eine Verkürzung der Kontrollwege und damit eine Verminderung des Risikos der Verfälschung von Informationen. Durch die verringerte Gliederungstiefe werden die Instanzen stärker belastet.

Die Kommunikation umfasst den Austausch von Informationen zwischen den Elementen (Menschen und Sachmittel) eines Systems, die Informationen aufnehmen, speichern und umformen können. Eine gut funktionierende Kommunikation ist eine wesentliche Voraussetzung für den Erfolg der Organisation und ihrer Subsysteme. Daher ist es notwendig, dass Kommunikationsregeln gebildet werden, die die Kommunikationswege und Kommunikationsmittel festlegen. Das bedeutet, dass die Kommunikationspartner, die miteinander in Verbindung treten, direkt benannt werden oder zumindest die Abteilungen oder Stellen benannt werden. Außerdem wird der Inhalt, auf den sich die Kommunikation erstrecken soll, benannt sowie Zeitpunkt, Zeitdauer und Reihenfolge der Kommunikationspartner vorgegeben. Es wird festgelegt, welche Kommunikationsmittel (Brief, Telefon, persönliches Gespräch) eingesetzt werden sollen. Die Kommunikationswege sollten nicht zwingend mit den hierarchischen Dienstwegen übereinstimmen, was sich am Einliniensystem verdeutlichen lässt. Eine Kommunikation zwischen Stellen aus verschiedenen organisatorischen Einheiten müsste bis zum gemeinsamen Vorgesetzten über die gesamte Hierarchie und anschließend wieder hinunter bis zum Informationsempfänger laufen, wobei sich zahlreiche Instanzen ausschließlich mit der Weitergabe von Informationen beschäftigen würden. Dadurch kann die Übermittlung von Informationen über Gebühr erschwert werden. Daher kann es in bestimmten Fällen vorteilhaft sein, einen direkten Kontakt zwischen Stellen aus verschiedenen organisatorischen Einheiten, sogenannte *Fayolsche Brücken* oder *Passarelle*, vorzusehen. Hier wird abweichend vom Prinzip der Einlinienorganisation eine direkte Horizontalverbindung etabliert, um nach dem Prinzip des direkten Kommunikationsaustausches eine schnelle und effiziente Abstimmung zu ermöglichen.

Werden solche direkten Kommunikationsmöglichkeiten zwischen Stellen verschiedener organisatorischer Einheiten ermöglicht, besteht die Gefahr, dass der Informationsfluss an den zuständigen Vorgesetzten vorbeiläuft. Daher sollte auch der Vorgesetzte von existierenden Fayolschen Brücken in Kenntnis gesetzt werden (Abb. 2.12).

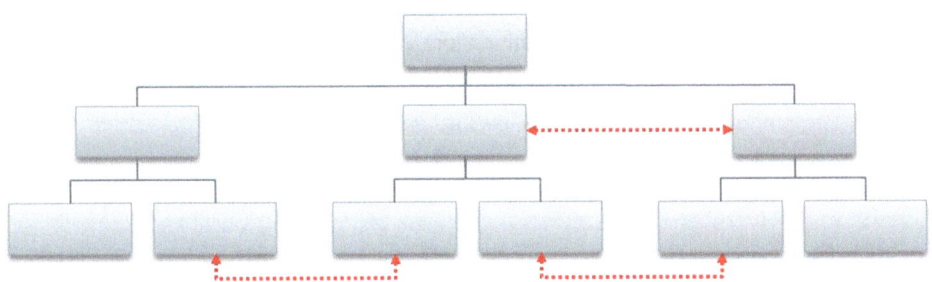

Abb. 2.12 Kommunikationsbrücken

2.4.1.3   Organisationsstrukturen

In diesem Abschnitt werden die idealtypischen Modelle der Gestaltung von Organisationsstrukturen dargestellt. Es handelt sich dabei um die funktionale, die divisionale, die Matrix- und die Tensororganisation. Auch diese Idealmodelle sind in der Praxis in reiner Form kaum anzutreffen, jedoch können anhand der Modelldarstellung Vor- und Nachteile bzw. die Effizienz der Organisationsstrukturen ermittelt werden. Zu Beginn werden daher die Bewertungskriterien, die der Effizienzbetrachtung zu Grunde liegen, dargestellt. In der Literatur findet sich eine Vielzahl von Bewertungskriterien. Die häufigsten Nennungen erzielen Kriterien wie Koordination, Kommunikation, Führbarkeit, Schnelligkeit und Qualität der Entscheidungen, Informationsnähe, Flexibilität und Anpassungsfähigkeit, personale Aspekte und soziale Effizienz sowie die Wirtschaftlichkeit der Organisation. Anhand dieser Kriterien sollen in den folgenden Abschnitten die Vor- und Nachteile der verschiedenen Organisationsstrukturen aufgezeigt werden, wobei allerdings nur die funktionale, die divisionale und die Matrixorganisation untersucht werden.

Die Benennung einer grundlegenden Organisationsstruktur bezieht sich immer auf die beiden obersten Hierarchieebenen, wobei die Gliederung der zweiten Ebene die Einteilung bestimmt. In der funktionalen Organisation erfolgt diese Gliederung verrichtungsorientiert, d. h. auf der zweiten Hierarchieebene wird eine Arbeitsteilung nach Funktionen vorgenommen (Abb. 2.13).

Bei der reinen *funktionalen Organisation* handelt es sich um ein Einliniensystem. Jeder Mitarbeiter hat jeweils nur einen Vorgesetzten, die Weisungskompetenzen sind ungeteilt. Die funktionale Organisation schafft keine autonomen Teilbereiche. Das heißt zwischen den Funktionsbereichen bestehen vielfältige Interdependenzen. Daraus entsteht ein hoher Koordinationsbedarf, wodurch eine Tendenz zur Entscheidungszentralisation entsteht. Die funktionale Organisation ist die am meisten angewandte Organisationsform in der Wirtschaft. Die Vorteile einer arbeitsteiligen Wirtschaft sind traditionell mit der funktionalen Struktur verbunden. Ab der zweiten Hierarchieebene können die Funktionsbereiche im Innenverhältnis nach Funktionen oder Objektgesichtspunkten untergliedert sein. Die funktionale Organisation erlaubt damit eine höchstmögliche Nutzung von Größen und Spezialisierungsvorteilen (economies of scale).

▶   Beispielsweise im Bereich Beschaffung rationelleres Einkaufen und günstigere Lieferkonditionen, im Produktionsbereich Losgrößenvorteile und Fixkostendegression und im Bereich Absatz rationellere Vertriebswege.

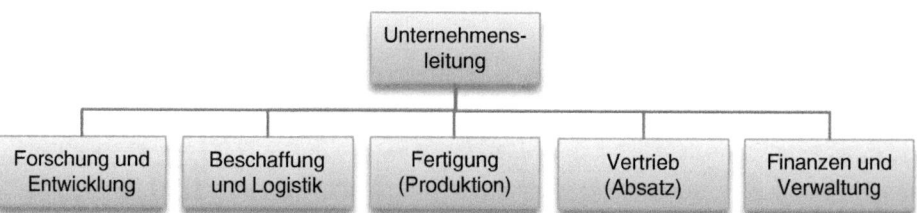

Abb. 2.13   Beispiel einer funktionalen Organisation

Die strategischen Entscheidungen der Organisationsleitung bekommen ein höheres Gewicht, außerdem hat die Leitung einen höheren Informationsgrad über alle Organisationsbereiche. Es besteht darüber hinaus eine geringere Gefahr der Filterung von Informationen. In einer funktionalen Organisation herrschen Spezialistendenken, höhere Flexibilität sowie umfangreichere funktionsbezogene Erfahrungen. Des Weiteren besteht nur eine geringe Gefahr der Doppelarbeit und es wird der Wirtschaftlichkeit aller Organisationsbereiche ein größeres Gewicht zugesprochen. Ein wesentlicher Nachteil der funktionalen Organisation besteht darin, dass eine Zurechnung von Umsatzerlösen auf die Funktionsbereiche weitestgehend nicht möglich ist. Des Weiteren kann durch die Funktionsausrichtung ein Bereichsdenken und Ressortegoismus auftreten, wodurch die Gefahr einer Suboptimierung des Organisationsziels entsteht. In einer funktionalen Organisation lassen sich Leistungsziele nicht auf die Subsysteme zurechnen, die Zuordnung einer Ergebnisverantwortung auf einzelne Teilbereiche ist dementsprechend schwer. Es entsteht ein hoher Koordinationsbedarf an der Spitze, der häufig durch den Einsatz von Stäben gelöst werden soll, was wiederum hohe Personalkosten verursacht. In der funktionalen Organisation sind zahlreiche Stellen in die jeweiligen Entscheidungsprozesse einbezogen, was den Zeitbedarf der Entscheidung erhöht und zu langen Kommunikationswegen führt. Auf mittleren Hierarchieebenen ist aufgrund der Entscheidungszentralisation kaum „organisatorisches" Denken zu entwickeln (Tab. 1).

Die *divisionale Organisation* bezeichnet eine Organisationsstruktur, bei der die Hauptabteilungen nach dem Objektprinzip gegliedert werden. Diese Objektbereiche werden als Geschäftsbereiche, Sparten oder Divisions bezeichnet und nach Produkten/Produktgruppen, Marktregionen oder Kundengruppen gegliedert. Aufgrund dieser – generisch

Tab. 1 Vor- und Nachteile der funktionalen Organisation

Vorteile	Nachteile
Spezialisierungskompetenzen können genutzt werden, um eine höhere Produktiovität zu erreichen	Hohe *Anzahl von Schnittstellen* und daraus resultierender *hoher Abstimmungsbedarf* zwischen den funktionalen Einheiten.
Höhere *Lern- und Übungseffekte* durch die Verrichtung ähnlicher Aufgabeneffekte verinngern den Einarbeitungszeitraum	*Geringe Flexibilität* aufgrund des hohen Kommunikationsbedarfes und Anpassungsbzw. Änderungsaufwandes.
Effiziente Nutzung vorhandener Ressourcen durch Aufgabenkonzentration	*Mangelnde Ergebnistransparenz* aufgrund lückenhafter Zurechenbarkeit von Ergebnissen auf die einzelnen Akteure und deren hoher Grad an Arbeitsteilung.
Größenersparnisse durch Zusammenlegung und Konzentration gleichartiger bzw. homogener Handlungseinheiten	*Überlastung der Leitungshierarchie* durch Konzentration aller funktionsübergreifenden Koordinationsaufgaben
Erzielung und Nutzung von *Synergieeffekten* zwischen ähnlichen Verrichtungen	*Zuordnungsprobleme* durch zu starke Arbeitsteilung oder beim Auftauchen unerwarteter Aufgabenstellungen.
Reduktion von Interdependenzen in der Forschung, Entwicklung oder Marketing	

ausgedrückt – Objektorientierung auf der zweitobersten Hierachieebene wird divisionale Organisation, auch Spartenorganisation oder Geschäftsbereichsorganisation genannt. Charakteristisch für die divisionale Organisation ist, dass die Koordination der Grundfunktionen wie Beschaffung, Absatz und Produktion innerhalb der Sparten stattfindet und nicht in den zentralen Funktionsbereichen. Dabei muss jede Sparte mindestens die Funktionen Produktion und Absatz umfassen, andernfalls kann man nicht von weitgehend selbstständigen Sparten und damit von divisionaler Organisation sprechen. Der jeweilige Spartenleiter ist in seinem Bereich für alle Grundfunktionen verantwortlich, die in einer Gesamtorganisation auftreten können. Die Organisationsführung hat bei der divisionalen Organisation vornehmlich die Aufgabe, langfristige Ziele und Strategien zu entwickeln, die Sparten- und Zentralbereiche zu steuern, Kontrollen durchzuführen, positive Leistungsanreize zu schaffen, Ressourcen zu verteilen und Schlüsselpositionen zu besetzen. Mit laufenden Koordinationsaufgaben ist die Organisationsleitung relativ wenig belastet. Die divisionale Organisation wird auch als objektorientierte Einlinienorganisation mit Entscheidungsdezentralisation bezeichnet. Die Sparten können als quasi autonome Einheiten angesehen werden, wobei der Spartenleiter für den Spartengewinn verantwortlich ist. Die Erfolgszurechnung wäre am einfachsten, wenn die Sparten in eigenständige Funktionsbereiche gegliedert werden (Abb. 2.14).

Häufig werden bestimmte Aktivitäten aus den Sparten ausgegliedert und die Kompetenzen sogenannten Zentralbereichen übertragen. Die Gründe für eine Divisionalisierung werden darin gesehen, dass sich bei der Erschließung neuer Märkte, hohem Diversifikationsgrad der Produkte, zunehmender Organisationsgröße, starkem technischen Fortschritt und großen marktwirtschaftlichen Veränderungen zunehmend Koordinationsschwierigkeiten zwischen Funktionsbereichen ergeben. Die Steuerung der Geschäftsbereiche lässt sich über finanzielle, rechenhafte Größen, welche leicht zu operationalisieren sind, besonders einfach vornehmen. Man spricht in diesem Zusammenhang von den Konzepten des

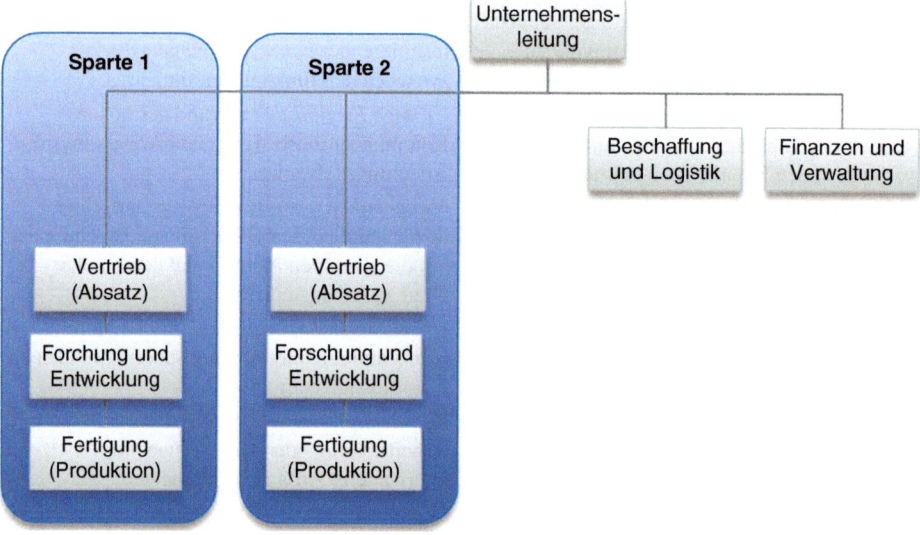

Abb. 2.14 Spartenorganisation (Divisionale Organisation)

Tab. 2 Vor- und Nachteile der divisionalen Organisation

Vorteile	Nachteile
Spezifische Ausrichtung und Konzentration auf die relevanten Märkte und Wettbewerber.	Effizienzverluste durch mangelnde Teilbarkeit von Ressourcen oder durch suboptimale Betriebsgrößen.
Hohe Flexibilität und Schnelligkeit aufgrund kleiner, überschaubarer Einheiten.	Vervielfachung hoher Führungspositionen.
Leichter Zukauf und Deinvestitionen möglich.	Hoher administrativer Aufwand (Spartenerfolgsrechnung, Transferpreis-Rechnung usw.)
Entlastung der Gesamtführung und höhere Steuerbarkeit der Teileinheiten.	Potentielle Konkurrenz im eigenen Hause und von Divisions- bzw. Gesamtorganisationszielen.
Höhere Transparenz der verschiedenen Geschäftsfeldaktivitäten.	Potentieller Kannibalismus: Substitutionskonkurrenz zwischen den Divisionen.
Höhere Motivation durch größere Autonomie, Identifikation und Eigenverantwortung.	Gegentendenz zu Gesamtorganisations-Strategien (einheitlicher Marktauftritt etc.).
Exaktere Leistungsbeurteilung des Managements.	Beschränkte Möglichkeit der Bildung von Kernkompetenzen.

Cost-Centers, *Profitcenters* und *Investment-Centers*. Im Falle des Cost-Center ist die Unabhängigkeit gering, ein vorgegebenes Kostenbudget ist einzuhalten. Größere Unabhängigkeit lässt die Führung als Profitcenter zu, der Spartenerfolg wird am Gewinn oder der Rentabilität des eingesetzten Kapitals gemessen. Im Investment-Center kommt den Sparten zusätzlich die Kompetenz zu, über die in ihrem Bereich zu investierenden Mittel zusammen mit der Organisationsleitung zu entscheiden (Tab. 2).

Ein Vorteil der divisionalen Organisation ist der gute Zielbezug der Sparten, indem eine direkte Ergebnisverantwortung der Spartenleiter gegeben ist. Im Bereich Führbarkeit und Koordination liegen die Vorteile der divisionalen Organisation bei geeigneter Spartenabgrenzung im geringen horizontalen Koordinationsbedarf (zwischen den Sparten), in der Entlastung der Organisationsleitung, die sich auf strategische Entscheidungen konzentrieren kann, und in der guten Führbarkeit der Sparten. In Bezug auf Qualität und Schnelligkeit der Entscheidungsprozesse lässt sich die Aussage treffen, dass aufgrund der geringen Anzahl der Stellen, die einbezogen werden, der Zeitbedarf der Entscheidung verringert wird sowie eine hohe Qualität der Entscheidung durch gesamtheitliches Denken erreicht werden kann. Die divisionale Organisation bietet eine hohe strategische und strukturelle Anpassungsfähigkeit an veränderte Bedingungen, z. B. durch Hinzunahme einer neuen Sparte für ein neues Produkt. Im Bereich sozialer Effizienz bieten sich auf Spartenleiterebene höhere Identifikationsmöglichkeiten, große Entfaltungsmöglichkeiten und die Möglichkeit des Erwerbs organisatorischer Qualifikationen. Hierin liegen hervorragende Ausbildungsmöglichkeiten für Führungsnachwuchskräfte. Der Kommunikationsaufwand ist gering, da wenig übergreifende Kommunikation notwendig ist und kürzere Kommunikationswege vorhanden sind. Die divisionale Organisation sorgt für eine wesentlich höhere Transparenz in Bezug auf die Geschäftsbereiche oder Märkte und damit eine erleichterte Kontrolle durch die Organisationsleitung (Abb. 2.15).

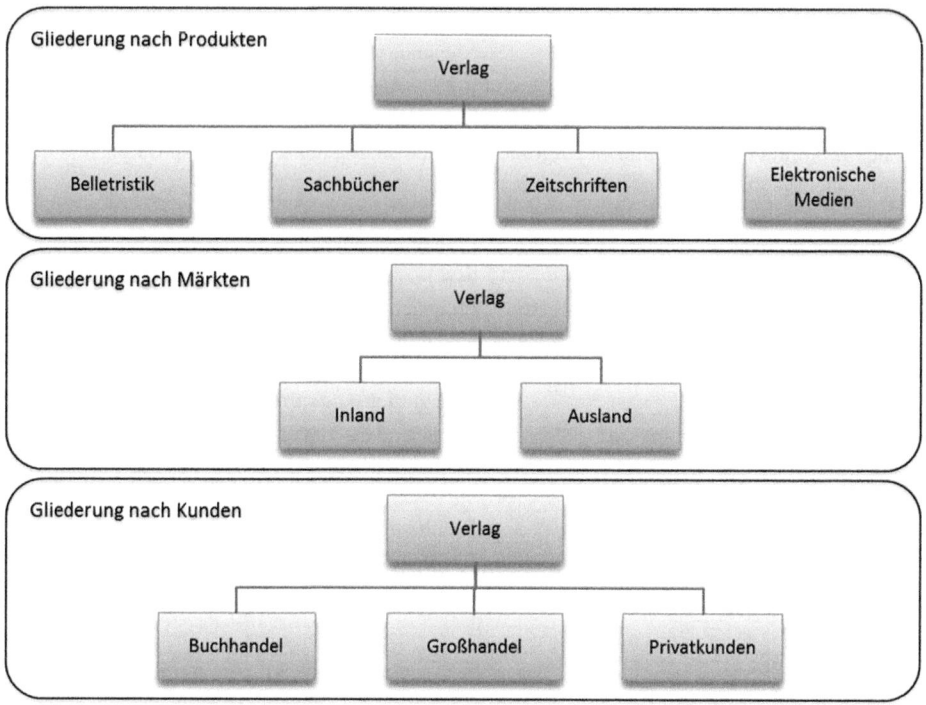

Abb. 2.15 Beispiele von divisionalen Organisationen

Ein wesentlicher Nachteil der divisionalen Organisation ohne zentrale Bereiche liegt in der fehlenden Größendegression im Bereich Beschaffung, Finanzierung und Personal. Darüber hinaus können gegenüber der funktionalen Organisation höhere Produktionskosten entstehen, da z. B. jede Sparte über eine eigene Lagerhaltung verfügt, Spezialisierungsmöglichkeiten eingeschränkt werden und bei dezentralem Einkauf die Verhandlungsposition gegenüber den Lieferanten geschwächt ist. Die divisionale Organisation kann außerdem zu Doppelarbeit führen. Es können sich Schwierigkeiten in der Koordination zwischen Gesamtorganisationsziel und den von den Spartenleitern verfolgten Zielen ergeben. Des Weiteren ist die Gefahr der die Sparten verlassenden Information sowie die einseitige Nutzung von Informationen durch eine Sparte, die von allgemeiner Bedeutung sind, gegeben.

▶ Als Grund- und Erfolgsvoraussetzungen für den erfolgreichen Einsatz der divisionalen Organisation ist die Teilbarkeit der geschäftlichen Aktivitäten in homogene, voneinander weitgehend unabhängige Sektoren anzusehen. Nur dann können die Aktivitäten so gebündelt werden, dass eine getrennte Leitung und entsprechend eine Erfolgszurechnung möglich ist.

Mit steigender Organisationsgröße, mit der zunehmenden Spezialisierung des Wissens und der rasch fortschreitenden Internationalisierung des Geschäfts zeigt sich in vielen

Organisationen die Tendenz zur Verselbstständigung von Abteilungen und Funktionen. Dies kann zu internen und externen Problemen führen. Wird daher zur Problembewältigung im Rahmen einer funktionalen Organisation ein Mehrliniensystem etabliert, kann eine Erfolgsverantwortung wie in einer divisionalen Organisation erreicht werden. Die Hauptabteilungen – die erste und zweite Hierarchieebene – werden nach Funktionen, die Teilbereiche auf der dritten Hierarchieebene nach Produkten gegliedert. So entsteht die sogenannte *Produkt-Matrix*. Sie kommt dann zur Anwendung, wenn wie bei der divisionalen Organisation, Märkte für einzelne Produkte zwar unterschieden werden können, aber im Gegensatz zur divisionalen Organisation eine entsprechende Aufgliederung der Produktion sich als unmöglich oder unwirtschaftlich erweist. Für die jeweiligen Produkte werden Produkt-Manager oder Programm-Manager eingesetzt, deren Aufgaben im Aufstellen des Produktbudgets, der Planung und Koordination produktbezogener Aktivitäten (Marktforschung, Werbung) liegen. Die Produkt-Manager unterliegen, im Gegensatz zu den Programm-Managern, sehr selten der vollen Gewinnverantwortung, da sie nicht alle gewinnrelevanten Größen beeinflussen können.

▶   Bei der klassischen Matrix-Organisation stehen sich zwei Autoritätslinien mit mehr oder weniger gleichen Kompetenzen gegenüber. Diese gleichzeitige Verwendung von zwei Autoritätslinien mit unterschiedlicher Ausrichtung, z. B. der Verrichtungs- und der Objektorganisation in einer Organisation und für denselben Aufgabenbereich, hat zu dem Namen Matrixorganisation geführt.

Das Funktionsprinzip basiert darauf, dass die Leiter der Funktionsabteilungen für die effiziente Abwicklung der Aufgaben ihrer Spezialbereiche verantwortlich und für die vertikale Integration des arbeitsteiligen Leistungsprozesses innerhalb ihrer Funktionen zuständig sind. Im Unterschied dazu haben die Produkt- oder Programmanager die horizontale Integration sicherzustellen, sie sollen das Gesamtziel ihres Produktes oder ihres Projektes über die Funktionen hinweg als einheitlichen Prozess verfolgen. Ihre besondere Aufgabe ist es, die eher zentrifugalen Effekte, die eine komplexe Arbeitsteilung unweigerlich mit sich bringt, in umfassender und systematischer Weise aufzufangen, um die gemeinsame Ressourcennutzung aus einer integrativen Perspektive heraus sicherzustellen. Darin liegt gleichzeitig auch die Besonderheit der Matrixorganisation verborgen, indem bei Abstimmungskonflikten keine organisatorisch bestimmte Dominanz zugunsten der einen oder anderen Achse präjudiziert ist. Vielmehr baut man auf die Argumentationsfähigkeit und die Kooperationsbereitschaft der am Konflikt Beteiligten. Mit dieser kompetenzseitig nicht vorbestimmten Konfrontation von Funktions- und Produkt-Belangen wird der Konflikt zwischen Differenzierungs- und Integrationsnotwendigkeit sichtbar gemacht und bewusst in die Organisation hineingetragen und damit der Konflikt institutionalisiert. Eine Lösung ist nur über Verhandlungen und gegenseitige Abstimmungen möglich. Konflikte und das Austragen von Konflikten werden in diesem Ansatz also nicht mehr länger als Störung einer wie auch immer gearteten Ordnung verstanden, sondern als produktives Element, das die Abstimmungsprobleme vor Ort thematisiert und argumentativ zugänglich macht.

Im Rahmen der *Matrix-Organisation* sind daher Konflikte zwischen Produkt-Managern und Funktions- bzw. Programmmanagern vorprogrammiert, da die Kompetenzen oftmals nicht eindeutig geregelt sind. Werden diese in der Art geregelt, dass beide Dimensionen nicht mehr mit vollen Kompetenzen ausgestattet werden, entsteht eine reduzierte Matrix-Organisation. Die Kompetenzteilung muss hierbei im Einzelnen festgelegt werden. Im Normalfall besitzt der Produkt-Manager Weisungsbefugnisse gegenüber den Funktionsabteilungen, die sich lediglich auf sein Produkt beziehen. Sie übernehmen die Rolle von Querschnittsreglern; die Mitarbeiter der Funktionsabteilungen befinden sich dadurch in einer Doppelunterstellung. Die Matrix-Organisation ist eine komplizierte Organisationsform, die hohe Anforderungen an die Stelleninhaber stellt.

▶   Die Matrixorganisation bringt eine Reihe neuer Anforderungen für die betroffenen Organisationsmitglieder mit sich: So besteht zum einen die neue Anforderung für die Leitung (Geschäftsführung, Divisionsleitung etc.) darin, dass sie die Führungsverantwortung für zwei Linien hat. Zum anderen existieren Matrixmanager, die sich in der Matrix gleichberechtigt gegenüberstehen mit der Maßgabe, argumentativ Lösungen für die gemeinsame Koordinationsaufgabe zu finden. Die Funktionsmanager bringen ihr Spezialwissen und ihre Fachkompetenz in den Verhandlungprozess ein, Querschnittsmanager dagegen die Gesamtperspektive für das Produkt oder das Projekt. Zu guter Letzt stellt die Matrixorganisation an solche Führungskräfte oder Organisationsmitglieder hohe Anforderungen, die an zwei Vorgesetzte zu berichten haben.

Ein Vorteil der Matrix-Organisation liegt in der hohen Qualität der Entscheidungen, da alle Aspekte eines Problems systematisch berücksichtigt werden müssen. Die Matrix-Organisation kann sehr schnell auf Notwendigkeiten der Anpassung in der Aufbauorganisation der Organisation reagieren, sie besitzt strukturelle Anpassungsfähigkeit. Für die Produkt-Manager bestehen hohe Identifikationsmöglichkeiten mit dem Output, nicht dagegen für Stellen in den Fachabteilungen. Aus den Produkt-, Projekt- oder Programm-Managern lassen sich Manager für spätere Führungsaufgaben rekrutieren (Tab. 3).

Bei der Matrix-Organisation ist zwar die Gliederungstiefe gering, die Leitungsspanne der Geschäftsführung jedoch extrem hoch. Dies erschwert die Führbarkeit, zumal die Funktionsmanager andere Ziele als die neu hinzukommenden Produkt- oder Programm-Manager besitzen. Auch unterhalb der höchsten Führungsebene entsteht ein extrem hoher Koordinationsbedarf, ausgelöst durch den zusätzlichen Bedarf an Produkt- und Projekt- bzw. Programm-Managern. Der Entscheidungsprozess in einer Matrix-Organisation kann verzögert werden, da die Zahl der Stellen, die einbezogen werden, sehr hoch ist. Das Konfliktpotenzial ist bei der Matrix-Organisation sehr hoch, es werden strenge formale Regelungsmechanismen notwendig. Sollten diese nicht greifen, kann eine Überlastung der Führungsspitze die Folge sein oder aber eine hohe Ineffizienz durch Reibungsverluste auf der zweiten Ebene. Außerdem durchbricht die Mehrdimensionalität die Einheit der Auftragserteilung, was zu Loyalitätskonflikten führen kann (Abb. 2.16).

Tab. 3 Vor- und Nachteile der Matrix/Organisation

Vorteile	Nachteile
Duch die Zusammenlegung gleichberechtigter Leistungsperspektiven lässt sich eine Erweiterung der organisatorischen Sichtweise erzielen.	Abläufe werden unter Umständen über Gebühr verkompliziert und als Folge davon tritt Konfusion durch Intransparenz und Verlust des Verantwortungsgefühls ein.
Die Kommuniktion über die verschiedenen Perspektiven wird institutionalisiert und damit sichergestellt.	Der Zwang zu Konsensentscheidungen kann sich sehr zeitintensiv gestalten und daher überlebenswichtige Entscheidungen verzögern.
Die Organisation ist sensibilisiert für interne und externe Veränderungsnotwendigkeiten.	Bedingt durch die zusätzliche zweite Linienorganisation können nicht unerhebliche Mehraufwände entstehen und hohe Koordinationskosten bedingen.
Eine erhöhe Kundenbindung bzw. Kundennähe kann erreicht werden, ohne dass funktionale Aspekte dadurch konfligieren müssen.	Mitarbeiter, die nicht in der Lage sind, Konflikte offen auszutragen bzw. Lösungen gemeinsam zu erarbeiten, können stressbedingt ausfallen.
Gemeinsam zu nutzenden Ressourcen (z. B. Konstruktion, Produktionsanlagen, etc.) können optimiert werden.	Bedingt durch die vielen Abstimmungsnotwendigkeiten entsteht ein hoher formaler Aufwand bezüglich Dokumentation.
Probleme können diskutiert und gelöst werden.	
Innovationen können schnell aufgegriffen und einer Realisierung überführt werden.	

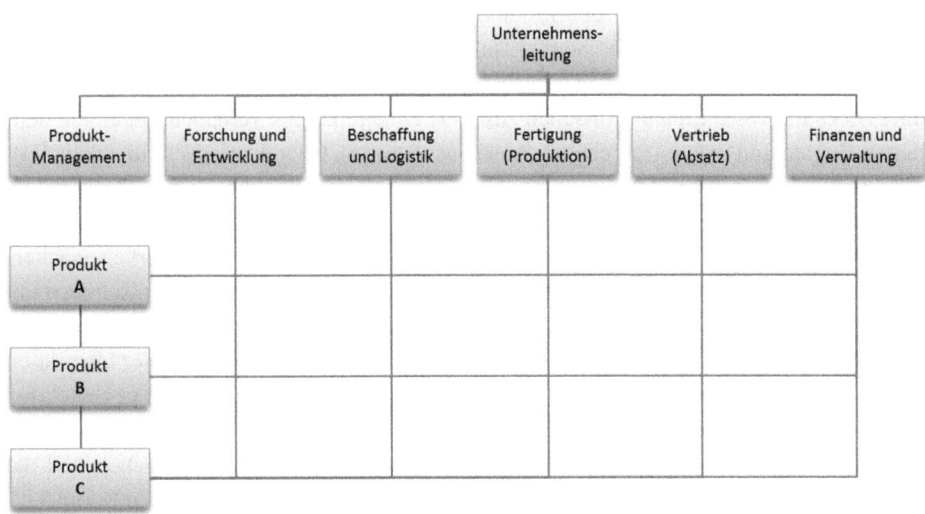

Abb. 2.16 Matrix-Organisation

Insgesamt lassen sich in enger Anlehnung an Davis und Lawrence (1977) drei Bedingungen für eine erfolgreiche Matrix/Organisation formulieren:

• Es bestehen zwei unterschiedliche Referenzsysteme mit bestandskritischen Ansprüchen an die Organisation.
• Aufgaben erfordern eine hohe Informationsverarbeitungskapazität. Die Umstände hierfür liegen in einer

  – **Unsicherheit**: Die zutreffenden Informationen sind schwer vorhersehbar; Randbedingungen und Inhalte ändern sich laufend. Pläne bedürfen einer fortwährenden Anpassung; Überraschungen sind eher die Regel als die Ausnahme.
  – **Diversität**: Die Aufgabengestaltung ist vielseitig in dem Sinne, dass verschiedene Produktlinien, Projekte, Produktentwicklungen usw. parallel nebeneinader laufen.
  – **Interdependenz**: Eine Vielzahl von Personen und Abteilungen ist einzubeziehen, wenn es darum geht, eine Antwort auf geänderte Umstände zu entwickeln.

• Produkte/Projekte verlangen nach einer gemeinsamen Ressourcennutzung.

▶   Aber auch wenn die oben angeführten Bedingungen erfüllt sind, greifen die Vorteile der Matrixorganisation nur dann, wenn auch die personellen Voraussetzungen dafür gegeben sind. Die betroffenen Personen müssen nämlich in der Lage sein, sich von herkömmlichen, hierarchischen Autoritätsdenken zu lösen und stattdessen Konfliktregelungskompetenzen entwickeln. Insofern steht und fällt die Matrixorganisation mit der Kooperationsbereitschaft und Konfliktbewältigungskompetenz der Handlungsträger.

Neben der Produkt-Matrixorganisation existiert auch eine *Projektorganisation*, die von ihrer Struktur oftmals zunächst der Produkt-Matrixorganisation entspricht. Das Projekt-Management beschäftigt sich hierbei mit Projekten, also innovativen, komplexen, risikobehafteten und nicht routinemäßigen Aufgaben. Ein Projekt ist dabei im Gegensatz zu einer herkömmlichen organisatorischen Aufgabe ein einmaliges Vorhaben mit einem definierten Beginn und einem festgelegten Abschluss(termin). Charakteristisch für solche Projekte ist, dass sie in aller Regel in ihrem Einwirkungsgeschehen die Grenzen festgelegter Organisationsbereiche überschreiten und damit die Kooperation verschiedener Bereiche, einschließlich der gemeinsamen Nutzung vorhandener Ressourcen, erforderlich machen. Für die organisatorische starke Integration von Projekten wird häufig in Organisationen mit regelmässig großen Projekten und einem hohem Maß an gemeinsamer Ressourcennutzung die Matrix als Organisationsform beibehalten. Zu den schwächeren Formen der Integration zählt die Stabs-Projektorganisation, bei der der Projektleiter eine Stabsstelle begleitet und nur durch Informationen auf die Entscheidungsprozesse einwirken kann. In der reinen Projektorganisation wird dagegen die Idee einer Sekundärorganisation aufgegeben und die Projektleitung erhält sämtliche zur Erfüllung des Projektauftrages notwendigen Kompetenzen und Ressourcen. Insgesamt gesehen ist die reine Projektorganisation allerdings nichts anderes als eine objektorientierte Strukturierung von Aufgaben, ähnlich der Geschäftsbereichsorganisation, mit allerdings von vorne herein zeitlich begrenztem Horizont.

▶   Um den prozesshaften Charakter von Projekten besser zum Ausdruck zu brin-
    gen, eignet sich neben der Integrationstärke das Aufzeigen des Lebenzyklus
    von Projekten, beispielsweise Entwicklungsphase, Produktionsphase, Einfüh-
    rungsphase und Betriebs-/Nutzungsphase.

Für die Gesamtleitung eines Projektes wählt man häufig ein Kollegialorgan (Steuerungs-
gruppe, Lenkungsausschuss, etc.), das die Projektleiter bestellt, Projektziele und -budgets
autorisiert und kontrolliert (Abb. 2.17).

Die *Tensor-Organisation* besitzt eine dreidimensionale Organisationsstruktur. Neben
weisungsbefugten funktionalen Zentralbereichen sowie den aus der Matrix-Organisation
bekannten Produktgruppen, müssen bei der Tensor-Organisation auch noch Regionalbe-
reiche miteinander verknüpft werden. Dies trifft hauptsächlich für multinationale Organisationen zu, wobei die Anforderungen an Mitarbeiter und Management gegenüber der
Matrix-Organisation noch weiter ansteigen (Abb. 2.18).

Die Gliederungskriterien Markt und Produkt dominieren bei der Gestaltung der Organisationsstruktur. Eine mehrdimensionale Organisationsstruktur (Matrix- und Tensororganisation) erweist sich als angebracht, wenn

- die Organisation Aufgaben erfüllt, die durch hohe Komplexität sowie hohen Neuig-
  keits- und Risikograd gekennzeichnet sind;
- die Organisation in voneinander abgrenzbare Objektbereiche zerlegbar ist, die jedoch
  auf zahlreiche gemeinsame Ressourcen (Produktion, Entwicklung) zurückgreifen;
- ein Aufteilen der Ressourcen nach Objektbereichen fertigungstechnisch nicht möglich
  oder wirtschaftlich nicht vertretbar ist (Losgrößenproblematik);
- häufig Änderungen in den relevanten Umweltsegmenten erfolgen.

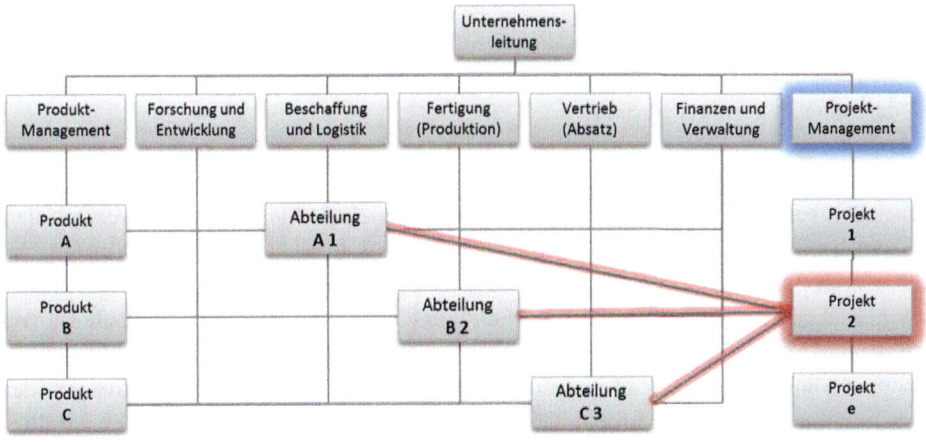

Abb. 2.17   Projekt-Organisation

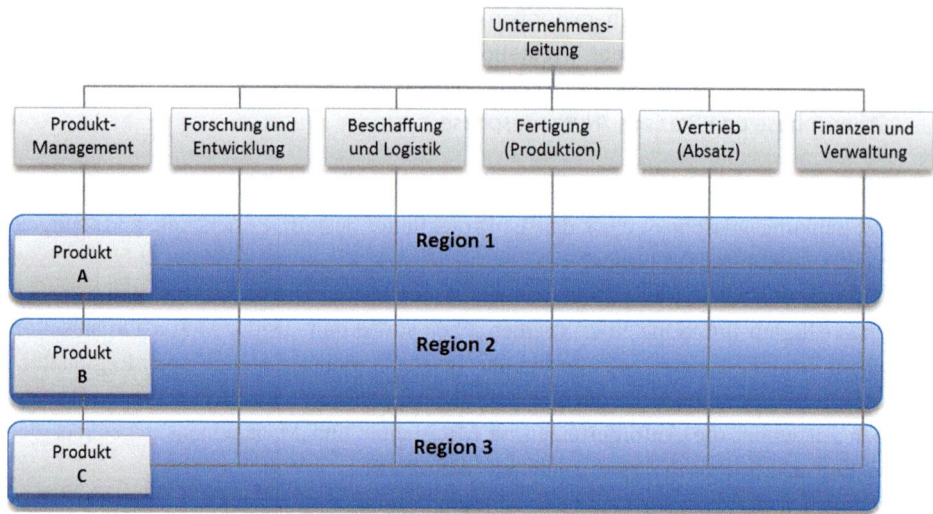

Abb. 2.18 Tensor-Organisation

Für die Leiter der Objektbereiche ist ein klarer Zielbezug herstellbar, des Weiteren gelten die gleichen Vorteile wie bei der Matrix-Organisation.

Zu den neuen Ansätzen zählen sämtliche teamorientierten Organisationsstrukturen sowie der Ansatz der strategischen Geschäftseinheiten als Quasi-Organisationsform. Die Besonderheit teamorientierter Strukturen besteht in der Übertragung von Entscheidungsbefugnissen an Gruppen anstelle der Übertragung an einzelne Personen. Die erforderliche Strukturänderung betrifft nicht das Leitungssystem der Organisation als Ganzes, sondern beschränkt sich auf die Umwandlung der uni-personalen Instanzen in multipersonale Instanzen. Die Entwicklung teamorientierter Organisationsstrukturen beruht auf folgenden praktischen Erfahrungen:

- zunehmende Komplexität betrieblicher Aufgaben,
- steigender Innovationsbedarf und
- der Abbau autoritärer Strukturen.

Strategische Geschäftseinheiten werden zu einer Verbesserung der strategischen Anpassungsfähigkeit der funktionalen Organisation eingerichtet. Sie stellen den Versuch dar, entsprechend der strategischen Geschäftsfelder organisatorische Einheiten in der Organisation zu institutionalisieren. Ein strategisches Geschäftsfeld entspricht den klar definierten und abgegrenzten Produkt- bzw. Marktkombinationen, die auf der Grundlage von Absatzmarktgegebenheiten bestimmt werden. Strategische Geschäftseinheiten müssen relativ autonome Einheiten (Subsysteme) einer Organisation sein, die die Aktivitäten der Organisation auf den strategischen Geschäftsfeldern planen, organisieren und kontrollieren. Die Integration strategischer Geschäftseinheiten in eine Organisationsstruktur erfolgt dergestalt, dass die bestehende Struktur lediglich durch eine zusätzliche, sogenannte Sekundärorganisation, überlagert, aber nicht durch diese ersetzt wird, worauf die sogenannte duale Organisation entsteht.

Die bisher behandelten Organisationsstrukturen stellen, räumlich betrachtet, eher vertikale Verknüpfungen dar. Gemäss dieser Betrachtungsweise lassen sich auch horizontale Verknüpfungen etablieren, die dann ihrem Wesen nach eine Form der Selbstabstimmung sind, indem sie eine direkte Abstimmung der Aktivitäten nach eigenem Ermessen der betroffenen Aufgabenträger ermöglichen. Dabei handelt es in der Regel vor allem um solche Verknüpfungsprobleme, die zeitlich und/oder sachlich nicht vorhersehbar sind. Die horizontale Selbstabstimmung steht an der unmittelbaren Schnittstelle von formaler Regelung und informalen Praktiken, die sich im Laufe der Zeit entwickelt haben. Es handelt sich um ein emergentes Phänomen. Die so erzeugte Verknüpfung ist eine Art freier Ordnung und somit das Resultat sich selbst organisierender Prozesse. Folgende Formen solcher formal geregelten horizontalen Integration lassen sich in der Praxis finden:

- **Ausschüsse**: Häufig werden problembezogen und zeitlich begrenzt Arbeitsgruppen mit Mitgliedern verschiedener Abteilungen zur Lösung spezifischer Abstimmungsprobleme eingerichtet. Es sind dies gewissermassen Koordinationsprojekte mit einer relativ klar umrissenen Aufgabe.
- **Abteilungsleiterkonferenzen**: Die Einrichtung von Abteilungsleiterkonferenzen oder Meisterbesprechungen dient in erster Linie dazu, unvorhergesehene Abstimmungsprobleme und Konflikte zwischen Abteilungen zu klären. Sie sind permante Einrichtungen mit einer unspezifischen Aufgabe.
- **Koordinatoren**: Ein weitergehendes Instrument ist die Benennung eines Koordinators, der für eine kontinuierliche Abstimmung zwischen leistungsmäßig angrenzenden Abteilungen zu sorgen hat und bei auftretenden Konflikten aktiv nach einer Lösungsmöglichkeit suchten (liason role).
- **Koordinationsteams**: Im Unterschied zu den Koordinatoren oder des direkten Anschlusses im Sinne einer Fayolschen Brücke, die immer nur eine Schnittstelle verklammern, werden Koordinationsgruppen betriebsweit oder gar organisationsweit eingesetzt, um komplexere Aufgaben nach dem Prinzip der direkten horizontalen Abstimmung zu lösen. Häufig setzen sich solche Koordinationsgruppen aus nominierten Mitgliedern der verschiedenen Abteilungen zusammen.

In den späteren Kapiteln dieses Buches werden diese emergenten Praktiken der gegenseitigen Abstimmung nochmals aufgegriffen, um sie dort dann im Rahmen einer kognitiven Organisation zu institutionalisieren.

In diesem Zusammenhang sind auch die sogenannten *Netzwerk-Modelle* zu sehen, die sich vor allem durch eine lockere Organisation, so etwa die „Adhocratie" (Mintzberg 1979), die „Spinnennetzorganisation" (Quinn 1992) und ähnliche Modelle interner Netzwerke (Goold und Campbell 2002). Dies sind Modelle, die im Wesentlichen auf informelle Kommunikation und Koordination nach eigenem Ermessen vertrauen. Die gestalterische

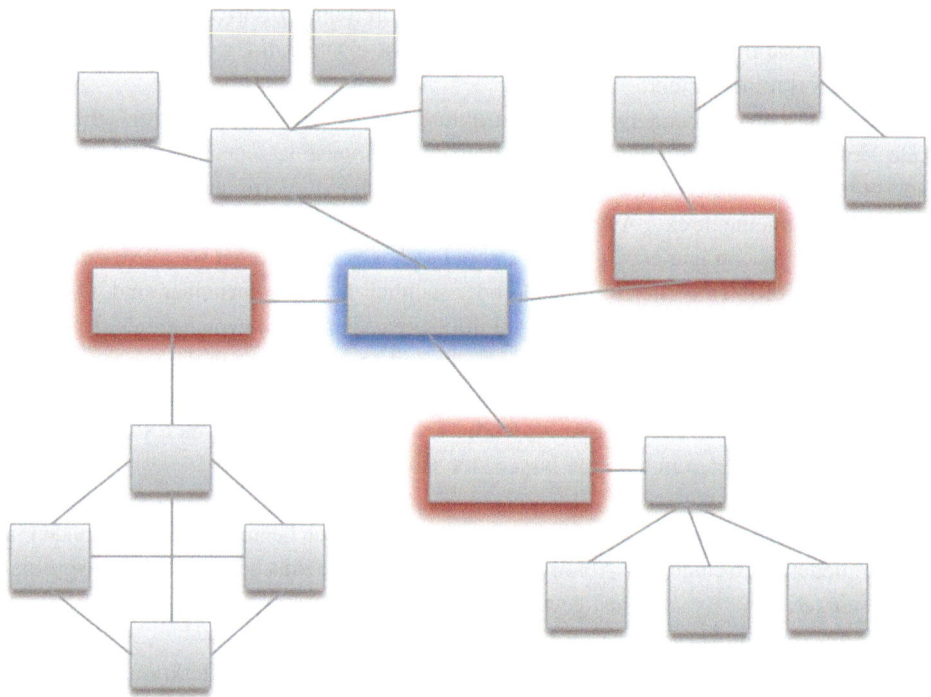

Abb. 2.19 Netzwerkmodelle

Basis dieser Organisationsformen bilden fachlich spezialisierte Experten oder Kompe-
tenzzentren, die sich über die ganze Organisation verteilt finden. Entscheidungen werden
nach dem Expertenprinzip gefällt. Solche netzwerkartigen Organisationsformen werden
vor allem von stark internationalisierten Organisationen zur flexiblen Integration komplexer Leistungsprozesse eingesetzt. In den Vordergrund treten hier ganz andere Anschlusss-
mechanismen, wie die Bildung von gemeinsamen Werten und Überzeugungen, also die
Organisationskultur und die multifunktionale Qualifikation der Organisationsmitglieder
im Sinne der Erhöhung der Anschlussfähigkeit.

In engerem Zusammenhang mit Modellen dieser Art steht das aus der Systemtheorie
heraus entwickelte Konzept der Selbstorganisation, das, orientiert an der Autonomie von
Teilsystemen, die evolutionäre (also ungeplante) Entstehung von Ordnung ermöglichen soll
(Abb. 2.19).

2.4.2 Ablauforganisation

Unter Ablauforganisation wird die räumliche, zeitliche und zielgerichtete Strukturierung
von Arbeitsprozessen verstanden. Dabei werden die ablauforganisatorischen Regelungen
von Hierarchieebene zu Hierarchieebene immer detaillierter ausgearbeitet und dabei die

Entscheidungsspielräume der nachgeordneten Entscheidungsträger schrittweise eingeengt. Praktisch gesehen werden Arbeitsgänge gebildet, die den Aufgabenträgern zugeordnet und in zeitlicher Hinsicht aufeinander abgestimmt werden. Ein wichtiges ablauforganisatorisches Problem besteht darin, die Arbeitsplätze in zweckmäßiger Weise anzuordnen und auszustatten. Der Arbeitsablauf soll so gestaltet werden, dass, unter Berücksichtigung der optimalen Auslastung aller Stellen, alle Objekte mit optimaler Geschwindigkeit die Organisation durchlaufen.

2.4.2.1 Grundsätze der betrieblichen Ablaufplanung
Zur Erreichung einer effizienten Ablauforganisation ist die Beachtung bestimmter Grundsätze bei der praktischen Gestaltung der organisatorischen Arbeitsabläufe unerlässlich. Die wichtigsten Grundsätze sind:

- Ausrichtung der Organisation an Regelfällen, denn die Regelfälle stellen diejenigen Abwicklungsverfahren dar, die alle häufig wiederkehrenden Arbeiten umfassen.
- Funktionelle Zuordnung von Arbeitsstationen, Anordnung der Arbeitsstationen entsprechend dem Arbeitsfluss, um eine Minimierung der zurückzulegenden Wege zu erreichen.
- Minimierung der Arbeitsstationen innerhalb eines Arbeitsablaufs.
- Minimierung von Informationen, Beschränkung auf die notwendigen Informationen, um die Anzahl der zu verarbeitenden Informationen so gering wie möglich zu halten.
- Minimierung von Arbeitsgängen (verrichtenden Tätigkeiten) im Rahmen des Arbeitsprozesses.
- Optimale Auswahl und Gestaltung der Hilfsmittel (Maschinen); Kriterium zur Auswahl der Hilfsmittel ist deren optimaler Einsatz zur Steigerung der Humanität und der Wirtschaftlichkeit.
- Arbeitsverteilung nach qualitativen Gesichtspunkten, entsprechender Personaleinsatz.
- Optimale Bemessung des Personalbedarfs, dem Arbeitsumfang entsprechend so gering wie möglich, keine Ausrichtung des Stammpersonals an einmaligen Arbeitsspitzen.
- Ständige Leistungs- und Aufwandskontrolle, sowie Soll-Ist-Abstimmung des Personals unter den Gesichtspunkten Rentabilität, Wirtschaftlichkeit, Produktivität oder konkreten Organisationszielsetzungen.
- Unabhängigkeit der Ablauforganisation von einzelnen Personen, Gestaltung von Arbeitsabläufen nach sachlichen Gesichtspunkten zum Aufbau einer Organisation, die auch bei personellen Veränderungen bestehen bleibt.

2.4.2.2 Parameter
Durch die Aufbauorganisation sind bestimmte Strukturmuster und Gestaltungstrends der jeweiligen Organisation vorgegeben. Um diese detaillierter beschreiben zu können, werden zwei Parameter unterschieden: Standardisierung und Arbeitszerlegung. Fallen Aufgaben wiederholt an, lassen sich durch eine Standardisierung Ablaufregelungen erzielen. Dazu müssen die Arbeitsprozesse beschrieben und in Teilaufgaben zerlegt werden, die zu

generalisieren, d. h. personenunabhängig und einzelfallübergreifend zu regeln sind. Standardisierung reduziert die Komplexität erheblich und trägt insofern zur Entlastung der Instanzen und zur Effizienzsteigerung bei. In der Folge ergibt sich mit zunehmender Wiederholung der Effekt der Routinisierung. Dabei werden Arbeitsabläufe als bereits bekannt erlebt und zügig abgewickelt, da keine Einzelfälle auftreten, die immer wieder neu überdacht werden müssen. Ein hoher Grad der Standardisierung führt allerdings zu einem eingeschränkten Entscheidungsspielraum der Mitarbeiter, wodurch Eigeninitiative und Selbstständigkeit eingeengt werden. Als Endpunkt kann sich aus der schrittweisen Standardisierung eine teilweise oder vollständige Programmierbarkeit der Aufgaben ergeben. Die Vorteile der Standardisierung liegen eindeutig im technisch-ökonomischen Bereich (Rationalisierungsvorteile durch kürzere Bearbeitungsdauer, geringerer Entscheidungs- und Koordinationsaufwand, bessere Kontrollmöglichkeiten, verbesserte Koordination und Integration), im sozialen Bereich lassen sich lediglich die Entlastung von Routinearbeit sowie größere Entscheidungs- und Ausführungssicherheit anführen. Dagegen lassen sich kaum Nachteile der Standardisierung im technisch-ökonomischen Bereich finden (anfangs erhöhte Kosten für die Entwicklung und Anpassung der Standards, Vernachlässigung innovativer Aufgaben, Gefahr zu schematischen Vorgehens), jedoch einige im sozialen Bereich (geringere Entfaltungsmöglichkeiten, erlahmende Eigeninitiative, Reduktion der Flexibilität des Individuums, mangelnde Ausschöpfung menschlicher Fähigkeiten, Gefahr der Unterforderung). Ein weiterer Parameter der Ablauforganisation ist die Arbeitszerlegung, worunter die Aufteilung von Arbeitsprozessen in kleine und einfache Teilarbeiten und deren Übertragung auf einzelne Stellen zu verstehen ist. Die Standardisierbarkeit der entsprechenden Prozesse erleichtert und unterstützt die Arbeitszerlegung, wodurch auch kleinste Teilschritte ableitbar und personell aufteilbar sind.

Im Bereich physischer Arbeitsprozesse ist die Arbeitszerlegung Voraussetzung der Mechanisierung, im Bereich administrativer Informations- und Kommunikationsprozesse Grundlage der Büroorganisation und -automation. Die Vorteile liegen auch hier hauptsächlich im technisch-ökonomischen Sektor (Rationalisierungseffekte, geringe Personalkosten für un- bzw. angelernte Kräfte, leistungsbezogene Entlohnung, hohe Auslastung von Mensch und Maschine, kürzere Bearbeitungszeiten, Arbeiten mit Zeitvorgabe, Mechanisierung und Automatisierung). Im sozialen Sektor lassen sich fast nur Nachteile feststellen (geringere Qualitätsanforderungen, Motivationsdefizite, Verkümmerung nicht genutzter Fähigkeiten, Ermüdung durch einseitige Belastung, starke Monotonieeffekte), die auch Einwirkungen auf den ökonomischen Sektor haben (hohe Fehlzeiten- und Fluktuationskosten, durch Leistungsminderung Kosten für Ausschuss).

Standardisierung und Arbeitszerlegung sind aus organisatorischer Sicht prägend für den Prozess der Industrialisierung. *Industrialisierung* wird dabei als eine Kette von strategischen Zielen verstanden, die sequenziell angestrebt und erreicht werden müssen. Die sozialen Konsequenzen wurden allerdings immer stärker und haben zu entsprechenden Gegenbewegungen geführt (Humanisierung der Arbeitswelt). Hieraus entstanden Ansätze, den Handlungsspielraum der Arbeit, der durch den Standardisierungsgrad und den Grad der Arbeitszerlegung bestimmt wird, für die Mitarbeiter zu vergrößern. Die Erweiterung des Handlungsspielraums führt individuell oder auf Gruppenebene zu mehr Entfaltungs- und Selbstbestimmungsmöglichkeiten. Als Maßnahmen dafür gelten Job Enlargement, Job Enrichment, Job Rotation, teilautonome Arbeitsgruppen und Job Sharing. *Job Enlargement* bezeichnet eine Aufgabenvergrößerung (quantitative Arbeitserweiterung), der Ausführungsspielraum erhöht sich durch Reihung gleichartiger oder ähnlicher Tätigkeiten. *Job Enrichment* bezeichnet eine Aufgabenbereicherung (qualitative Arbeitserweiterung), der Entscheidungs- und Kontrollspielraum erhöht sich, da verschiedenartige Tätigkeiten integriert werden, zu Ausführungsaktivitäten treten auch Entscheidungs- und Kontrollaktivitäten hinzu. Unter *Job Rotation* versteht man eine Arbeitserweiterung durch geplanten Tätigkeits- bzw. Arbeitsplatzwechsel. Von *teilautonomen Gruppen* wird gesprochen, wenn eine qualitative Arbeitserweiterung für eine ganze Arbeitsgruppe vorgenommen wird. Innerhalb der Gruppe existiert keine strikte Zuordnung von Aufgaben zu Personen, vielmehr ist diese Koordination der Selbststeuerung der Gruppe überlassen. Die Einrichtung solcher teilautonomer Arbeitsgruppen bietet sich vor allem dort an, wo aufgrund der Arbeitsstruktur eine starke gegenseitige Abhängigkeit zwischen den einzelnen Aufgaben innerhalb einer Abteilung besteht. Durch die Verlagerung von Entscheidungskompetenzen auf die Gruppe wird vor allem eine flexiblere und auch schnelle Handhabung von Abstimmungsproblemen innerhalb der Gruppe ermöglicht. Insofern lässt sich unter anderem das Ziel einer verbesserten Integration von Individuum und Organisation durch eine solche bedürfnisorientierte Arbeitsgestaltung erreichen.

▶ Diesen Arbeitsgruppen wird im Vergleich zu herkömmlicher Fließbandarbeit ein relativ breites Aufgaben- und Kompetenzspektrum innerhalb des Fertigungsflusses zugewiesen. Es umfasst neben der Fertigungstätigkeit im eigentlichen Sinne etwa: die Qualitätssicherung und kontinuierliche Prozessverbesserung, den Ausgleich von Leistungsschwankungen oder kleinere Maschinenreperaturen.

Der Einsatz teilautonomer Arbeitsgruppen beschränkt sich dabei keineswegs auf den Bereich der Fertigung, sondern auch im Verwaltungsbereich und in der Forschung und Entwicklung lässt sich dieser Ansatz der teilautonomen Gruppen realisieren. Wird eine Vollzeitstelle auf zwei oder mehr Arbeitnehmer aufgeteilt, spricht man von *Job Sharing*. Dabei erhöhen sich die individuellen Dispositionsfreiräume bei der Einteilung von Arbeitszeit und Freizeit.

2.4.2.3 Ablauforganisation für die Fertigung

Im Bereich der Ablauforganisation der Fertigung steht die Gestaltung von Produktionsprozessen im Vordergrund. Die Fertigung ist meist der am tiefsten gegliederte Bereich einer Organisation, so dass die Arbeitsteilung entsprechend weit fortgeschritten ist und eine Vielzahl von Kombinationsmöglichkeiten zulässt. Deren Ausgestaltung hängt dann hauptsächlich vom Produktionsprogramm der Organisation ab. Die Minimierung der Transportwege, der Durchlauf- und Leerzeiten und der Kosten des gebundenen Kapitals sind die wichtigsten Ziele der Ablaufgestaltung von Produktionsprozessen. Die Organisationsformen der

Fertigung können nach den Prinzipien der Verrichtungs- und Objektzentralisation systematisiert werden. Der Organisation der Fertigung nach dem *Prinzip der Verrichtungszentralisation* entspricht die Werkstattfertigung. Dem *Prinzip der Objektzentralisation* entsprechen fluss- und gruppenorientierte Organisationsformen. Dem Flussprinzip entspricht die Fließfertigung, dem Gruppenprinzip entsprechen flexible Fertigungssysteme und Fertigungsinseln. Die *Werkstattfertigung* ist dabei durch Verrichtungszentralisation gekennzeichnet, d. h. gleiche oder ähnliche Verrichtungen werden in Werkstätten zusammengefasst (Dreherei, Fräserei), zwischen denen die verschiedenen Objekte hin und her bewegt werden. Dadurch können viele unterschiedliche Produkte hergestellt werden, wobei allerdings lange Transportwege und -zeiten entstehen, die hohe Transportkosten verursachen. Außerdem sind zahlreiche Überschneidungen der Transportwege, Warte- und Leerzeiten möglich, da alle zu fertigenden Produkte an die einzelnen Werkstätten herangeführt werden müssen. Die Reihenfolge der einzelnen Verrichtungen ist noch nicht festgelegt, dies obliegt der Ablaufplanung. In der Werkstattfertigung kommt es daher oftmals zu einem Zielkonflikt, der in der Forderung der Minimierung von Durchlaufzeiten bei hoher Auslastung der Kapazitäten besteht. Diesen Zielkonflikt bezeichnet Gutenberg als das Dilemma der Ablaufplanung. Eine Möglichkeit, dieses Dilemma zu verringern, besteht in dem von Kettner/Bechte erstellten Modell der belastungsorientierten Auftragsfreigabe, auch *Trichtermodell* genannt.

Die Vorteile der Werkstattfertigung liegen in ihrem hohen Maße an Flexibilität. In Anbetracht der vom Markt geforderten Vielfalt an Produkten bei sinkender Lebensdauer und kleiner werdenden Losgrößen ist die Werkstattfertigung die dominierende Organisationsform der Teilefertigung. Als Nachteile sind anzuführen:

- lange Durchlaufzeit aufgrund von Zwischenlägern,
- hohe innerbetriebliche Transportkosten,
- hohe Zins- und Lagerkosten,
- keine gleichmäßige Auslastung der Arbeitsplätze.

Die *Fließfertigung* ist durch Verrichtungsdezentralisation charakterisiert; die technischwirtschaftliche Abfolge der Verrichtungen, die sich bei der Werkstattfertigung erst aus der Ablaufplanung ergibt, ist hier in die Ablauforganisation des Produktionsprozesses bereits einbezogen. Gleiche oder ähnliche Produkte fließen eine Fertigungsstraße entlang, wobei in einer vorher festgelegten Reihenfolge Verrichtungen an den Produkten vorgenommen werden. Es ist hierbei eine weitergehende Arbeitsteilung und Verrichtungsspezialisierung möglich als bei der Werkstattfertigung. Dies eröffnet die Möglichkeit der *Automatisierung* und lässt auch eine detaillierte zeitliche Strukturierung zu, bis hin zum getakteten Fließband.

Im Rahmen der Fließfertigung lassen sich die Fließbandfertigung und die Reihenfertigung unterscheiden. Bei der *Fließbandfertigung* werden Werkstücke mechanisch zu den Arbeitsplätzen befördert. Im Rahmen der *Reihenfertigung* erfolgt die Anordnung der Betriebsmittel nach dem Produktionsablauf, ohne dass die einzelnen Verrichtungen zeitlich unmittelbar aufeinander abgestimmt sind. Die Vorteile der Fließfertigung gegenüber der Werkstattfertigung liegen in der kürzeren Durchlaufzeit, im Fehlen von Wartezeiten zwischen den einzelnen

Arbeitsverrichtungen, in der exakten Ermittelbarkeit von Materialverbrauch und Beständen und in Spezialisierungsvorteilen bei der Herstellung homogener Produkte. Demgegenüber stehen die Nachteile der monotonen Verrichtungen, die oft eine hohe Belastung für die Mitarbeiter darstellen sowie hohe Fixkostenbelastung und geringe Flexibilität.

2.4.2.4 Ablauforganisation im Büro

Wesentlichen Einfluss auf die Gestaltung der Ablauforganisation im Büro haben neue Informations- und Kommunikationstechniken. Mit diesen Techniken werden Ziele verfolgt wie beschleunigter Informationstransport, Wissenstransfer, bessere Erreichbarkeit, Entlastung von aufwendigen Routinetätigkeiten, Erleichterung der Dokumentation, verbesserte Kommunikationsqualität und Kommunikationsergebnisse sowie die Integration mit vor- und nachgelagerten Stufen der Informationsverarbeitung, um nur einige zu nennen. Zu diesen Techniken gehören Telex, Telefax, BTX und PC's. Die effiziente Nutzung neuer Informations- und Kommunikationstechniken setzt die Existenz eines Kommunikationsnetzes voraus.

Neue Kommunikations- und Informationstechniken erweitern die Möglichkeiten der Dezentralisation von Arbeitsplätzen und einer Dezentralisation von Entscheidungen. Zwischen drei Formen der dezentralen Gestaltung von Arbeitsplätzen ist zu unterscheiden: Regional- oder Zweigstellenbüros, Nachbarschaftsbüro und Heimarbeitsplätze. Eine höhere Dezentralisation begründet sich durch die Erleichterung und Beschleunigung der Kommunikationsvorgänge. Dadurch können Entscheidungen in den hierarchisch niedrigeren Stellen getroffen werden, in denen das Problem anfällt. Einsparungsmöglichkeiten durch die Einführung neuer Informations- und Kommunikationstechniken im Büro ergeben sich vor allem bei schematisierbaren, sich ständig wiederholenden Bürotätigkeiten (standardisierte Briefe, Erstellen von Angeboten, Verteilung von Nachrichten) sowie in den Tätigkeiten Erzeugen-, Übertragen- und Archivieren von Mitteilungen.

2.4.3 Organisationsregeln

Wenn es um die regelorientierte und prozesshafte Ausgestaltung der Organisation geht, kann man sich von folgendem Fragekörper leiten lassen:

Hinter diesem Fragekörper verbergen sich organisatorische Objekte, die Hinweise auf die zu entwickelnde Lösungsstrukturen (Abb. 2.20).

Regeln stellen Gegebenheiten einer Organisation dar. Die Darstellung erfolgt in einer „Wenn-Dann-Aussage" oder in entsprechenden Entscheidungstabellen. Sie sind auf ein

Abb. 2.20 Grundlegende Fragestellung zu Regeln und Prozessen

Ziel ausgerichtet, nicht auf den Weg. Regeln beschreiben das „WAS" erreicht werden soll (Abb. 2.21).

Grundsätzlich lassen sich drei Arten von Quellen für die zukünftigen Organisationsregeln ausmachen:

- **Anweisungen**: Eine solche Anweisung beschreibt die Art und Weise, wie gewisse Aktivitäten auszuführen sind, um ein bestimmtes Ziel optimal zu erreichen bzw. negative Auswirkungen zu verhindern. Anweisungen können dabei hierarchisch aufgebaut bzw. verschachtelt sein, indem sie sich aus weiteren Anweisungen zusammensetzen oder auf andere Anweisungen verweisen bzw. sich beziehen.
- **Motive**: Unter Motive werden zunächst Beweggründe oder die Antriebe eines gewissen Verhaltens verstanden. Als solche kommen sie in der Organisation als Regeln vor. Eine Regel ist eine konkrete Verpflichtung, ein konkretes Verbot oder eine Erlaubnis, welches bei der Ausführung einer Aktivität beachtet werden muss. Eine Regel ist atomar, wohl strukturiert und auf der Basis des Organisationsvokabulars formuliert.
- **Regelmuster** (Rule templates): Regeln sind damit wesentlich präziser formuliert als Anweisungen. Regeln konkretisieren oftmals Anweisungen, damit letztere überhaupt zur Ausführung gelangen können.

Regeln im Allgemeinen sind Bedingungen, die bei der Abwicklung bestimmter Prozesse gelten. Geschäftsregeln (Business Rules) im Speziellen sind betriebsinterne Regelungen, die bei der Abwicklung bestimmter Geschäftsprozesse gelten (Abb. 2.22). Mit dem Ansatz der Regeltechnologie versucht man die Agilität zu erhöhen, indem Änderungen an den Regeln während der Laufzeit vorgenommen werden können. Insofern kann man eine Regel als eine Direktive (guideline) auffassen, die ein Verhalten beeinflusst oder leitet.

Abb. 2.21 Organisatorische Objekte von Regeln und Prozessen

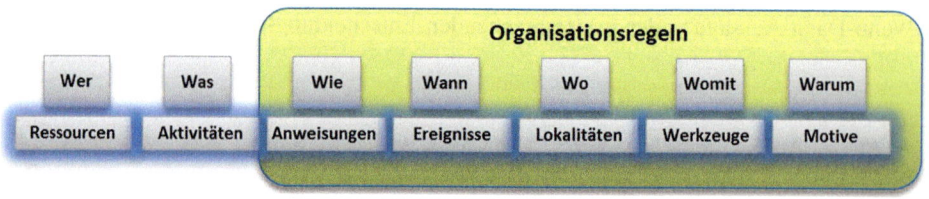

Abb. 2.22 Fokus von Organisationsregeln

Die inhaltliche Ausgestaltung von Regeln wird durch die folgenden Aspekte bestimmt:

- **Policies** sind Grundsätze und Leitlinien, die die Organisationssprinzipien repräsentieren. Jede Policy kann aus mehreren verschiedenen Policies zusammengesetzt sein. Eine Policy ist die Basis für ein oder mehrere Regel-Erklärungen (rule statements).
- Eine **Regel-Erklärung** (rule statement) ist eine bestimmte Aussage über die Struktur oder Beschränkungen, welche sich die Organisation selbst auferlegt hat (Qualitätsmanagement) oder die ihm auferlegt sind. Ein Business Rule Statement kann sich auf ein oder mehrere andere Business Rule Statements beziehen.
- **Regeln** (rules) basieren auf Regel-Erklärungen (rule statements). Sie sind deklarativ und besitzen eine generelle Gültigkeit. Sie stellen ein Handlungsziel dar und nicht die Aktionen, die nötig sind, es zu erreichen. Im Gegensatz zu den Rule Statements sind sie atomar.
- Eine **Formal-Erklärung** (formal rule Statement) ist die Aussage einer Regel in einer ganz bestimmten Form. Diese kann in einer formalen logik-basierten Sprache oder grafischen Darstellung vorliegen. Eine Formal-Erklärung kann nur eine atomare Regel beschreiben, jedoch kann jede einzelne Regel durch mehrere Formal-Erklärungen ausgedrückt werden.
- Ein **Formal-Ausdruckstyp** (formal expression type) ist die jeweilige formale Darstellungsweise, in der die Regel-Erklärungen und damit die Regeln dargestellt werden.

Das grundsätzliche Ziel des Regelansatzes ist es, Organisationen zu ermöglichen, die sich schnell und effizient an eine sich schnell ändernde Umwelt anpassen. Durch die Unterscheidung zwischen verschiedenen Regelarten lassen sich folgende Vorteile erzielen:

- **Erhöhte Transparenz** durch Organisationsvokabular: Die fachlichen Begriffe sind klar und einheitlich definiert. Alle Beteiligten sprechen die gleiche Sprache und verstehen sich.
- **Erhöhte Flexibilität**: Die Art und Weise wie die Organisation arbeitet, kann einfach und kontrolliert an die sich ändernden Anforderungen angepasst werden.
- **Erhöhte Effizienz**: Die Regeln werden, wann immer möglich und sinnvoll, automatisch ausgeführt.

Folgende Regelarten lassen sich unterscheiden:

- **Regeln für Ableitungen** (Derivation): Eine Ableitung neuer fachlicher Informationen aus einer anderen fachlichen Information. Eine Ableitung kann einerseits durch mathematische Berechnung erfolgen, andererseits durch Schlussfolgerungen aus Fakten durch Induktion oder Deduktion.
- **Regeln für Strukturaussagen** (structural assertion): Eine Aussage über wichtige Aspekte einer Organisationsstruktur. Sie lassen sich in Terme und Fakten einteilen. Fakten werden dabei mit einem oder mehreren Termen näher beschrieben. Terme sind Aussagen, die eine organisationsspezifische Bedeutung haben.

- **Regeln für Handlungsanweisungen** (action assertion): Eine Anweisung, die besagt, welche Aktionen in welchen Situationen ausgeführt werden müssen, dürfen oder nicht dürfen.
- **Operative Regeln**: Sie beschreiben das direkte Verhalten einer Organisation.
- **Dispositive Regeln**: Sie beschreiben das Management-Verhalten einer Organisation.
- **Einschränkungsregel**: Regel, die aufgrund bekannter Informationen, die potenzielle Regelmenge reduzieren und somit die Entscheidungspotenziale einschränken.
- **Erweiterungsregel**: Regel, die aufgrund bekannter Informationen die potenzielle Regelmenge erweitert und damit die Anzahl der Entscheidungspotenziale erhöht.
- **Prozessregeln**: Regeln, die genau festlegen, welche Aktionen bzw. Aktivitäten in gewissen Situationen ausgeführt werden müssen, sollen oder eben nicht zur Ausführung gelangen dürfen.

Regeln lassen sich sich deontologisch so unterscheiden, indem das Ausmaß der Verpflichtung als Unterscheidungskriterium herangezogen wird:

- **Obligatorische Verpflichtung**: Eine Regel, die vorschreibt, was in welcher konkreten Situation zu tun ist.
- **Verbot**: Eine Regel, die gewisse Tätigkeiten in einer konkreten Situation verbietet.
- **Erlaubnis**: Eine Regel, die gewisse Tätigkeiten in einer konkreten Situation erlaubt, obwohl bzw. trotz dass dies nicht immer offensichtlich ist oder gar üblich ist.
- **Ausnahme**: Eine Regel, die eine andere Regel in einer konkreten Situation außer Kraft setzt.

Diese deontologische Unterscheidung dient oftmals dazu, die potenziellen Regeln zu identifizieren und dabei grob zu beschreiben. Diese Regeln müssen nun, ob als Geschäftsregeln anwendbar zu machen, konkretisiert und damit detailliert beschrieben werden. Im Gegensatz zu einer Regel ist eine Geschäftsregel sofort und ohne weitere Erklärung oder Interpretation anwendbar. Insofern lassen sich die Anforderungen an solche Geschäftsregeln wie folgt erweitern:

- **Präzision**: Geschäftsregeln müssen so präzise definiert sein, dass sie ein-eindeutig sind und keinen Interpretationsspielraum lassen.
- **Verständlichkeit**: Geschäftsregeln müssen für alle Beteiligten verständlich sein.
- **Deklaration**: Geschäftsregeln müssen deklarativ definiert sein, d. h. sie sollen lediglich beschreiben, was gelten soll. nicht aber, wie es zu erreichen ist.

Solche Geschäftsregeln sind stets durch eine gewisse Verbindlichkeit gekennzeichnet und werden daher mit einem Durchsetzungsgrad versehen. Dieser Grad besagt, welche Folgen eine Zuwiderhandlung gegen die Geschäftsregel hat und/oder welche Ausnahmehandlungen notwendig werden bzw. unter welchen Voraussetzungen eine Zuwiderhandlung eventuell zulässig ist.

Ein wesentliches Ziel von Regeln ist sicherlich, Ordnung herzustellen und auch für die Zukunft erwartbar vorzuhalten. Regeln und Routinen erleichtern auch sicherlich die Kooperation und steigern die Effektivität von Organisationen, weil sie für die Stabilität und Gleichförmigkeit sorgen. Dennoch gilt es zu beachten, dass selbst wenn man sich penibel an die Regelvorschriften hält, so ist es dennoch nicht möglich, die Regeln immer gleich zu befolgen. Allein, weil Regeln etwas Allgemeines darstellen und auf die Besonderheit der Situation bezogen werden müssen, stellt sich immer eine Differenz ein. Regeln verändern sich demnach, sie driften also gerade in ihrer Operationalisierung.

2.4.4 Organisationsprozesse

Prozesse stellen die Ablauforganisation einer Organisation unter Zuordnung von Ressourcen und Zuständigkeiten dar. Sie formulieren die Abfolge von Handlungen (Aktionen), die zum Erreichen eines Zieles notwendig sind. Es werden Abläufe und damit der Weg (das WIE) zur Zielerreichung beschrieben (Abb. 2.23).

Folgende organisatorische Objekte stehen dabei im Fokus der Betrachtung:

- **Aktivität**: Die Beantwortung der Frage „Was wird gemacht?" liefert die Aktivitäten oder Tätigkeiten, die ausgeführt werden sollen. Beispiele hierfür sind das Erfassen von Bestellbelegen oder das Erstellen und Versenden von Rechnungen. Eine Aktivität kann Teil einer anderen Aktivität sein oder sich selbst wiederum aus Geschäftsaktivitäten zusammensetzen. Oftmals bedingen sich die Aktivitäten untereinander, indem eine Aktivität als Voraussetzung für die Ausführung einer weiteren Aktivität gilt. Eine Aktivität wird dabei als eine Ein-, Verarbeitungs- und Ausgabeeinheit gesehen.
- **Ressourcen**: Die Beantwortung der Frage „Wer macht etwas? liefert die organisatorische Einheit, die für eine Aktivität verantwortlich ist. Als organisatorische Einheiten kommen Einheiten der Organisation wie beispielsweise Abteilungen, Gruppen, Teams oder abstrakte Stellen in Frage. Hinter abstrakten Einheiten stehen in der Regel konkrete Personen.
- **Ereignisse**: Die Beantwortung der Frage, „Wann wird etwas gemacht?" liefert ein Ereignis, das die Ausführung einer Aktivität auslöst. Dabei gilt es zu beachten, dass keine Aktivität ohne ein Ereignis zur Ausführung gelangt.

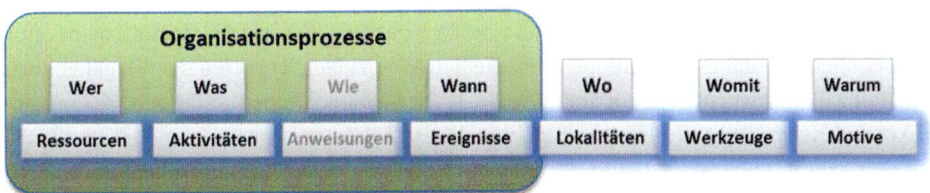

Abb. 2.23 Fokus von Organisationsprozessen

Insofern ist eine Aktivität ein einzelner Schritt in einem Ablauf. Ein Prozess besteht aus einer
wohl definierten Menge von solchen Aktivitäten bzw. ist im Allgemeinen eine zusammengehörende Abfolge von Aktivitäten. Organisationsprozesse im Allgemeinen oder auch Geschäftsprozesse im Speziellen sind eine zusammengehörende Abfolge von Aktivitäten mit
dem Zweck der Leistungserstellung. Ausgang und Ergebnisse der Geschäftsprozesse sind
Leistungen, die von internen oder externen Kunden angefordert und abgenommen werden.

Es lassen sich folgende Typen von Prozessen unterscheiden:

- **Ad-hoc-Prozesse**: Unterstützung von einmaligen oder stark variierenden Prozessen,
  die wenig strukturiert und nicht vorhersehbar sind.
- **Kollaborative Prozesse**: Unterstützung von Prozesses des gemeinsamen Erarbeitens
  von Ergebnissen.
- **Administrative Prozesse**: Unterstützung strukturierter Routineabläufe, die keine strategische Bedeutung haben, selten zeitkritisch und von geringem Geldwert sind.
- **Produktionsprozesse**: Unterstützung von fest vordefinierten Vorgängen, die zumeist
  zeitkritisch und von strategischer Bedeutung sind.

Ein Prozess setzt sich aus folgenden Elementen zusammen:

- **Prozesstyp-Definition** (process type definition): Sie besteht aus Prozessname, Versi-
  onsnummer, Start- und Endbedingungen und Sicherheits-, Prüf- oder anderen Kontroll-
  informationen.
- **Aktivität** (Activity): Sie besteht aus Name der Aktivität, Typ der Aktivität, Bedingun-
  gen für Vorgänger- und Nachfolge-Aktivitäten und anderen zeitlichen oder dinglichen
  Beschränkungen.
- **Übergabe- bzw. Übergangsbedingung** (Transition Conditions): Sie bestehen aus
  Fluss- und Ausführungsbedingungen.
- **Rolle** (role): Sie besteht aus Name und organisatorischen Zuordnungen (Ermächtigun-
  gen und Beschränkungen)
- **Tangierte Anwendungen**: (invoked applivation types) Sie besteht aus generischem
  Typ und Name, den Ausführungsparametern und den Applikationspfaden.

2.5   Implikationen

Am Ende dieses Kapitels zeigt sich, dass die Perspektivierung der Organisationstheorien
unerlässlich ist, und zwar nicht nur, weil sie den Weg zu den Theorien der Vergangenheit
und der Zukunft weist, sondern auch, weil sie den Schlüssel zum Verständnis vieler Konflikte und Kontroversen liefert, die nach wie vor im Alltag nur knapp unter der Oberfläche
brodeln, ganz gleich, wie glatt und „ungekräuselt" die darüber sich ausbreitende theoretische Decke aussehen mag. Die Perspektiven weisen eine erhebliche Vitalität auf: Ob in
unverfälschter Form oder in exotischen Mixturen, es gibt sie nach wie vor, und sie sind die
nach dieser Ordnung und Formung die Basis für die weiteren Kapitel.

So eignet sich der *bürokratische Ansatz* durch seine strenge Regelgebundenheit nicht für solche Ausgangssituationen, in denen die Anforderungen an die Organisation einem dynamischen Wandel unterliegen. Allerdings erleben die Ansätze der bürokratischen Organisation in den letzten Jahren eine Renaissance und sind damit bis zum heutigen Tage attraktiv geblieben, wenn man sich beispielsweise die vielen populären Qualitätssicherungsysteme einmal etwas genauer betrachtet. Indem hier einige Elemente des bürokratischen Ansatzes lediglich mit neuen Namen versehen werden, kann dies den Eindruck erwecken, dass hier „alter Wein" in „neuen Schläuchen" verkauft wird.

Die Idee des *administrativen Ansatzes*, die Organisationslehre als Prinzipienlehre zu betreiben, erwies sich zwar als wissenschaftlich unhaltbar, dennoch hat er trotz der geringen Operationalität der Begriffe, der vagen empirische Basis, dem Fehlen empirischer Belege zahlreiche „Best practices" beschert. Im Übrigen gilt es zu testieren, dass die Suche nach empirisch gesicherten Gesetzen der Organisation nach dem Muster der Naturwissenschaften immer noch nicht abgeschlossen ist.

Mit den Hawthorne-Experimenten und in der Folge mit der *Human-Relations-Bewegung* wurde deutlich, dass informellen Beziehungen in der formalen Organisation offenbar eine sehr viel größere Bedeutung zugemessen werden muss, als es die vorherigen Theorien taten, wenn sie derartige Kontakte nur als Störungen auffassten. Es wurde als Faktum anerkannt, dass sich in jeder formalen Organisation unvermeidlicherweise auch informelle Regeln und Gruppen herausbilden, die für die Zufriedenheit der Mitarbeiter von Bedeutung sind und ihre Leistungen wesentlich beeinflussen. Allerdings führte die Fokussierung auf diesen Aspekt zu einer einseitigen Sichtweise. In dem Maße, wie man aus der Mikroperspektive der Arbeitssituation die Bedingungen der Zufriedenheit der Mitarbeiter (als entscheidende Vorbedingung für die Produktivität) untersuchte, traten die generellen organisatorischen Regelungen, die Strukturen der Gesamtoranisation und damit die Makroperspektive in den Hintergrund.

Mit der *Anreiz-Beitrags-Theorie* kommt Umweltbezug als Problem der Organisationsentwicklung ins Spiel und die reine Binnenperspektive wird verlassen. Organisationen werden von nun an als kooperative Systeme interpretiert. Die Integration von Individuum und Organisiation ist damit endgültig als eigenständiges Problem der Organisationsentwicklung etabliert und in der Folge steht das Verhältnis von Indviduum und Organisation im Mittelpunkt des Interesses. Der Kanon der Organisationstheorien wird durch die *verhaltenswissenschaftliche Perspektive* erweitert.

Als eine spezielle Ausprägung des *motivationstheoretischen Ansatzes* im Allgemeinen und der *Human-Ressourcen-Schule* im Besonderen gestaltete sich unter dem Namen *Organisationsentwicklung* eine Disziplin, die sich vor allem mit der Wandlungsfähigkeit von Organisationen beschäftigte. Allerdings war dieser erste Ansatz der Organisationsentwicklung noch einer sehr starken Psychologisierung ausgesetzt und ließ den Einbezug systemischer Faktoren vermissen. Unabhängig von seiner speziellen theoretischen bzw. psychologisierten Ausrichtung ist es dem Ansatz der Organisationsentwicklung bereits zu diesem frühen Zeitpunkt gelungen, das Bewusstsein für die hohe Bedeutung des Wandelproblems zu schärfen und es zu einem Kernpunkt jeder modernen Organisationsgestaltung zu machen.

In den eher *Neo-Institutionalistischen Ansätzen* fasst man die Organisationen als konstitutive Teile der Gesellschaft auf, die diese Muster mit reproduzieren. Institutionalisierung soll dann den Prozess bezeichnen, der diese kognitiven und habituellen Muster verbindlich macht, ihnen den Charakter von ungeschriebenen und geschriebenen Gesetzen verleiht. Wesentlich an diesen Ansätzen ist nun, dass formale organisatorische Strukturen im Wesentlichen das Ergebnis einer Anpassung (Isomorphie) an institutionalisierte Erwartungen (aus der institutionellen Umwelt) sind, gleichgültig, ob dies interne Effizienz fördert oder nicht. Die Kritik stellt insbesondere auf die allzu deterministische Sichtweise dieser Ansätze ab, indem Organisationsentwicklung nur noch Anpassung an externe Sachzwänge sein kann.

Die *entscheidungstheoretischen Ansätze* haben gezeigt, dass es äußerst schwierig (wenn nicht unmöglich) ist, organisatorische Problemstellungen in der Weise umzuformen, dass der Einsatz von mathematischen Optimierungsmethoden zur Entwicklung praktisch umsetzbarer Lösungen führt. Ebenso konnte herausgearbeitet werden, dass die Beteiligten nicht autonom entscheiden, sondern vielmehr in ihren Entscheidungen und den dazu notwendigen Vorbereitungen in mannigfaltiger Weise von der Organisationsstruktur und der ihr eigenen Dynamik (informelle Organisation) beeinflusst werden. Zu guter Letzt konnte auch kein valider Entscheidungsverlauf gefunden werden, vielmehr zeigen die Entscheidungsabfolgen jedoch einen vom Linearschema abweichenden Verlauf und gestalten sich überlappend, vorgreifend, retrograd, zyklisch usw. Insofern lieferte der entscheidungstheoretische Ansatz Hinweise dafür, Organisationen als System vernetzter Entscheidungen zu interpretieren und organisatorische Regeln als Steuerungsimperative für organisatorische Entscheidungen zu begreifen. Auch die Sichtweise der Organisation als ein Verbreitungs- bzw. Transformationssysteme, das gegen Vergütung Inputfaktoren zu einem spezifischen Output verarbeitet, nahm hier ihren Anfang bzw. ihren Ausgang.

Der Rahmen der *Instituitionenlehre* und dort der *Transaktionskosten-Ansatz* hat vor allem die Perspektivierung des Marktversagens gestärkt und nachdrücklich die Relevanz gesellschaftlicher Institutionen verdeutlicht. In diesem Zusammenhang brachte der *verfügungsrechtliche Ansatz* die Sichtweise der Organisationen als ein Gleichgewichtssystem von ausgehandelten Einzelverträgen mit ein. In diesem Sinne kann es ein Handeln von Organisationen nicht geben, vielmehr ist es ist die Summe der Handlungen, die sich aus den Einzelverträgen ergibt. Der Fokus auf den einzelnen Akteur für die Erklärung solcher Handlungsprozesse wurde auf evolutionäre Ausleseprozesse verlagert, indem effiziente Organisationen die weniger effizienten Organisationen zu verdrängen vermögen. Der *Prinzipal-Agenten-Ansatz* führt den Begriff des Agenten in die Untersuchungen von Organisationen ein und greift damit ein relevantes Problem der Organisationsentwicklung auf, indem das Delegationsrisiko und eine Begrenzungsmöglichkeit strapaziert werden. Aber auch ein Betrugsproblem kommt erstmals in dieser Form zur Sprache, indem der Prinzipal sich nie sicher sein kann, ob ihn der Agent nicht übervorteilt, d. h. einen Informationsvorsprung hat und diesen zu seinen Gunsten ausnutzt. Diese Gefahr wird umso größer eingestuft, je größer der Informationsvorsprung des Agenten ist.

Die unterschiedlichen *systemtheoretischen Ansätze*, insbesondere die Kybernetik, die strukturell-funktionale Systemtheorie, die Theorie selbstreferenzieller Systeme, die Theorie der Autopoiesis, die Ressourcen-Abhängigkeits-Theorie, die Evolutionstheorie als auch die Theorie interorganisationer Beziehungen haben unter anderem die Unabhängigkeit und Abhängigkeit von der Umwelt erarbeitet, wurden damit in der Theoriegeschichte erstmals als keine sich wechselseitig ausschließenden Systemmerkmale mehr gesehen. Der Gedanke, dass Organisationen als soziale Systeme „sterben" können, tauchte auf und machte im Fortlauf eine Unterscheidung zwischen Natur-Systemen und sozialen Systemen notwendig. Eine solche Differenzierung in selbst erzeugte Innen/Außen-Strukturen ist die Voraussetzung dafür, dass bestimmte Ereignisse überhaupt erst zu Umweltereignissen werden und diese Ereignisse überhaupt erst einen Informationswert für den Organisationsentwickler darstellen. Dieser konstruktivistische Perspektivenwechsel wurde daher auch zu Recht als selbstreferenzielle Wende in der System- und Organisationstheorie bezeichnet.

Neben den Vorteilen haben sich in der Praxis bei der Einrichtung *selbststeuernder Gruppen* immer wieder Schwierigkeiten und innerorganisatorische Spannungen ergeben, insbesondere dort, wo man sich auf wenige Teilbereiche der Organisation beschränkt hatte und im Fortlauf dann unterschiedliche Erwartungen über Entscheidungsfreiräume aufeinander trafen. In der Konsequenz schuf man also die so genannten „Insellösungen". Letzteres weist erneut auf die zentrale Bedeutung des übergeordneten organisatorischen Kontextes hin, indem eine motivationsorientierte Organisationsgestaltung letztlich nur über eine gesamthafte Änderung der Organisationsgestaltung realisierbar ist.

So unterschiedlich die bisher dargelegten Ansätze im Hinblick auf Herkunft, Denkrahmen, Absicht usw. auch sind, so treffen sie sich eben doch in einigen zentralen Punkten, was es dann auch gerechtfertigt erscheinen lässt, sie als „klassisch" zu bezeichnen. Insofern lassen sich die folgenden Implikationen aus der Perspektivierung der klassischen Organisationstheorien für den weiteren Verlauf des Buches formulieren:

- **Regelung**: Das Vertrauen in die organisatorische Regelung als zentrales Steuerungsinstrument. Das Verhalten von Organisationsmitgliedern wird im Wesentlichen als regelbestimmt gedacht. Das Leitbild für die Organisationsgestaltung gibt die wohldurchdachte, reibungslos funktionierende Maschine ab.
- **Pertubationen**: Regelabweichungen werden als Störungen gesehen; sie sollen durch Kontrollen minimiert werden.
- **Stabilität**: Für die Arbeitsbedingungen wird Stabilität unterstellt; die gleichförmigen Arbeitsanforderungen lassen sich deshalb genau planen und in stabile Regelungswerke gießen.
- **Innenorientierung**: Die Organisationsgestaltung richtet ihren Blick nach innen; es geht um die Optimierung der inneren Strukturen eines Systems. Außenbezüge bleiben ausgeblendet.
- **Direktivität**: Die Mitarbeiter willigen in die vorgegebene Ordnung (via Arbeitsvertrag) ein; Befehl und Gehorsam ist das dominante Beziehungsmuster. Motivation, Gruppenbeziehungen, alle emotionsgetönten Haltungen sind für den Leistungserfolg nicht nur nur irrelevant, sondern potenzielle Störfaktoren, die es dem System fernzuhalten gilt.

Neben diesen eher „klassischen" Punkten sollen am Ende dieses Abschnittes aber auch die eher „modernen" bzw. „postmodernen" Themen resümiert werden, da sie nicht nur die Ausgestaltung der kognitiven Organisation, sondern auch den weiteren Verlauf dieses Buches beeinflusst haben:

- **Rationalität**: Im Rahmen dieser Überlegungen wird die Disparität von Rationalität und Emotionalität bezweifelt und den Emotionen eine Garantenrolle für erfolgreiches organisatorisches Handeln zugesprochen. In der Folge davon wird der Ausgangspunkt von der planerischen Beherrschung der organisatorischen Wirklichkeit als rationalistische Illusion betrachtet.
- **Symbolismus**: Die symbolische Konstitution von Organisationen wird als „generischer Prozess" aufgefasst und trägt damit der Praxis Rechnung, dass die Organisationsmitglieder auf der Basis von Interpretationen und Bedeutungen handeln und interagieren. Die Bedeutungen entstehen demnach unter anderem in der Interaktion und sind insofern sozial konstruiert. Die zentralen Aspekte eines organisatorischen Handelns (Regeln, Normen, Richtlinien, Räume, Gebäude usw.) werden durch Symbole repräsentiert, denen eine entsprechende Bedeutung zugeschrieben wird. Symbole unterscheiden sich dabei von Zeichen dadurch, dass ihnen in der Organisation ein kennzeichnender Sinn beigemessen wird. Jede Gemeinschaft, und somit auch jede Organisation, erschließt sich die Welt mit eigenen Interpretationsmustern und einem eigenen Symbolsystem.
- **Kultur**: Organisationskultur wird als Ergebnis eines kollektiven Entwicklungsprozesses begriffen. Organisationskulturen werden als kognitive Muster verstanden, die eine kulturelle Gemeinschaft zur Erschließung der Welt und als Grundlage der Verständigung verwendet. Das Interesse gilt demzufolge den gemeinsam geltenden kognitiven Mustern. Über sie und nur über sie kann die organisatorische Realität und der Sinnbezug organisatorischer Handlungen erschlossen werden.
- **Objektivität**: Es wird eine grundlegende Skepsis gegenüber dem Objektivitätsbegriff und der positivistischen Forschungstradition entwickelt. Objektive Erkenntnis im Sinne eindeutiger Evidenz wird zugunsten eines subjektiv-relativierten Verständnisprozesses zurückgedrängt. Ein „wahres" oder „objektives" Bild der Organisation, so wie sie „wirklich ist", kann nicht gemalt werden. Vielmehr tritt an die bisher vehement verteidigte Position der Richtigkeit die zugestandene Sichtweise der pluralen Wahrheiten.
- **Konstruktivismus**: Den methodischen Hintergrund für diese pluralistische Auffassung bildet der Konstruktivismus, eine auf den späten Wittgenstein (1963) aufbauende Schule, die die sprachliche Verfassheit von „Wirklichkeit" betont: „Die Grenzen meiner Sprache bedeutet die Genzen meiner Welt" (Wittgenstein 1963). Realität avanciert somit zur Konstruktion. Der methodische Konstruktivismus setzt sich allerdings von dieser radikalen Subjektivierung ab. Zwar teilt auch er die Abkehr vom Positivismus, die die Realität als objektive Größe begreift, betont aber die Möglichkeit der Transzendierung der Subjektivität durch die argumentative Verständigung. Im Zentrum steht der intersubjektive Dialog, in dem Konsens über die Richtigkeit von Argumenten erzielt werden kann.

- **Wissen**: Die Forschungen entdeckten auch die verschiedenen Arten von Wissen in Organisationen und die Notwendigkeit zur Entwicklung von Wissen.

- **Instabilitäten**: In Ergänzung zu der bisherigen Problematisierung von Strukturen und Stabilität trat die Erforschung von Instabilitäten in Form fluider Organisationen, ausgelöst durch Aufbruch- und/oder Umbruchsituationen. In diessem Zusammenhang wurden neue Aspekte der Ausgestaltung von Organisationen entdeckt wie beispielsweise Vielfalt, Inkommensurabilität und Prozesshaftigkeit. Gleich mehrere Postulate der Organisationsentwicklung wurden dadurch in die Diskussion eingebracht: Abbau hierarchischer Schranken, um der Vielfalt Platz zu schaffen, Ermutigung, die eigene Perspektivität mitzuteilen, Interesse an anderen Perspektiven wecken, die Institutionalisierung von Diskursen, polyzentrischer Aufbau, hohe Flexibilität, variierende Grenzen usw.

- **Handlungsorientierung**: Immer mehr wurde die Bewältigung der Praxis durch erfolgreiches Handeln in den Vordergrund gestellt. Ausgangspunkt war die oben angeführte Wissensdebatte. Wissen soll ganz allgemein für die Beherrschung von Handlungsvollzügen stehen, also mit dem Handeln eine unauflösliche Einheit bilden. Im angloamerikanischen Bereich kam dies sprachlich durch eine Verschiebung des „knowledge" in zum „knowing" zum Ausdruck. Die Praxis resultiert aus dem Tun, wird erworben und durch rekursive Reproduktion gesichert und weiterentwickelt (Gidddens 1984). Meinungen und Einstellungen zu gewissen Themen waren zwar weiterhin sehr willkommen, jedoch wurde der Fokus vielmehr auf das Handeln selbst bzw. auf Handlungsmuster/Praktiken gelegt. Organisationsberater wurden beispielweise von Ihren Kunden damit konfrontiert, statt in Repräsentationen (Powerpoint) gepresste Meinungen nunmehr „best practice" in Form von handlungsorientiertem Wissen zu liefern.

Die bisherige Erarbeitung der einzelnen organisationstheoretischen Ansätze hat gezeigt, dass sie sich historisch bedingt und inhaltlich in unterschiedlichem Verhältnis gegenüber stehen. Manche Perspektiven ergänzen sich, andere stehen neutral nebeneinander und wieder andere stehen sich diametral gegenüber. Gleich einem Vogel, versucht nun der Ansatz der kognitiven Organisationsentwicklung von Ast zu Ast zu fliegen, um sich dabei von jedem dieser klassischen Theorien das Nahrhafteste herauszupicken.

Ausgangspunkt der Überlegungen zu den klassischen *Organisationstechniken* war das Problem der systematischen organisatorischen Differenzierung, d. h. die Frage nach der günstigsten Teilung und Zuweisung von Aufgabenvollzügen. In den Abschnitten wurde der klassischen betriebwirtschaftlichen Organisationslehre gefolgt, die die organisatorische Strukturierung in Form von zwei getrennten Problembereichen bearbeitet, nämlich Aufbau- und Ablauforganisation und damit eine Trennung von Struktur und Prozess vollzieht (Abb. 2.24). Die *Aufbauorganisation* soll die Abteilungs- und Stellungsgliederung sowie das Instanzengefüge regeln, die *Ablauforganisation* soll dagegen die räumliche und zeitliche Rhythmisierung und Abstimmung der Arbeitsgänge zum Gegenstand haben. Praktisch gesehen greifen die beiden Gestaltungsaufgaben so tief ineinander, dass eine solche getrennte Sichtweise nicht immer praktikabel ist. Aber auch auf der konzeptionellen Ebene erweist sich die Trennung als problematisch, indem Struktur und Prozess, Aufbau

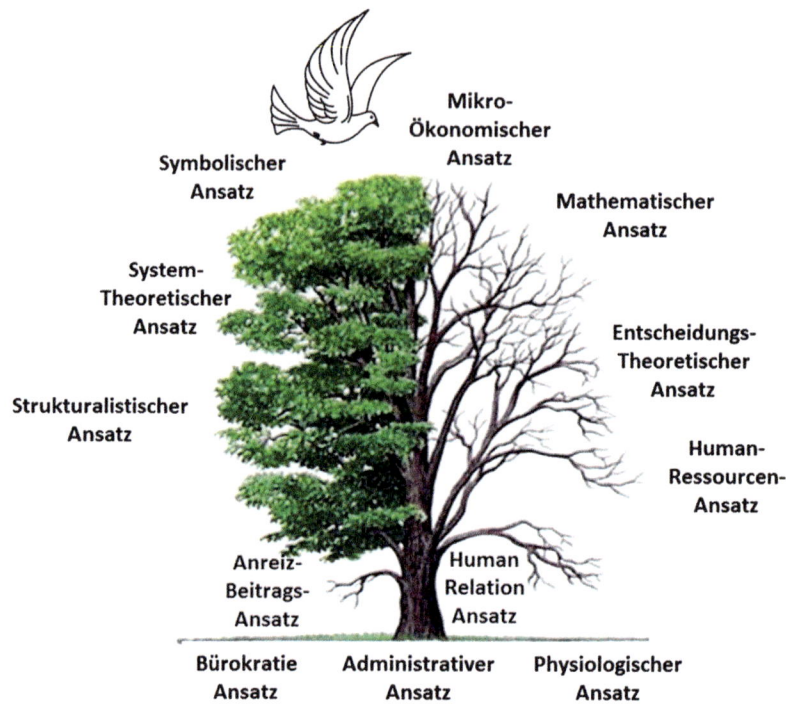

Abb. 2.24 Verzweigungen der klassischen Organisationstheorien

und Ablauf analytisch nicht ohne weiteres auseinander zu ziehen sind. Insofern wird sich zeigen, dass der in diesem Buch entwickelte Ansatz zur Prozessorganisation eine solche Trennung von Aufbau- und Ablauforganisation ignoriert und von vornherein von einem strukturierten Arbeitsfluss ausgeht und praktisch Prozess und Struktur vereint. In diesem Zusammenhang wird man sich auch der Frage stellen müssen, in welchem Umfang die betreffenden Aufgabenvollzüge innerhalb oder außerhalb des Systems im Sinne eines „outsourcings" geleistet werden können oder sogar müssen.

Indirekt kamen aber auch nicht-organisatorische Integrationsansätze zu Sprache. Einer dieser Ansätze bestand darin, die notwendige Integration über die Schaffung eines gemeinsamen Normen- und Wertesystems in Form einer *Organisationskultur* und einer darauf abgestimmten organisatorischen Sozialisation zu etablieren. Dabei wurde der Gedanke der organisatorischen Solidarität strapaziert, der als Ausgleich einem strikten Regelgehorsam gegenübergestellt wurde. Allerdings zeigt die Praxis auch hier, dass sich eine Organisationskultur ohne eine Struktur nicht einstellen lässt. Eine weitere Alternative nicht-organisatorischer Substitution kam in der Schaffung interner Märkte zur Sprache. Der regulative Gedanke dabei ist, dass die Leitungsinterdependenzen zwischen partiell verselbstständigten Subsystemen nicht durch Regeln oder Programme, sondern durch akzeptierte *Preise* bewerkstelligt werden. Die Preise sollen, wie auf den Märkten, alle die Informationen erhalten, die für eine optimale Integration erforderlich sind. Allerdings zeigt auch hier die

Praxis, dass das Problem, geeignete Verrechnungspreise für Koordinationszwecke zu ermitteln, bisher noch zufriedenstellend gelöst zu sein scheint. Zu guter Letzt sei hier an den Integrationsansatz des *Business Reengineering* oder der *Prozessorganisation* erinnert. Grob betrachtet, zielt dieser Gestaltungsansatz darauf ab, nicht die Differenzierung zu kompensieren, wie sie vor allem die Matrixorganisation beabsichtigt, sondern die Differenzierung und damit die Zahl der Schnittstellen rückgängig zu machen. Mit anderen Worten will man hier die Arbeitsteilung aufgrund der damit verbundenen enormen Integrationskosten wieder verringern. Nicht die Spezialisierung liegt im Fokus, sondern die ganzheitliche Integration aller organisatorischen Vorgänge. In der Rückführung der Arbeitsteilung und dem damit einhergehenden Schnittstellenabbau wird nunmehr das zentrale Instrument der Produktivitätssteigerung erblickt, nicht mehr länger in der Differenzierung.

In allen diesen Bereichen, und sie bilden sicherlich nach wie vor die überwältigende Mehrheit, wird die Differenzierung in den nächsten Jahren eher zunehmen und also die Frage nach geeigneten Ansätzen zur Bewältigung der resultierenden Integrationsprobleme hochaktuell bleiben.

Anstelle der in diesem Kapitel gewählten Gliederung nach Schulen wird im folgenden Verlauf dieses Buches – nach kurzen Intermezzo bezüglich der Erarbeitung des notwendigen Vokabulars bzw. der Grundlagen zur Organisationsentwicklung – eine andere Gliederungslogik verfolgt. Es erschien einfach fruchtbarer, die Lösung praktischer Organisationsprobleme in den Mittelpunkt zu rücken. Daraus ergaben sich im Wesentlichen vier generische Notwendigkeiten bzw. Problembereiche oder Problemräume: die der Markt-, Organisations-, Personal- und Anwendungsentwicklung.

Literatur

Ashby, W.R. (1956): Introduction to cybernetics, New York et al.

Argyris, C. (1975): Das Individuum und die Organsiation, in: Türk, K. (Hrsg.): Organisationstheorie, Hambrug, S. 215–233.

Barnard, C. (1938): The Functions of the Executive. Cambridge: Harvard University Press.

Bennis, W.G. (1969): Organization development, Reading, Mass.

Benson, J.K. (1975): The interorganizational network as a political economy, Administrative Science Quarterly 20 (2), S. 229–249.

Boulding, E.B. (1956): The Image. Knowledge in Life and Society. University of Michigan Press.

Burrel, G./Morgan, G. (1979): Sociological paradigms and organizational analysis, London.

Cohen, M.D./March, J.G./Olsen, J.P.: „March und Olson (1976): People, problems, solutions and the ambiguity of relevance. In: March, J.G. /Olsen, J.P. (Hrsg.): Ambiguity and Choice in Organizations. Bergen: 24–37.

Davis, S.M./Lawrence, P.R. (1977): Matrix. Reading, Mass., Addison-Wesley Publishing Co.

Demsetz, H. (1967): Toward a theory of property rights, in: American Economic Review 57 (2), S. 437–359.

Dyer, J./Singh, H. (1998): The relational view: coopertive strategy and sources of interorganizational competivie advantage, in: Academy of Mnagement Review 23 (4), S. 660–679.

Fayol, H. (1918): Administration industrielle et generale, Paris (dt. Allgemeine und industrielle Verwaltung, München, Frankfurt a.M., S. 118–156).

Fayol, H. (1929): Allgemeine und industrielle Verwaltung, Band 1. Oldenbourg.

Gidddens A. (1984): The Constitution of Society: Outline of the Theory of Structuration. Outline of the Theory of Structuration. University of California Press.

Goold, M./Campbell, A. (2002): Do you have a well-designed organization?, in: Harvard Business Review 80 (3), S. 117–124.

Grochla, E. (1975): Entwicklung und gegenwärtiger Stand der Organsationstheorie, in: Grochla, E. (Hrsg.): Organsisationstheorie, Bd. 1, Stuttgart, S. 2–32.

Herzberg, Frederick; Mausner, Bernard; Snyderman, Barbara Bloch (1959): The Motivation to Work. 2. Aufl. New York: Wiley.

Kirsch, W. (1971): Entscheidungsprozesse, Erster Band. Verhaltenswissenschaftliche Ansätze der Entscheidungstheorie. Verlag Gabler, Wiesbaden.

Kosiol, E. (1962): Grundlagen und Methoden der Organisationsforschung, Berlin.

Liermann, F. (2005)": Grundlagen der Organisation: Die Steuerung von Entscheidungen als Grundproblem der Betriebswirtschaftslehre. Springer.

Luhmann, N. (1973): Zweckbegriff und Systemrationalität, Frankfurt a.M.

Luhmann, N. (1997): Die Gesellschaft der Gesellschaft, Frankfrut a.M.

March und Simon (1958): Organizations. Blackwell business. Verlag Wiley.

Maslow, A. H. (1943): A theory of human motivation. Psychological Review, Vol 50(4), Jul 1943, 370–396.

Maslow, A.H. (2002): Motivation und Persönlichkeit, Neudruck, Reinbeck bei Hamburg.

Maturana, H.R. (1985): Erkennen, 2. Aufl., Braunschweig.

Maurer, J.G. (1971): Introduction, in: Maurer, J.G. (Hrsg.): Open-systems approaches, New York, S. 3–9.

McKelvey, B./Aldrich, H.E. (1983): Populations, natural selection, and applied organizational science, in: Administrative Scince Quartely 28 (1), S. 101–128.

Mintzberg, H. (1979): The structuring of organization, Englewood Cliffs, NJ.

Morgan, G. (2006): Images of Organization, 7. Aufl., Beverly Hills.

Nordsieck, Fritz (1931). Betriebsorganisation: Lehre und Technik. Poeschel.

Nordsieck, F. (1932). Die schaubildliche Erfassung und Untersuchung der Betriebsorganisation. Stuttgart: Poeschel.

Parson, Talcott (1960), Structure and process in modern societies. Free Press.

Pfeffer, J. (1982): Organizations and organization theory, Boston, Marshfield, Mass.

Quinn, J.B. (1992): Intelligent enterprise. A knowledge and service bases paradigm for industry, New York.

Roethlisberger, F.J./Dickson, W.J. (1975): Management and the worker. An account of a research program conducted by the Western Electric Company, 16. Aufl., Cambridge.

Scott, W.R. (1961): Organization theory: An overview and an appraisal, in: Academy of management Journal 4 (1), S. 7–26.

Simon, H.A. (1945): Administrative behavior: A study of decision-making-processes in administrative organization, New York.

Simon, H. A. (1957): On a Class of Skew Distribution Functions. Biometrika 42, pp. 145-164

Taylor, F.W. (1913): Die Grundsätze wissenschaftlicher Betriebsführung (Übersetzung a.d. Englischen), München (Originalausgabe 1911).

Ulrich, H. (1948): Betriebswirtschaftliche Organisationslehre, Bern.

Varela, F.J. (1979): Principles of biological autonomy, New York.

Weber, M. (1976): Wirtschaft und Gesellschaft, 5. Aufl., Tübingen.

Williamson, O.E. (1975): Markets and hierarchies, analysis and antitrust implications: a study in the economics of internal organization, New York.

Wittgenstein, L. (1963): Tractatus logico-philosophicus: Logisch-philosophische Abhandlung (edition suhrkamp)

Wiener, N. (1963): Kybernetik, Düsseldorf/Wien.

Systeme 3

Das Erkenntnisobjekt der System- und Modelltheorie aus Sicht dieses Buches sind Phänomene der belebten und unbelebten Natur unter Einschluss des Menschen und seinen Fähigkeiten bzw. der von ihm geschaffenen Artefakte. Das Ziel der Theorien ist es, die in den verschiedenen natur- und geistes-, bzw. kulturwissenschaftlichen Disziplinen behandelten Phänomene nach einheitlichen Prinzipien zu erfassen, zu deuten und zu beschreiben, um auf diese Weise eine interdisziplinäre Integration der Denkansätze, Untersuchungsmethoden und Gestaltungstechniken zu erreichen. Egal, ob sie digital, physisch oder als Diagramm hergestellt werden, Modelle ermöglichen es, komplexe Sachverhalte oder Ideen fassbar zu machen und sie anderen Menschen vorzustellen. Die System- und Modelltheorie stellen somit das basale Instrumentarium bereit, um sich im weiteren Verlauf dieses Buches weitere notwendige Begriffe erschließen zu können.

3.1 Systembegriff

Im Allgemeinen versteht man unter einem *System* nach einer alten, aber immer noch häufig verwendeten, weil einsichtigen Definition (Hall und Fagen 1968),

- ein Ganzes,
- das aus einer Menge von Elementen und
- den Relationen zwischen diesen Elementen besteht, die die je spezifische Systemstruktur ausmachen.

Diese abstrakte Definition erlaubt es, die verschiedensten Phänomene systemtheoretisch zu betrachten: Computer, Organismen, Sprachen, physische Störungen usw. Ein solches System kann in übergeordnete Systeme eingebettet sein, wie im Themenbereich dieses

© Springer-Verlag GmbH Deutschland 2016
M. Haun, *Cognitive Organisation*, DOI 10.1007/978-3-662-52952-2_3

Buches beispielsweise eine Organisation in einen Konzern und dieser in das übergeordnete soziale Funktionssystem der Wirtschaft eingebettet ist. Es kann aber auch seinerseits Subsysteme ausbilden, wie es bei der Bildung von Abteilungen der Organisation der Fall sein wird.

Bezüglich seiner Eigenschaftsausprägung spricht man von Systemen, wenn die folgenden Eigenschaften gegeben sind:

- Ein System erfüllt eine bestimmte Funktion, d. h. es lässt sich durch einen Systemzweck definieren, den der Beobachter ihm zuschreibt.
- Ein System besteht aus einer bestimmten Konstellation von Systemelementen und Wirkungsverknüpfungen (Relationen), die seine Funktion bestimmen.
- Ein System verliert seine Systemidentität, wenn seine Systemintegrität zerstört wird. Das impliziert, dass ein System nicht teilbar ist, d. h. es existieren Elemente und Relationen in diesem System, deren Herauslösung oder Zerstörung die Erfüllung des ursprünglichen Systemzwecks beziehungsweise der Systemfunktion nicht mehr erlauben würde: Die Systemidentität hätte sich verändert oder wäre gänzlich zerstört.

Das Gemeinsame an allen „Systemen" ist, dass an ihnen Elemente unterscheidbar sind, und dass diese Elemente in irgendeinem sinnvollen Zusammenhang stehen. Dabei können sie schon rein formal in einen Sinnzusammenhang gebracht werden, indem man sie mental und gedanklich nach Ähnlichkeiten, Symmetrien, Passungen oder aber Gegensätzen zusammenstellt. Auf diese Weise ist etwa das „periodische System der Elemente" entstanden, und auf derselben konstruktiven Linie liegt ein „Lotto-Wettsystem", aber auch das „Wahnsystem" eines Geisteskranken. In all diesen Fällen meint man mit System ein abstraktes Schema, mit dem der Betrachter Ordnung in seine Wahrnehmungen und Ideen bringt. Er produziert sozusagen auf diese Art und Weise ein Idealsystem. Ein systematischer Zusammenhang kann aber auch darin liegen, dass die Elemente kausal interagieren. Ein solcher Zusammenhang wird dann nicht nur vom Betrachter subjektiv konstruiert, sondern tritt ihm handgreiflich als Realkategorie entgegen. In diesem Sinn spricht man etwa von einem „Zentralnervensystem", vom „retikulären" oder „endokrinen System", vom „Sonnensystem" und eben auch von einem „Organisationssystem". Auch ein Organismus, eine soziale Gruppe, ein Arbeiter an seinem Arbeitsplatz, die Straßen einer Stadt samt Verkehrsampeln, Kraftfahrzeugen und Fußgänger sind reale Systeme in diesem Sinne. Insofern orientieren sich auch die zu betrachtenden Systeme dieses Buches im Regelfall an Realsystemen. Unter einem solchen *realen System* versteht man Teile der beobachtbaren oder messbaren Wirklichkeit, die sich durch eine – wie auch immer geartete – Beschreibungsmethodik erfassen lassen. Insofern ist ein solches System auch ein zunächst von seiner Umgebung abgegrenzter Gegenstand, das heißt, dass zwischen System und Umwelt differenziert werden muss und dass das System durch seine Systemgrenze von seiner Umwelt getrennt ist. Zwischen System und Umwelt können dabei verschiedene Wechselwirkungen gemessen werden, wie beispielsweise beim Energie-, Stoff- oder Informationsaustausch. Auf diese Weise können einerseits Zustandsgrößen der Umwelt auf das System und seine Entwicklung in der Zeit Einfluss nehmen, umgekehrt kann das Systemverhalten zu Veränderungen in der Umwelt führen. Auf diese Weise entstehen komplexe Systeme, die sich durch folgende typische Eigenschaften auszeichnen:

- **Nicht-lineare Beziehungen** zwischen Ursache und Wirkungen: Während in einfachen Systemen jeder Input mit einem definierten Output verbunden ist, gibt es in komplexen Systemen zwischen Ursache und Wirkung keine Punkt-zu-Punkt-Verbindung. Kausalitäten werden sprunghaft, Prozesse zirkulär und es entsteht eine Eigendynamik des Systems.
- **Negative und positive Wirkungsbeziehungen**, Feedbackschleifen.
- **Reversible und irreversible Prozessverläufe**: Während sich z. B. in mechanischen Systemen Abläufe häufig rückgängig machen lassen, sind die Prozesse in komplexen Systemen oft nicht umkehrbar (Was man einmal gesagt hat, kann man zwar einschränken, erläutern, widerrufen, aber nicht ungesagt machen).
- **Selbstorganisations- und Emergenzphänomene.** In den systemtheoretischen Wissenschaften komplexer Systeme geht man von der Erkenntnis aus, dass Systeme im Laufe ihrer Entwicklung (mit dem Überschreiten einer „kritischen Masse" an Komplexität) Eigenschaften hervorbringen, die aus den Eigenschaften ihre Elemente nicht mehr erklärbar sind. Diese Eigenschaften nennt man emergent (von lat. emergere = hervorgehen, auftauchen).

▶ So werden auch Aspekte, die gewöhnlich unter den Begriff der Selbstorganisation fallen, in dem Ansatz der kognitiven Organisation verarbeitet. Dabei greift dieses Buch unter anderem auf die verwertbaren Ergebnisse der Selbstorganisationsforschung zurück. Letzteres steht als Sammelbegrff für die Beschreibung aller Ansätze, die die Entstehung von Systemstrukturen aus der Eigendynamik der Systeme erklären (Krohn und Küppers 1992). Das diesen Ansätzen (Chaos, Attraktor, Bifurkation, Phasenübergang, Emergenz, etc.) gemeinsame Ziel besteht darin zu erklären, auf welche Weise es komplexen, nicht-linearen Systemen gelingt, ein stabiles Eigenverhalten zu entwickeln und aufrechtzuerhalten.

Die Abgrenzung eines Systems ergibt sich jedoch nicht nur aus seinen physikalischen Grenzen oder deren Eigenschaften, sondern auch aus der Fragestellung der Systembetrachtung. Ein wichtiger Bestandteil dieser Betrachtungsweise ist die Umgebung, wobei damit nicht die gesamte übrige Welt gemeint ist. Vielmehr konstituiert sich diese Umgebung aus denjenigen Objekten, die für die Fragestellung der Systembetrachtung wichtig erscheinen und die sich außerhalb des Systems befinden. Diese Grenzziehung darf dabei nicht als eine Art Einschränkung aufgefasst werden. Vielmehr ist dieser konstruktive Schnitt auch deshalb zweckmäßig, weil die kognitiven Strukturen des Menschen bezüglich seiner Auffassungskapazität in Bezug auf systemische Vorgänge und Abläufe eher begrenzt erscheinen. Zum anderen ist ein System ein nach bestimmten Prinzipien geordnetes Ganzes. Es besteht aus Elementen (Komponenten, Modulen, Teilsystemen etc.), die zueinander in Beziehung stehen. Oftmals implizieren gerade diese Relationen eine wechselseitige Beeinflussung, in dem erst aus den Beziehungen heraus ein (Sinn)Zusammenhang entsteht und sich erkennen lässt. Insofern kann man zwischen einer Makro- und einer Mikroperspektive unterscheiden, indem in der Makroperspektive das System als Ganzes und in der Mikroperspektive die inhärenten Systemelemente betrachtet werden. Gerade aus der Makroperspektive lassen sich Beobachtungen machen, die alleine aus der Verhaltensbetrachtung der Elemente, d. h. aus der Mikroperspektive nicht erklärbar sind. Das Ganze ist in solch einem Falle dann eben mehr, als die Summe der Einzelelemente (Emergenz). Unabhängig von dieser Emergenz zeigt jedes System gegenüber seiner Umgebung gewisse Kennzeichen, Merkmale, Eigenschaften, die als Attribute bezeichnet werden. Als solche Attribute kommen unter anderem vor:

- Komplexität
- Dynamik
- Wechselwirkung mit dem Systemumfeld
- Determiniertheit
- Stabilität
- ohne Energiezufuhr von außen vs. mit Energiezufuhr von außen
- diskret (zeit- oder zustandsdiskret) vs. kontinuierlich
- zeitvariant (Systemverhalten ändert sich mit der Zeit) vs. zeitinvariant (Systemverhalten ist zeitunabhängig)
- linear vs. nichtlinear
- geregelt vs. ungeregelt
- adaptiv (anpassend)
- autonom (unabhängig von äußerer Steuerung)
- selbstregulierend (Selbstregulation)
- selbstkonfigurierend (Selbstkonfiguration)
- autopoietisch (sich selbst produzierend)
- selbstreferentiell (informationell abgeschlossen gegen die Umwelt, d. h. seine eigenen Informationen erzeugend)
- denkend
- lernend
- sozial: Kommunikationen und Handlungen von individuellen und kollektiven Akteuren im Kontext von personalen Beziehungen, Gruppenzusammenhängen, Organisationen und Gesellschaften
- Kognitiv-soziotechnisch: ein System, das aus Personen und Maschinen besteht. Ein solches soziotechnisches System ist beispielsweise eine Organisation mit ihren Arbeitsplätzen

Attribute, die weder Eingangsgrößen (Input) noch Ausgangsgrößen (Output) sind, sondern die Verfassung des Systems beschreiben, werden Zustände genannt. Zwischen den Attributen eines Systems bestehen Beziehungen in Form von Funktionen. Sind diese Funktionen unbekannt, so bezeichnet man das System insgesamt auch als *Black Box* (Abb. 3.1).

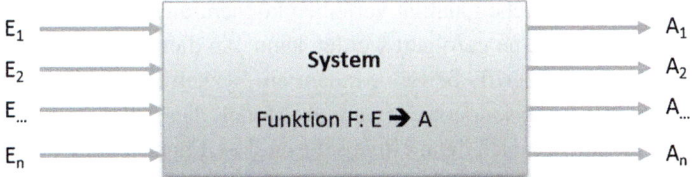

Abb. 3.1 Systembegriff

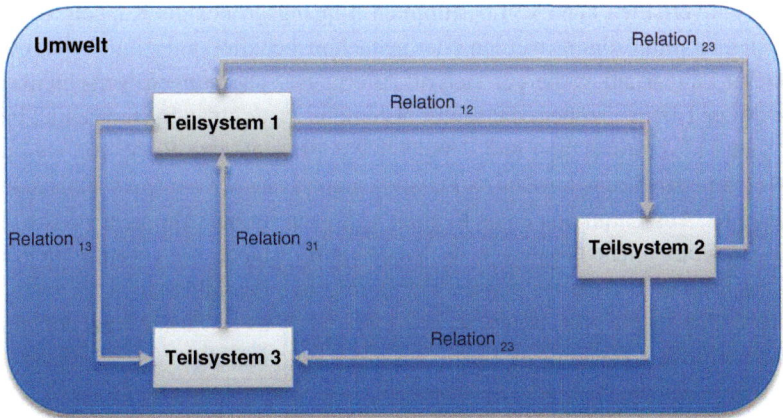

Abb. 3.2 Teilsysteme und Relationen

Systeme können meistens in Teil- oder sogenannte *Subsysteme* untergliedert werden, die untereinander und mit der Umwelt verbunden sind und mit Hilfe von Kommunikationskanälen Daten und Informationen austauschen. Systeme sind gleichzeitig auch Bestandteile von übergeordneten *Metasystemen*. Die einzelnen Subsysteme und deren Beziehungen untereinander lassen sich durch Relationen R_{ij} beschreiben. Die Menge dieser Relationen werden unter dem Begriff der *Struktur* zusammengefasst. Insofern kann man davon sprechen, dass sich die Systeme über bzw. durch Strukturen organisieren und oftmals auch erhalten. Man findet auch die Betrachtungsweise, dass Strukturen als Kristallisationen der Relationen zwischen den Elementen des Systems aufgefasst werden. Eine Struktur umschreibt also das Muster bzw. die Form der Systemelemente und ihrer Beziehungsnetze, die dafür notwendig sind, damit ein System entsteht, funktioniert und sich erhält. Im Gegensatz dazu bezeichnet man eine strukturlose Zusammenstellung einzelner Elemente als *Aggregat*.

Es lassen sich also zweierlei Aspekte bei der Beschreibung von Systemen ausmachen, einerseits die funktionalen Zusammenhänge zwischen den Attributen eines Systems und die strukturellen Zusammenhänge zwischen den Subsystemen eines größeren Gesamtsystems (Abb. 3.2). Die Feststellung, ein System sei mehr als die Summe der Eigenschaften seiner Teile, beruht gerade darauf, dass die Relationen zwischen den Teilen dem

Gesamtsystem eine zusätzliche Qualität verleihen können, die nicht unmittelbar aus den Eigenschaften der Teilsysteme gefolgert werden kann. An dieser Stelle hat sich ebenfalls der Einbezug des Modellbegriffs bewährt, indem ein System als Ganzes nicht als realer Gegenstand betrachtet wird, sondern vielmehr als Modell dieser Realität. Als ein solches Modell aufgefasst, reduziert sich dann oftmals die endlose Fragestellung nach richtig oder falsch eher zu der Frage nach der Zweckmäßigkeit. Die Modellierung eines Systems muss sich daher einerseits mit der Ermittlung der Funktionen zwischen den Attributen der Teilsysteme und andererseits mit der Ermittlung der Systemstruktur (Summe der Relationen) eines Gesamtsystems befassen.

Das Systemverhalten kann von bestimmten Eingangsgrößen als Koppelgrößen zu anderen Systemen mitbestimmt werden oder gedächtnisbehaftet und damit zeitvariant sein. Hinter dieser Zeitvarianz verbergen sich oft Alterungserscheinungen, Verschleiß oder unberücksichtigte Einflussgrößen, die schlimmstenfalls sogar einen Systemausfall bedingen können. Je nach Voraussetzung und Perspektive ergibt sich eine Reihe von wesentlichen und unwesentlichen Koppelgrößen. So lässt sich ein System makroperspektivisch als ein ganz konkreter Ausschnitt aus einer Realität auffassen, in der Aktionen stattfinden, also Prozesse ablaufen. Solche Prozesse kommen dadurch zustande, dass bestimmte Ereignisse zeitlich aneinander anschließen und die Folgeereignisse beeinflussen. Aber auch im System selbst finden solche Aktionen bzw. Prozesse statt, was zu Zustandsänderungen führt. Die zeitliche Zustandsabfolge in einem System wird dann als *aktionsbasierter Prozess* bezeichnet.

3.2 Systemtheorie

Die Entwicklung der Systemtheorie wurde bis zu Beginn des letzten Jahrhunderts vor allem durch die Erforschung von Problemen, wie die Steuerung technischer Apparate oder die Biophysik biologischer Systeme mit naturwissenschaftlichen Methoden geprägt. Bei der Systemtheorie handelt es sich nicht um eine geschlossene große Theorie, sondern um einen Sammelbegriff für zwei zunächst verschiedene Dinge:

- Die Bereitschaft, in unserer Umwelt Systeme zu erkennen und für ein variables Wechselspiel zwischen Teil und Ganzem offen zu sein. Diese Grundhaltung wird oft auch mit Systemdenken, Systemansatz oder systemischer Sichtweise umschrieben.
- Das aktuelle Auskristallisieren des Systemdenkens in konkreter Form in bestimmten Wissenschaften. Diese speziellen „Systemtheorien" haben sich unter verschiedenen Namen entwickelt, führen aber schon aufgrund ihres Ansatzes dazu, integrativ und interdisziplinär zu wirken.

Die *Systemtheorie* ist also zunächst eine interdisziplinäre Wissenschaft, deren Gegenstand in der formalen Beschreibung und Erklärung der strukturellen und funktionalen Eigenschaften solcher natürlichen, sozialen oder technischen Systemen besteht. Sie erhebt dabei den Anspruch, eine exakte Wissenschaft zu sein. Sie will die Wirklichkeit nämlich nicht nur interpretieren, sondern erklären und ihr Wahrheitskriterium ist nicht das subjektive Evidenzgefühl, sondern sie unterwirft sich dem Regulativ falsifizierbarer Beweisführung. Exaktheit allein genügt aber noch nicht als Kriterium. Die Systemtheorie ist daher auch empirisch. Sie hat es eben nicht nur mit gedanklichen Konstrukten, sondern auch mit der Realität, eben mit Systemen, zu tun. In diesem Sinne lässt sich jede exakte Aussage über empirisches Geschehen in drei Komponenten zerlegen. Sie enthält:

- eine (sprachliche oder mathematische) **Formel**, die den (deterministischen oder statistischen) Zusammenhang zwischen Variablen beschreibt,
- **Operationen** zur Messung der Variablen,
- die Bestimmung der **Systemklasse**, in der die Messung durchzuführen ist.

Empirische Aussagen betreffen immer den Zusammenhang zwischen Variablen. Solche Aussagen können auf verschiedenste Weise formalisiert sein, beispielsweise als logische Ausdrücke,

$$A \Leftrightarrow F,$$

was so viel heißt: wie „A ist genau dann der Fall, wenn F der Fall ist". Meist lassen sie sich aber auch in Form einer mathematischen Gleichung darstellen:

$$y = \tfrac{1}{2}\, xz^2.$$

Die obige Gleichung ist zunächst reine Mathematik, d. h. sie wird erst dann zu einer empirischen Aussage, wenn der Leser darüber informiert wird, dass darin z beispielsweise die Fallzeit einer Kugel im Schwerefeld der Erde, y den von dieser Kugel zurückgelegten Fallweg und x die Erdbeschleunigung bedeuten soll. Erst durch diese Zuweisung kann die betreffende Formel als Fallgesetz interpretiert werden.

Im Idealfall hat der Formalismus den Charakter eines empirischen Gesetzes, wenngleich die Tatsache erwähnt werden muss, dass die Realität hinter dem Ideal oft zurückbleibt, oder das Gesetz doch zumindest oft nur hypothetischen Status hat. Die Ausdrücke x, y und z bezeichnet man als *Variable*. Variabel heißt zunächst veränderlich und daher umfasst eine Variable die Menge der möglichen (Zahlen)werte, die diese Variable aufnehmen kann.

▶   Wenn beispielsweise die Zimmertemperatur durch eine Variable dargestellt wird, so soll damit zum Ausdruck gebracht werden, dass das Thermometer zu verschiedenen Zeiten verschiedene Werte anzeigen kann, beispielsweise 18, 20 oder 22 °C. Diese Zahlenwerte stehen nicht gleichsam nackt da, sie sind vielmehr benannt und haben damit eine Bedeutung.

Im Sprachgebrauch der Systemtheorie ist es durchaus üblich, hier von der Dimension der Variablen zu reden. Der Systemtheoretiker nennt das, was er durch Angabe der

Meßvorschrift definiert und durch – oft in eckige Klammern gefasste – Symbole wie [cm], [kg], [V] usw. bezeichnet, auch die dimensionale Größenart der Variablen. Die Dimension der Variablen ist definiert durch Angabe der Operation, mit der man die Variable misst. Daher kommt der geläufige Ausdruck von der *operationalen Definition*. Mit dieser Definition ist zugleich die Menge möglicher Messergebnisse vorgegeben, d. h. man kann die Dimension auch als das Band auffassen, das die möglichen Skalenwerte zu einer Ganzheit, eben der Variablen, vereint.

Ein System ist ein konkret instanziiertes Objekt und die Realität besteht im Regelfall aus einer Vielzahl solcher konkreten Instanzen. Um hier die Übersicht zu erhalten, greift man zu einer Abstraktion, indem man mehrere solcher Systeme einer Systemklasse zuordnet. Unter einer solchen Systemklasse versteht man eine Abstraktion in Form einer Zusammenfassung mehrerer konkreter Systeme, die in irgendwelchen wesentlichen Punkten, den Klassenmerkmalen, übereinstimmen.

Zahlreiche Einzelwissenschaften haben sich immer wieder die Frage gestellt, mit welcher Betrachtungsweise sie an die Wirklichkeit herangehen sollen, um die dahinter liegenden Theorien oder Gesetzmäßigkeiten besser erfassen zu können. Mit dieser reduktionistischen Herangehensweise ist es ihnen bisher noch nicht in ausreichendem Maß gelungen, diese Wirklichkeit zu verstehen. Gerade in den Naturwissenschaften zeigt sich der Drang, die eher unübersichtliche Welt mit ihrer inhärenten, scheinbaren Wirklichkeit in einzelne und immer kleinere Forschungsbereiche aufzuteilen, um damit im Umkehrschluss eventuell die Sicht – sozusagen die empiristische Antenne – für das Ganze zu verlieren (Popper 1935). Erschwerend kommt hinzu, dass eine interdisziplinäre Kommunikation durch diese multivariante Zugangsweise zunehmend schwieriger wird. Dies führt dazu, dass unter Umständen das Rad zweimal erfunden wird, dieses jedoch unbesehen bleibt, weil man das Rad eben mit zwei Namen versieht. Die allgemeine Systemtheorie ist somit auch eine Formalwissenschaft, die sich zum Ziel gesetzt hat, die Prinzipien von ganzen Systemen zu untersuchen, unabhängig von der Art der Elemente, Beziehungen und Kräfte, die bestehen oder wirken und damit Bestandteile dieser Systeme sind. Damit sind folgende Zielstellungen verbunden:

• Die Suche nach einem neuen, besseren Weg, die Wirklichkeit zu erfassen.
• Die Suche nach einer Möglichkeit, bruchstückhaftes Einzelwissen wieder sinnvoll in den Gesamtzusammenhang setzen zu können.
• Die Suche nach einer gemeinsamen Basissprache aller beteiligten Wissenschaften, um eine Verständigung und einen Vergleich der Erkenntnisse zwischen den Beteiligten zu ermöglichen.

Die Systemtheorie kann in diesem Sinne als eine Metatheorie aufgefasst werden, deren Ziel es ist, Erscheinungen in ihrer Gleichartigkeit besser zu erkennen und dafür eine einheitliche Terminologie und Methodologie anzubieten. Ausgestattet mit den bisherigen Eigenschaften kann der Systemtheorie die Aufgabe zugewiesen werden, Gesetze und Systeme ohne Bezug zur Dimension miteinander ganz im Dienste der Erkenntnisgewinnung zu verbinden. Dies kann aus zwei formal entgegengesetzten Perspektiven geschehen. Eine erste Möglichkeit besteht darin, ein Gesetz vorzugeben und dann nach einem System zu fragen, dessen Variablen – und zwar gleichgültig davon, welche Messvorschriften für sie gelten mögen – eben diesem Gesetz gehorcht. So ist denkbar, dass ein triviales Gesetz, etwa $a+b=c$, einem Konstrukteur als Vorgabe dient, um ein System zu entwickeln, das nichts anderes leistet, als eben diesem Gesetze zu folgen.

Die eben genannten Anwendungsgebiete, bei denen es jeweils darum geht, zu einem Satz vorgegebener Regeln mit beliebigen Mitteln ein System zu erstellen, fasst man unter dem Oberbegriff Systemsynthese zusammen. Diesem systemsynthetischen Ansatz entgegengesetzt ist eine Fragestellung, bei der das System vorgegeben und die in ihm gültige Gesetzlichkeit gesucht wird. Entsprechend spricht man hierbei von einer *Systemanalyse*. So ist beispielsweise das Hauptanwendungsgebiet der Systemtheorie in Biologie, Psychologie und Soziologie eher systemanalytischer Natur. Auch hier stellt sich die Frage, inwiefern es sinnvoll ist, bei der Systemanalyse von qualitativen Aspekten abzusehen. Es gibt dafür vor allem zwei triftige Gründe. Da wäre zunächst die Tatsache zu nennen, dass eine Disziplin, die kausale Zusammenhänge unter Absehung von der Qualität zu behandeln erlaubt, vom Zwang zu metaphysischer Stellungnahme bei allen Fragestellungen befreit, in denen man recht schnell in die Nachbarschaft des Leib-Seele-Problems gerät. Es ist leicht abzusehen, welche Entlastung diese Betrachtungsweise, insbesondere auf den Gebieten dieses Buches, mit sich bringt. Aber der Erkenntnisgewinn reicht noch viel weiter. Wie man weiß, hat sich seit einigen Jahrzehnten in der Psychologie eine Gegenströmung zum *Behaviorismus* etabliert, die als *Kognitivismus* bezeichnet wird. Das systemtheoretische Begriffsinventar ist geradezu unerlässlich, um das kognitivistische Denken davor zu bewahren, durch den missverstandenen eigenen Ansatz auf gedankliche Abwege gelenkt zu werden. Ein zweites Argument ist praktisch noch wichtiger. Wenn ein System – etwa ein lebendiger Organismus – als Vorbild zur Analyse vorgegeben ist, dann weiß man effektiv meist gar nichts über die Natur der Variablen, die im Innern dieses „schwarzen Kastens", (black box) miteinander interagieren. Probleme dieser Art begegnet man generell bei der Entwicklung von Organisationssystemen, bei denen man auf Vorbilder der Natur angewiesen ist. Abschließend und wissenschaftsphilosophisch betrachtet sind Systemtheorien demnach keine empirischen, d. h. auf Erfahrung beruhenden oder aus Versuchen gewonnenen Theorien an sich. Sie sind vielmehr Modelle, die zur Formulierung von empirischen Theorien über komplexe Gegenstände verwendet werden.

3.3 Systemvarianten

Ein System charakterisiert sich aus seinen Elementen und deren Beziehungen und wird demzufolge als eine Menge von atomaren Elementen definiert, die auf irgendeine Art und Weise miteinander in Beziehung stehen. Die einfachsten materiellen Systeme sind die Atome, aus denen sich in großer Varietät die nächst höheren Systeme, die Moleküle entwickeln. Diese wiederum bilden in ihrer Komplexität die mikro-, makro- und teleskopischen

Systeme der belebten und unbelebten Natur, also die Elemente, Mineralien, organischen Substanzen, Zellen, Lebewesen, Planeten, Planetensysteme, usw. Von Menschen (künstlich) geschaffene materielle Systeme sind (gewonnene) Rohstoffe, Werkstoffe (z. B. Metalle, Kunststoffe, etc.), Werkzeuge, Maschinen, Produktionsanlagen, Datenverarbeitungsanlagen, Gebäude, Verkehrswege, Nachrichtennetze, biotechnische Systeme (z. B. Agrikultur, Viehzucht, durch tierische oder menschliche Kraft betriebene Maschinen), soziale Systeme (z. B. Familien, Gruppen, Teams, Bündnisse, etc.), sozioökonomische Systeme (z. B. Firmen, Vereine, Gesellschaften, Genossenschaften, Gewerkschaften, etc.) und soziotechnoökonomische Systeme (z. B. Betriebe, Anstalten, etc.). Gegen die materiellen sind immaterielle Systeme abzugrenzen. Ein immaterielles System lässt sich ebenfalls als ein Gefüge von Komponenten und Beziehungen definieren, bei denen es sich jedoch um Konventionen handelt, die der Kommunikation, der sozialen Ordnung sowie der Gedankenordnung dienen. Beispiele dafür sind Sprachen, Codes, Satzungen, Algorithmen, Verfahrensvorschriften etc. Die Komponenten dieser Systeme sind Symbole (Laute, Gebärden, Zeichen) mit semantischem Gehalt oder Symbolkombinationen (Chaitin 1987). Die Beziehungen zwischen den Komponenten sind relationale Verknüpfungen (Mengenzugehörigkeit, Rangfolge und Reihenfolge) sowie operationale Verknüpfungen (logische und arithmetische Operationen). Sind immaterielle Systeme bewusst schematisiert, so nennt man sie formale Systeme. Beispiele hierfür sind Grammatiken, Algebra und Gesetzeswerke. Zu den nichtformalen immateriellen Systemen zählen u. a. Verhaltensmuster, Traditionen und Rangordnungen. Diese Definition legt nicht die Art der Systemelemente oder die Art ihrer Beziehungen zueinander, noch ihre Anordnung, ihre Intension, ihren Sinn oder die Art ihrer Beziehung zu ihrem Umfeld fest. Damit wird zum Ausdruck gebracht, dass es sich bei der Definition eines Systems um eine sehr formale Festlegung handelt, die einerseits auf sehr viele Sachverhalte zutrifft, andererseits einer weiteren Präzisierung ihrer Bestandteile bedarf, um gegebenenfalls ein noch besseres Verständnis zu erreichen. Als atomares Element eines Systems kann zunächst einmal jener Teil verstanden werden, den man nicht weiter aufteilen will oder kann. Dabei kann ein System immer auch Bestandteil eines größeren, systemumfassenden Super- oder Metasystems sein. Gleichzeitig können die atomaren Elemente eines Systems wiederum ein Subsystem abbilden.

▶ So bildet beispielsweise ein Bienenvolk ein soziales System, das aus einzelnen Elementen, den Bienen, besteht. Die Bienen wiederum stellen ein organisches System dar. Somit ist der Organismus der Biene ein Subsystem im Verhältnis zum sozialen System des Bienenvolkes. Ein, das System des Bienenvolks umgebendes Supersystem, ist beispielsweise durch die sie umgebende Flora und Fauna gegeben.

Damit wird deutlich, dass die Begriffe Super- und Teil- bzw. Subsystem relativ zu ihrer jeweiligen Bezugsebene sind und für sich allein genommen noch keine Hierarchiestufen darstellen. Erst im Gesamtkontext, im Zueinander-in-Beziehung-setzen verschiedener

Systemkategorien, ergibt sich eine sinnvolle Systemrelation. Unter dem Begriff der *Beziehung* ist somit eine Verbindung zwischen Systemelementen zu verstehen, welche das Verhalten der einzelnen Elemente und des gesamten Systems potenziell beeinflussen können.

Die Grenzen zwischen System und Nicht-System lassen sich aufgrund der Beziehungen ausmachen. So kann es zu einem Beziehungsübergewicht kommen, wenn innerhalb der Gesamtheit eines Systems ein größeres Maß an Beziehungen zwischen den einzelnen Elementen besteht, als von der Gesamtheit des Systems zu seinem Umfeld. Man kann sich dabei die Grenzen des Systems als Ellipse vorstellen, in der Interaktionen im Inneren dieser Ellipse beispielsweise in Form von Kräften, Energien oder Kommunikationen stärker sind als Interaktionsflüsse, die diese Systemgrenze überschreiten.

▶ Somit kann ein Haufen Sand nicht als System angesehen werden. Ein Atom hingegen bildet ein System ab, da seine Elementarteilchen in einem geordneten Wirkungsgefüge zueinander in reger Beziehung stehen. In diesem Sinne stellt jede Pflanze, jedes Tier, jede Organisation und die Gesellschaft ein System dar.

Die bisher sehr allgemein gehaltene Definition des Systembegriffes ermöglicht eine breite Anwendbarkeit der Systemtheorie als Formalwissenschaft. Einerseits hat dies den Vorteil, dass sich nahezu alle potenziellen Untersuchungsobjekte des Alltags als Systeme beschreiben lassen. Andererseits darf man dabei nicht den Nachteil übersehen, dass die Kennzeichnung eines Untersuchungsobjekts als System noch nicht allzu viel über dieses Untersuchungsobjekt aussagt. Es ist daher notwendig, Systeme über ihre Eigenschaften näher zu charakterisieren. Das charakteristische Kennzeichen eines Systems ist die Tatsache, dass Systeme gegenüber ihrem Systemumfeld abgegrenzt werden müssen. Die Frage der Grenzziehung ist im entscheidenden Maße dafür verantwortlich, was im jeweiligen Untersuchungszusammenhang als System, Sub- oder Supersystem betrachtet werden muss. Wenn man auf diese Art und Weise sein System definiert hat, setzt man gleichzeitig damit voraus, dass die einzelnen Systemelemente untereinander Beziehungen pflegen und/oder aufrechterhalten. Wenn die Systemgrenze hingegen durchlässig ist, einzelne Systemelemente demzufolge Beziehungen zu ihrem Systemumfeld unterhalten, spricht man von einem *offenen System*. Im gegenteiligen Fall spricht man hingegen von einem *geschlossenen System*. Als direkte Konsequenz kann hieraus gefolgert werden, dass geschlossene Systeme keinem übergeordneten Supersystem angehören. Andererseits können offene Systeme Bestandteil eines umfassenden Supersystems sein. Sie können aber beispielsweise auch gleichberechtigt neben anderen Systemen stehen und zu diesen Beziehungen unterhalten, die sich nicht eindeutig einem übergeordneten Supersystem zurechnen lassen. Die Offenheit beziehungsweise Geschlossenheit von Systemen sind dimensionale Eigenschaften, die mit unterschiedlichem Ausprägungsgrad vorkommen können. Dabei wird der Ausprägungsgrad vom Ausmaß der Eingabe beziehungsweise der Ausgabe bestimmt, die aus dem Interaktionsprozess zwischen System und Systemumfeld resultieren. Letzteres bringt man zum Ausdruck, indem man von relativ offenen, respektive relativ geschlossenen Systemen spricht.

Die Dynamik wird innerhalb der Systemtheorie als Prozess aufgefasst, bei dem sich durch eine Bewegung oder ein bestimmtes Verhalten etwas verändert. Es wird dabei zwischen einer äußeren und einer inneren Dynamik streng unterschieden. Dabei bezieht sich die innere Dynamik auf die Aktivität der Systemelemente und ihrer Beziehungen untereinander, während sich die äußere Dynamik auf das Verhalten und die Eingabe-Ausgabe-Beziehungen des Systems gegenüber seinem Umfeld konzentriert. In diesem Punkt wird wiederum deutlich, dass Systeme mehr sind als eine willkürliche Ansammlung von einzelnen Systemelementen. Die innere Struktur eines Systems sagt allein noch nichts über dessen Verhalten aus. Überlebensfähigkeit von Systemen heißt deshalb in diesem Zusammenhang auch nicht, eine bestimmte Struktur am Leben zu erhalten, sondern dessen Identität zu bewahren. Der kontinuierliche Wandel des Systems ist als laufender Prozess der Dynamik zu verstehen und in der Entwicklung unbedingt zu beobachten. Lebensfähige Systeme und Organisationssysteme im Echtzeiteinsatz sind immer auch relativ dynamische Systeme, während ein Modell von beiden Entitäten eher ein relativ statisches System darstellt.

Determinierte Systeme sind solche Systeme, deren Systemelemente in vollständig voraussagbarer Weise aufeinander einwirken. Determinierte Systeme lassen sich daher in ihrem zukünftigen Verhalten, unabhängig davon, ob sie statisch oder dynamisch sind, genau vorausberechnen. Im Gegensatz dazu sind bei *probabilistischen Systemen* keine strengen Voraussagen möglich, es können vielmehr lediglich Voraussagen mit einer gewissen Wahrscheinlichkeit gemacht werden. Damit wird deutlich, dass Voraussagen über das Verhalten von Systemen vom Wissen über diese Systeme abhängig sind. Determiniertheit und Probabilistik als Gegensatzpaare sind dimensionale Eigenschaften von Systemen. Der Grad der Ausprägung wird durch das Maß an exakter Vorhersagbarkeit des Systemverhaltens festgelegt. Das Ausmaß an Indeterminiertheit wird mit dem mathematischen Ausdruck des *Freiheitsgrades* eines Systems bestimmt. Der Freiheitsgrad eines Systems ist dabei definiert als die Anzahl der Möglichkeiten, sich zu verändern. Demzufolge nehmen mit der Anzahl der Freiheitsgrade auch die Komplexität und strukturelle Plastizität des Systems zu. Gleichzeitig reduziert sich im selben Maße die relative Determiniertheit des Systems.

▶   So hat das System „Zug" einen Freiheitsgrad von 1: vorwärts und rückwärts. Das
      System „Schiff" hat einen Freiheitsgrad von 2: vorwärts, rückwärts und seitlich.
      Das System „Flugzeug" einen Freiheitsgrad von 3: vorwärts, rückwärts, seitlich,
      und oben oder unten.

Das kennzeichnende Merkmal *selbstorganisierender Systeme* ist, dass die einzelnen Systemelemente ohne zentrale Steuerungsinstanz, ohne übergeordnete Systemeinheit, sich selbst ihre Beziehungen zueinander und ihr Systemverhalten koordinieren. Strukturdeterminierte Systeme können sich ausschließlich innerhalb einer bestimmten Variation ändern, die durch die innere Organisation und Struktur der Systeme determiniert wird. Damit beschreiben diese beiden Eigenschaften die Veränderungsfähigkeit von Systemen.

Veränderungen eines Systems sind in zweierlei Art und Weise möglich: Entweder es kommt zu Zustandsveränderungen, oder das System löst sich auf. Wiederum betonen diese beiden Eigenschaften nicht die einzelnen Systemelemente, sondern die innere Ordnung und Struktur, die Beziehungen dieser Systemelemente untereinander. Die Strukturdeterminiertheit kann als das Regelwerk aufgefasst werden, die die Spielregeln der Veränderungsprozesse von Systemen festlegt. Innerhalb dieser Spielregeln kann allerdings Selbstorganisation stattfinden. Es können sich aber auch die Spielregeln ändern, falls es sich nicht nur um ein strukturdeterminiertes, sondern auch um ein dynamisches System handelt. Selbstorganisation und Strukturdeterminiertheit sind dichotomische Systemeigenschaften. Lebensfähige Systeme kommen weder ohne das eine, noch das andere aus. Sie müssen strukturdeterminiert sein, um selbstorganisierenden Prozessen eine dem System innewohnende Richtung zu geben, und damit Auflösung und Chaos vorzubeugen (Küppers 1987). Sie müssen selbstorganisierend sein, um innerhalb eines komplexen und dynamischen Umfelds bestehen zu können, da eine Kontrolle ausschließlich durch eine zentrale Einheit in komplexen Umfeldern nicht möglich ist. Sie sind immer auch offene Systeme und stehen daher in ständigen wechselseitigen Austauschbeziehungen zu ihrem Umfeld. Deren Verhalten resultiert nicht ausschließlich aus dem Verhalten der einzelnen Systemelemente, sondern aus seiner ganzheitlichen Struktur. Lebensfähige Systeme sind zusätzlich einem hohen Grad an Varietät und Veränderung unterworfen und somit zur Aufrechterhaltung ihrer Lebensfähigkeit fähig. Damit sieht sich deren Identität einer kontinuierlichen Veränderung ausgesetzt.

▶ So ist beispielsweise das menschliche Gehirn ein sowohl strukturdeterminiertes als auch ein selbstorganisierendes System. Es ist strukturdeterminiert, da es erstens nur Daten bewusst als Informationen wahrnehmen kann, wenn dies den bisherigen Wissensstrukturen nicht widerspricht. Es kann zweitens neues Wissen nur dann verankern, wenn altes Wissen diesen direkten Bezug zum neuen Wissen herstellen kann. Das menschliche Gehirn ist selbstorganisierend, da keine zentrale Steuerungseinheit ermittelt werden kann und deren Existenz aufgrund der vorliegenden Erkenntnisse und Experimente der Konnektionisten aus heutiger Sicht äußerst unwahrscheinlich erscheint.

Adaptive Systeme haben die Eigenschaft, Veränderungen außerhalb ihrer Systemgrenzen in der Umwelt wahrzunehmen und sich letzteren, soweit möglich, durch eigene Veränderungsprozesse anzupassen. Das System verändert sein Verhalten so, dass sich ein Gleichgewichtszustand zwischen System und Umwelt einspielt. Adaptive Systeme folgen damit einem klassischen Modell der individuellen Lerntheorie.

Lernfähige Systeme und damit auch lernfähige Organisationssysteme besitzen zusätzlich zur adaptiven und damit reaktiven, eine so genannte antizipative Lernfähigkeit, die sowohl systemexterne Veränderungsprozesse vorwegnehmen, als sie auch beeinflussen kann. Eine bedeutsame Rolle spielen in diesem Zusammenhang das aktive Suchen und Auswerten von Daten bzw. Informationen über die Umwelt. Diese Informationen werden vom System wahrgenommen, als Wissen in den Strukturen des Systems gespeichert und führen damit langfristig zu einer Wissensbasis des Systems über mehr oder weniger erfolgreiche Verhaltensänderungen. Mit Hilfe dieser Wissensbasis kann das System nicht nur auf Umfeldinformationen reagieren, sondern auch künftige Umwelt- und Umfeldentwicklungen vorwegnehmen und damit antizipieren. In diesem Sinne besteht ein Ziel solcher lernfähiger Systeme darin, aktiv auf die Umwelt einzuwirken bzw. am Umweltgeschehen aktiv mitzuwirken, Adaptivität und Lernfähigkeit avancieren somit zu sogenannten dichotomen Systemeigenschaften. Überlebensfähige Systeme sind immer mindestens auch adaptive Systeme. Das Ausmaß ihrer strukturellen Veränderlichkeit entscheidet dabei über den Grad ihrer Überlebensfähigkeit.

▶   Pflanzen sind beispielsweise adaptive Systeme, die auf Umweltveränderungen
    durch strukturelle Veränderung reagieren können (Größe, Ausrichtung, etc.).
    Menschen sind lernfähige Systeme, die durch ihre Wahrnehmungsfähigkeiten
    und ihre Gehirnkapazität bedingt antizipatives Verhalten zeigen können. Intel-
    ligente Organisationssysteme sind dann lernfähige Systeme in diesem Sinne,
    die durch ihre Sensorfähigkeiten und ihre artifiziell-kognitiven Fähigkeiten be-
    dingt antizipatives Verhalten zeigen werden.

Eine weitere Variante der Systemunterscheidung zieht eine Grenze zwischen *allopoietischen* und *autopoietischen Systemen* und unter den autopoietischen Systemen wiederum zwischen Lebend- und Sinnsystemen. Eine solche Unterscheidung hat sich bezüglich der Modellierung von Organisationssystemen als nützlich erwiesen. So sind Organisationssysteme gemäß dieser Unterscheidung Sinnsysteme in den Formen psychischer und kommunikativer Systeme, die wiederum in soziale Systeme eingebettet sind. Psychische und soziale Systeme sind autopoietisch operierende Sinnsysteme, die ihrerseits von lebenden Systemen zu unterscheiden sind. Sinnsysteme und lebende Systeme unterscheiden sich durch eigene Elemente. Die Operationsbasis lebender Systeme ist pauschal mit Leben, und die sinnhafter Systeme mit Sinn gekennzeichnet. Entsprechend sind für die Sinnsysteme psychischen und sozialen Typs je eine eigene Operationsgrundlage auszuweisen: Gedanken bzw. Kommunikationen im Modell in Form von Aussageeinheiten. Nicht alle sozialen Erscheinungen erhalten die Würde eines Systems. Am wichtigsten ist die Ausgangsdifferenz allopoietisches System vs. autopoietisches System. Die meisten Implikationen gehen dann von der Differenz psychisches System/soziales System aus, und zwar wegen der damit verbundenen Probleme der Versetzung des Organisationssystems in die Umwelt, der Auflösung des Organisationssystems in die Einheit der Differenz von organischem und psychischem System und der Emergenz des Sozialen. Insofern kann man die Unterscheidung zwischen geschlossenen und offenen Systemen nunmehr zugunsten der Unterscheidung allopoietischer und autopoietischer Systemen aufgeben. Ein allopoietisches System, meist alternativ als *Zustandsautomat* oder *Trivialmaschine* bezeichnet, transformiert aufgrund bestimmter Außeninformationen nach einem festgelegten Programm der internen Informationsverarbeitung auf genau berechenbare Weise bestimmte Inputs aus seiner Umwelt in bestimmte Outputs an seine Umwelt um.

▶ Als praktische Beispiele seien der Thermostat oder die Werkzeugmaschine genannt.

Demgegenüber erzeugen und steuern sich autopoietische Systeme selbst. Ihnen werden weder von außen Eingabeinformationen (Input) zugeführt noch senden sie Ausgabeinformationen (Outputs) an ihre Umwelt. Vielmehr erzeugt ein autopoietisches System selbst die Elemente, aus denen es besteht, durch Verknüpfung zwischen den Elementen, aus denen es besteht. So ist beispielsweise für ein soziales System das Element der Kommunikation konstitutiv, wobei unter Kommunikation ein sinnhaftes, soziales Ereignis zu verstehen ist. Solche autopoietischen Systeme zeichnen sich durch einige Charakteristika aus, die bei den späteren Implikationen in Bezug auf die Entwicklung von Organisationssystemen eine durchaus ernst zu nehmende und bisher eher vernachlässigte Rolle spielen.

▶ Umgangssprachlich gesprochen erfährt das System seine Umgebung damit durch Sensoren, Perzeptoren und Effektoren, die ihm einen Eindruck von einem bestimmten Muster übermitteln. Dieses Modell entspricht der Struktur des menschlichen Gehirns, das ebenfalls auf sich selbst bezogen (Strukturdeterminiertheit und Selbstreferentialität als „Autopoiesis") zu sein scheint, indem es keine Außenweltreize direkt verarbeitet, sondern elektrische Impulse als Pertubationen, sozusagen angestossen durch Störungen, eigenständig interpretiert und erst dadurch in ein subjektiv sinnvolles Ganzes integriert. Gerade der Begriff „Autopoiesis" (griechisch Selbsterzeugung) verstärkt die Annahme, dass das Gehirn ein in sich geschlossenes, weil von außen nur durch Pertubationen und demzufolge nicht durch Inputs, sondern nur durch Impulse, anzuregendes, auf sich selbst bezogenes System ist, das sich zwar nicht selbst erhalten kann, aber in Bezug auf die Interpretation seiner Umwelt eigenständig agiert, also keine Informationen aufnimmt, sondern Konstruktionen in Form von Handlungen (Interaktionen, Interoperationen, Absichten etc.) vornimmt.

So scheinen autopoietische Systeme in jedem Augenblick ein anderes System zu sein, was die Verhaltensvorhersage an sich schon erschwert. Sie sind außerdem:

• operativ geschlossen,
• kognitiv offen,
• strukturdeterminiert,
• umweltangepasst,
• und produzieren sich temporär.

Die operative Geschlossenheit zeigt sich dadurch, dass eine vollzogene oder auch nicht vollzogene Interaktion eine andere Interaktion bereits voraussetzt, d. h. nur eine Interaktion kann sich unmittelbar an eine Interaktion anschließen. Dieser Umstand zeigt sich im Modell bei den Übergängen, wo zwischen den einzelnen Interaktionen semantische Verknüpfungen eingezeichnet werden können.

Kognitionspsychologisch betrachtet, finden die Systemoperationen in den Grenzen des durch die Systemelemente abgegrenzten Systems statt, wobei die Systemelemente durch das Medium des Systems zur Verfügung gestellt werden. Eine solche operative Geschlossenheit geht einher mit kognitiver Offenheit. Ein psychisches System kann sich beispielsweise durch irgendein Ereignis in seiner Umwelt irritiert und veranlasst sehen, aus dem wahrgenommenen Ereignis für sich eine Information zu machen, d. h. als neue Wahrnehmung in seinen Wahrnehmungsstrom oder als neuen Gedanken in seinen Gedankenstrom einfügen. Insofern ist eine solche Information nicht objektiv als solche von außen vorgegeben, kein Input in das System. Sie stellt eher eine Eigenleistung des – das seine Umwelt beobachtende – Systems dar. Dies gilt auch für intelligente Organisationssysteme, die mit der Umwelt interagieren oder gar interoperieren. Jedes autopoietisch operierende System ist ein strukturdeterminiertes System, indem es selektiv während seiner Geschichte in seiner Auseinandersetzung mit seiner Umwelt die gewonnenen Erfahrungen in seinem Gedächtnis speichert. Erinnernswerte Ereignisse der relevanten Ereignisklasse werden kondensiert und konfirmiert, für Wiederverwendbarkeit abrufbar bereitgehalten oder bei Bedarf auch wieder vergessen (Abb. 3.3).

Da ein autopoietisches System sich aus Elementen in der Form von Ereignissen, die an Ereignisse anknüpfen, realisiert, ist es immer auch ein temporäres System. Es realisiert sich von Moment zu Moment durch die Summation von Einzelereignissen. Ein autopoietisches System erzeugt über seine aneinander anschließenden ereignishaften Operationen Zeit, die Differenz von Vergangenheit und Zukunft in der gegenwärtigen Aktualität seines Operierens.

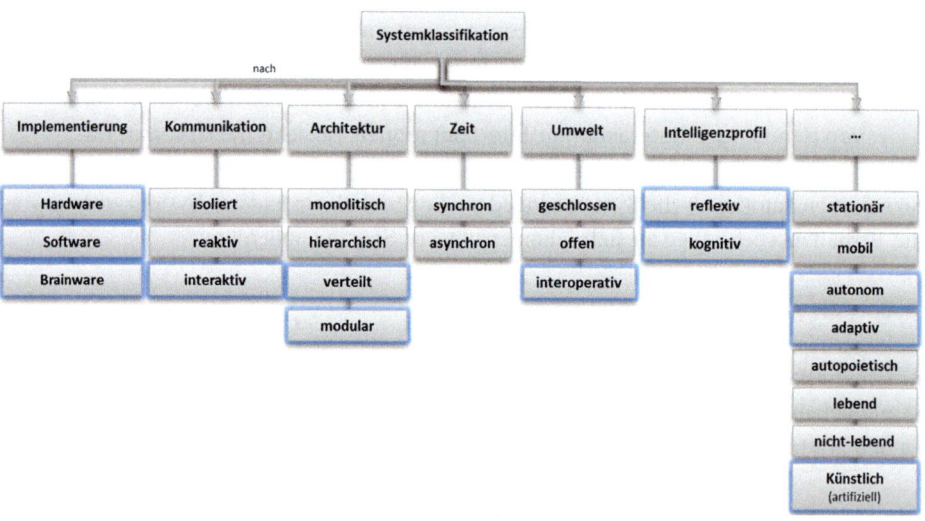

Abb. 3.3 Klassifikation der Systeme

▶ Psychische Systeme erzeugen sich quasi selbst, indem sie Gedanken an Gedanken anreihen. Ein durch einen Gedanken beobachteter Gedanke ist eine Vorstellung und eine beobachtete Vorstellung ist als Bewusstsein zu unterscheiden (Fodor 1975). Insofern lässt sich Bewusstsein aus systemtheoretischer Sicht durchaus als eine Ansammlung von Operationen auffassen, die sich reflexiv aufeinander anwenden. Dadurch kann sich ein psychisches System in seinen Operationen auch auf sich selbst beziehen. Dadurch wiederum kann es sich aber auch als System vorstellen, das sich quasi selbst vorstellt.

Diese Eigenschaft psychischer Systeme gilt es in intelligenten Organisationssystemen nachzubilden.

3.4 Systemgrenzen

Bereits diese systemtheoretische und eher allgemeine Sicht von einem System enthält implizit schon die Feststellung, dass zwischen System und Umwelt differenziert werden muss und dass das System durch seine Systemgrenze von seiner Umwelt getrennt ist.

▶ Betrachtet man beispielsweise ein Lebewesen unter dem Blickwinkel einer solchen Unterscheidung zwischen System und Umwelt, so gilt es festzustellen, dass das System eine Vielzahl von Eingangs- und Ausgangsgrößen besitzt und diese intern durch Verarbeitungsprozesse in einer Weise verknüpft, dass von außen betrachtet jene Beziehung bzw. Verhältnis zwischen den verschiedenen Entitäten der Welt erst entstehen. Wie dies intern realisiert wird, ist eher von sekundärem Interesse.

Diese Grenze muss demnach wahrnehmbar sein, ansonsten wären keine Messungen daran möglich. Zwischen System und Umwelt können dabei verschiedene Wechselwirkungen gemessen werden, wie beispielsweise beim Energie-, Stoff- oder Informationsaustausch. Auf diese Weise können einerseits Zustandsgrößen der Umwelt auf das System und seine Entwicklung in der Zeit Einfluss nehmen, umgekehrt kann das Systemverhalten zu Veränderungen in der Umwelt führen. Gerade dieser Aspekt wird an späterer Stelle zur Differenzierung von Interaktionen und Interoperationen führen. Unterschieden werden muss dabei zwischen Verhaltens- oder Ausgangsgrößen des Systems, die auf die Umwelt einwirken, und den Zustandsgrößen, die in ihrer Gesamtheit das Verhalten und die Entwicklung des Systems bestimmen, auch dann, wenn sie nicht als Ausgangsgrößen zu beobachten oder zu messen sind. Die minimale Zahl der Zustandsgrößen, die es erlauben, das Verhalten des Systems exakt zu beschreiben, wird als *Dimensionalität* des Systems bezeichnet und ermöglicht eine Fixierung dieses Begriffes aus der Systemtheorie.

Eine eher implementierungsnahe Sichtweise definiert das System als eine Menge von Komponenten, die durch Kommunikations- und Kombinationsbeziehungen untereinander verbunden sind. Die Komponenten können entweder Teilsysteme des definierten Systems oder dessen Elemente sein. Teilsysteme sind dadurch charakterisiert, dass für sie wiederum die obige Definition gilt, das heißt unter anderem, dass sie wiederum Komponenten haben. Dagegen lassen sich Elemente nicht weiter unterteilen. Komponenten sind zugleich Ansammlungen von Aus- und Einwirkpotenzialen sowie Quellen und/oder Senken von Aktivitäten zur Veränderung dieser Potenziale. Das bedeutet, dass von ihnen Wirkungen ausgehen, die die Aus- und Einwirkpotenziale anderer Komponenten verändern, und dass sie umgekehrt Wirkungen empfangen, die ihre eigenen Potenziale verändern. Dies führt zur Differenzierung zwischen Interaktions- und Interoperationsbeziehungen. Die Interaktions- bzw. Interoperationsbeziehungen beinhalten die Einflussnahme von Komponenten auf die Ein- und Auswirkungspotenziale und gegebenenfalls auf die Beziehungen anderer Komponenten. Dies impliziert eine ständige Veränderung des Systems in der Zeit, weswegen der Systembegriff zugleich auch ein dynamischer Systembegriff ist (Abb. 2.5). Die Kombinationsbeziehungen beinhalten die momentane Zusammensetzung von Ein- und Auswirkungspotenzialen eines Systems aus den Potenzialen seiner Komponenten. Dies impliziert die rekursive Abhängigkeit der Potenziale jeder Systemkomponente von denen der jeweiligen Subkomponenten, weswegen der Systembegriff zugleich auch ein hierarchischer Systembegriff ist.

Ein System zeichnet sich durch die einander ergänzenden oder unterstützenden Eigenschaften wie Zustand, Struktur und Dynamik aus. Der Zustand eines Systems ist die Menge aller in einem Zeitpunkt vorhandenen Ein- und Auswirkpotenziale. Die Struktur eines Systems ist die Menge aller Interaktions-, Interoperations- und Kombinationsbeziehungen. Darin sind per Definition sämtliche Komponenten (Ein- und Auswirkpotenziale) eingeschlossen, denn durch sie werden die Anzahl, die Art und die Richtung der Beziehungen bestimmt. Die Struktur gehört zweifellos zu den zeitpunktbezogenen Eigenschaften eines Systems. Allerdings wird man ihr im Allgemeinen eine größere Konstanz zusprechen als den momentanen Realisierungen der einzelnen Aus- und Einwirkpotenziale. Die Dynamik ist der zeitraumbezogene Ausdruck von Zustand und Struktur, denn diese beiden zeitpunktbezogenen Begriffe implizieren bereits die Veränderlichkeit des Systems in der Zeit. Jede Zustandsgröße wirkt über die Interaktions- bzw. Interoperationsbeziehungen verändernd auf andere Zustandsgrößen ein und wird von anderen verändert (Abb. 3.4).

Die diesem Buch zugrunde liegende Systemtheorie geht davon aus, dass die Systeme und deren Komponenten in wechselseitiger Beziehung zueinander stehen, d. h. interagieren und/oder interoperieren (Krieger 1996). Dabei genügt definitionsgemäß zur Systembildung bereits eine einseitige Beziehung zwischen zwei Komponenten eines Systems.

▶   So kann dieselbe Interaktion bzw. Interoperation, die zur Systembildung führt, aber auch den Zustand von Komponenten (und damit des Systems) verändern und kann in Grenzfällen zur Zerstörung von Komponenten und damit zu einer Umstrukturierung oder Zerstörung des Systems führen.

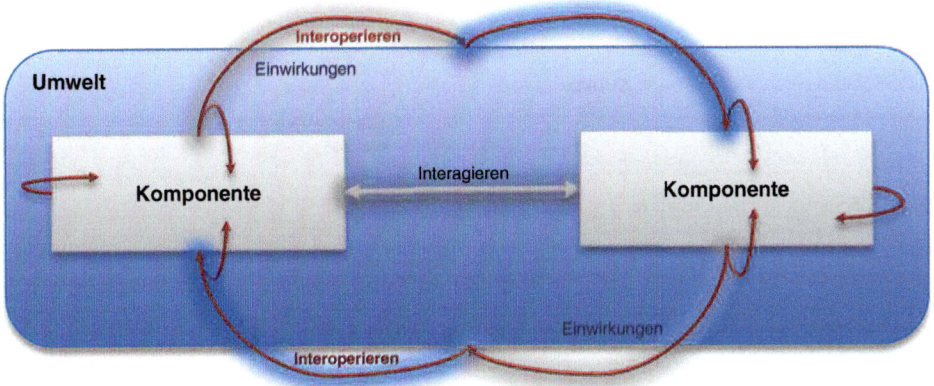

Abb. 3.4 Interoperation zwischen Komponenten und Umwelt

Gerade bei hochorganisierten Komponenten (Systemen) lässt sich eine wechselseitige Beziehung mit den umgebenden Komponenten (Systemen) beobachten, die zur Stabilisierung der Komponenten (Systeme) in Bezug auf deren Zustand und deren Struktur führt. Betrachtet man die wechselseitige Beziehung in Bezug auf ein bestimmtes System, so lässt sich folgendes feststellen:

- **Intrinsische Interaktion**: Die Interaktion findet im Inneren des Systems statt, d. h. zwischen den Komponenten und bedeutet den Aufbau des Systems und die Möglichkeit von laufenden Zustands- und Strukturänderungen im Inneren.
- **Extrinsische Interaktion**: Die Interaktion des Systems erfolgt mit umgebenden Systemen und bedeutet den Aufbau eines höheren Systems, und zwar ebenfalls unter Einschluss der Möglichkeit laufender Zustands- und Strukturänderungen der beteiligten Systeme. In Bezug auf das ursprüngliche System kann Interaktion entweder zur Zustands- und Strukturänderung und sogar zur Zerstörung der beteiligten Systeme führen, oder es bedeutet Stabilisierung von Zustand und Struktur.
- **Interoperation**: Dies bezeichnet die Interaktion und gleichzeitige Einwirkung des Systems auf die Umwelt mit dem Ergebnis der Zustands- und Strukturänderung, sowohl des Systems als auch der Umwelt. Die Umwelt eines Systems ist als die Menge der von der Systembetrachtung abgegrenzten neben- und untergeordneten Systeme definiert.

Die Einführung der wechselseitigen Beziehungen in Form von Interaktionen bzw. Interoperationen führt zu einer weiteren Differenzierung von Systemen. So wird nach der klassischen Systemtheorie ein offenes System als ein System definiert, bei dem es mindestens eine Wechselbeziehung zu einem umgebenden System gibt. Dies stellt in diesem Buch sicherlich den Regelfall dar, denn allein schon die Beobachtung eines Systems stellt zumindest eine Interaktion dar. Aus diesem Grunde wird die Theorie der offenen Systeme

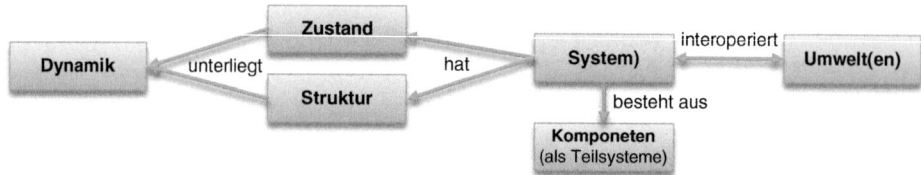

Abb. 3.5 System und Umwelten

innerhalb dieser Systemtheorie und der noch folgenden Kognitionstheorie eine weitreichende praktische Bedeutung erlangen. Insgesamt zeigt sich also folgendes Bild (Abb. 3.5):

Ein idealtypisch geschlossenes System hingegen ist als ein System definiert, welches
keinerlei Wechselbeziehungen in Form von Interaktionen oder Interoperationen zu anderen Systemen hat. In solch einem Fall finden alle, das System definierende Wechselbeziehungen, zwischen den Komponenten innerhalb des Systems statt. Etwas weniger streng
betrachtet wird im Rahmen dieses Buches unter einem geschlossenen System auch ein von
allen relevanten Austauschbeziehungen isoliertes System verstanden. Wesentlich erscheint
für den Begriff des geschlossenen Systems ist, dass dessen Komponenten unbedingt wieder als offene Systeme anzusehen sind, da nur die Wechselbeziehungen zwischen diesen
Komponenten ein System als solches definieren. Damit ist die „Geschlossenheit" eines
Systems letztlich ein gradueller Begriff, der nur von der Systemabgrenzung abhängig ist.
In diesem Zusammenhang lassen sich auch die Begriffe „Kopplung", „Rückkopplung"
und „Regelung" einführen, die eigentlich der Regelungstheorie entstammen. Dabei wird
ein offenes System als ein Eingabe-Verarbeitungs-Ausgabe-System (Input/Processing/
Output-System) aufgefasst, bei dem eine Eingabe zu einem Wirkpotenzial (Zustand, Gra-
dient) und bei dem dieses Wirkpotenzial zu einer Ausgabe führt. Unter *Kopplung* wird
dann eine interaktive bzw. interoperative Verknüpfung zweier oder mehrerer Komponenten verstanden, bei der die Ausgabe mindestens einer Komponente bei mindestens einer
Komponente zur Eingabe wird. Unter dem Begriff der *Kopplung* subsumieren sich in diesem Buch die Begriffe „einfache Kopplung" und „Rückkopplung", wobei letzterer wieder
in „direkte Rückkopplung" und „indirekte Rückkopplung" unterteilt werden kann. Unter
einfacher Kopplung soll eine zyklenfreie Kopplung verstanden werden. Das bedeutet, dass
kein System seine Ausgabe an sich oder an ein anderes System zurückgibt, welches bereits
direkt oder über andere die Eingabe für das betreffende System geliefert hat. Solche derartigen Strukturen lassen sich graphentheoretisch als Bäume darstellen. Unter *Rückkopplung* wird eine Kopplung verstanden, die einen oder mehrere Zyklen enthalten. Die
direkte Rückkopplung ist dann eine Rückkopplung, bei der die Ausgabe ganz oder teilweise als Eingabe in dieselbe Komponente zurückfließt (Abb. 3.5).

Jedes offene System lässt sich als ein Daten verarbeitendes System interpretieren, in
welches Daten hineingelangen (Input), diese Daten dann in Zustandsänderungen umgesetzt (verarbeitet) werden, um dann Daten über den Zustand auszugeben (Output).

Gemäß dieser systemtheoretischen Sichtweise lassen sich bei einem kognitiven System
die Systemkomponenten Empfänger (Rezeptoren) für Eingangsdaten, Zustandsspeicher

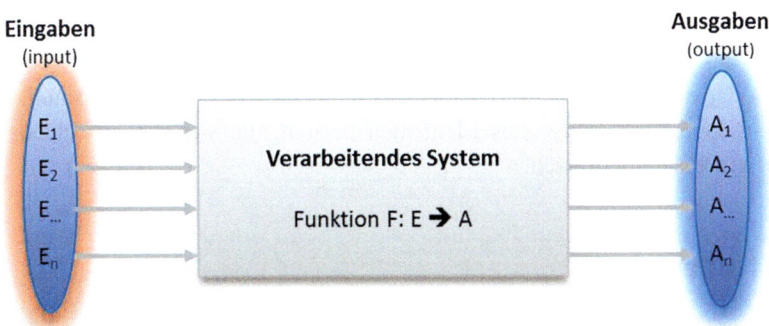

Abb. 3.6 (E)ingabe-(V)erarbeitungs-(A)usgabe-Prinzip

und Sender (Emmitoren) für Ausgabedaten ausmachen. Jede der Systemkomponenten stellt für sich aus systemtheoretischer Sicht ein Daten verarbeitendes System dar, d. h. es gelangen Daten in das System, die den Zustand eines Speichers verändern, und es können Daten über den jeweiligen Zustand das System verlassen (Abb. 3.6).

Die im Rahmen dieses Buches behandelten Phänomene müssen entsprechend bezeichnet und klassifiziert werden, wodurch dem System Attribute und Attributklassen zuzuordnen sind. Man unterscheidet je nach dem mit der Begriffsbildung erreichbaren Ordnungsgrad primäre, sekundäre und tertiäre Attribute. Als *primäre Attribute* solcher Systeme sollen alle benannten Phänomene bezeichnet werden, die sich in ein- oder mehrdimensionale metrische Skalen (Intervallskalen) einordnen lassen. Es handelt sich also um Attribute, die z. B. den Ort, das Alter, die räumliche Ausdehnung, die Masse, die Anzahl der Komponenten, den Druck, die Temperatur, die Geschwindigkeit, die Beschleunigung und die Kosten des Systems angeben. Als *sekundäre Attribute* sollen alle benannten Phänomene bezeichnet werden, die sich höchstens in topologische (ordinale) Skalen einordnen lassen. Dabei handelt es sich um Attribute, die z. B. eine Wertschätzung, eine Nutzenangabe, eine Güte-, Größen- oder Schönheitsempfindung für ein System angeben. Gleichartige oder logisch zusammengehörige Attribute werden zu Attributklassen zusammengefasst. Sämtliche Attribute eines Systems müssen als veränderlich angesehen werden, denn sie bezeichnen lediglich den momentanen Zustand eines Systems, welcher durch Interaktion bzw. Interoperation mit anderen Systemen einem ständigen Wandel unterliegt. Selbst die sehr konstant erscheinenden tertiären Attribute entstehen mit dem Entstehen und verschwinden mit dem Verschwinden des Systems. Unter diesen Aspekten der Veränderlichkeit ist es praktisch, alle Attributklassen eines Systems als Zustandsvariablen, die Attribute (Werte) als Ausprägungen der Zustandsvariablen und die Zeitreihe von Attributen einer bestimmten Klasse als Zeitfunktion oder Prozess zu bezeichnen. Damit lassen sich dann zwei grundsätzlich verschiedene Arten von Zustandsvariablen beschreiben, nämlich quantitativ und qualitativ veränderliche Zustandsvariablen. Primäre Attribute sind durchweg der ersten Kategorie, sekundäre sowie tertiäre Attribute durchweg der zweiten Kategorie zuzuordnen. Quantitative

Veränderlichkeit bedeutet, dass die Ausprägungsmenge einer Zustandsvariablen (Attributklasse) aus Elementen besteht, die sich nur durch ihre Intensität (Größe) unterscheiden. Qualitative Veränderlichkeit ist gegeben, wenn die zu einer Zustandsvariablen gehörige Ausprägungsmenge aus Elementen besteht, die sich aus verschiedenartigen Phänomenen zusammensetzen.

3.5   Modellbegriff

Sollen bestehende Systeme eingehend analysiert, umgestaltet oder aber Systeme neu entwickelt werden, so erfordert dies umfangreiche analytische und experimentelle Untersuchungen. Speziell in der Organisationsentwicklung gestatten die Komplexität der Systemstrukturen und die vielfältigen Umweltbeziehungen es oftmals nicht, die Zusammenhänge sofort zu erkennen bzw. gleich beim ersten Versuch zielentsprechend und final zu gestalten. Es entsteht also das Problem, ein durch Analyse, Beobachtung etc. entstandenes Bild in ein experimentelles oder ausführbares Modell zu überführen.

Ein Modell dient demnach zur Beschreibung der Eigenschaften und der Strukturen eines bestimmten Systems. Es ist daher selten ein absolut vollständiges Abbild des zu betrachtenden Systems. Trotz oder vielleicht gerade wegen dieser Unvollständigkeit berauben Modelle einem Phänomen der Wirklichkeit seine Einzigartigkeit, sehen dieses eher als Produkt bestimmter Kräfte und Bestandteile und stellen es als mehr oder weniger abhängiges Glied in größere Zusammenhänge. Jedes Modell muss dabei damit rechnen, durch ein anderes (umfassenderes, einfacheres, eleganteres, optimaleres, etc.) ersetzt zu werden. Es gilt daher vor allem für die Organisationsentwicklung: Es gibt oftmals nicht nur ein einziges Modell, sondern viele konkurrierende. Je nachdem, welchen Zweck man mit der Modellbildung verfolgt, gibt es demnach verschiedenartige Modelle mit unterschiedlichen Eigenschaften. Bereits mit der Festlegung des interessierenden Betrachtungsgegenstandes als eigenständiges System und den daraus resultierenden Koppelgrößen mit der realen Umwelt, werden Kompromisse eingegangen, die zu einer mehr oder weniger genauen (scharfen) Modellbildung des Systems und Auswahl der zu berücksichtigenden Koppelgrößen führen. Dadurch entsteht ein Unterschied zwischen Abbildung und der Realität. Damit stellt sich die Frage, wie sich dieser Unterschied auf die möglichen Erkenntnisse auswirkt. Dabei kommt einem die Erkenntnistheorie entgegen. Die *Erkenntnistheorie* ist derjenige Zweig der Philosophie, der sich mit Gewinnung kognitiver Methoden, dem Wesen und eben den Grenzen von Erkenntnis befasst. So verwendet man gerade im Alltag viele solcher reduzierten Modelle, ohne eigens darüber nachzudenken. Letztere sind erste Beispiele für formale Modelle. Sie sind in einer formalen Sprache formuliert. Formale Sprachen können gleichzeitig Wörter, Buchstaben, grafische Symbole und ggf. Farben verwenden (Landkarten, technische Zeichnungen, etc.). In der Informatik werden die einsetzbaren Elemente erweitert, etwa um Klassenmodelle und Geschäftsprozessmodelle, Wörter und mathematische Zeichen (Programmiersprachen) oder um Buchstaben und mathematische Zeichen (mathematische, physikalische und chemische Formeln). Darstellungen in formaler Sprache sind eindeutig und lassen keinen Interpretationsspielraum zu, wie etwa natürlichsprachliche

Äußerungen. Formale Modelle – insbesondere in der Informatik (zum Beispiel von betrieblichen Aufgabenbereichen) – sind spezielle Formen von Erkenntnis. Sie sind das Ergebnis kognitiver, empirischer Verfahren (Beobachtung, Beschreibung, Typisierung, Abstraktion, Formalisierung). Damit sind sie und ihre Erstellung Gegenstand erkenntnistheoretischer Überlegungen. Aus der Philosophie sind viele erkenntnistheoretische Schulen hervorgegangen, die in der Beurteilung des Erkenntniswerts von Modellen grundverschiedene, teilweise abstruse Positionen einnehmen. Erst mit der Entwicklung naturwissenschaftlicher Erkenntnistheorien in der Physik und Biologie des 20. Jahrhunderts lichtet sich dieses Dickicht. Es soll aber nicht die bisherige Streitfrage „Wie gut können Modelle die Realität beschreiben?" im Vordergrund stehen, sondern die Frage: „Wie praktikabel sind die Modelle für die Erkenntnisgewinnung?". Der naive Realismus vertritt beispielsweise die Ansicht, dass Modelle Eins-zu-eins-Abbilder (isomorphe Abbilder), also exakte, nicht verzerrte, nicht entstellte Abbilder der Realität sind. Dieser Objektivitätswahn findet sich häufig in der Mathematik und der allgemeinen Informatik, nicht aber in der modernen Organisationsentwicklung. Zeigen doch schon einfache Selbstversuche, etwa mit optischen Täuschungen, erst recht aber Erfahrungen mit der Problematik des Einsatzes betrieblicher Informationssysteme in der Wirtschaftsinformatik, speziell in der Simulation natürlicher Sachverhalte mit Hilfe von Neuro-Fuzzy-Systemen, dass zwischen Modell und Realität immer eine „Realitätskluft" bestehen kann. Diese entsteht unvermeidlich einerseits aus der grundsätzlichen Komplexitätsreduktion bei jeder Art von Modellierung, andererseits durch den Modellkonstrukteur selbst: Modelle sind immer Menschenwerk, eben natürlich-kognitive Konstrukte. Sie entstehen nicht passiv mit dem Fotoapparat und fallen nicht vom Himmel, sondern sind Ergebnisse aktiver Realitätsinterpretationen durch einen Modellkonstrukteur, der je nach beschriebenem Realitätsausschnitt seine persönliche Subjektivität einbringt und einen ganz bestimmten Modellierungszweck verfolgt. Diese Einsicht führt zum kritischen Realismus, der allerdings über die Größe der Kluft zwischen Modell und Realität im jeweiligen Einzelfall keine Aussage macht. Hier hilft erst die evolutionäre Erkenntnistheorie weiter, die aus der Biologie hervorgegangen ist. Sie sieht den menschlichen Erkenntnisapparat als Produkt der Evolution, d. h. als im Laufe von Jahrhunderttausenden an die Umwelt angepasst und erprobt, an. Dieser Apparat kann sich keine größeren existenzgefährdenden Irrtümer leisten, d. h. die Spannung zwischen Modell und Realität muss sich in überschaubaren Grenzen halten. Allerdings verläuft die technisch-kulturelle Evolution der letzten 5000 Jahre wesentlich schneller als die biologische Evolution, so dass der menschliche Erkenntnisapparat keine Chance hatte, sich in vollem Umfang an mittlerweile völlig veränderte Erkenntnisgegenstände anzupassen. Resultat ist, dass heute weiterhin steinzeitliche (naiv-realistische) kognitive Strategien verwendet werden, mit dem Ergebnis, dass sich bei komplexen Erkenntnisgegenständen (Organisationen, betrieblichen Abläufen, Erkennen von Situationen, Wetter, Klima, etc.) erhebliche Klüfte zwischen Modell und Realität auftun können. Zumindest kann die evolutionäre Erkenntnistheorie auf problematische Aspekte in Modellierungsprozessen hinweisen, einigermaßen detailliert erklären und damit andererseits den Grad der Abweichung einschätzbar machen und andererseits Wege zu Gegenmaßnahmen, das heißt zu einer Überbrückung der Kluft, aufzeigen. Trotz dieser Auseinandersetzung mit der Erkenntnistheorie erhält der Leser kein Patentrezept zur Durchführung perfekter Modellierungen, denn die prinzipiellen erkenntnistheoretischen Probleme können durch keine Modellierungsmethode beseitigt werden. Jedoch kann Wissen um erkenntnistheoretische Zusammenhänge und bewusste Auseinandersetzung mit ihnen deren unerwünschte Folgen sehr wohl erheblich mindern. Es gibt sowohl allgemeine Gesetzmäßigkeiten als auch fachspezifische, die weit über die Resultate aus der Beschäftigung mit dem „human factor" in den Wissenschaftsdisziplinen hinausgehen.

▶   Requirements Engineering ist ein gutes Beispiel, wie man erkenntnistheoretisches Wissen in der Informatik hervorragend nutzen kann. Im Gegensatz zu naturwissenschaftlichen Erkenntnisgegenständen kann ein menschlicher Experte in natürlicher Sprache über seine Expertise Auskunft geben, weil er Mensch und damit einer Sprache mächtig ist. Der Informatiker beobachtet also nicht passiv betrachtend, sondern aktiv befragend und beeinflussend. Er bekommt die Anforderungen des künftigen Anwendungssystems zunächst in natürlicher Sprache, also prämodellhaft. Diese Anforderungen sind oftmals inkonsistent, unvollständig, voll vom Experten geprägten Ausdrücken. Daraus soll der Entwickler nun vor dem Hintergrund seines subjektiven Vorwissens ein konsistentes, vollständiges, formales Modell der Prozesse und Informationsflüsse ableiten. Allein sich dieser Rahmenbedingungen der Modellierungssituation bewusst zu sein, führt zu deutlich besseren Modellen (Rembold und Levi 2003).

Der Tatsache zum Trotz, dass für die Modellierung keine in allgemeingültige Regeln fassbare Vorgehensweise geliefert werden kann, lassen sich drei allgemeine Anforderungen nennen:

- **Forderung nach Transparenz**: Die Modellelemente müssen klar definiert, eindeutig beschreibbar und in sich widerspruchsfrei sein.
- **Forderung nach Modellgültigkeit**: Die Folgerungen über das Verhalten, die man aus den Verknüpfungen der Modellelemente zu einem Gesamtmodell ziehen kann, müssen im Rahmen des Modellzwecks (Gültigkeitsbereich) dem realen Systemverhalten entsprechen.
- **Forderung nach Effizienz**: Gibt es verschiedene Möglichkeiten zur Darstellung des Systems, die alle den ersten beiden Forderungen genügen, so sollte man die einfachst mögliche auswählen („Keep it simple").

Die Kunst bei der Modellierung besteht demnach darin, das Modell so einfach wie möglich zu gestalten, um es mit technisch und wirtschaftlich vertretbarem Aufwand untersuchen und später realisieren zu können. Dabei dürfen aber keine unzulässigen, das Systemverhalten zu stark verfälschenden Annahmen getroffen werden. Insofern kann die Maxime aufgestellt werden: Alles so einfach wie möglich und nur so kompliziert wie unbedingt nötig.

3.6   Modellvarianten

Die in diesem Buch entwickelten Ansätze basieren auf der allgemeinen Modelltheorie, die im Jahre 1973 von Herbert Stachowiak entwickelt wurde. Diese Basis wurde nicht zuletzt aus dem Grunde gewählt, damit der entwickelte Modellbegriff nicht auf eine ganz bestimmte, dedizierte Wissenschaftsdisziplin festgelegt ist. Vielmehr soll ein problem-domänen-übergreifender Begriff zum Einsatz kommen, der eher allgemein anwendbar erscheint. Nach Stachowiak ist ein Modell vor allem durch drei Merkmale gekennzeichnet:

- **Abbildung**: Ein Modell ist immer ein Abbild von etwas, eine Repräsentation natürlicher oder künstlicher, originärer Realitäten, die selbst wieder Modelle sein können.
- **Minimierung**: Ein Modell erfasst nicht alle Attribute des Originals, sondern nur diejenigen, die dem Modellierer bzw. dem Modellanwender relevant erscheinen.
- **Pragmatismus**: Pragmatismus bedeutet hier die Orientierung am Nützlichen. Ein Modell ist einem Original nicht a priori von sich aus zugeordnet. Die Zuordnung wird vielmehr durch die Fragenstellungen „Für wen?", „Warum?" und „Wozu?" getroffen. Ein Modell wird vom Modellierer bzw. Modellanwender innerhalb einer bestimmten Zeitspanne und zu einem bestimmten Zweck für ein Original eingesetzt. Man kann also davon sprechen, dass das Original durch das Modell interpretiert wird.

Ein Modell zeichnet sich also durch Abstraktion aus, um durch eine bewusste Vernachlässigung bzw. Reduktion bestimmter Merkmale, die für den Modellierer oder den Modellierungszweck wesentlichen Modelleigenschaften hervorzuheben. Dabei wird – im Gegensatz zu Modellbegriffen einzelner Wissenschaften – kein bestimmter Abstraktionsgrad vorausgesetzt, um ein Konstrukt dennoch als Modell bezeichnen zu können. Modelle können dabei hinsichtlich ihrer Originale, ihrer Intention, ihrer Attribute und der Adäquatheit von Original und Modell unterschieden werden. Ein einzelnes Subjekt verbindet mit einem konkreten Modell stets eine bestimmte Intention, zu dem das Modell konstruiert oder genutzt wird, wobei Modellkonstrukteur und Modellanwender nicht automatisch die gleichen Intentionen mit dem gleichen Modell verbinden müssen (Perspektivenproblem). Mit Modellen verbundene Intentionen können sein:

- Didaktische Veranschaulichung,
- Experimentalisierung,
- Repräsentation,
- Prognosen,
- Kommunikation,
- Theoriebildung,
- Nutzbarmachung eines Originals,
- Erkenntnisgewinn,
- Handlungsgrundlage
- u. v. m.

Transformiert auf die Belange der Organisationsentwicklung besteht somit die Intension einer Modellbildung darin, die aus den Fachwissenschaften stammenden Modelle so umzuschreiben, dass sie im Rahmen einer Entwicklung von Organisationssystemen praktisch wiederverwendet werden können.

Da Modelle zweck-, zeit- und subjektorientiert erstellt werden, können zu einem Original gleich verschiedene Modelle (ko)existieren. Zum Vergleich von Original und Modell muss dem Modell-Designer und/oder dem Modellnutzer bekannt sein, unter Anwendung welcher Operationen das Modell an das Original angeglichen wurde. Es lassen sich wiederum in Anlehnung an Stachowiak drei Angleichungsebenen unterscheiden:

- Die **strukturell-formale Angleichung** bezieht sich auf Attribute, die Relationen zwischen Komponenten der Entitäten beschreiben.
- Die **material-inhaltliche Angleichung** bezieht sich auf (sekundäre) Attribute, die die Bedeutung, den Sinn und die Vorstellung zu einem Attribut beschreiben.
- Die **naturalistische Angleichung** bezieht sich auf Attribute, die materiell-energetische und raumzeitliche Eigenschaften von Entitäten beschreiben.

Stachowiak gibt ebenfalls zur Differenzierung von Modellen eine pragmatische Einteilung in grafische, technische und semantische Modelle an, die sich sicherlich noch weiter verfeinern läßt:

- **Graphische Modelle** sind im Wesentlichen zweidimensionale Modelle. Die Originale stammen meist aus dem Bereich der Wahrnehmung, der Vorstellung und den darauf aufbauenden gedanklichen bzw. mentalen Operationen. Grafische Modelle, die unmittelbar ihre Bedeutung repräsentieren, werden als ikonisch bezeichnet, während symbolischen Modellen ihre Bedeutung, ihr spezieller Code zugeordnet werden muss (s. a. Frey 1961).
- **Technische Modelle** sind vorwiegend dreidimensionale, raum-zeitliche und materiellenergetische Repräsentationen von Originalen. Entsprechend der Natur ihrer Attribute lassen sich physiko-, bio-, psycho- und soziotechnische Modelle unterscheiden.
- **Semantische Modelle** sind Kommunikationssysteme, die ein Subjekt zur informationellen Verarbeitung seiner empfundenen Wirklichkeit einsetzt. Es wird zwischen den internen Modellen der Perzeption und des Denkens sowie den externen semantischen Modellen unterschieden, die sich aus Zeichen und Zeichenkombinationen aufbauen.

Zur Entwicklung von Systemen im Allgemeinen und Organisationssystemen im Speziellen wird man nicht nur auf alle drei Varianten von Modellen zurückgreifen, sondern man wird weitere Modelltypen hinzuziehen müssen. Insofern werden die Modelltypen von Stachowiak durch zwei weitere, eher an den Konzepten Daten-Informationen-Wissen orientierte Varianten komplettiert (Abb. 3.7).

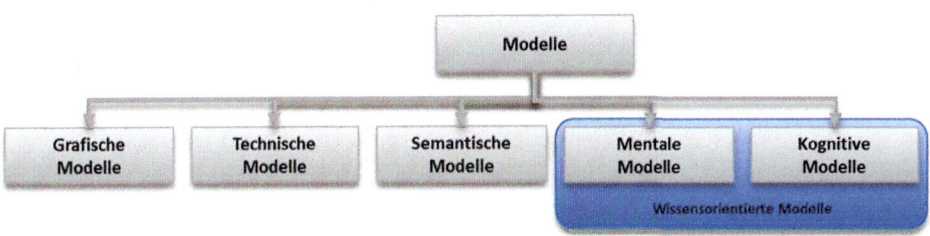

Abb. 3.7 Modellvarianten

Gerade die Entwicklung von kognitiven Organisationssystemen wird bedingen, dass sich beim Modellieren die Übergänge zwischen einzelnen Modelltypen eher fließend gestalten. Diese multiple Verwendung einzelner Modelltypen zeigt sich in den unterschiedlichen Bereichen der Organisations- und Lösungssystementwicklung (Abb. 3.7).

Literatur

Chaitin, G. (1987): Algorithmic information theory, Cambridge University Press.

Fodor, J. (1975): The Language of Thought. Harvard Univ Press.

Frey, A.H. (1961): Auditory system response to radio frequency energy. Technical note. In: Aerospace Medicine. Band 32, 1961, S. 1140–1142.

Hall, A.D./Fagen, R.E: (1968): Definiton of system, in: Buckley, Hrsg., 81–92.

Küppers, O. (1987): Ordnung aus dem Chaos. Prinzipien der Selbstorganisation und Evolution des Lebens. Festschrift for the 60th birthday of Manfred Eigen. Piper Verlag, Munich 1st edition 1987, 2nd edition 1988, 3rd edition 1991.

Krieger, D. (1996): Einführung in die allgemeine Systemtheorie. UTB, Stuttgart.

Krohn, W./Küppers, G., Hrsg., (1992): Emergenz. Die Entstehung von Ordnung, Organisation und Bedeutung. Franfurt/M.

Popper, K. (1935): Logik der Forschung. Akademie-Verlag, Berlin.

Rembold, P./Levi, U. (2003): Einführung in die Informatik: für Naturwissenschaftler und Ingenieure. Carl Hanser Verlag GmbH & Co. KG

Kognitionen

4

Zunächst: „Die" Kognition gibt es nicht. Unter Kognition wird in diesem Buch das Resultat der Signal-, Daten-, Informations- und Wissensverarbeitung verstanden, die bei Lebewesen durch das Nervensystem erfolgt und bei artifiziellen Systemen durch die Simulation naturanaloger Verfahren realisiert wird. Der Begriff der *Kognition* kommt vom lateinischen Wort *cognitio* und bedeutet so viel wie Erkenntnis oder Kenntnis. Demzufolge kommt der Kognition unter anderem eine Erkenntnis- und Entscheidungsfunktion zu.

4.1 Kognitionssubstrate

Zunächst besteht das *Nervensystem* aus dem zentralen Nervensystem (Gehirn und Rückenmark), dem peripheren Nervensystem (sensorische und motorische Nervenzellen) und dem vegetativen Nervensystem (das Körperfunktionen wie Verdauung und Herzfrequenz regelt). Dabei ist das Rückenmark über das periphere Nervensystem mit Muskeln, Organen und Rezeptoren verbunden. Zum peripheren Nervensystem gehört auch das vegetative Nervensystem, das automatisch ablaufende Prozesse wie beispielsweise Herzfrequenz, Verdauung, Körpertemperatur etc. reguliert. Das Nervensystem besteht aus Nervenzellen (Neuronen), die Signale empfangen, verarbeiten und weiterleiten sowie aus Gliazellen, die die Umgebung bilden, in der die Nervenzellen eingebettet sind. In diese Bestandteile zerlegt, fasziniert das menschliche Gehirn als solches die Menschen seit Jahrtausenden. Insofern lohnt es sich, zunächst einen kurzen Blick auf die Geschichte der Hirnforschung zu werfen, zumal dieses Buch nicht ohne deren Errungenschaften aber auch nicht ohne deren Rückschläge entstanden wäre.

Das Gehirn aus heutiger Sicht ist ein Netzwerk aus verschiedenen Teilsystemen und miteinander verknüpften Arealen. Als solches ist das menschliche Gehirn (lat. Cerebrum; griech. Cephalon) sicherlich die komplexeste Struktur des Universums, das Herzstück des

© Springer-Verlag GmbH Deutschland 2016   145
M. Haun, *Cognitive Organisation*, DOI 10.1007/978-3-662-52952-2_4

Nervensystems und bildet damit die Steuerungszentrale sämtlicher Abläufe im menschlichen Körper. Das Gehirn an sich besteht aus etwa einhundert Milliarden Nervenzellen. Diese *Nervenzellen* werden im Fachjargon auch *Neuronen* genannt und stellen die kleinsten Verarbeitungseinheiten des Nervensystems dar. Sie sind in einem sehr engmaschigen Netzwerk miteinander verbunden. So kann eine einzige Nervenzelle tausende Kontakte zu anderen Nervenzellen besitzen. Diese Verknüpfungen entstehen über die sogenannten *Synapsen*, welche eine Verbindung zwischen den einzelnen Nervenzellen untereinander und den Muskeln herstellen. Über die Nervenzellen und deren Verbindungen werden elektrische Impulse gesendet, welche somit die Informationsübertragung realisieren. Mit einem durchschnittlichen Gewicht zwischen ca. 1.200 Gramm und 1.400 Gramm beim erwachsenen Menschen macht das Gehirn nicht einmal 5 % der gesamten Körpermasse aus, hat aber einen Anteil von ungefähr 20 % am Energieverbrauch des Körpers. Aufgrund der Tatsache, dass das Gehirn an nahezu allen Vorgängen des Körpers beteiligt ist, haben Verletzungen des Gehirns in der Regel große Auswirkungen auf diese Körperfunktionen. Allerdings zeigen nicht alle Läsionen (Verletzungen) die gleiche Wirkung auf den Körper oder die geistigen Fähigkeiten des Menschen. Bestimmte Hirngebiete arbeiten zusammen und haben spezielle Aufgabenschwerpunkte wie zum Beispiel Bewegung, Gefühle, Sprache, Gedächtnis und Aufmerksamkeit.

Die Verarbeitung der Informationen, die der Mensch aus seiner Umwelt oder von seinem Körper wahrnimmt, übernimmt das zentrale Nervensystem. Dieses Nervensystem kann zum einen in das Gehirn und zum anderen in das Rückenmark unterteilt werden. Das Rückenmark liegt in der Wirbelsäule und ist ca. 40–50 cm lang. Es leitet Befehle vom

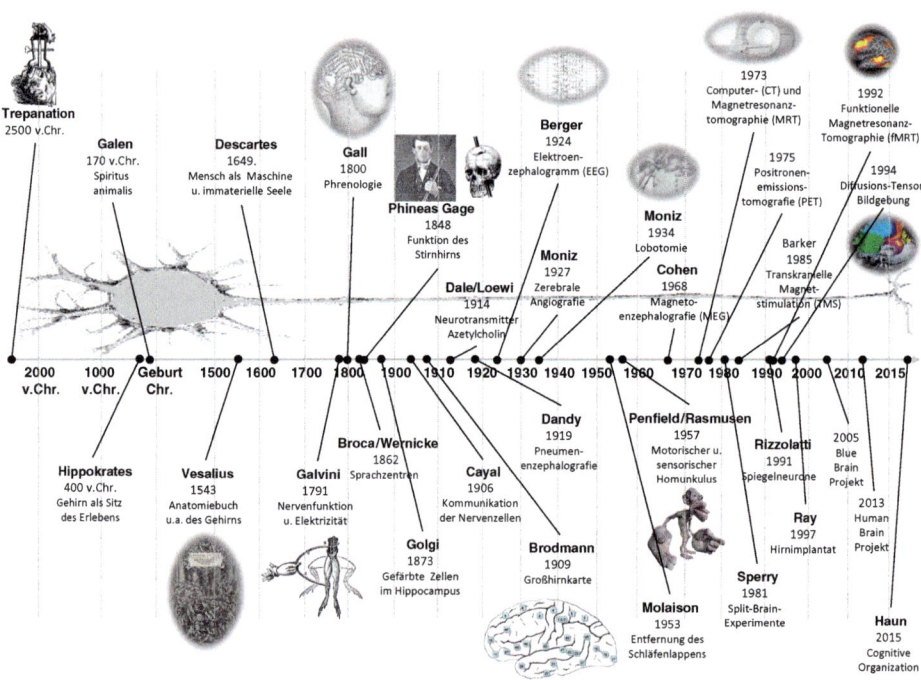

Abb. 4.1 Geschichte der Hirnforschung

Gehirn an die Muskeln weiter und besteht aus einer innen liegenden, grauen Substanz, sowie einer außen liegenden, weißen Substanz. In der grauen Substanz liegen die Nervenzellkörper, in der weißen die Nervenleitungsbahnen. Wird das Rückenmark geschädigt, können je nach Ort der Schädigung Lähmungen von Händen, Füßen oder auch Querschnittslähmungen auftreten (Abb. 4.1).

Aber auch im Gehirn findet man weiße und graue Substanzen, indem die graue Substanz dort die Hirnrinde bildet und das Hirnmark sich vornehmlich aus der weißen Substanz zusammensetzt (Abb. 4.2).

Abb. 4.2 Rückenmark und
Gehirn

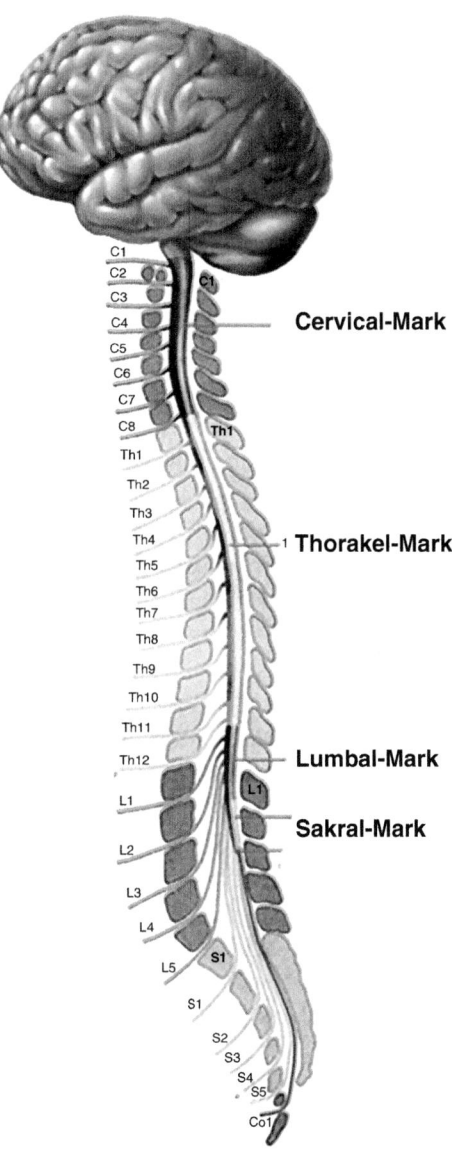

Cervical-Mark

Thorakel-Mark

Lumbal-Mark

Sakral-Mark

Abb. 4.3 Strukturen des
Gehirns

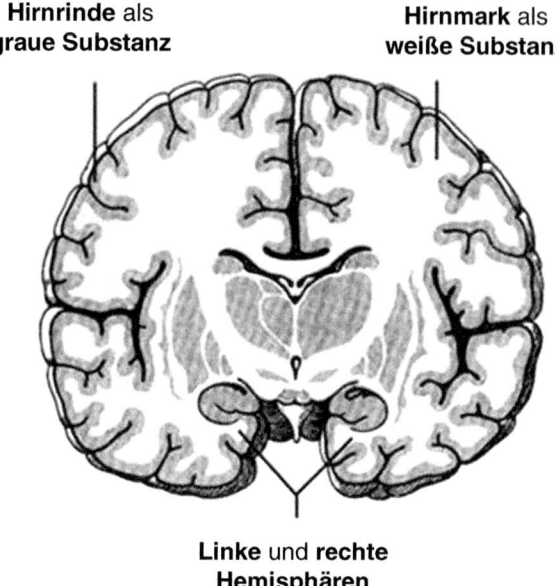

Hirnrinde als
graue Substanz

Hirnmark als
weiße Substanz

Linke und **rechte**
Hemisphären

Das menschliche Gehirn lässt sich auf unterschiedliche Art und Weise untergliedern.
Aufgrund des funktionalen Ansatzes dieses Buches empfiehlt es sich, zunächst das menschliche Gehirn in das Großhirn und den Hirnstamm zu unterteilen (Abb. 4.3).

Das Großhirn (Neokortex) ist aus evolutionärer Perspektive der jüngste Teil des Gehirns
und kann in verschiedene Untereinheiten, die sogenannten Lappen aufgeteilt werden (Abb. 4.4).

- **Hinterhauptslappen** (Okzipitallappen). Grob betrachet, ist dieser Bereich des Gehirns
  für die Verarbeitung der visuellen Reize zuständig. Das bedeutet, wenn etwas mit den
  Augen wahrgenommen wird, wird die Information an den Hinterhauptslappen weitergeleitet und dieser verbindet und interpretiert die eingehenden Informationen in sinnvoller Weise, so dass Objekte, Personen und Orte erkannt werden können.
- **Scheitellappen** (oder Parietallappen): Er schließt an den oberen Hinterhauptslappen an
  und ist hauptsächlich für Aufmerksamkeitsprozesse und sensorische Empfindungen zuständig. Mit sensorischen Empfindungen sind Informationen gemeint, die über die Sinne Sehen, Hören, Riechen, Schmecken und Tasten aufgenommen werden. Demzufolge
  kann eine Schädigung zum einen dazu führen, dass in bestimmten Bereichen des Körpers sensorische Empfindungen nicht mehr wahrgenommen werden können, zum anderen kann eine Schädigung in diesem Bereich zu Konzentrationsstörungen führen.
- **Schläfenlappen** (Temporallappen): Dieser beinhaltet die Hörrinde. Diese ist zur Informationsverarbeitung von akustischen Reizen zuständig. Das bedeutet, wenn das Ohr ein
  Schallsignal aufnimmt, wird dies an die Hörrinde weitergeleitet. Sie entschlüsselt die
  Information und lässt die Töne und Geräusche als solche erkennen. Weiterhin befindet
  sich im Schläfenlappen das Wernicke-Areal, welches für das Sprachverständnis zuständig ist. Ist dieses Gebiet geschädigt, kann es zu Sprachstörungen kommen.

Abb. 4.4 Großhirn und Hirnstamm

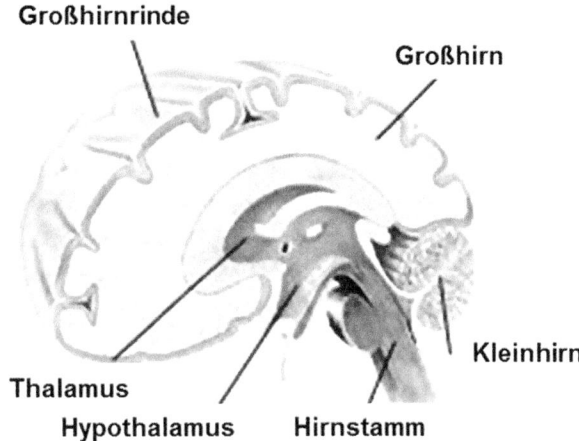

• **Stirnlappen** (Frontallappen). In diesem Bereich sind mehrere Funktionen verortet. Zum einen ist er wichtig für die Motorik, das bedeutet für die Bewegung verschiedener Muskelgruppen. Weiterhin liegt im Stirnlappen das Broca-Areal. Das Broca-Areal ist für die Sprachproduktion zuständig. Es erfolgt häufig noch eine Abgrenzung des vordersten Teils des Stirnlappen. Er wird als Präfrontalkortex bezeichnet und ist der jüngste Teil des Kortex, der äußeren Rinde des Gehirns. Der Kortex ist bei Menschen deutlich größer ausgeprägt als bei anderen Säugetieren. Der Präfrontalkortex ist für die sogenannten exekutiven Funktionen zuständig. Damit sind komplexe geistige Funktionen gemeint, wie z. B. die Planung von Bewegungen und Handlungen, oder auch die Hemmung bestimmter Handlungen. Eine Schädigung kann zu Defiziten in der Handlungsplanung, aber auch zur Verlangsamung bei der Ausführung von Handlungen führen. Weiterhin kann es zu Schwierigkeiten führen, ethische und moralische Entscheidungen zu treffen. Betroffene zeigen oft ein gleichgültiges Verhalten.

Daneben besteht das Großhirn auch aus tiefer gelegene Strukturen, die im Folgenden kurz beschrieben werden (Abb. 4.5).

• **Hippocampus**: Er stellt die Überführung von Gedächtnisinhalten vom Kurzzeitgedächtnis zum Langzeitgedächtnis sicher. Schädigungen des Hippocampus können dazu führen, dass Neues nicht mehr langfristig gemerkt werden kann, lediglich nur noch höchstens 2 Minuten. Dies betrifft nicht nur Dinge des Alltags, sondern auch neue Umgebungen, denn auch das räumliche Erinnerungsvermögen kann durch eine solche Läsion am Hippocampus zerstört werden. Alte Gedächtnisinhalte wie die eigene Kindheit, also alle Dinge, die vor der Schädigung des Hippocampus gespeichert wurden, bleiben meist weitgehend erhalten und können auch weiterhin abgerufen werden. Informationen und Ereignisse, die relativ kurz vor dem Schädigungsereignis eingespeichert wurden, können mitunter verloren gegangen sein, weil sie noch nicht vollständig in das Langzeitgedächtnis überführt worden waren.

Abb. 4.5 Großhirn und seine
Lappen

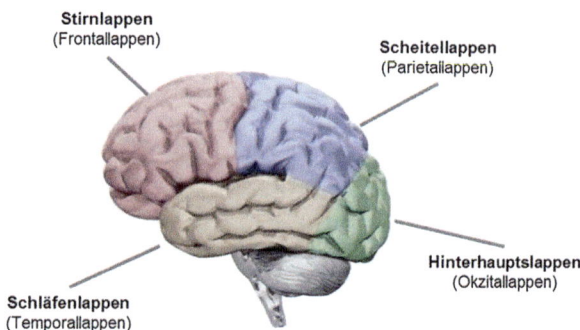

- **Fornix**: Die Fornix ist Teil des Hippocampus und dafür verantwortlich, dass Dinge, die gespeichert werden sollen, vom Kurzzeitgedächtnis (Merkdauer hier höchstens 2 Minuten) in das Langzeitgedächtnis überführt werden.
- **Amygdala**: Sie ist zentral für die Verarbeitung von Gefühlen, insbesondere Angst und Furcht verantwortlich. Umweltinformationen werden von der Amygdala daraufhin überprüft, ob sie gefährlich sind oder nicht.
- **Insula** oder Inselrinde: Die Insula ist bezüglich ihrer kompletten Funktionen noch nicht vollständig entschlüsselt. Derzeit geht man davon aus, dass sie unter anderem an der Verarbeitung unbewusster Körperempfindungen und hier besonders von Geschmacksreizen beteiligt ist. Außerdem scheint sie an einigen Abläufen in der Schmerzwahrnehmung beteiligt zu sein. Sie ist der wichtigste Teil der sogenannten viszerosensiblen (Sensitivität gegenüber (unbewussten) Empfindungen der Eingeweide) Rinde.
- **Basalganglien**: Die Basalganglien setzen sich aus mehreren Strukturen zusammen. Die Basalganglien steuern die absichtlichen (sog. willkürlichen) Bewegungen, etwa wenn Gegenstände in die Hand genommen werden sollen. Sie sind also für die Feinabstimmung der Bewegungsabläufe und damit für die Motorik zuständig.

In den späteren Abschnitten dieses Buches werden bestimmte Funktionen einzelnen Hirnregionen zugeordnet. Dabei wird von einer Lateralisation (Aufteilung von Prozessen auf die linke und rechte Gehirnhälfte) des Gehirns ausgegangen. Das bedeutet, die rechte Körperseite wird von der linken Hemisphäre (Hirnhälfte) gesteuert und die linke Körperseite entsprechend von der rechten Hemisphäre. Die Verbindung der beiden Hemisphären wird Corpus Callosum oder auch Balken genannt. Über diesen Balken wandern die Informationen über die Faserverbindungen von rechts nach links, also von einer Hemisphäre in die andere (Abb. 4.6).

Der Hirnstamm liegt unter dem Großhirn und kann, wie auch das Großhirn, in verschiedene Bereiche eingeteilt werden (Abb. 4.7). So besteht der Hirnstamm aus drei Teilen: dem Rautenhirn, dem Mittelhirn und dem Zwischenhirn.

- **Rautenhirn**: Das Rautenhirn schließt direkt an das Rückenmark an. Deshalb wird die erste Struktur – die Medulla Oblongata – auch verlängertes Mark genannt. Die Medulla Oblongata steuert unter anderem den Blutkreislauf, die Atmung und verschiedene

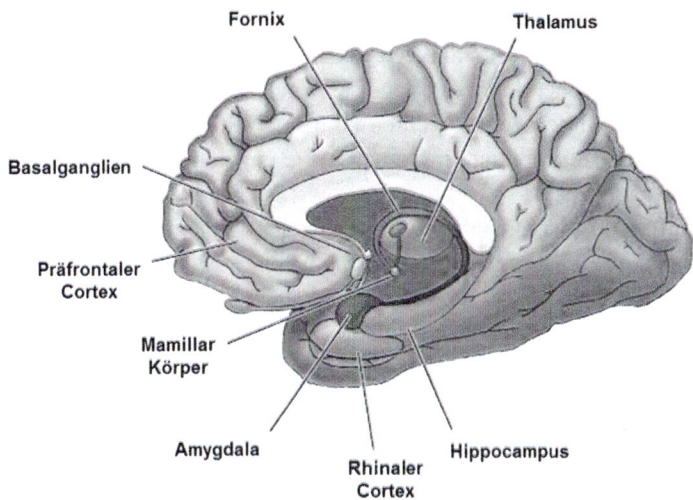

Abb. 4.6 Tiefenstrukturen des Gehirns

Abb. 4.7 Balken

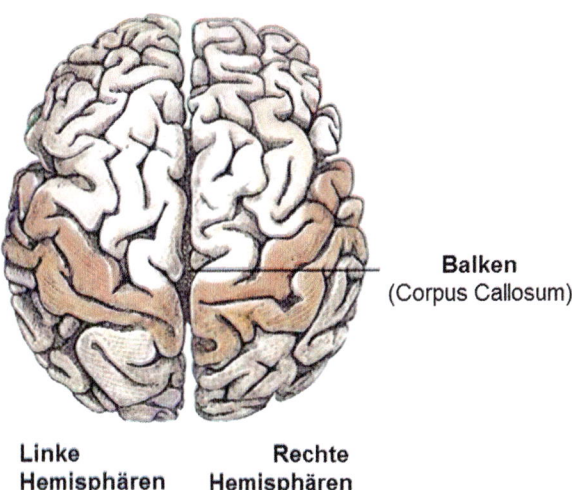

Reflexe wie beispielsweise Schluck-, Nies-, und Hustenreflex. Oberhalb der Medulla
Oblongata befindet sich die sogenannte Brücke (Pons). Diese ist wichtig für unseren
Gleichgewichtssinn. Funktionsstörungen des Pons gehen häufig mit Schwindelgefüh-
len und Gleichgewichtsstörungen einher. Häufig sehen die Betroffenen auch Doppel-
bilder. Die letzte Struktur, die auch zum Rautenhirn gezählt werden kann, ist das
Kleinhirn, auch Cerebellum genannt. Das Kleinhirn befindet sich unterhalb des Okzi-
pitallappens. Er ist nach dem Großhirn der zweitgrößte Teil des Gehirns. Grob gesagt
ist er für die Motorik zuständig, also die Steuerung, Koordination und Feinabstimmung
von Bewegungen. Ihm werden weiterhin wichtige Rollen im Bereich des Erlernens von
Bewegungsabläufen und der Regulation des Gleichgewichtssinnes zugeschrieben.

- **Mittelhirn**: Das Mittelhirn ist zum einen für die Reflexbewegungen der Augen und die Augenmotorik zuständig, zum anderen ist es eine wichtige Region für das Hörsystem. Hier werden akustische (durch das Gehör wahrnehmbare) Reize verarbeitet, so dass sie später bewusst wahrgenommen werden können. Weiterhin ist das Mittelhirn wichtig für die Schmerzwahrnehmung, Bewegungssteuerung und Willkürmotorik (bewusst gesteuerte Bewegungen).
- **Zwischenhirn**: Im Zwischenhirn befindet sich der Thalamus. Der Thalamus setzt sich aus vielen einzelnen Kernen zusammen, und gehört zu den komplexesten Gebilden im zentralen Nervensystem. Der Thalamus wird auch als das Tor zur Großhirnrinde bezeichnet. Er filtert ankommende Informationen nach ihrer Wichtigkeit und entscheidet, ob sie den Kortex erreichen und damit bewusst werden oder unterhalb der Bewusstseinsebene bleiben. Einzig die olfaktorisch (über den Geruch) aufgenommenen Informationen werden nicht im Thalamus verarbeitet.

Bei der Formatio reticularis handelt es sich nicht um einen genau umrissenen Bereich des Gehirns, sondern um eine Ansammlung von Nervenzellen und dazugehörigen Faserzügen, die sich durch verschiedene Bereiche des Gehirns ziehen. Die Formatio reticularis findet sich im Hirnstamm, im Cerebellum (Kleinhirn), dem verlängerten Mark und dem Rückenmark. Hier werden die über die Nerven gesammelten Informationen sortiert und gefiltert, sie „entscheidet" darüber, was wichtig genug ist, um an das Großhirn weitergeleitet zu werden. Die an das Großhirn weitergeleiteten Informationen werden so zu „bewussten" Informationen. Informationen, die nicht an das Großhirn weitergeleitet werden, können durch Impulse der Formatio reticularis zu unbewussten Reaktionen führen. Sie ist der wichtigste Bestandteil der körpereigenen „Alarmanlage", welches Signale in das Bewusstsein sendet und damit in ihrer außerordentlichen Wichtigkeit sofort wahrgenommen wird. Insofern sorgt dieses Alarmsystem dafür, dass die Aufmerksamkeit auf diese eine wichtige Handlung konzentriert wird und Nebensächlichkeiten ausgeblendet werden.

Die Gehirne aller Tiere, einschließlich des Gehirns der Menschen, sind aus zwei Haupttypen von Zellen aufgebaut, nämlich Nervenzellen, *Neurone* genannt, und *Gliazellen*. Letztere haben Stütz- und Versorgungsfunktionen; inwieweit sie spezifischer an der neuronalen Erregungsverarbeitung beteiligt sind, ist noch umstritten (Abb. 4.8).

▶ Vordergründig unterscheiden sich biologische Nervensysteme erheblich von der Architektur herkömmlicher Rechner. Statt eines Zentralprozessors findet sich ein hochkomplexes und kompliziert verdrahtetes Netz, bestehend aus einfachen Aktivierungseinheiten, den Nervenzellen (Neuronen) und ihren Verbindungen (Synapsen). So schätzt man die Anzahl der Neuronen auf etwa 10^{12} und diejenige der Synapsen auf etwa 10^{15}. Folglich besitzt jedes Neuron im Mittel einige tausend Kontaktstellen mit anderen Neuronen. Da jedes Neuron mit etwa 1000 weiteren Neuronen verbunden ist, gilt bei einer Gesamtzahl von 1000^4 Neuronen, dass zwei beliebige Neuronen im Mittel über lediglich 4 Schaltstationen miteinander verdrahtet sind. Ähnlich wie der Coderaum des Genoms nutzt das Gehirn trotz hoher Komplexität eine sehr dichte Struktur. Im Vergleich hierzu enthält das Rattengehirn etwa 10^{10}, dasjenige einer Fliege aber größenordnungsmäßig nur noch 10^4 Neuronen.

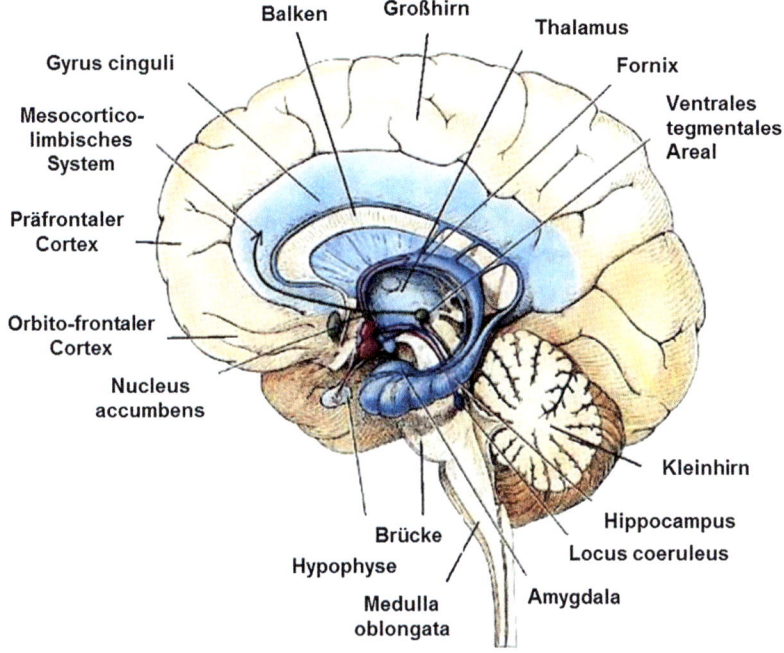

Abb. 4.8 Groß- und Kleinhirn

Vereinfacht ausgedrückt bestehen eine Nervenzelle und damit auch das Neuron aus vier Komponenten:

- **Dendriten**: Sie sind die Eingangskanäle der Zelle. Diese Auswüchse des Zellkörpers empfangen von den Synapsen anderer Neuronen entsprechende Signale. Diese Signale werden dann im Zellkörper aufaddiert und bestimmen den Aktivierungszustand der Zelle. Sie bilden in ihrer Gesamtheit ein sich stark verästelndes System von Eingangsfasern.
- **Soma**: Als Soma bezeichnet man den Zellkern oder den eigentlichen Zellkörper der Nervenzelle. Im Zellkern werden die ankommenden Signale anderer Neuronen im Laufe einer bestimmten Zeitspanne aufsummiert.
- **Axon**: Das Axon ist das Gegenstück zu den Dendriten einer Nervenzelle. Es ist der Ausgangskanal der Zelle. Über diesen Auswuchs des Somas wird der Nervenimpuls an andere Zellen weitergegeben, wenn die aussendende Nervenzelle ihren internen Aktivierungsschwellenwert durch die Addition der eingegangenen Impulse überschritten hat und einen Impuls aussendet. Das Ende des Axons kann als Hauptfortsatz in viele einzelne Axone als Endverzweigungen unterteilt sein, die mit den Synapsen der nachfolgenden Nervenzellen in Verbindung stehen.
- **Synapsen**: Die Synapsen sind die eigentlichen Übertragungspunkte zwischen den einzelnen Neuronen. Genauer betrachtet bezeichnet man als Synapse nicht einen Teil der Zelle, sondern im Prinzip ist es der Spalt zwischen den Axonen der sendenden Zelle

und den Dendriten der empfangenden Zellen. Einige Synapsen tragen dazu bei, wenn sie aktiviert sind, dass ein Neuron „feuert". Diese Synapsen werden erregende Synapsen (exzitatorische Synapsen) genannt. Andere vermindern die Feuerbereitschaft einer Zelle, diese heißen hemmende Synapsen (inhibitorische Synapsen).

Über diese synaptischen Verbindungen am Dendriten sammelt das Neuron Aktivitäten aller mit ihm verschalteten Neuronen auf und reagiert dann seinerseits mit einer axonischen Antwort. Dabei arbeitet es im Prinzip wie ein Schwellwertschalter. Ist die Summe der einlaufenden Aktivitäten groß genug, reagiert es mit Feuern, welches auf andere Neuronen geleitet wird, deren Dendriten wiederum diese neuronale Aktivität abgreifen. Man unterscheidet exzitatorische und inhibitorische Neuronen, also solche, deren Wirkung postsynaptisch entweder erregend oder hemmend ist. In den unterschiedlichen Hirnarealen findet man einige hundert morphologische Typen von Nervenzellen.

Neuronale Aktivität ist elektrochemischer Natur. Das Nervensignal einer Zelle entspricht einer kurzzeitigen Änderung des elektrischen Potenzials in der Größenordnung von 50–80 Millivolt auf einer Zeitskala von wenigen Millisekunden (Abb. 4.9). Das Feuern von Nervenspikes kann mehrere Sekunden, bis hin zu Minuten, anhalten. Die Signalübertragung an der Synapse erfolgt entweder elektrisch über synaptische Verbindungskanäle oder chemisch durch Ausschüttung von Neurotransmittern, also chemischen Botenstoffen, die die synaptische Membranleitfähigkeit durch das Öffnen oder Schließen von Ionenkanälen verändern. Die Schaltgeschwindigkeiten von Synapsen variieren erheblich und sind abhängig von der funktionalen Rolle. Diese Veränderungen der synaptischen Verbindungsstärken stellen die molekularbiologische Basis für die so wesentlichen Eigenschaften des Gehirns wie Lernen, Assoziationsfähigkeit und Gedächtnis dar. Als Hypothese wurde dies

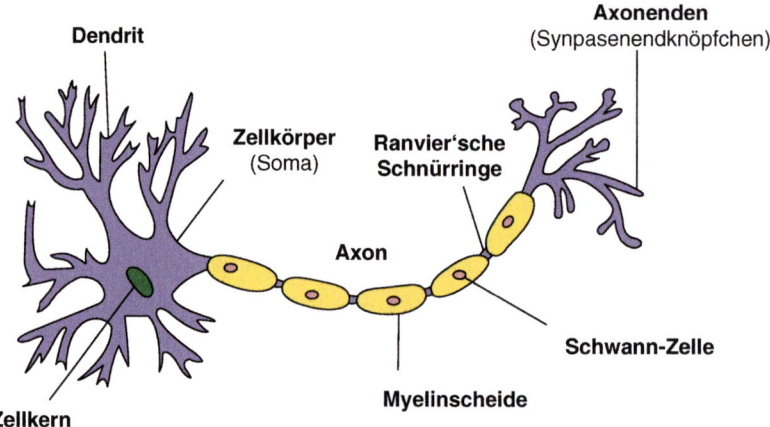

Abb. 4.9 Neuron

erstmals von Donald Hebb (1949) formuliert. Sinngemäß lautet seine experimentell seither bestens bestätigte Regel der synaptischen Plastizität (Veränderbarkeit): Die gleichzeitige Aktivierung zweier miteinander verbundener Zellen sollte zu einer Veränderung der Verbindungsstärke führen, derart, dass sich die Wahrscheinlichkeit des Feuerns der postsynaptischen Zelle erhöht, falls die präsynaptische Zelle aktiv ist.

Neuronale Netze sind also massiv parallel organisierte Strukturen mit Neuronen als einfachen Aktivierungseinheiten, deren synaptische Verbindungen untereinander einer regelhaften, aktivitätsabhängigen Veränderbarkeit unterliegen. Neuronen kodieren dabei nicht ganze Symbole, sondern selektiv einzelne Merkmale aus der Menge gegebener Sinnesdaten.

Als nächsthöhere Einheit über dem Neuron und der Synapse kann man sogenannte neuronale Karten betrachten. Hierbei handelt es sich um Neuronenfelder oder -schichten, welche zumeist auch anatomisch sichtbar sind und innerhalb derer eine spezielle Datenrepräsentation bezüglich einer bestimmten Aufgabenstellung erfolgt.

In Anlehnung an im Gehirn ablaufende Vorgänge führt dies zu massiv parallelen, *konnektionistischen Modellen*. Deren Verarbeitungselemente ähneln stark vereinfachten Neuronen, die nur sehr einfache Operationen, wie die Summation von Eingabewerten, den Vergleich der Summe gegen einen Schwellwert und die Erzeugung eines Ausgabesignals ausführen. Sie sind untereinander dicht verknüpft, wobei die Verbindungen üblicherweise mit einem Gewicht versehen sind, das die Stärke der Verbindungen ausdrückt. Positive Gewichte üben einen verstärkenden Einfluss auf die Aktivität des betreffenden Elements aus, negative einen abschwächenden. Das Wissen wird nicht auf symbolische Weise dargestellt und verarbeitet. Vielmehr verarbeiten und übertragen einzelne Elemente lediglich Aktivierungswerte beschränkter Genauigkeit und sind nicht in der Lage, mit Symbolen oder Symbolfolgen umzugehen.

4.2 Kognitionsbegriff

Der Begriff *Kognition* wird in den einzelnen Wissenschaftsdisziplinen uneinheitlich verwendet, daher soll in diesem Abschnitt auch die Rede von Kognition(en) sein. So bedeutet das hiervon abgeleitete Verb „kognitiv" ursprünglich bemerken oder erkennen. Kognition im weiteren Sinne schließt also alle Operationen ein, in denen Umweltinformationen über die Wahrnehmungssinne aufgenommen, verarbeitet, gespeichert und für die Entscheidungsfindung verwendet werden (Benjafield 1992). Dabei werden beispielsweise Informationen Wörter, Zeichen und Symbole gekapselt und unter Berücksichtigung gemachter Erfahrungen und anstehender Erwartungen analysiert, geordnet und interpretiert, woraus sich Urteile, Entscheidungen und Schlussfolgerungen ergeben, die dann ein zielgerichtetes Verhalten ermöglichen. Solche Kognitionen beschreiben also insgesamt diejenigen Fähigkeiten des Menschen, die es ihm ermöglichen sich in der Welt zu orientieren, Entscheidungen zu treffen und sich an seine Umwelt durch entsprechende Interoperationen anzupassen. Kognitionen kommen daher in den folgenden Ausprägungen zur Sprache:

- Als begriffliche Klammer für alle Vorgänge oder Strukturen, die mit dem Gewahrwerden und Erkennen zusammenhängen, wie Wahrnehmung, Erinnerung, Vorstellung, Gedanke, Vermutung, Erwartung, Plan und Problemlösen, etc.
- Als eher allgemeiner Begriff für alle Formen des Erkennens und Wissens (Aufmerksamkeit, Erinnern, Urteilen, Vorstellen, Antizipieren, Planen, Entscheiden, Problemlösen, etc.) Er umfasst auch die Prozesse der mentalen Repräsentation (Zimbardo 1995).
- Als Ausdruck für jeden Prozess, durch den das Lebewesen Kenntnis von einem Objekt erhält oder sich seiner Umwelt bewusst wird (Wahrnehmung, Erkennen, Vorstellen, Urteilen, Gedächtnis, Lernen, Denken, oft auch Sprache).
- Als Bezeichnung für Prozesse, durch die Wahrnehmungen transformiert, reduziert, verarbeitet, gespeichert, reaktiviert und verwendet werden.
- Als Konnotation von Entdecken oder Wiederentdecken oder Wiedererkennen. Solche Kognitionen werden gewöhnlich im menschlichen Gehirn verortet, einem kompakten, leistungsfähigen und sich kontinuierlich anpassenden System (Carlson 2004; Bierbaumer und Schmid 2006).

Insofern kann man unter dem Begriff der Kognition solche Leistungen des menschlichen Gehirns subsummieren, die am Zustandekommen intelligenten Verhaltens beteiligt sind. Diese umfassen nicht nur theoretische Fähigkeiten wie das Erinnern oder Sprechen, sondern auch das planvolle Umsetzen der eigenen Wünsche und die Organisation von Handlungsweisen, die positive Gefühle bringen und negative Gefühle vermeiden. Insofern schließt der bisher erarbeitete Begriff der Kognition sowohl motivationale als auch emotionale Zustände ein (Heckhausen 1989). Speziell für den Anforderungsbereich der Organisationsentwicklung gilt es nun aber auch, die Steuerung von Handlungen in den Leistungsumfang aufzunehmen. Eine solche umfassende Kognition ist der Gegenstand der Modellierung, wie sie im Rahmen dieses Buches im nächsten Kapitel und dort speziell für die Organisationsentwicklung entwickelt wird. Das Ziel dabei ist, Theorien der Prozesse und Repräsentationen zu entwickeln, die intelligentem Verhalten zugrunde liegen. Ein weiteres Ziel besteht darin, diese Entwicklung so zu gestalten, dass sie als exakte und implementierbare Modelle einer empirischen Überprüfung zugeführt werden können. Das Kognitionsmodell liefert sozusagen die Grundlage dafür, dass eine artifizielle Kognition funktional und prozessual beschrieben und ausimplementiert werden kann.

Das Kognitionsmodell dieses Buches geht von der Annahme aus, dass Kognition als solches ein physisches System ist, da es in einem solchen implementiert ist. Des Weiteren orientiert sich dieser Modellansatz am Funktionalismus. Der *Funktionalismus* geht dabei auf die Theorie formaler Systeme und die Idee der universellen Berechenbarkeit durch Turingmaschinen zurück. Die Orchestrierung der funktionalen und prozessualen Komponenten bildet die kognitive Organisation ab, wobei die einzelnen Komponenten auf sehr verschiedene Weise physisch implementiert werden können. Die Implementierung eines entsprechenden Modells ermöglicht dabei eine direkte empirische Überprüfung. Die Erfolge und Misserfolge dieser Vorgehensweisen stellen im Umkehrschluss den klassischen Kognitionswissenschaften wertvolles Erfahrungs- bzw. Erkenntnismaterial zur Verfügung. Insgesamt ermöglicht dieser Ansatz, dass eine Implementierung von Kognition in einem künstlichen und damit anorganischen System angestrebt werden kann. Eine solche Theorie der Kognition wird daher am Ende sowohl den Menschen mit seiner Kognition als auch Organisationssysteme mit ihrer artifiziellen Kognition erfassen können. Bei der Modellentwicklung werden dabei mehrere Ebenen der Betrachtung getrennt. Zunächst geht es auf der funktionalen Ebene um die Modellierung von Teilleistungen, den dadurch bewirkten inneren Zuständen. Auf dieser Ebene sind die höheren mentalen Zustände und Repräsentationen wie beispielsweise Emotionen, Intentionen, Intuitionen etc. angesiedelt. Auf der Ebene der funktionalen Architektur wird beschrieben, wie die einzelnen funktionalen Komponenten im Rahmen eines Prozesses zusammenarbeiten und welche mentalen Komponenten an der betrachteten Leistung beteiligt sind. Auf der Ebene der Implementierung bzw. physischen Struktur wird betrachtet, wie die betreffende Leistung und damit die Algorithmisierung in das konkrete Trägersystem eingebaut sind. Die funktionale, architektonische und die algorithmische Ebene zusammen werden dann den zentralen Begriff „kognitives System" bilden. Dem Verständnis dieses Buches nach ist ein kognitives System ein System, das ähnlich wie Menschen anhand von Repräsentationen seiner Umwelt in diese nicht nur eingreift, um seine Ziele zu verwirklichen, sondern mit dieser Umwelt interoperiert, d. h. auf diese einwirkt und diese Umwelt wiederum auf das System zurückwirkt. Die artifizielle Kognition eines solchen kognitiven Systems wird als ein informationsverarbeitendes System aufgefasst, was für die Modellierung einen wichtigen Orientierungspunkt liefert, indem der Mensch als ein Organismus und die Organisation als Struktur in einer informationsbeladenen Umgebung aufgefasst wird, um aus letzterer Informationen aufnehmen, sie intern zu repräsentierten und durch Symbolmanipulation zu verarbeiten. Die Angemessenheit der Funktionsweise eines solchen kognitiven Systems ist dann bereits gegeben, wenn es zu einer adäquaten Repräsentation der realen Welt und zu einer erfolgreichen Lösung gestellter Probleme führt.

4.3   Kognitionsmodell

Als Ausgangspunkt der Modellierung dient zunächst der Begriff der menschlichen Kognition, der die Prozesse des Wahrnehmens, Denkens, Urteilens und Schließens im Allgemeinen und die die hierzu notwendigen Daten-, Informations- und Wissensverarbeitungsprozesse im Besonderen umfasst (Ellis und Humpreys 1999; Dayan und Abbott 2005). Angesichts der ungeheuren Komplexität solcher kognitiver Vorgänge hat es sich als äußerst nützlich erwiesen, auf Modellvorstellungen zurückzugreifen. So liefern die theoretischen Grundlagen für die praktische Ausgestaltung eines Kognitionsbegriffs die Basis für ein Kognitionsmodell, das als Grundlage zur prozessualen und funktionalen Ausgestaltung kognitiver Systeme dienen wird. In diesem Sinne wird hier – wie bereits erwähnt – ein philosophischer Funktionalismus in seiner starken Ausprägung vertreten, in Anerkennung physischer Phänomene als Grundlage mentaler Phänomene bei gleichzeitiger Anerkennung der Nichtreduzierbarkeit des Kognitiven auf Gehirnprozesse. Kognitive Zustände werden nicht direkt auf physische Zustände reduziert, sondern mit funktionalen Zuständen identifiziert. Diese lassen sich dann in vielfältiger Weise beschreiben, so mit mathematischen Ausdrücken, Programmiersprachen oder einer an eine natürliche Sprache angelehnten wissenschaftlichen Sprache. Dies ermöglicht auch die materielle Realisierung der funktionalen Zustände auf Basis von Computern. Wenn funktionale Zustände also nicht an bestimmte physische Realisationen gekoppelt sind, wird es möglich sein, eine materielle Basis zu finden, die mit Mitteln der Wissenschaft zu beherrschen ist und auf der sich funktionale Zustände realisieren lassen. Mit Hilfe dieses Werkzeuges wird es möglich, die realisierten Zustände „in vitro" zu betrachten. Da kognitive auf funktionale Zustände abgebildet werden können – die Annahme ist ja, dass eine Reduktion kognitiver auf funktionale Zustände möglich ist – kann ein Erklärungsansatz für das Zustandekommen von kognitiven Zuständen gegeben werden.

Das kognitive Modell trägt der Tatsache Rechnung, dass intelligentes Handeln situationsbezogen ist, indem beispielsweise eine zielorientierte Planung in hohem Maße von Hinweisen aus der Umwelt abhängig ist. Insofern sieht das kognitive Modell die Berücksichtigung *situativer Bedingungen* vor, was dazu führt, dass das artifiziell-kognitive System nicht isoliert agiert, sondern sich gerade hinsichtlich seiner kognitiven Aspekte vor allem in der Interoperation mit der Umwelt konstituiert. Weiterhin berücksichtigt das Modell, dass Kognition neben der intrinsischen kognitiven Entwicklung des einzelnen Systems gerade auch durch dessen Interoperieren (Handeln) mit der Umwelt und anderen Systemen sich entwickelt. Artifizielle Kognition ist somit auch ein extrinsisches (systemisch-soziales) Phänomen. Konkret wirkt sich diese Berücksichtigung zunächst dahingehend aus, dass das kognitive Modell im Rahmen der späteren Implementierung die Konzeption multipler Agenten unterstützt. Weiterhin berücksichtigt das kognitive Modell die Anforderungen, die seitens interoperierender und kommunizierender Systeme gestellt werden. So erfolgen die Handlungskontrolle und das Management von Zielkonflikten durch *Motivation*. In dem Fall, dass kognitive Systeme nicht nur Information aufnehmen, sondern aus ihrer Umgebung auch Pertubationen (d. h. Störungen) ihres Gleichgewichts erfahren, sorgt die Emotion durch geeignete kompensatorische Maßnahmen – nämlich kognitive Prozesse – für den notwendigen Ausgleich.

Autonome Systeme sehen sich gleichzeitig mit einer Menge oft konkurrierender Ziele konfrontiert, die es zu bewältigen gilt. Auch gilt es, Lösungen trotz unter Umständen vieler und schlecht spezifizierter Aufgaben zu entwickeln, die neben einem *planenden Denken* auch eine gewisse *Intuition* erfordern. Auch die Berücksichtigung der Situation erfolgt bei der Handlungsplanung im Rahmen des planenden Denkens. Dabei ist, im Unterschied zu einem einzigen System, das Verhalten der anderen Systeme nicht exakt vorhersagbar, was eine Koordination und Kooperation bedingt. Da unter Umständen in einem solchen Multiagentensystem die einzelnen Agenten nicht genau spezifiziert sind, stellt sich das Problem, wer zu einem gegebenen Zeitpunkt was machen soll. Auch diese Koordination fällt unter das planende Denken unter Einbeziehung der Persönlichkeitsmerkmale. Letztlich gilt es Kommunikation zu betreiben, was Sprachen, Kommunikationsmedien sowie eine Politik der Kommunikation erfordert. Diese Kommunikation wird auch über das Verhalten gesteuert.

Insgesamt eignet sich das kognitive Modell für die Ausgestaltung dynamischer Systeme. Dem liegt auch die Erkenntnis zugrunde, dass die einzelnen Bestandteile kognitiver Systeme selbst keineswegs kognitiv sein müssen. Kognition erscheint dann als emergent, als eine aus der Komplexität dynamischer Systeme unter bestimmten Randbedingungen wie von selbst entstehende Systemeigenschaft.

Das Modell folgt auch einer Subsumptionsarchitektur, indem der kognitive Prozess auf eine geschichtete Architektur von Teilsystemen verteilt ist (Perzeptives System, Situatives System, Epigenetisches System, Intentionales System, Effektorisches System). Die Koordination dieser Teilsysteme erfolgt multidirektional jeweils auf der gleichen Ebene (anstatt „von oben" bzw. von einer zentralen Instanz). Allerdings können sich die einzelnen Systeme gegenseitig insofern beeinflussen, als sie sich untereinander hemmen oder aktivieren und untereinander Parameter übermitteln können. Erst das kognitive System als Ganzes realisiert ein kognitives Verhaltensmuster und ist durch spezifische Sensoren und Aktoren mit der Umwelt des Systems verbunden.

Das artifiziell-kognitive Modell bildet so eine Brücke zwischen den Anforderungen eines kognitiven Systems hin zur funktionalen und prozessualen Ausgestaltung einer kognitiven Organisation. Aber es führt auch ein Weg über die Brücke zurück, indem die Erfahrungen aus der Organisationsentwicklung solcher kognitiver Systeme unter Umständen Rückschlüsse auf biologische Funktionen zulassen und dann wiederum die Entwicklung und Veränderung von kognitiven Systemen ermöglichen (Abb. 4.10).

Eine solche Kognition wird als ein übergeordneter Prozess aufgefasst, in dessen Rahmen durch die Kombination mentaler Subprozesse (Emotion, Motivation, Lernen, Intuition, Planen, etc.) gemäß dem dargestellten Kognitionsmodell Wissen generiert wird. Dabei

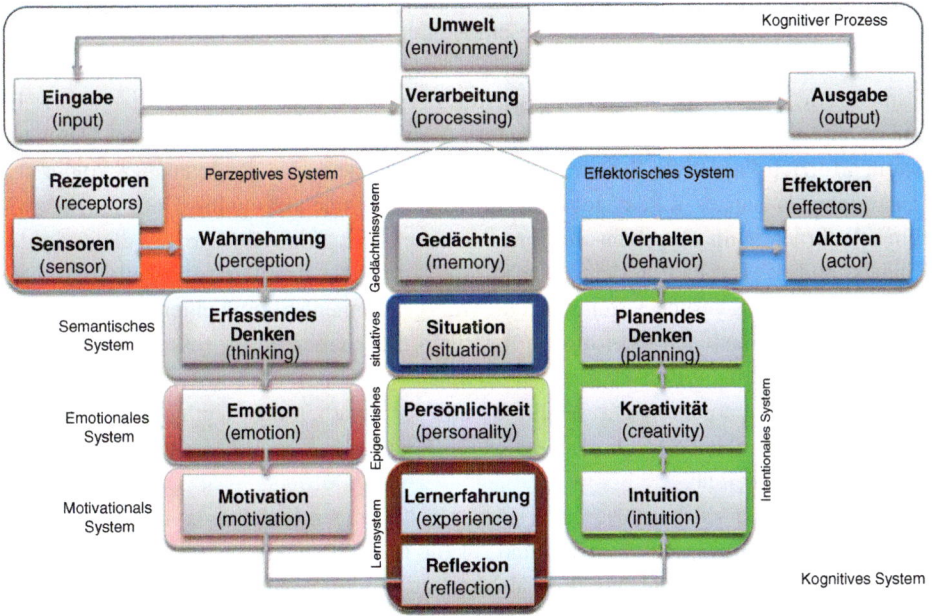

Abb. 4.10 Kognitionsmodell

liegt dem hier verwendeten Wissensbegriff ein handlungstheoretischer bzw. verhaltensori-
entierter Ansatz zugrunde, der den Wissensträger als ein kognitives System auffasst, das
Daten und Informationen nicht nur aufnimmt, speichert, verarbeitet, produziert, sondern
das dabei das Ergebnis dieses Verarbeitungsprozesses als Wissen dazu nutzt, um einen
Sachverhalt zu verstehen, um Ziele zu verfolgen, zu entscheiden und um entsprechend dieser Ziele dann in der Konsequenz zu handeln.

Der generische Ansatz des Kognitionsmodells gewährleistet, dass sowohl die Modelle
als auch die darauf basierenden hard- und softwaretechnischen Lösungen, ihre zukünftige
Anwendung in Form

- autonomer und kognitiver Agentensysteme (z. B. mit Kognition ausgestattete Roboter),
- kognitiver Organisationen (Städte, Fabriken),
- kognitiver Strukturen (kognitive Mobilität und kognitive Energie)

finden, um u. a. im Dienste der Bewältigung von Umwelt- und Klimaproblemen, der Gewährleistung von Nachhaltigkeit in Produktionsprozessen, aber auch zur Erhöhung der Ent-
scheidungskompetenz autonomer Systeme in kritischen Situationen erfolgreich zu bestehen.

4.4   Kognitive Systeme

Die *artifizielle Kognition* grenzt sich von dem Begriff der (natürlich-menschlichen) Kognition der Kognitionswissenschaft, der Kognitionspsychologie sowie von Teilbereichen der
Neurowissenschaften, der Linguistik, Philosophie, Informatik usw., ab, wo jede der mit
Kognition befassten Disziplinen ihren eigenen methodischen Zugang zu diesem Gegenstand hat (Rechenberg 2000). Unter diesem Kognitionsbegriff fasst man diejenigen Funktionen zusammen, die das Wahrnehmen und Erkennen, das Encodieren, Speichern und
Erinnern sowie das Denken, Problemlösen, das Lernen aus Erfahrung sowie die motorische
und kommunikative Verhaltenssteuerung eines artifiziellen Systems umfassen. Demnach
ist ein artifiziell-kognitives System ein technisches System, das die genannten kognitiven
Funktionen als Ganzes, d. h. systemisch, aufweist. Eine solche Kognition interveniert zwischen Wahrnehmung über Sensoren und Verhalten über Aktoren. Die Verarbeitung der
Eingabe und die Produktion der Ausgabe erfolgt im Rahmen eines artifiziell-kognitiven
Prozesses auf Basis gespeicherten Wissens. Wahrgenommene Stimuli unterliegen demnach
einer Folge von mentalen Operationen innerhalb des kognitiven Prozesses. Es wird eine
Abfolge von automatischer Verarbeitung zu einer Verarbeitung mit ansteigendem kognitiven Aufwand angenommen. Die jeweilige Tiefe der Verarbeitung (depth of cognitive processing) hängt von den Stimuli, den Zielen des kognitiven Systems, der Umwelt und von
der verfügbaren Zeit ab.

Zum Kern einer solchen Kognition sind auch diejenigen Prozesse zu rechnen, die auf
mentalen Repräsentationen operieren und für die deshalb ein Gedächtnis vorhanden sein
muss, wobei letzteres nicht nur die Fähigkeit zur Akkumulation und Speicherung von

Wissen, sondern auch das Löschen von Wissen mitbringen muss. Gemäß dieser Auffassung sind auch solche Prozesse zu inkludieren, die der Weiterverarbeitung sensorischer Daten über die Wahrnehmung sowie der Planung und Steuerung von Verhalten über Aktoren dienen. Auch die Bereiche der artifiziell-systemischen Motivation und Emotion bilden einen aktiven kognitiven Anteil und sind somit unmittelbar mit der artifiziell-systemischen Kognition verbunden. Eine solch umfassende Sichtweise der artifiziell-systemischen Kognition setzt die Existenz interner, mentaler Operationen und Systemzustände voraus, da diese zum einen für die Daten-, Informations- und Wissensverarbeitung konstitutiv sind, zum anderen bilden diese mentalen Zustände die Grundlage für die Fähigkeit solcher Systeme zur Repräsentation situations- und handlungsrelevanter Aspekte aus der Umwelt sowie zur Realisierung selbstreflexiver Aspekte.

Ein Ergebnis der Forschungen in Anlehnung an eine autopoietische Konzeption ist die begründete Hypothese, dass ein im Rahmen der Implementierung materiell realisiertes Wissensverarbeitungssystem die notwendigen und hinreichenden Voraussetzungen für eine artifizielle Kognition mit sich bringt. Dies inkludiert die Annahme, dass kognitive Prozesse nicht an biologische Organismen gebunden sind, sondern auch von künstlichen Systemen und Maschinen, wenngleich in strukturell anderer Form, realisiert werden können. Aus dieser Annahme wiederum folgt, dass Kognition ein systemisches Phänomen sein kann und diese Hypothese wird als Knowledge Systems Hypothesis (KSH) bezeichnet. Gemäß dieser Hypothese wird Kognition nicht nur als ein logisches oder biologisches Problem, sondern auch als ein mögliches systemisches Geschehen gesehen. Ein *Wissensverarbeitungssystem* ist zunächst ein formales System, das, wie jedes formale System, über ein Alphabet von Zeichen (atomare Elementarsymbole) verfügt sowie über syntaktische Regeln zur Bildung und Transformation von Symbolstrukturen (Ausdrücken) zur Modellierung von Daten-, Informations- und Wissensstrukturen prinzipiell beliebiger Komplexität. *Symbole* im Sinne dieser Hypothese sind arbiträre Zeichen für Entitäten oder Prozesse, einschließlich von Prozessen des Systems selbst. Die Semantik dieser Symbole ist zum einen bestimmt durch die Bezugnahme auf eine Entität und zwar dergestalt, dass in Abhängigkeit von einem entsprechenden symbolischen Ausdruck das System entweder die Entität beeinflusst oder umgekehrt, zum anderen dadurch, dass ein Ausdruck einen für das System ausführbaren Prozess in Form eines Programmes darstellt, das dann interpretiert, also ausgeführt wird. Diese Auffassung ist gleichbedeutend mit der Behauptung, dass artifizielle Kognition bzw. kognitive Prozesse als Berechnungen aufzufassen sind. Da auch mentale auf funktionale Zustände abgebildet werden können – die Annahme ist ja, dass eine Reduktion mentaler auf funktionale Zustände möglich ist – kann ein Erklärungsansatz für das Zustandekommen von kognitiven und mentalen Zuständen gegeben werden. Diese Grundhypothese, die u. a. vom Cognitive Computing vertreten wird, wonach kognitive Prozesse als solche der Berechnung zu betrachten sind, kann bis dato prinzipiell nicht bewiesen, aber auch nicht widerlegt werden. Bis letzteres erreicht ist, wird die Grundhypothese aufrechterhalten, um sich als forschungsleitendes Prinzip zu bewähren und zum Erfolg in Bezug auf die Entwicklung kognitiver Systeme beizutragen. Insgesamt erscheint damit die artifizielle Kognition nicht mehr nur als ein tendenziell universales, aller Wahrnehmung

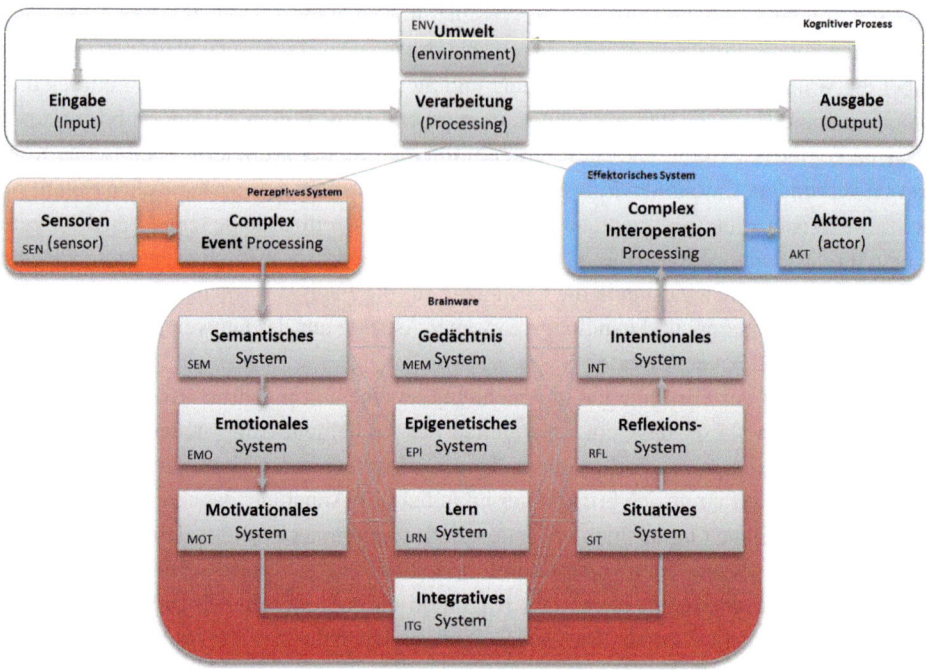

Abb. 4.11 Modell eines artifiziellen Kognitionssystem

und allem Handeln zugrunde liegendes Phänomen, das als Berechnung analysiert und syn-
thetisiert werden kann. Vielmehr scheinen sich artifiziell-kognitive Phänomene mit Hilfe
eines aus vielen sehr einfachen Verarbeitungseinheiten bestehendem Verarbeitungssystem
realisieren zu lassen (Abb. 4.11).

Das Kognitionssystem beruht auf der Gegenüberstellung eines perzeptiven Systems
(Wahrnehmungssystems) und eines effektorischen Systems (Handlungs- bzw. Verhaltenssystems) einer Außenwelt (Umgebung). Das *Perzeptive System* dient der Reizaufnahme
durch Sensoren und der Wahrnehmung durch Transformation der Reize auf entsprechende
Datenstrukturen. Um eine für die Zwecke einer adaptiven Kopplung an die Umwelt angemessene Interpretation des sensorischen Inputs zu erreichen, muss das *Semantische
System* den sensorischen Input gleichsam im Kontext bestimmter Annahmen über die
physikalische Welt und/oder der Problemdomäne interpretieren, über die es unabhängig
vom sensorischen Input verfügt. Das *Emotionale System* basiert auf einem Informations-
verarbeitungsprozess, der durch die direkte und/oder indirekte Wahrnehmung eines Objekts über das perzeptive System oder einer Situation über das situative System ausgelöst
wird und mit Zustandsveränderungen, spezifischen Kognitionen, Schwächung oder Verstärkung der Persönlichkeitsmerkmale und einer Veränderung der Verhaltensbereitschaft
einhergeht. Das *Motivationale System* realisiert das auf emotionaler Aktivität beruhende
zielorientierte Verhalten des Gesamtsystems. Motivation steigert dabei Verhaltensbereitschaft und ist somit eine „Triebkraft" für das systemische Verhalten. Das *Epigenetische*

System betrifft die Eigenschaften und die Merkmale, die eine relativ überdauernde (zeitstabile) Bereitschaft (*Disposition*), die bestimmte Aspekte des Verhaltens des Gesamtsystems in einer bestimmten Klasse von Situationen beschreiben und vorhersagen sollen.

Das *Situative System* unterstützt die Aufbereitung einer Semantik, da die Bedeutung eine Relation zwischen Situationen darstellt. Das *Intentionale System* realisiert unter anderem die Fähigkeit zur Intuition, aber auch Einsichten in Sachverhalte, Sichtweisen, Gesetzmäßigkeiten oder die Stimmigkeit von Entscheidungen unter Umgehung von Schlussfolgerungsmechanismen zu gewinnen. Das intentionale System gewährleistet die Gerichtetheit kognitiver Zustände auf Gegenstände oder Ziele. Intuition ist damit ein Teil kreativer Entscheidungen und Entwicklungen. Das *Reflexionssystem* stellt die Fähigkeit sicher, die eigenen Kognitionsprozesse zu bewerten. Insofern handelt es sich hierbei um die Realisierung einer sogenannten Metakognition in Form einer inneren, systeminhärenten Bewertungsinstanz. Sie befindet darüber, ob die Leistungen der anderen Systeme (Erinnerungen des Gedächtnissystems, Urteile des Intentionalen Systems, Überzeugungen des epigenetischen Systems, etc.) zuverlässig sind, ohne dass diese Funktion an die jeweiligen anderen kognitiven Funktionen gekoppelt sind. Das *Effektorische System* dient der Interoperation durch Aktoren mit der Umwelt und damit der Transformation des Wissens auf ein entsprechendes Verhalten. Entsprechend dem menschlichen Vorbild, wo aus Einzelkomponenten, die an unterschiedlichen Stellen im Gehirn verarbeitet werden, durch die Integrationsleitung des Claustrum ein Ganzes entsteht, übernimmt das *Integrative System* diese Integrationsleistung. Signale aus den verschiedenen o. a. Systemen können sich sozusagen treffen und synchronisieren. Das integrative System ist durch seine Vernetzung eine Art „Dirigent des kognitiven Systems".

Ein solch konzeptionelles und modelliertes Kognitionsmodell trägt auch der Tatsache Rechnung, dass intelligentes Handeln situationsbezogen ist, indem beispielsweise eine zielorientierte Planung in hohem Maße von Hinweisen aus der Umwelt abhängig ist. Diese Sichtweise inkludiert die Annahme, dass intelligentes Handeln insgesamt als zielgerichtetes und zielgesteuertes Verhalten in einem gegebenen Problemraum aufgefasst werden kann. Dass Problemlösen als Ableitung von Handlungen aus vorhandenem Wissen verstanden wird, impliziert, dass die Existenz einer äußeren Welt nicht nur angenommen wird, sondern dass diese für die Problemlösungsfähigkeiten sehr wichtig ist. Die Kombination von Reizen aus einer reichhaltigen Welt und einem Langzeitspeicher mit ebenso reichhaltigem Inhalt, also Wissen, ermöglicht erst ein differenziertes und erfolgreiches Problemlösungsverhalten. Insofern sieht das kognitive Modell die Berücksichtigung situativer Bedingungen vor, was dazu führt, dass das artifiziell-kognitive System nicht isoliert agiert, sondern sich gerade hinsichtlich seiner kognitiven Aspekte vor allem in der Interoperation mit der Umwelt konstituiert. Weiterhin berücksichtigt das Modell, dass sich Kognition neben der intrinsischen kognitiven Entwicklung des einzelnen Systems gerade auch durch dessen Interoperieren (Handeln) mit der Umwelt und anderen Systemen entwickelt. Artifizielle Kognition ist somit auch ein extrinsisches (systemisch-soziales) Phänomen. Konkret wirkt sich diese Berücksichtigung zunächst dahingehend aus, dass das kognitive Modell im Rahmen der späteren Implementierung die Konzeption multipler

Agenten unterstützt. Weiterhin berücksichtigt das kognitive Modell die Anforderungen, die seitens interagierender, interoperierender und kommunizierender Systeme gestellt werden. So erfolgen die Handlungskontrolle und das Management von Zielkonflikten durch Motivation. In dem Fall, dass kognitive Systeme nicht nur Information aufnehmen, sondern aus ihrer Umgebung auch Pertubationen (d. h. Störungen) ihres Gleichgewichts erfahren, sorgt die Emotion durch geeignete kompensatorische Maßnahmen – nämlich kognitive Prozesse – für den notwendigen Ausgleich. Autonome Systeme sehen sich gleichzeitig mit einer Menge oft konkurrierender Ziele konfrontiert, die es zu bewältigen gilt. Auch gilt es, Lösungen trotz unter Umständen vieler und schlecht spezifizierter Aufgaben zu entwickeln, die neben einem planenden Denken auch eine gewisse Intuition erfordern. Auch die Berücksichtigung der Situation erfolgt bei der Handlungsplanung im Rahmen des planenden Denkens. Dabei ist, im Unterschied zu einem einzigen System, das Verhalten der anderen Systeme nicht exakt vorhersagbar, was eine Koordination und Kooperation bedingt. Da unter Umständen in einem solchen Multiagentensystem die einzelnen Agenten nicht genau spezifiziert sind, stellt sich das Problem, wer zu einem gegebenen Zeitpunkt was machen soll. Auch diese Koordination fällt unter das planende Denken unter Einbeziehung der Persönlichkeitsmerkmale. Letztlich gilt es, Kommunikation zu betreiben, was Sprachen, Kommunikationsmedien sowie eine Politik der Kommunikation erfordert. Diese Kommunikation wird auch über das Verhalten gesteuert.

Die funktionale Ausgestaltung solcher kognitiven Modelle und damit die Realisierung kognitiver Systeme erfolgt mittels Techniken des *Cognitive Computing* (Haun 2013). Diese Techniken basieren auf der Orchestrierung unterschiedlicher Simulationen naturanaloger Verfahren, um diese in bestehenden Trägersystemen (Organisationen, Robotern, Anwendungssystemen) zum Einsatz zu bringen (Haun 2015). Dabei basiert der rechner-basierte Ansatz zum einen auf dem bisher entwickelten Kognitionsmodell und zum anderen auf symbolischen und subsymbolischen Daten- und Informationsverarbeitungsmöglichkeiten mit Hilfe von software- bzw. hardwaretechnischen Lösungen. Bei den symbolischen bzw. subsymbolischen Verarbeitungsmöglichkeiten zur Simulation naturanaloger Verfahren handelt es sich derzeit um Produktionsregelsysteme (Expertensysteme), Fuzzy Systeme, Evolutionäre Algorithmen, Zelluläre Automaten, Memetische Systeme, Boolesche Netzwerke, Agentensysteme und Neuronale Netze.

Für den weiteren Verlauf dieses Buches ist es wichtig anzuerkennen, dass zwischen natürlichen und künstlichen kognitiven Systemen unterschieden wird. Kognitive Systeme sind in natürlicher Weise bei solchen Lebewesen realisiert, die ein Nervensystem besitzen und damit über die Möglichkeiten verfügen, aufgenommene Informationen zu verarbeiten und auf ihre Umwelt einzuwirken. Daneben stehen auch künstliche kognitive Systeme im Fokus dieses Buches, die Informationen in ähnlicher Weise wie Lebewesen aus ihrer Umwelt aufnehmen, verarbeiten und als Resultat dieser Verarbeitung ein entsprechendes Verhalten zeigen. Unabhängig von der materiellen Realisierung der natürlichen und künstlichen kognitiven Systeme besitzen beide Systemtypen gewisse gemeinsame Eigenschaften. Diese Gemeinsamkeiten, aber auch die Unterschiede und damit die Spannung zwischen natürlichen und künstlichen Systemen ist es, was die „Würze" dieses Buches und damit auch der kognitiven Organisation ausmacht.

Literatur

Benjafield, R. (1992): Evolutionary Theory and Human Nature. Springer Science & Business Media.

Bierbaumer, N. / Schmid, R. (2006): Biologische Psychologie. Springer-Verlag.

Carlson, A. (2004): The Origin of Classical Genetics. CSHL Press.

Dayan, P. (2005): Theoretical Neuroscience: Computational And Mathematical Modeling of Neural Systems. Massachusetts Institute of Technology Press.

Ellis, R. und Humpreys, G. W. (1999): Connectionist Psychology. Psychology Press.

Haun, M. (2013): Handbuch Cognitive Robotic, Berlin & Heidelberg, Germany: Springer Verlag

Haun, M. (2015): Cognitive Computing, Berlin & Heidelberg, Germany: Springer Verlag

Hebb, D. O. (1949): The Organization of Behavior: A Neuropsychological Theory. Lawrence Erlbaum Associates Inc.

Heckhausen, J. (1989): Motivation und Handeln. Springer.

Rechenberg, P. (2000): Was ist Informatik?: eine allgemeinverständliche Einführung. Hanser.

Zimbardo (1995): Zimbardo Psychologie. Springer.

Wissen

5

Die Begriffe Daten, Information und Wissen werden häufig nicht sauber getrennt, sondern mit teilweise stark überlappender Bedeutung benutzt. In den folgenden Abschnitten wird daher neben der Abgrenzung dieser einzelnen Konzepte ein Wissensbegriff erarbeitet, der zur Entwicklung von kognitiven Organisationen beiträgt.

5.1 Entscheidungs- und Wissensbegriff

Im Allgemeinen bezeichnet *Wissen* demnach eine gerechtfertigte, wahre Überzeugung, eine Vorstellung von höchstwahrscheinlicher Gültigkeit. Es ist die Grundlage allen Verstehens und Lernens, ein Reservoir, aus dem Denken und Handeln erst hervorgehen. Explizites Wissen kann durch Worte und Ziffern beschrieben und direkt erworben oder vermittelt werden. Implizites Wissen kann nicht durch Sprache vollständig ausgedrückt werden, sondern ist verankert in mentalen Modellen. Es kann nur über andere Kommunikationsformen vermittelt oder in explizites Wissen verwandelt werden. Konzeptionelles Wissen ist das Wissen um Zusammenhänge, das Wissen, warum etwas der Fall ist und warum etwas geschieht. Operatives Wissen beschreibt, was wie zu tun ist, damit geschieht, was geschehen soll. Zwischen dem impliziten Wissen und dem operativen Wissen besteht ein enger Zusammenhang, der sich in Routinetätigkeiten äußert, die unbewusst ausgeführt werden können. Beide Wissensarten sind Erfahrungswissen. Explizites und konzeptionelles Wissen ist Vernunftwissen, das objektiver und weniger rigide ist. Wissen ist keine Substanz, sondern eine dynamische Entität, die immer von bestehendem Wissen ausgeht, um neues Wissen zu schaffen. Entdeckungen werden gemacht, indem man Möglichkeiten nachgeht, die vom vorliegenden Wissen eröffnet werden. Entdeckungen setzen einen Verzicht auf Dogmen und Konformismus voraus. Die Bereitschaft, bestehendes Wissen zu verwerfen, Unsicherheit als Motivation anzunehmen und der Wille, neues Wissen selbst zu schaffen, sind hierfür eine Notwendigkeit. Solche Bereitschaft stellt hohe Ansprüche, denn neues Wissen

© Springer-Verlag GmbH Deutschland 2016
M. Haun, *Cognitive Organisation*, DOI 10.1007/978-3-662-52952-2_5

kann zu schmerzhaften Lernprozessen führen, bis es neue Problemlösungen und optimale Verhaltensmuster hervorbringt. Wissen stellt aus informationstheoretischer Perspektive verarbeitete Daten und Informationen dar und ermöglicht seinem Träger, bestimmte, kontextbezogene Handlungsvermögen aufzubauen, um damit definierte Ziele zu erreichen. Wissen ist mithin maßgeblich das Ergebnis einer Verarbeitung von Daten und Informationen. Ein bedeutender Unterschied zwischen Daten und Informationen einerseits, sowie Wissen anderseits, liegt darin, dass erstere in der Regel expliziter Natur sind. So können Daten und Informationen sowohl in schriftlicher Form als auch auf elektronischen Medien erfasst, verwaltet, gespeichert und der weiteren Nutzung zugänglich gemacht werden. Im Gegensatz dazu ist Wissen häufig von implizitem Charakter, das heißt, schwer artikulierbar und mitteilbar. Es baut auf individuellen, historisch bedingten Erfahrungen und schwer greifbaren Faktoren wie dem persönlichen Wertesystem oder Gefühlen auf. Oftmals schlummert dieses implizite Wissen in Form von Analogien und Metaphern, sozusagen als verborgener Schatz im Inneren der einzelnen Wissensträger. Die primären Generatoren und Träger von Wissen sind, zumindest im Fall von implizitem Wissen, Personen. Berücksichtigt man die Tatsache, dass die Lern- und Speicherkapazität von Individuen relativ eng begrenzt scheint, so ist für die Wissensgenerierung eine gewisse Spezialisierung erforderlich. Das impliziert, dass eine Vertiefung des Wissens in einem bestimmten Gebiet in der Regel auf Kosten der Breite der Wissensbasis erfolgt. Die verschiedenen Kategorien von Wissen unterscheiden sich in Bezug auf die Transferierbarkeit. Ein wesentlicher Unterschied besteht dabei besonders zwischen explizitem, also artikuliertem und somit leichter transferierbarem Wissen und implizitem, nur in der Anwendung zugänglichem, personengebundenem Wissen. Insofern gilt das Wissen um das Wissen als eine wichtige Voraussetzung zur Lösung für die in der Organisationsentwicklung anstehenden Problemstellungen.

5.2   Entscheidungstheorie

Alles Wissen beginnt mit dem Unterscheiden und dem Entscheiden. Das zeigt sich unter anderem darin, dass das, was beobachtet wird, nicht Dinge, Eigenschaften oder Beziehungen einer „an sich" existierenden Welt sind, sondern immer nur die Ergebnisse von Unterscheidungen und Entscheidungen, die das wahrnehmende System selbst macht und die ohne diese kognitive Tätigkeit des Unterscheidens und Entscheidens nicht existent wären. Da Entscheidungen an sich ein zentrales Konzept für die Entwicklung kognitiver Organisationen darstellen, sei an dieser Stelle kurz bei dieser Begrifflichkeit verweilt. Dabei fallen auch solche Handlungen in die Domäne der Entscheidungstheorie, von denen man normalerweise nicht sagen würde, der Handelnde habe sich für sie entschieden: Handlungen etwa, denen keine oder keine nennenswerten Überlegungen vorausgegangen sind, wie z. B. Handlungen aus Gewohnheit, oder Handlungen, die unter massivem Druck zustande kommen. Und versteht man den Begriff der Handlung intentional, so ist es nicht einmal korrekt zu sagen, Handlungen bildeten den Gegenstand der Entscheidungstheorie. Insofern kann man sagen: Die Entscheidungstheorie befaßt sich ganz allgemein mit menschlichem Verhalten.

Menschliches oder organisatorisches Verhalten wird umgangsprachlich mit vielen Begriffen beschrieben bzw. durch Begriffstypen umschrieben. Eine wichtige Unterscheidung ist dabei die zwischen Ereignis- oder Vorgangswörtern und Dispositionswörtern.

▶   Spricht man beispielweise davon, dass „Matthias fliegt nach Singapur" oder „Sergej setzt Matthias schachmatt" wird von Ereigniswörtern Gebrauch gemacht. Hingegen verwendet man Dispositionswörter, wenn davon gespochen wird, dass „Christine hat die Nase voll" oder „Christine ist kein knallharter Stratege".

Auf zwei Sorten solcher Dispositionen gilt es im späteren Umgang zu achten. So bestehen die *Glaubensdispositionen* darin, gewissen Überzeugen zu haben.

▶   Ausgedrückt wird durch umgangssprachliche Ausdrücke wie beispielsweise: „glauben", „erwarten", „annehmen", „überzeugt sein", „sicher sein", „für möglich halten", „für wahrscheinlich halten", „als unmöglich ansehen", „als gleichwahrscheinlich erachten", „eher glauben als", „mehr zu der Annahme neigen, daß …, als zu der Annahme, daß …", „ahnen", „voraussehen", „vollkommen ahnungslos sein", „auf etwas gefaßt sein", „sich etwas einbilden", „mit etwas rechnen", „vermuten", „mutmaßen", etc.

Darüber hinaus gibt es viele umgangssprachliche Wendungen, die neben dem Vorliegen einer Glaubensdisposition noch mehr ausdrücken, indem sie das „glauben" durch ein „wissen, dass…" zumindest sprachlich ersetzen. Solche Glaubensdispositionen sind demnach kognitive Dispositionen, erschöpfen sie aber nicht. So gibt es viele Fähigkeiten, die man als kognitive Fähigkeiten einstufen würde, die aber nicht Glaubensdispositionen im hier verwandten Sinne sind: z. B. Intelligenz, logisches Denkvermögen, Kreativität, Lernfähigkeit, Kombinationsgabe, Orientierungsvermögen oder Gedächtnisleistung, Eidetiker-Sein, Sprachverständnis etc.

Wünschensdispositionen dagegen sollen all das umfassen, was in der Psychologie gemeinhin unter den Begriff der Motivation fällt.

▶   Zur Bezeichnung von Wünschensdispositionen dienen beispsielsweise: „wollen", „wünschen", „mögen", „sehr mögen", „wenig mögen", „begehren", „beabsichtigen", „intendieren", „anstreben", „planen", „sich etwas vornehmen", „auf etwas abzielen", „ein Ziel verfolgen", „eine Präferenz haben", „etwas lieber mögen als etwas anderes", „etwas eher wünschen als etwas anderes", „vorziehen", „unentschieden sein", „herbeisehnen", „schmachten", „an etwas interessiert sein", „nicht leiden können", „verabscheuen", „verurteilen", „mißbilligen", „gutheißen", „eine Verpflichtung verspüren", „sich zu etwas aufgerufen fühlen", „für etwas eintreten", „von Gott zu etwas berufen fühlen", „vom Gewissen gesagt bekommen", „ein Verlangen haben", „getrieben werden", „ein unwiderstehliches Bedürfnis verspüren", „hoffen", „fürchten", etc.

Solche Glaubens- und Wünschensdispositionen bestimmen also das Verhalten in einem
Maße wie keine andere Klasse von Dispositionen. Dennoch kann man die Dispositionen
in jeweils vier Typen unterteilen, die man dann als qualitative, klassifikatorische, kompa-
rative oder quantitative Dispositionen bezeichnet.

Der Definitionsbereich dieser acht Unterscheidungen besteht aus *Propositionen*, indem
diese die Gegenstände des Glaubens, Wünschens und des Wissens ausmachen (Abb. 5.1).

▶   So kommen im Rahmen von Entscheidungsvorgängen beispielsweise Propositi-
        onen in unterschiedlicher Bedeutung zur Anwendung. So werden Satzinhalte,
        bestimmte subjektive Haltungen als eine propositionale Einstellungen, konkret
        gesprochene Aussagen, in einer Sprache formulierte Sätze ebenso angewendet
        wie das im mimischen Ausdruck manifestierende Bewusste oder Unbewusste.

Die Grundentitäten einer Entscheidungssituation – was umgangssprachlich als Umstand,
Konsequenz, Handlung, Ereignis etc. in die Entscheidung einfließen, – werden demnach
durch Propositionen repräsentiert.

▶   Propositionen kann man dann als Mengen logisch äquivalenter Sätze einer
        Sprache auffassen. Als solche sind Propositionen Mengen von Bewertungs-
        funktionen, die man durch Anwendungen der mengentheoretischen Operationen
        der Komplement-, Vereinigungs- und Durchschnittsbildung aus den Elemen-
        tarpropositionen generiert. Diese mengentheoretischen Operationen entspre-
        chen der aussagenlogischen Negation, Adjunktion und Konjunktion für Sätze.

Wenn man von biologischen und physiologischen Ursachen absieht, so liegt der allgemeins-
te Grund für Änderungen von Dispositionen darin, daß man etwas lernt. In der Tat wird ja in
der Lerntheorie Lernen praktisch als Verhaltensänderung definiert, und „Verhaltensänderung" darf man hier ruhig als Veränderung von solchen (Verhaltens)Dispositionen betrachten. In diesem Sinne sind die noch zur Sprache kommenden Lerntheorien dynamische
Theorien.

Im den folgenden Abschnitten wird ein Entscheidungsmodell vorgeschlagen, dass auf
den ersten Blick eventuell zu simplifizistisch erscheint. Aber dieser Schein drügt und im
späteren praktischen Einsatz zeigen sich die Eleganz und die Verallgemeinerungsfähig-
keit. Die Ausgestaltung des Modells wurde durch die folgenden Fragen geprägt:

- **Allgemeinheit**: Wie allgemein oder wie speziell ist die jeweilige Konzeption?
- **Explizität**: Welche theoretische Klärung erfahren die Grundentitäten der jeweiligen
  Konzeption, und inwieweit lassen sich diese Grundentitäten in der jeweiligen Konzep-
  tion selbst analysieren?
- **Anwendungsbreite bzw. -tiefe**: Läßt sich innerhalb der jeweiligen Konzeption sagen,
  was als eine Entscheidungssituation oder als ein Entscheidungsproblem anzusehen ist?

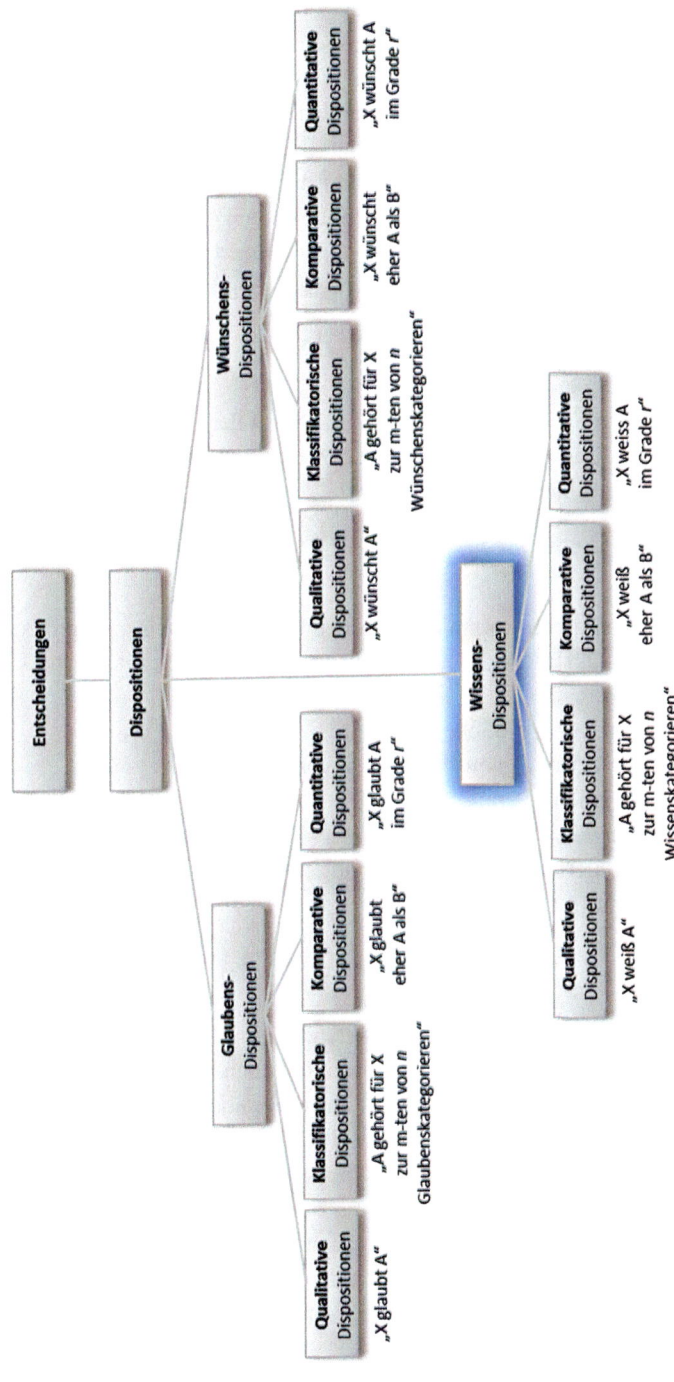

Abb. 5.1 Glaubens-, Wünschens- und Wissensdispositionen

Das Basismodell geht davon aus, daß dem Entscheidungsystem X in einer bestimmten Situation verschiedene Alternativen $f_1,\ldots,f_m$ offenstehen und daß X nun zu entscheiden hat, welche dieser Alternativen er ausführen soll. Außerdem sind die möglichen Konsequenzen c_{ij} für das Entscheidungssystem von mehr oder weniger großem system-subjektiven Wert. Die genauen subjektiven Werte seien in der subjektiven Wertfunktion V von X festgehalten, die jedem c_{ij} eine reelle Zahl $V(c_{ij})$ zuordnet. Da sich das Entscheidungssystem X der jeweiligen Konsequenzen nicht sicher ist, nimmt das Basismodell neben den subjektiven Werten von X auch noch subjektive Wahrscheinlichkeiten $P(w_j) \geq 0$ von X für die verschiedenen möglichen Umstände $w_1,\ldots,w_n$ an. Da angenommen wird, daß es für X sicher ist, daß genau einer der möglichen Umstände $w_1,\ldots,w_n$ vorliegt, muß natürlich

$$\sum_{j=1}^{n} P\left(w_j\right) = 1$$

gelten. Dies drückt den Sachverhalt aus, daß f_i für X mit der Wahrscheinlichkeit $P(w_j)$ zur Konsequenz c_{ij} führt. Das impliziert, dass sich X sich für eine Handlung f_i entscheiden wird, deren erwarteter subjektiver Wert

$$\sum_{j=1}^{n} V\left(c_{ij}\right) * P\left(w_j\right)$$

maximal ist. Fasst man diesen formalen Überlegungen zusammen, so ergibt sich die folgende Definition: [W, C, H, P, V, U] ist ein Entscheidungsmodell, für das gilt:

• W und C sind nicht leere, endliche Mengen,
• H ist eine nicht leere Menge von Funktionen von W und C,
• P ist ein Wahrscheinlichkeitsmaß auf Pot(W),
• V ist eine Funktion von C in R,
• U ist die auf H definierte Funktion, für die alle $f \in H$

$$U\left(f\right) = \sum_{w \in W} V\left(f\left(w\right)\right) * P\left(w\right)$$

W repräsentiert die Menge der möglichen Umstände, die auch als Möglichkeitsraum aufgefasst werden können. C stellt die Menge der möglichen Konsequenzen dar. Weiterhin soll H die Menge der dem Entscheidungssytem offenstehenden Alternativen oder auch Strategien repräsentieren. R bezeichnet immer die Menge der reellen Zahlen. Pot(W) bezeichnet die Potenzmenge von W, d. h. die Menge aller Teilmengen von W. Die Teilmengen von W werden als Ereignisse aufgefasst.

Dass dieses Modell die Komplexität, die die Handlungen, Umstände und Konsequenzen annehmen können, ignoriert und damit nicht widerspiegelt, wird bewusst in Kauf genommen. Letzteres vereinfacht den Prozess, auch bei komplexeren Entscheidungsproblemen die Verkleinerung des Problems bzw. die Abtrennung von Teilproblemen. In diesem Zusammenhang spricht man auch von einer Zerlegung bzw. von einer *Reduktion* von Entscheidungsmodellen. Bei einer Reduktion eines Entscheidungsmodells geht es darum, die Zahl der in es eingehenden Faktoren zu verringern und es dadurch kleiner und überschaubarer zu gestalten. Dies geschieht dadurch, daß zunächst gewisse Alternativen aus dem Entscheidungsmodell herausgestrichen werden. Eine Reduktion muss dabei erfüllen, dass sich durch eine Reduktion die erwarteten subjektiven Werte der Handlungen nicht verändern.

Um den Einfluß der Handlungen auf das tatsächliche Geschehen wird weiterhin im Modell angenommen, dass jede Handlung gewissermaßen ihren eigenen Möglichkeitsraum schafft. Wird eine gewisse Handlung ausgeführt, so können sich nicht mehr alle, sondern nur noch ganz bestimmte Möglichkeiten aus dem Möglichkeitsraum W realisieren.

5.3 Wissenstheorie

Die Entwicklung wissensbasierter Systeme im Allgemeinen und kognitiver Organisationen im Besonderen ist untrennbar mit dem Stand der Theorie des Wissens verbunden. Die Theorie des Wissens hat, seitdem unter anderem die Wissenschaften das nahende Wissenszeitalter gesichtet haben, zusehens an Bedeutung gewonnen und gleichzeitig markante Änderungen durchlaufen. Sicherlich haben die Basisinnovationen der Informations- und Kommunikationstechnologie zunächst das Informationszeitalter eingeläutet. Die ständige Verfügbarkeit von Mensch und Computer haben den Alltag und das Arbeitsumfeld radikal verändert. So stellt das Internet eine Unmenge von Daten an jedem Ort und zu jeder Zeit zur Verfügung. Gerade diese Datenmenge und diese neue Komplexität, die durch eine Überforderung der menschlichen Wahrnehmungsfähigkeit entsteht, ist das eigentlich Neue am Wissenszeitalter. Allerdings lassen sich nicht alle Daten zu Informationen oder gar zu Wissen verarbeiten. Genau diese drei Begriffe sind es also, die eine für die Organisationsentwicklung anwendbare Wissenstheorie prägen und doch gleichzeitig immer wieder für Verwirrung sorgen. So werden Daten, Information und Wissen häufig, sowohl im Alltag als auch in der Wissenschaft, uneinheitlich und unsystematisiert verwendet.

▶   Der Kern des Problems, an dem die sogenannte Informationsgesellschaft leidet, steckt im wissenschaftlichen Informationsbegriff, seiner exorbitanten Aufblähung, gallopierenden Verbreitung und weithin unkritischen oder falschen Anwendung. Ursprünglich hatte dieser Begriff vor der Morgendämmerung des neuen Zeitalters unter Laien wie Fachleuten eine relativ simple und klare Bedeutung (nämlich Auskunft über einfache Dinge wie Zahlen, Daten, Fakten, Ereignisse, Personen, Namen etc.) mit der man jemand in-formierte, d. h. durch spezifisches semantisches Wissen in Form brachte (von lat. informare = Form verleihen; in Form bringen). In seiner neuen Bedeutung bezeichnet Information alles, was codiert werden kann für die Übermittlung durch einen Kanal, der einen Sender mit einem Empfänger verbindet, gänzlich ungeachtet des semantischen Gehalts. Aber Informationen bringen keine Ideen hervor, für sich genommen bestätigen oder widerlegen sie rein gar nichts. Sie sind von nackter Faktizität.

Zunächst werden Daten durch Zeichen repräsentiert und sind Gegenstand von Verarbeitungsprozessen. Sie setzen sich aus einzelnen Zeichen oder aber aus einer wohldefinierten Folge von Zeichen zusammen, die einen mehr oder weniger sinnvollen Zusammenhang ergeben. Dieser Zusammenhang ist entweder schon bekannt oder er wird unterstellt, so dass die Zeichen mit einem Code gleichgesetzt werden können. Eine Aussage über den Verwendungszweck wird allerdings noch nicht geleistet. Daten werden zu Informationen, indem sie in einen Problemzusammenhang, den sogenannten Kontext gestellt und zum Erreichen eines konkreten Ziels verwendet werden. So stellen beispielsweise Informationen für ein Robotersystem diejenigen Daten dar, die für die Vorbereitung zielorientierter Handlungen nützlich sind. Wissen ist das Ergebnis der Verarbeitung von Informationen durch das Bewusstsein und kann als „verstandene Information" bezeichnet werden. Diese verstandenen Informationen werden oftmals zur Handlungssteuerung verwendet. Wissen ist somit die Vernetzung von Information, die es dem Wissensträger ermöglicht, Handlungspotenzial aufzubauen und konkrete Aktionen in Gang zu bringen. Es ist das Resultat einer Verarbeitung der Informationen durch das Bewusstsein. Formal betrachtet ist Wissen daher ein Begriff mit weitem Umfang und kann hinsichtlich Erkenntnisquelle, Inhalt, Ursprung, Qualität, Struktur und Funktion differieren. Deshalb erscheint es auch in diesem Zusammenhang berechtigt, von verschiedenen Arten und Formen von Wissen, kurz von Wissensvarianten zu sprechen. Sie weisen meist eine enge Korrelation auf und können daher nicht eindeutig zugeordnet, beziehungsweise voneinander abgegrenzt werden.

5.4   Wissenskonzepte

Die Wissenstheorie arbeitet demnach mit unterschiedlichen Konzepten. So umschreibt ein Zeichen aus Sicht der Sprachwissenschaft ein natürliches oder künstliches, sinnlich wahrnehmbares Phänomen, das für ein anderes – auch abstraktes – Phänomen steht, also Bedeutung erhält. Grundsätzlich kann alles sinnlich Wahrnehmbare durch einen Interpreten zum Zeichen werden. Zeichen indexieren somit, was der Fall ist, als auch Möglichkeiten, d. h. was der Fall sein könnte. Daten werden durch solche Zeichen repräsentiert und sind Gegenstand von Verarbeitungsprozessen. Sie setzen sich aus einzelnen Zeichen oder aber aus einer Folge von Zeichen zusammen, die einen sinnvollen Zusammenhang ergeben. Daten werden zu Informationen, indem sie in einen Problemzusammenhang (Kontext) gestellt und zum Erreichen eines konkreten Ziels verwendet werden. Damit sind Informationen immer nur Informationen für einen empfangenden Jemanden bzw. für ein informationsverarbeitendes System, und auch nur dann, wenn diese Information als solche zu einer Zustandsbestätigung oder Zustandsveränderung bei dem Empfängersystem selbst beiträgt. So stellen Informationen für Entscheidungssysteme diejenigen Daten dar, die für die Vorbereitung von Entscheidungen nützlich sind. Gerade der Terminus der Information nimmt im Rahmen der späteren Implementierung eine Schlüsselfunktion ein. Der Begriff Wissen lässt sich zunächst charakterisieren durch Attribute wie abstrakt, strukturiert/unstrukturiert, bedeutungstragend, mitteilbar, bewusst/unbewusst oder durch ähnliche Begriffe wie

Kenntnis, Erfahrung und Verstand. Letzteres Charakteristikum kommt auch daher, dass ein Adressat nur dann eine Information bestätigen kann, wenn er über Wissen verfügt, ob diese Information nun wahr ist oder nicht, und wenn ja, in welcher Form. Von daher sind Information und Wissen eng aufeinander bezogen. Diese Bezogenheit kommt auch in der Auffassung der Wissenstheorie zum Ausdruck, indem hier Wissen das Ergebnis der Verarbeitung von Informationen durch ein wie auch immer geartetes Bewusstsein ist und daher zu Recht im vorangegangenen Abschnitt als „verstandene Information" umschrieben werden kann. Zu wissen bedeutet dann, über zureichende Gründe zu verfügen, bestimmte Informationen über Gegenstände, Sachverhalte oder Vorgänge als wahr oder falsch erkennen zu können und im Gegensatz zum Meinen die Relevanz der Information für eine Handlungssituation ermittelt zu haben. Insofern werden diese so verstandenen Informationen zur Handlungssteuerung verwendet. Wissen ist somit die Vernetzung von Information, die es ermöglicht, Handlungs- und Aktionsvermögen aufzubauen. Dieser Wissensbegriff orientiert sich auch an den Ergebnissen aus der Wissensakquise. Dabei zeigte sich, dass Experten Probleme weniger durch aufwendige Suchvorgänge lösen als vielmehr durch den Abruf gespeicherten Wissens. Aufgrund ihrer vielfältigen Erfahrungen haben sie typische Problemmuster und Problemlösungswege in Form von Schemata in ihrem Gedächtnis gespeichert, deren relevante Teile schnell und zuverlässig abgerufen werden können. Neben einem umfangreichen Bereichswissen spielen sogenannte Fallschemata sowie hochgradig bereichsspezifische Heuristiken eine große Rolle. Hinzu kommt ein differenziertes metakognitives Kontrollwissen in Form von Prüfungs-, Bewertungs- und Prognoseprozessen. Formal betrachtet ist Wissen daher ein Begriff mit weitem Umfang und kann hinsichtlich Erkenntnisquelle, Inhalt, Ursprung, Qualität, Struktur und Funktion differieren. Deshalb erscheint es auch in diesem Zusammenhang berechtigt, von verschiedenen Arten und Formen von Wissen zu sprechen. Die sicherlich wichtigste und einfachste Unterscheidung besteht in der Differenzierung von propositionalem Sachwissen (etwas zu wissen) und nichtpropositionalen Gebrauchswissen (zu wissen wie). So unterscheidet die Wissenspsychologie in Sachwissen, Handlungswissen und Metawissen.

Eine weitere, für das Vorhaben dieses Buches notwendige Untergliederung in sogenannte *Wissensarten* ist die folgende:

- **Prozedurales Wissen** hält feste Vorgehensweisen oder Strategien fest und entspricht dem Know-how.
- **Erfahrungswissen** ist das durch die Sinneswahrnehmung gewonnene Wissen, welches in eine bestimmte Situation eingebettet ist. Es ist somit gegen Vergessen resistenter als reines Wortwissen.
- **Deklaratives, faktisches Wissen** repräsentiert Kenntnisse über die Realität und hält feststehende Tatsachen, Gesetzmäßigkeiten, sowie bestimmte Sachverhalte fest. Es entspricht damit dem Know-that.
- **Statistisches Wissen** entspricht dem Wissen, das aus Fallsammlungen stammt.
- **Kausales Wissen** stellt Wissen dar, in dem Beweggründe und Ursachen festgehalten werden (Know-why).

- **Heuristisches Wissen** hält bestimmte Sachverhalte in Regeln fest.
- **Klassifizierungs-** und **Dispositionswissen** repräsentiert Wissen, welches dem Wissenden ermöglicht, komplexe Gegenstände aufzuschlüsseln und bestimmte Sachverhalte richtig zuzuordnen.
- **Relationenwissen** stellt Wissen dar, das dem Wissenden ermöglicht, Strukturen und Zusammenhänge zu sehen.

Eine implementierungsnahe Perspektivierung liefert folgende Unterscheidung:

- **Fakten**: Einfache Fakten sind beispielsweise „Es regnet" oder „Willi hat Schnupfen".
- Komplexe **Objekte** und Eigenschaften: Objekte stellen eine Art Bezugs- oder Beziehungspunkte in Wissensmengen dar. Sie sind durch bestimmte Eigenschaften gekennzeichnet, gehören zu einer bestimmten Klasse, besitzen Beziehungen zu anderen Objekten aus der Klasse und können Veränderungen unterworfen werden.
- **Semantische Beziehungen** zwischen Objekten: Objekte innerhalb eines Problembereiches sind nicht isolierte Entitäten, sondern stehen üblicherweise in Beziehungen zueinander. So kann beispielsweise das Objekt Willi mit dem Objekt Schnupfen in der Beziehung „hat" stehen: Willi hat Schnupfen.
- **Ereignisse**: Ereignisse ähneln in gewisser Weise den Handlungen. Lediglich die Tatsache, dass sie nicht von handelnden Lebewesen initiiert, sondern durch Umstände erzeugt werden können, unterscheidet sie von den Handlungen. Unter einem Ereignis versteht man demnach eine Zustandsänderung, für die es einen Ort und eine Zeitdauer gibt.
- **Handlungen**: Durch Handlungen können Objekte absichtsvoll erzeugt, verändert, gelöscht (zerstört), in Besitz genommen werden. Die Art der Handlung lässt sich beliebig fortsetzen. Das auslösende Objekt heißt Agent oder Aktor.
- **Vorgänge**: Ein Vorgang ist eine andauernde Handlung.
- **Verfahren**: Ein Verfahren setzt sich aus einer wohldefinierten Anzahl von verketteten Handlungen zusammen. Die einzelnen Handlungen müssen dabei oftmals in einer ganz bestimmten Reihenfolge ausgeführt werden. Das Wissen um bestimmte Verfahren, also das Wissen, wie Objekte und Aktionen kombiniert werden müssen, um ein bestimmtes Ziel zu erreichen, bezeichnet man auch als „know how".
- **Zusammenhänge** und **Einschränkungen**: Neben einfachen Beziehungen wie „hat" existieren selbstverständlich auch noch komplexere Beziehungen zwischen Objekten. Es ist ein Wissen von der Art „wenn Faktum A zutrifft, dann gilt auch Faktum B". Es können aber auch Beziehungen zwischen Objekten und Geschehnissen (Ereignisse, Handlungen, Vorgänge, Verfahren) bestehen. Eng mit diesem Wissen verbunden ist das Wissen über einschränkende Bedingungen, d.h., Wissen über die Unzulässigkeit von Zuständen oder Zustandsänderungen.
- **Metawissen**: Metawissen ist das Wissen über das restliche Wissen. Es umfasst Kenntnisse über die Verlässlichkeit beziehungsweise die Wahrscheinlichkeit von Fakten. Es beinhaltet auch das Wissen, wie und wo unbekannte Daten erfragt werden können oder ggf. wo sie aus vorhandenem Wissen abgeleitet werden können. Aber auch das Strukturieren von Wissen, das Hinzufügen von Wissen und die Unterstützung des Zugriffs auf dieses Wissen zählt man zum Metawissen.

- Probleme und **Problemlösungsstrategien**: Das zu lösende Problem muss bekannt sein, soll es gelöst werden. Bei der Bearbeitung solcher Probleme mit Hilfe von Computern muss das zu lösende Problem sogar noch in einer für den Computer verständlichen Form spezifiziert werden. Allgemeine Strategien und Methoden zur Lösung dieser Probleme und spezielle Kenntnisse über den Problembereich müssen bekannt sein.

Die Inhalte einer bestimmten Wissensart können unterschiedliche Qualitäten aufweisen. Die wichtigsten *Wissensqualitäten* sind die folgenden:

- **Unvollständiges Wissen**: Alle Wissensbasen sind unvollständig in dem Sinne, dass immer nur Teile einer zu repräsentierenden Welt erfasst und dargestellt werden können. Eine Wissensbasis heißt unvollständig, wenn sie für eine Menge von Aussagen feststellt, dass mindestens eine davon wahr ist, aber nicht angibt, welche dies ist. Daher muss auch jedes Wissen, das für die Nutzung durch einen Computer zusammengestellt wurde, zwangsläufig unvollständig sein, da es zur Zeit noch nicht möglich ist, das gesamte Wissen der Menschheit in einem Computersystem oder einem Netz von Computern zu speichern oder gar effizient zu verarbeiten.
- **Widersprüchliches Wissen**: In vielen Fällen ist das Wissen in sich widersprüchlich. Gerade bei der Erweiterung bestehender Wissensbasen steht das neu hinzukommende im Widerspruch zum bereits existierenden Wissen.
- **Unsicheres Wissen**: Wissen kann auch unsicher sein, wenn nicht die exakte Wahrscheinlichkeit des Zutreffens dieses Wissens angegeben werden kann.
- **Ungenaues Wissen**: Ferner kann Wissen ungenau sein, d. h. es lassen sich keine exakten Angaben zu den Eigenschaftswerten machen, wohl aber die möglichen Werte einschränken. Der Unterschied zu unsicherem Wissen besteht dabei darin, dass ungenaues Wissen sicher zutrifft. Der Unterschied zu unvollständigem Wissen besteht darin, dass eine Eigenschaftsangabe sehr wohl vorliegt und eben nicht fehlt.
- **Prototypisches Wissen**: Man kann verschiedene Modalitäten von Wissen unterscheiden, d. h. es ist möglich, Wissen über Sachverhalte zu besitzen, die notwendig, möglich, oder unmöglich (alethische Modalitäten), obligatorisch, geboten oder verboten (deontische Modalitäten) sind. Als prototypisch bezeichnet man gewöhnliches Wissen über zutreffende Sachverhalte. Hier hat man einfach eine Vorstellung, wie die Dinge sind. Prototypisches Wissen kann benutzt werden, um Eigenschaften mit relativ großer Wahrscheinlichkeit anzunehmen, solange noch keine weiteren oder der Annahme widersprechende Informationen vorliegen. Prototypisches Wissen ist also eine Möglichkeit, unvollständiges Wissen zu ersetzen.
- **Definitorisches/kontingentes Wissen**: Eine definitorische Aussage bezieht sich auf die nicht anzweifelbaren Eigenschaften einer Aussage oder eines Objekts einer Klasse. Andererseits gibt es Aussagen, die zwar allgemein anerkannt sind oder sich nur auf einen großen Teil der Klasse beziehen, deren Wahrheit aber nicht unbedingt notwendig zu sein braucht.
- **Allgemeinwissen**: Unter Allgemeinwissen versteht man das Wissen, welches Menschen einsetzen, um alltägliche Probleme zu meistern.

- **Fachwissen**: Vom Allgemeinwissen lässt sich das Fachwissen abgrenzen, das Experten einsetzen, um Probleme spezialisierter Art zu lösen.
- **Modalaspekte**: Als Modalaspekte bezeichnet man solche Umstände, unter denen eine Aussage bewertet werden muss. So ordnet man beispielsweise Aussagen einen bestimmten Wahrheitswert (wahr oder falsch) zu.
- **Unwissen**: Unwissen stellt das Pendant zu Wissen in der Form dar, dass es für Unfähigkeit steht, Fragen zu lösen und ist als solches daher stets mit Wissen kontextuell verbunden.

5.5   Wissensverarbeitung

Diese bisher erarbeite Auffassung bezüglich Daten, Information und Wissen hat Konsequenzen, indem diese Konzepte im Folgenden nicht ohne ihren Verarbeitungsaspekt weiter entwickelt werden können. So kann Wissen nicht ohne den Aspekt der Repräsentation von Informationen bzw. Daten und letztere nicht ohne den Aspekt des „Symbols" und letztlich nicht ohne den Aspekt der Manipulation durch Verarbeitung behandelt werden.

Dem Wissensbegriff dieses Buches liegt demnach ein handlungs- bzw. verhaltensorientiertes Menschenbild zugrunde, das den Menschen als ein kognitives System auffasst, das Daten und Informationen aufnimmt, speichert, verarbeitet und produziert, und das dabei sein Wissen nutzt, um Ziele zu verfolgen und um entsprechend dieser Ziele zu handeln (Abb. 5.2). Damit hängen Daten-, Informations- sowie Wissensverarbeitung sehr eng mit dieser menschlichen Kognition zusammen. Um Daten, Information und Wissen verarbeiten zu können, müssen diese Konzepte durch Symbole dargestellt werden.

Es muss an dieser Stelle darauf hingewiesen werden, dass damit viele andere Möglichkeiten der Interpretation der Begriffe Symbol, Daten, Information und Wissen ausgespart bleiben, weil sie für die Problematik dieses Buches und dort vor allem in Bezug auf die spätere Berücksichtigung im Rahmen der Entwicklung kognitiver Organisationen nicht von Bedeutung sind. So kommt am Ende dieses Abschnitts gerade dem Begriff der Information in Bezug auf den Verarbeitungsaspekt von Daten, Information und Wissen noch einmal

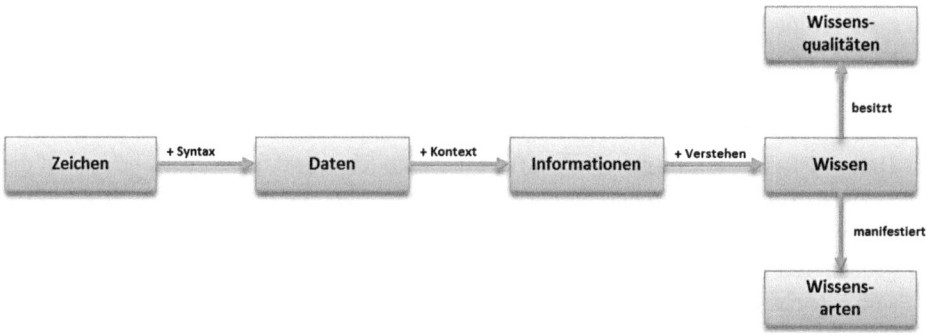

Abb. 5.2 Daten, Informationen und Wissen

eine zentrale Bedeutung zu. Kognitive Systeme, die kognitive Prozesse durchlaufen und dadurch kognitive Leistungen erbringen, werden im Folgenden als Berechnungsvorgänge vor allem in Form der Manipulation von Information verstanden. Hier erfolgt also eine technisch bedingte Dekomposition von Daten-, Informations- und Wissensverarbeitung auf den Begriff der Informationsverarbeitung, da Information auf eine technisch bedingte Art und Weise der formalisierten Repräsentation und syntaktischen Symbolmanipulation reduziert wird, ohne die keine rechnerbasierte bzw. maschinelle Informationsverarbeitung gegenwärtig möglich ist. Dieser Auflösung der Daten-, Informations- und Wissensverarbeitung auf den zentralen Begriff der Informationsverarbeitung kommt neben dem technischen auch ein praktischer Aspekt zu. Durch eine solche Sichtweise der Informationsverarbeitung wird eine abstrahierende Zugangsweise erleichtert, die den Menschen als Vorbild und die Maschine unter dem gemeinsamen Aspekt der Informationsverarbeitung als kognitive Systeme zu betrachten gestattet. Wenn daher im folgenden Verlauf der Mensch, der Computer und die Organisationen als kognitive Systeme zur Informationsverarbeitung aufgefasst werden, dann zu dem Zweck, dass sich dadurch Modelle erarbeiten lassen, die auf beide gleichermaßen anwendbar sind.

5.6   Kognitive Wissensverarbeitung

Das Konzept der artifiziellen Kognition im Allgemeinen und das Konzept des Wissens im Speziellen werden im Rahmen der Organisationsentwicklung als zentral angesehen, da artifizielle Kognition als ein wesentlich wissensbasierter Prozess angesehen wird. Bereits im Rahmen der Wissenstheorie wurde als Grundlegung herausgearbeitet, dass ein Zeichen ein wahrnehmbares Phänomen ist, das für etwas steht und dem daher eine Bedeutung zukommt. Daten wiederum setzen sich aus einzelnen Zeichen oder aber aus einer Folge von Zeichen zusammen, die dann einen sinnvollen Zusammenhang ergeben. Daten werden zu Informationen, indem sie in einen Problemzusammenhang (Kontext) gestellt und zum Erreichen eines konkreten Ziels verwendet werden. Wissen ist das Ergebnis der Verarbeitung solcher Informationen durch ein artifizielles Bewusstsein im Dienste einer Handlungsorientierung und kann als „verstandene Information" aufgefasst werden. Wissen ist damit eine spezifische Form von Handeln und umgekehrt begrenzt sich Wissen-Können nicht selten auf das, was durch Handeln machbar ist. Gemäß dieser Auffassung lässt sich Wissen als relativ dauerhafter Inhalt eines Gedächtnisses auffassen. Als solcher Inhalt entspricht dies noch der klassischen Auffassung seitens der Künstlichen Intelligenz von einer auf Basis von Informationen zusammengesetzten Wissensbasis, die einer bestimmten Verarbeitung durch Operationen des Systems zugänglich ist. Im Rahmen des Paradigmas der Organisationsentwicklung ist Wissen jedoch als die Menge von systeminternen Zeichen, Daten- und Informationsrepräsentationen anzusehen, die im Rahmen eines artifiziell-kognitiven Verarbeitungsprozesses mit Hilfe adäquater Technologien ein sich dadurch konstituierendes, kognitives System dazu befähigen, nicht nur Aufgaben zu bewältigen, sondern auch Probleme einer Lösung zuzuführen, „intelligent" zu handeln, um dadurch mit der Umgebung zu interagieren bzw. zu interoperieren und somit insgesamt auf die Umwelt einzuwirken.

Gemäß dieses Ansatzes kann kein passives Wissen existieren. Ein solches Passivwissen stellt kein Wissen dar, sondern lediglich „Daten" oder maximal „Informationen". Aktiv kann Wissen nur in Verbindung mit einem kognitiven System werden, denn dann erst kann Wissen für intelligente Entscheidungen und interoperative Handlungen genutzt werden.

In diesem Sinne sucht man nach Antworten auf die Fragen: Wie wird Wissen erworben? Wie ist es gespeichert und für den Zugriff organisiert? Wie wird es genutzt, um es in Verhalten umzusetzen? Gerade zur Problemlösung bedarf es also nicht nur des Zugriffs auf Wissen, sondern auch kognitiver Verarbeitung, beispielsweise in Form von Schlussverfahren bzw. Inferenztechniken, die etwa aus einer gegebenen Problembeschreibung und verfügbarem Wissen zusammen Schlussfolgerungen ziehen und damit Lösungen erarbeiten können. Diese handlungs- bzw. verhaltensorientierte Ausprägung des Wissensbegriffs reduziert die Inhalte dessen, was im Rahmen der Organisationsentwicklung unter Wissen verstanden und verarbeitet werden kann. So lässt sich aufgrund des epistemischen Status neben gesichertem Wissen auch unsicheres Wissen verarbeiten, wobei unter letzterem ein solches Wissen verstanden wird, dessen Wahrheit im Gegensatz zu fehlerhaftem Wissen steht, das objektiv falsch ist. Bezüglich der Verwendbarkeit ist sowohl Kontroll-Wissen als strategisches Wissen und heuristisches Wissen zur Suchsteuerung im Problem- und Lösungsraum der kognitiven Verarbeitung zugänglich. Bezogen auf die Art der Wissensrepräsentation lässt sich analoges Wissen, explizit repräsentiertes oder deklaratives Wissen von implizitem Wissen (prozedurales Wissen, Regel-Wissen, Schema-Wissen, fallbasiertes Wissen, qualitatives und quantitatives Wissen) verarbeiten. Die Wahl der Repräsentation ist oftmals davon abhängig, ob es sich um Alltagswissen bzw. Weltwissen oder aber bereichsspezifisches Wissen bzw. Fachwissen oder Experten-Wissen handelt. Dies schließt auch das terminologische Wissen ein, das den Gebrauch und Bedeutung von Begriffen (terminologisches Wissen, begriffliches Wissen, konzeptuelles Wissen, semantisches Wissen) regelt. Bei Letzterem wiederum wirkt sich die Repräsentation des assertorischen Wissens aus, in dem Wissen über Sachverhalte, Fakten-Wissen und episodisches Wissen der kognitiven Verarbeitung zugänglich gemacht wird. Dies bedingt auch die Behandlung von räumlichem und zeitlichem (temporalem) Wissen, kausalem Wissen und sprachspezifischem Wissen. Dieser Wissensbegriff wirkt sich auch auf die Abgrenzung der verarbeitenden Systeme aus. Ein System ist dann ein daten- bzw. informationsverarbeitendes System, wenn es über Eingangskanäle (Sensoren) verfügt, mit deren Hilfe es Signale, Zeichen aus einer Umgebung aufnehmen kann, diese Zeichen in Abhängigkeit von seinem jeweiligen inneren Zustand durch Berechnung in Daten und Informationen transformiert, also verarbeitet (einschließlich der Speicherung von Information) und wenn es über Ausgänge zur Ausgabe von Zeichen, Informationen verfügt. Ein wissensverarbeitendes und damit kognitives System verfügt darüber hinaus über die Fähigkeit, aus Zeichen, Daten und Informationen unter Anwendung von Regeln Wissen zu generieren und durch Interoperationen direkt auf seine Umgebung einzuwirken. Diese Auffassung von Wissen wirkt sich auf das Konzept der Kognition aus, ein Konzept, das in diesem Buch entwickelt und dem eine wesentliche Bedeutung zukommen wird. Eine allgemein anerkannte Definition für Kognition gibt es nämlich nicht. Dass der Versuch, einen einheitlichen Kongnitionsbegriff zu entwickeln, bisher nicht gelungen ist, wird auch dadurch erklärt, dass man immer auszuweisen hat, welche spezifische Form von Kognition man sucht und dass die Ermittlung dieser unterschiedlichen „Kognitionen" nur sehr schwer möglich ist. Häufig wird Kognition demnach in enger Anlehnung an den klassichen Intelligenzbegriff zu definieren versucht, als die Fähigkeit zur Anpassung an neuartige Bedingungen und zur Lösung neuer Probleme oder einfach als das, was demnach die klassischen Intelligenztests messen. Intelligenz ist nach dieser Auffassung zwischen kognitiven, wissensbasierten Systemen nur anhand eines gegebenen Ziels oder Interesses und dem Wissen, das den jeweiligen kognitiven Systemen für die Zielerreichung zur Verfügung steht, vergleichbar. Intelligenz wird somit relativ zum jeweiligen Problem und dem zur Verfügung stehenden Wissen definiert. Wird einem Menschen und einem technischen, wissensbasierten System die gleiche Aufgabe vorgelegt und dabei sichergestellt, dass sie das gleiche dazu gehörende Wissen besitzen, kann ein Intelligenzvergleich gezogen werden. Nutzen beide wissensbasierte Systeme das ihnen zur Verfügung stehende Wissen in optimaler Weise, besitzen sie das gleiche Intelligenzniveau. Da dies in erster Linie am produzierten Output erkennbar ist, wird Intelligenz damit ein Maßstab für die Qualität des Ergebnisses, gemessen am gegebenen Ziel. Damit werden nicht immer messbare Kriterien verbunden, die mit der menschlichen Intelligenz in einem wie auch immer gearteten Zusammenhang stehen:

▶   Es handelt sich um eine Begabung (bzw. Begabungen), die dazu befähigt, Probleme zu lösen, also auch auf neuartige Situationen entsprechend zu reagieren („Lebensbewältigung"). Lernen gehört als notwendige Bedingung dazu, da auch verschiedene Begabungen nur durch eine entsprechende Sozialisation gefördert und entfaltet werden können. Schließlich umfasst Intelligenz die Fähigkeit zu analogem Denken (Metaphorizität der Sprache, Symbolik von Gegenständen), Umgang mit Unsicherheit (Ambiguität), anpassungsbedingte Entscheidungsfähigkeit trotz Ungewissheit, entsprechende Bedeutungsermessung neuer Lebenslagen, Transferleistungen in Situationen, die prima facie unbekannt, aber ähnlich gelagert sind etc.

Insofern lassen die bisherigen Definitionen noch keinen Raum für Kreativität, Originalität der Intuition, auf die Kritiker einer solchen Auffassung sehr großen Wert legen. Ein anderer Versuch, menschliche Intelligenz definitorisch zu fassen, orientiert sich an den performativen Leistungen des Menschen. Dabei geht man der Frage nach, inwieweit kognitives Vermögen (Kompetenz) in menschlichen Handlungen (Performanz) als intelligentes Verhalten resultiert. Dieser Versuch soll in diesem Buch weiter entwickelt werden, indem das Vermögen eines Systems, „intelligent" zu handeln, in die Entwicklung des Kognitionsbegriffs einbezogen wird. Denmzufolge wird im Rahmen dieses Buches unter systemischer Intelligenz im Allgemeinen die Fähigkeit eines Systems verstanden, den kognitiven Prozess gemäß des kognitiven Modells realisieren zu können. Im Speziellen werden unter systemischer, artifizieller – und später organisatorischer – Kognition die Funktionen der Wahrnehmung, des erfassenden und planenden Denkens, der Emotion, Motivation, Intuition, des Lernens und der Reflexion, der Speicherung von Konzepten, die Ausprägung von Systemmerkmalen sowie das insgesamt dadurch bedingte Verhalten subsummiert. Insofern bilden die Wahrnehmung und das Verhalten die Klammer bzw. die äußeren Randerscheinungen dieser systemischen Kognition. Eine so aufgefasste Kognition zeigt eindeutig den Charakter einer sogenannten *systemisch-performativen* Kognition, indem Kognition über die gezeigten kognitiven Leistungen und des daraus resultierenden Verhaltens ermittelt werden soll. Insofern widerspricht dieser Kognitionsbegriff der Annahme eines hierarchischen Strukturmodells nicht darin, dass ein Bündel unterscheidbarer und zusammenhängender Fähigkeiten postuliert wird, sondern vielmehr in der Annahme eines hochgradig generellen Faktors, der eine allgemeine Kognition begründen soll. Vielmehr integriert dieser Kognitionbegriff also verschiedene Perspektiven der systemischen Kognition zu einem Gesamteindruck.

- **Adaptive Perspektive**: Zunächst zeigt sich die Kognition in einer problem- bzw. lösungsorientierten und zielgerichteten Anpassung an die Umgebung. Ob das systemische Verhalten als kognitiv einzustufen ist, kann daher nur im jeweiligen Kontext der Problemdomäne bewertet werden.
- **Lösungsorientierte Perspektive**: In einer weiteren Perspektive wird Kognition einerseits als die Fähigkeit zur Lösung neuartiger Problem- oder Fragestellungen konzeptionalisiert.
- **Prozessuale Perspektive**: Eine andere Perspektive wird gewählt, wenn sich der Fähigkeit zur Automatisierung von Daten-, Informations- und Wissensverarbeitungsprozessen, dem kognitiven Prozess und damit dem Zusammenwirken verschiedener elementarer kognitiver Komponenten zugewendet wird, da höhere Effizienz in einem Bereich bzw. in einer Komponente unter Umständen Kapazität für andere Bereiche frei macht. Diese Perspektive fokussiert auch die Lernfähigkeit des Systems, die als eine der Voraussetzungen für den Wissenserwerb und die Anwendung von Wissen gesehen wird. Wissen ist demnach investierte Kognition.
- **Motorische Perspektive**: Unter dieser Kognition werden im Falle von Menschen, Maschinen, Robotern, etc. die technisch-praktischen Fähigkeiten und Fertigkeiten sowie die Fähigkeit zur senso-motorischen Koordination zusammengefasst.
- **Kommunikative Perspektive**: Unter dieser Kompetenz werden die Fähigkeiten zur Kommunikation mit anderen Agenten bewertet.
- **Technologische Perspektive**: In einer eher implementierungsnahen Perspektive wird die systemische Kognition durch die Funktionsweise der einzelnen Komponenten betrachtet.

Insgesamt ermöglichen die unterschiedlichen Perspektiven damit ein Performanzbild, das auch einen Eindruck bezüglich Encodieren (Trennen relevanter von irrelevanter Information), dem selektiven Kombinieren (Integrieren von Informationen in einen Bedeutungszusammenhang) und dem selektiven Vergleichen (Herstellen einer Beziehung zwischen neu encodierten Informationen und vorhandenem Wissen) hinterlassen. Dieser multiperspektivische Ansatz sieht einen Kognitionsquotienten damit nicht mehr als singuläres Maß, sondern ermöglicht die Formulierung von Kognitionsprofilen mit Hilfe von standardisierten Werten für Einzelfähigkeiten und diese gelten dann als Grundlage der Kognitionsdiagnostik.

5.7 Wissensbasierte Systeme

Der Stand der Theorie des Modells wissensbasierter Systeme ist untrennbar mit dem Stand der Theorie des Wissens verbunden. Die Theorie des Wissens hat, seitdem die Managementlehre das nahende Wissenszeitalter gesichtet hat, zusehens an Bedeutung gewonnen und gleichzeitig markante Änderungen durchlaufen. So haben gerade die Basisinnovationen des Computers und der Kommunikationstechnologie das Informationszeitalter eingeläutet. Die ständige Verfügbarkeit von Mensch und Computer haben das Arbeitsumfeld radikal verändert. Datenhighways und moderne Satellitentechnik haben zu einem gewissen Teil die in der Anfangsphase der industriellen Revolution geschaffene volkswirtschaftliche Trennung zwischen Stadt und Land, die strikte räumliche Trennung zwischen Wohn- und Arbeitswelt, die zeitliche Trennung zwischen Lern-, Arbeits- und Freizeit rückgängig gemacht. Diese Netzwerke stellen gleichzeitig eine Unmenge von Daten an jedem Ort und zu jeder Zeit zur Verfügung. Es sind dies Daten, die hilfreiche Dienste leisten, unentbehrlich werden, da sie von der Konkurrenz genutzt werden, in ihrer Menge und Komplexität förmlich erschlagend wirken, oftmals nicht in ihrer Gesamtheit verarbeitet und berücksichtigt werden können. Gerade diese neue Komplexität, die durch eine Überforderung der menschlichen Wahrnehmungsfähigkeit entsteht, ist das eigentlich Neue am Wissenszeitalter. Mussten früher Manager Entscheidungen unter unvollständigen Daten und Informationen treffen, so tun sie dies heute unter einem Zuviel an Daten. Diese Daten lassen sich nicht alle zu Informationen oder gar Wissen verarbeiten. Genau diese drei Begriffe sind es, die das Wissenszeitalter bestimmen und doch gleichzeitig immer wieder für Verwirrung sorgen. So werden Daten, Information und Wissen häufig, sowohl im Alltag als auch in der Wissenschaft, uneinheitlich und unsystematisiert verwendet. Es lohnt sich also, diese Konzepte in Bezug auf wissenbasierte Systeme zu beleuchten.

Daten sind alle in gedruckter, gespeicherter, visueller, akustischer oder sonstiger Form verwertbare Angaben über die verschiedensten Dinge und Sachverhalte. Daten bestehen aus beliebigen Zeichen-, Signal- oder Reizfolgen und sind objektiv wahrnehmbar und verwertbar. Sie sind damit die Grundbausteine sowohl für die Informations- und Wissensgesellschaft als auch für Organisationen als wissensbasierte Systeme. *Informationen* sind diejenigen Daten, die das einzelne Individuum persönlich verwerten kann. Informationen sind also im Gegensatz zu Daten nur subjektiv wahrnehmbar und auch nur subjektiv verwertbar. Informationen sind daher immer empfängerorientiert. Informationen stellen eine in sich abgeschlossene Einheit dar. Dabei sind Informationen zwar aus Daten zusammengesetzt, sie bilden aber durch ihren für den Empfänger relevanten Aussagegehalt eine höhere Ordnung im Vergleich zu Daten ab. *Wissen* entsteht durch die Verarbeitung und

Verankerung wahrgenommener Informationen im menschlichen Gehirn. In diesem Fall
spricht man vom Prozess des Lernens. Altes, bereits gespeichertes Wissen ist dabei der
Anker, um aus neu aufgenommenen Informationen, neues Wissen in der Struktur des Gehirns zu vernetzen. Wissen stellt das Endprodukt des Lernprozesses dar, in dem Daten als
Informationen wahrgenommen und als neues Wissen gelernt werden. Durch die Berücksichtigung der Tatsache, dass zur Wissensgenerierung die Verarbeitung von Informationen
notwendig ist und sich gerade das Wissen vom Meinen und Glauben durch den Prozess der
Informationsverarbeitung unterscheidet, wird das Wissensverständnis der Kognitionswissenschaften hier mit einbezogen. Während in der Philosophie Wissen einen bestimmten
Grad der subjektiven Sicherheit und des subjektiven wie objektiven Überzeugtseins widerspiegelt, erfährt der Wissensbegriff in den Kognitionswissenschaften eine spürbare Konkretisierung. Den kognitiven Strukturen und ihrer Verarbeitung liegt menschliches Wissen
nicht zugrunde, sondern sie sind das Wissen selbst. Damit wird das Wissen zum einen von
einer eher mystischen Ebene in eine greifbare und konkrete Nähe gerückt. Gleichzeitig
wird die in der Neurobiologie lange Zeit vorherrschende Lokalisationstheorie, in der Wissen als Speicherinhalt der einzelnen Neuronen des menschlichen Gehirns definiert wurde,
durch eine neue Theorie des Konnektionismus abgelöst, die Wissen mit den Strukturen,
den Verbindungen zwischen den einzelnen Neuronen gleichsetzt. Dabei kommt die Eigenschaft solcher stark vernetzter Kompenten zum Tragen, indem sie sich wechselseitig beeinflussen, wodurch sich das gesamte System verändert. Dementsprechend ändert sich das
Erkenntnisziel der Neurobiologie dahingehend, dass nunmehr beschrieben wird, in welchen Arten, Systemen und Austauschbeziehungen Wissen vorliegt. Wissen hört damit auf,
als abstrakter Begriff sein Dasein zu fristen. Nunmehr muss man den etwas weiteren systemtheoretischen Ansatz harmonisch integrieren, der Wissen als die Gesamtheit der in
Informationsspeichern fixierten und durch planmäßigen Ablauf reproduzierte Informationen definiert. Dieser Ansatz löst das Wissen von seiner subjektiven Abhängigkeit vom
Menschen und macht es damit als wissenschaftliche Größe objektiv greifbar. Nach dieser
Definition kann Wissen durchaus auch in anderen Systemen als dem menschlichen Gedächtnis entstehen. So beispielsweise im Speicher eines Computers oder in den noch näher
zu bestimmenden Speichern einer Organisation. Unter Wissen versteht man demnach die
Gesamtheit aller Endprodukte von Lernprozessen, in denen Daten als Informationen wahrgenommen und Informationen in Form von strukturellen Konnektivitätsmustern in Wis-
sensspeichern zur Handlungsgenerierung gespeichert werden.

Ein System wurde als eine Menge von Elementen definiert, die auf irgendeine nicht
näher spezifizierte Art und Weise miteinander in Beziehung stehen. Es handelt sich bei
dieser Definition um eine sehr formale Festlegung, die einerseits auf sehr viele Untersuchungsobjekte zutrifft, andererseits einer weiteren Präzisierung ihrer Bestandteile bedarf,
um eine Gruppe von Untersuchungsobjekten wissenschaftlich betrachten zu können. Bei
dieser Definition findet Berücksichtigung, dass eine Organisation gerade nicht ausschließlich als Maschine aufgefasst werden darf, die lediglich objektive Informationen zu neuem
Wissen verarbeitet. Sie muss vielmehr als ein wissensbasiertes System aufgefasst werden.
Im Folgenden werden deshalb die Erkenntnisse über wissensbasierte Systeme, die aus den

Bereichen der technologisierten Kognitionswissenshaft und zum Teil auch aus der Managementlehre gewonnen werden können, zu einer sinnvollen Gesamtdefinition zusammengeführt. So weiß man, dass wissensbasierte Systeme:

- gleichzeitig auch intelligente Systeme sind, da Intelligenz als strukturelle Aktivität des Wissens definiert werden kann;
- über Fachwissen über ein Anwendungsgebiet explizit und unabhängig vom allgemeinen Problemlösungswissen verfügen;
- einen Regelinterpreter besitzen, der bestimmt, welche Regel für die jeweilige Situation zutreffend ist.

Aus dem Forschungsbereich der Neurobiologie weiß man, wie wissensbasierte Systeme

- nach dem konnektionistischen Forschungsansatz die grundlegende Fähigkeit zur Gedächtnisbildung und damit zum Lernen besitzen;
- nicht mit Hilfe vorab definierter und in einzelne Systemelemente abgespeicherter Datenbasis arbeiten, sondern neues Wissen durch verschiedene Lernprozesse und damit durch eine Veränderung der strukturellen Konnektivitätsmuster erwerben;
- die Fähigkeit besitzen, den Prozess des Lernens und damit sich selbst zu verstärken, was innerhalb der Systemtheorie als hervorstechende Eigenschaft wissensbasierter Systeme im Vergleich zu anderen Systemen angesehen werden muss.

Aus dem Forschungsbereich der Managementlehre weiß man, dass wissensbasierte Systeme:

- durch arbeitsteilig produzierende Organisationen realisiert werden können;
- in der Lage sind, eine bestimmte Art von qualitativ hochwertigen Informationen bereitzustellen, die es ihnen ermöglichen, eine systeminterne Kognition aufzubauen;
- das Wissen ihrer Subsysteme integrieren, um damit eine effektive Informationsverarbeitung zu sichern und damit die Wissensproduktivität des gesamten wissensbasierten Systems erhöhen.

Organisationen als wissensbasierte Systeme werden in ihrer Produktivität durch das individuelle Wissen der Mitarbeiter, das kollektive Wissen einzelner Arbeitsgruppen und das organisationale Wissen entscheidend beeinflusst. Wissensbasierte Systeme werden im Folgenden insbesondere aufgrund der Erkenntnisse aus den Forschungsbereichen der Neurobiologie, und dort insbesondere aus den neurobiologischen Wissenschaftprogrammen des Konnektionismus und der Korrelationstheorie sowie aufgrund der Erkenntnisse aus der Managementlehre definiert. Wissensbasierte Systeme können demzufolge als Systeme aufgefasst werden, die charakterisierende Fähigkeiten besitzen. Sie sind zur Gedächtnisbildung und damit zum Lernen fähig. Sie legen ihr Wissen in Form von strukturellen Konnektivitätsmustern nieder. Sie vermögen qualitativ hochwertige Informationen bereitzustellen. Sie können das Wissen ihrer Subsysteme integrieren und somit systeminterne Kognition aufbauen. Sie beherrschen den Prozess des Lernens und können sich dadurch selbst verstärken.

Wissensbasierte Systeme können dabei sowohl relativ offene als auch relativ geschlossene Systeme sein. Wissensbasierte Systeme stehen mit ihrem Systemumfeld in einem ständigen Austausch. Sie nehmen Daten als Informationen wahr und transferieren sie aus dem Umfeld in ihre Systemgrenzen, indem sie die Informationen zu Wissen verarbeiten und damit in ihrer Struktur fest verankern. Ihre eigene Struktur bestimmt dabei die Grenze ihrer Wahrnehmungsfähigkeit sowie ihrer Wissensaufnahme, Wissensspeicherungs- und Wissensweitergabefähigkeit und damit in der Folge die Durchlässigkeit ihrer Systemgrenzen. Die Durchlässigkeit ihrer Systemgrenzen wird mit der Systemeigenschaft der Offenheit beziehungsweise Geschlossenheit, gemessen. Einerseits können wissensbasierte Systeme daher relativ offene Systeme sein, das heißt, ihre innere Struktur beeinträchtigt die Verarbeitung und Speicherung von Daten und Informationen nur unwesentlich, andererseits können wissensbasierte Systeme auch relativ geschlossene Systeme sein, die, durch ihre systeminterne Struktur bedingt, nur einen relativ geringen Anteil an Daten als Informationen wahrnehmen, oder nur einen relativ geringen Anteil an wahrgenommenen Informationen zu Wissen verarbeiten können. Das menschliche Gehirn kann beispielsweise als ein relativ offenes wissensbasiertes System betrachtet werden. Die Eigenschaft „relativ" bezieht sich dabei nur auf das menschliche Abbild der Wirklichkeit, da der Mensch die objektive Wirklichkeit ebenfalls nur strukturdeterminiert aus der Sicht des Menschen und damit nie umfassend betrachten kann. Aus der Sicht des Menschen kann der Computer als relativ geschlossenes, wissensbasiertes System angesehen werden. Die Bestrebungen der KI-Forschung beispielsweise zielen in ihrem Kern darauf ab, den Grad dieser relativen Geschlossenheit zugunsten einer relativen Offenheit zu erhöhen. Solche wissensbasierten Systeme können immer nur Wissen erzeugen, das ihren bisherigen Strukturen nicht widerspricht. Ihre Austauschbeziehungen zu ihrem Systemumfeld und damit ihre Systemgrenze sind aus diesem Grunde niemals als vollständig durchlässig und damit als vollständig offen zu bezeichnen. Andererseits ist eine vollkommene Geschlossenheit nicht denkbar, da ansonsten wissensbasierte Systeme ihre Wahrnehmungsfähigkeit und damit ihre Fähigkeit zur Gedächtnisbildung und in der Folge ihre Lernfähigkeit verlieren würden. Damit würden dann aber diese vollkommen geschlossenen Systeme laut der Definition nicht mehr der Menge der wissensbasierten Systeme angehören.

Wissensbasierte Systeme sind als relativ dynamisch zu charakterisieren. Die Dynamik wissensbasierter Systeme zeigt sich im Lernprozess. Der Lernprozess generiert neues Wissen, indem das wissensbasierte System als Folge äußerer Wahrnehmung seine innere Struktur ändert. Dies geschieht in wissensbasierten Systemen als kontinuierlicher Prozess. Die innere Struktur ist aber nur beschränkt wandlungsfähig, so dass die innere Dynamik wissensbasierter Systeme immer nur relativ und nicht absolut sein kann. Die äußere Dynamik wissensbasierter Systeme ist aufgrund der beschränkten Interaktionsmöglichkeiten zwischen System und Systemumfeld, die auf die relative Undurchlässigkeit der Systemgrenze zurückzuführen ist, ebenfalls nur eingeschränkt und damit nur relativ wirksam. Eingeschränkt auch deshalb, weil die Systemstruktur eine bedingte Geschlossenheit, Stabilität und damit auch Statik aufweist.

Wissensbasierte Systeme können sowohl determinierte Systeme, beispielsweise eine einfache Rechenmaschine, als auch äußerst probabilistische Systeme, beispielsweise das menschliche Gehirn, sein. Bei einer einfachen Rechenmaschine bestimmt in der Regel die Eingabe die Ausgabe. Auf traditionelle Computer trifft diese Aussage ebenfalls zu, bis auf wenige Zufallsfunktionen. Die Künstliche Intelligenz ist jedoch bestrebt, Rechner zu entwickeln, deren Reaktion auf bestimmte Eingaben nicht unbedingt vorhersagbar ist und die im gewissen Maße kreativ sind. Kreativität beinhaltet aber genau die probabilistische Komponente. Das menschliche Gehirn wäre ohne diese probabilistische Komponente nicht in der Weise schöpferisch leistungsfähig, in der es sich in der Praxis ab und an erweist. Gerade die mehr oder weniger zufällig ablaufende, neue Vernetzung alter Wissensbestände erzeugt neue Denkstrukturen und bietet alternative Verankerungsmöglichkeiten für neue Wissensgenerierungen. Im Gegensatz zur alten Lokalisationstheorie können mit Hilfe der Korrelationstheorie diese schöpferischen Vorgänge im menschlichen Gehirn besser erklärt werden.

Wissensbasierte Systeme können häufig selbstorganisierend sein, sind aber immer bis zu einem gewissen Grade auch strukturdeterminiert. Wissensbasierte Systeme können selbstorganisierend sein, wie beispielsweise das menschliche Gehirn, das nach der konnektionistischen Theorie keine zentrale Einheit besitzt. Sie müssen aber nicht selbstorganisierend sein, wie es Beispiele aus der KI-Forschung zeigen. Wissensbasierte Systeme sind strukturdeterminiert, da sie nach unserem Verständnis Wissen immer in Form von strukturellen Konnektivitätsmustern niederlegen. Durch die strukturellen Vorgaben bedingt, können sich wissensbasierte Systeme nur innerhalb einer bestimmten Variation bewegen. Die Struktur beschränkt daher die Möglichkeiten von vornherein ein, verschiedene Wissensbestände zu speichern.

Wissensbasierte Systeme sind immer auch lernfähige Systeme. Lernen wurde dabei als die Fähigkeit definiert, neues Wissen in der eigenen Struktur, das heißt, innerhalb seiner bestehenden Wissensbasis, zu verankern. Wissensbasierte Systeme zeichnen sich nun dadurch aus, dass sie gemäß dieser Definition neues Wissen abspeichern können. Sie besitzen die Fähigkeit zur Gedächtnisbildung und damit zum Lernen. Damit wissensbasierte Systeme als lernfähige Systeme bezeichnet werden können, müssen sie neben einer adaptiven auch eine antizipative Lernfähigkeit besitzen. Wissensbasierte Systeme besitzen aber nicht nur Lernfähigkeit, sondern auch die Fähigkeit, systeminterne Intelligenz aufzubauen. Da Intelligenz als Aktivität des Wissens definiert wurde, besitzen wissensbasierte Systeme Lernfähigkeiten, die weit über das SR-Modell und die Konditionierung hinausreichen. Damit ist die Beschränkung auf eine rein adaptive Lernfähigkeit ausgeschlossen. Wissensbasierte Systeme können neues Wissen ohne externe Reize entstehen lassen und damit sogar antizipativ lernen. Wissensbasierte Systeme sind damit per Definition immer auch lernfähige Systeme.

Wissensbasierte Systeme sind damit aus systemtheoretischer Sicht lernfähige, strukturdeterminierte und relativ dynamische Systeme. Wissensbasierte Systeme können zwischen relativ offenen als auch vollständig geschlossenen sowie zwischen vollkommen deterministischen als auch vollkommen probabilistischen Systemeigenschaften variieren. Wissensbasierte Systeme können, müssen aber nicht selbstorganisierend sein.

5.8   Interoperation

Gemäß der klassischen Auffassung sind organisatorische Ressourcen, Aufgaben und Umgebung miteinander verknüpft und können nicht unabhängig voneinander betrachtet werden.

Die zukünftigen Anforderungen lassen hingegen Ressourcen erwarten, die nicht nur Aufgaben „abarbeiten" beziehungsweise sich in einer bestimmten Umgebung nur „verhalten", sondern auf und in diese Umwelt „einwirken". Sie reagieren auf Umgebungsreize in sinnvoller Weise und können durch sogenannte Interoperation mit der Umwelt auch nicht voraus geplante Probleme adäquat lösen (Abb. 5.3).

Gerade der im Gegensatz zum klassischen Begriff der Interaktionen erweiterte Einwirkungsumfang der *Interoperationen* impliziert, dass sich Umwelt und Ressourcen als Lösungssysteme gegen- und wechselseitig bedingen und beeinflussen. Im Rahmen dieses Buches wird also damit der klassische Begriff der Handlung als Form der Interaktion erweitert und als Interoperation ausgedrückt, die für zielgerichtetes, notwendigerweise bewusstes Verhalten und Einwirken auf die Umgebung steht (Abb. 5.4).

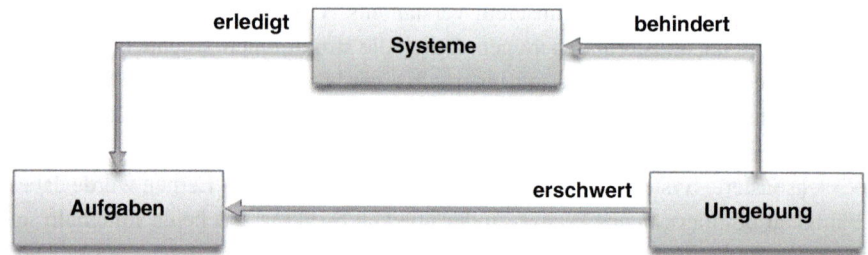

Abb. 5.3 Ressourcen als klassische Lösungssysteme

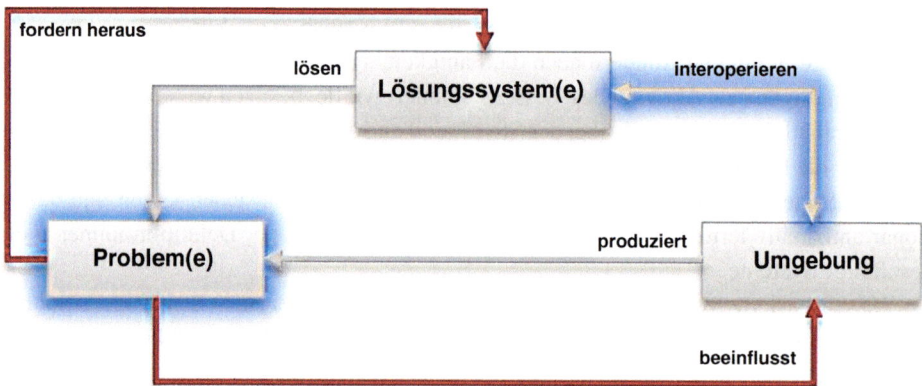

Abb. 5.4 Ressourcen als Interoperationssysteme

▶ So wird an späterer Stelle dieses Buches deutlich, dass Organisationen und deren Organisationsobjekte dahingehend interoperierende Systeme sind, weil sie mit anderen Organisationen bzw. Organisationsobjekten konsensuelle Beziehungen aufbauen, die durch die Kopplung von Strukturen entstehen. So geht beispielsweise jeder Kommunikation Interoperation(en) voraus. Kommunikation kann nur funktionieren, weil Organisationsobjekte als Systeme mit anderen Systemen interoperieren.

Diese Erweiterung trägt auch der Tatsache Rechnung, dass man aufgrund den Erkenntnissen der Kognitionswissenschaften nicht mehr einfach von „Signalen", „Daten" oder „Information" sprechen kann, gerade so, als wäre diese Konzepte ein Gebrauchsgegenstand außerhalb eines wahrnehmenden Bewußtseins. Die Welt enthält keine Information, die Welt ist, was der Fall ist, sie ist, wie sie ist. Signale, Daten und Information über die Welt werden in einem Organismus eben durch seine Interoperationen und deren Ein- und Auswirkungen auf und mit der Welt erzeugt.

▶ So wird in der Psychologie ein menschliches Verhalten als Handlung bezeichnet, wenn es aus Sicht des Handelnden zielgerichtet, intentional und damit sinnbehaftet ist. Ein Beobachter wird ein Verhalten dann als Handlung bezeichnen, wenn er diesen Sinn erkennen, nachvollziehen oder verstehen kann. Als Verhalten werden im behavioristischen Sinn alle beobachtbaren Reaktionen eines Organismus auf einen Reiz bezeichnet. Im Unterschied zu Handlungen kann man Verhalten zwar Ursachen, aber unter Umständen keinen Sinn zuweisen. So kann dasselbe Verhalten unterschiedlichen Handlungen zugrunde liegen. In der KI werden oftmals Interaktionen eines Systems als Aktionen (actions) bezeichnet. Ausgehend von diskreten und statischen Umgebungen ist eine Aktion formal die von einem System verursachte Überführung eines Zustands in einen Folgezustand. So werden für ein zielgerichtetes Handeln einzelne Aktionen zu komplexen Handlungsplänen zusammengefasst.

Damit wird bereits recht früh in diesem Buch postuliert, dass zukünftige Lösungssysteme als kognitive Verhaltenssysteme zum einen von der Komplexität ihrer Umgebung weitgehend bestimmt werden, aber durch ihr eigenes kognitives Verhalten auf diese Umwelt einwirken. Die Einwirkung eines Lösungssystems beschränkt sich allerdings nicht nur auf die Umwelt. Vielmehr lautet die allgemeine Grundstruktur einer theoretisch fundierten Aussageeinheit über Interoperationen von Lösungssystemen: Ein Lösungssystem A führt in Bezug auf Lösungssystem B in der Situation C die Interoperation X aus, bewirkt damit Y und wirkt damit auf die Situation C und das Lösungssystem B ein. Das Lösungssystem B als auch die Situation C werden ggf. nicht diesselben sein, wie vor der Einwirkung, sondern sich sich zu C' und B' entwickelt haben.

▶ In Anlehnung bzw. gemäss einer Erweiterung der Auffassung Descartes gilt daher: Ich interoperiere, also bin ich!

Mit der Einführung sogenannter Interoperationen werden gleich mehrere Ziele verfolgt. Zum einen sollen grundlegende Annahmen zum Wesen des systemischen Agierens im Allgemeinen und dem von Objekten der Organisation im Speziellen erörtert werden. Dabei wird zum einen unter „interoperieren" weit mehr verstanden als nur bloßes „handeln", indem auch ein „tätig werden…", ein „wirken auf…", oder „eine bestimmte Rollen spielen…" aber vor allem ein „einwirken auf…" assoziiert wird. Zum anderen wird der Ansatz als eine Rahmentheorie verstanden, die zwar zentrale Momente systemischer Aktivität beleuchtet, in die jedoch weitere Konzepte eingeflochten werden können. Die Interoperationen bilden also ein Grundgerüst, das als Organisationsmuster so angelegt werden muss, dass andere Theorien in diese integriert und diese wiederum mit anderen kombiniert werden können. Da mit der Interoperationstheorie der Graben zwischen Grundlagen und angewandter Wissenschaft überbrückt werden soll und in angewandten Arbeitsfeldern ein ganzheitlicher Ansatz eher förderlich ist, muss eine theoretische Basis geschaffen werden, die eine solche Integration und Kombination anregt und ermöglicht. Der theoretische Ansatz konzentriert sich dabei im Inneren auf jene Teile, die direkte Auswirkungen auf die Datenerhebung und eine spezifische Methodik haben. Theorie wird hier also mit ihren Implikationen für die Methodologie dargestellt. Diese theoretischen Überlegungen sollen auch die wissenschaftsphilosophische Position transparent machen. Insofern wird in diesem Abschnitt ein temporärer, verstehender Standpunkt im Sinne der analytischen Philosophie eingenommen, der mit systemtheoretischem Gedankengut angereichert wird. Schließlich sollen in diesem Theorieteil auch ein sprachliches System bzw. ein sprachliches Vokabular erarbeitet und einige definitorische Regelungen getroffen werden. So darf es nicht beliebig sein, was man als Interoperation, als erweiterter Handlungsbegriff, bezeichnet und wie dieser operationalisiert wird (Abb. 5.5).

Eine interoperationsbasierte Organisation versucht, systemische Intelligenz „von unten", das heißt, von einfachen Handlungs- und Orientierungsleistungen ausgehend, zu erfassen. Dazu baut sie unter anderen nach der natürlichen Evolution abgeschauten Prinzipien solche Entitäten, die in der Lage sind, selbstständig Aufgaben zu lösen. Die Biologie, und

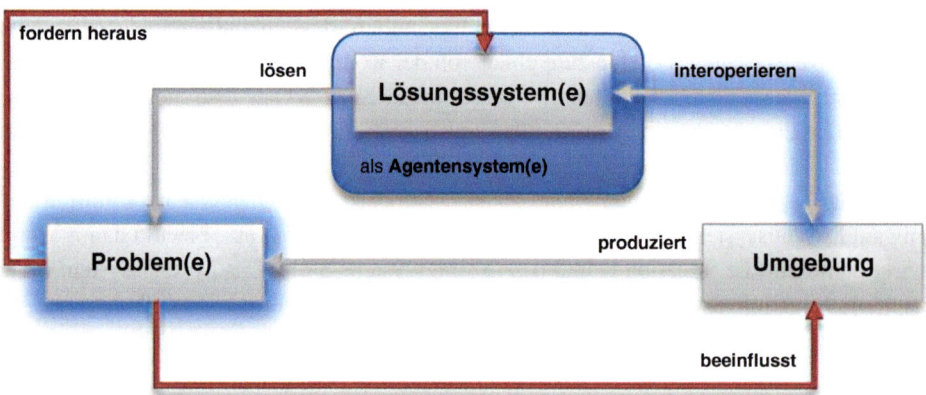

Abb. 5.5 Interoperable Lösungssysteme als Agentensysteme

dort speziell die Bionik, fungiert dabei als zentraler Kreativitätspool, sozusagen als Ideen-lieferant. Mit dem Begriff „interoperationsbasiert" soll zum Ausdruck gebracht werden, dass der Ansatz der wissensbasierten Systeme eine wesentliche Erweiterung erfährt. Dieser erweiterte Ansatz geht davon aus, dass systemische Kognition nicht durch Repräsentations-systeme mit möglichst großer Rechenleistung alleine erreicht werden kann. Vielmehr setzt der Ansatz am anderen Ende der kognitiven Leistungen an, bei der Orientierung im Raum, beim Erkennen der Umwelt und bei der Bewegung des Systems. Kognition entsteht dieser Ansicht nach nicht aus einer zentralen Verarbeitungseinheit, sondern aus dem Zusammen-spiel vieler einfacher Strukturen oder Systeme. Insofern bewegen sich diese Systeme in mehr oder weniger natürlichen Umwelten. Sie nehmen ihre Umwelt durch Sensoren wahr und orientieren ihr Verhalten an diesen Wahrnehmungen. Sie sind eben nicht mit einem starren Plan der Welt und einer Liste von Aufgaben ausgestattet, die nacheinander abzuar-beiten wären, sondern sie müssen sich im Hier und Jetzt einer sich moderat verändernden Welt zurechtfinden, müssen selbst entscheiden, wann sie eine Aufgabe erledigen oder wie sie ein Problem lösen.

Die Erweiterung dieses Ansatzes zeigt sich aber auch darin, dass die Lösungssysteme das durch die wissensbasierten Teilsysteme zur Verfügung gestellte, spezialisierte Wissen, das eher in die Tiefe als in die Breite geht, auch über Kompetenzen eines gewisses Niveau verfügen. Sie interoperieren, anstelle nur zu reagieren oder zu agieren. Insofern sind sie durch diesen erweiteren und kombinatorischen Ansatz auch in der Lage, zwischen den wichtigen Aspekten der Welt und den eher unwichtigen Artefakten zu unterscheiden, was letztlich dazu führt, dass sie Unterscheidungen zu treffen vermögen, die für sie selbst be-deutungsvoll sind, nicht nur für ihre Anwender. Der Ansatz, die in diesem Buch entwickel-ten Interoperationstheorie, zielt somit auf das Wissen und auf das Verhalten der artifiziellen Systeme. Insofern kann die Verortung, sozusagen der Sitz der Kognition eines Systems, demnach nicht in einer zentralen Komponente, einem wie auch immer gearteten Gehirn lokalisiert werden, sondern ist vielmehr auf das ganze System verteilt. Ein solches kogniti-ves Lösungssystem ist zweifellos dynamisch komplex und selbstorganisierend. Es liegt al-so nahe, systemtheoretische Methoden und Erkenntnisse auch in der Interoperationstheorie wiederzuverwenden. Gerade die Theorie der dynamischen Systeme als ein mathematisches Werkzeug ist geradezu prädestiniert, um solche dynamischen, sich in der Zeit verändernden Interoperationsmuster zu beschreiben. Ein System aus dieser Perspektive ist zunächst eine Sammlung aus untereinander verbundenen Teilen, die als ein Ganzes wahrgenommen werden, etwa das Lösungssystem an sich. Im Gegensatz zu dem Dezimalsystem, das ein statisches System ist, ein System mathematischer Lehrsätze, die ewige Gültigkeit bean-spruchen, handelt es sich beim kognitiven Lösungssystem um ein System, das sich im Lau-fe der Zeit verändert: Es ist somit ein dynamisches System. Man kann nun, um der Dynamik einigermaßen Herr zu werden, alle Lösungen der ein dynamisches System beschreibenden Funktion zugleich betrachten. Statt eines einzigen Vektors in einem n-dimensionalen Koor-dinatensystem enthält man auf diese Weise eine Spur. Diese Spur wird Trajektorie oder auch Lösungskurve genannt. Die Menge aller Trajektorien eines Systems bilden dessen Phasen- oder Flussdiagramm. Es beschreibt das Verhalten eines Lösungssystems zu allen möglichen Anfangsbedingungen. Ein dynamisches System besteht aus einer Reihe von Zuständen und einer Bewegungsgleichung, die angibt, wie sich diese Zustände ändern. Der Raum, den diese Trajektorien durchmessen, wird Phasen- oder Zustandsraum genannt. Punkte in diesem Zustandsraum werden als Vektoren beschrieben. Ein Zustandsvektor gibt die numerischen Werte an, die die Systemvariablen zu einem bestimmten Zeitpunkt haben. Die Variablen verändern sich im Laufe der Zeit entweder kontinuierlich oder diskontinuierlich. Nur im ersten Fall bildet die Systemgeschichte bzw. der Lebenszyklus eine Spur in der Zeit, eine Trajektorie. Von zentraler Bedeutung für die Geschichte eines Lösungssystems als dynamisches System sind demnach diese Attraktoren. Ein Attraktor ist eine Region im Phasenraum, die Trajektorien anzieht, sie also dazu bringt, sich dem Attraktor zu nähern. Es gibt einfache, punktförmige Attraktoren, Fixpunktattraktoren genannt, die bewirken, dass sich benachbarte Trajektorien diesem Punkt annähern.

▶ Ein Beispiel dafür ist eine Kugel, die in einer Schüssel zum Rollen gebracht wird und nach einiger Zeit ruhig am Boden der Schüssel liegen bleibt, ein anderes ist das Pendel einer Uhr, das am tiefsten Punkt seiner Bahn zum Stillstand kommt, wenn es nicht mehr von den Gewichten des Uhrwerks in Schwung gehalten wird.

Systeme, die in einem Fixpunktattraktor starten, verharren in ihrer ursprünglichen Position. Solche Ruhezustände sind stabil, nach kleineren Störungen stellen sie sich wieder ein. Ein zyklischer Attraktor stellt sich in einem Diagramm wie ein geschlossener Kreis dar. Er steht zum Beispiel für stabile Schwingungen wie die eines Pendels, solange es aufgezogen wird.

Neben den Fixpunktattraktoren und den zyklischen Attraktoren gibt es noch die chaotischen Attraktoren. Chaotische Attraktoren bilden in Diagrammen ausgesprochen komplizierte Muster, die die Eigenschaft der Selbstähnlichkeit aufweisen, ein Phänomen, das an den so genannten Mandelbrotmännchen bekannt geworden ist: Ein noch so kleiner Ausschnitt aus dem Gesamtmuster hat dieselbe Struktur wie das große Muster insgesamt. Das Verhalten von chaotischen Systemen ist nicht vorhersagbar. Starten zwei Trajektorien dicht beieinander, nehmen ihre Bahnen aufgrund winziger Unterschiede in den Startbedingungen schon in kürzester Zeit einen völlig verschiedenen Verlauf. Da man die Unterschiede in den Startbedingungen nicht beliebig genau messen kann, ist dieses Verhalten zwar deterministisch, aber nicht vorhersagbar. Solch geartete Probleme und Systeme sind Gegenstand der Chaostheorie.

Als *Bifurkation* bezeichnet man den plötzlichen Übergang eines Systems von einem Attraktor zu einem anderen.

▶ Bifurkationen entstehen, wenn sich Parameter eines Systems ändern, etwa wenn man einen rollenden Reifen eines Robotersystems von der Seite touchiert oder ein Pendel in Schwingung versetzt.

Bifurkationen können etwa bewirken, dass sich ein stabiler Attraktor in mehrere stabile oder instabile Attraktoren verzweigt, ein zyklischer Attraktor etwa könnte seine geschlossene Kreisform verlassen und zu einer Spirale werden.

Die Theorie der dynamischen Systeme wird in der Interoperationstheorie vor allem zur Modellierung von organisatorischen Leistungen, insbesondere der Handlungskontrolle verwendet. Dabei wird der Korpus des Lösungssystems zunächst als Black Box eines dynamischen Systems verstanden. Als eine solche Black Box stellt das dynamische Lösungssystem durchaus eine dramatische Vereinfachung der eventuell tatsächlich ablaufenden Prozesse dar. Die sprunghaften Fortschritte beim Lernen etwa werden als Bifurkationen beschrieben, Laufbewegungen durch zyklische Attraktoren. Spätestens an dieser Stelle interessiert man sich für die Steuerung mit vielen Freiheitsgraden. Auch hierzu liefert die Systemtheorie mit dem von Hermann Haken formulierten Prinzip der Versklavung einen wichtigen Beitrag. Diesem Konzept zufolge dominieren wenige Systemvariable die restlichen, so dass es ausreicht, diese wenigen zu kennen, um das Verhalten des Systems zu bestimmen. Aber auch in den eher klassischen Themen, wie etwa der Begriffsbildung und dem Lernen, findet die Theorie der dynamischen Systeme Verwendung. So kann etwa das Attraktorbecken, die Region um einen Attraktor herum, in dem dieser Trajektorien anzieht, als der unscharfe Rand eines Begriffs verstanden werden, ähnlich wie die Prototypen in konnektionistischen Systemen.

Die Anwendung der Theorie der dynamischen Systeme auf artifizielle kognitive Phänomene ist neben ihren Vorzügen als analytisches Instrument vor allem deshalb interessant, weil sie eine neue Perspektive auf die artifizielle Kognition eröffnet. Sie beschreibt kognitive Phänomene mit denselben mathematischen Werkzeugen der Systemtheorie, wie die Steuerungskomponenten, den Korpus und die Umwelt. Dies birgt die Möglichkeit, das artifizielle System, das Lösungssystem, seinen Korpus und seine Umwelt als Teilsysteme eines einzigen dynamischen Gesamtsystems zu betrachten. Damit ist zumindest das mathematische Werkzeug vorhanden, das artifizielle System der Lösung nicht länger als körperlose Fiktion zu betrachten.

An dieser Stelle kann man nun die erkenntnistheoretische Position des Konstruktivismus beziehen, ohne dass die Interoperationstheorie philosophisch und theoretisch „verwässert" wird. Denn in der Tat bilden kognitive Systeme ihre Umwelt nicht nur ab, sie konstruieren eine eigene, durch die Gegebenheiten des Systems wesentlich mitbestimmte Realität. Sie optimieren immer ihren eigenen Zustand. Sie fragen aktiv Informationen ab, statt sie passiv abzubilden. Der Einfluss der äußeren Welt reduziert sich zu einer Störgröße, einer „Perturbation", einem externen Rauschsignal, das die kognitiven Komponenten des Systems zwingen, den angestrebten Zustand ständig neu herzustellen. Das Gütekriterium dieser Form von Daten-, Informations- und Wissensverarbeitung, die Höhe des systemischen Kognitionsquotienten ist nicht die Wahrheit im Sinne einer Entsprechung äußerer Realität und innerer Abbildung, sondern allein der Erfolg, mit dem es dem Lösungssystem gelingt, sein Problem zu lösen bzw. sein Verhalten in seiner Umwelt zu organisieren. Zentral für den systemtheoretischen Zugang der Interoperationstheorie ist somit, dass Systeme nicht isoliert betrachtet werden können, sondern dass das Zusammenspiel mit den sie umgebenden und sie beeinflussenden Systemen berücksichtigt werden muss. Kognitive Systeme haben demnach nicht nur Grenzen, sie funktionieren auch in konkreten Umwelten und in konkreten Situationen. Dieser Aspekt wird als Situiertheit bezeichnet. Zur Umwelt eines solchen Systems gehören in der Regel auch andere Systeme, so dass sich hier ein Ansatz zur Modellierung kommunikativer Interoperationen und ihrer Bedeutung für die individuelle artifizielle Kognition ergibt.

Der dynamische Zugang betrachtet die Fähigkeit zur Selbstorganisation in Wechselwirkung mit der Umwelt als das zentrale Merkmal eines kognitiven Systems. Dies hat weitreichende Implikationen auf den Entwicklungsprozess solcher Systeme, indem man solche dynamische Systeme nicht einfach wie ein Fahrrad aus seinen Teilen zusammenschrauben kann. Vielmehr kann man ihre Entwicklung oftmals lediglich anstoßen und sich dann in vielen Momenten überraschen lassen, was dabei herauskommt. Trotz dieser nebulösen Unsicherheit ist dieser Ansatz besonders geeignet für Systeme, die autonom bestimmte Aufgaben in sich verändernden oder nicht genau bekannten Umwelten erfüllen sollen. Autonomie bedeutet, vereinfacht gesagt, dass das Verhalten des Systems nicht ferngesteuert sein darf, sondern vom System selbst organisiert werden muss. Ein willkommener Nebeneffekt solcher Systeme ist, dass sie zu bestimmten Zeitpunkten ermergentes Verhalten zeigen, ein Verhalten also, das man aufgrund der Ausstattung des Systems und seiner Programmierung im Voraus nicht erwartet hätte. Streng betrachtet ist ein solches emergentes Verhalten ein solches, das aus seinen Anfangs- bzw. Entstehungsbedingungen nicht unbedingt erklärt werden kann.

Den Interoperationen kommt darüber hinaus eine Art Mittlerrolle oder Brückenfunktion zu, zwischen dem Innen und dem Außen einer Organisation, der Realität und der Wirklichkeit. Indem mit den Interoperationen eine Haltung einnehmbar ist, die zeigt, dass es keinen Widerspruch gibt zwischen der Subjektabhängigkeit der Realität einerseits und dem erfolgreichen (Inter-) Operieren in einer scheinbar objektiven Welt andererseits, baut diese Sichtweise sozusagen eine erkenntnistheoretische Brücke zwischen den Einseitigkeiten des Solipsismus und denen des Repräsentationismus. Es handelt sich lediglich um zwei unterschiedliche Perspektiven der Beobachtung. Einmal lässt sich durch den Ansatz der Interoperationalität ein System in dem Bereich betrachten, in dem seine Bestandteile operieren, also im Bereich seiner inneren Zustände und seiner Strukturveränderungen. Für dieses Operieren, für die interne Dynamik, zum Beispiel die internen Prozesse der Organisation oder des Nervensystems, existiert die Umgebung nicht. Sie ist vielmehr irrelevant. Zum anderen lassen sich jedoch diese Organisationsobjekte als Einheiten betrachten, die mit ihrer Umwelt interoperieren, auf sie einwirken und die Geschichte ihrer Interoperationen mit dieser Umwelt beschreiben. Für diese Perspektive, in der der Organisationsentwickler als Beobachter Beziehungen zwischen bestimmten Eigenschaften der Umwelt und dem Verhalten der betrachteten Einheit feststellen kann, ist nun die innere Dynamik der Einheit eher irrelevant. Mit Hilfe einer „sauberen methodischen Brille" lassen sich die Verwicklungen, die aus der Vermengung beider Perspektiven folgen, auflösen und sich sinnvoll aufeinander beziehen. Demnach ist organisatorische Realität ein Bereich, der durch die Interoperationen erzeugt wird, durch Unterscheidung, Eingrenzung und Absonderung eines Phänomens von seiner Umgebung. Was sich aus einer solchen Interoperation ergibt, ist ein Gegenstand mit den Eigenschaften, die durch eben jene Interoperation bestimmt werden, kein bloßer Abbildungsprozess eines an sich seienden Organisationsobjekts. Die

Erkenntnis ist damit abhängig von den kognitiven Strukturen des erkennenden Organisationsobjekts. Wandeln sich diese im Laufe der Zeit, dann verändert sich auch das, was erkannt wird und kann einem Lernvorgang zugeführt werden.

Insgesamt ergibt sich damit folgender Zusammenhang für den weiteren Verlauf dieses Buches: Daten- und Informationsverarbeitung mittels kognitiver Systeme ist der Prozess, durch den Erkenntnisse gewonnen werden können. Diese Erkenntnisgewinnung wiederum ist ein Prozess, in den vergangene und gegenwärtige Erkenntnisse integriert werden, um neue Tätigkeiten auszubilden, die entweder als reines Denken in Form von Überlegungen in Entscheidungen münden, oder als Lernen den Wissensfundus erweitern oder aber als entschiedene Interoperationen sich auf die Umwelt ein- und auswirken.

Kognitive Organisationen

6

6.1 Blinde Flecken als Treiber des Entwicklungspfades

Der Ansatz der kognitiven Organisation ist das Erkenntnisprodukt eines evolutionären Entwicklungsprozess vieler Wissenschaftsdisziplinen und als solches sicherlich nicht der Auslöser eines so oft beschworenen Paradigmenwechsels. Um diese Tatsache zu unterstreichen, lohnt es sich, in diesem einleitenden Abschnitt noch einmal, sozusagen resümierend, die wichtigsten Einflüsse zusammenzustellen. Dabei wird sich zeigen, dass das Modell der kognitiven Organisation kein revolutionäres Organisationsmodell, sondern eher die logische und praktische Konsequenz bisher entwickelter Organisationsmodelle und deren blinden Flecken darstellt (Abb. 6.1).

▶   So scheint der Unterschied zwischen der betriebswirtschaftlichen Organisationslehre, wie sie sich heute präsentiert und den im Folgenden behandelten Organisationsmodellen nicht fundamental zu sein. Auf der einen Seite hat sich die betriebswirtschaftliche Organisationslehre auch in den letzten Jahren weiterentwickelt. Themen wie Selbstbestimmung der Organisationsmitglieder, Organisationskultur und organisationales Lernen gehören beispielsweise heute zum Standardrepertoire eines betriebswirtschaftlichen Organisationslehrbuches. Auch das Bewusstsein für die Grenzen der direkten Machbarkeit ist gestiegen. Auf der anderen Seite wird auch beispielsweise in den modernen Orgnisationsmodellen nicht alles, was sich von selbst entwickelt, für zweckmäßig gehalten. Vielmehr hat auch in diesen Ansätzen eine Zielvorstellung für die Ordnung nach wie vor ihre Daseinsberechtigung. Insofern diese Ordnung einen bestimmten Zweck verfolgt ist eine solche Organisation eben eine strukturierte Organisation und keine chaotische Disharmonie.

© Springer-Verlag GmbH Deutschland 2016
M. Haun, *Cognitive Organisation*, DOI 10.1007/978-3-662-52952-2_6

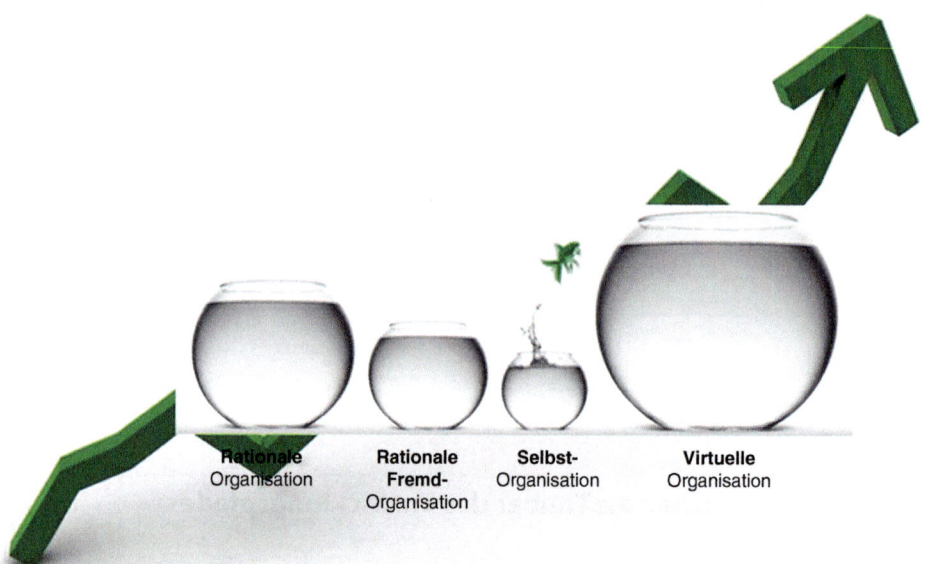

Abb. 6.1 Entwicklung als Wachstumgspfad

6.1.1   Rationales Organisationsmodell

So beschäftigt sich die *traditionelle Betriebswirtschaftslehre* ganz allgemein mit dem Wirtschaften in Organisationen, zu denen private und öffentliche Organisationen sowie die privaten Haushalte gezählt werden. Ihr besonderes Augenmerk liegt aber in der Regel auf den privatwirtschaftlichen Organisationen, in denen Güter und Dienstleistungen für den Fremdbedarf mit Gewinnabsicht produziert und verkauft werden. Dabei gilt eine *rationale Wahl* (rational choice) als der eigentliche Kern allen ökonomischen Denkens. Nach dieser Vorstellung hat der wirtschaftende Mensch ein Ziel, kennt (alle) alternativen Möglichkeiten der Zielerreichung, kann ihnen Kosten und Nutzen zuordnen und entscheidet sich für die Lösung, die bei gegebenen Kosten den Nutzen maximiert oder bei gegebenen Nutzen die Kosten minimiert. Basierend auf diesem rationalen Ansatz stellt sich die Betriebswirtschaftslehre im Weiteren die Frage nach der Entstehung von Ordnung. Dabei wird unterstellt, dass sich eine Organisation durch eine zielgerichtete ordnende Tätigkeit eines ordnenden Wesens manifestiert. Insbesondere werden durch autorisierte Personen Normen definiert, welche Handlungsmöglichkeiten verbieten, gebieten oder zumindest nahelegen. Auf diese Weise wird Komplexität reduziert und Ordnung geschaffen.

▶   Der Ausdruck „Normen" ist umgangssprachlich und wissenschaftssprachlich vieldeutig. Er wird in den Bedeutungen Durchschnitt, Regel, Muster, Maßstab, Vorschrift, leitender Grundsatz verwendet.

Die klassische deutsche betriebswirtschaftliche Organisationslehre sieht die zentrale Aufgabe der Organisatoren in der Festlegung einer stabilen und detaillierten Ordnung in Form einer Aufbau- und Ablauforganisation. Ausgehend vom Sachziel der Organisation wird festgelegt, wer, was, wann, wo, womit und wie zu tun hat, weil bestimmte Handlungen nötig sind, um das Sachziel und das letztlich intendierte erwerbswirtschaftliche Ziel zu verwirklichen.

▶   Beispielsweise sind Gesetze Ausdruck von Ordnung, aber auch jede Ordnung, selbst die Leere oder das Chaos, ist eine Ordnung irgendeiner bestimmten Art.

Der erste Schritt zu einer solchen Ordnung besteht in der *Aufgabenanalyse*, d. h. der Zerlegung der Organisationsaufgabe in Teilaufgaben. In der folgenden *Aufgabensynthese* werden die Teilaufgaben dann zu Aufgabenkomplexen zusammengefasst, die man als *Stellen* bezeichnet. Das Stellengefüge bildet das Verteilungssystem der Organisation. Dadurch, dass bestimmte Stellen (Instanzen) Entscheidungs- und Weisungsbefugnisse zugeordnet werden, entsteht zugleich ein Leitungssystem über- und untergeordneter Stellen. Mehrere Stellen können unter einheitlicher Leitung zu *Abteilungen* zusammengefasst werden, mehrere Abteilungen zu *Hauptabteilungen* oder *Sparten*, so dass sich in großen Organisationen eine tiefe Hierarchie mit zahlreichen Stufen der Über- und Unterordnung ergeben kann. Damit ist das Gliederungssystem als wesentlicher Teil der auf längere Sicht stabilen Aufbauorganisation im Wesentlichen festgelegt. Es kann optisch in einem Bauplan, dem Organigramm, dargestellt werden. Zur Aufbauorganisation gehört weiterhin die genaue Festlegung von Kommunikations- und Kooperationsbeziehungen, insbesondere die Fixierung von Weisungs- und Informationswegen sowie von Koordinationsinstrumenten (wer muss wen worüber informieren, wer muss sich mit wem worüber und auf welche Art und Weise abstimmen, wie und bei wem kann man sich beschweren, wer hat wem was zu sagen). Unter dem Ansatz der *Prozessorganisation* wird dann die Ordnung verfeinert, indem der Aufbau der Organisation stärker an diesen stellenübergreifenden Prozessen ausgerichtet und diese dadurch vereinfacht und beschleunigt wird. Traditionell wird die Ablauforganisation jedoch vor allem als dem Aufbau nachgeordnete Arbeitsorganisation verstanden, d. h. sie setzt bei den feststehenden Stellenaufgaben an und bestimmt die Reihenfolge, Dauer, Menge und Durchführungsweise der sog. Arbeitsgänge. Teilweise wird die Festlegung der Tätigkeiten bis hin zur Ausführungsweise von einzelnen Handgriffen und deren Dauer getrieben, vor allem im Bereich der Fertigung. Aufbau und Ablauf der betrieblichen Prozesse werden so möglichst genau festgelegt. Das Ergebnis ist ein (idealerweise) konsistentes und vollständiges System formaler Normen, niedergelegt in Stellenplänen und Stellenbeschreibungen, Programmen, Dienstanweisungen, Zeit- und Bewegungsvorgaben, Handbüchern, Geschäftsordnungen, Satzungen u. ä. Dem rational-choice-Ideal entsprechend stimmen die Organisatoren den jeweiligen Nutzen und die Kosten der alternativen Lösungen, wählen die im Hinblick auf das Organisationsziel optimale Lösung und schreiben sie den Organisationsmitgliedern vor. Es gibt den „one best way" des Organisierens bzw. den „one best way for every situation". Die Struktur ist auf Stabilität und Dauer angelegt, kann aber bei Bedarf wiederum gezielt und planvoll durch Reengineering verändert werden. Diese Art der Ordnungsentstehung, also die Festlegung einer effizienten Aufbau- und Ablauforganisation durch das rationale Planen und Entscheiden autorisierter Organisationen weist allerdings im Hinblick auf die realen Ordnungsentstehungsprozesse in Organisationen offenbar einige blinde Flecken auf.

Ausgehend vom ökonomischen Denkansatz des „rational choice" unterstellt man, dass die Ordnung in Organisationen das Resultat eines rationalen Planungs- und Entscheidungsprozesses ist. Speziell hierzu legen Einzelne dazu befähigte und befugte Personen eine formale Aufbau- und Ablauforganisation für die Organisation fest, welche den anderen Organisationsmitgliedern ihr Verhalten detailliert vorschreibt. Die entstehende Ordnung ist im Idealfall all umfassend, verbindlich und im Sinne der festgelegten Zielsetzung effizient. Eine solche Ordnung ermöglicht es, sichere Erwartungen zu bilden, Komplexität zu reduzieren und so den Raum der organisatorischen Möglichkeiten zu dimensionieren. Vor allem eine Komplexitätsreduktion erscheint notwendig, denn die Komplexität wächst mit der Anzahl der unterscheidbaren Elemente eines Systems (Kompliziertheit) und der Anzahl der zwischen diesen Elementen möglichen Interaktionen (Dynamik). Eine solche Komplexitätsreduktion kann erreicht werden:

- durch quantitativ wirkendes Ausblenden einer Teilmenge von Komplexität (so erreicht beispielsweise ein Großteil der über das Auge aufgenommenen visuellen Informationen nicht das Bewusstsein) und
- durch auf der qualitativen Ebene wirkenden Strukturierung ungeordneter Komplexität (in Umkehrung zu „vor lauter Bäumen sieht man den Wald nicht" werden keine einzelnen Bäume, sondern ein ganzer Wald wahrgenommen).

Insofern wird auch im Zusammenhang mit Organisationen die Komplexität definiert als Fähigkeit eines Systems, in einer gegebenen Zeitspanne eine große Zahl von verschiedenen Zuständen annehmen zu können. Eine solche Ordnung herzustellen ist allerdings im organisatorischen Alltag in der Regel mit Problemen behaftet. So muss gerade bei allen größeren und komplexeren Systemen der Organisator darauf setzen, dass die Organisationsmitglieder selbst von Wissen Gebrauch machen, welches er nicht besitzt. Er gibt dann Regeln vor, welche die Aufgaben und Methoden nur noch allgemein beschreiben und überlässt die Einzelheiten der Ausführung dem Ermessen der Individuen. Das bedeutet, dass die von der klassischen Organisationslehre so oft beschriebene Zweiteilung in Organisatoren und Organisierte sich als zu starr, wenn nicht sogar als unrealistisch erweist. Des Weiteren zeigen sich Grenzen einer rationalen Organisation in dem Phänomen der „informalen Organisation". In der Praxis unterlaufen die Organisationsmitglieder teilweise die Vorgaben und setzen diesen vielmehr ihre eigenen, abgeänderten Normen entgegen. In diesem Zusammenhang ist auch die Gestalt des „informalen Führers" zu sehen. Dem offiziellen Vorgesetzten wird dabei insgeheim die Gefolgschaft verweigert und ein Kollege avanciert zum informalen Chef. Schon diese beiden Aspekte zeigen, dass eine reale Organisation nicht immer der geplanten Organisation entsprechen muss.

Ein weiterer blinder Fleck der klassischen betriebswirtschaftlichen Organisationslehre zeigt sich in ihrer Vernachlässigung der sogenannten Organisationskultur. So bestimmt diese Organisationskultur für die Organisationsmitglieder den „korrekten" Weg, wie man etwas wahrnimmt, wie man denkt, fühlt und zu handeln hat. Damit wirkt diese Kultur ebenso wie die Struktur verhaltenssteuernd, normierend und damit ordnungsstiftend, wenn auch zum Teil unbewusst. Insbesondere geht von dieser Organisationskultur eine ordnende Wirkung aus, indem implizite Theorien, Glaubenssätze und selbstverständliche Basisannahmen (Weltbilder) den eigentlichen Kern der Organisationskultur ausmachen. Erschwerend kommt hinzu, dass man in diesem kulturellen Kontext nicht unbedingt immer voraussetzen kann, dass zwei Personen dieselbe Situation genau gleich wahrnehmen, aus den Fakten die gleichen Schlüsse ziehen und demzufolge zu gleichen Entscheidungen kommen. Vielmehr muss man sich zuallererst darauf einigen, was „Wirklichkeit" und was „Illusion" ist. Eine Ordnungsgewährleistung in der Organisation setzt voraus, einen gewissen Konsens und Wirklichkeitsauffassungen zu erzielen, die inneren Theorien der Mitglieder, ihre Glaubenssätze, Basisannahmen, Grundüberzeugungen etc. anzugleichen und zu organisationalen „Glaubenssystemen" zu verdichten. Die Ordnung in Organisationen umfasst demnach neben den strukturellen Normen des Aufbaus und des Ablaufs organisatorischer Prozesse auch die kulturellen Normen des zwischenmenschlichen Umgangs und der Wirklichkeitskonstruktion. Dies impliziert, dass Ordnung nicht nur geplant, sondern auch ungeplant entsteht, sie „wächst", „emergiert" oder bildet sich „spontan". So kumulieren nicht selten viele kleine Entscheidungen zu einem Interoperationsfluss und zu Ergebnissen, von denen alle Beteiligten, insbesondere die vermeintlichen Entscheider, überrascht sind. Sogar Strategien, ursprünglich als Inbegriff rationaler Planung, können „emergieren", also einfach, sozusagen aus dem organisatorischen Nichts „auftauchen" und den weiteren Verlauf der Organisationsentwicklung bestimmen. Dies zeigt, dass in der Realität „spontane" Ordnungsbildung nicht nur möglich, sondern auch „realiter" anzutreffen ist. Da die Ordnungsentstehung dann nicht mehr einzelnen Personen zugerechnet werden kann, bezeichnet man sie auch häufig als „ganzheitlich-systemisch".

6.1.2   Selbstbestimmtes Organisationsmodell

Ordnung kann aber auch „selbstbestimmt" entstehen, indem alle Organisationsmitglieder an der sie betreffenden Ordnung mitwirken. Diese selbstbestimmten Ordnungsprozesse werden zum einen unter der Bezeichnung der *autonomen* Selbstorganisation subsummiert und weisen zum anderen auf die Grenzen der Fremdbestimmung hin. Die Silbe „selbst" meint hier also, dass diejenigen, deren Verhalten reguliert wird, selbst die betreffende Ordnung mitgestalten. In diesem Zusammenhang suggeriert der Begriff der *Mikrorganisation*, dass es immer nur Kleinigkeiten sind, die die untergeordneten Organisationsmitglieder selbst organisieren dürfen und verkennt, dass die Lücken der Fremdorganisation jedoch groß ausfallen können. Einem direkten gezielt gestaltenden Zugriff von außen entziehen sich nämlich vor allem die tieferliegenden Schichten der Organisationskultur, die als „basic assumptions" bezeichnet werden. Sie bilden sich aufgrund langjähriger Erfahrungen der Organisationsmitglieder und werden durch deren Kommunikation und Interoperationen bestätigt und zementiert. So wird angenommen, die informal Organisation entwickle sich „spontan" und „selbsttätig", wie auch die These vertreten wird, die organisatorischen Normen würden planvoll von den Organisationsmitgliedern in Form eines konkreten Aktes ins Leben gerufen. Aber die Praxis zeigt, dass sich diese kulturellen Normen eher mehr oder weniger spontan durch „Evolution" oder durch „Lernen" entwickeln. Letzterer Aspekt führt zum Modell der *autogenen Selbstorganisation*. Paradigmatisch für große Teile der klassischen, betriebswirtschaftlichen Organisationslehre ist nicht nur die Vorstellung rationaler Entscheidungsprozesse der wirtschaftenden Menschen, sondern sie bildet den Kern der sogenannten normativen Entscheidungstheorien, wobei das Adjektiv „normativ" klar zum Ausdruck bringt, dass es sich dabei um eine Soll-Vorstellung und nicht um die Beschreibung des tatsächlich in den Organisationen ablaufenden Verhaltens handelt. Tatsächlich wird oftmals inkrementell geplant, indem die zuständigen Entscheidungsträger nicht ständig antizipativ nach Verbesserungsmöglichkeiten suchen, sondern eher situativ auf dringende Probleme reagieren. Man gibt sich in der Regel auch mit irgendeiner kurzfristig wirksamen und machbaren Lösung zufrieden, verfolgt also keinen (langfristigen) Plan, sondern „kämpft" sich durch die problembehaftete Situation (muddling through). Wenn man sich dabei des sehr oft beschränkten Wissens der Organisatoren bewusst ist, kann eine solche „Mut-zur-Lücken"-Strategie nützlich sein, sofern man Lernen in Form von trial-and-error-Prozessen akzeptiert. In diesem Zusammenhang kann von einem Lernen der Organisation allerdings erst dann gesprochen werden, wenn die individuellen Erfahrungen und Erkenntnisse der Organisationsmitglieder in das „Gedächtnis" der Organisation eingehen und an andere Organisationsmitglieder weitergegeben werden. Ob dies gelingt, ist keineswegs sicher, denn in der Praxis verhindern „defensive Routinen" oft einen Transfer von individuellen Erfahrungen in das organisationale Gedächtnis. So ist das *single-loop-learning*, auch Anpasungs- oder Verbesserungslernen genannt, sehr viel wahrscheinlicher anzutreffen als das *double-loop-learning* oder Erneuerungslernen. Das impliziert, dass damit zu rechnen ist, dass man nach Lösungen eher in der Nähe des Bewährten und Etablierten sucht als nach radikal neuen Alternativen.

▶   So werden nach dem Inkrementalismus Alternativen immer in der Nähe bisheriger Lösungen gesucht, d. h. die Varianten sind nicht unabhängig von den Umgebungskonditionen und insofern nicht blind. Den Luxus der Natur, tausendfach völlig unbrauchbare Varianten durchzuprobieren, wird man sich im Organisationsalltag nicht leisten können. Auch insofern sind die Variationen nicht blind. Das heißt die Richtigkeit oder Falschheit einer vorhergehenden Alternative hat Einfluss auf die Wahl der nachfolgenden Alternative. Auch in dieser Hinsicht kann also nicht von einer blinden Mutation die Rede sein.

Insofern spielen auch evolutionäre Aspekte eine nicht unbedeutende Rolle. Demnach kann die einzelne Organisation ihre Ordnung praktisch überhaupt nicht aktiv verändern. Vergleichbar einem Lebewesen muss sie mit ihrem einmal vorhandenen Bauplan leben. Die organisationale Trägheit führt quasi zwangsläufig zu einer Fortführung der einmal etablierten Ordnung. Bewährt sich diese nicht, geht die Organisation unter (in Konkurs) und so selektiert die Umwelt die unpassenden Organisationen. Die einzelne Organisation trägt höchstens durch ihren „Exodus" dazu bei, dass sich nach und nach „bessere", d. h. an die bestehende Umwelt besser angepasste Organisationsformen etablieren. Nach anderen Modellen sozialer Evolution stehen nicht ganze Organisationen zur Selektion an, sondern einzelne Elemente ihrer inneren Ordnung. Techniken, Verfahren, Programme, Richtlinien, Spielregeln, Denkweisen etc. werden variiert und selektiert oder beibehalten. Die Evolution findet demnach innerhalb der Organisation statt. Die Variation in Organisationen kann ein „blinder Versuch" sein, der ebenso zufällig auftritt wie eine Genmutation. Aber ebenso führen gezielte Versuche zu Variationen.

▶   Gemäss dieser Ansicht ist beispielsweise bewusste Entscheidung eine Form der Selektion.

Je nach Ähnlichkeit der Begriffe gewinnt die evolutionäre Entwicklung große Ähnlichkeit mit der inkrementalen Planung oder dem Prozess organisationalen Lernens.

   Der aus der Biologie entlehnte Begriff der *Autopoiese* stellt die interne Organisation des einzelnen Lebewesens in den Mittelpunkt. So erzeugen sich Lebewesen dauernd selbst und zwar mit Hilfe der Elemente aus denen sie bestehen. Das dynamische Netzwerk ihrer Elemente stellt immer wieder den Organismus her, der in diesem Zustand dann eine weitere Autopoiese ermöglicht. Erzeuger und Erzeugnis sind gemäss dieser Auffassung nicht trennbar und die Lebewesen als solche werden als operational geschlossene, rekursive Systeme aufgefasst. Sie können zwar Austauschbeziehungen mit ihrer Umwelt haben, aber die Umwelt kann nur eine Wirkung in dem System auslösen, die in ihm bereits strukturell angelegt ist. Das System hält – solange es existiert – seine Grenzen gegenüber der Umwelt stabil. Es produziert dabei die Elemente, aus denen es besteht, mit Hilfe der Elemente, aus denen es besteht. Die Elemente des sozialen Systems der Organisation sind Entscheidungen, wobei als Entstehung jede Handlung gilt, welche auf eine an sie gerichtete Erwartung reagiert. Eine Handlung wird zur Entscheidung, indem sie mit Verhaltenserwartungen konform geht oder von ihnen abweicht. Entscheidungen setzen also Erwartungen voraus und produzieren Erwartungen, d. h. Entscheidungen produzieren die Voraussetzung für weitere Entscheidungen. Inofern sind Organisationen selbstreferenziell geschlossene und autopoietische Systeme, weil sie die Entscheidungen aus denen sie bestehen, durch die Entscheidungen aus denen sie bestehen selbst anfertigen. Demnach beeinflusst jede Handlung und sogar das Nichthandeln die Ordnung der Organisation. Eine solche organisatorische Autopoiese ist konservativ, indem Sedimente früherer Entscheidungen im Laufe der Zeit immer stärker mögliche Entscheidungen zu determinieren vermögen. Es wird immer weniger möglich, rational nach besseren Alternativen zu suchen. Die Ordnung in Organisation kristallisiert oder erstarrt. Das System ruht schließlich in sich selbst und definiert seine Identität in einem entwickelten und reproduktionsfähigen Operationsmodus, der es stabil hält. Letzteres lässt es sinnvoll erscheinen, die Ordnungsprozesse auch vor dem Hintergrund der

Synergetik zu untersuchen. *Synergetik* ist bekanntlich die Lehre vom Zusammenwirken. Ausgangspunkt dieser Lehre war die Erkenntnis, dass sich nicht nur in der belebten Materie, sondern auch in der unbelebten Materie neuartige, wohlgeordnete Muster „von selbst" aus der Unordnung heraus bilden, indem viele Einzelteile mehr oder weniger sinnvoll zusammenwirken. Zunächst wird dabei die bestehende Ordnung destabilisiert. Im Bereich der Physik geschieht dies durch Zufuhr von Energie. Auf Organisationen übertragen ergibt sich eine Destabilisierung beispielsweise durch Krisensignale, die anzeigen, dass man den alten Status nicht beibehalten kann. Die kreative Suche nach neuen Lösungen ist vergleichbar mit den Fluktuationen in physikalischen Systemen. Möglicherweise kristallisieren sich zwei Lösungen heraus, die beide ihre Vor- und Nachteile haben. Das ist der Moment der Symmetrie, in welchem mehrere Entwicklungsrichtungen gleichwahrscheinlich sind, bis ein kleiner Zufall, eine kritische Fluktuation, eine Richtung verstärkt und die Selbstentwicklung in diese Richtung unumstößlich in Gang setzt. Es manifestiert sich eine Form der Selbstreferenz, indem das Ergebnis auf seine eigenen Entstehungsbedingungen zurückverweist und das Geschehen damit interdependent bzw. zirkulär wird. Wiederum auf die Organisation übertragen finden Entscheidungen unter bestimmten Entscheidungsprämissen statt und produzieren wiederum Entscheidungsprämissen für weitere Entscheidungen. Deshalb kann auch ein einmal eingeschlagener Entwicklungspfad nicht mehr ohne weiteres verlassen werden. Man spricht von der Pfadabhängigkeit der Entwicklung oder von einem „historischen Element" der Selbstorganisation. Welchen Verlauf die Entwicklung nehmen wird, ist unter diesen Umständen letztlich für einen Beobachter unvorhersagbar. Diese Indeterminiertheit der Prozesse rührt von Zufälligkeiten her. Selbst kleinste Änderungen in den Ausgangsbedingungen können letztlich (durch Selbstreferenz und Pfadabhängigkeit) zu gänzlich auseinanderstrebenden Entwicklungspfaden führen.

Das bisher behandelte Modell des Entwicklungspfads im Allgemeinen und mit dem Modell rationaler Fremdorganisation im Speziellen ist der Anspruch verbunden, planvoll die optimale Ordnung zur Erreichung der Organisationsziele bewältigen zu können. Bewährte Ursache-Wirkungs-Hypothesen werden in Ziel-Mittel-Beziehungen transformiert, um die Effektivität und Effizienz der Organisation gezielt zu steigern. Diesen ausgeklügelten Regeln müssen die Organisationsmitglieder nur noch gehorchen, dann wird die optimale Zielerreichung nahezu garantiert. Eine wie auch immer geartete Selbstorganisation erscheint also an dieser Stelle nicht notwendig, wenn nicht sogar kontraproduktiv. Dennoch hat die Praxis in den entspechenden Organisationsdomänen gezeigt, dass es der Erreichung der Organisationsziele entgegen kommt, wenn zu einer bewussten Reduzierung der Fremdvorgaben und der planvollen Erweiterung autonomer Spielräume gegriffen wird. Mit dieser erweiterten Form der Selbstorganisation verbindet man zahlreiche Vorteile für die Organisation, wie die bessere Ausnutzung des Wissens „vor Ort", die gesteigerte Flexibilität der Organisation, die höhere Qualifikation und stärkere Motivation der Mitarbeiter. Sowohl die Beurteilung der hiervon betroffenen Mikroorganisation als auch der informalen Organisation hängt stark davon ab, inwieweit man unterstellen kann, dass die Organisationsmitglieder selbstbestimmt an der Erreichung der Organisationsziele mitwirken oder eher ihre eigenen Ziele verfolgen. Je nach angenommenem Menschenbild wird das Wissen der Mitarbeiter als bedrohliches Potenzial interpretiert, das es zu reduzieren gilt oder als kostbarer Wissensvorsprung, welcher durch mehr Autonomie besser ausgenutzt werden kann. Das Eindämmen des Drohpotenziales führt zur einer Suche in der Nähe bisheriger Lösungen und verhindert das Erkennen radikal neuer Alternativen und das Reagieren auf akute Probleme zwingt möglicherweise zu unüberlegten Schnellschüssen. Das Nutzen der Nutzenpotenziale ermöglicht ein organisationales Lernen und damit die Entwicklung organisationsspezifischer und nicht-imitierbarer Kernkompetenzen, wenngleich kritisch angemerkt werden kann, dass in diesem Fall nicht immer vorhersagbar ist, was gelernt wird. Organisationaler Wandel, vor allem fundamentaler Wandel, kann auf diese Weise sehr schwierig sein. Vor dem Neulernen steht nämlich das Verlernen des früher Erlebten. Das ist umso schwieriger, je unbewusster die Lernprozesse abgelaufen sind. In diesem Zusammenhang werden auch autopoietische und synergetische Prozesse eher negativ beurteilt. So führe Autopoiese als ein Prozess, der zur Kristalisation und Erstarrung der Organisation führt, dazu, dass Entscheidungen den Spielraum für kommende Entscheidungen einengen. Ein weiterer Kritikpunkt betrifft die Möglichkeit, dass solche synergetischen Prozesse eventuell zu lange dauern und es auch keineswegs sicher sei, dass sie zu einer gewünschten Ordnung führen und die von selbst entstandene Ordnung nur sehr schwer zu ändern sei.

▶ Wollte man beim Problemlösen wirklich die natürlichen Evolutionsprozesse nachahmen, könnte man eigentlich nur blinde Variation erzeugen und abwarten, was sich davon in der bestehenden Umwelt durchsetzt und was selektiert wird.

Insgesamt und diesen Abschnitt abschließend, lassen sich nach der bisherigen Identifikation der blinden Flecken einige kritische Aspeke anführen. So zeigt der bisher beschriebene Entwicklungspfad durchaus die Charakterzüge eines Wachstumpfades, indem sich oft nicht mehr als eine allmähliche im Gegensatz zu einer revolutionären Entwicklung empfiehlt. Auch romantisiert ein zu stark ausgeprägter Übertragungsversuch biologischer Termini in die Organisationslehre, wenn beispielsweise mit Begriffen wie „Geburt", „Tod", „Überleben", „Mutation", „Selektion" und „Reproduktion" gearbeitet wird, die unumstößliche Tatsache, dass man sich im Organisationsalltag vielmehr mit „Gründungen", „Konkursen", „Erfolgen", „Mißerfolgen", „Innovationen", „Scheitern" und „Wachstum" etc. konfrontiert sieht. Auch zeigt der kritische Rückblick, dass sich in der Vergangenheit nicht alles soziale Handeln, welches evolutionär entstanden ist und zu einem bestimmen Zeitpunkt gepasst hat, deshalb schon in jeder Hinsicht zweckmäßig und empfehlenswert ergeben hat. Auch scheint sich der Einflussbereich der Verantwortlichen dahingehend zu beschränken, dass man versuchen kann, durch die Gestaltung von Rahmenbedingungen indirekt auf die oben beschriebene Selbstorganisation einzuwirken, aber nicht direkt und im Detail Ordnung zu optimieren. Letztlich bleibt der Manager auch bei diesen Organisationsmodellen der Entwickler, der versucht, die Organisation auf ihren Zweck hin auszurichten und dabei zu lernen. Dadurch macht er sich die Schwierigkeiten seiner Tätigkeit besser bewusst, greift unter Umständen zu anderen Instrumenten und ist vor allem auf Irrtümer gefasst.

6.1.3 Selbststeuernde Organsationsmodelle

Zu einem selbststeuernden Organisationsmodell führen die *evolutionstheoretischen Ansätze*, die auf der Annahme basieren, dass lebende Organismen und Organisationen Ähnlichkeiten im Hinblick auf den Systemcharakter aufweisen. Die These hierbei ist, dass letztendlich die Umwelt darüber entscheidet, welche der organisationalen Variationen am meisten nützen und daher überleben. Nicht ausreichend an ihre Umwelt angepasste Systeme werden ausgelesen und neue entstehen. Der evolutionstheoretische Ansatz lehnt sich dabei in weiten Teilen an die synthetische Evolutionstheorie der Biologie an. Typisch für diese Theorie ist, dass als Analyseeinheit die gesamte Population und nicht das einzelne Individuum betrachtet wird. Ordnung entsteht demzufolge eher spontan, indem eine solche durch Regeln entsteht, die sich durch Evolution und Interoperation der Organisationsmitglieder entwickelt. Dabei gilt es zu beachten, dass ein System die Varietät der Umwelt nur im Umfang der eigenen Varietät kompensieren kann. Daraus folgt, dass die Varietät maximiert und die Komplexität in keinem Fall eingeschränkt werden darf. Insofern mahnt die evolutionstheoretische Perspektive zu Bescheidenheit, Zurückhaltung und zu einer Besinnung auf die Grenzen des Möglichen. Für das Management ist daraus ableitend zu erwarten, einen Rahmen zu schaffen, der Schranken und Richtung der Organisation in ihrer Entwicklung festlegt.

Eine weitere Variante einer selbststeuernden Organisation stellt die sogenannte *fraktale Fabrik* dar, die als offenes System konzipiert, aus selbständig agierenden (selbststeuernden) und in ihrer Zielausrichtung selbstähnlichen Einheiten (Fraktale) besteht und durch dynamische Strukturen einen vitalen Organismus bildet. Die fraktale Fabrik basiert auf dem Teamarbeitsgedanken. Jedes Team (Geschäftseinheit) ist der Organisation selbstähnlich, d. h. es agiert wie eine eigenständige Fabrik. Es organisiert sich selbst und bildet mit anderen Teams neue Strukturen (Selbstorganisation). Es ist somit ein adaptives System, das sich permanent an veränderte Anforderungen anpassen kann. Voraussetzungen für eine Selbststeuerung der Fraktale innerhalb des Gesamtsystems sind relativ autonome, stabile Subsysteme. Das führt zu einer Strukturierung nach Art eines sich verzweigenden Stammbaumes. Charakteristisch für die fraktale Fabrik ist demnach, dass sich die Fraktale selbst optimieren. Sie sind jedoch in ein hierarchisches System von Aufgaben und Zielen eingebunden und werden in einem Organisationsnetzwerk übergreifend geführt.

Beim *agentenbasierten Organisationsmodell* besteht die Organisation aus autonomen, kooperativen und intelligenten Objekten, die sich eigenständig anpassen und konfigurieren lassen. Solche Objekte repräsentieren sowohl reale Systemkomponenten (Maschinen, Produkte) als auch virtuelle Bestandteile (Aufträge). Bei der praktischen Umsetzung werden sie sehr häufig auf die Erkenntnisse aus der Forschung zu Multi-Agenten-Systemen angewandt. Unter dem Begriff *Multi-Agenten-Systeme* (MAS) werden Technologien verstanden, die die Fähigkeit besitzen, soziales und individuelles Verhalten zu entwickeln.

▶ Beispielsweise werden in einem Agenten, als dem basalen Grundelement, jeweils Mensch, Maschine und Informationsverarbeitungssystem zusammengefasst. Oder es wird auf die Bionik zurückgegriffen, einem Ansatz, in dem man das Wissen über Problemlösungsverhalten aus der Natur für organisatorische Zwecke nutzbar macht.

Das dort angesiedelte Forschungsgebiet der „Swarm-Intelligence" befindet sich quasi zwischen den Forschungsgebieten „Artificial Life" und Multiagentensystemen der „Künstlichen Intelligenz". Dabei wird als Schwarm eine Gruppe von Individuen bezeichnet, die direkt oder indirekt in der Lage sind, miteinander zu kommunizieren.Die wichtigsten Merkmale der *Swarm-Intelligence* sind:

- Arbeit der Gruppe ohne (Ober-) Aufsicht.
- Teamarbeit der Gruppen nach dem Prinzip der Selbstorganisation.
- Koordination durch verschiedene Interaktionen zwischen den Individuen und den Individuen mit der Umwelt.
- Einfache Interaktionen führen zu einer effizienten Lösungsstrategie eines Problems in der Gesamtheit und somit zu einem komplexen Systemverhalten.

Wenngleich diese Ansätze in der Praxis (noch) keine breite Verwirklichung finden, so lassen sich doch die folgenden Punkte zusammenfassen, die sozusagen als epistemologische Hinterlassenschaft die konkrete Ausgestaltung der kognitiven Organisation beeinflussen können:

- Die Theorien gehen von dynamisch komplexen Systemen aus.
- Die Ausgangsbasis für die Theorien ist die These, dass die Systeme zu komplex sind, um planbar zu sein.
- Man sieht eine Lenkungsebene des Managements vor. In naturanalogen Ansätzen gibt es keine übergeordnete Lenkungsebene.
- Diese Lenkungsebene dient auch der Kontrolle, damit sich das System in die gewünschte Richtung entwickelt. Eine Kontrollfunktion ist in vielen naturanalogen Ansätzen, insbesondere der Schwarm-Intelligence nicht nötig, da angenommen wird, dass nur die am besten angepassten Populationen überleben werden.
- Varietät und Vielfalt sollen den Umgang mit komplexer Dynamik ermöglichen, wobei Varietät als die Anzahl möglicher unterscheidbarer Zustände, die ein System aufweisen und generieren kann, aufgefasst werden muss.
- Zudem beanspruchen die Ansätze für sich ein emergentes Verhalten. Durch das Vorhandensein vieler Individuen in beiden Ansätzen ist der Gruppe eine Problemlösungsfähigkeit gegeben, die die Einzelindividuen nicht aufweisen.
- Hierzu müssen Rahmenbedingungen für die Selbstorganisation geschaffen werden. In den naturanalogen Theorien sind diese Rahmenbedingungen bereits durch die Natur vorgegeben.
- Eine weitere Gemeinsamkeit ist, dass die Individuen der Systeme in der Lage sind, autonome Entscheidungen zu treffen. Erweisen sich Entscheidungen als falsch, so wird die dadurch erzeugte Variante ausselektiert.

- Man sieht grundsätzlich eine Lenkungsebene vor. Trotz der heterarchischen Ansätze sind ausgeprägtere hierarchische Strukturen vorhanden als im Fall der naturanalogen Verfahren.
- Die Ansätze behandeln das nicht-deterministische Erhalten des Systems selbst und des Umfeldes.
- Die Individuen interoperieren miteinander.
- Es werden abstrakte, aber einfache Regeln vorausgesetzt.

▶   So ermöglichen beispielsweise Vogelschwärme das Befolgen einfachster Regeln, um nicht nur in einer Linie zu fliegen, sondern auch Hindernissen auszuweichen: (1) Schere aus, bevor es zu einer Kollision mit einem anderen Vogel oder Objekt kommt. (2) Fliege ebenso schnell wie deine Nachbarn. (3) Versuche in das wahrgenommene Zentrum zu fliegen.

Selbststeuernde Organisationsmodelle liefern also neue Ideen für Methoden der Selbststeuerung, neue Technologien und Möglichkeiten der Kombination dezentralisierter, heterarchischer Systemstrukturen. Dieser kombinierte Absatz soll den Umgang mit dynamischen-komplexen Systemen, wie diese Organisationen nunmal sind, verbessern und somit eine Erreichung organisationaler Ziele auch in dynamischen Umwelten sicherstellen. Dies bedeutet, dass positiv emergente Effekte von dem Ansatz erwartet werden, die die Wettbewerbsfähigkeit von Organisationen langfristig stärken soll.

6.1.4 Virtuelles Organisationsmodell

Virtuelle Organisationen galten einige Zeit als aussichtsreiche Organisationsmodelle für die Organisationen der Zukunft. Als virtuell wird dabei die Eigenschaft einer Sache verstanden, die zwar nicht real ist, aber doch in der Möglichkeit an sich existiert. Virtualität spezifiziert also kein konkretes Objekt über Eigenschaften, die nicht physisch, aber doch der Möglichkeit nach vorhanden sind. Es gibt demnach keine Virtualität per se, sondern ausschließlich virtuelle Organisationen oder virtuelle Produkte. Ein virtuelles Objekt definiert sich damit über

- **konstituierende Charaktere**, die sowohl das ursprüngliche (reale) Objekt als auch seine virtuelle Realisierung aufweist und die letztlich konstitutives Definitionsobjekt des ursprünglichen und jetzt zu visualisierenden Objektes sind.
- **physikalische Attribute**, die üblicherweise mit dem zu virtualisierenden Objekt assoziiert sind, die aber beim visualisierenden Objekt nicht mehr vorhanden sind.
- **spezielle Zusatzspezifikationen** im Sinne von Lösungswegen, die für die virtuelle Realisierung notwendig sind und
- **Nutzeneffekte** als Vorteil, die sich durch den Wegfall der physikalischen Attribute ergeben.

Bei der Modellierung einer virtuellen Organisation und deren späteren Konkretisierung in der Praxis geht es vor allem darum, solche organisatorische Einheiten zu entwickeln, die

- auf den primären Geschäftszweck reduziert sind,
- durch strukturelle und prozentuale Einfachheit ein Maximum an Wirtschaftlichkeit realisieren,
- Kostensenkungspotenziale radikal ausschöpfen,
- innovative (Hochtechnologie-)Produkte oder (Spezial-) Dienstleistungen entwickeln und anbieten,
- sich durch vielfache Kombinationsmöglichkeiten äußerste Flexibilität sichern und
- sich selbst als offen ansehen für vielfältigste Änderungsprozesse.

Eine virtuelle Organisation verfügt daher als konstituierende Charakteristika wie die klassische Organisation über Kommunikationsbeziehungen und Verhaltensregeln, jedoch wegen des Einsatzes neuer Informationstechniken (Zusatzspezifikation) entfallen physikalische Attribute wie Strukturmuster der Aufbau- und Ablauforganisation.

Als Ziel einer jeden strategisch ausgerichteten Organisation gilt bekanntlich die Optimierung der eigenen Wertschöpfungskette, indem dabei der Versuch unternommen wird, sich auf diejenigen Segmente der Wertschöpfungskette zu konzentrieren, die das Erzielen eines maximalen Wertschöpfungsbeitrages ermöglichen. Diese Überlegung führt dann unmittelbar zum Konzept der *Kernkompetenz*, wonach jede Organisation seinen maximalen Wertschöpfungsbeitrag nur dann erreicht, wenn es eine Kernkompetenz entwickelt und auf diese dann seine Wertschöpfungssegmente, also seine möglichst kurze Wertschöpfungskette fokussiert. Nach dieser Sichtweise liegt der einheitliche Wert der virtuellen Organisation nicht im bilanziellen Betriebsvermögen, sondern vielmehr in dem auf Kernkompetenzen der Partner aufgebauten Netzwerk, denn idealtypisch bringt jedes Mitglied in dem Verbund der Virtualität ausschließlich seine Kernkompetenzen ein. Dies führt zu einer weiteren Differenzierung gegenüber klassischen Organisationsmodellen, indem bei der virtuellen Organisation die erforderliche Unabhängigkeit der Beteiligten als zwingend erachtet wird (Tab. 6.1).

Tab. 6.1 Vergleich realer und virtueller Organisationen

Organisationsform	Physikalisch-reale Organisation	Virtuelle Organisation
Koordination	„Real-existierendes" Kontrollsystem basierend auf expliziter Kontrolle und Koordination	Selbstkontrolle der Gruppe, Eigenkoordination
Basis	Basis ist das (schriftliche) Regelwerk	Basis ist das gegenseitige Vertrauen
Information	Selektiver Informationszugang	Breite informatorische Vernetzung
Vision	Zentrale Vision optional	Internalisierte Vision zwingend

Tab. 6.2 Merkmale und Eigenschaften virtueller Organisationen

Konstituierende Merkmale	• Einheitliches Auftreten gegenüber dem Kunden • Gesamtoptimierung der ganzen Wertschöpfungskette
Fehlende physikalische Attribute	• Kein einheitliches juristisches Dach • Keine gemeinsam geteilte Verwaltung
Spezielle Zusatzspezifikationen	• Ausgereifte Informationstechnologie zur Verbindung der einzelnen Einheiten • Gefühl des absoluten gegenseitigen Vertrauens zwischen den Akteuren
Nutzeneffekte	• Vorhandensein von individuellen Kernkompetenzen • Synergetische Kombinierbarkeit der Kernkompetenzen, also keine Konkurrenzsituation

In der Praxis haben sich bei der Umsetzung von virtuellen Organisationen vor allem die erhöhte Flexibilität und Anpassungsfähigkeit sowie die Nutzung des synergetischen Potenzials als die wesentlichen Vorteile herausgestellt (Tab. 6.2).

▶ Während bei den klassischen Organisationsmodellen und deren inhärenten Kooperationsformen die Metapher des Mosaiks greift, gestaltet sich die Situation bei virtuellen Organisationen dahingehend, dass sich das Projekt eher als Puzzle darstellt, dessen vollständiges Zusammensetzen genau die Kooperationspartner erfordert, die sich über ihre speziellen Fähigkeiten als erforderlicher (einzigartiger) Puzzleteile einbringen können. In diesem Zusammenhang gilt das Motto: Verheirate dich gut, sei stets fair, biete stets das Beste, lege verbindliche Ziele fest und baue eine gemeinsame, überschneidungsfreie Kommunikations- und Informations-Infrastruktur auf.

Zusammenfassend versteht dieses Buch unter einer virtuellen Organisation ein

• zeitlich begrenztes Netzwerk von (Teil-)Organisationen,
• das verknüpft durch eine Kommunikations- und Informationstechnologie,
• ohne gemeinsame institutionalisierte Leitung und Kontrolle,
• basierend auf totalem Vertrauen, kompatiblen Werten und Grundannahmen,
• durch ergänzende Kernkompetenzen Ressourcen und damit Kosten teilen, um
• neue Märkte zu erschließen oder Wettbewerbsvorteile auf bestehenden Märkten zu erzielen.

Aber auch die formale Organisationsstruktur, aufgefasst als eine Gesamtheit aller formalen Regelungen zur Arbeitsteilung und zur Koordination unterscheidet sich in virtuellen Organisationen. Basiert in den klassischen Organisatonsmodellen diese Struktur zum einen auf festen Regeln zur Arbeitsteilung und Koordination, bei vorausgesetzter, zeitlicher Konstanz der anfallenden Tätigkeiten, und zum anderen auf der Festlegung formaler Regelungen zur Arbeitsteilung, bei weitgehend transparenten Aufgaben, so zeigt doch der

Tab. 6.3 Merkmale und Eigenschaften virtueller Arbeitsgruppen

Konstituierende Charakteristika	• Sequentielle, aber teilweise auch zeitgleiche Bearbeitung von Dokumenten durch mehrere Personen in einem arbeitsteiligen Prozess. • Informelle „face-to-face"-Kommunikation zwischen den im Büro Tätigen
Fehlende physikalische Attribute	• Annähernd standardisierte Ausstattung der Büroarbeitsplätze mit Bürostuhl, Schreibtisch, PC, Telefon, Fax, Drucker, Fotokopieren Diktiergerät etc. • Räumliche Verbundenheit der Akteure
Spezielle Zusatzspezifikationen	• Multimediale Kommunikationsstruktur • Existenz oder Schaffung einer Vertrauenskultur
Nutzeneffekte	• Effiziente Nutzung von Räumen und Ressourcen • Größere Flexibilität und Anpassungsfähigkeit

Alltag, dass diese Basisannahmen immer weniger erfüllt werden können. Dieser Umstand führt hier und da zu einer Abkehr von dem Denken in festgelegten, statischen Strukturen und lässt eine dynamische Organisationsgestaltung in Abhängigkeit von der jeweils anstehenden Problemsituation zumindest perspektivisch in Erscheinung treten. Letzteres führt dann dazu, dass man über die Abkehr von dieser klassischen Strukturkonzepte zumindest nachdenkt und die Schaffung einer intraorganisatorischen Virtualität wenigstens nicht kategorisch ausschließt.

Dabei kann sich der Ansatz der Virtualität auf die unterschiedlichen Elemente einer Organisation beziehen und dabei die bisher verfolgten Ansätze bereichern. So lässt sich beispielsweise der Ansatz des *workgroup computing* als Informatikkonzept durch die zusätzlichen Merkmale der des Vertrauens, der gemeinsamen Vision und der bewussten Selbstorganisation auf (Tab. 6.3).

Fasst man solche Stellen zu einer übergeordneten, organisatorischen Einheit zusammen, entstehen virtuelle Abteilungen, die sich dann durch die folgenden Merkmale auszeichnen:

• Es sind Stellen mit einem klar definierten Aufgaben- und Zuständigkeitsbereich.
• Die Zuordnung von Stellen zu einer oder mehreren Abteilungen erfolgt unter dem Gesichtspunkt der Verwandtschaft (Ähnlichkeit) und der Verbundenheit (Interdependenz) der zu erfüllenden Aufgaben.
• Es wird eine Einrichtung einer Leitungsebene (Abteilungsleiter) zur Überwachung und Koordination der zugeordneten Stellen vorgesehen.
• Es erfolgt eine dedizierte Übertragung von Sach- und Finanzmitteln an die Abteilungen zur Erfüllung ihrer Aufgaben.
• Die Einbettung der Abteilung in die Gesamtorganisation erfolgt durch Festlegung einer übergeordneten Instanz für die Organisation der Kommunikation und des Leistungsaustausches mit anderen Stellen der Organisation (Dienstweg-Orientierung) (Tab. 6.4).

Tab. 6.4 Merkmale und Eigenschaften virtueller Abteilungen

Konstituierende Charakteristika	• Existenz einer Leitungsebene • Langfristige Konstanz bezogen auf Existenz und personelle Besetzung
Fehlende physikalische Attribute	• Räumliche Verbundenheit • Exklusive Zuordnung der Mitglieder der Abteilung zu einem einzigen Vorgesetzten
Spezielle Zusatzspezifikationen	• Auf Kernkompetenzen basierende Organisationsleitung höchster Professionalität, deren Teile sich aufgaben- und fallspezifisch zur virtuellen Abteilung aktivieren • Breite Vertrauenskultur • Hoch entwickelte multimediale Informationstechnologie
Nutzeneffekte	• Reduktion der für (nicht-virtuelle) Abteilungen typische Intra-Abteilungsprobleme • Effiziente Nutzung von wertvollen Kernkompetenzen • Größere Flexibilität und Anpassungsfähigkeit

Diese virtuellen Abteilungen können durch sich-selbst-steuernde Teams unterstützt werden, die sich dadurch auszeichnen, dass sie kein „Vorgesetzten-Mitarbeiter-Verhältnis" vorsehen. Daher muss, falls implementiert, der Teamleiter eher ein Moderator sein, der informiert, Aktivitäten koordiniert und für optimale Arbeitsbedingungen sorgt. Über die Arbeitsgruppen, Abteilungen und Teams hinweg entstehen Beziehungsnetze, die sich wie folgt wahrnehmen und entsprechend klassifizieren lassen:

- Das **Beratungsnetz** beinhaltet Abhängigkeiten bei der Lösung von Problemen und der Versorgung mit möglichen Hinweisen.
- Das **Kommunikationsnetz** setzt sich aus Mitarbeitern zusammen, die sich in aller Regelmäßigkeit sowohl über arbeitsbezogene wie auch über private Themen austauschen.
- Das **Vertrauensnetz** besteht aus solchen Mitarbeitern, die untereinander auch delikate geschäftspolitische Informationen austauschen und einander in Krisensituationen unterstützen.

Entsprechend dieser Ausgestaltung virtueller Organisationen lassen sich interessante und vielversprechende Organisationsmodelle entwickeln, die sich aber in der Praxis bewähren müssen. Diese Entwicklung basiert auf einer entsprechenden Methodologie, die auf die spezifischen Merkmale dieser Organisationsform eingeht. Diese Methodologie wiederum bedient sich bei ihrer Ausrichtung zunächst den Erkenntnissen der *Systemtheorie*. Letzteres ist dadurch bedingt, dass sich eine virtuelle Organisation als System und dort in seiner Ausgestaltung nach seiner Umwelt ausrichtet. Nur eine solche Ausrichtung auf die Umwelt ermöglicht die erforderliche Adaptivität. Mit dieser Umweltbezogenheit geht einher, dass sich die virtuelle Organisation im Gegensatz zu den klassischen Organisationsmodellen als minimalistisch-selbstorganisierendes System gestaltet. Der Hinweis auf die minimalistische Ausprägung soll hervorheben, dass, im Gegensatz zu der in der Literatur beschriebenen Charakteristika der Selbstorganisation im Falle der virtuellen Organisation nur deren Autonomie, Komplexität, Redundanz und Selbstreferenz von Relevanz sind. Letzteres umso mehr, als es sich bei der virtuellen Organisation weniger um eine sichtbar spontane, als um eine innovativ-evolutionäre Selbstorganisation handelt. Betrachtet man virtuelle Organisationen in der Praxis, erkennt man, dass Autonomie voll gewährleistet ist, Redundanz nur teilweise vorgesehen ist, Komplexität in hohem Maße vorliegt und Selbstreferenz nur begrenzt ein Merkmal virtueller Organisationen zu sein scheint (Tab. 6.5).

Insgesamt zeigt eine virtuelle Organisation statt eines hierarchischen Bildes eher heterarchische Züge, indem sie sich aus mehreren, voneinander relativ unabhängigen Akteuren, Entscheidungsträgern oder Potenzialen zusammengesetzten Handlungs- oder Verhaltenssystemen konstituiert, es keine zentrale Kontrolle gibt, sondern die Führung des Systems in Konkurrenz und Konflikt, in Kooperation und Dominanz, in Sukzession und Substitution sozusagen immer wieder neu ausgehandelt wird oder sich von Subsystem zu Subsystem bzw. von Potenzial zu Potenzial wandelt.

Tab. 6.5 Merkmale organisierender Systeme in der Gegenüberstellung

Nicht selbstorganisierende Systeme	Selbstorganisierende Systeme
• Sie schätzen Prognosen höher ein als Improvisationen. • Sie denken länger über die sie beschränkenden Zwänge nach als über sich bietenden Chancen. • Sie übernehmen Lösungen, statt diese selbst zu entwickeln. • Sie hängen früheren Erfolgsmustern an, statt sich neue auszudenken. • Sie pflegen die Kontinuität, statt die Unbeständigkeit. • Sie bewerten Harmonie und Eintracht höher als Widerspruch und Kritik. • Sie vertrauen auf Abrechnungssysteme als das einzige Mittel, um Effizienz zu erreichen, statt sich mehrerer verschiedener Hilfsmittel zu bedienen. • Sie räumen Zweifel aus, statt diese zu fördern. • Sie versuchen nach der optimalen, endgültigen Lösung, statt sich kontinuierlich durch einen Versuchs-Irrtums-Prozess zu verbessern. • Sie verhindern das Aufkommen von Wiedersprüchen, statt diese zu suchen.	• Selbstorganisation beinhaltet die Anordnung und Strukturierung genauso wie das Verhindern und Entkoppeln von Organisationsteilen, um so Änderungen zu erhalten, Struktur und Ablauf herbeizuführen. • Ein auf Selbstorganisation basierendes System kann sich selbst kontrollieren und bewerten. • Selbstorganisation befasst sich vor allem mit dem Prozess des Organisierens und stellt primär solche Vorgänge in den Vordergrund, die alternative Anordnungen von Mitarbeitern und aktivitäten erzwingen. • Sich selbst organisierende Systeme haben das logische Problem, sich nicht losgelöst von einem gegebenen Ursprung entwickeln zu können, wodurch immer der Lösungsraum für nachfolgende Anpassungen mitbestimmt wird. • Organisationsmodelle müssen häufig ohne Kenntnis der zugehörigen Effektivitätskriterien entworfen werden, erfahren also die Schwierigkeit, unbekannte Effektivitätskriterien maximieren zu müssen. • Der Prozess der Selbstorganisation ist oft kaum von sich abschließenden Prozessen der Durchführung des Betriebs zu trennen. Selbstorganisation ist daher nicht als strikter, linear-sequentiell ablaufender Prozess verschiedener Schritte anzusehen. Vielmehr stehen (Selbst-) Organisation und Systemdurchführung in einem wechselseitigen Prozess.

▶ Gerade diese Neigung zum Wandel birgt die Gefahr einer fortlaufenden Neuorientierung in sich, gepaart mit der übertriebenen Tendenz, in der Vergangenheit Erlerntes fast schon „aus Prinzip" außer Acht zu lassen.

Trotz der Virtualität bleibt die Kultur einer Organisation bedeutend für den Aufbau einer
virtuellen Organisationsstruktur, indem diese zum einen die Motivationsfunktion durch
Identifikation und zum anderen die Koordinationsfunktion durch standardisierte Sinnvermittlung beeinflusst. Danach umfasst eine virtuelle Managementkultur die Ebenen, die Vertrauenskultur als allgemeine Basis, die markt- und wettbewerbsorientierten Komponenten
und die individualisierenden Kulturbestandteile.

So müssen die Mitarbeiter im Rahmen der *Vertrauenskultur* unter anderem in der Lage
sein, mit Ungewissheit zu leben, sie müssen eine erhebliche Unsicherheitstoleranz aufweisen und sie müssen sicher sein, dass sie auch in der virtuellen Organisation im Hinblick
auf ihren individuellen Input und Output gerecht behandelt werden. Die einzige Sicherheit
oder Garantie liegt lediglich in dem Wissen, dass der Einsatz jedes Partners so hoch ist,
dass sich ein einseitiger Vertrauensbruch nicht auszahlen würde, da sich im Gegenzug die
übrigen Partner nun auch nicht mehr an die Spielregeln gebunden fühlen und und ihrerseits zum Nachteil der Wortbrüchigen handeln. Ob ein solches, auf dem „Prinzip der Abschreckung" beruhendes, Vertrauen stets vorausgesetzt werden kann, ist jedoch von Fall
zu Fall intensiv zu prüfen (Abb. 6.2).

Die sehr ausgeprägte Markt- und Wettbewerbsorientierung nimmt ihren Ausgang an
der Kundenorientierung und bezieht Anleihen bis hin zur fraktalen Organisation, wenn es

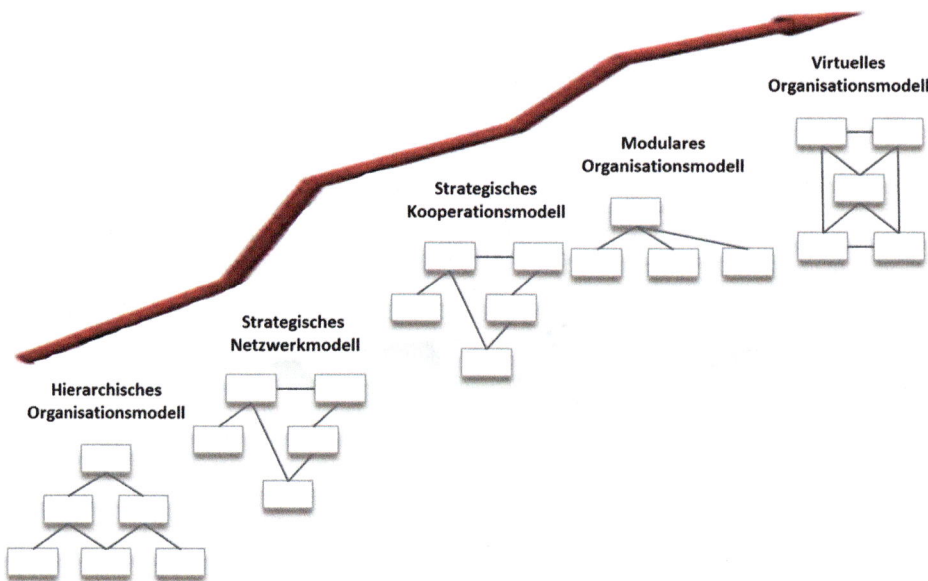

Abb. 6.2   Entwicklungspfad der Organisationsmodelle

darum geht, die virtuelle Organisation inhaltlich auszugestalten. Die Kundenorientierung bringt die Überlegung mit ein, dass letztlich nicht Aufsichtsräte, Vorstände oder Geschäftsführer die wesentliche Macht auf die Organisation ausüben, sondern die Kunden. Sogar die Systemtheorie liefert einen wichtigen Gesichtspunkt, indem demnach die virtuelle Organisation als ein lose gekoppeltes System von Allianzen aufgefasst werden kann. So zeichnen sich strategische Allianzen dadurch aus, dass zwei oder mehrere Organisationen der gleichen Wertschöpfungskette in der Form miteinander kopieren, dass ihre Austauschbeziehungen nicht über Markttransaktionen geregelt werden. Im Gegensatz dazu definiert man strategische Netzwerke als Kooperationen von zwei oder mehreren Organisationen, die auf unterschiedlichen Wertschöpfungsstufen agieren, in einer Kunden-Lieferanten-Beziehung zueinander stehen und dementsprechend ihren Leistungsaustausch ausschließlich über den Markt vornehmen. Betrachtet man virtuelle Organisationen als Weiterentwicklung strategischer Allianzen und strategischer Netzwerke, so steht bei dem hierfür notwendigen Schnittstellenmanagement die Frage im Vordergrund, auf welcher Basis eine virtuelle Zusammenarbeit zwischen den verschiedenen Organisationen ablaufen kann. Diese Basisfunktionen können unter anderem das akzeptierte Normen- und Wertesystem übernehmen. Die markt- und wettbewerbsorientierte Ausrichtung betrifft aber auch Aspekte der Effizienz, indem die virtuelle Organisation ein kollektives Denken voraussetzt, das permanent Entwicklungen in Richtung auf eine Verschlankung der Organisation ausübt. Hier entsteht damit zwangsläufig eine Parallele zum sogenannten *Lean-Management*, das unter anderem durch flache Hierarchien, mit weniger Personal, weniger Produktionsaufwand, weniger gebundenem Kapital und kürzerer Entwicklungszeit versucht, qualitativ hochwertige Produkte und Dienstleistungen möglich zu machen. Daher sind vor allem die folgenden Charakteristika einer Lean-Management-Kultur von Bedeutung:

- Lean-Management setzt die organisationskulturelle Grundannahme voraus, nach der es immer ein Verbesserungspotenzial gibt und jeder auch noch so kleine Verbesserungsschritt wichtig ist. Diese permanente Lernorientierung („Kaizen") verlangt die Beteiligung aller Mitarbeiter am Verbesserungsprozess, die Bereitschaft zur Übernahme von Verantwortung sowie die Abkehr von der Ergebnis- hin zur Prozessorientierung.
- Lean-Management-Kultur impliziert eine konsequente Wertschöpfungsorientierung.
- Ein wichtiges Merkmal bildet der Grundgedanke der Kooperation als partnerschaftliche Zusammenarbeit im angstfreien Raum. Innerbetrieblich (intraorganisatorisch) bezieht sich Kooperation primär auf eine teamorientierte Arbeitsweise. Zwischenbetrieblich (interorganisational) bedeutet Kooperation eine enge und intensive Zusammenarbeit zwischen den Organisationen.
- Das Kulturmerkmal der Einfachheit und Ritterlichkeit bedeutet Bescheidenheit, persönliche Bindung und gegenseitige Ehrerbietung. Dadurch sollen sich die Mitarbeiter immer vom Grundgedanken des einfachsten und kostengünstigsten Weges (Produktivitätsgedanke) leiten lassen.

- Kundenorientierung verlangt in professioneller Weise auf die Wünsche von anderen einzugehen, um dadurch den eigenen Erfolg zu schaffen. Für interne Kunden bedeutet dies die Annahme und Weitergabe ausschließlich fehlerfreier Arbeit. Für den externen Kunden impliziert Kundenorientierung systematische Beobachtung und Analyse der Kundenwünsche sowie die unmittelbare Umsetzung in konkrete Produktspezifika.
- Humankapitalorientierung bedeutet, den Mitarbeiter als zentralen Erfolgsfaktor der Organisation anzusehen und auf seine individuellen Wünsche einzugehen, sofern sie im unmittelbaren Zusammenhang mit dem Organisationsziel stehen.

Insofern verwundert es nicht, dass in der Praxis die Einführung eines Lean-Managements durchaus als erster Schritt in Richtung auf eine virtuelle Organisation vorgeschlagen wird. Neben der Berücksichtung von Lean-Management-Aspekten kommt der Ausrichtung auf eine ausgeprägte Prozessorganisation eine wesentliche Bedeutung zu. Eine *Prozessorganisation* basiert auf der Grundannahme, dass sämtliche Abläufe in Organisationen effizienter bearbeitet werden können, wenn sie als ganzheitliche Prozesse betrachtet, modelliert und realisiert werden. Bei der Prozessorganisation werden aus Mitarbeitern flexible, autonom agierende Teams gebildet, die quer über alle Funktionen hinweg mit den entsprechenden Spezialisten besetzt sind. Diese Teams können so ein bestimmtes Produkt oder Projekt von Anfang bis Ende betreuen, sich nach Abschluss des Projektes unbürokratisch auflösen, um sich dann für neue Aufgaben genauso schnell wieder neu formieren und konstituieren. Insofern ist die Grundidee der Prozessorganisation nicht nur vollständig kompatibel zum Konzept einer intraorganisationalen virtuellen Organisation, sondern avanciert zum wesentlichen Erfolgsbestandteil. Es ist daher wichtig darauf zu achten, dass die Prozessorientierung zum Bestandteil der Denkhaltung der Mitarbeiter wird, die nicht mehr in Strukturen oder Produkten, sondern ausschließlich dynamisiert in Prozessen denken. Insgesamt erscheint also weniger die Organisationsstruktur, sondern die Organisationskultur gefordert.

Zu guter Letzt übernimmt die virtuelle Organisation Anleihen der fraktalen Organisation, indem die Organisation an sich auf kleinste Einheiten reduziert wird, die dann wiederum kombinatorisch zusammensetzt bzw. orchestriert werden müssen. Das Konzept der Fraktalität beruht dabei auf der Erkenntnis, dass moderne Strategien wie Just-in-Time, Simultaneous Engineering oder Total Quality Management nicht ohne radikalen Bruch mit herkömmlichen Organisationsstrukturen zu verwirklichen sind. So bestimmen in der fraktalen Organisation statt hierarchischer Führungsstrukturen und tayloristischer Arbeitsteilung vielmehr selbstständig agierende Einheiten das Geschehen. Damit ist der Versuch angesprochen, durch den Aufbau eigenverantwortlich agierender Teams in Form schneller in sich geschlossener Regelkreise, Selbstorganisation und Kreativität in den Mittelpunkt zu stellen.

▶ So lässt sich beispielsweise in einem klassischen Organisationsmodell die Funktionsorganisation schrittweise durch eine Prozesorganisation ersetzen, in der die Prozesse so ausgerichtet sind, dass sie vom Kunden zur Organisation und nicht umgekehrt verlaufen. Hierzu ist es notwendig alle für die Entwicklung bzw. Produktion neuer Produkte notwendigen Funktionen, wie Entwicklung,

Arbeitsplanung, Marketing, zunächst aufzulösen, um die Mitarbeiter dieser Bereiche in Teams zusammenzufassen, in denen jetzt die volle Fachkompetenz vorhanden ist, um den gesamten Entwicklungs-, Produktions- und Absatzprozess zu beherrschen. Dabei ist darauf zu achten, dass die damit verfolgte Idee der permanenten Strukturwiederholung nicht überstrapaziert wird und eine effizienzgefährdende Überkomplizierung nach sich zieht.

Basierend auf den oben skizzierten Aspekten lässt sich die virtuelle Organisation sowohl interorganisational als auch intraorganisational realisieren. Interorganisational ist es die Zusammenfassung von Formen, die unter Zuhilfenahme informations- und kommunikationstechnischer Mittel nicht nur ihre Stärken und Kosten teilen, sondern auch den Zugriff auf die Märkte der jeweiligen Partner ermöglichen. Die Zusammenarbeit basiert auf elektronischen Verträgen, die ohne langwierige Verhandlungen und ohne Rechtsanwälte über Datennetze abgeschlossen werden. Intraorganisational bedeutet der Aufbau einer virtuellen Organisation den Wegfall jeglicher Strukturen. Eine solche virtuelle Organisation hat dann keine Hierarchie, kein Organigramm und keine Abteilungen mit eindeutig definierten Stellenbeschreibungen, sondern ist eben virtuell.

6.2 Organisationsrelevante „ismen"

6.2.1 Determinismus

Der eben angekündigte evolutionäre Aspekt spielt auch auch bei der Perspektivierung der Organisationstheorien eine Rolle und zwar in dem Sinne, dass diejenigen Organisationen, die es versäumen, sich den wandelnden Anforderungen anzupassen, Gefahr laufen, ihre Existenzgrundlage und damit ihre Daseinsberechtigung zu verlieren. Sie fallen unter Umständen einem Ausleseprozess zum Opfer, was wiederum auf dieser Ebene der Organisationslandschaft den evolutionären Prozess beeinflusst. Insofern sei an dieser Stelle noch einmal die *Mikroökonomie* in Erinnerung gerufen, da sie den klassischen Ausgangspunkt der ökonomischen Theorie darstellt und im Rahmen des Gleichgewichtstheorems das Abhängigkeitsverhältnis der Organisation zu ihrer Umwelt behandelt. Im Zentrum der „Mikroökonomischen Gleichgewichtstheorie" steht das Modell der vollkommenen Konkurrenz. Sie bezeichnet bekanntlich eine Marktsituation, in der sich unüberschaubar viele (kleine) Anbieter und Nachfrager unter den Bedingungen eines vollkommenen Marktes gegenüberstehen, d.h. es wird ein homogenes Gut angeboten und es besteht vollständige Information der Marktteilnehmer über Qualität und Marktpreis des Gutes, aber auch über die Verhaltensweisen der jeweils anderen Marktteilnehmer. Das Verhalten der Organisationen im mikroökonomischen Modell der vollständigen Konkurrenz bzw. Transparenz ist damit vollkommen umweltdeterminiert. Sie kann lediglich die in Form des Marktpreises vorliegende Information der Umwelt aufnehmen und aus dieser dann die einzig sinnvolle strategische Handlung ableiten, nämlich die Erzeugung der gewinnmaximalen Angebotsmenge zu vorgegebenen Grenzkosten.

Gerade die *evolutionstheoretischen Ansätze* fokussieren sich auf die Entwicklung und Auseinandersetzung von Organisationen bzw. ganzen Organisationspopulationen mit ihrer Umwelt. In der Selektion zeigt sich das Ergebnis in Form von Bewährungs- und Aussonderungsprozessen. Sowohl für die evolutionstheoretischen wie auch für die mikroökonomischen Ansätze ist markant, dass die Umwelt als grundsätzlich dominant aufgefasst wird, indem sie sich der Einflussnahme durch die Organisation entzieht. Einflüsse von Organisationen auf die Umwelt sind sporadisch und von kurzer Dauer, in längerfristiger Perspektive gelten sie als vernachlässigbar und bleiben damit theoretisch irrelevant. Der entscheidende Unterschied zur Theoriekonstruktion der Mikroökonomie ist darin zu sehen, dass es sich bei Organisationen um operativ geschlossene, selbstreproduktive Systeme handelt, die ihre spezifischen Verhaltensweisen zunächst kausal unabhängig von der Umwelt generieren. Der Umwelt kommt neben der Rolle als treibende Kraft für fortlaufende Veränderungen vor allem die Rolle eines „Referees" zu, der letztlich entscheidet, welche Organisationsform lebensfähig ist und welche nicht. Beeinflusst wurde der Ansatz der kognitiven Organisation vor allem durch den Einzug von Systemebenen, indem die organisatorische Evolutionstheorie zwischen der Ebene organisatorischer Elemente und Kompetenzen (Praktiken, Know-how, Routinen, etc.) der Einzel-Organisationen sowie der Ebene der Populationen unterscheidet. Auch die Analogien zur biologischen Basiskonzeption, bekanntlich als Abfolge der Phasen Variation, Selektion und Retention beschrieben, sind in die Ausgestaltung des Ansatzes der kognitiven Organisation eingeflossen. Markant ist, dass die Variation der Organisationen oder der Organisationspopulationen aus sich selbst heraus entstehen, wenngleich diese durch Umweltveränderungen angestoßen werdem. Die Umwelt legt sozusagen die Form der Variation nicht fest, entscheidet aber letztlich doch darüber, ob die hervorgebrachten Variationen lebens- bzw. überlebensfähig sind. Mit anderen Worten, bewirkt die natürliche Auslese durch die Auslesekriterien im Ergebnis eine Homogenisierung und letztlich eine strenge Determinierung. Da diese Umwelt sich als in beständigem Wandel begriffenes Artefakt ausgfeasst wird, müssen sich neue System- bzw. Organisationsstrukturmerkmale in der Praxis bewähren. Systeme, die auf ihren gesicherten und verfestigten Strukturen beharren, scheinen dem Untergang ausgesetzt. Die Praxis zeigt, dass für Organisationen das zugrunde liegende biologische Paradigma zur Lösung dringlicher Entwicklungsprobleme im Verhältnis von Organisationen und Umwelt nur als bedingt geeignet erscheint.

Im Rahmen *kontingenztheoretischer Ansätze* wird auf der Basis vergleichender Organisationsanalysen nach exogenen Determinanten gesucht, die feststellbare Unterschiede in den Strukturen verschiedener Organisationen bewirkt haben. Vor allem die Tatsache, dass hier in der Umwelt und der Technologie einer Organisation ein entscheidender Einflussfaktor gesehen wird, wurde vom Ansatz der kognitiven Organisation aufgegriffen. In Bezug auf die Umweltproblematik geht der kontingenztheoretische Ansatz bei dieser Fokussierung davon aus, dass sich für stabile und überschaubare Umwelten eine stark formalisierte und zentralisierte Organistionsstruktur bewährt, während in turbulenten, komplexen Umwelten ein flexibles und anpassungsfähiges Strukturgefüge als Voraussetzung der Überlebensfähigkeit gesehen wird. Ändert sich der Umweltzustand, so wird ein entsprechender

Anpassungprozess erforderlich. Der Übergang etwa von einer stabilen zu einer turbulenten Umwelt bedeutet dann für die Organisation, dass die vormals „hart strukturierten", weil mechanistischen Strukturen organischeren Formen weichen müssen, wenn der Erhalt der Organisation nicht gefährdet werden soll. Die Umwelt wird in diesen Ansätzen somit sowohl als Initiator des organisatorischen Wandels und als Garant effizienter Strukturformen behandelt.

▶ Für verschiedene Umweltsituationen erweisen sich in der empirischen Studie unterschiedliche Organisationsmodelle als geeignet: Für stabile Umwelten das sog. „bürokratisch-mechanistische System", für turbulente Umwelten dagegen das „organische Managementsystem" oder die „Netzwerkorganisation".

Wesentlich beeinflusst wurde der Ansatz der kognitiven Organisation durch die Überlegung, Organisationen aus systemtheoretischer Sicht als „offene Systeme" aufzufassen. Zum einen differenziert sich nach dieser Sichtweise jedes Systeme mit zunehmender Größe in separate Teilbereiche. Dies impliziert, dass das System gewährleisten muss, dass diese separaten Teile wieder zu einem funktionsfähigen Ganzen integriert werden. Zum anderen ist es grundlegende Funktion jedes Systems, sich den Erfordernissen der umgebenden Umwelt so anzupassen, dass seine Existenz gesichert bleibt. Dieser Aspekt hinterließ folgende Eindrücke bei der Entwicklung des Ansatzes der kognitiven Organisation:

*   **Umwelt**: Die Umwelt wird nun nicht mehr als einheitlicher Block gesehen, sondern man kann davon ausgehen, dass komplexe Organisationen gleich mehreren Subsystemen, unterschiedlichen Umweltsektoren gegenüberstehen. Jeder dieser Umweltsektoren kann unterschiedlich ausgeprägt sein. Es werden damit zwei Umweltebenen unterschieden, die Ebene der Teilumwelt und die Ebene der Gesamtumwelt.
*   **Dimensionierung**: Differenzierung macht auf die Unterschiede zwischen den Subsystemen einer Organisation aufmerksam, die sich im Hinblick auf Struktur und Ausrichtung abzeichnen. Die Differenzierung wird durch die folgenden vier Dimensionen bestimmt:
    *   Formalisiertheit der Struktur,
    *   interpersonale Orientierung,
    *   Zeitorientierung,
    *   Zielorientierung.
*   **Differenzierung**: Es gilt dabei die Annahme: Je sicherer ein Umweltsegment, desto mechanistischer wird das Managementsystem in dem entsprechenden Subsystem sein. Und umgekehrt: Je höher die Unsicherheit, umso organischer wird das Subsystem ausgerichtet sein. Insgesamt wird also die folgende Hypothese übernommen: Je heterogener die Gesamtumwelt eines Systems, desto differenzierter ist das System, d. h. umso unterschiedlicher sind seine Subsysteme zueinander.
*   **Integration**: Dabei wird in erster Linie die Qualität der Zusammenarbeit zwischen Abteilungen beschrieben. Es gilt: Je heterogener die Gesamtumwelt und je unterschiedlicher

dementsprechend die Orientierungen und Strukturmuster in den Subsystemen sind (je größer die Differenzierung ist), umso wahrscheinlicher sind Isolierungstendenzen und Konflikte und umso schwieriger ist es, die erforderliche Integration zwischen den Subsystemen zu bewerkstelligen. Es zeigte sich, dass erfolgreiche Organisationen über die klassischen Instrumente Hierarchie und Programme hinaus eine Reihe zusätzlicher Integrationsmittel und -methoden einsetzen, um diese Ergebnisse zu ermöglichen. Solche zusätzlichen Mittel sind etwa Koordination, Matrix-Organisation oder Projektteams.

- **Systembestand/Erfolg**: Der Erfolg einer Organisation bzw. Systembestand ist gesichert, wenn der Differenzierungsgrad zwischen den Subsystemen einer Organisation den Erfordernissen bzw. der Struktur der Gesamtumwelt entspricht und zwischen den Subsystemen ein hoher Integrationsgrad besteht. Kurz gesagt: Der Erfolg einer Organisation, die dauerhafte Sicherung ihres Bestandes wird also abhängig gemacht von der Kongruenz zwischen Umwelterfordernissen und der Ausprägung des Funktionsgefüges der Organisation.

Bezüglich des technologischen Aspekts geht der kontingenztheoretische Ansatz davon aus, dass die Organisationsstruktur auf die Erfordernisse der Technologie abgestimmt werden muss, um die Erfüllung der anstehenden Aufgaben sicherzustellen. In einer Art von Imperativ wird empfohlen, dass bestimmte technologische Konstellationen einer dem organischen Managementsystem ähnlichen Organisationsstruktur, andere technologische Konstellationen dagegen vornehmlich mechanistische Strukturen notwendig machen. Insofern ist mit der Entscheidung für eine bestimmte Technologie demzufolge zugleich die Entscheidung für eine entsprechende, mehr oder weniger optimale Organisationsform gefallen.

▶   Bezüglich des technologischen Imperativs ist der These, dass die Fertigungs-
    technologie die Charakteristika der Aufgaben beeinflusst, die mit ihr in einem
    unmittelbaren Zusammenhang stehen, nicht zu widersprechen. Eine direkte
    Entsprechung der Aufgaben durch die Technologie kann aber kaum behauptet
    werden. Überdies zeigen gerade die Entwicklungen in der jüngeren Zeit, hin zu
    flexiblen Fertigungstechnologien und der vielfältige Einsatz neuer Teamstruk-
    turen in der Fertigung, dass den Organisationen mit zunehmender technischer
    Entwicklung eher mehr als weniger Entscheidungs-. und Gestaltungsspielräu-
    me erwachsen.

Vor allem die Kritik an diesem technologischen Aspekt hat die Entwicklung des Ansatzes der kognitiven Organisation wesentlich beeinflusst:

- Ein auf die technische Ausgestaltung zugeschnittener Technologiebegriff ist zu eng, weil er nur für Industriebetriebe verwendbar ist. Zusätzlich ist die Annahme einer Gesamttechnologie idealtypisch und damit problembehaftet, indem sie intraorganisatorische Unterschiede nicht wahrnimmt bzw. Teilbereiche mit stark differierenden Technologien ignoriert.

- Der Begriff ist nicht nur von der Extension, sondern von der Gesamtkonzeption her zu eng, weil er das Know-how, die Beschaffenheit des Materials und/oder die Art des zu erstellenden Produktes oder der Dienstleistung außer Acht lässt.
- Der Begriff stellt zu vordergründig auf physische Charakteristik des Ausrüstungskomplexes ab, Technologie ist jedoch mehr als Problemlösungsverfahren zu sehen.

Dies führt zu der Sichtweise, die Organisation generisch als Leistungsorganisation zu betrachten, vor dem Hintergrund des Input/Output-Rasters als Transformationssystem und die Technologie als implizites und explizites Transformationswissen. Technologie avanciert somit zu einem kognitiven Konzept, das Technik und Methodik multiplikativ verknüpft. Aber auch auf die spätere Notwendigkeit, den Ansatz der kognitiven Organisation mit einer Entwicklungsmethodik zu untermauern, hat sich der kontingenztheoretische Ansatz ausgewirkt. Diese Hinterlassenschaft besteht aus zwei Dimensionen:

- **Varietät**, d. h. wie groß ist die Zahl der Ausnahmen im Aufgabenvollzug bzw. wie gut lassen sich die Anforderungen vorhersagen? Oder anders ausgedrückt: Wie repetitiv sind die Aufgaben?
- **Analysierbarkeit** der Aufgabe, d. h. wie gut wird der Aufgabenvollzug verstanden und beherrscht und dementsprechend, wie klar und eindeutig sind die Arbeitsprozeduren auch dann, wenn Probleme auftauchen (Materialprobleme, Verfahrensprobleme usw.) Ferner, in welchem Umfang spielen Intuitionen, Ermessen und Experimentieren eine Rolle beim Problemlösen?

Dabei gilt der Grundsatz: Je höher die Varietät und je geringer die Analysierbarkeit der Aufgabe, umso „unsicherer" ist die Technologie bzw. die „technologische Umwelt". Ein weiterer Einflussfaktor kommt hinzu, indem durch die Auffassung der Technologie als Know-how, das Individuum als Aufgabenträger, als Akteur wieder in den Vordergrund rückt. Die Frage nach der Technologie wird dann stärker zu einer Frage von Können und Wissen derjenigen, die eine Aufgabe zu bewältigen bzw. ihre Bewältigung vorzubereiten haben.

▶   In Situationen hoher Umweltdynamik und -komplexität wird ein hohes Maß an Flexibilität und Innovationsbereitschaft als erforderlich angesehen, was sich u. a. in einer verstärkten Dezentralisierung und einer geringeren Formalisierung niederschlägt. Anders dagegen bei stabilen Umwelten: Die Funktionalität der hierfür erforderlichen erachteten bürokratischen Organisationsstruktur wird nicht mit bestimmten Anforderungen der Umweltsituation, sondern lediglich mit Effizienzargumenten begründet. Adaptives Verhalten ist so gesehen nur eine von vielen Möglichkeiten komplexen Umwelten in einer grenzerhaltenden Weise zu begegnen.

Die Kontingenztheorien gehen davon aus, dass für jede Umweltkonstellation ein und nur ein spezifischer Systemzustand (Strukturmuster) passt bzw. kongruent ist. Für das System gibt es nur eine richtige Reaktionsweise auf die Erfordernisse aus der Umwelt. Auch dem *situativen Ansatz* liegt eine eher spezielle Entwicklungsphilosophie zugrunde. Sie lässt sich in den drei Prämissen wie folgt beschreiben:

- Es gibt nur jeweils eine richtige (kongruente) Strukturform, d. h. für die Gestaltung von Organisationsstrukturen bestehen innerhalb der gegebenen Kontextbedingungen keine Wahlmöglichkeiten.
- Die Kontextfaktoren (Umwelt oder Technologie) sind von der Organisation als gegeben zu betrachten, d. h. sie kann darauf keinen Einfluss ausüben.
- Für jede Organisation ist eine bestimmte Art und ein bestimmtes Maß ökonomischer Effizienz verbindlich und die Kriterien sind von der Organisation nicht beeinflussbar.

Die Forschungen zur Geschichte der Technologie haben gezeigt, dass Technologien historisch geworden, sozial konstruiert und damit auch der Möglichkeit nach veränderbar sind. Insofern erweist sich auf organisatorischer Ebene die Vorstellung, Technologien würden als fertige Komplexe eintreffen, als nicht mehr zutreffend.

▶   Vielmehr erweisen sich Technologien im Gegensatz zur Kontingenztheorie als eine von der Organisation wesentlich mitgeprägte Größe, indem hier die Handlungsprozeduren, Praktiken, organisatorische Leitbilder usw, mit einfließen.

Vor allem in der aktuellen Technologieforschung konnte weitgehend Konsens darüber entwickelt werden, dass die Technologie im Zuge ihres Einsatzes vielfältige Modifikationen erfährt.

▶   Gerade die zahlreichen Innovationsprojekte, die nicht zuletzt durch das Studium japanischer Lösungen der Fertigungssorganisation angeregt wurden, haben belegt, dass vielfältige Strukturalternativen im Rahmen einer gegebenen Fertigungstechnologie existieren und betonen eher die Notwendigkeit, fortlaufend über bessere Alternativen nachzudenken als die Fitformel zu reproduzieren.

So wird sich die Technologie innerhalb des Ansatzes der kognitiven Organisation vor allem als ein interoperatives Konstrukt manifestieren. Insofern muss auch der organisatorische Entwicklungsprozess auf einer interoperationstheoretischen Folie erfasst werden, wenn er praktische Relevanz erhalten soll. Aber auch einen zeitlichen Aspekt haben die Kontingenztheorien sozusagen als epistemologisches Erbe hinterlassen. Um den Charakter der Veränderungsmuster zu kennzeichnen, kommen sie sogenannten „windows of opportunity", zur Sprache, die von den Organisationen geöffnet und geschlossen werden können.

  Den Aspekt der Differenzierung hat vor allem der *ressourcenbasierte Ansatz* herausgearbeitet, in der Gestalt, dass Organisationen in ein und derselben Wettbewerbumwelt ganz unterschiedliche singuläre Kompetenzen und Fähigkeiten entwickeln müssen, um eine erfolgreiche strategische Differenz zur Konkurrenz und nachhaltig verteidigbare Wettbewerbsvorteile aufzubauen. Dieser Entwicklungsprozess wird folglich durch den sogenannten Anpassungsdruck aus der Umwelt förmlich erzwungen:

- **Mimetische Kräfte**: Das Aufkommen mimetischer Anpassungkräfte wird der Unsicherheit und Ambiguität bei der Entscheidung über Organisationsgestaltungen zugeschrieben: unklare Ziele, unklare Mitel, unklare Wirkungen.
- **Normative Kräfte**: Normativer Anpassungsdruck wird im Wesentlichen in den Standards und Ansprüchen einer professionellen Gemeinschaft (Branche, Profession, strategische Gruppe usw.) verortet.
- **Zwänge und Sankionen**: Ein dritter Zwang zur Konformität bei organisatorischen Lösungen wird Gesetzen und Verordnungen, aber auch Erwartungen mächtiger Organisationen in der Umwelt (z. B. Banken oder Abnehmer) zugeschrieben.

Insofern haben die kontingenztheoretischen Ansätze zentrale methodische Aspekte eingebracht, die in die Entwicklung des Ansatzes zur kognitiven Organisationsentwicklung eingearbeitet werden müssen: Die Interoperation von Organisationssystem und Umwelt, das Denken in Alternativen und die konsequente Nutzung von Gestaltungspielräumen (Motive, Prozesse usw.). In Bezug auf Einflüsse der Interoperation von Organisation und Umwelt ist zunächst der *Ressourcenabhängigkeits-Ansatz* zu nennen, der eng am systemtheoretischen Input/Output-Modell arbeitet. Zentral wird hier die Stabilisierung des Leistungsflusses als bestandskritisches Problem thematisiert. Jede Organisation benötigt zur Bestandssicherung Ressourcen verschiedener Art, über die sie unter Umständen nicht selbst verfügt und somit über externe Organisationen beziehen muss. Die Umwelt wird hier nicht formal und auch nicht, wie etwa im Falle der Kontingenztheorie, als anonyme Kraft gesehen, sondern eher institutionell begriffen, d. h. es stehen sich identifizierbare und individualisierte Systeme als Akteure in Form von Lieferanten, Abnehmer, Banken usw gegenüber. Das eigentliche Problem liegt in der potenziellen Instabilität der Leistungszu- und -abflüsse bzw. der Akteure, wobei letztere oftmals aus Machtpositionen heraus agieren. Auf Basis dieser Annahmen werden wiederverwendbare Handlungsstrategien erarbeitet, um diese Instabilitäten auszugleichen:

- **Absorption** und **Kompensation**: Diese Maßnahmen zielen auf die Einrichtung interner Gegensteuerungsmechanismen, um mit den Unwägbarkeiten, die aus den Ressourcenabhängigkeiten fließen, besser fertig zu werden. Dazu gehört die Flexibilisierung der Organisationsstruktur (Hierarchieabbau, Verringerung der Formalisierung), lose Kopplung, der Aufbau von Puffern, sei es in Form von Lagern (Wareneingangs-, Zwischen-, Absatzlager) oder von Reserven, um von möglichen Willkürakten (z. B. künstliche Verknappung der Ressourcen) unabhängiger zu werden. Neben die strukturelle Anpassung tritt als weitere interne Möglichkeiten die Kompensation im Allgemeinen bzw. die Risikokompensation im Speziellen. Dabei ergreift die Organisation solche Maßnahmen, um die aus Ressourcenabhängigkeiten resultierenden Probleme für das System lösbar zu machen. Dabei spielt insbesondere die Diversifikation eine wichtige Rolle, indem durch den Aufbau neuer Geschäftsfelder die Organisation auf „breitere Füße" gestellt werden kann. Allerdings gilt es dabei zu bedenken, dass jede dieser Maßnahmen im Umkehrschluss die interne Komplexität steigert, die selbst wieder von dem System abgefangen werden muss.

- **Integration**: Eine weitere Strategie der Unsicherheitsbewältigung stellt die Inkorporation der Unsicherheitsquelle dar, indem kritische vor- und nachgelagerte Organisationen erworben und integriert bzw. durch eine Fusion zusammengeführt werden.
- **Kooperation**: Bei dieser Möglichkeit wird versucht, die unsicherheitsstiftenden Umweltsysteme durch Kooperation berechenbarer zu machen. An Kooperationsformen zur Steigerung der Umweltkontrolle stehen gleich mehrere Alternativen zur Auswahl: Joint Venture, der Abschluss langfristiger Verträge (Lieferverträge, Abnahmeverträge usw.) und die Kooptation. *Kooptation* bedeutet dabei die partielle Hereinnahme von Mitgliedern ressourcenkritischer externer Organisationen in den eigenen Entscheidungsprozess.
- **Intervention**: Dies bezeichnet einen Eingriff in das soziale Abhängigkeitsgefüge, d. h. diese Maßnahmen zielen darauf ab, die Machtbasis der ressourcenkritischen Organisation zu schwächen. Dazu gehören in erster Linie Beeinflussungstrategien im politischen Raum. Insofern kann man, was die Verbreitung der einzelnen Maßnahmen anbelangt, heute fast schon von einem Trend zur kooperativen Zusammenarbeit sprechen.

▶ Durch Kooptation werden also personelle Verbindungen zwischen zwei Organisationen geschaffen. In deutschen Kapitalgesellschaften ist gewöhnlich der Aufsichtsrat der Ort, in der die Verbindung hergestellt wird. In Personengesellschaften ist es häufig der (fakultative) Beirat, der diese Verbindungsfunktion sicherstellt. Es gilt zu bedenken, dass diese Art der Kooperation aber nur dort funktioniert, wo alle an der Kooperation Beteiligten die Herstellung einer engeren Beziehung verfolgen.

Insgesamt hat der Ressourcenabhängigkeits-Ansatz einen fundierten organisationstheoretischen Input zur Entwicklung neuer Ansätze hinterlassen, indem er verschiedene Instrumente der Unsicherheitsbearbeitung erarbeitet hat und zur Wiederverwendung bereitstellt. Damit hat er gleichzeitig der bisherigen Fixierung auf organisationsstrukturelle Maßnahmen eine neue Ausrichtung gegeben.

Der *Strategische Ansatz* stellt die proaktiven Gestaltungspotenziale in den Vordergrund und behandelt den Umweltbezug von Organisationen im Spannungsfeld von Chancen und Risiken. Dieser Ansatz umfasst den organisationspolitischen Ansatz, den industrieökonomischen und den ressourcenbasierten Ansatz und rückt in der Gesamtheit die horizontalen Beziehungen in den Vordergrund, indem er die Umwelt nicht nur als Quelle potenzieller Bedrohungen, sondern auch als Ort neuer Chancen begreift. Generisch betrachtet, kann man die *Organisationsstrategie* als organisationsintern entwickeltes Leitkonzept zur Bestimmung des Verhältnisses von Organisation und Umwelt definieren. In diesem Sinne geht es darum, aus der Vielzahl der Möglichkeiten und Risiken eine auf die spezifischen Stärken der Organisation zugeschnittene Strategie zu finden. Die Strategie ist somit das Legitimationsmedium, mit dem die Kompetenzen und Ressourcen der Organisation im Hinblick auf die Chancen und Risiken der Umwelt möglichst günstig ausgerichtet werden. Auch hier gilt es eine nutzenbringende Hinterlassenschaft zu testieren, indem der strategische Ansatz folgende Aspekte bezüglich eines Organisations-Umwelt-Verständnisses entwickelt und zur Wiederverwendung zur Verfügung stellt:

- **Differenzierung**: Organisationen weisen neben vielen Gemeinsamkeiten bzw. Ähnlichkeiten konstitutive Unterschiede auf. Diese Unterschiede betreffen das Know-how, den Zugang zu kritischen Ressourcen, den Mitarbeiterpotenzialen, etc., um nur eine kleine Auswahl zu nennen. Auch die organisatorischen Freiheitsgrade bezüglich strategischer Handlungen variieren stark mit der jeweiligen Position der Organisation in der Umwelt und der Struktur dieser Umwelt.
- **Freiheitsgrade**: Die Strategiebildung selbst wird gemäß der beiden Hauptströmungen der Strategielehre unterschiedlich konzeptionalisiert. Im analytisch-rationalen Ansatz werden sie als Ergebnis eines bewussten organisationsinternen Analyse- und (rationalen) Auswahlprozesses verstanden, wogegen sie im empirisch-deskriptiven Ansatz als das emergente Resultat bestimmter Handlungsweisen einer Organisation konstruiert werden. Der intendierten Strategieformulierung steht alternativ das emergente Sich-Einfinden von Strategien gegenüber, wobei sich letzteres aus der kollektiven Dynamik der Organisation heraus ergibt. Der Organisationsentwicklung kommt je nach Perspektive eine ganz unterschiedliche Funktion zu. Im deduktiven Rationalmodell erhält sie eine wichtige Umsetzungsfunktion (Strategie „triggert" Strukur), wohingegen im empirisch-emergenten Verständnis das organisatorische Design zur Bestimmungsgröße (Struktur „triggert" Strategie) avanciert.
- **Interoperationen**: Über die strategischen Handlungsweisen (Strategien) sind Organisationen in der Lage, in bestimmter Weise Einfluss auf die Umwelt auszuüben oder zumindest die eigene Position in der Umwelt zu wählen. Dabei unterscheidet man adaptive oder proaktive Interoperationen. Proaktive Interoperationen reichen von der Verschiebung der Kräftepotenziale von Organisationen in der Umwelt (z. B. abnehmende Verhandlungsmacht von Zulieferern), der Änderung von Markteintrittsbarrieren über die Setzung neuer „Regeln", d. h. einer neuartigen Gestaltung des Wettbewerbs (z. B. Systemangebote statt Einzelprodukte) bis hin zur Schaffung neuer Märkte.
- **Wettbewerbsvorteile**: Eine Strategie wird demnach entwickelt, um den Organisationen bestimmte Vorteile (Wettbewerbsvorteile) zu verschaffen, was in der Regel mit einem handfesten Nachteil für die konkurrierenden Organisationen einhergeht. Die strategischen Eingriffe in die Umwelt stabilisieren einerseits die Systemgrenze, bewirken damit (ungeplant) aber andererseits zugleich ihre Gefährdung, so dass die Grenzerhaltung (Strategiebildung) eine Daueraufgabe, ein nie endgültig lösbares Problem der Organisationssteuerung bleibt.

Insgesamt und in Bezug auf die Organisationsentwicklung macht dieser Ansatz darauf aufmerksam, dass sie in einem engen Zusammenhag mit der Grenzbestimmung (Strategie) und Systementwicklung gesehen werden muss.

Die *Theorie interorganisationaler Beziehungen* hingegen verlassen den Fokus der Einzelorganisationen und stellt organisationsübergreifende Handlungzusammenhänge in den Mittelpunkt. Nicht mehr die Organisation als solche stellt das Zentrum zur Bewältigung der Umweltbeziehungen dar, sondern wird verlagert auf höhere bzw. übergelagerte Ebenen, wie etwa auf strategische Gruppen, auf soziale Netzwerke oder auf Kartelle. Die einzelne Organisation fungiert nicht mehr alleine als strategischer Akteur, sondern ist Teil oder Mitglied solcher strategischer Kollektive. Solche Kollektive werden als locker formalisierte, aber dennoch stabile Systeme angesehen, die das Verhalten der Mitgliedsorganisationen stark bestimmen. Vor allem die in diesem Zusammenhang entwickelten Kollektive und dort speziell die Netzwerke gelten als Blaupausen für die im Ansatz der kognitiven Organisation noch zu entwickelnden Strukturen:

- **Konföderationen**: Solche Organisationskollektive zeichnen sich dadurch aus, dass sie aus wenigen gleichartigen Organisationen zusammengesetzt sind, die in einem direkten Interaktionsverhältnis stehen. Diese Kooperationen sind zumeist informal organisiert; dazu gehören beispielsweise Kollusionen (geheime, i. d. R. unerlaubte Absprachen) oder die informelle Preisführerschaft einer Organisation, der sich dann andere bereitwillig anschließen. Die Einhaltung der gemeinsamen Strategie wird im Wesentlichen durch soziale Kontrolle sichergestellt.
- **Agglomerate**: Sie definieren sich durch eine große Anzahl gleichartiger Organisationen, die nur in wenigen Fällen direkte Beziehungen zueinander unterhalten, jedoch gemeinsam um knappe Ressourcen (Rohstoffe, Informationen, Subventionen usw.) konkurrieren. Beispiele hierfür sind Interessenverbände oder Genossenschaften. Erstes Ziel ist die Beeinflussung des politischen Geschehens (Lobbyismus), der Gesetzgebung und Subventionsvergabe, aber auch die Darstellung der eigenen Probleme in der Öffentlichkeit. Die Kontrolle des Kollektivs geschieht im Wesentlichen auf administrativem Wege, sie ist formal organisiert und wird zentral überwacht.
- **Konjugate**: Organisationskollektive liegen vor, wenn wenige Organisationen verschiedener Kontexte mit komplementären Ressourcen miteinander kooperieren. Ressourcenabhängigkeit heißt symbiotische Abhängigkeit zwischen distinkten Organisationen. Bekannte Beispiele sind Systempartnerschaften zwischen Zuliefer- und Abnehmerbetrieben, die gemeinsame Entwicklung von Spezialteilen oder die Vormontage von ganzen Systemkomponenten. Die Organisationsformen, auf denen die Abstimmung beruht, sind sowohl formeller als auch sehr stark informeller Natur im Sinne horizontaler, organisationsübergreifender Kooperation.
- **Netzwerke**: Organische Organisationskollektive bezeichnen Organisationspopulationen, die aus einer großen Anzahl verschiedener Organisationen mit Komplementärressourcen bestehen und auf unüberschaubar vielen Wegen miteinander verknpüft sind

(symbiotische Interdependenzen). Die theoretische Besonderheit von Netzwerken liegt insbesondere darin, dass sie komplex, d. h. nicht vollständig durchdringbar sind, aber dennoch kollektive Strategien entwickeln, wenn auch meist auf emergentem Wege. Es handelt sich um polyzentrische, nur lose untereinander gekoppelte Systeme, die zwar auch füreinander Umwelt sind, aber eben doch in sehr viel überschaubarerer Weise als dies bei generellen (externen) Umwelten der Fall ist. Netzwerke sind locker verknüpfte Handlungskollektive, die sich gemeinsam von der Umwelt abgrenzen. Netzwerke werden vornehmlich über diese gemeinsame selbstreferenziell erzeugte Systemgrenze kontrolliert; dies ist relativ häufig eine Art normativer Kontrolle, d. h. es gibt einen Konsens darüber, dass die Netzwerkregeln eingehalten werden. Interorganisationale Netzwerke werden nach verschiedenen Gesichtspunkten klassifiziert. Am geläufigsten ist eine Unterscheidung nach dem Ort der Aktivitäten (regionale, nationale, internationale und globale Netzwerke) sowie nach der Kooperationsrichtung (vertikale oder laterale Netzwerke). Internationale Netzwerke bilden sich häufig zur Realisierung großer Projekte in Form von Konsortien (etwa zum Bau von Staudämmen und Wasserkraftwerken oder von Transportsystemen, aber auch im Bereich der Investitionsgüterentwicklung).

Alle diesen Organisationskollektiven ist gemeinsam, das sie sich vor allem durch zwei Aspekte auszeichnen: die Beziehungen zwischen den unmittelbar relevanten Umweltorganisationen und die wesentlichen Entscheidungen, die innerhalb des Organisationsverbundes getroffen und nicht in der einzelnen Organisation getroffen werden. Als Hinterlassenschaft kann vor allem die Leitidee gesehen werden, dass Organisationen, statt unmittelbar aus sich heraus auf die Umwelt zu reagieren, sich zunächst auf die Bildung von Organisationskollektiven konzentrieren, um dann den Umweltbezug im Kollektiv besser zu bewältigen.

▶   Mit diesem Ansatz lassen sich vor allem folgende Aufgabenstellungen bewältigen: die Schaffung neuer Märkte oder Produkte, interorganisationales Lernen, Macht- und Einflussgewinnung zur Herstellung besserer Bedingungen für die Bestandssicherung (Lobbying).

Entscheidend ist, dass interorganisationale Kollektive einen auf gegenseitigen Nutzen ausgelegten arbeitsteiligen Organisationsverbund darstellen, dessen Differenzierungs- und Integrationsleistung mehrere (im Grenzfall viele) Organisationen umfasst und diese über wechselseitig aufeinander bezogenen Erwartungsstrukturen zu gemeinsamen Handlungen veranlasst. Insbesondere ist damit möglich, dass an die Stelle großer Organisationen zahllose Kleinstorganisationen mit hoch spezialisiertem Kompetenzprofil treten, die von Initiatoren projektbezogen immer wieder neu problemorientiert verknüpft werden. In diesem Zusammemhang kommen auch die Informations- und Kommunikationssysteme (IuK) ins Spiel, indem diese als Basis für eine rasche und effiziente Verknüpfung der einzelnen Kompetenzen vorausgesetzt werden müssen.

6.2.2 Emergentismus

In den klassischen Organisationstheorien stehen die planmäßige Gestaltung organisatorischer Beziehungen und die Ausrichtung des hierzu entsprechenden Verhaltens im Vordergrund. Im praktischen Alltag der Organisationen zeigen sich allerdings auch emergente Prozesse und Strukturen. Damit kommen Handlungsmuster ans Tageslicht, die sich in Organisationen entwickeln und außerhalb oder neben der Erwartungshaltung der formalen Struktur bewegen. Genauer wird von emergenten Phänomenen immer dann gesprochen, wenn sie sich auf keine einzelne Intention (Ausgangsziel) zurückführen lassen (synchrone Emergenz) und wenn das Ergebnis nicht vorhersagbar ist, weil sich die das Ergebnis bestimmende Struktur erst im Laufe des Prozesses entwickelt (diachrone Emergenz). In manchen Organisationen wird diesen Kräften eine höhere Bedeutung für den Erfolg einer Organisation zuerkannt als den geplanten Strukturen und Instrumenten. Daher können diese Phänomene oder Prozesse weiterhin nicht ignoriert werden, sondern müssen vielmehr bei der Ausgestaltung und Entwicklung von Organisationen unbedingt berücksichtigt werden. Dabei gilt es allerdings zu berücksichtigen, dass auf den Aspekt der Formalität nicht verzichtet werden kann, da formale Strukturen Regeln besonderer Art darstellen und die für die Erbringung der Organisationsleistung unabdingbar sind. Determinismus und Emergentismus, Formales und Informales schließen sich also keineswegs untereinander aus, vielmehr bedingen sie sich gegenseitig. Es wird sich zeigen, dass Emergenz den Determinismus und Informales das Formale als Referenzpunkt voraussetzt.

Dieser Abschnitt geht von dieser Dualperspektive aus, indem im Unterschied zur klassischen Organisationstheorie beiden Phänomenen die entsprechende Bedeutung zukommen gelassen wird. So überlagern unter Umständen die informellen Prozesse die formalen Prozesse oder setzen diese punktuell außer Kraft. Die formalen und die informalen Prozesse relativieren einander und interoperieren damit nicht selten auf einem hohen Nievau.

> ▶ Daraus ergibt sich eine ambivalente Situation, indem Organisationen zur Lösung ihrer Probleme eine formale Struktur (eine divisionale Organisation oder eine Projekt-Organisation) und dem dazugehörgen Reglement installieren und parallel dazu zur Erreichung der Organisationsziele ein Abweichen von just diesen Regeln nicht nur stillschweigend akzeptieren, sondern diese aktiv fördern. Damit wird das legitimiert, was brauchbar erscheint und der Organisation von Nutzen ist.

Bedenkenswert daran ist allerdings, dass die Auswirkungen solcher Regelabweichungen ex ante nicht so eindeutig bestimmbar sind und damit erst zu einem späten Zeitpunkt in den Aufmerksamkeitsfokus fallen. Nicht selten wird ein Ignorieren oder gar Tolerieren damit begründet, dass diese Abweichungen als nicht gravierende Regelverstöße (Bagatelle) charakterisiert werden. Dennoch unterliegen solche „Regelverstöße" potenziell einer eskalierenden Abweichungsspirale mit der Folge des „U-Boot-Effekts", dergestalt, dass die gesamte formale Ordnung durch diese Torpedierung ihre Bedeutung verliert. Auch in Bezug auf die Kollegialität lassen sich informale, prinzipiell nicht formalisierte, aber doch erfolgs-kritische Verhaltenserwartungen unter Personen gleicher Position, unabhängig von der konkreten Einzelperson ausmachen. Es handelt sich hierbei um ein emergentes Normgefü-ge, das bestimmte Verhaltensweisen zur unausgedrückten Erwartung macht, um auf diese Weise eine vereinfachte Problembeurteilung wie auch einen flexiblen Umgang mit den for-malen Regeln zu ermöglichen.

▶   So wird die gegenseitige Unterstützung erwartet, die Weitergabe an sonst ver-traulichen Informationen versprochen, die Freundlichkeit im Umgang vorge-spielt, usw.

Im Rahmen der klassischen Organisationstheorien und dort über das formale Regelsys-tem, den Geschäftsverteilungsplan, das Organigramm usw. wird ein Tolerieren solcher Abweichungen entweder tabuisiert bzw. ausgeschlossen, oder als „Grau-Zone" prinzipiell toleriert. Insgesamt jedoch sieht die klassische Organisationstheorie ein wie auch immer geartetes Informelles, wenn überhaupt, dann nur als eine Störung, eine sogenannte Pertur-bation, vor. Um die störende Funktionalität des Informellen orten und in seinem Wechsel-spiel mit dem Formellen erfassen zu können, ist demnach eine erweiterte Betrachtungs- und Umgangsweise erforderlich.

▶   Letzteres zeigt sich daran, dass beispielsweise bei Konflikten die formale Ord-nung oftmals die letzte Instanz bildet und insoweit Schutz bietet.

Ein weiterer Ansatz der organisatorischen Emergenz erfasst die sogenannten politi-schen Prozesse, eine Seite der Organisation, die in der Literatur sehr oft und nicht zu Unrecht auch als „dunkle Seite" bezeichnet wird. Der *politische Prozessansatz* erklärt dabei die organisatorischen Entscheidungen als das Resultat einer spezifischen, in ihrer Ausprägung schwer prognostizierbaren Dynamik. Solche politischen Prozesse in Orga-nisationen werden auch unter dem Begriff der Mikropolitik zusammengefasst, wobei „Mikro" nicht als ein Gegenpol zu „Makro" aufzufassen ist, sondern vielmehr auf die geringe Wahrnehmungschancen hinweisen will. Letzteres kommt daher, weil es Pro-zesse sind, die im Untergrund laufen, daher nicht transparent erscheinen und das Licht scheuen wie der „Teufel das Weihwasser". Politische Prozesse finden ihren Ursprung in konfliktären bzw. divergierenden Interessen und die in ihnen verhandelte Mikropoli-tik ist für das organisatorische Überleben von nicht unerheblicher Bedeutung, da viele Entscheidungen durch sie nachhaltig geprägt werden und sowohl in einem positiven als auch in einem negativen Sinne.

▶   Die Hintergrundmotive für politische Prozesse sind vielfältig: Karrieremotive, Machtstreben, Angst vor Gesichtsverlust, Prestigestreben, die Förderung eige-ner Ideen usw.

Dies impliziert, dass für die Analyse politischer Prozesse drei Konzepte bedeutungsvoll erscheinen. Der politische Prozessablauf wird zum einen beschrieben als ein Interessensanspruch bei verschiedenen Organisationsmitgliedern, als Konfliktbildung, resultierend aus zu knappen Ressourcen, um alle Ansprüche erfüllen zu können und schließlich als Mobilisierung von Unterstützung und den Aufbau von Macht zur Durchsetzung der erhobenen Ansprüche. Insgesamt lässt sich die These aufstellen, dass, je größer die Spielräume in einer Entscheidungssituation werden, umso „politischer" gestalten sich die Entscheidungsprozesse. Den Entscheidungen kommt daher in politischen Prozessen neben ihr Legitimationsfunktion eine besondere Bedeutung zu, indem sie typischerweise kollektiven Charakter haben. Letzteres zeigt sich daran, dass nicht immer im Voraus ausgemacht werden kann, wer an einem bestimmten Entscheidungsprozess teilnehmen wird. Umso mehr lohnt es sich, die Teilnehmer zu bestimmen. Dabei ist zunächst einmal die Position (Stelle) von Bedeutung, die die Beteiligten in der Hierarchie innehaben, denn diese legt mehr oder weniger formalisiert die Erwartungen, Verpflichtungen und Verantwortlichkeiten fest, die zur Verfügung stehen.

▶   Dabei gilt es zu beachten, dass in der Praxis die Wahrnehmung der Beteiligten zunehmend selektiv ausfällt, persönliche Ziele vor die Gesamtziele rücken, Karrierestreben bzw persönliche Rivalitäten ausgelebt werden, zurückliegende Erfahrungen und damit die persönliche Historie ins Spiel gebracht werden.

Letzeres macht deutlich, dass Individuen und Gruppen eher ein komplexes Konglomerat von Zielen und Werten verfolgen, die in ihrer Struktur daher von den Beteiligten durch ihre begrenzte Rationalität nicht immer vollständig erfasst werden. Die Möglichkeit, den eigenen Standpunkt und die eigene Sichtweise des Problems nachhaltig im Entscheidungsprozess zur Geltung zu bringen, ist zusätzlich zu dieser begrenzten Rationalität und neben objektiven Merkmalen der Situation (Zeitdruck, Art des Problems, Marktzwänge etc.) auch und vor allem eine Frage des Beeinflussungsvermögens und damit hauptsächlich eine Frage der Macht.

Politische Prozesse laufen nicht völlig willkürlich und zufallsbedingt ab, vielmehr unterliegen auch sie definitionsgemäß einem wohldefinierten Satz von Regeln. Nicht selten gelten für unterschiedliche Teilnehmer unterschiedliche Regeln und Zuständigkeitsbereiche.

▶   In diesem Prozessverlauf kommt den bekannten Verhandlungstaktiken (Neuberger 2006) eine große Rolle, wie etwa: Bluff (z. B. Rekurs auf eine fiktive anderweitige Option, vorgetäuschte Rigidität, Spielen um Zeit), Drohung (negative Sanktionen werden angedroht für den Fall, dass der Opponent nicht das gewünschte Verhalten zeigt), Versprechungen (die Einwilligung oder das gewünschte Verhalten wird mit der Aussicht auf positive Sanktionen herbeizuführen versucht), Politik der vollendeten Tatsachen, Rekurs auf Reziprozität (Einforderung oder Inaussichstellung von Gegenleistungen) und schließlich die Bildung von Koalitionen zur Mobilisierung der notwendigen Unterstützung.

Obgleich das Ergebnis politischer Entscheidungsprozesse zumeist Kompromisslösungen sind, gibt es gewöhnlich doch temporäre Gewinner(-koalitionen) und Verlierer(-koalitionen). Zwar sind die emergenten Entscheidungen dem Inhalte nach schwer vorherzusagen, eine völlige Beliebigkeit ist indessen schon aufgrund der immer virulenten Markt- und Liquiditätszwänge ausgeschlossen. Das politische Spiel ist also im Ergebnis nicht so chaotisch, wie es auf den ersten Blick erscheinen mag. Und schaut man genauer hin, dann lassen sich die folgenden Problematiken erkennen und einschätzen:

- **Klima**: Die fortwährende Ausdeutung organisatorischer Handlungen als politisch (theory in use) schafft im praktischen Handeln einer Organisation ein Klima des Misstrauens und der Feindseligkeit. Die ganze Kommunikation läuft Gefahr, politisiert zu werden. Das Kernproblem ist, dass mit einem generalisiert-politischen Deutungsmuster jeder Ansatz zu einer offenen Kommunikation im Keime erstickt wird. Informations- und Lernprozesse werden erheblich behindert.
- **Naturgesetz**: Ebenso problematisch ist die fast immer unterlegte quasi-naturgesetzliche These, politische Prozesse seien unvermeidlich, weil sie der „Natur" des Menschen und der Dynamik von Organisationen entsprächen. Jeder Appell, andere Wege zu gehen, muss wieder als Ausdruck „politischen" Wollens und Strebens gedeutet werden. Das bedeutet einen Zirkel, der für Neues oder Visionen keinen Platz mehr lässt.
- **Blockade**: Denken und Handeln in politischen Prozessen wirkt blockierend. Alles ist dem Verdacht ausgesetzt, nur vorgeschoben zu sein; jeder ist aufgerufen, nach den eigentlichen Motiven zu suchen. Irgendjemandem Glauben zu schenken, wäre leichtsinnig, auf Vertrauen bauen, naiv. Jeder steht für sich allein!

Nachdem weder eine volle Legitimierung in Frage kommt, weil dies das Ende jeder formalen Organisation bedeutet und der Versuch, sie zu unterbinden, ins Leere läuft, kommt es im Wesentlichen darauf an, politische Prozesse zu kanalisieren, die Organisation vor politischen Exzessen zu schützen und Alternativen aufzuzeigen. Nicht Konfliktunterdrückung, sondern nur bewusster Umgang mit dem Konflikt kann dieser Seite des organisatorischen Lebens gerecht werden. Eine wirkungsvolle Interventionsmethode ist dabei die Meta-Kommunikation, d. h. die Politisierung zum Thema zu machen, da politische Prozesse, wie bereits erwähnt, das Licht scheuen.

Emergente Phänomene zeigen sich auch dann, wenn man sich im Rahmen der *Agenturtheorie* auf das Verhalten der einzelnen Organisationsmitglieder konzentriert und dabei bewusst die formale Organisationsstruktur ausblendet, zumal es ihr nicht gelingt, das Verhalten der Organisationsmitglieder mit ihren Regeln zu steuern. Letzteres verschärft den Blick nochmals, indem die Interessenkonflikte als Ausgangspunkt gewählt werden, die zwischen Auftraggeber (Prinzipal) und Auftragnehmer (Agent) vorkommen können. Diese Konflikte werden im Rahmen einer Vertragsbeziehung konzeptionalisiert, die durch asymmetrische Informationsstände gekennzeichnet ist. Dabei werden vier Arten von Informationsverzerrungen ersichtlich:

- **Versteckte Mängel** (hidden characteristics), d. h. der Agent verschweigt arglistig bestimmte Mängel oder Risiken, die der Prinzipal beim Vertragsabschluss nicht kennt und auch nur sehr schwer erkennen kann. Folge kann eine Fehlauswahl der Vertragspartner sein (adverse selection).
- **Versteckte Handlungen** (hidden action) während des Leutungsprozesses, d. h der Agent nutzt schwer kalkulierbare Handlungsfreiräume, um den Prinzipal zu täuschen.
- **Versteckte Information** (hidden information), d. h der Agent verfügt über relevante Informationen, über Leistungszusammenhänge, die der Prinzipal nicht kennt oder nicht verstehen kann. Der Agent nutzt diesen Informationsvorsprung, um den Prinzipal arglistig zu täuschen (moral hazard).
- **Versteckte Ziele** (hidden intention), d. h der Agent lockt den Prinzipal in eine Falle und nützt dann die vom Prinzipal erst hinterher entdeckte Abhängigkeit mit erpresserischen Aktionen (hold up).

In diesem Sinn verweist diese Betrachtungsweise auf emergente Prozesse in Organisationen, die sich in Auftragsbeziehungen entwickeln können. Sie reißt ebenso wie der mikropolitische Ansatz gewissermassen die Fassade herunter und zeigt die Abgründe organisatorischen Handelns auf, die generell unter den Verdacht von Täuschung und Betrug gestellt werden.

Neben der Struktur und den Mitgliedern einer Organisation scheint auch die *Organisationskultur* ein, wenn auch nicht unumstrittenes, aber doch emergentes Phänomen zu sein. So verwundern diese Phänomene, handelt es sich bei Organisationen um Zweck-Organisationen, also bewusst hergestellte Gebilde. Umstritten auch deshalb, weil Organisationskulturen an sich komplexe, schwer fassbare Phänomene sind. Unter einer solchen Organisationskultur werden grob gesprochen alle spezifische Überzeugungen, Werte und Symbole subsummiert, die sich in einer Organisation im Laufe der Zeit entwickelt haben und die das Verhalten der Organisationsmitglieder informell prägen. Dahinter verbirgt sich die Annahme, dass zum einen die Kultur einer Organisation als System begriffen wird, dass zur Entwicklung von unverwechselbaren Vorstellungs- und Orientierungsmustern, sichtbaren wie unsichtbare Vermittlungsmechanismen und Ausdrucksformen führt, die wiederum das Verhalten der Mitglieder und der organisationalen Funktionsbereiche nachhaltig prägen. Nicht selten führt diese Prägung sogar zu einer spezifischen Standardisierung des Denkens, Empfindens und Verhaltens der Organisationsmitglieder.

Zur Analyse der Organisationskultur lassen sich zwei unterschiedliche Perspektiven einnehmen. Die *funktionalistische Perspektive* fragt nach den Problemen, die die Organisationskultur im Rahmen einer formalen Ordnung löst. Organisationskulturen werden also nach ihrem Funktionsbeitrag zum Leistungsprozess befragt. Die *kognitiv-interpretative Perspektive* betrachtet dagegen die Organisationskultur als umfassenden Prozess der Sinnstiftung und Orientierung. Durch sie wird die Basis für alles gemeinsame Handeln und Verstehen erst geschaffen. Die Idee ist, kurz gesagt, dass die Welt erst durch Einführung eines Referenzsystems erschlossen werden kann. Unabhängig dieser Perspektivierung lassen sich die folgenden Prädikate identifizieren:

- **Implizit**: Organisationskulturen sind im Wesentlichen implizit, sind gemeinsam geteilte Überzeugungen, die das Selbstverständnis und die Eigendefinition der Unternehmung prägen. Sie liegen als selbstverständliche Annahmen dem täglichen Handeln zugrunde. Es ist die vertraute Alltagspraxis, über sie wird in der Regel nicht nachgedacht, sie wird gelebt. Ihre (Selbst-)Reflexion ist die Ausnahme, keinesfalls die Regel.
- **Kollektiv**: Organisationskultur bezieht sich auf gemeinsame Orientierungen, Werte, Handlungsmuster usw. Es handelt sich um ein kollektives Phänomen, das das Handeln des einzelnen Mitgliedes prägt. Kulturorientiert handeln heißt, das zu tun und zu glauben, was andere auch tun.
- **Konzeptionell**: Organisationskultur repräsentiert die „konzeptionelle Welt" des Systems. Sie vermittelt Sinn und Orientierung in einer komplexen Welt, indem sie Muster für die Selektion, die Interpretation von Ereignissen vorgibt und Reaktionsweisen durch Handlungsprogramme vorstrukturiert.
- **Emotional**: Organisationskulturen prägen jedoch nicht nur die Kognitionen. Es geht auch um Emotionen, immerhin prägt Organisationsskultur ganzheitlich, nicht analytisch.
- **Historisch**: Organisationskultur ist das Ergebnis historischer Lernprozesse im Umgang mit Problemen aus der Umwelt und der internen Koordination. Dies heißt zugleich, dass sich Organisationskulturen in Bewegung befinden, ihr Lernprozess ist nie vollständig abgeschlossen.
- **Interaktiv**: Organisationskultur wird in einem Sozialisationsprozess vermittelt; sie wird für gewöhnlich nicht bewusst gelernt. Dabei spielen Symbole eine ausschlaggebende Rolle, sowohl bei der Kommunikation als auch bei der generellen Expression.

Neben diesen Prädikaten lassen sich die folgenden sichtbaren Elemente einer Organisationskultur erkennen:

- **Symbolsystem**: Der am besten sichtbare und deshalb auch am häufigsten diskutierte Teil der Organisationskultur ist die Ebene der Symbolsysteme, ihre Zeichen, Rituale, Umgangsformen. Zu den sichtbaren Elementen der Organisationskulturen gehören zunächst einmal unmittelbar zugängliche Zeichen, zum Beispiel die Art und Weise der Begrüßung und Aufnahme von Außenstehenden, die architektonische Gestaltung der Räume und Gebäude, das Formenzeichen (Logo), die spezifische Kleidung, die in der Organisation entwickelte Form der Sprache (Firmenjargon). Ein weiterer Teil der sichtbaren Kulturelemente sind die Rituale und Riten in einer Organisation. Bekannt sind auch Bekräftigungsriten etwa in Form von Veranstaltungen, in denen beispielsweise der Verkäufer des Monats gekürt wird, Konfliktlösungsriten oder Integrationsriten wie z. B. Weihnachtsfeiern oder Betriebsjubiläen. Die Bedeutung von Ritualen wird allerdings bisweilen zu hoch veranschlagt. Ein besonderer wichtiger Teil des Symbolsystems sind die Geschichten und Legenden, die in einer Organisation wieder und wieder erzählt werden. Man vermittelt auf diese Weise indirekt, aber plastisch und einprägsam, worauf es in der Organisation besonders ankommt. Vor allem stellen solche Geschichten sichtbare Elemente einer Kultur dar, neben den Räumen und den Gebäuden, dem Jargon, dem Umgangston, der

Kleidung usw. Diese Sichtbarkeit ermöglicht, ein epistemisches Rahmenverständnis zu entwickeln, um an diesem orientierend den weiteren eher kreativen Prozess der Interpretation und Ausdeutung zu gestalten, wenn es darum geht, aus dem gesammelten Material die latente Sinnstruktur, also das Weltbild der Organisation zu erschließen.

- **Normen und Standards**: Gemeint sind damit die Maximen, ungeschriebenen Verhaltensrichtlinien, impliziten Verbote usw., die Orientierung im täglichen Leben geben. Zu den Normen und Standards gehören im Grundsatz alle Orientierungsmuster für Bereiche, die nicht formell geregelt sind oder für faktisch andere als die offiziellen Orientierungsmuster gelten sollen. Für Normen und Standards gilt, dass sie nicht isoliert nebeneinander stehen, sondern in irgendeiner Weise aufeinander bezogen sind. Manche Organisationen greifen diese latent vorhandenen Orientierungsmuster auf und formulieren sie zu einer ausdrücklichen Managementphilosophie oder zu sog. Führungsgrundsätzen aus.

- **Basisannahmen**: Die Basis einer Kultur als tiefste Ebene besteht aus einem Satz grundlegender Orientierungs- und Vorstellungsmuster (Weltanschauungen), die die Wahrnehmung und das Handeln leiten. Diese meist unbewussten und ungeplant entstandenen Basisannahmen stehen nun allerdings nicht isoliert nebeneinander, sondern sind ineinander verwoben und bündeln zusammen ein Muster, eine Gestalt. Wenn man eine Organisationskultur verstehen will, muss man deshalb, ausgehend von diesen Basisannahmen, versuchen, die Gesamtheit, das „Weltbild" einer Organisation, zu erfassen. Das Weltbild im Allgemeinen und die Basisannahmen im Speziellen geben Antworten auf sechs Grundfragen menschlicher Existenzbewältigung:

  - **Annahmen über die Umwelt**: Als Kernorientierung ist es wichtig zu sehen, ob das System die Umwelt als gewissermassen schicksalhafte Kraft ansieht oder ob man sie z. B. eher als eine Herausforderung versteht, die zu bewältigen ist, wenn man sich nur hinreichend anstengt.
  - **Vorstellungen über Wahrheit**: In jedem Sozialsystem entwickeln sich Vorstellungen darüber, auf welcher Grundlage man bei unklarer Sachlage etwas als wahr oder falsch, als real oder fiktiv betrachtet.
  - **Vorstellungen über die Zeit**: Danach stellt sich etwa die Frage, welchen Zeitrhythmus eine Organisation entwickelt, chronologisch, zyklisch oder erratisch. Wie wird mit der „Zeit" umgegangen, wie wird sie geteilt und wie wird sie dringlich gemacht? Was heißt „zu spät" und wann ist etwas „zu früh"?
  - **Annahmen über die Natur des Menschen**: Dies sind implizite Annahmen oder „Alltagstheorien" über allgemeine menschliche Wesenszüge. Alle diese Annahmen finden zumeist im Bild des „idealen Vorgesetzten" ihre genaue Widerspiegelung.
  - **Annahmen über die Natur des menschlichen Handelns**: Hierunter fallen insbesondere Vorstellungen über Aktivität und Arbeit.
  - **Annahmen über die Natur zwischenmenschlicher Beziehungen**: Es gibt keine Kultur, die nicht auch Regeln über die Beziehungen zwischen Individuen enthielte; Regeln, die die formalen Regeln ergänzen, überlagern oder unterlaufen.

Auch mit den Prädikaten und Elementen ist die Identifikation einer Organisationskultur kein leichtes Unterfangen, zumal hierfür kein systematisches Verfahren zur Verfügung steht.

▶   Ein Hilfsmittel für solche Identifikationsversuche sind die sogenannten Typologi-
     en. So unterscheidet man beispielsweise die Typen: Alles oder Nichts-Kultur als
     risikoreiche Starkulturen, saubere Wochen, schöne Feste-Kultur als turbulent-zu-
     packende Außenorientierung, Analytische Projektkultur, in der hohe Risiken
     durch Akribie und Hierarchie kleingearbeitet werden sowie die Prozesskultur als
     Null-Fehler-Kultur, in der man nicht auffallen will. (Deal und Kennedy 1982).

Wie auch immer konstruiert, eine solche Typologie ist grundsätzlich nur ein grobes
Hilfsmittel, mit dem man auf die Suche gehen und die Alltagserfahrung in einem ersten
Schritt sortieren kann. Ohne Zweifel ist eine Typologie immer eine drastische Vereinfachung, darin liegt ihr Wert aber auch ihre Gefahr. Typologien zeigen, wie man die verschiedenen Facetten einer Organisationskultur zu einer kommunizierbaren „Gestalt"
verdichten kann. Eine Organisationskultur zu verstehen, verlangt jedoch erheblich mehr
als eine bloße Subsumption unter einen Typus. Unabhängig von einer Zuordnung zu
einem Typus lassen sich Organisationskulturen dahingehend einordnen, ob sie eher
stark oder schwach auf das organisatorische Geschehen wirken. Es lassen sich hierzu
drei Kriterieren heranziehen:

- **Prägnanz**: Das Kriterium unterscheidet Organisationskulturen danach, wie klar die
  Orientierungsmuster und Werthaltungen sind, die sie vermitteln. Starke Organisationskulturen zeichnen sich demnach dadurch aus, dass sie ganz klare Vorstellungen
  darüber beinhalten, was erwünscht ist und was nicht, wie Ereignisse zu deuten und
  Situationen zu strukturieren sind. Man weist darauf hin, dass Kulturen häufig eher
  vage und voller Ambiguitäten sind und vielmehr einem Netz von nur lose verknüpften und häufig veränderten Symbolen und Sinnbezügen gleichen, als einem kohären-
  ten Weltbild.
- **Verbreitungsgrad**: Es stellt auf das Ausmaß ab, in dem die Organisationsmitglieder
  die Kultur teilen. Von einer starken Organisationskultur spricht man dementsprechend
  dann, wenn das Handeln sehr vieler Mitarbeiter, im Idealfall aller, von den Organisati-
  onsmustern und Werten geleitet wird. Die Existenz einer Vielzahl unterschiedlicher
  Orientierungmuster, Paradigmen und Verhaltensnormen, als kulturelle Heterogenität,
  weist dagegen auf eine schwache Kultur hin.
- **Verankerungstiefe** (Internalisierung): Es stellt darauf ab, ob und inwiefern die kulturellen Muster internalisiert, also zum selbstverständlichen Bestandteil des täglichen
  Handels geworden sind. Dabei ist zu differenzieren zwischen einem kulturkonformen
  Verhalten, das bloßes Ergebnis einer kalkulierbaren Anpassung ist, und einem kultur-
  konformen Verhalten, das Ausfluss internalisierter kultureller Orientierungsmuster ist.

▶   Einige Studien (Sorenson 2002) kommen zu dem Ergebnis, dass starke Kulturen
     nur in stabilen Umwelten mit hohem Erfolg einhergehen, wohingegen in tur-
     bulenten Umwelten starke Kulturen eher erfolgsmindernd wirken.

Die Charakterisierung hinsichlich ihrer Stärke respektive Schwäche erweckt den Eindruck, dass Organisationskulturen stets als komplexe Ganzheiten oder integrierte Gebilde in Erscheinung treten. Dieser Eindruck trügt, denn Organisationskulturen erscheinen eher als pluralistische Gebilde, die sich aus einer Vielzahl von Subkulturen zusammensetzen und für sie sich nur mühsam ein gemeinsamer, alles umspannender Betrachtungsrahmen finden lässt. Die Besonderheit organisatorischer Kulturen ist dann mehr die spezifische Mischung von Subkulturen, denn die Ausprägung eines spezifischen Wert- und Orientierungssystems. Dennoch lassen sich in der Praxis Organisationen mit einer Vielzahl von Subkulturen ausmachen, die jedoch in einem mehr oder weniger starken Maße von einer Organisationsgesamtkultur überformt und zusammengebunden werden. Diese ausfindig gemachten Subkulturen folgen dann im Grunde derselben Entwicklungs- und Aufbaulogik wie (Gesamt-)Kulturen, d. h. auch sie zeichnen sich durch eigene Wertvorstellungen, Standards usw. wie auch durch eine eigene Symbolik aus. In diesem Sinne kann man in Anlehnung an Martin/Siehl (Martin und Siehl 1983) die Stellung von Subkulturen zu der jeweiligen Hauptkultur wie folgt klassifizieren: Verstärkende Subkulturen, Neutrale Subkulturen und Gegenkulturen.

▶   Es gibt eine Reihe von Randbedingungen, die die Bildung von Subkulturen begünstigen: Organisationsstrukturen, Aufbau und professioneller Hintergrund, Gemeinsame Erfahrungen, Alter, Geschlecht, Staatsangehörigkeit, Gewerkschaftszugehörigkeit.

Dabei gilt es zu beachten, dass man zur Beurteilung wissen muss, welche Bedeutung der Gesamtkultur zukommt. Nur wenn sie das Referenzsystem darstellt, zu dem die fragliche Organisationskultur die Differenz bildet und bilden will, erscheint die Rede von einer Subkultur sinnvoll.

▶   Beispielsweise spielt gerade bei internationalen bzw globalen Organisationen der Aspekt einer dominierenden Landeskultur eine nicht unerhebliche Rolle. Hintergrund ist meist die Vorstellung einer Einflusshierarchie, dergestalt, dass die Landeskultur die Kernprägung darstellt, wohingegen die Organisationskultur nur im Oberflächenbereich, auf der Ebene der „Praktiken", das Verhalten mitformt. Die Landeskultur bietet für diese Variationen nur einen wie auch immer gearteten Einflussrahmen. Überdies wird die allumfassende Prägungskraft einer Landeskultur durch die zunehmende Herausbildung internationaler Orientierungen und einem forcierten interkulturellen Austausch ohnehin in Frage gestellt. Andrerseits ist aber auch kaum zu bestreiten, dass die landeskulturelle Prägung eine Art Plattform für weitere Entwicklungen z. B. organisationskultureller Art bildet.

Gerade das letzte Beispiel zeigt, dass Organisationskulturen nicht immer als eine prägende Figur, sondern als Mixtur kultureller „Manifestationen verschiedener Ebenen und Art" erscheinen. Menschen gehören demnach zu den verschiedensten Kulturen und ihre

Mitgliedschaft in einer Organisation bringt lediglich einen speziellen (weiteren) Beeinflussungsfaktor mit sich.

All das bisher Zusammengestellte zeigt, dass Organisationskulturen – und zwar unabhängig ihrer Ausprägung – keineswegs nur positive oder nur negative Wirkungen mit sich bringen, sondern eher als Mixtur solcher Wirkungen zu bewerten sind. Als positive Effekte gelten:

- **Handlungsorientierung**: Starke Organisationskulturen erfüllen eine Art Kompassfunktion und machen die „Welt" für das einzelne Organisationsmitglied verständlich und überschaubar.
- Reibungslose **Kommunikation**.
- **Rasche Entscheidungsfindung**: Eine gemeinsame Sprache, ein geteiltes Wertesystem und gemeinsame Praktiken lassen relativ rasch zu einer Einigung oder zumindest zu tragfähigen Kompromissen in Entscheidungs- und Problemlösungsprozessen vorstoßen.
- **Zügige Implementation**: Bei auftretenden Unklarheiten geben die fest verankerten Leitbilder Orientierungshilfe.
- **Geringer formaler Kontrollaufwand**: Der formale Kontrollaufwand ist gering, die Kontrolle wird weitgehend auf indirektem Wege geleistet. Die Orientierungsmuster sind verinnerlicht, es besteht wenig Notwendigkeit, fortwährend ihre Einhaltung zu überprüfen.
- **Motivation** und Teamgeist.
- **Stabilität**: Ausgeprägte, gemeinsam geteilte Orientierungsmuster reduzieren Angst und bringen soziale Geborgenheit und Selbstvertrauen.

Hingegen gelten als negative Effekte:

- **Tendenz zur Abschließung**: Tief internalisierte Wertsysteme und die aus ihr fließende Orientierung können leicht zu einer alles beherrschenden Kraft werden. Starke Kulturen laufen deshalb Gefahr, sich zu „geschlossenen Systemen" zu entwickeln.
- **Abwertung neuer Orientierungen**: Organisationen mit starken Organisationskulturen sind neue Wertmuster suspekt, sie lehnen sie vehement dann ab, wenn sie ihre Identität bedroht sehen.
- **Wandelbarrieren**: Die Sicherheit, die starke Kulturen in so hohem Maße spenden, gerät in Gefahr; die Folge sind Angst und Abwehr.
- **Fixierung auf traditionelle Erfolgsmuster**: Starke Kulturen schaffen eine emotionale Bindung an bestimmte gewachsene und durch Erfolg bekräftigte Vorgangsweisen und Denkstile.
- **Kulturdenken**: Starke Kulturen neigen dazu, Konformität in gewissem Umfang zu „erzwingen". Konträre Meinungen, Bedenken usw. werden zurückgestellt zugunsten der kulturellen Werte.

Im Sinne einer permanenten Gesamtbetrachtung sollte man daher die Blickrichtung immer wieder wechseln, um die Kulturentwicklung vor allem als einen reflexiven Prozess zu verstehen, der dazu führen kann, eine allzu starke Kultur aus ihrer Verklammerung zu lösen, um damit Freiraum für das Neue und das Undiskutierbare zu schaffen.

Die bisherige Auseinandersetzung mit dem Phänomen basiert auf der Annahme, dass Organisationskulturen trotz ihrer oftmals verkrusteten Züge immer auch Veränderungsprozessen unterworfen sind. Unabhängig davon, ob sich diese Veränderungsprozesse in ein typisches Verlaufskonzept pressen lassen, was in diesem Buch bestritten wird, zeigen die Verlaufsmuster organisationskultureller Veränderungen den Charakter eines evolutorischen Prozesses. Als dieser ereignet er sich gleichsam als Entwicklung, über deren Ergebnis erst am Ende ex post factu Aussagen gemacht werden können.

Im Rahmen der späteren Entwicklung von Organisationskulturen lassen sich drei unterschiedliche Positionen beziehen. Den einen Pol bilden die „Kulturoptimisten", die davon ausgehen, dass man Kulturen, ähnlich wie andere Führungsinstrumente, systematisch aufbauen und dementsprechend auch planmäßig verändern kann. Dieser instrumentalistischen Sichtweise völlig ablehnend stehen die „Kulturpessimisten" gegenüber, die die Organisationskultur als eine organisch gewachsene Lebenswelt betrachten, die sich jedem gezielten Gestaltungsprozess entzieht. Hierzu kann eine dritte Position eingenommen werden, indem diese eine Kulturgestaltung als auch eine Kulturkorrektur zulässt. Sie basiert auf dem Ansatz der geplanten Veränderung im Sinne des Initiierens einer Veränderung in einem grundsätzlich offenen Prozess. Auf der Basis einer Rekonstruktion und Kritik der Ist-Kultur sollen Anstöße zu einer Reflexion und einer Modalisierung kultureller Veränderungsprozesse gegeben werden. Bei all dem wird Rechnung getragen, dass sich Organisationskulturen über einen längeren Zeitraum hinweg entwickeln, nicht rational gelernt werden können, sondern eher handelnd erfahren und in einem komplexen Vermittlungsprozess erworben werden. Einen solchen Prozess exakt-linear vorzuplanen und künstlich herbeizuführen, erscheint so gut wie ausgeschlossen. Kulturen sind keine wohlstrukturierten Gebilde, die Ausfluss klar geschnittener Strukurpläne wären, sondern symbolische Konstruktionen, die sich dem einfachen Schema von Ursache-Wirkungs-Beziehungen versagen.

Ein Veränderungsprogramm im Sinne einer Kurskorrektur lässt sich unter diesem Blickwinkel in drei Schritte gliedern:

- **Diagnose**: Der erste und wichtigste Schritt ist die Beschreibung und die Bewusstmachung der bestehenden Kultur. Eine vollständige Beschreibung einer Organisationskultur ist allerdings nicht möglich; denn Organisationskulturen weisen nicht nur unscharfe Randqualitäten auf, sondern sind ihrem Charakter nach komplex.
- **Beurteilung**: In einem zweiten Schritt ist die Veränderungsbedürftigkeit der (rekonstruierten) Organisationskultur abzuklären. Hedberg (1981) spricht in einem anderen Kontext von der Notwendigkeit des „Entlernens" (unlearning) als Voraussetzung für neues Lernen.
- **Maßnahmen**: In einem dritten Schritt, nach der Reflexion der rekonstruierten Kulturbezüge und ihrer Wirkungsverläufe, können schließlich Anstöße zu einer „Kurskorrektur" gegeben werden. Dazu gehört vor allem das Angebot neuer Orientierungmuster, begleitet von neuen Darstellungsformen und Signalen.

Insofern ist eine begleitende Kontrolle von großer Bedeutung. Letzteres alleine schon daher, da Kurskorrektur immer auch eine zweigeteilte Aufgabenstellung bedeutet, die nicht immer ganz einfach in der Balance zu halten ist. Kulturentwicklung im Sinne der Kurskorrektur erfordert Zerstörung und Entwicklung zugleich. Bei allen Versuchen, die Kultur zu verändern, sollte nicht vergessen werden, dass Organisationskulturen etwas Außerordentliches sind, sie sind eben nicht Teil der Organisationsordnung, sondern eigensinnige, schwer überschaubare und vitale emergente Phänomene.

6.2.3 Konstruktivismus

Der *Konstruktivismus* in einer ersten Annäherung hält eine objektive, allgemeine Anschauung der Wirklichkeit für unmöglich. Vielmehr ersetzt er den Gedanken der einen, einheitlichen und einzigen Realität durch die Anerkennung verschiedenster gleichwertiger – sich teilweise ergänzender, aber auch wechselseitig ausschließender – Wirklichkeitsbezüge. Dabei gilt es festzustellen, dass es „den" Konstruktivismus nicht gibt, da der Begriff „konstruktivistisch" mehrdeutig verwendet wird (Abb. 6.3).

Inhaltlich unterscheiden sich die Varianten, wobei sich die einzelnen Positionen tendenziell jeweils stärker an erkenntniskritischen, wissenschaftsphilosophischen, methodologischen, forschungsmethodischen, (inter-)disziplinären, gegenstandstheoretischen oder themenbezogenen Problem- und Fragestellungen orientieren. Konstruktivistische Forschung basiert demnach auf dem Beobachtertheorem, demzufolge Fakten, Ordnungen,

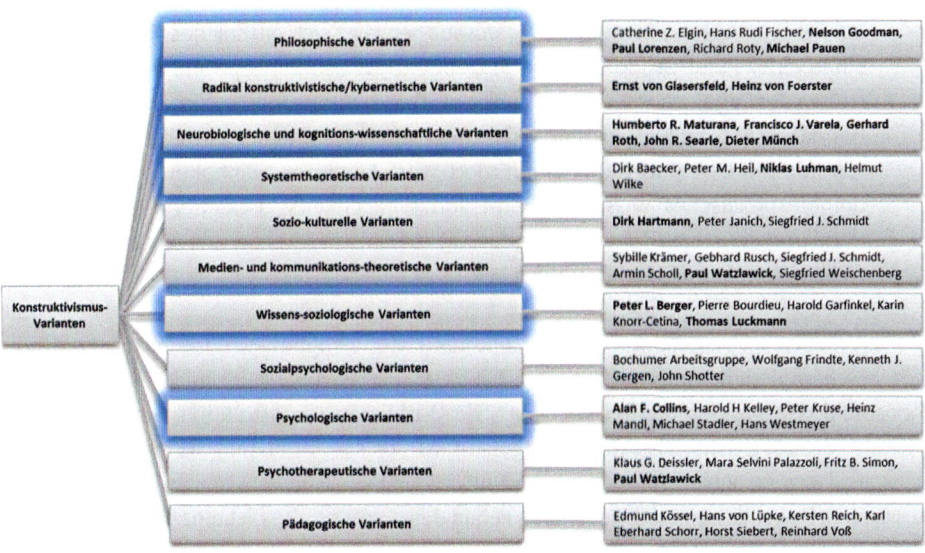

Abb. 6.3 Varianten des Konstruktivismus

Strukturen, Daten, Informationen, Wissen oder Wirklichkeiten nicht „an sich" gegeben, sondern in spezifischen kulturellen, historischen, gesellschaftlichen Kontexten und damit perspektivisch von Forschern konstruiert werden. Forschung als Prozess ist damit mehr oder weniger eng mit den forschenden Instanzen verknüpft und in den entsprechenden Kontext eingebettet. Dieser blinde Fleck wird vermutlich nicht beseitigt, jedoch ggf. durch Erweiterungen ausgeglichen werden können. So eröffnen die verschiedenen konstruktivistischen Zugänge unterschiedliche Optionen des Begreifens von Wirklichkeitsbereichen, wobei diese Bereiche durch die Forschungsfragen und den forschungsmethodischen Perspektiven konstituiert (erweitert/begrenzt) werden. Im Rahmen dieser Arbeit erweitert sich dieser fokussierte Wirklichkeitsbereich eher noch dadurch, insofern ein konstruktivistisches Forschen zum Zwecke des „Begreifens" philosophisch so auszugestalten ist, dass nicht nur ein Verstehen bzw. Erklären der Wirklichkeit (Modell) möglich wird, sondern dass diese Modelle auch in Handlungen umgesetzt bzw. durch Implementierungen in Systemen appliziert (Anwendung) und damit insgesamt als „die-Wirklichkeit-begreifen" aufgefasst werden können. Erkenntnistheoretisch gesehen geht es dabei aber nicht um die Alternative zwischen sinnhaftem versus logischem Aufbau der Welt, sondern um die kritische Analyse individueller, kollektiver und – die eben durch Simulation naturanaloger Prozesse mögliche – systemische Wirklichkeitskonstruktion. Mit dieser Wirklichkeitskonstruktion wird der Begriff des Wissens als handlungsorientierter Inbegriff der Vorstellungen von der „wirklichen" Beschaffenheit der Welt, der Konzepte von Objekten, Zuständen, Ereignissen und deren Folgen sowie der Vorstellungen von Raum und Zeit in Verbindung gebracht. Ein solches Wissen besteht aus einer kognitionsvermittelten Wirklichkeitsvorstellung und dem Grundgefühl des „In-der-Welt-Seins", wobei letzteres das Interoperieren des Wissensträgers mit der Umwelt zum Ausdruck bringt.

▶ Bei der Entwicklung kognitiver Organisationen lässt sich ein solches Wissen im Sinne einer Figur-Grund-Relation in doppelter Weise konzeptionalisieren. So stehen der Organisation beispielsweise ein fragmentarisches, sofort abrufbares Handlungswissen zur Verfügung, das durch ein kontextuelles Hintergrundwissen komplettiert und damit modifiziert wird. Letzteres beinhaltet problemdomän-spezifisches Wissen in Form von Wirklichkeits-, Orientierungs- und Handlungsmustern. Die Herausforderung dabei ist, zwischen relevantem und nichtrelevantem Wissen zu unterscheiden.

Der sogenannte *empirische Konstruktivismus* als Theorie kognitiver Wirklichkeitskonstruktion beschäftigt sich zum einen mit den Objekten der Wirklichkeit und zum anderen mit Konstruktionsprozessen der Wirklichkeit. Die Wirklichkeitskonstruktion wird somit auch hier als konstruktivistischer Prozess aufgefasst. Mit dieser Auffassung werden alle die Gegenstände angesprochen, die auch bei der Entwicklung von Simulationen naturanaloger Prozesse zum Tragen kommen. Es sind dies neben dem Prozess als solchem, Voraussetzungen, Bedingungen und auch die Folgen der kognitiven Konstruktion von Wirklichkeiten. Aber auch eher entwicklungsnahe Aspekte wie physiologische, biologische, anthropologische

Voraussetzungen, Wahrnehmungs-, Daten-, Informationsverarbeitungsprozesse, Affekt-, Situations- und Wissensmanagement werden in die Überlegungen mit einbezogen. Sogar Gebiete der Kognitionswissenschaften und Künstliche Intelligenz Forschung (KI) werden aufgesucht, wenn es um die Voraussetzungen von Lernen, Interoperation und Kommunikation, der Ordnungsbildung bzw. der Entstehung von Organisationen beziehungsweise des Phänomens der Emergenz in Prozessen der Selbstorganisation geht.

▶   So spielt beispielsweise für das Forschen – im Sinne der Gewinnung neuen Wissens – das kognitive operationale Lernen eine bedeutende Rolle. Lernen wird dabei mit Aspekten der Selbst- und Fremdbeobachtung, dem Sammeln von Erfahrungen, der Erreichung von Absichten, Zielen oder Zwecken, der Vermeidung unerwünschter oder negativer Folgen von Handeln, Emotion, Motivation, Intuition und Kreativität in Verbindung gebracht.

Ein weiterer Grund stellt auch die Nähe des empirischen Konstruktivismus zu dem in diesem Buch verwendeten, handlungsorientierten Wissensbegriffes dar. So setzt der empirische Konstruktivismus ebenfalls Verhalten und Handeln für die Wissensgenerierung voraus. Wissen wird durch auf Theorien und Modellen basierenden Operationen in der Anwendung auf Wirklichkeitsbereiche überhaupt erst möglich. Theorie, Modelle und Operationen amalgamieren und werden so zum „Medium" des Wissens- und der Wirklichkeitskonstruktion.

6.2.4   Konnektionismus

Als *Konnektionismus* bezeichnet man den interdisziplinären Forschungszweig innerhalb der Kognitionswissenschaften, der sich mit der Analyse und Konstruktion solcher Systeme beschäftigt, die wesentliche Eigenschaften und Verarbeitungsprozesse neuronaler Netze nachbilden. Diese Beschäftigung wird durch die perspektivische Erkenntnisposition legitimiert, dass künstliche neuronale Netze natürliche neuronale Netze sehr wohl adäquat abbilden, dass Wissen subjektgebunden, Sprache kontextgebunden und die Realität bzw. die Welt beobachtergebunden erscheint. Hierbei sind im Wesentlichen Informatiker, Physiker, Mathematiker, Psychologen, Neurophysiologen und Philosophen beteiligt. Das von diesen Forschern propagierte Prinzip neuronaler Netze besteht darin, dass durch das Überschreiten von Schwellenwerten (elektrische Impulse) eine Einheit („unit") mit Hilfe von Eingabemustern aktiviert werden, bei Nichtüberschreitung des Schwellenwertes hingegen das künstliche Neuron passiv bleibt, so dass Informationen als stetige Zustandsveränderung in die Struktur eines Netzes eingehen und nicht als lineare Symbolketten abgearbeitet und diskret gespeichert werden.

In der Kognitionswissenschaft zeichnet sich ab, dass die bisher als dominant zu bezeichnenden kognitivistischen Ansätze der Symbolverarbeitung an Bedeutung verlieren und zunehmend durch neurophysiologisch motivierte konnektionistische Ansätze komplettiert werden, die Kognition als vernetzte Aktivität von Neuronen begreifen und mit dem Anspruch auftreten, erstere zu ergänzen oder teilweise zu ersetzen. Der Fokus des Konnektionismus, wie er in diesem Buch vorgestellt wird, liegt dabei in der Erforschung und Konstruktion informationsverarbeitender Systeme, die sich aus vielen primitiven, uniformen Einheiten zusammensetzen und deren wesentliches Verarbeitungsprinzip die Kommunikation zwischen diesen Einheiten ist. Die Kommunikation erfolgt dabei in Form der Übertragung von Nachrichten oder Signalen. Ein weiteres Charakteristikum dieser Systeme ist die parallele Verarbeitung von Information innerhalb des Systems durch eine gleichzeitige Aktivität vieler Einheiten. Die generelle Zielsetzung dieser Fokussierung ist die Modellierung kognitiver Prozesse, unter anderem durch Integration derartiger „klassischer" konnektionistischer Modelle. Der Konnektionismus wurde initiiert durch das Interesse daran, wie das menschliche Gehirn komplexe kognitive Leistungen vollbringen kann.

▶   Rosenblatt (1958) war einer der ersten Vertreter des Konnektionismus, der davon ausging, dass Wissen in plastischen Strukturen, den sogenannten „Perceptrons" und nicht in programmierten Symbolketten abgebildet werden kann.

Grundlegende Forschungsergebnisse der Neurophysiologie führten zur Basisannahme des klassischen Konnektionismus, dass die Informationsverarbeitung auf der Interaktion einer großen Anzahl einfacher Verarbeitungselemente basiert und in hohem Maß parallel erfolgen soll (McClelland et al. 1986). Diese massiv parallele Verarbeitung, (Parallel Distributed Processing) wird dabei als notwendige Voraussetzung für die Realisierung komplexer kognitiver Prozesse postuliert. Diese Grundzüge der heutigen konnektionistischen Modelle sind zurückzuführen auf Forschungsarbeiten in der Neurophysiologie, die in den letzten Jahrzehnten des 20. Jahrhunderts als bedeutendes Ergebnis die These formuliert hat, dass die Informationsverarbeitung im Nervensystem im Wesentlichen auf der Übertragung von „Erregung" zwischen Neuronen basiert. Innerhalb des Konnektionismus zeichnen sich auch bis heute noch zwei Richtungen ab, in denen konnektionistische Systeme untersucht werden. In der einen Richtung wird von den abstrakten, neuronal-orientierten Modellen ausgegangen, um dann mit formalen Methoden Klassen von Modellen bezüglich ihrer Eigenschaften und Funktionsprinzipien zu untersuchen. Die andere Richtung ist eher anwendungsorientiert, indem sie sich mit der konkreten Realisierung bestimmter Modelle kognitiver Fähigkeiten beschäftigt (Spracherwerb, Sprachverstehen etc.). In diesem Zusammenhang mit Konnektionismus wird auch oft von „Neuronalen Netzwerken" oder „Neuronalen Netzen" gesprochen. Die Bezeichnung „Neuronale Netze" ist zeitlich früher entstanden als der Begriff des „Konnektionismus" und bezeichnete keine eigene Schule, auch keine grundlegende Neuorientierung, sondern generell konkrete Modelle, die auf dem Transfer grundlegender neuronaler Funktionsprinzipien beruhen, also im wesentlichen einfache Neuronen-Modelle sind und dem Zweck dienen, gewisse (postulierte) Eigenschaften neuronaler Verbände zu demonstrieren.

▶   „Die Wahl des neuronalen Netzes als Metapher für die Modellbildung in der
    Kognitionspsychologie und Forschung zur KI ist indirekt (und damit nicht nur,
    Anmerkung des Autors) das Resultat mancher Fehlschläge der KI-Forschung
    Computerprogramme zu entwickeln, die menschliches intelligentes Verhalten
    nicht nur bezüglich des Leistungsergebnisses simulieren, sondern auch bezüg-
    lich der Funktionsweise der zugrunde liegenden Prozesse." (Stopher 2008)

In diesem Buch wird daher der Begriff des Neuronalen Netzes immer dann verwendet,
wenn grundlegende Eigenschaften oder Verarbeitungsprinzipien von Klassen solcher Neuronaler Netze untersucht und implementiert werden, wohingegen von konnektionistischen
Modellen immer dann gesprochen wird, wenn solche Netze in einer bestimmten Interpretation, beispielsweise zur Konzeptionalisierung bzw. Modellierung eines kognitiven Prozesses, eingesetzt werden. Dies führt zu einer weiteren begrifflichen Festlegung, die in diesem
Buch konsequent verfolgt wird. Konnektionistische Repräsentation und Modelle werden in
der Literatur oft als „sub-symbolische" Modelle bezeichnet, um sie von klassischen „symbolischen" Modellen zu unterscheiden. Diese Bezeichnung wird unter anderem auch damit
legitimiert, dass verteilte Repräsentationen kraft ihrer feineren Auflösung sozusagen unterhalb der symbolischen bzw. begrifflichen Ebene liegen, letztere in ihnen eingebettet sind
oder als emergentes Phänomen aus ihnen hervorgehen (Smolensky 1988).

▶   Einige Vertreter des Konnektionismus, welche die Existenz von Prozessen der
    Symbolmanipulation und -verarbeitung in natürlichen kognitiven Systemen
    völlig verneinen, sind der Ansicht, dass die kognitiven Leistungen der Men-
    schen bzw. aller Lebewesen mit natürlichen neuronalen Netzen allein im Rah-
    men konnektionistischer Theorien erklärt werden können. Die Darstellung
    mentaler Entitäten, wie Bewusstsein, mentale Zustände oder Repräsentationen
    degeneriert allenfalls zu einer Beschreibung über letztlich physikalische Abläu-
    fe in einem Nervensystem. Diese Sichtweise entspricht der des reduktiven Phy-
    sikalismus, der eine Reduktion aller mentalen Zustände auf physische Zustände
    betreibt und die Möglichkeit der Beschreibung der letzteren in einem physika-
    lischen Vokabular in Aussicht stellt. Im Rahmen dieses Buches steht daher zwi-
    schen den mentalen Entitäten und den physikalischen Abläufen die Emergenz
    als Ergebnis dieser Abläufe. Insofern wird dem Ansatz des eliminativen Physika-
    lismus widersprochen, der die Existenz mentaler Entitäten ganz in Abrede stellt.

Im Rahmen dieses Buches wird dieser Bezeichnungskonflikt dadurch gelöst, dass die Symbole so aufgefasst werden, wie sie in der Semiotik, als die Lehre der Zeichen, definiert sind.
Symbole sind Zeichen, die diskret sind, die ihrer Form nach nichts über ihre Bedeutung
aussagen, damit arbiträr sind, und sich auf etwas beziehen. Die Erstere der beiden Eigenschaften unterscheiden sie von anderen Zeichen, Ikone oder Indexe, letztere Eigenschaft
zeichnet sie als Zeichen überhaupt aus.

▶ So lässt sich sowohl das Wort „Apple", „Apfel" oder gar „Schrzl" verwenden, um
   den Begriff Apfel zu repräsentieren, was der eben erwähnten Formunabhän-
   gigkeit („Arbiträrheit") entspricht.

Konnektionistische Modelle haben nun das Potenzial, auch nicht-diskrete (d. h. kontinuierliche Übergänge enthaltende) arbiträre (d. h. durch ihre Form die Relation zu anderen Repräsentationen ausdrückende) Repräsentationen zu realisieren, die sich nicht im Sinne eines
Zeichens auf etwas beziehen müssen (d. h. wieder abbildungsfrei in obigem Sinn sind).
Symbole kommen in einem plausiblen Modell erst dann ins Spiel, wenn sich das System
selbst, etwa in der Sprache, auf etwas bezieht. Daher sind solche Modelle besser als
„sub-konzeptuell" (unter-begrifflich) oder „nicht symbolisch" oder aber wie in diesem Buch
verfolgt, als „konnektionistisch" zu bezeichnen. Unter einem *konnektionistischen System* im
engeren Sinn kann man ein Netz verstehen, das aus einer Anzahl etwa gleichmächtiger
Verarbeitungseinheiten (Units) besteht, die entlang der Verbindungsstruktur des Netzes miteinander kommunizieren und dessen Informationsverarbeitung wesentlich auf der Kommunikation zwischen diesen elementaren Verarbeitungseinheiten beruht. In diesem Buch wird
dabei im Rahmen der späteren Konzeptionalisierung die Restriktion aufgehoben, dass die
Verarbeitungseinheiten gleichartig und „einfach" sein müssen, d. h. sie können als einzelnes
Element auch komplexe Verarbeitungsprozesse ausführen. In dieser erweiterten Definition
sind dann objektorientierte Systeme und Aktor- oder Agentensysteme eingeschlossen. Dabei wird vorausgesetzt, dass die Verarbeitungseinheiten einen eindimensionalen geordneten
Zustandsraum haben, der durch die Menge der reellen Zahlen R oder durch die Menge der
ganzen Zahlen Z beziehungsweise ein Intervall daraus oder durch die Menge $\{0,1\}$ repräsentiert wird. Ein Zustand wird als Aktivierungszustand oder einfach Aktivierung und der
entsprechende Wert als Aktivierungsgrad bezeichnet. Wesentlich ist außerdem, dass die (gerichteten) Verbindungen zwischen den einzelnen Verarbeitungseinheiten gewichtet sind, im
Allgemeinen mit ganzzahligen Werten, den sogenannten Verbindungsstärken oder Gewichten. Die Verarbeitungseinheiten können sich entlang dieser Verbindungen beeinflussen, wobei der Grad der Beeinflussung vom aktuellen Aktivierungsgrad der vorgeschalteten
Verarbeitungseinheit und dem Gewicht der Verbindung abhängt. Ist beispielsweise die Verbindung positiv gewichtet, wirkt sie aktivitätserhöhend auf die nachgeschaltete Verarbeitungseinheit Element, ist sie negativ gewichtet, wirkt sie in Richtung einer Aktivitätssenkung
bzw. Abschwächung. Der Struktur dieses Netzes von Kommunikationsverbindungen und
den zugeordneten Verbindungsstärken werden die wesentlichen Eigenschaften und Funktionen eines konkreten konnektionistischen Systems zugeschrieben. Insofern ist in dieser Verbindungsstruktur das gesamte „Wissen" des Systems „verteilt" gespeichert. Dem Phänomen
des Lernens, das auf einer Modifizierung der Gewichtung der Verbindungen beruht, kommt
in konnektionistischen Modellen eine besondere Bedeutung zu, da komplexe konnektionistische Systeme oft nicht mehr explizit konstruierbar sind. Ein weiterer unterscheidender
Punkt gegenüber der Symbolverarbeitung ist, dass sich die Art der Wissensrepräsentation in
konnektionistischen Modellen vollkommen anders gestaltet. Im Rahmen der Implementierung von konnektionistischen Systemen wird angenommen, dass die Leistungen kognitiver

Systeme ohne den Rückgriff auf Symbolmanipulation und symbolische Repräsentation erklärt werden können. Diese Annahme ist jedoch keine Absage an den Symbolverarbeitungs-
ansatz und damit auch keine an den diesem Buch zugrunde liegenden Funktionalismus.
Konnektionistische Systeme werden daher auch nicht als empirisches Potenzial für die Ablehnung mentaler und funktionaler Zustände gesehen. Vielmehr wird die Gegenthese dazu
vertreten, dass auch konnektionistische Ansätze funktionale Zustände postulieren, weil sie
diese implizit voraussetzen. So ist evident, dass jedes Neuronale Netz eine Maschine mit
endlichen Zuständen darstellt. Theoretisch ist zu jedem Zeitpunkt der Gesamtzustand des
Netzes durch die Zustände der Neuronen gegeben, wenngleich dessen retroperspektiver
Nachvollzug in praktischer Hinsicht sicherlich eine Herausforderung wenn nicht sogar eine
Unmöglichkeit darstellt. Wesentlich aber ist, dass symbolverarbeitende und konnektionistische Systeme nicht nur wechselseitig ersetzt, sondern vielmehr sinnvoll miteinander kombiniert werden können. Insofern sind gemäß dieser Sichtweise auch konnektionistische Systeme
zumindest auf der Ebene der Implementierung symbolisch strukturiert.

Das „Wissen" in konnektionistischen Modellen ist im ganzen System verteilt, es ist gespeichert in der Struktur und der Gewichtung des Netzes. Konzeptuelle Entitäten werden
nicht notwendigerweise „lokal" durch einzelne Elemente repräsentiert, sondern „verteilt"
durch ein bestimmtes Aktivitätsmuster, an dem mehrere Verarbeitungseinheiten beteiligt
sind. Man spricht dann auch von einer „verteilten Repräsentation" von Konzepten, im Gegensatz zu einer „lokalen Repräsentation", bei der jedem Konzept der modellierten Domäne
eine Verarbeitungseinheit zugeordnet wird. Diese verteilte Repräsentation scheint vollkommen neue Möglichkeiten zu bieten, die im Rahmen dieses Buches dem Paradigma der Symbolverarbeitung zur Seite gestellt wird. Konnektionistische Modelle bieten gerade unter den
Aspekten „Wissensrepräsentation und -verarbeitung", „Lernen", „Selbst-Organisation" und
„Fehlertoleranz" neue, erfolgversprechende Möglichkeiten. Ein solcher Ansatz der Symbolverarbeitung, der oft zu nur unzureichenden Lösungen beispielsweise bei der Behandlung
von Ausnahmen, vagen Werten und unvollständigem Wissen führt, wird in konnektionistischen Modellen ersetzt durch ein inexaktes, „evidentielles" Schließen, das auf einer verteilten Repräsentation von Entitäten der realen und abstrakten Welt, also Objekten, Fakten,
Ereignissen usw., basiert. Assoziative Beziehungen zwischen Repräsentationen von Entitäten der realen und abstrakten Welt, die sich im Eingabe-/Ausgabeverhalten der Systeme
widerspiegeln, entsprechen in konnektionistischen Modellen eher einer statistischen Korrelation als einer exakten „Wenn-dann" – Beziehung und genauen 1:1-Abbildung.

▶   So werden beispielsweise ähnliche Eingabemuster auch ähnliche Ausgabe-
    muster erzeugen und ein Eingabemuster, das nur leicht von einem bekannten
    Standardmuster abweicht, wird die gleiche, dem Standardmuster zugeordnete
    Ausgabe erzeugen.

Da an einem Entscheidungsprozess in einem konnektionistischen Modell eine Vielzahl
von Verarbeitungseinheiten beteiligt sind, erfordert das Erkennen einer gegebenen Situation nicht einen genau spezifizierten Zustand des Systems, sondern eine hinreichende

Übereinstimmung zwischen dem gespeicherten Muster und der vorliegenden Situation. Dies ermöglicht auch eine Behandlung von Defaults, Grenzfällen und Abweichungen, was in Systemen mit ausschließlich exakt-logischem Schließen im Rahmen einer Symbolverarbeitung nicht ohne weiteres realisiert werden kann. Da nicht für alle Entscheidungen und Fähigkeiten ein klar bestimmter Satz logischer Regeln angegeben werden kann, sind konnektionistische Modelle in diesen Fällen logik-basierten Systemen überlegen. Ein weiterer Vorteil, der sich aus der Tatsache des verteilten Wissens ergibt, ist die Fehlertoleranz konnektionistischer Modelle. Da viele Verarbeitungseinheiten an einem Verarbeitungsprozess beteiligt sind, spielt die Funktion einer Einheit keine ausschlaggebende Rolle, so dass der Ausfall eines Elementes keine ernsthaften Funktionsstörungen im Gesamtsystem zur Folge haben dürfte.

Lernen kommt in konnektionistischen Modellen eine große Bedeutung zu, da konnektionistische Systeme aufgrund ihrer Komplexität, die aus der parallelen, interagierenden Arbeitsweise der Verarbeitungseinheiten resultiert, im Allgemeinen nicht vollständig konstruierbar sind. Erschwerend kommt hinzu, dass bisher keine generellen Methoden für den Entwurf konnektionistischer Systeme entwickelt worden sind. Die Art des Lernens, wie sie in konnektionistischen Modellen stattfindet, bietet allerdings auch eine große Chance, nämlich statt der expliziten Erfassung jeglichen Wissens die Möglichkeit einer selbstständigen Entwicklung der Systeme zu nutzen. Konnektionistische Modelle scheinen sich hierfür besonders zu eignen. Es wurden bisher grundlegende Lernmechanismen entwickelt und diese werden im Rahmen der Konzeptionalisierung bzw. Implementierung auch eingesetzt. Aufgrund der speziellen Struktur konnektionistischer Modelle ist in diesen Systemen im Gegensatz zu herkömmlichen logik-orientierten Systemen eine selbstständige Kategorien- oder Konzeptbildung möglich.

Eine brisante Streitfrage ist, ob der Konnektionismus vereinbar mit der „Physical Symbol Systems Hypothesis" ist, auf der die heutige KI-Forschung unter anderem basiert. Diese Hypothese fasst kognitive Prozesse als Transformationen von Symbolstrukturen auf. Symbolstrukturen wiederum sind aus elementaren Symbolen als den bedeutungstragenden Einheiten mittels syntaktischer Regeln in der Form zusammengesetzt, dass sie für etwas in der Welt stehen. Dies lässt die weitere These zu, dass ein symbolverarbeitendes System, gleich auf welche Materie es zur Darstellung seiner Symbole zurückgreift, die notwenige und hinreichende Voraussetzung für intelligentes Verhalten ist. Diese Frage stellt sich allerdings nur, wenn eine verteilte Repräsentation von Konzepten bzw. Symbolen (distributed representation) angenommen wird. Wird der Ansatz gewählt, dass jedem Konzept genau eine Verarbeitungseinheit entspricht (local representation), was allerdings den meisten „Neuronale-Netze-Forschern" widerstrebt, scheint der konnektionistische Ansatz mit der Symbolverarbeitungshypothese durchaus vereinbar. In diesem Fall ist Konnektivität eines Systems nicht mehr von der Geschichte seiner Veränderungen zu trennen, sondern ist vielmehr von der Art der Aufgabe abhängig, die dem System gestellt ist. Information ist dann weiterhin nicht nur Information „für das System", sondern auch nur zu einem bestimmten Zeitpunkt (Lebenszyklus des Systems, Zeitlichkeit, etc.) und die Veränderungen beziehen sich dann nicht nur auf die Verhaltensebene (Ausgabe), sondern werden in der Struktur der Neuronen repräsentiert. Ein solches neuronales Netz mit seiner strukturellen Plastizität ist somit ein Produkt sowohl seines eigenen Lebenszyklus, das wesentlich von der Trainings- bzw. Lernphase vorgeprägt wird, als auch von dem sich darin manifestierenden Umweltbezug.

Konnektionistische Modelle können als formale Strukturen anhand einiger Elemente charakterisiert werden, die ihre Verarbeitungs- und Lernmechanismen beschreiben. Ein konnektionistisches Modell besteht im Wesentlichen aus:

- einer Menge von **Verarbeitungseinheiten** (processing units), die man sich als Systeme mit Gedächtnis und einer inhärenten Funktion vorstellen kann, die in Abhängigkeit von ihrem aktuellen Aktivierungszustand und der momentanen Eingabe ihren neuen Zustand bestimmen und eine Ausgabe produzieren,
- einer **Netzstruktur**, die meistens in Matrixform oder als gerichteter bewerteter Graph dargestellt wird, wobei die Knoten den Verarbeitungseinheiten zugeordnet werden und die bewerteten Kanten die gewichteten Kommunikationsverbindungen repräsentieren.

Die Verarbeitungseinheiten eines konnektionistischen Modells sind spezifiziert durch

- eine wohldefinierte Menge von **Aktivierungszuständen** als Zustandsmenge der einzelnen Verarbeitungseinheiten, die für alle Verarbeitungseinheiten identisch ist,
- eine **Eingabemenge** und eine **Ausgabemenge**, die zulässige Eingaben bzw. Ausgaben für jeweils eine Eingangs- bzw. Ausgangsverbindung festlegen. Im Allgemeinen wird nur eine, für alle Verbindungen des Netzes identische Eingabe-/Ausgabemenge verwendet.

Folgende Aspekte entscheiden über die Dynamik eines konnektionistischen Modells:

- eine **Ausgabefunktion** für jede Verarbeitungseinheit zur Bestimmung der aktuellen Ausgabe einer Verarbeitungseinheit in Abhängigkeit vom aktuellen Aktivierungszustand,
- eine **Propagierungs**- oder **Übertragungsfunktion** zur Berechnung der aktuellen Eingabe in interne Verarbeitungseinheiten anhand der Ausgabe der vorgeschalteten Verarbeitungseinheiten und der Gewichtung der Verbindungen,
- eine **Aktivierungsfunktion** für jede Verarbeitungseinheit zur Bestimmung des neuen Aktivierungszustandes einer Verarbeitungseinheit in Abhängigkeit vom aktuellen Aktivierungszustand und der übertragenen Aktivierung.

In den klassischen Modellen werden die Ausgabe- und die Aktivierungsfunktion einheitlich für alle Verarbeitungseinheiten des Netzes festgelegt. Unterschiede in den Aktivierungsfunktionen oder in den Ausgabefunktionen der einzelnen Verarbeitungseinheiten werden in einigen Modellen verwendet, um Komponenten mit unterschiedlichen Aufgaben zu realisieren. Anhand verschiedener Typen von Ausgabe-, Propagierungs- und Aktivierungsfunktionen kann eine Klassifizierung der konnektionistischen Modelle vorgenommen werden. Innerhalb dieser Modellklasse kann das Verhalten des konnektionistischen Systems als Ganzes bzw. der einzelnen Elemente durch eine Parametrisierung dieser Funktionen, beispielsweise der Verwendung eines Schwellenwertes in der Aktivierungsfunktion, variiert werden. Ein konnektionistisches Modell wird durch Angabe der genannten Elemente und deren Parameter vollständig beschrieben. Bezüglich der Beschreibung dieser Struktur kann eine endliche Menge erreichbarer Aktivierungszustände vorausgesetzt, ein konnektionistisches System als Netz endlicher, ggf. stochastischer Automaten, aufgefasst werden, wobei die Automaten den Verarbeitungseinheiten entsprechen und die Netzstruktur durch einen Diagrafen dargestellt wird. Dabei kann die Gewichtung des Netzes in die Automaten als Gewichtung der jeweiligen Ausgaben integriert werden. Die Zustandsüberführungs- und die Ausgabefunktion werden als entsprechende Funktionen der Automaten behandelt. Die Propagierungsfunktion und die Umgebungsfunktion werden in einer Eingabefunktion zusammengefasst, die die aktuelle Eingabe für jeden Automaten bestimmt. Die Propagierungsfunktion wird dazu auf eine direkte Übertragung der gewichteten Ausgaben der einzelnen Elemente reduziert. Integrative Verrechnungen mehrerer Ausgaben/Eingaben, die eventuell durch die Propagierungsfunktion vorgenommen werden, können als Bestandteil der Zustandsüberführungsfunktion spezifiziert werden. Modelle mit einer regelmäßigen Verbindungsstruktur können auch als Zellularautomaten dargestellt werden. Im Rahmen der Implementierung wird auf diese unterschiedlichen Beschreibungsmöglichkeiten zurückgegriffen. Weiterhin werden im Rahmen der Implementierung Begriffe und Methoden aus der Linearen Algebra verwendet, die auf einer Darstellung der Aktivitätsübertragung zwischen Elementen durch lineare Abbildungen in einem Vektorraum, dargestellt durch Matrizen, basieren. Trotz dieser Mathematisierung sind künstliche Neuronale Netze solche konnektionistischen Modelle, die ein biologisches neuronales Netz und damit Nervensysteme in Struktur- und Funktionsweise nachzubilden versuchen.

▶   Dabei muss man sich bewusst machen, dass durch die Nachbildungen höchstens eine Idealisierung der Funktionsweise von Neuronen und ihren Synapsen erreicht werden kann und demzufolge gilt es darauf achten, dass diese nicht zu weitgehend ausarten oder sogar fehlerhafte Züge annehmen. Ein Beispiel aus der Metaphorik „Landscape-Metapher" im Kontext der Hopfield-Netze soll dies verdeutlichen: Eine gut gelernte Information stellt man sich hier als tiefes Tal, eine nur schlecht erinnerbare Information als seichte Mulde vor. In der Fortführung dieser Sichtweise muss man den wichtigen Terminus der Veränderung neuronaler Strukturen, die durch eine neue Information gezwungen werden, sich neu zu strukturieren, so darstellen: Hänge werden steiler oder sich abflachen, Mulden entwickeln sich zu tiefen Tälern oder Schluchten, Hügel erheben sich plötzlich auf einer Ebene und Täler verschwinden ebenfalls plötzlich von der Landschaft.

Solche Nervensysteme bestehen aus vielen Tausenden oder Millionen von miteinander vernetzten Nervenzellen, die Signale empfangen und neue, von ihnen erzeugte Signale weitergeben. Die Fortsätze des Neurons, die die Eingangsinformationen sammeln, werden Dendriten genannt. Sie übernehmen Signale aus anderen Nervenzellen an spezifischen Kontaktstellen, den Synapsen. Der Zellkörper reagiert auf diese Stimuli und fängt an, Signale zu übertragen. Die Ausgabesignale eines Neurons werden durch das Axon an andere Neurone weitergereicht. Diese vier Elemente (Dendriten, Synapsen, Nervenkörper und Axon) bilden die minimale Struktur, die aus biologischen Modellen für Modellierungszwecke übernommen werden, so dass auch künstliche Neuronen als informationsverarbeitende Elemente gerichtete, gewichtete Eingabeleitungen, einen Berechnungskörper und eine Ausgabeleitung besitzen werden. Ein solches künstliches neuronales Netz besteht aus einigen hundert oder gar hunderttausenden formaler Verarbeitungseinheiten (units), die auf verschiedene Arten miteinander verbunden sind. Die chemischen, elektrischen und thermischen Vorgänge, die in natürlichen Neuronalen Netzen zu beobachten sind, werden bei den formalen Neuronen durch mathematische Funktionen und Verfahren beschrieben. Aber auch hier setzt sich das Modell eines künstlichen Neuronalen Netzes aus den gleichen Grundbausteinen wie ihre Vorbilder aus der Biologie zusammen. So sehen diese Modelle gleichfalls Dendriten, Soma und ein Axon als Modellelemente vor. Die Funktionen, die sie in einem solchen Neuronalen Netz übernehmen, sind mit denen der Vorbilder identisch geblieben. So nehmen die Dendriten Informationen von vorgeschalteten Neuronen auf und leiten diese ans Soma. Das Soma summiert alle eingehenden Signale auf und bestimmt die Größe des ausgehenden Signals, das dann über das Axon und dessen Synapsen an nachgeschaltete Neuronen weitergeleitet wird (Abb. 54).

Typischerweise sollen die Verarbeitungseinheiten einfach sein und es soll keine Informationsverarbeitung, außer durch diese Verarbeitungseinheiten stattfinden, d. h. es gibt keinen externen Kontroll- oder Steuerungsmechanismus. Innerhalb eines Netzes kann zwischen Eingabe-, Ausgabe- und internen Verarbeitungseinheiten (hidden units) unterschieden werden. Eingabe- bzw. Ausgabeeinheiten haben eine Schnittstelle zur Umwelt, sie erhalten externe Eingaben bzw. produzieren externe Ausgaben. Ein Neuron kann als eine Art Addierer von über Dendriten aufgenommene Impulse aufgefasst werden. Diese Impulse werden mit einer bestimmten Gewichtung im Soma summiert, und sofern die Summe einen bestimmten Schwellwert übersteigt, wird diese Information über das Axion weitergeleitet. Der Kontakt zu anderen Neuronenen erfolgt über sogenannte Synapsen. Diese können die kontaktierten Neuronen entweder hemmen oder erregen. In diesem Sinne werden Informationen übertragen und verarbeitet (Abb. 6.4).

In der folgenden Abbildung sind zwei künstliche Neuronen modelliert. Die Stärke der Verbindungen, die diese Neuronen über ihre Synapsen mit dem Soma eingehen, ist mit w_{ij} bezeichnet, wobei die erste Stelle des Indexes die vorgeschaltete, die zweite Stelle die Nervenzelle, auf die sie einwirkt, indiziert. Besteht zwischen dem Neuron i und dem Neuron j keine Verbindung, ist der Wert ihrer Verbindung w_{ij} gleich Null (Abb. 6.5).

Links der Neuronen wirken die Informationen vorgeschalteter Neuronen als Netzeingaben auf das Netz Net_{ij} ein. Der Aktivierungszustand der Neuronen ist in der Abbildung mit A_i und A_j bezeichnet, die Ausgabe mit O_i und O_j. Alle diese Werte sind durch Funktionen untereinander verknüpft und von ihnen abhängig. Die Ausgabe eines Neurons wird durch

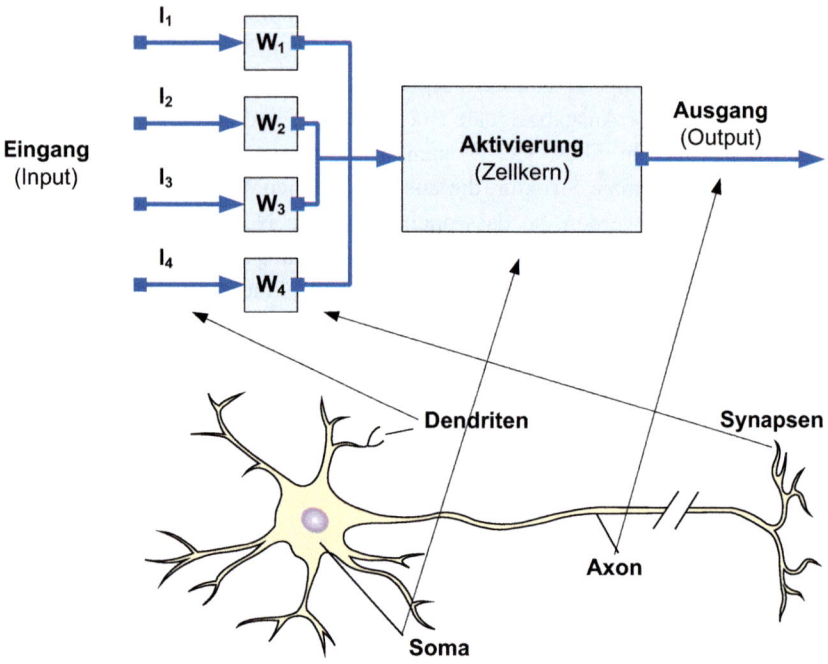

Abb. 6.4 Formales Neuron

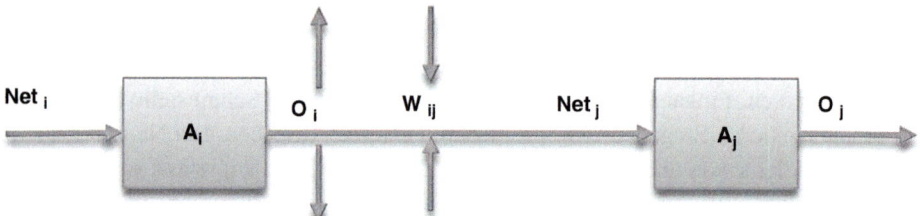

Abb. 6.5 Modell eines Neurons

eine Ausgabefunktion f_{out} bestimmt, die sich aus dem Aktivierungszustand eines Neurons ergibt. Es gilt daher folgender formelhafter Zusammenhang:

$$O_i = f_{out}\left(A_i\right)$$

Mit den so errechneten Werten für die Ausgabe vorgeschalteter Neuronen und den Werten der Verbindungsgewichte lässt sich mit der Propagierungsfunktion die Netzeingabe Net_j berechnen:

$$Net_j\left(t\right) = \Sigma O_i\left(t\right)w_{ij}$$

Der neue Aktivierungszustand eines Neurons ist abhängig von dem alten Aktivierungszustand $A_j(t)$, der Netzeingabe Net_j und dem Schwellenwert. Der Schwellenwert des Neurons wird mit Φ_j bezeichnet. Die Aktivierungsfunktion f_{act} berechnet mit diesen Parametern den neuen Wert der Aktivierung $A_j(t+1)$:

$$A_j\left(t+1\right) = f_{act}\left(A_j\left(t\right), Net_j\left(t\right), \Phi_j\right)$$

Der Aktivierungszustand, die Ausgabe-, Propagierungs- und die Aktivierungsfunktionen können dabei je nach Anwendungsfall unterschiedliche Formen annehmen.

Die verschiedenen Werte, die der *Aktivierungszustand* $A_i(t)$ eines Neurons annehmen kann, lassen sich in diskrete und (quasi-)kontinuierliche Wertebereiche trennen. Oft werden Intervalle in R oder binäre Werte gewählt. Bei kontinuierlichen Wertebereichen beschränken die meisten Modelle den Aktivierungszustand auf ein definiertes Intervall. Das liegt daran, dass die meisten Netzmodelle nichtlineare oder sigmoide Aktivierungsfunktionen und die Identität als Ausgabefunktion verwenden. Ebenfalls zu den kontinuierlichen Wertebereichen gehört die Menge aller reellen Zahlen (Tab. 6.6).

Der Aktivierungszustand eines Netzes zu einem Zeitpunkt t wird dargestellt durch einen n-dimensionalen Vektor A(t), wobei das i-te Element des Vektors der Aktivierungszustand $A_i(t)$ der Verarbeitungseinheit u_i ist. Bei den biologischen Nervenzellen kann man ebenfalls zwischen Wertebereichen unterscheiden. Das einfachste Beispiel ist ein binärer Wertebereich, der angibt, ob sich ein Neuron im nicht erregten Zustand befindet oder ob gerade ein Aktionspotential ausgeführt wird. Auch die Natriumionen-Konzentration gibt Aufschluss über den Aktivierungszustand. Misst man den relativen Anteil, können die Werte in einem Intervall von 0 bis 100 auftreten. Die Verarbeitungseinheiten in Form der Neuronen interagieren durch Übertragung von Signalen. Mit Hilfe der Ausgabefunktion lässt sich der Wert berechnen, den ein Neuron an ein nachgeschaltetes Neuron weitergibt und damit ins neuronale Netz eingibt. Es verwendet dabei den aktuellen Aktivierungszustand des Neurons. Somit gibt die Ausgabefunktion an, wie stark ein einzelnes Neuron feuert. Die Ausgabefunktion kann verschiedene Formen haben (Abb. 28).

Eine dieser Funktionen ist beispielsweise die Identitätsfunktion. Das bedeutet, dass die Ausgabe identisch mit dem Aktivierungszustand der Zelle ist.

Der Wertebereich der Aktivierungsfunktion gibt dadurch den Wertebereich des Aktivierungszustandes an (Abb. 6.6).

Tab. 6.6 Wertebereiche formaler Neuronen

Kontinuierlich		Diskret	
Unbeschränkt	Intervall	Binär	Mehrwertig
Realer Zahlenraum R	[0, 1] [-1,1]	{0,1} {-1, 1} {-,+}	{-1, 0, 1} {-100, …, 100} {-1000, …, 1000} Ganzzahliger Zahlenraum Z

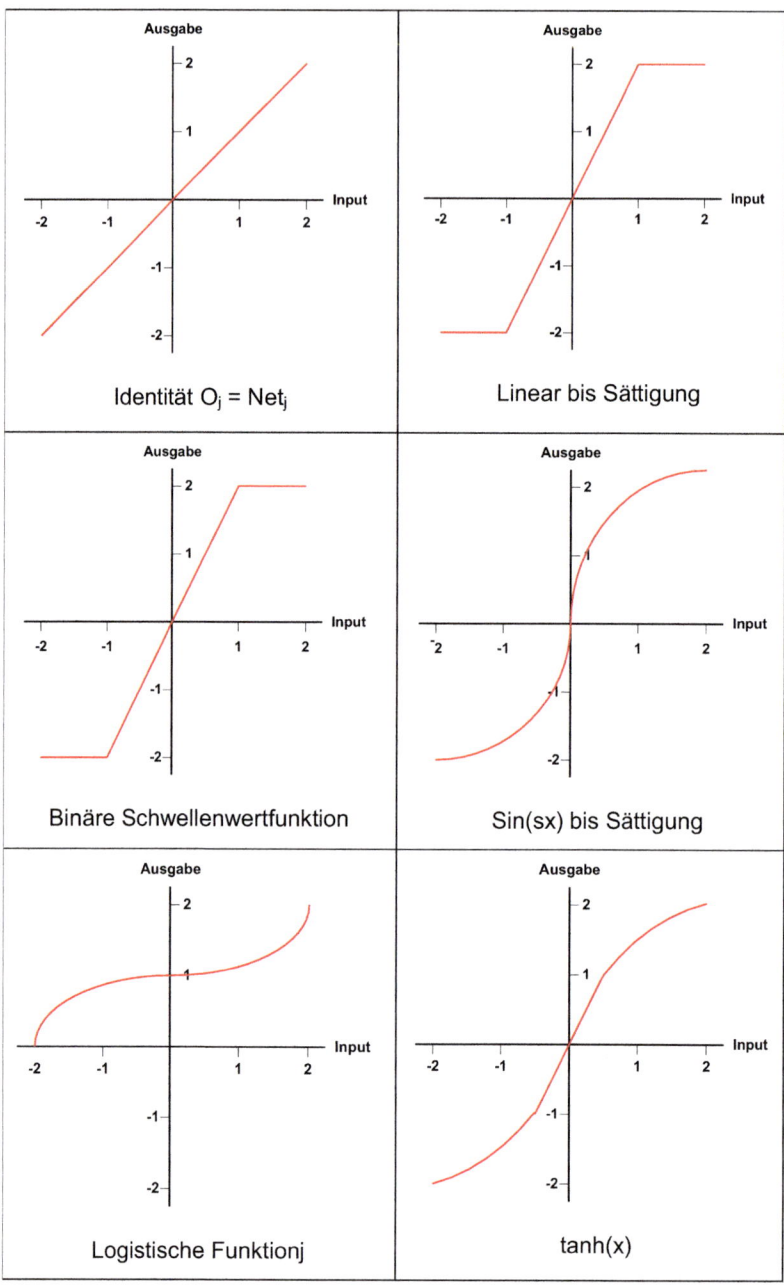

Abb. 6.6 Aktivierungsfunktionen

Die binäre Schwellenwertfunktion kommt dem biologischen Original sehr nahe, da ein Axon erst beim Erreichen eines Schwellenwertes feuert. Jedoch wird dabei vernachlässigt, dass das Neuron in unterschiedlicher Stärke (Impulsfrequenz) feuern kann. Daher werden lineare Ausgabefunktionen verwendet. Die Abstände, in denen ein Neuron feuern kann, sind durch die Refraktärzeit nach unten hin beschränkt, daher bietet es sich an, eine Mischform aus einer linearen Funktion und einer mit Schwellenwert zu verwenden. In der Abbildung ist ein Beispiel einer solchen semilinearen Funktion dargestellt (linear bis Sättigung). Einige Funktionen stellen eine Glättung dieser semilinearen Funktion dar, sin(x), logistische Funktion, tanh(x). Da sie S-förmig sind, werden sie auch sigmoide Funktionen genannt. Diese nichtlinearen Funktionen sind die am häufigsten verwendeten.

Die Propagierungsfunktion Net errechnet aus der Summe aller Ausgaben vorgeschalteter Zellen mit ihren jeweiligen Gewichten die Netzeingabe zu einem Zeitpunkt t, die auf ein Neuron wirkt. Das Vorbild in der Biologie ist ein Neuron, das mehrere Impulse von vorgeschalteten Neuronen erhält. Die Impulse können sowohl erregender wie auch hemmender Natur sein. Für das Auslösen eines Aktionspotentials ist die Summe aller Impulse, die zu einem Zeitpunkt ankommen, ausschlaggebend, also die räumliche Summation. Bei den Modellen lassen sich die Neuronen ebenfalls in erregende und hemmende Neuronen separieren. Dies spiegelt sich in den Werten ihrer Gewichte wieder. Sie sind positiv, wenn das Neuron erregend wirkt, negativ bei hemmenden Neuronen. Die Netzeingabe, die auf ein Neuron j zur Zeit t einwirkt, errechnet sich also aus der Summe aller Netzeingaben, die erregend wirken, abzüglich der Summe aller Netzeingaben, die hemmend sind.

$$Net_j(t) = Net_j, erregend(t) - Net_j, hemmend(t)$$

Die Gewichte der einzelnen Neuronenverbindungen werden in einer sogenannten (quadratischen) Konnektionsmatrix zusammengefasst. Die Anzahl ihrer Spalten, bzw. Reihen ist gleich der Anzahl der Neuronen im Netz. Für ein Netz mit n Neuronen ergibt sich also eine n^2-große Matrix. Der Aktivierungszustand eines Neurons muss dabei nicht zwangsläufig immer gleich sein. Nach einem ausgebildeten Aktionspotential kann die Zellmembran noch so stark depolarisiert sein, dass ein schwacher Impuls von einem vorgeschalteten Neuron ausreicht, um das Neuron zum Ausbilden eines neuen Aktionspotentials anzuregen. Bei den künstlichen Neuronalen Netzen errechnet die Aktivierungsfunktion den neuen Aktivierungszustand einer Zelle, der ebenfalls von seinem alten Aktivierungszustand und der Netzeingabe abhängig ist. Die Aktivierungsfunktion kann, wie die Ausgabefunktion, linear oder nichtlinear sein, häufig sind auch beide gleich. Es gibt zwei Klassen von Aktivierungsfunktionen. Bei deterministischen Funktionen, wie beispielsweise der Schwellwertfunktion, ist der ausgegebene Wert eindeutig durch die Eingabe bestimmt. Hingegen ist bei stochastischen Funktionen der ausgegebene Wert durch eine

Zufallsverteilung von der Eingabe abhängig. Das Aktualisieren des Aktivierungsgrades erfolgt in den meisten Modellen synchron.

Die Konnektions- bzw. Netzstruktur, über die die Verarbeitungseinheiten verbunden sind und über die sie durch das Schicken von Signalen miteinander kommunizieren, bestimmt wesentlich das Verhalten des konnektionistischen Systems. Die Netzstruktur wird dargestellt durch einen bewerteten Diagraphen oder eine Konnektionsmatrix W, bei der ein Eintrag w_{ij} die Stärke oder das Gewicht der Verbindung zwischen der Verarbeitungseinheit u_i und der Verarbeitungseinheit u_j, das durch das Element u_i beeinflusst wird, angibt. Es ist dabei üblich, als Menge der Gewichte G die ganzen Zahlen zu wählen, wobei negative Gewichte als inhibitorische, hemmende Verbindungen interpretiert werden und positive Gewichte als exzitatorische, aktivitätssteigernde Verbindungen. In einigen Modellen werden verschiedene Verbindungstypen, beispielsweise für exzitatorische und inhibitorische Verbindungen, verwendet. In diesen Fällen wird für jeden Typ eine eigene Konnektionsmatrix aufgestellt, also W^1 für Verbindungen vom Typ 1, W^2 für Typ 2 usw. Werden nur exzitatorische und inhibitorische Verbindungen betrachtet und ergibt sich die Eingabe in ein Netzelement aus einer einfachen Summierung der gewichteten Ausgaben der vorgeschalteten Elemente, ist eine Konnektionsmatrix mit entsprechenden positiven und negativen Werten ausreichend. Hierarchische Netzstrukturen, also solche, deren Elemente in Schichten angeordnet sind, können eingeteilt werden in bottom-up, top-down und interaktiv arbeitende Systeme. In bottom-up arbeitenden Netzen kann jedes Element nur von Elementen einer niedrigeren Ebene beeinflusst werden. Die Konnektionsmatrix ist demnach eine obere Dreiecksmatrix. Die Arbeitsweise dieser Netze, die Aktivierungen nur von der Eingabeseite in Richtung der Ausgabeseite propagieren, ist typisch für rein sequentielle Wahrnehmungsprozesse. In top-down arbeitenden Systemen können Elemente nur von höheren Ebenen beeinflusst werden, die Konnektionsmatrix ist eine untere Dreiecksmatrix. Derartige Systeme können die Beeinflussung niedriger Verarbeitungsprozesse durch die Aktivität höherer Elemente darstellen, also beispielsweise erwartungsgesteuerte Wahrnehmung. Interaktive Systeme erlauben beide Verarbeitungsmodi, wobei in den meisten interaktiven Modellen jedoch nur ein Signalfluss zwischen benachbarten Ebenen stattfindet. Diese Systeme können eine beschränkte Rückwirkung höherer Verarbeitungsprozesse auf niedrigere darstellen. Die häufigste Systemarchitektur sind Bottom-Up-Netze, die wegen des uni-direktionalen, vom Systemeingang zum Systemausgang gerichteten Signalflusses auch als feed-forward-Netze bezeichnet werden. In vielen Modellen wird eine vollständige Verbindungsstruktur zwischen Verarbeitungseinheiten angrenzender Schichten angenommen, d. h. jede Verarbeitungseinheit einer Schicht ist mit allen Verarbeitungseinheiten der darunter liegenden bzw. darüber liegenden Schicht verbunden. Ebenfalls häufig sind Modelle mit symmetrischen Verbindungen, wozu beispielsweise die thermodynamischen Modelle gehören. Wesentlich für die Arbeitsweise vieler Netzmodelle, neben dieser topologischen Struktur, sind die Wahl der Aktivierungsform und die Änderung der Verbindungsgewichtung als Ergebnis eines Lernprozesses. Werden mehrere Neuronen auf diese Weise miteinander verknüpft, entsteht ein Netz von Neuronen.

▶ Die Bezeichnung der neuronalen Netze als Funktionennetze wäre mathematisch exakter, aber zum einen hat sich diese Bezeichnung im wissenschaftlichen Jargon etabliert und zum anderen erinnert sie daran, dass das Verstehen menschlicher Intelligenz das Hauptanliegen der frühen KI-Forschung war.

Eine Verknüpfung zwischen zwei Neuronen i und j wird durch ein Verbindungsgewicht w_{ij} $\neq 0$ angezeigt. Die Definition eines Netzes kann damit über die Festlegung der gerichteten Verbindungen und deren Verbindungsgewichte erfolgen. Insofern stellen diese Verbindungsgewichte die wichtigste Grundlage aller Netztypen dar, aus der sich die wesentlichen Informationen über ein bestimmtes Netz ableiten lassen. Durch die Menge der Verbindungen bzw. die unterschiedlichen Verknüpfungen von Neuronen untereinander, entstehen verschiedene intrinsische topologische Architekturen, wobei für jede dieser Architekturen das singuläre Neuron als Ausgangspunkt dient.

▶ So besteht das einfachste Neuronale Netz aus einem einzigen Neuron. Eine derart simple neuronale Einheit bezeichnet man als Linear Treshold Unit (LTU) oder als adaptives lineares Element (adaptive linear element, ADALINE). Trotz dieser Einfachheit lassen sich mit Hilfe solcher Neuronen einige basale Funktionen realisieren. Um beispielsweise die logische UND-Funktion zu realisieren, genügt ein solches Neuron, das zwei Eingabewerte entgegennehmen kann. Dann genügt die allgemeine Summenfunktion als eine Schwellenwertfunktion als Aktivierungsfunktion und die Identitätsfunktion als Ausgabefunktion. Mit den angegebenen Gewichten $w_1=1$ und $w_2=1$ und dem Schwellenwert $\Omega=1.5$ lässt sich das gewünschte Verhalten erzielen.

Die einzelnen Verbindungsgewichte lassen sich in einer Matrix darstellen. Zum Vergleich der einzelnen Architekturen lässt sich neben dem Matrix-Muster der Verbindungen auch die Darstellung des Netzes als gerichteter Graph angeben. Als *gerichteten Graphen* bezeichnet man in der Graphentheorie einen Graphen, dessen Kantenmenge eine zweistellige Relation über die Knoten ist. Gerichtete Graphen können dabei von azyklischer oder zyklischer Natur sein. Azyklische Graphen wiederum kann man topologisch sortieren, sie können zusammenhängend oder unzusammenhängend sein. Darüber hinaus können sie endlich oder aber unendlich viele Knoten besitzen. Neben dieser intrinsischen Topologie entscheidet die extrinsische Topologie darüber, welche Neuronen auf die externe Umwelt direkt reagieren (Eingabeschicht), welche nur indirekt über andere Neuronen (Zwischenschichten) und welche Neuronen das Ergebnis (Output) nach außen repräsentieren bzw. weitergeben (Ausgabeschicht). Insofern hat jedes Netz aus Neuronen einen Ein- und einen Ausgang. Die Eingabeneuronen (input units) in einem künstlichen neuronalen Netz entsprechen den Neuronen des biologischen Vorbildes und bilden gemeinsam die Eingabeschicht (input layer). Die Ausgabeneuronen (output units) sind die Neuronen, die die verarbeiteten Informationen wieder aus dem Netz ausgeben. Sie bilden zusammengenommen die Ausgabeschicht eines Netzes (output layer). Sie entsprechen den Neuronen im biologischen Vorbild, die beispielsweise ihre Impulse an die Muskeln weitergeben, die diese Impulse dann wiederum in motorische Impulse umwandeln. Die Schichten von Neuronen, die zwischen der Eingabe- und der Ausgabeschicht liegen, werden verdeckte Schichten (hidden layers) genannt. Sie tragen diesen Namen, weil nach einer Eingabe in das Netz die Ausgabe erfolgt, ohne dass der Betrachter immer weiß, wie viele Neuronenschichten an der Informationsverarbeitung beteiligt und wie sie untereinander verschaltet sind. Neuronale Netze lassen sich auch bezüglich der Richtung der Aktivierungsprozesse entsprechend der Gliederung in Schichten unterscheiden. Man spricht dabei von einem *Feedforward-Netz*, wenn ein solches Netz einen externen Input enthält, diesen verarbeitet und damit eine Aktivierung in der Ausgabeschicht bedingt. Dieser Aktivierungswert wird gegebenenfalls als neuer Input an die Eingabeschicht eingereicht, was einen weiteren Verarbeitungsprozess in Richtung Ausgabeschicht indiziert. Dieser Prozess wird solange fortgesetzt, bis eine Lösung gefunden ist. Beim *Feedback-Netz* senden hingegen die Neuronen der Ausgabeschicht ihre Aktivierungen über die Neuronen der Zwischenschichten zur Eingabeschicht, die daraufhin mit einer einschlägigen Veränderung ihrer Zustandswerte reagiert, um die Aktivierungen über die Neurone der Zwischenschichten an die Ausgabeschicht zu leiten. Insofern handelt es sich hier um einen speziellen Fall einer „Rückkopplung“, nämlich um die Umkehrung der Aktivierungsausbreitung.

Ein *vorwärts verkettetes Netz* (Feedforward-Netz) ohne eine solche Rückkopplung, das auch als mehrstufiges Perzeptron bezeichnet wird, zeigt folgendes Bild:

Das Bild (Abb. 6.7) zeigt auch gleichzeitig einige wichtige Strukturelemente eines solchen Netzes:

- **Eingabe-Neuron**: Als Eingabe-Neuron (input neuron) wird ein Neuron i bezeichnet, falls keine gerichtete Verbindung w_{ij} zu diesem Neuron existiert. Die Eingabeschicht (input layer) ist die Menge aller Eingabe-Neuronen eines Netzes.
- **Ausgabe-Neuron**: Die Ausgabe-Neuronen (output neuron) stellen mit ihren Ausgabewerten das Ergebnis der Verarbeitung dar. In vorwärts verketteten Netzen ist für die Ausgabeneuronen charakteristisch, dass sie keine weiterführenden Verbindungen besitzen. Die einzelnen Ausgabe-Neuronen werden in der Ausgabeschicht (output layer) zusammengefasst.
- **Verdecktes Neuron**: Solche Neuronen, die weder zur Eingabe- noch zur Ausgabeschicht gehören, werden als verdeckte Neuronen (hidden neurons) bezeichnet, die dann wiederum auf mehrere verdeckte Schichten (hidden layer) verteilt sein können.

Die Neuronen dieses Netzes sind schichtweise miteinander verknüpft, wobei jedes Neuron einer Schicht mit allen Neuronen der nächsthöheren Schicht verbunden ist. Im obigen Beispiel gibt es eine verdeckte Schicht. Zusammen mit der Eingabe- und der Ausgabeschicht bilden sie drei Zellschichten, die durch insgesamt zwei Schichten von Verbindungen voneinander getrennt sind. Diese Anzahl gibt dem Netz den Namen 2-stufiges Netz. Ein n-stufiges feedforward-Netz besteht somit aus n+1 Schichten, von denen n-1 Schichten hidden

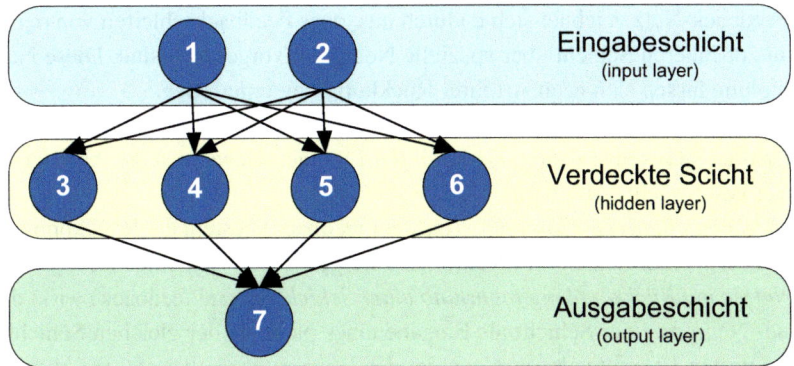

Abb. 6.7 Feedforward-Netz

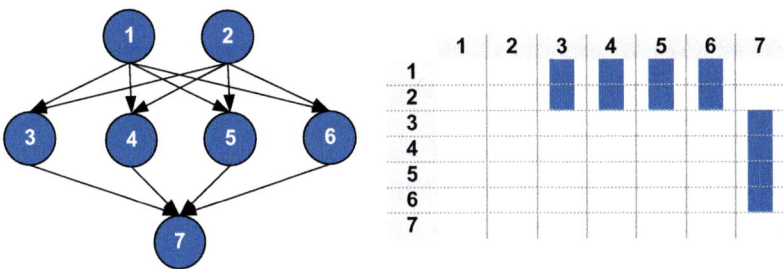

Abb. 6.8 Feedforward-Netz und Verbindungsmatrix

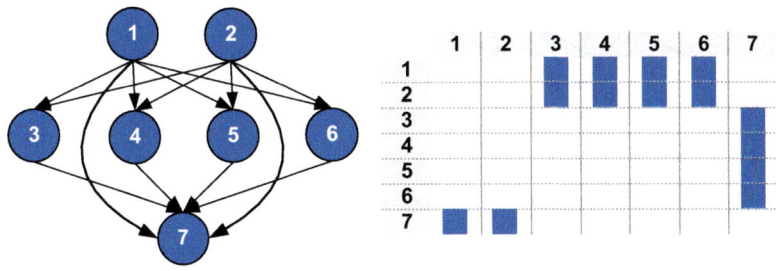

Abb. 6.9 Netz mit Kurzschluss-Verbindungen

layers sind. Systemtechnisch betrachtet werden bei einem solchen Feedforward-Netz nur die Gewichtswerte der Verbindungen von „oben nach unten" berücksichtigt (Abb. 6.8).

Neben diesen Feedforward-Netzen, die schichtweise verbunden sind, gibt es noch solche, die sogenannte Kurzschluss-Verbindungen (shortcut connections) haben. Diese Verbindungen überspringen eine oder mehrere Schichten des Netzes (Abb. 6.9).

Ein Feedback-Netz zeichnet sich dadurch aus, dass Feedbackschleifen von der Ausgabeschicht zur inneren Schicht über spezielle Neuronen vorgesehen sind. Diese Netze mit Rückkopplung lassen sich nach Art ihrer Rückkopplung unterteilen.

Netze mit direkter Rückkopplung (direct feedback) geben ihr Ausgangssignal als Eingangssignal an sich selbst weiter. Dadurch wird je nach Gewicht seine Aktivierung verstärkt oder geschwächt (Abb. 6.10).

Bei *Netzen mit indirekter Kopplung* (indirect feedback) besteht die Rückkopplung zwischen Neuronen einer Schicht mit Neuronen untergeordneter Schichten (Abb. 6.11).

Bei *Netzen mit Rückkopplung innerhalb einer Schicht* (lateral feedback) wirkt die Ausgabe eines Neurons einer Schicht als Eingabe eines Neurons der gleichen Schicht. Eines der bekanntesten Lateralfeedback-Netze ist das Winner-takes-all-Netz. Bei diesem Netz gibt es zusätzlich noch direkte Rückkopplungen. Das Neuron einer Schicht, das die größte Aktivierung hat (der Gewinner), hemmt dann über die laterale Rückkopplung die anderen Neuronen in seiner Schicht und verstärkt über die direkte Rückkopplung die eigene Aktivierung (Abb. 6.12).

Bei *vollständig verbundenen Netzen* gehen die Neuronen Verbindungen mit allen anderen Neuronen ein, unabhängig davon, in welcher Schicht sie sich befinden (Abb. 6.13).

In einem künstlichen Netz aus Neuronen hat die Reihenfolge, in der die Neuronen ihre Werte berechnen, unter Umständen Einfluss auf die Ergebnisse der jeweiligen Netze. Man unterscheidet dabei synchrone und asynchrone Aktivierung.

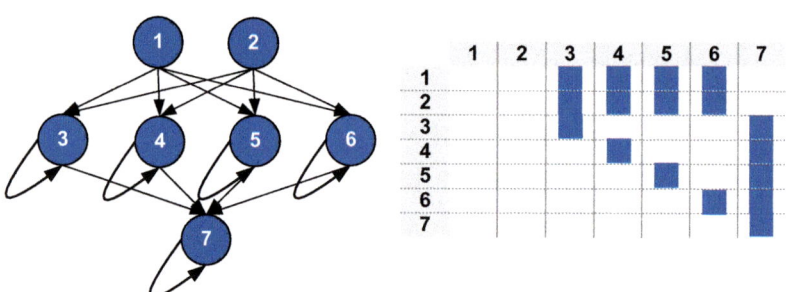

Abb. 6.10 Netz mit direkter Rückkopplung

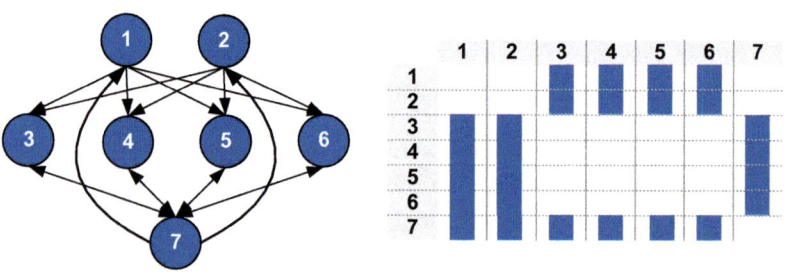

Abb. 6.11 Netz mit indirekter Rückkopplung

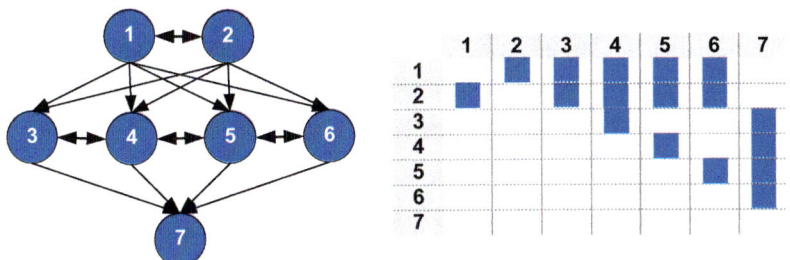

Abb. 6.12 Netz mit lateraler Rückkopplung (ohne direkte Rückkopplung)

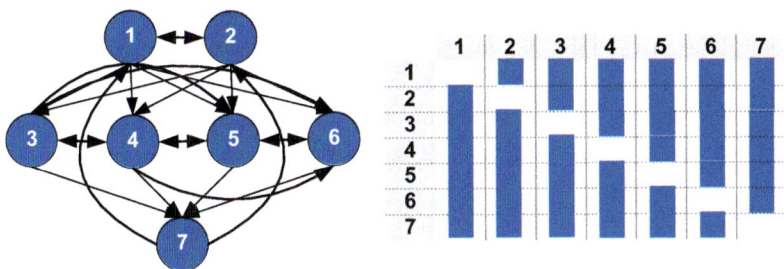

Abb. 6.13 Vollständig verbundenes Netz ohne direkte Rückkopplung

Bei der *synchronen Aktivierung* werden die Aktivierungszustände aller Neuronen des Netzes zur gleichen Zeit berechnet. In einem weiteren Schritt werden ebenfalls gleichzeitig ihre Ausgaben berechnet. Diese Form der Aktivierung ist bei rekurrenten Netzen von Vorteil, da die Berechnung der Aktivierungszustände einzelner Neuronen nachvollziehbar bleibt und kein Datenchaos entsteht. Bei feedforward-Netzen ist die synchrone Aktivierung allerdings nachteilig, da sie im Vergleich zu anderen Aktivierungsarten langsam arbeitet.

Bei der *asynchronen Aktivierung* werden die Werte einzelner Zellen zu unterschiedlichen Zeitpunkten berechnet. Damit ist die asynchrone Aktivierung dem biologischen Vorbild näher als die synchrone. Je nach Reihenfolge, in der die Neuronen angesprochen werden, lassen sie sich in vier Modi unterteilen:

- **Feste Ordnung** (fixed order): Bei einer festen Ordnung errechnen die Zellen in einer vorher festgelegten Reihenfolge ihre Werte. Jede Zelle wird dabei einmal angesprochen. Entspricht die Reihenfolge der Netztopologie, ist dieses Verfahren für feedforward-Netze das schnellste Verfahren.
- **Zufällige Ordnung** (random order): Die Reihenfolge der angesprochenen Neuronen unterliegt bei der zufälligen Ordnung dem Zufall. Es errechnet dann sowohl seinen Aktivierungszustand, wie auch seine Ausgabe. Ein Lebenszyklus für ein Netz mit n Neuronen ist dann beendet, wenn n Neuronen angesprochen wurden. Dabei kann es sein, dass eine Zelle mehrfach, andere gar nicht angesprochen werden. Sie findet daher nur selten Verwendung bei der Modellierung künstlicher neuronaler Netze.

- **Zufällige Permutation** (random permutation): Dieser Modus funktioniert ähnlich wie der Zufallsmodus. Die Reihenfolge der angesprochenen Neuronen ändert sich jedoch von Zyklus zu Zyklus. Außerdem wird sichergestellt, dass jedes Neuron genau einmal angesprochen wird. Die Berechnung der zufälligen Permutation ist allerdings zeitaufwendig.
- **Topologische Ordnung** (topological order): Diese Ordnung ist bestimmt durch die Topologie eines Netzes. Das bedeutet, dass zuerst alle Werte der Neuronen, die in der Eingabeschicht vorkommen, berechnet werden, dann die der versteckten Schichten. Der Zyklus ist abgeschlossen, nachdem zuletzt die Werte der Zellen der Ausgabeschicht berechnet wurden. Dieser Modus ist für feedforward-Netze besonders günstig.

Neuronale Netze zeichnen sich dadurch aus, dass sie lernfähig sind. Zum Lernen bedarf es einer Kontrollinstanz, die die Netzausgabe mit der gewünschten Ausgabe vergleicht. Je nachdem, wo diese Kontrollinstanz in den Ablauf der Berechnung eingreift, lässt sich das Lernen klassifizieren. Es gibt drei verschiedene Arten des systemischen Lernens durch Neuronale Netze.

- **Überwachtes Lernen** (supervised learning): Beim überwachten Lernen wird dem Netz neben dem Eingabemuster auch die erwünschte Ausgabe angegeben. Das Netz vergleicht sie mit der errechneten Ausgabe und modifiziert die verwendeten Rechenkomponenten (meist die Verbindungsgewichte), um die Abweichung zu verringern. Ziel beim überwachten Lernen ist, dass dem Netz nach mehreren Rechengängen mit unterschiedlichen Ein- und Ausgaben die Fähigkeit antrainiert wird, Assoziationen herzustellen. Das bedeutet, dass die Abweichungen erstmaliger Präsentationen neuer Muster von den gewünschten Ausgabemustern immer geringer werden. Diese Art des Lernens ist die schnellste.
- **Bestärkendes Lernen** (reinforcement learning): Beim bestärkenden Lernen gibt die Kontrollinstanz nach einer Ausgabe vom Netz die Information, ob die Ausgabe falsch oder richtig war, eventuell auch noch den Grad der Richtigkeit. Liegt die gewünschte Ausgabe vor, ist diese Art des Lernens langsamer als überwachtes Lernen. Sie ist aber ihrem Original in der Biologie wesentlich näher, da das motivierte Lernen (durch Belohnung oder Bestrafung) die häufigste Lernform beim Menschen ist.
- **Unüberwachtes Lernen** (unsupervised learning): Das unüberwachte Lernen verzichtet vollständig auf den Eingriff einer netzexternen Kontrollinstanz. Das bedeutet, dass dem Netz weder ein gewünschtes Ausgabemuster vorliegt, noch ihm mitgeteilt wird, ob sein errechnetes Ergebnis korrekt ist oder nicht. Das Netz erstellt selbständig Klassifikatoren, nach denen es die Eingabemuster einteilt. Diese Methode ist die langsamste der bisher vorgestellten. Allerdings ist sie dem menschlichen Lernen am ähnlichsten, da das autodidaktische Lernen über dem didaktischen steht.

Es gibt sehr viele Möglichkeiten, einzelne Komponenten des Netzes nach einem Lernschritt so zu modifizieren, dass es dem gewünschten Ergebnis am nächsten kommt. Erlernen ist möglich durch eine oder mehrere der folgenden Möglichkeiten:

- Entwicklung neuer Verbindungen,
- Entwicklung neuer Zellen,
- Löschen existierender Verbindungen,
- Löschen existierender Zellen,
- Modifikation der Gewichtsmatrix,
- Modifikation der Schwellenwerte,
- und/oder Modifikation der Rechenfunktionen (Aktivierungs-, Propagierungs- oder Ausgabefunktion).

Diese Methoden sind nicht vollkommen voneinander getrennt. So erreicht man mit Hilfe der Modifikation der Verbindungsgewichte, dass Verbindungen gelöscht (nicht angesprochen) oder dem Netz hinzugefügt werden (das entsprechende Verbindungsgewicht wird von Null auf einen Wert erhöht oder erniedrigt). Einige Modelle künstlicher neuronaler Netze eignen sich jedoch nicht für diese Methode, da ihre Gewichtsmatrix nicht für alle Neuronen Verbindungen vorsieht und die entsprechenden Werte nicht mit in die Gewichtsmatrix aufnehmen, anstatt sie in ihr zu belassen und auf Null zu setzen. Das Hinzufügen oder Löschen von Zellen tritt bei neueren Modellen häufiger auf. Diese Methode ist jedoch nur bedingt plausibel, da das Wachstum biologischer Neuronen bereits im Kindesalter nahezu abgeschlossen ist, das Zellsterben aber zu jeder Zeit stattfinden kann. Diese Modelle bieten jedoch den Vorteil, dass sie durch das Absterben selten genutzter Zellen und die Entwicklung neuer benötigter Zellen ihre Netz-Topologie selbst zum Optimum weiterentwickeln. Wenig verbreitet ist die Modifikation der Rechenfunktionen. Die meisten Lernmethoden verwenden die Modifikationsform der Gewichtsmatrix, damit das Netz lernen kann. Gewöhnlich bestehen Lernregeln jedoch darin, dass sie die Gewichtsmatrix in Abhängigkeit vom Lernerfolg modifizieren, bis der gewünschte Erfolg (Problemlösung, Optimum, Attraktor im Lösungsraum etc.) erreicht ist.

Die *Hebbsche Lernregel* basiert auf dem Prinzip, Verbindungen von Neuronen untereinander zu verstärken, wenn sie zur gleichen Zeit stark aktiviert sind. Sie wurde 1949 von Donald O. Hebb formuliert und dient häufig als Grundlage komplizierterer Lernregeln. Die mathematische Formel der Hebbschen Regel lautet wie folgt:

$$\Delta w_{ij} = \eta O_i A_j$$

Diese Formel bringt mathematisch zum Ausdruck, dass eine Verbindung zwischen zwei Neuronen immer dann gestärkt bzw. geschwächt wird, wenn beide Neurone annähernd zeitgleich aktiv respektive inaktiv sind. Aus physiologischer Perspektive ändern sich die synaptischen Eigenschaften (exzitatorisch oder inhibitorisch) proportional zur Summe der prä- und postsynaptischen Aktivitäten der beteiligten Neuronen, d. h. gleichzeitig feuernde Neuronen stärken ihre synaptische Verbindung und hemmen gleichzeitig die Aktivitäten der nicht-feuernden Neuronen. Aus Sicht der Lerntheorie beschreibt die Formel der synaptischen Verstärkung bzw. Abschwächung sogar ein universelles Muster, indem nämlich Lernen durch Wiederholung und Wissen durch Bestätigung von sich bewährenden Mustern erfolgt. Wobei Δw_{ij} die Änderung des Gewichtes zwischen dem vorgeschalteten Neuron i und dem Neuron j, auf das jenes einwirkt, darstellt. Die Ausgabe der vorgeschalteten Zelle i wird mit O_i, die Aktivierung der darauf folgenden Zelle j mit A_j bezeichnet. η ist die sogenannte Lernrate. Unter der Lernrate, als numerischer Wert, versteht man den Faktor, der die individuellen Lernprozesse je nach Fähigkeit oder Begabung steuert. Die Hebbsche Lernregel wird häufig im Zusammenhang mit binären Aktivierungswerten verwendet. Sind diese Werte 1 und 0 ist zu beachten, dass eine Verbindung zwar gestärkt, aber nicht geschwächt, sondern nur inaktiv gesetzt werden kann. Aus diesem Grund werden als Binärwerte bevorzugt 1 und -1 verwendet. Da die Verbindungsgewichte die Synapsenart (hemmend bei negativen oder erregend bei positiven Werten) darstellen, ist es jedoch nicht plausibel, das Gewicht vom ursprünglichen positiven Wert auf einen negativen Wert herabzusetzen, da aus einem hemmenden Neuron kein erregendes Neuron werden kann.

Bei der allgemeinen mathematischen Form der Hebbschen Regel spielt noch ein weiterer Parameter eine Rolle: das teaching input t_j, das die erwartete Aktivierung darstellt. Die allgemeine Form lautet:

$$\Delta w_{ij} = \eta h\left(O_i, w_{ij}\right) g(A_j, t_j)$$

Hierbei werden zwei Funktionen h und g als weitere Faktoren neben der Lernrate η verwendet, von denen eine vom teaching input t_j abhängig ist.

Die *Delta-Regel* gehört zu den Derivaten der Hebbschen Lernregel. Auch bei dieser Lernregel wird das Verbindungsgewicht verändert. Der Grad der Veränderung steigt dabei proportional zur Differenz der aktuellen Aktivierung und der erwarteten Aktivierung eines Neurons. Die Delta-Regel tritt in zwei Formen auf:

$$\Delta w_{ij} = \eta O_i \left(t_j - A_j\right) = \eta O_i \delta_j$$

und

$$\Delta w_{ij} = \eta O_i \left(t_j - O_j\right) = \eta O_i \delta_j$$

Bei beiden Formeln entspricht das teaching input t_j der erwarteten Ausgabe. Die Delta-Regel ist ein Spezialfall, denn sie wird nur bei linearen Aktivierungsfunktionen von Netzen mit nur einer Schicht trainierbarer Gewichte verwendet.

Die *Backpropagation-Regel* ist der Delta-Regel sehr ähnlich. Sie wird bei Netzen mit mehr als einer Schicht trainierbarer Gewichte und für Neuronen mit nicht linearer Aktivierungsfunktion verwendet. Die Aktivierungsfunktion muss bei dieser Lernregel semilinear sein. Das bedeutet, dass sie monoton und differenzierbar sein muss. Die Backpropagation-Regel lautet:

$$\Delta w_{ij} = \eta O_i \delta_j$$

Soweit ist sie analog zur Delta-Regel. Der Unterschied zu ihr liegt in der Berechnung von δ_j. Falls j eine Ausgabezelle ist, berechnet sich δ_j aus

$$\delta_j = f'\!\left(\text{Net}_j\right)\!\left(t_j - O_j\right)$$

Falls j eine verdeckte Zelle betrifft, berechnet sich δ_j hingegen aus

$$\delta_j = f'\!\left(\text{Net}_j\right)\Sigma_k\!\left(\delta_k \Delta w_{jk}\right)$$

Dabei ist f' die Aktivierungsfunktion, Net die Propagierungsfunktion und t die erwartete Ausgabe. Bei der zweiten Fallunterscheidung ist der Summationsindex k zu beachten. Das Verbindungsgewicht w_{jk} zeigt an, dass damit alle nachfolgenden Zellen gemeint sind.

Die bisher eingeführten generischen Modelle konnektionistischer Systeme beinhalten eine Vielzahl von Parametern und lassen somit eine große Variabilität innerhalb der Klasse konnektionistischer Modelle zu. Anhand verschiedener Einschränkungen dieser Parameter, insbesondere der Ausgabe-, Propagierungs- und Aktivierungsfunktion, können unterschiedlich komplexe Modellklassen gebildet werden. Diese Variabilität führt dazu, dass vor der Entwicklung eines künstlichen neuronalen Netzes vor allem drei grundlegende Fragen geklärt werden müssen.

- **Was** soll das Neuronale Netz lernen? Damit einher geht die Frage, welche spezifische Aufgabe das Neuronale Netz erfüllen soll (beispielsweise Mustervervollständigung, Mustererkennung etc.). Die Antwort auf diese Frage bestimmt den Netztypus.
- **Wie** soll es lernen? Dies betrifft die Frage nach dem adaptiven Verfahren, mit dem die gestellte Aufgabe bewältigt werden soll (beispielsweise Fehlerminimierung, etc.). Die Antwort auf diese Frage betrifft die Auswahl der spezifischen Lernalgorithmen.
- In **welchem Rahmen** soll es lernen? Diese Frage bezieht sich auf die Netz-Architektur (Eingabe- und Ausgabeschichten, verdeckte Einheiten). Die Antwort liefert einen ersten Eindruck auf die durch die Aufgabenspezifikation erforderliche Komplexität des spezifischen Netztypus.

Eine weitere Unterscheidung kann anhand des Verarbeitungsmodus getroffen werden, in dem die Modelle eingesetzt werden. Die meisten Modelle werden als feed-forward oder interaktiv arbeitende Netze verwendet, wobei die Grundidee hierbei ist, dass eine externe Eingabe durch Vorwärtspropagierung im Netz verarbeitet wird und abschließend eine externe Ausgabe erzeugt. In anderen Modellen hingegen, insbesondere den thermodynamischen Modellen, besteht die Verarbeitung einer Eingabe darin, dass das Netz sich ausgehend von einem Initialzustand, der durch eine externe Eingabe bestimmt wird, in einen Gleichgewichtszustand einschwingt. Aus diesem Endzustand kann dann die externe Ausgabe abgelesen werden. Solche Systeme werden auch als *Relaxations-Netze* bezeichnet. Außerdem kann zwischen *synchron* arbeitenden Netzen, bei denen alle Elemente gleichzeitig ihren Zustand ändern und ggf. eine Ausgabe erzeugen und *asynchronen* unterschieden werden. In asynchron arbeitenden Netzen wird der Zeitpunkt der Zustandsänderung durch eine probabilistische Funktion bestimmt oder (pseudo-) zufällig festgelegt. Die Elemente selbst arbeiten in den meisten Modellen deterministisch, manchmal auch probabilistisch. Weiterhin kann man unterscheiden zwischen Netzen, die *vollständig* oder *zufällig verbunden* sind, deren Elemente in *Schichten* angeordnet sind, wobei Verbindungen nur in eine Richtung erlaubt sein können *(bottum-up, top-down)* oder in beide *(interaktiv)*, und zwischen *symmetrischen* Netzen.

Um eine ausreichende Funktionsfähigkeit der Neuronalen Netze zu erreichen, ist die Auswahl des Netzmodells und dessen Konfiguration von grundlegender Bedeutung. Insbesondere sind hier mehrere Schritte zu durchlaufen:

- Eingabe und Ausgabeparameter definieren,
- Netzarchitektur festlegen,
- einen Lernalgorithmus auswählen und die verschiedenen Parameter geeignet setzen,
- Trainingsdaten auswählen und aufbereiten,
- Netz trainieren.

Dies signalisiert, dass man Neuronale Netze durchaus als strukturdeterminierte Systeme auffassen kann, da natürlich die Komplexität und Größe der Netzarchitektur eine ausschlaggebende Rolle für die Problemlösung durch ein so konzipiertes System darstellt. Auch das Lernen zeigt sich unter dieser Perspektive als Strukturveränderung in einem dynamischen System, ohne die generelle Rahmensetzung (Architektur) des Systems überschreiten zu können. Hier sind eine ganze Reihe von Entscheidungen zu treffen, die jeweils einen starken Einfluss auf die Leistungsfähigkeit des resultierenden Netzes haben können. Die normale Methode besteht zu einem großen Teil darin, in einer Reihe von „Trial and Error" Schritten zu immer besseren Ergebnissen zu gelangen. Diese Vorgehensweise wird durch heuristische, aus der Erfahrung gewonnene Regeln unterstützt, eine verlässliche theoretische Basis ist jedoch nicht vorhanden. Anstelle einer konkreten Handlungsempfehlung lässt sich jedoch in der folgenden Klassifizierung aufzeigen, dass sich der Einsatz bestimmter Modelle auf bestimmte Problem- und Anwendungsgebiete in der Praxis bewährt haben (Tab. 6.7).

Aus der Vielzahl dieser existenter Netzmodelle sollen an dieser Stelle exemplarisch das Backpropagation-Netz, das Hopfield-Netz und das Kohonen-Netz beschrieben werden.

Das *Backpropagation-Netz* ist das am häufigsten eingesetzte Netzmodell. Es handelt sich dabei um ein mehrschichtiges Netz mit mindestens einer verborgenen Schicht und einer Feed-forward-Informationsausrichtung, bei der alle Neuronen einer Schicht vollständig mit den Neuronen der nächsten Schicht verbunden sind. Die Informationsverarbeitung in den Input-Neuronen erfolgt über die Summenfunktion (Eingangsfunktion) und eine lineare, unbegrenzte Aktivierungsfunktion. Die Ausgangsfunktion ist als Identitätsfunktion gestaltet, d. h., sie nimmt auf die Signale keinen weiteren Einfluss mehr. Ähnlich ist das Neuronen-Modell der Hidden-Schicht(en) und der Ausgabeschicht aufgebaut, d. h., bei diesen beiden Schichten dient die Summenfunktion wiederum als Eingangsfunktion sowie die Identitätsfunktion als Ausgangsfunktion. Lediglich die Aktivierungsfunktion wird durch eine Sigmoidfunktion gebildet. Beim Lernverfahren handelt es sich um überwachtes Lernen, d. h., es werden Trainingsdaten mit Angabe der gewünschten Ausgabe benötigt. Das wesentliche Kennzeichen des Backpropagation-Netzes bildet der spezielle

Tab. 6.7 Übersicht über die Modelle neuronaler Netze

Klassifizierungsmerkmal		Geeignete Modelle
Anwendungsgebiet	Musterassoziation	Heteroassoziative Speicher
	Mustererkennung	Hopfield
	Optimierung	Hopfield, Selbstorganisierende Karten, Kohonen Karte
	Ordnung implizit vorgegebener Daten	SOM
	Prognose	Boltzmann-Maschine
Lernverhalten	Überwachtes Lernen	Assoziative Netze
	Nicht-Überwachtes Lernen	SOM
	Verstärkendes Lernen	
Richtung des Informationsflusses	Feed-forward Netze	Assoziative Speicher, SOM
	Feedback Netze	Hopfield, BAM, Interaktive Netze
Bedingtheit der Entscheidungen	Deterministisch	Hopfield, Selbstorganisierende Karten, Kohonen Karte, SOM, Assoziative Netze,
	Stochastisch	Boltzmann-Maschine

Lernalgorithmus. Hierbei gilt es zu beachten, dass die Delta-Regel den Nachteil hat, dass sie lediglich für zweischichtige Netze angewandt werden kann, da die von ihr zur Gewichtsanpassung benötigte gewünschte Ausgabe nur für die Ausgabe-Neuronen vorliegt. Eine Verallgemeinerung dieser Regel für beliebig viele verborgene Schichten leistet die *generalisierte Delta-Regel* (generalized delta rule), auch Backpropagation-Algorithmus genannt. Die generalisierte Delta-Regel erweitert die herkömmliche Delta-Regel um die Berechnung der Fehlersignale verborgener Neuronen bei Feed-forward-Topologie. Dabei werden zunächst die Eingabedaten dem Netz zugeführt, um die Aktivierungszustände aller Neuronen und damit auch die Ausgabewerte des Netzes zu berechnen. In einem weiteren Schritt werden die Fehlerwerte der Ausgabeschicht und der verborgenen Schicht(en) jeweils schichtweise zurückgeführt und die entsprechenden Gewichtsänderungen berechnet. Diese Prozedur wird für alle Trainingsdatensätze wiederholt, so dass auf diese Weise der vom Netz produzierte Fehler sukzessive verringert wird. Bei einer derartigen Minimierung des Netzfehlers handelt es sich um einen Gradientenabstieg, was anschaulich einer Bewegung auf einem mehrdimensionalen Fehlergebirge hin zu dessen tiefstem Punkt entspricht. Problematisch bei diesem Vorgehen ist der Umstand, dass der Lernvorgang relativ langsam abläuft und nicht sichergestellt ist, dass das globale Minimum des Fehlergebirges tatsächlich gefunden wird. Aus diesem Grund existiert eine Reihe von Modifikationen der generalisierten Delta-Regel, die auf eine Beschleunigung des Lernverfahrens abzielt und die Wahrscheinlichkeit erhöhen soll, dass das globale Minimum gefunden wird. Am häufigsten wird hierbei der sogenannte *Momentumterm* eingeführt. Dabei fließen in die Berechnung der aktuellen Gewichtsänderung die Gewichtsänderungen der vorherigen Lernschritte ein, was dazu führt, dass die Bewegung auf dem Fehlergebirge „begradigt" wird und lokale Minima überwunden werden können.

Das von *Hopfield* vorgestellte Modell stellt einen Sonderfall in der Klasse der überwacht lernenden Neuronalen Netze dar. Es handelt sich um ein sogenanntes *autoassoziatives* Netz, bei dem Eingabe- und Ausgabemuster identisch sind, d. h., die Präsentation eines Eingabemusters führt nicht zur Ausgabe eines anderen assoziierten Musters, sondern des eingespeisten Musters selbst. Auf diese Art und Weise kann das neuronale Netz ein verfälschtes Eingabemuster korrigieren und ein Muster ausgeben, das dem ursprünglichen, unverfälschten Eingabemuster entspricht. Diese Eigenschaft, die beispielsweise bei der Spracherkennung genutzt werden kann, wird auch Mustervervollständigung genannt, d. h., das Netz dient als Speicher, der die vollständig abgespeicherte Information mit Hilfe einer Teilinformation, einer Art Schlüssel, wiederfindet. Während das Backpropagation-Netz keine Rückkopplungen zwischen Neuronen beinhaltet, wird die besondere Art der Informationsverarbeitung im Hopfield-Netz über eine vollständige symmetrische ($w_{ij}=w_{ji}$) Rückkopplung aller Neuronen in Form ungerichteter Verbindungen erreicht, was zu einer ungeschichteten Architektur bzw. Topologie führt. Dabei ist zu beachten, dass das Hopfield-Netz über keine direkten Rückkopplungen verfügt, d. h. Rückkopplungen von Neuronen mit sich selbst. Die *Informationsverarbeitung* innerhalb der Neuronen erfolgt über ein einheitliches Neuronen-Modell, wobei die Eingangsfunktion als Summenfunktion und die Ausgangsfunktion als Identitätsfunktion gestaltet ist, die somit keinen weiteren Einfluss mehr auf die Signale nimmt. Als Aktivierungsfunktion kommt in den meisten Fällen die Treppenfunktion zum Einsatz, die binäre Eingabe- und Ausgabedaten bedingt. Theoretisch ist auch die Verwendung kontinuierlicher Aktivierungsfunktionen mit den entsprechenden kontinuierlichen Ein- und Ausgabedaten denkbar. Der Lernalgorithmus des Hopfield-Netzes ist bestrebt, die sogenannte Energiefunktion, die den Netzzustand beschreibt, zu minimieren. Damit sind Hopfield-Netze grundsätzlich auch für Optimierungsprobleme geeignet, sofern sich die zu optimierende Funktion als derartige Energiefunktion formulieren lässt.

Im Gegensatz zu Backpropagation- und Hopfield-Netzen, bei denen überwachtes Lernen zum Einsatz kommt, verwendet das nach seinem Entwickler benannte *Kohonen-Netz* ein unüberwachtes Lernverfahren, dem beim Lernen ausschließlich Eingabemuster, also keine gewünschten Ausgabemuster, zur Verfügung stehen. Es erkennt selbständig Ähnlichkeiten, Häufigkeiten oder Regelmäßigkeiten in den Eingabemustern und wandelt sie in eine topologische Anordnung um. Das Kohonen-Netz, auch self-organizing map oder Modell selbstorganisierender Karten genannt, hat eine wesentlich stärkere biologische Orientierung als das Backpropagation- und das Hopfield-Netz. Es basiert auf der Erkenntnis neurologischer Forschung, dass die räumliche Anordnung der Neuronen im Gehirn oft in Relation zu bestimmten Merkmalen der Eingabemuster steht. Die Neuronen des Kohonen-Netzes sind in zwei Schichten angeordnet, einer Eingabeschicht und einer Kohonen-Schicht, die auch als Wettbewerbs- oder Kartenschicht bezeichnet wird. Alle Eingabe-Neuronen sind dabei über einen gerichteten Informationsfluss vollständig mit den Neuronen der Kohonen-Schicht verbunden, so dass eine Feed-forward-Architektur entsteht. Darüber hinaus bestehen in der Kohonen-Schicht laterale Verbindungen, die eine zweidimensionale Neuronen-Fläche, auch Karte genannt, aufspannen. Die den zwei Schichten zugrunde gelegten Neuronen-Modelle sind sehr verschiedenartig ausgelegt. Die Informationsverarbeitung in den Neuronen der

Eingabeschicht erfolgt, wie beim Backpropagation-Netz, über die Summenfunktion als Eingangsfunktion, eine lineare, unbegrenzte Aktivierungsfunktion und die Identitätsfunktion als Ausgangsfunktion. Die Neuronen der Kohonen-Schicht hingegen verwenden als Eingangsfunktion eine Summenfunktion, die neben den Ausgabewerten der Eingabe-Neuronen, auch die Ausgabewerte der lateral verbundenen Neuronen berücksichtigt. Als Aktivierungsfunktion kommt eine Sigmoidfunktion zum Einsatz. Die Ausgangsfunktion schließlich bezieht die Aktivitätspegel aller anderen Neuronen in die Berechnung des Ausgabe-Signals ein, wobei nur das Neuron mit dem höchsten Aktivierungspegel sein Signal weiterleiten darf, ein Vorgehen, das auch als Winner-takes-all-Prinzip oder Wettbewerbslernen bezeichnet wird. Entsprechend des Kohonen-Lernalgorithmus werden zunächst alle Gewichte mit Zufallswerten initialisiert. Das Neuron mit der größten Ähnlichkeit des Gewichtsvektors zum Eingabevektor erhält den höchsten Aktivitätspegel und hemmt die anderen Neuronen, d. h., ausschließlich dieses Gewinner-Neuron und dessen Nachbarn erhalten eine Gewichtsänderung. Die Definition des Umfangs der Nachbarschaft eines Neurons ist von großer Bedeutung für die Funktionsfähigkeit des Netzes, wobei es vorteilhaft ist, zu Beginn der Lernphase die Nachbarschaft weit zu fassen und mit zunehmendem Lernfortschritt zu verkleinern. Die Gewichtsänderung zieht, geometrisch betrachtet, den Gewichtsvektor in Richtung des Eingabevektors, so dass letztlich jedem Eingabemuster ein Punkt auf der durch die Kohonen-Schicht gebildeten Karte zugeordnet wird. Ähnliche Eingabemuster werden dabei auf den gleichen Ort abgebildet, so dass eine Gruppierung der Eingabemuster entsteht, die die in den Eingabemustern vorhandenen Ordnungsrelationen widerspiegelt. Damit bildet das Kohonen-Netz einen Ansatz, der für ein breites Spektrum von Klassifizierungsaufgaben geeignet erscheint. Darüber hinaus ist es grundsätzlich auch für Probleme geeignet, bei denen es um die Optimierung von „Nachbarschaften" geht, wie beispielsweise beim Travelling-salesman-Problem.

6.3 Lernende Organisation

Die lernende Organisation avanciert immer mehr zum Trendsetter der Managementlehre und des Managements. Einerseits klingt dies eher etwas abwertend, denn anscheinend versteht jeder etwas anderes unter einer solchen. Die Variationsmöglichkeiten sind fast so zahlreich wie die bisher zu diesem Thema erschienenen Veröffentlichungen. Andererseits ist dieser Trend aber auch positiv zu bewerten, da es den Bedarf nach einer für das Wissenszeitalter adäquaten Managementkonzeption zeigt.

6.3.1 Begriff

Eine einheitliche und streng formale Theorie der lernenden Organisation existiert bis zum heutigen Zeitpunkt nicht. Zu stark divergieren die einzelnen Definitionsversuche bezüglich der Begriffe der lernenden Organisation und des organisationalen Lernens. Jedoch stellt der Begriff des organisationalen Lernens eine wichtige Grundlage der Theorie zur kognitiven Organisation dar. Insofern wird in diesem Buch von einem eigenständigen Begriff des organisationalen Lernens dann gesprochen, wenn folgende Aspekte gegeben sind:

* Individuelles und insbesondere auch kollektives Lernen darf nicht mit organisationalem Lernen gleichgesetzt werden.
* Organisationales Lernen darf ebenso nicht mit der Summe der individuellen und kollektiven Lernprozesse der Organisationsangehörigen gleichsetzt werden.

Da insbesondere in der Anfangsphase der organisationalen Lerntheorie ein eigenständiger organisationaler Lernbegriff nicht anzutreffen war, sieht man sich bei der Findung eines allgemein akzeptierten Begriffs zahlreichen (Fehl-) versuchen von Definitionen ausgesetzt. So sieht eine Gruppe von Autoren im Begriff des organisationalen Lernens lediglich eine Art Metapher. Im Gegensatz zu dieser eher destruktiven Auffassung, die eine eigenständige Begriffsbildung und damit in der Folge eine eigenständige Theorie der lernenden Organisation von vorne herein zum Scheitern verurteilt, gibt es eine Reihe von Autoren, die es als durchaus gerechtfertigt ansehen, einen eigenständigen organisationalen Lernbegriff zu entwickeln. Dabei gab es die ersten aussichtsreichsten Versuche einer Begriffsbildung zum Phänomen des organisationalen Lernens in einem Bereich, der heutzutage gerne unter dem Oberbegriff des „adaptive learning" in Anlehnung an die zugrunde liegende behavioristische SR-Lerntheorie zusammengefasst wird. Aufgrund seiner ausschließlichen Konzentration auf das Anpassungslernen, das heute selbst in der individuellen Lerntheorie von anderen Wissenschaftsprogrammen abgelöst wurde, ist dieser Ansatz in der aktuellen Forschung zur organisationalen Lerntheorie jedoch eher als unbedeutend einzustufen. Ein weiterer Bereich organisationaler Lerntheorien umfasst den Bereich der Organisationskulturansätze. Der gemeinsame kulturelle Hintergrund, der durch die Organisation vorgegeben wird, beeinflusst dabei nach dieser Auffassung entweder direkt oder indirekt jede Art organisationaler Lernprozesse. Die Organisationsmitglieder lernen und handeln aufgrund von Annahmen, die sich aus der Organisationskultur heraus im Laufe der Zeit entwickelt und gefestigt haben. Damit ist sicherlich eine gewisse Nähe zu individuellen sozialen Lerntheorien gegeben, zumal das gesamte Gebäude dieser Annahmen, sowohl des Individuums als auch die Organisation betreffend, als Alltagstheorie bezeichnet wird. Ein anderer Bereich der organisationalen Lerntheorie konzentriert sich auf das Management der Organisationsressource Wissen und basiert im Wesentlichen auf der individuellen kognitiven Lerntheorie. Das gesamte Wissen, das einer Organisation bei Lernprozessen zur Verfügung steht, wird unter dem Modell der organisationalen Wissensbasis zusammengefasst. Das dadurch gewonnene Verständnis organisationaler Lernprozesse als Veränderung der organisationalen Wissensbasis lässt sich dann praktisch unter dem Oberbegriff „Wissensbasisentwicklung" zusammenfassen. Wissen kann dabei als „Verstehen" durchaus etwas weiter gefasst werden. Organisatorisches Lernen besteht demnach zum einen darin, dass latentes Wissen beschafft beziehungsweise durch den Abbau von Informationspathologien verfügbar gemacht wird. Dieses Wissen wird dann in organisatorische Entscheidungsprozesse eingebracht. Organisatorisches Lernen kann sich zum anderen darin zeigen, dass sich aktuelles Wissen in der Organisation verändert, das heißt, in einem bestehenden Rahmen (Kultur, Kontext, Sinnmodell etc.) verbessert wird. Organisatorisches Lernen kann sich in der Weiterentwicklung organisationalen Wissens manifestieren, wobei es zu einer Evolution der organisationalen Wissensbasis und in der Folge beziehungsweise als Resultat davon, ein Übergang auf eine höhere Entwicklungsstufe (Sinnmodell) möglich ist.

6.3.2 Theorien

Die *Theorien zur lernenden Organisation* bestehen derzeit aus einer großen Anzahl von Bruchstücken, die jeweils einen ganz bestimmten, durch die verwendeten Begriffe und den angestammten Wissenschaftszweig determinierten Bereich beschreiben. In allen diesen Ansätzen nehmen individuelle Lernprozesse eine zentrale Stellung für das Modell der lernenden Organisation ein. So geht ein früher Ansatz von einer Art Anpassungslernen der Organisation aus. Organisationen passen sich nach diesem Ansatz in kleinen Schritten den vorangegangenen Umfeldveränderungen an. Die Umfeldveränderungen können deshalb als Stimuli gesehen werden, auf die die Organisation entsprechend reagiert. Diese Reaktion erfolgt in Form einer Anpassung

- der **Ziele**: beispielsweise aufgrund des ausgeübten Druckes von Stakeholdern (Anspruchsgruppen);
- der **Aufmerksamkeit**: beispielsweise auf spezielle Umfeldsegmente, die eine höhere Bedeutung für das Überleben der Organisation haben als andere;
- des **Problemlösungsverhaltens**: beispielsweise im Selektieren erfolgreicher Lösungsverfahren aus der Vergangenheit.

Argyris verwendet zur Umschreibung des organisationalen Lernprozesses den Begriff der „organisationalen Handlungstheorie". Dabei geht er davon aus, dass jeder einzelne Mensch im Laufe seines Lebens programmhafte Muster entwickelt. Diese Programme bestehen aus subjektiven Werten, Regeln und Gesetzmäßigkeiten. Als solche tragen sie nicht nur dazu bei, das Verhalten und Handlungen gezielt festzulegen, sondern sie helfen außerdem, das Verhalten und die Handlungen Dritter zu interpretieren. Diese Muster sind demzufolge als allgemeine Handlungstheorien aufzufassen. Sie können in zwei wahrnehmbaren Formen auftreten:

- die nach außen hin verkündete Handlungstheorie: Sie wird auch als offizielle Handlungstheorie bezeichnet. Sie umfasst die Prinzipien, Leitlinien, Ziele und Absichtserklärungen eines Individuums oder einer Organisation;
- die tatsächlich im Gebrauch befindliche Handlungstheorie: Auf sie wird meist in Stresssituationen des Alltags zurückgegriffen, da in diesen Situationen nicht die Zeit bleibt, sich über die nach außen hin verkündete Theorie bewusst zu werden. Diese Theorie kann deshalb in einem enormen Widerspruch im Vergleich zu der anderen Theorie stehen und damit zu Glaubwürdigkeitsverlusten in der Öffentlichkeit führen. Die wenigsten Individuen und Organisationen sind sich dieser Tatsache im vollen Umfang bewusst.

Eine Kernvoraussetzung für das Erkennen dieser Widersprüche zwischen den einzelnen Theorien und damit dem Initiieren sowohl individueller als auch kollektiver Lernprozesse ist Offenheit und Unvoreingenommenheit der beteiligten Individuen. Erst bei Erfüllung dieser Voraussetzungen werden dann bewusst intendierte Lernprozesse ausgelöst. Das neue Wissen wird erst am Ende des Lernprozesses bewusst wirksam und beispielsweise in Form eines strategischen Plans als Verhaltensänderung der gesamten Organisation nach außen hin sichtbar. Allerdings sind die Widerstände in der Organisation gegenüber solchen Neuorientierungen oftmals sehr stark ausgeprägt, so dass neues Wissen häufig nur in Krisensituationen oder mit Unterstützung eines externen Beraters durchgesetzt werden kann. Im ersten Fall bestehen in Organisationen bereits informelle Theorien, die sich in krisenhaften Situationen in den Vordergrund schieben. Im zweiten Fall wird mit Hilfe einer Prozess-, Lern- oder Systemberatung versucht, bestehende Abwehrhaltungen aufzubrechen, beziehungsweise zu lockern. Damit werden unweigerlich auch Fragen der Organisationskultur angesprochen. Die Organisationskultur besteht aus der Gesamtheit aller Annahmen, die sich durch kollektive Lernprozesse im Laufe der Zeit entwickeln und das Verhalten der Organisationsmitglieder grundlegend beeinflusst haben. Diese Annahmen, die den Kern einer Art von Organisationsgedächtnis bilden, werden dabei von Verfahren und Methoden flankiert, mit deren Hilfe der Gründer oder Vorgesetzte innerhalb der lernenden Organisation seine eigenen Erfahrungen auf die organisationale Ebene übertragen kann. Man kann das organisationale Lernen differenzieren in Problemlösungslernen, Vermeidungslernen und kollektives Lernen. Problemlösungslernen tritt auf, wenn die äußeren Bedingungen, in denen das Problem begründet liegt, noch nicht so sind, wie es sich das Individuum oder die Organisation wünscht. Liegt jedoch ein inneres Ungleichgewicht, ein innerpsychischer Konflikt vor, so muss dieser zunächst durch Vermeidungslernen behoben werden. Dabei werden in einem ersten Schritt zunächst diejenigen Faktoren des äußeren Umfeldes identifiziert, die das innere Ungleichgewicht auslösen, um dann in einem zweiten Schritt das eigene Verhalten so anzupassen, dass diese Faktoren nicht mehr auftreten. Während beim Problemlösen die Wahrnehmung und damit auch der Lernprozess relativ offen gegenüber der Realität gestaltet werden kann, unterliegt das Vermeidungslernen von vornherein einer eingeschränkten Wahrnehmungsfähigkeit, die durch die Angst vor dem erneuten Auftreten der unerwünschten externen Faktoren eher noch weiter eingeschränkt wird. Die systemische, kollektive Denkweise soll alle Lernprozesse in Organisationen unterstützen. Dadurch gewinnen die Prozesse, die zur Entstehung der organisationalen Handlungstheorien beitragen, beispielsweise die teamorientierte Kommunikationsform des Dialogs, sowie die gegebenen strukturellen Rahmenbedingungen der Organisation, eine neue Qualität. Eine weitere Variante der Lerntheorie setzt beim Wissen der Organisation an, indem Organisationen als Wissenssysteme und organisationale Lernprozesse als das adäquate Mittel aufgefasst werden können, um neues Wissen zu generieren und dadurch die organisationale Wissensbasis kontinuierlich zu verändern. Weiterhin wird das organisationale Lernen vom individuellen Lernen streng abgegrenzt. Individuelles Lernen ist ein Prozess, bei dem sich das Verhalten relativ kontinuierlich aufgrund von neuen Erfahrungen und damit neuem Wissen ändert. Im Gegensatz dazu wird der organisationale Lernprozess als eine Weiterentwicklung des organisationalen Wissens verstanden, der eine Neuorientierung der Organisation entweder erst ermöglicht oder aber unnötig macht. Während individuelle Lernprozesse lediglich privates Wissen erzeugen, schaffen organisationale Lernprozesse öffentliches Wissen innerhalb der Organisation. Öffentliches Wissen ist dadurch charakterisiert, dass es

- zwischen den Organisationsmitgliedern kommunizierbar,
- konsensfähig, intersubjektiv akzeptabel, gültig und nützlich,
- integriert innerhalb der organisationalen Wissensbasis ist.

Auf diese Weise entsteht ein von allen Organisationsmitgliedern gemeinsam geteiltes Wissen. Dieses Wissen zu verarbeiten, setzt allerdings ein Gedächtnis voraus. Damit wird zum einen die Unterscheidung zwischen dem organisationalen Gedächtnis und dem individuellen Gedächtnis notwendig. Außerdem müssen die Informationsverarbeitungsprozesse des menschlichen Gehirns von denen der Organisation deutlich abgegrenzt werden. Als basale Bestandteile eines solchen organisationalen Gedächtnisses lassen sich ausmachen:

- standardisierte Arbeitsanweisungen,
- Bräuche,
- Symbole als Träger organisationaler Traditionen,
- Normen,
- Mythen,
- Organisationssagen,
- Managementkultur.

Nach neurobiologischen Erkenntnissen gilt als der wesentliche Bestandteil, der die Überlegenheit des menschlichen Gehirns auszeichnet, das menschliche Gedächtnis, die Großhirnrinde als Subsystem des menschlichen Gehirns. Die bisher praktizierte Differenzierung zwischen Gehirn und Gedächtnis ist nicht mehr so ohne weiteres möglich. Damit eröffnet diese holografische Sichtweise des menschlichen Gehirns eine Chance für die Managementforschung. Organisationen sollten nach diesem neuen Verständnis daher als Gehirne und als holografische Systeme aufgefasst werden. Die einzelnen Teile des holografischen Gesamtsystems bestehen dabei im Wesentlichen aus den Gehirnen der einzelnen Organisationsmitglieder, aber beispielsweise auch aus Computern, wobei man Letztere als „technische Gehirne" ansehen kann. Diese Teile gilt es in einer Organisation, gemäß der folgenden vier Prinzipien, zu einem holografischen Gesamtsystem zusammenzuführen:

- das Ganze in Teile zerlegen,
- Verbindungen herstellen und Redundanzen schaffen,
- simultane Spezialisierung und Generalisierung herstellen,
- eine Kapazität zur Selbstorganisation aufbauen.

Wenn man aus dieser Sichtweise heraus organisationale Lernprozesse analysiert, so kommt man zwangsläufig zu dem Ergebnis, dass die Kapazität der Selbstorganisation der Organisation die Kapazität der organisationalen Lernfähigkeit in direkter Abhängigkeit mitbestimmt. Die Sichtweise von der Organisation als selbstorganisierendes System basiert auf der Annahme, dass eine Entwicklung innerhalb eines selbstorganisierenden Systems nur dann stattfinden kann, wenn ein institutioneller Lernprozess abläuft. Begründet wird diese Annahme dadurch, dass Selbstentwicklung als einzige Möglichkeit existiert, um Entwicklung in der Veränderung zu erkennen und aktiv zu betreiben. Neben den Themenkomplexen der Systementwicklung und Selbstorganisation werden in zunehmendem Maße auch Fragen des organisationalen Wissens und der organisationalen Wissensbasis mit einbezogen. Durch diesen Ansatz wird es möglich, den organisationalen Lernprozess in direkte Beziehung zur organisationalen Wissensbasis zu setzen, indem organisationales Lernen als Transformation zur organisationalen Wissensbasis aufzufassen ist. Dieser Ansatz wird in weiten Teilen als basale Grundlage für das Modell der lernenden Organisation als wissensbasiertes System dienen.

6.3.3   Modelle

Das Modell der lernenden Organisation wird innerhalb der Managementlehre in den Bereich des organisatorischen Wandels beziehungsweise in das Management des Wandels eingeordnet. Dabei existieren in der Wissenschaft unterschiedliche Erklärungsmodelle, wobei sich drei Grundmodelle des Wandels unterscheiden lassen: Entwicklungsmodelle, Selektionsmodelle und Lernmodelle.

Zu den *Entwicklungsmodellen* zählen vor allem die Lebenszyklus- und Reifungsmodelle von Organisationen. Sie gehen von systembedingten Veränderungen aus, die automatisch und ohne ein Dazutun externer Kräfte ablaufen. Diese naturgegebenen Zyklen gehorchen Gesetzmäßigkeiten, deren Kenntnis auf der einen Seite die Richtung der Veränderung beeinflussen kann. Radikale Modelle gehen davon aus, dass die Organisation, dem Lebewesen gleich, verschiedene Altersstufen durchläuft. Nach einer bestimmten Zeit ist sie aufgrund ihrer typischen Alterungsprozesse zum Sterben verurteilt. Sie kann diesen Alterungsprozess zwar hinauszögern, verhindern kann sie ihn jedoch nicht, geschweige denn sich verjüngen. Andere, eher gemäßigtere Ansätze, sprechen von einem Zyklus, in dessen letzter Phase, meistens geprägt durch eine Krise, die Organisation eine Reorganisation oder eine Transformation vornehmen muss. Bewältigt die Organisation diese erfolgreich, ist ihr der Sprung in einen nächsten Zyklus gelungen und der Kreislauf kann von vorne beginnen. Gelingt dies allerdings nicht, so muss das System untergehen, es muss „sterben". Veränderungen, egal ob positiv oder negativ, treffen auf jeden Fall ein und können von den Entscheidungsträgern zwar vorhergesagt, aber keinesfalls vermieden werden. So kann sich die Organisationsführung zwar auf die einzelnen Phasen optimal vorbereiten, inwieweit sie jedoch die Chance hat, durch gezielte und erfolgreiche Anpassungsmaßnahmen dem Untergang zu entgehen, bleibt in den meisten Entwicklungsmodellen allerdings offen.

Im Vergleich zu den Entwicklungsmodellen haben die *Selektionsmodelle* eine wesentlich weitere Sichtweise bezüglich des allgemeinen Wandels. Sie betrachten nämlich weniger die einzelne Organisation als vielmehr ganze Populationen von Organisationsformen. Es fehlt ihnen damit eine vorgegebene Richtung der allgemeinen Umfeld- und Organisationsentwicklung. Das Organisationsumfeld setzt lediglich Bedingungen und Grenzen, innerhalb derer die Organisation in ihrer Vielfalt weiterhin existieren kann. Diese äußeren und dynamischen Zwänge des Umfelds entscheiden, welche Baugruppen beziehungsweise spezifischen Populationen mit ihren Charakteristika am besten zu dem vorgegebenen Umfeld passen. Das Organisationsumfeld sondert nach einem allgemeinen Wandel die schlechten Systeme, Strukturen und Organisationen aus, so dass nur die Organisationsformen mit den weiterhin von dem Umfeld erwünschten oder zugelassenen Charakteristika übrig bleiben. Diese bezüglich der Fitness optimierten Organisationen können sich dann in dem neuen Umfeld, beispielsweise durch Wachstum und Vermehrung, etablieren, bis sie wiederum an umfeldbedingte Wachstumsgrenzen stoßen und es zur nächsten Selektion der Schwächeren kommt. Aufgabe der Entscheidungsträger in solch einer Organisation ist zwar das Erkennen der vom Organisationsumfeld vorgegebenen Bedingungen, dies ist aber nicht in jedem Selektionsmodell möglich. Außerdem kann ein allgemeiner Wandel im Umfeld dazu führen, dass einige Organisationen ihre Adaptionsfähigkeit gerade durch diesen Wandel verlieren und dadurch von vornherein zum Sterben durch Selektion verurteilt sind. Andere Modelle gehen davon aus, dass die Organisation zwar den allgemeinen Wandel erkennen kann, dies allerdings viel zu spät, so dass die Organisationsführung dann nicht mehr in angemessener Weise darauf reagieren kann. Die Organisationsführung hat in diesen Modellen einzig und allein die Aufgabe, eine Organisation möglichst flexibel zu gestalten, um einer Selektion zu entgehen. Die Selektionsmodelle sprechen daher der Organisationsführung die Fähigkeit ab, den allgemeinen Wandel im Umfeld zu identifizieren und sich diesem anzupassen. Das Organisationsumfeld ist nach ihrer Meinung ein viel zu komplexes Gebilde, als dass die Entscheidungsträger innerhalb der Organisation den allgemeinen Wandel rechtzeitig und klar erkennen können.

Die *Lernmodelle* bilden einen dritten Erklärungsansatz, um organisationale Veränderungsprozesse zu beschreiben. Es handelt sich hierbei, im Gegensatz zu den beiden vorhergehenden Ansätzen, um nicht-fatalistische Modelle. Der Mensch hat im Vergleich zu biologischen Organismen niederer Ebene die Fähigkeit zur Reflexion über sein Handeln und Tun. Menschen können deshalb bewusst ihre Verhaltensweisen ändern und haben damit auch die Chance zu einer Verbesserung. Dieser Prozess der Verhaltensänderung wird in der Literatur ebenfalls, wie schon die Informationsverarbeitung, unter dem Begriff des Lernens subsummiert. Einfache Lernmodelle arbeiten nach dem Stimulus-Response-Ansatz (SR-Ansatz). Dieser besagt nichts anderes, als dass der Mensch eine Veränderung in seinem Umfeld erkennt und sich dieser durch eine eigene Handlung anpasst. Auf die Organisation übertragen heißt das: Der Manager erkennt einen allgemeinen Wandel, beispielsweise durch eine Krise und passt daraufhin die gesamte Organisation durch einen organisatorischen Wandel an. Hier lernt dieser Manager gezwungenermaßen, ausgelöst durch „Krisen". Weitergehende Ansätze, insbesondere systemische, kybernetische und kognitive Modelle, stellen die Behauptung auf, dass der Mensch die Fähigkeit besitzt, durch Einsicht, Erfahrung und Erkenntnis einen allgemeinen Wandel des Umfelds, zumindest zeitweise, vorwegzunehmen oder gar zu seinen Gunsten zu beeinflussen. Hier gestaltet die Organisation durch den Menschen ihr Umfeld und damit den allgemeinen Wandel und lässt sich keine schicksalhaften Entwicklungen oder Selektionen aufzwingen.

Die Theorie des Wandels besagt, dass dem allgemeinen Wandel ein organisatorischer Wandel folgen muss, will die Organisation ihre Überlebensfähigkeit auch in Zukunft behalten. Denn jede Organisation als System steht mit seinem organisatorischen Umfeld in direkter Beziehung. Die Ansätze der Organisationsveränderung behandeln die Formen des organisatorischen Wandels innerhalb der Organisation dabei ausführlicher. Ausgangspunkt dieser Modelle ist die Erkenntnis, dass eine erfolgreiche Umstellung der Organisationsstrukturen in einem signifikanten Ausmaß von der Einstellung der Organisationsmitglieder zu diesen neuen Strukturen abhängt. Die somit erwünschte positive Einstellung ist in der Regel nicht gegeben. Deshalb gilt es, Widerstände und emotionale Sperren gegen den Wandel zu untersuchen, um sie in der Folge abbauen zu können. Im Vergleich zu den anderen Modellen des organisatorischen Wandels spielt folglich die Interaktion zwischen Organisationsumfeld und Organisation hier eine eher untergeordnete Rolle. Es geht vielmehr um die Technik der Veränderung innerhalb der Organisation. Die Betrachtungsebene verlagert sich damit von außen nach innen. Zur Organisationsveränderung als geplanten organisatorischen Wandel lassen sich vier Ansätze heranziehen:

- Organisationsentwicklung,
- Kulturentwicklung,
- Organisationsübergang,
- Organisationsverwandlung.

Die *Organisationsentwicklung* findet ihren Ursprung in der Aktionsforschung, die von Kurt Lewin und Jacob Moreno begründet wurde. Ihre Forschungsarbeiten über Gruppendynamik und Gruppentherapie legten den Grundstein einer problemorientierten Organisationsveränderung, bei der die Mitarbeiter gemeinsam die Probleme analysieren und daraufhin auch gemeinsam Veränderungen in die Wege leiten. Daraus geht hervor, dass die Organisationsentwicklung ein anwendungsbezogener Ansatz innerhalb der verhaltensorientierten Organisationsforschung ist. Eine konkrete Definition der Organisationsentwicklung fällt nicht leicht, da sie in der Vergangenheit als Begriff für sehr viele und verschiedenartige Ziele herhalten musste. Grundsätzlich befasst sich die Organisationsentwicklung mit der Initiierung, Planung und Umsetzung von Veränderungsprozessen in Organisationen. Insbesondere das Ziel der Humanisierung der Arbeit wird dabei auffallend oft behandelt. Dies birgt natürlich die Gefahr einer Ideologisierung der Debatte in sich, in der man sehr schnell die wirtschaftlichen Grundsätze vernachlässigt. Wenn man dann noch die Überlegungen ausschließlich am Individuum Mensch ausrichtet, hat dies zur Folge, dass andere Einflussfaktoren auf Veränderungsprozesse, wie Gruppenverhalten, Organisationsstruktur und Betriebsklima, kaum mehr Berücksichtigung finden. Deshalb wurde auch häufig innerhalb der

Organisationsentwicklung von der Veränderung von Werten und Einstellungen beim Mitarbeiter gesprochen und weniger oder gar nicht von Veränderungen der Organisationsstruktur und -kultur. Dies führte dazu, dass sich die Forschung zur Organisationsentwicklung in der Folgezeit allzu sehr mit Fragen der Manipulation des einzelnen Menschen beschäftigte. Zusätzlich ist kritisch anzumerken, dass die psychologisch oder sogar als psychotherapeutisch zu bezeichnende Ausrichtung der Organisationsentwicklungs-Forschung den organisatorischen Wandlungsprozess eher zu einer Spezialistensache werden lässt, der ohne die Hinzuziehung eines externen Beraters nicht mehr erfolgreich bewältigt werden kann.

Seitdem das Forschungsgebiet der Organisationskultur an Bedeutung gewonnen hat, vermehren sich die Versuche, Organisationsentwicklung und Organisationskultur miteinander zu verbinden. Diese Versuche laufen meist unter dem Überbegriff der *Kulturentwicklung*. Sie betonen das Werte- und Normensystem einer Organisation und wollen über die Veränderung dieses Systems die gesamte Organisation schrittweise umwandeln. Organisatorischer Wandel soll dabei einem geplanten kulturellen Wandel folgen. Man unterscheidet in diesem Zusammenhang zwischen zwei grundsätzlich unterschiedlichen Betrachtungsweisen zur Möglichkeit einer gezielten Kulturveränderung: Management als Systemsteuerung und Management als Kulturentwicklung. Beide Möglichkeiten werden dabei gleichrangig nebeneinander gestellt. Über die Betrachtungsebene der formalen Systemsteuerung hinausgehend, hat das Management als Kulturentwicklung die Aufgabe, die gesamte Organisationskultur zu verändern und diesen Prozess über symbolische Handlungsweisen zu verstärken. Dabei soll die Veränderung der Organisationskultur von allen Organisationsangehörigen durch Übereinstimmung getragen werden. Dieser Ansatz ist in Teilaspekten auch für das Lernmodell interessant, da es dadurch möglich wird, die Lernkultur einer Organisation positiv zu beeinflussen. Allerdings verlangt das Organisationsveränderungsmodell auch nach einer sehr kritischen Betrachtungsweise, da man allgemein eher bezweifeln muss, ob jeder organisatorische Wandel zunächst über eine, zudem noch einstimmig zu treffende, Kulturveränderung herbeigeführt werden kann. Ganz abgesehen davon scheint die Möglichkeit eines bewusst geplanten kulturellen Wandels von Seiten der Organisationsführung aus systemtheoretischer Sichtweise doch eher begrenzt zu sein.

Der dritte Erklärungsansatz einer Organisationsveränderung konzentriert sich stärker als die beiden vorherigen Ansätze auf den einzelnen Wandlungsprozess in Form eines *Organisationsübergangs*. Der organisatorische Wandel stellt einen Prozess dar, der einen aktuellen Istzustand über ein Zwischenstadium, den eigentlichen Übergang, in einen Sollzustand überführt. Dem Management dieses Übergangszustandes kommt dabei eine ganz besondere Bedeutung zu. Gelingt nämlich der Übergang, so gilt es, den erreichten neuen Zustand zu festigen. Gelingt er hingegen nicht, so muss der alte Zustand wieder hergestellt werden. Der Wandel wird vom Management schrittweise geplant. Die eigentliche Übergangsphase wird in kleine Teilschritte zerlegt, die jederzeit beide gerade beschriebenen Szenarien und damit auch die Möglichkeit eines Scheiterns einkalkulieren sollten. Die Steuerungs- und Kontrollfunktion verbleibt in Händen der Organisationsführung. Der Ansatz geht davon aus, dass sich der organisatorische Wandlungsprozess in einer zeitlich überschaubaren, kontinuierlichen und damit stetigen Art und Weise vollzieht. Dies widerspricht allerdings allen bisherigen Erkenntnissen der Systemtheorie. Interne und externe Faktoren verlangen oftmals nach einem schnellen und diskreten revolutionären Wandel, um die Überlebensfähigkeit des Gesamtsystems wieder herstellen zu können. Der organisatorische Wandel wird zudem in Übergangsmodellen häufig als Sonderfall und als klar umschriebenes Projekt behandelt. Am Projektende des organisatorischen Wandlungsprojekts wird die Organisation wiederum bewusst stabilisiert. Ausgangspunkt dieser Sichtweise ist ein übertriebenes Gleichgewichtsdenken. Organisatorischer Wandel wird demnach als Übergang von einem zum nächsten Gleichgewichtszustand interpretiert. Dem scheint eine Auffassung zu widersprechen, die Wandel eher als Normalität, Stabilität hingegen als störender und der Überlebensfähigkeit des Systems entgegenstehender Zustand auffasst. Neuere systemtheoretische Konzepte, die auf neurobiologischen Überlegungen basieren, gehen davon aus, dass lebensfähige Systeme die Eigenschaft haben, in ihrer Struktur immanent unruhig zu sein. Auf eine Organisation übertragen bedeutet dies, dass sich deren Struktur kontinuierlich verändert, der organisatorische Wandel damit alltäglich und zum Normalfall wird. Der Erklärungsansatz der Organisationstransformation unterscheidet sich in mehreren Punkten grundlegend von den vorherigen Ansätzen. Erstmals wird hier die Organisationsveränderung mit dem allgemeinen Wandel im Systemumfeld in Verbindung gebracht. Der organisatorische Wandel wird dabei durch drei wesentliche Faktoren ausgelöst:

- durch die Wahrnehmung der allgemeinen Veränderungen im Organisationsumfeld;
- durch das Erkennen zukünftiger Anforderungen an die Organisation, die durch diesen allgemeinen Wandel neu entstehen;
- durch das Wahrnehmen der jetzigen, nur unzureichend darauf vorbereiteten organisatorischen Situation.

Die Organisationsveränderung ist dabei eher revolutionär als evolutionär. Die Motivation zur Organisationsveränderung resultiert aus einem festen Glauben an die Existenz neuer Lösungen und aus der Unzufriedenheit über die bestehende Situation, insbesondere über die bestehenden Managementkonzeptionen. Die Organisationstransformation wird durch die Organisationsführung initiiert und von einem Team umgesetzt, das sich aus internen und externen Beratern zusammensetzt. Die Transformationen verfolgen dabei folgende Ziele:

- Verbesserung der Arbeitsproduktivität,
- Verstärkung der Kernkompetenzen und
- Initiieren von Selbsterneuerungskräften.

Die Veränderung von Arbeitsabläufen, die Reduzierung der Komplexitätskosten und die Erhöhung der Arbeitsqualität führen zu einer Verbesserung der gesamten Arbeitsproduktivität. Eine Organisation, die den organisatorischen Wandel zu einer schlanken Organisation bewältigen will, führt in aller Regel eine solche Organisationstransformation durch. Die Konzentration auf die eigenen Kernkompetenzen, der gezielte Ausbau der eigenen Stärken, die Festlegung und Zementierung der strategischen Neuausrichtung erhöhen die Überlebensfähigkeit der gesamten Organisation. Die Realisierung dieser Transformationsart gestaltet sich in der Praxis schon wesentlich komplexer, da der gesamte Veränderungsprozess langfristiger angelegt ist und seine Auswirkungen oftmals erst in ferner Zukunft wirklich sichtbar werden. Durch die Initiierung von Selbsterneuerungskräften wächst bei der Organisation die Fähigkeit, den allgemeinen Wandel zu erkennen, um dadurch strategische, als auch operative Abweichungen erst gar nicht entstehen zu lassen. Spielt sich der Wandel wie bei der gemeinschaftlichen Selbsterneuerung über einen längeren Zeitraum hinweg ab, prägen sich gewisse Wandlungsmuster innerhalb der Organisation ein. Diese verbinden sich zu Konfigurationen, wenn man die gesamte Organisation als System betrachtet. Konfigurationen sind somit Cluster von formell geplanten oder informellen Strukturen und Subsystemen, die durch gemeinsam geteiltes Wissen zusammengehalten werden. Die für eine Organisation wesentlichen Konfigurationen bezeichnet man als sogenannte *Archetypen* (Urmuster). Als Subsysteme aufgefasst, haben diese Archetypen die Tendenz, die wesentlichen Struktur-, Strategie- und Kulturelemente in sich zu verbinden. Übergänge von einem Archetyp zum nächsten sind revolutionär und stellen eine Organisationstransformation dar. Sie stehen dazu im Gegensatz zu den oben angeführten Organisationsveränderungen, wie beispielsweise die Organisationsentwicklung, die eher evolutionäre Charakterzüge zeigen und sich innerhalb dieser Archetypen abspielen. Evolutionäre und revolutionäre Veränderungen der Urmuster erschaffen und steigern die Lern- und Wandlungsfähigkeit der gesamten Organisation. Das bemerkenswerteste Konzept dieser Transformationsart ist und bleibt daher sicherlich das der lernenden Organisation.

6.3.4 Konzept

Unter einer *lernenden Organisation* wird ein wirtschaftliches und systemtheoretisches Modell innerhalb eines komplexen aber beeinflussbaren Umfeldes verstanden, das zum Ziel hat, die Lernprozesse der gesamten Organisation und das seiner Gruppen und Mitarbeiter in Einklang mit den aktuellen neurobiologischen und lerntheoretischen Erkenntnissen zu fördern und in einen organisationalen Lernprozess zu integrieren, um durch Lernen und kontinuierliche gemeinschaftliche Selbsterneuerung die eigene Überlebensfähigkeit langfristig zu gewährleisten. Dieses Konzept einer lernenden Organisation trägt den folgenden Anforderungen Rechnung:

- Die lernende Organisation kann als ein wirtschaftswissenschaftliches Modell verstanden werden, das den zukünftigen Anforderungen der Informations- und Wissensgesellschaft gerecht wird.
- Die lernende Organisation kann als ein systemtheoretisches Modell verstanden werden, das dazu beiträgt, die Überlebensfähigkeit von Organisationen mit Hilfe individueller, kollektiver und organisationaler Lernprozesse auf ein Optimum zu steigern.
- Das theoretische Modell der lernenden Organisation widerspricht nicht den aktuellen Erkenntnissen der kognitionswissenschaftlichen und lerntheoretischen Forschung.

- Die organisationalen Lernprozesse in lernenden Organisationen sind deutlich von individuellen und kollektiven Lernprozessen, auch in deren Summe, abgegrenzt.
- Die Verwandtschaft des Modells der lernenden Organisation zu Lernmodellen auf der einen Seite, und zu Modellen der Organisationstransformation, sowie Organisationsentwicklung auf der anderen Seite, kann im Folgenden klar herausgearbeitet werden.

Da die lernenden Organisationen nicht nur als wirtschaftswissenschaftliches, sondern auch als systemtheoretisches Modell aufgefasst werden müssen, lässt sich diese Organisationsform durch einige Systemeigenschaften bereits näher charakterisieren. Lernende Organisationen sind relativ offene Systeme, da ihre Systemgrenzen durchlässig sind. Damit sind sie in der Lage, bilaterale Austauschbeziehungen zu ihrem Systemumfeld zu unterhalten. Dabei sind Beziehungen sowohl zwischen Organisationsumfeld und Organisation als auch zwischen Organisation und Organisationsumfeld möglich. Lernende Organisationen sind aber nicht nur offene, sondern gleichzeitig auch geschlossene Systeme. Letzteres dadurch, da ihre innere Struktur und Kultur die Systemgrenze für manche Informationen undurchlässig gestaltet. Dieses Phänomen wird in der Literatur als Betriebsblindheit bezeichnet.

Lernende Organisationen sind relativ dynamische Systeme, weil sich in allen Modellen zur organisationalen Lerntheorie der Lernprozess in strukturellen und kulturellen Veränderungen der Organisation niederschlägt. Eine lernende Organisation ist eine sich ständig wandelnde Organisation. Der organisationale Lernprozess trägt dazu bei, dass sich das System kontinuierlich verändert. Allerdings zeigt die lernende Organisation auch gleichzeitig statische Züge, da in allen organisationalen Lernansätzen ein fester Rahmen von sicheren Spielregeln eine lernfreundliche Umgebung sicherstellen soll. Individuelle Sicherheit ist nach lerntheoretischen Gesichtspunkten die Voraussetzung für individuelle Lernprozesse und damit für die lernende Organisation.

Lernende Organisationen sind relativ undeterminierte Systeme und weisen daher eine hohe Anzahl an Freiheitsgraden auf, die ihre Flexibilität innerhalb ihres Systemumfelds erhöhen. Sie sind aber auch gleichzeitig probabilistisch, weil das menschliche Gehirn und damit das individuelle Lernen als Grundlage des organisationalen Lernens in weiten Bereichen eher undeterminiert arbeiten. Damit ergibt sich auf der organisatorischen Ebene eine probabilistische und damit gleichzeitig auch situationsabhängige Wahrnehmungs- und Lernfähigkeit. Lernende Organisationen sind in Teilbereichen determiniert, da Regeln und Strukturen als Grenzen notwendig sind, um Lernprozesse in eine gewisse Ordnung zu bringen und effektiv nutzen zu können. Diese Strukturen geben zwar Sicherheit, behindern auf der anderen Seite aber auch die Wahrnehmungs- und Lernfähigkeit der gesamten Organisation. Lernende Organisationen sind relativ probabilistische Systeme und können daher nicht mehr einer traditionellen, tayloristischen Organisationsauffassung folgend, als determinierte Systeme (Maschinen) betrachtet werden. Die zunehmende Komplexität determinierter Systeme verlangt gemäß des Varietätsgesetzes von Ashby nach ebenso komplexen Organisationsstrukturen, die mit determinierten Systemen nicht in ausreichendem Maße nachgebildet werden können. Allein probabilistische Systeme besitzen die Flexibilität, auf ein komplexes Umfeld adäquat reagieren zu können. Lernende Organisationen sind damit sowohl zu einem hohen Grad selbstorganisierend als auch strukturdeterminiert. Sie sind selbstorganisierend, da in Anlehnung an das menschliche Gehirn die organisationale Wissensbasis und damit der organisationale Lernprozess nur dann der Gefahr einer Erstarrung entgehen, wenn selbstorganisierende Prozesse nicht behindert werden. Selbstorganisation hält damit nicht nur die Lernfähigkeit, sondern auch die Überlebensfähigkeit der gesamten Organisation aufrecht. Lernende Organisationen sind gleichzeitig strukturdeterminiert, da insbesondere Grundannahmen und damit in letzter Konsequenz alte Wissensbestände die Aufnahme neuen Wissens verhindern können. Diese Gefahr muss erkannt, kann aber nicht völlig beseitigt werden, da ein unverhältnismäßiger Abbau alter Paradigmen und alten Wissens eher zu einer Verunsicherung unter den Mitarbeitern und deshalb seinerseits wiederum zu Lernblockaden führen würde. Ein gewisses Maß an Strukturdeterminiertheit ist daher für jede lernende Organisation in Analogie zum menschlichen Gehirn von großer Bedeutung.

Lernende Organisationen können sowohl adaptiv als auch lernfähig sein, je nachdem, welcher organisationale Lernansatz ihnen zugrunde liegt. So sind sie adaptiv, da organisationales Lernen mit Umfeldadaption gleichgesetzt werden kann. Lernende Organisationen sind als Systeme allerdings nicht nur adaptiv, sondern auch lernfähig. Sie sind deshalb nicht nur als rein adaptive Systeme nach dem SR-Modell zu verstehen, sondern besitzen auch die Lernfähigkeit höherer Ebenen und sind daher als lernfähige Systeme aufzufassen. Lernende Organisationen sind damit aus systemtheoretischer Sicht relativ offene, relativ dynamische und relativ probabilistische Systeme. Lernende Organisationen sind zu einem hohen Grad selbstorganisierend und strukturdeterminiert, wobei dieser Grad variabel ist.

6.4 Wissenbasierte Organisationen

6.4.1 Managementmodell

Wissen in Organisationen kann nicht ohne die Mithilfe des einzelnen Individuums entstehen. Organisationen kommen zu ihrem Wissen, indem ein für die Organisation relevantes Wissen von Personen formuliert, aufgeschrieben oder in einer sonstigen Notation festgehalten und schließlich dieses symbolisch codierte Wissen in eine Wissensbasis eingebracht wird. Dieses Wissen kann in den Routineabläufen der Organisation genutzt werden. Der Mensch ist damit in erster Linie das Verbindungsglied zwischen dem Modell der lernenden Organisation und den Modellen wissensbasierter Systeme. In der Fachliteratur, die sich mit der Thematik des Wissens auseinandersetzt, gibt es schon seit jeher Bestrebungen, die Komplexität des Wissensbegriffes durch Differenzierung zu reduzieren. Eine fast schon als klassisch zu bezeichnende Einteilung in verschiedene *Wissensarten* nimmt die Managementlehre vor, die drei Wissensarten unterscheidet: wissenschaftliche Erkenntnisse, berufliches Erfahrungswissen und globales Wissen. Die erste Wissensart umfasst den gesamten Bereich der wissenschaftlichen Erkenntnisse. Die zweite Wissensart beschreibt das berufliche Erfahrungswissen, das auch die Bereiche der Menschenkenntnis und des

Kulturwissens beinhaltet. Die dritte Wissensart umfasst eine Art globales Wissen, das es beispielsweise einem Börsenmakler ermöglicht, durch Wissen über örtliche und temporäre Preisunterschiede einen persönlichen Arbitrageerlös zu erzielen. Ein ebenfalls schon als klassisch zu bezeichnender Einteilungsvorschlag stammt aus der Soziologie. Er unterteilt das Wissen in Heils- und Erlösungswissen, Bildungswissen, Herrschafts- und Leistungswissen (Funktionalwissen). Wichtig ist in diesem Zusammenhang, dass diese drei Wissensarten Komponenten jeden Wissens darstellen, wobei je nach Situation die Zusammensetzung sehr unterschiedlich ausfallen kann.

▶   So kann zum Beispiel wissenschaftliches Wissen zugleich auch heils- und erlö-
     sungswissenschaftliche Charakterzüge tragen und trotzdem für einen Wissen-
     schaftler Sinn vermitteln.

Entscheidend ist demnach die subjektive Bedeutung des Wissens für den Wissenden, die sich in seinen Kommunikationen und Handlungen niederschlägt. Dementsprechend kann man auch Wissen in Anlehnung an Habermas einteilen in kognitiv-instrumentelles Wissen, moralistisch-praktisches Wissen und ästhetisch-expressives Wissen. Kognitiv-instrumentelles Wissen tritt mit dem Anspruch der Wahrheit oder Wirklichkeitsbeschreibung auf und dient der Anleitung zu zielgerichteten Handlungen. Moralisch-praktisches Wissen sagt etwas über die normative Richtigkeit einer Handlung aus. Ästhetisch-expressives Wissen verkörpert das Wissen, das einem Individuum aufgrund seiner eigenen Struktur, seiner inneren Welt, bevorzugt zugänglich ist, verbunden mit einem Geltungsanspruch auf Wahrhaftigkeit. Alle drei Wissensarten treten durch Kommunikation oder Handlungen immer in einer gemischten Form zutage, bei der einmal die eine und ein anderes Mal die andere Wissensart stärker ins Gewicht fällt.

Basierend auf der praktischen Erkenntnis, dass man mehr weiß, als man zu sagen weiß, lässt sich eine weitere Unterscheidung treffen und zwar in explizites und implizites Wissen. Dabei kommt dem impliziten Wissen eine besondere Bedeutung zu, da jedem expliziten Wissen notwendigerweise dieses implizite Wissen zugrunde liegen muss.

▶   Als Beispiele für implizites Wissen kann man die künstlerischen oder wissen-
     schaftlichen Fähigkeiten des Genies ansehen, die Kunst und den Spürsinn des
     erfahrenen Diagnostikers und die Ausübung von Geschicklichkeiten sportli-
     chen, artistischen oder technischen Ursprungs.

Neben der subjektiven Bedeutung des Wissens ist es auch möglich, das Wissen, je nach zugrunde liegender Gehirnaktivität, in ein analytisch-begründetes und ein intuitiv-ganzheitliches Wissen zu trennen. Unter diesem Gesichtspunkt lässt sich das organisationale Wissen differenzieren in Begriffswissen, Handlungswissen, Rezeptwissen und Grundsatzwissen. Das Begriffswissen oder auch Faktenwissen beantwortet die Frage nach dem „Was" innerhalb einer

Organisation. Es repräsentiert die schrittweise erworbene, kulturspezifische Terminologie einer Organisation. Es bestimmt, was beispielsweise als ein Problem und was als eine Beförderung innerhalb einer Organisation angesehen wird. Das Handlungswissen oder auch Auskunftswissen beantwortet die Frage nach dem „Wie". Es enthält die allgemein anerkannten Erklärungen für Ursache-Wirkungs-Zusammenhänge. Es stellt eine Art Prozesswissen dar, mit dessen Hilfe deutlich wird, wie Probleme in Organisationen entstehen können. Es entspricht der Alltagstheorie. Das Rezeptwissen beantwortet die Frage „Was getan werden soll". Es enthält Regelsysteme für Korrektur- und Verbesserungsstrategien und legt damit fest, was getan werden soll, um ein spezielles Problem zu lösen. Das Grundsatzwissen beantwortet die Frage nach dem „Warum". Es enthält die Gründe und Erklärungen für das Auftreten bestimmter Ereignisse, beispielsweise warum in einer Organisation ein spezifisches Problem entstanden ist. Es entspricht den Grundannahmen einer Organisation. In der Praxis ergeben sich klare Unterscheidungsmöglichkeiten bezüglich dieser vier Wissenstypen innerhalb einer Organisation.

Anhand der Definition wissensbasierter Systeme lassen sich die folgenden *wissensbasierten Teilsysteme* von Organisationen identifizieren: Mensch, Computer und Gesellschaft. Der Mensch als biologisches System besitzt

- die Fähigkeit zur Gedächtnisbildung und damit zum Lernen über seine Wahrnehmungsorgane, die mit seinem Zentralnervensystem verbunden sind,
- Wissen in Form von strukturellen Konnektivitätsmustern in seinem Gehirn niederzulegen,
- die Fähigkeit, qualitativ hochwertige Informationen in Form einer Sprache über mündliche, beziehungsweise schriftliche Kommunikation bereitzustellen,
- die Fähigkeit, das Wissen seiner Subsysteme, beispielsweise des menschlichen Gedächtnisses oder des Kleinhirns zu integrieren,
- die Fähigkeit, systeminterne Intelligenz im menschlichen Gehirn aufzubauen,
- die Fähigkeit, seinen individuellen Prozess des Lernens selbst zu verstärken.

Der Mensch als biologisches System kann daher als wissensbasiertes System verstanden werden.

Der Computer als technisches System besitzt

- die Fähigkeit zur Gedächtnisbildung durch seine technische Speichersysteme,
- die Fähigkeit, Wissen in Form von strukturellen Konnektivitätsmustern in technischen Speichern niederzulegen,
- die Fähigkeit, qualitativ hochwertige Informationen, beispielsweise durch Datenbanken, bereitzustellen,
- die Fähigkeit, das Wissen seiner Subsysteme, beispielsweise anderer Dateien über Netzwerke oder andere Austauschbeziehungen zu integrieren,
- die Fähigkeit, systeminterne Intelligenz durch proaktive Lernprozesse und damit durch Erfahrung, abhängig von der Zeitgröße ihres Einsatzes, aufzubauen.

Damit kann der Computer als technisches System und auch als wissensbasiertes System bezeichnet werden. Wissensaustausch setzt implizit voraus, dass Wissen kommunizierbar ist, damit es vom wissensbasierten System A an das wissensbasierte System B weitergereicht werden kann. Wissen ist in Form von Sprachen kommunizierbar und muss deshalb zunächst in eine sprachliche Form gebracht werden. Der Computer als Symbolmaschine kann daher nur bestimmte Wissensarten verarbeiten. Legt man im Folgenden die Unterscheidung der Wissensarten von oben zugrunde, so kommt man zu folgenden Ergebnissen.

- **Begriffswissen** stellt eine gewisse Art der Symbolsprache dar, um Dinge, Ereignisse und Phänomene zu beschreiben und zu kennzeichnen. Daher kann es in die Symbolsprache des Computers übersetzt werden und umgekehrt. Insofern ist der Austausch von Begriffswissen zwischen Mensch und Computer über das Kommunikationsmedium der Sprache möglich.
- **Handlungswissen** ist nur mit großen Einschränkungen kommunizierbar, und deshalb nur sehr bedingt zwischen Mensch und Computer zu transferieren.
- **Prozesswissen**, und damit auch menschliche Fähigkeiten, lässt sich oftmals nicht in sprachliche Formen fassen, da es auf Erfahrungen beruht, die zwar im Unterbewusstsein vorhanden sind, jedoch nicht aktiv in das Bewusstsein geholt werden können.
- **Rezeptwissen** kann nach den aktuellen Fortschritten in der KI-Forschung zwischen Mensch und Computer in zunehmendem Maße weitergegeben werden. Mit Hilfe eines Regelinterpreters besitzen Computer als wissensbasierte Systeme die Fähigkeit, bestimmte geeignete Regeln auf bestimmte, dazu passende Situationen anzuwenden.
- **Problemlösungswissen** muss dafür unabhängig vom Begriffswissen über ein Anwendungsgebiet dargestellt werden können. Moderne wissensbasierte Systeme der KI erfüllen diese Anforderungen.
- **Grundsatzwissen** kann wiederum nur zum Teil zwischen Mensch und Computer ausgetauscht werden, da es basale Grundannahmen enthält, die vergleichbar mit dem Handlungswissen nicht kommunizierbar sind. Grundsatzwissen ist, im Gegensatz zum strategischen und operativen Handlungswissen, in der Regel normatives Wissen und damit zum Teil noch wesentlich schwerer in Sprache zu fassen als Handlungswissen.

Das Organisationsumfeld in der Form der Gesellschaft als soziales System besitzt

- die Fähigkeit zur Gedächtnisbildung und damit zum Lernen, die sich an der Anzahl der Basisinnovationen und in Form von konjunkturellen Zyklen ablesen lässt,
- die Fähigkeit reelle Konnektivitätsmustern in den Gehirnen der einzelnen Gesellschaftsmitglieder niederzulegen,
- die Fähigkeit qualitativ hochwertige Informationen durch Menschen und andere Speichersysteme, beispielsweise durch technische Systeme, bereitzustellen,
- die Fähigkeit, das Wissen ihrer Subsysteme (biologische und technische Systeme) zu integrieren,
- die Fähigkeit, systeminterne Intelligenz über den Menschen und lernfähige technische Systeme aufzubauen.

Dieses soziale System kann daher als wissensbasiertes System bezeichnet werden. Die Gesellschaft setzt sich wie eine Organisation in erster Linie aus einzelnen Menschen zusammen. Der Mensch dient neben technischen wissensbasierten Systemen innerhalb der Gesellschaft als Informationsübermittler und Wissensträger. Diese Gesellschaft ist in der Lage, das Wissen von Mensch und Computer zu integrieren, um langfristig systeminterne Intelligenz mittels Lernprozessen auf der Ebene der Gesellschaft aufzubauen. Die Abhandlung einer Austauschbeziehung zwischen Computer und Gesellschaft hätte vor wenigen Jahren recht abstrakte Züge angenommen und wäre vielleicht völlig unvorstellbar gewesen. Im Zeichen zunehmender weltweiter Datenautobahnen und globaler Computernetzwerke ist es für die Organisation zunehmend wichtig geworden, mit Hilfe des Computers das Organisationsumfeld zu beobachten und Wissen auszutauschen. Dieser Wissensaustausch kann beispielsweise in Form von Informationsdiensten für Internet-Benutzer von Computer zu Gesellschaft und in Form von elektronischen Mailboxen von Gesellschaft zu Computer erfolgen. Der Computer als Mittler zwischen Organisation und Organisationsumfeld gewinnt damit zunehmend an Bedeutung. Aber auch in diesem Bereich gilt die Einschränkung, dass nicht jedes Wissen auch tatsächlich kommuniziert werden kann. Begriffswissen ist die einzigste Wissensart, die ohne wesentliche Einschränkung zwischen Computer und Gesellschaft in beiden Richtungen transferiert werden kann, wenn man einmal von internationalen Sprachbarrieren absieht. Rezeptwissen kann bisher hingegen nur mit Einschränkungen genutzt werden, da die Entwicklung wissensbasierter Systeme innerhalb der KI-Forschung zwar auf einzelne Komponenten angewendet werden kann und dort auch ihre Nutzung findet, die Übertragung auf globale Netzwerke aber bei weitem noch in der Anfangsphase steckt. Für das Handlungs- und Grundsatzwissen gelten die Einschränkungen analog zu obigen Überlegungen. Zwischen dem Organisationsumfeld, der Gesellschaft und dem Menschen kann prinzipiell jede Art von Wissen ungehindert ausgetauscht werden. Prinzipiell deshalb, da ausgehend von der Neurobiologie, bereits die Erkenntnis gewonnen wurde, dass neues Wissen nur über vorhandenes Wissen aufgenommen werden kann. Die derzeitige Struktur des menschlichen Gedächtnisses beeinflusst demnach maßgeblich die Weitergabe und Aufnahme neuen Wissens. So sind alle Wissensarten, einschließlich des Begriffswissens, nicht für jeden in gleicher Art und Weise kommunizierbar und in verbale oder nonverbale Kommunikationsformen zu fassen. Die Strukturen des menschlichen Gehirns erzeugen demnach die wahrgenommenen Strukturen der Gesellschaft oder anders ausgedrückt: Die individuellen Modelle erzeugen die Modelle der Wirklichkeit. Deswegen nimmt jeder Mensch ein anderes Wissen über die Gesellschaft wahr, gewisse Wissensinhalte bleiben je nach Individuum diesem völlig verschlossen und sind in diesem Fall nicht kommunizierbar. Diese Tatsache gilt auch in umgekehrter Richtung. So ist es auf der einen Seite nicht immer möglich, die gewünschten Wissensinhalte, beispielsweise über die Medien, an die Gesellschaft zu kommunizieren, sondern es sind auch der dem Menschen eigenen Struktur Grenzen gesetzt, die es unmöglich machen, gewisse Wissensinhalte der Gesellschaft mitzuteilen.

Eine Organisation, die als wissensbasiertes System betrachtet wird, setzt sich aus mehreren Subsystemen zusammen. Die *organisationale Wissensbasis* ist eines und gleichzeitig auch das wichtigste Subsystem einer Organisation, die als wissensbasiertes System agieren möchte. Der Kern der organisationalen Wissensbasis besteht aus dem von allen Organisationsmitgliedern geteilten Wissen. So wird beispielsweise jedes Organisationsmitglied den Namen der Organisation kennen, bei der es arbeitet. Auch die Telefonnummer und Adresse der Organisation sollten jedem Mitarbeiter bekannt sein. Diesem organisationalen Wissen gehören allerdings neben Begriffs-, Handlungs- und Rezeptwissen auch Grundsatzwissen, wie beispielsweise die Organisationskultur, Weltbilder und Sinnmodelle an. Dieser Kern der organisationalen Wissensbasis wird als organisationales Wissen bezeichnet. Er lässt sich aufgliedern in kollektives Wissen, individuelles Wissen und sonstiges Wissen. Der Begriff des kollektiven Wissens in Organisationen wird in der Literatur mit dem Begriff des organisationalen Wissens in der Regel gleichgesetzt. Trotzdem ist es im Hinblick auf die Betrachtung der Lernprozesse in Organisationen wichtig, das kollektive Wissen vom organisationalen Wissen abzugrenzen. Kollektives Wissen muss im Gegensatz zum organisationalen Wissen nicht von allen Organisationsmitgliedern geteilt werden und auch nicht allen Organisationsmitgliedern jederzeit zugänglich sein, beziehungsweise zugänglich gemacht werden. Kollektives Wissen entsteht aus partizipativen, kooperativen oder kollektiven Lernprozessen heraus. Es kann, wie das organisationale Wissen, auch normative Elemente enthalten. Es ist deswegen so wichtig für die Organisation, da, wie beim organisationalen Wissen und im Gegensatz zum individuellen Wissen, das Ausscheiden eines Organisationsmitgliedes nicht ausreicht, um das Wissen aus der organisationalen Wissensbasis zu entfernen. Andererseits kann es passieren, dass Gruppen innerhalb der Organisation durch ihr kollektives Wissen eine gewisse Machtstellung erreichen. Kollektives Wissen gliedert sich in zwei Bereiche: Wissen, das den anderen Organisationsmitgliedern zugänglich gemacht wird, beziehungsweise gemacht werden kann, und Wissen, das den Organisationsmitgliedern aus den verschiedensten Gründen nicht zugänglich ist.

Individuelles Wissen bleibt streng auf einzelne Organisationsmitglieder beschränkt, die weder in formellen noch in informellen Gruppen oder Netzwerken zusammengefasst sein müssen. Auch hier gilt für die einzelnen Wissenskomponenten dasselbe wie schon beim organisationalen und kollektiven Wissen, indem auch hier zwischen dem der Organisation zugänglichen und nicht zugänglichen, individuellem Wissen unterschieden wird. Die organisationale Wissensbasis umfasst dabei nur jene individuellen und kollektiven Wissensbestände, die der Organisation zugänglich sind. Damit wird deutlich, dass die organisationale Wissensbasis nicht mit der Summe des individuellen Wissens aller Organisationsangehörigen gleichgesetzt werden darf. Daher verläuft die Grenze des Subsystems der organisationalen Wissensbasis exakt an der Linie der Zugänglichkeit des individuellen und kollektiven Wissens. Diese Zugänglichkeit des Wissens hängt dabei von folgenden Variablen ab:

- Begriffen,
- Sprache,
- Nutzen für die Organisation,
- Kommunikations- und Informationsprozessen,
- Machtprozessen,
- Motivation.

Zur Kategorie des sonstigen Wissens im Organisationsumfeld gehört jenes Wissen, das innerhalb des Wahrnehmungsbereiches der Organisation liegt, bisher aber nicht von der Organisation gelernt wurde. Auch das wahrgenommene Wissen im unmittelbaren Organisationsumfeld, beispielsweise von Kunden und Lieferanten, muss zu dieser Kategorie gerechnet werden. Dieses Wissen liegt damit wie ein blinder Fleck außerhalb des Wahrnehmungsbereiches der Organisation. Dafür sind mehrere Gründe verantwortlich:

- beschränkte Wahrnehmungsfähigkeit des menschlichen Gehirns,
- beschränkte Informationsverarbeitungsfähigkeiten von Mensch und Technik,
- beschränkte Bereitschaft, neues Wissen zu erwerben,
- strukturelle Wahrnehmungsbarrieren auf organisatorischer Ebene.

Aufgrund des exponentiellen Wachstums der Wissensbestände ist zu erwarten, dass sich im hereinbrechenden Wissenszeitalter das Verhältnis zwischen organisationaler Wissensbasis und der Gesamtmenge an verfügbarem Wissen in zunehmendem Maße zu Ungunsten der organisationalen Wissensbasis verlagern wird. Im Folgenden wird daher unter der organisationalen Wissensbasis die Menge an Wissensbeständen verstanden, die für alle Mitglieder der Organisation jederzeit und ohne Einschränkungen zugänglich sind. Dieses Wissen umfasst das gesamte organisationale Wissen und Teilbereiche des individuellen und kollektiven Wissensbestandes. Es besteht daher ein wesentlicher Unterschied zwischen der Menge des gesamten Wissens der einzelnen Organisationsmitglieder und der Menge des Wissens in einer organisationalen Wissensbasis eines Organisationssystems. Hält beispielsweise ein Mitglied der Organisation aus Gründen der Macht, Angst oder Frustration neu erworbenes Wissen von der Organisation fern, so wird die Menge des gesamten Wissens der einzelnen Organisationsmitglieder zwar größer, die organisationale Wissensbasis bleibt jedoch unverändert. Im Mittelpunkt dieser differenzierten Betrachtung steht der Gedanke, dass die Wahrscheinlichkeit der Wissensanwendung bei organisatorischen Entscheidungen, von außen nach innen gesehen, eher zunimmt. Somit ist es nicht verwunderlich, dass organisationales Wissen die höchste Wahrscheinlichkeit der Anwendung im Entscheidungsfall besitzt. Um aber auch solche Situationen abbilden zu können, in denen Wissen der organisationalen Wissensbasis zugänglich ist, jedoch keinen Einfluss auf organisatorische Entscheidungen nimmt, muss das Wissen in verschiedene Dimensionen eingeteilt werden.

- Die erste Dimension umfasst Daten und Einzelhypothesen (empirisch-phänomenologische Dimension).
- Die zweite Dimension umfasst das Instrumentarium und die Methodik der Wissensgenerierung, Wissensspeicherung, des Wissenstransfers und der Wissensanwendung (heuristisch-analytische Dimension).

- Die dritte Dimension umfasst die Grundannahmen, die Themata und Weltbilder, die den gesamten Prozess der Wissensgenerierung, Wissensspeicherung, des Wissenstransfers und der Wissensanwendung tragen (Dimension der Themata und Weltbilder).
- Die vierte Dimension der Themata und Weltbildannahmen scheint bei der Begründung von dem, was als Wissen anerkannt und demzufolge auch angewendet wird, ein entscheidender Faktor zu sein.

Man kann Parallelen zur Theorie des individuellen Lernens und vor allem der konnektionistisch orientierten Neurobiologie ziehen, die testiert, dass neues Wissen nur bei altem Wissen verankert und anschließend angewendet werden kann. Organisationales Wissen ist deshalb nur dann verfügbar, wenn es zugänglich ist und im Einklang mit der organisatorischen Handlungstheorie steht. Die organisationale Wissensbasis umfasst damit jenes Wissen, das für die gesamte Organisation prinzipiell verfügbar ist, das heißt, zugänglich ist und im Einklang mit der organisatorischen Handlungstheorie steht. Die organisationale Wissensbasis kann in unterschiedlicher Form vorhanden sein. Die einfachste denkbare Form ist das schriftlich niedergelegte Wissen in Büchern, Dokumentationen, Forschungsberichten, Datenbanken und Expertensystemen. Aber auch komplexere Formen des Wissens, wie informelle Muster und Verhaltensweisen, die allen Mitarbeitern bekannt sind, gehören zur organisationalen Wissensbasis. Sogar das individuelle Wissen, das nur einer einzigen Person in der Organisation bekannt sein muss, ist ein Bestandteil der organisationalen Wissensbasis, wenn es prinzipiell verfügbar ist, das heißt, wenn alle anderen Mitarbeiter der Organisation dieses Wissen erreichen können, und es nicht mit der Handlungstheorie der gesamten Organisation in Konflikt steht.

6.4.2 Wissensbasierte Lernprozesse

Trotz der Dynamik der organisationalen Wissensbasis und des damit verbundenen Prozesses des organisationalen Lernens in wissensbasierten Systemen, lässt sich ein praktisches und übersichtliches Lernschritt-Modell aufbauen. Dazu werden gleich mehrere Aspekte berücksichtigt. So orientiert sich das Modell an den wissensbasierten Modellen. Das Modell bezieht die Erkenntnisse der individuellen kognitiven und kollektiven Lerntheorien ein. Es arbeitet die einzelnen Formen und Phasen organisationaler Lernprozesse gut sichtbar aus. Außerdem eignet sich das Modell aufgrund seiner Konzentration auf das individuelle und organisationale Wissen hervorragend dazu, auf organisationale Lernprozesse in wissensbasierten Systemen übertragen zu werden. Dieses Modell umfasst vier Lernschritte:

- Individuelles Lernen,
- Individuelles Lernen als Bestandteil des organisationalen Lernens,
- Kollektiver Lernprozess,
- Institutionalisierung der organisationalen Wissensbasis.

Die Mitglieder einer Organisation verfügen über ein bestimmtes individuelles Wissen, das sie zu einem Teil oder zur Gänze der Organisation und damit der organisationalen Wissensbasis zur Verfügung stellen. Ihre Handlungen innerhalb der Organisation beruhen auf diesem individuellen Wissen. Die Auswirkungen dieser Handlungen können auch von dem betreffenden Menschen kritisch reflektiert und hinterfragt werden. Er kann aus diesen gemachten Erfahrungen seine Schlüsse ziehen und dabei lernen. Wenn er jetzt wiederum sein so verändertes Wissen der organisationalen Wissensbasis zur Verfügung stellt, liegt in diesem Fall ein organisationaler Lernprozess vor. Die zentrale Rolle in diesem Prozess trägt das Individuum. Es ist als Einziges in der Lage, aus Erfahrungen zu lernen, neues Wissen hervorzubringen und in Handlungen umzusetzen. Der entscheidende Punkt ist, dass sich aus der Förderung der individuellen Lernprozesse in der Organisation nicht zwangsläufig eine Verbesserung des organisationalen Lernprozesses ergeben muss. Individuelles Wissen, das kurzfristig für alle Mitarbeiter der Organisation prinzipiell verfügbar ist, also der organisationalen Wissensbasis angehört, geht nämlich verloren, wenn der entsprechende Wissensträger die Organisation verlässt. Außerdem ist nicht in jedem Fall gewährleistet, dass das gesamte individuelle Wissen eines Organisationsmitglieds der Organisation zur Verfügung gestellt wird. Deshalb muss das Prozessmodell um einen weiteren Schritt erweitert werden. Individuelles Lernen findet in einer Organisation in der Regel nicht isoliert statt. Vielmehr gestaltet sich der individuelle Lernprozess als kollektiver Prozess. Idealerweise ist die Summe der Lernprozesse in einer Gruppe immer größer als die Summe der Lernprozesse der einzelnen Gruppenmitglieder. Da sich alle Gruppenmitglieder mit der Materie gleichermaßen befassen müssen, können sie sich auch alle an diesen Verbesserungs- und Modifizierungsprozessen beteiligen. Oder sie können mit Hilfe des Dialogs sogar völlig neues Wissen hervorbringen. Entscheidet man sich für das neue und damit gegen das alte Wissen, ist dieses neue Wissen in allen Gehirnen der Gruppenmitglieder gespeichert. Dies vermindert nicht nur das Verlustrisiko dieses Wissens für die gesamte Organisation, sondern löst auch neue individuelle Handlungen und Lernprozesse bei allen einzelnen Gruppenmitgliedern aus, was wiederum zu neuen Erkenntnissen führen und neue Lernvorgänge auslösen kann. Eine Art Schneeballeffekt wird in Gang gesetzt. Allerdings bleibt es wiederum bei diesem Prozess dem Individuum überlassen, dieses neue Wissen in der organisationalen Wissensbasis zu konservieren. Die Verlustgefahr des Wissens wird dabei zwar minimiert, aber nicht völlig ausgeschlossen. Es muss daher auch in diesem Fall nicht unbedingt organisationales Lernen entstehen. Deswegen muss ein weiterer Schritt die bisherigen komplettieren. Bisher bleibt es dem einzelnen Individuum überlassen, ob er sich bei seinen Handlungen des individuellen, kollektiven oder organisationalen Wissens bedient. Der vierte Schritt institutionalisiert die organisationale Wissensbasis und damit auch das organisationale Lernen. Dies ist der unabdingbare Regelkreis, in dem sich die Selbstorganisation der Lernprozesse in einer lernenden Organisation als wissensbasiertes System abspielen muss. Bei der Institutionalisierung beziehungsweise Formalisierung wird das Wissen in Form von Handlungswissen für jeden Mitarbeiter der Organisation in einfacher und zugänglicher Form aufbereitet. Diese Aufbereitung ist der wesentliche zusätzliche Bestandteil des organisationalen Lernprozesses. Mit diesem vierten Schritt wird die organisationale

Wissensbasis zum Leben erweckt und der endgültige organisationale Lernzirkel geschlossen. Organisationales Lernen basiert damit auf den neuen Ideen und Erfindungen der Mitarbeiter (individuelles Lernen). Diese Ideen werden als Vorschlag in einen Dialog eingebracht. Mehrere Kollegen in der Organisation setzen sich kritisch mit diesem Vorschlag auseinander und erzeugen gegebenenfalls neues Wissen. Hat das Wissen diese Hürde übersprungen, wird es in einen kollektiven Wissensvorrat neu aufgenommen (kollektives Lernen). Anschließend wird dieses Wissen innerhalb der Organisation in der organisationalen Wissensbasis institutionalisiert. Schließlich wird die Idee in Form eines zukünftigen Handlungswissens bei den Mitarbeitern verankert und in der Praxis erprobt (organisationales Lernen). Daraus resultieren wiederum neue Lernprozesse bei den einzelnen Mitarbeitern, und der Kreislauf wird wiederum in Gang gesetzt.

In Anlehnung an die Unterscheidung der verschiedenen Wissensarten lassen sich die folgenden vier Lernarten unterscheiden:

- **Begriffslernen**: Begriffslernen entspricht einem bewussten oder auch unbewussten Begriffs-, beziehungsweise Faktenlernen, und ist auf der untersten Ebene der organisationalen Wissensbasis angesiedelt. Neue Begriffe, Definitionen, Gesetze und Zusammenhänge werden über den Weg der organisationalen Wissensbasis der Organisation verfügbar gemacht. Dieses Lernen wird durch Individuen oder Gruppen vollzogen und über diese in das System der organisationalen Wissensbasis durch den Lernschritt der Institutionalisierung getragen.
- **Handlungslernen**: Handlungslernen verbindet das Organisationsumfeld und die empirisch-phänomenologische Dimension mit der strategischen Ebene, der heuristisch-analytischen Dimension in der Organisation. Im Gegensatz zum Rezeptlernen beeinflusst das Organisationsumfeld kontinuierlich die Handlungstheorie der gesamten Organisation. Nicht das festgeschriebene strategische Rezeptwissen allein, sondern das gesamte Handlungswissen und damit die einzelnen Kernfähigkeiten und Kernkompetenzen der Organisation werden durch dieses Lernen verändert.
- **Rezeptlernen**: Durch das Rezeptlernen werden offizielle Regelsysteme für Korrektur- und Verbesserungsstrategien innerhalb der Organisation beeinflusst. Die nach außen verkündete Handlungstheorie der Organisation wird dadurch langfristig verändert, nicht jedoch unbedingt die gesamte Handlungstheorie, da die im tatsächlichen Gebrauch befindliche Handlungstheorie als zweiter Bestandteil unerwünschtes Rezeptwissen so ausgleichen kann, dass das Verhalten der gesamten Organisation nahezu konstant bleibt. So ist beispielsweise die Bereitschaft der Mitarbeiter und der Gruppen ungleich größer, eine unerwünschte, nach außen verkündete Handlungstheorie durch das Einführen neuen Wissens über den Weg der tatsächlich im Gebrauch befindlichen Handlungstheorie zu kompensieren, als von sich aus eine bestehende und unerwünschte nach außen verkündete Handlungstheorie zu verändern. Dies gilt insbesondere in stark hierarchisch organisierten Systemen. Aus diesem Grunde findet Rezeptlernen mit einer größeren Betonung innerhalb der organisationalen Wissensbasis zwischen der empirisch-phänomenologischen Ebene und der heuristisch-analytischen Ebene statt, und wird nicht so sehr vom

Organisationsumfeld und dem nicht zugänglich gemachten Wissen der Mitarbeiter und Gruppen beeinflusst.

- **Grundsatzlernen**: Auf der obersten Ebene kann das Grundsatzlernen identifiziert werden, das aus der Organisation und dem Organisationsumfeld neues Grundsatzwissen in Form von Weltanschauungen, Werten, kulturellen Grundeinstellungen und Themen in die organisationale Wissensbasis einbringt. Dabei ist es durchaus vorstellbar, dass neues Grundsatzwissen innerhalb der organisationalen Wissensbasis sowohl aus der empirisch-phänomenologischen, als auch aus der heuristisch-analytischen Ebene heraus entstehen kann. Aber auch durch den Transfer bisher nicht zugänglichen Wissens aus dem Organisationsumfeld oder von Mitarbeitern und Gruppen kann neues Grundsatzwissen entstehen.

Durch den organisationalen Lernprozess in wissensbasierten Systemen wurde ein Bezugsrahmen geschaffen, der es ermöglicht, sowohl die Definition und Eigenschaften als auch die Gestaltungsmöglichkeiten einer lernenden Organisation als wissensbasiertes System herzuleiten und zu behandeln.

Die lernende Organisation ist ein Managementmodell, das die Förderung aller organisationalen Lernarten zu seinem obersten Leitbild erheben soll. Dies ist jedoch an einige wesentliche Voraussetzungen geknüpft. Individuelles, kollektives und organisationales Lernen geschehen nicht automatisch und nicht in jeder Umgebung in gleicher Intensität. Lernen ist vielmehr ein Wort, das bei den meisten Menschen eher negative Gefühle aufkommen lässt, da Lernen oftmals zunächst mit Schule verknüpft wird, und Schule wiederum negative Bilder und Erinnerungen aufsteigen lässt. Wenn der Einzelne einmal die Schule oder auch die Universität verlassen hat, wird er im Regelfall froh darüber sein, es endlich geschafft zu haben. Das Lernen scheint damit für immer und ewig der Vergangenheit anzugehören. Und gerade dies ist ein gefährlicher Trugschluss, insbesondere in der Zeit des heraufziehenden Wissenszeitalters. Lebenslanges Lernen wird hier einfach vorausgesetzt. Die Arbeitsplätze werden in diesem Zeitalter lernintensiver sein und sie werden sich vor allem in ihren Anforderungen (man denke beispielsweise an die aktuelle Digitalisierung der Industrie) radikal wandeln.

▶   So ist beispielsweise für die zukünftige Ausbildung die Verbindung von Industrieinformatikern, Wirtschaftsinformatikern und Softwarearchitekten notwendig, um über eine erweiterte Terminologie zu verfügen und systemübergreifende Lösungen und Zusammenarbeitsmodelle entwickeln zu können.

Das Produkt, das hergestellt und bearbeitet werden muss, wird immer öfter die Information und das eingebrachte Wissen sein. Die Qualität dieses Produkts wird von diesem Vermögen und dem Vermögen der Organisation zu lernen, entscheidend abhängen. Somit muss die lernende Organisation nicht nur die Lernbereitschaft steigern, sondern auch die Lernfähigkeit und hier sowohl die individuelle, die kollektive als auch die organisationale Lernfähigkeit. Der Einzelne muss dabei zunächst lernen, richtig zu lernen. Viele Menschen werden dies dann, trotz Schule und Universität, das erste Mal systematisch in ihrem Leben tun. Auch die Kommunikationskompetenz aller Organisationsangehörigen muss entscheidend verbessert werden, um kollektive Lernprozesse zu steigern oder überhaupt erst einmal in Gang zu setzen. Schließlich hat die lernende Organisation die Aufgabe, ihren Mitarbeitern den Regelkreis des organisationalen Lernens verständlich zu machen und eine allgemeine Akzeptanzplattform zu schaffen. Sie muss jedes Organisationsmitglied in den organisationalen Lernprozess einbinden und ihm hilfreich zur Seite stehen. Ihm hilfreich zur Seite stehen heißt in diesem Fall aber auch, dass die lernende Organisation dem Mitarbeiter die richtigen Lerninstrumente zur Verfügung stellen und anbieten muss. Dem Wollen und Können muss also ein Wissen folgen, das den letzten Anstoß zum organisationalen Lernen gibt. Oftmals müssen die richtigen Instrumente für das organisationale Lernen durch eine neu zu schaffende Stelle innerhalb der lernenden Organisation entwickelt und/oder verbessert werden. Diese Instanz bildet sozusagen die Schnittstelle zwischen der organisationalen Wissensbasis und den Köpfen der Mitarbeiter.

Aus der bisherigen Betrachtung der Lernenden Organisation lassen sich die folgenden Schlussfolgerungen ziehen, indem lernende Organisationen:

- wirtschaftswissenschaftliche und systemtheoretische Modelle sind,
- von einem komplexen, aber beeinflussbaren Umfeld umgeben sind,
- alle ihre Bemühungen darauf ausrichten, die Lernprozesse der gesamten Organisation und die ihrer Gruppen und Mitarbeiter zu fördern und zu einem organisationalen Lernprozess zu integrieren,
- zu diesem Zweck die aktuellen neurobiologischen und lerntheoretischen Erkenntnisse verwenden,
- über organisationale Lernprozesse und kontinuierliche gemeinschaftliche Selbsterneuerung ihre eigene Überlebensfähigkeit langfristig optimieren.

Aus der Behandlung der wissensbasierten Systeme lassen sich weitere Schlussfolgerungen ziehen, dass wissensbasierte Systeme die folgenden Fähigkeiten besitzen:

- Die Fähigkeit zur Gedächtnisbildung und damit zum Lernen.
- Die Fähigkeit, Wissen in Form von strukturellen Konnektivitätsmustern zu speichern.
- Die Fähigkeit, qualitativ hochwertige Informationen bereitzustellen.
- Die Fähigkeit, das Wissen ihrer Subsysteme zu integrieren.
- Die Fähigkeit, systeminterne Intelligenz aufzubauen.

Aus der Auseinandersetzung mit der lernenden Organisation als wissensbasiertes System lässt sich aber auch schlussfolgern, dass der organisationale Lernprozess auf folgenden Komponenten basiert:

- Auf neuen Ideen und Erfahrungen der Mitarbeiter.
- Auf der Aufnahme neuen Wissens in einen kollektiven Wissensvorrat (Wissensgenerierung).
- Auf der Translation neuen Wissens in eine verarbeitbare Form (Wissenstranslation).

- Auf der Institutionalisierung neuen Wissens innerhalb der organisationalen Wissensbasis (Wissensspeicherung).
- Auf der Verankerung neuen Wissens in Form eines zukünftigen Handlungswissens bei den Mitarbeitern (Wissenstransfer).
- Auf der Praxiserprobung neuen Wissens von Seiten der Mitarbeiter, aus der neue Lernprozesse bei den einzelnen Mitarbeitern resultieren, und der Kreislauf wiederum in Gang gesetzt wird.

Im Folgenden wird daher unter der lernenden Organisation als wissensbasiertes System ein wirtschaftswissenschaftliches und systemtheoretisches Managementmodell innerhalb eines komplexen, aber beeinflussbaren Umfeldes verstanden, das in seinem Kern durch das Subsystem der organisationalen Wissensbasis und der damit verbundenen individuellen, kollektiven und organisationalen Lernprozesse realisiert wird. Dieses Modell bildet ein wissensbasiertes, lernfähiges und damit insbesondere ein intelligentes System ab, das mit Hilfe seiner Bestandteile, des Lerninstrumentariums, der Lernfähigkeiten und der Lernbereitschaft, in der Lage ist, systeminterne Intelligenz aufzubauen und diese für die Optimierung seiner eigenen Überlebensfähigkeit zu nutzen. Die Systemeigenschaften der lernenden Organisation als wissensbasiertes System ergeben sich aus der logisch-deduktiven Verknüpfung des systemtheoretischen Modells lernender Organisationen und des Modells wissensbasierter Systeme. Daraus resultieren als Ergebnis die Systemeigenschaften der lernenden Organisation. Lernende Organisationen sind immer unabhängig vom jeweils zugrunde liegenden Modell. Vor allem widerspricht das Modell wissensbasierter Systeme von seinen Systemeigenschaften her nicht dem Modell der lernenden Organisation. Außerdem ist es nur in einem Kriterium enger gefasst als das Modell der lernenden Organisation. Damit ergeben sich als wesentliches Kennzeichen dieses Modells lernender Organisationen als wissensbasierte Systeme, dass sie nicht nur adaptive, sondern auch lernfähige Systeme sind. Damit sind sie auch, wie eingangs gefordert, zunächst als „intelligente" Systeme zu bezeichnen.

6.4.3   Wissensmanagementsystem

Ausgehend von der Basis der Konzeption der lernenden Organisation als wissensbasiertes System soll im Folgenden ein Wissensmanagementsystem erarbeitet werden, das sich als ein Gestaltungselement des Führungssystems in der täglichen Praxis anwenden lässt. Wissensmanagement wird deshalb im Folgenden in erster Linie als Aufgabe und im Verantwortungsbereich der Organisationsführung angesiedelt, und steht damit im Gegensatz zu einem rein technisch, beziehungsweise personell orientierten Wissensmanagement. Gemäß der früheren Abgrenzung ist Wissen „gelernte Information". Auf die Organisation übertragen, bedeutet dies, dass zwischen dem Informationsmanagement und dem Wissensmanagement der organisationale Lernprozess steht. Die Grundidee des organisationalen Wissens besteht darin, dass es zum größten Teil zwischen den einzelnen Individuen und damit personenunabhängig existiert. Es konstituiert sich in der Organisationskultur, in organisationalen Routinen, durch Kommunikation, durch Dokumentationen und im Verhalten der Organisation.

Trotzdem kann die Organisation als Ganzes nicht neues Wissen unabhängig vom Individuum, vom einzelnen Organisationsmitglied generieren. Organisationales Wissen muss daher durch organisationale Lernprozesse entstehen. Organisationale Lernprozesse implizieren aber individuelle Lernprozesse. Daraus folgt, dass neues organisationales Wissen nur durch bereits vorhandenes individuelles Wissen entstehen kann. Die dabei mögliche Zwischenstufe des kollektiven Wissens ändert nichts an dieser unabdingbaren Reihenfolge. Dabei ist es irrelevant, wie lange dieses individuelle Wissen bereits vorhanden ist. *Wissensgenerierung* bezieht sich damit sowohl auf die bessere organisationale Nutzung bestehender individueller und kollektiver Wissenspotenziale als auch auf die Entwicklung oder Beschaffung neuen Wissens. Die leichteste, aber am häufigsten unterschätzte Art und Weise, neues organisationales Wissen zu generieren, ist die Nutzung vorhandener, interner Wissenspotenziale. Bereits das System der organisationalen Wissensbasis machte deutlich, dass sich deren Systemgrenze genau an der Nahtstelle zwischen den der Organisation zugänglichen und der Organisation nicht zugänglichen individuellen und kollektiven Wissensbeständen befindet. Aufgabe des Wissensmanagements innerhalb der Funktion der Wissensgenerierung muss es deshalb sein, der Organisation als Ganzes, bisher nicht zugängliches individuelles und kollektives Wissen zuzuführen (Abb. 6.14).

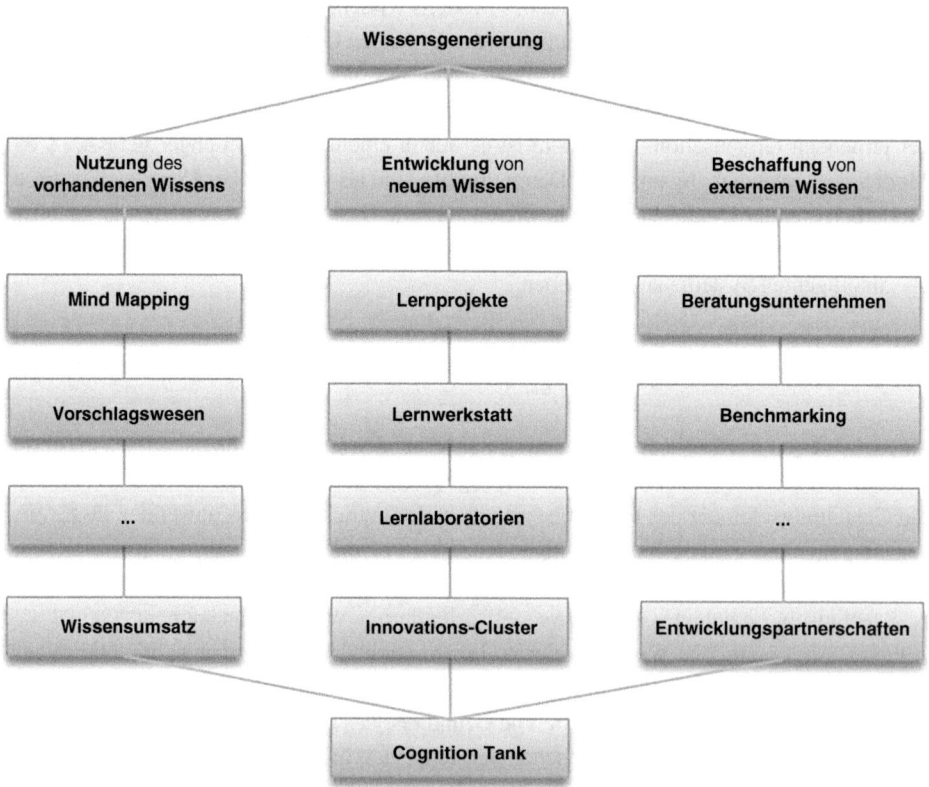

Abb. 6.14 Möglichkeiten der Wissensgenerierung

Neues Wissen kann nur dann für die organisationale Wissensbasis gewonnen werden, wenn die Organisationsmitglieder bereit sind, ihr Wissen anderen Organisationsmitgliedern durch Kommunikationsprozesse zu artikulieren. Diesem Prozess stehen innerhalb der Organisation zahlreiche Barrieren gegenüber.

- Begrenzte kognitive Fähigkeiten des Menschen, die Bedeutung seiner Wissensbestände für die Organisation zu erkennen.
- Begrenzte kommunikative Möglichkeiten, sein Wissen anderen verständlich mitzuteilen.
- Desinteresse: Gleichgültigkeit und Demotivation bis hin zur inneren Kündigung, sein Wissen anderen zugänglich zu machen.
- Negative Erfahrungen aus der Vergangenheit, die ein schmerzvermeidendes Verhalten fördern, das sich in einer verminderten Bereitschaft zur Wissensweitergabe niederschlägt.
- Angst, sich durch die Wissensweitergabe für die Organisation überflüssig zu machen.
- Macht, die über selektive und verzerrte Wissensweitergabe gestärkt werden kann.

Das Wissensmanagement hat in einem ersten Schritt die Aufgabe, diese in jeder Organisation vorhandenen und daher systemimmanenten Barrieren wahrzunehmen und in einem zweiten Schritt abzubauen. Dieser Abbau kann beispielsweise mit Hilfe der Instrumente Mind Mapping, Vorschlagswesen oder Entlohnung nach Wissensumsatz in die Wege geleitet werden. Mind Mapping oder auch Topic Mapping sind Instrumente zur bildlichen Darstellung kognitiver Wissensstrukturen. Sein Ziel ist es, eine Wissenslandkarte für die gesamte Organisation zu entwerfen. Dabei wird, ausgehend von einem Mittelpunkt, das in der Organisation vorhandene Wissen kreisförmig abgebildet. Durch den Erstellungsprozess können bisher nicht zugängliche Wissensbestände in die organisationale Wissensbasis geholt werden. Als Ausgangspunkt dienen dabei die folgenden Fragen:

- Wer in der Organisation braucht wann und wozu welches Wissen?
- Welches Wissen ist dabei beim Ausführenden vorhanden?
- Wo oder bei wem wird gegebenenfalls dieses Wissen intern beschafft?
- Welches Wissen ist nicht zugänglich?

In einem nächsten Schritt können mit zunehmendem Detaillierungsgrad Wissenslandkarten für Organisationsbereiche, Gruppen, bis hin zu einzelnen Arbeitsplätzen, erstellt werden. Mit Hilfe von Bildern können bisher auch nicht verfügbare implizite Wissensstrukturen dargestellt und damit zugänglich gemacht werden. Eine weitere Möglichkeit, vorhandene interne Wissenspotenziale nutzbar zu machen, stellt das betriebliche Vorschlagswesen dar. Das betriebliche Vorschlagswesen verfolgt das Ziel, die Organisationsmitglieder zu Verbesserungsvorschlägen anzuspornen. Beim klassischen Vorschlagswesen wird zu diesem Zweck eine zentrale Stelle eingerichtet, die die eingereichten Vorschläge auf ihre Praktikabilität hin beurteilt und die Einreicher mit Geld- beziehungsweise Sachprämien belohnt. Somit werden bisher nicht genutzte individuelle und kollektive Wissensbestände der organisationalen Wissensbasis zugänglich gemacht. Der Nachteil des klassischen Vorschlagswesens liegt in der anonymen Art des Ablaufs, da der Mitarbeiter lange nicht erfährt, was mit seinem Vorschlag passiert und im schlimmsten Falle auch nicht, warum sein Vorschlag abgelehnt wurde. Dadurch können Lernblockaden durch negative Erfahrungen entstehen. Zum anderen behindert ein monetäres Prämierungssystem den in der Gruppen-Lerntheorie bereits vorgestellten und zur Verbesserung von Ideen so wichtigen kollektiven Lernprozess durch eine egozentrische Misstrauenskultur. Damit bleibt die Qualität der Ideen aber innerhalb der Strukturdeterminiertheit der einzelnen Person limitiert. Durch diese Vorgangsweise werden aus lerntheoretischer Sicht drei wichtige Ziele erreicht. Es wird der individuelle Lernprozess durch die sich gleich anschließende Umsetzung der eigenen Verbesserung in Gang gehalten. Außerdem werden durch die Art der Prämiengestaltung bewusst kollektive Lernprozesse gefördert und damit die Mitarbeiter dazu angeregt, gemeinsam mit ihren Kollegen die Qualität ihrer Ideen weiter zu steigern. Durch die lineare Ausschüttung entsteht ein gruppendynamisch ausgelöstes, negatives Gefühl bei den nicht daran beteiligten Personen, das in einer Aktivierung dieses bisher nicht genutzten Wissenspotenzials münden kann.

In letzter Zeit erfreuen sich neue Ansätze der Entlohnung zunehmender Beliebtheit, die sich nicht mehr ausschließlich an der funktionalen und hierarchischen Stellung des Lohnempfängers orientieren. Insbesondere die Kombination von Grundgehalt (Fixum) und leistungsabhängiger Komponente gewinnt dabei zunehmend an Bedeutung. In diesem Zusammenhang ist die leistungsabhängige Komponente der Entlohnung in der Regel ausschließlich ergebnisorientiert. Der Mitarbeiter einer lernenden Organisation darf daher nicht nur nach seinen erzielten Resultaten entlohnt, beziehungsweise belohnt werden, sondern auch nach seiner Bereitschaft und Fähigkeit, wie er seine individuellen Wissenspotenziale der Allgemeinheit zur Verfügung stellt. Das leistungsabhängige Gehaltssystem bezahlt deshalb denjenigen besser, der sein individuelles Wissen möglichst umfassend und multiplikativ der Organisation zugänglich macht. Dieser Wissenstransfer kann zu einem Wissensmarktplatz führen. Derjenige Mitarbeiter, der am meisten organisationsrelevantes Wissen im Angebot hat und dieses auch häufig „anbieten" und „verkaufen" kann, bekommt den höchsten leistungsbezogenen Zuschlag zu seinem Gehalt. In der Folge führt der Anreiz über die Entlohnung dazu, dass jeder Mitarbeiter bestrebt sein wird, einen möglichst hohen Anteil seines Wissens in die Organisation einzubringen und seine individuelle Wissensbasis in Eigeninitiative weiterzuentwickeln, beziehungsweise ständig zu aktualisieren. So werden beispielsweise in jüngster Zeit die Berater bei großen, international tätigen Organisationsberatungen in ihren leistungsbezogenen Komponenten danach bezahlt, wie hoch die Nachfrage nach ihren individuellen Wissensbeständen ist, die sie der Organisation zur Verfügung stellen.

Häufig benötigen Organisationen neue Lösungen und damit auch neues Wissen für komplexe Probleme, das nicht innerhalb der Organisation verfügbar ist und auch nicht aus dem Organisationsumfeld beschafft werden kann. In diesem Fall muss neues Wissen intern entwickelt werden. Neues Wissen kann die Organisation von innen heraus aber nur auf der Basis ihrer bestehenden Strukturen und ihrer zur Verfügung stehenden individuellen, kollektiven und organisationalen Wissensbestände generieren. Aus diesem Grunde kann nicht jedes komplexe Problem von der Organisation allein gelöst werden. Je mehr

Wissen allerdings in den Problemlösungsprozess eingebracht wird, umso größer ist die Chance, das relevante neue Wissen zu generieren, da die Gesamtmenge an Wissen die strukturelle Plastizität der Organisation erweitert. Die Entwicklung neuer gemeinsamer Wissensbestände erfolgt allerdings nicht problemlos. Folgende Barrieren können diesem Prozess entgegenstehen:

- Negative Einstellung gegenüber Lernprozessen aufgrund negativer Erfahrung in der Vergangenheit.
- Prinzipieller Widerstand gegen strukturelle Veränderungen im Sinne von Veränderungen der organisationalen Wissensbasis.
- Strukturelle Determinierung aufgrund der bisherigen Lernerfahrungen und Wissensbestände.
- Kommunikationsbarrieren beim Einbringen der individuellen Wissensbestände in den gemeinsamen Lernprozess.

Das Wissensmanagement kann durch die Instrumente Lernprojekte, Lernwerkstatt oder Lernlaboratorium den Prozess der Wissensgenerierung fördern. Neben dem tagtäglichen Routinegeschäft werden Organisationen vor komplexe Problemsituationen gestellt, die nicht innerhalb des Routinegeschäfts schnell gelöst werden können. Die Anzahl der komplexen Probleme ist dabei in der jüngsten Vergangenheit in Verbindung mit der sich beschleunigenden Dynamik und der ständig zunehmenden Komplexität stark angestiegen. Da die Probleme nicht im Routinegeschäft gelöst werden können, sind Projekte ein Mittel, um diesen Problemen Herr zu werden. *Projektmanagement* ist dabei ein hervorragend geeignetes Instrument, um parallel zu einer bestehenden Struktur der Regelorganisation, ganz bestimmte, abgrenzbare Sonderaufgaben effizienter zu bearbeiten. Projekte können dabei als zeitlich befristete und sich von den Routinegeschäften abhebende, einmalige Aufgaben definiert werden, bei denen Spezialisten aus unterschiedlichen Funktionsbereichen der Organisation gemeinsam an einer Problemlösung arbeiten. Lernprojekte unterscheiden sich nun dadurch, dass sie nicht in erster Linie zur Problemlösung, sondern zur Wissensgenerierung gebildet werden. Auch wenn diese Unterscheidung auf den ersten Blick akademisch erscheint, so wird damit doch deutlich, dass bei einem Lernprojekt nicht die Problemlösung, d. h., das einmalige „Aus-der-Welt-schaffen" eines real existierenden Problems, sondern die systematische Entwicklung neuen Wissens im Mittelpunkt steht. *Lernprojekte* sind damit weder ausschließlich vergangenheitsbezogen und damit reaktiv, noch behalten sie ihren Charakter der Einmaligkeit bei, sondern versuchen statt dessen, aus der einmaligen Chance eine dauerhafte Veränderung der organisationalen Wissensbasis herbeizuführen. Deshalb setzen sich, im Gegensatz zur klassischen Projektgruppe, die Mitglieder eines Lernprojekts nicht ausschließlich aus Spezialisten unterschiedlicher Funktionsbereiche zusammen, sondern es wird in erster Linie auf die projektrelevanten, individuellen Wissensbestände und vor allem auf die Fähigkeit der einzelnen Mitglieder geachtet, wie sie die eigenen Wissensbestände auch anderen mitteilen. Es ist deshalb sinnvoll, Lernprojekte mit sogenannten Dialog-Projekten zu beginnen, die ein Lernumfeld herstellen, die die kollektive Kommunikation qualitativ verbessern helfen und damit in letzter Konsequenz auch die Qualität des neu entwickelten organisationalen Wissens steigern. Ziel der Dialog-Projekte ist es dabei, insbesondere strukturelle Determinierungen im Sinne von Betriebsblindheit der Projektgruppe zu reduzieren und die Gruppenkohäsion bereits vor der eigentlichen Lernphase zu steigern.

Die *Lernwerkstatt* ist eine Gruppe von Mitarbeitern, die den gemeinsamen Bezugspunkt Arbeit und Organisation haben und sich einmal pro Woche während der Arbeitszeit zusammensetzen und lernen. Die Lernwerkstatt unterscheidet sich daher von einem Lernprojekt in ihrer dauerhaften Art der Institutionalisierung. Wie bei einem Lernprojekt wählen die Mitglieder einer Lernwerkstatt ihre Themen in aller Regel selbst. Ein oder zwei Moderatoren steuern den kollektiven Lernprozess und geben methodische Hilfestellungen zur Problemlösung. Die Gruppe arbeitet ansonsten eigenständig und selbstorganisierend an der Lernthematik in einer zwang- und angstfreien Umgebung. Vorgesetzte dürfen nur auf Einladung an der Lernstatt teilnehmen, um zu Vorschlägen als Experten Stellung zu nehmen. In dieser Beziehung unterscheidet sich auch das Lernwerkstatt-Konzept von den traditionellen Qualitätszirkeln, bei denen die Problemlösungsarbeit sehr stark strukturiert ist und weniger das Lernen an sich, sondern die Problemlösung und damit ein unmittelbar verwertbares Ergebnis im Vordergrund steht. Dagegen fördert die Lernwerkstatt nicht nur langfristige Weiterentwicklungen der organisationalen Wissensbasis und bringt damit auch indirekt Problemlösungen zutage, sondern dient in erster Linie der institutionalisierten Verbesserung lernbezogener und kommunikativer Fähigkeiten. Es ist das vordringlichste Ziel der Lernwerkstatt, die Kluft zwischen fremdbestimmtem Wissen und eigenen individuellen Wissensbeständen zu überbrücken, um dadurch die eigene Lernfähigkeit und indirekt auch den organisationalen Lernprozess zu stärken. Das Lernwerkstatt-Konzept wird deshalb auch häufig als Organisationsentwicklung „von unten" verstanden.

Eine weitere Möglichkeit, neues Wissen für die Organisation zu gewinnen, wird mit Hilfe von Lernlaboratorien in die Praxis umgesetzt. Lernlaboratorien stellen die Weiterentwicklung einer klassischen Forschungs- und Entwicklungsabteilung dar. Lernlabors sind Versuchsfelder, in denen nicht nur neues Wissen generiert, sondern dieses Wissen auch gleichzeitig getestet, angewendet und verbessert werden kann. Dass die Qualität des Lernprozesses durch die aktive Wissensanwendung gesteigert wird, ist in diesem Zusammenhang inzwischen eine unbestrittene Tatsache. Innerhalb eines Lernlabors sind große Mengen an individuellen, kollektiven und organisationalen Wissensbeständen konzentriert und in technischen Anlagen, in Prozessen beziehungsweise beim Menschen abgespeichert. Lernlaboratorien versuchen dabei, möglichst exakt einen bestimmten Teil der Wirklichkeit in der Organisation abzubilden und damit zu simulieren, sei es nun eine bestimmte Prozesskette oder ein spezieller Managementprozess. Diese Abbildung kann entweder in materieller Art und Weise, beispielsweise in Form eines „Prototyps" erfolgen oder auch in virtueller Art und Weise in Form von „Mikrowelten", beziehungsweise „Flugsimulatoren". Dabei ist es an dieser Stelle wichtig zu betonen, dass Lernlaboratorien und deren Simulationsinstrumente nicht in erster Linie das Ziel verfolgen, möglichst exakte Vorhersagen über zukünftige Entwicklungen zu machen. Vielmehr steht das Lernen in der Gegenwart und aus der Gegenwart heraus im Mittelpunkt. Dass durch Lernprozesse die strukturelle Plastizität der gesamten Organisation erhöht wird, und dass durch reaktionsfähigere und flexiblere Strukturen die Überlebenschance der Organisation, unabhängig von der tatsächlich eingetretenen zukünftigen Entwicklung steigt, ist eine direkte und erwünschte Konsequenz des Lernlabors.

Eine dritte Möglichkeit, neues Wissen für die Organisation zu gewinnen, besteht darin, externes Wissen zu beschaffen. Dies ist insbesondere dann notwendig, wenn aufgrund der Strukturdeterminiertheit einer Organisation bestimmte Wissenspotenziale nicht verfügbar sind, beziehungsweise intern nicht zugänglich gemacht werden können. Dabei können die folgenden Barrieren bei der Beschaffung von externen Wissensbeständen auftreten:

- Fehlende Möglichkeiten der strukturellen Verknüpfung mit den bestehenden Wissensstrukturen der organisationalen Wissensbasis.
- Mangelnde Akzeptanz des extern beschafften Wissens.
- Kommunikationsbarrieren und damit mangelndes Verständnis durch kulturell bedingte Sprachbarrieren zwischen dem System Organisation und dem Organisationsumfeld.
- Mangelnde Wahrnehmung, bei wem das relevante externe Wissen beschafft werden kann.
- Mangelnde Wahrnehmung über die Existenz des externen Wissens.

Die Instrumente Beratung, Benchmarking und Wissensträgerschaft können die externe Wissensgenerierung im Sinne einer lernenden Organisation unterstützen. Die einfachste Möglichkeit, externes Wissen zu generieren, ist die Hinziehung von externen Beratern. Berater verkaufen Teile ihres Wissens an die Organisation. Damit wird das externe Wissen zum Bestandteil der organisationalen Wissensbasis, wobei der Weg dorthin durch allerlei Sprach-, Kommunikations- und Kulturbarrieren so erschwert werden kann, dass die Wissensübertragung einfach scheitert. In besonderen Fällen kann deshalb die externe Wissensgenerierung über Berater zu einer personalorientierten Wissensbeschaffung führen, bei der man neues Wissen dadurch generiert, dass man gezielt Personen oder Gruppen mit ihren benötigten individuellen Wissenspotenzialen in die Organisation holt. Eine zweite Möglichkeit, externes Wissen zu generieren, besteht darin, die eigenen Prozesse mit denen anderer Organisationen zu vergleichen. Durch diesen Vergleich kann die in der Organisation gegebene systemimmanente Strukturdeterminiertheit, die sich oftmals in Form des Phänomens der Betriebsblindheit niederschlägt, durch die Kooperation mit externen Partnern durchbrochen und damit die strukturelle Plastizität der Organisation erhöht werden. Um die Qualität des Lernprozesses zusammen mit externen Partnern zu steigern, bietet es sich an, den Lernprozess als Benchmarking-Prozess zu systematisieren. Benchmarking ist ein Analyse- und Planungsinstrument, das den Vergleich der eigenen Prozesse mit denen anderer Organisationen, im Idealfall mit den Prozessen des Klassenbesten, ermöglichen soll. Benchmarking setzt Selbstbewertung der eigenen Prozesse voraus. Dadurch wird organisationales Lernen ausgelöst. In einem zweiten Schritt werden diese eigenen Prozesse mit denen von Kunden und der Konkurrenz verglichen.

Dabei muss man nicht unbedingt in der eigenen Branche verhaftet bleiben, denn auch hier existiert das Phänomen der strukturellen Determiniertheit und zwar in Form von Branchenblindheit. Ziel sollte es sein, vom Klassenbesten zu lernen, unabhängig davon, ob diese Organisation im eigenen Land oder in der eigenen Branche tätig ist, oder vielleicht sogar als ein potenzieller Kunde gilt. Ziel des Benchmarking-Prozesses kann es dabei nicht sein, die Prozesse des Klassenbesten blind zu kopieren, denn gerade im Vergleichen und in der gemeinsamen Reflexion werden qualitativ hochwertige Lernprozesse ausgelöst, wird neues organisationales Wissen generiert. Eine weitere Möglichkeit, externes Wissen zu generieren, liegt in der systematischen Nutzung immateriell-rechtlichen Wissens. Ein solches findet man in Patenten, Mustern, Marken, Zeichnungen, Beschreibungen, Spezifikationen oder Modellen. Da dieses Wissen in der Regel durch Schutzrechte nur erschwert zugänglich ist, ist die Generierung dieses Wissens nur mit einem offiziellen Rechtsgeschäft möglich. Dabei hat sich im Laufe der Zeit eine Vielzahl unterschiedlicher Vertragsformen für dieses Rechtsgeschäft herausgebildet, so beispielsweise Franchise-, Lizenz-, Know-how-, Management-, Entwicklungsverträge, usw. Die Nutzung dieser externen Wissenspotenziale ist in der Regel mit erheblichem finanziellen Aufwand verbunden. Insofern liegt die Idee nahe, dieses externe Wissen im Austausch mit internen Wissenspotenzialen zu kompensieren. Viele Organisationen besitzen eine unübersichtliche Anzahl von Patenten, in deren Schutz zum Teil erhebliches Geld investiert wurde, von denen wiederum ein Teil „Patentleichen" darstellen, Patente also, die derzeit nicht genutzt werden, insbesondere in wirtschaftlicher Hinsicht. In Anbetracht der Tatsache, dass diese Patente nicht nur Unsummen an Geld verschlingen, sondern auch ungenutzte interne Wissenspotenziale darstellen, bietet sich ein systematisches Management dieser immateriell-rechtlichen Wissensbestände an

Der Wissensgenerierung muss die *Wissensspeicherung* unmittelbar folgen, ansonsten besteht die Gefahr des organisationalen Vergessens. Vergleichbar mit dem kognitiven Modell der individuellen Informationsverarbeitung, besitzt eine Organisation begrenzte kognitive Fähigkeiten. So kann in diesem Zusammenhang beispielsweise die Personalfluktuation herangezogen werden, die dazu führen kann, wenn man eine genügend lange Zeitdauer unterstellt, dass der Organisation wichtige individuelle oder auch kollektiv geteilte Wissensbestände wieder verloren gehen. Außerdem führt die ständige Veränderung individueller Wissensbestände zum Verlust eines für die Organisation potenziell relevanten organisationalen Wissens. Es existieren daher innerhalb von Organisationen in Analogie zum menschlichen Ultrakurzzeit-, Kurzzeit- und Langzeitgedächtnis ähnliche Prozesse, die dazu führen, dass die Notwendigkeit einer dauerhaften Wissensspeicherung und damit auch -sicherung im Langzeitgedächtnis einer Organisation besteht. Wissensspeicherung hängt dabei in erster Linie von den Speichermedien ab. Speichermedien haben die Aufgabe, das organisationale Wissen unabhängig von den einzelnen Organisationsmitgliedern abzuspeichern und damit dieses Wissen dauerhaft zu sichern. Speichersysteme sind die Träger und Bewahrer der organisationalen Wissensbasis. Die einzelnen Speichersysteme stellen demzufolge Subsysteme der organisationalen Wissensbasis dar. Man unterscheidet gewöhnlich zwischen natürlichen, künstlichen und kulturellen Speichermedien. Das Management der Wissensspeicherung hat daher die

Aufgabe, das jeweilige organisationale Wissen dem hierzu „passenden" Speichermedium zuzuordnen. Dabei muss das Wissen so aufbereitet werden, dass es für den einzelnen Benutzer handhabbar wird. Handhabbar ist eine Wissensaufbereitung dann, wenn sie, ausgehend von einer überschaubaren Menge von Informationsinhalten, Rückschlüsse auf interessierende Einzeltatbestände ermöglicht. Folgende Kriterien sind dabei von Bedeutung:

- Art des organisationalen Wissens,
- Ausmaß an erforderlicher Stabilität,
- Zeitliche Verfügbarkeit,
- Grad der gewünschten Standardisierung,
- Verlustrisiko,
- Ausmaß an gewünschter Veränderung und Weiterentwicklung,
- Intensität der Anwendung.

Wissensspeicherung bedeutet daher auch immer Institutionalisierung der durch organisationale Lernprozesse gewonnenen neuen Erkenntnisse. Allerdings garantiert die Wissensspeicherung allein noch nicht die Anwendung des neuen organisationalen Wissens und damit die Verwandlung des organisationalen Wissens in betriebswirtschaftlichen Nutzen (Abb. 6.15).

Bei *natürlichen Speichersystemen* wird Wissen in Form von strukturellen Konnektivitätsmustern im menschlichen Gehirn niedergelegt. Dieses Wissen ist für andere nur mit Hilfe der Kommunikation und über das Instrument der Sprache abrufbar: Es ist mit Hilfe der Kommunikation kollektivierbar. Deshalb ist nicht nur ausschließlich der Mensch ein natürlicher Wissensspeicher, sondern es gehören zu dieser Kategorie auch Gruppen, Teams und Wissensgemeinschaften. Natürliche Wissenssysteme sind einer ständigen Dynamik aus ihrem Umfeld unterworfen. Aus diesem Grunde sind natürliche Wissensspeicher relativ instabil. Sie besitzen daher ein systemimmanentes Verlustrisiko. Andererseits hat die hohe Instabilität den Vorteil der kontinuierlichen Weiterentwicklung bestehender Wissenspotenziale und wirkt auf diese Weise einer Gefahr der drohenden Erstarrung entgegen. Bereits bei dem Modell des organisationalen Lernprozesses ist deutlich geworden, dass bisher nur Menschen in der Lage sind, neues Wissen zu generieren. Deshalb sind Individuen auch immer diejenigen Wissensspeicher, die als Erste neues Wissen quasi stellvertretend für die Organisation abspeichern. Gleichzeitig sind sie auch die umfassendsten Wissensspeicher der Organisation, da der Mensch aus seinen strukturellen Grenzen heraus nicht imstande ist, sein gesamtes Wissen mit Hilfe der Kommunikation anderen zugänglich zu machen. Außerdem hat sich der Mensch seinen Wissensbestand zum größten Teil außerhalb der Organisation angeeignet, beispielsweise durch Erziehung, Sozialisation, Aktivitäten usw. und besitzt damit unter Umständen einen größeren Wissensbestand, als für die Organisation relevant ist. Die systematische Aufteilung des Wissens auf einzelne menschliche Wissensspeicher nach dem Ansatz der Lokalisationstheorie und damit ein Verzicht auf Redundanzen, erscheint innerhalb einer lernenden Organisation wenig wünschenswert, da sich dadurch die Gefahr des Wissensverlustes beim Ausscheiden dieser Organisationsmitglieder drastisch erhöht.

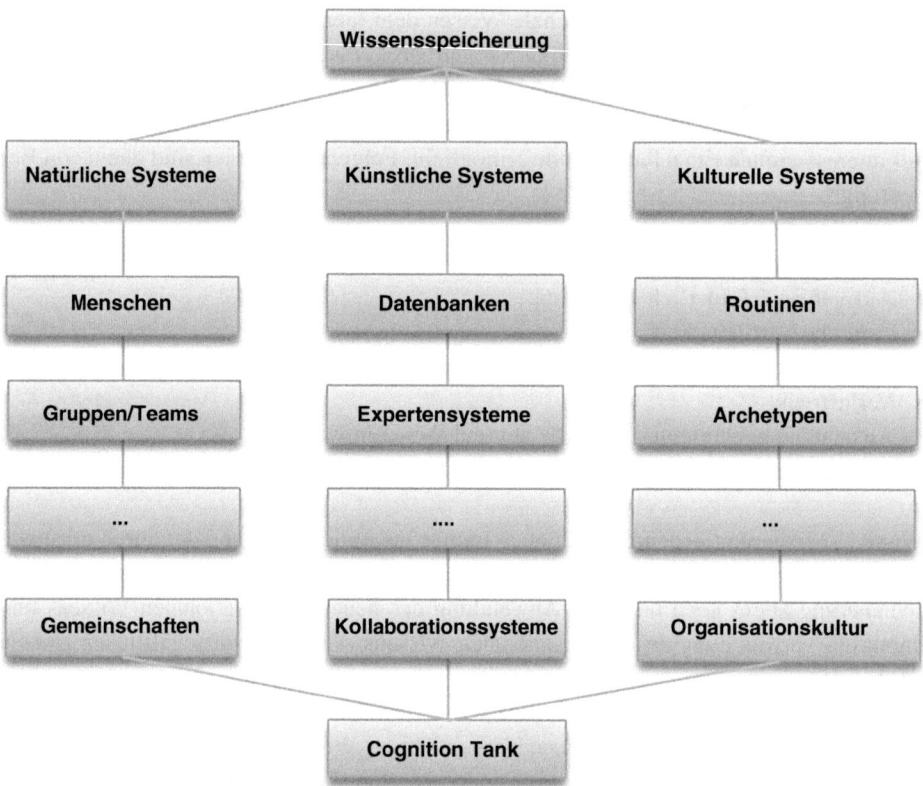

Abb. 6.15 Möglichkeiten der Wissensspeicherung

Außerdem reduziert eine Arbeitsteilung bei der menschlichen Wissensspeicherung die Wahrscheinlichkeit, dass das individuelle Wissen Bestandteil der organisationalen Wissensbasis wird und in die Handlungsroutinen einfließt, was einerseits auf individuell unterschiedlich begrenzte kommunikative Fähigkeiten, andererseits aber auch auf individuell unterschiedliche Willensbarrieren zurückzuführen ist. Aus diesen Tatsachen kann aber umgekehrt nicht der Schluss gezogen werden, dass es prinzipiell wünschenswert wäre, wenn jeder Mitarbeiter das gesamte relevante Wissen individuell bei sich abgespeichert hätte. Abgesehen von den begrenzten kognitiven Fähigkeiten des menschlichen Gehirns würde diese Art von Gleichschaltung auch zu einer Gleichschaltung im kreativen Prozess des Lernens führen und dadurch die Qualität neuen Wissens durch die Blindheit einer gleichgeschalteten Gemeinschaft erheblich reduzieren. Es gilt daher einen Mittelweg zu finden, um den Mitarbeiter in seiner Funktion als Wissensspeicher in effektiver Art und Weise nutzen zu können. In diesem Zusammenhang wird in der Literatur eine Unterscheidung zwischen dem Mitarbeiter als „Gatekeeper" und als Wissensingenieur getroffen. Während Gatekeeper die Aufgabe haben, das Wissen in der Organisation an entsprechend geeignete Mitarbeiter als Wissensspeicher weiterzureichen, sind Wissensingenieure als Schlüsselpersonen der Wissensspeicherung auf bestimmten Gebieten Experten und besitzen durch ihr Detailwissen eine unangefochtene Fachkompetenz. Gatekeeper verfügen deshalb gegenüber anderen Mitarbeitern über ein hohes Ausmaß an Handlungs- und Rezeptwissen innerhalb der Organisation. Aus diesem Grunde sind typische Gatekeeper meist Mitarbeiter, die bereits längere Zeit für diese Organisation tätig sind und die sich deshalb bereits sowohl Erfahrung als auch Einfluss und Kontakte aufgebaut haben. Die drei Elemente Erfahrung, Einfluss und Kontakte verleihen dem Gatekeeper innerhalb der Organisation Macht, die er im positiven wie im negativen Sinne ausüben kann. Wissensingenieure besitzen hingegen ein hohes Ausmaß an Faktenwissen. Sie haben die Aufgabe, ihr detailliertes Wissen mit den visionären Vorstellungen des Managements über die Zukunft der Organisation zu verbinden und es in konkrete Technologien, Produkte, oder die Erschließung neuer Märkte umzusetzen. Durch die Verbindung von Vision und konkreter Handlung sind die Wissensingenieure maßgeblich an der Aufrechterhaltung eines kontinuierlichen, organisationalen Lernprozesses beteiligt, und erhalten damit die lernende Organisation am Leben.

Mit Hilfe von Gruppen versucht man, das systemimmanente Verlustrisiko personeller Wissensspeicher zu reduzieren, indem man des Wissen auf mehrere Personen verteilt. Gleichzeitig tritt dabei das Problem des impliziten Wissens auf, nämlich die Tatsache, dass das Individuum unfähig ist, sein gesamtes Wissen anderen zugänglich zu machen. Unter dem Begriff der Gruppe wird in diesem Zusammenhang sowohl die formelle als auch die informelle Gruppe verstanden. Eine *formelle Gruppe* wird bewusst für ein bestimmtes Ziel oder eine Aufgabe dauerhaft oder auch auf Zeit konstituiert. *Informelle Gruppen* können hingegen als organisationale Subkulturen bezeichnet werden, die aus sozialen Bedürfnissen heraus, durch gemeinsame Interessen oder um neue Ideen herum, entstehen. In diesem Zusammenhang kann man den Schwerpunkt auf formelle Gruppen legen, die man als partizipative lernende Systeme bezeichnen kann. Darunter versteht man insbesondere temporäre formelle Gruppen, die Wissen und Erfahrungen sammeln und speichern, indem innerhalb dieser Gruppen Schlüsselpersonen des jeweiligen Wissensgebiets miteinander direkt in Kontakt treten. Gleichzeitig tragen diese Gruppen zur Verbreitung ihres Wissens in der gesamten Organisation bei, da die Schlüsselpersonen gespeichertes Gruppenwissen in ihre eigenen Bereiche tragen. Die Gefahr des Wissensverlustes wird damit für die Gesamtorganisation weiter reduziert. Informelle Gruppen fungieren als Wissensspeicher in dreierlei Formen. So speichern „Countercultures" Wissen, das im Widerspruch zu anderen Wissensbeständen der organisationalen Wissensbasis steht. Countercultures lösen damit einen Konflikt innerhalb der organisationalen Wissensbasis aus, der entweder dazu führt, dass alte Wissensbestände verlernt werden, oder dass Gruppenwissen der Countercultures keinen Eingang in die organisationale Wissensbasis findet und damit verworfen wird. Countercultures können deshalb insbesondere dann für die Organisation gefährlich werden, wenn man sie als Wissensspeicher für Grundsatzwissen nutzt. Als Speichermedium für Fakten-, Handlungs- und Rezeptwissen können sie hingegen willkommene Alternativen für Erfolgswissen bieten, das sich durch Umfeldveränderungen selbst überholt hat. Countercultures stellen in diesem Sinne ein kreativschöpferisches Konfliktpotenzial innerhalb der Organisation dar, das Lernprozesse höherer Ebenen auslöst. Subkulturen im engeren Sinne identifizieren sich im Gegensatz zu Countercultures mit den organisationalen

Wissensbeständen. Sie tragen zu einer kontinuierlichen Weiterentwicklung der organisationalen Wissensbasis bei, und eignen sich deshalb insbesondere als Wissensspeicher für die Wissensbestände, die das langfristige Überleben und die Identität der Organisation sichern, und die deshalb vor allzu schnellen und unüberlegten Änderungen geschützt werden müssen. Expertenkulturen als dritte Art informeller Gruppen sehen schließlich ihre Aufgabe als Wissensspeicher in den Wissensnischen der organisationalen Wissensbasis. Diese Gruppen können deshalb als Eliten für bestimmte spezifische Problemstellungen bezeichnet werden. Da sie dabei Gefahr laufen, sich in organisatorische Elfenbeintürme zu begeben, tragen sie weniger zur Weiterentwicklung bestehender Wissensbestände bei, als die beiden anderen Gruppen. Auf der anderen Seite bieten sie gerade aus diesem Grunde einen dauerhaft sicheren Wissensspeicher für komplexe und hoch spezialisierte, aber gleichzeitig auch überlebensnotwendige Wissensbestände der Organisation.

Eine dritte Kategorie natürlicher Speichersysteme bilden sogenannte Wissensgemeinschaften. *Wissensgemeinschaften* werden aus der Menge von Organisationsmitgliedern gebildet, die über äquivalentes Wissen verfügen, welches für andere Organisationsmitglieder nicht unmittelbar verständlich ist. Aus dieser Definition heraus ist ersichtlich, dass jede Lerngruppe auch eine Wissensgemeinschaft darstellt. Aber nicht jede Wissensgemeinschaft ist auch eine Lerngruppe, da die Mitglieder einer Wissensgemeinschaft nicht in einem unmittelbaren Interaktionsverhältnis zueinander stehen müssen, oft voneinander nicht einmal etwas wissen. Der Begriff der Wissensgemeinschaft, in Abgrenzung zu einer Gruppe als Wissensspeicher, ist deshalb in diesem Zusammenhang so bedeutsam, da in der Literatur häufig der Begriff der Gruppe, beziehungsweise auch Lerngruppe mit „gemeinsam geteiltem Wissen", beziehungsweise der spezifischen Art des gemeinsam geteilten Wissens, gleichgesetzt wird. Das wesentliche Merkmal einer Wissensgemeinschaft ist, im Gegensatz zur Gruppe, die Vielschichtigkeit der Arten ihrer Ausprägung. Während ein Organisationsmitglied in der Regel immer nur einer formellen Gruppe (Abteilung oder Bereich) angehören wird und auch nur Mitglied einer sehr begrenzten Anzahl von informellen Gruppen innerhalb der Organisation sein kann, gehört das Organisationsmitglied doch bewusst oder unbewusst zahlreichen Wissensgemeinschaften innerhalb der Organisation an. Das Entstehen von neuen Wissensgemeinschaften und damit das Abspeichern von organisationalem Wissen in neue äquivalente Wissensbestände, können dabei auf folgende Arten zustande kommen:

- durch vergleichbare präorganisationale Ausbildung und Sozialisation durch Schule, Universität etc.,
- durch ähnliche Zugehörigkeiten zu anderen Organisationen außerhalb der Organisation (persönliche Netzwerke, Vereine),
- durch vergleichbare innerorganisationale Laufbahnen (Einstieg, Position),
- durch vergleichbare Tätigkeiten innerhalb der Organisation (Bereich, Projekte),
- durch überlappende Arbeitsaufgaben (Qualitätszirkel, Arbeitsprozess),
- durch gemeinsame Interessen,
- durch räumliche Nähe und gemeinsame Interaktionen während der Arbeit.

Wissensgemeinschaften lassen sich über alle Wissensarten hinweg beobachten.

▶ So können beispielsweise sowohl Wissensgemeinschaften im Bereich des Begriffswissens als auch Wissensgemeinschaften im Bereich des Handlungs-, Rezept- und Grundsatzwissens existieren.

Künstliche Speichersysteme sind charakterisiert durch einen direkten und expliziten Wissenszugriff. Wissen wird in künstlichen Speichersystemen in codierter Form (Sprache) niedergelegt. Der Vorteil künstlicher Speichersysteme besteht darin, dass das Verlustrisiko für die Organisation minimiert, und durch die allgemein akzeptierte und verständliche Codierung der persönliche Interpretationsspielraum aufgrund der eigenen strukturellen Prägung auf ein Minimum reduziert werden kann. Allerdings kann in künstlichen Speichersystemen bis dato ausschließlich explizites Wissen niedergelegt werden. Es kann damit nicht jede Wissensart zufriedenstellend in Form von Sprache codiert werden. Ein weiterer Nachteil ist in den bisher noch sehr begrenzten Möglichkeiten der Wissensveränderung und der Wissensweiterentwicklung zu sehen, die sich bei künstlichen Speichersystemen immer aufwendiger gestalten als bei natürlichen oder kulturellen Speichersystemen. Künstliche Speichersysteme können deshalb auch extreme Lernbarrieren darstellen. Die schriftliche Form der Wissensspeicherung hat lange Tradition. Bereits bei den Ägyptern wurden Daten für den Pyramidenbau auf Tontafeln gespeichert, und in Alexandria existierten erste Formen einer Bibliothek als Wissensaufbewahrungsstätten. In den vergangenen Jahren wurde die schriftliche Dokumentation in fortschreitendem Maße von elektronischen Datenbanken ersetzt. Der Begriff „ersetzen" ist in diesem Zusammenhang so zu verstehen, dass elektronische Datenbanken zwar prinzipiell die gleichen Wissensspeicherungsfunktionen erfüllen wie traditionelle schriftliche Dokumentationen, aber eindeutig die zeitgemäßere Variante im Sinne von Schnelligkeit und universeller Verfügbarkeit darstellen. Deshalb werden schriftliche Dokumentationen im Folgenden unter elektronischen Datenbanken subsummiert, da ihre Übertragung auf elektronische Medien keine nennenswerten Schwierigkeiten bereitet. Schriftliche beziehungsweise elektronische Datenbanken ermöglichen die systematische Sammlung und Speicherung von gelernter Information (Wissen) in Form von Begriffs-, Handlungs-, Rezept- und Grundsatzwissen. Dabei gilt es allerdings zu beachten, dass nicht jede Form von Wissen in Datenbanken niedergelegt beziehungsweise abgespeichert werden kann. Individuelles Wissen wird in Form von Sprache schriftlich dokumentiert. Die strukturellen Mittel der Sprache sind aber eher begrenzt. So können beispielsweise implizite Wissensbestände nur sehr schemenhaft in Form von Sprache schriftlich niedergelegt werden. Eine weitere Einschränkung tritt dadurch zutage, dass die kommunikativen Fähigkeiten jedes Individuums unterschiedlich stark ausgeprägt sind. Dadurch wird die prinzipiell mögliche strukturelle Plastizität der Sprache weiter reduziert. Neben dem Sender soll in diesem Zusammenhang auch der potenzielle Empfänger nicht unberücksichtigt bleiben, bei dem es durch sprachliche Barrieren, ausgelöst durch unterschiedliche Erfahrungshintergründe, zu einer weiteren Einschränkung der Nutzung des in Datenbanken abgelegten Wissens kommen kann. Der Vorteil

der schriftlichen, beziehungsweise elektronischen Datenbanken, ist in der relativ sicheren, statischen und langfristigen Speicherung von Wissensbeständen zu sehen.

Expertensysteme stellen eine Weiterentwicklung der klassischen Wissensspeicherung
durch schriftliche oder elektronische Datenbanken dar. Expertensysteme speichern nicht
nur Wissen ab, sondern ziehen das in ihnen abgespeicherte Wissen auch zu Schlussfolgerungen heran. Expertensysteme besitzen daher die Fähigkeit, das abgespeicherte Wissen zielgerichtet zu kombinieren. Bestandteile eines Expertensystems sind dementsprechend
neben der Wissensbasis und der Wissenserwerbskomponente auch die Problemlösungs-,
Erklärungs- und Dialogkomponente. Expertensysteme lassen sich im Bereich der Wissensspeicherung deshalb insbesondere dann sinnvoll einsetzen, wenn Fakten-, Handlungs-
und Rezeptwissen abgespeichert werden, die den Anwender später bei der Diagnose,
Planung, Beratung, Entscheidungsfindung und Koordination unterstützen sollen.

Bei *Neuronalen Netzen* handelt es sich um parallel arbeitende und miteinander vernetzte
Verarbeitungseinheiten, die im Gegensatz zu Expertensystemen nicht nur ihre Wissensbestände in Bezug auf die Problemlösung sinnvoll kombinieren, sondern ihre alten Wissensbestände aufgrund von Problemlösungen ständig verbessern und weiter entwickeln. Damit
trainieren sich Neuronale Netzwerke anhand von Problemstellungen und verbessern
kontinuierlich die Qualität ihrer abgespeicherten Wissensbasis. Auf der anderen Seite verlieren sie durch diese Veränderung unter Umständen alte und originäre Wissensbestände.
Neuronale Netzwerke eignen sich deshalb auch nur begrenzt für die dauerhafte Niederle-
gung von organisationalem Wissen.

Kulturelle Speichersysteme sind charakterisiert durch ihre indirekte und damit nicht unmittelbar sichtbare und abrufbare Art der Wissensabspeicherung. Wissen wird in kulturellen
Speichersystemen in Form von Strukturen gespeichert, wobei sich diese Strukturveränderungen in dem Verhalten der Organisation oder auch in der tagtäglichen gegenseitigen Interaktion und Kommunikation zeigen können. Der Vorteil der kulturellen Speichersysteme
liegt in ihrem Potenzial, nahezu jedes Wissen und damit auch alle Wissensarten abspeichern
zu können. Außerdem fördert die systemimmanente Dynamik kultureller Speichersysteme
organisationale Lernprozesse und damit die kontinuierliche Weiterentwicklung organisationaler Wissensbestände. Auf der anderen Seite ist das hohe Maß an Komplexität und Freiheitsgraden auch gleichzeitig der Nachteil kultureller Speichersysteme. Aufgrund der
Strukturdeterminiertheit jedes Systems, in diesem Falle insbesondere des Individuums, kann
nicht oder nur sehr schwer vorhergesagt werden, wie die in kulturellen Speichersystemen
abgespeicherten organisationalen Wissensbestände als individuelle Wissensbestände verankert werden. Außerdem erhöhen kulturelle Speicher das Verlustrisiko des organisationalen
Wissens aufgrund ihres hohen Grades an Instabilität.

Jedes *Individuum* besitzt Wissen und Fähigkeiten. Individuelles Wissen im engeren Sinne
kann dabei leichter in einer organisationalen Wissensbasis gespeichert werden als Handlungswissen, da Handlungswissen zu einem weitaus größeren Teil implizite Wissensbestände enthält, die nicht in Form von Sprache kommunizierbar sind. Trotzdem gibt es auch hier
Möglichkeiten, dieses Wissen in der organisationalen Wissensbasis zu erfassen. Eine dieser
Möglichkeiten besteht in der Übertragung von individuellen Fähigkeiten und individuellem

Handlungswissen in organisationale Routinen. Organisationale Routinen können dabei als Integration individueller Fähigkeiten in den Rahmen komplexer organisationaler Abläufe verstanden werden. Sie speichern das organisationale Wissen bezüglich einer bestimmten Problemlösung. Organisationale Routinen werden mit Hilfe von Flussdiagrammen wiedergegeben. Aufgrund ihrer internen Komplexität kann diese grafische Wiedergabe aber in der Regel nur unvollständig und damit sehr schemenhaft erfolgen. Organisationale Routinen laufen selbstorganisierend ab und funktionieren deshalb auch ohne spezifische Aufmerksamkeit des Managements. Organisationale Routinen sind wie alle Wissensspeicher prinzipiell neutral bezüglich der Wissensinhalte, die sie abspeichern.

▶   So können beispielsweise organisationale defensive Routinen weitere Lernprozesse behindern.

Eine weitere Möglichkeit, organisationales Wissen mit Hilfe von kulturellen Speichersystemen abzuspeichern, bieten die Archetypen. Das Wort „Archetypen" stammt vom griechischen Wort „archetypos" ab und kann mit „das Erste ihrer Art" übersetzt werden. Archetypen sind daher als Urmuster einer Organisation zu verstehen, d. h. als wesentliche Konfigurationen, die Cluster von Handlungsmustern abbilden. Die System-Archetypen bieten als einziges Wissensspeichermedium die Möglichkeit, Wissen, das durch systemische Denk- und Lernprozesse gewonnen wurde, in der organisationalen Wissensbasis abzuspeichern. System-Archetypen können damit insbesondere Rezeptwissen abspeichern, das Managern dabei hilft, organisationale Lernprozesse zu fördern, um Fehler im Umgang mit komplexen Systemen zu vermeiden. Basierend auf den systemtheoretischen Grundlagen werden dabei acht typische System-Archetypen unterschieden:

- **Zeit**: Zeitverzögerung des Feedbacks.
- **Wachstumsgrenzen**: natürliche Grenzen des Wachstums.
- **Korrekturhast**: Übereilte Korrekturen verhindern langfristige Lösungen.
- **Schmetterlingseffekt**: gegenseitiges aggressives Hochschaukeln.
- **Gesetz des Stärkeren**: Der Stärkere gewinnt gegenüber dem Schwächeren beim Kampf um begrenzte Ressourcen. Der Stärkere wird immer stärker, der Schwächere dadurch immer schwächer.
- **Trugschluss der Verallgemeinerung** bei frei verfügbaren, aber begrenzten Ressourcen.
- **Lawineneffekt**: Schnelle Lösungen haben langfristig unvorhergesehene und unerwünschte Konsequenzen, die immer mehr Mitteleinsatz in Folge der am Anfang durchgeführten schnellen Lösungen nach sich ziehen.
- **Herausforderungs-Sog**: Wachstum führt zu neuen Herausforderungen, denen schnell und aggressiv mit neuer Kapazität begegnet werden muss, ansonsten besteht die Gefahr, dass Ziele vorübergehend reduziert werden. Die nur scheinbar vorübergehend reduzierten Ziele führen zu niedrigeren Erwartungen und diese führen in einer Art selbsterfüllenden Prophezeiung zu schlechteren Ergebnissen. Dadurch können mögliche hohe Ziele dauerhaft nicht mehr erreicht werden.

Eine dritte Art kultureller Wissensspeicher für die Abspeicherung der organisationalen Wissensbasis stellt die *Organisationskultur* dar. Die Organisationskultur ist ein Grundgerüst aus Werten, Prinzipien und Glaubenssätzen in der Organisation. Jeder Mitarbeiter in der Organisation ist zwar ein Repräsentant dieser Organisationskultur, dennoch stellt die Organisationskultur aufgrund ihrer emergenten Systemeigenschaften ein von Individuen unabhängiges Speichermedium dar. Die Organisationsgründer haben durch ihre Worte und Handlungen den Grundstein für das abgespeicherte Grundsatzwissen innerhalb der Organisationskultur gelegt. Dieses Wissen wird mit Hilfe der Organisationskultur von Mitarbeitergeneration zu Mitarbeitergeneration weitergegeben. Dadruch wird ihr Kern stabilisiert und einem Identitätsverlust der gesamten Organisation vorgebeugt. Die Organisationskultur hat daher im Wesentlichen die Aufgabe, den Kern des organisationalen Grundsatzwissens dauerhaft zu speichern und dadurch den Organisationsmitgliedern eine Orientierung zu bieten. Artefakte als offenkundige Zeugnisse der Gemeinschaft sind der nach außen hin sichtbarste Teil dieser Organisationskultur. Artefakte sind beispielsweise Legenden und Geschichten, die spezifische Organisationssprache, beobachtbare Rituale und öffentlich geäußerte oder dokumentierte Organisationswerte.

Gespeichertes organisationales Wissen muss in den relevanten Bereichen der Organisation zur Anwendung gelangen. Wissen anwenden können in erster Linie aber nur die Organisationsmitglieder. Deshalb hat das organisationale Wissen den umgekehrten Weg wie bei der Wissensgenerierung zurückzulegen. Zunächst gilt es, das organisationale Wissen auf die Organisationsmitglieder zu übertragen, die nicht am Prozess der Wissensgenerierung beteiligt waren. Anschließend wird dann dieses Wissen zur Anwendung gebracht. Geplanter *Wissenstransfer* in Organisationen kann dabei entweder in direkter oder in indirekter Art und Weise durchgeführt werden. Die Phase des Wissenstransfers wird von der Art der Wissensspeicherung in entscheidendem Maße mit beeinflusst. Dabei hängt der Transferprozess insbesondere von der zeitlichen Variable ab.

▶ So ist es beispielsweise ein wesentlich langwierigerer und wechselseitigerer Prozess, in der Kultur gespeichertes organisationales Grundsatzwissen in den Köpfen aller Organisationsmitglieder zu etablieren, als in schriftlichen Dokumentationen festgelegtes Begriffswissen. Dafür unterscheidet sich hierbei auf der anderen Seite auch die Anwendungsintensität aufgrund der strukturellen Bindung.

Direkter Wissenstransfer hat explizit die gesteuerte Übertragung von organisationalen Wissensbeständen auf die Organisationsangehörigen zum Ziel. Diese gesteuerte Übertragung geschieht in der Regel über die Sprache. Aus diesem Grunde stehen beim direkten Wissenstransfer insbesondere organisationales Begriffs- und Rezeptwissen im Vordergrund, da sich diese Wissensarten besonders leicht durch sprachliche Kommunikationsformen übertragen lassen. Die klassische Methode, organisationales Wissen in der Organisation zu transferieren, liegt in der Weiterbildung der Mitarbeiter begründet. Unter Weiterbildung versteht man die Fortsetzung beziehungsweise Wiederaufnahme des von außen angeleiteten Lernens nach Abschluss einer ersten Bildungsphase. Grundsätzlich können dabei die drei Weiterbildungsarten der allgemeinen, beruflichen und politischen Weiterbildung unterschieden werden. Unter dem Begriff der beruflichen Weiterbildung werden alle Maßnahmen zusammengefasst, die zum Ziel haben, Wissen und Fähigkeiten festzustellen, zu erhalten, zu erweitern und zu aktualisieren, um, aufbauend auf einer abgeschlossenen Ausbildung und angemessenen Berufserfahrung, eine berufliche Weiterentwicklung zu ermöglichen. Neben dem Ziel der beruflichen Weiterentwicklung, die beispielsweise mit einem beruflichen Aufstieg verbunden sein kann, stehen als weitere Ziele Nachwuchssicherung, Motivation, Innovation, Flexibilität und Identifikation der Mitarbeiter mit der Organisation im Vordergrund (Abb. 6.16).

Zur Erreichung dieser Ziele können darüber hinaus Elemente der allgemeinen Weiterbildung eine wichtige Rolle spielen. Im Mittelpunkt der Weiterbildung steht immer der Wissenstransfer von einer Person, dem Lehrenden, auf eine oder mehrere andere Personen, die Lernenden. Dabei kann im Rahmen der Weiterbildung immer nur eine begrenzte Menge des Wissensbestandes des Lehrenden auf den Lernenden übertragen werden. Die Qualität des Weiterbildungsprozesses hängt dabei in jedem Fall eng mit der expliziten und impliziten Kommunikationsfähigkeit des Lehrenden in Bezug zu den Lernenden zusammen. Ziel ist es, eine strukturelle Koppelung zwischen Lehrenden und Lernenden herzustellen. Betrachtet man die Lehrsituation beziehungsweise das Lernumfeld genauer, so kann grundsätzlich zwischen Weiterbildung und damit Wissenstransfer „on the job" und

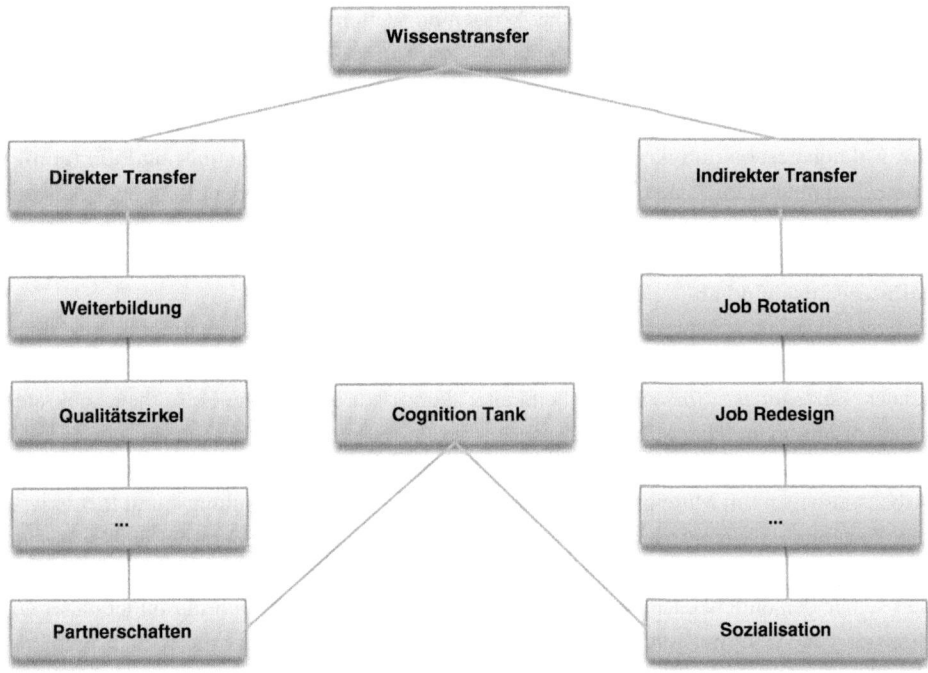

Abb. 6.16 Möglichkeiten des Wissenstransfers

Wissenstransfer „off the job" unterschieden werden. Bei der Weiterbildung „on the job", wie beispielsweise im Rahmen der Arbeitsplatzeinschulung neuer Mitarbeiter oder bei Arbeitsunterweisungen, liegt der Schwerpunkt auf dem Transfer von Handlungs- und Rezeptwissen. Bei der Weiterbildung „off the job", wie beispielsweise im Rahmen von Schulungen oder Workshops, steht in der Regel der Transfer von Faktenwissen, zum Teil auch von Grundsatzwissen, im Vordergrund.

Unter einem *Qualitätszirkel* versteht man dabei eine auf Dauer angelegte Kleingruppe, in der Mitarbeiter einer hierarchischen Ebene mit einer gemeinsamen Erfahrungsgrundlage in regelmäßigen Abständen auf freiwilliger Basis zusammenkommen, um Themen des eigenen Arbeitsbereichs zu analysieren. Unter Anleitung eines geschulten Moderators wird mit Hilfe spezieller erlernter Problemlösungs- und Kreativitätstechniken versucht, Lösungsvorschläge zu erarbeiten und zu präsentieren. Diese Vorschläge werden selbstständig oder im Instanzenweg umgesetzt und eine Ergebniskontrolle wird vorgenommen, wobei die Gruppe als Bestandteil in den organisationalen Rahmen des Qualitätszirkel-Systems eingebunden ist und zu den anderen Elementen Kommunikationsbeziehungen unterhält. Qualitätszirkel erfüllen nach diesem Verständnis nicht nur die Funktion der Wissensgenerierung, sondern insbesondere auch die Funktion des Wissenstransfers. Dabei verläuft der Wissenstransfer auf zweierlei Ebenen ab. Zunächst wird neues Wissen innerhalb des Qualitätszirkels durch kollektive Lernprozesse auf alle Mitglieder übertragen. In einem zweiten Schritt wird das neue Wissen auf weitere, nicht dem Qualitätszirkel angehörige Organisationsmitglieder über Kommunikationsbeziehungen transferiert, die ihrerseits das Wissen an weitere Organisationsangehörige weitertragen. Im Idealfall wird damit neues Wissen in kaskadenförmiger Art und Weise, ausgehend vom Qualitätszirkel, durch die ganze Organisation getragen. Wie bei einem Fluss mit kaskadenförmigem Wasserfall sind für die Breite des anschließenden Stroms die Anfangsgeschwindigkeit unmittelbar vor dem Wasserfall (Energie) und die räumlichen Gegebenheiten in der Organisation die entscheidenden Größen. In den Organisationsbereichen, in denen nur geringe strukturelle Barrieren existieren (räumliche Nähe beziehungsweise als Ersatz elektronische Vernetzung) läuft der Wissenstransferprozess selbstorganisierend ab.

Erst seit wenigen Jahren finden Formen und Modelle lernpartnerschaftlicher Beziehungen vermehrt Berücksichtigung. Inzwischen unterscheidet man zwischen drei Formen helfender Beziehungen. *Instruktion* beinhaltet kurzfristig angelegte Hilfe bei konkreten Problemstellungen. Hierbei geht es insbesondere um den Transfer von Fakten- und Handlungswissen. *Coaching* umfasst die Unterstützung bei der Bewältigung von längerfristigen Arbeitsaufgaben. Im Mittelpunkt steht hierbei der Transfer von Handlungs- und Rezeptwissen. Coaching soll langfristig das Problemlösungsverhalten verbessern helfen. *Mentoring* orientiert sich nicht an der Arbeitsaufgabe, sondern an der Persönlichkeit des Mitarbeiters und seiner Persönlichkeitsentwicklung. Den Schwerpunkt von Mentoring bildet daher der Transfer von Axiomwissen. Mentoring ist ein äußerst langfristiger, oft lebenslanger Prozess, bei dem ein Mentor einem anderen Menschen dabei hilft, seine Arbeits- und Lebensposition zu hinterfragen und Zukunftslinien zu erkennen.

Indirekter Wissenstransfer hat nicht explizit das Ziel, organisationale Wissensbestände auf die Organisationsangehörigen zu übertragen, sondern er erfolgt einfach. Indirekter Wissenstransfer ist damit der mehr oder weniger erwünschte Nebeneffekt von bestimmten Maßnahmen. Indirekter Wissenstransfer geschieht nicht über sprachliche Medien, sondern durch strukturelle Koppelung. Aus diesem Grunde stehen beim indirekten Wissenstransfer insbesondere organisationales Handlungs- und Grundsatzwissen im Vordergrund, da diese Wissensarten im Rahmen struktureller Koppelungsvorgänge bevorzugt übertragen werden.

Unter *Job Rotation* versteht man den planmäßigen und systematischen Wechsel von Arbeitsplatz und Arbeitsaufgaben. Der ursprüngliche Gedanke, der hinter der Einführung von Job Rotation in den Organisationen stand, war die Idee, die durch die Arbeitsteilung entstandene Arbeitsmonotonie zu durchbrechen und damit sowohl psychische wie auch physische Folgeschäden zu vermeiden oder zumindest zu vermindern. In der heutigen Zeit, in der immer mehr monotone Arbeitsschritte durch maschinelle Automation ersetzt werden, scheint bei dieser Argumentation auch die Notwendigkeit für Job Rotation wieder abzusinken. Dabei blieb in der bisherigen Diskussion über Job Rotation ein weit wichtigeres Argument unberücksichtigt: die Wissenstransfer-Funktion dieses Konzeptes. Denn bereits durch einen geplanten systematischen Arbeitsplatzwechsel kann der Wissenstransfer innerhalb der Organisation gezielt gesteuert werden. Das gilt für den Berufseinstieg genauso wie für die Entwicklung des Führungskräftenachwuchses.

▶   So kann beispielsweise die organisationale Wissensbasis im Rahmen von Trainee-Programmen, und dabei insbesondere Begriffs- und Handlungswissen auf die neuen Organisationsmitglieder recht bequem übertragen werden.

Gleichzeitig haben die neuen Organisationsmitglieder die Chance, sich bereits in der Anfangsphase eine Art Wissens-Netzwerk zu knüpfen, das es ihnen später ermöglichen wird, bei spezifischen Problemen das hierzu adäquate Problemlösungswissen an der richtigen Stelle nachzufragen. Diese Job-Rotation, die auf einer höheren Ebene als einfache horizontale Job Rotation in Trainee-Programmen abläuft, ist dadurch gekennzeichnet, dass durch Auslandsaufenthalte in Tochtergesellschaften, beziehungsweise durch eine Art Projekt-Job-Rotation versucht wird, die zukünftige Führungskraft durch den Transfer von Rezept- und Grundsatzwissen auf seine zukünftigen Aufgaben vorzubereiten. Neben dem Wissenstransfer innerhalb der Job Rotation besteht auch die Möglichkeit, den eigenen Arbeitsplatz so umzugestalten, dass Wissenstransferprozesse bezüglich neu gewonnenen organisationalem Wissens erleichtert werden. Der Begriff *Job Redesign* gilt dabei als Sammelbegriff für verschiedenartigste Maßnahmen, die vom Job Enlargement über Job Enrichment, bis hin zur Gruppenarbeit reichen können. Dabei gehen alle diese Maßnahmen in dieselbe Richtung: die in den vergangenen Jahrzehnten übertriebene Arbeitsteilung und Spezialisierung rückgängig zu machen, um dadurch die Hauptbarrieren, die einem schnellen Transfer neu gewonnenem organisationalem Wissens entgegenstehen, wieder zu beseitigen. Insbesondere der Abbau von Funktionsgrenzen und die gleichzeitige Etablierung von organisatorisch selbstständigen Einheiten führen zu einer Entbürokratisierung des Wissenstransfers. Je mehr verschiedenartige Arbeitsaufgaben ein Organisationsmitglied bearbeiten muss und je mehr es bei der Erfüllung der einzelnen Aufgaben mit anderen Organisationsmitgliedern in Interaktion treten muss, umso ungehinderter kann sich neues organisationales Wissen innerhalb der Organisation ausbreiten. Andererseits bestehen natürliche kognitive Grenzen der Informationsverarbeitung beim Menschen, so dass auch hier ein optimaler Punkt zwischen Spezialisierung und Generalisierung der Arbeitsaufgaben zu finden ist. Durch die qualitativ höherwertige Dimension kollektiver Lernprozesse kann diese Grenze des Wissenstransfers durch Gruppenarbeit in einem sinnvollen Ausmaß weiter ausgedehnt werden.

Eine weitere indirekte Möglichkeit, organisationales Wissen zu transferieren, bietet die Sozialisation. Durch *Sozialisation* kann insbesondere schwer kommunizierbares organisationales Wissen, wie beispielsweise Handlungs- oder Grundsatzwissen, innerhalb der Organisation transferiert werden. Sozialisationsprozesse finden zwar sowohl bei der Job Rotation als auch beim Job Redesign statt. Unter Sozialisation versteht man dabei die Wissenstransferprozesse, in denen ein Mensch in seiner sozialen Umwelt lernt, vorwiegend solche Verhaltensweisen zu zeigen, sowie die Einstellungen, Werte, Bedürfnisse usw. zu übernehmen, die den anerkannten Wertvorstellungen und Normen entsprechen, beziehungsweise solche Verhaltensweisen, Einstellungen usw. abzubauen, die damit in Widerspruch stehen könnten. Sozialisierungsprozesse haben das besondere Charakteristikum, dass sie ohne Sprache auskommen, wie dies insbesondere beim Modell-Lernen deutlich wird. Sozialisation unterstützt damit im Wesentlichen den Transfer von nur schwer kommunizierbarem Handlungs-, Rezept- und Grundsatzwissen und findet in der Regel zum größten Teil unbewusst zwischen Lehrendem, Modell, Lernendem und Beobachter statt. Das Ergebnis von Sozialisation und struktureller Koppelung, der konsenuelle Bereich, in dem das Wissen des einen, strukturell plastischen Systems, beispielsweise eines Individuums, auf ein zweites System transferiert wurde, ist damit äquivalent. In jedem Fall kann durch die Förderung von Sozialisationsprozessen die Zusammenarbeit und Interaktion verstärkt, sowie gleichzeitig Einzelkämpfertum wirksam abgebaut, und damit insgesamt das Verlustrisiko für organisationales Wissen erheblich reduziert werden.

Ist dem Wissensmanagement der Wissenstransfer innerhalb der Organisation gelungen, so gilt es, innerhalb eines letzten Schrittes dieses Wissen zur Anwendung zu führen. *Wissensanwendung* beschreibt dabei einen Transferprozess, bei dem organisational gelerntes Wissen in Aktionen umgesetzt wird. Diese Umsetzung kann sich in den drei verschiedenen Aktionsformen Kommunikation, Handlung und Entscheidung manifestieren. Organisationales Wissen äußert sich damit in einem geänderten Verhalten der Organisation und kann nach außen hin sichtbar gemacht werden. Dabei soll der Prozess der Wissensanwendung deutlich vom Prozess der Wissensverwertung abgegrenzt werden. Beim Prozess der Wissensverwertung versucht man, organisationales Wissen als Produkt zu betrachten und in der Folge aus diesem Produkt wirtschaftlichen Nutzen zu ziehen. Man transformiert damit im Prozess der Wissensverwertung organisationales Wissen in finanziellen Nutzen. Dieser Transformationsprozess kann entweder direkt oder indirekt erfolgen. Direkte Strategien der Wissensverwertung umfassen die Gewährung von Rechten in Form von Lizenzen oder

Franchise-Verträgen, Schulung, Beratung, Abgabe von Personal bis hin zum Verkauf von ganzen Organisationsteilen. Organisationales Wissen wird damit in direkter Form, ohne Zwischenschritt, in finanziellen Nutzen umgewandelt. Indirekte Strategien der Wissensverwertung realisieren das organisationale Wissen hingegen zunächst in Produkten oder Dienstleistungen, um über diesen Zwischenschritt finanziellen Nutzen zu ziehen. So könnte eine indirekte Wissensverwertungsstrategie beispielsweise in einer Diversifikation der Organisation liegen. Unter *Diversifikation* versteht man in diesem Zusammenhang sehr allgemein Investitionsentscheidungen in innovative Produkte und Märkte.

Abschließend kann festgehalten werden, dass die Wissensnutzung eine gezielte wirtschaftliche Nutzung der Wissensanwendung darstellt. Sie ist damit als Spezialfall der Wissensanwendung zu sehen. Entscheidend im Zusammenhang mit dem Wissensmanagement in lernenden Organisationen und damit für die Aufrechterhaltung des organisationalen Lernprozesses, ist jedoch in erster Linie die Umsetzung des gelernten organisationalen Wissens in Aktionen und damit die Wissensanwendung, um in der Folge aufgrund von Reflexionsprozessen über das eigene Tun, wieder neue individuelle, kollektive und organisationale Lernprozesse in Gang zu setzen. Das tiefere Verständnis der Prozesse der Wissensanwendung führt auch zu einem verbesserten Umgang mit den Prozessen der Wissensnutzung als Spezialfall der Wissensanwendung (Abb. 6.17).

Die einfachste und unmittelbarste Form, in der neues, organisationales Wissen zur Anwendung kommen kann, ist die Kommunikation. Im Gegensatz zur klassischen Systemtheorie, die den Kommunikationsprozess als objektive Informationsübertragung versteht, soll im Zusammenhang mit der Wissensanwendung, d. h. der Einbeziehung neuer organisationaler Wissensbestände in den Kommunikationsprozess, eine etwas differenzierte Sichtweise des Kommunikationsprozesses eingeführt werden. Unter *Kommunikation* versteht man dabei das gegenseitige Auslösen von koordinierten Verhaltensweisen unter den Mitgliedern einer sozialen Einheit. Kommunikationen stellen eine besondere Klasse von Verhaltensweisen dar, die mit oder ohne Anwesenheit eines Nervensystems beim Operieren von Organismen in sozialen Systemen auftritt. Charakteristisch für jeden

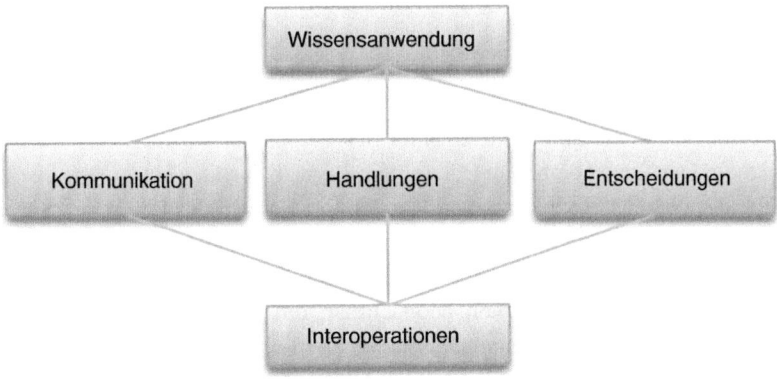

Abb. 6.17 Möglichkeiten der Wissensanwendung

Kommunikationsprozess ist das Prozessieren von Selektion als dreistufigen Prozess. Zunächst muss von einem Individuum eine Information ausgewählt werden, die man beabsichtigt mitzuteilen. In einem zweiten Schritt muss das Individuum ein Verhalten wählen, mit dessen Hilfe es die ausgewählte Information mitteilen möchte. Abschließend muss das Individuum, an das die Information gerichtet ist, diese verstehen. Dazu muss es zwischen Information und Mitteilung differenzieren können, um nicht nur das Verhalten des Informationsgebers zu beobachten. Information, Mitteilung und Beobachtung sind an das jeweilige System gebunden, d. h., die strukturellen Wissensbestände der beiden am Kommunikationsprozess beteiligten Systeme haben einen entscheidenden Einfluss auf den erfolgreichen Verlauf des Kommunikationsprozesses. Deshalb kann neues Wissen in Form von geänderten Kommunikationsprozessen zum Vorschein treten. Entscheidend für diesen Vorgang ist die Selbstreferentialität des Systems, d. h., ein System beobachtet sich als System bzw. seine System/Umfeld-Beziehung. Aufbauend auf dem Konzept der basalen Selbstreferentialität als grundlegendste Form der Selbstreferenz, die eine autopoietische Reproduktion temporalisierter Systeme ermöglicht, unterscheidet man gewöhnlich zwei Arten von Kommunikationsprozessen. Bei der Reflexivität kommuniziert das System über seine eigenen Prozesse. Hingegen kommuniziert bei der Reflexion das System über seine Beziehungen zum Umfeld. Reflexivität entsteht in lebensfähigen Systemen, beispielsweise in Organisationen insbesondere dann, wenn innerhalb des Kommunikationsprozesses Verständigungsschwierigkeiten auftauchen. Ziel sollte es dabei sein, die eigenen Prozesse im Hinblick auf die Etablierung einer gemeinsamen Sprache zu überdenken. Reflexion überprüft hingegen die Prozesse zwischen Organisation und Umfeld. Dies ist insbesondere dann in verstärktem Maße der Fall, wenn das Organisationsumfeld einer hohen Veränderungsdynamik unterworfen ist und das System Organisation dadurch ständig gezwungen wird, seine eigene Identität zu überdenken. Bei Organisationen kann sich dieser Reflexionsprozess nach außen hin in Stellungnahmen gegenüber Kapitalgebern, Kunden, Lieferanten und der Konkurrenz bemerkbar machen.

Im Gegensatz zum engen soziologischen Handlungsbegriff, der unter einer Handlung nur das nach außen hin beobachtbare Verhalten einer Person versteht, soll im Folgenden der Handlungsbegriff gemäß der systemtheoretischen Grundüberlegungen weiter gefasst werden. So definiert beispielsweise Maturana die *Handlung* als prinzipielle Operationen eines lebensfähigen Systems innerhalb seiner strukturellen Dynamik und Plastizität. Als Handlungen wird in diesem Buch alles bezeichnet, was in irgendeinem operationellen Bereich getan wird, was in einem Diskurs hervor gebracht wird, so abstrakt es auch scheinen mag. Denken ist demnach Handeln im Bereich des Denkens. Gehen ist Handeln im Bereich des Gehens. Reflektieren ist Handeln im Bereich der Reflexion. Sprechen ist Handeln im Bereich der Sprache. Wissenschaftliches Erklären ist Handeln im Bereich wissenschaftlichen Erklärens. Handlungen sind gemäß dieser Auffassung nicht immer von einem Beobachter aus gesehen beobachtbar, da der Beobachter aufgrund seiner strukturellen Determiniertheit manchmal nicht in der Lage ist, Handlungen eines von ihm unabhängigen lebensfähigen Systems wahrzunehmen.

▶   So fällt es beispielsweise den Organisationsangehörigen wesentlich leichter,
        bestimmte Wissensanwendungen in Form von Handlungen, d. h. Verhaltensän-
        derungen ihrer Organisation, wahrzunehmen, als externen Personen.

Auf der anderen Seite gibt es aber auch Verhaltensänderungen der Organisation, beispielsweise solche, die sehr langwierig sind, oder sich nur sehr langsam vollziehen, die aufgrund
des Phänomens der Organisationsblindheit nur von außen beobachtet werden können.
Handlungen sind des Weiteren Aktionen, die immer einem lebensfähigen System, beispielsweise einem Individuum, einer Gruppe oder einer Organisation, zugerechnet werden.
Handeln ist damit immer ein Versuch, externe Komplexität zu reduzieren. Durch Handeln
versucht ein lebensfähiges System, externe Komplexität zu reduzieren und gleichzeitig interne Komplexität aufzubauen, um in der systemeigenen Struktur neue Anschlussmöglich-
keiten für zukünftige Lernprozesse zu finden. Handlungen ordnen damit organisationales
Wissen und ermöglichen erst dadurch neue organisationale Lernprozesse. Die Entscheidung an und für sich stellt nach systemtheoretischer Sichtweise einen Spezialfall der Handlung dar. Von Entscheidung soll in diesem Buch dann gesprochen werden, wenn und soweit
die Sinngebung einer Handlung auf eine an sie selbst gerichtete Erwartung reagiert. Entscheidungen sind damit Handlungen mit selbstreferenzieller Komponente, d. h., ein System
beobachtet sich als System beziehungsweise seine System-Umfeld-Beziehung selbst und
trifft selbst für sich als System Entscheidungen, was zu tun ist. In Organisationen bedeutet
daher die Wissensanwendung über Entscheidungen die systematischste Form, neues organisationales Wissen anzuwenden. Kommunikationen und Handlungen in Organisationen
können demnach post hoc immer als Entscheidungen interpretiert werden. Organisierte
Sozialsysteme lassen sich als Systeme begreifen, die aus Entscheidungen bestehen und die
Entscheidungen, aus denen sie bestehen, durch die Entscheidungen, aus denen sie bestehen,
selbst anfertigen. Wie die Lerntheorie zeigt, können nur durch die Anwendung und damit
die Erprobung neuer Wissensbestände neuerliche Prozesse der Reflexivität und Reflexion
und damit der Wissensgenerierung ausgelöst werden. So wird durch die vierte Funktion des
Wissensmanagements der organisationale Regelkreis geschlossen und damit das ganzheitliche Wissensmanagement erst zu einem abgeschlossenen Ganzen.

Das Ziel des Wissensmanagements innerhalb einer lernenden Organisation als wissensbasiertes System beruht darauf, eine lernende Organisation zu werden. Das Ziel ist damit
gleichzeitig eine klar umrissene Absichtserklärung der Organisation. Ein solches Ziel kann
vier mögliche Muster einzeln oder gemeinsam ansprechen: die gezielte strategische Vorgabe, den gemeinsamen Feind, die innere Verwandlung und/oder das modellhafte Vorbild. Im
Falle der lernenden Organisation spricht das Ziel die Muster der dritten und vierten Art, die
innere Verwandlung in Form einer gemeinschaftlichen Selbsterneuerung und das modellhafte Vorbild an. Das daraus abgeleitete Ziel des Wissensmanagements der lernenden Organisation als wissensbasiertes System lautet: Steigerung der organisationalen Intelligenz. Dabei
muss in diesem Zusammenhang streng zwischen der Intelligenz von einzelnen Personen
oder Organisationsangehörigen, und der Intelligenz der Organisation, unterschieden werden.

So ist es beispielsweise möglich, dass „intelligente" Mitarbeiter in „dummen" Organisationen arbeiten können und auf der anderen Seite intelligente Organisationen nicht in jedem Fall auch intelligente Mitarbeiter benötigen. Während aber die Intelligenz von Individuen schon seit langem im Mittelpunkt zahlreicher Forschungsbemühungen steht, beginnt man sich erst in jüngster Vergangenheit der Erforschung organisationaler Intelligenz intensiv zu widmen. Der Begriff der organisationalen Intelligenz wird allerdings bisher nahezu ausschließlich als Metapher verwendet. Aufgrund der bisherigen Überlegungen zur individuellen Intelligenz wird organisationale Intelligenz im Folgenden als die Fähigkeit einer Organisation verstanden, neuen Herausforderungen mit strukturellen und prozessualen Veränderungen zu begegnen. Mit neuen Herausforderungen werden dabei sowohl Problemstellungen aus dem Organisationsumfeld als auch aus der Organisation selbst angesprochen. Organisationale Intelligenz hängt damit von den strukturellen Voraussetzungen der Organisation, insbesondere ihrer strukturellen Plastizität, ihrer organisationalen Lernfähigkeit (Meta-Wissen über den organisationalen Lernprozess) und der Größe als auch Qualität ihrer organisationalen Wissensbasis ab. Auf der anderen Seite ist das Ziel des Wissensmanagements selbst Ergebnis organisationaler Lernprozesse in der Organisation auf dem Weg zu einer lernenden Organisation. Die Institutionalisierung und Instrumentalisierung fördern bei jeder Organisation andere organisationsspezifische Stärken und Schwächen zutage. Deshalb besitzt jede Organisation ihre eigene, organisationsspezifische Intelligenz, die durch die Größe und die Qualität ihrer organisationalen Wissensbasis bestimmt wird. Die Implementierung eines Wissensmanagements kann damit nicht für jede Organisation nach exakt demselben Schema, sondern nur mit Hilfe gewisser Vorgaben, nach einem gewissen strukturellen Muster erfolgen. Das Muster besteht aus Wissensgenerierung, Wissensspeicherung, Wissenstransfer und Wissensanwendung. Auf diesen vier Säulen ruht das Wissensmanagement in einer lernenden Organisation. Das Fundament des Gebäudes bildet ein Baukasten aus einsetzbaren Methoden und Instrumenten. Im Detail wird jede Organisation als komplexes Gebilde vor eigenen Herausforderungen stehen und damit aus diesem strukturellen Muster heraus eigene spezielle und nicht standardisierbare Lösungen entwickeln müssen. Jede Organisation gestaltet ihr eigenes Wissensmanagement, ihre eigene organisationsspezifische Intelligenz und damit ihren eigenen Weg, auf dem sie sich dem Ziel einer lernenden Organisation annähert.

6.5   Kognitive Organisation

Organisationen in dynamischen Umwelten können als weitgehend selbstständige, selbstevolvierende und selbstorganisierende Systeme aufgefasst werden, die in wesentlich geringerem Ausmass, als gemeinhin angenommen bzw. so in der Literatur dargestellt, beherrschbar, d. h. dem steuernden und gestaltenden Einfluss ihrer Leitungsorgane unterworfen und zugänglich sind. Nur der Organisationsentwickler, der dies berücksichtigt und der die systematischen Gesetzmäßigkeiten erkennt, kann erfolgreich organisieren, steuern und entwickeln. Die prozessuale und funktionale Ausgestaltung einer kognitiven

Organisation bedeutet ein durchaus gezieltes und planvolles Management in dem Bewusstsein, es mit einem komplexen und dynamischen System zu tun zu haben, in welchem auch Selbstorganisation stattfindet.

6.5.1 Topologische und funktionale Analogien

Im Hinblick auf die Beschreibung der Funktionen und Prozesse, die in einem sozialen System wie dem einer Organisation von selbst zur Ordnung führen, scheint der Gebrauch von Analogien zu naturwissenschaftlichen Vorgängen statthaft, ja erkenntnisfördernd. Die in diesem Abschnitt beschriebenen Analogien sind demnach das Ergebnis einer Transdisziplinarität und ihren vielen Erscheinungsformen. Solche Analogien stellen sich vor allem dort ein, wo Begriffe nicht exakt in ihrer vollen theoretischen Breite übertragen werden. Die erheblichen Unterschiede in den Wissenschaftsdisziplinen und dort speziell in der Wahl der Untersuchungs- und Interpretationsmethoden macht es allerdings erforderlich, transdisziplinäres Arbeiten auch wissenschaftsphilosophisch zu beleuchten. Dabei stellen sich manche Transferversuche sicherlich als problematisch heraus. Dieser Abschnitt zeigt allerdings, dass eine solche Transdisziplinarität und im Ergebnis die Analogien dennoch eine kreative und wünschenswerte wissenschaftliche Leistung darstellt. Auch ein Nachweis unterschiedlicher Begriffsverwendungen in verschiedenen Disziplinen schmälert nicht den Erfolg und den Nutzen solcher Transferleistungen.

▶ Dies zeigt sich in Zusammenhang mit den Themen dieses Buches ganz deutlich in der Praxis. So hat die Organisationsentwicklung seit ihren Anfängen das semantische Problem, dass die Begriffe wie „ganzheitlich", „systematisch", „organisationales Lernen" oder „integrativ" nicht in die Sprache eines technokratisch orientierten, dem Ursache-Wirkungs-Denken ausgesetzten Managements passen.

Wenn eine Disziplin durch den semantischen Gehalt eines Begriffs stärker inspiriert wird, als durch seinen theoretischen Hintergrund, so erscheint dies als eine legitime Variante transdisziplinärer Arbeit. Das Ziel einer sich daran anschließenden, von diesen Leistungen unabhängigen wissenschaftsphilosphischen Betrachtung muss allerdings sein, auf Gefahren und mögliche Missverständnisse bei solchen Transfers hinzuweisen. Von diesen Gefahren soll an späterer Stelle noch zu sprechen sein.

Die Identifikation einer Organisation hinsichtlich ihrer Form oder Gestalt ist nicht immer einfach und es gibt hierzu auch keinen systematischen Weg, der sicher dorthin führen würde. Ein erstes Hilfsmittel für diese Identifikation sind sogenannte *Topologien*, die in diesem Abschnitt vorgestellt werden. Man muss dabei allerdings beachten, dass eine solche Topologie eine drastische Vereinfachung darstellt, was zum einen sicherlich als wertvoll zur ersten Annäherung, sich auch als Gefahr erweist. Eine Organisation zu verstehen, verlangt jedoch erheblich mehr als eine bloße Subsumtion unter einer Topologie. Topologien zeigen aber bildhaft, wie man die verschiedenen Entitäten einer Organisation zu einem kommunizierbaren Ganzen orchestrieren kann. Für den in diesem Abschnitt zu behandelten Gegenstand sollte man sich in Erinnerung rufen, dass es sich um Zweck-Organisationen handelt, also bewusst konstruierte Gebilde.

Der Identifikationsprozess beginnt bei den sichtbaren Entitäten einer Organisation, den Geschichten, die erzählt werden, den Räumen und den Gebäuden, in denen gearbeitet wird, den Materialien, die verarbeitet werden, die Dokumente, die ausgetauscht werden etc. Ein genaueres Studium der Historie der Organisation bildet den Rahmen für das Verständnis, Dokumente, teilnehmende Beobachtung an Sitzungen, Besprechungen, Entscheidungen, Einzel- und Gruppeninterviews sind die vorrangigen Quellen. Der weitere Prozess der Interpretation der Identifikation und die Analyse ist als solcher schwer beschreibbar, vielmehr ist es ein im Wesentlichen kreativer Prozess, aus dem gesammelten Material die latente Topologie der Organisation zu erschließen (Abb. 6.18, Tab. 6.8).

Aus *funktionaler Perspektive* beruht das Kognitionssystem auf der Gegenüberstellung eines perzeptiven Systems (Wahrnehmungssystem) und eines effektorischen Systems (Handlungs- bzw. Verhaltenssystems) einer Außenwelt (Umgebung) (Abb. 6.19, Tab. 6.9).

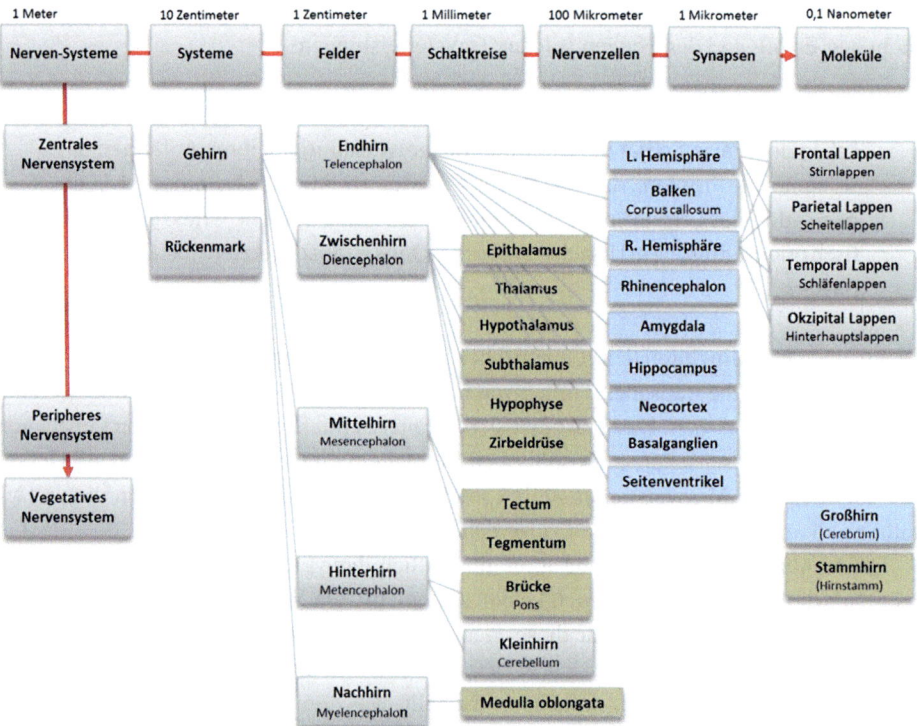

Abb. 6.18 Topologie des Nervensystems

Tab. 6.8 Analogie auf Basis der Topologie

Nervensystem	Funktion	Organisationales Analogon
Koordination	„Real-existierendes" Kontrollsystem basierend auf expliziter Kontrolle und Koordination	Selbstkontrolle der Gruppe, Eigenkoordination
Basis	Basis ist das (schriftliche) Regelwerk	Basis ist das gegenseitige Vertrauen
Information	Selektiver Informationszugang	Breite informatorische Vernetzung
Vision	Zentrale Vision optional	Internalisierte Vision zwingend

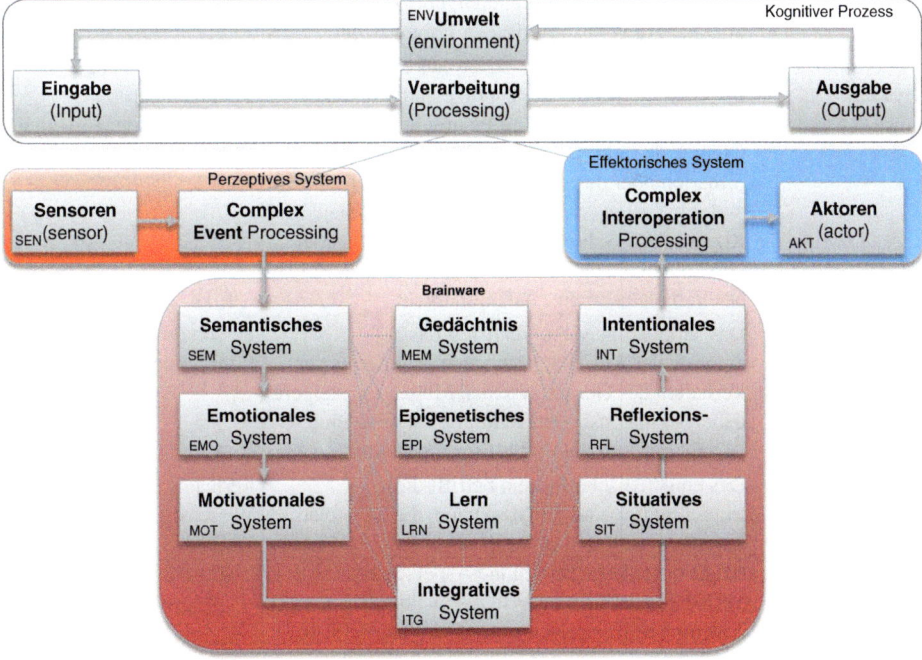

Abb. 6.19 Funktionen des Nervensystems

Unter Berücksichtigung dieser Analogien und in Anlehnung an den klassischen Produktionsbegriff von GUTENBERG, der darunter die Kombination der Elementarfaktoren Arbeit, Material und Betriebsmittel durch derivative Faktoren der Planung und Organisation zum Zwecke der Leistungserstellung verstand, wird diese Auffassung im Rahmen der kognitiven Organsation in einer ersten Annäherung zunächst erweitert. Derart, dass hier die Produktion durch die Kombinationen von Arbeit, Material, Betriebsmittel und Wissen erfolgt, was unter anderem darin zum Ausdruck kommt, dass die kognitive Organisation aus makroperspektivischer Sicht als eine wissensbasierte und lernende Organisation

Tab. 6.9 Analogie auf Basis der Funktionen

Nervensystem	Funktion	Organisationales Analogon
Perzeptives System	Das perzeptive System dient der Reizaufnahme durch Sensoren und der Wahrnehmung durch Transformation der Reize auf entsprechende Datenstrukturen.	Sensoren, Agenten, Warnsysteme, Betriebsdatenerfassung, Marketing, Vertrieb
Semantisches System	Um eine für die Zwecke einer adaptiven Kopplung an die Umwelt angemessene Interpretation des sensorischen Inputs zu erreichen, muss das semantische System den sensorischen Input gleichsam im Kontext bestimmter Annahmen über die physikalische Welt und/oder der Problemdomäne interpretieren, über die es unabhängig vom sensorischen Input verfügt	Controlling, Strategie, Revision
Emotionales System	Das emotionale System basiert auf einem Informationsverarbeitungsprozess, der durch die direkte und/oder indirekte Wahrnehmung eines Objekts über das perzeptive System oder einer Situation über das situative System ausgelöst wird und mit Zustandsveränderungen, spezifischen Kognitionen, Schwächung oder Verstärkung der Persönlichkeitsmerkmale und einer Veränderung der Verhaltensbereitschaft einhergeht	Marketing, Change Management, Personalwesen, Aus- und Fortbildung
Motivationales System	Das Motivationsystem realisiert das auf emotionaler Aktivität beruhende zielorientierte Verhalten des Gesamtsystems. Motivation steigert dabei Verhaltensbereitschaft und ist somit eine „Triebkraft" für das systemische Verhalten	Personalwesen, Aus- und Fortbildung
Epigenetisches System	Das epigenetische System betrifft die Eigenschaften und die Merkmale, die eine relativ überdauernde (zeitstabile) Bereitschaft (Disposition), die bestimmte Aspekte des Verhaltens des Gesamtsystems in einer bestimmten Klasse von Situationen beschreiben und vorhersagen sollen.	Lernende Organisation, Wissensmanagement-system
Situatives System	Das situative System unterstützt die Aufbereitung einer Semantik, da die Bedeutung eine Relation zwischen Situationen darstellt	Controlling, Marktbeobachtung, Revision
Intentionales Systeme	Das intentionale System realisiert die Fähigkeit zur Intuition, d.h. Einsichten in Sachverhalte, Sichtweisen, Gesetzmäßigkeiten oder die Stimmigkeit von Entscheidungen unter Umgehung von Schlussfolgerungsmechanismen zu gewinnen. Intuition ist damit ein Teil kreativer Entscheidungen und Entwicklungen	Innovation, Forschung und Entwicklung, Marktbeobachtung, Competitive Intelligence

(Fortsetzung)

Tab. 6.9 (Fortsetzung)

Nervensystem	Funktion	Organisationales Analogon
Gedächtnis-System	Übernimmt die Speicherung von Wissen und Erfahrungen und deren Löschung.	Speichermedien, Dokumentenmanagement-systeme, Archive, Mitarbeiter
Lern- System	Realisiert die unterschiedlichen Lern- und Entlernvorgänge	Mitarbeiter, Backbone, PPS, ERP, MES, BIS
Integratives System	Übernimmt die Integrationsleistung. Signale aus den verschiedenen o.a. Systemen können sich sozusagen treffen und synchronisieren. Das integrative System ist durch seine Vernetzung eine Art „Dirigent des kognitiven Systems.	Führungssysteme, Managementsysteme, Leitungsfunktionen, Aufsichtsrat, Kontrollgremien
Reflektorisches System	Das Reflexionssystem stellt die Fähigkeit sicher, die eigenen Kognitionsprozesse zu bewerten. Insofern handelt es sich hierbei um die Realisierung einer sogenannten Metakognition in Form einer inneren, system-inhärenten Bewertungsinstanz.	Controlling, Strategieabteilung
Effektorisches System	Das effektorische System dient der Interoperation durch Aktoren mit der Umwelt und damit der Transformation des Wissens auf ein entsprechendes Verhalten. Insgesamt wird damit unter der artifiziellen Kognition die rechnerbasierte Realisierung menschlicher Denk-, Wahrnehmungs- und Handlungsvorgänge verstanden	Aktoren, Roboter, Mitarbeiter, SPS

aufgefasst wird. Diese Auffassung wirkt sich logisch konsequent auf die prozessuale und funktionale Ausgestaltung der Organisation aus, indem die um das *Wissen* erweiterten Inputfaktoren, die sogenannten Produktionsfaktoren, in einen wissensbasierten Transformationsprozess eingehen, um einen werterhöhenden Output zu erzeugen. Der Output in Form dieser Produktionen ist – und da bleibt die Klassik erhalten – für eine Verwertung am Absatzmarkt bestimmt. Die praktische Konsequenz hiervon zeigt sich darin, dass die kognitive Organisation *fraktal* aufgebaut ist, indem sich Wiederholungen einer bestimmten Struktur in sich selbst wiederfinden lassen, wie ein Zweig am Ast eines Baumes, die Verzweigungen des Blutkreislaufes, die Hügel eines Berges oder aber die beeindruckenden Formen der Küstenlinien. Insofern zeigt die mikroperspektivische Sicht solche Organisationseinheiten, in die neben den klassischen Produktionsfaktoren nunmehr auch und vor allem Daten, Information und Wissen als Inputfaktoren eingehen, um dort im Rahmen eines kognitiven Verarbeitungsprozesses in einen wertsteigernden Output transformiert zu werden. Je nach Produkt und deren Produktionsanforderungen können dabei die Organisationseinheiten konnektionistisch miteinander vernetzt sein. Der Ansatz der Vernetzung von Organisationseinheiten basiert auf der Sichtweise der Organisation als einen lebenden Organismus. Entsprechend dieser Metaphorik ist die Aufgabe des Netzes, alle Beteiligte eines Produktionsprozesses möglichst umfassend über die Vorgänge zu informieren, die sowohl in der Organisation als solche, als auch in der Umwelt stattfinden und die entsprechenden Reaktionen zu veranlassen. Das Netzwerk dient also, zusammen mit den darin enthaltenen Prinzipien, Werten und Regeln, der Koordination der Organisation als auch deren Anpassung an Umweltänderungen.

Das Wesen des Netzes orientiert sich im Allgemeinen an der komplexen Informationsverarbeitung der Nervensysteme von Lebewesen (Abb. 6.20). Insofern werden in Form einer funktionalen, neurophysiologischen Komparatistik die Grundlagen der kognitiven Vorgänge auf die Organisation übertragen. So entsprechen beispielsweise den Grundbausteinen des Nervensystems von Lebewesen – die Nervenzellen oder die Neuronen – den in einem Produktionsprozess beteiligten Entitäten (Mitarbeiter, Maschine, etc.) (Tab. 6.10)

Durch die Fähigkeit zur *extrinsischen Adaptation* durch *intrinsische Plastizität* ist die kognitive Organisation in der Lage, den sich ständig ändernden Umwelt- und Organsiationsgegebenheiten flexibel und in der geforderten Zeit nahezu just-in-time anzupassen (Abb. 6.21).

Derzeit wird der Transformationsprozess in Richtung Automatisierung von Produktionsprozessen durch die Entwicklung intelligenterer Überwachungs- und autonomer Entscheidungsprozesse dahingehend ausgestaltet, dass Organisationen und ganze Wertschöpfungsnetzwerke sich in Echtzeit steuern und optimieren lassen. Letztere ist auch

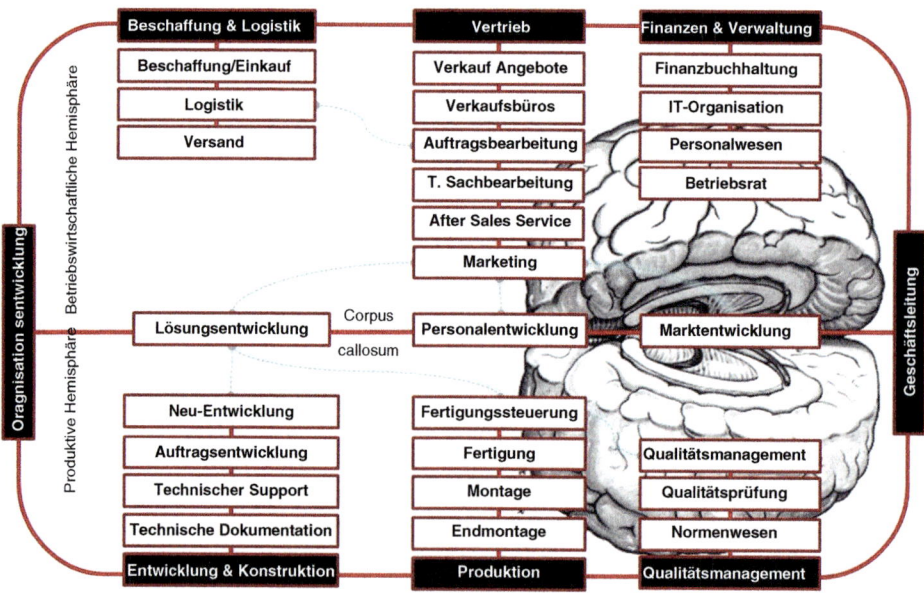

Abb. 6.20 Muster-Organigramm einer kognitiven Organisation

Tab. 6.10 Auszug aus der Liste der Analogon

Nervensystem	Kognitive Fabrik	Beispiele
Nervensystem	Fabrik	Als Skelett bzw. Gerüst der Organisation
Eingabeschicht eines Neuronalen Netzes bzw. einzelnes Eingabe-Neuron	Input in Form von Produktionsfaktoren	Boden, Arbeit, Kapital
Verdeckte Schicht bzw. einzelnes verdecktes Neuron	Throughput in Form von Produktions- als Transformationsprozesse	Fertigung und Montage von Produkten
Ausgabeschicht eines Neuronalen Netzes bzw. einzelnes Ausgabe-Neuron	Output in Form von Produkten	Marktfähiges Produkt
Neuronen	Entitäten	Ressource (Mitarbeiter, Dokument, Werkzeug, etc.), Ergebnistypen, Ereignisse, Funktionen etc
Zellkörper (Soma)	Entitätsinhalt	Text, Grafiken, Modelle, Quellcode
Dendriten	Eingabekanäle	Spezifikation, Pflichtenheft, Testfälle, etc.
Synapsen	Kommunikationsorte zur Übermittlung von Daten-, Informations- und Wissensübergängen	Meetings, Stand-Up-Meeting, Cafeteria, Flur (Flurfunk), etc.
Transmittersubstanz	Informationseinheiten	Anweisung, Notiz, Kritik, etc.
Schwellwert	Mehrwert	Es werden beispielsweise nur dann Aktionen angestoßen oder aber Informationen weitergereicht, wenn dadurch ein Mehrwert für die Zielerreichung zu erwarten ist.

dadurch bedingt, dass aufgrund des technischen Fortschritts nicht nur ein Wandel in der Wirtschaft initiiert wurde, sondern auch für Unsicherheit gesorgt hat. Traditionelle, alles abwägende Top-down-Entscheidungsprozesse sind nicht mehr möglich, und wenn doch, dann dauern diese zu lange, um mit den Innovationszyklen Schritt halten zu können. Vielmehr ist ein hohes Maß an Agilität und damit eine schnelle Anpassungsfähigkeit gefordert.

▶   Eine solche Automatisierung bedingt allerdings eine Standardisierung und Modularisierung, die an vielen Stellen nicht in der erforderlichen Ausprägung als vorhanden vorausgesetzt werden darf.

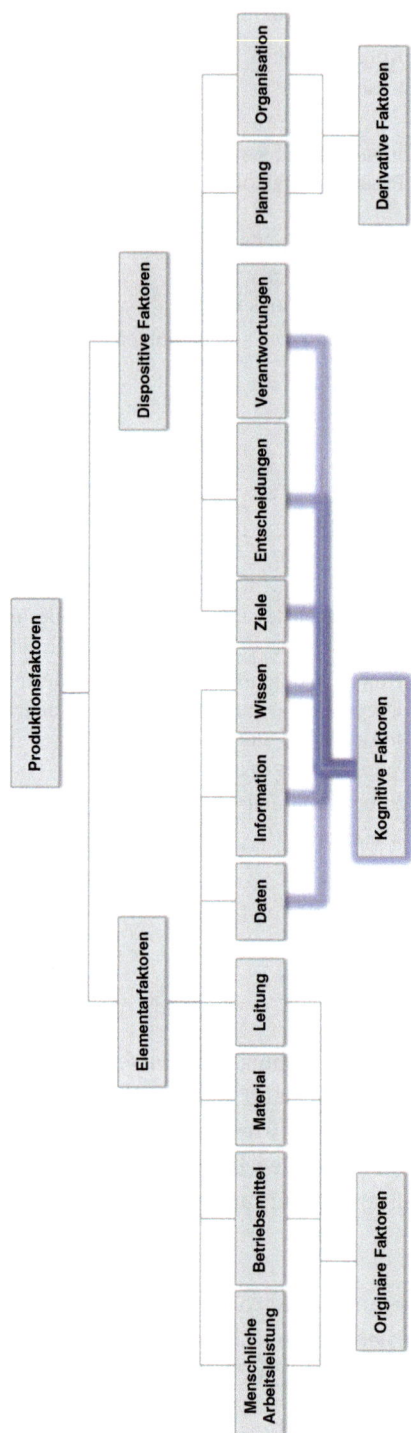

Abb. 6.21 Produktionsfaktoren der kognitiven Organisation

Aufbauend auf diese Entwicklung zeichnet sich als logische Konsequenz eine industrielle Veränderung ab, indem durch eine „Kognitivierung" von Produktionsanlagen und industriellen Erzeugnissen bis hin zu Alltagsprodukten durch eine *Brainware* mit ihren
integrierten Speicher- und Kommunikationsfähigkeiten, Funksensoren, eingebetteten
Aktuatoren und intelligenten Softwaresystemen eine Brücke zwischen virtueller („cyber
space") und dinglicher Welt entsteht. Diese Brücke wird eine wechselseitige Synchronisation zwischen digitalem Modell und der physischen Realität ermöglichen. Im Rahmen
dieser Synchronisation und durch die sukzessive Ausreifung der produktintrinsischen
Brainware wird dies in der Industrie eine Evolution in Richtung eines Paradigmenwechsels einleiten, bei dem das zu produzierende Produkt erstmals eine aktive Rolle im gesamten Produktlebenszyklus übernimmt und diesen Zyklus damit aktiv mitbestimmt
bzw. mitgestaltet. Konkret bedeutet dies, dass in der Zukunft weniger eine zentrale Steuerung, sondern quasi das Produkt „bestimmt", wie es in den einzelnen Fertigungsschrit-
ten bearbeitet werden muss. Das entstehende Produkt steuert somit den Produktionsprozess
selbst, überwacht über die eingebettete Sensorik die relevanten Umgebungsparameter
und löst bei Störungen entsprechende Interventionen aus. Das entstehende Produkt ist
gleichzeitig Beobachter und Akteur, das Produkt „interoperiert" sozusagen mit seiner
Umwelt. Die Ausstattung der Produkte mit einer solchen Brainware führt zum einen zu
einer vertikalen Vernetzung eingebetteter Systeme mit betriebswirtschaftlicher Steue-
rungssoftware, was zunächst das Potenzial der Entwicklung neuartiger Geschäftsmodelle
eröffnet, zum anderen ergeben sich dadurch erhebliche Optimierungspotenziale im Bereich der Logistik und der Produktion. Indem die Produkte als autonome Produkte direkt
am Ort des Geschehens (Point of Production) interoperieren, ergeben sich kürzeste Reaktionszeiten bei Störungen und eine optimale Ressourcennutzung in allen Prozessphasen.
Die Produkte werden mit allen relevanten Prozessdaten versorgt und können so just-in-
time „entscheiden", wie sie sich unter Abwägung der aktuellen Produktionssituation verhalten. Damit wird es beispielsweise auch möglich sein, nicht nur den ökonomischen,
sondern auch den besonderen ökologischen Anforderungen einer „grünen Produktion"
besser gerecht zu werden. Neben der betrieblichen Prozessoptimierung ergeben sich auch
Potenziale für neuartige und „verrechenbare" Dienstleistungen, da die Produkte selbst
über intelligente Dienste verfügen werden. Letzteres wird nicht nur die derzeitigen Produktlebenszyklen nachhaltig beeinflussen, sondern auch neue Produktplanungs-, Pro-
duktsteuerungs- und Fertigungsprozesse erfordern. Sowohl das Ziel ressourcensparender,
weil effizienter, Produktionsprozesse kann damit angestrebt, als auch der Tatsache entsprochen werden, dass damit das Internet der Dinge zum Garanten und Treiber für neue
„smarte" Geschäftsmodelle, der Entwicklung intelligenter und damit „smarter" Produkte
und dem Bereitstellen mehrwertiger Dienstleistungen avanciert. Im Kern geht es beim
Internet der Dinge und beim Internet der Dienste sozusagen darum, die Basis für die
funktionale und prozessuale Ausgestaltung der Produktionsprozesse darzustellen. Bei all
dem kommt der Informationstechnologie eine zentrale Bedeutung zu, indem sie Wissen,
Technologien als auch die Lösungen nahtlos in bestehende Infrastrukturen zu integrieren
und neben einer hohen Datendurchdringung auch eine vollautomatische Daten- und Informationsversorgung zu gewährleisten hat.

6.5.2 Modell

In diesem Abschnitt werden die bisher strapazierten Begriffe der „Kognition" und der „Organisation" einer theoretischen Fundierung in Form einer Modellierung unterzogen. Dazu macht es Sinn, sich die die wesentlichen und die eine Organisation prägenden Aspekte nochmals in Erinnerung zu rufen:

- Eine Organisation hat ein Ziel.
- Eine Organisation besteht aus Tätigkeiten einzelner (hier) zunächst Ressourcen (später Knoten), welche zusammen ein soziales Gebilde darstellen.
- Im Fokus einer Modellierung steht die spätere Steuerung der Tätigkeiten im Hinblick auf die Erreichung des Zieles der Organisation.

Das Ziel jeder Organisation ist die Maximierung ihres Wertes, welcher maßgeblich durch den Wert des Outputs – unter Abzug der Summe des Wertes des Inputes und der Verarbeitungskosten – der Organisation für die Umwelt bestimmt wird. Das Erreichen dieses Zieles stellt in der Praxis selten einen Selbstläufer, sondern vielmehr eine Herausforderung dar.

▶   Die klassischen Organisationsmodelle gelten als geeignete Organisationsform in stabilen Umwelten, die kognitive Organisation auch in dynamischer Umwelt. Dementsprechend sind die klassischen Organisationsmodelle durch sehr starke Stabilität und geringe Flexibilität gekennzeichnet, während die kognitive Organisation sich gerade durch eine sehr hohe Flexibilität auszeichnet, die mit einem geeigneten Maß an Stabilität gepaart sein muss.

Den Ausgangspunkt der folgenden Überlegungen bildet das konnektionistisch-dynamische Modell der kognitiven Organisation in Kontrastierung zu den klassischen Organisationsmodellen. Bei letzteren und dort in Bezug auf die Regeln herrschen harte Integrationsmechanismen vor, um die nach funktionalen oder spartenbezogenen Abteilungen gegliederte und differenzierte Arbeit zu integrieren. Die aufgrund der Vielzahl von formalen Regelungen hohe Regelungsintensität manifestiert die Hierarchie der Organisation. Die Konnektivität der kognitiven Organisation hingegen ist – wenn auch nicht zwangsläufig in extremer Form – niedrig ausgeprägt, denn durch die eindeutigen Interoperationsregeln für alle Akteure ist zumeist kein ständiger neuer Handlungs-Input von anderen Akteuren notwendig. Die Handlungen der Akteure in der klassischen Organisaton auf der Mikro-Ebene werden deterministisch nach eindeutigen Regeln gesteuert. In der Gesamtheit wird eine hohe Standardisierung angestrebt, um die organisatorischen Aufgaben möglichst effizient zu erledigen. Das Handlungsmuster der klassischen Gesamtorganisation ist daher durch Stabilität charakterisiert, das heißt, die Handlungen bleiben im Zeitverlauf stabil.

▶ Eine turbulente Umwelt ist durch eine hohe Veränderungsgeschwindigkeit der Handlungen in der unmittelbaren organisatorischen Umgebung charakterisiert. Die führt dazu, dass Organisationen immer schneller und kundenspezifischer auf ihre Märkte reagieren müssen, indem sie mit Hilfe eines breiteren Produktsortiments und einer hohen Innovationsdynamik bei kürzeren Produktlebenszyklen die in kürzeren Zeitfenstern auftretenden Kundenanforderungen optimal zu erfüllen haben.

So lässt sich konstatieren, dass sich mit schnellerem Wandel und größerer Heterogenität der Umwelt die Anforderungen an eine Organisation bezüglich des Varietätsausgleichs mit der Umwelt erhöhen. Differenzierung und Integration der Organisation müssen steigern, was erst der konnektionistisch-dynamischen Organisation in der erforderlichen Geschwindigkeit durch zunehmende Konnektivität gelingt.

▶ Eine solche notwendige Änderung zeigt sich beispielsweise in einer Zielverfehlung, was wiederum eine Krise der Organisation bewirkt und als solche als Motor des Wandels einwirken kann. Eine solche Krise bringt Kreativität in die Handlungen der Akteure, welche zur Abkehr von der Struktur der klassischen Organisation gerade notwendig ist.

Jede „Konnektivialisierung" einer klassischen Organisation setzt voraus, dass zumindest einige derer Handlungen einen Änderungsspielraum besitzen, welcher zur Umgestaltung der organisatorischen Regeln genutzt werden kann. Die Organisation darf sich also nicht bereits in einem erstarrten Zustand befinden, der in der Extremform der klassischen Organisation aufgrund einer extrem hohen Regelungsintensität zumindest perspektivistisch hervorgerufen wird. Zur Bewältigung dieser Herausforderung wird in der klassischen Organisationstheorie auch häufig gefordert, die Grenzen von Organisationen durchlässig zu gestalten, um durch die temporäre Einbeziehung von außerorganisationalen Akteuren in die Organisation, die Ressourcen einer Organisation auszuweiten und die Flexibilität erheblich zu steigern.

▶ Kognitive Organisationen haben keine natürlichen Grenzen, die in irgendeiner Weise ontologisch vorgegeben wären. Organisationale Grenzen sind durch *Interoperationen* wahrnehmbare Grenzen und damit keine objektiven Gegebenheiten in einem ontologischen Sinne, sondern als soziale Konstruktion verstehbar. Folglich muss die für die Grenzbestimmung am Interoperationsbegriff und nicht an anderen Entitäten wie beispielsweise Mitarbeiter oder der Mitgliedsinstitutionen angesetzt werden. Systeme konstituieren sich danach in einer komplexen Welt, indem sie eine Differenz herstellen zwischen sich und der Umwelt. Mit dieser Differenzbildung und der Systemleistung durch Interoperationen ergibt sich eine Reduktion und nicht eine Abbildung von Umweltkomplexität. Insofern ist eine 100%ige Punkt-für-Punkt-Entsprechung zwischen System und Umwelt damit ausgeschlossen. Gäbe es eine solche Entsprechung, käme sie einer Auflösung der Systemgrenzen gleich. Die Grenzerhaltung (Differenzstabilisierung) gerät so zu einem permanenten Problem, es lässt sich nicht punktuell bzw. definitiv lösen. Problematisch für den Organisationsentwickler in diesem Zusammenhang ist, dass die Grenzbildung des Systems immer als Experiment anzusehen ist. Ob sich die Grenzziehung in der vorgenommenen Weise in Auseinandersetzung mit der Umwelt bewährt, muss sich erst zeigen. Insofern ist die Grenzziehung ein risikobehaftetes und bewährungsbedürftiges Unterfangen. Nicht jede Grenzziehung ist – wie aus den Insolvenzzahlen hinlänglich bekannt – dauerhaft aufrechtzuerhalten, Grenzen sind deshalb auch als fortlaufendes Optimierungsproblem für Organisationen zu definieren. Insofern besteht das Ziel der Organisationsentwicklung in der Erhöhung der Durchlässigkeit der Organisationsgrenzen im Sinne einer Permeabilität abgeschwächter Selektivität entgegen ihrer Auflösung.

Die Herstellung von Flexibilität, bei gleichzeitiger Aufrechterhaltung einer gewissen Stabilität, stellt für die Modellierung bzw. die spätere Steuerung jeder Organisation ein mehr oder weniger ausgeprägtes Dilemma dar. Insofern hat die kognitive Organisation das Ziel, Flexibilität zu erhöhen, um schneller spezifischen Anforderungen gerecht zu werden. Sie erreicht dieses Ziel, indem fallweise kernkompetenz-orientiert differenzierte Tätigkeiten innerhalb der Organisation orchestriert und bei Bedarf, über organisatorische Grenzen hinweg integriert werden, ohne dass die Stabilität garantierenden Grenzen und Regeln der Organisation formal festgeschrieben sind und diese die Flexibilität einschränken. Die Organisation bleibt als Institution stabil und interoperiert insgesamt kognitiv. Insofern muss die Modellierung einer kogntiven Organisation die folgenden vier Kernfragen beantworten:

• Wie ist eine kognitive Organisation definiert, die das Flexibilitäts-Stabilitäts-Dilemma von Organisationen auflösen soll?
• Wie lassen sich Erkenntnisse der klassischen und der neoklassischen Organiation in die kognitive Organisationstheorie einbringen?
• Wie lässt sich die Entstehungs- und Entwicklungsdynamik einer kognitiven Organisation, die das Flexibilitäts-Stabilitäts-Dilemma auflöst, mit Hilfe von Erkenntnissen der Kognitionswissenschaften theoretisch beschreiben und erklären?
• Lassen sich die gewonnenen theoretischen Erkenntnisse in Einzelfällen empirisch untermauern?

Wie eingangs betont, bedient sich der Ansatz der kognitiven Organisation unter anderem den Erkenntnissen der Kognitionswissenschaft. Auch hier erfolgt die Wahrnehmung der vermeintlichen Realität durch den Wissenschaftler in der Form, dass er sich ein Bild von seinem Forschungsgegenstand macht bzw. diese konstruiert und zu einem Modell verdichtet. Insofern fungieren auch in diesem Buch Systeme als Bilder, wobei auch ein

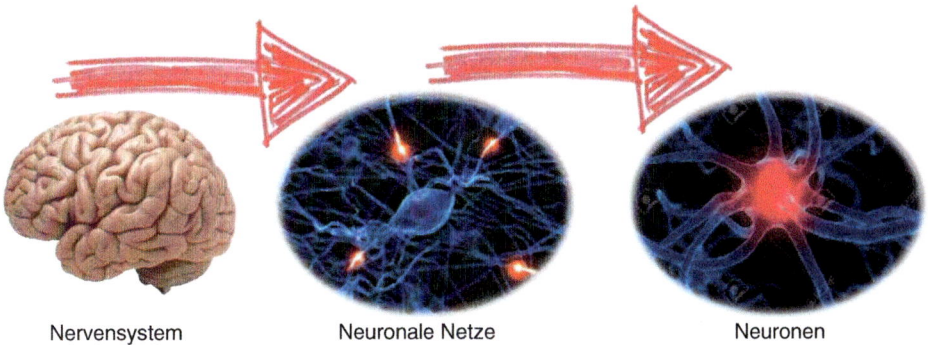

Nervensystem   Neuronale Netze   Neuronen

Abb. 6.22 Bildmodelle

reales Systeme wie die des menschlichen Gehirns oder die Organisation subjektiv durch
den beobachtenden Wissenschaftler oder Organisationsentwickler produziert wird und
somit streng genommen als ein Bildmodell zu werten ist. Analogisierung und Abstraktion bilden sozusagen das epistemische Fundament, auf dem der Organisationsentwickler
bauen kann, denn erst dadurch werden die aus der Kognitionswissenschaft gewonnenen
Erkenntnisse für die Organisationsforschung zugänglich. Zusammenfassend stellen die
durch Abstraktion und Konkretion möglichen Analogien die formale Methodik dar, mit
der Erkenntnisse aus der Kognitionswissenschaft auf die kognitive Organisation übertragen werden (Abb. 6.22).

Gemäss der Systemtheorie bestehen diese Systeme aus Elementen, denen jeweils eine
Menge von Eigenschaften zugeordnet sind. Zwischen den Elementen, genauer gesagt,
zwischen ihren Eigenschaften, bestehen Beziehungen, die in Relation zueinander stehen.
So ist ein System als eine wohldefinierte Menge von solchen Elementen definiert, die Eigenschaften besitzen und zwischen denen ein logischer Zusammenhang besteht. Im Falle
der Organisation werden neben den Beziehungen innerhalb des Systems auch die Beziehungen mit der unmittelbaren Umgebung zur Struktur des Systems selbst gezählt.

Die im Folgenden dargestellte Entwicklung einer konnektionistisch-dynamischen Organisation, als auch diese Organisation an sich, ist auf ein Ziel gerichtet, das heißt, auf einen
bestimmten ausgezeichneten Systemzustand. Dieses Ziel-Interoperationsmuster der Organisation kann statisch oder dynamisch definiert sein. Anhand der Annäherung an das Ziel
im Zeitverlauf lässt sich ein konkretes Systemverhalten auf Zweckmäßigkeit untersuchen.
Als zielgerichtetes Sozialsystem, das Informationen gewinnt und verarbeitet, leitet eine
Organisation ihr Ziel aus der Umwelt ab, aus der Inputs in die Organisation eingehen, welche Anforderungen an einen zu generierenden Zielzustand definieren. Die Inputs werden
einem Transformationsprozess unterworfen, dessen Ergebnisse als Outputs oder Leistungen an die Umwelt wieder abgegeben werden. Dabei ist die Organisation selbst zielabhän-
gig wie zielbestimmend, so dass sowohl die Zielsetzung als auch das Maß der Zielerreichung
durch die organisatorische Struktur mitgeprägt werden. Die Definition eines Ziels gleicht
einer speziellen Umweltwahrnehmung: In Wirtschaftsorganisationen dem Erkennen von

Marktchancen und Kundenbedürfnissen. Da die Umwelt gegenüber jedem System grundsätzlich eine höhere Varietät aufweist, (Wahrnehmungs-) Verbindungen zwischen System
und Umwelt, aber eines Varietätsausgleichs bedürfen, muss das System zwangsläufig darauf
hinwirken, die Varietät der Umwelt relativ zu reduzieren und seine eigene Varietät relativ zu
erhöhen. Das Ausmaß der notwendigen Selektion wird durch das vorhandene, notwendigerweise begrenzte, Varietätspotential der Organisation vorgegeben. Nicht allein für die
Zieldefinition, sondern auch für die Zielerfüllung ist demnach eine interne Varietätsausweitung des Systems notwendig.

▶   Beides kann dem System zum Beispiel durch eine Systemvergrößerung, also
         durch Wachstum, gelingen, weil mit der Anzahl der Systemelemente automa-
         tisch die Systemvarietät steigt.

So muss jede Organisation zusätzlich und vor allen Dingen aus sich selbst heraus für eine
ausreichende Kapazität zur Zielerreichung sorgen, und zwar durch Effizienz in ihren Interoperationen, sowohl in der Informationsgewinnung als auch in der Informationsverarbeitung. Es lässt sich damit schließen, dass für die Zieldefinition und -erfüllung einer
Organisation ihre Interoperationen Mustern folgen müssen, die Varietät auf der einen Seite reduzieren und auf der anderen Seite erweitern, die also zugleich inhibitierende und
expansive Tendenzen aufweisen. In der Arbeitsteilung liegen letztlich die Vorteilhaftigkeit
von Organisationen im Vergleich zu Individuen und damit die Existenz von Organisationen überhaupt begründet. Arbeitsteilung ist die Aufteilung einer umfassenden Aufgabe
auf verschiedene Akteure, die jeweils einzelne Teilaufgaben erfüllen. Die Ähnlichkeit der
mit den (Teil-) Aufgaben vorhandenen Interoperationen lässt sich mit der Maßzahl der
Homogenität messen. Eine Klasse von Interoperationen, die einen hohen Anteil gleicher
Interoperationsaspekte – das heißt Standards – besitzt, heißt homogen, während ein hoher
Anteil unterschiedlicher Interoperationsaspekte eine inhomogene Klasse auszeichnet. Die
Zuordnung von homogenen Klassen zu Interoperationen zu einzelnen Akteuren ist dann
eine Form von Ordnung, die als *Spezialisierung* bezeichnet wird. Je weniger homogene
Interoperationsklassen einem Akteur zugeordnet sind, desto spezialisierter agiert er. Spe-
zialisierung kann in Bezug auf bearbeitete Produkte und Dienstleistungen, auf Funktionen, wie bestimmte Verrichtungshandlungen, oder geografisch orientierte Handlungen
vorgenommen werden. Die Ordnung einer spezialisierten Organisation lässt sich dabei
durch die Anzahl ihrer unterschiedlichen homogenen Interoperationsklassen beschreiben.
Ist diese Zahl sehr niedrig, so liegt eine standardisierte Ordnung vor, in der eine große
Ähnlichkeit zwischen allen Interoperationen der Organisation besteht. Ist die Zahl der
homogenen Interoperationsklassen einer Organisation dagegen sehr hoch, so kann die
Ordnung als differenziert betrachtet werden. Es wird innerhalb der Organisation eine große Vielfalt von Interoperationen durchgeführt. Dies ermöglicht das Erkennen vieler unterschiedlicher Umweltsituationen und deren unterschiedliche Verarbeitung. Zukünftige
Interoperationen sind, auch in bekannten Situationen, nicht auf Standard-Interoperationen
begrenzt. Die Flexibilität der Organisation ist hoch. Ein durch hohe Differenzierung

ausgezeichnetes statisches Interoperationsmuster ist ein Ausdruck hoher systemischer Varietät. Dynamische Interoperationssmuster mit Differenzierungstendenz tragen zur Varietätsausweitung bei. Es lässt sich festhalten, dass Organisationen in ihrem Streben nach optimaler Zielerreichung als gegensätzliche Tendenz auf der einen Seite Standardisierung, auf der anderen Seite Differenzierung als Interoperationsmuster auf der Makro-Ebene erzeugen, wobei beide durch eine hohe Spezialisierung jeweils stärker zum Tragen kommen. Es bleibt abzuleiten, unter welchen Voraussetzungen sich welche Tendenz durchsetzt. Je nach konkretem Ziel treibt die Organisation dabei eine stärkere Standardisierung oder Differenzierung an. Eine hohe Regelungintensität führt zur einen im Detail determinierten Dynamik der Organisation.

Auch bei der kognitiven Organisation stellt das Ziel, die Bedürfnisse von Kunden durch eine gemeinsame Wertschöpfung und durch eine erbrachte Leistung optimal zu befriedigen, ein konstituierendes Charakteristikum dar. Als identitätsstiftendes Ziel fungiert dieses Organisationsziel, das durch die Abwicklung eines Projektes oder Geschäfts, die Erstellung eines individuellen Produktes, die Ausschöpfung einer bestimmten Marktchance oder die Erfüllung einer Mission definiert werden kann. Die Grenzziehung der kognitiven Organisation erfolgt, unabhängig von rechtlichen Beziehungen, stets problemlösungsbezogen. Insofern sind kognitive Organisationen prinzipiell auch als Kooperation rechtlich unabhängiger Einheiten denkbar. Gerade die letzte Möglichkeit lässt die kognitive Organisation vor allem für die Bewältigung von Situationen hoher Dynamik und großer Marktunsicherheit und für Situationen, in denen eine hohe Zeit-, Qualitäts- und Kostensensitivität herrscht, geeignet erscheinen. Auch die Tätigkeiten in einer Organisation zeichnen sich grundsätzlich durch eine Arbeitsteilung ausgerichtete Zergliederung aus. Die Besonderheit dabei ist, dass an die Stelle der (hierarchisch-mechanisch) definierten Abteilungsgliederung als spezielle Zusatzqualifikation eine strikte kernkompetenzorientierte Ausrichtung bzw. Orientierung tritt. Bei einer Kernkompetenz handelt es sich um eine wissensbasierte Eigenschaft und damit um eine einbringbare bzw. abrufbare Ressource, die als soziales Interoperationsmuster auf organisationelen Lernen basiert und deshalb nur schwer imitierbar, transferierbar und handelbar ist. Insofern hat idealtypischerweise in der kognitiven Organisation jede Einheit zumindest eine Kernkompetenz, auf deren Einsatz sich diese Einheit fokussiert. Damit wird signifikant, dass in der Existenz und dem Ausnutzen solcher Kernkompetenzen, die als Fach-, Prozess- oder Interoperationskompetenzen ausgeprägt sein können, ein Nutzeffekt der kognitiven Organisation liegt. Je nach Größe der Organisation bzw. deren Ausrichtung können Hierarchien und harte Integrationsmechanismen minimal ausgeprägt sein. An die Stelle einer harten bzw. umfassenden Hierarchisierung tritt dann oftmals eine heterarchische Organisation autonom agierender Einheiten und deren Integration über weiche Mechanismen, zu denen der Einsatz von Informations- und Kommunikationstechnologie, ausgeprägtes Vertrauen zwischen den Beteiligten, eine durch Fairness geprägte Organisationskultur und die Herstellung einer Kultur im Sinne einer Schicksal- oder Lebensgemeinschaft, in der die Kooperationspartner in ihrer Entwicklung symbolisch aneinander gekoppelt sind, zählen.

▶   So ermöglichen beispielsweise die IuK-Technologien, mehr potenzielle Organi-
     sationsmitglieder zu erreichen, indem grenzenlos mit möglichen Einheiten
     kommuniziert werden kann. Zum anderen sind die IuK-Technologien dazu ge-
     eignet, die Einheiten zu einer institutionellen Organisation zu verbinden.

Als Nutzeffekt einer solchen Ausgestaltung zeigt sich eine hohe Anpassungsfähigkeit der
kognitiven Organisation, dass sich Kernkompetenzen sehr flexibel synergetisch orchestrieren lassen. Letzteres kann als Garant dafür gesehen werden, dass die kognitive Organisation auch die Lösung des Flexibilitäts-Stabilitäts-Dilemmas ermöglicht, indem mit Hilfe
von weichen Integrationsmechanismen gleichzeitig Flexibilität und Stabilität erzielt werden kann (Tab. 6.11).
     Die problemorientierte Ausrichtung stellt die Lösung aktueller Probleme als das ei-
gentliche Ziel der Interoperationen dar. Da die Grenzziehung für das Organisationssystem
problembezogen erfolgt, befinden sich die Systemgrenzen im Fluss. Einzelne Interoperateure gehören immer dann zum System der kognitiven Organisation, wenn ihre Interoperationen zur aktuellen Problemlösung herangezogen werden können. Die Zergliederung
der Tätigkeiten wird in der kognitiven Organisation entlang der Kernkompetenzen betrachtet. Die Integration der Tätigkeiten wird über die inhärente Systemstruktur, also Art
und Form der Prozesse und Regelungen abgebildet. Dabei sind Regelungen als generalisierte Handlungs- oder Verhaltenserwartungen anzusehen. In dieser Hinsicht lässt sich das

Tab. 6.11 Merkmale eines kognitiven und klassischen Organisationsmodells

	Kognitive Organisation	Klassische Organisation	Ausgestaltungs-Empfehlungen
Ziel	• Hohe Anpassungsfähig-keit • Kostenreduzierung	Erhalt der Organisation	• An flexiblen Kundenbe-dürfnissen ausgerichtete, fallweise Organisation. • Hohe Anpassungsfähig-keit
Tätigkeiten	multimedialisiert	nach funktionalen oder Divisionen Abteilungen gegliedert	fallweise nach Kernkompetenzen gegliedert
Steuerung	unterstützt durch IuK-Technologien	mittels harter Mechanismen	mittels weicher Mechanismen
Bezüge zu Flexibilität und Stabilität	Erhöhung von Flexibilität und Stabilität durch den Einsatz von IuK-Technologien	Herstellung von Stabilität	• Flexibilität ist problembe-zogen, wechselnde Zusammenstellung von Kernkompetenzen. • Flexibilität bei gleichzei-tiger Stabilität durch weiche Integration der Kernkompetenzen

Ausmaß, zu dem die Handlungen in einer Organisation kernkompetenzorientiert zergliedert sind, als kontinuierlicher Ausprägungsgrad zwischen 0 und 100 % der Dimension „Kompetenzausprägung" einer virtuellen Organisation interpretieren. Analog ergibt das Ausmaß, zu dem Regelungen durch weiche und nicht harte Integrationsmechanismen bestimmt werden, eine Ausprägung auf der kontinuierlichen skalierten „Regelausprägung" zwischen 0 und 100 %. Auch die „Kognitionsausprägung" wird auf einer kontinuierlichen Skala bestimmt. Im Extremfall sind sämtliche Handlungen, bezogen auf alle Aspekte der Leistungserstellung und der Kundenschnittstelle, unter Beibehaltung der emotionalen und sozialen Reize, nunmehr kognitiv ausgeprägt, was einer 100 %-igen kognitiven Ausprägung der Organisation auf der Dimension Kognitionsausprägung entsprechen würde.

▶ So lässt sich bei empirischer Betrachtung davon ausgehen, dass eine Kognitivierung der Organisation erfolgsfördernd ist. Je höher die Kompetenzausprägung, desto stärker sind definitionsgemäß Kernkompetenzen herausgebildet, die für die Wettbewerbsvorteile der Organisation sorgen und damit zum Erfolg beitragen. In einer dynamischen Umwelt ist die Herausbildung solcher Kernkompetenzen aber nur bei einer hohen Flexibilität der organisatorischen Handlungen möglich. Eine hohe Regelausprägung bedeutet eine starke Integration der Kernkompetenzen einer institutionellen Organisation. Je höher diese Ausprägung ausfällt, desto „weicher" ist dabei die Integration der Kernkompetenzen, so dass gleichzeitig eine hohe Flexibilität der Tätigkeiten möglich bleibt. Je höher die Kognitionsausprägung ausgeprägt ist, desto stärker wirken Entscheidungen und IuK-Technologien einerseits als weicher Integrationsmechanismus und desto größer ist andererseits die Reichweite zu außenorganisatorischen Akteuren und damit das Potenzial, durch deren Einbeziehung die Kernkompetenzorientierung weiter zu steigern.

Das kognitive Organisationsmodell basiert auf dem Ansatz komplex-dynamischer Systeme, die aus der integrierenden Abstraktion der Modelle nicht linearer dynamischer Systeme und komplexer Netzwerke entstehen.

▶ Ein dynamisches System kann als eine Gleichung (oder eine Menge von Gleichungen) aufgefasst werden, die das Bewegungsgesetz einer (oder mehrerer) Variable(n) über die Zeit beschreibt, sei dies eine Menge von Differenzengleichungen in diskreter Zeit oder eine Menge von Differenzialgleichungen in kontinuierlicher Zeit.

Ein *Netzwerk* ist eine Menge verknüpfter logischer Einheiten. Jede Einheit nimmt darin zu einem bestimmten Zeitpunkt einen Einzelzustand an, der sich in einem in diskreten Schritten modellierten Zeitablauf verändern kann. Eine für jede Einheit definierte Übergangsfunktion bestimmt deren zukünftigen Zustand aus dem gegenwärtigen Zustand dieser Einheit sowie denen anderer Einheiten. Die Übergangsfunktionen in komplexen

Netzwerken sind nicht linear. Solange die Übergangsfunktion im Zeitablauf konstant bleibt, sind komplexe Netzwerke aus mathematischer Sicht auch als nicht lineare dynamische Systeme im obigen Sinne zu interpretieren. Im Unterschied zum Modell nicht linearer dynamischer Systeme werden komplexe Netzwerke häufig so modelliert, dass sich die Übergangsfunktionen ändern. Ändern sich Übergangsfunktionen im Verlauf einer Netzwerkentwicklung, so ist das Netzwerk adaptiv, bei konstanten Übergangsfunktionen ist es deterministisch. Die einzelnen Zustände von Einheiten des Netzwerks sind die Mikro-Zustände des Systems. Die Zustände aller Einheiten zusammen bilden den Makro-Zustand in einem bestimmten Zeitpunkt betrachtet in statischer Hinsicht, im Zeitverlauf betrachtet in dynamischer Hinsicht. Es ist kennzeichnend für adaptive komplexe Netzwerke, dass Interaktionen auf der Mikro-Ebene zur Herausbildung von Mustern auf der Makro-Ebene führen. Hierbei ergeben sich emergente Makro-Zustände, die dadurch charakterisiert sind, dass sie nicht die einfache Aggregation der Mikro-Zustände darstellen, sondern eine eigene Qualität besitzen. Sie sind letztlich die Voraussetzung für Systemadaptionen, die zwischen Flexibilität und Stabilität verlaufen. Die Ausprägung dieser emergenten Eigenschaften ergibt sich vielmehr aus dem integrativen Zusammenwirken aller Systemelemente.

▶   Zu den emergenten Eigenschaften gehört zum Beispiel die Varietät, als das durch alle möglichen Kombinationen von Einzelzuständen bestimmte Maß der potenziellen Gesamtbestände eines Systems, oder die Systemstabilität.

Die Verbindungen ermöglichen Interaktionen zwischen den Systemelementen. Eine einzelne Verbindung geht von einem oder mehreren bestimmenden Element(en) aus und weist auf ein bestimmtes Element. Jede Verbindung besteht aus einer Regel, anhand derer aus den Zuständen der bestimmenden Elemente in einem gegebenen Zeitpunkt der Zustand des bestimmten Elements im Folgezeitpunkt determiniert wird. Die Menge der Verbindungen zwischen Elementen des Systems bildet die interne Systemstruktur, die Menge der Verbindungen mit Elementen der Systemumwelt, die externe Struktur, beide zusammen die Struktur des Systems. Auch solche komplex-dynamischen Systeme sind mit der Verfolgung eines Ziels verbunden. Aufgrund des bewertenden Vergleichs eines Makro-Zustands des Systems mit dem Systemziel lässt sich der Grad der Zielerreichung bestimmen. Eine Veränderung der System-Struktur im Rahmen einer adaptiven Dynamik führt zu einer veränderten deterministischen Dynamik und schließlich zu einer veränderten Zielerreichung. So entsteht ein Kreislauf, in dem die Mikro-Zustände des Systems zu makroskopischen Strukturen (adaptiv-dynamisch) emergieren, welche das Verhalten der mikroskopischen Teile (deterministisch-dynamisch) wieder beeinflussen.

Kennzeichen einer kognitiven Organisation ist, dass die einzelnen Objekte konnektionistisch miteinander in Verbindung stehen können. Eine extrem niedrige Konnektivität, gepaart mit einer extrem hohen Regelungsintensität führt dabei zu einem systematischen Grenzverhalten in Form einer organisationalen Erstarrung. Dies ist die Bewegung auf einen stabilen Grenzwert hin, der als Systemzustand im Zeitverlauf nicht mehr verlassen wird.

Konnektivität und Regelungsintensität wirken in ihren Ausprägungen negativ rückkoppelnd, also inhibitierend auf die Systementwicklung. Ist die Konnektivität niedrig, aber nicht extrem niedrig und die Regelungsintensität hoch, aber nicht extrem hoch ausgeprägt, resultiert ein Grenzverhalten der Stabilität, was einem stabilen Grenzzyklus entspricht, bei dem sich das Verhalten grundsätzlich von einer festen und relativ geringen Anzahl von Zuständen entfernt. Mit steigender Konnektiviät und sinkender Regelungsintensität erhöht sich innerhalb der Stabilität die Zahl der zum Grenzzyklus gehörenden Zustände. Es entstehen in zunehmendem Maße Bifurkationen, die durch varietätsverstärkende Rückkopplungen der Systementwicklungen hervorgerufen werden, welche neben die inhibitierenden Rückkopplungen treten. Mit steigender Konnektivität und sinkender Regelungsintensität nimmt die Ordnung des Systems ab. Es ist generell zu beachten, dass Ordnung und Unordnung beobachterabhängig sind, da sie von der ebenfalls beobachterabhängigen Definition der erreichbaren Zustände eines Systems abhängen. Folglich erscheint die Ordnung eines Systems als emergente Eigenschaft, die erst durch die Betrachtung der Funktionen der Elemente gefunden werden kann.

Der Zielerreichungsgrad kennzeichnet die Fitness des Systems. Je geringer die Differenz zwischen dem Grenzwert und dem Ziel des Systems ist, desto höher ist die Fitness des betrachteten Systems. Die Fitnesssteigerung eines Systems setzt eine Änderung des Systemzustands, und damit der Struktur voraus. Entweder wird sie durch bewusstes gestalterisches Handeln einer systemsteuernden Instanz oder in nicht zentral gesteuerter Weise durch das Zusammenwirken der Systemelemente erreicht. In solchen Systemen ist zumeist die zweite, die dezentrale Möglichkeit der Strukturveränderung die erfolgreichere, bei der sich aus den Interoperationen der Elemente des „polyzentrisch" organisierten Systems in selbstorganisatorischer Weise eine spontane Ordnung herausbildet.

▶   In der adaptiv-dynamischen Ordnungsbildung hat die Symphonie der Muster
      ein Orchester, aber keinen Dirigenten.

Solche konnektionistisch-dynamische Systeme passen ihre Strukturen adaptiv an, um ihr Ziel besser zu erreichen, welches durch einen Grenzzustand des Systems definiert ist, der einen bestimmten Systemoutput beinhaltet. So besteht das Systemziel aus der Realisation einer bestimmten Menge von Zuständen. Eine Varietätsreduktion betreibt das System auch, weil die Informationsverarbeitungsfähigkeit jedes Systems beschränkt ist, das heißt, nicht alle Zustände der durch höhere Varietät ausgezeichneten Umwelt vom System erfasst werden können. Daraus ergibt sich, dass Systeme die für sie wichtigen Umweltzustände selektiv und damit varietätsreduziert, wahrnehmen müssen. Dies geschieht durch ein bewusstes Ausblenden der Zustände einzelner Umgebungsobjekte und die Schematisierung von Umweltzuständen. Der vom System angestrebten Varietätsreduktion steht auf der anderen Seite eine Varietätsausweitung gegenüber, die für das System ebenfalls notwendig ist. So ist davon auszugehen, dass die Varietät der Umwelt jedes Systems proliferiert, das heißt, dass sich die Anzahl der möglichen Systemzustände aufgrund von Interaktionen zwischen den Elementen in sich selbst verstärkendem Ausmaß erhöht. Prinzipiell gilt dies für jedes komplex-dynamische System. Geht man zusätzlich davon aus, dass neue Umweltzustände auch neue Ziele und damit neue Outputs auslösen, so ist eine entsprechende Ausweitung der Systemvarietät erforderlich. Es ergibt sich damit, dass ein abstraktes komplex-dynamisches System sowohl eine Varietätsausweitung als auch eine Varietätsreduktion anstrebt. Auf diese Art bilden sich Muster in den Systementwicklungen, die sich aufgrund der permanenten lokalen Informations-Rückkopplung im Hinblick auf erfolgreiches Operieren verstärken und zu Regeln des Systems werden, wie zum Beispiel die Schemata der Umweltwahrnehmung So geschieht es, dass das adaptive System Informationen über eine Umwelt und seine eigene Wechselwirkung mit dieser Umwelt aufnimmt, Regelmäßigkeit in diesen Informationen erkennt, die es zu einem Schema oder Modell verdichtet. Nichtlineare Rückkopplungen bewirken ein Zusammenspiel von Kooperation und Konkurrenz: So wird systemintern die Kooperation einzelner Elemente, die sich durch Verbindungen untereinander manifestiert, bei erfolgreichen Ergebnissen dieser Kopplung noch verstärkt, wirkt also insgesamt als positive Rückkopplung.

Den formalen Kern solcher konnektionistisch-dynamischer Systeme bilden die Bestandteile, zu denen Struktur und Zustände sowie die zwei verschiedenen Dynamíken gehören: Die Struktur wird durch ihre Nichtlinearität und vor allem durch die Parameter der Konnektivität und Regelungsintensität charakterisiert. Mit solchen konnektionistisch-dynamischen Modellen geht damit in methodischer Hinsicht stets auch eine gewisse Einschränkung des Kontroll- und Gestaltbarkeitsanspruches vom System einher, denn systemindividuelle Irregularitäten werden zum Normalfall oder sogar zur Quelle jeder komplexen Ordnung. Jedem Organisationsentwickler muss bei der Modellierung und Realisierung solcher konnektionistisch-dynamischer Systeme die Subjektivität der Betrachtung in besonderem Maße und explizit bewusst sein.

Das Ziel der folgenden Modellvarianten einer kognitiven Organisation liegt in der Abbildung von Mechanismen und Voraussetzungen zur Lösung des Flexibilitäts-Stabilitäts-Dilemmas für Organisationen in die dynamische Umwelt. Hierzu wird die Organisation als konnektionistisch-dynamisches Interoperationssystem modelliert. Das System der konnektionistisch-dynamischen Organisation besteht dabei aus Objekten als Agentensysteme, denen als Eigenschaften jeweils eine Menge von Interoperationen, ihr jeweiliger Interoperationsraum, zugeordnet ist. Interoperationen in Form von Einwirkungen können gegenständliche Operationen an und mit organisationalen Entitäten (Dingen, Entscheidungen, Kommunikationen, etc.) sein. Die konnektionistisch-dynamische Organisation ist damit ein aus Interoperationen konstituiertes soziales System. Die interoperativen Systemelemente heißen *Akteure* und werden, gleich der Organisation als ganzes, ebenfalls als Agentensysteme modelliert. Die einzelnen Akteure nehmen zu einem bestimmten Zeitpunkt verschiedene Interoperationen aus ihren Interoperationsräumen in der Tat vor. Diese Menge der tatsächlichen ausgeführten Interoperationen ist der Zustand eines Akteurs in diesem Zeitpunkt. In einer zeitdirekten dynamischen Betrachtung hängt der zeitpunktbezogene Zustand jedes einzelnen Akteurs von seinem eigenen Zustand und denen anderer Akteure zum vorhergehenden Zeitpunkt ab. Die Art dieser Abhängigkeit wird durch die Verbindungen zwischen den Akteuren und ihren Interoperationsräumen, das heißt die

System-Struktur, determiniert. Diese System-Struktur besteht aus den *Prozessen* und den *Regeln* oder Regelungen der Organisation.

Konnektionistisch-dynamische Organisationen sind daher nicht lineare Feedback-Systeme. Aufgrund der wechselseitigen Feedback-Verbindungen werden Interoperationen darin zu ineinandergreifenden Vernetzungen. Interoperationen erzeugen aus der Folge der resultierenden Systemzustände das dynamische Interoperationsmuster, woraus sich der emergente Systemzustand der Organisation ergibt, welcher definitionsgemäß nicht aus der bloßen Aggregation der Einzelzustände zu bestimmen ist.

▶ Zusammenfassend sind die Grundbestandteile eines konnektionistisch-dyna-mischen Organisationssystems durch Prozesse und Regeln miteinander ver-netzte Interoperationen von Akteuren, aus deren Zusammenspiel auf der Mikro-Ebene die Systemeigenschaften der Organisation auf der Makro-Ebene erwachsen.

Insofern entspricht die Entwicklung einer Organisation einer Folge von Interoperationsmus-tern, welche durch die Prozesse und Regeln der Organisation bestimmt werden. Eine deter-ministische Organisationsdynamik resultiert aus konstanten organisatorischen Regelungen und deren Prozesse. Dabei lässt sich vor allem die Regelungsbreite durch ein Maß für die relative Anzahl von direkten Verdingungen zwischen den Akteuren charakterisieren. In die-sem Sinne gibt die Konnektivität die Zahl der einen durchschnittlichen Akteur beeinflussen-den anderen Akteure an. Jeder einzelne Akteur kann dabei maximal alle Akteure des Systems und der unmittelbaren Systemumgebung, ihn selbst eingeschlossen, in seinen Inte-roperationen bestimmt werden. Ist dies bei allen Akteuren der Organisation gegeben, so liegt die maximale Konnektivität des Systems vor. Minimale Konnektivität ergibt sich, wenn jeder Akteur nur eine bestimmte Interoperation ausführen kann. Der Anteil der für alle Ak-teure zusammen tatsächlich bestehenden und wirksamen Berdingungen am Maximalwert ist das Konnektivitätsmaß der kognitiven Organisation. In Bezug auf die Tiefe lassen sich einzelne Regeln danach unterschieden, ob die Interoperationen, auf die sich die Regeln be-ziehen, eindeutig bestimmt werden, oder ob und wie weit für nachfolgende Interoperationen Freiheitsgrade stehen, das heißt, Interoperateure einen Interoperationsspielraum besitzen. Das Verhältnis von eindeutig festlegenden zu interoperationsoffenen Regeln legt den Grad der Regelungsintensität einer Organisation fest, wobei die Regelungsintensität mit zuneh-menden Anteil eindeutig festlegender Regeln steigt. Konnektivität und Regelungsintensität sind zwei unabhängige Parameter, die in Kombination die Regeln einer konnektionis-tisch-dynamischen Organisation charakterisieren.

Der Vorteil einer konnektionistisch-dynamischen Organisation liegt darin, dass eine verbesserte Zielerreichung durch eine Umsteuerung des Interoperationsverlaufs durch ei-ne antizipierende und aufeinander bezogene Neudefinition von Umwelt und Organisati-onsstruktur, das heißt durch organisatorische Adaption, jederzeit möglich ist. Eine solche Adaption kann auf die Art und Weise erfolgen, dass Regeländerungen initiiert und durch-gesetzt werden. So lassen sich in der Praxis Regeländerungen von zentraler Stelle durch gezielte Führungshandlungen geplant vollziehen, indem geänderte Regelungen für die Systemakteure vorgegeben werden. Je größer die Komplexität der Adaptionsproblematik wird, desto größer muss auch die Varietät der regelnden Institution sein. Ein weitere Möglichkeit, solche Adaptionsprozesse zu realisieren, besteht in dem Zulassen von Selbstorganisationsprozessen. Zu Beginn solcher Selbstorganisationsprozesse existiert eine Menge an gültigen Regelungen, die als gespeicherte Information das Wissen oder interne Interoperationsschemata der Organisation darstellt. Es bestimmt in allen Situationen die durchzuführenden Interoperationen der Akteure, wobei es Interoperationshypothesen über die Kausalbeziehung zwischen einer Interoperationweise und einem damit angestrebten Interoperationsziel beinhaltet. Das Wissen formt damit Vorstellungsbilder und Erwartungen der Akteure über die Zukunft. Nun ist das Wissen einer Organisation genau dann nützlich, wenn es zeitbezogene relevante Erwartungen über zukünftige Ereignisse ermöglicht, die eine gute Aussicht auf Erfüllung haben. Genau dann werden Interoperationen erzeugt, die eine gute Zielerreichung gewährleisten. So werden in wiederkehrenden Situationen Wiederholungen von bestimmten Interoperationen erzeugt, die zur Akkumulation von Wissen über die sie adressierten Problem- und Vorgangstypen führen. Die entsprechenden Regelungen werden dabei generalisiert, so dass man für die Organisation von einer Tendenz zu generellen Regelungen sprechen kann. Da die Herausbildung von generellen Regelungen also eine wiederholte Anwendung in ähnlichen Problemsituationen voraussetzt, sind generell Regelungen auch nur in zumindest stabilen, sich mit gewisser Häufigkeit und Regelmäßigkeit wiederholenden Problemsituationen sinnvoll. Generelle Regelungen erhöhen dann die Effizienz einer Organisation. Sie gehen als Interoperationsmuster innerhalb eines als Lernen zu charakterisierenden rekursiven Vorgangs der bewussten Wiederholung von Interoperationen in bestimmten Situationen hervor. Solche generellen Regelungen sorgen für eine Standardisierung von Interoperationen. Zugleich verringern sie die Interoperationsvarietät und begründen eine niedrige Konnektivität der Organisation, denn in ähnlichen Situationen werden von den Akteuren fortwährend dieselben Regelungen angewendet, ohne dass sie von anderen Akteuren viele neue Inputs benötigen. Dieser Anpassungsvorgang in Richtung hoher Regelungsintensität und niedriger Konnektivität führt zur Stabilisierung der Organisation, was aber gleichzeitig die Gefahr der Erstarrung in sich birgt. In erstarrtem Zustand ist eine Organisation zu keiner Adaption mehr in der Lage und kann nicht mit neuen Situationen adäquat umgehen. Zur Bewältigung neuer Problemsituationen werden von den Akteuren Kreativität, Engagement und Widerspruch gegen vorhandene Regeln als Instabilitätsquellen eingebracht. Darin ist vielfach auch eine Abkehr von wenig erfolgversprechenden Regelungen erforderlich. Dies entspricht einem Entlernen von Regelungen, einer Öffnung der Interoperationen einzelner Akteure in vormals determinierten Situationen.

Obwohl ein gewisses Maß an Instabilität für Lernvorgänge notwendig ist, darf die kritische Grenze zur chaotischen Systementwicklung nicht überschritten werden. In diesem Fall ist keine Wissensspeicherung möglich, denn in jedem Zeitpunkt werden auch erfolgreiche Regelungen vergessen, so dass selbst für bekannte Problemsituationen keine Standards eingesetzt werden können. Regeländerungen zur optimierten Zielerreichung sind praktisch unmöglich, ein Systemzusammenbruch wird wahrscheinlich. Ein optimales Lernvermögen entfaltet eine Organisation dagegen, wenn eine Balance besteht zwischen der Stabilität im Kern von Interoperationen und der Instabilität von peripheren Interoperationen. Diese Dynamik überträgt sich auf die Regelungen, die die Interoperationsdynamik dann gerade wieder auslösen. Als Ergebnis dieser bisherigen Betrachtungen lassen sich im Rahmen des konnektionistisch-dynamischen Organisationsmodells folgende Zusammenhänge ausmachen:

- Maximale Regelungsintensität und minimale Konnektivität in den Regelungen erzeugen über das Interoperationsmuster der Standardisierung eine adaptive Tendenz zur generellen Regelung, durch die sich die Standardisierung im Zeitverlauf weiter verstärkt und eine durch extreme Stabilität in den Makro-Handlungen gekennzeichnete Organisationsentwicklung mündet.
- Eine hohe Regelungsintensität und geringe Konnektivität entfachen starke Standardisierungs- und Stabilisierungstendenzen, die sich gegen die ebenfalls auftretenden Differenzierungs- und Variabilisierungstendenzen durchsetzen.
- Minimale Regelungsintensität und maximale Konnektivität erzeugen durch die Tendenz zur Variabilisierung eine sich im Zeitverlauf verstärkende permanente Differenzierung und eine in extremer Instabilität, das heißt Chaos, endende Organisationsentwicklung. Regelungen werden fortlaufend vergessen, Wissen wird nicht gespeichert.
- Mittlere Parameterausprägungen für die Regelungen, die einen kritischen Wert in Richtung Instabilität nicht überschreiten, sorgen für eine optimale Adaption der Regelungen im Lernprozessen. Es herrscht ein Fließgleichgewicht, an dem Kernwissen gespeichert und peripheres Wissen durch Informationsübertragung verändert wird. Die Differenzierung unterstützt die Ideenfindung in Bezug auf neue Regelungen, die Standardisierung unterstützt deren effiziente Implementierung.
- Je instabiler die gesamte Organisationsentwicklung ist, desto häufiger treten Bifurkationen auf.

Insgesamt zeigt sich, dass die Struktur der kognitiven Organisation vor allem durch ihre Regeln festgelegt wird. Diese haben in unterschiedlichen Organisationen harten oder weichen Charakter und sind von hierarchischer oder heterarchischer Art. In jedem Fall sind sie determinierend für die einzelnen Mikro-Handlungen der Akteure der Organisation und wirken als Steuerung der Tätigkeiten innerhalb der konnektionistisch-dynamischen Organisation. Aus den über das Regelwerk bestimmten Intentionen der Mikro-Interoperationen ergibt sich ein emergenter Systemzustand auf der organisatorischen Makro-Ebene. Dieser ist durch Interoperationsmuster charakterisiert, die auf einem Kontinuum zwischen stark standardisierten und stark differenzierten Interoperationsklassen und damit zwischen Stabilität und Flexibilität ausgeprägt sind. Die Strukturentwicklung gestaltet sich demnach als ein Prozess komplexer Interdependenzen von Elementen, Beziehungen und konkreter Qualität der Dynamik.

Man muss an dieser Stelle unterscheiden, ob eine kognitive Organisation neu gegründet und sozusagen sich auf der „grünen Wiese" entwickeln kann oder ob in eine bestehende

Organisation kognitive Strukturen „eingezogen" werden sollen. Im letzteren Fall folgt nach
der Initialisierung der *Kognitivierungsprozess* als Entwicklung von der aktuellen zur kognitiven Organisation, zu dem vor allem die Netzwerkkonfiguration mit der Aufgabenverteilung zwischen den beteiligten Akteuren, die Vereinbarung von prozessualen, technischen
und organisatorischen Schnittstellen sowie von Ziel- und Ergebnistypen für Teilaufgaben
gehören.

▶   Der Beginn der Kognitivierung kann dabei beispielsweise im Rahmen eines
      Business Reengineering erfolgen, mit dem angestrebt wird, einen möglichst
      stabilen und kontrollierbaren Kognitivierungsprozess zu gewährleisten. Das
      Reengeenering führt zu einer bewussten Prozess- und Regelveränderung in
      der akuellen Organisation, in der Form, dass die Kompetenz-, Prozess-, Regel-
      und Kognitionsausprägung gesteigert wird. Dies kann erreicht werden, indem
      die Gliederung der Interopeationen und Zuständigkeiten bewusst auf einzelne
      Kernkompetenzen hin ausgerichtet wird, und indem formale Koordinations-
      mechanismen durch eine IuK-unterstützte Koordination ersetzt werden.

Je weiter die Kognitivierung fortschreitet, desto stärker wird der Anteil selbstorganisatorischer Elemente im Adaptionsprozess, in dem sich deterministische und adaptive Dynamik abwechseln. Dies geschieht, indem zunächst neue Verbindungsqualitäten mit
inner- und/oder außerorganisatorischen Akteuren eingegangen werden, das heißt, dass
neue Kommunikationen entstehen oder bereits bestehende Kommunikationen intensi-
viert oder abgeschwächt werden. Im weiteren Zeitverlauf reproduzieren sich diese
Kommunikationen in Zeit und Raum: Durch wechselseitige Transaktionen und Anpassungen verstärken sich die Interoperationen. Es entstehen vernetzte Interoperationen.
Solche vernetzten Interoperationen können inhibitorischer oder aktivitatorischer Natur
sein. Das heißt, sie sind auf jeden Fall zwischen einigen, aber nicht gleichzeitig mit allen
Mitgliedern eines (potenziellen) Netzwerkes möglich. So bilden sich im Zeitverlauf
Cluster von Organisationseinheiten, die häufig miteinander in Beziehung treten. Entstehen so starke Kommunikationen, dass diese wechselseitig zyklisch rekurrieren, werden
die Interoperations- bzw. Verhaltenszyklen zu stabilen Handlungsmustern. Auf diese
Weise lernt die kognitive Organisation als Ganzes, indem die beteiligten Partner mit
zunehmender Interoperationssintensität gegenseitig Wissen austauschen und zusammen
und voneinander lernen. Insofern kanalisieren alle an der Entwicklung beteiligten Objekte wechselseitig ihre zukünftige Entwicklung.

▶   In der Praxis zeigt sich hierbei im Regelfall die Tendenz, dass dadurch die Kon-
      nektivität ansteigt und die Regelungsintensität abnimmt. Anzumerken ist da-
      bei an dieser Stelle, dass der Verlauf der Kognitivierung selten das Ergebnis von
      exakter Planung als vielmehr der Entwicklung von Interoperationen, die sich
      durch zunehmende Abhängigkeiten verfestigen.

Als Voraussetzungen für eine solche Entwicklung ist neben Vertrauen, eine gemeinsame Corporate Identity, eine Menge von Werten, der soziale Charakter beziehungsweise das soziale Klima sowie die unterstützende Informationstechnologie zu nennen. Auch diese Garanten sind sicherlich nicht vollständig geplant zu verordnen, sondern entstehen in einem längerfristigen Prozess, teilweise als qualitative Interoperationsmuster, die wiederum Auswirkungen auf die jeweils emergente Systemdynamik haben. Sind diese Voraussetzungen in einem bestimmten Umfang gegeben, so steht der sukzessiven Ersetzung von harten Integrationsmechanismen durch weiche Mechanismen nichts mehr im Wege und steigert so die Flexibilität der kognitiven Organisation. Hat die Organisation dann einen bestimmten Entwicklungstand erreicht, laufen beständig korporativistische Lernprozesse in Form von Echtzeit-Adaptionen ab.

▶   Beispielsweise werden informelle Strukturen durch generelle Regelungen substituiert. Die Verarbeitung bisher unbekannter Probleme lässt sich standardisieren, und die Adaption führt zur organisatorischen Stabilisierung. So ist bei einer stabilisierten Umwelt eine solche Stabilisierung der kognitiven Organisation sinnvoll. Oder aber die einzelnen Akteure entwickeln eigene Interessen und Ideen, ihre Differenzierung nimmt damit weiter zu.

Je nach Größe der Organisation und je nach Eignung dieser Organisation bzw. deren Umwelt zu Veränderungen, kann sich eine solche Kognitivierung durchaus über einen längeren Zeitraum erstrecken. Zur langfristigen optimalen Entwicklung einer kognitiven Organisation ist von einem mehr oder weniger komplexen Verhältnis zwischen Stabilität und Wandel auszugehen. Solche Zeiten sind durch eine Phase höchst instabiler Koexistenz zwischen alter und neuer Organisation mit deutlich chaotischen Zügen sowie durch eine hohe Zukunftsoffenheit gekennzeichnet. In dieser Phase bilden sich die zukünftigen Prozesse und Regeln heraus, und auch die organisatorische Differenzierung nimmt unter Umständen sprunghafte Entwicklungen. In zeitlicher Hinsicht ist dies eine Art Pendelbewegung zwischen Ordnung und Unordnung, wobei der Auswahl- und Anpassungsprozess für neue Prozesse und Regelungen in den Phasen der Unordnung nur sehr kurz, in Phasen relativer Stabilität sehr lange dauert oder sich gar nicht vollziehen können. Gelingt es hier, die richtige Balance zwischen hierarchischer Lockerung und Kontrolle zu finden, so entsteht der dynamische Prozess als Koexistenz von Kooperation und Konkurrenz der Akteure der kognitiven Organisationen.

▶   Beispielsweise halten sich in der Phase der Unordnung kooperierende und konkurrierende Elemente in einem instabilen Gleichgewicht. In solchen hierarchisch locker gekoppelen Systemen entstehen oftmals Inseln, die von Varianten des Systemverhaltens zumindest auf mittlere Sicht unberührt bleiben. Diese Cluster von Akteuren und damit Interoperationszyklen wirken dann als Inseln der Instabilität, durch die sich die Unordnung lokal eingrenzen bzw.

global begrenzen lässt. In konkreter organisatorischer Form könnte dies durch Organisationsentwickler, das heißt kanalisierende Knotenpunkte von Organisationen, implementiert sein.

Einzelne solcher Inseln oder Kerne bleiben stabil und sind nur langfristig adaptiert, andere Interoperationen bleiben ständig flexibel. Insgesamt entstehen durch diese neuartigen Mischverhältnisse zwischen Mechanismen der Flexibilität und der Stabilität in einem ständigen Prozess des Austarierens und der Balancen Muster, die weder geordnet noch ungeordnet sind. Die so entstehenden Prozesse und Regeln im Idealbild der konnektionistisch-dynamischen Organisation sind dabei generell durch eine tendenziell geringe Ausprägung von Regelungsintensität und eine mittlere bis hohe Ausprägung von Konnektivität charakterisiert. Einige Akteure bilden mit ihren Interoperationen einen festen Kern, während andere ständig wechseln. Die organisatorischen Grenzen sind damit permeabel. Insgesamt wird damit das Ziel der konnektionistisch-dynamischen Organisation, ein wettbewerbsfähiges Interoperationsmuster im Rahmen einer Markt-, Lösungs- und Personalentwicklung zu erzeugen und das sich aus wechselnden kernkompetenzorientiert differenzierten Interoperationen generiert, erreicht. Die Entwicklung der kognitiven Organisation ist somit das Ergebnis akkumulierter Interoperationen und Erfahrungen, das heißt umfangreicher interorganisationaler Lern- und Entlernprozesse. In der weiteren Entwicklung einer konnektionistisch-dynamischen Organisation lassen sich dann drei Grenzverläufe als Szenarien modellieren, die sich in Abhängigkeit von den Prozessen und Regeln ergeben. Dies sind eine Entkognitivierung, bei der man zur alten Stabilität zurückkehrt, eine weitere Kognitivierung, bei der zusätzliche Flexibilität angestrebt wird, und eine Entwicklung am Rand des Kognitiven, bei der sich Flexibilität und Stabilität ausbalancieren.

Die bisherigen Überlegungen lassen sich zu den folgenden Kernprinzipien der kognitiven Organisation (KOKs) zusammenfassen, die zugleich den Rahmen für die Organisationentwicklung bilden (Abb. 6.23):

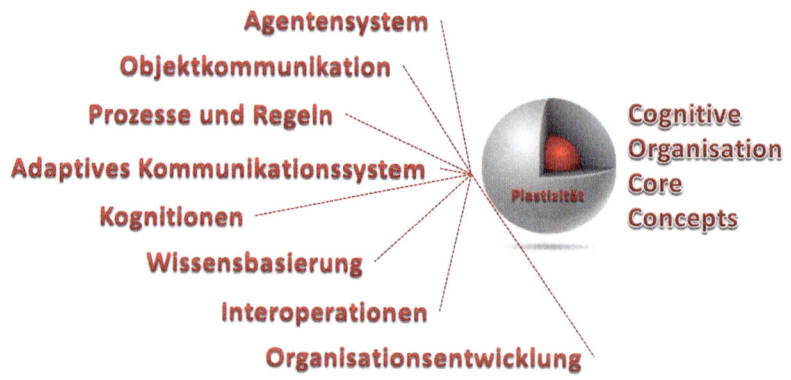

Abb. 6.23 Cognitive Organisation Core Concepts

- KOK #0 – **Kognitionen**: Organisationen sind aus Sensoren, Bedeutungen, Emotionen, Motivationen, Gedächtnissen, Vorprägungen, Lernvorgängen, Integrationsbemühungen, Intentionen, Reflektionen, Situationen und Aktoren zusammengesetzte Artefakte.
- KOK #1 – **Agentensystem**: Organisationen sind mehr oder weniger komplexe Agentensysteme.
- KOK #2 – **Objektkommunikation**: Die Objekte einer Organisation kommunizieren über unterschiedliche Wege (Medien) und mit unterschiedlichen Inhalten (Signale).
- KOK #3 – **Prozesse** und **Regeln**: Die präformulierten objekt-genetischen Kommunikationsprozesse und -regeln determinieren das Kommunikationssystem.
- KOK #4 – **Adaptives Kommunikationssystem**: Die im Lebenszyklus der Organisation auftretenden Situationen und die damit einhergenden Herausforderungen verändern das Kommunikationssystem.
- KOK #5 – **Entscheidungen**: Kognitionen verarbeiten Input im Rahmen eines kognitiven Prozesses zu Entscheidungen, Plänen und Problemlösungen und erzeugen so einen Output.
- KOK #6 – **Wissensbasierung**: Diese Kognitionen ermöglichen den Wissenserwerb- und -austausch mittels Sprache.
- KOK #7 – **Interoperationen**: Diese Wissensbasierung ermöglicht somit den Objekten der Organisation als auch der Organisation an sich das Interopiereren mit einer dynamischen Umwelt und damit das Überlebenen in dieser dynamischen Umwelt.
- KOK #8 – **Kognitive Organisationsentwicklung**: Die Kenntnisse über diese Kognitionen ermöglichen die kognitive Organisationsentwicklung im Allgemeinen und die Aufrechterhaltung der Gesundheit der Organisation bzw. die Behandlung von Pathologien durch Interventionen im Speziellen.
- KOK #9 – **Oganisationelle Plastizität**: Die überragende Stellung der kognitiven Organisation ist aufs engste mit ihrer Plastizität verbunden.

6.5.3 Organisationskognition(en)

Will man nicht vor den Herausforderungen kapitulieren oder in schweigendem Nichtstun vor einem Problem ausharren, so muss man beides analysieren und als Problemlösungen modellieren, um letztere ggf. zu realisieren. Die klassische Organisationslehre unterscheidet mehr oder weniger dauerhafte Komponenten, die zu einer Problemlösungsstruktur integriert werden müssen und stellt sowohl Eigenschaften der Komponenten als auch Relationen zwischen ihnen in ihrer Veränderung während aufeinanderfolgender Zeitpunkte in verschiedenen statischen und dynamische Modellansätzen und dort in unterschiedlichen Notationen dar. In diesem Abschnitt soll in Form eines organisationsphilosophischen Plädoyers nicht ein weiterer, sondern vielmehr ein anderer Ansatz vorgeschlagen werden, indem nicht mehr primär von dauerhaften Komponenten, sondern von solchen Organisationsobjekten ausgegangen wird, die in ihrer Ausprägung als *Organisationsobjekte* zu einem Netz von Relationen durch Verschaltungen oder Verknüpfungen orchestriert werden.

▶   Ein exemplarischer Auszug aus der Liste der möglichen Organisationskognitio-
    nen (=Organisationsobjekte + Brainware) soll die Bandbreite bzw. die Potenzi-
    alität dieses Ansatzes illustrieren: Handlungen, Zahlungen, Transaktionen,
    Mitgliedschaft, Aufträge, Transformationen, Sprechakte, Handlungsanweisun-
    gen, Mitteilungen, Memos, Mails, Dokumente, Erwartungen, Absichten, Kun-
    den, Maschinen, Ressourcen, …

Solche Organisationsobjekte entsprechen der Konzeption von „Organisationsobjekten ohne
Substanz, dafür mit kognitiven Eigenschaften", wobei die „Eigenschaften" aneinanderhän-
gen können und deshalb als Verschaltungen in Form von Relationen in Erscheinung treten.
Man kann davon sprechen, dass in dieser Konzeption die Substanz abgeschafft und quasi
von einer kognitiven Eigenschaft ersetzt wird, nämlich durch die Organisationsobjekte, die
mit anderen Organisationsobjekten verschaltet sind. Die Organisationskognition ergibt sich
somit aus der multiplikativen Verknüpfung von Organisationsobjekten im Ausmaß derer
Vernetzung. Oder anders ausgedrückt: Das organisatorische Konnektiv klassischer Organisationsobjekte in Form von Relationen ermöglicht eine Kognitivierung der Organisation an
sich (Abb. 6.24).

Nochmals mit anderen Worten: Der hier verfolgte Konnektionismus in Form von Verschaltungen einzelner Organisationsobjekte bildet den Konnex zwischen den statischen
und den dynamischen Aspekten einer Organisation.

Da gleich zu Beginn des Buches eine gewisse Verständlichkeit auch komplexer Themen zugesichert wurde, erwartet den Leser keine anspruchvolle und nur für Spezialisten
verständliche Mathematik, sondern es wird sich auf Systeme mit einer endlichen Anzahl
von Verschaltungen beschränkt (Abb. 6.25). Diese zumutbare Abstraktion ermöglicht es,
deren Vernetzung in einer sehr anschaulichen Weise durch Graphen darstellen zu können.

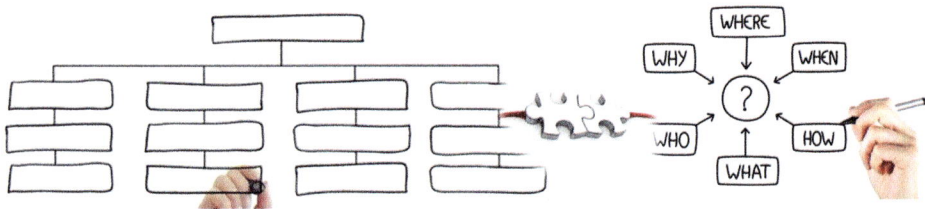

Abb. 6.24   Konnektionismus als Verbindung zwischen Aufbau- und Ablauforganisation

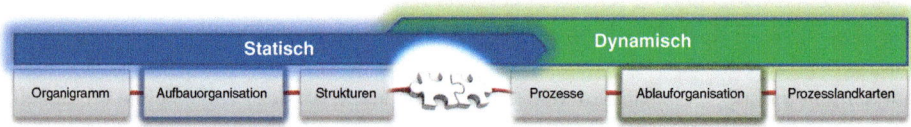

Abb. 6.25   Konnektionistische Durchdringung

Im Hinblick auf Zeit und Raum bedeutet dies diskrete Netze und damit eine begrenzte Auflösung von räumlichen und zeitlichen Abständen. Auch an dieser Stelle bedient man sich erneut der Systemtheorie, um die Darstellung der Sachverhalte wesentlich zu vereinfachen. Der nun hier verwendete Systembegriff geht davon aus, dass eine Vielzahl von Organisationsobjekten wieder ein Organisationsobjekt, nämlich das des Organisationssystems darstellen kann. Die Organisationsobjekte, die zusammen das Organisationssystem bilden, kann man in Anlehnung an andere sprachliche Notationen eventuell als dessen Komponenten bezeichnen. Zwischen den Komponenten können bestimmte Beziehungen, sogenannte *Relationen*, bestehen. Dabei sind die Eigenschaften des Systems in der Regel nicht auch Eigenschaften dieser Komponenten.

▶   Zum Beispiel ist die Eigenschaft, dass eine bestimmte Abteilung aus 100 Mitarbeitern besteht, nicht eine Eigenschaft irgendeines der Mitarbeiter.

Systeme, die von einem gewissen Zeitpunkt an nur noch aus im System erzeugten Komponenten bestehen, heißen *selbstherstellende* Systeme. Ein System heißt *selbsterhaltend*, wenn es sich auf Dauer durch den Austausch und die Erneuerung seiner Komponenten erhält.

Da die Organisationsysteme in der Weise beschreibbar sind, dass ihre Komponenten Größen sind, deren Werte sich im Laufe der Zeit ändern können, sind die folgenden behandelten Organisationsformen als dynamische Systeme aufzufassen. Größen sind dabei Entitäten, die verschiedene Werte annehmen können.

▶   Solche Größen sind beispielsweise die Geschwindigkeit, Temperatur, Entropie, Feldstärken, Umfang, Anzahl der Mitglieder, Tumorgröße, aber auch Schmerz oder Arbeitsklima.

Die meisten dieser Größen sind kontinuierlich, insofern ein Kontinuum an Werten von der Größe durchlaufen wird. Die Anwendbarkeit der folgenden Theorie wird jedoch wesentlich erhöht, weil man auch diskrete Größen in Betracht zieht und zulässt.

▶   So werden die Zustände einfacher Organisationsobjekte beispielsweise als diskrete Größen angesehen: Das Objekt ist aktiv („1", eine Information wird generiert) oder inaktiv („0", keine Information wird generiert).

Betrachtet man einen beliebigen Zeitpunkt t, so kann die Frage gestellt werden, ob ein bestimmtes Objekt zu diesem Zeitpunkt existiert oder nicht. Wenn ja, so hat die Größe „Existenz dieses Objektes" zur Zeit t den Wert „1", wenn nein, so ist der Wert „0". Bei einer derart allgemeinen Fassung des Begriffs „Größe" gibt es keine in der Zeit ablaufenden Vorgänge oder Prozesse, die nicht durch Größen und die zeitliche Veränderung ihrer Werte beschrieben werden können. Hieraus leitet sich die Allgemeinheit und multidisziplinäre Anwendbarkeit der hier in Ansätzen vorgestellten Theorie ab. Es wird, ausgehend von einem generischen Typ, Organisationsobjekte verschiedenen Typs geben, die eben unterschiedliche Aufgaben übernehmen bzw. Rollen im organisatorischen Geschehen spielen. Aufgrund ihres kognitiven Charakters haben diese Organisationsobjekte eine unterschiedliche Zahl von „Antennen", d. h. Sensoren und Aktoren, um mit anderen Organisationskognitionen in Kontakt zu treten und interoperational tätig zu werden. Darüber hinaus kann eine Organisationskognition durch eine Typenbezeichnung und zusätzliche Eigenschaften oder aber über ein sprechendes Symbol gekennzeichnet werden (Abb. 6.26).

Dabei gilt es zu beachten, dass diese Organisationsobjekte keine dauerhaften Entitäten sind. Vielmehr entstehen sie, entwickeln sich und können ihre Daseinsberechtigung und damit ihre Existenz verlieren.

Aus den Organisationsobjekten wird in dem Modell die kognitive Organisation zusammengesetzt (Abb. 6.27). Die Organisationsobjekte werden dazu verschaltet und es entstehen die Verbindungen als Ausdruck dessen, dass die Organisationsobjekte miteinander interoperieren. Kognitive Organisationen sind dann kognitive Systeme, die in der Mathematik als Graphen mit Knoten modelliert werden. Entsprechend der mathematischen Graphentheorie werden die Verbindungen als Kanten bezeichnet, die die Knoten mit einer gewissen Gewichtung verbinden (Abb. 6.28).

Die generischen Organisationsobjekte haben keine Körperlichkeit und ihnen braucht weder eine räumliche Position oder Ausdehnung noch ein Zeitpunkt oder eine Zeitdauer

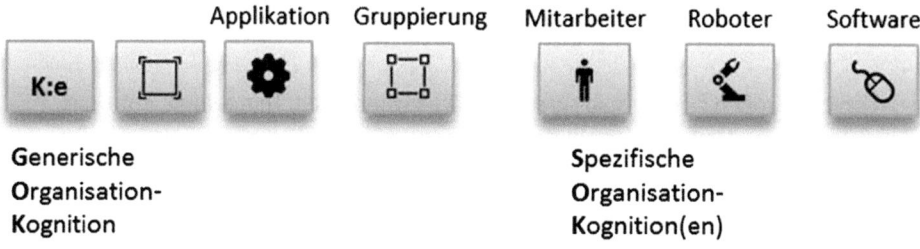

Abb. 6.26 Organisationsobjekte

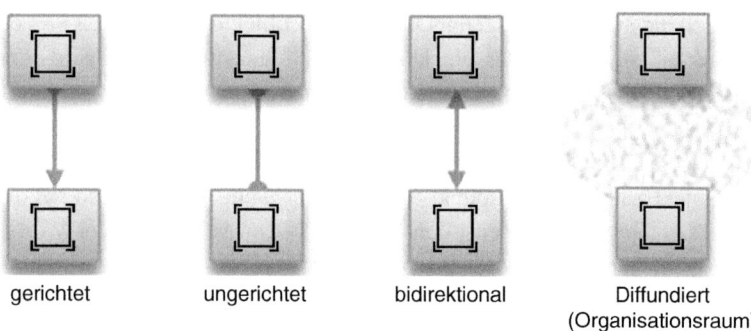

Abb. 6.27 Interoperationsrichtungen

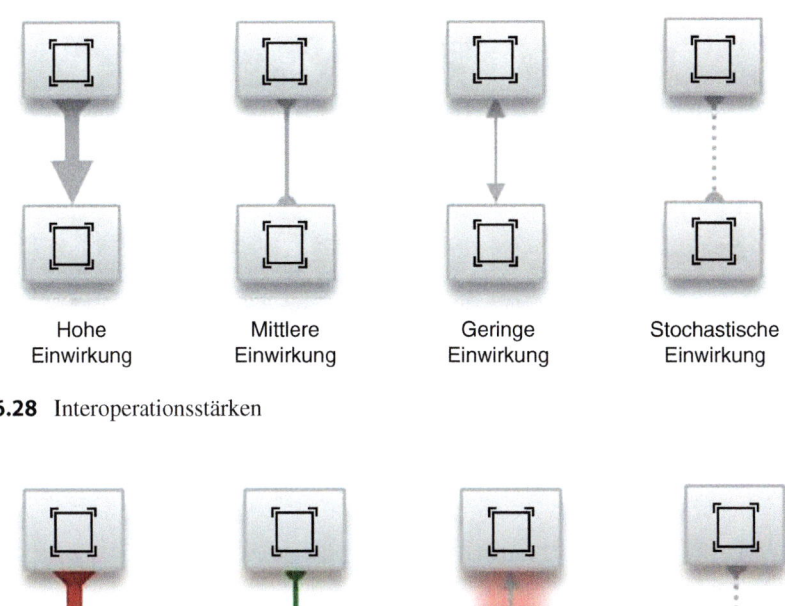

Abb. 6.28 Interoperationsstärken

Hohe Einwirkung	Mittlere Einwirkung	Geringe Einwirkung	Stochastische Einwirkung

Inhibierend	exzitatorisch	deklaratorisch	intermittierend

Abb. 6.29 Interoperationsauszeichnungen und -qualitäten

der Existenz zugedacht werden. Vielmehr beschreiben sie etwas, was schon zeitlich vor der konkreten Realisierung im Modell oder Lösungsansatz existiert, um dann eventuell zu einem späteren Zeitpunkt konkretisiert, realisiert oder aber bei der Realisierung nicht bedacht zu werden. Diese Eigenschaft der generischen Organisationskognition ermöglicht es, mit dem Lösungskonzept ohne Raum und Zeit zu beginnen und diese dann erst in einem weiteren Schritt bzw. zu einem späteren Zeitpunkt einzuführen (Abb. 6.29).

Im Regelfall wird jedoch die Zeit von Anfang an als Parameter des Lösungsmodells berücksichtigt werden müssen, da kognitive Organisationen als evolutive und prozesshafte Systeme aufgefasst werden. Man kann für evolutive Systeme eine Darstellung wählen, in welcher die Zeit durch einen Zeitpfeil oder eine Zeitachse neben dem Graphen dargestellt wird. Dabei läuft die Zeit in diskreten Zeitschritten der Länge $t_1 \ldots -t_n$ ab.

▶ In der Theorie dynamischer Systeme bezeichnet man die zeitliche Entwicklung eines Systems als seine Evolution. Evolutive Systeme sind also solche, die sich zeitlich entwickeln, was heißt, dass sie mit einer Zeitvariablen parametrisierbar sein müssen.

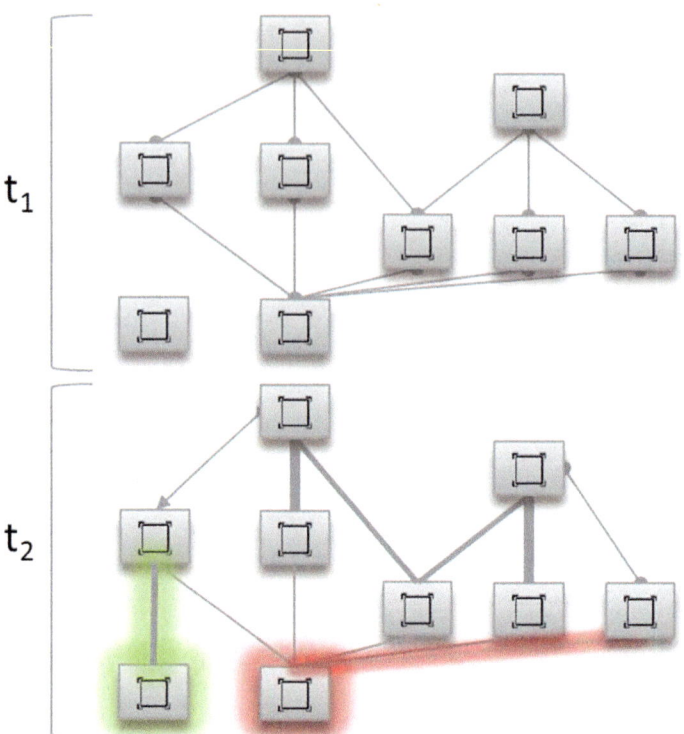

Abb. 6.30 Organisationsobjekte im Zeitverlauf

Alle Organisationsobjekte innerhalb einer Zeitklammer gehören zur gleichen Zeit. Organisationsobjekte, die keine Verbindungen zu früheren oder späteren Organisationsobjekten haben, werden als virtuelle Organisationsobjekte bezeichnet (Abb. 6.30). Alle anderen
Organisationsobjekte, die also stets mit anderen Organisationsobjekten verschaltet sind,
sind interoperativ aktiv. Alle Organisationsobjekte zu gleicher Zeit und mit ihren gegenseitigen „Antennen" bezeichnen die momentane *Struktur* der kognitiven Organisation.
Insofern besteht die Struktur des Organisationssystems zu einem festen Zeitpunkt t aus
allen Organisationsobjekten, die zu diesem Zeitpunkt vorhanden sind, zusammen mit all
den Organisationsobjekten zu diesem gleichen Zeitpunkt, welche die Organisationsobjekte unmittelbar verknüpfen. Dies gilt dann auch für Organisationssysteme, deren Organisationsobjekte ebenso dauerhaft sind wie das ganze Organisationssystem. Sind dazu noch
die unmittelbaren Zusammenhänge zwischen den Organisationsobjekten zu allen Zeiten
gleich, so hat das Organisationssystem eine zeitunabhängige Struktur. Die Netzwerke der
Organisationen sind in der Regel jedoch keine solchen zeitunabhängigen Strukturen, da
sie (hoffentlich) Entwicklungsvorgängen ausgesetzt sind. Dabei unterliegt das gesamte
evolutive kognitive Organisationssystem einem Entwicklungs- als Lernprozess und dementsprechend sind Teilsysteme, die zu mehreren Zeitpunkten gehören, als dynamische
Teilsysteme aufzufassen. In diesem Sinne lassen sich alle physikalischen und abstrakten

Organisationsobjekte, die an den Interoperationen beteiligt sind und somit zur Kognitivität der Organisation beitragen, in einem solch dynamischen Modell erfassen.

▶   Dieser Lernprozess der Organisation erinnert an die Genetische Erkenntnistheorie, die beschreibt, wie das Kind im Kontakt mit seiner Umwelt nach und nach seine kognitiven Strukturen denen der Wirklichkeit anpasst (Akkomodation) und umgekehrt die Umwelt, z. B. die Eltern ihre Strukturen an diejenigen des Subjekts anpassen (Assimilation). Beide Vorgänge erzeugen ein Gleichgewicht (Äquilibration), das jeweils eine Stufe der Entwicklung markiert. In diesem Sinne kann man davon sprechen, dass auch die kognitive Organisation Erfahrungen machen und über diese lernen bzw. sich weiter entwickeln kann.

Wenngleich der evolutive Charakter der Organisationen gleich an mehreren Stellen dieses Buches strapaziert wird, so bedeutet dies nicht, dass einzelne Organisationsobjekte wahllos verschaltet werden. Vielmehr sind hierbei Geschäftsregeln (Business Rules) in der Auffassung von Gesetzen zu beachten. Solche Geschäftsregeln haben im Rahmen der kognitiven Organisationsentwicklung stets hypothetischen Charakter in dem Sinne, dass sie solange gelten bzw. aufrechterhalten werden, als nicht eine empirische Tatsache auftritt, der die Änderung der Geschäftsregel empfiehlt.

▶   Wenn von Geschäftsregeln in der Ausprägung von Gesetzen an dieser Stelle gesprochen wird, dann darf diese Charakterisierung nicht den Eindruck von unerschütterlichen, universell bzw. immer und ewig gültigen, fundamentalen Gesetzen der Organisation erwecken. Im Gegenteil geht die kognitive Organisationsentwicklung davon aus, dass der Status von Geschäftsregeln prinzipiell hypothetisch ist und ihnen daher keinerlei Notwendigkeit innewohnen. Darüber hinaus hat jede Geschäftsregel – auch wenn sie eine Zeit lang als Gesetz fungiert – nur einen begrenzten Gültigkeitsanspruch, möglicherweise begrenzt in Raum und Zeit.

Geschäftsregeln dienen der Erklärung durch Modellierung und dem Aufbau durch Realisierung von Prozessen und deren Organisationsobjekten. Dabei ist Erklärung zunächst nichts anderes als die Unterordnung eines speziellen Organisationssystems unter eine Prozessoder Geschäftsregel, die besagt, was erlaubt bzw. zu tun ist und was nicht. Hierbei existieren Geschäftsregeln, die das Nebeneinander gleichzeitiger Organisationsobjekte regeln. Daneben gibt es Geschäftsregeln für das zeitliche Nacheinander und diese bezeichnet man demnach als dynamische Geschäftsregeln oder kurz als die Dynamik der Organisation.

▶   Im Gegensatz zur Kunst besteht die Herausforderung der Organisationsentwicklung vor allem darin, nicht das Einzigartige, sondern das Allgemeine (atomare Funktionen und Geschäftsregeln) zu suchen und zu modellieren, und zwar sowohl in der Hinsicht, dass es für viele Einzelfälle zutrifft, als auch mit dem Ziel, dass dieses Modell einen breiten Konsens und damit Akzeptanz findet.

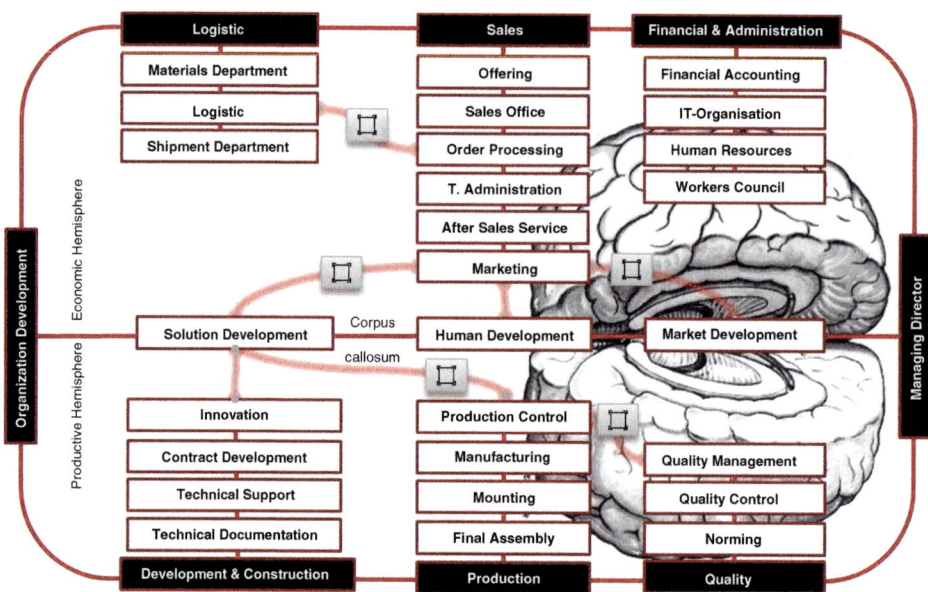

Abb. 6.31 Beispiel einer Vernetzung durch Organisationsentwicklung

Den Fundus der Modellierung, deren Beschreibung zusammen mit dem darin eingebetteten Prozess- und Geschäftsregeln wird im Rahmen der kognitiven Organisationsentwicklung als deren *Theorie* bezeichnet.

Entsprechende Prozessregeln in Form von Geschäftsregeln werden demnach von der Organisationsentwicklung benötigt, um die Orchestrierung der Organisationsobjekte im Rahmen von Prozessen zu kognitiven Organisationen gewährleisten zu können (Abb. 6.31). Darüber hinaus kann die Hoffnung entwickelt werden, dass diese Modellierung die Rolle eines vereinheitlichen Mediums zwischen den unterschiedlichen Organisationstheorien und deren teils unterschiedlichen bzw. noch getrennten Theorien spielen. In diesem Sinne kann man unter der *Organisation* eines einzelnen Organisationssystems die Gesamtheit der Geschäftsregeln verstehen, die bei der Orchestierung aus Organisationsobjekten eine Rolle spielen.

6.5.4   Kognitive Lösungen und Organisationsstrukturen

Ausgangspunkt dieses Kapitels und sozusagen die Motivation zur prozessualen und funktionalen Ausgestaltungen von kognitiven Organisationsstrukturen ist die Wahrnehmung, dass die aktuell zunehmende Vernetzung von Produkten, Maschinen und Dienstleistungen die Organisationen und deren Umwelten verändern wird.

Abb. 6.32 Formel von „klassischen" Smart Solutions

▷   So steuern beispielsweise an das Internet angeschlossene Sensoren von Ther-
     mostaten die Wärmeverteilung im Haus und übertragen Nutzungsdaten an
     die Hersteller. Miteinander vernetzte Industriemaschinen koordinieren und
     optimieren sich selbst und die dazugehördenen Arbeitsabläufe. Autos mel-
     den ihren Herstellern allerhand Daten über den laufenden Betrieb, ihren aktu-
     ellen Aufenthaltsort und im Notfall Vitalfunktionen ihrer Fahrer. Update von
     Software- und Hardwareprodukten spielen sich automatisch ein und warnen
     vor drohenden Problemen. Der Entwicklungsprozess eines Produkts endet
     heute nicht mehr mit der Markteinführung, sondern geht nahtlos in einen
     permanten Daten- und Informationsaustausch zwischen dem Anwender und
     Entwickler über.

Die Kernbereiche der Organisationen wie Produktentwicklung, IT, Fertigung, Logistik,
Marketing, Vertrieb und Aftersales werden sich neu aufstellen, neu definieren und durch
engere Koordination neu verbinden müssen. Daneben entstehen völlig neue Funktionen,
Zuständigkeiten und Verantwortlichkeiten, unter anderem um die enormen Datenmengen
unter Beachtung steigender Sicherheitsaspekte zu verarbeiten. All das wirkt sich erheblich
auf die klassische Organisationsstruktur aus (Abb. 6.32).
     Alle diese sogenannten *smarten Produkte*, von Haushaltsgeräten bis zu Industriema-
schinen umfassen dabei drei basale Elemente:

- **Physische Komponenten**: wie mechanische und elektronische Bauteile
- **Intelligente Komponenten**: Sensoren, Mikroprozessoren, Datenspeicher, Steuerungs-
  elemente, Software, ein integriertes Betriebssystem und eine digitale Bedienoberfläche
- **Vernetzungskomponenten**: Schnittstellen, Antennen, Protokolle, Netzwerke

Dabei ermöglichen die immer leistungsfähigeren Netzwerke die Kommunikation zwischen
Produkt und Cloud, dem externen Betriebssystem des Produkts.
     Die neuartigen Produkte erfordern eine völlig neue, mehrstufige Technologieinfra-
struktur. Dieser sogenannte *Technology Stack* ermöglicht den Datenaustausch zwischen
Produkt und Nutzer und integriert Daten von Organisationssystemen, externen Quellen
sowie anderen verwandten Produkten. Er fungiert außerdem als Plattform für die Speicherung und Analyse von Daten, hostet Anwendungen und gewährleistet den Zugang
zu Produkten und den Daten, die sie aussenden und empfangen. Diese Infrastruktur
ermöglicht außergewöhnliche neue Produktmerkmale, die sich in vier Gruppen gliedern lassen.

- **Monitoring**: Die Produkte überwachen sich selbst und ihr Umfeld und liefern so Erkenntnisse über ihre Leistung und Anwendung.
- **Remote Control**: Die Anwender können komplexe Produktaufgaben aus der Ferne steuern, wozu ihnen hierzu gleich verschiedene Wege zur Verfügung stehen. Sie können daher in bisher nicht genanntem Ausmaß die Funktionen, die Leistung und die Bedienoberfläche von Produkten individuellen Anforderungen anpassen und die Geräte in gefährlichen oder schwer zugänglichen Bereichen einsetzen.
- **Predictive Maintenance**: Die Kombination aus Überwachung und Fernsteuerung ermöglicht neue Formen der Optimierung. Mit Algorithmen auf Basis naturanaloger Verfahren lassen sich Leistung, Auslastung, Verfügbarkeit und das Zusammenspiel von Produkten in vernetzten Systemen wie Wohnungen (Smart Homes) oder Betrieben (Smart Factories), Städte (Smart Cities) etc. optimieren.
- **Intelligence Automation**: Das Zusammenspiel aus Datenkontrolle, Fernsteuerung und Optimierung ermöglicht eine intelligente Automatisierung. So können Produkte lernen, sich ihrem Umfeld und den Präferenzen der Nutzer anzupassen, sich selbst zu warten und auch selbstständig zu arbeiten.

Bis ein Produkt oder eine Dienstleistung beim Kunden zur Anwendung kommt oder genutzt werden kann, sind üblicherweise eine mehr oder weniger wohldefinierte Anzahl von Tätigkeiten abzuarbeiten, die sich in der Regel in den typischen Organisationsfunktionen spiegeln: Foschung und Entwicklung (oder Engineering), IT, Fertigung, Logistik, Marketing, Vertrieb, Aftersales-Service, Personalwesen, Beschaffung und Finanzen. Die oben beschriebenen neuen Fähigkeiten smarter Produkte und Dienstleistungen werden jede einzelne dieser Tätigkeiten und damit diese Wertschöpfungskette verändern. Treiber dieses Veränderungsprozesses ist der Bedeutungszuwachs von Daten, Information und Wissen. So entwickeln sich die Produkt- und Dienstleistung zu Daten-, Informations- und Wissensproduzenten. Früher entstanden diese Konzepte in erster Linie durch interne Abläufe und durch Transaktionen entlang der Wertschöpfungskette. Die dabei gesammelten Daten, Informationen und das Wissen ergänzten die Organisationen um Daten, die sie aus Umfragen, Marktforschungen und anderen externen Quellen gewannen. Das lieferte Erkenntnisse über Kunden, Nachfrage und Kosten, aber kaum über die Funktionsweise von Produkten. Jetzt werden diese traditionellen Quellen zunächst um die Produkte und Dienstleistungen zunächst ergänzt, um am Ende von diesen neuen Ressourcen abgelöst zu werden. Intelligente, vernetzte Geräte werden permanent Informationen bereitstellen, die es in dieser Vielfalt und in diesem Umfang bisher nicht gab. Daten, Informationen und Wissen entwickeln sich sogar zum entscheidenden Faktor.

▶   Der Nutzen dieser Daten, Informationen und das Wissen von den neuen Produkten und Dienstleistungen lässt sich exponentiell steigern, wenn diese Konzepte mit anderen Konzepten kombiniert werden, zum Beispiel mit der Wartungshistorie, Lagerstandorten, Rohstoffpreisen und Bewegungsmustern. In der Landwirtschaft lassen sich Daten aus Feuchtigkeitssensoren mit Wettervorhersagen kombinieren, um die Bewässerungsanlagen zu optimieren und den Wasserverbrauch zu senken. Wenn Flottenmanager wissen, wann die Autos und Lastwagen ihres Fuhrparks eine Inspektion benötigen und wo sie sich gerade befinden, können sie gezielt Wartungstermine planen, Ersatzteile bestellen und die Effizienz von Reparaturen steigern. Daten zum Garantiestatus werden noch wertvoller, wenn sie mit Informationen zum Einsatz und zur Leistung eines Produkts verknüpft werden. Wenn ein Hersteller weiß, dass ein Kunde sein Gerät so intensiv nutzt, dass es vermutlich noch innerhalb der Garantiefrist kaputtgehen wird, kann er teuren Reparaturen durch zusätzliche Wartungstermine vorbeugen.

Die Fähigkeit, das volle Potenzial von Daten auszuschöpfen, entwickelt sich immer mehr zu einem wesentlichen Wettbewerbsfaktor. Organisationen können nützliche Erkenntnisse gewinnen, wenn sie nicht nur – wie bisher – einzelne Messwerte verarbeiten, sondern in den Zeitreihen dieser Messwertpakete bestimmte Muster erkennen. Solche Erkenntnisse zu entwickeln, ist die Aufgabe von *Cognitive Data Analytics*, wo Ansätze aus Mathematik, Informatik, Business Analysis und des Cognitive Computings zusammenführt werden.

▶ Bei einem Auto offenbaren separat erfasste Daten, wie zum Beispiel die Motortemperatur, die Stellung der Drosselklappen und der Kraftstoffverbrauch wie die Leistung mit den technischen Spezifikationen korreliert. Auch wenn Probleme auftreten, kann es helfen, mehrere Messwerte zu kombinieren. Und selbst wenn es schwierig ist, die Ursache des Problems zu klären, helfen Datenmuster dabei, richtig zu handeln. Daten aus Hitze- und Vibrationssensoren können schon Tage oder Wochen im Voraus signalisieren, dass im Motor ein Lagerschaden droht.

Diese wertvollen Erkenntnisse sowie die neuen Konfigurationen und Fähigkeiten vernetzter Produkte verändern die traditionellen Organisationsfunktionen grundlegend. Begonnen hat diese Transformation in der Produktentwicklung, inzwischen erstreckt sie sich auf die gesamte Wertkette. Die Grenzen zwischen den Funktionen verschieben sich, neue entstehen (Abb. 6.33).

Vernetzte Produkte stellen auch neue Anforderungen und Herausforderungen an die Konzeption und die Entwicklung, die nur im Rahmen eines interdisziplinären Ansatzes zu erfüllen bzw. bewältigen sein werden.

▶ Viele der zukünftigen Produkte gestalten sich als komplexe Systeme mit einem hohen Softwareeigenanteil und noch einmal genauso vielen Anteilen an Software in der Cloud. Deshalb werden sich die Entwicklungsteams anders als früher aus Hard- und Softwareingenieuren zusammensetzen.

Dies hat Auswirkungen auf die *Produktentwicklung*, indem sich die *Entwicklungsprinzipien* von den bisher gewohnten Grundsätzen unterscheiden werden:

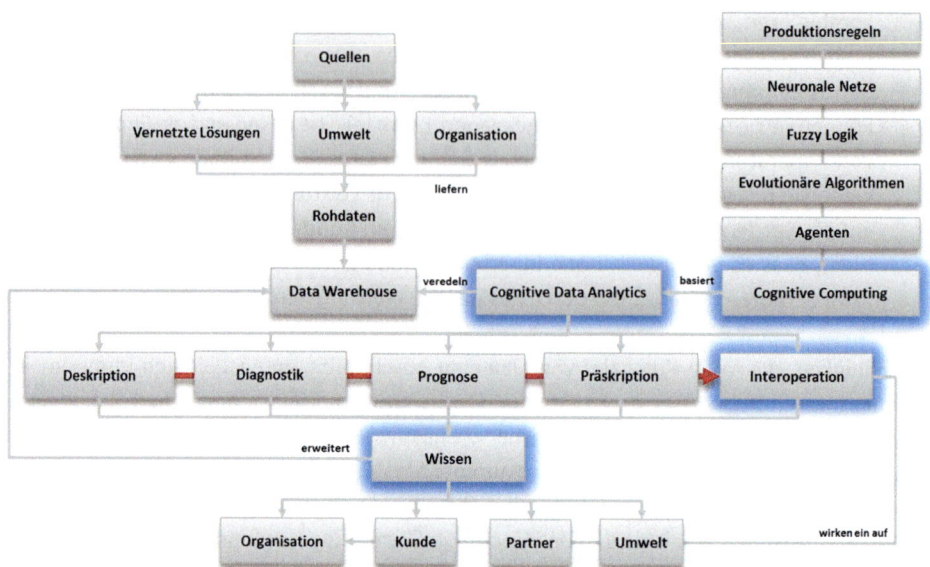

Abb. 6.33 Cognitive Analytics

- **Variabilität trotz kleinem Preis**: Bei konventionellen Produkten sind Variationen teuer, denn sie erfordern unterschiedliche physische Bauteile. Dank der zentralen Rolle der Software bei smarten Produkten lässt sich Vielfalt deutlich billiger erreichen. Die Variabilitätsansprüche der Kunden mit flexibler Software statt mit statischer Hardware zu erfüllen, avanciert zu einem zentralen Prinzip der Produktentwicklung.
- **Internationalisierung statt Regionalisierung**: Produkte müssen nicht nur über Kundensegmente oder einzelne Regionen hinweg, sondern auch international variabel sein. Auch hier liegt die Lösung in einer entsprechenden Software, die die Produkte einfach an unterschiedliche Länder und Sprachen anpassen lassen.
- **Kontinuierliche Entwicklung statt Versionsgenerationen**: Was heute noch in einzelnen Generation nachgebessert wird, um dann bis zur nächsten Generation als zementiert zu gelten, wird einer kontinulierlichen Verbesserung weichen müssen. Die Produkte lassen sich mithilfe ihrer Software kontinuierlich weiterentwickeln, per Fernwartung überwachen und über Fern-Uploads auf den neuesten Stand bringen.
- **Digitale GUIs statt gerätebezogene Masken**: Die digitale Benutzeroberfläche intelligenter, vernetzter Produkte lassen sich auf einem Tablet-Computer oder einem Smartphone applizieren. Damit lassen sie sich von jedem Ort aus anwenden und die Schalter oder Anzeigen am Produkt selbst können gespart werden. Digitale Nutzeroberflächen sind billiger und leichter anpassbar als Knöpfe, Anzeigen und Schalter, und sie ermöglichen dem Nutzer mehr Möglichkeiten, mehr Look and Feel und ein hoßes Maß an Mobilität.
- **Erweiterte Wirklichkeit statt Tunnelblick**: Zukünftige Produkte verfügen mit der sogenannten erweiterten Wirklichkeit (Augmented Reality) über eine Technologie,

die es dem Anwender ermöglicht, über sein Smartphone oder Tablet-Computer interaktiv mit dem Produkt umzugehen. So kann er sein Produkt in Aktion setzen oder er
sieht sich das Produkt mit einer besonderen Brille an und erhält nützliche Zusatzinformationen, etwa Überwachungs-, Betriebs- und Kundendienstdaten, die Wartungen
und Reparaturen erleichtern. Zusätzlich wird dieses Angebot durch Apps, die Informationen aus der Cloud holen und über einem digitalen Bild des Produkts einblenden,
erweitert. Solche, die Wirklichkeitswahrnehmung erweiternden Benutzeroberflächen,
werden ein weiteres Prinzip der Produktentwicklung darstellen.

- **Kontinuierliches statt singuläres Qualitätsmanagement**: Bereits in der frühen Phase
  der Produktentwicklung wird bereits unter den Bedingungen getestet, unter denen die
  Kunden ein Produkt später nutzen. Damit lassen sich die teuren Garantiefälle minimieren
  und sicherstellen, dass ein neues Produkt den Wünschen oder den Vorgaben entspricht.
  Vernetzte Produkte im Qualitätsmanagement ermöglichen zusätzlich eine kontinuierliche
  Überwachung der Leistungsdaten im tatsächlichen Einsatz. So lassen sich zu einem frühen Zeitpunkt Konstruktionsprobleme ermitteln und beheben, die in den Tests nicht auftreten werden.
- **Vernetzter statt stationärer Kundendienst**: Das Produkt selbst wird intrinsich über
  zusätzliche Instrumente, Möglichkeiten der Datenerfassung und Diagnosefunktionen
  verfügen, die den Zustand und die Leistung eines Produkts permanent überwachen und
  drohende Ausfälle im Voraus prognostizieren. Diese Funktionalität wird es dem Kundendienst ermöglichen, prophylaktisch zu arbeiten, die Diagnose und die Wartung als
  Onlinedienste anzubieten.
- **Dienstleister statt Produktlieferant**: Mithilfe vernetzter Produkte können sich Hersteller vom reinen Produktverkäufer zum Dienstleister entwickeln. Sie vertreiben dann
  nicht mehr das eigentliche Produkt, sondern bieten nur dessen Funktionen als Dienstleistung an. Eine Umstellung auf ein solches Geschäftsmodell wird sich auch auf die
  Entwicklung des Produktes auswirken. Solche Produkte, die als Dienstleistung angeboten werden, müssen Benutzerdaten erfassen, damit die Nutzung mit dem Kunden exakt
  abgerechnet werden kann. Es ist wichtig, bereits bei der Konzeption des Produkts zu
  überlegen, welche Sensoren an welcher Stelle welche Daten erfassen und wie oft die
  Organisation die Informationen hierzu auswerten muss.
- **Das Ganze statt nur die Teile**: Durch die Verknüpfung mit anderen Produkten wird
  das eigene Produkt Teil eines größeren Systems. Damit multiplizieren sich auch die
  Möglichkeiten, die Konstruktion zu optimieren. Gemeinsam können die Organisationen in Form von Entwicklungpartnerschaften Hardware und Software über ganze Pro-
  duktkategorien hinweg gleichzeitig entwickeln und gemeinsam verbessern.

Die obige, sicherlich nicht vollständige Aufzählung, lässt bereits erahnen, inwieweit auch
die *Produktion* bzw. die *Fertigung* mit neuen Anforderungen konfrontiert, aber dadurch
auch mit Chancen beschert wird.

- **Voll- statt halbautomatisiert**: Die Fähigkeiten vernetzter Maschinen verändern auch die Abläufe in den Fabriken, in denen Anlagen zunehmend zu ganzheitlichen Systemen verknüpft werden. Das wird dazu führen, dass die vernetzten Maschinen untereinander voll automatisiert sind und selbstständig die Produktion optimieren. Bei Fehler- oder Anomalieerkennung werden andere Maschinen abgeschaltet, bevor diese beschädigt werden oder ganz ausfallen. Die zentralen Herausforderungen dieser neuartigen Produktionsweise sind neben der zunehmenden Automatisierung bei gleichzeitiger Individualisierung der Prozesse auch die Beherrschung großer Datenmengen und das hoch entwickelte Monitoring, mit dem sich die Organisationen und ganze Wertschöpfungsnetzwerke dann steuern lassen.
- **Produktgesteuert statt PPS-gehemmt**: Es wird konsequent ausgenutzt, dass während der Produktentstehung wichtige Produktdaten generiert werden. Durch Ausstattung der Produkte mit Speichermöglichkeiten entsteht ein übergreifendes Produktgedächtnis, das zur Ausgestaltung des Product Lifecycle Managements (PLM) herangezogen werden kann. Dieses Produktgedächtnis ermöglicht so den Informationsaustausch über den gesamten Lebenszyklus des Produkts. Das Produkt ist somit in der Lage, seine Herstellung selbst durch eine entsprechende Maschine-zu-Maschine-Kommunikation (M2M) zu steuern. Das Internet der Dinge und der Dienste ermöglicht dabei neben dieser innovativen dezentral gesteuerten Produktion auch die Produktion kleiner Losgrößen und eine sehr hohe Anzahl von Produktvarianten. Es entstehen auf diese Weise Cyber-Physische Systeme in Form zunächst verteilter, dann verteilt-intelligenter und letztlich kognitiven Objekte, die miteinander über Internettechnologien vernetzt sind und interoperieren.
- **Einfach statt komplex**: Die Konstruktion von Produkten lässt sich vereinfachen, je mehr Funktionen eines Produkts durch Software ersetzt werden. Das ermöglicht es, physikalische Komponenten und deren Produktion bzw. Montage einzusparen. Dabei gilt es zu bedenken, dass, je niedriger die physikalische Komplexität ist, desto höher in der Regel der Anteil an Sensoren und Software zu bemessen ist.
- **Später statt früher**: Die heutigen Montageprozesse basieren oftmals auf klassischen Fertigungsplattformen. Bei vernetzten Produkten erfolgt deren Individualisierung immer später im Montageprozess. Das fördert Skaleneffekte, erhöht die Flexibilität und senkt die Lagerhaltungskosten. So lassen sich die Produkte per Software über die Cloud auch dann noch konfigurieren, selbst wenn das Produkt die Fabrik längst verlassen hat.
- **Permanent statt abgeschlossen**: Wenn bisher die Fertigung als ein abgeschlossener Prozess gestaltet wurde, der mit der Auslieferung des Produkts endete, entpuppt sich die Fertigung durch den Technologietransfer (Softwareupdates aus der Cloud, etc.) nun zu einem dauerhaften Prozess, der den gesamten Lebenszyklus des Produkts umfasst.

Auch der Bereich der *Logistik* wird von den vernetzten Produkten beeinflusst. Das Management großer, weit verstreuter Flotten wird wesentlich dadurch erleichtert, dass die Zentrale für jedes einzelne Fahrzeug Standort, Funktionstüchtigkeit sowie die örtlichen Verkehrs- und Wetterbedingungen überwachen und dem Fahrer einen optimierten Lieferfahrplan zukommen lassen kann. Bereits zur Drucklegung dieses Buches experimentieren einige Lieferanten mit automatisierten Drohnen.

Durch die Vernetzung der Produkte ergeben sich für das *Marketing* bzw. den *Vertrieb* ungeahnte Möglichkeiten der Segmentierung und Individualisierung. Mit den so gewonnenen Daten läst sich erkennen, wie die Kunden ein Produkt verwenden und welche Funktionen sie besonders schätzen oder überhaupt nicht nutzen. Desweiteren lassen sich Erwartungs- und Nutzungsmuster analysieren und auf dieser Grundlage die Kunden segmentieren – nach Branche, Region, Organisationseinheit oder auch nach spezifischeren Attributen. Dieses tief greifende Wissen bietet die Grundlage für maßgeschneiderte Angebote oder Aftersales-Aktionen, spezielle Funktionen für einzelne Segmente und auch für eine besser abgestimmte Preispolitik, die sich stärker am Wert eines Produkts für ein bestimmtes Kundensegment oder sogar für einen einzelnen Kunden orientiert. Das vernetzte Produkt wird zu einem Medium, mit dem ein Zusatznutzen generiert werden kann, das stets in Kontakt zum Kunden steht und so die Basis für einen direkten und kontinuierlichen Dialog sicherstellt. Die Organisationen verfügen durch ihr Produkt über die Möglichkeit, die Bedürfnisse und die Zufriedenheit der Kunden direkt zu beobachten, statt sich auf Marktforschungen und Kundenbefragungen zu verlassen. Letzteres ermöglicht auch die Entwicklung neuer und erweiterter Geschäftsmodelle. So müssen die Produkte im Zusammenspiel mit anderen Geräten funktionieren, und die Organisationen müssen sich dadurch eventuell neu aufstellen. Es gilt zu entscheiden, ob man Einzelartikel, Produktfamilien, eine übergeordnete Plattform oder das gesamte Portfolio anbieten will. Der Vertrieb und das Marketing müssen über mehr Wissen verfügen, um ihre Produkte als Teile von größeren, vernetzten Systemen positionieren zu können. Um Produktlücken zu schließen oder Geräte an führende Plattformen anzubinden, werden oft Entwicklungspartnerschaften nötig sein. Die Vertriebsmitarbeiter müssen auch im Verkauf an solche Partner geschult werden, und die Anreizstrukturen müssen attraktive Beteiligungsmodelle vorsehen.

▶   Für die Produzenten langlebiger Güter wie Industriemaschinen birgt somit der Aftersales-Service ein nicht zu unterschätzendes Umsatz- und Gewinnpotenzial. Dieses Potenzial ist unter anderem deshalb so groß, weil das traditionelle Kundendienstgeschäft bisher eher nicht monetär voll ausgeschöpft, sondern vielmehr die Dienstleistung verschenkt wurde. Oder aber das Geschäft wurde ineffizient abgewickelt, indem beim ersten Besuch der Techniker das Problem identifiziert, dann die benötigten Ersatzteile suchen muss, um dann erst beim zweiten Besuch die eigentliche Reparatur durchführen zu können. Mit vernetzten Produkten können Organisationen von einem reaktiven auf einen vorbeugenden, aktiven und vernetzten Kundendienst wechseln.

Durch die Vernetzung der Produkte und deren Möglichkeiten der Selbstauskunft wird eine Wartung oder Reparatur aus der Ferne (Remote-Wartung) möglich. Auch hier kommt noch einmal die Cognitive Analytics ins Spiel, wenn es darum geht, mithilfe von kognitiven Analysetechniken, die Vorhersagen ermöglichen, den sogenannten *Cognitive Predictive Analytics*, den Problemen zuvorzukommen und vorbeugend zu handeln. In diesem Zusammenhang gilt es auf die Möglichkeiten hinzuweisen, die durch die enormen Datenmengen, die die vernetzten Produkte zur Verfügung stellen, dem Kundendient eröffnen. Dabei lassen sich Systeme mit erweiterter Realität einsetzen, Zusatzinformationen je nach Kontext bzw. Wartungsbedarf anzeigen oder den Mitarbeitern bzw. Kunden eine Reparaturanleitung multimedial zur Verfügung stellen. Der Kundendienst avanciert somit zu einer wichtigen Innovationsquelle, indem er die Daten sowie Vernetzungs- und Analysemöglichkeiten dazu nutzt, um mit neuen Leistungen wie Garantieverlängerungen und Anlagen-, Flotten- oder Branchen-Benchmarking Umsatz und Gewinn zu generieren.

Auch für Bereiche rund um die *Informations- und Kommunikationstechnologie* kommen neue Herausforderungen zu. Zeichnete sich bisher für die Sicherheit der Rechenzentren sowie der Systeme, Computer und Netzwerke einer Organisation die IT-Abteilung verantwortlich, erweitert sich diese Verantwortlichkeit auf alle Organisationsfunktionen. Letzteres ist dadurch bedingt, dass jedes vernetzte Gerät potenziell für Angriffe nahezu wie erschaffen zu sein scheint. Vernetzte smarte Produkte durchziehen die gesamte Organisation und sind nur sehr schwer zu schützen. Da die Chips in den Geräten selbst oft nur eine begrenzte Rechenleistung haben, unterstützen sie keine moderne Sicherheitstechnik wie bei Hardware und Software. Dennoch eignen sie sich hervorragend als Einfallstor oder als Basis für Cyberangriffe.

▶   Hacker können die Kontrolle über eine Maschine übernehmen oder sensible Daten abrufen, die zwischen der Maschine, dem Hersteller und dem Kunden ausgetauscht werden.

Die Erwartungshaltung von Kunden ist es, dass ihre Daten und die Produkte sicher sind. Deshalb entwickelt sich die Fähigkeit, diese Sicherheit zu gewährleisten, nicht nur zu einem zentralen Werttreiber oder zu einem potenziellen Alleinstellungsmerkmal, sondern stellt ein KO-Kritierium für die Akzeptanz vernetzter Produkte dar. So müssen bereits beim Produktdesign Sicherheitsbelange berücksichtigt werden. Die Risikomodelle müssen alle potenziellen Zugriffspunkte abdecken, vom Gerät selbst über das Netzwerk bis hin zur Produkt-Cloud. Es bedarf also der Entwicklung neuer Sicherheitsrichtlinien und der Etablierung vorbeugender Maßnahmen.

Dies alles impliziert auch neue Herausforderungen für die *Personal-* und *Kulturentwicklung*, indem neue Fähigkeiten auf allen Stufen der Wertschöpfungskette erwartet sowie neue Arbeitsweisen und eine veränderte Organisationskultur vorausgesetzt werden müssen. Immer mehr werden anstelle von klassischen Ingenieuren, Ingenieure mit Softwarekenntnissen gefragt sein. Wenn man früher Produkte entwickelte und über den Markt vertrieb, vertreibt man in Zukunft Dienstleistungen. Setzte man früher mit seinem Kundendienst Maschinen in Stand, optimiert man in Zukunft deren 24*7 Verfügbarkeit. Immer werden hierfür neben Spezialisten auch Generalisten benötigt: Anwendungsentwickler, Experten für die Entwicklung von multimedialen Benutzeroberflächen und für die Systemintegration. Daneben werden Daten-, Informations- und Wissenwisssenschaftler benötigt, die Analysen auf Basis dieser drei Konzepte entwickeln und durchführen können. Nur so lassen sich aus der Flut an Daten nützliche Informationen und wertvolles Wissen generieren, um daraus Interoperationen abzuleiten. Der klassische Data Analyst früherer Tage entwickelt sich zu einem Spezialisten, der sowohl technisches als auch organisatorisches Wissen mitbringt und seine Erkenntnisse aus Datenanalysen den Führungskräften und Entscheidern entsprechend aufbereitet und präsentiert. Um solche Mitarbeiter akquirieren zu können, bedarf es sicherlich neuer Personalbeschaffungsmodelle:

▶ Wie beispielsweise Praktikumsprogramme mit den örtlichen Universitäten bzw. Fachhochschulen, und Partnerprogramme mit führenden Technologiekonzernen, von denen Mitarbeiter zeitlich und projektbezognen ausgeliehen werden können.

Um diese neuen Positionen attraktiv anbieten zu können, werden auch neue Vergütungsmodelle benötigt. Bei der Rekrutierung und Motivation von Mitarbeitern werden die Organisationen ebenfalls neue Ansätze verfolgen müssen.

▶ So lassen sich Anreize schaffen mit flexiblen Arbeitsbedingungen, Concierge-Betreuung, Sabbaticals und Zeit für die Familie bzw. eigene Projekte.

Die Entwicklung und Fertigung vernetzter Produkte erfordert ein erheblich höheres Maß an funktions- und fachübergreifender Koordination als die traditionelle Fertigung. Dies impliziert auch die Integration von Mitarbeitern, die ganz unterschiedliche Arbeitsweisen und einen vielfältigen sozialen und kulturellen Hintergrund aufweisen. Die Personalabteilungen werden viele Aspekte ihrer Organisationsstruktur, Richtlinien und Standards überdenken und an diese neue Anforderungen ausrichten müssen.

Die bisher beschriebene Verlagerung der Arbeit entlang der gesamten Wertschöpfungskette erfordert organisatorische Veränderung von einem bisher unbekannten Ausmaß. Erschwerend kommt hinzu, dass viele Organisationen von einem klassischen Produzenten „dummer" Produkte sich hin zu einer Softwareorganisation entwickeln müssen. Als Anschauungsobjekt sei an die Softwareindustrie erinnert, die sich bereits in diese Bereiche hineinentwickelt hat, die für das Geschäft mit intelligenten, vernetzten Produkten wichtig sind, zum Beispiel die kontinuierliche Weiterentwicklung von Produkten, Upgrades per Fernzugriff und Platform-as-a-Service-Modelle (PaaS) bzw. Software-as-a-Service (SaaS) oder Infrastructure-as-a-Service (IaaS).

▶ Beispielsweise arbeitet die Softwareindustrie in relativ kurzen Entwicklungszyklen. Die Hersteller bringen nicht mehr in regelmäßigen Abständen große Produktgenerationen auf den Markt, sondern bieten kleinere Upgrades und Verbesserungen an. Damit lassen sich neue Produkte schneller auf dem Markt platzieren und zügiger auf veränderte Kundenanforderungen reagieren. Daher haben sich agile Entwicklungsprozesse etabliert, die auf der täglichen Zusammenarbeit zwischen Entwicklung und Vertrieb, wöchentliche Produktverbesserungen, fortlaufende Ausrichtungsanpassungen und eine kontinuierliche

Prüfung der Kundenzufriedenheit basieren. Die Softwarebranche stellt auf service-
orientierte Geschäftsmodelle um, indem die Kunden ihre Programme auf Abobasis
kaufen oder leasen und demzufolge nur für die tatsächlich genutzten Funktionen
bzw. den in Anspruch genommenen Zeitraum bezahlen. Diese Umstellung auf ser-
vicebasierte Modelle hat Zuständigkeiten entstehen lassen, die sich ausschließlich
um den Erfolg der Kunden kümmern. Da die Kunden problemlos von heute auf
morgen den Anbieter wechseln können, müssen die Softwarehersteller dafür sorgen, dass der Kunde kontinuierlich einen echten Mehrwert aus dem Produkt zieht.
Außerdem sind die vielen Softwareprogramme Teil einer größeren Plattform, die
das Zusammenspiel mit anderen Produkten steuert. Darüber hinaus fördern die
Hersteller oft die Bildung von Entwickler-Communities, die neue Anwendungsmöglichkeiten für ihre Produkte frühzeitig erkennen und entwickeln.

Dabei müssen die Industrieorganisationen nicht nur in die Bereiche Software, Cloud-
Computing und Datenanalyse einsteigen, sondern müssen darüber hinaus ihre ureigenen,
nunmehr komplexeren physischen Produkte entwickeln, produzieren und mit einer Dienst-
leistungsinfrastruktur untermauern. Die zukünftige Organisationsstruktur muss dazu die
zwei Eigenschaften der Integration und der Differenzierung gewährleisten.

▶   So müssen beispielsweise unterschiedliche Aufgaben wie Vertrieb und Ent-
      wicklung differenziert, das heißt in unterschiedliche organisatorische Einheiten
      gegliedert werden. Gleichzeitig müssen aber die Aktivitäten dieser getrennten
      Einheiten wieder integriert, das heißt koordiniert und abgestimmt werden.

Vernetzte Produkte haben sowohl auf die Differenzierung als auch auf die Integration gravierende Auswirkungen. In der klassischen Struktur ist eine Industrieorganisation in verschiedene Funktionen unterteilt, zum Beispiel Forschung und Entwicklung (F&E), Fertigung,
Logistik, Vertrieb, Marketing, Aftersales, Finanzen und Verwaltung. Die folgende Abbildung zeigt eine solche klassische Organisation, deren Struktur exemplarisch für die weiteren
Abschnitte als Anschauungs- bzw. Ausgangsmodell für die kognitive Transformation dienen
soll (Abb. 6.34).
    Die einzelnen Funktionen sind dabei in der Regel „sehr in sich gekehrt" bzw. agieren
eigenständig. Eine gewisse Abstimmung ist zwar erforderlich, meist bleibt es aber bei
punktuellen Abstimmungsaktionen. Neben der Anpassung an die übergeordnete Organisationsstrategie und an den Businessplan gibt es noch weitere Abstimmungsaufgaben: die
Koordination wichtiger Übergaben im Entwicklungs- und Fertigungszyklus (vom Produktdesign zur Fertigung, vom Vertrieb zum Service) und das Einholen von Rückmeldungen
(zum Beispiel Informationen zu Defekten und Kundenreaktionen), um Prozesse und Produkte zu verbessern. Die funktionsübergreifende Integration erfolgt weitgehend über die
Organisationsführung der einelnen Geschäftsbereiche und über formale Prozesse für Produktentwicklung, Supply-Chain-Management, Auftragsbearbeitung, an denen unter Umständen mehrere Bereiche, Abteilungen, Teams beteiligt sind.

Abb. 6.34 Klassische Organisationsstruktur als Ausgangspunkt

Vernetzte Produkte brechen diese klassische Struktur nun auf. Sie erfordern eine dauerhafte bereichsübergreifende Koordination – von der Produktentwicklung über den Cloud-Betrieb und die Verbesserung des Services bis zum Kundenkontakt nach dem Verkauf. Die klassischen Übergabemechanismen greifen nicht mehr. Entwicklung, Konstruktion, Produktion, Vertrieb, Service, IT und andere Funktionen müssen sich kontinuierlich und intensiv abstimmen. Dabei überschneiden sich ihre Rollen und die Grenzen zwischen den Funktionen verwischen. Gleichzeitig entstehen wichtige neue Funktionen, wie oben beschriebene Analyse der von den vernetzten Produkten generierten Daten und für die neue, dauerhafte Beziehung zu den Kunden. Auf oberster Ebene führt die Flut an Daten und stetigem Feedback dazu, dass das traditionelle, zentralisierte Modell von Weisung und Kontrolle ersetzt wird durch ein Modell, das auf dezentralen, aber eng abgestimmten Entscheidungen und kontinuierlicher Verbesserung basiert. Erschwerend kommt hinzu, obwohl in vielen der modernen Ansätze einfach ausgeblendet, dass eine Koexistenz von „alter und neuer Welt" gegeben ist. Immerhin müssen die meisten Organisationen neben all den neuen Produkten auch weiterhin konventionelle Produkte herstellen und betreuen. Diese Koexistenz von Alt und Neu verkompliziert die Entwicklung von Organisationsstrukturen zusätzlich.

▶ Selbst bei den progressivsten unter den heute etablierten Industrieunternehmen machen intelligente, vernetzte Geräte weniger als die Hälfte aller verkauften Produkte aus.

Eine weitere dramatische Komponente, die es unbedingt zu berücksichtigen gilt, kommt durch den zeitlichen Aspekt hinzu. Die Organisationsstrukturen müssen sich in vielerlei Aspekten schnell verändern. Der erste Aspekt betrifft die verstärkte und tief greifendere Zusammenarbeit und Integration zwischen Informations- und Kommunikation (IuK) mit der Forschung und Entwicklung (FuE). Im Laufe der evolutionären Entwickung werden diese beiden Funktionen sicherlich zusammenwachsen. Darüber hinaus entwickeln die Organisationen drei neue Arten von Funktionen: Sicherstellung der Daten-, Informations-und Wissensqualität, Sicherstellung des Kundenerfolgs und der engeren Kundenbindung, Gewährleistung einer hohen Produkt- und Datensicherheit.

• **Integration von IuK mit FuE**: Die traditionelle Forschungs- und Entwicklungsabteilung entwickelt Produkte, während die klassische IuK sich vor allem für die Infrastruktur verantwortlich zeichnet. Die künftige IuK wird eine Aufwertung erfahren, dadurch bedingt, dass die vernetzen Produkte und die gesamte Technologieinfrastruktur Hardware und Software enthalten. Die IuK und FuE müssen ihre Aktivitäten kontinuierlich und harmonisch zusammenführen.

• **Sicherstellung der Daten-, Informations-und Wissensqualität**: Da das Datenaufkommen sehr viel größer, komplexer und strategisch bedeutender geworden ist, kann nicht mehr jede Funktion bzw. jeder Bereich seine Daten selbstständig verwalten, analysieren oder schützen. Um die neue Ressourcen optimal zu nutzen, gilt es diese in einer dedizierten Zuständigkeit zu konzentrieren. Diese Zuständigkeit erhebt Daten, aggregiert, analysiert und ist dafür verantwortlich, dass die Daten und Erkenntnisse funktions- und bereichsübergreifend zur Verfügung stehen.

• **Sicherstellung des Kundenerfolgs** und der engeren Kundenbindung: Die Notwendigkeit zu zeitlosem Design, kontinuierlichem Betrieb und Service sowie ständigen Updates lässt es erforderlich erscheinen, die Leistung der Produkte zu managen und zu optimieren, nachdem sie die Fabrik verlassen haben. Das Kundenerfolgsmanagement ersetzt nicht unbedingt Vertriebs- oder Kundendienstabteilungen, trägt nach dem Verkauf aber die Hauptverantwortung für die Beziehung zum Kunden. Durch die Vernetzung avancieren die Produkte selbst zu Sensoren, die den Kundennutzen und die Kundenzufriedenheit erfassen.

• **Gewährleistung einer hohen Produkt- und Datensicherheit**: Das Thema Sicherheit erstreckt sich bereichsübergreifend von der Produktentwicklung über den Vertrieb bis zum Kundendienst und anderen Bereichen bzw. Abteilungen. Besonders eng muss die Zusammenarbeit zwischen IuK und FuE sein. Die IuK sind in der Regel dafür zuständig, Produktdaten zu schützen, Zugriffsrechte für die Nutzer festzulegen und dafür zu sorgen, dass die Vorschriften eingehalten werden. FuE konzentrieren sich auf Schwachstellen beim physischen Produkt, und IuK und FuE arbeiten gemeinsam daran, die Produkt-Cloud und die Verbindungen zum Produkt aufrechtzuerhalten und zu schützen. Die Organisationsstruktur muss für das gesamte Thema Sicherheit entsprechend aufgestellt werden.

Die beschriebenen organisatorischen Veränderungen sind nicht trivial aber auch nicht dramatischer Natur. Dies bedeutet, dass die beschriebene organisatorische Veränderung eine evolutionäre und keine revolutionäre Entwicklung sein wird und dass alte und neue Strukturen oft nebeneinander koexistieren werden. Die Veränderungen sind so umfassend und die nötige Kompetenz und Erfahrung im Umgang mit vernetzten Produkten ist so schwach ausgeprägt, dass viele Organisationen den Weg der Veränderung über Hybrid- oder Übergangsstrukturen und dort durch minimal-invasive Massnahmen gehen werden müssen. So können sie knappes Know-how optimal nutzen, einen gemeinsamen Erfahrungsschatz aufbauen und doppelte Arbeit vermeiden.

Viele Organisationen haben auf Geschäftsbereichsebene Initiativen für intelligente, vernetzte Produkte gestartet. Eine Funktion wie die IuK könnte bei Strategie und Umsetzung im Bereich vernetzter Geräte die Führung übernehmen. Oder ein besonderer Lenkungsausschuss mit den Leitern der Organisation könnte das Projekt unterstützen und verantworten. Manche Organisationen arbeiten mit spezialisierten Softwareherstellern zusammen oder übernehmen solche Spezialisten und holen sich auf diese Weise neues Know-how und neue Perspektiven ins Haus. Mischkonzerne etablieren auf oberster Ebene Strukturen, die über die Vorteile verteilter Produkte informieren, die besten Ausgangspunkte ausloten, doppelte Arbeit vermeiden helfen, eine kritische Masse an Personal und Know-how aufbauen und die technische Infrastruktur verantworten. Diese Abteilungen benötigen aber hierzu unbedingt die Unterstützung des Topmanagements und der Stakeholder. So enstehen neue Organisationsmodelle, indem Funktionen, Rollen, Stellen, Bereiche zusammenwachsen, die bisher eher getrennt reagierten bzw. agierten (Abb. 6.35).

Zwei bereits heute realisierbare Modelle zeichnen sich ab.

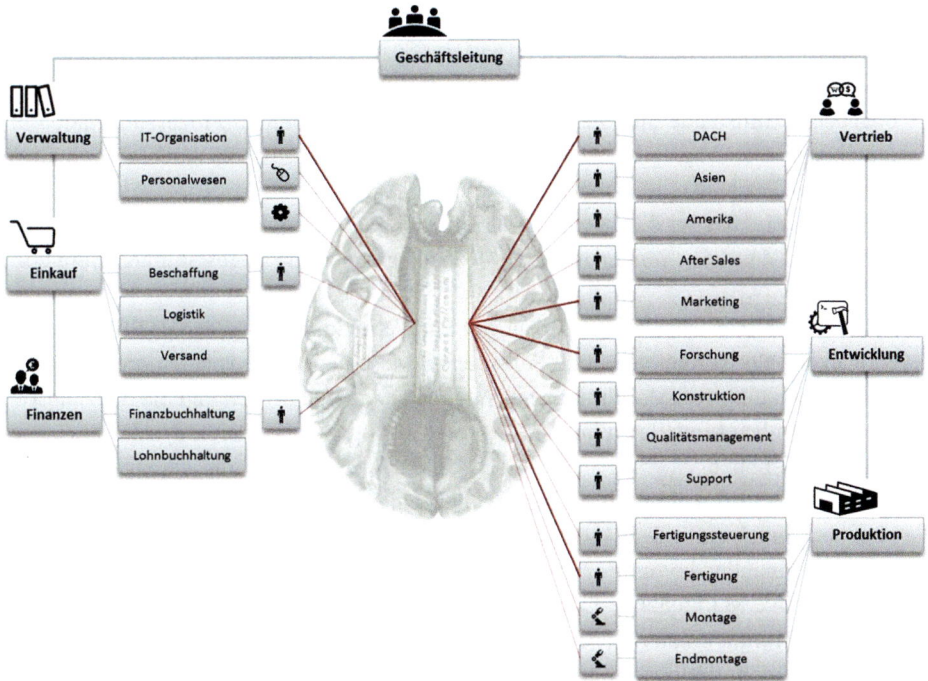

Abb. 6.35 Kognitive Organisationsstruktur mit Corpus Callosum

- **Dedizierter Organisationsbereich**: Ein separater Bereich mit Ergebnisverantwortung ist für die vernetzten Produkte verantwortlich. Der Bereich bündelt die passenden Mitarbeiter, mobilisiert die nötige Technologie und die erforderlichen Vermögenswerte, um die neuen Produkte auf den Markt zu bringen und arbeitet mit allen beteiligten Geschäftsbereichen zusammen. Solch ein dedizierter Bereich unterliegt nicht den Zwängen alter Geschäftsprozesse und Organisationsstrukturen. Zu einem späteren Zeitpunkt kann der Fokus wieder auf die originären Geschäftsbereiche zurückverlagert werden, wenn das Wissen, die Infrastruktur und Erfahrung einen kritischen Wert überschritten hat.
- **Kompetenzcenter bzw. Innovationscluster**: Mit diesem Modell lässt sich das erarbeitete Wissen zu vernetzten Produkten in einem separaten Bereich kapseln, der aber keine Ergebnisverantwortung übernimmt, sondern als Cost-Center betrieben wird. Diese Kompetenzcenter können die anderen Organisationsbereiche nutzen.

Neben diesem tief greifenden Wandel lassen sich branchenbezogene Potenziale erkennen und damit auch ausschöpfen:

- **Chemie:** Zu den Ansatzpunkten zählen in der chemischen Industrie neuartige Produktionsverfahren, die Entwicklung neuer biologischer Produkte, die Ausnutzung nachwachsender Rohstoffe. Letztendlich werden also neuartige, flexible und kostengünstigere Produktionskonzepte benötigt. Bei der Entwicklung neuer Stoffe wird man in Zukunft auf integrierte Ansätze bauen, bei denen Daten und Modellierung im Mittelpunkt stehen. Diese Ansätze umfassen auch IT-basierte Systeme, Trainings- und Umweltsimulatoren und vorausschauende Instandhaltung der Produktionsanlagen. Der Betrieb ohne ungeplante Stillstände und die maximale Verfügbarkeit werden Prozessinnovation ermöglichen. Allerdings gilt es nicht nur Wertschöpfungsprozesse zu verbessern, sondern auch neue Geschäftsmodelle zu entwickeln.
- **Anlagenbau:** Hier wird es zu einer Verschiebung von Projektstrukturen und Märkten kommen, indem sich immer mehr die Konkurrenz auch in angestammten Bereichen etabliert.
- **Prozessindustrie:** Hier gilt es, Lösungen zur Vermeidung ungeplanter Stillstände zu entwickeln. So werden vernetzte Sensoren in Maschinen und Anlagen die systematische Auswertung von Maschinen und Anlagendaten ermöglichen und die Nutzung von mathematischen Modellen wird die Prognosefähigkeit solcher Predictive Maintenance-Lösungen erhöhen.
- **Maschinen- und Anlagenbau:** IuK-Technologien werden mit Produktionstechnologien verschmelzen, indem Menschen, Maschinen, Produktionsmittel und deren Produkte miteinander kommunizieren und sich gegenseitig steuern. Auch hier werden die Predictive Maintenance-Lösungen mit ihren inhärenten lernenden Techniken sowie Data Mining einen Schwerpunkt bilden. Hierzu wird es allerdings unabdingbar, sein, dass eine Intradisziplinarität verfolgt wird, indem Industrie, Forschung und Entwicklung, Gewerkschaften sowie Politik, Verbände zusammen und nicht gegeneinander arbeiten.

- **Maschinenbau**: Es wird zu einer unmittelbaren Zusammenarbeit zwischen Mensch und Roboter kommen, der sich über den kompletten Produktionsprozess erstreckt. Statt wie bisher in abgegrenzten Räumen nebeneinander zu agieren, werden Menschen und Roboter in gemeinsamen Räumen barrierefrei interoperieren. Außerdem wird man Fabrikanlagen in Zukunft noch mehr als eine Zusammenstellung einzelner Bausteine, ähnlich eines Lego-Baukastens, modellieren, um so das Engineering und die Inbetriebnahme zu optimieren. Um sich dieses Potenzial erschließen zu können, bedarf es allerdings einer schnellen Einigung auf wesentliche Industriestandards (Profinet, Ethercat, Ethernet/IP etc.)
- **Automobilindustrie**: Das vollautonome Fahrzeug auch auf öffentlichen Strassen wird Alltag werden. Dazu wird es unabdingbar sein, die Sicherheit dieser Systeme auf 99,9999 Prozent zu erhöhen, was sicherlich nur über eine neuartige Softwarentwicklung und deren kognitiven Lösungen (Cognitive Driver Assist Systeme) zu erreichen sein wird.
- **Industrial IT**: Es gilt, der Konkurrenz, beispielsweise aus Amerika mit deren Industrial Internet Consortium und China, die auf das Internet of Things setzen, mit eigenen Lösungen Paroli zu bieten. Hierzu ist es unabdingbar einen Industrial-IT-Standard zu entwickeln und als solchen weltweit zu etablieren. Damit müssen die Herausforderungen der schnelleren Anpassung der Produktion an unterschiedliche Produktvarianten, die Informationsversorgung über den aktuellen Status aller Produktionbereiche in Echtzeit und die Just-in-Time-Anpassung der Kapazitäten an Marktschwankungen gemeistert werden. Hierzu ist es unabdingbar, die Daten-, Informations- und Wissensdurchdringung in und außerhalb der Organisation zu erhöhen.

Allgemein gilt es daher, die starren Produktionsstrukturen durch agile und flexible Abläufe mit aktiven, autonomen, selbststeuernden und vernetzen Produktionseinheiten abzulösen. Damit wird es auch möglich sein, Losgröße 1 zu produzieren (Abb. 6.36). Da auch in Zukunft die Organisationen Geld verdienen müssen, wird es nur über Produkte und Dienstleistungen gehen, die einen Mehrwert schaffen.

▶ Eine Innovation aus dem Bereich des Industrie 4.0-Ansatzes führt beispielsweise nur dann zu einer Erhöhung von Produktivität und Kosteneinsparungen, wenn Aufbau- und Ablauforganisation der vernetzten Organisationen so gegenseitig auf die technologische Innovation abgestimmt werden, dass sich durch die potenziellen Synergieeffekte aus der Ressourcenteilung die sich daraus ergebenden Geschwindigkeits- oder Kostenvorteile ergeben.

Um wettbewerbsfähig zu werden bzw. zu bleiben, müssen die Produzenten von Produkten sich hin zu Dienstleistern entwickeln, um ihr Produkt über den gesamten Lebenszyklus zu betreuen. Alles in allem müssen diese Ansätze auch von KMUs zu realisieren sein, für die ebenfalls die Entwicklung neuer Geschäftsmodelle und Dienstleistungen in Zukunft in den Vordergrund rücken wird. Gerade die KMUs werden durch die damit

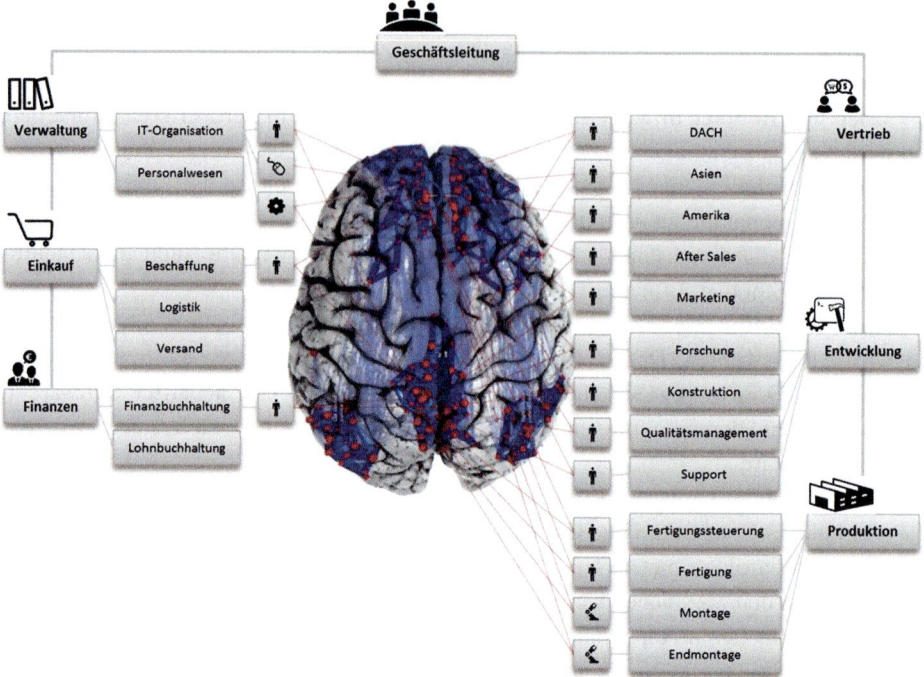

Abb. 6.36 Kognitive Organisationsstruktur mit Innovationscluster

erhöhte Kundenbindung und die damit erzielte Kundenzufriedenheit nicht nur profitieren, sondern ihre Daseinsberechtigung unter Beweis stellen. Eine besondere Herausforderung für KMUs wird sein, inwieweit sie die großen Informationsdefizite ausgleichen,
die hohen anfänglichen Investitionskosten aufbringen, die damit verbundenen Investiti-
onsrisiken in Kauf zu nehmen bereit sind, die Datensicherheit gewährleisten und die
hierzu notwendige Netzwerkkompetenz entwickeln und abrufen können. Neben dieser
Netzwerkkompetenz werden auch Skills bezüglich der Entwicklung von Software benötigt, da die neuen Maschinen und Prozesse sich dadurch zunehmend flexibler und indi-
vidualisierter gestalten. Aber auch der soziale Aspekt muss nicht nur bedacht oder
„heiß" diskutiert, sondern einvernehmlich gelöst werden, indem nur dann die Menschen
als Arbeitnehmer bereit sind, sich in einem veränderten Arbeits- und Angestelltenum-
feld zu engagieren.

In den folgenden Abschnitten kumulieren sozusagen die Vorarbeiten der vorangegangenen Kapitel zu einem Plädoyer für die Entwicklung kognitiver Organisationen und deren Erzeugnisse in Form sogenannter kognitiver Lösungen (Abb. 6.37). Dieses Plädoyer
beginnt mit einer plakativen These: *Smart is out, Cognitive is in!* die in zugespitzter Form
das Motto fomuliert: *„Cognitive or die!"* Hinter dieser Provokation steht die These, dass
die Transformation von „smarten" Lösungen hin zu „kognitiven" Lösungen sozusagen vor

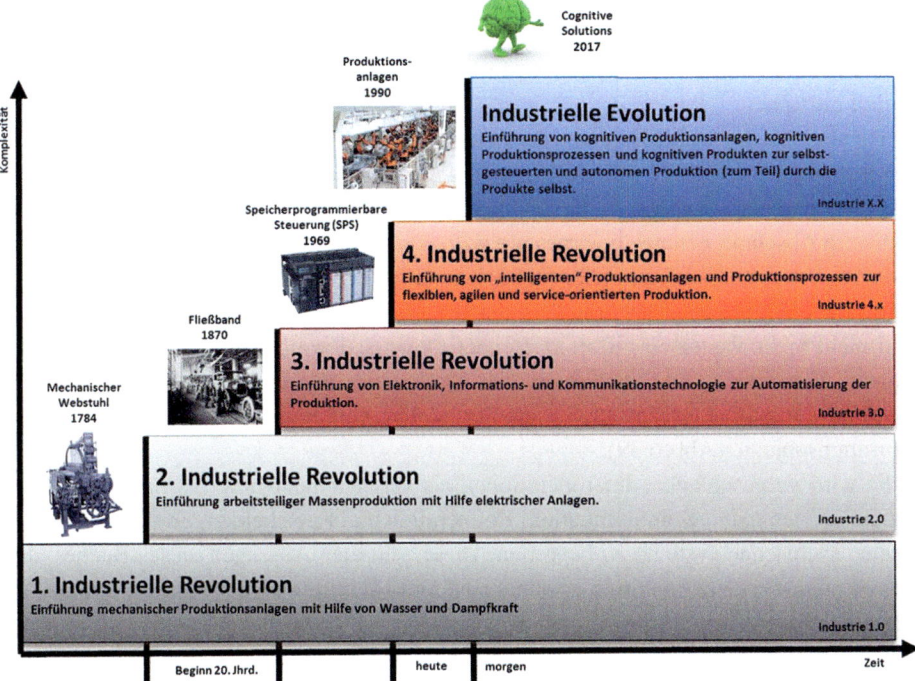

Abb. 6.37 Evolution von der „smarten" zur kognitiven Industrie

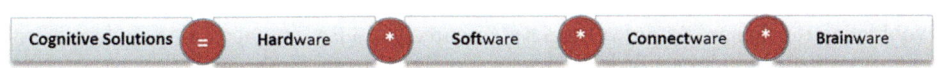

Abb. 6.38 Formel von Cognitive Solutions

der Tür steht, da die hierzu erforderliche Technologie, d. h. Techniken und Methodiken, die Forschungslabors verlassen haben und sich in der Praxis durch konkrete Problemlösungen bzw. Anwendungen etablieren (Abb. 6.38).

Dabei werden die Produkte und Maschinen nicht nur zunehmend vernetzt und liefern nicht nur über sich und ihre Umwelt Daten. Diese Produkte sind darüberhinaus mit einer intrinsischen Kognition ausgestattet, treffen intelligente Entscheidungen, sind lernfähig und interoperieren mit ihrer Umwelt.

▶   So umfasst der zur Drucklegung dieses Buches in der Praxis gelebte Begriff der Smart Factory ein Ensemble von vermeintlich autonomen, vermeintlich selbst konfigurierenden, weil lediglich räumlich verteilten Produktionsressourcen sowie deren klassischen Planungs- und Steuerungssystemen.

Es entstehen dadurch nochmals neue Geschäftsmodelle auf der Basis dieser Lösungen und dem damit möglichen Wissen. Im Umkehrschluss wird sich die Forschung, Entwicklung, Fertigung, Logistik sowie Marketing und Vertrieb nochmals nachhaltig verändern müssen.

Vor allem die zentralen Bereiche der Forschung, Entwicklung. Informations- und Kommunikationstechnologie, Logistik, Marketing, Vertrieb und After Sales müssen sich neu aufstellen und damit definieren. Hierzu dient die *organisatorische Dekomposition*, wie sie in diesem Abschnitt generisch vorgestellt wird. Diese hat zum Ziel, schrittweise ein Organisationssystem zunächst zu zerlegen, beginnend bei der Sicht auf die oberste Hierarchieebene einer Organisation über die darunterliegenden Hierarchien bis zur Ebene atomarer, weil nicht mehr weiter zu differenzierender Organisationsobjekte wie Mitarbeiter, Maschinen, Werkzeuge, etc. Nach deren Neu-Orchestrierung ergibt sich dann wieder eine vollständig kognitive Organisation als multiplikative Verknüpfung der Funktionen der Organisationsobjekte (Abb. 6.39).

Es wird vorgeschlagen, Interoperationen als Basiselement bzw. als basale Klammer sozialer Systeme und Kommunikation, Kooperation und Entscheidungen als die Basiselemente psychischer Systeme zu begreifen. Diese zentralen Aussagen dieses Buches, dass Organisationssysteme kognitive Systeme sind und Kognition als Prozess, ein Prozess der Interoperationen ist, ist streng organisationstheoretisch zu verstehen, nicht aber in einem reduktionistischen Sinne. Die kognitiven Phänomene, wie sie der Organisationsentwickler reflektierend wahrnimmt und versteht, sind aus der Perspektive dieses Organisationsentwicklers – also aus Sicht eines wissenschaftlichen Beobachters – selbst Ergebnisse oder Produkte des Interoperierens. Das kognitive Organisationsystem mit seinen Organisationsobjekten – Mitarbeiter, Maschinen, Anwendungen, Prozessen, etc – umfasst damit die wohldefinierte Menge der notwendigen Ressourcen und Bedingungen, wie sie für die kognitive Leistungen der Organisation benötigt werden. Je nach Organisationspotenzial und

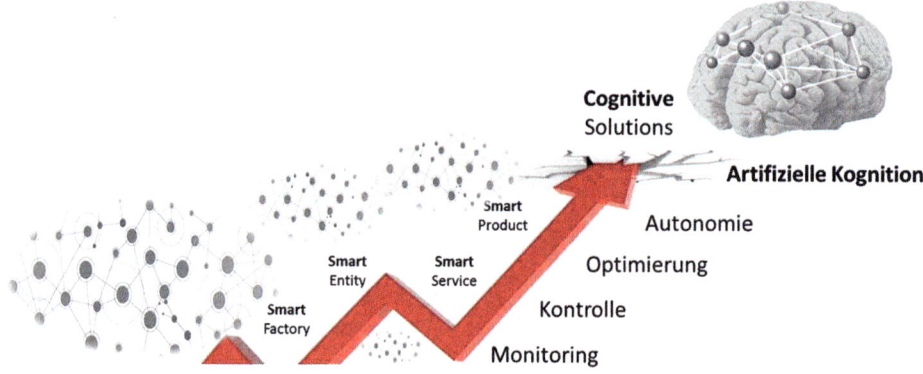

Abb. 6.39 Wachstumspfad der Cognitive Solutions

je nach Umweltgegebenheiten kommt es zu unterschiedlichen strukturellen und prozessualen Vernetzungen zwischen den Organisationsobjekten und Umwelt. Dabei spielt die Beschaffenheit bzw. Formbarkeit der Organisation als Klammer um die Organisationsobjekte eine Rolle, indem variable Beziehungen zu einer großen Plastizität des Organisationssystems und relativ fest reglementierte Beziehungen zu einer eher geringen Plastizität und damit geringem Freiheitsspielraum führen.

Der Begriff der *interoperationalen Orchestrierung* setzt voraus, dass die Identität eines Organisationssystems nicht nur über seine Strukturen bestimmt wird. Strukturen können sich ändern. Die Identität eines Organisationssystems bestimmt sich stattdessen über die Aufrechterhaltung der basalen Zirkularität seiner Interoperationen. An den basalen Interoperationen selbst kann daher abgelesen werden, wie sich ein Organisationssystem den Herausforderungen stellt und sich der Umwelt nicht nur anpasst, sondern auf diese einwirkt. Indem die Organisation auf diese Weise mit der Umwelt interoperiert, kann also beobachtet werden, wie sich diese Organisation im präzisen und wahrsten Sinne des Wortes realisiert. Den Menschen kommt dabei eine besondere Bedeutung zu, indem die Ausprägung deren Interoperationen, durch die ein Individuum überhaupt erst die Möglichkeit gewinnt, Mitglied einer solchen Organisation zu werden, man verstehen muss als durch Selbstorganisation und Lernen erzeugte und stabilisierte spezifische „Konnektivitäten". Darunter werden in Abweichung vom klassischen „Konnektionismus" relativ feste oder zumindet rekurrenten Verbindungen zwischen interoperationsfähigen Organisationsobjekte eines Netzwerkes verstanden. Sie bilden die Grundeinheiten der Ereignisverarbeitung in Systemen und legen, einmal ausgebildet, als Verbindungen zwischen internen und/oder externen Input- und Outputkomponenten die Bedeutung solcher Ereignisse fest. Im Anschluss an diese Überlegungen lässt sich nun die kognitive Organisation definieren als Muster der zum Systemverhalten beitragenden wiederkehrenden Interoperationen zwischen Organisationsobjekten. In diesem Sinne entspricht auch die kognitive Organisation einem sozio-technischen System, das, wie alle aktiven Systeme, aus Komponenten und der Organisation bestehen, die sie bilden. Die Erweiterung liegt somit eher darin, dass die kognitive Organisation als ein selektives Netz von Input/Output-Beziehungen zwischen den Organisationsobjekten dieses Organisationssystems und den Systemen der Umwelt aufgefasst und modelliert werden kann. Da das wahrgenomme Verhalten dieser kognitiven Organisation sich aus dem Zusammenwirken der Organisationsobjekte ergibt, und zwar so, wie es sich aus selektiven Interoperationen der gemäß des Musters der Organisation ergibt, folgt daraus, dass eine kognitive Organisation eben dank ihrer Organisation ein Verhalten erzeugen, die nicht immer auf das Verhalten einzelner Organisationsobjekte zurückgeführt werden kann. Dieses Verhalten kann man daher durchaus als emergent bezeichnen. Soweit das Verhalten der kognitiven Organisation demnach auf deren Systemorganisation zurückgeführt werden kann, entsteht eine kognitive Organisation erst mit der Ausbildung des Systems und damit auch seiner Organisation. Dies ist ein weiterer Grund, warum die Sichtweise der kognitiven Organisation als ein emergentes System zulässig ist. Emergenz bezieht sich dementsprechend auf organisationsbedingte Systemeigenschaften, wobei stets der vorgeschlagene Organisationsbegriff der kognitiven Organisation inkludiert wird.

Sozialsysteme können sich durch selbstorganisierende Prozesse verändern, das heißt durch Wechselwirkungen zwischen der Systemorganisation und den Organisationsobjekten, indem sich beide verändern. Unabhängig davon, wie solche selbstorganisierenden Prozesse ausgelöst werden und unabhängig davon, was auf sie einwirkt, soweit das in ihrem Verlauf erzeugte Systemverhalten auf die Organisation zurückgeführt werden kann, ist es ebenfalls emergent. Das bedeutet, dass Systeme, deren Organisation sich selbstorganisierend ändert, auch früher emergierte Eigenschaften unter Umständen wieder verlieren und durch andere ersetzen können. Eine solche Systembildung durch Ausblenden oder Eliminieren alter Eigenschaften führt also ebenso zu Emergenz. Letztere wird verstärkt durch Selbstsorganisation und geht einher mit organisatorischer Imergenz, als ein in Bezug auf dynamische Veränderungsprozesse komplementärer Aspekt dynamischer Systemveränderungen im Rahmen eines erweiterten Change Managements. Die Oganisation zeigt daher nicht mehr eine feste Struktur, reicht damit auch nicht einfach Ziele bzw. Entscheidungen von oben nach unteren durch, sondern entwickelt sich zu einem Netzwerk, das sich durch die zahlreiche Rückkopplungsschleifen verändert und damit weiterentwickelt.

▶   Dies umfasst beispielsweise auch den Einbezug von evolutionären Aspekten auf allen Ebenen. So kann es notwendig sein, die Vision der Organisation oder das Geschäftsmodell und hiervon abhängige Infrastruktur den Veränderungen anzupassen. Zumal es heutzutage nicht mehr ausreicht, nur visionär zu sein!

Gerade in den Bereichen, indem der Markt einem starken Wandel ausgesetzt ist, gelten viele Pläne bereits dann schon als veraltet, bevor über diese in den Enscheidungsgremien Konsens erzielt werden konnte. Dies erfordert daher eine kontinuierliche (Re)Planung, indem von festen, detalierten Plänen abgesehen wird und man die Strategie und die daraus abgeleitete Taktik ständig den Veränderungen anpasst. Dies alles erfolgt eingedenk der Tatsache, dass keine Organisationsstruktur, sowohl die klassischen, als auch die in diesem Buch vorgeschlagenen von Haus aus perfekt sind und alle Probleme zu lösen vermögen. Allerdings trägt die kognitive Organisation der Einstellung Rechnung, dass Wandel als der Garant für Dauerhaftigkeit und Nachhaltigkeit gilt.

In diesem Buch wird daher vorgeschlagen, Interoperationen als Basiselemente kognitiver Organisationen einzuführen (Abb. 6.40). Damit werden die Analyse, die Konzeptionalisierung und die spätere Realisierung des Konzepts der kognitiven Organisation als sozio-technisches System möglich. Bei der Konzeptualisierung in Anlehnung an das Konzept des sozialen Systems sind folgende Aspekte zu beachten:

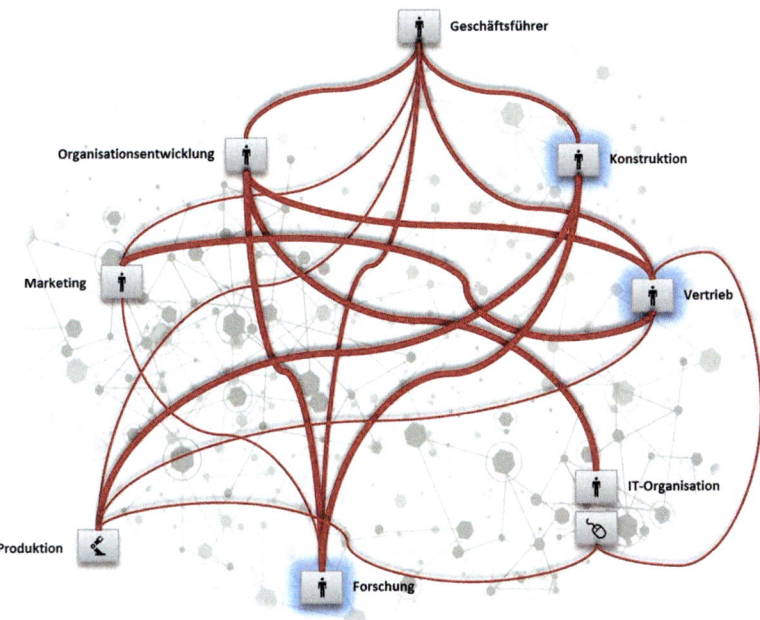

Abb. 6.40 Kognitive Organisationskommunikation

- Nach dem Ansatz der kognitiven Organisation bestehen kognitive Organisationen auch als soziale Systeme primär aus Interoperationen. Als solche soziale Systeme sind die kognitiven Organisationen autonomisiert, operational geschlossen (das heißt, sie verfügen über eine Grenze, also über eine Innen-Außen-Differenzierung), selbstreferenziell und selbstorganisierend. Interoperational sind die kognitiven Systeme allerdings auch offene Systeme, das bedeutet, dass die System-Umwelt-Beziehung durch die Interoperation bestimmt wird und diese Umwelt daher auch auf die kognitive Organisation einwirkt. Kognitive Organisationen sind daher auf die Interoperation mit anderen Systemen in ihrer Umwelt angewiesen, gestalten diese Interoperationen im Idealfall aber notwendig nach ihren eigenen Strategien.
- Es gilt unter diesem Aspekt sicherzustellen, dass alle Organisationsobjekte, trotz deren jeweiligen Historie über ein konsensuell abgesichertes Wirklichkeitsmodell, d. h. mit all seinen kognitiven, emotiven und normativen Erwartungserwartungen im Falle von Menschen, sowie den Anforderungen im Falle von Systemen verfügen und damit alle „am gleichen Strang ziehen".
- Kognitive Organisationen stellen über bereichsspezifische Interoperationen als vernetzte Kommunikationsschemata unterschiedliche Funktionen in unterschiedlicher Reichweite zur Verfügung.

Letzteres führt zum Begriff der instruktiven Interoperation. Unter einer solchen *instruktiven Interoperation* versteht man eine Einflussnahme der Umwelt auf eine Organisation über die organisatorischen Membranen. Bei einer instruktiven Interoperation im Sinne der Nachrichten- und Kommunikationstheorie werden Informationen oder Nachrichten aus der Umwelt aufgenommen und verarbeitet. Dementsprechend verändert sich dann das Verhalten der Organisation (Abb. 6.41).

Modelliert man, wie hier vorgeschlagen, kognitive und soziale Systeme als selbstorganisierend, also als operational geschlossen und autonomisiert und gleichzeitig als interoperational offen, dann werden zwei grundlegende Annahmen klassischer kognitionstheoretischer Verstehensmodelle zumindest angreifbar. Es betrifft zum einen die Annahme einer Anweisungs-Organisationsobjekt-Interoperation und zum anderen die Annahme der Top-down- und Bottom-up-Beziehung zwischen solchen Anweisungen und den Organisationsobjekten. Aktiv im Sinne einer Interoperation können nur kognitive Systeme, nicht aber textbasierte Anweisungsimperative sein. Eine noch so ausgeklügelte Strategie, ein noch so innovativer Gedanke, eine noch so wertschöpfungsversprechendes Prozessmodell, ein noch so einleuchtende Präsentation sind keine Interoperation und damit auch keine Kommunikation. Umgekehrt gilt genauso, dass sich eine noch so bedeutungsschwere Information nicht automatisch zu einem Imperativ ausgestaltet. Alles, was psychische und soziale Systeme als Elemente, als Einheiten, als Operationen verwenden, muss in einer kognitiven Organisation in eine Interoperation übergehen, muss etwas bewirken, muss auf Anderes einwirken und sich auf dieses Andere auswirken (Abb. 6.42).

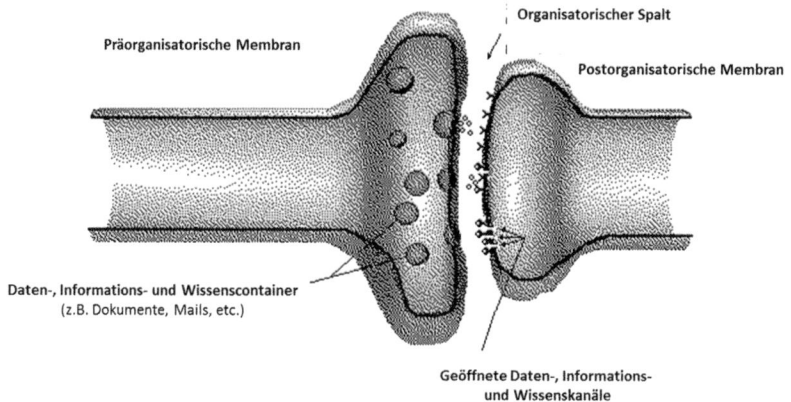

Abb. 6.41 Organisatorische Membranen als Randübergänge

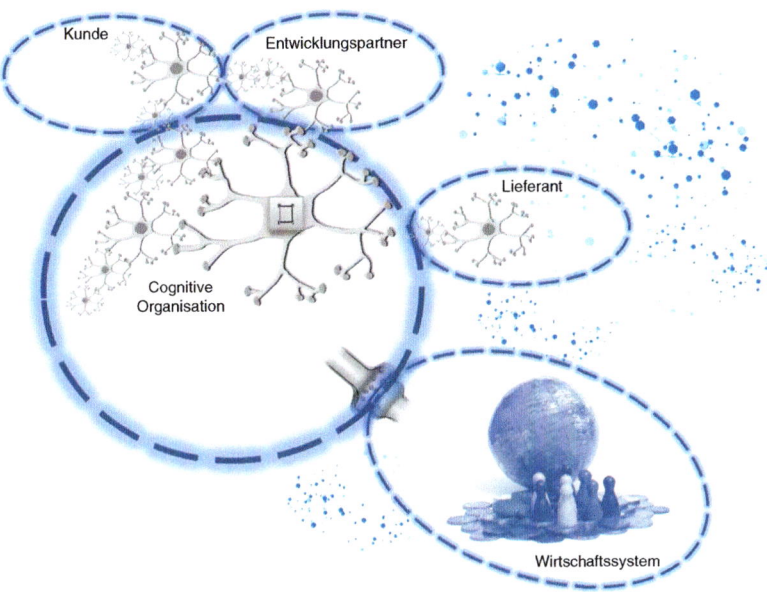

Abb. 6.42 Vernetzung von Organisationsystemen

Literatur

Deal, T.E./Kennedy, A.A. (1982): Corporate cultures: The rites and rituals of coporate life, Reading, Mass.

Hedberg, B. (1981): How Organizations Learn and Unlearn. Arbetslivscentrum Verlag.

Martin, J./Siehl, C: (1983): Organizational culutrue and counterculuture: An uneasy symbiosis, in: Organizational Dynamics 12 (2), S. 52–64.

McClelland, J. L./Rumelhart, D. E./Hinton, G. E.: The appeal of parallel distrib-uted processing. In D. E. Rumelhart and J. A. McClelland (Hrsg.): Parallel Distributed Processing, MIT Press, 1986.

Neuberger, O. (2006): Mikropolitk und Moral in Organisationen. Herausforderung der Ordnung, 2. Aufl., Stuttgart.

Rosenblatt, F. (1958): Two theorems of statistical separability in the perceptron (Project Para). Cornell Aeronautical Laboratory.

Smolensky P.: On the Proper Treatment of Connectionism, Behavioral and Brain Sciences 11(88), S. 1–74, 1988.

Sorenson, J.B. (2002): The strenght of corporate culture and the reliability of performance, in: Administrative Science Quarterly 47 (1), S. 70–91.

Stopher, P. (2008): Collecting, Managing, and Assessing Data Using Sample Surveys. Cambridge University Press

Organisationsentwicklung

7

Um im internationalen Wettbewerb bei steigender Innovationsfreudigkeit und zunehmender technologischer Entwicklungsgeschwindigkeit bestehen und mit zunehmend stärker ausdifferenzierten Erwartungen an die Organisationen umgehen zu können, müssen sich Organisationen nicht nur fortlaufend verändern, sondern sich vor allem nachhaltig entwickeln. Es gilt die Organisation zu entwickeln, um sie aufrecht und am Leben zu erhalten. Erschwerend kommt hnzu, dass eine solche Entwicklung bei „laufendem Motor", am „offenem Herzen" bzw. „in action" stattfindet. Es gilt daher, die Organisation zu entwickeln und damit zu verändern, während sie weiter ihre Leistung erbringt und ihre Aufgaben erfüllt. Vor allem gilt es bei all dem darauf zu achten, dass, wenn schnelle Erfolge (early returns) ausbleiben, die Mittel für die Organisationsentwicklung schnell austrocknen und die unbedingt notwendige Unterstützung wegbricht. Insofern ist die kognitive Organisationsentwicklung angewandte Kognitions- und Sozialwissenschaft und als solche originär auf die Lösung von Problemen aus der Praxis für die Praxis gerichtet. Eine solche professionelle Entwicklung ist wie Kochen oder Fußballspielen nicht nur ein Handwerk oder Spiel, sondern eine Kunst, die Kreativität, Flexibilität, Sensibilität, Empathie und Erfahrung benötigt. In diesem Sinne wird die Organisationsentwicklung in die implizite Beziehungsebene verortet, die in Regeln, Prozessen und Entscheidungen Ausdruck findet. Damit wird Entwicklung als Veränderung der Kognitionen einer Organisation definiert. Insofern wendet sich dieser Abschnitt ganz besonders an Praktiker, die Entwicklungs- als Veränderungsprozesse in Organisationen gestalten oder begleiten müssen: Berater, Trainer, Coaches, Supervisionen, Mediatoren aber auch an die hiervon Betroffenen.

7.1 Die Welt in Bewegung

Die derzeitige Wirtschaft steht unter einem gewaltigen Leistungs- und Veränderungsdruck und wenn nicht überall im Wandel, so aber zumindest in Bewegung. Dieser Wandel lässt sich durch drei Attribute beschreiben: schneller, flexibler und innovativer. Während

© Springer-Verlag GmbH Deutschland 2016
M. Haun, *Cognitive Organisation*, DOI 10.1007/978-3-662-52952-2_7

einerseits strikte hierarchische Strukturen und hocheffiziente Prozesse und Abläufe als Mittel gegen den wachsenden Preis- und Kostendruck gefragt sind, bedarf es andererseits aufgrund der digitalen Transformation eine bestimmten Maß an Eigenverantwortung für die Mitarbeiter und agiler Prozesse, die erschwerend nunmehr überwiegend Projekt- statt Prozesscharakter aufweisen. Letzteres hat zunächst mit der technologischen Entwicklung zu tun, vorab auf den Gebieten der Mikroelektronik, der Nanotechnik, der Informatik und der Informations- und Kommunikationstechnologie.

▶   Beispielsweise machen sich die digitale Transformation und damit die Digita-
      lisierung in allen Branchen und dort in allen Fachbeichen bemerkbar. Dadurch
      entsteht ein hoher Druck in Bezug auf Agilität, Flexibilität, Innovationsfähig-
      keit und Realisierungskompetenz. Parallel dazu motiviert der digitale Wandel
      zur Projektarbeit und provoziert nicht selten die Inanspruchnahme externer
      Kompetenzen. Nicht selten torpedieren die zur Sicherung des bisherigen
      Kerngeschäfts bewährten Führungs-, Organisations- und Prozessstrukturen
      den für die Förderung von Agilität und Innovationsfreudigkeit notwendigen
      Veränderungsmassnahmen.

Vor allem letztere macht diese Bewegungen möglich, indem Information beliebig kanalisiert und praktisch ohne Zeitverzug transportiert werden können. Dies hat vielerorts zu einer unerhörten Beschleunigung aller Geschäftsprozesse geführt. Gleichzeitig verändern sich die Einstellungen und Verhaltensweisen der Menschen in praktisch allen Lebensbereichen.

▶   So entwickeln sich beispielsweise in der Gesellschaft laufend neue Lebensfor-
      men und Lebensgewohnheiten. Konsumentenwünsche und Kundenbedürfnis-
      se ändern sich von heute auf morgen. Ganze Märkte brechen zusammen, ganze
      Berufe verschwinden und neue Betätigungsfelder entstehen zunächst noch
      zögernd und undefiniert, um dann in neuen Berufsfeldern aufzugehen.

Damit werden alle bisherigen Grenzen gesprengt. Internationale Wirtschaftsräume tun sich auf. Auch für kleinere Organisationen wird weltweite Geschäftstätigkeit plötzlich zur Selbstverständlichkeit. Und je nach politischen und wirtschaftlichen Gegebenheiten wird irgendein Land plötzlich attraktiv oder unattraktiv als Exportmarkt oder als Produktionsstandort. Alles in allem kumuliert dies darin, dass das wirtschaftliche, politische und soziale Umfeld hochgradig instabil geworden ist. Man verspricht sich dadurch zunächst euphorisch neue Chancen, um aber später, bei der entsprechenden Berücksichtigung der ebenfalls neuen Risiken die Anfangseuphorie eventuell wieder einzudämmen. Eine Organisation, die in diesem turbulenten Umfeld überleben will, muß rasch reagieren, sich kurzfristig sich ändernden Bedingungen anpassen können. Dies impliziert eine rasche Produktinnovation, immer kürzer werdende Produktlebenszyklen sowie entsprechende organisatorische Veränderungen. Der Innovationsdruck ist enorm, der Rhythmus, mit dem Veränderungen in das organisatorische, technologische und personelle Konstrukt eingesteuert werden, nimmt nicht selten den organisatorischen Atem. Geschwindigkeit wird zum strategischen Erfolgsfaktor.

Die Ressource Geld ist nicht nur in letzter Zeit knapp geworden, sondern sie war es schon immer und wird auch knapp bleiben. Die folgende Aufzählung der Gründe hierfür kann nur unvollständig, aber trotz dieses eingeräumten Mangels nicht minder dramatisch sein:

- Natürliche Ressourcen sind endlich und gehen zur Neige.
- Die gesellschaftliche Fehlentwicklung erzeugt horrende Folgekosten.
- Wachsende Inkompetenz bzw. Komplettversagen des Staates in Bezug seiner Aufgabenbewältigung.
- Kollabierende Ökologie und dadurch bedingte, horrende Investitionen in Umweltschutz und Altlastenentsorgung.
- Sprengen der Kreditwürdigkeit von Konsumenten, Wirtschaftersunternehmen und Staaten.
- Weiteres Auseinandergehen der Schere zwischen Arm und Reich.
- Ruinöser und erbarmungsloser Verdrängungswettbewerb.
- Kontinuierlich sinkende Zahl der benötigten Arbeitsplätze.

▶ Beispielsweise findet eine Umverteilung des Reichtums zwischen Ost und West bzw. zwischen Nord und Süd statt. Die Folge davon ist, dass die Massenbewegungen von Wirtschafts- und Kriegsflüchtlingen in Richtung Europa zur schweren sozialen und politischen Belastung wird. Die Zeiten, in denen man die Wahl hatte, den Entwicklungsländern und Schwellenländern beim Aufbau zu eigenen, leistungsfähigen Wirtschaften zu helfen, hat man verstreichen lassen. Man wird hoffnungslos mit Armen und Hilfsbedürftigen überschwemmt. Für dieses Problem gibt es zum Zeitpunkt, da dieses Buch geschrieben wird, in der Politik keine Lösungen. Im Gegenteil, entweder ist ein erstaunlicher, kollektiver Verdrängungsmechanismus festzustellen oder aber eine blinde Sozialromantik, verehelicht mit einer Multikulti-Nostalgie am Werk. Erst zögerlich scheint man zu merken, dass die Politik der letzten Jahre unweigerlich dazu führen wird, dass man für gleiche Leistung immer weniger Geld erhalten wird, gleichzeitig bei weniger staatlicher Leistung immer mehr Steuern zahlen muss. Nicht nur dieses Beispiel zeigt, dass die Gesellschaften vor dem Problem stehen, dass die bisherige Form von Politik für die zu lösenden Probleme nicht mehr ausreicht.

Alles ist zunehmend mit allem vernetzt. Technische, ökonomische, politische und gesellschaftliche Prozesse beeinflussen sich gegenseitig und entwickeln eine Eigendynamik. Daraus ergeben sich die folgenden Herausforderungen, die in Zukunft von den Organisationen bewältigt werden müssen:

- **Notwendigkeit organisatorischer Veränderungen**: Zukunftssichernde strategische und geschäftsstrategische Entscheidungen werden vermehrt zur Verlagerung von Aufgaben und zu neuen Schnittstellen in der Organisation führen - oft mitten durch die einzelnen Betriebe und bis hinunter an die Basis: Umgestaltung der Produktpalette; Reduktion von Verwaltungsaufwand; Verflachung der Hierarchie; Schaffen ergebnisverantwortlicher Geschäftsbereiche; Dezentralisierung im Hinblick auf Markt- und Kundennähe; Fusionen, Kooperationen und Joint-Ventures; Verlagerung von Aktivitäten in andere Länder.

- **Entwicklung eines attraktiven sozialen Arbeitsumfeldes**: Je größer die Organisation, je mehr Technik im Einsatz, je mehr Umstellungen in der Organisation, je höher der Leistungsdruck, desto wichtiger wird - neben anderen Faktoren wie adäquater Lohn, interessante Aufgaben oder Selbstständigkeit am Arbeitsplatz - ein harmonisches Zusammenleben und Zusammenwirken im organisatorischen Umfeld.

- **Abbau verkrusteter hierarchischer Strukturen**: Tiefe Organisationsstrukturen mit vielen Hierarchieebenen werden das Tempo, das man in Zukunft benötigt, aufgrund der damit einhergenden Schwerfälligkeit und Ineffizienz nicht gehen können. Die Verflachung der Hierarchien stellt eine Lösung dar.

- **Erkennen und Ausnutzen von Synergieeffekten**: Die Kunst besteht heute zunehmend darin, mit Ressourcen, die auch der Konkurrenz zur Verfügung stehen, durch Synergieeffekte eine höhere Gesamtleistung zu erzielen. In größeren, insbesondere in multinationalen Organisationen bedeutet Synergie nicht zuletzt auch das Vernetzen unterschiedlicher Kulturen. Interkulturelles Management wird zu einem bedeutenden Thema werden.

- **Flexibilisierung der Arbeitsformen und Arbeitszeiten**: Teilzeitarbeit, Heimarbeit, Job-sharing, Job-rotation geht mit zusätzlichem Koordinationsaufwand einher. Hier gilt es, akttraktive, realisierbare und ökonomisch sinnvolle Konzepte zu entwickeln.

- **Lebenslanges Lernen und Entwicklung ermöglichen**: Lernen wird zum entscheidenden Merkmal eines modernen Arbeitsplatzes. Dazu gehört das Lernen „on-the-job", problem- und erfahrungsorientiert.

- **Eskalationsmanagement von Konflikt- und Krisensituationen**: In einer Zeit kaum mehr beherrschbarer Technologien und immer komplexeren Datenräumen ist keine Organisation ganz gefeit gegen größere Pannen, Unfälle oder Fehlleistungen. Diesen gilt es mit entsprechenden Eskalationsmechanismen im Rahmen eines Eskalationsmanagements zu begegnen.

- **Steuerung und Kontrolle durch Kommunikation**: Es gilt sicherzustellen, dass die richtigen Informationen, in der richtigen Qualität, zum richtigen Zeitpunkt, am richtigen Ort sind.

- **Integration durch Visionen und Leitbilder**: Philosophien und Strategien zum Anfassen müssen entwickelt, transportiert und gelebt werden.

- **Zukunftsplanung aufgrund komplexer Szenarien**: Langfristige strategische Planung und auch die mittelfristige Planung, beruhen zunehmend auf Szenarien. Man hat es immer mit mehreren möglichen Zukünften zu tun. Damit gilt zum einen die Beweglichkeit und Anpassungsfähigkeit der Organisation sicherzustellen, zum anderen gilt es, sich dabei auf die Kernkompetenzen zu konzentrieren.

Flexibilität erfordert eine grundlegend andere Organisation, d.h. mit einem Verschieben von Kästchen im Organigramm oder mit dem Umbiegen eines Prozessverlaufs in der Prozesslandkarte ist es nicht mehr getan.

7.2   Prolegomenon

Unabhängig davon, ob man den bisher behandelten Organisationstheorien und deren Modelle bis ins letzte Detail Glauben schenken will, so machen die folgenden Abschnitte nachdrücklich auf die Grenzen einer Perspektive aufmerksam, die den organisatorischen Wandel prinzipiell als Ausnahme (Episode) begreift, die in eine Welt der Ordnung und Stabilität einbricht. Dieser einleitende Abschnitt in Form eines Prolegomenons ist darüberhinaus ein Plädoyer dafür, die Organisationen eher dynamisch und eben nicht statisch zu denken.

7.2.1   Klassische Organisationsentwicklung

Die klassische Organisationstheorie verstand sich ganz als Teil der analytisch-linearen Denktradition und der dafür typischen Trennung von Entscheidung und Handlung, von Willensbildung und Willensdurchsetzung. Dieser entscheidungslogische Denkansatz legt nahe, die Veränderung einer Organisation, gleichgültig auf welcher Ebene und in welchem Umfang, im Wesentlichen nur als ein planerisches Problem zu begreifen. Im Zentrum steht die Auswahl, d.h. die Bestimmung der optimalen organisatorischen Lösung, die der veränderten Situation oder dem veränderten Stand des Organisationswissens Rechnung trägt. Die Umsetzung der neuen Lösung in die Praxis wird lediglich als eine Frage der korrekten Anweisung gesehen. Die Realisierung der gefundenen Optimallösung gilt im wahrsten Sinne des Wortes als problemlos.

▶   Die organisatorische Praxis zeigt jedoch immer wieder ein anderes Bild, indem sich der Veränderprozess dahinschleppt, die Organisationsmitglieder die neue Lösung nicht nur nicht annehmen, sondern nahezu bekämpfen, vieles Unvorhergesehene ereignet sich und insgesamt die Umstellungspläne zu Makulatur werden lässt.

Es blieb der verhaltenswissenschaftlich orientierten Organisationslehre, allen voran der Human-Ressourcen-Schule vorbehalten, die oben angeführte Problematik aufzugreifen, den organisatorischen Wandel dabei als eigenständiges Problem zu erkennen und spezielle Ansätze zu seiner Lösung zu entwickeln (Abb. 7.1).

In den 1970er-Jahren des 20. Jahrhunderts haben Gruppentrainingsmethoden weltweite Verbreitung gefunden. Die Förderung organisatorischer Veränderungsprozesse wurde

Abb. 7.1 Ansatz der
planbaren Problemlösungen

mehr und mehr zu einer eigenständigen Beratungsaufgabe. Im Zug dieser Entwicklungen
bildete sich schließlich ein Spezialzweig innerhalb der Organisationstheorie heraus, der
sich ganz und gar der Veränderungsthematik widmet. Diesen Zweig der sogenannten *Organisationsentwicklung* (OE) auch aus heutiger Sicht zu beschreiben, fällt auch dann nicht
leicht, wenn man versucht, die Merkmale herauszustellen, die am häufigsten mit dem
Begriff auch heute noch verbunden werden. In Anlehnung an die umfangreiche Literatur
sind es vor allem die folgenden sechs Merkmale, die die Organisationsentwicklung auszeichnen (Cummunings und Worley 2004):

- **Geplanter Wandel**: Gegenstand der Bemühungen ist eine gezielte Herbeiführung ei-
  nes konkreten Wandelprozesses in Organisationen.
- **Ganzheitlicher Ansatz**: OE zielt darauf, das gesamte System (oder zumindest größere
  in sich geschlossene Einheiten) einem Wandel zu unterziehen.
- **Langfristige Perspektive**: Die Projekte sind längerfristig ausgelegt.
- **Anwendung sozialwissenschaftlicher Theorien**: Die initiierten Wandelprozesse stützen sich in ihrer Wirkungsvermutung auf sozialwissenschaftliche Theorien.
- **Struktur und Verhalten**: Die Programme zielen sowohl auf Veränderungen des Ver-
  haltens als auch der Organisationsstruktur ab.
- **Intervention durch Spezialisten**: Die Wandelprozesse werden von Spezialisten kon-
  zipiert und gesteuert.

Zwischenzeitlich ist die Organsationsentwicklung auch sehr stark mit den Inhalten des *Change Managements* verschmolzen. Letztere Anreicherung führt dazu, dass nunmehr nach der klassischen Theorie der Organisationsentwicklung die Faktoren Mensch, Technik und Organisation als gleichwertige Elemente nebeneinander stehen und je nach Problemstellung entsprechend zu konfigurieren und aufeinander auszurichten sind. In enger Anlehnung an Beckhard (1969) geht diese klassische Organisationsentwicklung (KOE) von folgenden Basisannahmen aus:

- Die KOE ist eine geplante Aktivität, welche die systematische Diagnose des gesamten Organisationssystems, einen daraus abgeleiteten Verbesserungsplan und die Bereitstellung der notwendigen Ressourcen vorsieht.
- Die Organisationsleitung bzw. -führung steht hinter dem Wandelprozess.
- KOE zielt auf die Steigerung der Effektivität der Organisation ab.
- KOE verfolgt eine vergleichsweise langfristige Perspektive und erwartet nachhaltige Umsetzungserfolge erst nach zwei oder drei Jahren.
- Die KOE ist handlungsorientiert.
- Die KOE fokussiert auf die Haltung und das Verhalten der am Änderungsprozess Beteiligten.
- Die KOE beruht auf dem Konzept des erfahrungsbasierten Lernens, welches in kleinen Schritten vorangeht und durch schnelles Feedback möglichst direkte Korrekturen im Änderungsprozess hervorrufen möchte.
- Die KOE fokussiert auf die Gruppe oder das Team als zentraler Einheit des Wandels.

Diese basalen Annahmen haben auch heute noch Bestand und daher gehen auch die meisten der modernen Theorie zur Organisationsentwicklung nicht weit darüber hinaus. Auf Basis dieser Annahmen verfolgt man das Konzept des *organisationalen Lernens*, das wiederum auf zwei Teilkonzepten beruht. Das erste Konzept sieht vor, dass Lernen auf verschiedenen Ebenen stattfindet. Ausser dem reinen Verbesserungslernen (singe loop lerning) gibt es ein Veränderungslernen (double loop learning), welches auch das Auswechseln des Bezugsrahmens der Veränderung mit einbezieht.

▶   Beispielsweise verändert ein Sachbearbeiter des Einkaufs nicht nur den eigentlichen Bestellprozess (=Verbesserungslernen), sondern orientiert sich in seinem grundlegenden Verständnis weg vom Sachbearbeiter hin zum internen Dienstleister in Bezug auf tangierte Abteilungen (=Veränderungslernen).

Das zweite Konzept unterscheidet zwischen den bekundeten Theorien (espoused theories) und den tatsächlich verwendeten Theorien (theories-in-use).

▶   Mitarbeiter werden demnach zwar auf Nachfrage eine bestimmte Überzeugung äußern, in ihrem tatsächlichen Verhalten jedoch eine ganz andere Botschaft übermitteln. Dies zeigt sich auch in den informellen Hintergrundprozessen, welche bei Veränderungsprozessen hier und da ans Tageslicht kommen und für teilweise massive Prozessstörungen sorgen.

7.2.2   Klassisches Change Management

Change Management ist heute sicherlich zu einem der zentralen Schlagworte im Manage-
mentdiskurs avanciert und kann als Gegenpol zur klassischen Organisationslehre aufgefasst werden. Es blieb der verhaltenswissenschaftlich orientierten Organisationslehre,
allen voran der Human-Ressourcen-Schule, vorbehalten, den organisatorischen Wandel
als eigenständiges Problem zu erkennen und spezielle Ansätze zu seiner Lösung zu entwickeln. Zwischenzeitlich hat sich diese Perspektive des Change Managements in der Praxis
etabliert und hat daher auch mit seinen Ansätzen die kognitive Organisationsentwicklung
mehr als bereichert. So gilt bei der Entwicklung von Organisationen unbedingt zu berücksichtigen, dass die Funktionstüchtigkeit neu entwickelter Organisationsstrukturen ganz
wesentlich von ihrer Akzeptanz durch die einzelnen Organisationsmitglieder abhängt.

> ▶   Dass die Schaffung solcher Akeptanzen sich nicht von Hause einstellt, hängt
>   unter anderem von einem ganzen Spektrum störender Beweggründe ab. So
>   werden die Veränderungen vom Verstand her als notwendig erachtet, vom Ge-
>   fühl her die Änderung aber als ungerechtfertigte Zumutung erlebt. Oder aber
>   innerhalb des emotionalen Spektrums, dass der Wandel einerseits als aufregen-
>   de Abwechslung, andererseits aber als Bedrohung erlebt wird.

Demzufolge kann man in Anlehnung bzw. Erweiterung an Watson (1975) nur zustimmen,
wenn solche Beweggründe zur Ablehnung von Veränderungen in vier Dimensionen aufgeteilt werden:

- **Dimension der Person**. Die verschiedenen Erklärungsansätze spannen einen weiten
  Bogen von einfachen Pessimismus-Thesen bis hin zu komplexen Perzeptionsmodellen.
  Dabei wird auf drei Ebenen argumentiert, auf der kognitiven, der emotionalen und der
  Verhaltensebene. Am geläufigsten ist die These, dass Menschen dazu neigen, einmal
  eingeschliffene Gewohnheiten beibehalten zu wollen. Mit anderen Worten, dass sich
  einmal gebildete Verhaltensgewohnheiten mit der Zeit zu Routinen ausformen, deren
  Ausführung schließlich einen Befriedigungswert für sich erhält und deshalb Verände-
  rungswiderstände entstehen lässt.
- **Dimension der Organisation**. In jeder Organisation entwickeln sich auf informellem
  Wege Normen und kollektive Orientierungsmuster, die in der Regel auf einer mehr
  unbewussten Ebene wirken. Veränderungsprogramme, die diese Normsysteme in Frage
  stellen, stoßen in der aller Regel auf einen energischen Widerstand. Je enthusiatischer
  (stärker) die Organisationskultur, umso ausgeprägter ist der zu erwartende Widerstand
  bei grundlegenden Veränderungen. Ablehnend und abwehrend reagieren viele Systeme
  auch deshalb auf Veränderungsprogramme, weil sie von außen kommen und zeigen
  sich in dem bekannten „Nicht-hier-erfunden-Syndrom (NIH: not invented here)“. Eine
  noch drastischere Reaktionsweise liegt dem „Threat-Rigidity“-Effekt zugrunde. Wird
  eine Veränderung als Bedrohung empfunden, so reagieren Systeme häufig mit Verhär-
  tung und dem verkrampften Festhalten an einmal eingeübten Praktiken.

- **Dimension der selbstverstärkenden Tendenzen**: Je mehr es einer Organisation gelingt, erfolgreiche Praktiken zu konservieren, umso höher wird vor einem evolutionstheoretischen Hintergrund die Wahrscheinlichkeit des Überlebens prognostiziert. Neue Praktiken, innovative Technologien, ungewohnte Leistungsverbünde werden zu Garanten des Erfolgs. Verschiedene positive Verstärker - wie Größeneffekte, Lern- und Netzwerkeffekte - lassen einen immer stärkeren Sog entstehen, sich auf den einmal eingeschlagenen Weg immer weiter zu konzentrieren. Der Erfolg dieser Entwicklung ist dann kaum noch zu bremsen. Gleichzeitig gerät aber die Organisation mit diesem Pfad immer mehr in ein Lock-in, d. h. andere Formate, neue Ideen usw. haben eine immer geringere Chance, aufgegriffen zu werden.
- **Dimension der Kernkompetenzen**. Kernkompetenzen zeichnen sich paradoxerweise sowohl dadurch aus, dass sie einerseits immer wieder ganz bestimmte Innovationen ermöglichen, gleichzeitig aber zur Verhinderung oder Unterdrückung anders gearteter Innovationen beitragen (core-rigidities). Kernkompetenzorientierte Organisationen fördern demnach tendenziell immer nur solche Projekte, die eng verwandt sind mit den einmal entwickelten und positiv verstärkten Kernkompetenzen. Die ehemals erfolgreiche organisationale Kompetenz verkehrt sich im schlimmsten Fall in ihr Gegenteil, nämlich Inkompetenz bzw. Unfähigkeit, neue Entwicklungen aufzunehmen und Veränderungsprozesse voranzutreiben. Es gilt die Frage nach den Kernaktivitäten zu stellen, mit denen man aufgrund des spezifischen Wissens in der Zukunft Erfolg erzielen kann und auf die man sich demnach konzentrieren muss. Es genügt also keineswegs, nur die Strukturen anzupassen.
- **Dimension der kognitiven Strukturen**. An erster Stelle stehen hier die (notgedrungen) selektive Wahrnehmung und die Prioritäten, die die Selektion steuern. Dabei gilt, dass emotional unangenehme oder beängstigende Stimuli eine höhere Wahrnehmungsschwelle als neutrale oder angenehme Stimuli aufweisen. Außerdem rufen kritische Stimuli häufig Substitut-Perzeptionen hervor, um sich vor der Wahrnehmung der kritischen, die bisherige Praxis in Frage stellenden Stimuli zu schützen. Eine weitere Verhaltenstendenz, die zur Erklärung des Widerstands gegen Änderungen beizutragen vermag, ist schließlich der Frustrations-Regressions-Effekt. Veränderungsprogramme entwerten häufig die eingeübten Verfahrensweisen; Die daraus resultierenden Frustrationen löst häufig nicht ein vorwärts strebendes Suchen nach neuen Lösungen aus, sondern eher reine rückwärts gewandte Reaktion in Gestalt eines Festklammerns an den alten Wegen oder der heimlichen Rückkehr zu dem Althergebrachten. Die alte Situation wird zur „goldenen Zeit" erklärt.
- **Dimension des geschlossenen Widerstands**: Nicht selten sind es auch Arbeitsgruppen, die geschlossen einen solchen Widerstand zeigen. Sie wehren sich gegen ihre drohende Auflösung oder eine Veränderung ihrer internen Struktur.

Unter Würdigung dieser Dimensionen wurden ebenfalls recht früh sogenannte „goldene Regeln" des erfolgreichen organisatorischen Wandels aufgestellt, die, ausgehend von dem Leitbild eines stabilen Systemgleichgewichts, folgende vitalen Aspekte berücksichtigt.

- **Partizipation**. Aktive Teilnahme am Veränderungsgeschehen, frühzeitige Information über den anstehenden Wandel und Partizipation an den Veränderungsentscheidungen.
- **Gruppeneffekt**: Nutzung der Gruppe als Vehikel der Veränderungen. Veränderungsprozesse in Gruppen sind weniger beängstigend und werden im Durchschnitt schneller vollzogen.
- **Kooperation**. Kooperation unter den Beteiligten.
- **Zyklischer Prozess**. Veränderungsprozesse vollziehen sich zyklisch. Sie bedürfen einer Auflockerungsphase, in der die Bereitschaft zur Veränderung erzeugt wird und einer Beruhigungsphase, die den vollzogenen Wandel stabilisiert.
- **Episodischer Prozess**. Änderungen haben nur Aussicht auf Erfolg, wenn die bisherige Praxis in Frage gestellt und die Notwendigkeit eines Wandels deutlich erlebt wird. Diese beiden Einsichten führten schließlich dazu, den erfolgreichen Veränderungsprozess als triadische Episode zu konzeptionalisieren: (Auftauen (unfreezing) - Verändern (moving) - Stabilisieren (freezing)).

Insgesamt steigt damit die Veränderungsbereitschaft, wenn Einverständnis über die Notwendigkeit der Veränderung hergestellt, das Veränderungskonzept selbst (mit)erarbeitet, die Veränderung gemeinsam beschlossen und die Veränderung begreifbar gemacht wird.

Neben diesen vitalen Aspekten erfordern die Herausforderungen, mit denen sich die heutigen Organisationen konfrontiert sehen, zumindest die Berücksichtigung folgender, kollateraler Gesichtspunkte:

- **Organisatorisches Verändern als Spezialistensache**. Implizit wird angenommen, dass eine Organisation ohne fremde Hilfe den Wandelprozess nicht erfolgreich bewältigen kann.
- **Organisatorisches Verändern als stetiger und planbarer Prozess**. Interne oder externe Veränderungen verlangen oft einen raschen („revolutionären") Umstellungsprozess, um den Systembestand sicherstellen zu können. So gehen einige Autoren davon aus, dass sich die Entwicklung von Organisationen grundsätzlich krisenhaft vollzieht. Dabei wird die Organisationsentwicklung als offener Wachstumsprozess verstanden und postuliert, dass jede Entwicklungstufe im Zuge des weiteren Wachstums spezielle, ihre inhärente Probleme mit sich bringt (z. B. Zentralismus, Informationsüberladung), die jeweils nur mit einer organisatorischen „Revolution", d. h. mit der Einführung eines neuen, für die Organisation gänzlich ungewohnten Managementsystems gelöst werden können. Andere stellen fest, dass die Entwicklung einer Organisation als ein fortlaufender Veränderungsprozess abgebildet werden kann, der typisch durch ein Alternieren der Prozesstypen „Konvergenz" (convergence) und „Umsturz" (upheaval, frame-breaking change) gekennzeichnet ist. Im Hintergrund steht das Theorem des unterbrochenen Gleichgewichts (punctuated equilibrium). Langanhaltende Gleichgewichtszustände werden eruptiv unterbrochen, danach pendelt sich wieder ein neues Gleichgewicht ein. Eine Reihe empirischer Studien belegt nachdrücklich die plausible Annahme, dass Organisationen vielfältige und nicht nur stetige Wandelformen zu bewältigen haben.

- **Organisatorisches Verändern als fest umschriebenes Problem**: Faktisch stellt sich die Systemsteuerung als ununterbrochene Folge von Problemstellungen dar. Dies ist letztlich Folge des schon mehrfach aufgezeigten basalen Sachverhaltes, dass Organisationen grundsätzlich in der komplexen und unsicheren Situation zu steuern sind und jederzeit mit Überraschungen gerechnet werden muss.
- **Organisatorisches Verändern als Sonderfall**. Dem Verändern wird ein Sonderstatus zugewiesen. Ausgangspunkt und Ende des Veränderungsprozesses ist generell die stabile, in sich ruhende Organisation. Veränderung ist deshalb notwendigerweise immer eine Zumutung, eine störende Episode, die rasch auf Beendigung des entstandenen Ungleichgewichts drängt.
- **Organistorisches Verändern als Fluidmanagement**. Man betont die Fluidität, ständig wechselnde Kooperationsformen und Grenzen. Prototypischen Charakter haben hier virtuelle Organisationsformen mit ihren kontinuierlichen wechselnden Kooperationsnetzwerken.

Gleichgültig, ob man die vitalen oder kollateralen Aspekte bei der Organisationsentwicklung berücksichtigt, so machen sie in jedem Fall nachdrücklich auf die Grenzen einer Perspektive aufmerksam, die den organisatorischen Wandel prinzipiell als Ausnahme (Episode) begreift, die in eine Welt der Ordnung und Stabilität einbricht. Dies bedeutet zuallererst, dass Organisationen dynamisch und eben nicht statisch gedacht werden.

7.2.3 Agentenbasierter Ansatz

Kognitive Organisationsentwicklung folgt der Überzeugung, dass die Objekte einer Organisation und deren Zusammenwirken Gegenstand wissenschaftlicher Forschung und praktischer Gestaltung sind. Dabei werden diese Objekte als *Agentensysteme* aufgefasst, unter die sowohl die Akteure in Form von Individuen, deren Biografie, Veränderungsbereitschaft, Veränderungfähigkeit und Perspektivvorstellungen subsummiert werden, als auch die Strukturen und die Prozesse und deren Randerscheinungen (formale und informale Beziehungen, inkorporierte Macht, Konflikte, Kommunikation, Technologie, Strategie, Werte und Werthaltungen, etc.).

▶ Ein solches Objekt kann aufgefasst werden als Sache oder Gegenstand des Wahrnehmens, Erkennens und Denkens oder Etwas, das Gegenstand irgendwelcher Aktivitäten (beispielsweise Bearbeitung, Begehren, Betrachtung, Wahrnehmung, Beobachtung, Modellierung) eines Subjektes wird. Die objektorientierte Modellierung fasst konkrete Ausprägungen einer Klasse als Instanz zusammen und beschreibt deren statische Eigenschaften als Attribute und die dynamischen Eigenschaften (Verhalten) durch Methoden. Objekte können angeordnet werden und so Strukturen bilden. Zeitliche Strukturen sind mit der Dynamik des Systems verknüpft.

In diesem Sinne umspannt die kognitive Organisationsentwicklung folglich alle Ebenen von der *Mikroebene* (Individuen, Maschinen, Werkzeuge, etc.), über die *Mesoebene* (Beziehungen, Bereiche, Abteilungen, Gruppen, Teams) bis zur *Makroebene* (Organisation und deren Umwelt). Weiterhin ist die Veränderung von Strukturen, Prozessen, Individuen und Beziehungen auf Lernvorgänge zurückführbar. Stets sind es die Objekte, die Veränderungen einleiten und gestalten. Damit ist die Organisationsentwicklung die logische Klammer um die Markt-, Lösungs- und Personalentwicklung.

7.2.4 Kognitiver Ansatz

Organisationen in turbulenter Umwelt stehen vor dem Dilemma, gleichzeitig Flexibilität und Stabilität in ihren Tätigkeiten generieren zu müssen. Bestimmend für die Entwicklungsdynamik der Interoperationsmuster der konnektionistisch-dynamischen Organisation sind die organisatorischen Prozesse und Regeln, letztere bestehend aus Konnektivität und Regelungsintensität. Das konnektionistisch-dynamische Modell der kognitiven Organisation enthält aufgrund der sensiblen Abhängigkeit der Dynamiken von den individuellen Regelungausprägungen zudem explizit die Anerkennung der Individualität jeder Organisation. Dies bedeutet, dass kognitive Züge in den Dynamiken der Organisationen gefunden wurden, dass diese zusammen mit dem Kognitionsgrad steigen, dass deren Ausmaß von der individuellen Strukturparameterausprägung abhängt und dass bei einer Entwicklung, die sich in der Nähe des Kognitions-Randes bewegt, eine höhere organisatorische Zielerreichung vorgefunden wurde als bei einer stabilen Entwicklung. Im Idealbild ist die konnektionistisch-dynamische kognitive Organisation damit eine Organisation am Rand der Kognition. Sie sollte es hiernach auch sein, um in dynamischer Umwelt optimale Ergebnisse zu erzielen. Das Modell der konnektionistisch-dynamischen Organisation adressiert die beiden folgenden Punkte:

- Es wird zum einen eine Dynamik modelliert, zu der eine Struktur mit Parametern - organisatorischer Prozesse und Regeln - und Zustände im Zeitablauf - Interoperationsmuster gehören. Mit steigendem Ausmaß nimmt die Flexibilität der Organisation aufgrund der zunehmenden Interoperationsfreiheiten zu und die Stabilität nimmt gleichzeitig ab. Steigende Kognitivität geht demnach unmittelbar mit steigender Flexibilität und mehr Zügen von Instabilität bzw. Unordnung einher.
- Bezogen auf die optimale Kognitionsausprägung zur Lösung des Flexibilitäts-Stabilitäts-Dilemmas in dynamischer Umwelt lässt sich aus dem konnektionistisch-dynamischen Modell ableiten, dass diese am Rand der Kognition zu suchen ist. Der Rand der Kognition wird bei hoher, aber nicht extremer Regelungsintensität erreicht.

Vor allem den Rand der Kognition gilt es für konkrete Organisationen zu verstehen und anzustreben. Die Annäherung an diesen Rand wird generell unterstützt, wenn Akteure in der Lage sind, ihre Organisation systemisch zu verstehen und Prozesse zu initiieren und zu begleiten, die die Organisation, ausgerichtet auf Visionen und globalen Zielen, lernfähig und flexibel gestalten. Bereits die Initiierung einer Kognitivierung gehört zu diesen Prozessen. Sie wird durch eine Erhöhung der weichen Anteile an den Steuerungsmechanismen und einen erhöhten Einsatz von IuK-Technologien in den organisatorischen Tätigkeiten erreicht. Hierdurch werden selbstorganisatorische Kräfte freigesetzt und kollektive Lernprozesse beschleunigt, welche eine Anpassung in Richtung höherer Kernkompetenzorientierung fördern. Der Rand der Kognition lässt sich in räumlicher Betrachtung durch eine Gleichzeitigkeit von stabilen und flexiblen Organisationsanteilen am besten aufrechterhalten. Die Organisation besteht dann gleichzeitig aus stabilen Kernen und variablen Teilen. Die stabilen Kerne können dabei aus den Interoperationen zu bestimmten organisatorischen Funktionen bestehen, wie zum Beispiel Finanzierung und Rechnungswesen. Dadurch, dass es innerhalb der Organisation auch jederzeit flexible Teile und damit auch austauschbare Akteure gibt, wird ein fruchtbares Gleichgewicht aus Konkurrenz und Kooperation der Akteure bewahrt. Die praktische Umsetzung des Randes der Kognition in zeitlicher Hinsicht besteht für die kognitive Organisation darin, zeitweilig und kurzfristig Instabilitäten zu fördern. Diese zeitlich begrenzten Instabilitäten werden zu Hebelpunkten in der organisatorischen Entwicklung, an denen wesentliche Entwicklungssprünge erreicht werden können, nach denen aber wieder stabile Grundbedingungen herrschen. Eine Empfehlung für das Management beziehungsweise die teilnehmenden Partner kognitiver Organisationen wäre es dann, die Hebelpunkte als Auslöser von Erfolg oder Misserfolg anzuerkennen und an diesen Zügen sogar weiter zu forcieren, um alle Möglichkeiten für eine verbesserte organisatorische Struktur und Zielerreichung zuzulassen.

▶ Insofern besteht die praktische Herausforderung für Manager kognitiver Organisationen darin, sich die Ambiguität aus Ordnung und Unordnung bewusst zu machen, auch vollständig Widersprüche zuzulassen und auszubalancieren, und sowohl destabilisieren als auch stabilisieren zu können. Es bedarf einer intelligenten Mischung von Routinen, Ritualen und Programmen mit einer Öffnung der Organisation für Veränderungen.

Die konnektionistisch-dynamische Organisation ist dem Paradigma der Systemtheorie und dort der Selbstorganisationsforschung zuzuordnen und in diesem zu interpretieren. Zu den Grundkonzepten gehört neben der Nichtlinearität als übergreifende(m) Konzept der Wandel als konstituierendes Systemmerkmal sowie eine durch Kooperation und Konkurrenz der Elemente gekennzeichnete selbstorganisatorische Entwicklung. Deterministisches Chaos und adaptive Selbstorganisationsphänomene erklären die Emergenz von Strukturen im Zeitablauf, und an Bifurkationspunkten der Entwicklung ist es unmöglich, den genauen späteren Zustand der Organisation im voraus zu bestimmen und in seinen Ursache-Wirkungs-Zusammenhängen vollständig zu erklären. Das Phänomen bzw. der Begriff des deterministischen Chaos, dass schon einfache Operationen in nicht-linear rückgekoppelten Systemen zu prinzipiell unberechenbaren Ergebnissen führen, drückt dabei im Besonderen aus, dass das Verhalten des Systems zwar unvorhersehbar (chaotisch) ist, die Regeln, nach denen das Systemverhalten entsteht, aber feststehen. Dies bedeutet, dass jede organisatorische Entwicklung in Zeit und Art individuell ist, so dass die Erkenntnisse über konnektionistisch-dynamische Organisationen (lediglich) als solche Muster anzusehen sind, die für praktische Einzelfälle im Rahmen einer Markt-, Lösungs- und Personalentwicklung weiter zu konkretisieren sind.

Ziel der kognitiven Organisationsentwicklung ist es, die Leistungsfähigkeit der gesamten Organisation und deren Umwelt in einem systematischen, organisationsübergreifenden Lern- als Veränderungsprozess zu verbessern. Insofern umfasst die kognitive Organisationsentwicklung die Markt- (Markteinführungsstrategien), Lösungs- (Produkte und Dienstleistungen), Personalentwicklung (Individuum, Teams, Abteilungen) und Organisationsentwicklung (Prozesse, Regeln, Struktur, Kultur). Um sich auf diesen unterschiedlichen Interventionsebenen professionell zu bewegen, dabei deren unterschiedliche inhaltlichen Schwerpunkte überblicken und damit deren situativen Anforderungen gerecht werden zu können, bedarf es einer fachlichen Prozessbegleitung.

▶   Der Unterschied zwischen diesen beiden einzunehmenden Rollen wird gelegentlich mit einem Bild umschrieben: während die Rolle eines Fachberaters eher der Expertenrolle eines Arztes entspricht, versteht sich der Prozessberater eher als begleitender und stützender „Geburtshelfer".

In diesen Markt-, Lösungs-, Personal- und Organisationsentwicklungsprozessen werden eine Vielzahl von Methoden bzw. Verfahren eingesetzt, um die notwendigen Lern- und Veränderungsprozesse anzustoßen, zu gestalten und zu etablieren. Dabei sind innerhalb des Methodenpools sowohl „klassische" Methoden wie Vortrag, Gruppenarbeit und Diskussionen als auch moderne, sozusagen „neoklassischen" Methoden wie Cognitive Tanks zu finden (Abb. 7.2).

7.2.5   Interorganisatorischer Ansatz

Die Funktion des interorganisatorischen Ansatzes, repräsentiert in Form einer Person, eines Teams oder einer Abteilung, besteht in der Verklammerung der Organisation in allen Formen. Die Theorie, die hinter diesem Ansatz steht, muss von dem handeln, was die einzelnen Objekte zur Organisation macht: von ihrer Einheit. Insofern geht es um die Re-Integration von organisatorischen Objekten im Sinne einer Zusammenführung und nicht nur um eine Integration im Sinne der Herstellung eines unversehrten Ganzen, zumal letzteres niemals erreicht werden kann. Das Verfolgen dieses Ansatzes hält das Bewusstsein des interorganisatorischen Prinzips wach. Dabei nimmt es niemanden die interorganisatorichen Pflichten ab, vielmehr ist es sozusagen ein Einfallstor für *Interorganisationalität*. Es hat keinen bleibenden Arbeitsgegenstand - auch nicht die Interorganisationalität - sondern geht wechselnden abteilungs- bzw-. bereichsübergreifenden Themen nach und entwickelt eben abteilungs- bzw. bereichsübergreifende theoretische Konzeptionen. Es garantiert damit sozusagen die „Vieläugigkeit" der Organisation und verhindert den Fall in

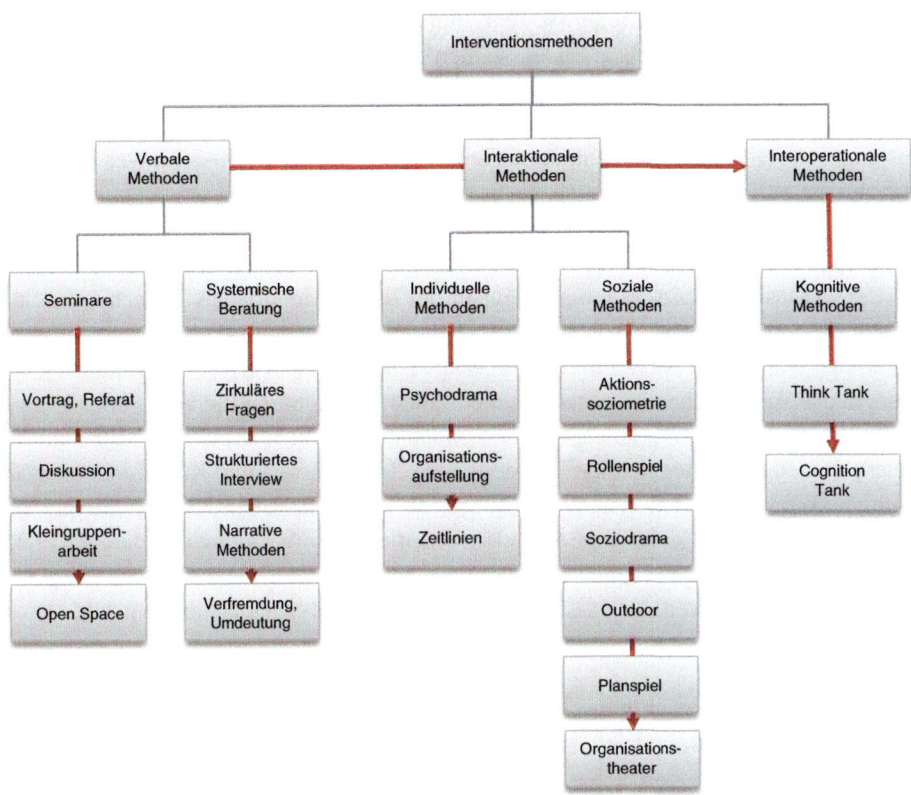

Abb. 7.2 Methodenpool

die organisatorische Bewusstlosigkeit, in einen Zustand einer durch Auslassungen bedroh-
ten Wahrnehmung. Hierzu verfolgt dieser Ansatz die Prinzipien der Koordination, Kooperation und Kommunikation (Ko-Ko-Ko-Modell).

Das entscheidende Mittel der Zusammenführung der einzelnen Organisationsobjekte
sind die Themen. Die Chance des Zusammenfindes liegt in der gegenseitigen Ergänzungs-
bedürftigkeit, insbesondere bezüglich der Inhalte, Aufgaben, Herausforderungen, Theori-
en und in der daraus folgenden Konvergenz der Methoden. Es gilt, die Dispersion der
Kognitionen zu einer einigenden Mitte zu kanalisieren. Das ausdrückliche Motiv der Interorganisationalität ist die Sicherung des Fortschritts der einzelnen Akteure und der Organisation als solches.

7.2.6 Interoperationsorienterte Technologie

Die folgenden Abschnitte erläutern, wie die interoperationsorientierte Technologie als
multiplikative Verknüpfung von Methodik und diversen Techniken funktioniert und wirkt.
Jede Form der Entwicklung steht vor dem Problem, auf Strukturen und Prozesse,

Probleme, Situationen und Ereignisse zugreifen zu müssen, die zu einer anderen Zeit statt-
gefunden haben (oder noch stattfinden werden). Insofern benötigt die interoperationsorientierte Technologie als multiplikative Verknüpfung von Methodik und Technik einen
Kognitionsraum, indem auf kognitiver Ebene gearbeitet werden kann. In diesen Kognitionsraum werden Probleme als Input eingebracht, um am Ende des kognitiven Prozesses
Lösungsentscheidungen als Output auszugeben. Diese Lösungsentscheidungen bleiben
aber nicht beim „Präsentieren über…" stehen, sondern gehen in der Realisierungsphase
direkt über die verbale Dimension in ein „Einwirken auf…" über. Ein weiteres Problem
bei der Organsiationsentwicklung besteht in der oftmals ignorierten Tatsache, dass die
Wirklichkeit von Organisationen und der in ihnen arbeitenden Menschen nur teilweise
materieller Natur sind. Nicht immer ist entscheidend, was man sehen und anfassen kann,
sondern das Wesentliche, das es zu verändern gilt, bleibt häufig unsichtbar (Abb. 7.3).

In Organisationsentwicklungsprozessen bilden diese unsichtbaren (physischen und sozialen) Dimensionen der Realität (Einstellungen, Rollenstrukturen, Kommunikationsab-
läufe, Anforderungen, Erwartungen, Kultur etc.) die Ansatz- bzw. Angriffspunkte von
Veränderungen. Das Ziel der interoperationsorientierten Entwicklung und deren Technologie ist es daher, diese unsichtbaren Komponenten im Rahmen eines Cognition Tanks zu
erfassen, zu modellieren, so dass ein Begreifen der Problematik möglich wird. Diese

Abb. 7.3 Eisberg der
Organisationsrealität

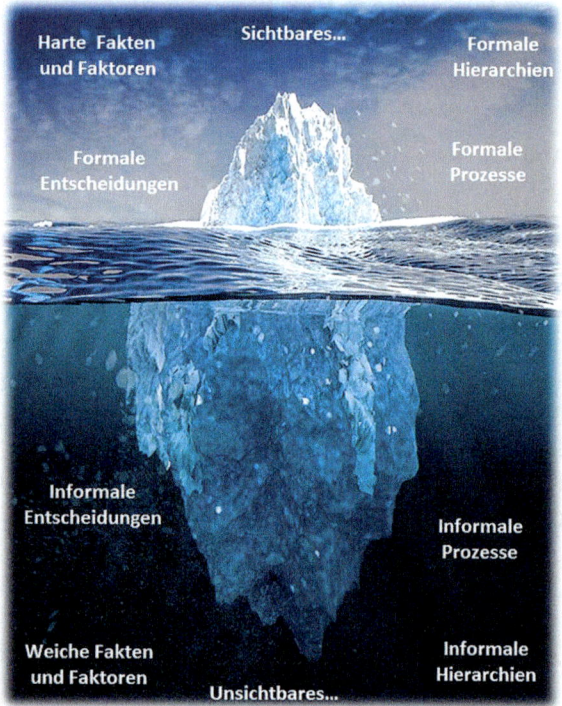

Konkretisierung nicht greifbarer Prozesse und Strukturen zu einem greifbaren Modell erfolgt unter Berücksichtigung des Kognitionsmodells. Wie bereits in einem früheren Kapitel erarbeitet, zeichnen sich solche Modelle dadurch aus, dass sie unter Umständen nur zu einem gewissen Grad mit der Realität identisch sein müssen. Lediglich die Strukturgleichheit von Modell und Realität in Form einer Isomorphie ist gefordert.

Der interoperationsbasierte Ansatz arbeitet gleich mit mehreren Modellen, indem beispielsweise neben den Lösungsmodellen auch in den frühen Phasen der Organisationsentwicklung auch Problemmodelle vorgesehen sind. Ein solches Modell dient dann zur Beschreibung der Eigenschaften und der Strukturen von Problemkonstellationen. Danach sind solche Modelle vor allem durch drei Merkmale gekennzeichnet:

- **Abbildung**: Ein Modell ist immer ein Abbild von etwas, eine Repräsentation natürlicher oder künstlicher, originärer Realitäten, die selbst wieder Modelle sein können.
- **Minimierung**: Ein Modell erfasst nicht alle Attribute des Originals, sondern nur diejenigen, die dem Modellierer bzw. dem Modellanwender relevant erscheinen.
- **Pragmatismus**: Pragmatismus bedeutet hier die Orientierung am Nützlichen. Ein Modell ist einem Original nicht a priori von sich aus zugeordnet. Die Zuordnung wird vielmehr durch die Fragenstellungen „Für wen?", „Warum?" und „Wozu?" getroffen. Ein Modell wird vom Modellierer bzw. Modellanwender innerhalb einer bestimmten Zeitspanne und zu einem bestimmten Zweck für ein Original eingesetzt. Man kann also davon sprechen, dass das Modell interpretiert wird.

Ein Problem- oder Lösungsmodell zeichnet sich also durch *Abstraktion* aus, um durch eine bewusste Vernachlässigung bzw. Reduktion bestimmter Merkmale, die für den Modellierer oder den Modellierungszweck wesentlichen Modelleigenschaften hervorzuheben. Dabei wird - im Gegensatz zu Modellbegriffen einzelner Wissenschaften - kein bestimmter Abstraktionsgrad vorausgesetzt, um ein Konstrukt dennoch als Modell bezeichnen zu können.

Mit Modellen verbundene Intentionen können sein:

- Didaktische Veranschaulichung,
- Experimente,
- Repräsentation,
- Prognosen,
- Kommunikation,
- Theoriebildung,
- Nutzbarmachung eines Originals,
- Erkenntnisgewinn,
- Handlungsgrundlage,
- u. v. m.

Die Besonderheit der Problem- und Lösungsmodelle sind deren kognitive Ausprägung. *Kognitive Modelle* basieren auf dem zentralen Paradigma, dass es sich bei den kognitiven Funktionen und Leistungen des Menschen:

* Wahrnehmung,
* Wissen,
* Gedächtnis,
* Denken,
* Problemlösen,
* Lernen,
* Sprechen,
* Sprachverstehen,

um Vorgänge der Informationsverarbeitung handelt. Eine effektive Methode zur Analyse solcher kognitiver Funktionen und Leistungen im Rahmen des Paradigmas der Informationsverarbeitung, stellt die kognitive Modellierung mit Hilfe wissensbasierter Systeme dar. Kognitive Leistungen beruhen vor allem auf Deutungen und Interpretationen von Wahrnehmungsinhalten. Menschen konstruieren durch Vorgänge der Wahrnehmung und des Sprachverstehens sowie aufgrund ihres erarbeiteten Vorwissens, ihrer zukünftigen Erwartungshaltungen und ihrer persönlichen Ziele eine interne, subjektiv geprägte Repräsentation einer Problem- und/oder Anwendungsdomäne. Diese Konstruktionen bilden das kognitive Modell einer Person über diese bestimmte Domäne. Die kognitive Modellierung basiert auf der Ausgangsvoraussetzung, dass Problemstellung sowie deren Lösungansätze als wissensbasierte Systeme aufgefasst werden können. Zur Entwicklung solcher Systeme greift man auf das Prinzip der *Mimesis* zurück. Die *mimetische Modellierung* ist nur deshalb möglich, weil sie vereinfachte Modelle von den Erscheinungen erstellt, weil sie weniger bedeutsame Variable ignoriert. Bereits bei den historischen Ausprägungen von Mimesis geht es um die Erzeugung symbolischer Welten mit Hilfe unterschiedlicher Medien. Mimetische Welten haben eine eigene Existenz; sie können aus sich selbst heraus verstanden werden; aber sie sind nicht in sich eingeschlossen, sondern nehmen immer Bezug auf eine Umwelt oder eine andere Welt. Historisch gesehen kann diese Bezugnahme der verschiedensten Art sein. In jedem Fall besitzt die mimetische Welt ein eigenes Recht neben der anderen Welt der Wirklichkeit; in diesem Merkmal unterscheidet sich Mimesis grundlegend von Theorien, Modellen, Plänen und Rekonstruktionen und ergänzt somit sicherlich die kognitive Modellierung.

Mimesis ist dabei ein interoperationsorientierter Ansatz, ganz im Sinne des Herstellens von ein- und auswirksamen Lösungen für Probleme bzw. dem Finden von Antworten auf gestellte Fragen. Mit dem Aspekt des Herstellens wird ausgedrückt, dass Mimesis eine Aktivität von Handelnden ist, ein konkretes Tun. Dabei wird ein praktisches Wissen eingesetzt, das scheinbar unmittelbar, ohne langes Nachdenken, bestimmte Handlungsmuster verfügbar macht und mit der Wahrnehmung einer Situation eine Interpretation und

Reaktionsweisen bereitstellt, die die nächsten Handlungsschritte antizipieren lassen. Mimesis ist damit die in einer symbolischen Welt objektivierte Antwort eines Subjekts, das sich an der Welt von Anderen orientiert. Mimesis zielt auf Einwirkung, Aneignung, Veränderung, Wiederholung, Wiederverwendung und ihr Vehikel ist die Neuinterpretation von wahrgenommenen Welten. Diese interoperationalen Wirkfaktoren können durch die Berücksichtigung der folgenden Aspekte noch verstärkt werden:

- Die Tatsache, dass die Umwelt und deren Informationsvielfalt größtenteils über das Auge wahrgenommen werden, wird dadurch eindrucksvoll bestätigt, dass 80 % aller Informationen über den Sehsinn aufgenommen werden. Interoperationsorientierte Methoden drücken abstrakte, komplexe Themen in einfachen, konkreten Bildern aus. Bilder sind anschaulicher und leichter zu verstehen als verbale Informationen. Sie sind besser zu behalten als verbale Informationen und wirken daher transferfördernd. Durch die Nutzung der Sinne kommen interoperationsorientierte Methoden der Forderung nach ganzheitlichem Lernen nach.
- Erfahrungslernen findet erst dann statt, wenn die Beteiligten das in der Lern- bzw. Beratungssituation Erlernte in einen größeren Zusammenhang einordnen und im Kontext ihrer Wirklichkeit mit Bedeutungen versehen. Lernprozesse müssen daher als persönlich relevant und emotional bedeutsam erlebt werden.
- Die tätige Auseinandersetzung mit der Welt und das körperliche Erleben sind lebensgeschichtlich die frühesten Formen, mit denen der Mensch seiner Lebenswelt Bedeutung abringt. Praktische Erfahrung durch eigenes Handeln ist daher der grundlegendste Baustein aller Lern- und Veränderungsprozesse.
- Interoperationsorientierte Methoden konzentrieren sich auf persönliche Themen. Auf diese Weise entsteht eine Resonanz zwischen Lerninhalt und Lernmethodik. die die persönliche Bedeutsamkeit der Lernsituation für die Lernenden sichert und nachhaltiges Organisationslernen fördert.
- Experimente und Simulationen dienen der sanktionsfreien Erprobung neuer Denk- und Handlungsweisen.
- Emotionen können über Gelingen oder Scheitern eines Veränderungsprozesses entscheiden. Interoperationsorientierte Methoden machen mit spezifischen Techniken die emotionalen Dimensionen sicht- und reflektierbar. Auf diese Weise können emotionale Verfestigungen in Bewegung gebracht und ein förderliches Klima geschaffen werden. Insofern kann nachhaltiges Organisationslernen nur gelingen, wenn im Entwicklungsprozess alle kognitiven Dimensionen der Veränderungen angesprochen und bearbeitet werden.
- Bereits in frühen Phasen des Entwicklungsprozesses müssen die „Brillen", d. h. die Denkschemata und zementierten Haltungen, die zur Gewohnheit geworden sind, sichtbar gemacht werden. Interoperationsorientierte Methoden verfügen über spezielle Techniken, die solche Beobachtungen 2. Ordnung ermöglichen. Sie ermöglichen es, neue Perspektiven einzunehmen und alternative Wirklichkeiten zu entwerfen bzw. zwischen der Selbst- und Fremdbeobachtung zu differenzieren.

- Organisationen können blind operieren, d. h. auch sie verfügen über ein Unbewusstes, über latente Anteile, tabuisierte Bereiche und vermiedene Themen. Organisationen ändern sich daher nur durch die Veränderung von Erwartungsstrukturen, d. h. der formalen und informellen Kommunikations- und Interoperationsregeln.

- Aus den früheren Kapiteln dieses Buches ist bekannt, dass sich Organisationen als komplexe Systeme durch ihre Vernetzung und die stellenweise operationale Geschlossenheit ihrer Prozesse auszeichnen. An solchen Stellen bzw. in solchen Situationen kann die Entwicklung nicht von außen steuernd eingreifen, sondern sie nur unspezifisch perturbieren. Ob sich die Organisation durch diese Perturbation allerdings zu einer Veränderung anstoßen lässt oder nicht, ist ihre Sache und nicht vorhersagbar. Das Ziel einer sich als Irritation verstehenden Entwicklungsarbeit ist es dann, offene Gestalten zu erzeugen, die über den Entwicklungsprozess hinaus Suchprozesse und Neukonstruktion „von Sinn" anstoßen.

- Die Mimesis soll Organisationen einerseits darin unterstützen, ihre Eigen- und Umweltkomplexität zu reduzieren. Allerdings ist Lernen stets immer auch Anreicherung mit Komplexität. Interoperationsorientierte Methoden greifen einen Ausschnitt aus der Organisationsrealität heraus, d. h. sie reduziert bei weniger bedeutsamen Themenausschnitten Komplexität, um an entscheidenden Stellen zusätzliche Komplexität erzeugen zu können.

- Die Sinnwelten von Menschen und Organisationen sind nicht in erster Linie durch Sprache und Logik, sondern v. a. durch Symbole geprägt. Die mimetische Ausrichtung interoperationsorientierter Methoden ermöglicht es, die Wirklichkeit der Klienten(systeme) in ihren symbolischen Dimensionen abzubilden, wobei ihr präsentativer Gehalt zunächst erhalten bleibt und erst in der Diagnose- bzw. Entwicklungsphase durch sprachliche Reflexion ergänzt wird.

- Das Spiel ist in der Evolutionsgeschichte des Menschen als eine wichtige Lernform verankert. Wenn Spielprozesse professionell und für die Beteiligten transparent gestaltet werden, können Spiel und Spielfreude in Form eines „organization gaming" motivationsfördernd und widerstandshemmend wirken und so nachhaltiges Organisationslernen unterstützen.

Interoperatorientierte Methoden unterscheiden sich durch die Anreicherung solcher mimetischer Aspekte von anderen Methoden dadurch, dass auch immaterielle Aspekte der organisationalen Realität (Kommunikation, Konflikte, Rollenerwartungen etc.) konkretisiert, sichtbar, fassbar und somit greifbar werden. Zu den wichtigsten Merkmalen gehören demnach die bewusste und gezielte Nutzung der Sinne, erfahrungsorientiertes Lernen, Integration aller Bestandteile der Kognition gemäss des Kognitionsmodells, bewusste Verfremdung und symbolische Verdichtung von Sinngehalten. Eine kognitive Modellierung unter Einbezug einer solchen Mimesis lässt eine Reihe von Dimensionen erkennen:

- An Mimesis ist praktisches Wissen beteiligt; sie ist an eine Handlungspraxis gebunden. Mimesis entzieht sich der Theoriebildung. Sie ist Produkt menschlicher Praxis und muss immer als Hervorbringung durch Tun betrachtet werden, als ein Teil von Praxis.

- Mimetische Prozesse bringen Erworbenes, das der Handelnde schon herausgebildet hat, zum Funktionieren. So lässt man beispielsweise beim Nachmachen motorische Schemata und Prozesse erneut ablaufen, die bereits vorhanden sind. Mimesis ist ein freies Funktionierenlassen von Handlungsschemata und, auf höheren semiotischen Ebenen, von Techniken des Benennens, Bedeutens, Darstellens.
- Mimetische Prozesse beruhen nicht auf Ähnlichkeiten. Erst wenn eine Bezugnahme von einer mimetischen auf eine andere Welt eingerichtet worden ist, kann es zu einem Vergleich zwischen beiden Welten kommen. Ähnlichkeit ist eine Folge von mimetischer Bezugnahme. Imitation ist nur ein Sonderfall von Mimesis. Allgemein gesagt: Ein Gegenstand oder Ereignis kann erst dann als Bild, Abbild oder Reproduktion eines anderen angesehen werden, wenn zwischen beiden eine mimetische Bezugnahme besteht. Diese ist Generator von Bildern, Korrespondenzen, Ähnlichkeiten, Widerspiegelungen, von Abbildungsverhältnissen, die Beziehungen zwischen Ereignissen und Gegenständen auf der sinnlichen Oberfläche der Erscheinungen herstellen.
- In der mimetischen Bezugnahme wird von einer symbolisch erzeugten Welt aus eine existierende Welt interpretiert. Im mimetischen Handeln ist die Absicht involviert, eine symbolisch erzeugte Welt so zu zeigen, dass sie als eine bestimmte gesehen wird.
- Mimesis ist ein Dazwischen, aufgespannt zwischen einer symbolisch erzeugten und einer anderen Welt. In diesem Verhältnis wird festgelegt, welche Welt als die wahre und welche als modellhafte gilt.
- Die Kraft von Mimesis liegt im Wesentlichen in den Bildern und Modellen, die sie hervorbringt. Bilder und Modelle haben zwar eine materielle Existenz, aber das, was sie darstellen, ist nicht integrativer Teil der empirischen Wirklichkeit, der späteren Systemlösung. Sie lassen eine Tendenz zur Autonomie erkennen; sie werden dann zu sinnlichen Ereignissen ohne Referenz auf Wirkliches, zu Simulakren und Simulationen.
- In anthropologischer Hinsicht gilt Mimesis als eine Fähigkeit, die den Menschen vom Tier unterscheidet. An Mimesis gibt es ein Vergnügen, das bereits Aristoteles als spezifische Eigenschaft des Menschen auszeichnet. Insbesondere im Kindesalter vollziehen sich große Teile der Erziehung mimetisch. Schon im vorsprachlichen Alter werden Wahrnehmungsfähigkeit und Motorik über mimetische Prozesse gebildet.
- Mimetische Prozesse finden ihren Ansatzpunkt in der symbolischen Konstituiertheit der empirischen Welt. Überall, wo Mimesis herrscht, bestehen fließende Übergänge zwischen Darstellung, Abbildung, Wiedergabe, Reproduktion, aber auch Täuschung, Illusion, Schein.

Der von der Mimesis bewirkte Wandel von der Präfiguration (Vorverständnis) über die Konfiguration (Modell) bis hin zur Transfiguration (Anwender) artikuliert zwar die Phasen eines Prozesses, nicht aber dessen Umschlagstellen. Diese bleiben leer, und das müssen sie wohl auch, weil der Statuswechsel der Figurationen - wenn überhaupt - sich nur als Spiel verstehen lässt, das die unterschiedlichen Konstellationen eines solchen Wechsels durch jeweils andere Formen ausspielen wird. Es ist in der Tat der Organisationsentwickler als Modellierer - oder besser der Akt des Modellierens - der letztlich die einzigartige Schaltstelle für den unaufhörlichen Übergang von einer präfigurierten Domäne zu einer transfigurierten Domäne durch die Vermittlung einer konfigurierten Domäne darstellt (Abb. 7.4).

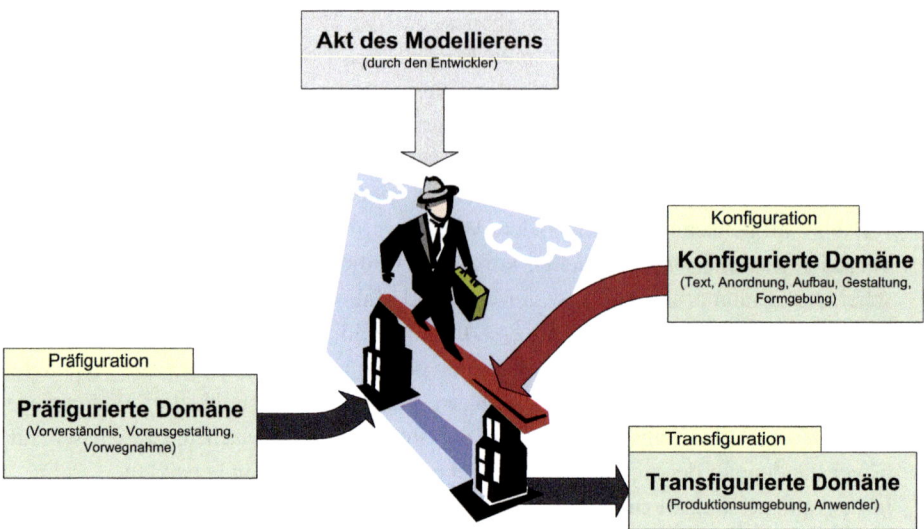

Abb. 7.4   Kognitive Modellierung

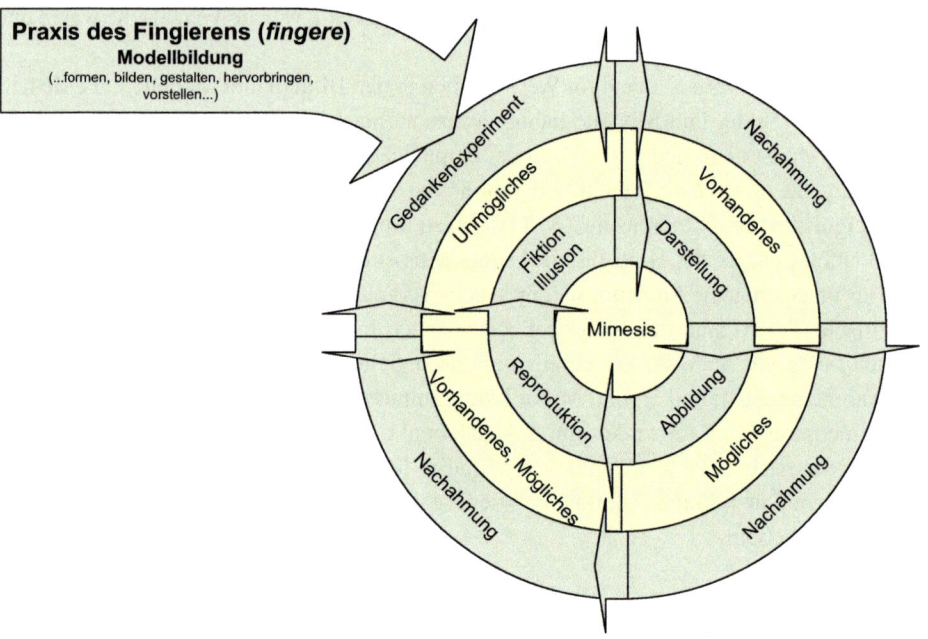

Abb. 7.5   Gedankenexperiment

▶   So können zum Beispiel im Rahmen von Gedankenexperimenten oder Simula-
       tionen die im Systemmodell implementierten Annahmen systematisch variiert
       werden, um zu testen, ob dies zu den erwarteten Änderungen des Modellver-
       haltens führt (Abb. 7.5).

7.2.7   Cognition Tank

In diesem Kognitionsraum, der als *Cognition Tank* bezeichnet wird, wird die Realität der Organisation durch entsprechende Techniken, wie beispielsweise in Form eines Rollenspiels, einer Organisationsaufstellung oder eines Planspiels simuliert. Insofern ist der Cognition Tank mit seiner inhärenten technologischen Ausstattung das konstitutive Merkmal interoperationsorientierter und damit kognitiver Organisationsentwicklung.

Die interoperationsorientierte Methode folgt einem vierphasigen Ablauf:

- Sensibilisierung
- Problematisierung
- Mimetisierung
- Konkretisierung

und innerhalb dieser Phasen den Phasen des

- Warm-up
- Entwicklung
- Cool-Down

Das Warm-up dient dazu, die Beteiligten kognitiv und emotional auf die gemeinsamen Herausforderungen, Aufgaben und Tätigkeiten einzustimmen, mit denen sie in der Entwicklungsphase konfrontiert werden und zur erfolgreichen Lösungentwicklung gemeinsam bewältigt werden müssen (Abb. 7.6). Dabei gilt es zu beachten, das die

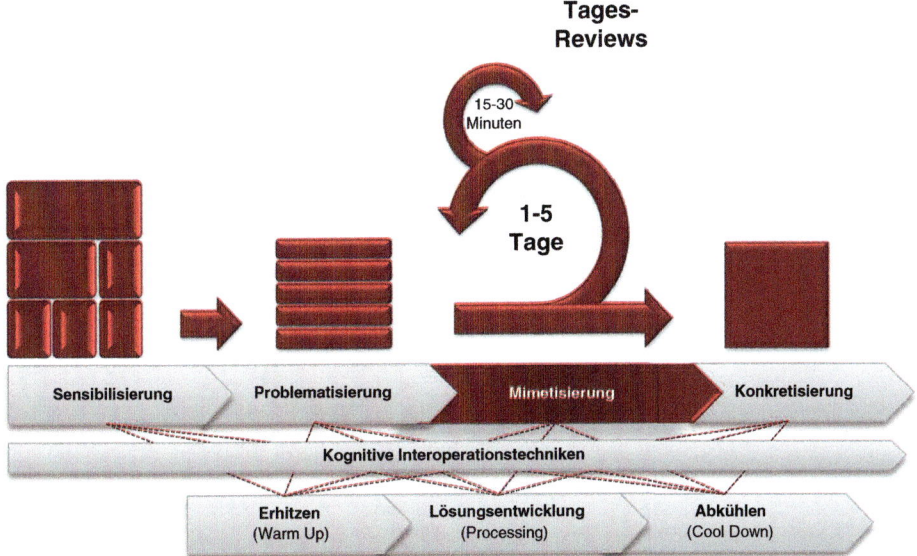

Abb. 7.6 Cognition Tank als kognitiver Prozess zur Lösungsentwicklung

interoperationsorientierte Methode ganz bewusst eine Art Leitfaden vermissen lässt, da die
Phasen zugeschnitten werden müssen:

- im Vorfeld individuell auf den jeweiligen Auftragskontext, die Gruppenzusammensetzung und die Ziele der Teilnehmer und
- während des Ablaufes auf die jeweiligen situativen Erfordernisse.

Der praktische Teil des Cognition Tanks in enger Anlehnung an das interoperationale
Konzept lautet (Abb. 7.7):

- **Identifikation**: Identifiziere eine aktuelle und reale Problemsituation.
- **Relevanz**: Tausche Überlegungen über Relevanz der Problemstellung mit den betroffenen Beteiligten aus.

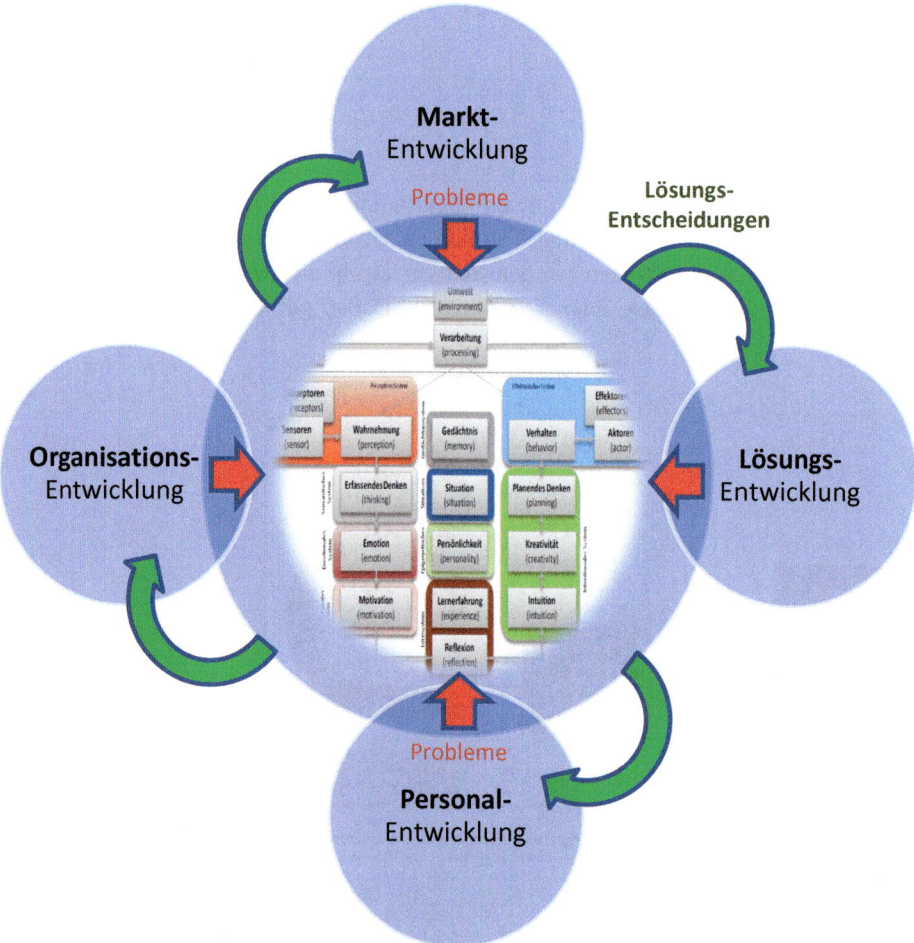

Abb. 7.7 Cognition Tank als Lösungslieferant

- **Rahmenbedingungen**: Analysiere mit den Betroffenen die Bedingungen, unter denen sich das Problem stellt.
- **Rekonstruktion**: Rekonstruiere die Problemsituation und die Handlungsspielräume.
- **Kodifikation**: Kodifiziere die Problemsituation und die Handlungsspielräume.
- **Dekodifikation**: Dekodifiziere gemeinam mit den Betroffenen die Problemsituation.
- **Problemlösungsstrategien**: Erarbeite ein Handlungstableau mit alternativen Problemlösungsstrategien.
- **Entscheidungsspiele**: Spiele mit den Betroffenen und Beteiligten die Problemlösungsstrategie durch und führe eine Entscheidung herbei.
- **Vorschlag**: Bereite einen Vorschlag für die präferierte Lösung vor.
- **Abstimmung**: Stimme die Problemlösung mit den Beteiligten und Betroffenen ab.
- **Einführung**: Führe mit den Betroffenen die Lösung ein.
- **Begleitung**: Begleite und (in)formiere den Prozess der Einführung der Problemlösung.
- **Bewährung**: Bescheinige gemeinsam mit den Betroffenen die Bewährung der Lösung und empfehle eine/keine Verbreitung.
- **Multiplikation** und **Wiederverwendung**: Begleite und (in)formiere den Prozess der Verbreitung der erprobten Problemlösung.

Zwischen jedem dieser Schritte stehen, aufgeschlüsselt nach durchgehenden Kategorien, die

- **Fragestellung** (was in diesem Schritt zu ermitteln sei),
- **Kriterien** (die die Problemidentifikation leiten),
- **Kommunikationspartner**,
- **Reflexionsweisen**,
- **Kontrollverfahren** und
- die zu erwartenden **Ergebnistypen**.

An dieser Stelle gilt es allerdings zu beachten, dass man bezüglich dieser Kriterien nicht in eine Art „Scholastik" verfallen, d. h. einer akribischen Ausarbeitung dieser zu viel Konzentration opfern sollte, immerhin sollen praktische Probleme gelöst werden.

▶ All dies muss nämlich leer ausgehen, solange die Beteiligten nur prüfen, planen, überdenken und nicht interoperieren oder zumindest handeln, also keine Verantwortung für bestimmte Lösungen auf bestimmte Zeit übernehmen. Man schaue nur in die Leitlinien der klassischen Organisationsentwicklung und dort auf die Übersichten, die in Sätze auszuschreiben Tausende von Schreibstunden gekostet hat, um lediglich in wohlgeordneten Kästen über Seiten und Seiten hinweg dieselben, ohne konkrete Anweisungen gebende Leerworte aufzuzählen: strukturieren, integrieren, thematisieren, problematisieren, aktivieren, koordinieren, entwickeln, erarbeiten, erstellen, Schwerpunkte bilden, Akzente setzen, Designs entwerfen, Strukturkonzepte entwickeln, Modelle erstellen, Prototypen entwickeln, Implementierungen….

Es gilt, sich vielmehr an der Auffassung zu orientieren, dass sich die Organisationsentwicklung erst in der Praxis abschließend bewährt. Dies impliziert die entschlossene Preisgabe der Suche nach letzten, idealtypischen Lösungen, an deren Stelle das Lösen von Problemen gesetzt wird.

Was die kognitive Organisationsentwicklung überleben lässt, sind nicht nur ihre Theorien und den darin verankerten Begründungen, sondern vor allem ihre praktischen Ein- und Auswirkungen auf die Organisationsobjekte, die Organisation an sich und deren Umwelt (Abb. 7.8).

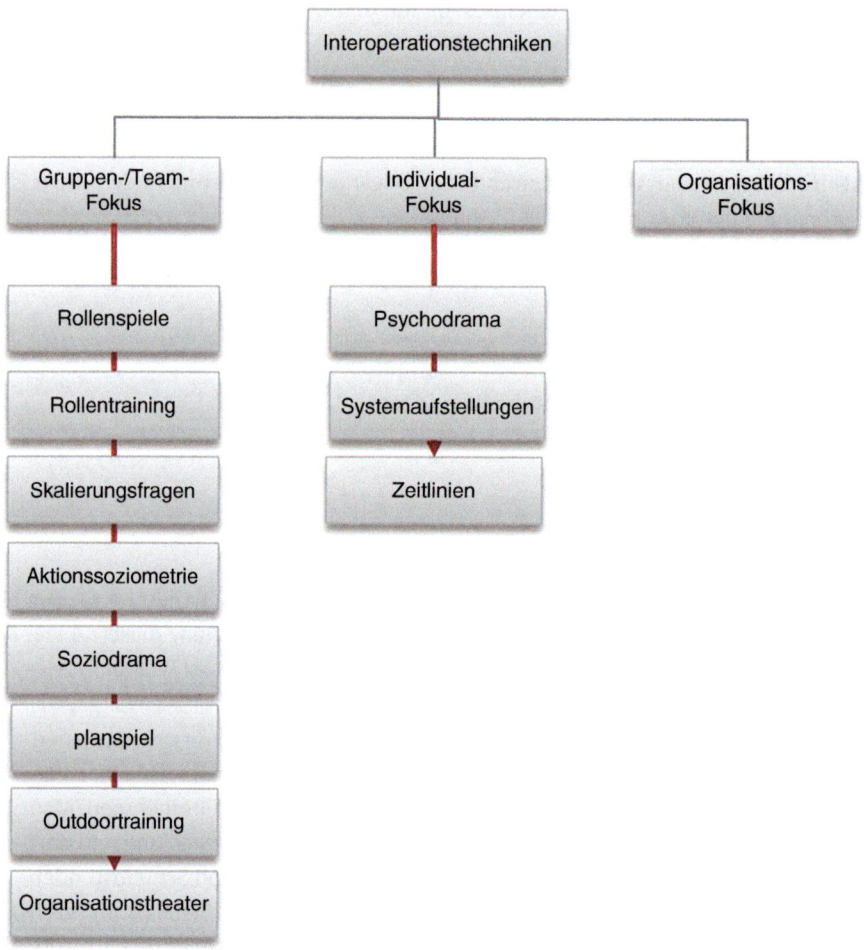

Abb. 7.8 Interoperationstechniken

7.3   Paradigmenwechsel: Structure follows Cognition

Die Herausforderung an die einzelne Organisation besteht darin, die sich rasch ändernden Aufgaben, bedingt durch eine zunehmende Dynamik und Vielfalt, schnell und vor allem wirtschaftlich zu bewältigen. Wenn auch später unterschieden werden muss, ob eine Organisation neu entsteht, sozusagen auf der grünen Wiese „on the scratch" ins Leben gerufen wird, oder aber bestehende Organisationen sich diesen Herausforderungen zuwenden müssen, gilt es, unabbängig dieser Unterscheidung die folgenden Prinzipien zu verfolgen:

- Enger Kontakt zum sich wandelnden Markt bzw. Kunden durch Verkürzung der Wege und durch Erhöhung der Markt- und Kundenbindung.
- Prediktive, d. h. vorausschauende und schnelle Reaktionsfähigkeit, hohe Adaptivität bzw. Flexibilität durch sukzessive Verortung operativer Entscheidungen an die „Point of Event", sprich: an die Basis.
- Wirtschaftlich sinnvolle Steigerung der Produktivität bei gleichzeitiger Optimierung der Produktionsqualität durch Motivation, Kommunikation, Kooperation und Entwicklung der organisatorischen Kognition.
- Nachhaltige Optimierung der Kosten durch Ausrichtung des Lösungs- bzw. Produktangebotes an den Markt, gnadenlose Reduktion des Administrationsaufwandes und Simplifizierung von Strukturen und Abläufen.

All diese Prinzipien lassen sich mit der kognitiven Organisationsform und deren konnektionistischem Ansatz verfolgen. Grob gesprochen zeichnet sie sich durch flache Hierarchie, hohe Selbstständigkeit der einzelnen Objekte, hohe Vielfalt lokal unterschiedlicher Organisationsformen, Gesamtsteuerung über gemeinsame Ziele und Strategien aus. Sowohl die Verfolgung der Prinzipien als auch die eben festgestellten Ausprägungen gelten für die Gesamtorganisation, etwa eine Konzernstruktur mit einem differenzierten Netz von Tochtergesellschaften und Profit-Centern, wie auch für die Feinstruktur einzelner Organisationen mit dem heutigen Trend hin zu Projekt-Organisation, Fertigungsinseln, teilautonomen Arbeitsgruppen und ähnlichen Formen flexibler Arbeitsorganisation.

▶ Nicht von ungefähr ist die Netzwerkorganisation in der Natur, als Ergebnis der Evolution über Millionen von Jahren, besonders verbreitet. Sie ist allen anderen Organisationsformen in folgenden Punkten klar überlegen: Sie bewältigt mit Abstand das höchste Maß an Komplexität, sie gewährleistet eine rasche Reaktion auf Veränderungen im Umfeld, die Organisation vermag sich besonders flexibel an neue Gegebenheiten anzupassen und sie ist insgesamt weniger stör- und krisenanfällig, indem Störungen oder Ausfälle von Teilsystemen nicht unbedingt zu einem Ausfall der Gesamtfunktion führt. Vielmehr können solche Ausfälle einzelner Subsysteme verhältnismässig reibungsfrei von anderen Subsystemen kompensiert werden, was die Regenerationsfähigkeit und damit die Überlebensfähigkeit solcher Systeme erhöht.

Nicht nur in Anlehnung, sondern als deren Erweiterung des Grundsatzes „Structure follows Function" wird der neue Grundatz „Structure follows Cognition" propagiert. Am Anfang steht die Idee, die Vision und die Formulierung eines Leitbildes. Daraus leiten sich die Ziele der Organisation und Strategien ab, um diese Ziele zu erreichen. Aus diesen Grundlagen ergeben sich konkrete Aufgaben und Prozesse, die zur Erfüllung dieser Aufgaben erforderlich sind. Insofern gilt es, funktionsfähige Prozesse und sinnvolle Prozessnetze zu entwickeln und die organisatorische Praxis darauf auszurichten. Gerade in einer instabilen Umwelt sind die Aufgaben und damit die Prozesse zu deren Bewältigung, einem ständigen Wandel unterworfen. Das organisatorische Denken muss sich zu einem Denken in rasch sich ändernden Prozessnetzen entwickeln. Das philosophische Mentakel „pantha rei", alles fließt, gilt es, wörtlich zu nehmen, indem alles im Fluss sein muss, da die rasche und qualifizierte Verständigung zur Überlebensfrage avanciert. Die Informations- und Kommunikationsströme müssen in die Prozessnetze gekoppelt werden. Etablierte Hierarchien, wo noch vorhanden, sind für Informationen nicht durchlässig genug und jede Zwischenstufe verändert die Botschaft - falls sie sie überhaupt weitergibt. Effektivität und Produktivität in einer Situation kontinuierlichen Wandels setzen voraus, dass die Information dann, wenn sie verfügbar ist, auf dem direktesten Wege dorthin gebracht wird, wo sie gebraucht wird - und der direkte Weg führt entlang der Prozessfolge und durch das Prozessnetz.

▶   Das bedeutet beispielsweise für die Praxis, dass hierarchische Positionen immer
      mehr aus dem Strom der relevanten Information geraten. Es kommt zu einer
      schleichenden Umverteilung von Macht. Jede hierarchische Stufe wird um ihre
      Daseinsberechtigung kämpfen müssen, indem sie begründen muss, was sie im
      Rahmen definierter Prozesse noch an Mehrwert zu schaffen vermag. Die Hierar-
      chien beginnen abzuflachen. Die Wege werden kürzer.

Der Ansatz der kognitiven Organisationsentwicklung muss daher dem Umstand Rechnung tragen, dass es sich bei diesem Konzept um eine - im Endeffekt - radikale Anpassung der Organisation handelt und dass nicht jede Organisation die Reife hierfür a priori mitbringt. Diesem neuen Konzept liegt ein völlig anderes Organisationsmodell zugrunde, als es die klassischen Organisationsmodelle hergeben. Man bewegt sich weg von der klassischen, auf Arbeitsteilung und Hierarchie beruhenden Organisation, hin zu einem Netzwerk selbstständiger, hochintegrierter und im operativen Bereich selbststeuernder Organisationsobjekte wie beispielsweise ganze Betriebe, Bereiche, Abteilungen, Gruppen, Teams, einzelne Mitarbeiter und deren Maschinen, Werkzeuge, Anwendungen etc. Damit diese Anpassung wirklich funktioniert, genügt es nicht, zentrale Funktionen zu zerschlagen oder aufzuteilen und an die Peripherie zu verlagern. Da geht es nicht darum, durch Verschieben einiger Kästchen im Organigramm die Aufgaben etwas anders zu verteilen. Es geht vielmehr darum, die Aufgaben grundsätzlich anders zu sehen. Zwei Voraussetzungen sind hierbei entscheidend:

•   Selbststeuerung erfordert ein hohes Maß an Kommunikation und Kooperation inner-
    halb der einzelnen Gruppen und Organisationseinheiten. Die Fähigkeit zu echter Team-
    arbeit auf allen Stufen wird zu einem zentralen Erfolgsfaktor.

- Sinnvolle Koordination im Gesamtverbund setzt voraus, dass auf allen Stufen organisatorisch-unternehmerisch gedacht und im Gesamtinteresse gehandelt wird. Konkret: Es muß allenthalben funktions-, ressort- und organisationsübergreifend kommuniziert und kooperiert werden - selbsttätig und selbstverantwortlich.

Es muss klar gesehen werden, dass man es bei der konnektionistischen Organisation mit einem hochgradig „lebenden", weil interoperativen Organismus zu tun hat. Offene und lebendige Kommunikation ist die Grundlage der Steuerung und der Selbstregulierung. Sie ist letztlich die einzige Alternative zu dem auf straffer hierarchischer Gliederung beruhenden Steuerungsmodell. In diesem Sinne ist das Trias der Kommunikation, Kooperation und Kognition als Alternative zur bisherigen Hierarchie zu sehen. Um sich an den immer schneller ändernden Bedürfnissen des Marktes ausrichten zu können, gilt es, die laufende Anpassung und den permanenten Wandel nicht als Ausnahme zu betrachten, sondern zur Regel zu erheben. Ein solcher Wandel wird umso leichter fallen, je einfacher und flexibler die Organisaton prozessual und funktional ausgestaltet ist.

In der Praxis sind die meisten Organisationen eher nach dem Modell großer unbeweglicher Paläste, Dome oder Tankerschiffe gebaut, deren imposante Strukturen, klare Formen und geregelte Abläufe in Form eines festen Gerüstes oder eines hart gewordenen Fundaments aus Zement, die Beweglichkeit und den Charakter der Organisation prägen. Um auch in solchen Organisationen kognitive Strukturen sozusagen partiell einzuziehen, gilt es, sich konsequent an den Grundsatz „structure follows cogniton" zu orientieren und sich flexibel und zeitlich begrenzt nach dem Prinzip der *Projektorganisation* ein- bzw. auszurichten. Auf diese Weise lässt sich die alte Organisation behutsam, Stück für Stück, hin zur flächendeckend kognitiven neuen Organisation umbauen.

▶ Das Denken in Prozessen und vernetzten Systemen ist u. a. von Frederic Vester eingehend beschrieben worden. Es gilt nach dem Prinzip des Judo, die vorhandenen Kräfte zu erkennen, anzunehmen und umzulenken, anstatt sie zu zerstören. Man geht sozusagen mit der Energie, nicht gegen sie. Die Herausforderung, sich diesem dynamischen Denk- und Handlungsansatz zu stellen, betrifft alle die Systeme, die in einer Welt leben, die turbulent und durch ordnende Eingriffe grundsätzlich nicht beherrschbar sind. Dynamische Systeme, die in ihrer Existenz von vornherein und immer gefährdet sind, können ihr Überleben nur durch kluge Anpassungs- und Entwicklungsstrategien sichern.

Ein Blick in die Praxis zeigt, dass es vielen Organisationen im Grunde genommen nicht an Informationen mangelt. Vielmehr befinden sich die Informationen nicht zum richtigen Zeitpunkt, in der notwendigen Qualität an der richtigen Stelle. Sie bleiben irgendwo im Dickicht interner vertikaler oder horizontaler Abschottungsstrategien von Funktionsträgern und Bereichen stecken. Solche Informationen sind nutzlos, weil sie nicht verarbeitet und in entsprechende Mehrwerte umgesetzt werden. Daher ist es für kognitive Organisationsentwicklung wichtig, die internen Vernetzungen in der Organisation durch Kommunikation sicherzustellen und die Organisation kommunikativ zu durchdringen. Verbunden damit ist das Ziel, die Organisation als lernendes System zu leben. Eine Vielzahl von Sensoren liefert die Informationen aus allen Umwelten, die für das erfolgreiche Überleben von Bedeutung sind. Die äußeren Umwelten (Markt, Kunde, Wettbewerb, staatliche Einflussnahme oder gesellschaftliche Strömungen) sind ebenso wichtig wie die inneren Faktoren (Motivation und Einstellungen der Mitarbeiter, Know-how und Kernkompetenzen, Verfügbarkeit von Ressourcen). So konstituiert, vermag die Organisation sich stellenweise und dort weitgehend selbst zu steuern und zu regulieren. Entsprechend des menschlichen Körpers mit seinem System aus Adern und Nerven, geht es dann darum, auch in der Organisation einen kontinuierlichen, auf Feedback beruhenden Kreislauf sicherzustellen. Nicht einzelne isolierte Informationen sind gefragt, sondern Kommunikation.

▶ Dies hat beispielsweise Implikationen auf das Verhalten des Managements und der Führungskräfte, indem nicht nur vom Schreibtisch aus angeordnet oder erklärt, sondern hinausgegangen werden muss zu den Menschen, um mit ihnen zu sprechen, um ihnen zuzuhören, ihre Meinungen zu erfahren, in sie hineinzufühlen, ihre Fragen, Zweifel, Widerstände zur Kenntnis zu nehmen, deren Hintergründe zu verstehen und dadurch eine Kommunikations- und Vertrauensbasis aufzubauen.

Bei der Entwicklung der kognitiven Organisation gilt der Grundsatz „Markt triggert Entwicklung", d. h. dass den Kunden und dem Markt Priorität eingeräumt werden. Ausgangspunkt der Überlegungen sind immer der Markt und die Bedürfnisse des Kunden. Daraus werden - auf der Basis der vorhandenen Ressourcen - Strategien, Ziele und operative Maßnahmen abgeleitet, um den erkannten Markt- und Kundenbedürfnissen durch geeignete Produkte oder Dienstleistungen gerecht zu werden und diese zeit- und qualitätsgerecht am Markt bzw. beim Kunden zu platzieren. Es wird sozusagen von außen nach innen gedacht und organisiert. Dabei muss jeder Schritt in diesem Prozessnetz legitimiert werden durch einen nachgewiesenen produktiven Mehrwert, den er beisteuert. Alles, was dieses Prozessnetz perturbiert, wird radikal inhibiert oder gar extrahiert.

Trotz der Selbstheilungskräfte, über die eine kognitive Organisation verfügt, gilt es geeignete Massnahmen zu ergreifen, um zu verhindern, dass die Organisation durch innere Verwucherungen erstarrt und zum Selbstzweck degeneriert. So wie man bei den Maschinen regelmäßige Inspektions- und Wartungsintervalle durchführt, gilt es entsprechendes auch für soziale Systeme vorzusehen, um diese leistungsfähig zu erhalten. Es muss in der Organisation zur Selbstverständlichkeit werden, die Strategie, die daraus abgeleiteten operativen Maßnahmen, die dafür eingerichtete Aufbau- und Ablauforganisation sowie die praktizierten Formen der Kommunikation und der Kooperation in regelmäßigen und genügend kurzen Zeitabständen daraufhin zu überprüfen, ob sie den aktuellen Anforderungen noch entsprechen.

▶ Beispielsweise lässt sich vorsehen, dass nichts mehr unbefristet ins organisatorische Leben gerufen wird. Bereits zum Zeitpunkt des Inkrafttretens einer Regelung oder einer Organisation wird der Zeitpunkt festgelegt, zu dem sie automatisch außer Kraft gesetzt wird - sofern sie nicht einer neuen Prüfung standhält.

Der Aufbau eines sensiblen, mehrdimensionalen „Frühwarnsystems" in Form eines *Predictive Maintenance* wird von zentraler Bedeutung sein. Durch ein solches systematisches Monitoring erfolgt eine laufende Auswertung aller Informationen, die über institutionalisierte Kanäle der Kommunikation fließen, aber auch durch gezielte Befragungen am Markt, bei den Kunden sowie bei den Mitarbeitern, um sich ein realistisches Bild über den aktuellen Stand und der Entwicklungstendenzen zuverlässig zu machen. Anhand dieses Bildes und unter „den Augen des Monitorings" können dann rechtzeitig Massnahmen der Prävention oder Intervention eingeleitet werden.

7.4   Klassische Vorgehensmodelle

7.4.1   Phasenorientiertes Vorgehensmodell

Basis für die meisten etablierten Vorgehensmodelle der Lösungs- und Systementwicklung bildet das frühe Phasenkonzept der Systemtechnik, wobei heute fast alle Vorgehensmodelle die Entwicklungszeit in die folgenden vier Hauptabschnitte (Phasen) aufteilen:

- Analyse,
- Entwurf (Design),
- Realisierung (Implementierung) und
- Einführung (Produktion).

Auf den ersten Blick erscheint es, dass in den verschiedenen Vorgehensmodellen die genannten vier Hauptabschnitte oftmals nur unterschiedlich bezeichnet und detailliert werden. Die Erfahrung hat jedoch gezeigt, dass diese unterschiedlichen Vorgehensmodelle durchaus ihre Daseinsberechtigung haben, da diese unter unterschiedlichen Randbedingungen sinnvoll eingesetzt werden können. Die letztendliche Entscheidung, welches Vorgehensmodell für ein konkret gegebenes Entwicklungsprojekt geeignet ist, kann und muss in der konkreten Situation unter Einbezug der damit verbundenen Problemstellungen und der vorhandenen Randbedingungen getroffen werden. Unabhängig davon, welches Vorgehensmodell gewählt wird, stellt sich die Entwicklung von Lösungssytemen als ein komplexer Prozess dar, der beträchtlichen Arbeits- und Zeitaufwand beansprucht und an dem eine Vielzahl unterschiedlicher Stellen beteiligt sind. Aus diesem Grund erfolgt die Entwicklung vorwiegend in Form von Projekten. Generell wird in diesem Zusammenhang unter einem Projekt ein Vorgang mit folgenden Merkmalen verstanden:

- Vorhandensein einer Problemstellung,
- Zusammensetzung aus Teilaufgaben,
- Beteiligung mehrerer Stellen unterschiedlicher Fachrichtungen (Interdisziplinarität),
- Teamarbeit,
- Konkurrieren mit anderen Projekten um Betriebsmittel (Personal, Sachmittel, Gerätebenutzung u. a.),

- Mindestdauer bzw. Mindestaufwand,
- Höchstdauer bzw. Höchstaufwand,
- definierter Anfang und definiertes Ende (= Ziel).

Als *Projektmanagement* wird die Gesamtheit aller Tätigkeiten bezeichnet, mit denen solche Projekte geplant, gesteuert und überwacht werden. Ein solches Projektmanagement steuert und überwacht den Ablauf der Entwicklung (Litke 1995).

Die minimalen Teilaufgaben eines solchen Projektmanagements sind

- ein Personal-, Sachmittel- und Zeitmanagement,
- Lösungs- und Konfigurationsverwaltung betreffend der einzelnen Komponenten, deren Programmcode und Dokumentation.
- eine Qualitätssicherung bezüglich der Vorgehensweise bei der Entwicklung und der Lösung an sich (Frühauf und Ludevvig 1988).

Wichtig beim Projektmanagement ist, dass nicht nur die direkt beteiligten Entwickler, sondern auch die Auftraggeber und späteren Anwender mit einbezogen werden.

Da sich ein komplexer Prozess, wie die Entwicklung eines Lösungssystems, nicht schon zu Projektbeginn als Ganzes planen lässt, sind seit den 50er-Jahren unzählige Konzepte aufgestellt worden, in welchen Schritten bei der Entwicklung vorzugehen ist. Solche Konzepte werden heute als *Vorgehensmodelle* bezeichnet. Allgemein beschreibt jedes Vorgehensmodell die Folge aller Aktivitäten, die zur Durchführung eines Projekts erforderlich sind. Vorgehensmodelle für die Systementwicklung von Lösungssystemen geben an, wie die Prinzipien, Methoden, Verfahren und Werkzeuge der Lösungsentwicklung sinnvoll und zielorientiert eingesetzt werden. Solche bewährten Vorgehensmodelle werden zu den sogenannten Referenzmodellen gezählt. Generell versteht man unter einem Referenzmodell jede modellhafte, abstrahierende Beschreibung von Vorgehensweisen, Richtlinien, Empfehlungen oder Prozessen, die für einen abgegrenzten Problembereich gelten und in einer möglichst großen Anzahl von Einzelfällen anwendbar sind. Vorgehensmodelle legen dabei im Allgemeinen Phasen fest, in denen bestimmte Teilaufgaben zu erledigen sind und die bestimmte Zwischenergebnisse liefern sollen. Einzelne Modelle unterscheiden sich in der Form und der zeitlichen Anordnung der Phasen sowie in den jeweils zu erarbeitenden Resultaten bzw. Ergebnistypen. Die Eigenschaften der Vorgehensmodelle ergeben sich aus den zugrunde liegenden Methoden, also den Arbeitsweisen, mit denen das Gesamtziel bzw. die einzelnen Teilziele erreicht werden sollen. Man kann hier grob unterscheiden zwischen Modellen, die auf dem klassischen Ansatz der strukturierten Entwicklung beruhen und Modellen, die auf dem moderneren objektorientierten Ansatz basieren. Da sich das in diesem Buch entwickelte und vorgeschlagene Vorgehensmodell aus Ansätzen beider Modellklassen bedient (best practices), erscheint es sinnvoll, sich diese klassischen Vorbilder zunächst zu verdeutlichen.

Klassische Vorgehensmodelle haben ihren Ausgangspunkt in der strukturierten Programmierung, d. h., man bedient sich hierbei des Unterprogrammkonzepts und des Konzepts von Kontrollstrukturen. Entsprechende Modelle wurden bereits in den 70er-Jahren des zwanzigsten Jahrhunderts entwickelt. Da es bei der strukturierten Programmierung im Gegensatz zur objektorientierten Programmierung keine Integration von Daten und zugehörigen Funktionen gibt, werden in den klassischen Vorgehensmodellen Daten und Abläufe getrennt voneinander modelliert. So werden beim Systementwurf die Daten beispielsweise durch Entity-Relationship-Modelle und die Systemfunktionen und Informationsflüsse durch Datenflussdiagramme dargestellt (Chen 1976).

Bereits bei den klassischen Modellen spielt die Top-Down-Vorgehensweise eine wichtige Rolle, also das schrittweise Vorgehen vom Allgemeinen/Abstrakten zum Detaillierten/Konkreten. Dabei wird zumeist erst ein grobes Lösungsmodell erstellt, auf dieser Basis dann ein konkreter, detaillierter Entwurf erarbeitet und evenuell in einem Prototyp frühzeitig erprobt, um dann diesen Prototyp schließlich in eine lauffähige Lösung umzusetzen. In den einzelnen Stufen werden verschiedene Beschreibungsformen benutzt, beispielsweise Entity-Relationship- und Datenflussdiagramme in den abstrakteren Modellen sowie Relationen und Struktogramme oder Programmablaufpläne in den implementationsnäheren Modellen. Problematisch sind hier jeweils die semantischen und visuellen Brüche zwischen den Beschreibungsformen der unterschiedlichen Phasen und auch innerhalb der einzelnen Phasen, die ja getrennte Daten- und Funktionsmodelle enthalten. Diese Brüche machen jeweils eine explizite Umformung bzw. Anpassung der Darstellungen erforderlich.

Objektorientierte Vorgehensmodelle kamen mit dem zunehmenden Erfolg objektorientierter Programmiersprachen auf (Kilberth et al. 1993). Sie übertragen deren Prinzipien von der eigentlichen Programmierung auf den Entwurf von Systemen. Das Ziel dieser modernen Modelle ist die Entwicklung von Systemen, die aus einer Menge kooperierender Hard- und Softwareobjekte bestehen. Die Objekte werden dabei meist nicht zu vordefinierten Abläufen zusammengesteckt, wie es bei algorithmenorientierten Systemen mit Unterprogrammen der Fall ist. Vielmehr werden sie als Anbieter und Nutzer von Diensten verstanden, die in einer nicht vorherbestimmten zeitlichen Abfolge zusammenarbeiten. Dieses Prinzip findet sich zum Beispiel bei der ereignisgesteuerten Programmierung sowie beim Client-Server-Ansatz, der auch bei der Realisierung verteilter Systeme eine zentrale Rolle spielt. Der Vorteil der objektorientierten Modellierung liegt in ihrer methodischen Geschlossenheit, da Objekte in allen Phasen des Entwicklungsprozesses als grundlegendes Modellierungsmittel eingesetzt werden. Hierdurch werden die beiden Nachteile der klassischen Ansätze überwunden: Daten und Funktionen werden in Objekte integriert, so dass es für sie keine zwei getrennten Modelle mehr gibt. Auch zwischen den Phasen treten keine Brüche bezüglich der Darstellungsform mehr auf.

▶ Als Notationssprache für alle Phasen eines objektorientierten Entwicklungsprozesses kann man sich beispielsweise der Unified Modeling Language (UML) bedienen.

Die Entwicklung eines objektorientierten Systems erfolgt in drei Phasen, die im Anschluss an eine Initialisierungs- oder Planungsphase durchlaufen werden:

* In der *Definitionsphase* wird eine Objektorientierte Analyse (OoA) durchgeführt, bei der ein Fachkonzept erarbeitet wird. Das Fachkonzept konzentriert sich auf die Lösung der im Pflichtenheft festgelegten problembezogenen Aufgabenstellungen, abstrahiert also beispielsweise von der konkreten Realisierung einer Benutzeroberfläche. Es kann dabei das System erstens durch ein statisches Modell beschreiben, das die Fachkonzeptklassen mit ihren Vererbungs- und Benutzungsbeziehungen anzeigt, und zweitens durch ein dynamisches Modell, das die Lebenszyklen der Objekte und den zeitlichen Ablauf ihrer Kommunikation darstellt (Shiaer und Mellor 1996). Je nach Anwendung haben die beiden Modelle ein unterschiedliches Gewicht. Bei einer Datenbankanwendung tritt das statische Modell stärker hervor, bei einer stark interaktiven Anwendung das dynamische Modell (Coad und Yourdon 1991).
* In der *Entwurfsphase* wird ein Objektdesign (OoD) erarbeitet, bei dem das OoA-Modell um technische Aspekte erweitert wird. Zudem werden den einzelnen Klassen technisch notwendige Komponenten, wie zum Beispiel Konstruktoren, hinzugefügt.
* In der *Implementierungsphase* wird schließlich das Objektmodell in ein Programm einer objektorientierten Programmiersprache umgesetzt.

Konkrete Modelle verfeinern und untergliedern diese Phasen weiter und ermöglichen eventuell eine mehrfache, zyklische Ausführung der einzelnen Schritte.

▶   Im Softwareentwicklungsprozess können CASE-Tools (Computer Aided Software Engineering) eingesetzt werden, die die Entwickler bei den einzelnen Schritten unterstützen oder sogar einzelne Schritte teilautomatisieren.

Im Laufe der vergangenen Jahre wurde eine Reihe von Modellen entworfen, die die beschriebenen Arbeitsschritte und die damit verbundenen Vorgehensweisen in unterschiedlicher Weise anordnen. Im einfachsten Fall werden die Schritte, die zur Erstellung einer Lösung durchzuführen sind, jeweils nur einmal und dabei einer nach dem anderen bearbeitet. Aus diesem Ansatz ergibt sich ein Vorgehensmodell mit einer streng sequenziellen Phasenstruktur, bei dem das Ergebnis einer Phase vollständig erarbeitet sein muss, bevor die nächste Phase damit fortfährt. Das Ende einer Phase wird durch einen so genannten Meilenstein markiert, bei dem ein dokumentiertes Resultat vorgelegt werden muss, beispielsweise eine Spezifikation der Systemarchitektur oder ein lauffähiger Programmcode. Das Ziel ist also, ein vollständiges Produkt in einem Durchgang durch die Arbeitsschritte zu entwickeln. Die Aufgabe des Managements besteht dabei darin, das Einhalten der Zeitvorgaben zu überwachen, d.h. sicherzustellen, dass die einzelnen Meilensteine im gegebenen Zeitrahmen erreicht werden und die Projektbeteiligten entsprechend zu koordinieren. Allerdings sind solche sequenziellen Modelle gerade im Bereich der Organisationsentwicklung in ihrer reinen Form kaum praktisch einsetzbar, da in späteren Phasen

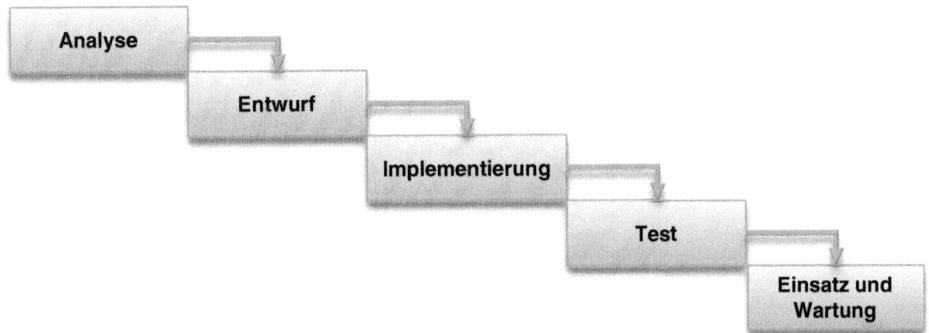

Abb. 7.9 Klassisches Wasserfallmodell

oft Erkenntnisse gewonnen werden, die die Überarbeitung früherer Phasen erforderlich machen. In der Praxis sind daher Rückkopplungen vorgesehen, durch die man zu einer früheren Phase zurückkehren und somit Entwicklungsschritte überarbeiten kann. Ein typischer Vertreter dieser Modellklasse ist das *Wasserfallmodell*, bei dem die Phasen - bildlich betrachtet - nach- bzw. untereinander angeordnet sind, so dass die Ergebnisse einer Phase in die nächste Phase „hinunterfallen" (Abb. 7.9).

Eine Weiterentwicklung des Wasserfallmodells ist das sogenannte *V-Modell*, bei dem die Phasen in Form des Buchstabens „V" angeordnet sind. Der linke Zweig enthält Verfeinerungsphasen vom Grobentwurf der Systemarchitektur bis zum Feinentwurf auf Modulebene. Dieser Zweig wird top-down von oben nach unten durchlaufen. Am Fuß und im rechten Zweig des V befinden sich Implementations- und Integrationsphasen, in denen die einzelnen Module implementiert und schrittweise zum lauffähigen Gesamtsystem integriert werden. Sie werden bottom-up von unten nach oben bearbeitet (Abb. 7.10).

Zwischen den Phasen des erweiterten Wasserfallmodells und auch beim V-Modell sind Rückkopplungen vorgesehen, mit denen man zu früheren Phasen zurückkehren kann. Jedoch gibt es auch mit diesen Rückkopplungen Probleme beim praktischen Einsatz der Modelle. Sequentielle Modelle setzen nämlich voraus, dass die Anforderungen an das System möglichst vollständig und exakt bekannt sind, bevor der Systementwurf und die nachfolgenden Schritte in Angriff genommen werden. Das ist aber in der Praxis meist nicht der Fall, denn Anforderungen können oft erst im Laufe des Entwicklungsprozesses hinreichend genau formuliert werden. Solche sich ändernden Anforderungen kann das Modell nur schlecht berücksichtigen, zumal nach der Analysephase eine Beteiligung des Anwenders nicht mehr vorgesehen ist (Abb. 7.10).

Um den Problemen der strengen Sequentialität zu begegnen, entwarf man sogenannte *zyklische Modelle*, die die Möglichkeit bieten, Phasen mehrfach zu durchlaufen. Diese Modelle berücksichtigen explizit den Erkenntnis- und Lernprozess, zu dem es während der Lösungsentwicklung erfahrungsgemäß kommt: Neue Erkenntnisse können leicht in einem weiteren Phasendurchlauf in das System eingebracht werden (Abb. 7.11).

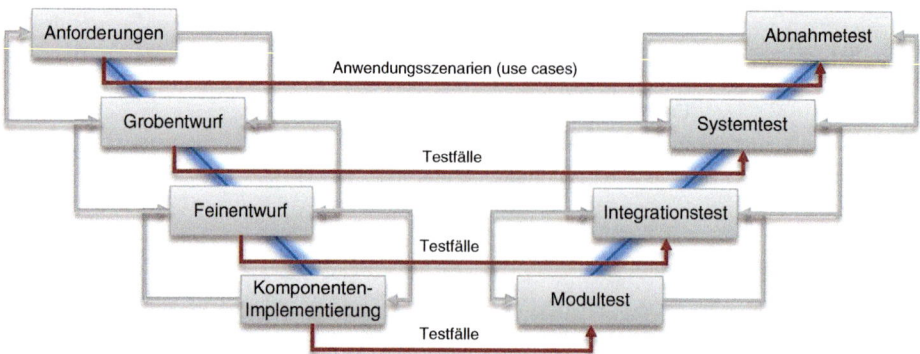

Abb. 7.10 Klassisches V-Modell

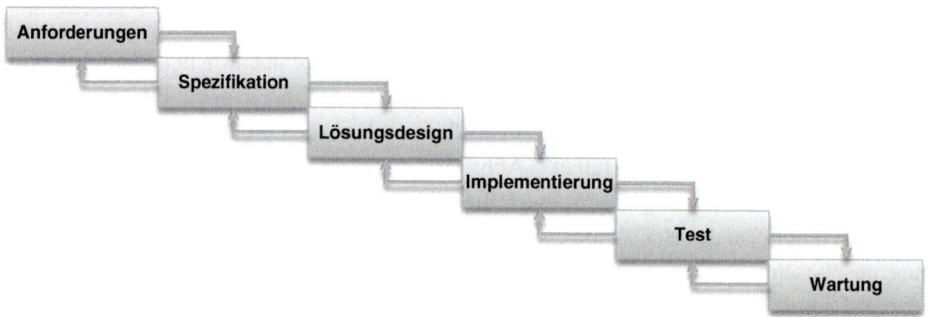

Abb. 7.11 Zyklisches V-Modell

Ein klassisches Beispiel für diesen Ansatz ist das *Spiralmodell*, das wie beim Durchlauf einer Spirale mit mehreren Windungen vorgeht. In jedem Zyklus, also in jeder Windung der Spirale werden vier Schritte ausgeführt und dabei Teilergebnisse erarbeitet:

- In diesem Zyklus werden Ziele, Alternativen und Randbedingungen der Entwicklung formuliert.
- Dann werden die Alternativen einer Risikoanalyse unterzogen, also anhand der Ziele und Randbedingungen bewertet.
- Anschließend wird ein Teilaspekt des Systems realisiert. In einem frühen Zyklus wird beispielsweise eine Systemspezifikation formuliert, in einem späteren Zyklus die Architektur entworfen und zum Abschluss das System implementiert und getestet.
- Zuletzt kommt es zur Planung des nächsten Zyklus.

Im Verlauf der Zyklen wird oftmals ein sogenannter Prototyp erstellt. Ein *Prototyp* ist eine Lösung, die ausgewählte Eigenschaften des zu entwickelnden Lösungssystems realisiert und dabei insbesondere einen Eindruck von der angestrebten terminalen Lösung

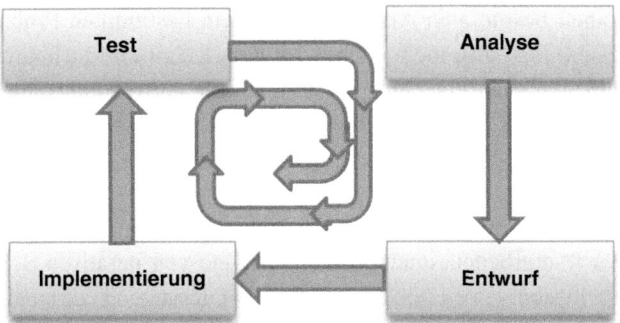

Abb. 7.12 Klassisches Spiralmodell

vermittelt. Auf dieser Basis können Entwickler und spätere Anwender sinnvoll miteinander kommunizieren und sich somit über die weitere Vorgehensweise abstimmen. Andere, nichtsequenzielle Modelle, betonen den Aspekt der iterativen Softwareentwicklung. Hier wird während des Entwicklungsprozesses eine Folge von Lösungsversionen erarbeitet, wobei das Funktionsangebot fortlaufend erweitert und angepasst wird: Zunächst wird nur die basale Funktionalität des Systems realisiert. Anschließend werden weitere Funktionen sukzessive hinzugefügt. Dabei werden ständig neue Anforderungen und Änderungen der Randbedingungen berücksichtigt (Abb. 7.12).

Die bislang betrachteten Modelle beruhen auf dem Ansatz der strukturierten Programmierung. In jüngerer Zeit sind dagegen die objektorientierten Vorgehensweisen stark in den Vordergrund getreten (Balzert 1999). Mittlerweile zeichnet sich hier eine Vereinheitlichung der Vorgehensweisen ab (Balzert 2001). Eines der konkreten Ergebnisse dieser Standardisierungsbemühungen ist die Unified Modeling Language (UML) zur Spezifikation und grafischen Darstellung objektorientierter Systeme. UML wurde 1997 standardisiert und hat sich seitdem als Modellierungssprache in vielen Bereichen durchgesetzt. Aufbauend auf UML schlugen Booch, Jacobson und Rumbaugh 1998 ein objektorientiertes Vorgehensmodell vor: den sogenannten Unified Process (Balzert 2001). Dieser Prozess zeichnet sich durch die folgenden grundlegenden Eigenschaften aus:

- Der Unified Process ist UML-basiert und damit objektorientiert: Die entstehende Lösungsarchitektur setzt sich aus Objekten zusammen, die jeweils Module mit einer Funktionalität und einem Dateninhalt realisieren. In allen Phasen des Entwicklungsprozesses werden Objekte und Klassen mit ihrer Strukturierung und Zusammenarbeit durch UML beschrieben, und zwar aus verschiedenen Blickwinkeln heraus (Kruchten 1998).
- Der Unified Process ist Anwendungsfall-orientiert, also auf die Analyse und praktische Umsetzung sogenannter Anwendungsfälle (use case) ausgerichtet. Ein Anwendungsfall bezieht sich auf das Zusammenwirken des Lösungssystems mit Personen oder anderen Systemen, um eine bestimmte Aufgabe zu erledigen. Er gibt damit an, was das

System für einen bestimmten Anwender zu einem bestimmten Problem leisten soll. Der Schwerpunkt liegt also nicht so sehr auf dem technisch Machbaren, sondern eher auf den Bedürfnissen der einzelnen Anwender. Alle Anwendungsfälle zusammen beschreiben die gewünschte Gesamtfunktionalität des Systems. Insofern kann man davon sprechen, dass das System entwickelt wird, um die Gesamtheit der Anwendungsfälle zu realisieren.

• Der Unified Process arbeitet iterativ und inkrementell: Das Lösungssystem wird nicht „in einem Wurf" erarbeitet, sondern in einer Folge von iterativen Schritten (Iterationen), die dem System jeweils inkrementelle Erweiterungen (Inkremente) hinzufügen. Das Ergebnis einer Iteration ist jeweils ein Teilprodukt, also ein lauffähiges und geprüftes System, das einen Teil der Anwendungsfälle bis zu einem gewissen Grad realisiert. Aus diesem Prozess ergibt sich schließlich ein System mit der gewünschten vollständigen Funktionalität.

Dabei wird in jeder Iteration ein Iterationsprojekt ausgeführt, das sich auf das Arbeitsergebnis der vorherigen Iteration stützt und um ein Inkrement erweitert. Das Ergebnis ist jeweils ein lauffähiges System, das einen Teil der Gesamtanforderungen abdeckt. Ein Iterationsprojekt, also eine Iteration, besteht im Allgemeinen aus fünf Arbeitsschritten:

• **Anforderungen** (Requirements): Es werden Anforderungen gesammelt, also festgestellt, was in dieser Iteration getan werden und was das resultierende System leisten soll. Das Ziel dieses Schrittes ist eine Übereinkunft zwischen Entwicklern und Kunden (Problemsteller), die die Arbeit „in die richtige Richtung" lenken soll.
• **Analyse** (Analysis): Die aufgestellten Anforderungen werden analysiert und strukturiert. Das Ziel dieses Schrittes ist, die Anforderungen besser zu verstehen und sie in eine Form zu bringen, auf deren Grundlage die Systemstruktur erarbeitet werden kann.
• **Entwurf** (Design): Auf der Grundlage der Anforderungen wird die Systemstruktur mit ihren Komponenten modelliert, wobei Randbedingungen beachtet werden. Das Ziel dieses Schrittes ist die Spezifikation der Systemkomponenten, die realisiert werden sollen.
• **Implementierung** (Implementation): Die Spezifikation der Systemkomponenten wird in eine programmiersprachliche Form umgesetzt.
• **Test** (Testing): Die Systemkomponenten werden überprüft. Das Ziel dieses Schrittes ist die hinreichende Sicherheit, dass der bislang entwickelte Lösungsansatz korrekt ist.

Je nach Fortschritt des Entwicklungsprozesses bzw. der der Problemstellung zugrunde liegenden Komplexität fällt in den einzelnen Schritten einer Iteration unterschiedlich viel Arbeit an. So kann beispielsweise in den ersten Iterationen der Schwerpunkt durchaus auf der Formulierung der Anforderungen an das System liegen, wobei nur wenig Programmcode entwickelt wird. Zu einem späteren Zeitpunkt verschieben sich die Gewichte in Richtung Design und Implementation und schließlich auch zum Test. Diesen Gewichten entsprechend werden die einzelnen Iterationen zu vier großen Phasen zusammengefasst:

- **Beginn** (Inception): Der Schwerpunkt liegt auf dem Sammeln und der Strukturierung der Anforderungen an das System. Zweck und Rahmen des Projekts werden festgelegt, ein grober Kosten- und Zeitplan wird erstellt und möglicherweise ein erster Prototyp implementiert.
- **Ausarbeitung** (Elaboration): Der Schwerpunkt liegt auf der Definition der Architektur. Eine genauere Analyse der Aufgabenstellung liefert eine Anforderungsbeschreibung, auf deren Basis die architektonischen Grundlagen des Systems entworfen werden und ein lauffähiges Demonstrantum für die wichtigsten Anwendungsfälle programmiert wird.
- **Konstruktion** (Construction): Der Schwerpunkt liegt auf der Realisierung eines einsatzfähigen Lösungssystems. Der Systementwurf wird iterativ verfeinert und die Implementation wird entsprechend erweitert und fortlaufend getestet.
- **Umsetzung** (Transition): Der Schwerpunkt liegt auf der Einführung des Systems bei der Nutzergemeinschaft. Die Hinführung beginnt mit einer Beta-Version, d. h. mit einem Lösungssystem in noch nicht endgültiger Form und endet mit einer stabilen Produktionsversion.

Die vier Phasen bilden zusammen einen sogenannten Zyklus. Über einen längeren Zeitraum hinweg können mehrere Zyklen hintereinander ausgeführt werden, die jeweils eine neue Produktversion liefern. Der Unified Process kommt also sehr stark der Forderung nach einer iterativen, inkrementellen Vorgehensweise nach, bei der schrittweise neue Systemkomponenten hinzugefügt werden und auch neue Wünsche und Randbedingungen berücksichtigt werden können. Der Preis für diese Flexibilität ist ein recht komplexes Vorgehensmodell, das erhöhte Anforderungen an das Prozessmanagement stellt (Zimmermann, 1999).

Ein weiteres modernes Vorgehen, das als Inspiration für die Organisationsentwicklung herangezogen werden kann, ist das *Extreme Programming*. Auch hier wird eine Reihe von Iterationen durchlaufen, die eine Folge von Lösungs-„Releases" mit immer umfangreicherer Funktionalität liefern. Diese Lösungen können unmittelbar in der realen Anwendungsumgehung eingesetzt werden, wodurch eine starke Beteiligung der Anwender am Entwicklungsprozess möglich wird. Interessant ist hier insbesondere der Ansatz des *Pair Programmings*: An der Entwicklung der Lösung sind stets zwei Entwickler beteiligt, die gemeinsam an einer Problemstellung arbeiten. Hiervon verspricht man sich, trotz des höheren Personalaufwands, eine Steigerung der Produktivität und eine Reduktion der Anzahl der fehlerhaften Ansätze. Ein zweites charakteristisches Merkmal ist die testgetriebene Entwicklung. Die Tests, die mit einem Lösungsansatz durchzuführen sind, werden festgelegt, bevor die eigentliche Entwicklung der Lösung beginnt.

Ein weiteres Vorgehensmodell, das sich zur Enwicklung von kognitiven Lösungen eignet und sich in seiner pragmatischen Ausprägung in der Praxis bewährt hat, verfolgt eine *agile Entwicklung*. Im Kern geht es bei agiler Lösungsentwicklung um möglichst häufige Rückkopplungsprozesse und zyklisches (iteratives) Vorgehen in der Phase der Implementierung. Anders als in der klassischen Vorgehensweise werden Implementierungsdetails nicht im Voraus in allen Einzelheiten genau geplant und dann in einem einzigen langen

Durchgang entwickelt, sondern es wechseln sich kurze Planungs- und Entwicklungsphasen miteinander ab. Nachdem im Rahmen der Konzeptionalisierung ein Modell für das neue Lösungssystem entwickelt wurde, also die Ziele festgelegt und gewichtet wurden, die mit der Lösung erreicht werden sollen, wird ein Plan für eine erste Version ausgearbeitet, und die Entwicklung beginnt. Danach werden die notwendigen Anpassungen vorgenommen, wobei diese Modifikationen die Aspekte der Entwicklungsgeschwindigkeit, der technischen und organisatorischen Rahmenbedingungen, die Problembeseitigung etc. betreffen können. Hieraus und aus dem Einsatz der bereits entwickelten Systemteile können sich unter Umständen wiederum Auswirkungen auf die Konzeptionalisierung ergeben, die ggf. zu modifizieren ist, bevor der Plan für die nächste Iteration erstellt wird und ein neuer Zyklus beginnt.

Dabei wird in allen agilen Methoden großer Wert darauf gelegt, möglichst schnell eine Basisversion mit den wichtigsten Features zu entwickeln. Diese wird dann gemeinsam mit dem Kunden/Produktverantwortlichen bewertet, um aus der bisherigen Entwicklungsarbeit zu lernen, erforderliche Anpassungen vorzunehmen und die kommenden Versionen zu optimieren. Diese Lern- und Verbesserungsprozesse sind natürlich nur dann möglich, wenn im Projekt häufig und offen kommuniziert wird. Agile Methoden werden diesen hohen Anforderungen an Kommunikation gerecht, indem sie verschiedene Feedbacktechniken kombinieren (Abb. 7.13).

▶   Im Planungsspiel legen beispielsweise Kunden und Entwickler gemeinsam fest, wie die Anforderungen für den kommenden Entwicklungszyklus zu priorisieren sind; im Standup-Meeting (auch Daily Serum genannt) reflektieren die Teammitglieder kurz über die Arbeit des letzten Tages und planen den kommenden Arbeitstag; Projektretrospektiven dienen dazu, über den Entwicklungsprozess zu reflektieren und diesen in Zukunft zu verbessern.

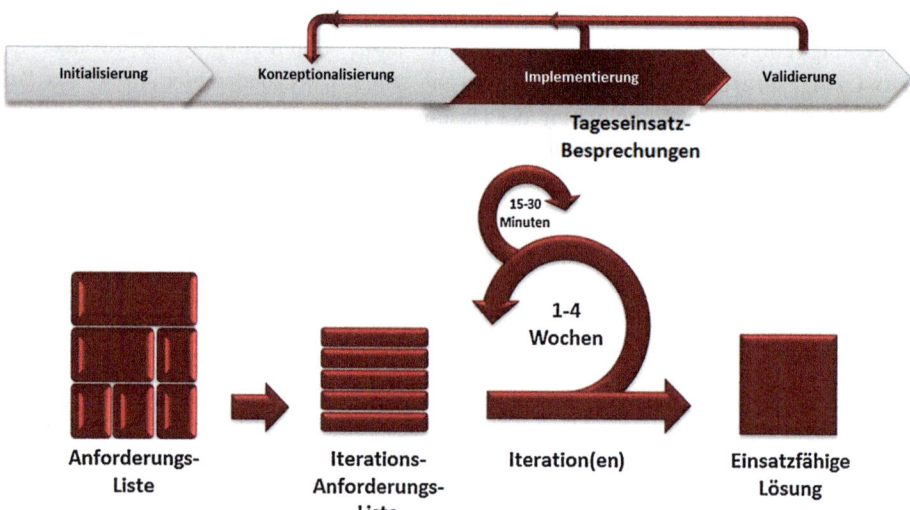

Abb. 7.13 Agile Lösungsentwicklung

Konkrete Ausprägungen dieses agilen Vorgehens finden sich in diesem Buch in den Musterlösungen.

Aus all den bisher dargestellten Modellen lassen sich *Best Practices* herauskristallisieren, um den Entwicklungsprozess von Lösungen innerhalb kognitiver Organisationen situationsgerecht bzw. problemorientiert anzupassen. Dabei lohnt es sich, trotz aller notwendigen Agilität das ganze Vorhaben in gewisse Strukturen zu fassen. Ein erster Strukturansatz bietet sich an, indem man die Entwicklung einer Lösung als *wissensbasiertes Projekt* ansieht. Als solches durchläuft es gewisse Lebenszyklen (Lifecycles). Durch ein Lebenszyklus-Konzept, bestehend aus den Teilzyklen Initialisierung, Problemmodellierung, Systemmodellierung, Systemrealisierung und Systemvalidierung, wird die Umsetzung der Anforderungen in die Realisierungsebene der Systemwelt verfolgt. Dabei wird ein entwicklungsnaher Modellbegriff verwendet. Unter einem solchen Modell lässt sich dann ein Objekt auffassen, das durch eine Struktur-, Funktions- oder Verhaltensanalogie zu einem Original erlaubt, dieses in schematisierte, auf wesentliche Züge komprimierte Darstellung wiederzugeben. Zentral für den in dieser Weise verwendeten Begriff sind die zuschreibbaren Relationen der Isomorphie (Gleichgestaltigkeit) und der Analogie. Zusätzlich haben diese Modelle den Anspruch, die Probleme, als auch die Lösungen (optimal) so abzubilden, dass sie im Rahmen der Realisierung zu produktiven Systemen entwickelt werden können (Abb. 7.14).

Die einzelnen Phasen liefern Ergebnistypen (Output), die als basale Grundlage (Input) die darauf folgenden Phasen initialisieren und damit beeinflussen. Um gewährleisten zu können, dass die Lösung den problemorientierten Anforderungen genügt, wird das Problemmodell als Ausgangspunkt für die Systemmodellierung genommen. Um sicherstellen zu können, dass das im Rahmen der einzelnen Phasen erarbeitete Wissen jederzeit zur Verfügung steht, werden Methoden und Techniken des Wissensmanagements flankierend eingesetzt. In den verschiedenen Phasen werden die Ergebnistypen mit verschiedenen Methoden und Techniken erstellt.

▶   So werden beispielsweise die modellierten Probleme im Rahmen der Konzeptionalisierung und Formalisierung mit Hilfe der Modellierungsnotation UML in ein Systemmodell überführt (transformiert). An diesen Stellen erfolgt also ein Perspektivenzuwachs, indem das eher statische Problemmodell sukzessive im Rahmen der Konzeptionalisierung und Formalisierung beispielsweise mit objektorientierten Methoden und Techniken erweitert wird (Zimmermann, 1999).

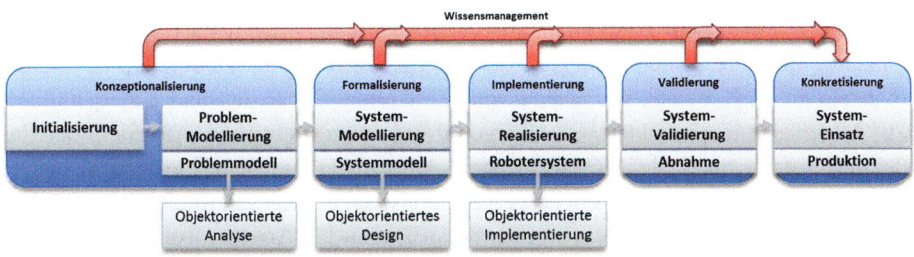

Abb. 7.14 Wissensbasiertes Modell

7.4.2 Prozess-und funktionsorientiertes Vorgehensmodell

Dieser Abschnitt behandelt das Problem der prozessualen und funktionalen Ausgestaltung von kognitiven Lösungssystemen. Im Sinne der Wissenschaftstheorie (Chalmers 1986) ist eine solche Ausgestaltung in Form eines Entwicklungsprojektes als ein Forschungsprogramm oder eben wissenschaftstheoretisch ausgedrückt, als die Realisierung eines Paradigmas anzusehen (Bayertz 1980).

▶   Nach T.S. Kuhn oder I. Lakatos (Lakatos 1982) operiert die Wissenschaft in einem anerkannten Paradigma, das eine Grundorientierung der Forschung vorgibt. Es umfasst die disziplinären Grundlagen (Theorien, Methoden, Gegenstandsbestimmungen, Definitionen, Instrumentarien, Techniken etc.), deren Infragestellung dann allerdings zu einem Paradigmenwechsel in Form einer Revolution führen kann (Kuhn 1977). Das Paradigma erweist sich demnach als Rahmen für die Forschung, das die kreativen und gerichteten Prozesse kanalisiert und bei Irritationen wieder ausrichtet, d.h. in die alten Bahnen zurückzubringen versucht. Eine Wissenschaft befindet sich also solange innerhalb eines Paradigmas, als die gemeinsamen Problemlösungen innerhalb dieser Wissenschaftsgemeinschaft nicht in Frage gestellt werden. Allerdings blieb eine solche wissenschaftliche Revolution im Sinne von Th. S. Kuhn im Problembereich dieses Buches bisher aus, sodass der stetige Wissenszuwachs ungeachtet aller Wechsel sogenannter Paradigmen eher einer wissenschaftlichen Evolution gleicht. So entwickeln sich die wissenschaftlichen Zwecke und Mittel nicht nur kontinuierlich fort, sondern unter der Berücksichtigung, dass sich diese Zwecke und Mittel auch im „Wettbewerb der Möglichkeiten" bewähren und damit eine gewisse „Fitness" erringen müssen, auch weiter (Kuhn 1976).

Unabhängig von dieser wissenschaftstheoretischen Sichtweise ist ein solches Entwicklungsprojekt ein zunächst interdisziplinäres, dann transdisziplinäres Vorhaben, dessen charakteristischste Methode die Modellierung ist, nämlich die formale und auf Lösungssysteme implementierte Modellierung von Lösungen in Verbindung mit der Überprüfung dieser Modelle durch empirische Analyse in einer Test- oder Simulationsumgebung (Abb. 7.15).

Charakteristisch für den Einsatz von Modellen ist ihre Verwendung sowohl im Rahmen eines Bottom-Up- als auch eines Top-Down-Ansatzes. Im Verlaufe eines Top-Down-Ansatzes geht man vom Abstrakten, Allgemeinen, Übergeordneten schrittweise auf das Konkrete, Spezielle, Untergeordneten zu. Hingegen verfolgt der Bottom-Up-Ansatz den umgekehrten Weg, indem, ausgehend vom Konkreten, Speziellen und Untergeordnete, dem Allgemeinen, Abstrakten und Übergeordneten zugestrebt wird. Aus Sicht der Entwicklung werden im Falle des „Top-Down"-Ansatzes Lösungsmodelle erstellt, die aus einer bereits bestehenden Theorie hervorgehen, also eine andere Formulierung der Theorie darstellen. Im Gegensatz dazu werden beim Bottom-Up-Ansatz Lösungen entwickelt,

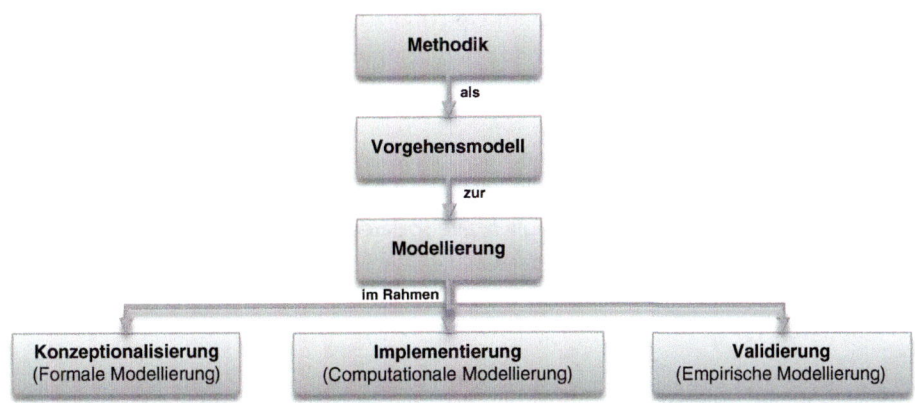

Abb. 7.15 Methodik als Rahmenbedingung

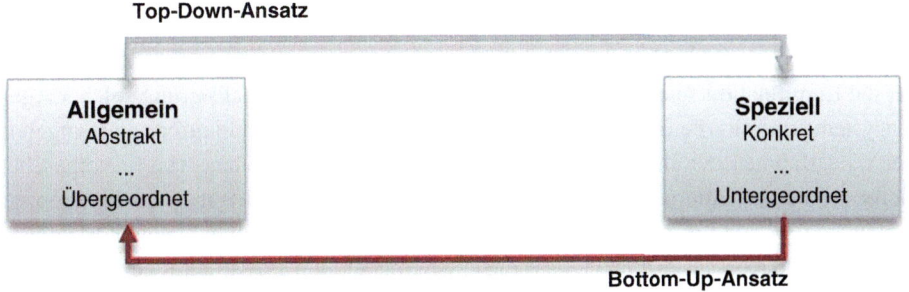

Abb. 7.16 Top-Down-Ansatz und Bottom-Up-Ansatz

um mit ihnen Ausgabedaten zu produzieren, die dem Verhalten des modellierten und simulierten Realitätsausschnitts entsprechen (Abb. 7.16).

Unabhängig von diesem Ansatz wird der Weg vom Problem zur Lösung von bestimmten Einflussgrößen bestimmt. So erweitern Inspirationen vorhandene einfache Modelle
durch detailliertere Inspirationen. Analysen führen zu einem theoretischen Modell, das zur
Vereinheitlichung vorhandener Modelle oder zu Erweiterungen führen kann. Zu guter
Letzt ergeben sich problemspezifische Anforderungen, die eine Anpassung und Erweiterung des vorhandenen Modells erfordern. Die eigentliche Stärke des nachfolgenden Vor-
gehensmodelles liegt neben dessen prinzipieller Einfachheit und Kombinierbarkeit mit
verschiedenen Techniken und Technologien in den Möglichkeiten, Modelle verhältnismäßig einfach und realitätskonform zu konstruieren. Gerade mit dem Bottom-Up-Ansatz
lässt sich beispielsweise im Rahmen von Simulationen ein globales Systemverhalten erzeugen, das dem Verhalten der Echtzeitsysteme sehr ähnlich ist. Simulationen werden also
genutzt, um Ergebnisse zu produzieren, die jenen ähneln, die vom Simulierten produziert

werden. Insofern bietet sich der Bottom-Up-Ansatz besonders für die Bearbeitung von Problemen an, in denen es um konkrete Interoperationen zwischen Elementen geht, die durch lokale Regeln determiniert werden.

▶   Insbesondere in den Sozial- und Kognitionswissenschaften bzw. in den For-
     schungsgebieten rund um die Künstliche Intelligenz oder Künstliches Leben ist
     es oftmals gar nicht anders möglich, alle sozialen und kognitiven Prozesse in
     solchen Bottom-Up-Modellen darzustellen, falls man die Komplexität dieser
     Prozesse angemessen, präzise und vor allem invasiv analysieren will (Zimmerli
     und Wolf 1994).

In diesem methodischen Sinne bildet der Bottom-Up-Ansatz bestimmte Problem- bzw. Lösungs- und damit Realitätsbereiche ab, die formal als komplexe dynamische Systeme mit lokalen Wechselwirkungen definiert werden können. Eine weitere Randbedingung kommt hinzu, indem vor allem im Rahmen der Implementierung die Realisierung inter-operierender Agentensysteme vorgesehen ist, die sich in ihrer Problemdomäne zu einem gewissen Grade „intelligent" verhalten sollen. Die Entwicklungsarbeiten konzentrieren sich aber auch auf das Verstehen der Wissensverarbeitungsprozesse und -techniken, die für die Koordination solcher Systeme notwendig sind, auf die Realisierung solcher Agen-tensysteme und auf die Evaluation dieser Systeme in produktiven Plattformen (Umgebun-gen). Im Rahmen der Implementierung sind hierzu zwei Vorgehensweisen vorgesehen. Beim problemorientierten Ansatz wird untersucht, wie eine Aufgabe aus der Problem-domäne am besten auf mehrere Agenten verteilt werden kann. Beim agentenorientierten Ansatz wird davon ausgegangen, dass die existierenden, mit Basisfunktionen ausgestatte-ten Agenten mit einer Brainware zu „intelligensieren" sind. Diese „Intelligensierung" basiert auf einem wissensbasierten Ansatz, indem jeder einzelne Agent als ein wissensba-siertes System agiert. Dazu sind die folgenden systemtechnischen Kriterien im Rahmen der Implementierung zu berücksichtigen, damit das wissensbasierte System den ge-wünschten Leistungsumfang mit akzeptablen Interoperationszeiten im Rahmen der späte-ren Validierung gewährleisten kann.

• **Adäquatheit**: Für bestimmte Aufgabenstellungen oder -gebiete sind oft bestimmte Darstellungs- und Verarbeitungsmethoden besser geeignet als andere. So dürfte es zum Beispiel oft sinnvoll sein, die Modifizierung physikalischer Systeme mittels Differen-zialgleichungen durchzuführen, während die Unterstützung der Diagnose im medizini-schen Bereich vielleicht besser durch andere Techniken erreicht wird. Allerdings kann es durchaus möglich sein, dass beispielsweise aus Effizienzgründen interne Darstel-lungs- und Verarbeitungstechniken verwendet werden müssen, die auf einer abstrakten Ebene der Modellbildung nicht unbedingt adäquat sind.
• **Verständlichkeit** und **Mitteilbarkeit**: Bei der Verwendung wissensbasierter Systeme durch menschliche Benutzer ist es notwendig, Informationen über das gespeicherte

Wissen sowie Operationen auf diesem Wissen in einer für den Anwender verständlichen Form darzustellen. Dies muss nicht unbedingt bedeuten, dass die internen Repräsentations- und Verarbeitungsmechanismen direkt für den Anwender verständlich sind, sondern kann auch dadurch erreicht werden, dass bei Bedarf spezielle Ausgaben, etwa durch Monitoring-, Inspektions- oder Erklärungskomponenten, visualisiert werden.

- **Einheitlichkeit** und **Kombinationsfähigkeit**: Ein wichtiges Problem beim Umgang mit Wissen besteht oft darin, Informationen zu einem bestimmten Objekt oder Aspekt aus verschiedenen Quellen oder Darstellungsformen zu kombinieren. Dabei ist es nicht unbedingt wesentlich, dass für die verschiedenen Formen dieselben grundlegenden Darstellungs- und Verarbeitungstechniken verwendet werden. Wichtig ist eher, dass auf einer bestimmten Abstraktionsebene die Möglichkeit besteht, mehrere Informationsarten gegenseitig verfügbar zu machen und wichtige Aspekte bei der Verarbeitung gegenseitig zu berücksichtigen.

- **Effizienz**: Die praktische Verwendbarkeit eines wissensbasierten Systems hängt nicht nur von seinem Leistungsumfang, also den verfügbaren Funktionen, sondern auch von der Effizienz ab, mit der die Gesamtleistung oder einzelne Funktionen zur Verfügung gestellt werden. Dabei sind zum einen Einschränkungen durch die Aufgabenstellung möglich, etwa bestimmte Reaktionszeiten in bestimmten Situationen. Zum andern wird die Akzeptanz von Seiten der Anwender auch von der Geschwindigkeit abhängen, mit der auf Anfragen reagiert wird.

- **Multidimensionale Darstellung**: Traditionelle Datenstrukturen, wie Felder, Records, Listen und Bäume sind nicht ausreichend zur Darstellung von Wissen auf abstraktem Niveau, da vorwiegend eine Dimension zur Strukturierung verwendet wird. Ein wichtiger Aspekt von Wissen ist, dass es Zusammenhänge unterschiedlicher Art geben kann. Es wurden eine Reihe von Ansätzen entwickelt, die eine Balance aus drei Aspekten anstreben: einer in für den Anwender verständlichen Darstellung, der Verfügbarkeit formaler Grundlagen sowie einer effizienten Implementierung bzw. Realisierung.

- **Kontextabhängige Darstellung** und **Verarbeitung**: Bei symbolorientierten Methoden wird oft die Verarbeitung unabhängig vom Kontext betont. Dadurch wird es möglich, Symbolfolgen zu isolieren und unabhängig vom Kontext mit anderen zu vergleichen, oder zu kombinieren. Unter dieser Voraussetzung lassen sich bei den kontextfreien Sprachen relativ einfache Grammatiken und zugehörige effiziente Verarbeitungsmethoden angeben. Was man hier an einfacher Struktur und effizienter Verarbeitung gewinnt, geht allerdings zu einem gewissen Teil auf Kosten der Ausdrucksmächtigkeit.

- **Kompositionalität**: Beim Entwurf komplexer Systeme ist es oft von Vorteil, einen Baukasten mit wichtigen Grundstrukturen und darauf basierenden Operationen zur Verfügung zu stellen. Daraus können dann komplizierte Komponenten zusammengesetzt werden. Wichtig ist hierbei, dass sowohl die Grundstrukturen als auch die Grundoperationen untereinander kompatibel sind, was natürlich andererseits im Vergleich zu spezialisierten Entwürfen Einbußen bei der Effizienz zur Folge haben kann.

Neben diesen zentralen Aspekten müssen im Rahmen der Implementierung bzw. Realisierung auch wichtige Fragen bezüglich des Wissens und der Adaptivität geklärt werden:

- **Wissensakquisition**: Wie kommt das Wissen in das System? Lassen sich sensorische oder Prozessdaten direkt verwerten? Kann Expertenwissen leicht integriert werden?
- **Unzureichendes Wissen**: Ist das System in der Lage, mit unvollständigem, ungenauem, inkonsistentem Wissen umzugehen?
- **Meta-Wissen**: Was weiß das System über seine eigenen Fähigkeiten? Kann es seine Vorgehensweisen beobachten und verbessern?
- **Adaptivität**: Kann sich das System an veränderte Umgebungsbedingungen selbstständig anpassen?

Die Methodik sieht dabei die folgenden Iterationsphasen im Kern vor:

- **Konzeptionalisierung** des Lösungsmodells,
- **Implementierung** (und damit **Formalisierung**) des Lösungsmodells in Algorithmen in Form von Lösungskomponenten und deren Orchestrierung zu Lösungssystemanwendungen und
- die **Validierung** der Implementierung durch Simulation.

Das Ziel der *Konzeptionalisierung* ist die Identifikation der der Problem- beziehungsweise Anwendungsdomäne zugrunde liegenden Grundlagenstrukturen. Dabei bedient man sich der Erkenntnisse der entsprechenden Wissenschaftsdisziplinen. Als Ergebnis liefert die Konzeptionalisierung ein auf das Problem bezogene vorläufiges Lösungsmodell unter Nennung aller dafür erforderlichen Entitäten. Diese Modelle bilden die Vorlage für die *Formalisierung*, die die entsprechenden Algorithmen liefert. Durch die *Implementierung* der Algorithmen wird das Lösungsmodell in ein ausführbares Modell überführt. Mit Hilfe dieser Implementierung können auch letzte Unvollständigkeiten identifiziert und behoben werden. Das bisher konzeptionalisierte Wissen über die Anwendungsdomäne wird in expliziter Form durch Realisierung in Hard-, Soft- und Orgware transformiert. Die Güte der Konzeptionalisierung entscheidet über die Güte der Formalisierung und diese wiederum über die Implementierung bzw. Realisierung. Neben der Konzeptionalisierung, Formalisierung und Implementierung besteht ein weiterer wichtiger Schritt bei der Konstruktion von Lösungssystemen in der *Validierung* der Lösungen und damit auch in der Bewertung der empirischen Angemessenheit der Modelle. Weiterhin ist für die Entwicklungsprojekte prägnant, dass sich sowohl für die Konzeptionalisierung als auch für die Implementierung keine festen Regeln bezüglich der Erarbeitung optimaler Lösungen angeben lassen. In fast allen Fällen können die Realisierungsschritte zur Konstruktion von intelligenten Systemen von Problemfall zu Problemfall variieren. Eines gilt allerdings immer: Die Ausführung der einzelnen Schritte erfordert immer den vollen Überblick über die Problem- und Anwendungsdomäne, die gründliche Kenntnis und Übung im Umgang mit der verwendeten Beschreibungssprache sowie ein gewisses Maß an Intuition. Auch hat die Praxis gezeigt, dass die Ausführung eines bestimmten Schrittes umso einfacher ist, je intensiver die davor liegenden Schritte bearbeitet und inhaltlich abgeschlossen wurden. In der Entwicklungspraxis hat sich daher ein iteratives Vorgehen bewährt, in dessen Verlauf sich die einzelnen Schritte wechselseitig bedingen und daher auch gegenseitig beeinflussen.

Das Ergebnis ist eine Lösung, die die Entwicklung initiierende Problematik löst. Andererseits basiert die damit vorgeschlagene Entwicklungsmethodik in Form eines Vorgehensmodells auf einem Prozess, der sowohl den Anforderungen von prozessorientierten Problemstellungen als auch Fragestellungen der kognitiven Ausgestaltung von Systemen Rechnung trägt. Da die Entwicklung von Lösungssystemen insgesamt als ein kognitiver Prozesss aufgefasst wird, wird diese Vorgehensweise als kognitive Entwicklung bezeichnet und im Folgenden detaillierter beschrieben.

Die Entwicklung als Ganzes und die darin vorgesehenen Aktivitäten im Einzelnen gewährleisten einen agilen Entwicklungsprozess, der um die Aspekte der *Wissensbasierung* und *Wiederverwendbarkeit* von Ergebnistypen erweitert wurde. Unabhängig dieser Erweiterungen basiert die Methode auf dem allen agilen Methoden gemeinsamen Mindset. Dieser Bezug trägt auch der Tatsache Rechnung, dass unter Umständen mehrere Parteien an dem Vorhaben beteiligt sind und sich der Entwicklungsprozess trotz dieser „Verteiltheit" als ein problem- und wissensorientierter, iterativer und damit kognitiver Prozess gestaltet und dadurch die Prinzipien agiler Lösungsentwicklung bedingt (Abb. 7.17).

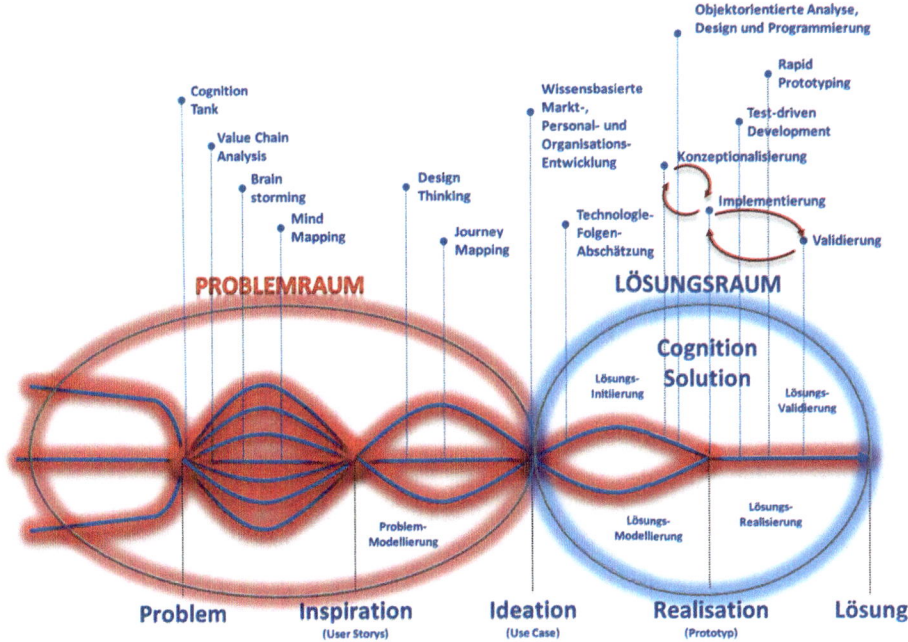

Abb. 7.17 (Organisations-)Entwicklung als kognitiver Prozess

Die Beschreibung der Vorgehensweise zur Orchestrierung von an der Entwicklung von Lösungen beteiligten Resourcen (Personen, Rechner, Technologien, Dokumente, etc.) wird als Prozessmodell bezeichnet. In einem *Prozessmodell* werden alle Aktivitäten, als auch die zu erstellenden Ergebnistypen beschrieben. Unter diese Ergebnistypen fallen auch die notwendigen Artefakte und Zwischenergebnisse, wie Dokumentation, Modelle, Projektpläne, Source Code etc. Angesichts dieser Ergebnistypen lassen sich die folgenden Prozesse unterscheiden:

- **Problemmodellierung**: Dieses Vorgehensmodell basiert nicht zufällig auf der soziologischen Theorie Luhmanns, die man „ketzerisch" als eine von Hegel ererbte Systemtheorie bezeichnen kann, weil die darin zum Einsatz kommenden Schlüsselwörter der Selbstreferenz bzw. der Autopoesis Neuauflagen alter Begrifflichkeiten zu sein scheinen. Neu und damit bedenkenswert an dieser Systemtheorie ist allerdings die Tatsache, dass Menschen nur noch zu (Umwelt)problemen von Gesellschaften avancieren. Was zu diesem Ansatz führt: Ohne Probleme keine Systeme. Insofern besteht ein früher Schritt darin, das zu lösende Problem zu definieren. Bertrand Russell hat einmal behauptet, wenn ein Problem gut formuliert ist, dann hat man auch schon die Lösung. Wie im Software Engineering ist dieser Schritt also auch im Bereich der Organisationsentwicklung entscheidend für die gesamte weitere Entwicklung, da hier nicht nur die Problematik verstanden, sondern in Teilen auch die Funktionalität des zu entwickelnden Lösungssystems bereits festgelegt wird. Da ein Lösungssystem gemäss der Sichtweise dieses Buches ein interoperationsorientiertes System darstellt und dieses in der Regel ein bestimmtes Problem aus einem Problemraum lösen soll, muss festgelegt werden, in welcher dieser Problemräume sich das spätere Lösungssystem bewegt und aus welchen Quellen das notwendige Wissen für den betreffenden Bereich gewonnen werden soll. Bereits in diesem Schritt wird der wissensbasierte Ansatz erkennbar, indem Wissensquellen eruiert werden. Als Quellen kommen beispielsweise Datenbanken, Bücher oder menschliche Experten in Frage.
- **Lösungsmodellierung**: In dieser Phase wird beispielsweise festgelegt, welche Soft-, Hard- und Org- und ggf. Brainware-Strukturen benötigt werden, welche Arten von Inferenzen geleistet werden müssen, wie die einzelnen Aktoren- bzw. Sensorkomponenten arbeiten sollen, aber auch wie die Benutzerschnittstelle aufgebaut sein soll usw.
- **Lösungsrealisierung**: Gerade für die Erstellung eines ablauffähigen Lösungssystems ist die frühzeitige Erstellung eines ausführbaren Prototyps („Rapid Prototyping") von großer Bedeutung. Oft lässt sich erst anhand eines solchen Prototyps entscheiden, ob die ursprünglich geforderte Funktionalität tatsächlich den Anforderungen genügt, die man bei der Arbeit mit dem System an eben dieses System stellt. Innerhalb der Lösungsrealisierung durchläuft der Entwicklungsprozess des Systems die Phasen der Konzeptionalisierung, Implementierung und Validierung. Je nach Problemstellung können diese Phasen sequentiell durchlaufen werden (Strang) oder aber durch notwendige Rückkopplungsschleifen (Feed-back-Loops) sich zu einer iterativen Vorgehensweise (Spirale, Kreis) ausgestalten. Unabhängig der jeweiligen Ausprägungsform bleiben die

Aktivitäten (Anforderungsanalyse, Prozess- und Aktivitätsanalyse, etc.) und die Ergebnistypen (Anforderungsliste, Prozess- und Aktivitätenmodell, Lösungsmodell, etc.) im
Modell verbindlich.

- **Lösungsvalidierung**: Fehlfunktionen einzelner Teile oder Systeme können unangenehme, wenn nicht sogar katastrophale Folgen nach sich ziehen. Daraus entsteht die
Forderung nach hoher Zuverlässigkeit der einzelnen Teile bzw. Systeme, respektive des
gesamten Lösungssystems. Mit der Forderung nach hoher Zuverlässigkeit geht der
Wunsch nach kostengünstig einsetzbaren Verfahren einher, um die Erfüllung der Forderungen aufzuzeigen.

Neben dieser eher ergebnistyporientierten Perspektive lässt sich der Entwicklungsprozess
auch aufgaben-orientiert betrachten. So werden im Rahmen der *Initialisierung* sämtliche
Vorbereitungen getroffen, um das Entwicklungsprojekt starten zu können. Dies betrifft
sowohl Fragen der Projektorganisation als auch die Erteilung des Entwicklungs- und Projektauftrages. Um den Auftrag definieren zu können, ist es unabdinglich, sich über die
Anforderungen bereits in diesem frühen Zeitpunkt Klarheit zu verschaffen.

In der Phase der *Konzeptionalisierung* wird die reale Welt auf die Existenz von Entitäten und Entitätsbeziehungen hin untersucht und ein entitätsorientiertes Ontologiemodell
dieser realen Welt erstellt. Es wird gefragt, was mit welchen Entitäten warum geschieht
oder geschehen soll. Denken in Entitäten (=Erkenntnisobjekte, Begriffe etc.) heißt verall-
gemeinern, das Gemeinsame herausheben. Auf Basis dieses Ontologiemodells wird das
Lösungsmodell entwickelt, das sich zum einen an den Anforderungen orientiert und die
beteiligten Komponenten, die Prozess-, Aktivitäts-, Präsentations-, Integrations- und Ent-
scheidungslogik beschreibt.

In der Phase der *Implementierung* bzw. Realisierung wird das objektorientierte Lösungsmodell zunächst in die Welt der Zielarchitektur (Hardware, Software, Orgware,
Brainware) übertragen, ggf. ergänzt oder modifiziert. Das Lösungsmodell wird so zu einer
einsatzfähigen Lösung konkretisiert und überführt. Es wird genau festgelegt, wie alles im
Detail funktioniert. In der Phase der Validierung wird permanent überprüft, ob die geschaffene Lösung noch den Anforderungen entspricht bzw. ob diese Anforderungen noch
Bestand haben oder aber sich geändert haben oder aber ggf. das Lösungsmodell und damit
die Implementierung modifiziert werden muss. Weiterhin muss der Forderung nach hoher
Zuverlässigkeit der einzelnen Teile bzw. Systeme respektive des gesamten Lösungssystems Rechnung getragen werden. Insofern erscheint es an dieser Stelle angebracht, auf die
Zuverlässigkeits-Nachweisverfahren kurz einzugehen, wenngleich diese wiederum - je
nach Ausgang der Validierung - auf die Modellierungsverfahren der vorgelagerten Phasen
(Problem- und Lösungsmodellierung, Lösungsrealisierung etc.) einwirken. Die Verfahren
lassen sich im Wesentlichen in die deterministischen und die probabilistischen Verfahren
unterscheiden. Beide haben den Vorteil, zu quantitativen Ergebnissen zu führen. Sie können allerdings erst auf einsatzfähige und lauffähige Systeme angewandt werden und sind
daher gegen Modellierungs- und Realisierungsfehler resistent. Mittel gegen solche früh-
zeitigen Fehler stellen die informellen Verfahren zur Verfügung.

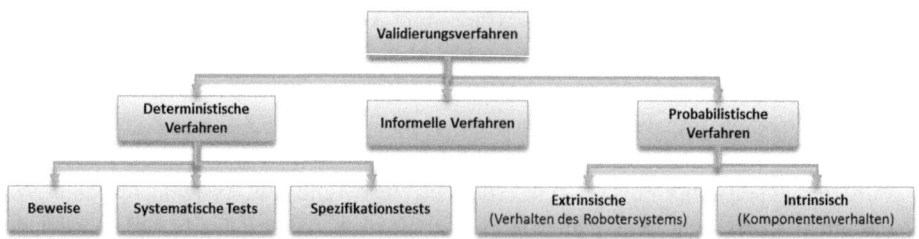

Abb. 7.18 Verfahren zur Validierung von Lösungssystemen

Beim Verfahren mit deterministischen Mitteln erhält man eine Aussage darüber, ob das betrachtete System korrekt ist oder nicht. Im günstigsten Fall kommt man dabei zu dem Ergebnis, das System werde unter allen Umständen richtig arbeiten. Bei manchen Verfahren bzw. Methoden bezieht sich die Korrektheitsaussage allerdings nur auf ein bestimmtes Korrektheits-Kriterium und nicht auf die vollständige Korrektheit. Ein solches Kriterium kann im Test bestimmter Systemteile bestehen. Ein probabilistisches Vorgehen bietet sich nicht nur als Alternative zum deterministischen Arbeiten an. Hierbei erhält man keine Aussage darüber, ob das System korrekt agiert, sondern nur darüber, mit welcher Wahrscheinlichkeit es sich richtig verhält oder mit welcher Wahrscheinlichkeit es im Anforderungsfall richtig reagiert. Zumeist steht Letzteres im Vordergrund. Das Verhalten des Lösungssystems wird also charakterisiert, nicht das System selbst. Verlangt man Aussagen über hohe Zuverlässigkeiten, erfordern probabilistische Verfahren allerdings auch einen hohen Testaufwand. In vielen Fällen allerdings darf dieser ganz oder teilweise durch Produktionserfahrung ersetzt werden, was eine erhebliche Verbilligung der Nachweise mit sich bringen kann. Insofern kommt man mit einer Kombination probabilistischer und deterministischer Vorgehensweisen am sichersten zu brauchbaren und verlässlichen Validierungsergebnissen (Abb. 7.18).

Zusätzlich zu den deterministischen und probabilistischen Verfahren sind noch informelle Verfahren anwendbar. Sie haben den anderen gegenüber den Vorteil, bereits während der Entwicklung eines Lösungssystems und dort in bereits frühen Phasen anwendbar zu sein und nicht das fertige Produkt vorauszusetzen. Sie beruhen auf dem Einbeziehen von weiteren Experten in die Entwicklung (Abb. 7.18).

Ein Begriffssystem zur Charakterisierung der Zuverlässigkeit von Systemen muss für die Beschreibung und Berechnung der Zuverlässigkeit von Hard-, Soft-, Org- und Brainware geeignet sein. Weiterhin muss das Begriffssystem sowohl das Verhalten des Ganzen als auch der einzelnen Bestandteile beschreiben können. Einen weiteren Aspekt bringt die Internationalität mit sich, in dessen Rahmen Projekte sich im Allgemeinen bewegen. Aus all diesen Gründen ist es sinnvoll, die für den Rest dieses Kapitels erforderlichen Begriffe zu erfassen:

*   **Zuverlässigkeit**: Umfasst primär die Gesamtheit der Eigenschaften, die die Verfügbarkeit und die sie bestimmenden Faktoren beschreiben: Funktionsfähigkeit, Instandhaltbarkeit und Instandhaltungsbereitschaft. Daneben versteht man darunter die Fähigkeit von Teilsystemen, für eine gegebene Zeit korrekt zu arbeiten.

- **Anforderung**: Funktion oder Gesamtheit von Funktionen eines Systems oder eines Teilsystems hiervon, deren Ausführung notwendig ist, um eine vorgegebene Aufgabe zu erfüllen bzw. ein Problem zu lösen.
- **Fehler**: Ist zunächst aus Sicht eines zustandsbasierten Systems ein Zustand, der dadurch charakterisiert ist, dass durch die Unfähigkeit des Systems eine geforderte Funktion nicht auszuführen ist. In Bezug auf die Software eines Systems stellt beispielsweise ein Fehler eine Abweichung zwischen der im Programm realisierten und der beabsichtigten Funktion dar. Global betrachtet ist ein Fehler eine feststellbare Nichterfüllung einer Forderung.
- **Versagen**: Aus aktionstheoretischer Sicht zeigt sich ein Versagen im Verhalten des Systems, das nicht mit der beabsichtigten oder spezifizierten Funktion übereinstimmt. Es entsteht eine Störung bei zugelassenem Einsatz einer Einheit aufgrund einer in ihr selbst liegenden Ursache.
- **Störung**: Eine solche liegt vor, wenn eine fehlende, fehlerhafte oder unvollständige Erfüllung einer geforderten Funktion testiert wird.
- **Versagenswahrscheinlichkeit**: Wahrscheinlichkeit in Prozent, dass ein System oder ein Teil des Systems, sich in einem Beanspruchungsfall (einer Anforderung) nicht wie gefordert verhält und damit insgesamt versagt.
- **Verfügbarkeit**: Die qualitative Dimension bezeichnet die Fähigkeit eines Systems oder eines Teil des Systems in dem Zustand zu sein, eine geforderte Funktion unter gegebenen Bedingungen zu erfüllen. Die quantitative Dimension drückt die Wahrscheinlichkeit aus, dass ein System oder ein Teil des Systems zu einem vorgegebenen Zeitpunkt in einem funktionsfähigen Zustand anzutreffen ist.
- **Überlebenswahrscheinlichkeit**: Drückt die Wahrscheinlichkeit in Prozent aus, dass die Betrachtungseinheit über einen Zeitraum nicht versagt.
- **Missionsverfügbarkeit**: Stellt die Wahrscheinlichkeit in Prozent dar, dass ein System oder ein Teil des Systems während einer bestimmten Folge von Anforderungen nicht versagt.
- **Sicherheit**: Umfasst die Fähigkeit, keine Gefährdung eintreten zu lassen oder Abwesenheit von Gefahr oder Sachlage, bei der die erwartete Schadenshöhe kleiner als das Grenzrisiko ist.
- **Risiko**: Stellt den Erwartungswert der Schadenshöhe dar.

In Bezug auf kognitive Lösungssysteme und deren Zuverlässigkeitsbetrachtung muss man zwischen Hard-, Soft-, Org- und Brainware trennen.

▶   So wird beispielsweise Software als nicht reparierbar angesehen. Sie unterscheidet sich damit von der Hardware eines Systems. Sie verändert ihre Eigenschaften durch Gebrauch nicht und sie fällt nicht in dem Sinn aus, wie ein Hardware-Bestandteil ausfallen kann. Sie kann allenfalls durch Löschung oder Veränderung von außen beschädigt werden. Dann aber sagt man, es liege nicht mehr die ursprüngliche Software vor und sieht die geänderte Software als eine neue Betrachtungseinheit an, die mit der ursprünglichen nur noch eine mehr oder weniger große Ähnlichkeit hat. Wenn Software nach einem Versagensfall im Laufe des Betriebs verändert werden muss, so hat dies in der Regel mit der Behebung von Fehlern zu tun, wenigstens dann, wenn die Versagensursache auf die Software selbst zurückzuführen ist.

Eine Fehlerbehebung ist meist sehr zeitraubend und setzt die Außerbetriebnahme des Lösungssystems voraus. In vielen Fällen ist auch von vornherein gar nicht abzusehen, wie umfangreich die damit verbundenen Änderungen oder Ergänzungen im Gesamtsystem sind. Daher spricht man nach einer Fehlerbehebung bzw. nach dem Einspielen der neuen Version von einem neuen Lösungssystem bzw. einer neuen Version des Lösungssystems.

▶   Deshalb spielt bei Software beispielsweise auch die Kenngröße der Verfügbarkeit keine große Rolle. Die wichtige Kenngröße ist vielmehr die Versagensrate. Von dieser abgeleitet sind auch die Größen der Versagenswahrscheinlichkeit und der Überlebenswahrscheinlichkeit von Bedeutung. Dies gilt in erster Linie für kontinuierlich arbeitende Programme, beispielsweise für Betriebssysteme.

Kognitive Lösungssysteme werden aufgrund der Komplexität der Problem- und Fragestellung gewöhnlich im Rahmen von entsprechend dimensionierten Projekten entwickelt. Ein solches Projekt ist dadurch gekennzeichnet, dass im Allgemeinen mehrere Personen für eine begrenzte Zeit zusammenarbeiten und dabei ein gemeinsames, definiertes und damit abgegrenztes Ziel verfolgen. Dabei sind zusätzlich gewisse Randbedingungen zu beachten, die die Zielerreichung entweder begünstigen oder aber erschweren können. Eines der Erschwernisse ist beispielsweise der Punkt, dass das Lösungssystem, das aus dem Projekt resultiert, eine bestimmte Funktionalität und Qualität bieten soll und dass ein bestimmter Zeit- und Kostenrahmen nicht überschritten werden darf. Neben den rein technischen Aspekten der Lösungserstellung sind also auch organisatorische Aspekte zur Steuerung des Projekts wichtig, damit das Ziel unter den gegebenen Randbedingungen erreicht wird (Kellner 2001). Unter diesem Aspekt bedeutet eine *Projektorganisation* im Kern, dass die Gesamtaufgabe in Teilaufgaben zerlegt wird und dass diese Teilaufgaben auf eine systematische, planmäßige Weise erledigt werden. Ein systematisches Vorgehen kann dadurch erreicht werden, dass festgelegte, bewährte Verfahren zur Hard- und Softwareentwicklung angewendet werden. Solche Verfahren definieren Richtlinien für die Vorgehensweise in zwei Dimensionen:

- **Zeitliche Dimension**: bezüglich der Abfolge der Verfahrensschritte
- **Methodische Dimension**: bezüglich der Arbeitsweisen, die geeignet sind, die einzelnen Teilziele zu erreichen

Die Methoden basieren wiederum auf Prinzipien, also Grundsätzen, die während der Entwicklungsarbeiten einzuhalten sind. Dabei ist insbesondere wichtig, mit Hilfe von

Modellierungsmitteln und -sprachen Modelle zu bilden, um die logische Komplexität der Projektaufgaben bewältigen zu können.

Bevor ein spezielles Verfahren zur Lösungsentwicklung zu einem Projektmanagement-system integriert und kombiniert wird, ist es sinnvoll, sich einen Überblick über die allgemeinen Teilaufgaben und Arbeiten zu verschaffen, die bei der Entwicklung von kognitiven Lösungssystemen zu erledigen sind. Im Zentrum stehen dabei entwicklungsspezifische Tätigkeiten: Sie müssen ausgeführt werden, um, ausgehend von der Problemstellung, ein einsatzfähiges Lösungssystem zu bauen. Die Tätigkeiten bauen in der Regel aufeinander auf, so dass das Ergebnis einer Tätigkeit der Ausgangspunkt für die nächste ist. So legt man bei der *Problemmodellierung* im Rahmen einer objektorientierten Analyse (Anforderungsermittlung, Problemmodell) die gewünschte Funktionalität des Systems fest, vereinbart also, was das Lösungssystem leisten soll. Zudem werden Randbedingungen definiert, beispielsweise der Zeit- und Kostenrahmen, die Hard- und Softwareplattform, auf der die Komponenten implementiert bzw. installiert werden sollen. Zur Entscheidungsfindung kann eine Vor- oder Machbarkeitsstudie mit Lösungsalternativen und eventuell ein lauffähiger Prototyp des Systems mit begrenzter Funktionalität erstellt werden. Nach Auswahl einer der Möglichkeiten wird eine Anforderungsdefinition in Form eines Problemmodells formuliert, also ein Vertrag über die zu erledigenden Aufgaben und die geltenden Randbedingungen. Ein Projektplan gibt einen Überblick über die benötigten Personal- und Sachmittel sowie über den vorgesehenen Zeit- und Kostenaufwand. Bei der *Systemmodellierung* wird die Architektur des Gesamtsystems dann erarbeitet, also die Komponenten, aus denen sich das System zusammensetzt, entworfen und ihr Zusammenspiel spezifiziert. Es bietet sich hierbei an, von den Interoperationen, den damit verbundenen Funktionen und Daten auszugehen, die das Lösungsystem ausführen bzw. verarbeiten soll, und das System dann top-down zu entwickeln, also schrittweise zu modularisieren. Am Anfang steht dabei ein grober Erstentwurf, der ein noch grobes Interoperations-, Funktions- und Datenmodell des Systems bzw. ein entsprechendes Komponenten- bzw. Objektmodell enthält. Aus dem Grobentwurf wird dann schrittweise über Iterationen ein Feinentwurf entwickelt, der die ausgeprägten Komponenten, vollständige Funktionsmodule und Daten-, Informations- und Wissensstrukturen bzw. ein vollständiges Komponentenmodell umfasst. Der Feinentwurf definiert also eine detaillierte Systemstruktur aus Komponenten und zugehörigen Schnittstellen. Bei der *Systemrealisierung* wird das entworfene System in einem bestimmten Technologien-Mix als Kombination von Hard- und Softwaretechnologien realisiert. Dabei werden die Komponenten des Feinentwurfs „einzeln" „ausentwickelt" und zu einem Gesamtsystem integriert. Im Rahmen der *Systemvalidierung* wird das fertige Lösungssystem schließlich in der Echtzeit oder in einer Simulations-bzw. Experimentierumgebung eingesetzt. Es folgt je nach Testergebnissen eine fortlaufende Verbesserung, also eine Anpassung an veränderte Gegebenheiten, das Einspielen neuer Versionen sowie die Beseitigung eventuell noch vorhandener Fehler.

Neben diesen phaseninhärenten Tätigkeiten fallen übergreifende bzw. begleitende Aufgaben an, die nicht nur zusätzlich, sondern genau so gewissenhaft zu erledigen sind. So müssen projektbegleitende Dokumentationen erstellt werden. Dazu gehören eine

Entwicklungsdokumentation, d. h. die Beschreibung des Entwicklungsvorgangs mit seinen Zwischenergebnissen, technische Dokumentationen mit ihren Beschreibungen der einzelnen Komponenten, der Architekturen und internen Details, sowie eine anwendungsorientierte Benutzerdokumentation als Benutzerhandbuch. Ebenfalls müssen die einzelnen Module und das Gesamtsystem projektbegleitend getestet und validiert werden. Beim Testen wird im System nach Fehlern gesucht, bei der Validierung wird geprüft, ob das System bzw. die einzelnen Komponenten die anfangs formulierten Anforderungen erfüllen. Im Einzelnen unterscheidet man Komponententests, die die jeweiligen Komponenten anhand ihrer Spezifikation überprüfen, Integrationstests, die Teilsysteme aus mehreren Komponenten betrachten, Systemtests, die das Gesamtsystem anhand der Systemspezifikation untersuchen und Abnahmetests, die nach der Installation in der Echtzeit und in der Produktivumgebung durchgeführt werden.

Demnach sind solche Projekte aus Sicht der Beteiligten einmalige Vorhaben mit hoher Komplexität, die innovatives Vorgehen erfordern, deren Start und Ende terminiert, deren Ressourcen begrenzt und die mit Risiken verbunden sind. Solch geartete Projekte und deren Teilprojekte erfordern ein Multiprojektmanagement, weil sie einerseits um einen gemeinsamen Ressourcenpool konkurrieren und andererseits inhaltlich miteinander verknüpft sind. Damit verbunden sind Projektportfolio und Projektpriorisierung, d. h. die Zusammenstellung der innerhalb eines definierten Planungshorizonts anstehenden Projekte und die Bestimmung der Reihenfolge, in der diese simultan bzw. sukzessiv umgesetzt werden sollen.

Ein Projekt kann sich beziehen auf:

- einzelne Informations- und Kommunikationssysteme (Entwicklungs-, aber auch größere Wartungs- und Reengineering-Projekte; Hard- und Softwareauswahl, Lösungseinführung und größere Releasewechsel),
- übergreifende Inhalte (beispielsweise Umweltdaten oder Interoperationsmodellierung, Standardisierung und Vernetzung von Komponenten und Hard-, Software-, Orgware und Brainwaresystemen) oder interne Vorhaben (beispielsweise Optimierung von Abläufen in der Entwicklung oder Einführung neuer Hard- und Softwareentwicklungsmethoden).

Solche gearteten Projekte zur Lösungsentwicklung sind demzufolge eng mit Hard-, Soft-, Orgware bzw. Informations- und Wissens-Engineering verzahnt. Die folgende Abbildung stellt Projektlaufzeit, Lösungssystem- und Projekt-Lebenszyklus und ihre zeitliche Folge dar (Abb. 7.19). Das Projektvorfeld bildet eine Wochen bis Jahre umfassende Vorlaufzeit, in der Ideen generiert, Vorüberlegungen zu einem potenziellen Projekt angestellt und bei hinreichender Konkretisierung Vor- und Machbarkeitsstudien erarbeitet werden. Die Projektlaufzeit erstreckt sich zwischen Projektstart und -ende, sie ist aus Managementperspektive grob in die Phasen Projektplanung, Projektsteuerung und Projektabschluss gegliedert. Projektabschlusskontrollen zählen teilweise zur Projektabschlussphase (z. B. Fortschreibung von Erfahrungsdaten und -kennzahlen), können aber auch erst während der

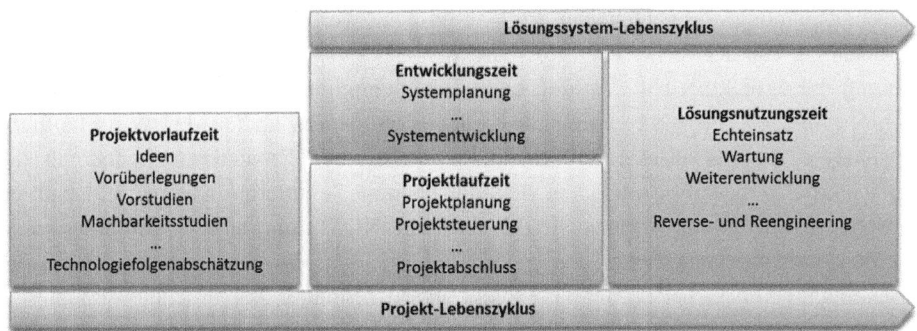

Abb. 7.19 Lebenszyklus des Projekts und des Lösungssystems

Nutzungszeit anfallen (beispielsweise Überprüfung des Eintritts der prognostizierten Wirtschaftlichkeit). Der System-Lebenszyklus beginnt mit dem Projektstart, endet aber erst bei Außerbetriebnahme des Systems. Systemplanung und -entwicklung dieses Lösungssystems liegen parallel zur Projektlaufzeit. Wie die variable Länge des Projektvorfeldes, variiert auch die Dauer der anschließenden Nutzungszeit. Sie zählt oft nach Jahren und umfasst den laufenden Betrieb des Lösungssystems, seine Wartung und Weiterentwicklung sowie erforderliche Reverse- und Reengineering-Aufgaben (Abb. 7.19).

Die Grundidee, das Vorgehen als ein phasenorientiertes Modell auszugestalten, liegt in einer Reduzierung von Komplexität durch Aufteilung in überschaubare(re) Teilschritte, an deren Ende jeweils eine Überprüfung (Meilenstein) der erreichten Zwischenziele mit anschließender Freigabe der nächsten Phase bzw. Rückgabe zur Überarbeitung oder schlimmstenfalls Projektabbruch steht. Traditionell entsprechen den Phasen Projektplanung, -Steuerung und -abschluss fachliche Planungs- und Entwicklungsphasen, deren Untergliederung im Detail von Entwicklungsprojekt zu Entwicklungsprojekt variiert. Projektplanung setzt einen fachlichen Grobentwurf voraus. Projektsteuerung läuft parallel zum fachlichen und technischen Feinentwurf und zur Realisierung sowie Einführung des Lösungssystems. Dem Projektabschluss entspricht die Übergabe in den Echteinsatz bzw. einen laufenden Betrieb. Diese Grundidee der Aufeinanderfolge von Planung, Durchführung/ Steuerung und Kontrolle bleibt auch beim Wechsel auf ältere oder neuere Konzepte der Hard- und Softwareentwicklung erhalten. Zur Verteilung der Projektlaufzeit auf die einzelnen Phasen zeigt die Erfahrung, dass vielfach zu schnell mit der Umsetzung erster Entwürfe begonnen und damit unnötiger Mehraufwand verursacht wird. Höherer Planungsaufwand kann nicht nur Realisierungs-, sondern auch spätere Betriebs- und Wartungskosten substituieren, auch wenn man dabei einkalkulieren muss, dass diese Substitution erst zu einem späteren Zeitpunkt stattfindet und dadurch hinter den zunächst anfallenden höheren Planungskosten optisch zurücktritt.

Die Planungsphase fußt auf einem problemorientierten Grobentwurf, der eine für die weiteren Planungsaufgaben hinreichend tiefe Zerlegung der Projektaufgaben in einem Projektstrukturplan erlaubt. Dieser ist Grundlage für Aufwandsschätzungen, Termin- und

Kapazitätsplanung, die gemeinsam erfolgen müssen, weil der Zeitbedarf einer Aufgabe nur abhängig von der verfügbaren Ressourcenkapazität bestimmbar ist. Personalplanung, Planung der Projektberichterstattung und -dokumentation schließen sich an. Den Abschluss bildet die Projektkostenplanung, die ihrerseits Bestandteil der Wirtschaftlichkeitsanalyse für das anstehende Projekt ist. Neben den Projektkosten gehen in die Wirtschaftlichkeitsanalyse nicht entwicklungsbedingte, einmalige Kosten, die späteren Betriebs- und Wartungskosten sowie der erwartete Nutzen ein. Übersteigen die voraussichtlichen Gesamtkosten über den ganzen Lebenszyklus den Gesamtnutzen, muss die Projektplanung überarbeitet oder das Projekt unter Umständen abgebrochen werden.

Ziel der Projektsteuerung ist der laufende Vergleich zwischen Soll (Termine, Kapazität, Produkt- und Prozessqualität, Kosten laut Plan) und tatsächlich erzieltem Ist. Je früher Abweichungen erkannt und analysiert werden, umso eher greifen Maßnahmen, die das Projekt zurück zum Plan bringen sollen. Selbstverständlich können bei gravierenden Abweichungen auch Plananpassungen nötig werden. Erfolgreiche Projektsteuerung setzt kurzzyklische und realistische Rückmeldungen der Projektmitarbeiter, umgehende Soll-Ist-Vergleiche und bei Abweichungen schnelle Auswahl und Einleitung geeigneter Maßnahmen voraus (Schelle, 1996).

Ein eindeutiger Projektabschluss markiert den Übergang zwischen Projektlauf- und Nutzungszeit, er fällt mit der Auflösung des Projektteams und der Übergabe des Lösungssystems an andere Verantwortliche zusammen. Mit dem Projektabschluss verbunden sind deshalb einerseits die Würdigung der Leistung des Projektteams und andererseits die Abnahme des Gesamtsystems, einschließlich der Lösungssytem- und Projektdokumentation durch die für die Echtanwendung bzw. Wartung verantwortlichen Gruppen. Projektabschlusskontrollen dienen zunächst der Bewertung des Projektverlaufs und der Dokumentation der gewonnenen Erfahrungen. Es ist zweckmäßig, wenn diese sich in der Fortschreibung von Projektkennzahlen bzw. von Erfahrungsdatenbanken niederschlagen (Elmasri und Navathe 2002). Die Planung neuer Projekte profitiert davon, erkannte Fehler können bei künftigen Projekten vermieden oder reduziert werden. Projektbenchmarking setzt ebenso wie die Nutzbarmachung von Wissensmanagement für die Projektarbeit die Speicherung von Projekterfahrungen voraus. Eine zweite Art von Projektabschlusskontrollen kann erst in der Nutzungszeit erfolgen. Sie bezieht sich auf die ersten Erfahrungen bei der konkreten Nutzung des Systems in der Echtzeit (beispielsweise Fehler- und Performance-Verhalten), auf dessen tatsächliche Verwendung und schließlich auf Untersuchungen zum Eintritt der geplanten Wirtschaftlichkeit.

Wie im klassischen Software Engineering waren die ersten im Bereich des Projektmanagements eingesetzten Tools sogenanntes Paperware, d. h. Papier und Bleistift. Frühe Tools standen für das Projektmanagement großer technischer Projekte in Form von Netzplantechnik-Software zur Verfügung, wobei nach den ersten Anfängen nicht nur Termine, sondern auch Kapazitäten und Kosten in die Berechnungen einbezogen werden konnten. Allerdings waren diese Tools für Projekte anderer Größenordnungen, als es die damaligen Projekte waren, konzipiert. Ihr Einsatz für Entwicklungsprojekte war demzufolge eher „oversized" und war nicht allzu häufig, zumal die Programmsysteme anfangs sehr teuer waren (Maier 1990). Eine Rolle spielte auch, dass Soft- bzw. Hardwarentwicklungsprojekte sehr viele Parameter beinhalten, die sich im Projektverlauf häufig ändern und dadurch hohen Überarbeitungsaufwand von Netzplänen hervorrufen. In den 80er-Jahren wurden viele Netzplantechnik-Programmsysteme abgemagert und als PC-Software zu niedrigeren Preisen angeboten bzw. neu entwickelt. Die nun mögliche Nutzung am Arbeitsplatz der Projektmitarbeiter führte zu einer breiteren Verwendung. Aktuell eingesetzte Werkzeuge zum Projektmanagement lassen sich in drei Gruppen einteilen:

- Werkzeuge, die Koordination und Kommunikation projektteamexterner bzw. -interner Projektbeteiligter unterstützen;
- Planungswerkzeuge zur Aufgabendarstellung, Zeit-, Kapazitäts- und Budgetplanung;
- Werkzeuge zur Projektsteuerung, die Projektfortschritte und Projektprobleme frühzeitig zu erkennen helfen.

Der Einsatz solcher Werkzeuge ist v. a. dann erfolgreich, wenn die verlangten Projektergebnisse bekannt, identifizierbar und messbar sind. Innovative Projekte, die hohe Flexibilität verlangen und meist auch neue Technologien beinhalten, ziehen deutlich weniger Nutzen aus diesen Werkzeugen. Auf jeden Fall dürfen solche Werkzeuge zum Projektmanagement nicht isoliert von der Lösungsentwicklung und deren spezifischen Werkzeugen gesehen werden (Lock 1997). Projektführungssysteme müssen mit Produktverwaltungssystemen zu einer gemeinsamen Entwicklungsumgebung integriert werden. Diese basiert auf einem Repository, das sowohl Lösungs- als auch Projektdaten aufnimmt. Um das Repository gruppieren sich Einzeltools für alle Aufgaben, die in der Projektlaufzeit und während der anschließenden Wartung anfallen. Von hoher Bedeutung sind die Durchgängigkeit der Werkzeuge (Output von Werkzeug A kann als Input für Werkzeug B im nächsten Aufgabenschritt verwendet werden) und eine standardisierte Benutzungsoberfläche über alle Werkzeuge hinweg. Wesentlicher Bestandteil aus Entwicklungs- und Projektmanagementsicht sind auch Werkzeuge für das Konfigurations- und Change-Management. Die Integration von Wissensmanagement-Werkzeugen empfiehlt sich, wenn systematisch ein Wissensmanagement aufgebaut werden soll.

Angesichts der Offenheit heutiger Computerplattformen ist es möglich, einzelne Werkzeuge anhand organisationsindividueller Anforderungen auszuwählen und zu einer Entwicklungs- und Kommunikationsumgebung zu kombinieren (Abb. 7.20). Wichtige zusätzliche Eigenschaften bzw. Funktionalitäten sind:

- Teamunterstützung durch Mail und Groupware,
- gestufte Zugriffsberechtigungen für die Beteiligten (die zu allen ihre Aufgaben betreffenden Produkt- bzw. Projektdaten Zugriff auf dem jeweils aktuellen Stand benötigen),
- die Möglichkeit der Definition standardisierter Werkzeugkombinationen für Entwicklungsprojekte verschiedenen Zuschnitts,
- Definition und (automatisierte) Überwachung der Einhaltung zwingender Prozess- und Werkzeugfolgen;

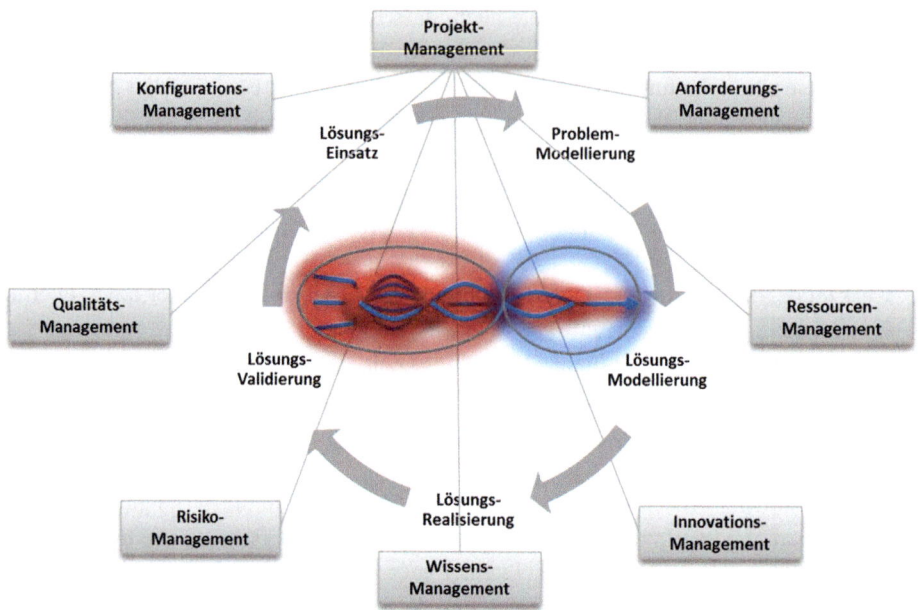

Abb. 7.20 Projektmanagement

Neben diesen Werkzeugen erfordert es auch die Anwendung kreativer Techniken, da man unter Umständen mit Problem- und Fragestellungen konfrontiert wird, die bisher so noch nicht aufgetreten sind. Um dieses „Neuland" dennoch einigermaßen sicher zu durchschreiten, haben sich einige Techniken bzw. Rahmenveranstaltungen bewährt, von denen die wichtigsten kurz vorgestellt werden sollen. So basiert ein *Innovationsworkshop* in Form eines *Cognition Tank* auf dem systemischen Innovationsansatz. Er berücksichtigt die gesamte Wertschöpfungskette der Organisation, von der Forschung und Entwicklung über Zulieferer, Partner und Konkurrenten, Kunden- und Marktstrukturen bis hin zu Entscheidungsträgern in der Politik, den Medien und dem Endverbraucher. Der Innovationsprozess besteht aus einem oder mehreren ganztägigen Workshops, basierend auf Vorbereitungen der Teilnehmer (Vertrautmachen mit der Thematik und Methodik etc.) und beginnend mit der Analyse der Trends und Treiber, über die konkrete Ideenfindung und Entwicklung von Musterkonzepten oder gar Musterlösungen, zu der interne Experten hinzugezogen werden, bis hin zur Konsensbildung (Entscheidung) bezüglich der Validität der entwickelten Konzepte und Lösungen sowie der Roadmap bezüglich der Ausgestaltung dieser Lösungsansätze zu fertigen Lösungen. Die Begründung zur Durchführung eines Cognition Tank lässt sich darin finden:

• Um gezielt und konzentriert einen oder mehrere Tage ausschließlich dazu zu verwenden, strukturiert und methodisch (Moderation) die zukünftigen Lösungen und die Roadmap dahin zu entwickeln.

- Um gezielt das Wissen, Können und die Ideenpotentiale von Mitarbeitern aus unterschiedlichen Funktionsbereichen zu nutzen (z. B. Produktentwicklung, Produktmanagement, Marketing, Vertrieb, etc.).
- Um eine transparente Entscheidungsgrundlage (Blaupause) den Entscheidungsträgern zur Verfügung zu stellen.
- Um in kürzester Zeit ein Maximum an Ideenoutput zu generieren.
- Um in kürzester Zeit den initialen Einstiegspunkt für die Entwicklung von Lösungen zu finden.

Im Gegensatz zu einem reinen *Think Tank* werden von dem Workshop neben der Wahrnehmung des Problems und der kreativen Entwicklung von Ideen, auch das Erarbeiten einer gewissen Erkenntnis und vor allem die Entscheidung bezüglich der Lösungen und deren Roadmap erwartet. Insofern geht die Veranstaltung weit über die eines klassischen Think Tanks hinaus. Dies zeigt sich auch in der folgenden Ausschreibung:

- **Zielsetzung**: Systematische Entwicklung der Modelllösungen und Roadmap
- **Methode**: Einsatz von Brainstorming-/Kreativitätstechniken, BrainGroup, Diskussion, Szenario-Technik und RoadMap
- **Dauer**: 1 Tag
- **Gruppengröße**: ca. 7–16 Teilnehmer
- **Gruppenanforderung**: Möglichst heterogene Gruppenzusammensetzung
- **Teilnehmerkreis**: interne Teilnehmer
- **Lösungsselektion**: Im Anschluss an den eigentlichen Cognition Tank findet die Selektion bzw. das Ranking der Lösungsalternativen statt.

Dem *Bionic Thinking* liegt der Grundgedanke der Bionik zugrunde, Erfindungen der belebten Natur zu entschlüsseln, diese in Modelle zu formalisieren, um letztere dann in innovative Techniken umzusetzen.

7.4.3   Beratungsorientiertes Vorgehensmodell

Gleich vorweg: Die kognitive Organisationsberatung unterscheidet sich von der klassischen Organisationsberatung rein äußerlich dadurch, dass sie als „unangenehm" bis hin zu „schmerzhaft" empfunden werden muss, soll sie wirksam sein. Letzteres ist dadurch bedingt, dass die klassische Beratung oftmals dadurch, dass sie den Beratungsaufträgen und damit den Problembeschreibungen der Klienten folgen muss, einfach blind ist für die hinter diesen Aufträgen liegenden latenten Probleme und aufgrund dieses blinden Flecks oftmals nicht die eigentliche „Wurzel des Übels" erkennen kann. Insofern ist die kognitive Organisationsberatung nicht vornehmlich an der Erhaltung ihrer eigenen Praxis interessiert (Abb. 7.21).

Abb. 7.21 Kognitive Organisationsberatung

In der *Organisationsgeschichte* wird die Veränderung der Organisation in zeitlicher Hinsicht untersucht. Im Gegensatz zu einigen Systemtheoretikern (vgl. Luhmann 2000) geht man bei der kognitiven Organisationsberatung davon aus, dass Organisationen teils kalkulierbare und punktuell berechenbare, aber auf jeden Fall historische Systeme sind. In diesem Sinne interoperieren sie permanent gegenwartsbezogen, ohne dabei ihre Vergangenheiten aus den Augen zu lassen, um damit die Zukunft aktiv mitzugestalten. Dieser Aspekt der Mitgestaltung weist darauf hin, dass die Zeitdimension der Organisation nicht nur gegenwartsbestimmt, sondern vor allem als ein veränderbares Konstrukt zu betrachten ist. Aufgrund dieser Zeitverhältnisse sind Entscheidungen in Organisationen durch Vergangenheit, Gegenwart und Zukunft determiniert. Insofern muss jede Entscheidung unter Beachtung gegenwärtiger Hierarchien, Sachzwänge, Befristungen, Prognosen und der Geschichte getroffen werden.

▶   Dies führt beispielsweise zu der humoristischen, aber nicht minder beachtenswerten Feststellung, dass die meisten der zum Einsatz kommenden Prognoseinstrumente funktionieren und die daraus resultierenden Prognosen zutreffen, wenn beiden nur ja keine Zukunft dazwischen kommt.

Das Verhalten der Organisation als wohldefinierte Ansammlung von Mitarbeitern und die organisatorische Entwicklung als sozialer Prozess stehen im Zentrum der Fragestellung der *Organisationssoziologie*. In Ihr wird die Organisation als Klammer aller sozialen Handlungen verstanden. Richtet sich die Fragestellung nicht auf die Organisation an sich, sondern auf die einzelnen Mitarbeiter, wird etwa analysiert, aus welchen Motiven heraus ein bestimmter Mitarbeiter eine bestimmte Aufgabe auf bestimmte Art und Weise erledigt, hat man es mit einer der *Organisationspsychologie* zugehörigen Problemstellung zu tun. Da Organisationen das Leben nachhaltig beeinflussen, liegt es nahe, den Versuch zu unternehmen, diesen Einfluss zu kanalisieren und auf Ziele hin zu orientieren. Entsprechend heißt dieses Gebiet *Organisationspolitologie*. In ihr wird die Organisation als Institution gesehen. Alle bisherigen Betrachtungsweisen sind dabei deskriptiver Natur, d. h. sie beschreiben vorgefundenes Material, und es kann ihnen nicht darum gehen zu sagen, wie organisatorische Praxis eigentlich sein sollte oder in welcher Richtung die Organisation als Organisation schwerpunktmäßig gehen sollte, wenn es um das Überleben am Markt oder um die Wahrnehmung gesellschaftlicher Interessen geht. All diese Betrachtungsweisen liegen auf einer anderen Ebene als der Gegenstand der Organisationstheorie und der Organisationsethik. So wird in der *Organisationsethik* nach der moralischen Rechtfertigung organisatorischen Handelns von der Strategie über die Organisationsentwicklung bis hin zur Umsetzung der Strategie gefragt. Von allen genannten Sichtweisen auf das Phänomen Organisation unterscheidet sich die *Organisationstheorie*. Sie untersucht die Organisation hinsichtlich des Erzielens von Erkenntnis. Insofern ist Organisationstheorie eine spezielle Erkenntnistheorie, denn wenn unter Erkenntnis eine als zutreffend nachgewiesene Aussage verstanden wird, muss sich Organisationstheorie wie alle anderen Erkenntnistheorien mit dem Problem auseinandersetzen, worin eine Verifizierung oder Falsifizierung in Form einer Begründung, bezogen auf wirtschaftliche bzw. organisatorische Aussagen, bestehen kann. Als eine Metatheorie aller Organisationen untersucht die Organisationstheorie auch nicht die Aspekte bestimmter Einzelorganisationen, sondern fragt ganz allgemein, was die Bedingungen der Möglichkeit organisatorischer Entwicklungen sind. Die Organisationstheorie ist damit Teil der Erkenntnistheorien, allerdings ein praktischer Teil, weil er davon ausgeht, dass Erkenntnis in gewisser Form, wenngleich unter Umständen mit zugestandenen Einschränkungen, möglich und vor allem in der Praxis anwendbar ist. Die kognitive Organisationsberatung setzt deshalb eine solche Organisationstheorie voraus, zumal sie die klassischen Beratungsformen in sich vereint, und damit an sich „sich" darüber hinaus erweitert. So basiert die klassische Beratung zum einen auf einer *Expertenberatung*, die die Organisation als Maschinen-Metapher auffasst. Demgemäss betrachtet man eine Organisation als ein System in Form einer trivialen Maschine, die, versehen mit dem richtigen Input, eben den gewünschten Output liefert. Mit dieser Sichtweise werden folgende Implikationen in Kauf genommen:

- Eine Maschine (=Organisation) ist ein geschlossenes Ganzes.
- Die Relationen zwischen den Einzelteilen (Organisationsobjekte) sind determiniert.
- Die Einzelteile (=Organisationsobjekte) wie auch die Maschine (=Organisation) selbst haben keine eigenen Ziele.
- Die Ziele werden von einem äußeren Konstrukteur (=Management) vorgegeben.
- Störungen können nur durch einen externen Eingriff (=Berater) korrigiert werden.
- Die Maschine (=Organisation) ist zwar kompliziert, prinzipiell aber durchschaubar und von daher trivial.
- Die Maschine (=Organisation) ist Mittel zum Zweck.

Insgesamt sind Maschinen und damit die Organisationen selbstlose Gebilde. Sie werden bewusst geplant, rational und rationell gestaltet und sind darauf angewiesen, dass sie von außen eine Zwecksetzung erfahren. Wird eine Organisation als Trivialmaschine gesehen, erfüllt sie einen Zweck, dem all das, was in ihr passiert, als Mittel zugeordnet werden kann. Alles, was diesen Mittelstatus nicht behaupten kann, kann optimiert, rationalisiert oder eliminiert werden. Die Rationalität der Organisation beruht darauf, für alle Sachverhalte innerhalb der Organisation angeben zu können, welchen Zweck sie erfüllen.

Eine andere organisationstheoretische Variante, die in der Ausgestaltung der kognitiven Organisationsberatung Berücksichtung findet, ist die sogenannte *Prozessberatung*. Hier wird die Organisation nicht als mechanischer, sondern als lebendiger Organismus modelliert. In diesem Sinne kommt dann zum Ausdruck, dass Organisationen keineswegs so problemlos zu steuern sind wie es die Maschinenmetapher suggeriert: Sie lassen sich nicht einfach umbauen und erneuern, sie widersetzen sich Eingriffen, wollen sich nicht ändern und streiken in den heutigen Zeiten. Ein gewisses Mass an Selbstbestimmung macht sich bemerkbar und führt zu folgenden Charakteristika (vgl. Bardmann und Lambrecht (2003).

- Ein Organismus (=Organisation) wird als umweltoffenes System betrachtet.
- Als lebendes System (=Organisation) ist dieses von seinen Umweltkontakten abhängig.
- Die Ziele sind nicht mehr nur extern vorzugeben, es bilden sich zudem eigene Ziele heraus (vor allem das eigene Überleben).
- Es bilden sich dynamische Austauschbeziehungen mit der Umwelt heraus.
- Statt einer Perfektionierung der Abläufe steht das Finden brauchbarer Überlebenssicherungen im Vordergrund.
- Veränderungen werden nicht einfach vorgenommen, vielmehr sind Organismen (=Organisationen) einem permanenten Evolutionsprozess unterworfen.

Die noch den Maschinen unterstellte Trivialität wird damit in zweifacher Hinsicht den empirischen Einsichten in die Komplexität von Organisationen angepasst. Indem man Organisationen Lebendigkeit unterstellt, verkomplizieren sich zum einen die externen Austauschbeziehungen und zum zweiten die internen Weisungszusammenhänge. Organisationen werden deshalb als offene Systeme aufgefasst, deren Überleben davon abhängt, ob es ihnen gelingt, ihre Strukturen den Anforderungen der Umwelt anzupassen. Desweiteren kommt der Mitarbeiter in den Fokus, indem er als wichtige Ressource entscheidenden Anteil an der Erreichung der organisatorischen Ziele hat.

Mit dem Einbezug der *systemischen Beratung* kommen die von der systemischen Therapie resultierenden Erkenntnisse und das von dort stammende Interventionsinstrumentarium zur Anwendung (vgl. Kolbeck 2001):

- Zu beratene Organisationen werden als sich selbst organisierende Systeme betrachtet (Klientensysteme).
- Fokussiert wird nicht auf Individuen, sondern auf die Strukturen des Systems mit seinen Entscheidungsprämissen und Entscheidungsprogrammen.
- Da direktive Veränderungen unvorhersehbar wirken, wird das Klientensystem über Irritationen zur Selbständerung angestoßen.
- Die Beratung selbst wird in einem zeitlich begrenzten Beratungssystem durchgeführt (Berater- Klientensystem).
- Die Beratergruppe kann sich selbst als System beobachten (Beratersystem).

Weiterhin wird durch den systemischen Beratungsansatz klar, dass zur Steuerung des Entwicklungsprozesses vor allem die Kommunikation von Bedeutung ist, indem über diesen Spezialfall der Interoperation ein Einwirken möglich wird. Dieses Einwirken bezieht sich dabei auf die gesamte Organisation als Sozialsystem und deren Kommunikation bzw. Kommunikationsprozesse und -regeln.

▶   Wenn man sich der Metapher des Fußballs bedient, dann bedeutet dies, dass es bei der systemischen Beratung nicht darum geht, einzelne Spieler oder gar den Trainer auszutauschen, sondern es gilt die Taktik oder auch die Regeln des Spiels zu verändern.

Zu den systemischen Interventionen, die den Werkzeugkasten der kognitiven Organisationsberatung damit komplettieren, zählen unter anderem zirkuläres Fragen, Umdeutung/Reframing, positive Konnotation, paradoxe Intervention, Verschreibung oder Techniken der Provokation (vgl. Simon und Rech-Simon 1999).

▶   Die bisherigen Beratungsformen lassen sich narrativ wie zusammenfassend beschreiben. Man stelle sich einen Baum voller Krähen vor. Ein klassischer Berater gleicht nun einem Menschen, der einen Stein nimmt und ihn in den Baum wirft. Aufgeschreckt fliegen alle Krähen in die Höhe. Einen Moment später sitzen allerdings die Krähen an anderen Stellen wieder im Geäst. *Klassische Berater* scheuchen nicht nur die Vögel auf, sie meinen auch zu wissen, welche Äste abgesägt werden müssen und wie viele Vögel im Anschluss daran wieder einen Platz finden dürfen. Leider halten sich die Vögel nicht immer an diese Vorgaben. Ein *Prozessberater* trifft sich mit den Raben und befragt alle nach den bevorzugten Ästen. Im Anschluss daran wird eine Sitzordnung ausgehandelt, mit der zum einen alle Vögel zufrieden sind und von der der Baum auch profitiert. *Systemische Berater* werden bemüht sein, den Raben beim Verändern ihres Baumes zu helfen. Sie haben kein ideales Aussehen eines gut wachsenden Baumes im Kopf, hoffen aber, den Raben zur Einsicht zu verhelfen, welche Triebe, auch wenn sie für einige bequeme Sitzplätze darboten, für den Baum kraftraubend sind.

Der Berater, der auf die Ansätze der kognitiven Organisationsberatung baut, sieht sich als eine Art Organisationsneurologe, der für die Behandlung veränderungswürdiger Prozessnetze zuständig ist (Abb. 7.22). Hierzu kennt er sich bestens mit Pathologien im Bereich der Organisation und ihrer Objekte aus. Er bedient sich dabei Untersuchungsmethoden, die an die bildgebenden Verfahren angelehnt sind:

• EEG (Messung der Kommunikationsströme)
• Computertomografieaufnahme
• Blutabnahme
• Ultraschalluntersuchung
• Etc.

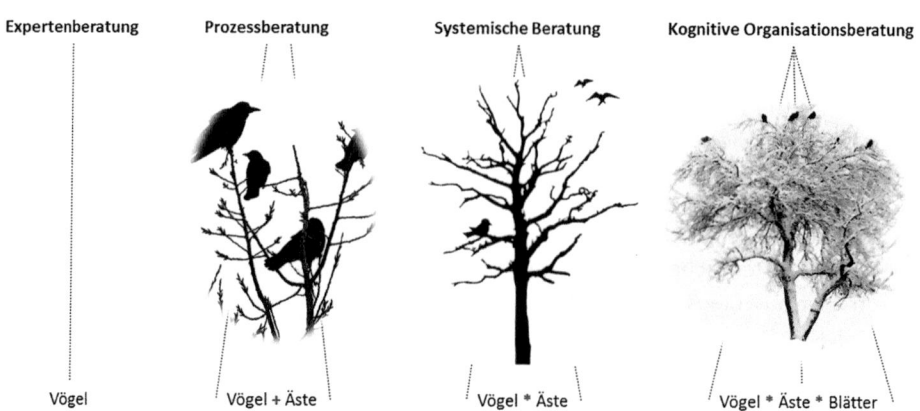

Abb. 7.22 Metapher der Organisationsberatung

7.4.4 Herausforderungen

Organisationen interoperieren in einem Markt und daher kann dieser Markt als eine Art Wettbewerbsumwelt verstanden werden (Abb. 7.23).

In Anlehnung an Porter (1984) lassen sich die Marktprobleme wie folgt beschreiben:

- **Konkurrenz**: Zu den offenkundig relevanten Umweltkräften zählen die Wettbewerber und das Ausmaß an Rivalität, das sich unter den Wettbewerbern entwickelt. Ein hohes Maß an Rivalität besteht besonders dort, wo Märkte die Sättigungsgrenze erreicht haben und ein Marktaustritt für die Wettbewerber schwer zu bewerkstelligen ist.
- **Neue Wettbewerber**: Hier sind die sog. Markteintrittsbarrieren angesprochen. Darunter werden alle die Kräfte verstanden, die potenzielle Neuanbieter davon abhalten, in einem Geschäftsfeld aktiv zu werden, oder sie - bei Eintritt - zumindest in eine nachteilige Position versetzen würden. Die Veränderungsrate in einem Geschäftsfeld hängt in entscheidendem Maße davon ab, in welchem Umfang die etablierten Anbieter durch Eintrittssperren vor Neuanbietern geschützt sind.
- **Substitutionsprodukte**: Existenz und Ausmaß der Verfügbarkeit von Substitutionsprodukten (-leistungen) sind als weitere bedeutsame Wettbewerbskraft, wenn auch mehr indirekter Art, anzusehen. Substitutionspotenziale relativieren die Marktstrukturen. Inzwischen können selbst monopolistische Marktstrukturen durch Substitutionsprodukte aus anderen Märkten einen starken Preis- oder Veränderungsdruck erfahren.
- **Kunden**: Die Kunden stellen nicht nur mit ihren Vorstellungen und ihrem taktischen Kaufverhalten eine zentrale externe Einflussgröße dar, sondern auch mit der Stärke, mit der sie ihre Position vertreten können. Die Stärke des Einflusses der Abnehmer bestimmt sich u. a. nach dem Konzentrationsgrad der Abnehmer, ihrem Informationsstand oder dem Ausmaß der Produktstandardisierung.
- **Lieferanten**: Sie versorgen die Organisation mit den für den Leistungsprozess notwendigen Ressourcen. Je knapper diese Ressourcen, je geringer die Zahl der Anbieter und

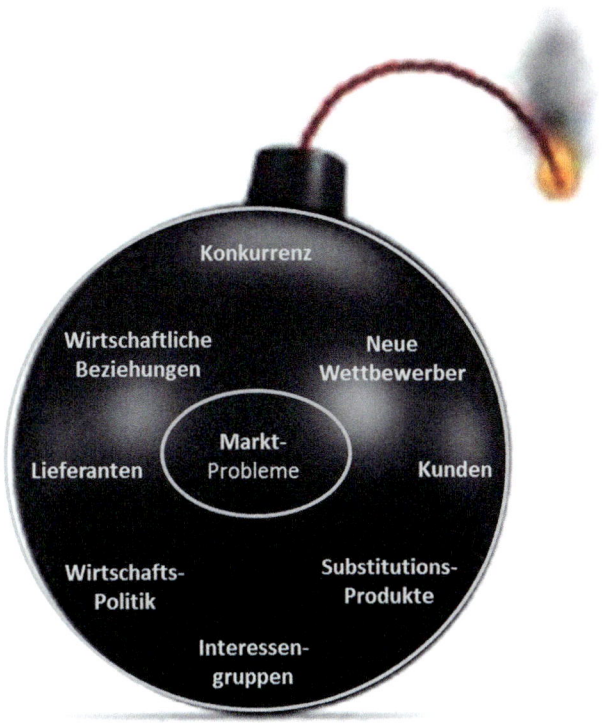

Abb. 7.23 Generelle Problem der Marktentwicklung

je weniger Substitutionsmöglichkeiten bestehen, umso höher ist die Macht der Lieferanten und damit auch ihr Einfluss auf das organisatorische Geschehen.

- **Wirtschaftliche Beziehungen und Wirtschaftspolitik**: Der Staat nimmt in vielfacher
  Weise Einfluss auf die Wettbewerbssituation, in manchen Fällen (z. B. Marktregulie-
  rung, Subventionen) greift er direkt gestaltend in ein Geschäftsfeld ein. Die wirtschaftlichen Beziehungen definieren die Rahmenbedingungen für die organisationsinterne
  Regelung der Konflikte zwischen Arbeitgebern und Arbeitnehmern.
- **Interessengruppen**: Darunter fallen alle externen Gruppierungen, die Ansprüche an
  die Organisation richten und potenziell Einfluss ausüben können. Die Organisation ist
  gezwungen, permanent diese Interessengruppen zu beobachten und sich dauerhaft mit
  den unterschiedlichsten Ansprüchen auseinanderzusetzen.

Insofern sind *Krisen* sehr oft der eigentliche Anlass für umfassende Organisationsentwicklungsprojekte (Abb. 7.24).

Das vorgestellte Vorgehensmodell beinhaltet auch ein Vorschlag für die Entwicklung
von Systemen zur Lösung von Problemen. Grundsätzlich bietet die bisherige Wissenschaft
zwei verschiedene Wege an, um Probleme zu verstehen, um dann über das Verständnis der
Problemgegenstände zur Lösung zu kommen. Der erste und in der abendländischen Kultur

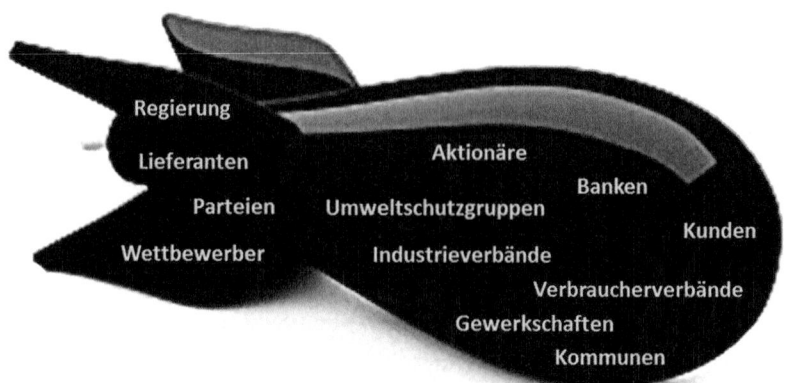

Abb. 7.24 Generelle Interessengruppen

ungeheuer erfolgreiche *analytische Weg* ist dadurch charakterisiert, den Problemgegen-
stand in immer kleinere Teile zu zerlegen, deren Eigenschaften zu studieren, um dann mit
diesem Verständnis über die Einzelheiten das Gesamthafte herzuleiten. Der andere Weg
besteht in einer *synthetischen Auffassung*, in einer ganzheitlichen Betrachtung des Prob-
lemgegenstandes. Die Auseinandersetzung bzw. die Konfrontation mit komplexen Problemstellungen haben gezeigt, dass es eben nicht ausreicht, nur die einzelnen Teile zu
untersuchen, sondern dass vielmehr die Orchestrierung des Gesamthaften verstanden und
daher nach Begriffen und Prinzipien gesucht werden muss, die diese Orchestrierung in
adäquater Weise wiedergeben. Ausgangspunkt einer jeden Entwicklung einer oder mehrerer Lösungen ist im Regelfall das Vorhandensein von einem oder mehrerer Probleme.

Die Wettbewerbsvorteile der Zukunft werden immer stärker in den Human-Ressourcen
ihre Quellen haben. Vor allem eine Personalentwicklung im Sinne einer Vorbereitung der
Beschäftigten auf anspruchsvollere Tätigkeiten und Arbeitsplätze ist deshalb auch zu einem wichtigeren Bestandteil der Personalpolitik zu zählen. Die Human-Ressourcen, das
angesammelte Erfahrungswissen und Können, bildet demnach das Rückgrat für die
Entwicklung außergewöhnlicher, schwer imitierbarer Organisationskompetenzen. Eine
Inkonkruenz zwischen dem Entwicklungsstreben der Mitarbeiter und der Organisationsentwicklung führt zu den folgenden pathologischen Erscheinungen:

* **Fluktuation**: Die Organisationsmitglieder verlassen - wenn möglich - die Organisation,
* **Rückzug**: Die Mitabeiter ziehen sich innerlich aus der Arbeit zurück (Fehlzeiten, Tag-
träumen, Bummeln),
* **Widerstand**: Sie bilden passiven Widerstand (stellen sich dumm, vergessen wichtige
Informationen, wehren sich gegen jede Neuerung),
* **Abwehrmechanismen**: Die Individuen bilden Abwehrfronten (feindselige Gruppen-
normen, hohe Ausschussquoten, Materialverschleiß),

- **Kriminelle Energie**: Die Mitarbeiter betrügen, wenn die Hoffnung besteht, dass der Betrug unentdeckt bleibt und
- **Entlohnungsspirale**: Die Mitarbeiter konzentrieren sich immer mehr auf die Entlohnung und den Kampf um höhere Entlohnung (als vermeintliche Chance außerhalb der Organisation alles das nachholen zu können, was innerhalb der Organisation versagt bleibt).

Diese Probleme treten umso häufiger und stärker auf, je strikter die bürokratischen Kontrollen eingehalten werden, je fragmentierter und standardisierter der Arbeitsprozess ist, je niedriger eine Tätigkeit in der Hierarchie rangiert und je selbstbewusster die Mitarbeiter sind. Organisationsentwicklung ist daher kein Selbstzweck, denn gerade wirtschaftsorientierte Organisationen müssen Ergebnisse erzielen, die Stakeholder zufriedenstellen und die Existenz der Organisation sichern. Die kognitive Organisationsentwicklung ist dazu Mittel der Zweckerreichung. Dabei kommt dem Personal eine wichtige Bedeutung zu.

▶ Während beispielsweise die Gesamverantwortung für Veränderungsvorhaben wie M&A-Prozesse, Reorganisationen oder Werte- und Kulturwandel beim Topmanagement liegt, sind die Führungskräfte der mittleren Ebene für die Umsetzung der beschlossenen Veränderungen zuständig. Ist die Entscheidung über ein Veränderungsprojekt im Grundsatz getroffen, sind die mittleren Manager die relevanten Promotoren für den Fortgang des Vorhabens. Oder aber stellt sich das mittlere Management oftmals zu Recht die Frage, warum sie solche Organisationsentwicklungsprojekte unterstützen sollen, die unter Umständen die Eliminierung ihrer eigenen Führungsebene zum Ziele haben.

Wenn in den vorangegangenen Kapiteln immer wieder Autonomie und Befreiung von der Bevormundung der Hierarchie zur Sprache kam, dann muss in diesem Abschnitt deutlich darauf eingegangen werden, dass mit der Autonomie auch die Verantwortung steigt, dass mit der Delegation von Aufgaben auch entsprechende Kompetenzen der Selbstführung und Eigenverantwortung aufzubauen sind. Insofern ist die Veränderung und Entwicklung von Organisationen unter Umständen getragen von paradoxen Inhalten, die den Gesellschaften immanent sind und die die folgenden Charakteristika aufweisen:

- Je komplexer und dynamischer die modernen hoch entwickelten Industriegesellschaften werden, umso schwieriger wird es, die Zukunft besser vorauszusehen.
- Je komplexer und dynamischer die modernen hoch entwickelten Industriegesellschaften werden, umso größer wird das Streben danach, Zukunft voraussagen zu können.
- Entscheidend ist, dass sich die Kategorien des Möglichen, des Visionären und des Fiktionalen zumindest gegenwärtig immer weniger unterscheiden.
- Moderne Gesellschaften basieren auf den intelligenten schöpferischen Leistungen kooperativer Individuen innerhalb des evolutionären Fortschritts von demokratischen Sozialisationen.

- Auslösende Momente kreativer Leistungen sind die unvorhergesehenen selektiven Veränderungen und die Zufälle in der Gesellschaft, die ständig neue Probleme und Konflikte erzeugen.
- Modelle der individuellen Kreativität beziehen sich verstärkt auf Modelle technisch-wirtschaftlicher Konfliktlösungen und deren Verwirklichung. Nur durch kreative Konfliktlösungen, heute Innovationen genannt, wird die gesellschaftliche Evolution als Transformation weiter getrieben.
- Allgemein hängen Kreativität, Erfindungen und Innovationen dabei sowohl von der Qualität und der Verfügbarkeit wissenschaftlicher Erziehung und Forschung, wie auch von materiellen Mitteln für die Grundlagenforschung ab.
- Die Gesamtwohlfahrt einer Bevölkerung ist immer von einem fließenden Gleichgewicht zwischen der Einzelwohlfahrt, den individuellen Präferenzen (oft egoistische Einzelinteressen) und dem Gesamtinteresse, d. h. der Wohlfahrt aller bestimmt.
- Sozialethische Regeln und Prinzipien wie Gleichheit, Freiheit, Solidarität (Pareto Optimalität) und Menschenrechte greifen nur dann ein, wenn der Selbstregulierungsmechanismus, z. B. des Marktes, die Tendenz zu Gleichgewichtslagen, gestört wird oder versagt.
- Wirtschaftliche Konflikte zwischen individuellen und gemeinschaftlichen Interessen können aber nur durch Berücksichtigung sozialethischer Prinzipien gelöst werden.

Diese, eher übergeordneten Aspekte, gilt es dabei sicherlich nicht nur bei der Organisationsentwicklung zu berücksichtigen.

7.5   Kognitive Organisationsentwicklung

Die meisten Organisationen sind permanent gefordert, sich einem dynamischen Anpassungsdruck zu stellen. Erschwerend kommt hinzu, dass die zunächst widersprüchliche Anforderung, Stabilität und Flexibilität zu bewirken, d. h. gleichzeitig Bewährtes beizubehalten und Veränderungen durchzusetzen, die Organisationen einfach dazu zwingt, von zwei Verfahrensweisen - einerseits Exploration (Erkundung neuen Wissens = Innovation), andererseits Exploitation (Ausbeutung bewährter Erfolgsmuster = Replikation) - Gebrauch zu machen. Dabei gilt es zu beachten, dass es sich bei Flexibilität, Gleichgewicht und Stabilität um keine natürlich gegebenen Umstände handelt, sondern um unwahrscheinliche, einer chaotischen Welt eher gegenlaufende Ereignisse, deren Herbeiführung und Aufrechterhaltung fortwährend Energie kostet. Insofern postuliert die kognitive Organisationsentwicklung den Wandel bei gleichzeitiger Thematisierung von Ordnung, anstelle Ordnung zu postulieren und Wandel zu thematisieren. Um nun gleichzeitig Stabilität und Flexibilität zu gewährleisten, sind Organisationen bewusst uneinheitlich, mit einem stabilen Kern und flexiblen Teileinheiten auszubauen, d. h. Organisationen müssen beide Steuerungslogiken, Stabilität und Dynamik, gleichzeitig verankern.

▶ Entsprechend den Bildern der klassischen Organisationslehre sind Organisationen prozessual und funktional demnach in Teilen als Fabrik zu standardisieren
bzw. zu industrialisieren und teilweise als Manifaktur zu individualisieren.

Organisationsentwicklung im Sinne dieses Buches und unter Berücksichtigung des konnektionistischen Paradigmas ist nicht mehr sinnvoll als Entwicklung eines einzelnen Elementes der Organisation oder gar einer einzelnen Organisation denkbar und durchführbar.
Vielmehr müssen alle Elemente der Organisation und die Umwelt mit ihren Organisationen bei Entwicklungsmassnahmen betrachtet und in Einklang gebracht werden. Dabei
hilft das Einnehmen einer systemtheoretischen Position oder Perspektive, wobei letztere
den Blick auf Vernetzungen und komplexe Wechselwirkungen lenkt, die innerhalb des
Systems der Organisation ebenso wie im Verhältnis des Systems zur Außenwelt existieren. Ein solches systemisches Denken ist daher Denken in Zusammenhängen und die
systemische Analyse versteht sich als ganzheitliche Betrachtungsweise. Mit diesem ganzheitlichen Ansatz bleibt die kognitive Organisationsentwicklung eine angewandte Sozialwissenschaft und ist als solche primär auf die Lösung von Problemen aus der Praxis für die
Praxis gerichtet. Die kognitive Ausprägung der Organisationsentwicklung folgt dabei der
Überzeugung, dass alle Objekte der Organisation und deren Interoperationen Gegenstand
wissenschaftlicher Forschung und praktischer Gestaltung sein müssen. Dabei werden
unter dem Begriff des Objektes sowohl Personen, deren Biographie, Veränderungsbereitschaft, Veränderungfähigkeit und Perspektivvorstellungen als auch Strukturen, die Prozesse
und deren Regeln, Technologie, Strategie, Werte und Kultur subsummiert. Eine kognitive
Organisationsentwicklung umspannt folglich alle Ebenen, von der Mikroebene (Individu-
en, Maschinen, Werkzeuge) über die Mesoebene (Beziehungen, Vernetzung, Kommunikationen, Interoperationen etc.) bis zur Makroebene (Organisationen und deren Umwelten).
Eine Entwicklung ist dabei stets eine Veränderung solcher Strukturen, Prozesse, Personen
bzw. Beziehungen und ist stets auf Lernvorgänge zurückführbar. Gerade die individuelle
und organisatorische Lernbedürftigkeit und Lernfähigkeit als ökonomische und humane
Zielsetzung und die Überzeugung, Individuen, Gruppen und Organisationen zielorientiert
beeinflussen zu können, legitimieren eine kognitive Organisationsentwicklung.

▶ Kognitive Organisationsentwicklung als ganzheitlicher, managementgeleiteter
Prozess der Entwicklung und Veränderung einzelner Organisationsobjekte und
ganzer Organisationen umfasst alle Maßnahmen der direkten und indirekten
zielorientierten Beeinflussung von Strukturen, Prozessen, Personen, Werkzeuge
und Beziehungen, die eine Organisation systematisch plant, realisiert und eva-
luiert.

Dabei umfassen die Methoden der kognitiven Organisationsentwicklung die Entwicklung
neuer, IuK-gestützter Produkte, Dienstleistungen, das Testen und den Betrieb solcher Anwendungen und die agile Gestaltung von Geschäftsprozessen. Demnach sie diese

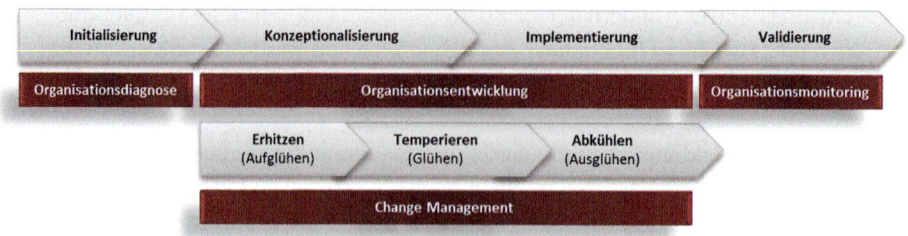

Abb. 7.25 Kognitive Organisationsentwicklung und Change Management

Methoden nicht nur das Medium zur Reduzierung von Entwicklungszeiten, sondern gelten als die Garanten für richtige Entscheidungen zum richtigen Zeitpunkt, indem alle Beteiligten optimal in diese Entwicklungsprozesse eingebunden bzw. Entscheidungen beteiligt werden. Dabei liegt ein besonderer Schwerpunkt auf einem erweiterten *Change Management*, das der Dynamik der Organisationsentwicklung in theoretischer-konzeptioneller und praktisch-methodischer Weise Rechnung tragen muss. (Abb. 7.25)

Denn auch wenn die Phasen der emotionalen Reaktion im Verlaufe einer Organisationsentwicklung grundsätzlich nicht zu vermeiden sind, so können doch die Amplituden, d. h. die Stärke der Beharrung versus die Stärke der Veränderungsbereitschaft durch ein systematisches und leistungsfähiges Change Management zumindest geglättet werden. Unter einem solchen Change Management versteht dieses Buch die Themen eines Total Quality Managements, Reengineerings, Right-Sizings, Restrukturierungen, Kulturwandels und Turnarounds.

In diesem Buch werden die Entwicklungsvorgänge vor allem an den Verbindungsstellen zwischen Strukturen, Prozessen, Personen, Werkzeuge und Beziehungen und ihre Bedeutung für die Organisationsentwicklung sytematisch sichtbar. Bestimmend für die Perspektivierung dieser Vorgänge ist die Dreiteilung eines Erwärmung- und Abkühlungsprozesses, etwa beim Glühen in der Werkstoffkunde.

▶   Nach Erhitzen eines Metalls sorgt die langsame Abkühlung dafür, dass die Atome ausreichend Zeit haben, sich zu ordnen und stabile Kristalle zu bilden. Dadurch wird ein energiearmer Zustand nahe am Optimum erreicht.

Demnach lassen sich die folgenden Reaktionsphasen unterscheiden:

• **Erhitzen** (Aufglühen): Ziele formulieren, Anspruchsniveau formulieren und Bedarfsanalyse durchführen. In dieser Phase reagieren die Mitarbeiter auf die Ankündigung einer geplanten Veränderung mit einer neutralen emotionalen Haltung, gefolgt von einem Gefühl der Lähmung und der Hoffnungslosigkeit. In dieser Phase ist es wichtig, die „organisatorische Betriebstemperatur" zu erhitzen, die Reaktionen nicht insgesamt als hemmend einzuordnen, sondern die Ursachen für Widerspruch und Widerstand durch vorgelagerte Erkenntnisse der Organisationsdiagnose (personell, strukturell, prozessual, relational) zu untermauern. Widerstand kann, insbesondere wenn dieser nicht die Ablehnung konkreter Veränderungsinhalte beinhaltet, in Form von Ignoranz, Ärger oder Wut zum Ausdruck kommen.

- **Temperieren** (Glühen): Change (verändern), Methoden anwenden, kreatives Gestalten und Durchführung. Gelingt es in der folgenden Phase der Organisation, die unverhältnismäßigen, durch Unsicherheit verstärkten Reaktionen der Mitarbeiter zu überstehen und für die weitere Umsetzung zu nutzen (z. B. durch steigenden Beteiligungsgrad und das Einspeisen von Prozesswissen der Mitarbeiter in späteren Phasen der Veränderung), dann beginnen die Mitarbeiter, ihre Meinung über die alte Arbeitsweise zu überdenken und schrittweise Vorteile und Nutzen der Veränderung zu erkennen. Die kurzzeitige Überzeugtheit, die sich sogar in eine Veränderungseuphorie steigern kann, muss nicht von Dauer sein. Eine Rückkehr zu einer passiven, niedergeschlagenen Haltung kann sich einstellen und muss überwunden werden.

- **Abkühlen** (Ausglühen): Resultate sichern, Prozesse etablieren, Erfolgskontrolle und Transfersicherung. Das Unvermeidliche wird nicht nur hingenommen, sondern aktiv umgesetzt und erprobt. Das Neue wird schließlich akzeptiert und dauerhaft praktiziert.

Diese drei Phasen der kognitiven Organisationsentwicklung sind untrennbar verbunden mit dem Phänomen transdisziplinären Methodentransfers. Neben dieser Metapher von Erwärmungs- und Abkühlungsvorgängen lassen sich bei einer solchen Organisationsentwicklung durchaus Parallelen zu Modellen der Sterbephasen von Menschen ausmachen, indem auch dort Veränderungen jeglicher Art zunächst oftmals eine Konfrontationssituation bei den Beteiligten eröffnet.

▶ So sieht beispielsweise das Modell von Kübler-Ross die folgenden, nicht immer überschneidungsfreien Phasen vor: (1) Nicht-für-wahr-haben-wollen und Isolierung. (2) Zorn. (3) Verhandeln. (4) Depression. (5) Zustimmung. Noch strukturierter beschreibt das Illness Constellation Model (Morse und Johnson 1991) mittels eines Entscheidungsbaumes, wie sich der Wandel vom Gesunden, über den Kranken zum Sterbenden in einer Art fließendem Übergangsprozess vollzieht: (1) Vigilanz, gekennzeichnet durch Unsicherheit über den eigenen Zustand. (2) Ausrichtung auf das Überleben, ggf. in der Intensivstation. (3) Ausrichtung auf das Leben, mit dem Versuch, die Kontrolle zu behalten; (4) Leiden, gekennzeichnet durch das Trauern um die eigene Zukunft. (5) Wiedererlangung des Selbst. (6) Ausrichtung auf das Sterben. Die letzte Phase ist dabei v. a. durch den Rückzug der Kranken aus seiner komplexen Lebensumwelt gekennzeichnet, wobei dieser einerseits bejahend, andererseits aber auch resignativ aufgebend ausfallen kann. Aber auch zirkuläre Modelle wurden entwickelt, indem das zirkuläre Modell des psychischen Sterbeprozesses von Wittowski (2004) sich an Phasen des Trauerns orientiert: (1) Schock, Nicht-Wahrhaben-Wollen; (2) intensives Trauern, ständige Wiederkehr von Angst, Wut, Hoffnung, Schuld, Verzagen; (3) Reorganisation.

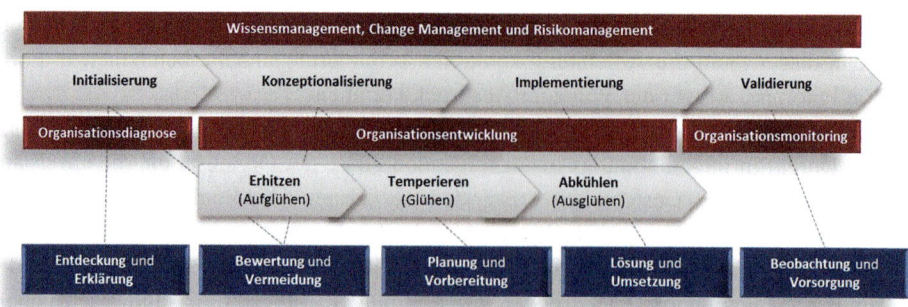

Abb. 7.26 Organisationsentwicklung und Risiko- bzw. Wissensmanagement

Der grundlegende Zugang zur kognitiven Organisationsentwicklung erfolgt zunächst problem- und dann themenorientiert, indem nach einer vorgelagerten Organisationsdiagnostik zwischen den Aspekten der Markt-, Lösungs-, Personal- und Organisationsentwicklung unterschieden wird, um dann ein permanentes Organisationsmonitoring folgen zu lassen (Abb. 7.26).

Wie aus der obigen Abbildung zu entnehmen ist, wird die Organisationentwicklung sowohl aktiv geplant als auch mit Nachdruck etabliert. Dazwischen findet ein evolutionär sich vollziehender Wandel statt, der begleitet und bewertet werden muss. All dies sind Aufgaben, die von einem Wissens-, Change- und Risikomanagement erfüllt werden müssen. Dabei haben die direkten und teils massiven Maßnahmen der kognitiven Organisationsentwicklung zum Ziel, die Leistungsfähigkeit, Problemlösungsfähigkeit und Entwicklungsfähigkeit aller beteiligten Personen und Entitäten zu verbessern. Ein weiteres Ziel besteht in der Veränderung der Organisation durch Vernetzung, Multiplikation und die Gestaltung von Lernprozessen. Aber auch eher indirekte Maßnahmen kommen zum Tragen, wenn bewährte Prozesse laufen gelassen werden oder aber sich aus der Emergenz hervortuende Chancen ergeben. Gerade das bewusst geduldete emergente Laufenlassen der Veränderung birgt mehr Raum für Machteinsatz (Mikropolitik) und ermöglicht kollektives Agieren (Schwarmverhalten).

▶   So weisen beispielsweise die Chaostheorie und die Systemtheorie sowie die
     Theorie der Pfadabhängigkeit auf den Nutzen von Spontaneität, Experiment,
     Kreativität, Irrationalität und Emergenz in Organisationen hin. Konkret besteht
     der Nutzen des Schwarms für die Organisationsentwicklung in der schnellen
     Verbreitung von Informationen und im Entstehen von Gemeinschaftsgefühl.
     Ein nicht zu unterschätzender Nachteil zeigt sich allerdings in Gerüchten, die
     die Organisationsentwicklung behindern. Damit Schwärme in funktional wir-
     ken können, müssen Anreize geschaffen, Erfahrungslernen begünstigt, Macht
     kanalisiert und die Vitalität der Schwarmorganisation als Ganzes gesichert wer-
     den. Trial-and-Error-Prozesse müssen explizit erlaubt sein, Lernen aus Fehlern

darf dann aber nicht nur individuell bleiben, sondern die Offenlegung von lessons learned durch die einzelnen Mitarbeiter ist zu fördern. Hier greift die kognitive Organisationsentwicklung beispielsweise dadurch ein, indem Team-handeln belohnt und Kreativität geweckt wird, Egoismen zugelassen werden und das Wir-Gefühl gestärkt wird.

Aber trotz dieser neuen Konzepte wird die systematische und konsequente Begleitung über den gesamten Zeitraum hinweg als entscheidend angesehen: von der Planung, über die Realisierung, hin zum Monitoring. Daneben werden trotz aller Virtualität auch der Einsatz fester Ressourcen sowie die enge Verzahnung mit Projektinhalten und Projekt-team als Garanten für den Entwicklungserfolg betrachtet sowie eine unmittelbare Anbin-dung an eine Entwicklungsverantwortung dringend empfohlen.

7.5.1 Organisationsdiagnostik

Die kognitive Organisationsentwicklung operiert auf veränderungswürdige Markierungen einer Organisationen wie Einstellungen (attitudes), Rollen (roles), Technologie (technolo-gy), Strukturen (structures), Prozessen (processes), Regeln (rules), Strategien (strategy) und kulturellen Aspekten (cultures). Diese intrinsischen Marker sind entsprechend zu ana-lysieren und im Rahmen eines diagnostischen Prozesses auf ihre organisatorische Ange-messenheit zu bewerten. Weiterhin ist der eher externe Kontext einer Organisation zu bewerten, da die externe Organisationsumwelt einen hohen Einfluss auf die Organisation an sich als auch deren Fähigkeit zur Veränderung ausübt. Immerhin gilt der Zusammen-hang, dass, je dynamischer die Organisationsumwelt wahrgenommen wird, desto häufiger beeinflussen externe Wandelprozesse die Organisationsentwicklung.

▶ Als solche externe Kontextkandidaten zählen: Wirtschaftspolitik, Rechtslage, technologischer Stand, Aufgabenumfeld, Eigentümer (Aktionäre, stille Gesell-schafter), Finanzgeber (Banken, Finanzierungsgesellschaften, Venture Capital Geber), Lieferanten, Kunden, potenzielle Mitarbeiter, Versicherungen, externe Beratungsunternehmen, Konkurrenten, staatliche Institutionen etc.

Den internen Kontext bilden hingegen unter anderem die folgenden Elemente:

- Die gegebene und angestrebte Struktur der Organisation (structure),
- die eingeführte und die zukünftige Technologie (technology),
- die Arbeits- und Entscheidungsprozesse (process),
- Leistungsmessung, Leistungsbeurteilung und Belohnung (measurement and rewards) sowie
- das vorhandene und das zu beschaffende bzw. zu entwickelnde Personal (people).

Die Elemente sind miteinander verbunden, voneinander abhängig und in ihrer systematischen Passung verhaltensbestimmend. Die systematische zielgerichtete Steuerung dieser Elemente beeinflusst die (verbesserte) Organisationsleistung (business performance). Zusätzlich beeinflussen Alter und die Größe der Organisation Art, Tempo und Inhalt von Veränderungen. So steigt der Grad der Formalisierung mit zunehmendem Alter. Organisationales Lernen und die Ausbildung von Routinen standardisieren das Organisationsgeschehen, Pfadstabilisierung entsteht. Mit der Größe der Organisation wächst die Komplexität, die Zahl der Hierachieebenen steigt. Aufwändigere Planungs- und Kontrollsysteme und steigende Aufgabenspezialisierung sind die Folge. Die Organisationsgröße erhöht die Wahrscheinlichkeit wachsender Bürokratie und geringerer Wandlungsfähigkeit.

▶   Als weitere interne Kontextkandidaten lassen sich in der Literatur finden: Größe
     der Organisation, Internationalisierungsgrad, Strukturen und Prozesse, Ent-
     scheidungsprozesse, Rechtsform, Eigentumsverhältnisse, Historie, Gründungs-
     art, Alter, Managementphilosophie, Führungsstile, Fertigungs- bzw.
     Produktionstechnologie, Informations- und Kommunikationstechnologie, Au-
     tomatisierungsgrad, Mitarbeiterbindung, Eskalationsmechanismen, kulturelle
     Elemente etc.

Gerade der Diagnostik der Organisationskultur kommt bei der kognitiven Organisationsentwicklung eine zentrale Bedeutung zu. Unter Organisationskultur versteht man an dieser Stelle ein System von Wertvorstellungen, Verhaltensnormen sowie Denk- und Handlungsweisen, das von einem Kollektiv von Menschen erlernt und akzeptiert worden ist und bewirkt, dass sich dieses Kollektiv deutlich von anderen sozialen Kollektiven unterscheidet. Eine solche Kultur entsteht, in dem Erfahrungen der Vergangenheit informell auf die Gegenwart übertragen werden (kognitive Dimension). Zusätzlich integriert die Organisationskultur Werte und Einstellungen, die verhaltenswirksam sind (affektive Dimension). Diese beiden Dimensionen verkörpern ein grundlegendes Muster von nicht mehr hinterfragten, selbstverständlichen Voraussetzungen des Verhaltens und Handelns der Organisationsmitglieder, d. h. letztlich führen sie zu einer kollektiven Ausrichtung des Denkens.

▶   Die gemeinsamen Werthaltungen und Verhaltensnormen werden dabei bei-
     spielsweise in Form von Symbolen, Mythen, Sitten, Legenden, Umgangsformen,
     Sprache oder Kleidung (dress codes) zum Ausdruck gebracht.

So ist eine veränderungsfähige Organisationskultur einer bevorstehenden Organisationsentwicklung gegenüber aufgeschlossener als eine dominante, rigide Kultur, die sich Veränderungen gegenüber eher abschirmt, Konformitätsdenken verlangt und flächendeckenden Gegendruck ausübt. Andererseits wirkt eine stabile Organisationskultur positiv auf die Durchhaltefähigkeit in Veränderungsprozessen. Außerdem begünstigt der Einbezug des

Wertekataloges in die Führungskräfteentwicklung und die bestehenden Anreizsysteme (Leistungsbeurteilung und Vergütung) die Internalisierung der Werte durch die Mitarbeiter und Führungskräfte, Verbindlichkeit wird hergestellt und kulturelle Identität entsteht.

▶   Zahlreiche Studien haben ergeben, dass ein positiver Zusammenhang zwischen einer starken Organisationskultur (z.B. Identifikation der Mitarbeiter mit der Organisation, Motivation, Zufriedenheit, Innovation), daraus resultierender erhöhter Quantität und Qualität des Outputs und dem Organisationserfolg besteht.

Aufgabe der Organisationsentwicklung ist es daher unter anderem, Interessen, Ängste, Ziele und Konfliktpotenziale aufzudecken und gezielt zur Bewältigung der Veränderung zu kanalisieren. Der postulierte Veränderungsbedarf entsteht dabei einerseits aus organisationsinternen Entscheidungen (interner Veränderungsbedarf) und resultiert andererseits aus den Entwicklungen in der Organisationsumwelt (externer Veränderungsbedarf). Für beide Bedarfstypen ist die Organisationsdiagnostik das probate Instrument zur Erfassung des Veränderungspotenzials hinsichtlich der Strukturen, Prozesse, Technik, Mitarbeiter (Qualifikation und Motivation) und deren Beziehungen zu- bzw. untereinander. Wichtig dabei ist, dass diese Diagnostik die Veränderungsnotwendigkeiten systematisch untersucht. Im Rahmen einer solchen Organisationsdiagnostik sind die vier Ansätze zu unterscheiden:

- die **personale Diagnostik**, die den Verränderungsbedarf und den persönlichen Betroffenheitsgrad der beteiligten Personen und die Anforderungen an interne und externe Berater erfasst,
- die **strukturale Diagnostik**, die die Veränderungensanforderungen an die Organisationsstruktur untersucht,
- die **prozessuale und regelorientierte Diagnostik**, die den Veränderungsbedarf im Zeitablauf und den Regelungen ermittelt und
- die **konnektionistische Diagnostik**, die das Zusammenspiel der Personen, Strukturen und Prozesse als verbindende Beziehungen erfasst und diese als Handlungsfeld bzw. als Veränderungsressource erschließt.

Die *personale Diagnostik* konzentriert sich auf die Mitarbeiter und Führungskräfte, ihre Disposition hinsichtlich Wollen (Motivation), Können (Qualifikation) und Dürfen (Ordination). Um die Bereitschaft und die Befähigung zielorientiert bestimmen zu können, sind in einem ersten Schritt die Tätigkeiten und Anforderungen der Zukunft zu bestimmen. Die Tätigkeits- und Anforderungsprofile legen fest, was in Zukunft neu, anders, nicht mehr oder nicht mehr selbst (make oder buy) in einer Organisation getan werden soll. Dabei hat es sich bewährt, zu analysieren, wie die aktuelle Reife der Mitarbeiter ausgeprägt ist (Qualifikationsprofil). In einem weiteren Schritt kann dann ermittelt werden, welche Reife für die Bewältigung des Wandels erforderlich ist (Potenzialprofil). Bedingt durch die

Tiefenwirkung von Veränderungsprozessen im Rahmen der kognitiven Entwicklung hat sich der Einsatz sogenannter *Multiplikatoren* bewährt. Die Auswahl solcher Multiplikatoren sollte nach Kompetenz, Veränderungsbereitschaft, Betroffenheit und Überzeugungsfähigkeit der in Frage kommenden Personen erfolgen. In diesem Zusammenhang spielt die Vernetzung dieser Personen innerhalb der Organisation eine große Rolle. Die individuelle Netzwerkposition wird nämlich umso einflussreicher, je stärker der Einzelne als Broker von Informationen auftreten kann. Diese Position kann auch genutzt werden, um die Veränderung im Sinne der Ziele zu beeinflussen. Neben diesen vernetzten Multiplikatoren gilt es, geeignete *Promotoren* zu finden, die Opponenten einbinden, Vorteile zu kaufen und die Nachhaltigkeit des Prozesses sichern. Solche Promotoren können als Fach-, Methoden- oder Prozesspromotoren auftreten. Mehrere dieser Rollen können entweder in einer Person vereint (Tendenz in der klassischen Beratung) oder aber auf mehrere Personen aufgeteilt sein (Tendenz in der systematischen Beratung). Dabei gilt es zu bedenken, dass jedes Entwicklungsprojekt mit der Entwicklungsgeschichte der Organisation verwoben ist, indem Erfolge früherer Projekte beflügeln, Misserfolge eher lähmen. Auch für die eher „undercover" sich vollziehenden mikropolitischen Spiele, die keinen direkten Zusammenhang zu einem konkreten Projekt haben müssen, aber dennoch sowohl in positiver als auch in negativer Hinsicht das Projekt zu beeinflussen vermögen, müssen geeignete, sensible Antennen ein- und dann ausgerichtet werden. In diesem Zusammenhang kann eine Segmentierung der Mitarbeiter in sogenannte Kerngruppen und Peripheriegruppen von Vorteil sein. Letzteres kann auch in Form eines personalökonomischen Kalküls legitimiert werden, indem Mitarbeiter solange an die Organisation zu binden sind, wie sich eine positive Verteilungsrente ergibt. Letztere ist bekanntlich definiert als Differenz zwischen dem internen Wert, den der Mitarbeiter aufgrund erfolgter Investitionen in sein Humankapital und seine organisationsspezifische Erfahrung repräsentiert, und den Lohnkosten für diesen Mitarbeiter.

▶   So wird beispielsweise unter anderem diese Verteilungsrente herangezogen,
    wenn es darum geht, Substitution von Arbeit durch Maschinen, Verlagerung
    und Outsourcing als Folgen der Entwertung des Humanvermögens für einen
    Teil der Belegschaft zu quantifizieren.

Die kognitive Organisationsentwicklung kann als eine Form der systemischen Organisationsentwicklung betrachtet werden (Abb. 7.27). Unter *systemischer Organisationsentwicklung* wird hier im Sinne der Systemtheorie eine Organisationsentwicklung verstanden, deren Aufgabe die Einbindung der Kenntnisse und Fähigkeiten der Mitarbeiter in die Interoperationen der Organisation ist. Insbesondere bei der kognitiven Ausprägung der Organisationsentwicklung wird Einfluss auf die Strukturen der Organisation vor allem durch die Veränderung der Kommunikationsstrukturen genommen. Kommunikation bildet den Kontext, der darüber bestimmt, wie Entscheidungen zu Maßnahmen bzw. Aktivitäten der Organisationsentwicklung durch die Organisation aufgenommen wird. Insofern ist im Rahmen der Organisationsdiagnostik diese Kommuniktion zu analysieren. Aber auch

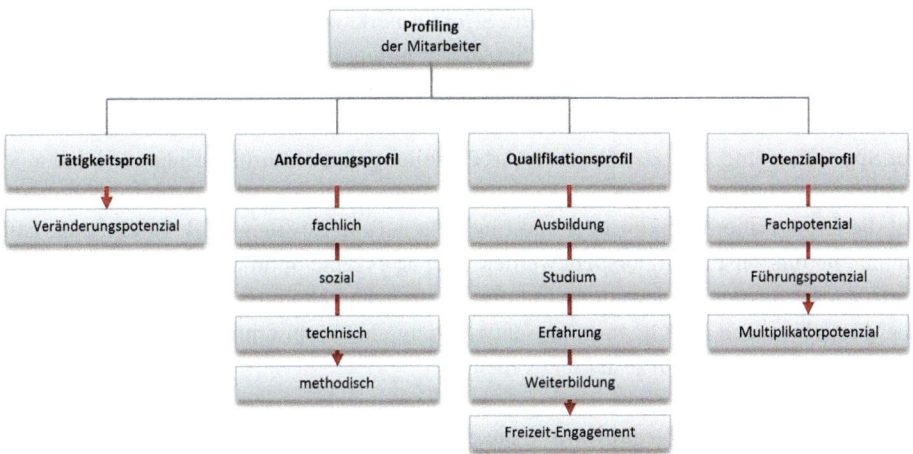

Abb. 7.27   Profiling des Mitarbeiterpotenzials

Prozesse der Selbsteuerung sind zu identifizieren und zu bewerten. Unter *Selbststeuerung* wird dabei verstanden, dass sich ein System selbst nach gesetzten Zielen unter Kontrolle halten kann. In Anlehnung an die systematische Beratung werden auch bei der kognitiven Organisationsentwicklung konkrete, vorherbestimmte Ziele verfolgt. Die im Rahmen der Organisationsdiagnose erarbeiteten Gesichtspunkte dienen der späteren Verstärkung von notwendigen Entscheidungen, unabdingbaren Verhalten und konsequentem Interoperieren nach Art, Richtung, Dauer und Inhalt.

▶   Der Entwicklungstonus wird daher nicht angriffslustig, sondern eher diagnos-
    tisch sein.

In der *prozessualen Diagnostik* ist nicht nur eine Momentaufnahme der Organisation von Interesse, sondern die Veränderung der Strukturmerkmale, der Situationsvariablen und des Erlebens und Verhaltens der Organisationsmitglieder zwischen definierten Zeitpunkten. Die diagnostischen Ansätze folgen als Aktionsforschung der Erkenntnis, dass die Organisation sich nicht am eigenen Schopf aus dem Sumpf herausziehen kann und daher unter Umständen der Unterstützung eines unbeteiligten Dritten, meist eines externen Beraters, bedarf. Die prozessuale Diagnose umfasst die folgenden Aspekte:

• Gesamthafte Veränderungsprozesse als Ganzes
• Soziale Interaktionen und Kommunikation innerhalb der Organisation
• Wechselwirkungen zwischen Strukturmerkmalen, Situationsvariablen, das Erleben und
  Verhalten der Akteure in der Organisation

Die prozessuale Diagnostik erfasst diese Aspekte und deren Veränderungen im Zeitablauf.

Die *strukturale Diagnostik* untersucht Strukturmerkmale von Organisationen. Dazu gehören der Grad der Delegation, d. h. die Ausgestaltung der Weisungsbefugnisse und ihre Verteilung auf die Hierarchieebene, die Formalisierung, d. h. die formale Kodifizierung von beispielsweise Stellenbeschreibungen und Handlungsanweisungen und das Ausmaß der Spezialisierung, d. h. der Grad der Arbeitsteilung. Durch Strukturdiagnostik kann der Einfluss des externen und internen Kontextes (Umwelt, Organisationsgröße, Technologie) auf die Organisationsstruktur und damit indirekt auf die Leistung (z. B. Effektivität, Effizienz, Fluktuationsrate) untersucht werden. Ziel ist es, eine optimal auf die Umweltbedingungen angepasste Organisationsstruktur umzusetzen. Organisationsstrukturen können als Musterlösungen der Organisationsentwicklung als Orientierung dienen und Richtung bzw. Ansatzpunkt zur Ausgestaltung geben:

*   die **Multikulturelle Organisation**, die eine gleiche Teilhabe aller Gruppen in Organisationen garantieren soll,
*   die **Reflexive Organisation**, die hohe Anpassungsfähigkeit mit der Reflektionskapazität der Mitarbeiter zu hoher Leistung verbindet, z. B. bei hoch dynamischen Umweltbedingungen (high performance work system),
*   die **Vertrauensorganisation**, die durch eine hohe Durchlässigkeit in der Kommunikation und eine geringe Kontrollintensität geprägt ist,
*   die **Virtuelle Organisation** als temporärer Zusammenschluss wirtschaftlich und rechtlich selbständiger Organisationen zur kooperativen Wahrnehmung von Marktchancen,
*   die **Intelligente Organisation** als Kombination aus virtueller Organisation und Vertrauensorganisation,
*   die **Konziliare Organisation**, die durch kommunikative Vernetzung der individuellen Leistungsbeiträge in Organisationen den Aufbau von relationalem Sozialkapital begünstigt, das die Wettbewerbsposition von Organisationen im gleichen Maße determiniert wie Sachkapital und finanzielles Kapital (z. B. Innovationsschema, OP-Teams),
*   die **High-Reliablity-Organisation**, die aufgrund geringer Fehleranfälligkeit einen hohen Grad an Zuverlässigkeit erreicht (z. B. Bau von Spaceshuttles, Flugzeugwartung).

Diese idealtypischen Organisationsformen verbinden, dass sie sich von der klassischen Organisationsform entfernen, die als fest verkrustete Struktur oder als zementierter bürokratischer Käfig nur engeschränkte Flexibilität und Veränderungen zulässt. Als Musterlösungen können diese idealen Konfigurationen Hinweise auf leistungsfähige Situations-Struktur-Konstellationen geben, mit dem Ziel, diese strukturalen Hemmnisse abzubauen. Im Rahmen der strukturalen Diagnostik zur Vermeidung von Leerlauf, Doppelarbeit und Selbstbeschäftigung gelten die Strukturanalysen. Dabei werden Schnittstellen überprüft und Rüstzeiten, Produktionszeiten, Liegezeiten, Entscheidungsvorgänge und Abstimmungsprozesse dahingehend analysiert, ob deren suboptimale Wahrnehmung durch eine effiziente Aufbauorganisation bedingt ist. Vorschläge zur Veränderungen von Zuständigkeiten, die Erweiterung respektive Verringerung von Verantwortungsbereichen können bereits im Rahmen der strukturalen Diagnostik entwickelt werden.

Die *konnektionistische Organisationsdiagnostik*, die strukturale, prozessuale und personale Anforderungen verbindet, muss drei Kriterien erfüllen:

- Identifikation von Situations-, Gestaltungs- und Leistungsmerkmalen auf der Ebene der Gesamtorganisation, der einzelnen Abteilungen sowie der Arbeitsplatzebene.
- Hinweise für die Gestaltung von Abteilungen und Arbeitsplätzen bezüglich ihrer horizontalen und vertikalen Zusammenarbeit und Koordination innerhalb der Gesamtorganisation.
- Feststellung, wie die einzelnen Abteilungen und Arbeitplätze miteinander vernetzt sind und welchen funktionalen Beitrag sie an der Gesamtleistung der Organisation haben.

Ein Instrument, das der Unstrukturiertheit Rechnung trägt, mit der Probleme in der Organisation an die Oberfläche treten, ist die Technik der *Netzwerkanalyse*.

▶   Empfehlenswert ist die Problematisierung am runden Tisch. Die möglicherweise an der Problementstehung beteiligten Abteilungen strukturieren die Aktivitäten, die Qualität der Resultate und beraten mögliche Ursachen, suchen Lösungen und entscheiden Maßnahmen zur Verbesserung.

Die Organisationsdiagnostik hat also wie die eigentliche Organisationsentwicklung an sich die wichtige Aufgabe, die Sachverhalte, Ziele, Folgen und Alternativen transparent zu machen und für Verlässlichkeit der Zusagen zu sorgen. Insofern ist die Organisationsdiagnostik der Anwalt und die Organisationsentwicklung der Notar aller der an der Veränderung Beteiligten und von der Veränderung Betroffenen. Es verwundert daher umso mehr, dass in der Praxis die Organisationsdiagnostik häufig vernachlässigt wird. Vielmehr werden unmittelbare Maßahmen eingeleitet (quick fix solution), um rasch auf veränderte Anforderungen des Marktes, auf intern auftretende Veränderungen und strategische Pläne reagieren zu können. Die Misserfolgsquote von Organisationsentwicklungsprojekten im Allgemeinen und Veränderungsprojekten im Besonderen in Höhe von 60 % spricht sicherlich eine deutliche Sprache. Insofern kann nur dringend geraten werden, die Methoden der Organisationsentwicklung passgenau zu den Ansatzpunkten (Personen, Prozesse, Strukturen und Beziehungen etc.) auzuwählen und den Erfolg als Soll-Ist-Vergleich ex post auf allen Ebenen zu kontrollieren.

7.5.2   Erhitzen-Temperieren-Abkühlen

In der Phase des Erhitzens innerhalb des Gesamtprozesses der kognitiven Organsationsentwicklung steht die Zielbestimmung der Entwicklung im Fokus und ist zunächst der notwendigen Klärung der Erwartungen der Anspruchsgruppen an die Organisationsentwicklungsarbeit geschuldet. Zielfindung, Zielabstimmung und Konsens legen exakt fest, was die Organisationsentwicklung nicht nur zu leisten hat und was die Anspruchsgruppen von der Organisationsentwicklung erwarten können, sondern setzt auch die Messlatte, die das Vorhaben zu überspringen hat. Der Prozess der Zielbildung erfolgt in der Regel deduktiv, indem Einzelteile von eher allgemeinen Zielen abgeleitet werden. Die Basisziele der Organisation sind der Ausgangspunkt der Überlegungen und die Strategie bildet die Richtschnur bzw. den Rahmen der zukünftigen Aktivitäten einer Organisation. Die Breite und Höhe dieses Rahmens und damit die Bandbreite der Zielorientierung wird von der jeweiligen Vision der Organisation massgeblich vorgegeben, die daneben die geltenden Grundwerte beeinflusst als auch die verfolgte Organisationsphilosophie grundsätzlich bestimmt. Gerade bei umfangreichen Entwicklungsvorhaben hat es sich bewährt, die Ziele entsprechend ihrer Inhalte und ihrer Granularität abzustufen.

▶   In solch einem Fall lassen sich dann beispielsweise aus den Basiszielen, Richt-, Grob- und Feinziele ableiten. Unabhängig davon sollten Ziele im Dialog erarbeitet und nicht diktatorisch vorgegeben werden. Beispiele stellen Workshops zur Zielerreichung sowie Zielvereinbarungen im Rahmen von Mitarbeitergesprächen dar. Durch gemeinsame Zielvereinbarung steigt die wahrgenommene Gerechtigkeit und die Entstehung von Commitment wird gefördert.

Ziele sind dann erfolgswirksam zu erreichen, wenn sie spezifisch, messbar, erreichbar, d. h. aktiv steuerbar, bedeutsam und herausfordernd sind. Darüber hinaus sollten Ziele für die ausgeübte Tätigkeit erfolgswirksam, d. h. relevant in Bezug auf die Arbeitsaufgabe sein, und es ist auf eine hohe Verbindlichkeit bzw. Terminbindung zu achten.

Die Veränderungen im Rahmen der Organisationsentwicklung betreffen nicht nur technische und organisatorische Abläufe und Strukturen, sondern auch zwischenmenschliche Beziehungen und Interoperationsformen sowie herrschende Normen, Werte und Machtstrukturen (Organisationskultur). Gerade letzteres lässt sich im Alltag durchaus mit dem Bild des Erhitzens gut beschreiben (Abb. 7.28).

Aus dieser Zielbestimmung ergeben sich vor allem Implikationen auf die funktionale und prozessuale Ausgestaltung der Organisation. Insbesondere die Ausgestaltung der Arbeitsaufgabe als Schnittpunkt zwischen Organisation und Individuum hat einen bedeutsamen Einfluss auf die Motivation und damit die Leistungsbereitschaft der Mitarbeiter an der Mitwirkung des Entwicklungsprozesses. Die Arbeitsaufgabe ist zugleich Kern des Mensch-Technologie-Organisations-Konzepts der kognitiven Organisationsentwicklung. Dieses beinhaltet die Forderung, den Menschen (die Qualifikation der Mitarbeiter) auf die

Abb. 7.28 Zielebestimmung als erhitzender Vorgang

verfolgte Methodik und auf den Einsatz von Technik optimal abzustimmen. Eine aufgaben-orientierte, persönlichkeitsförderliche Arbeitsgestaltung umfasst die Merkmale Ganzheit-lichkeit, Anforderungvielfalt, soziale Interaktion, Autonomie und persönliche Entwicklung. Sind demnach organisationale Ziele mit der Entwicklung einer derartigen Aufgabenorien-tierung verträglich, sind positive Effekte auf die Motivation, Gesundheit, Qualifikation und Flexibilität der Mitarbeiter zu erwarten.

▶   Der Entwicklungstonus wird daher nicht diagnostisch, sondern eher angriffs-
    lustig sein.

Bereits im Entwicklungsprojekt sollten daher die Beteiligten bzw. tangierten Individuen in ihrer Fähigkeit gestärkt werden, sich in konstruktiver Weise mit den rechtlichen, sozialen und technologischen Veränderungen der Umwelt auseinanderzusetzen.

▶   Eine Zusammenführung der strukturalen, prozessualen, personalen und rela-
    tionalen Ziele der Organisationsentwicklung kann beispielsweise durch Com-
    pliance Management erfolgen. Compliance Management beinhaltet die
    Gesamtheit der organisatorischen und rechtlichen Maßnahmen zur Sicher-
    stellung des pflichtgemäßen Verhaltens. Durch Compliance Management si-
    chern sich Organisationen gegen das Risiko nicht pflichtgemäßen Verhaltens
    ab, andererseits erhalten Mitarbeiter eine Orientierung, welche Erwartungen
    die Organisation an sie stellt.

7.5.3   Organisationsmonitoring: Orgagraphie

Weil die Ursache-Wirkungs-Zusammenhänge der im letzten Kapitel beschriebenen Mass-nahmen und deren Erfolg schwierig zu messen und durch den ganzheitlichen Ansatz der Organisationsentwicklung nicht eindeutig zuzuordnen sind, mangelt es der klassischen Organisationsentwicklung an wiederverwendbaren Belegen und Erfolgsnachweisen. Inso-fern gilt es in diesem Abschnitt, den Leistungskern eines Controllings neu zu definieren, gemäss dem Motto, alles das zu messen, was einer Messung sinnvoll zugänglich ist. Mit einem solchen, die Organisation sprichwörtlich durchleuchtenden Monitorings lässt sich vermeiden, dass Situationen entstehen, die dadadurch charakterisiert sind, dass man zwar *alles verändert*, aber sich *nichts geändert* hat.

Gemäss des heutigen Standes der kognitiven Organisationsentwicklung ist die Organi-sation nach zwei funktionellen Prinzipien organisiert: funktionelle Spezialisierung und funktionelle Integration. Mit Hilfe „bildgebender Verfahren" lassen sich Karten kognitiver Organisationsregionen entwickeln. Dabei erfolgt die Zuordnung auf Basis regionaler Kommunikationssteigerungen einzelner Organisationsregionen, während die innerhalb dieser Regionen tätigen Personen spezifische Aufgaben durchführen. Zunehmend wird die Kommunikationsaktivität jedoch unter dem Aspekt der funktionellen Integration untersucht. Dieses Konzept trägt der hohen Verbindungsdichte zwischen den Organisationsobjekten Rechnung und beschreibt Prozessnetzwerke aus ständig interoperierenden Organisationsregionen. Ein einfaches und zugleich sehr robustes Maß zur Beschreibung solcher Netzwerke ist die zeitlich synchrone Änderung von Informationsflüssen in räumlich getrennten Organisationsregionen. In der Organisationsbildgebung wird hierfür der Begriff „Funktionelle Konnektivität" verwendet. Die Organisation weist dabei einen hohen Grundumsatz auf, der sich während der Ausführung oben beschriebener Aufgaben, wie z. B. Monatsabschlüsse, Standardabläufe, etc. nur noch leicht erhöht. Mit neuen Methoden zur Darstellung „Funktioneller Konnektivität", wie z. B. der *Independent Component Analysis* (ICA), ist es mittlerweile möglich, die funktionelle Architektur dieser organisierten Organisations-Ruheaktivität darzustellen und zu untersuchen. So spiegelt sich der hohe Grundumsatz der Organisation in einer Vielzahl von intrinsischen Organisationsnetzwerken (resting state, intrinsic connectivity networks, ICNs) wider, die in ihrer räumlichen Ausdehnung den früher beschriebenen Netzwerken während der Bearbeitung von Aufgaben ähneln. ICNs wurden in verschiedenen Organisationstypen beschrieben und sind bei einer Vielzahl organisatorischer Erkrankungen charakteristisch verändert.

Viele der gegenwärtigen Fortschritte im Verständnis der Organisation verdankt man der Entwicklung von Techniken, die es ermöglichen, direkt die Organisationsobjekte in der Organisation zu beobachten. Sie erfassen die Kommunikationsaktivität als Antwort der Organisation auf bestimmte äußere Reize (Störungen, Change Prozesse, Turn Arounds, etc.). Bei diesen Methoden zeichnen Sensoren, die je nach untersuchtem Sinn in der Organisation und ggf. dort an den Organisationsobjekten platziert werden, die Kommunikationen auf, die dann mit Hilfe eines Computers ausgewertet werden. Der Computer führt eine Analyse über die Zeit zwischen Reiz und Kommunikation der Organisation aus. Er extrahiert die reizabhängige Information aus dem organisatorischen Hintergrundrauschen. Die Erkenntnis, dass bestimmte Informationsinhalte durch Organisationsobjekte transportiert werden, führte zur Entwicklung von Methoden, die Objektaktivitäten und deren Verschaltungen in der Organisation sehr präzise darstellen zu können. Dazu werden die Medien (Container) der Informationsinhalte mit bestimmten Markern versehen. Durch die Anwesenheit dieser Marker kann anhand der Positionen und Markierung auf der organisatorischen Landkarte deren Ortswirksamkeit nachgewiesen werden. Diese und andere bildgebende Methoden haben viel zu dem Wissen über die Funktion der Kommunikations- und Entscheidungsnetze beigetragen und sind hilfreich, kognitive Organisationsentwicklungspotenziale zu identifizieren.

So avanciert die *Kommunikations-Fluss-Tomographie* (KFT) zu einer der wichtigsten Techniken des Organisationsentwicklers, um den Kommunikationsfluss oder den Energieverbrauch der Organisation zu messen. Diese Methode basiert auf dem Nachweis von Mitteilungsaktivität (Anzahl der Mails, Memos, Dokumente etc.), die durch den tagtäglichen Informationsaustausch in der Organisation entsteht. Hierzu ist es notwendig, durch entsprechende IuK-Ausstattung die Intensität der Sende-Empfänger-Aktivitäten der Organisationsobjekte zu messen. Auf der Grundlage dieser Messungen aus den verschiedenen Organisationsregionen erstellen Computer dreidimensionale Bilder über die Änderungen des Kommunikationsflusses. Solche KFT-Untersuchungen fördern die Entwicklung eines Verständnisses darüber, wie sich Massnahmen der Intervention bzw. Prävention der Organisationsentwicklung auf das Kommunikations- und Entscheidungsverhalten in der Organisation auswirken. Sie zeigen aber auch, was bei verschiedenen Verhaltensweisen des organisatorischen Lernens geschieht und wie sich bei bestimmten Störungen das Kommunikationsverhalten in der Organisation verändert. Das Wissen über den Ort der Veränderung hilft bei der Aufklärung der Ursachen von organisatorischen Störungen und bei der Bestimmung der Massnahmen der kognitiven Organisationsentwicklung.

Die *Organisations-Objekt-Tomographie* (OOT) liefert dreidimensionale Bilder von den einzenen Organisationsobjekten und Strukturen in der Organisation. OOT ist unübertroffen bei der Aufzeichnung von topologischen Details und kleinster Veränderungen in formalen und informalen Strukturen, die über die Zeit auftreten. OOTs dokumentieren, zu welchem Zeitpunkt erste strukturelle Veränderungen im Verlauf einer organisatorischen Störung auftreten, wie diese die folgenden Entwicklungen beeinflussen und wie ihr Fortschreiten mit dem Gesamtverhalten der Organisation zusammenhängt (Abb. 7.29).

Eine andere OOT-Methode kann den Verlauf von Kommunikationsverbindungen in der Organisation darstellen. Diese Technologie, die man als *Kommunikations-Kanal-Tomographie* (KKT) bezeichnet, nutzt die verschiedenen Kanäle der Kommunikation, die in einer Organisation bestehen und die von den Organisationsobjekten unterschiedlich

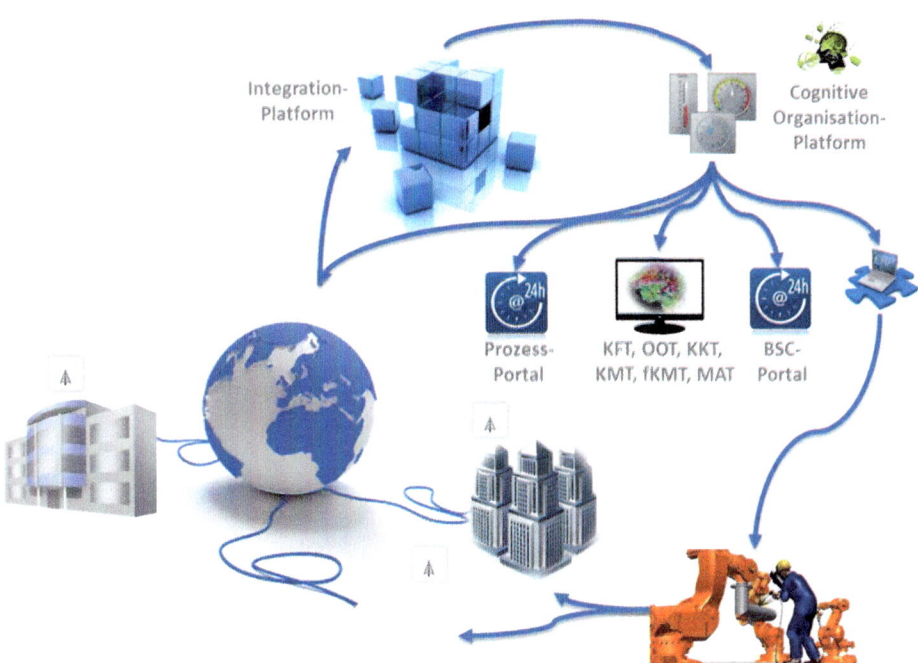

Abb. 7.29 Cognitive Organisation Platform

genutzt werden. Solche OOT-Bilder können in jeder Ebene der Organisation konstruiert werden und diese Technik ist besonders für die Identifikation und Untersuchungen der „Hauptverkehrsstrecken" der Kommunikationen nützlich. Sie lässt schnell und exakt das genaue Ausmaß eines kommunikativen „Flaschenhalses" (Bottlenecks), einer „Verstopfung" oder einer „Einbahnstrasse" erkennen, zeigt sehr früh nach einem solchem Kommunikations- und Informationsstau mögliche Störungen und hilft so, dem Organisationsentwickler, rechtzeitig die richtige Entwicklungs- bzw. Interventionsmassnahme zu wählen.

Kommunikations-Medien-Tomographie (KMT) ist eine mit der KKT verwandte Technik, die aber die Konzentration bestimmter Kommunikationsmedien und - wie z. B. Mails, Memos, Dokumententxypen, etc. - in verschiedenen Organisationsbereichen misst. Durch die Bestimmung von Konzentrationsveränderungen in der Organisation kann diese Technik neue Informationen über die Organisation, über das Kommunikationsverhalten sowie über die Wirksamkeit bestimmter Dokumententypen und -arten liefern.

Die *Funktionelle Kommunikations-Medien-Tomographie* (fKMT) vergleicht Kommunikationen in Bezug auf bestimmte Situationen. Die fMRT verbindet die hohe räumliche Auflösung und die Darstellung der Topographie der Organisation mit einer Methode, die die Zunahme der Kommunikationskonzentration bestimmt. Diese Änderung, der Kommunikationskonzentration, so die Annahme, ist ein Korrelat der Organisationsaktivität. Diese Technik erlaubt genauere Karten der Organisationsareale, die kognitiven Prozesse bei „gesunden" und „kranken" Organisationen zu markieren. Gegenwärtig wird fKMT verwendet, um ganz unterschiedliche Funktionen der Organisation zu untersuchen, die von primären Antwort-Zeit-Verhalten bis zu kognitiven Prozessen reichen. Dank der gegebenen zeitlichen und räumlichen Auflösung und der nicht invasiven Eigenschaft, werden mit dieser Technik Untersuchungen bezüglich dynamischer kognitiver Änderungen und Verhaltensänderungen möglich.

Mitarbeiter-Ausstrahlungs-Tomographie (MAT) ist eine unlängst entwickelte Technik, die die Beeinflussungsfelder („Charma") bestimmt, die von Mitarbeitern ausgestrahlt werden. Daraus können die Position und die Stärke der jeweiligen Mitarbeiter in verschiedenen Bereichen und in verschiedenen Situationen des Organisationsalltags bestimmt werden. Es erlaubt quantitative Angaben über die Beeinflussungsstärke eines Mitarbeiters. Darüber hinaus kann durch die Präsentation eines Reizes (z. B. Gerüchte) festgestellt werden, wie schnell eine Verbreitung von Statten geht und wie lange ein solcher Reiz in verschiedenen Organisationsarealen anhält.

7.6   Organisationspathologien

In der klassischen Organisationsentwicklung verfällt man immer noch dem Ideal einer eindeutigen Ordnung und verlässlichen Stabilität. Alles davon abweichende, Unordnung, Instabilität gilt als eine Ausnahme, die es zu bekämpfen gilt. Umso enttäuschender ist es für den Organisationsentwickler, wenn er in der Praxis feststellen muss, dass seine Organisation zwar vielen Regeln folgt, jedoch nicht den vorgegebenen Strukturen. Alle Perturbationen des Marktes, des Produktes oder des Personals werden als Abweichungen des zu

Abb. 7.30 Pathologien als Kippfiguren

einem bestimmten Zeitpunkt zementierten Organisationsmodells identifiziert und sollen folglich innerhalb dieses Modells rational behandelt werden. Alle Probleme der Organisation werden zwar als Pathologien und damit als Anlässe zur Optimierung gesehen, stellen aber das Organisationsmodell nicht in Frage.

Dieser Abschnitt wird zeigen, dass Organisationen diese Perturbationen nicht bekämpfen, sondern mit diesen umgehen, d. h. palliativ behandeln muss. Letzlich braucht es in Organisationen beides: Ordnung und Stabilität, um in der Gegenwart zu bestehen sowie Offenheit und Instabilität, um auch in der Zukunft noch handlungs- und überlebensfähig zu sein. Organisationen sind nicht durchgehend stabil. Insofern ist der Titel dieses Abschnitts eine bildliche Kippfigur (Abb. 7.30).

Alle pathologischen Fallbeispiele wurden sinnerhaltend so verändert, dass keinerlei Rückschlüsse auf reale Organisationen oder Personen möglich sein sollten. Allerdings sei dem Leser versichert, dass sich alle diese Fälle in realen Organisationen zugetragen haben.

Es verwundert, dass in der bisherigen theoretischen Literatur die Krisen und Niedergänge einst erfolgreicher Firmen deutlich weniger im Fokus stehen als die Behandlung vermeintlicher Erfolgsfaktoren. Wenn Krisen und dessen mögliches Management thematisiert werden, dann erfolgt dies oftmals in einem anthropologischen Rahmen, indem der Niedergang als Teil eines natürlichen Prozesses dargestellt wird, in dem die Organisationen verschiedene Lebenszyklen durchlaufen, an deren Ende eben der Exodus stehen kann. Diese Sichtweise erscheint jedoch zu oberflächlich, indem alle diese Fälle dabei unberücksichtigt bleiben und damit durch das Beobachtungsraster fallen, bei denen die Probleme nicht erst am Ende des natürlichen Lebenszyklus, sondern vielmehr zum Zeitpunkt des Höhepunktes auftraten.

▶ So zeigen Analysen, dass nahezu 65 Prozent der untersuchten Organisationen bis zum Zeitpunkt ihres Niedergangs ausgesprochen erfolgreich, wenn nicht sogar Marktführer in ihrer jeweiligen Branche waren und seit Jahren hochprofitabel arbeiteten.

Wenngleich die Entstehung einer pathologischen Situation in Form einer Krise sich am ehesten noch als Dimensionalitätssprung oder als Phasenübergang bei kontinuierlicher Zunahme des Niedergangs der Organisation erklären lässt, gilt der Niedergang solcher Organisationen in mehr als der Hälfte der Fälle als hausgemacht und daher als vermeidbar.

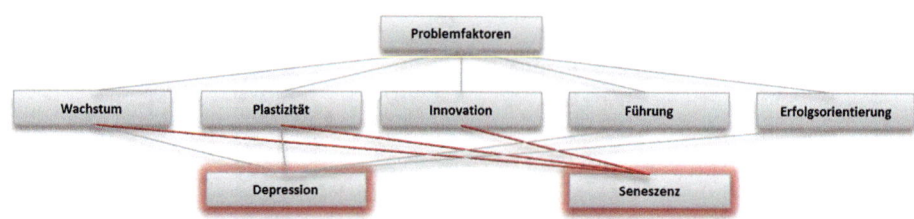

Abb. 7.31 Problembereiche des Niedergangs

Der Ansatz der kognitiven Organisationsentwicklung folgt einem recht pragmatischem, wenngleich konnektionistischen Faktorenmodell, indem es vier zentrale Faktoren des Organisationserfolgs miteinander vernetzt: adäquates Wachstum, die Fähigkeit zur Agilität, eine visionäre und innovationsorientierte Führung und eine erfolgs- und kundenorientierte Kultur. Dabei wird postuliert, dass diesen vier Faktoren eine Grenze inhärent ist, ob diese vier Eigenschaften sich in ihrer Vernetzung auf die Organisation kontraproduktiv auswirken. So zeigt die Praxis, dass sich gerade in einem überzogenen Wachstum durch Akquisitionen ein hohes Krisenpotential verbirgt (Abb. 7.31).

▶   Beispielsweise folgt der Exodus auf eine Phase extremer Expansion. So stieg der Umsatz eines Energieerzeugers um mehr als 2000 % an, was die Führung zu extensiven Übernahmeaktivitäten veranlasste. Mehr als 150 Unternehmen pro Jahr wurden akquiriert und geschluckt. Diese Übernahmepraxis wurde dann zum Problem, als im Zuge der einsetzenden Rezession die Umsätze wegbrachen und damit der notwendige Mittelzufluss zur Schuldentilgung nicht mehr zur Verfügung stand. Im nachhinein stellte sich dann noch erschwerend heraus, dass viele der Übernahmen ungeprüft, zu schnell und vor allem zu weit überhöhten Preisen realisiert wurden.

Marktseitig führt ein hohes Wachstum früher oder später zur Sättigung des ursprünglichen Marktes. Hier greifen dann Diversifikationsstrategien, um durch den Einstieg in neue Märkte dennoch weiter zu wachsen. Aber auch hier liegt ein Krisenpotential verborgen, indem durch die Neuausrichtung oder durch die Integration akquirierter Organisationen die Komplexität einer Organisation erhöht wird. Durch die notwendigen Turnaround-Projekte entsteht Unruhe in der Organisation und es kann zu operativen Problemen kommen. Gerade durch die Ausrichtung auf neue Märkte und deren Geschäftsfelder kann das originäre Kerngeschäft „notleidend" werden und es kann zu Identitätsverlusten kommen.

▶   Beispielsweise hinterlies bei einem Technologiekonzern die Übernahme gleich mehrerer Firmen und der dadurch bedingte Restrukturierungsmarathon eine verzettelte und orientierungslose Organisation zurück. Der ständige Richtungswechsel und der radikale Umbau führten auch bei den Mitarbeitern zu einem Komplettverlust an Identität.

Jede Organisation, die auf einen kleinen Kreis von Managern oder sich gar allein auf die Fähigkeiten einer einzelnen Person verlässt, geht damit ein hohes Risiko ein.

▶   Beispielsweise ließ man es bei einem Technologiekonzern zu, dass ein autokratisch herrschender Vorstandsvorsitzender unkontrolliert schalten und walten konnte. Wenngleich mit einer visionären, charismatischen und selbstsicheren Persönlichkeit ausgestattet, strebte er nach immer höheren Zielen. Anfängliche Erfolge wurden von Presse, Aktionären und Analysten glorifiziert. Das eingeforderte exorbitante Gehalt wurde gezahlt, unbequeme Manager oder Konkurrenten wurden gnadenlos eliminiert.

Ein weiterer Problembereich stellt eine überzogene Erfolgsorientierung dar. So werden zu Zeiten des Erfolgs die Mitarbeiter über hohe Gehälter, Bonuszahlungen und schnelle Aufstiegschancen motiviert. Ergänzt wird dies durch Karriereprogramme, langen Arbeitszeiten und der Stärkung von Konkurrenzdenken.

▶   In einer Bank führte dies in den Jahren des Wachstums zu einer gewissen Söldnermentalität, indem die Mitarbeiterfluktuation dadurch bewusst genährt wurde, dass man es zuließ, dass sich die Loyalität dieser Mitabeiter der Organisation gegenüber weitgehend auf die Möglichkeit rekurrierte, möglichst rasch viel Geld machen zu können. Bereits bei dem ersten Anzeichen einer Krise beklagten die gleichen Personalverantwortlichen die Abwanderung der besten Mitarbeiter bei gleichzeitiger innerer Kündigung der verbleibenden.

Aber auch Organisationen, die eher ein moderates Wachstum zeigen, eher verhalten sich entwickeln, auf omnipotente Führer bzw. erfolgsorientierte Mitarbeiter verzichten, können scheitern, indem sich Symptome des Stillstandes bzw. der Depression und damit einer Seneszenz bzw. eines zu schnellen Alterns zeigen. So gilt ein gesundes Wachstum nach wie vor in der Fachliteratur als Grundvoraussetzung für den Organisationserfolg. So zeigt sich in der Praxis, dass eine stagnierende Umsatzentwicklung oft mit dem Scheitern von Wachstumsbemühungen verbunden ist. Ebenso gilt die Fähigkeit zur Innovation und Veränderung als unerlässlich für das Überleben in einem dynamischen Markt. Hier zeigt sich, dass bei pathologischen Organisationen in dieser Hinsicht oftmals viel zu lange an einem zunehmenden veralteteten Produkt festgehalten wurde.

▶   Beispielsweise verhinderten starke und ewige Bedenkenträger in einer Organisation aus der Filmbranche jegliche Innovation. Um das Kerngeschäft mit Filmen nicht zu gefährden, wurde der Trend zur digitalen Fotografie zum einen zu spät erkannt und zum anderen dann aber vehement ignoriert. Nachdem der originäre Markt weggebrochen war, musste man schmerzlich erkennen, dass der Wachstumsmarkt der digitalen Fotografie nunmehr von der Konkurrenz besetzt war.

Um Innovationen und die damit verbundenen Entwicklungen zu realisieren, bedarf es einer realisierungskompetenten Führung, die sich auch gegen Widerstände zu behaupten vermag. Diese Führung fehlt oftmals in pathologischen Organisationen.

▶ Beispielsweise blockierte eine „erfahrene" und in sich geschlossene Vorstandschaft jahrelang notwendige Reformen. Als die Ära dieser großen Männer altersbedingt endete, fand man keinen, aus deren Sicht, geeigneten Nachfolger, etwaige Querdenker hatte man ebenfalls entsorgt. Es folgte eine schwache Führung, die nach kurzer Zeit wieder ausgetauscht werden musste.

Das im Folgenden angeführte Beispiel lässt sich mit „Selbstzufriedenheit" oder „Verharren" in ausgefahrenen Gleisen charakterisieren.

▶ Die Leitung eines Werkzeugherstellers versäumt rechtzeitig die Mikroelektronik zur Verbesserung der Produktqualität einzusetzen.

Es zeigt, dass die Verantwortlichen aufgrund ihrer Erfolge in der Vergangenheit oftmals für sich eine Umwelt erzeugen, die aufgrund des in der Vergangenheit so erfolgeichen Operierens in ihr, in einer Weise stabilisiert wird, dass alle deutlichen Hinweise auf die Notwendigkeit von Veränderungen nicht wahrgenommen werden. Aber auch eine zu harmonische, auf Loyalität und Vertrauen angelegte Organisationskultur kann zur Seneszenz führen.

▶ Die Angestellten einer Organisation aus dem Bereich des Armaturenbaus waren mehrere Jahrzehnte oder gar ihr ganzes Arbeitsleben in der Organisation tätig. Man war stolz auf diese Kultur. Nahezu unbemerkt führt dies dazu, dass das Management zu lange die notwendigen Einschnitte beim Personal aufschob. Erst ein Benchmarking ergab, dass man über doppelt so viele Mitarbeiter wie die Wettbewerber bei vergleichbarer Größe verfügte. Nach den unvermeidlichen Entlassungen wurde gleichzeitig und aufhaltsam auch die auf „blindes" Vertrauen basierende Kultur zerstört. Loyalität oder Motivation auch bei den verbleibenden Mitarbeiter tendierte in der Folge gegen Null.

Insgesamt kristallieren sich die fünf Problembereiche des Wachstums, Plastizität, Innovation Führung und der Erfolgsorientierung heraus. In den meisten Fällen wachsen und verändern sich die Organisationen zu schnell, sind von einigen wenigen Managern abhängig und pflegen eine überzogene Erfolgskultur. Sind diese Faktoren im Umkehrschluss andererseits zu schwach ausgeprägt, altern die Organisationen vorzeitig, was ebenfalls zum Exodus führen kann. Zum anderen kann das Fehlen von Wachstum und Wandel eine Depression oder eine Seneszenz bedeuteten, bei dem das Management Veränderungen ignoriert, bis die Organisation in eine Schieflage gerät.

Die beschriebenen Symptome stellen wahrnehmbare Problemfaktoren einer pathologischen Organisation dar. Wachstum, Plastizität, Innovationsbereitschaft, eine starke Führung und eine Erfolgsorientierung stellen zentrale (Erfolgs-)Faktoren für eine Organisation dar. Insofern kann damit der klassischen Managementliteratur durchaus gefolgt weren. Allerdings gilt es dabei zu beachten, dass sowohl sehr geringe als auch sehr hohe Werte für diese zentralen Faktoren auf Dauer sich negativ für die Organisation und deren Lebenszyklusverlauf auswirken können. Der optimale Wert scheint allem Anschein nach zwischen den Extremen zu liegen. Insofern gilt es durch die Simulation der kognitiven Organisation die Balance zwischen diesen Extremen zu finden und zu halten. Je nach Ausgang der Simulation gilt es, bei den ersten Anzeichen einer Krise, die entsprechenden Massnahmen der kognitiven Organisationsentwicklung zu ergreifen.

7.6.1 Organisationsdepression

In diesem Fallbeispiel überlastet ein Vorstandschef durch exzessives Wachstum und unaufhörlichen Wandel die Organisation auf Dauer so sehr, dass diese innerlich ermüdet. Geschwächt durch hohe Schulden, wachsende Komplexität und anhaltende Unsicherheit, bricht das System im Extremfall in sich zusammen. Eine einst über alle Masse gelobte Organisation aus der Autobranche schaffte im Verlauf von einer Dekade den Aufbau eines Verlustes von 3 Milliarden US-Dollar, weshalb der Firmenwert um über 35 Milliarden US-Dollar fiel. Die Gründe hierfür sind vielschichtig. Zu Beginn des pathologischen Verlaufs kaufte man im Rahmen einer Expansionsstrategie alles auf, was am Markt überhaupt verfügbar war. Allerdings wurde die damit beabsichtigte Intension von einem integrierten Technologiekonzern nicht konsequent berücksichtigt, und folglich blieben die Synergieeffekte aus. Die Organisation beschäftigte sich zu Zeiten nahezu mit sich selbst, indem sie versuchte, die permanenten Reorganisationen in den Geriff zu bekommen. Orientierungslosigkeit bei den Mitarbeitern machte sich breit. Probleme in den neuen Bereichen erforderten zunehmend Kapital und Zeit, was zulasten des Kerngeschäfts ging. Ein neuer Vorstand verfolgte darauf hin die Strategie „back to the roots", und es gelang, innerhalb von drei Jahren nach der Zerschlagung des vom Vorgänger aufgebauten Komzerns wieder zur ursprünglichen Kernkompetenz zurückzukehren. Aber erneut wurde eine weitere Expansionswelle ausgelöst, indem man dieses Mal die Vision eines Weltkonzernes ausrief und dieser konsequent folgte. Anfängliche Opposition wurden gnadenlos beseitigt und ein Team aus „blind-loyalen" Managern etabliert. Aber erneut entwickelte sich der Konzern zur Großbaustelle und die nunmehr komplexe Integration kam zunächst nur mühsam voran. Milliardenverluste in den neuen Tochterorganisationen erforderten zahlreiche Sanierungsprogramme und noch zahlreichere Reorganisationen. Erste Auswirkungen auf das Kerngeschäft führten zu Kürzungen in den Investitionsbudgets, zu schmerzhaften Qualitätsproblemen und dem Ausbleiben der so dringend benötigten

Produktinnovationen. Man reagierte auf diese pathologische Entwicklung mit einem Stabilisierungsprogramm auf drei Ebenen:

- **Stabilisierung des Wachstums** durch Konsolidierung der neuen Bereiche und dem konsequenten Abstoßen unwichtiger Beteiligungen oder unrentabler Produktionsstätten.
- **Stabilisierung der Organisation** durch Integration der Organisationsteile über die Entwicklung einer übergreifenden Plattform zur Erzielung von Synergien.
- **Stabilisierung der Führung** durch Verteilung von Verantwortung.

7.6.2   Organisationsseneszenz

Dieser Anwendungsfall einer pathologischen Entwicklung kommt aus dem Bereich des Einzelhandels. Die Organisation galt lange Zeit als der weltweit erfolgreichste und profitabelste Einzelhändler und Marktführer im eigenen Ursprungsland. Im besten Jahr wurde ein Gewinn von über zwei Milliarden US-Dollar erzielt. Bereits zwei Jahre später hatte die Führung den Wert der Organisation nahezu halbiert, der Umsatz und Marktanteile gingen zurück, der Gewinn fiel um mehr als die Hälfte. Im dritten Jahr dieser pathologischen Entwicklung steckte die einstige Erfolgsorganisation inmitten eines Überlebenskampfes.

Im Nachhinein konnte man als Auslöser der pathologischen Entwicklung das starre Festhalten am alten Erfolgsmodell trotz deutlicher Veränderungen im Wettbewerbsumfeld ausmachen. Ungeachtet wachsender Konkurrenz, verzichtete die Führung weiter komplett auf Werbung und Sonderaktionen. Den Trend hin zu zentralen Geschäften an erstklassigen Standorten ignorierte man ebenso, wie man trotz veränderter Kundenbedürfnisse und Einbrüchen im Kerngeschäft die alten Produkte nicht überarbeitete. Auch technologisch blieb alles beim Alten und so akzeptieren die Geschäfte beispielsweise weiterhin keine bargeldlosen Zahlungen oder die Bestellung über einen Onlinedienst.

Bis in das Jahr der pathologischen Entwicklung gab es nicht eine einzige Führungskraft, die seine Karriere nicht in der Organisation angefangen hatte. Die Führung herrschte im napoleonischen Führungstil, Anordnungen waren auszuführen und auf keinen Fall zu hinterfragen oder gar zu kritisieren. Auf das Ausscheiden einer Führungskraft folgte stets ein loyaler und „bewährter" Veteran, dessen chaotische Restrukturierungsversuche in Form wilder Aktionismen die Krise weiter verschärfte. Die Mitarbeiter gerieten in Panik und sperrten sich gegen jegliche Veränderung. Auch hier wechselte die auf Harmonie aufgebaute Organisationskultur schlagartig in ein flächendeckendes Untergangsgefühl, als man einige Tausend Mitarbeiter entlassen musste. Die verbleibenden Mitarbeiter verfielen in Motivationslosigkeit, was unter anderem in einer hohen Krankheitsrate von über 20 Prozent zum Ausdruck kam. Auch hier reagierte man auf diese pathologische Entwicklung mit Änderungsprogrammen an gleich mehreren Fronten:

- **Aufbrechen der alten Führungsstrukturen** durch kompletten Austausch von Mitarbeitern und Führungskräften. Parallel dazu wurden vor allem junge Mitarbeiter akquiriert, um „frischen Wind" in die Organisation zu bringen.

- **Massive Investitionen** in Wachtum und Adaptivität, indem in Wachstumsbereiche investiert und ein technologische Wandel angestossen wurde. Erste Marketingkampagnen wurden durchgeführt und neue Produktlinien erfolgreich eingeführt.
- **Kultureller Umbruch** statt Wandel in Richtung einer innovativen und leistungsorientierten Kultur.

7.6.3   Implikationen

Die Implikationen aus den Pathologien lassen sich wie folgt zusammenfassen:

- **Gesundes Wachstum**: Ein gesundes Wachstum bleibt auch weiterhin für eine Organisation lebensnotwendig. Organisationen, die zu schnell wachsen, stoßen aber (aufgrund knapper Ressourcen) an ihre administrativen und kognitiven Grenzen und verlieren leicht die Kontrolle. Zunehmendes Wachstum wirkt sich zunächst positiv auf Profitabilität und Organisationswert aus. Dieser Effekt kippt aber deutlich ins Negative, sobald ein optimaler Wachstumswert überschritten wird. Hier gilt es also, das Wachstum der Organisation auf einen optimalen Wachstumswert (Sustainable Growth Rate) zu begrenzen.
- **Plastizität**: Die Simulationen haben gezeigt, dass in dynamischen Umwelten die Fähigkeit der Organisation zur Anpassung und Entwicklung über den Verlauf des Lebenszyklus entscheidet. Eine übermäßige Plastizität und ein wilder Aktionismus können aber zu einer Zerstörung der Identität führen. Eine angemessene Plastizität muss immer noch ein gewisses Maß an Sicherheit vermitteln. Daher gilt es, mit organisatorischen Regeln Sicherheit zu geben und mit organisatorischen Prozessen Standards zu ermöglichen.
- **Situativer Führungsstil**: Folgt man der Simulation, dann ist der optimale Führungsstil abhängig von der jeweiligen Situation, in der sich die Organisation befindet. Und in diesen Situationen können die Delegation von Aufgaben und eine verteilte Machtausübung genauso zum Erfolg führen, wie in Situationen der Krise eher ein autokratischer Führungsstil angesagt ist.
- **Leistungsaffine Organisationskultur**: Die Kultur der Organisation muss es zulassen, dass, wer Leistung bringt, belohnt wird und wer Leistung verweigert, sanktioniert wird.

Insgesamt zeigen die Pathologien, dass es durchaus einen optimalen Wert entlang der fünf beschriebenen Faktoren zu geben scheint. Geringe Schwankungen um diesen Idealwert sind dabei zu erwarten. Von einem gewissen Punkt an beziehungsweise bei ständiger Überlastung wird das Organisationssystem allerdings zunehmend pathologisch. Bei dauerhafter Abweichung nach oben droht die Depression, bei anhaltender Abweichung nach unten die Senesszenz. Es gilt also, wie im normalen Leben, stets die Balance zu halten. Die Pathologien weisen auch darauf hin, dass es oftmals erst in der Endphase einer Krise zu erkennbaren Auswirkungen auf die quantitativen Kennzahlen der Organisation kommt. Dann kann es allerdings zu spät sein, um den Ausbruch eines spiralen Krisenverlaufs in Richtung der Singularität zu verhindern.

▶ In Deutschland sind alle größeren Unternehmen seit Mai 1998 gesetzlich verpflichtet, ein Überwachungssystem zum Schutz vor Unternehmenskrisen einzuführen. Risikomanagement erfolgt dabei meist im Rahmen des Controllings
   und dort beschränkt sich die Analyse meist und weitgehend auf finanzielle
   Kennzahlen.

Ein effektives, prediktives Präventions- und Interventionsystem kann daher nicht allein
auf Kennzahlen basieren. Vielmehr muss es bereits recht früh schwache Signale und
weiche Fakten identifizieren, den pathologischen Verlauf prognostizieren, den organisatorischen Gesundheits- oder Krankheitszustand diagnostizieren und entsprechende evidenz-
basierte therapeutische Massnahmen im Rahmen der kognitiven Organisationsentwicklung
einleiten. Gegebenfalls müssen existierende Frühwarnsysteme um solche präventiven
bzw. intervenierenden Komponenten erweitert werden.

Literatur

Balzert, Helmut: Lehrbuch der Objektmodellierung; Spektrum Akad. Verlag, Heidelberg, 1999.
Balzert, Heide: UML kompakt; Spektrum Akad. Verlag, Heidelberg, 2001.
Bardmann, T.M./Lamprecht, A. (2003): Systemisches Management multimedial (CD-Rom), Hei-
    delberg.
Bayertz Kurt: Wissenschaft als historischer Prozeß. Die antipositivistische Wende in der Wissen-
    schaftstheorie. München 1980.
Beckhard, R. (1969): Organization Development: Strategies and Models.Addison Wesley
Chalmers, A.F: Wege der Wissenschaft. Einführung in die Wissenschaftstheorie. Berlin u.a. 1986.
Chen, P.: The Entity-Relationship Model, Toward a LJnified View of Dato, ACM Transactions on
    Database Systems, Vol. l, 1976.
Coad, P./Yourdon, E.: Object-Oriented Analysis (2nd ed.), Prentice-Hall, Englewood Cliffs, 1991.
Coad, P./Yourdon, E. (1991): Object Oriented Design. Yourdon Press.
Cummings, T.G./Worley, C.G. (2004): Organization development and change, 8. Aufl., St. Paul,
    Minneapolis.
Elmasri, R./Navathe, S. B.: Fundamentals of Database Systems; Addison-Wesley, Reading (Mass.),
    3rd ed. 2000 (deutsch: Grundlagen von Datenbanksystemen; Pearson Studium, München, 2002).
Frühauf, K./Ludevvig, J./Sandmayr, H.: Software-Projektmanagement und -Qualitätssicherung,
    Teubner. Stuttgart, 1988.
Jacobson, I./Rumbaugh, J.(1998): Unified Modeling Language Reference Manual, Addison—
    Wesley, Menlo Park, CA.
Kellner, H.: Die Kunst IT-Projekte zum Erfolg zuführen, 1. Auflage, Carl Hanser Verlag 2001
Kilberth, K./Gryczan, G./Züllighoven, H.: Objektorientierte Anwendungsentwicklung, Vieweg,
    Braunschweig/Wiesbaden 1993.
Kolbeck, C. (2001): Zukunftsperspektiven des Beratermarktes. Eine Studie zur klassischen und sys-
    tematischen Beratungsphilosophie. Wiesbaden.
Kuhn, Thomas S.: Die Struktur wissenschaftlicher Revolutionen. Frankfurt a.M. 1976.
Kuhn, Thomas S.: Die Entstehung des Neuen. Frankfurt a.M. 1977.
Kruchten, P.: The Rational Unified Process, An Introduction, Addison-Wesley, Longman, 1998.
Lakatos Imre: Die Methodologie der wissenschaftlichen Forschungsprogramme. Braunschweig 1982.

Litke, H. D.: Projektmanagement, Methoden, Techniken, Verhaltensweisen, Carl Hanser Verlag 1995

Lock, D.: Projektmanagement, Ueberreuter 1997

Luhmann, N. (2000): Organisation und Entscheidung. VS Verlag für Sozialwissenschaften.

Maier, H.: Software-Projekte erfolgreich managen, WRS Verlag 1990

Morse und Johnson (1991): The Illness experience: dimensions of suffering. Sage Publications.

Porter, M.E. (1984): Wettbewerbsstrategie, 2. Aufl., Frankfurt a.M.

Schelle, H.: Projekte zum Erfolg führen, Beck-Wirtschaftsberater 1996

Shiaer, S./Mellor, S. J.: Object Lifecycles - Modelling the World in States, Prentice-Hall, Englewood Cliffs, 1991. Deutsche Ausgabe: Objektorientierte Systemanalyse, Ein Modell der Welt in Daten. Haser, London, 1996.

Simon, F.B./Rech-Simon, C. (1999): Zirkulräes Fragen. Systemische Therapie in Fallbeispielen: ein Lehrbuch, 2. Auflage, Heidelberg.

Watson, G. (1975): Widerstand gegen Veränderungen, in: Bennis, W.G./Benne, K.D./Chin, R. (Hrsg.): Die Änderung des Sozialverhaltens, Stuttgart, S. 415–429.

Wittkowski, J. (2004). Sterben und Trauern: Jenseits der Phasen. Pflegezeitschrift, 57(12), 2–10.)

Zimmerli, W./Wolf, S. (Hrsg.): Künstliche Intelligenz: Philosophische Probleme. Reclam, Stuttgart, 1994.

Zimmermann, V.: Objektorientiertes Geschäftsprozessmanagement, Gabler, Wiesbaden, 1999.

Organisationssimulation

8

Traditionelle Top-Down-Prozesse lassen sich in der kognitiven Organisation immer weniger durchhalten. Vielmehr gilt es, die wesentlichen Aspekte einer kognitiven Organisation in der Organisationsstruktur und dort in den Prozessen zu verankern: die Agilität als eine schnelle Reaktion auf Veränderungen, die schnelle Anpassung durch Lernen über Versuch und Irrtum sowie die Simulation zur Bewertung von Neuem bei gleichzeitiger Verwertung von bewährtem Bestehenden. In diesem Abschnitt erfolgt eine Konzeptionalisierung und Implementierung von Teilaspekten der Theorie der Organisationskognition im Rahmen einer Simulation zu deren Validierung. Insofern werden in diesem Abschnitt viele der bis hierher erarbeiteten Ansätze und Konzepte zu einem Gesamtbild in Form einer Simulation nochmals verdichtet. Eingebettet in einen aktuellen Praxis- und Zeitbezug lassen sich damit viele Aspekte einer kognitiven Organisation am Modell und dessen Simulation nachvollziehen. Dabei gilt es dabei stets zu bedenken, dass keine Simulation die Künstlichkeit ihrer Verhältnisse gänzlich aufzuheben vermag. Dennoch lassen sich damit wichtige Erkenntnisse gewinnen.

8.1 Herausforderungen als Motivation

In der kognitiven Organisationswelt ist alles miteinander verflochten. Dies zeigt sich unter anderem darin, dass scheinbar unbedeutende Interoperationen überraschende, nämlich positive wie negative Folgen haben können. Zurückzuführen ist diese Komplexität in Form hoher Vernetzung in erster Linie auf die exponentielle Entwicklung der Informations- und Kommunikationstechnologie in den vergangenen Jahrzehnten. Ursprünglich eigenständige Inselsysteme sind nun miteinander verknüpft, vernetzt und somit naturgemäß komplexer, aber nicht unbedingt intelligenter.

© Springer-Verlag GmbH Deutschland 2016
M. Haun, *Cognitive Organisation*, DOI 10.1007/978-3-662-52952-2_8

▶   So hat sich beispielsweise innerhalb kurzer Zeit ein Großteil der Organisationen
    von komplizierten zu komplexen Systemen entwickelt. Das heißt, dass sie aus
    vielen unterschiedlichen, voneinander abhängigen Teilen bestehen. Dadurch
    lässt sich nicht mehr exakt vorhersagen, was die Zukunft bringt. Dieselbe Aus-
    gangssituation kann zu völlig verschiedenen Ergebnissen führen.

Komplizierte Systeme enthalten viele bewegliche Elemente, funktionieren jedoch nach
bestimmten Mustern. Im Gegensatz dazu wimmelt es in komplexen Systemen von Vorgängen, die zwar ebenfalls nach bestimmten Mustern ablaufen können, deren Wechselbeziehungen sich jedoch ständig ändern. Dabei wird die Komplexität einer Umgebung von
drei Eigenschaften bestimmt:

*   **Multiplizität** bezieht sich auf die Anzahl der potenziell einander beeinflussenden Ele-
    mente,
*   **Interdependenz** beschreibt, wie diese einzelnen Elemente zusammenhängen und
*   **Diversität** bezeichnet die Verschiedenartigkeit der Elemente.

Je größer Multiplizität, Interdependenz und Diversität, desto größer die Komplexität.
Praktisch gesehen besteht der Hauptunterschied zwischen komplizierten und komplexen
Systemen darin, dass sich bei komplizierten Systemen das Ergebnis in der Regel vorhersagen lässt, wenn die Ausgangsbedingungen bekannt sind. In einem komplexen System
hingegen können bei identischer Ausgangslage unterschiedliche Ergebnisse entstehen, je
nachdem, wie die Elemente innerhalb des Systems interoperieren.

   Auf Basis eines Kognitionsmodells, das ursprünglich zur Entwicklung intelligenter,
entscheidungsfähiger Soft-und Hardwaresysteme entwickelt wurde, lassen sich Organisationen gemäss dem Ansatz dieses Buches als wissensbasierte und lernende Systeme auffassen, die dadurch als kognitive Modelle konzeptualisiert werden können, um diese dann
durch Organisationsentwicklung und rechnerbasierte Techniken in prozessualer und funktionaler Hinsicht so auszugestalten, dass sich dadurch messbare Mehrwerte in den Wertschöpfungsketten erzielen lassen. Insofern gilt der Ansatz der Kognitiven Organisation
neben dem des Geschäftsprozessmanagements (Business Process Managements (BPM)),
Geschäftsregelmanagements (Business Rules Management) (BRM) und dem Business Intelligence Management (BIM) als Schlüsselansatz für die Bewältigung der Probleme und
Herausforderungen, mit denen sich jede Organisation, die Gesellschaft als Ganzes und
damit jeder Einzelne konfrontiert sieht.

   Kognitive Organisationsentwicklung als ganzheitlicher, managementgeleiteter Prozess
der Entwicklung und Veränderung von einzelnen Organisationsobjekten und ganzen Organisationen umfasst dabei alle Maßnahmen der direkten und indirekten zielorientierten
Beeinflussung von Strukturen, Prozessen und Ressourcen (Mitarbeiter, Werkzeuge, etc.)
und deren Beziehungen untereinander. Die kognitive Organisationsmodellierung ist eine
im Rahmen der kognitiven Organisationsentwicklung entwickelte Geschäftsprozessmo-
dellierungsmethode. Die Modellierung wird zur Aufnahme und zum Reengineering von

Prozessen sowohl in produzierenden Organisationen als auch im öffentlichen Bereich und Dienstleistungsorganisationen eingesetzt. Dabei werden verschiedene Aspekte wie Strukturen, Prozesse, Funktionen, Daten, Informationen, Wissen und Interoperationen möglichst in einem Modell beschrieben. Außerdem unterstützt die Methode die Analyse von Geschäftsprozessen unabhängig von der vorhandenen Aufbauorganisation.

Insofern sieht die Organisationsentwicklung in der Kognitivierung der Organisation ihre Herausforderung und damit gleichzeitig auch ihre Motivation.

8.2 Modellierungsmethodik als Rahmen

Die Modellierung der Organisation zur ihrer späteren Simulation folgt einer strukturiert und dennoch agilen Methodik, die sich wie folgt darstellen lässt:

So trägt die Phase der *Initialisierung* dem Umstand Rechnung, dass es sich, je nach Organisation, empfiehlt, mit der Analyse und Modellierung der

- bestehenden Anwendungssysteme, oder
- der Organisationsstrategie, oder
- der Geschäfts- und/oder Produktionsprozesse

zu beginnen (Abb. 8.1). Weiterhin folgt dieser Ansatz nicht dem Grundsatz, stets von einer Automatisierung von Geschäfts- oder Produktionsprozessen auszugehen. Vielmehr werden mit diesem Ansatz auch solche Vorhaben erfasst, die eine manuelle Steuerung der Prozesse

Abb. 8.1 Modellierungsmethodik

und damit ein menschliches Eingreifen in den Ablauf erfordern. Insofern umfassen die Modellierung und damit die Simulation von Prozessen insbesondere

- Geschäftsprozesse
- Produktionsprozesse
- Migrationsprozesse (durch die Entwicklung neuer Software, neuen Produktionsprozessen, etc.)

Sie bilden das Instrument, welche über statische Untersuchungen hinausgehend dynamische Analysen und Wenn-Dann-Szenarien ermöglichen.

▶ So dienen beispielsweise die um die Betrachtungsdimensionen „Ressourcen", „Material", „Menge", „Wert" und „Zeit" angereicherten Ablaufmodelle der Validierung der Realitätstreue der Modelle, der Überprüfung der Konsistenz der verwendeten Modelle, der Schaffung von Transparenz und letztlich der Optimierung und Steuerung der Geschäftsprozesse.

In der Praxis unterscheidet man gewöhnlich zwischen Ist- und Soll-Modellen, wobei erstere in der Regel den aktuellen Ausgangszustand und letztere den gepanten Zukunftszustand darstellen. So müssen bei der Entwicklung der Soll-Konzepte auch neue technische Nutzungsmöglichkeiten und Strategien, beispielsweise die Einführung eines bestimmten IuK-Systems im Rahmen einer *Technologiefolgenabschätzung*, unbedingt berücksichtigt werden.

▶ So beinhalten beispielsweise Soll-Modelle nicht nur Kostenreduzierungen, Optimierungen, sondern auch eine effizientere Implementierung neuer Geschäftsmodelle, insbesondere die Entwicklung und das Beschreiten sogenannter Entwicklungs-, Reife- und Wachstumspfade neuer Strukturen, Funktionalitäten, Prozesse, Kostenreduzierung, Erhöhung der Reaktionsfähigkeit der Organisation, Transformation von Geschäftsprozessen, Migration von Altem ins Neue, Optimierung von Geschäftsprozessen, etc.

8.2.1 Organisationsobjekte als Basis

Die Organisationsmodellierung wird zur Aufnahme und zum Reengineering von Prozessen sowohl in produzierenden Organisationen, als auch im öffentlichen Bereich und Dienstleistungsorganisationen eingesetzt. Sie folgt den Prinzipien:

- „Weniger ist mehr…": indem der Ansatz mit einem Minimum von Modellierungselementen auskommt:
- „Leicht-schnell-flexibel": Bereits nach einer kurzen Einarbeitungszeit lassen sich die Modelle entwickeln. Die intuitive Applikationen und die generischen Modellelemente lassen sich schnell auf die unterschiedlichen Problemdomänen adaptieren.

In der Organisationsmodellierung werden verschiedene Aspekte wie Strukturen, Prozesse, Funktionen Daten, Informationen, Wissen und Interoperationen möglichst in einem Modell beschrieben. Außerdem unterstützt die Methode Analysen von Geschäftsprozessen unabhängig von der vorhandenen Aufbauorganisation. Weiterhin folgt die Modellierung dem objektorientierten Paradigma, indem im Kern eine anwendungsorientierte Einteilung aller Elemente bzw. Bestandteile einer Organisation in sogenannte Organisationsobjektklassen (OOK) erfolgt:

- **Organisationsprodukt** (OP): Die Objektklasse „Produkt" repräsentiert alle Objekte, deren Herstellung und Verkauf das Ziel der jeweils betrachteten Organisation ist sowie alle Objekte, die in das Endprodukt einfließen. Dazu gehören Rohstoffe, Zwischenprodukte, Komponenten und Endprodukte sowie Dienstleistungen und die beschreibenden Daten.
- **Organisationsressource** (OR): Die OOK-Klasse „Ressource" umfasst alle notwendigen Leistungsträger, die zur Ausführung oder Unterstützung von Tätigkeiten in der Organisation erforderlich sind. Das sind unter anderem Mitarbeiter, Geschäftspartner, alle Arten von Dokumenten sowie Informationssysteme oder Betriebsmittel.
- **Organisationsauftrag** (OA): Die Objektklasse „Auftrag" beschreibt alle Arten einer Beauftragung in der Organisation. Die Objekte der Klasse „Auftrag" repräsentieren die Informationen, die aus der Sicht von Planung, Steuerung und Überwachung der Organisationsprozesse relevant sind. Darunter versteht man, was wann, an welchen Objekten, in wessen Verantwortung und mit welchen Ressourcen ausgeführt wird.
- **Organisationsinteroperationen** (OI): Organisationen und deren Organisationsobjekte sind interoperierende Systeme und bauen mit anderen Organisationen bzw. Organisationsobjekten konsensuelle Beziehungen auf, die durch die Kopplung von Strukturen entstehen.

▶   So geht beispielsweise jeder Kommunikation Interoperation(en) voraus. Kommunikation kann nur funktionieren, weil Organisationsobjekte als Systeme mit anderen Systemen interoperieren.

Die Elemente dieser Objektklassen werden in dem Modell durch entsprechende Sinnbilder (Ikons) gekennzeichnet:

Die Interoperationen zwischen diesen Organisationsobjekten werden durch entsprechende Verbindungen (gerichtete und ungerichtete Linien, Pfeile, Kanten, Links, etc.) dargestellt (Abb. 8.2).

Abb. 8.2 Sinnbilder (Ikons)
für Modellelemente

Basis dieser generischen OOKs in der Ausprägung ist die abstrakt-generische Superklasse der *Entitäten* (Entity) und deren Interoperationen (Interoperation). Neben diesem noch recht hohen Abstraktionsgrad lassen sich jedoch für diese generischen Entitäten bereits auf dieser Stufe Indizes zu deren Bewertung definieren. Motiviert ist diese Entwicklung von Indizes durch die damit mögliche, frühe Entdeckung von Störungen, sozusagen noch vor der konkreten Ausprägung der späteren Organisationsobjekte. Solche Indizes sind sozusagen neutrale Bewertungs- und Messeinheiten, die frei von irgendwelchen spezifischen Bedeutungen, wie sie beispielsweise die Kosten im Zusammenhang mit den Durchlaufzeiten von Organisationsobjekten sind. Diese Indizes sind dimensionslose Zahlen, die sich stets zwischen den Werten 0 und 1 bewegen, indem sie beispielsweise das Verhältnis einer möglichen Werterreichung (100) zur tatsächlichen Leistung (50) abbilden, was durch das Verhältnis von 0,5 zum Ausdruck gebracht wird. Bei dem derzeitigen Modell der Entitäten unterscheidet man zwischen verschiedenen Erreichungsgraden, die, zueinander in Beziehung gesetzt, die Indizes zur Bewertung bzw. Kontrolle des Entitätenverhaltens bilden können:

- **Momentum**: Was im aktuellen Zustand und der gegebenen Laufzeitbedingungen tatsächlich erreicht wird.
- **Kapazität**: Was im aktuellen Zustand und der gebenen Laufzeit erreicht werden könnte, wenn alle Möglichkeiten ausgeschöpft würden.
- **Potenzial**: Was bei bestmöglicher Nutzung und idealen Bedingungen, nach Beseitigung hindernder Bedingungen im Rahmen des praktisch Realisierbaren erreicht werden könnte.

Setzt man nun diese Erreichungsgrade zueinander in Beziehung, so ergeben sich drei Indizes, deren Entwicklung Aufschluss über mögliche Störungen des Enitätensystems geben könnten: Produktivität, Latenz, Performance (Abb. 8.3).

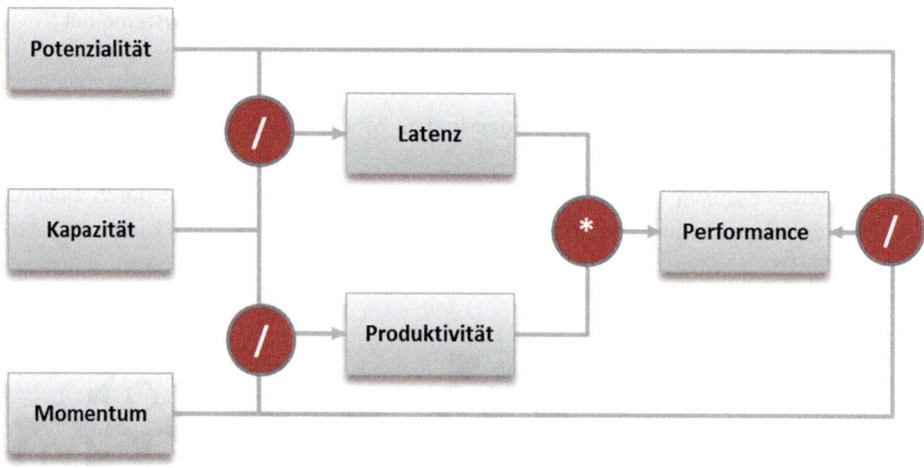

Abb. 8.3 Indizes für Entitäten

Abb. 8.4 Organisationsmodellelemente

Setzt man nun also die Optimalwerte (Kapazitäten) des parametrischen Entitätenmodells zu den tatsächlich erzielten Werten in Beziehung, so erhält man die Performance als Gesamtleistung der zu kontrollierenden Größen durch Division.

Die Klassen „Produkt", „Auftrag" und „Ressource" können schrittweise detailliert und spezifiziert werden. Dadurch ist es möglich, sowohl branchentypische, als auch problemdomain- und/oder organisationsspezifische Produkt-, Auftrags- und Ressourcenunterklassen abzubilden. Strukturen (z. B. Stücklisten oder Organigramme) können als relationale Merkmale der Klassen mit Hilfe von ist-Teil-von- und besteht-aus-Beziehungen zwischen unterschiedlichen Unterklassen abgebildet werden (Abb. 8.4).

Die Handlungen, Tätigkeiten, die zur Herstellung von Produkten und zur Erbringung von Dienstleistungen notwendig sind, lassen sich in Form von Interoperationen wie folgt beschreiben: eine Interoperation ist zum einen die zielgerichtete Ein- und Auswirkung von Organisationsobjekten auf Organisationsobjekte und zum anderen die Organisation als Ganzes auf andere Organisationen bzw. deren Umwelten. Die Zielausrichtung der Interoperationen bedingt eine explizite oder implizite Planung und Steuerung. Die Ausführung der Interoperationen obliegt den dazu fähigen Organisationsobjekten. Aus diesen Betrachtungen können die Definitionen für folgende Konstrukte abgeleitet werden:

- **Aktion**: Sie ist eine objektneutrale Beschreibung von Tätigkeiten: eine verbale Beschreibung einer Arbeitsaufgabe, eines Prozesses oder eines Verfahrens.
- **Funktion**: Sie beschreibt eine Zustandsänderung von Objekten einer Klasse von einem definierten Status in einen anderen definierten Status durch Anwendung einer Aktion.
- **Aktivität**: Sie spezifiziert für die durch eine Funktion beschriebene Zustandstransformation von Objekten einer Klasse den steuernden Auftrag und die für die Ausführung dieser Transformation in der Organisation notwendigen Ressourcen, jeweils repräsentiert durch eine Objektzustandsbeschreibung.

Die Umwelt wird vom Organisationsentwickler erfahren als der Ort von Objekten, die stationär sind, die sich bewegen, oder die sich verändern. „Objekte" verdanken ihre Existenz den Eigenschaften von Repräsentationen. Zwischen diesen Organisationsobjekten finden Interoperationen statt. So sind der Gebrauch von Zeichen, Daten, Information und die Anwendung von Wissen das allererste Zeugnis solcher Interoperationen. Ein solche ergibt sich ebenso früh im Lebenszyklus eines Organisationsobjektes wie der berühmte „bedingte Reflex", bei dem ein begleitendes Merkmal eines Stimulus die Stimulusfunktion übernimmt. Das begleitende Merkmal wird zu einem Zeichen für die Situation, das der Reaktion genau angemessen ist. Dies ist oftmals der eigentliche Anfang einer Interoperation, denn hier liegt auch der Ursprung für Irritationen, Störungen, Lernen, Kooperation, Kommunikation und Entscheidungen.

Alle modellierten Organisationsobjekte und deren Interoperationen der jeweils betrachteten Organisation werden im Modellkern in vier Perspektiven erfasst:

- **Strukturmodell**: Aufbauorganisation.
- **Daten-, Informations- und Wissensmodell**: Im „Informationsmodell" werden alle relevanten Objekte einer Organisation, ihre Eigenschaften und Relationen abgebildet. Hier handelt es sich um Klassenbäume der Objektklassen „Produkt", „Auftrag" und „Ressource".
- **Geschäftsprozessmodell**. Das „Geschäftsprozessmodell" stellt Organisationsprozesse und ihre Beziehungen zueinander dar. Es werden Aktivitäten in ihrer Wechselwirkung mit den Objekten abgebildet (Ablauforganisation).
- **Produktionsprozessmodell**: Das „Produktionsprozessmodell" stellt dediziert den Produktionsprozess und seine Beziehungen zum Geschäftsprozess dar. Es werden Aktivitäten in ihrer Wechselwirkung mit den Objekten abgebildet.
- **Interoperationsmodell**: Das Interoperationsmodell stellt die Verschaltungen bzw die Vernetzung der Ein- und Auswirkungen der Organisationsobjekte dar.

Das zentrale Objekt aller Perspektiven ist das *Organisationsobjekt*. Durch Verknüpfung verschiedener Organisationsobjekte bilden diese die Organisationsstruktur bzw. die Aufbauorganisation ab und fungieren so als Basis für die Organisationssimulation. Mehrere hierarchisch angeordnete Organisationsobjekte bilden die Aufbauorganisation einer Organisation. Die Organisationsstrukturen werden im Modell durch ein objektorientiertes Design abgebildet. Das bedeutet, dass jedes Organisationsobjekt mit seinen Eigenschaften auch als eigenständiges Objekt abgebildet und gepflegt wird. Verknüpfungen als Repräsentanten von Interoperationen bringen diese Organisationsobjekte miteinander in Beziehung. Insgesamt ermöglicht damit das objektorientierte Design eine flexible Abbildung der Organisationsstruktur, da neben den Standard-Objekttypen und -Verknüpfungen auch eigene Objekttypen und Verknüpfungen angelegt werden können.

Eine Organisationsstruktur setzt sich aus verschiedenen Objekttypen zusammen. Es gibt dabei eine Vielzahl von Objekttypen, die Basis für die Abbildung einer Organisationsstruktur umfasst jedoch im Regelfall nur eine geringe Anzahl dieser Objekttypen.

Ein Objekttyp wird durch folgende Attribute charakterisiert:

- Einen ein- oder zweistelligen **Objektklassenschlüssel**:
  - A = Auftrag
  - R = Ressource
  - P = Produkt
- Einen ein- oder zweistelligen **Objektschlüssel**: A-ZZ für Standardobjekttypen, 1–99 für eigene instanziierte Objekttypen, wie z. B. P1 für den Objekttyp Person mit der Personalnummer 1.
- ein grafisches **Symbol**
- eine **Objekttypenbezeichnung**, wie z. B. Person

Mit dieser Nomenklatur ist im Modell auf einen Blick erkennbar, um welches Organisationsobjekt es sich handelt.

▶ Beispielsweise wird der Mitarbeiter „Schulze" durch die Charakterisierung RP1 als Mitarbeiter der Klasse Person, mit der Personalnummer 1 eindeutig der Objektklasse der Ressourcen zugeordnet.

Diese Organisationsobjekte können z. B. Bereichen, Abteilungen, Teams oder Produktionslinien einer Organisation, dargestellt durch Meta-Objekte, zugeordnet werden. Alle anderen Objekttypen, wie z. B. Stellen, Planstellen oder Kostenstellen, können optional in die Organisationsstruktur integriert werden. Mit dieser Darstellung der Aufbauorganisation lässt sich die strukturelle, aufgaben- und funktionsbezogene Struktur der Organisation als Rand- bzw. Rahmenbedingung der Simulation einfach abbilden. Ein solches einfaches Modell reicht oftmals aus, sozusagen ein „Model light". Durch diese Simplifizierung ist es auch nicht erforderlich, sich mit der zugrunde liegenden Methodik über Gebühr vertraut machen zu müssen.

Das *Interoperationsmodell* muss dem Rechnung tragen, dass Arbeit stets in einem sozialen Kontext erfolgt und wesentlich bestimmt wird von Erfahrungen, Gefühlen, Wünschen, Antrieben, Ad-hoc-Entscheidungen, Flexibilität, Anpassung, Integration, Improvisation – kurz all den Faktoren, die die Lebendigkeit und Fülle des Lebens ausmachen. Die Verschaltung bzw. die Vernetzung der Organisationsobjekte durch die Interoperationen erfolgt in enger Anlehnung an bisherige Modellierungsansätze.

▶ So ist beispielsweise ein Petri-Netz ein gerichteter Graph, der aus zwei verschiedenen Arten von Knoten, Bedingungen und Ereignissen sowie Kanten und Marken besteht. Eine Bedingung entspricht einer Zwischenablage für Informationen und repräsentiert passive Zustände, wie zum Beispiel die Maschine ist gestört … Ein Ereignis (Transition) beschreibt die Verarbeitung von Informationen und Zustandsänderungen wie: „Das Werkstück wird verarbeitet" Oder:

Beim ER (Entity-Relationship)-Modell werden sogenannte Entities, Objekte der
realen Welt oder der Vorstellungswelt, die für die Organisation bzw. die Unternehmung von Interesse sind, und ihre Attribute, Eigenschaften von Entities,
sowie ihre Beziehungen untereinander dargestellt.

Die Interoperationen und deren Modellierung vereinen diese Ansätze unter „einem Hut".

8.2.2 Interoperationen als [Kommunikation, Kooperation, und Entscheidung]

Interoperation als Begriff ist solange ein sprachliches Konstrukt, bis es durch konkrete
Kommunikation, gelebte Kooperation und getroffene Entscheidungen zur organisatorischen Praxis wird. Erzeugung und Etablierung der Interoperationsorganisation erhalten
erst durch diese Interoperationen ihre Faktizität. Interoperationen sind soziale Konstruktionen und subjektive Modelle zugleich. Interoperationsorganisation ist in diesem Sinn nicht
ein an einer Rezeptur oder an einem Referenzmodell festzumachendes organisatorisches
Design, sondern eine kollektiv erzeugte und mithin sozial konstruierte, konnektionistische
Realität. Insofern steht dieses konnektionistische Modell dieser Interoperation im Mittelpunkt dieses Abschnittes. Dieses Modell bleibt dabei nicht auf eine Blaupause beschränkt,
sondern ist oftmals das bildliche Ergebnis von Ist-Analyse, Ist-Modellierung, Soll-Analy-
se, Soll-Modellierung und Interoperations-, Prozess- und Strukturoptimierung. Allerdings
werden in diesem Abschnitt nicht eine eigene Symbolik und interoperationsspezifische
Notationen der Modellierung eingeführt, um detaillierte Aufgabenfolgen festzulegen und
diese dann durch – wie auch immer geartete – Workflowsysteme zu zementieren. Vielmehr werden die Modelle einer Simulation zugeführt, die nicht nur Struktur-, Prozess-,
Daten-, Interoperations- und damit Organisationsmodelle repräsentiert, sondern die im
Gegensatz zu Referenzmodellen, die aufgrund ihrer Vielzahl die Navigation bei der Auswahl des „passenden" Modells eher erschwert, dem Organisationsentwickler seine Intero-
perationsvernetzung und -gestaltung am Rechner „vor Augen führt".

▶   So dienen die sogenannten Referenzmodelle häufig nicht etwa als Basis für ein
     Benchmarking, sondern als Ideenfundgrube für den „Modellierer", der sich zum
     Aufbau seines Modells an dem orientiert, was in anderen Bereichen entwickelt
     wurde.

Dieser simulative Ansatz mit seiner Orientierung am Konnektionismus erlaubt es, die Simulationen auch organisationsübergreifend anzuwenden und auf Organisationsnetzwerke
zu übertragen. Auch dort lassen sich dann neue theoretische Perspektiven wie praktische
Handlungs- und Gestaltungsempfehlungen visualisieren, erkennen und damit begreifen.
    Jede Organisation besteht aus einer Vielzahl von in Geschäfts- und Produktionsprozes-
se eingebetteten Organisationsobjekten, wobei die Prozesse zum einen nicht immer

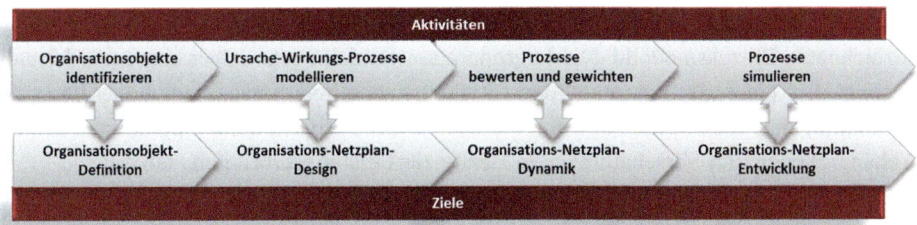

Abb. 8.5 Organisationsobjekt Mapping

explizit formuliert oder zum anderen gar nicht bekannt sind (Abb. 8.5). Im ersten Schritt geht es also darum, aus der Menge möglicher organisatorischer Aktivitäten diejenigen zu identifizieren und abzugrenzen, die zur Erstellung einer Leistung notwendig sind. Dabei findet der Entwurf, die Definition und Abgrenzung von Interoperationen und Prozessen meist in der klassischen Vorgehensweise auf abstrakter Ebene statt. Insofern handelt es sich dabei zunächst um sprachliche Kennzeichnungen, die inhaltlich noch nicht operationalisiert sind. Im Rahmen des kognitiven Ansatzes werden die Interoperationenprozesse direkt als Cognitive Fuzzy Maps modelliert und entsprechend sprachlich kommentiert. Auf diese Weise besteht das Interoperations- als Prozessmodell der Organisationen aus miteinander verschalteten, kunden- bzw. marktorientierten Kernleistungen und den sie komplettierenden Unterstützungsleistungen. Entsprechend der Fähigkeiten und Kompetenzen, die durch die Verschaltung von Organisationsobjekten geschaffen werden, beinhaltet das Ergebnis wettbewerbskritische Leistungen, welche die Stärken bzw. Schwächen der Organisation im Vergleich zu seinen Konkurrenten widerspiegeln. Strategische Vorsätze und Interoperationsidentifikation sind untrennbar miteinander verschaltet. Insofern handelt es sich bei diesem Schritt durchaus um eine kreative und innovative Tätigkeit, die von erfahrenen Organisationsentwicklern unter stetiger Berücksichtung der herrschenden Umweltbedingungen erbracht werden müssen.

▶ Die Objekt-, Interoperations- und Prozessidentifikation und deren Modellierung sollten unmittelbar an den strategischen Grundpositionen anknüpfen. Davon ausgehend kann man zwei Perspektiven einnehmen: Im marktorientierten Entwurf werden Interoperationen und Geschäfts- bzw. Produktionsprozesse von Außen nach Innen, im ressourcenorientierten von Innen nach Außen entworfen. Basale Interoperationen sind in beiden Fällen die Interoperationen, die unmittelbar dazu beitragen, einen strategischen Wettbewerbsvorteil zu realisieren.

Die Auseinandersetzung mit den Ursache-Wirkungs-Zusammenhängen in Form einer Interoperationsmodellierung dient vor allem dem Entwurf des funktionalen und prozessualen Designs, der im vorangegangenen Schritt identifizierten Kern- und Unterstützungsinteroperationen. Ziel ist eine Interoperationslandkarte, die unter Berücksichtigung der Verknüpfungen die Interoperationsarchitektur der Organisation dokumentiert. Hierbei handelt es sich nicht um die klassischen Blaupausen (Blue Prints) oder in Ordnern sauber gezeichneten Prozessmodelle. Die Interoperationsmodelle gehen über eine reine Visualisierung, d. h. einer „Bebilderung" der Tätigkeitsdarstellung hinaus, indem sie direkt der Simulation zugeführt werden und dort die wettbewerbskritischen Interoperationen in ihren Abhängigkeiten und Verschaltungen in Bezug zur Leistungserbringung aufzeigen.

Die Modellierung der Interoperationsarchitektur ist davon geprägt, ob und in welcher Tiefe eine Interoperation als Prozess in Subprozesse zu verfeinern ist, die wiederum dann als eigene Interoperationsmodelle zu behandeln sind. Insofern können Interoperationen auf mehreren Detaillierungsebenen analysiert und betrachtet werden, was unter Umständen zu einem Dilemma führen kann. Einerseits verringert sich nämlich mit zunehmender vertikaler Gliederungstiefe die Transparenz und Übersichtlichkeit der Gesamtstruktur der Interoperationslandschaft. Auf der obersten Gliederungsebene sind Aktivitäten nur implizit erfasst, die bei gefordertem hohem Detaillierungsanspruch dann explizit bis ins letzte Detail ausdifferenziert werden müssten, was allerdings aus Komplexitäts- und Wirtschaftlichkeitsgründen im Regelfall bei der Interoperationsmodellierung nicht immer notwendig erscheint.

▶   Hierin unterscheidet sich die Interoperationsmodellierung von der klassischen Prozessmodellierung, die dann einen hohen Detaillierungsgrad beansprucht, wenn Entwurf und Umsetzung von Geschäftsprozessen mittels einschlägiger Modellierungs- und Workflow-Software unterstützt werden sollen.

Es gilt bei der Interoperationsmodellierung lediglich sicherzustellen, dass die Auswirkung auf Zeiten, Kosten und Kapazitäten simuliert und Informationen für Steuerung und Vollzug der Interoperationen bereitgestellt werden. Der Kompromiss zwischen Wirtschaftlichkeit, Detaillierungsgrad und Vollständigkeit orientiert sich an den Anforderungen an die Simulation.

Eine solche Organisationsentwicklung fokussiert sich also weniger auf Kriterien wie Kosten, Qualität oder Zeit als Gestaltungsziele. Ebensowenig stehen die Interventionen des klassischen Business Process Reegineering wie beispielsweise Integration, Parallelisierung, Elimination im Vordergrund. Vielmehr sollen sich die Organisationsentwicklung im Allgemeinen und die Entwicklung von Interoperationen im Speziellen auf die Qualität des Organisationsergebnisses (Outputs) beziehen, die eine notwendige Folge der Interoperationen interdependenter Organisationsobjekte ist. Eine solche Entwicklung von Interoperationen betrifft die Kommunikationen, Kooperationen und Entscheidungen, die für den Erfolg der Organisation maßgeblich sind.

Dabei spielen Teams in kognitiven Organisationen eine zentrale Rolle für den Erfolg oder Misserfolg. Dabei wird davon ausgegangen, dass der Erfolg solcher Teams vor allem auf deren Interoperationen im Allgemeinen und damit von der Kommunikationskompetenz, dem Transfer von Wissen, dem Treffen von Entscheidungen, der Bereitschaft zur Kooperation, dem Handeln und der nachhaltigen Ein- und Auswirkung auf andere Organisationsobjekte bzw. der Umwelt im Speziellen beruht. Der Erfolg eines Teams wiederum ist vor allem von seinem Interoperations-Design abhängig. Dazu zählt insbesondere die Motivation, die Strategie der Problembewältigung bzw. Aufgabenerfüllung sowie Wissen und Fähigkeiten der einzelnen Mitglieder. Als weitere Einflussgrößen, die in dem Teammodell berücksichtigt werden müssen, zählen der Teamgeist, die Fähigkeit des Teams, sich selbst konstruktiv-kritisch zu hinterfragen und die Abhängigkeiten der teaminhärenten Prozessaktivitäten. Diese Abhängigkeiten lassen sich wie folgt unterscheiden:

- **Parallelität**: Die Prozesse sind parallel angeordnet und eine unmittelbare Abhängigkeit bei der Prozessabwicklung besteht nicht. Allenfalls greifen die Prozesse auf eine gemeinsame Ressource zu (Ressourcenabhängigkeit). Konkurrenz um eine knappe Ressource kann z. B. bei der Nutzung von Fertigungsanlagen (zentralen Bearbeitungsstationen) oder bei Zugriff auf zentrale Dienstleistungen (Service Center) auftreten.
- **Sequentialität**: Die Teilprozesse sind sequenziell angeordnet. Der Teilprozess P_1 ist Kunde von P_2. Das Prozessergebnis von P_1 ist Input von P_2. P_1 determiniert zeitlich, quantitativ und qualitativ die Prozessleistung von P_2. Sequentielle Abhängigkeit führt zu Abhängigkeiten nachgelagerter Teilprozesse.
- **Rekursivität**: Die Teilprozesse bzw. Aktivitäten einzelner Teammitglieder bedingen sich gegenseitig und so besteht zwischen den Prozessschritten eine wechselseitige Abhängigkeit. Prozessarbeit vollzieht sich simultan, der Vollzug eines Vorgangs P_1 benötigt den Input des anderen P_2 und umgekehrt.

Neben dem Ausmaß an Aufgabenabhängigkeiten kommt auch der Ergebnisabhängigkeit als Einflussgröße eine Gewichtung zu. Die Ergebnisabhängigkeit, die im geringen Fall Additivität, im hohen Fall Komplementarität der Arbeitsergebnisse der Teammitglieder beschreibt, wird meist an der Entlohnungsform gemessen. Hohe Ergebnisabhängigkeit bedeutet, dass die Teammitglieder nach dem Teamergebnis und dem Teamverhalten entlohnt werden.

Insgesamt ist einerseits die Beziehungsintensität (Motivation, Engagement, Teamgeist, Vertrauen, Fairness etc), andererseits aber auch die Aufgaben und Ergebnisabhängigkeiten, die als Bedingungen für den Erfolg von Teams gelten (Abb. 8.6).

Im Rahmen der Modellierung werden nun diese einzelnen Aspekte gewichtet, indem man untersucht, in welcher Stärke (Abschwächung vs Verstärkung) sich die einzelnen Aspekte auf den Teamerfolg auswirken.

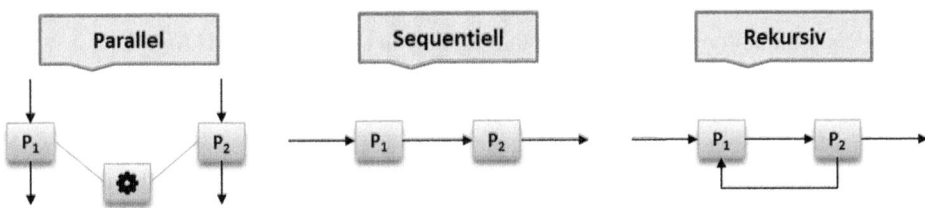

Abb. 8.6 Interoperations- und Prozessabhängigkeiten

▶ So zeigen Studien, dass der durch die Aufgabenabhängigkeiten implizierte
höhere Koordinationsbedarf den Teamgeist fördert. Die Überwindung von
Schnittstellenproblemen und die Beseitigung von Konfliktpotenzialen werden
als Herausforderung verstanden und aktivieren die intrinsische Motivation.
Teams mit Aufgabenabhängigkeiten nutzen das kollektive Wissen und die Fähigkeiten ihrer Mitglieder, um die Problembewältigung bzw. Aufgabenerfüllung zu perfektionieren. Sie erzeugen qualitativ hochwertige soziale Prozesse,
extensives gegenseitiges Lernen und kollektive Teamverantwortung für die
Teamleistung. Je höher die Abhängigkeiten, desto mehr Kommunikation, gegenseitige Unterstützung, Wissenstransfer und damit Interoperation sind zu beobachten. Insgesamt besteht ein enger positiver Zusammenhang zwischen
Abhängigkeiten der Teilprozesse und Teamgeist, den es bereits im Design der
Prozessstrukturen zu berücksichtigen gilt. Die Ergebnisabhängigkeit forciert dabei weniger den Koordinationsbedarf als vielmehr die Koordinationsmotivation,
da bei hoher Ergebnisabhängigkeit die Belohnung des einzelnen Teammitglieds
von den Leistungsbeiträgen der anderen abhängt. Hilfsbereitschaft fördert, Unterlassen schmälert die eigenen Erträge. Zwischen all diesen Aspekten liegt
demnach eine positive Beziehung vor, die in dem Modell durch das Pluszeichen
„+" zum Ausdruck gebracht wird und in der späteren Simulation so zur Auswirkung kommt. Rekursive Formen der Kooperation in Prozessteams haben mithin
eine selbstverstärkende, rekursive Wirkung zwischen der Abhängigkeit der Teilprozesse und dem Teamgeist. Beides kann sich positiv auf den Teamerfolg auswirken, kann aber im Eskalationsfall oder des Scheiterns auch in eine negative
Sogwirkung münden.

Der Entwicklung von Teams und deren Prozesse gilt es im Rahmen einer Organisationsentwicklung daher eine große Aufmerksamkeit zukommen zu lassen. Es muss gelingen,
die organisatorischen und sozialen Bedingungen herzustellen, die das Entstehen von rekursiven Prozessteams fördern.

8.2.3   Kennzahlen für Organisationsobjekte

Die Bewertung der Interoperation, die dadurch bedingte Vernetzung von Organisationsobjekten, visualisiert als Interoperation Map, erfolgt mittels Kennzahlen, die jeweils für die
generischen Indikatoren Qualität, Zeit und Kosten zu entwickeln sind (Abb. 8.7).

Qualität ist dabei der Grad, in dem ein wohldefinierter Satz von Merkmalen bestimmte
Anforderungen erfüllt. So kann die Qualität als eine Eigenschaft des Outputs des Interoperation Map gesehen werden.

Der *Zeit* als Wettbewerbsfaktor kommt neben der Preis- und Produktdifferenzierung
eine wachsende Bedeutung zu. So bestimmt die Durchlaufzeit in den unterschiedlichen
Interoperationsprozessen die Kapitalbindung. Die Entwicklungszeit und die Dauer der

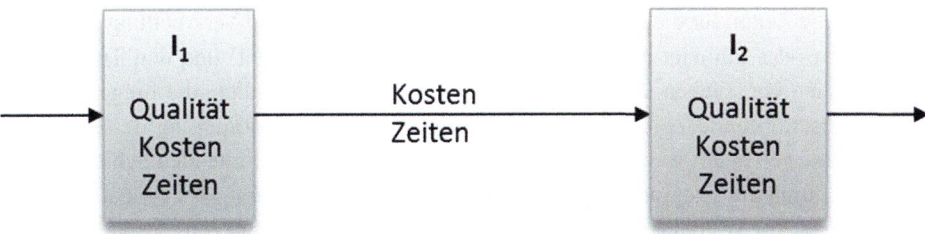

Abb. 8.7   Kennzahlen

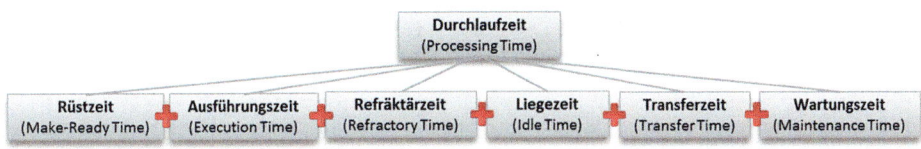

Abb. 8.8   Zeiten

Markteinführung neuer Produkte werden immer wichtigere Instrumente für die Gewinnung von Marktanteilen. Die kurzfristige Lieferbereitschaft und die Lieferflexibilität sind häufig die entscheidenden Wettbewerbsvorteile. In allen Fällen spielt der Faktor Zeit bei der Bewertung von Interoperationsprozessen eine zentrale Rolle. Die Verkürzung der Durchlaufzeit erhöht die Kapazität eines Interoperationsprozesses, was wiederum zu Kostensenkungen genutzt werden kann ("economies of speed"). Schnellere Reaktionsfähigkeit wird vor allem durch verkürzte Produktentwicklungszeiten ermöglicht (time to market).

So ist neben der Qualität vor allem die prozesshafte Durchlaufzeit einer Interoperation Map von Bedeutung (Abb. 8.8). Die Durchlaufzeit gibt den Zeitraum an, den ein Organisationsobjekt für einen bestimmten Durchlaufweg durch das Interoperation Map benötigt. Gemessen wird die Zeitspanne vom Interoperationsbeginn bis zu dem Zeitpunkt, zu dem das geforderte Ergebnis für nachfolgende Interoperationen verfügbar ist. Zum Beginn müssen alle benötigten Informationen, Daten oder Materialien in der definierten Form vorliegen, die ein reibungsloser Ablauf erfordert. Bestandteil der Messung sind Bearbeitungszeiten, Liegezeiten und Transferzeiten, die sich zu der gesamten Durchlaufzeit einer Interoperation Map addieren. Insofern setzt sich die Durchlaufzeit (Processing Time) aus den folgenden Basiskomponenten zusammen

- Ausführungszeit (Execution Time)
- Transferzeit (Transfer Time)
- Liegezeit (Idle Time)
- Rüstzeit (Make-Ready-Time)
- Refräktärzeit (Refractory Time)
- Wartungszeit (Maintenance Time)

Während die Zeiten für die Ausführung (beispielsweise als Be- und Verarbeitungszeit eines materiellen oder immateriellen Objekts plus Rüst- und Liegezeit) und den Transfer im Wesentlichen vorgegeben sind, können die Rüstzeiten und vor allem die Liegezeiten als nicht wertschöpfende Zeitbedarfe durch eine umfassende Abstimmung der einzelnen Teilprozesse verringert werden. Zudem lassen sich die häufig auftretenden Schnittstellenprobleme durch die Integration von Teilprozessen zu einem Gesamtprozess deutlich reduzieren oder sogar vermeiden.

▶   Erst die Kenntnis der so ermittelten Durchlaufzeit ermöglicht beispielsweise die
     Angabe von verbindlichen Terminen.

Die Verkürzung der Durchlaufzeit kann durch konkrete Gestaltungsprinzipien umgesetzt werden:

- Neuanordnung der Prozessfolge.
- Parallelisierung und Überlappung von Aufgaben/Aktivitäten.
- Eliminierung von Aktivitäten durch Abbau von Tätigkeiten, die keinen Mehrwert schaffen.
- Harmonisierung von Aktivitäten durch Beseitigung von Engpässen (Bottlenecks).
- Pull-gesteuerter, kontinuierlicher Prozessablauf durch kundeninitiierte Auslösung der Bearbeitungsvorgänge.
- Reduktion der Losgrößen durch auftragssynchrone Bearbeitung. Dadurch wird der stetige Fluss des Wertschöpfungsprozesses gefördert und Liegezeiten bis zur Zusammenstellung einer Serie gleichartiger Aufträge vermieden.
- Kurze Rückkopplungsschleifen zwischen Aktivitäten durch laufende Selbstkontrolle.

Schließlich sind die *Kosten* in Form von Interoperationskosten zu erheben. Betrachtet wird hier der gesamte Ressourceneinsatz, der zur Erbringung der Interoperationsleistung erforderlich ist, wie z.B. Gebäudekosten, Gehalts- und Gehaltsnebenkosten, Kosten für Datenverarbeitungssysteme etc. Die Zuordnung dieser Kosten zu Interoperationen erfasst die tatsächlichen Kosten. Neben einer gewissen Transparenz in Kostenstrukturen soll eine solche minimale Kostenrechnung Informationen zur konzeptionellen Unterstützung der Interoperationsausprägung und -gestaltung liefern. Dazu gehören auch die Entscheidungen über das Outsourcing von Interoperationen, die durch solche Kostenvergleiche unterstützt werden können. Schließlich bedarf es der Kosteninformationen, um Kosten an den Schnittstellen der Organisationsobjekte zu ermitteln. Nur dadurch lässt sich ein marktähnlicher Austausch von Produkten und Leistungen innerhalb der Organisation organisieren.

▶   Das Vorgehen der traditionellen Zuschlagskalkulation geht von der Prämisse aus,
     dass die Vertriebs- und Verwaltungskosten im Verhältnis zu den Fertigungs-
     kosten vergleichsweise gering und die administrativen Leistungen unabhängig

von den Geschäftsprozessen der zu erbringenden Leistung sind. Es wird dabei unterstellt, dass sich die Prozesskosten proportional zu einer wertmäßigen Bezugsgröße verhalten: Fertigungsgemeinkosten sind proportional zu Fertigungskosten, Materialgemeinkosten zu Materialkosten und Verwaltungs- und Fertigungsgemeinkosten zu Herstellkosten.

Unabhängig davon, ob man diesen vereinfachenden Prämissen folgt oder aber man davon ausgeht, dass die administrativen Kosten eines Produktes bzw. einer Leistung doch mehr durch die Vorgangsbearbeitung hervorgerufen werden und damit im Vorfelde der Simulation in eine ausgeprägte Prozesskostenrechnung investiert werden müssen, muss die Auswahl der Interoperationsbezugsgrößen wohl überlegt sein.

▶ Prozesskosten entsprechen dem bewerteten Verbrauch an Ressourcen bei der Vorgangsbearbeitung in einem Geschäftsprozess. Solche Prozesskoten umfassen alle Kosten eines Geschäftsprozesses, die nach dem Verursacherprinzip anfallen und entsprechend verrechnet werden müssen.

Wiederum vereinfachend gilt es dabei, für jede Interoperation deren Bezugsgrößen, die sogenannten Kostentreiber (Cost Driver), zu ermitteln. Sie sind diejenigen Mengengrößen, derentwegen eine Interoperation notwendig, modelliert und später dann ausgeführt wird. Sie sind unmittelbar aus der Leistung ableitbar und Maßgrößen für ihre Quantifizierung. Es handelt sich dabei um Objekte wie Aufträge, Bearbeitungsvorgänge, Fälle, Aktionen, Kundenkontakte oder Projekte. Sie sind die Bestimmungsgrößen, die den Ressourcenverzehr bzw. -verbrauch auslösen und die Kosten einer Interoperation treiben. Die Bezugsgrößen dienen der Verrechnung der Kosten einer Interoperation bzw. der Interoperation-Landkarte. Die gewählte Bezugsgröße sollte folgende Anforderungen erfüllen:

• Zwischen Bezugsgröße und Ressourcenbeanspruchung sollte ein eindeutiger kausaler Zusammenhang bestehen,
• die Bezugsgröße sollte einfach messbar sein,
• der Koeffizient, d. h. das Verhältnis von Einheiten der Leistung pro Einheit des organisatorischen Bezugsobjekts, sollte bestimmbar sein.

Es werden dabei mengenmäßige, zeitliche und qualitative Arten von Bezugsgrößen unterschieden. Mengenmäßige Bezugsgrößen geben die Zahl der Vorgänge an, die in einer Interoperation oder der Interoperation-Landkarte bearbeitet werden. Zeitliche Bezugsgrößen werden genutzt, wenn sich der Zeitbedarf der Ressourcenbeanspruchung z. B. aufgrund der unterschiedlichen Komplexität der Organisationsobjekte unterscheidet. Unterscheiden sich die Bezugsobjekte dadurch, dass sie jeweils spezifische Ressourcen in Anspruch nehmen, werden qualitative Bezugsgrößen eingesetzt (Abb. 8.9).

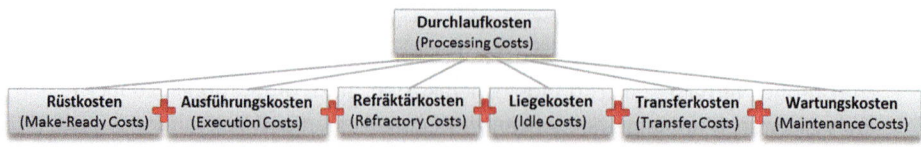

Abb. 8.9 Kosten

Entsprechend der Zeiten setzen sich die Durchlaufkosten (Processing Costs) aus den folgenden Basiskomponenten zusammen:

- Ausführungskosten (Execution Costs)
- Transferkosten (Transfer Costs)
- Liegekosten (Idle Costs)
- Rüstkosten (Make-Ready-Costs)
- Refräktärkosten (Refractory Costs)
- Wartungskosten (Maintenance Costs)

Darüber hinaus lassen sich auch die folgenden Kostenbegriffspaare darstellen:

- sprungfixe und fixe Kosten, variable Kosten und Mischkosten
- Einzelkosten und Gemeinkosten
- primäre Kosten und sekundäre Kosten
- Grundkosten, Anderskosten und Zusatzkosten
- pagatorische Kosten und kalkulatorische Kosten
- Entscheidungsrelevante Kosten und entscheidungsirrelevante Kosten
- Vollkosten und Teilkosten
- Plankosten, Normalkosten und Ist-Kosten
- Gesamtkosten und Stückkosten
- Betriebskosten und Wartungskosten bei Maschinen und Anlagen
- Kosten aus Abschreibungen
- Opportunitätskosten (spezielle Art kalkulatorischer Kosten)
- Sollkosten und Istkosten
- Nach der neuen Institutionenökonomik: Transaktionskosten bei der Durchführung tagtäglicher Transaktionen, bei der Durchführung einmaliger Transaktionen können diese ex ante (Kosten des Vorlauf) und ex post (Kosten für die Nachsorge) sein
- zusammenhängend mit Kosten: Deckungsbeiträge zur Deckung der Gemeinkosten
- Zeitkosten und Zeitkostensatz
- Explizite Kosten (= absolute Kosten, tatsächliche Ausgaben)

Die Kostenkategorien sind in der Regel nicht überschneidungsfrei, sondern stellen verschiedene Betrachtungsperspektiven auf ein und dieselbe Grundgesamtheit dar, nämlich den zu betrachtenden Kostenblock. Beispielsweise sind Einzelkosten häufig auch variabel und können Ist-Kosten oder Plankosten sein.

Auch für die Interoperation als solche fallen unter Umständen Kosten an. Folgende Kosten fallen unter die Interoperationskosten:

- Ex ante (bevor die Interoperation ausgeführt wird)
  - Anbahnungskosten (z. B. Kontaktaufnahme zwischen den an der Interoperation beteiligten Organisationsobjekten)
  - Daten- und Informationsbeschaffungskosten (z. B. Informationssuche über potenzielle Interoperationspartner)
  - Vereinbarungskosten (z. B. Verhandlungen, Vertragsformulierung, Einigung, Service-Level-Agreements)
- Ex post (nachdem die Interoperation ausgeführt wurde)
  - Abwicklungskosten (Transportkosten)
  - Änderungskosten/Anpassungskosten (z. B. Termin-, Qualitäts-, Mengen- und Preisänderungen)
  - Kontrollkosten (z. B. Einhaltung von Termin-, Qualitäts-, Mengen-, Preis- und Geheimhaltungsabsprachen, Abnahme der Lieferung)

Erst die Berücksichtigung aller drei Leistungsparameter erlaubt eine ganzheitliche Bewertung der Interoperationsleistung. Sie sind daher von wesentlicher Bedeutung für die Beurteilung einer einzelnen Interoperation als auch der Interoperation Map als Ganzes.

Ein weiteres Werkzeug für das Controlling der Interoperationen steht mit dem Ansatz des *Interoperation Score Net* zur Verfügung. In Anlehnung an das Konzept der Balanced Scorecard ergänzt sie rein finanzwirtschaftliche Wertkonzepte durch ein konnektionistisches Wertesystem. Dabei werden verschiedene Ebenen der Einflussnahme unterschieden, durch die die Organisationsleistung determiniert wird. Ausgehend von der Vision und Strategie werden vier Perspektiven abgeleitet, die Knoten darstellen, durch die Strategie und Vision realisiert werden können:

- Finanzperspektive,
- Marktperspektive,
- Interoperationsperspektive,
- Lern- und Entwicklungsperspektive.

Auch hier werden die Beziehungen innerhalb und zwischen den Perspektiven als konnektionistische Landkarte („Map") repräsentiert, mit dessen Hilfe die Strategie in operationale Begrifflichkeiten übersetzt und umgesetzt werden kann. Sie sollen ferner dazu dienen, die Organisation an der Strategie auszurichten, die Strategie den Mitarbeitern zu vermitteln und den Bezug zur eigenen Arbeit zu verdeutlichen sowie durch Soll/Ist-Vergleiche die Strategie als einen kontinuierlichen Wandlungsprozess zu begreifen.

Die Perspektiven werden jeweils in Ziele, Messgrößen, Vorgaben und Maßnahmen untergliedert. Dadurch soll die Verknüpfung von Strategie und operativer Umsetzung im konkreten Handlungszusammenhang gewährleistet werden.

Die Zielsetzungen der vier Perspektiven werden mit ca. 20–30 Messgrößen kontrolliert. Die Steuerungskennzahlen einer Ebene stehen in funktionaler Beziehung zur nächst höheren. Dabei können die Messgrößen auch die Perspektiven überspringen und direkt miteinander, sozusagen perspektivenübergreifend, in Beziehung stehen. Auf diese Weise lässt sich im Modell zum Ausdruck bringen, dass sowohl die Messgrößen untereinander als auch die zugrunde liegenden Wertbeiträge in vielfältigen Ursache-Wirkungsbeziehungen zueinander stehen.

▶ Beispielsweise führt Kundenzufriedenheit zu Kundenbindung, diese über Mundpropaganda zu Neuakquisition, was wiederum eine Erhöhung des Marktanteils nach sich zieht.

Auf die einzelnen Stärken und Schwächen dieses Ansatzes kann im Rahmen dieses Buches nicht eingegangen werden. Dies bleibt einem weiteren Werk über Interoperation Score Net vorenthalten. Dennoch wird als Modellierungsempfehlung darauf hingewiesen, dass auf eine enge Verknüpfung der Strategie mit den Perspektiven und ihren Messgrößen geachtet wird. Die dadurch erforderliche Top-Down-Modellierung ist daher marktorientiert auszurichten. Die hierarchischen Mittel-Zweck-Beziehungen zwischen Strategien und Perspektiven einerseits und zwischen den Perspektiven andererseits gehen von konfliktfreien, konsistenten Ableitungen von einem ökonomischen Oberziel in die Verästelungen einzelner Interoperationen und dort zu den einzelnen Aktivitäten in den einzelnen Perspektiven aus. Allein dieser hierarchische Aufbau erlaubt es umgekehrt, Maßnahmen und Aktionen in einen Ursache-Wirkungs-Zusammenhang hinsichtlich übergeordneter Perspektiven und Strategien transparent darzustellen. Die Interoperation Score Net verfolgt daher vor allem pragmatische Ziele, indem sie nicht kausale Beziehungen zwischen den Zielen, Maßnahmen und deren Nebenwirkungen auf den verschiedenen Ebenen abbilden will, sondern Mittel-Zweck-Beziehungen darstellt, mit deren Hilfe die Strategie erklärt werden kann. Die Verschaltungen sollen dokumentieren, wie bestimmte Ziele erreicht werden sollen und welche Zielwerte der diversen strategischen Ziele auf den jeweiligen Ebenen erreicht werden müssen, um das strategische Vorhaben zu verwirklichen. Die Interoperation Score Net hat damit auch eine reduktionistische Funktion, indem sie Entscheidungs- und Handlungskomplexität reduziert und sich auf einzelne Zusammenhänge zwischen Massnahmen und Zielen konzentriert.

Diesem reduktionistischen Modellierungsprinzip kann allerdings nicht immer konsequent gefolgt werden. In diesem Fall führen die interdependenten Verknüpfungen zu einer Unübersichtlichkeit, die durch eine der Realität angenäherten Vielzahl kausaler Verbindungsdarstellungen hervorgerufen wird. Dies gilt insbesondere dann, wenn vermeintliche Widersprüchlichkeiten in den Ursache-Wirkungs-Verbindungen auftreten.

▶ Beispielsweise bedingen höhere Qualität und verkürzte Durchlaufzeiten des Auftragsabwicklungsprozesses unter Umständen kürzere Lieferzeiten und damit die Kundenakquisition. Beides macht jedoch auch zusätzliche und aufwendigere Teilprozesse notwendig, die der Senkung von Prozesskosten entgegenwirken.

Die Interoperation Score Net dokumentiert den strategischen Impetus der Interoperationen, gewährleistet jedoch nicht deren Realisierungen in konkrete Handlungen. In der Interoperation Score Net werden die strategischen Hypothesen „lediglich" in konnektionistische Regeln gegossen. Sie stellen gewissermaßen die Blaupause des Strategieprozesses dar. Eine unmittelbare Umsetzung in Handlungen gewährleistet dies allerdings noch nicht. Eine solche bewertete Interoperation Map stellt nur das Regelwerk für den Strategieprozess zur Verfügung. Sie kann sich allenfalls als Anleitung oder Handlungsempfehlung für prozessuale und funktionale Ausgestaltung der kognitiven Organisation verstehen. Die Interpretationen der Interoperation Score Net werden von Routinen und impliziten Organisationstheorien geleitet und vermitteln sich den Akteueren nicht immer unmittelbar und zwangsläufig. Die Interoperation Score Net muss daher erst auf Grundlage vorhandener Schemata interpretiert werden, um in konkrete Handlungen umgesetzt werden zu können. Aber auch hier gilt, wie an zahlreichen anderen Stellen dieses Buches, dass nur über Kommunikation der Organisationsmitglieder im Allgemeinen und den in Interoperationen Beteiligten im Speziellen sich Annäherungen in den Interpretationen herstellen lassen, die dann in gemeinsames kooperatives Orchestrieren der Interoperationen übergehen können.

8.2.4 Interoperationen als Kernkompetenz-Fokussierung

Die Interoperation im Einzelnen und deren Vernetzung in Form einer Interoperation Map (Landkarte) im Allgemeinen sind auf die Kernkompetenzen und auf die Nachhaltigkeit erfolgskritischer Eigenschaften ausgerichtet. Wettbewerbsvorteile sind weder per se dauerhaft, sondern unter einer lebenszyklusartigen Entwicklung. Kernkompetenzen entstehen durch die Orchestrierung von Organisationsobjekten und Interoperationen. Sie unterliegen einem strikten Problembewältigungs- bzw. Lösungsbezug und sind stärker am Markt orientiert als das organisationsinhärente Ressourcenpotenzial. Kernkompetenzen sind daher in ihrer Leistungsfähigkeit weniger stabil und durch Umweltveränderungen extrem sensibel. Trotz permanenter Lernprozesse und kontinuierlichen Verbesserungen kann daher auch eine Kernkompetenz im Verlauf ihrer Nutzungsdauer nicht nur ihre Werthaltigkeit sondern auch ihre Daseinsberechtigung verlieren (Abb. 8.10).

In der gängigen Fachliteratur werden die Kernkompetenzen oftmals in einem Phasenmodell zeitlich verortet:

- Phase der **Identifikation**: Der Entwurf von Interoperationen und die durch sie möglichen Kompetenzen sind noch im vormarktlichen Wettbewerb lokalisiert. Es handelt

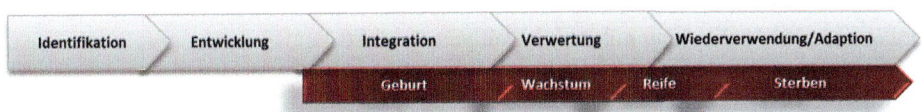

Abb. 8.10 Lebenszyklus der Kernkompetenzen

sich hierbei um Potenziale, die entweder die traditionellen Organisationziele ergänzen oder diese neu ausrichten.

- Phase der **Entwicklung**: Entwicklung beinhaltet den kompetenzorientierten Auf- und Ausbau der Interoperationen. Ausgangspunkt sind die verfügbaren Ressourcen und Fähigkeiten der Organisationsobjekte, deren Potenziale durch Einbettung in bestehende Interoperationsketten genutzt werden.
- Phase der **Integration**: Hier geht es um die gezielte Bündelung und Integration von Organisationsobjekten in Interoperationen und deren Orchestrierung. In dieser Phase avancieren die anfänglichen Potenziale zu Stärken der Organisation. Die Wettbewerbsvorteile, die in den Interoperationen manifest werden, entstehen durch die organisatorische Orchestrierung der eingesetzten Organisationsobjekte. Integration besteht in der dynamischen Entwicklung von Interoperationen durch organisationales Lernen.
- Phase der **Verwertung** (Ernte): Hier geht es um das Ausschöpfen der Stärken der Kernprozesse. Erst die „gelebten" Interoperationen führen dazu, dass Wettbewerbsvorteile verwertet und damit „eingefahren" werden können.
- Phase der **Wiederverwendung** und **Transformation**: Die Kernkompetenzen können auf andere Produkte, Regionen oder Kunden übertragen werden. Die betreffenden Interoperationen oder Interoperationslandkarten können entweder dupliziert oder mit leichten Modifikationen versehen auf andere Anwendungsgebiete adaptiert werden.

8.2.5 Simulationsvalidierte Organisationsentwicklung

Die Nachfrage nach flexibleren, reaktionsschnelleren und skalierfähigeren Organisationen steigt aufgrund der zunehmenden Dynamik des Marktes und einer sich stetig verändernden Umwelt. Einflussfaktoren wie z. B. die Internationalisierung bzw. Globalisierung führen zu einem erhöhten Konkurrenzdruck, steigender Produktkomplexität, einer steigenden Anzahl an Produktvarianten und einer Verlagerung von Wertschöpfungsaktivitäten zu Zulieferbetrieben. Im Umkehrschluss gilt es in Zukunft sich auf die Kernkompetenzen zu konzentrieren, damit nicht wertschöpfende Prozesse auszulagern, ohne dabei die Kontrolle über das Ganze zu verlieren.

Um solche Organisationen im laufenden Betrieb (sozusagen am „offenen Herzen") entwickeln und eine solche Entwicklung auch kleinen oder mittelständischen Organisationen zu ermöglichen, hat sich eine wissensfundierte, modellbasierte und simulationsvalidierte Vorgehensweise bewährt.

Dabei kommt im Rahmen der modellbasierten und simulationsvalidierten Lösungsentwicklung der Visualisierung von Strukturen, Geschäfts- und Produktionsprozessen eine besondere Bedeutung zu. Das Ziel ist dabei die ganzheitliche Planung, Evaluierung und laufende Verbesserung aller wesentlichen Strukturen, Prozesse und Ressourcen der realen Organisation in Verbindung mit dem jeweiligen Produkt.

Hierbei unterscheidet man zwischen

- Struktursimulation (Simulation der Aufbaustrukturen)
- Geschäftsprozesssimulation (Simulation der Ablauforganisation)

- Werkssimulation (Simulation der Fertigungsprozesse),
- Belieferungssimulation (Simulation der Teilezulieferung der Vorfertigung)
- Supply-Chain-Simulation (Simulation der Wertschöpfung)
- Verkehrsflusssimulation (Simulation der Logistik).

8.3   Organisation als topologisches Modell

Eine kognitive Organisation ist eine abgegrenzte, autonome Einheit, deren strukturale, prozessuale und funktionale Organisation durch die Interoperationen seiner miteinander verbundenen elementaren Organisationsobjekte als Konstituenten bestimmt wird. Diese elementaren Organisationsobjekte werden bildlich als konstituierende Zellen verstanden, die ihrerseits abgegrenzte, funktionale und strukturelle Einheiten darstellen, die jedoch nicht notwendigerweise autonom sein müssen. Diese Autonomie der Zellen geht mit der zunehmenden Differenzierung in Organisationen von steigender Komplexität verloren, wodurch andererseits durch angemessene Interoperationen mit und auf die organisatorische Umwelt dafür gesorgt wird, dass diese komplexen Ganzheiten ihre strukturale, prozessuale und funktionale Integrität erhalten können. Das Organisationsmodell geht davon aus, dass jedes Organisationsobjekt und jede Organisation als solche ein von einer geschlossenen Oberfläche begrenztes endliches Volumen hat, das von verzweigten Interoperationen (bildlich vorstellbar als Röhren- und/oder Nervensystem) durchzogen ist. Dieses durchbricht an mehreren Stellen die Oberfläche. Organisatorisch-ontogenetisch gesehen wird die Oberfläche von dieser äußeren Grenzschicht bestimmt und enthält alle Organisationsobjekte, während das Innere des Organisationsmodells durch die Verschaltungen der Organisationsobjekte durch ihre Interoperationen abzuleiten ist. Topologisch gesehen stellt eine solche Oberfläche eine orientierbare zweidimensionale Mannigfaltigkeit von der Ordnung

$$p = (s + t) / 2$$

dar, wobei t die Anzahl der T-Verbindungen des Interoperationssystems bedeutet. Nach einem bekannten Satz der Topologie ist aber jede geschlossene und orientierbare Oberfläche von endlicher Ordnung metrisierbar, das heißt, man kann auf die Oberfläche eines solchen Organisationsmodells ein orgadätisches Koordinatensystem legen, das in unmittelbarer Nachbarschaft eines jeden Punktes euklidisch ist. Dieses Koordinatensystem soll als „orgalogisch" bezeichnet und die beiden Werte e_1 und e_2, die einen Oberflächenpunkt eineindeutig definieren, kurz mit E bezeichnet werden. Da eine kognitive Organisation durch eine geschlossene orientierbare Oberfläche begrenzt wird, lässt sich über die Oberfläche dieser Organisation in einem willkürlich gewählten „Ruhezustand" (frozen zone, frozen time) ein geeignetes orgadätisches Koordinatensystem legen und jedes Oberflächenelement (d. h. Organisationsobjekt in Form einer Zelle) lässt sich durch die oben eingeführten Eigen-Koordinaten E hinsichtlich seiner Lage kennzeichnen. Damit ist erreicht, dass jedem Organisationsobjekt eine Zelle ein-eindeutig und als ein Koordinatenpaar adressiert, zugewiesen ist. Insofern wird die kognitive Organisation durch eine geschlossene orientierbare Oberfläche begrenzt. Topologisch ist diese Oberfläche äquivalent einer Kugel mit einer geraden Anzahl von 2 p Löchern, die dann paarweise durch Interoperationen (vorstellbar als Röhren oder Pipelines) verbunden sind. Die Zahl p wird als *Genus* der Oberfläche und damit als Genus der kognitiven Organisation bezeichnet.

Nach einem ebenso wohlbekannten Satz der Topologie ist aber jede orientierbare Oberfläche der Ordnung p mit einer Kugeloberfläche gleicher Ordnung identisch, das heißt, man kann die Grenzfläche einer jeden Organisation auf eine Kugel abbilden – die repräsentative Organisationskugel, so dass jedem Organisationsobjekt als Zelle der Organisation ein Punkt auf der Organisationskugel entspricht und umgekehrt. Es lässt sich leicht zeigen, dass dieselben Überlegungen auch auf das Innere der Organisation und der platzierten Interoperationen angewandt werden können. Es ist klar, dass die repräsentative Organisationskugel als solche invariant gegenüber allen Deformierungen und Interoperationen der Organisation bleibt, das heißt, die orgalogischen Koordinaten sind absolute Invarianten (Abb. 8.11).

Durch die Implementierung einer Brainware, eine Art organisatorischen Nervensystems bzw. organisatorischen Rückgrats (cognitive backbone) lässt sich eine doppelte Schließung des Organisationssystems erreichen, das nun rekursiv nicht nur das verarbeitet, was es von außen durch Ereignisse, Störungen (Perturbationen), Stimulationen „sieht",

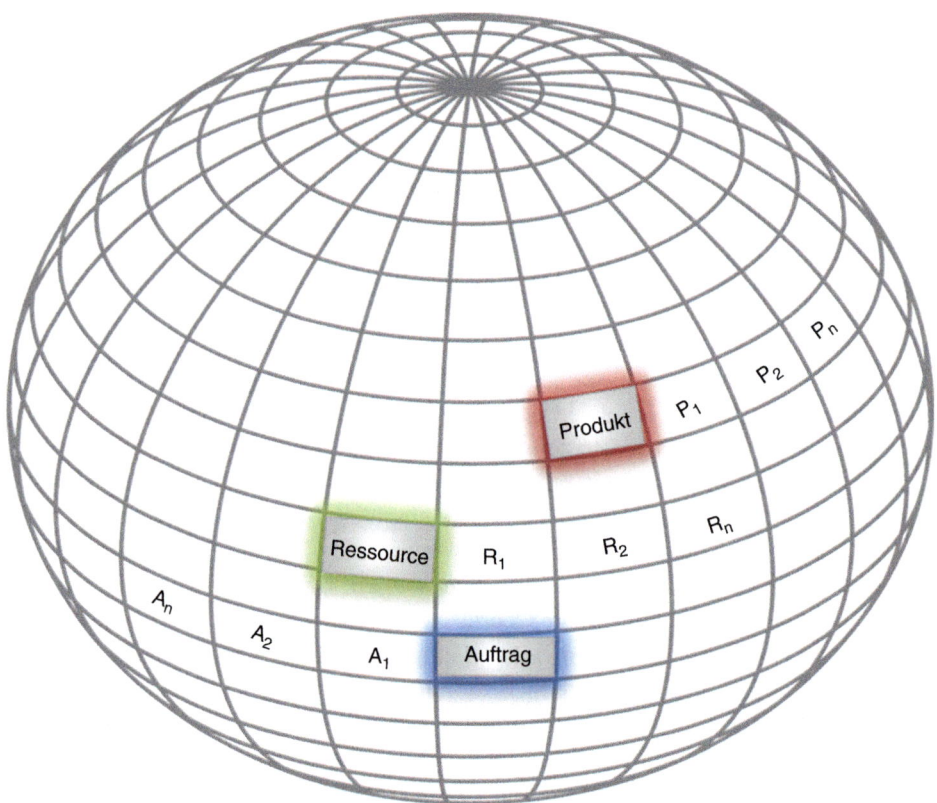

Abb. 8.11 Organisation als Kugel

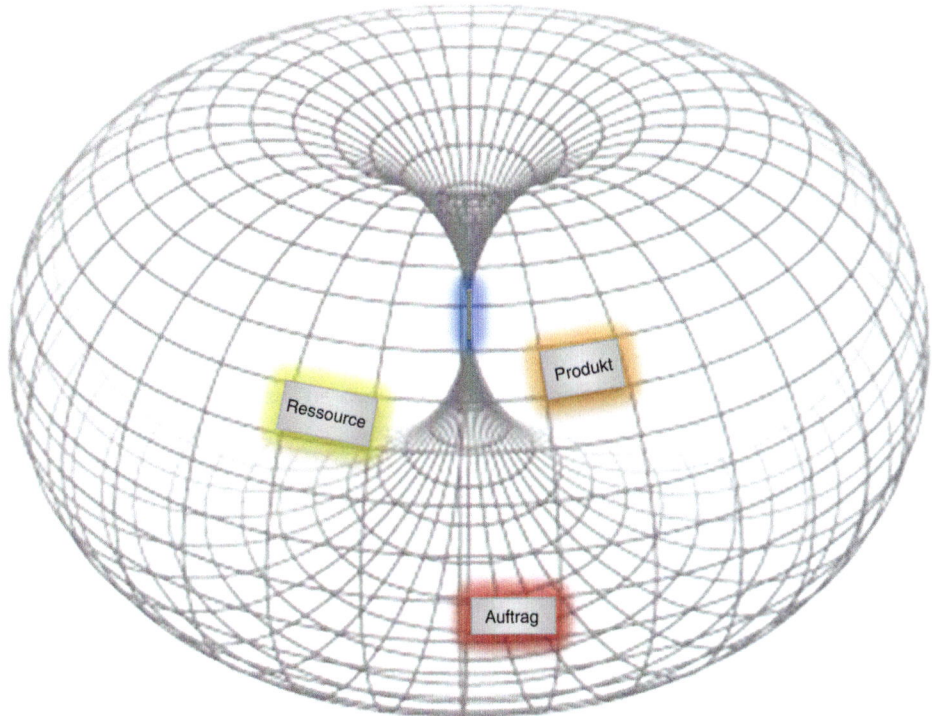

Abb. 8.12 Organisation als Torus

sondern auch die Interoperationen seiner organisationsinhärenten Organisationsobjekte. Um diese zweifache Schließung noch deutlicher zu machen, wird in diesem Buch die Zeichnung des obigen Modells so um ihre beiden kreis-symmetrischen Achsen gewickelt, dass die künstlichen Grenzen verschwinden und ein Torus entsteht.

Ein solches kognitives Organisations-Backbone (dargestellt durch die verknüpfenden Einstülpungspole der Organisationskugel) subsummiert das die Organisationumfassende Netzwerk von digitalen Modellen (Struktur, Geschäftsprozess-, Produktionsprozess- und IuK-Modell), Methoden (Kognitive Organisationssentwicklung), wissensfundierte, modellbasierte und simulationsvalidierte Lösungsentwicklungen, den Werkzeugen (Cognitive Solutions) und den Organisationsobjekten, die durch ihre Interoperationen miteinander verknüpft sind (Abb. 8.12).

8.4   Simulation als Validierung

8.4.1   Visualisierung

Für die kommunikativen wie organisatorischen Methoden kommt der Visualisierung der Strukturen und Prozesse besondere Bedeutung zu. Dazu wird nicht nur ein Instrument benötigt, mit dem sich Strukturen und Prozesse einfach visualisieren und leicht verändern lassen. Vielmehr muss sichergestellt werden, dass durch eine möglichst einfache, übersichtliche Darstellung die Strukturen und Prozesse transparent werden. Dabei ist zu berücksichtigen, dass jede bildhafte Visualisierung von bestimmten grafischen Konventionen Gebrauch machen muss und eine jede grafische oder verbale Darstellung abstrahiert bzw. idealisiert. Wichtig ist deshalb zu beachten, dass im Rahmen der kognitiven Organisationsentwicklung kein Simulations-Werkzeug (Tool) verwendet wird, sondern ein ganzes Framework zur Anwendung kommt. Insofern findet kein „Tooling" statt, sondern vielmehr ein „Developing" (Entwickeln).

▶   Gemessen an dem eigentlich erforderlichen Unterstützungsbedarf, sind die heute angebotenen Tools eindeutig „over-engineered" bzw. „over-sized": Sie erfordern einen Detaillierungsgrad, für den in Projekten in der Regel keine Notwendigkeit besteht und der dahin führt, dass das Ziel, Transparenz herzustellen und die vorhandene Komplexität der Abläufe zu reduzieren, verfehlt wird. Wenn man mit Tools arbeitet, kommt man zwangsläufig in den Sog, die Prozesse so genau wie möglich darzustellen. Diese werden dann immer komplizierter; trotzdem weiß man immer weniger über den Gesamtzusammenhang.

Mit Hilfe des Frameworks kann zunächst ein nur grober Orientierungsrahmen abgebildet werden, der es allen Prozessbeteiligten ermöglicht, ein Grundverständnis des fraglichen Prozesses zu entwickeln. Dabei kommt es darauf an, statt exakter Abbildung die Komplexität zu vermindern.

▶   Es gilt darauf zu achten, durch eine omnipotente Perspektivierung die Übersicht nicht zu verlieren. Zwar wird damit versucht, sich der Komplexität der organisatorischen Wirklichkeit anzupassen – immer weitere „Sichten" können mit ihrer Hilfe modelliert werden, etwa Kompetenzen, Wissen oder auch Verantwortlichkeiten. Im Ergebnis entsteht nur ein zergliedertes Bild der Wirklichkeit. Einzelne „Sichten" können zwar miteinander verknüpft werden, doch es kommt keine Synthese aller Einzelaspekte mit ihren komplizierten Interdependenzen zustande.

Folgende Nutzungsmöglichkeiten bietet die Organisationsmodellierung im Rahmen der Simulation:

• Mit ihrer Hilfe sollen Geschäfts- und Produktionsprozesse einfacher, zugleich aber sehr viel detaillierter als bisher „modelliert" werden können, wobei es dabei in der Regel um nichts anderes als die Erfassung und Darstellung geht;
• Indem sie Vollständigkeit und sachliche Richtigkeit überprüfen, sollen sie sicherstellen, dass die Modelle fehlerfrei und konsistent sind;

- Durch grafische Aufbereitung werden die Prozesse visualisiert, so dass sie für die Beteiligten transparent werden sollen;
- Mit ihnen sollen Schwachstellen zu identifizieren sein, weil die Prozesse nach bestimmten Kriterien (etwa Durchlaufzeiten oder Kosten) analysiert werden können;
- Durch Simulation sollen verschiedene Alternativen und Szenarien durchgespielt und miteinander verglichen werden können;
- Es kann auf sogenannte Referenzmodelle von Prozessen zurückgegriffen werden, die ein organisationsinternes oder auch organisationsübergreifendes Prozess-Benchmarking ermöglichen sollen.

Gerade zum Reengineering bzw. zur Optimierung von Geschäftsprozessen kann ihre grafische Darstellung wie folgt dienlich sein:

- Sie kann bei allen Beteiligten ein gemeinsames Prozessverständnis schaffen.
- Mit ihrer Hilfe können die unterschiedlichen Ziele, Sichtweisen und Interessen der Beteiligten sichtbar gemacht und verhandelt werden.
- Sie kann als Auslöser dienen, Schwachstellen und Hindernisse innerhalb einer gegebenen Organisation deutlicher festzustellen.
- Die gemeinsame Arbeit an der Prozessvisualisierung fördert bei den Beteiligten Veränderungsbereitschaft und Veränderungsfähigkeit und trägt damit zum Empowerment der Akteure bei.

Die Organisation mit ihren Strukturen, Prozessen und Interoperationen wird als eine Art „Nervensystem" betrachtet und modelliert. Es wird vorgeschlagen, dieses System als eine Art rechnerbasierten Prozess anzusehen, dessen innere Organisation sich aufgrund seiner Interoperationen mit einer Umwelt, die eine gewisse Ordnung aufweist, verändert. Die Veränderungen der inneren Organisation finden so statt, dass bestimmte Gesetzlichkeiten der Umwelt, die für deren Ordnung verantwortlich sind, in der Struktur dieser Organisation abgebildet werden. Diese Homomorphie „Umwelt-System" ist das „Gedächtnis", es erlaubt dem System, als ein (Er-) Rechner induktiver Schlüsse zu arbeiten. Umweltzustände, die sozusagen „mit Gesetzen der Natur unvereinbar" sind, sind auch mit Output-Zuständen der Organisation unvereinbar.

Dabei wird im Folgenden die Numerik der Informationstheorie auf einige der bekannten Merkmale des Organisations- als Nervensystems bezogen, um zu zeigen, welche Schlussfolgerungen sich aus diesen Zahlen ableiten lassen. Die erste Zahl, die abgeleitet wird, besteht in einem Schätzwert des Informationsbetrages, der zur Bestimmung einer „Brainware" notwendig ist. Um nun bei derartigen Schätzungen überhaupt voranzukommen, muss man zuerst das „Universum" – in diesem Fall die Brainware – durch eine endliche Anzahl von Zuständen und die Wahrscheinlichkeiten ihres Auftretens im Einzelnen festlegen. Ist dies geschehen, kann B (Brainware) aus der Gleichung berechnet werden. Insofern wird in diesem Ansatz vorgeschlagen, die „Brainware" als die Menge einer

```
📄 brain.properties ⊠                                                    ⊟ ⬜
168
169 [COGNITIVE FUZZY MAP TABLE]
170 FMT   PC    SM    EM    MO    CB    EP    LN    MM    SI    RF    IN    EF
171 MPC +0.00 +1.00 +0.00 +0.00 +0.00 +0.00 +0.00 +0.00 +0.00 +0.00 +0.00 +0.00
172 MSM +0.00 +0.00 +0.00 +0.00 +0.00 +0.00 +0.00 +0.00 +1.00 +0.00 +0.00 +0.00
173 MEM +0.00 +0.00 +0.00 +0.00 +0.00 +0.00 +0.00 +0.00 +0.00 +0.00 +0.00 +0.00
174 MMO +0.00 +0.00 +0.00 +0.00 +0.00 +0.00 +0.00 +0.00 +0.00 +0.00 +0.00 +0.00
175 MCB +0.00 +0.00 +0.00 +0.00 +0.00 +0.00 +0.00 +0.00 +1.00 +0.00 +0.00 +0.00
176 MEP +0.00 +0.00 +0.00 +0.00 +0.00 +0.00 +0.00 +0.00 +0.00 +0.00 +0.00 +0.00
177 MLN +0.00 +0.00 +0.00 +0.00 +0.00 +0.00 +0.00 +0.00 +0.00 +0.00 +0.00 +0.00
178 MMM +0.00 +0.00 +0.00 +0.00 +0.00 +0.00 +0.00 +0.00 +0.00 +0.00 +0.00 +0.00
179 MSI +0.00 +0.00 +0.00 +0.00 +0.00 +0.00 +0.00 +0.00 +0.00 +1.00 +0.00 +0.00
180 MRF +0.00 +0.00 +0.00 +0.00 +0.00 +0.00 +0.00 +0.00 +0.00 +0.00 +0.00 +1.00
181 MIN +0.00 +0.00 +0.00 +0.00 +0.00 +0.00 +0.00 +0.00 +0.00 +0.00 +0.00 +0.00
182 MEF +0.00 +0.00 +0.00 +0.00 +0.00 +0.00 +0.00 +0.00 +0.00 +0.00 +0.00 +0.00
183
    ◀                                                                      ▶
```

Abb. 8.13 Darstellung von Netzwerken als Tabelle

endlichen Anzahl von Elementen, den Organisationsobjekten nämlich, aufzufassen, die auf bestimmte Art und Weise miteinander verbunden sind und ein komplexes Netzwerk bilden. Man kann diesen Verbindungen eine „Richtung" geben, indem die Verbindungslinien mit imaginären Pfeilen ausgestattet werden, die die Unidirektionalität der Ausbreitung von Interoperationsimpulsen entlang der Verbindungen ausdrücken, die vom Organisationsobjekt wegführen. Das zu bearbeitende Universum besteht folglich aus allen möglichen Netzwerken, die sich durch die Verbindung der Elemente bilden lassen, und jeder einzelne Zustand dieses Universums ist ein bestimmtes Netzwerk. Man kann nun die Anzahl der Zustände dieses Universums abschätzen, mit anderen Worten, die Anzahl der verschiedenen Netzwerke, die sich dadurch bilden lassen, indem man n Elemente in richtungsspezifischer Weise verbindet. Die Frage, was ein Netzwerk von einem anderen unterscheidet, kann von zwei verschiedenen Standpunkten angegangen werden. Der eine ist ein rein struktureller und vernachlässigt die operationalen Modalitäten der Verknüpfungselemente; der andere berücksichtigt eben diese Modalitäten. Es wird vorgeschlagen, zuerst die rein strukturellen Merkmale zu betrachten und erst später die möglichen Arbeitsweisen der einzelnen Neuronen in ihren strukturell definierten Netzwerken (Abb. 8.13).

Das Problem, die Anzahl der Netze abzuzählen, die dadurch gebildet werden können, dass n Elemente in richtungsspezifischer Weise verknüpft werden, wird mit Hilfe einer Verbundmatrix leicht gelöst. Diese Matrix besteht aus einem Quadrat von n Zeilen und n Spalten, die mit den Namen der entsprechenden Elemente versehen sind. Wird Element E_i mit Element E_j verknüpft, wird in die i-te Zeile am Schnittpunkt mit der j-ten Spalte ein Wert ungleich Null eingetragen, sonst „0". Die spezifische Verteilung von „1" und „0" in der Matrix legt das entsprechende Netzwerk eindeutig fest. Die Anzahl der möglichen Eintragungen von „1" und „0" in die n^2 Stellen der Matrix, ist daher auch die Anzahl der verschiedenen Netze, die aufgebaut werden können, indem man n Elemente in richtungsspezifischer Weise verknüpft. Da für jede Stelle zwei Möglichkeiten bestehen, ist diese Zahl:

$$N = 2^{n^2}.$$

Mit anderen Worten, n^2 Bits an Informationen sind notwendig, um ein bestimmtes Netzwerk festzulegen, wie auch direkt aus der Verbundmatrix hätte nachgelesen werden können, wo es n^2 Entscheidungen bedurfte, „1" oder „0" in die n^2 Stellen einzutragen, um ein einzelnes Netzwerk festzulegen.

Damit lässt sich rechnerisch verdeutlichen, dass lernende und sich erinnernde Systeme als Organisationen aufgefasst werden können, die aufgrund ihrer Interoperationen mit ihrer Umwelt ihre eigenen operationalen Modalitäten verändern. Ihre Operationen verändern sich in solcher Weise, dass sie immer mehr Unsicherheit der Umwelt beseitigen, bis der Output der Systeme sie im Gleichgewicht mit ihren Universen und ihrer Umwelt erhält.

Dabei können sehr schnell recht komplexe Systeme entstehen. Das Erreichen oder Überschreiten einer kritischen Komplexität kann meistens nicht exakt diagnostiziert werden. Ein blosses Ansteigen bestimmter Indikatoren, z. B. Anzahl der Variablen, Umfang der Inputs bzw. Ouputs und dergleichen allein ist noch nicht gleichbedeutend mit der Zunahme der Komplexität eines solchen Systems. Generell hängt die Komplexität von der Interoperation der verschiedenen Organisationsobjekte und deren Variablen und von der Geschwindigkeit und Prognostizierbarkeit von Änderungen ab.

Insgesamt geht der Ansatz der kognitiven Organisation von der Vorstellung aus, dass der Output eines Organisationssystems immer von der Struktur des Systems, von den sein Verhalten bestimmenden Regeln und insbesondere von den Interoperationen der Organisationsobjekte abhängt. Wenn also der Output nicht akzeptabel ist, so macht es im Rahmen dieses Ansatzes unter Umständen wenig Sinn, den Output direkt zu korrigieren oder in den den Output unmittelbar produzierenden Prozess einzugreifen. Vielmehr gilt es im Rahmen einer (kognitiven) Organisationsentwicklung und eines entsprechenden Change Managements die Struktur des Systems und die Interoperationsmuster zu verändern.

8.4.2 Kognitivierung

Die Modellierung der kognitiven Organisationen in Bezug auf deren Kommunikations- und Entscheidungsverhalten bzw. die Implementierung der Interoperationalität erfolgt mittels sogenannter *Fuzzy Cognitive Maps* (FCMs). Unter einer solchen Fuzzy Cognitive Map versteht man eine grafische Repräsentation von Strukturen und Prozessen über ein gegebenes Organisationsystem. Die Knoten der FCM spiegeln die interoperierenden Organisationsobjekte im Organisationssystem wider. Die durch „Fuzzy" Werte bezeichneten Verbindungen geben Auskunft über die Ein- und Auswirkungsstärke der Interoperationen in Form von kausalen Abhängigkeiten zwischen den einzelnen Organisationsobjekten. Eine solche Landkarte von Organisationsobjekten und deren Interoperationen ist ein qualitatives Systemmodell, welches mathematisch berechnet werden kann und als Ergebnisse Prognosen oder Trends errechnet. Damit bieten sich Möglichkeiten, Struktur- und Prozess-Simulationen laufen zu lassen und Szenarien zu berechnen.

Da der Fuzzy Cognitive Map Ansatz auf der Graphentheorie basiert, welche auch verschiedenste Indizes zur Verfügung stellt, lassen sich sowohl Aussagen über die Struktur des jeweiligen Organisationssystems treffen, als auch Informationen über die dort ablaufenden Prozesse und dort wiederum über die Funktion bzw. die „Rolle" einzelner Organisationsobjekte gewinnen. Wichtige Indizes sind

- **Dichte**: Wie vernetzt sind die Organisationsobjekte innerhalb des Organisationssystems.
- **Interoperationsart**: Aufschluss über die Funktion des Organsationsobjektes im System als Treiber (Schwächung oder Stärkung), Verarbeiter (Input-output-Funktion) oder als Kraft, die Wirkungen lediglich weiterleitet.
- **Zentralität**: Wie stark ist ein Organisationsobjekt am Gesamtsystem beteiligt
- **Komplexitäts-** und **Hierarchie-Index**: Auskunft darüber, wie die jeweiligen Organisationsobjekte eine mögliche Beeinflussung auf das Organisationsgesehen einwirken können.

▶ Der Vergleich verschiedener FCMs miteinander ermöglicht beispielsweise mögliche Überschneidungen zwischen den Organisationsobjekten zu identifizieren oder die Organisationsobjekte, mit der am schnellsten die Ziele erreicht werden können, zu erkennen.

Mithilfe der Simulation können Trends verschiedener Organisationsmodelle als Struktur- und Prozessmodelle simuliert werden. Diese Trends sind von großem Wert für Entscheidungsfindungen. Durch Feedbackeffekte decken die FCMs sogenannte „organization hidden patterns" auf, die oft eine völlig neue Sicht auf das Organisationssystem eröffnen.

Eher technisch betrachtet, bilden diese Landkarten sozusagen das kognitive „Rückgrat" (Backbone) der Modelle und sind als solche nicht-lineare dynamische Prädiktorsysteme für qualitative und quantitative Kausalanalysen. Ihre Konzeption wurde aus konnektionistischen Kalkülen der neuronalen Netzwerktheorie abgeleitet und bildet angesichts der soliden mathematischen Basis eine interessante Grundlage zur Analyse und Vorhersage von Ursache- und Wirkungszusammenhängen im Bereich kognitiver Phänomene im Allgemeinen und kongnitiver Organisationen im Speziellen.

In den folgenden Fällen hat sich der Einsatz der FCM als Werkzeug in der organisatorischen Entwicklungspraxis bewährt:

- Fragestellungen, in denen Interoperationen als vernetztes Zusammenspiel einzelner Organsationsobjekte, welches schwer quantifizierbar ist, eine entscheidende Rolle spielen.
- Fragestellungen, bei denen es an harten wissenschaftlichen Daten fehlt, jedoch Wissen in Form von Heuristiken der Experten abgerufen werden kann.

- Komplexe Fragestellungen, welche verschiedenste Meinungen beinhalten und bei denen es keine einfachen oder richtigen Lösungen gibt, und die Wahrheit vermutlich in einem Kompromiss besteht.
- Fragestellungen, in denen es erwünscht ist, alle Beteiligten mit einzubeziehen, da sich der FCM-Ansatz dadurch auszeichnet, dass es schon während der Simulation zu einem erhöhten Informationsfluss zwischen allen Beteiligten kommt.

Die Bandbreite dieses Anwendungsspektrums weist darauf hin, dass FCMs eine universelle Methodik zugrundeliegt, die durch ihre Flexibilität von hohem intra- und transdisziplinären Interesse ist. Da jede FCM als Kausalnetzwerk mit Kausalkonzepten und gerichteten Kausalverbindungen repräsentierbar ist, wird dessen Anwendungspotenzial durch die mannigfache Interpretationsmöglichkeit der Kausalkonzepte verständlich.

▶ Darüber hinaus eignen sich FCMs zur Modellierung realer und virtueller Welten, wobei letztere die Exploration realer Weltmodelle zulassen, zum anderen aber auch die Animation und Simulation komplexer Strukturen und Prozesse, beispielsweise komplexe Ökosysteme, Krankheitsverläufe, Krisenszenarien inklusive Verhandlungsstrategien.

Die herausragendste Eigenschaft von FCMs besteht darin, dass sie kooperative Lernprozesse zulassen, aufgrund derer das Kausalwissen über einen praxisrelevanten Anwendungsbereich zunehmend präziser erfasst wird und dem zugrunde liegenden Kausalnetzwerk die notwendigen und hinreichenden Eigenschaften eines nicht-linearen dynamischen Systems zur Vorhersage kausaler Ereignisse und Ereignissequenzen verleiht.

▶ So ermöglicht beispielsweise ein Kausalnetzwerk mit vier Kausalkonzepten die Erstelllung von $2^4 = 16$ „Was ereignet sich, wenn …" Fragen.

Negative Kausalität (−) besagt, dass mit einer Zunahme der Ursachenvariable eine Abnahme der Wirkungsvariable und mit einer Abnahme der Ursachenvariable eine Zunahme der Wirkungsvariable einhergehen. Hingegen drückt eine positive Kausalität (+) aus, dass mit einem Anstieg der Ursachenvariable ein Anstieg der Wirkungsvariable und mit einem Abstieg der Ursachenvariable ein Abstieg der Wirkungsvariable einhergehen.

▶ Beispielsweise im Falle des Autofahrens: Größere Erschöpfung bedingt eine längere Reaktionszeit und weniger Erschöpfung ermöglicht eine kürzere Reaktionszeit.

Kausalwissen, kausale Schlussfolgerungen und kausal bedingte Vorhersagen erfordern eine angemessene Entwicklungsstrategie, die für Praktiker, insbesondere für die Organisationsentwickler, transparent sein muss. Nur dann ist gewährleistet, dass man sich die Konsequenzen an den gerichteten Kausalkanten durch das Netzwerk hindurch verfolgen kann. In Abhängigkeit davon, welche Kausalkonzepte aktiviert oder deaktiviert sind, sagt die

FCM bestimmte Ereignisse oder ganze Ereignissequenzen in Form von Grenzzyklen voraus. Insgesamt sind damit FCMs in dieser Hinsicht spezielle antizipatorische Systeme, da sie vermitteln, was zu erwarten ist, wenn bestimmte Kausalkonzepte aktiviert werden, da kompetentes Kausalwissen aufgrund seiner prädiktiven Natur stets vorausschauendes Verhalten impliziert.

▶ Beispielsweise werden für die Kausalbeziehungen linguistische Terme mit Vorzeichen verwendet, wobei oftmals die Termmenge {gar nicht, wenig, mässig, viel, sehr viel, total} verwendet wird, wobei „gar nicht" Nullkausalität und „total" 100 % Kausalität bedeuten, dazwischen liegen die qualitativen Unschärfegrade.

Liegen indessen durch Expertenkonsultationen numerische Angaben für die Kausalverbindungen vor, so lässt sich das Kausalnetzwerk als dynamisches kausales Prädiktorsystem auf dem Rechner implementieren und dessen isomorphe Kausalmatrix mit Standardtechniken der unscharfen Graphen- und Matrizenrechnung systematisch auswerten.

▶ Die Binärzahl „1" zeigt dann beispielsweise eine bestehende Kausalität an, während die Binärzahl „0" Nullkausalität im Netzwerk anzeigt.

Als kausale Prädiktorsysteme sagen FCMs Ereignissequenzen voraus, die vorausgreifende Widerspiegelungen der Wirklichkeit repräsentieren. Insofern sind FCMs bereits rudimentäre antizipatorische Systeme. Was sie jedoch von regulären Antizipationssystemen unterscheidet ist die Tatsache, dass sie im Normalfall keine Selbst-Referentialität besitzen. Sie sind iterativ, gegebenenfalls auch rekursiv, aber nicht inkursiv. Inkursivität steht für implizite Rekursivität, d.h. Systeme mit dieser Eigenschaft enthalten sich selbst in dem Modell, das sie mit ihrer Umwelt bilden.

Insgesamt haben die Simulationen gezeigt, dass die Steuerung von Organisationssystemen, damit verbunden, die Fähigkeit, Organisationen entsprechend den Anforderungen entsprechend zu entwickeln, nicht nur von den grundlegenden Strukturen einer Organisation abhängig ist. Dennoch zeigen die Simulationen, dass es durchaus Organisationsstrukturen gibt, die die Erreichung der strategischen Ziele und der damit verbundenen Notwendigkeit der Problemlösung erleichtern und solche, die sie erschweren oder gar unmöglich machen. Mit Bezug auf das Problem der Organisationsentwicklung verhält sich ein Organisationssystem eben so, wie seine Struktur es zulässt, sich zu verhalten. Diese Erkenntnis, dass das Entwicklungsverhalten eines Organisationsystems eine notwendige Folge der Organisationsstruktur ist, ist damit auch ein grundlegendes Resultat der Simulation.

Die Eingriffe in ein Organisationsystem müssen also nicht immer struktureller Art sein, wenn sie effektiv wirken sollen, sondern auch die Interoperationen betreffen. Praktisch gesehen darf man sich daher bei strukturellen Betrachtungen nicht einfach nur auf das Organigramm konzentrieren, sondern muss das Netz der Interoperationen mit berücksichtigen. Insofern ist der Begriff „Struktur" aus Sicht dieses Buches nicht statisch, sondern dynamisch zu verstehen.

8.4.3   Impression

Im Folgenden wird auf eine praktische Problemstellung der Organisationsentwicklung zu-rückgegriffen, um die Möglichkeiten der Simulation aufzuzeigen und sozusagen als Im-pression den Leser zum weiteren Ausbau aufzufordern.

Dabei bildet der folgende Produktionsprozess den Ausgangspunkt:

Nach Eingang eines Auftrages werden die zu fertigenden Produkte mit einer entspre-chend konfigurierten Maschine (R1) produziert. Dazu wird eine bestimmte Energie benö-tigt, die von einem angeschlossenen Kraftwerk als Ressource (R2) zur Verfügung gestellt wird. Ebenfalls entsteht bei der Produktion ein gewisser Umfang an Abfall, der über einen Auffangbehälter (R3) umweltschonend entsorgt werden muss. In diesem Beispiel benötigt die Maschine drei Durchläufe, um ein Produkt des Auftrages zu fertigen. Die entsprechen-den Restriktionen (Energiehaushalt, Abfallmenge, Füllmenge etc.) sind der obigen Abbil-dung zu entnehmen (Abb. 8.14).

Dieser Produktionsablauf ist in eine historisch gewachsene Stuktur eingebettet, was das folgende Strukturmodell zum Ausdruck bringt.

Nach Abbildung der obigen Ist-Situation in das entsprechende Simulationsmodell, las-sen sich sodann Struktur- und Prozesssimulationen durchführen, um optimale Struktur- und Produktionsläufe zu finden (Abb. 8.15). Dabei gilt es zu beachten, dass dabei auch solche Lösungsansätze einer Simulation zugeführt werden, die eventuell bisher als fakti-sche Unmöglichkeit angesehen wurden. Die Praxis in der Organisationsentwicklung hat nämlich gezeigt, dass gerade der bewusste Einbezug bisher nicht betrachteter Möglichkei-ten der Lösungsentwicklung die richtungsbestimmenden Impulse geben kann.

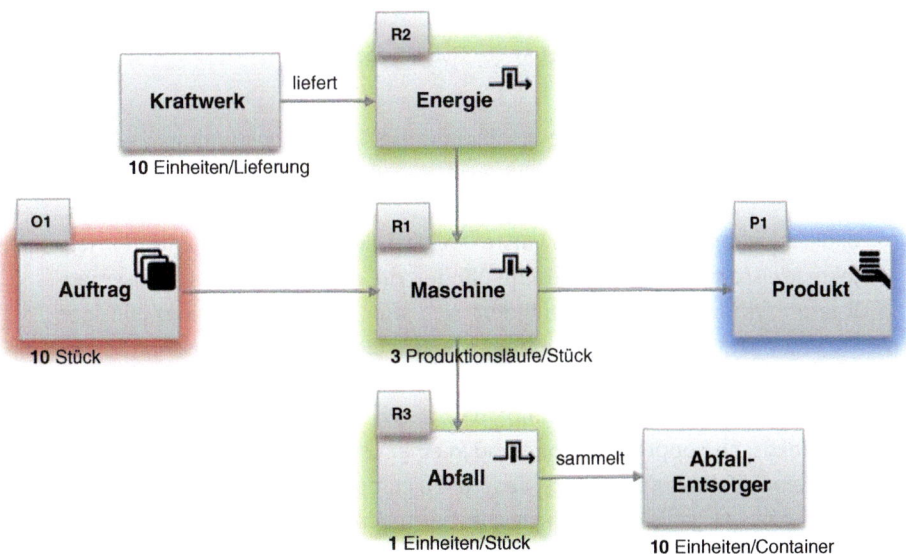

Abb. 8.14 Produktionsprozess als Ausgangspunkt

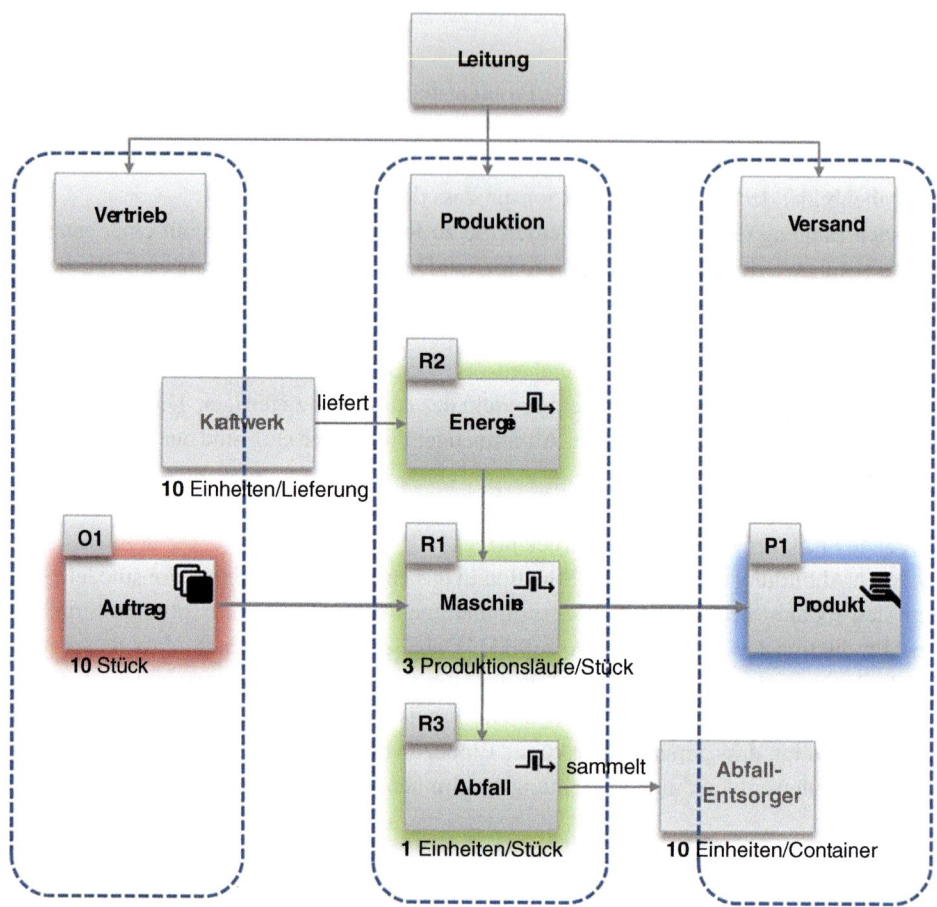

Abb. 8.15 Strukturmodell als organisatorische Rahmenbedingung

In diesem Fall kann man simulieren, dass die einzelnen Organisationsobjekte über ein Organisations-Chunkboard miteinander vernetzt sind.

▶   Bildlich kann man sich das so vorstellen, dass die einzelnen Organisationsobjekte kreisförmig durch elastische Bänder, die die Interoperationen symbolisieren, verbunden sind. Verändert sich nun die Position eines einzigen Organisationsobjektes, so verändert sich auch die durch die elastischen Bänder dargestellten Beziehungen zu allen anderen Organisationsobjekten entsprechend. Voraussetzung ist allerdings, dass durch die Beziehungen eine effektive oder faktische Koppelung erfolgt und in einer kognitiven Organisation bedeutet ja eine effektive Koppelung wiederum nichts anderes, als dass das Interoperieren eines Organisationsobjektes, insbesondere durch Kommunikation und Kooperation, effektiv auf andere Organisationsobjekte einwirkt. Ist dies nicht möglich, dann liegt auch keine Verschaltung vor.

Die Simulation zeigt, dass die Anpassungsfähigkeit eines solchen, spontan geordneten Organisationssystems um ein Vielfaches grösser ist, als dasjenige des statischen Ausgangsystems.

Der Grund hierfür liegt darin, dass in einer solchen Struktur eine Vielzahl von Interoperationsmöglichkeiten existiert, die alle in gegenseitiger Abhängigkeit einen Beitrag zur Lösung der anstehenden Probleme leisten. Jedes Organisationsobjekt eines solchen Systems, d.h. jedes einzelne Systemelement, verändert sein Verhalten perspektivisch zu den Verhaltensweisen aller anderen Organisationsobjekte, so dass sich ein optimaler Lösungsansatz entwickelt.

▶ Im Gegensatz dazu ist in zentralistischen Organisationssystemen oftmals nur eine einzige Entscheidungsinstanz vorhanden. Die Entscheidungsaufgabe ist in einem solchen Falle analog zu einer Situation, in der ein einzelner Mann, dem lediglich seine beiden Hände zur Verfügung stehen, Probleme lösen muss, für das real Hunderte von Händen benötigt werden. Durch sein Handicap „der zwei Hände" trägt er eher zur Störung des Lösungsprozesses bei, als zur sinnvollen Lösungsentwicklung.

Nun liegt hier aber ein ganz spezieller Produktionsablauf vor, indem eine sogenannte formalisierbare Produktion gewählt wurde. Aufgrund der relativ geringen Anzahl von Organisationsobjekten ist es nämlich möglich, einen Satz von mathematischen Gleichungen aufzustellen, die die Struktur der Organsation, die Interoperationen der darin verankerten Organisationsobjekte repräsentieren und deren Parameter empirisch quantifiziert werden können. Diese Gleichungen lassen sich simultan lösen und unter Berücksichtigung gewisser Ungenauigkeiten in der Datenerhebung können die einzelnen Struktur- und Prozessvarianten genau berechnet werden.

▶ Dabei gilt es zu berücksichtigen, dass die Möglichkeit einer exakten und vollständigen Berechnung mit zunehmender Anzahl der zu lösenden Gleichungen immer schwieriger wird.

Die Interoperationsfähigkeit eines Systems hängt somit unmittelbar von seiner Komplexität ab und bedarf, wenn diese einmal gewisse Grössenordnungen annimmt, des Einsatzes ganz bestimmter Arten von Interoperationen. Aufgrund der dadurch bedingten, fehlenden Formalisierbarkeit solcher komplexen Organisationssysteme kann für die Modellierung oftmals auch kein exaktes, analytisches Modell zugrunde gelegt werden, sondern das explizit oder implizit vorhandene Modell muss in solchen Fällen durch anfangs charakteristische Strukturen- und Prozessmodelle über deren Simulation zu dem optimalen Organisationsmodell überführt werden.

Das von der Simulation errechnete Strukur- und Prozessmodell geht davon aus, dass jedes Organisationsobjekt sein unmittelbares Problem löst, ohne die anderen Organisationsobjekte zunächst mit in die Überlegungen einzubeziehen. Diese objektintrinsische Lösung ist allerdings nur vorläufig und versuchsweise. In einem nächsten Simulationslauf werden die Problemlösungen der anderen Organisationsobjekte über das Chunkboard mit berücksichtigt, es entsteht ein neuer situativer Kontext und unter der Perspektive dieser neuen Situation wird wieder eine neue Lösung errechnet, wobei nun Organisationsobjekte unter Umständen mit einbezogen werden können, die in der vorherigen Situation noch keinen Entscheidungsspielraum hatten. Nach mehreren Simulationsläufen kann auf diese Weise eine gesamthafte Problemlösung oder Struktur- und Prozessanpassung erzielt werden, die durch andere Methoden, insbesondere den klassischen zentralistischen oder dirigistischen Methoden nicht möglich wäre. Es ist darauf hinzuweisen, dass in der Praxis ab einem bestimmten Zeitpunkt und ab einer gewissen Anzahl von an der Lösung beteiligten Entscheidungsobjekten ein Höchstmass an Interoperationen, inbesondere Kommunikation und Rückkopplung erforderlich ist. Zusätzlich muss ein hohes Mass an Anpassungsfähigkeit der einzelnen Organisationsobjekte vorhanden sein. Jede Interoperation die von einem Organisationsobjekt vollzogen wird, wird die weiteren Interoperationen der anderen Organisationsobjekte beeinflussen.

Allerdings kann dieser Struktur- und Prozessansatz in der Praxis nur dann zu befriedigenden Ergebnissen führen, wenn die von einem Organisationsobjekt erarbeiteten Problemlösungen durch die anderen Organisationsobjekte entsprechend berücksichtigt werden. Letzteres bedingt wiederum, dass jeder Zustand des Organisationsobjektes den anderen Organisationsobjekten übermittelt bzw. kommuniziert wird. Letzteres stellt die Instanziierung des Chunkboards in Form eines organisatorischen Nervensystems (Backbone) sicher. Ein weiterer wichtiger Aspekt ist darin zu sehen, dass jede einzelne Modifikation eines einzelnen Organisationsobjektes zu der organisatorischen Gesamtstrategie passen muss. Diese Passung kann durch allgemeine Regeln sichergestellt werden, indem die Anpassungen, Entscheidungen, Problemlösungen usw. im Rahmen der Strukturen und Prozesse erfolgen und hier wiederum auf der Grundlage einer einheitlichen Strategie oder eines Leitbildes, das der gesamten Organisationsstruktur bekannt ist. Insofern kann das Ergebnis der Simulation als eine dezentrale Problemlösung auf der Ebene der Organisationsobjekte bei zentraler Orchestrierung der Interoperationen durch ein Metasystem in Form des Chunkboards aufgefasst werden, was eine einheitliche Ausrichtung bei optimaler Ausschöpfung der Adaptionsmöglichkeiten und Flexibilität ermöglicht.

Die Landkarte der beteiligten Organisationsobjekte und deren Interoperationen zeigen, dass es nicht unbedingt notwendig ist, dass eine voll verknüpfte Struktur aller Organisationsobjekte gegeben ist. Voraussetzung ist vielmehr eine sehr reichhaltige Verknüpfung, oder die Möglichkeit zu intensiven Interoperationen. Die totale Verschaltung aller Organisationsobjekte mit allen anderen wird in der Praxis nicht sehr häufig anzutreffen sein, lediglich müssen mehr oder weniger starke Ausprägungen der Verschaltungen berücksichtigt werden, d. h. man muss den Umstand mit einbeziehen, dass die Interoperationen mancher Organisationsobjekte autonomer sind als diejenigen anderer Organisationsobjekte.

▶   In der Praxis besteht das Gegenteil darin, dass durch Restrukturierungen oftmals Informations- und Anpassungsverbindungen abgebunden werden. Auch hier zeigt die Simulation, dass man in diesem Falle aber gleichzeitig in Kauf nehmen muss, dass das Adaptionspotenzial des Organisationssystems außerordentlich stark zusammenschrumpft, damit die Flexibilität der einzelnen Organisationsobjekte verloren geht und das Organisationssystem insgesamt keine sehr großen Interoperationsvielfalt mehr aufweisen kann.

Wichtig ist dabei, dass immer, wenn ein Organisationsobjekt durch eine Interoperation eines anderen Organisatonsobjektes beeinflusst wird, zwischen diesen beiden Organisationsobjekten eine Verschaltung existiert. Dabei ist im Rahmen der Simulation zu vernachlässigen, ob zwischen diesen beiden Organisationsobjekten auch Informationen ausgetauscht werden. Für die Eigenschaften des Organisationssystems ist allein die Tatsache entscheidend, dass Verhaltensänderungen eines Organisationsobjektes das Verhalten eines anderen Organisationsobjektes modifizieren (Abb. 8.16).

So spielt es beispielsweise keine Rolle, ob diese Modifikationen mit Hilfe von Computern, durch gewöhnliche Formulare, durch mündliche Kommunikation oder auch nur durch verbale Hinweise eines Vorgesetzten kommuniziert werden. Entscheidend ist allein, dass die Änderungen eines Organisationsobjektes sich auf die anderen Organistionsobjekte fortpflanzen können, um die Gesamtanpassung an die jeweiligen Umstände zu sichern. Diese tatsächlichen Verschaltungen effektiv zu realisieren ist in vielen klassischen Organisationen aufgrund der Abschottungstendenzen (Silodenken, Isolations- und Abteilungsdenken) ein nicht zu unterschätzendes, wenn nicht sogar, das eigentliche Problem.

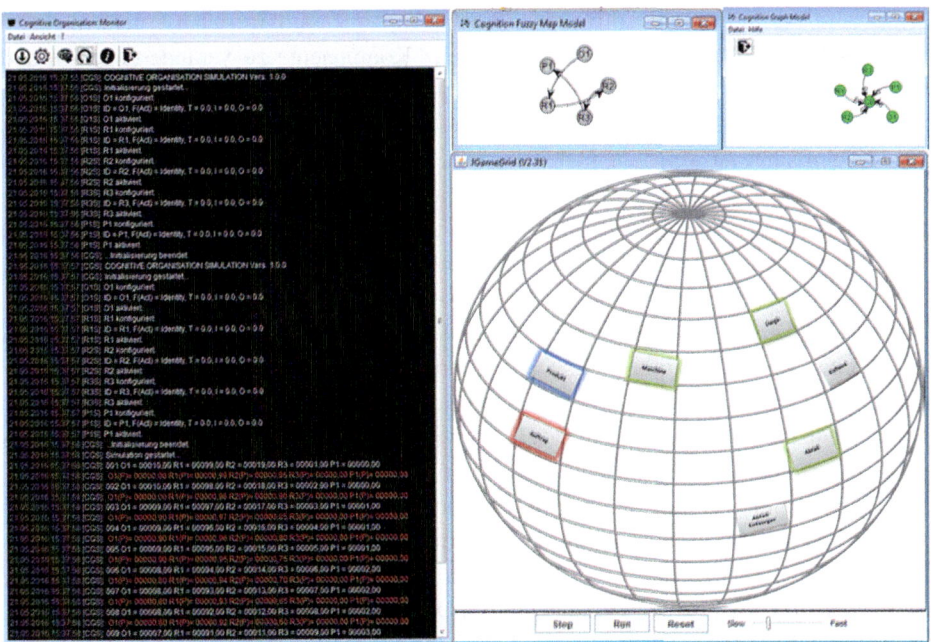

Abb. 8.16 Interoperationschwaches Modell

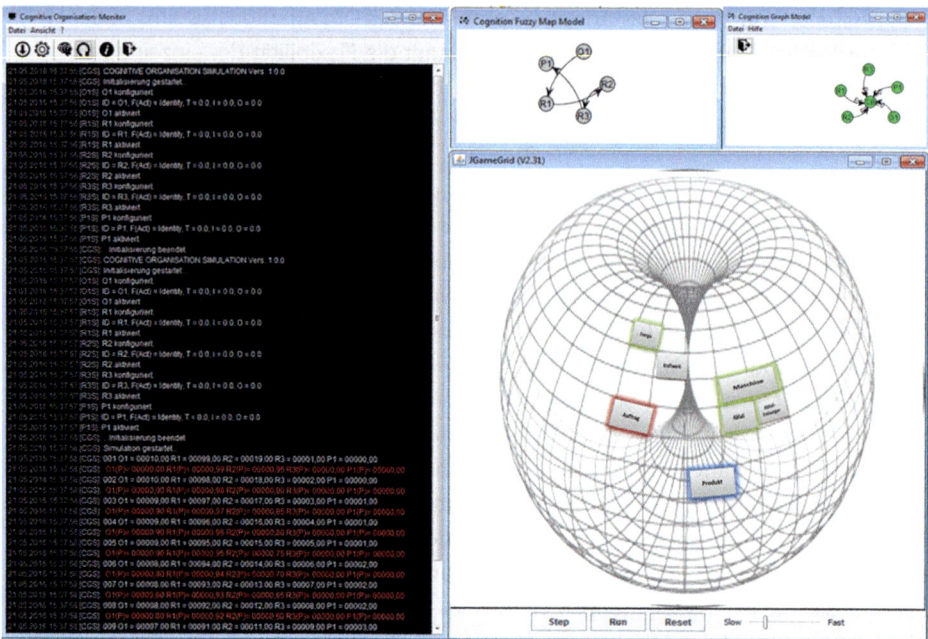

Abb. 8.17 Interoperationsintensives Modell mit Nervensystem (Backbone)

So wird auch durch die softwaretechnische Implementierung sichergestellt, dass im Rahmen der Simulation eine Veränderung einer Komponente zu Veränderungen in den anderen Komponenten führt, wenn auch mit unterschiedlichen Laufzeiten und je nach mathematischen Unterbau in unterschiedlichem Ausmass. Eine, den Umständen entsprechend signifikante Abweichung in der tatsächlichen Produktionszeit eines Produktes muss den Produktionsplan verändern können, sie muss sich auf die Kostenschätzung, Lieferzeitschätzung und die Gewinnschätzung ein- und auswirken können. Ferner müssen je nach den Systemzusammenhängen Wirkungen auf die Logistik (Lagerhaltung, Versand, etc.) die Produktionsplanung und den Vertrieb möglich sein.

In der Visualisierung ist durch die Nähe des Organisationsobjektes zum Nervenssystem (Backbone) angedeutet, dass dieses Organisationsobjekt ein höheres Maß an Interoperationsmöglichkeiten hat, als die anderen Organisationsobjekte, die weiter weg vom Nervensystem platziert sind (Abb. 8.17). Dadurch kommt auch zum Ausdruck, dass die von diesem Organisationsobjekt ausgehenden Interoperationen eine verstärkte Wirkung haben. Je nach Darstellung kommt damit zum Ausdruck, wie ein derartiges Organisationssystem aufgrund der außerordentlich komplexen Interoperationen in permanenter Bewegung gehalten wird, wie sich Verhaltensänderungen in Subsystemen oder von Außen kommende Störungen auf komplexe Weise innerhalb des Organisationssystems fortpflanzen und dort in die einzelnen Organisationsobjekte diffundieren. Die Simulation zeigt auch sehr anschaulich, auf welche Weise verschiedene Arten von strukturellen und prozessualen

Eingriffen in das Organisationssystem einwirken. Strukturelle Eingriffe sind in diesem Zusammenhang solche, die entweder auf die Organisationsobjekte selbst zugreifen oder über Interoperationen auf verschaltete Organisationsobjekte einwirken und auf diese Weise wiederum die Interoperationen zwischen den Organisationsobjekten verändern. Es zeigt sich in der Simulation aber auch sehr deutlich, dass Interventionen im Rahmen der Organisationsentwicklung, die ihrer ursprünglichen Intention nach nur auf einzelne Organisationsobjekte gerichtet waren, außerordentlich komplizierte und in keiner Weise überschaubare Seitenffekte auf andere Organisationsobjekte und somit auch auf das Organisationssystem als Ganzes auslösen können.

Es liegt auf der Hand, dass im Rahmen dieses Buches nicht alle Interventionen einer Organisationsentwicklung im Einzelnen behandelt werden können. In diesem Abschnitt ging es auch nicht um diese verschiedenen Ansätze, sondern darum, zu zeigen, dass interventionistische Eingriffe in komplexe Organisationssysteme, die aus einer großen Anzahl von Organisationsobjekten bestehen, in ihrer Wirkungsweise nicht immer im Einzelnen und im Voraus prognostiziert werden können. Ein möglicher Ausweg besteht in der Simulation, dort über die Struktur- und Prozessimulation des Organisationssystems und der Implementierung eines Nervensystems als zentralistisches Chunkboard.

Musterlösungen

9

Sofern jemand die Tätigkeit der Organisationsentwicklung in der Vorlesung oder dem Handbuch „vorgemacht" bekommt, so macht sie oder er als Zuhörerin und Leser ja noch nicht wirklich bei dieser Tätigkeit mit, so wenig wie jemand, der beim Schwimmen zuschaut und sich Notizen macht, selbst schwimmt. Selbst diejenigen, die eine Vorlesung zur Organisation halten oder ein Handbuch zu diesem Themengebiet schreiben, gehen nicht unbedingt der Tätigkeit der Organisationsentwicklung in diesem Sinne nach, sondern reden und berichten über Erfahrungen von Leuten, die dieser Tätigkeit einmal nachgegangen sind. Das ist dann, um bei dem obigen Beispiel zu bleiben, in etwa so, als würde eine Unterrichtsstunde im Schwimmen darin bestehen, zu berichten, was ein großer Schwimmer bzw. viele große Schwimmer über ihre Erfahrungen aufgeschrieben haben.

9.1 Organisationsentwicklung

In den folgenden Abschnitten geht es also um das „schwimmen", d. h. es werden wichtige Anreize zur praktischen Ausgestaltung der Organisationsentwicklung gegeben.

9.1.1 Interoperationsanalyse

Jede Organisation befindet sich im Wirkungsfeld vieler Faktoren und Rahmenbedingungen, die seine Entwicklung beeinflussen: Kunden, Märkte, Wettbewerb, gesetzliche Regelungen, Wirtschaftslage etc. Faktoren, die maßgeblich auf die Organisation einwirken und damit deren Erfolg oder Misserfolg maßgeblich bestimmen. Es gilt, sich mit diesen Ein- und Auswirkungen, d. h. den Interoperationen permanent zu beschäftigen und sich deren Zusammenspiel in Form eines Netzwerkes zu verdeutlichen. Dazu wird in einem ersten Schritt die konkrete Umwelt erfasst, die für den Erfolg und Bestand der Organisation von

© Springer-Verlag GmbH Deutschland 2016
M. Haun, *Cognitive Organisation*, DOI 10.1007/978-3-662-52952-2_9

Bedeutung ist. Hierzu erstellt man „Landkarten in Form eines Netzwerkes, in der alles, was den Zustand der Organisation maßgeblich beeinflußt, in Beziehung gesetzt wird. Dies können beispielsweise spezifische Märkte, spezielle Kundenzielgruppen und besonders wichtige Marktsegmente, Wettbewerb, gesetzliche Rahmenbedingungen, allgemeine wirtschaftliche und gesellschaftliche Trends, Mitarbeitererwartungen sein. In einem zweiten Schritt werden die Kommunikationskanäle, Sensoren, Aktoren und Feedbackschleifen aufgezeigt, über die die Organisation mit ihrer definierten Umwelt in Kontakt tritt. In einem dritten Schritt wird die Qualität der einzelnen Verbindungen untersucht und die Qualitätsmerkmale (Z. B. Intensität, Informationsumfang, Regelmässigkeit, Rechtzeitigkeit, Verfälschungsgrad, etc.) können farblich oder durch die Dicke der enstprechenden Verbindungslinien optisch illustriert werden.

Zur Analyse der Interoperationen lassen sich folgende Fragen stellen:

- **Entwicklungspotenzial**: Stecken in den Interoperationen im Speziellen und der Landkarte im Allgemeinen noch weitere Potenziale, um Kernkompetenzen auf- und auszubauen?
- **Entwicklungsaussichten**: Sind die auf der Basis von Interoperationen entstandenen Kompetenzen geeignet, für andere Zwecke genutzt zu werden? Müssen weitere Entwicklungsmaßnahmen hierzu eingeleitet werden?
- **Transferpotenzial**: Können vorhandene Interoperationsausprägungen für andere Produkte, Regionen oder Kunden nutzbar gemacht werden?
- **Transferaussichten**: Welche Chancen und Risiken sind mit der Übertragung von Interoperationen bzw. Landkartenausschnitte auf andere Verwendungszwecke verbunden?
- **Kompetenzschutz**: Sind die Interoperationen schwer zu imitieren bzw. vor Imitation zu kapseln und damit abzusichern? Welche Substitutionsmöglichkeiten und Risiken gibt es?
- **Kompetenzspezifität**: Sind die Kompetenzen an spezifische Interoperationen gebunden, mit denen bestimmte Produkte hergestellt, Regionen versorgt oder Kunden bedient werden? Mit anderen Worten: Handelt es sich um organisationsspezifische oder prozessspezifische Kompetenzen?
- **Wachstumsstrategie**: Kann die Organisation mit den vorhandenen Interoperationen und den daraus abgeleiteten Kompetenzen Wachstum realisieren? Für welche Strategien sind die jeweiligen Kompetenzen geeignet: Innovations-, Marktdurchdringungs-, Marktausweitungs- oder Diversifikationsstrategien? Wird das Wachstum durch die aktuell gelebte Interoperationslandkarte begrenzt?
- **Timingstrategie**: Sind die Kompetenzen, die aus den Interoperationen resultieren, geeignet, Marktfolger oder Marktführer zu sein?

Werden diese Kriterien hinreichend erfüllt, dann ist davon auszugehen, dass mittels der aus den Interoperationen abgeleiteten Kompetenzen relative Wettbewerbsvorteile erzielt werden können. Die Position der Organisation kann auf Dauer erhalten werden.

9.1.2   Taskforce Tomographie

Hier bildet man eine spezielle Taskforce mit Personen, von denen man weiß, dass sie über einen scharfen analytischen Verstand verfügen, Missstände unverblümt ansprechen und die Dinge in ihrem Umfeld ungeduldig vorantreiben. Dieses Team erhält in nebenamtlicher Funktion die Aufgabe, gezielt in die Organisation, in den Markt oder in bestimmte Kundenzielgruppen hineinzuhorchen und alle Informationen auszuwerten, die für die Entwicklung der Organisation von Bedeutung sind. Das Team arbeitet offiziell, ohne Ansehen von Personen und ohne Rücksicht auf irgendwelche Tabus nehmen zu müssen, mit kritischen Fragen, um beunruhigenden Trends und offenkundige Schwachstellen zu durchleuchten. Dazu gehört, neben Intelligenz und Gespür, eine gehörige Portion Unbefangenheit und Zivilcourage. Damit das Team seinem Auftrag mit der notwendigen „Freiheit und Frechheit" nachkommen kann, muss es in dieser Funktion direkt der Organisationsleitung berichtspflichtig gemacht, aber nicht unbedingt „unterstellt" werden.

9.1.3   Survey-Feedback-Ansatz (Datenrückkopplungsansatz)

Methodisch gesehen bildet eine partizipativ-gestaltete Problemdiagnose den Kern. Als Problemerkennungs-Folie wird ein Idealmodell moderner Organisationen vorgegeben. Die Gegenüberstellung von Ideal und Wirklichkeit soll das Motiv setzen, die aufgespürten Diskrepanzen mit Hilfe gezielter Veränderungspläne zu verringern. Im Einzelnen kennt der Datenrückkopplungsansatz folgende Schritte:

- **Entwicklung des Erhebungsinstrumentes**: Betriebsspezifische Anpassung des Fragebogens und Erläuterung des zugrunde liegenden Idealmodells.
- **Datenerhebung**: Es gilt der Grundsatz, dass alle Mitglieder der betreffenden organisatorischen Einheit befragt werden.
- **Schulung**: Vorbereitung der Führungskräfte auf die Feedback-Phase durch Einweisung in die Technik der nicht-direktiven Moderation der Gruppendiskussion.
- **Feedback**: In aller Regel beginnt die Feedback-Phase an der Spitze der Organisation und wird kaskadenförmig bis zur untersten Hierarchieebene fortgesetzt. Die Feedback-Runden beginnen mit einer Interpretation der Ergebnisse, die in aller Regel sowohl für die Gesamtorganisation als auch für die jeweiligen Gruppen vorgelegt werden.
- **Aktionsplanung**: Im Anschluss wird ein Aktionsplan beschlossen, der die aus Sicht der Gruppen vordringlichsten Änderungsmaßnahmen benennt. Die Vorschläge sollen gesammelt und zu einem Änderungsprogramm verdichtet werden.
- **Fortgesetztes Feedback**: In weiteren Datenerhebungs- und rückkopplungsrunden soll der erzielte Fortschritt ermittelt und weitere Veränderungsmaßnahmen angeregt werden.

9.1.4 Konfrontationstreffen

In diesem Modell wird versucht, den gesamten Feedback-Prozess auf zwei halbe Arbeits-
tage zusammenzuschieben. Es findet deshalb häufig bei akuten Krisen mit gleichzeit stark
ausgeprägten Widerstandstendenzen Anwendung. Der Ablauf ist wie folgt vorgesehen:

*   **Einstimmung**: Alle Beteiligten treffen sich in einem (großen) Raum und die Organisa-
    tionsleitung benennt wichtige Probleme und untersteicht die Bedeutung des Treffens.
*   **Informationssammlung**: Es werden Gruppen geformt, die jeweils einen repräsentati-
    ven Querschnitt (horizontal und vertikal) der Organisation bilden. Vorgesetzte sollen in
    den Gruppen nicht zusammen mit ihren Mitarbeitern sein. Die oberste Leitungsebene
    tagt für sich. Ziel der Gruppen ist es, die Problemstellen der Organisation herauszuarbei-
    ten und mögliche erste Interventionen zu benennen. Das Gruppenklima soll offen und
    schonungslos sein. Niemand darf dafür kritisiert werden, dass er/sie Probleme aufdeckt.
*   **Informationsaustausch**: Danach kommen die Gruppen wieder im Plenum zusammen.
    Jede Gruppe berichtet über ihre Ergebnisse; alle Berichte werden dokumentiert und
    allen zugänglich gemacht. Der Versammlungsleiter schlägt Kriterien zur Strukturie-
    rung der Probleme vor. Damit endet der erste Teil des Treffens.
*   **Prioritäten setzen und Aktionspläne entwickeln**: Nach einer Kategorisierung der
    Probleme werden erneut Gruppen zu ihrer Diskussion gebildet – diesmal zumeist nach
    Fachkompetenz (z. B. nach Funktion und Prozessen). Diese Gruppen sollen für die auf-
    gelisteten Probleme Prioritäten setzen und Lösungen (Aktionspläne) entwickeln.
*   **Aktionsplanung für das Gesamtsystem**: Danach unterrichten die einzelnen Gruppen
    im Plenum die anderen Teilnehmer über ihre Ergebnisse. Das obere Management re-
    agiert auf die Vorschläge und leitet Umsetzungsmaßnahmen (Termingerüst, Projekt-
    gruppen usw.) ein.
*   **Treffen der Geschäftsleitung**: Das obere Management beschließt Sofortmaßnahmen.
*   **Fortschrittskontrollen**: Es werden kontinuierliche Feedback-Treffen vereinbart (meist
    alle vier Wochen), bei denen die ergriffenen Maßnahmen evaluiert und der erzielte
    Fortschritt kontrolliert werden sollen. Im Idealfall treffen sich dazu wieder sämtliche
    Teilnehmer.

Die Methode zielt im Wesentlichen darauf ab, die vorhandenen Blockaden aufzudecken
und zu reflektieren. Die Organisation soll dadurch wieder handlungsfähiger werden. Der
Einsatz der Methode setzt bereits ein hinreichendes Maß an Vertrauen und Problemlö-
sungsbereitschaft voraus.

9.1.5 Prozessberatung

Prozessberatung wird verstanden als eine Interventionsform, die dem „Klienten", also der
Organisation, helfen soll, Ereignisse und Probleme in seinem Umfeld wahrzunehmen, besser zu verstehen und in Handlungen umzusetzen. Der Organisation soll kein vorfabriziertes

Ideal verkauft werden, sondern sie soll befähigt werden, nach unvoreingenommener Analyse die zweckmäßigste Lösung selbst zu finden. Die Intervention des Prozessberaters zielt daher nicht auf das Ergebnis, sondern auf den Prozess ab und auch für dieses gibt es kein festes Schema. Die Berater erhalten die Rolle von Systemtherapeuten, die den gesamten Prozess begleiten, sie sollen ihn aber nicht nach ihren Idealvorstellungen lenken. Insoweit hat die Prozessberatung auch viel mit dem gemein, was heute unter dem Stichwort „Coaching" diskutiert wird.

9.1.6 System- und kommunikationstheoretisch orientierte Organisationsentwicklung

Eine herausragende Rolle spielen dabei Paradoxien, insbesondere die so genannte Doppelbindungstheorie der Schizophrenie mit ihrer Erklärung von Kommunikationsstörungen. Ausgehend von der eingangs erwähnten Kommunikationstheorie und einigen kybernetischen Überlegungen wird die Existenz von Paradoxien als Hauptverursacher organistorischer Wandelblockaden postuliert und im Gegenparadoxon der wesentliche Lösungsansatz gesehen. Dabei ist davon auszugehen, dass dieses Gefüge immer auch von „politischen" Koalitionen getragen wird. Die These ist dabei, dass sich in pathologischen Systemen ganz bestimmte Störungen einspielen, sich daran ausrichten und viel Kraft wie auch vor allem Trotz mobilisieren, diese „pathologischen" Muster aufrechtzuerhalten. Die „Krankheits"-Symptome, wie Verschleppung von neuen Vorhaben, zahllose unrealisierte Pläne oder fehlende Aktualisierungen, sind Teil des fest eingespielten Systems. Wer nicht an Symptomen herumlaborieren, sondern die Ursachen ernsthaft beseitigen will, muss deshalb die Tiefenstruktur des Systems aufdecken und die sie bestimmenen „heimlichen" Spielregeln aufweichen. Ein organisatorischer Wandel ist dementsprechend nur möglich, wenn es gelingt, durch geschickte Intervention das alte Regelsystem oder zumindest eine fundamentale Regel davon außer Kraft zu setzen. Vor diesem Hintergrund werden klassischen Methoden des Change Managements keine großen Erfolgsaussichten eingeräumt. Stattdessen wird eine ganz neue Interventionstechnik konzipiert, das Gegenparadoxon (paradoxe Intervention). Berater treten nicht mehr als warmherzig motivierende Agenten auf, sondern als kühle Strategen, die den Symptomträgern überraschende, ja scheinbar widersinnige Handlungsanweisungen geben, die meist darauf hinauslaufen, das Symptom beizubehalten (Symtomverschreibung). Dazu werden meist die problematischen Interaktionen „positiv konnotiert" oder durch Umdeutung (reframing) unerwartet positiv ausstilisiert; aus „Helden" werden „Schmarotzer", aus „Feiglingen" dann „verantwortliche Entscheider". So wird also die destruktive Widerstandskraft konstruktiv gewendet. Das kognitive Muster gerät in Bewegung. Die These ist nun, dass sich das System daraufhin aus seiner erstarrten Verklammerung löst, um sich aus dieser extrem widersprüchlichen Situation zu befreien.

Die systemorientiert-paradoxe Organisationsentwicklung erfordert ein hohes Maß an diagnostischer Kompetenz und Raffinesse. Die Identifikation der Tiefenstruktur einer Organisation ist eine schwierige Aufgabe, deren Methodik in den Kapiteln zur informellen Organisation und zur Mikropolitik schon erläutert wurde.

9.1.7   Organisationsaufstellung und -theater

Neben der paradoxen Intervention findet in den letzten Jahren (ebenfalls aus der Familienthe-
rapie abgeleitet) die Methode der Organisationaufstellung viel Beachtung. Neben populär-
wissenschaftlichen Konzepten ist hier vor allem auf die psychodramatische und soziometrische
Aufstellungsarbeit zu verweisen, wie sie, aufbauend auf Moreno, entwickelt und praktiziert
wird. Im Kern geht es darum, dass eine soziale Konstellation rekonstruiert wird.

  An dieser Stelle kann auch auf das neuerdings viel beachtete Organisationstheater verwiesen werden. Hier werden betriebliche Problemsituationen (strukturelle Trägheit, läh-
mende Konflikte usw.) dramatisiert, inszeniert und in Anwesenheit der Beteiligten zur
Aufführung gebracht. Der entscheidende Punkt ist letztlich immer die Anteilnahme der
Zuschauer am Geschehen, das letztlich ihr Geschehen ist, denn bei diesem Theater geht
es ja um sie, um ihre Abteilung, um ihre Organisation oder um ihren Konflikt mit den
Lieferanten oder den Kunden. Sie erleben die ihnen sehr gut bekannten Situationen und
Problemkonstellationen aus der Distanz, gespielt von fremden Menschen an einem unge-
wohnten Ort. Die ungewöhnliche, theatralisch vermittelte Zusicht auf die gewohnte Problemsituation kann im wahrsten Sinne des Wortes bewegend wirken.

9.1.8   Ordnung und Selbstorganisation

In Bezug auf die Entstehung von Ordnung in Organisationen ist zum einen davon auszugehen, dass sich Ordnung selbstbestimmt (autonom) entwickelt. Schafft man den entsprechenden Handlungsspielraum, können alle Organisationsmitglieder selbst an der sie betreffenden
Ordnung mitwirken. Zum anderen entsteht Ordnung von selbst (autogen). In beiden Fällen
führt die immanente Rationalität selbstorganisierender Prozesse zu wünschbaren Ergebnissen. Man soll die Selbstorganisation daher zulassen. Aber es gilt zu beachten, dass durch die
selbstorganisierenden Prozesse auch unerwünschte, schädliche Muster enstehen, die es unbedingt zu beeinflussen gilt. Daher ist die Selbstorganisation zielgerichtet zu kanalisieren.
Immerhin kann ein Irrtum in einem solchen Trial-and-error-Prozess das Überleben der Organisation gefährden. Mit anderen Worten gilt es eine sogenannte kybernetische Organisationsstruktur zu etablieren: Man lässt den Dingen nicht einfach ihren Lauf, sondern versucht
Rahmenbedingungen zu schaffen, innerhalb derer die evolutorische Eigendynamik in eine
erwünschte Richtung läuft.

9.2   Lösungsentwicklung

9.2.1   Scrum

Scrum geht über ein Vorgehensmodell hinaus, indem es als ein agiles Managementframework sowohl die Prozessstruktur als auch die entsprechenden Inhalte (definierte Rollen,
Zuständigkeiten etc.) beschreibt, um auch komplexe Entwicklungsprojekte auszusteuern.

Im Mittelpunkt von Scrum steht das *selbstgesteuerte Entwicklungsteam*, das ohne Projektleiter auskommt. Um dem Team eine störungsfreie Arbeit zu ermöglichen, gibt es den *ScrumMaster*, der als Methodenfachmann dafür sorgt, dass der Entwicklungsprozess nicht abbricht. Dem *Product Owner* (Produktverantworlicher) kommt die Aufgabe zu, Anforderungen zu definieren, zu priorisieren und auch zu tauschen. Allerdings ist in Scrum klar geregelt, wann er neue oder geänderte Anforderungen beauftragen darf: So gibt es ungestörte Entwicklungszyklen von wenigen Wochen (so genannte Sprints), in denen Änderungen an den Anforderungen nicht zugelassen werden. Während der Sprints arbeitet das Entwicklungsteam alle Anforderungen ab, die für diesen Sprint vorgesehen waren. Hierzu steht ein definierter Zeitrahmen zur Verfügung, der in der Regel nicht überschritten werden darf. Wie lang die Sprints dauern, wird je nach Gegebenheiten zu Beginn des Projekts festgelegt, in der Regel sind es 2–4 Wochen. Nach Ende jedes Sprints werden dem Product Owner die neuen Funktionalitäten präsentiert, so dass dieser stets auf dem aktuellen Stand ist. Dem Scrum Master kommt während der Sprints die Aufgabe zu, externe Störungen vom Entwicklungsteam fernzuhalten und auftretende Probleme, die nicht die Entwicklung betreffen, zeitnah zu lösen.

Die gesamten Anforderungen an das neue System werden im *Product Backlog* festgehalten, in das der Product Owner jederzeit Ideen für neue Anforderungen eintragen kann. Welche Anforderungen dann jedoch tatsächlich im nächsten Sprint umgesetzt werden sollen, wird im Planning Meeting besprochen und vom Product Owner festgelegt. Im Sprint Backlog werden dann genau die Anforderungen für den nächsten Sprint zementiert und daher sind Änderungen am Sprint Backlog während des Sprints unter keinen Umständen erlaubt. Neben dieser Rückkopplung zwischen Entwicklern und Product Owner nach jedem Sprint gibt es bei Scrum noch eine zweite, kleinere Feedbackschleife: Täglich zur gleichen Zeit trifft sich das Entwicklungsteam mit dem ScrumMaster zum *Daily Scrum Meeting*, Dieses Treffen dauert nur etwa 30 Minuten und wird im Stehen durchgeführt. Der Reihe nach beantworten alle Entwickler kurz und knapp die folgenden drei Fragen:

* Was hat man seit dem letzten Daily Scrum getan?
* Was hat einen dabei behindert?
* Was wird man bis zum nächsten Daily Scrum tun?

So bleibt jedes Teammitglied stets auf dem Laufenden, und Probleme werden frühzeitig erkannt und können (ggf. mithilfe des Scrum Masters) behoben werden (Abb. 9.1).

Scrum ist verhältnismäßig einfach zu lernen und lässt sich schnell einsetzen. Somit kann es häufig den ersten Schritt darstellen, um Entwicklungsprojekte agil zu machen. Darüber hinaus definiert Scrum klare Rollen (Entwicklungsteam, Product Owner und Scrum Master) und schafft somit Transparenz und eindeutige Zuständigkeiten. Das Entwicklungsteam kann sich tatsächlich auf die Entwicklung konzentrieren und wird dabei kaum gestört, weil der Scrum-Master alle Probleme, die Organisation und Infrastruktur betreffen, aus dem Weg räumt. Allerdings müssen die wenigen Vorgaben, die Scrum macht, mit großer Disziplin eingehalten werden, weil sonst aus dem agilen Entwicklungsprozess schnell Chaos entstehen kann. Außerdem stellt die Idee von selbstgesteuerten Teams eine große Herausforderung für viele

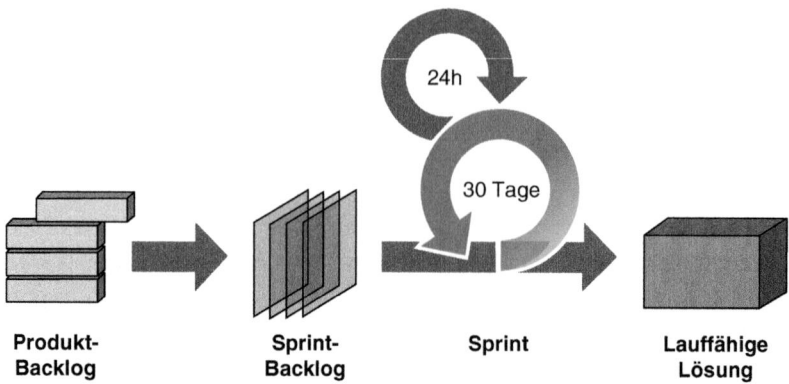

Abb. 9.1   Scrum als Managementrahmen (Framework)

Tab. 9.1   Scrum

Steckbrief: Scrum
• Ist verhältnismäßig leicht zu lernen und in der Organisation zu etablieren.
• Lässt sich relativ schnell in der Praxis einsetzen
• Definiert eine klare Rollenverteilung (Entwicklungsteam, Product Owner und ScrumMaster) und einen gut strukturierten, aber dennoch flexiblen Entwicklungsprozess
• Setzt auf selbstgesteuerte Entwicklungsteams
• Ist allerdings eine reine Managementmethode, d. h. es werden keine Vorgaben bezüglich der Programmierung gemacht.

Entwickler dar und ist in der Praxis nicht trivial umzusetzen. Schließlich muss man sich im Klaren darüber sein, dass Scrum einen reinen Managementrahmen darstellt und keinerlei Vorgaben für die Programmierung macht – hier ist also eine Kombination mit anderen Methoden angebracht (Tab. 9.1).

9.2.2   eXtreme Programming

eXtreme Programming (XP) stellt eine anspruchsvolle agile Methode dar, weil sie recht genaue Vorgaben für die Programmierung, die Zusammenarbeit im Entwicklerteam und das gemeinsame Anforderungsmanagement mit dem Auftraggeber macht.

Die XP-Entwicklung wird durch Rückkopplungsmechanismen von ganz unterschiedlicher Dauer ausgesteuert:

- **Sekundentakt**: Das Pair Programming (zwei Entwickler programmieren gemeinsam an einem Rechner) führt dazu, dass sich die Entwickler ständig gegenseitig kontrollieren und auf Fehler oder umständliches Design aufmerksam machen.
- **Minutentakt**: In XP wird testgetrieben entwickelt, die Unit Tests werden also vor dem Code geschrieben, sodass eine permanente Überprüfung des Codes stattfindet.

- **Stundentakt**: Neu entwickelte Komponenten werden mehrmals täglich in das lauffähige Gesamtsystem integriert (Codeintegration). So lassen sich Fehler schneller finden – denn je später Fehler entdeckt werden, umso aufwendiger sind sie zu beheben.
- **Tagestakt**: In XP findet ein tägliches Treffen, das Standup-Meeting, statt, bei dem das Entwicklerteam kurz über den Projektfortschritt reflektiert, um künftige Fehlentwicklungen zu vermeiden.
- **Wochentakt**: Durch kurze Releasezyklen erhält der Kunde immer wieder lauffähige Systemversionen, um diese zu testen und seine fachlichen Anforderungen auf den neuesten Stand zu bringen. Deshalb werden in regelmäßigen Abständen neue Iterationspläne erstellt.
- **Monatstakt**: Regelmäßig – am besten monatlich – werden neue Releases produktiv gestellt, um möglichst früh einen Teilgeschäftswert zu generieren. In Abständen von wenigen Monaten werden Releasepläne erstellt, in denen die nächsten Iterationen und Releases festgehalten werden. Mindestens einmal im Monat finden Retrospektiven statt, in denen über den Entwicklungsprozess reflektiert und Verbesserungsmaßnahmen beschlossen werden.

XP nennt als Grundlage die folgenden fünf Werte:

- **Kommunikation**: Kommunikation ist sowohl für die Teamarbeit als auch die Zusammenarbeit mit dem Kunden sehr wichtig.
- **Rückkopplung**: Rückkopplung ist ein wesentlicher Schlüssel zur ständigen Verbesserung.
- **Einfachheit**: Einfachheit wird angestrebt, um pragmatische, schnelle und unkomplizierte Lösungen zu finden – sowohl technisch als auch organisatorisch.
- **Mut** und **Respekt**: Mut und Respekt schließlich sind wichtige Werte für den wechselseitigen Umgang miteinander: Mut erlaubt es dem Einzelnen, durchaus mal vom üblichen Weg abzuweichen, wechselseitiger Respekt gewährleistet dabei, dass dies für den Einzelnen keine negativen Folgen hat. Außerdem fördert generell ein respektvoller Umgang miteinander die Produktivität.

Die grundlegenden Werte stellen in Projekten eine große Entscheidungshilfe dar, weil bei jeder Entscheidung danach gefragt werden kann, ob sie mit dem Wertsystem konform ist. Darüber hinaus können sich XP- Teams zusätzliche projektspezifische Werte definieren (Abb. 9.2).

XP kennt gleich 14 Prinzipien, deren Einhaltung die agile Entwicklung garantieren soll: Menschlichkeit, Wirtschaftlichkeit, gegenseitiger Vorteil, Selbstähnlichkeit, Verbesserung, Mannigfaltigkeit, Reflexion, Fluss, Gelegenheit, Redundanz, Fehlschlag, Qualität, kleine Schritte und akzeptierte Verantwortlichkeit. Im Rahmen der Entwicklung von kognitiven Lösungen erscheinen vor allem die folgenden Prizipien wichtig:

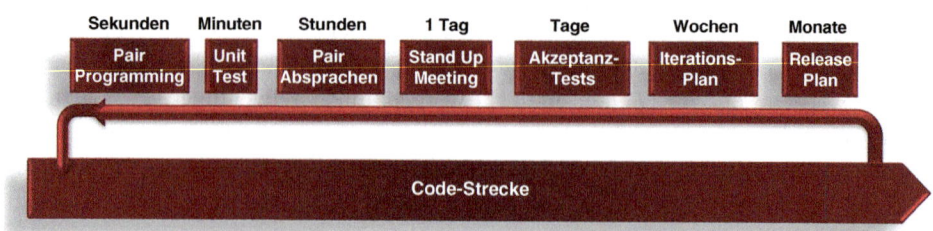

Abb. 9.2 eXtreme Programming

- **Wirtschaftlichkeit**: XP adressiert explizit das Thema Wirtschaftlichkeit. Softwareprojekte ergeben nur Sinn, wenn die Software einen höheren Nutzen bringt, als ihre Entwicklung an Kosten verursacht.
- **Mannigfaltigkeit**: Alle Projektteilnehmer sind mit ihrer jeweiligen Ausbildung, Meinung und Erfahrung willkommen. Jedermanns Meinung ist gefragt und wichtig.
- **Reflexion**: Auf allen Ebenen im Entwicklungsprozess setzt XP auf Reflexion, weil hierdurch Lernprozesse und Verbesserungen ermöglicht werden.
- **Qualität**: Qualität zum Prinzip zu erheben ist wichtig, um sich in Zweifelsfällen für Qualität und gegen andere Faktoren (Termine!) entscheiden zu können.
- **Kleine Schritte**: Vorgehen in großen Schritten birgt immer die Gefahr, dass im Fall eines Fehlschlags dieser auch eine entsprechende Größe annimmt. Deswegen wird in XP-Projekten risikominimierend in möglichst kleinen Schritten vorgegangen.
- Akzeptierte **Verantwortlichkeit**: XP setzt darauf, dass Verantwortlichkeit nur wahrgenommen werden kann von Leuten, die diese Verantwortung auch akzeptiert haben.

Auch beim eXtreme Programming wurde nicht alles neu erfunden, sondern vielmehr Best Practices aus anderen Vorgehensmodellen herangezogen:

- **Räumlich zusammensitzen**: Alle Projektbeteiligten sollen räumlich möglichst nah beieinander sitzen, idealerweise in einem Raum. Die Nähe erleichtert die direkte Kommunikation und reduziert Reibungsverluste indirekter Kommunikation.
- **Komplettes Team**: Das XP-Team soll alle Qualifikationen enthalten, die für das Projekt erforderlich sind. Damit sind sowohl technische wie fachliche Qualifikationen gemeint. So kann das Team schnell voranschreiten, ohne auf die Verfügbarkeit externer Ressourcen warten zu müssen.
- **Informative Arbeitsumgebung**: Die Arbeitsumgebung des Teams soll den aktuellen Projektzustand widerspiegeln. Das betrifft die noch offenen Aufgaben, den Zustand des Systems bzgl. Tests, den Kernentwurf des Systems etc. Den größten Teil dieser Praktik kann man realisieren, indem man geeignete Flipchart-Zettel und Ausdrucke an den Wänden des Teamraums aufhängt.
- **Energiegeladene Arbeit**: Die Arbeit in einem XP-Projekt ist energiegeladen, d. h., alle Teammitglieder sind engagiert bei der Sache und bringen vollen Einsatz.

- **Pair Programming**: Das Pair Programming ist immer schon eine der auffälligsten XP-Praktiken gewesen: Zwei Entwickler sitzen vor einem Rechner mit einer Tastatur und programmieren gemeinsam, wobei abwechselnd mal der eine, mal der andere die Tastatur bedient.
- **Geschichten**: Die Anforderungen werden in XP-Projekten als informelle Geschichten (engl. Stories) aufgeschrieben. Wer genau diese Geschichten schreibt, der Kunde oder die Entwickler, lässt XP heute offen. Zunächst ist nur wichtig, dass Anforderungsgeschichten existieren.
- **Wochenzyklus**: Eine Iteration dauert eine Woche, denn eine Woche ist eine natürliche Zeiteinheit für Teams. Sie ist überschaubar und klein genug für eine detaillierte Planung. Dabei handelt es sich um einen Erfahrungswert.
- **Quartalszyklus**: Ein Release dauert ein Quartal. Auch hier handelt es sich um einen Erfahrungswert. Ein großer Vorteil solcher vom Kalender vorgegebenen Zeiträume besteht darin, dass man sie nicht künstlich verlängern kann. Ein Quartal endet zu einem festgelegten Zeitpunkt und nicht zehn oder 20 Tage später (mit mehr Funktionalität im System).
- **Freiraum**: Entwickler brauchen zwischendurch Freiraum, um sich mit den Neuerungen außerhalb des Projekts vertraut zu machen. Ansonsten werden sie schnell vom technologischen Geschehen abgehängt und sind dann im nächsten Projekt weniger gut einsetzbar. Es kann auch vorkommen, dass die Entwickler während ihrer Freiraumphasen auf Technologien oder Vorgehensweisen stoßen, von denen bereits ihr aktuelles Projekt profitieren kann.
- **Zehn-Minuten-Build**: Es darf maximal zehn Minuten dauern das Projekt zu übersetzen und die Tests auszuführen. Diese Forderung mag in großen Projekten unerfüllbar scheinen, mit einer geschickten Aufteilung in Teilprojekte kann man ihr aber sehr nahekommen.
- **Kontinuierliche Integration**: Die Entwickler integrieren ihre Änderungen mehrfach am Tag in die gemeinsame Quelltextbasis.
- **Testgetriebene Entwicklung**: Bei der testgetriebenen Entwicklung wird der Testcode vor dem Produktivcode geschrieben. Die Tests werden nach jedem Programmierschritt ausgeführt und liefern Rückmeldung über den Entwicklungsstand der Software.
- **Inkrementeller Entwurf**: Der Softwareentwurf soll inkrementell erfolgen, also schrittweise entlang der Anforderungen. Dabei sollen immer nur die nächsten, konkret bekannten Anforderungen berücksichtigt werden (Tab. 9.2).

Tab. 9.2 eXtreme Programming

Steckbrief: eXtreme Programming
• Legt großen Wert auf Qualitätssicherung durch testgetriebene Entwicklung und Pair-Programming.
• Macht klare Vorgaben für Management, Team und Programmierung.
• Äußerst mächtige, aber anspruchsvolle Methode.

9.2.3 Kanban

Kanban stellt das jüngste Mitglied in der Familie der agilen Methoden dar. Allerdings handelt es sich hierbei weder um eine Entwicklungsmethode (wie bei XP), noch um ein Managementframework (wie bei Scrum). Vielmehr stellt Kanban eine Methode zum Change Management dar. Das Ziel besteht darin, den bestehenden Entwicklungsprozess schrittweise zu verbessern. Kanban wird also auf einen bestehenden Entwicklungsprozess aufgesetzt und lässt sich deshalb auch problemlos sowohl mit anderen agilen Ansätzen als auch mit herkömmlichen Methoden wie dem Wasserfallmodell kombinieren. Dabei basiert Kanban auf den folgenden Kernpinzipien:

- Beginne dort, wo du dich im Moment befindest.
- Komme mit den anderen überein, dass inkrementelle, evolutionäre Veränderungen angestrebt werden.
- Respektiere den bestehenden Prozess sowie die existierenden Rollen, Verantwortlichkeiten und Berufsbezeichnungen.

Im Gegensatz zu vielen anderen Veränderungsinitiativen wird in Kanban in kleinen Schritten vorgegangen, während disruptive Veränderungen nicht vorgesehen sind. Vielmehr werden immer wieder kleine Anpassungen am bestehenden Prozess vorgenommen und dann beobachtet, welche Auswirkungen sich hieraus ergeben (Abb. 9.3).

Kanban-Systeme weisen fünf Kerneigenschaften auf. So spielt die *Visualisierung* eine große Rolle in Kanban und sie stellt stets den ersten Schritt bei der Kanban-Einführung dar. Dabei sollte die Visualisierung möglichst einfach und übersichtlich sein und sich flexibel anpassen lassen. Zu diesem Zweck haben sich Whiteboards als gutes Mittel herausgestellt (Abb. 9.4).

Die einzelnen Prozessschritte werden als Spalten dargestellt und die Anforderungen auf Karteikarten oder Haftnotizen notiert. Diese Tickets durchlaufen dann das Kanban-Board von links nach rechts. Gute Kanban-Boards machen sehr schnell deutlich, in welchem Zustand sich die einzelnen Tickets befinden, wie sich die Arbeit verteilt und wo Probleme bestehen. Weiterhin werden *Limits* für die einzelnen Prozessschritte definiert. Diese Limitierung verhindert die schädlichen Auswirkungen von Multitasking

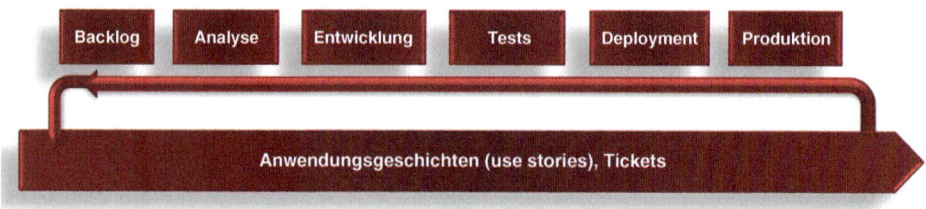

Abb. 9.3 Kanban

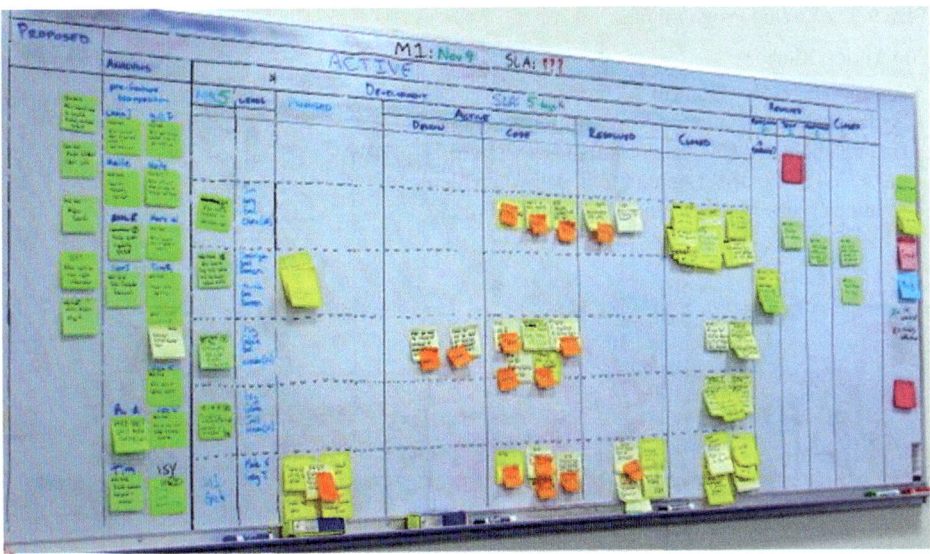

Abb. 9.4 Kanban-Boards

(Zeitverschwendung durch Kontextwechsel, Flüchtigkeitsfehler), erhöht die Qualität und verkürzt die Durchlaufzeit für jedes einzelne Ticket. Darüber hinaus werden durch die sogenannten Work-in-Progress-Limits Engpässe und Probleme schneller sichtbar, sodass das Team Verbesserungsmaßnahmen ergreifen kann. Kanban legt auch großes Gewicht auf *quantitatives Management*. Das bedeutet, dass konsequent Metriken erfasst und ausgewertet werden. Diese Metriken bilden dann den Ausgangspunkt für kleine Anpassungen am Kanban-System. Die wichtigste Metrik in Kanban stellt die Durchlaufzeit (Lead Time) dar, also die Zeit, die ein Ticket benötigt, um das gesamte System zu durchlaufen. Diese Zeit soll kontinuierlich verkürzt werden, um dem Auftraggeber bzw. Kunden möglichst häufig Wert zu liefern. Interessanterweise hat sich gezeigt, dass sich auch die Qualität erhöht und die Teamarbeit verbessert, wenn man die Durchlaufzeit kontinuierlich verkürzt. Weitere Metriken, die häufig von Kanban-Teams verwendet werden, sind der Durchsatz, die Fehlerrate und die Termintreue. Außerdem wird in Kanban angestrebt, ein System aufzubauen, in dem sich die Teammitglieder selbstständig neue Tickets für die Bearbeitung ziehen können. Darüber hinaus sollen sie Probleme leicht erkennen, diskutieren und beheben können. Hierfür ist es nötig, die impliziten *Prozessregeln* explizit zu machen und möglichst gut sichtbar zu haben (z.B. auf einem Flipchart neben dem Kanban-Board). Zu guter Letzt ist Kanban mit *Kaizen*, also die kontinuierliche Verbesserung in kleinen Schritten, untrennbar verbunden. Um Chancen für solche Verbesserungen zu erkennen und zu diskutieren, hat es sich als sinnvoll erwiesen, verschiedene Modelle gemeinsam mit Kanban zu verwenden. Die Engpasstheorie, Systems Thinking, die Ideen Edward Demings, das Toyota Production System und die Real-Options-Theorie stellen solche Modelle dar (Tab. 9.3).

Tab. 9.3 eXtreme Programming

Steckbrief: Kanban
• Agile Change-Management-Methode
• Änderungen werden in kleinen Schritten durchgeführt
• Dadurch höhere Akzeptanz bei allen Beteiligten
• Lässt sich mit anderen agilen Methoden kombinieren
• Kontinuierliche Verbesserung als wichtiges Prinzip

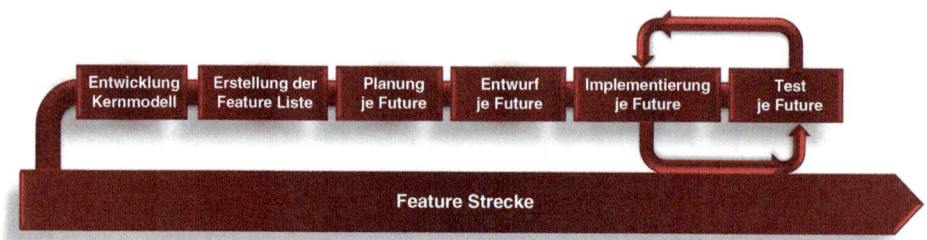

Abb. 9.5 Feature-Driven Development

9.2.4 Feature-Driven Development

Feature-Driven Development (FDD) stellt ein weiteres, mächtiges, agiles Vorgehensmodell zur Entwicklung kognitiver Lösungen dar (Abb. 9.5). Im Mittelpunkt von FDD steht der Feature-Begriff: Jedes einzelne Feature stellt einen Mehrwert für den Kunden dar, und die Softwareentwicklung wird durch die Features gesteuert. In FDD-Projekten sind die folgenden fünf Prozesse vorgesehen:

Dabei definieren Fachexperten und Entwickler unter Leitung des Chefarchitekten Inhalt und Umfang des zu entwickelnden Systems. In Kleingruppen, die jeweils aus einem Fachexperten und zwei bis drei Entwicklern bestehen, werden Fachmodelle für die einzelnen Bereiche des Systems erstellt, in der Gesamtgruppe vorgestellt, ggf. überarbeitet und schließlich integriert. Das Ziel dieser ersten Phase ist es, einen Konsens über Inhalt und Umfang des zu entwickelnden Systems herzustellen sowie das fachliche *Kernmodell* zu erarbeiten. Bei der Modellierung wird in der Regel ein Ansatz namens „Modeling in Color" verwendet. Die ganze Modellierung bleibt dabei stets leichtgewichtig: Modelliert wird auf Flipcharts, die Änderbarkeit wird durch den Einsatz von Haftnotizen sichergestellt.

Die Entwickler detaillieren die im Gesamtmodell festgelegten Fachgebiete in Features. Dazu wird ein dreistufiges Schema verwendet: Fachgebiete bestehen aus Geschäftstätigkeiten, die durch Schritte ausgeführt werden. Die Schritte entsprechen den Features. Features werden sehr prägnant nach dem einfachen Schema <Aktion><Ergebnis><Objekt> beschrieben. Die Realisierung eines Features darf maximal zwei Wochen benötigen. Die meisten Features dauern jedoch nur wenige Stunden oder Tage. Das Ergebnis dieses Prozesses ist eine kategorisierte *Feature-Liste*. Der Projektleiter, der Entwicklungsleiter und die Entwickler planen sodann die Reihenfolge, in der Features realisiert werden sollen. Dabei richten sie sich nach den Abhängigkeiten zwischen den Features, der Auslastung der Entwicklerteams sowie der Komplexität der Features. Auf Basis dieses *Plans* werden die Fertigstellungstermine je Geschäftsaktivität festgelegt. Jede Geschäftsaktivität bekommt einen Entwickler als Besitzer (Owner) zugeordnet. Außerdem werden für die bekannten Kernklassen Entwickler als Verantwortliche (Owner) festgelegt. Auf dieser Basis werden Feature-Pakete geschnürt und durch temporäre Feature-Teams realisiert. Als nächstes werden die anstehenden Features den Entwicklerteams auf Basis des Klassenbesitztums zugewiesen. Die Entwicklerteams ergeben sich also dynamisch je Feature aus den Klassenverantwortlichen der zugehörigen Klassen. Diese Feature-Teams erstellen gemeinsam ein oder mehrere *Sequenzdiagramme* für die Features und die Entwickler verfeinern die *Klassenmodelle* auf Basis der Sequenzdiagramme. Die Entwickler schreiben dann erste Klassen- und Methodenrümpfe. Schließlich werden die erstellten Ergebnisse gemeinsam zur Qualitätssicherung systematisch inspiziert. Bei fachlichen Unklarheiten können die Fachexperten hinzugezogen werden. Die Entwickler programmieren daran anschließend die im vorigen Prozess entworfenen Features. Bei der Entwicklung werden Codeinspektionen und Komponententests zur Qualitätssicherung eingesetzt. Insofern werden Entwurf und Implementierung je Feature nacheinander durchlaufen, sodass sie in der Praxis ineinander übergehen. Damit laufen in einem Projekt in der Regel viele dieser Prozesse gleichzeitig, weil Features parallel abgearbeitet werden. Im Gegensatz zu anderen agilen Methoden fällt auf, dass es für Entwurf und Konstruktion der Features kein Iterationskonzept gibt. Das ist der vorgelagerten Modellierung und einer Vorstellung von Festpreispolitik geschuldet. Eine kundengetriebene Umplanung der Inhalte zur Projektlaufzeit ist nur in sehr geringem Maße möglich. Eine inkrementelle Auslieferung ist bei passender zeitlicher Planung der Einzelfeatures jedoch problemlos machbar und auch erwünscht.

Die Planungsprozesse beanspruchen nur kurze Zeiträume (wenige Tage, maximal drei Wochen). Entwurf und Konstruktion je Feature werden in ständigem Wechsel durchgeführt. Jedes Feature wird in maximal zwei Wochen realisiert. Ein FDD-Projekt darf insgesamt einen Zeitraum von sechs Monaten nicht überschreiten, sonst muss es in mehrere aufeinanderfolgende Projekte aufgeteilt werden. Anders als andere agile Methoden setzt FDD nicht auf selbstgesteuerte Teams, sondern sieht explizit die Rolle eines Verantwortlichen vor. Deshalb kommt FDD großen und heterogenen Teams entgegen und harmoniert gut mit klassischen Organisationsstrukturen.

Steckbrief: Feature-Driven Development

- Stellt elegante Strukturierungsmöglichkeiten für Anforderungen vor
- Auch für große und heterogene Projektteams gut geeignet
- Bietet in dieser Konstellation durch sein Rollenmodell eine gesunde Basis für ein diszipliniertes Vorgehen
- Für Festpreisprojekte sehr gut geeignet
- Lässt sich leichter als andere agile Methoden in große Organisationen einführen

9.2.5   Cognitive Organisation Backbone

Um sich technologisch „fit" zu machen, können Organisationen oftmals nicht einfach ihre bestehende Infrastruktur in einem „Big Bang-Verfahren" austauschen, d.h. das Alte durch ein Neues auf einen Schlag ersetzen. Aus Kostengründen und mit Blick auf die Komplexität der bestehenden Applikationen werden bisherige Programme im Rahmen einer funktionalen Dekomposition als Interoperationsmodell modelliert und die funktionalen und prozessualen Anforderungen in Form von Interoperationsservices implementiert.

Mit einem sogenannten *Cognitive Organisation Backbone* lassen sich die einzelnen Organisationsobjekte und deren Interoperationen und damit die Integration verteilter Dienste in der Anwendungslandschaft einer Organisation sicherstellen. Damit wird gleichzeitig die IuK-Infrastruktur, die eine Organisation für die Integration der Interoperationen benötigt, in ihrer Anwendungslandschaft definiert. Im Regelfall erfolgt die Kommunikation über ein zentrales Chunkboard-System, dass die Punkt-Zu-Punkt-Verbindungen zwischen Anbietern und Nutzern von diesen Hard- und Soft- und Orgware-Diensten intelligent orchestriert.

▶   Ein Cognitive Organisation Backbone stellt eine Lösung dar, die sowohl die Organisationobjekt selbst, deren Interoperationen in Form von Services, als auch Daten, Information und Wissen zwischen diesen Organisationsobjekten orchestriert.

Im Kern besteht diese Lösung aus einem Chunkboard-System („Schwarzes Brett"), über das Nachrichten (engl. messages) und/oder Ereignisse (engl. events) ausgetauscht werden können. Interoperationen verbinden ihre Schnittstellen über Endpunkte (engl. endpoints) mit diesem Chunkboard-System. Interoperationsnutzer kommunizieren nun mit einem Interoperationsanbieter, indem sie mit dem Interoperationsanbieter über das Chunkboard-System Nachrichten oder Ereignisse austauschen.

Eine Interoperation umfasst eine fachlich und/oder technisch wohldefinierte Teilmenge der Funktionalität, mit der die IuK die Organisationsprozesse (Strukturen, Wertschöpfungsketten, Geschäftsprozesse, Produktionsprozesse, Simulationen, etc.) unterstützt. Die Interoperation ist als Methode implementiert, indem sie auf die einzelnen Organisationsobjekte einwirkt und sich somit auf die Organisation als Ganze und deren Umwelt auswirkt.

Bildlich und in Anlehnung an das biologische fungiert der Backbone als eine Art artifizielles Organisations-Nervensystem unter anderem als Integrationsschicht und ermöglicht das Zusammenspiel von Interoperationen und Dienstleistungen in heterogenen IuK-Umgebungen. Hierüber lassen sich auch bestehende Geschäfts- bzw. Produktionsprozesse und bestehende Anwendungen (Legacy-Systeme) integrieren. Deswegen ist ein zentraler Bestandteil jedes Backbone ein sogenannter Integrations-Layer in Form eines Chunkboard-Systems, der dynamische Interaktionen und Interoperationen unterstützt. Dieser Layer muss sicherstellen, dass Veränderungen nahezu just-in-time bewältigt werden können, die beispielsweise immer dann entstehen, wenn das Geschäft wächst, neue Kunden und Partner angesprochen und in die bestehende Systemlandschaft aufgenommen werden müssen. Dazu unterstützt der Backbone die Weiterentwicklung bestehender und die schnelle Erweiterung neuer Interoperationsangebote.

Die technischen Eigenschaften von Interoperationsanbietern und Nutzern unterscheiden sich in heterogenen Anwendungslandschaften beträchtlich. Weder die verwendeten Betriebssystemplattformen, noch die unterstützten Kommunikationsprotokolle, Datenformate und Datenstrukturen sind im Allgemeinen unmittelbar kompatibel. Durch die möglichen Punkt-Zu-Punkt-Verbindungen werden die entsprechenden Unterschiede jeweils bilateral verknüpft und somit in das Chunkboard-System integriert. Diese Integration erfolgt mittels sogenannter Adapter, die als Teil der physischen Kopplung zwischen Dienstanbietern und Dienstnutzern den Signal-, Daten-, Informations- und Wissensaustausch sicherstellen.

Das Cognitive Organisation Backbone umfasst unter anderem die folgenden Vitalfunktionen:

- Inventarisierung (Registry) für Organisationsobjekte und deren Interoperationsangebote.
- Dynamisches Routing und Transformationen zwischen Interoperationsangeboten.
- Als Vermittler ermöglicht sie die Einhaltung der Policies, die mit Routing-Regeln, Transformationen, Sicherheit, Rechte und Rollen verbunden sind.
- Durch die Verfügungstellung von Adaptoren, wird die Integration vieler unterschiedlicher Anwendungen ermöglicht.
- Eine Interoperation-Orchestrierung auf Basis einer BPM-, BRM- und BI-Engine, die die Ausführung der Interoperationsangebote steuert.
- Sicherstellung von Transformationen in Form von Transformationsdiensten. So werden Daten von einem Format und einem Modell in ein anderes Format und ein anderes Modell transformiert, um Unterschiede in den Datenformaten und Datenmodellen zwischen Interoperationsanbietern und Nutzern auszugleichen.
- Routingdienste nehmen Nachricht oder Ereignisse entgegen und leiten sie nach vordefinierten Geschäfts- oder Prozessregeln an die richtigen Empfänger weiter.
- Ein Orchestrierungsdienst kann den Fluss von Nachrichten und Ereignissen zwischen Interoperationsnutzern und Anbietern basierend auf vordefinierten oder lernfähigen Prozessmodellen prozessual- und funktional optimiert aussteuern.

Insofern ist der Cognitive Organisation Backbone zum einen der Garant dafür, die Anwendungslandschaft einer Organisation kosteneffizient, agil, adaptiv, lernfähig und damit skalierbar zu gestalten. Zum anderen stellt er die Funktionsabdeckung (ERP-, MIS-, PPS-Funktionen, etc.) als auch die Struktur- (Konzern-, Unternehmen-, Bereiche-, Abteilungen, Teams-, Organisationsobjekte)- und Prozessabdeckung (Wertschöpfung, Geschäftsprozesse, Produktionsprozesse) sicher (Abb. 9.6).

Mit solch einem Backbone ergeben sich über die konkrete Anwendung dieses organisatorischen Rückgrades hinaus ganz neue Möglichkeiten: Komponenten erfassen den eigenen Lebenszyklus. Sie interagieren bereits im Herstellungsprozess mit entsprechenden Produktionsmitteln und liefern Steuerungsinformationen für die kundenspezifische Fertigung. Sie

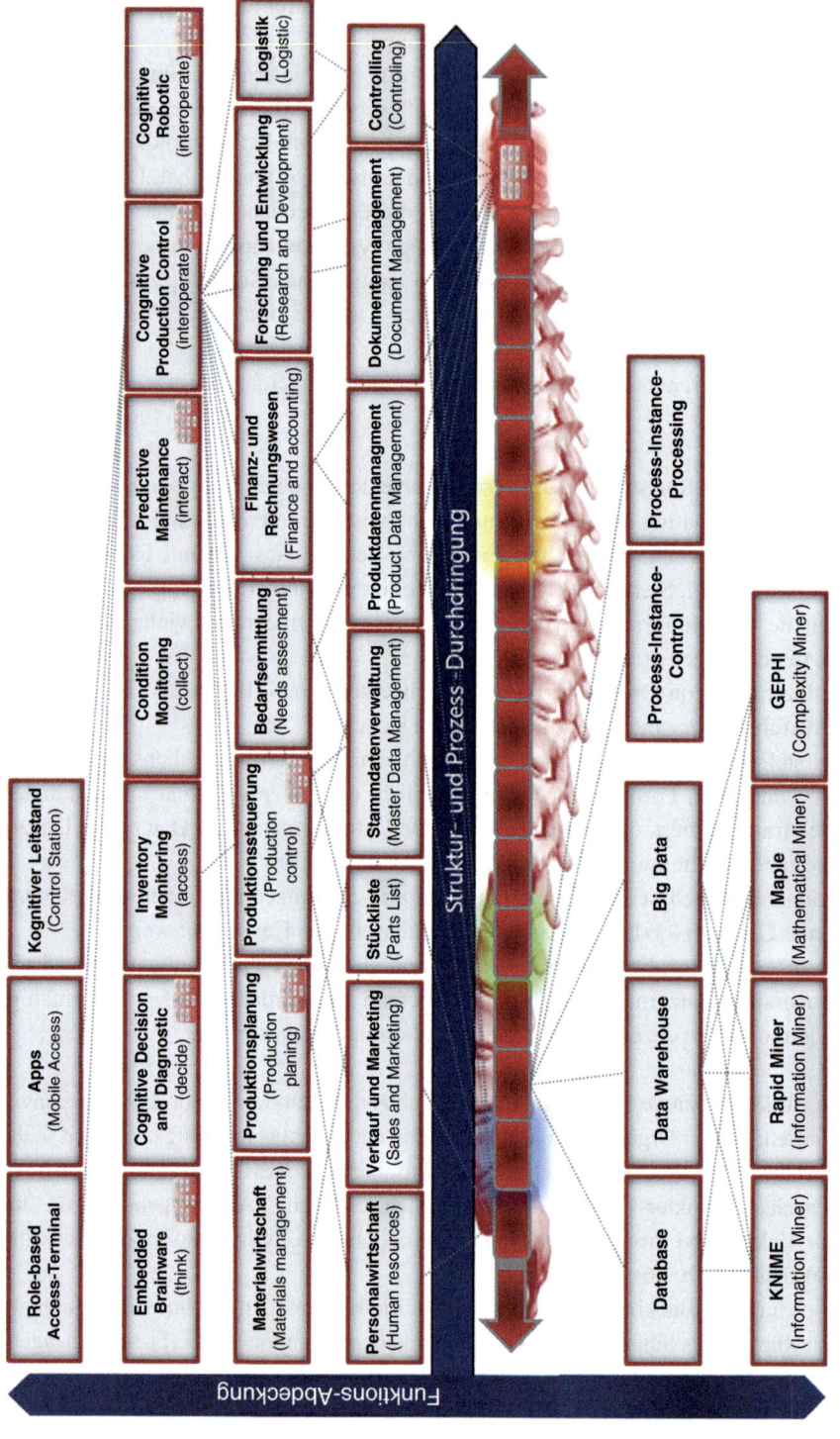

Abb. 9.6 Cognitive Organisation Backbone

steuern logistische Einheiten und finden quasi selbstständig den Weg durch die Fabrikhalle über die Transportkette bis hin zum Kunden. Sie überwachen sich selbst: Hersteller profitieren von der Rückkopplung qualitätsrelevanter Informationen (Rückverfolgung von Fehlern), Nutzer werden automatisch über erforderliche Wartungsmaßnahmen, neue Anwendungsmöglichkeiten oder neue Dienstleistungsangebote informiert (After-Sales-Management). Sie liefern Informationen über die Kosten der Nutzung, die Außerbetriebnahme und die Steuerung von Recyclingprozessen (Produktlebenszyklusmanagement). Diese sicherlich nur unvollständige Aufzählung lässt bereits erahnen, welche Möglichkeiten und Chancen sich durch eine solche funktionale Abdeckung und prozessuale Durchdringung der Organisation ergeben.

9.3 Personalentwicklung

Der Ansatz der kognitiven Organisation fasst die Organisationsentwicklung als kontinuierlichen Verbesserungs- bzw. Lernprozess auf und ist damit eng verbunden mit der Frage, wie sich das Personal ebenfalls weiterentwickelt. Die detaillierte Behandlung der in diesem Zusammenhang stehenden Instrumente für die Personalentwicklung würde sicherlich den Rahmen dieses Buches sprengen und kann daher an dieser Stelle nur perspektivisch erfolgen. Vor allem in der betriebswirtschaftlichen Literatur findet man eine Fülle von Instrumenten für die verschiedenen Probemstellungen der Personalentwicklung. Aber einerseits scheint es keine universell wirksamen Praktiken und Instrumente zu geben, die unabhängig von Branche, Organisationskultur und/oder -strategie effektiv eingesetzt werden können. Andererseits wurden viele dieser Instrumente in, von und für industrielle Großorganisationen entwickelt und eignen sich nur bedingt für den direkten Einsatz zur Entwicklung kognitiver Organisationen und ihrer Mitarbeiter. Jede Organisation ist zur Drucklegung dieses Buches daher noch darauf angewiesen, ihre Instrumente der Personalentwicklung nicht zur zu finden, sondern vor allem auf ihren Kontext, ihre Größe, ihre Spezifika, ihre strategische Ausrichtung sowie ihre Organisationskultur auszurichten. So lassen sich aus dem Angebot von Instrumenten bestimmte Teile auswählen und dem eigenen Kontext anpassen. Auf diese Weise kann zunächst ein schlankes, gut adaptiertes Set von Methoden bzw. Instrumenten entwickelt und als Ausgangsbasis für den sukzessiven Ausbau verwendet werden. Im Folgenden können die Instrumente entsprechend den Anforderungen schrittweise erweitert werden.

Für den Prozess der Personalentwicklung unter Berücksichtigung kognitiver Aspekte hat sich die folgende phasenorientierte Vorgehensweise bewährt:

- Klärung der Bedarfssituation.
- Ermittlung der Potenziale der Mitarbeiter und ihrer Entwicklungsbedürfnisse.
- Abgleich zwischen Bedarf und Potenzial für die Maßnahmenplanung.
- Durchführung der Förder- und Entwicklungsmaßnahmen.
- Dokumentation und Evaluation der Maßnahmen.

9.3.1 Klärung der Bedarfssituation

Für eine erfolgreiche und strategisch ausgerichtete Personalentwicklung gilt es zunächst zu definieren, welcher echte Bedarf an Personalentwicklung besteht. Als Bedarf gilt dabei pragmatisch all das, was fehlt, um die aktuellen und zukünftigen Ziele der Organisation zu erreichen. Im Zentrum stehen dabei folgende Fragen:

- Welche Herausforderungen kommen auf die Organisation zu?
- Welche Ziele sollen in den kommenden Jahren verstärkt verfolgt werden?
- Welche Ressourcen stehen dafür derzeit zur Verfügung?
- Welche Lücken werden auf dem Weg zur Erreichung der strategischen Ziele gesehen?

Die folgenden, klassischen Instrumente zur Bedarfsermittlung haben sich in der Praxis bewährt:

- **Vier-Felder-Matrix (SWOT)**: Durch ein Fadenkreuz entstehen vier Felder, in denen die Stärken/Erfolge (strength/succes), Schwächen (weaknesses), Chancen/Potenziale (opportunities) und Gefahren/Hindernisse (threats) der Organisation eingeschätzt werden. Aus der Gesamtbetrachtung der vier Felder lässt sich der Bedarf zielorientiert ableiten.
- **Analyse der strategischen Erfolgspositionen**: Hier wird ein Raster verwendet, um in strukturierter Weise den strategischen Bedarf zu ermitteln. Es eignet sich darüber hinaus als Ausgangspunkt für die Entwicklung von Maßnahmen zur Personalentwicklung. Diesem geht die Definition der strategischen Erfolgspositionen (Ziele) und die Formulierung der operativen Ziele voraus. Im Rahmen dieser Analyse wird auch geprüft, welche Fähigkeiten bzw. Voraussetzungen bereits vorhanden sind.
- **Szenariotechnik**: Man sammelt systematisch Informationen und bündelt diese in kurzen und prägnanten Beschreibungen von Szenarien. Durch die narrative Erzählform lassen sich komplexe Daten, Informationen und Zusammenhänge griffig und verständlich machen. Ziel der Szenariotechnik ist es, Klarheit darüber zu gewinnen, welche Faktoren die Zukunft der Personalentwicklung bestimmen, um in Anschluss daran Maßnahmen zu entwickeln. Auf der Basis solcher Maßnahmenkataloge kann die Organisation gezielt und eventuell prophylaktisch agieren.

9.3.2 Potenzialeermittlung

Das sicherlich umfangreichste Instrumentarium des Human Ressource Managements (HRM) umfasst die Problemstellung des Eignungspotenziales und der Entwicklungsbedürfnisse von Mitarbeitern. Die Kenntnis der Anforderungen jedes einzelnen Aufgabengebietes ist hier eine notwendige Voraussetzung dafür, die Aufgaben optimal zu bearbeiten. Die Entwicklung von Anforderungsprofilen ist daher als ein wichtiges Element anzusehen.

Um sich über das Wissen und die Fähigkeiten der Mitarbeiter ein realistisches Bild machen zu können, ist es hilfreich, zusätzlich entsprechende Kompetenzprofile zu erstellen.

- **Anforderungsprofile**: Diese müssen weniger formalen Gesichtspunkten genügen als Stellenbeschreibungen, enthalten daher im Vergleich weniger Informationen und sind leichter zu entwickeln. Sie beschreiben kurz und prägnant die zu erfüllenden typischen Arbeitsanforderungen, die Zuständigkeiten und Entscheidungsbefugnisse für jeden Arbeitsplatz oder jede Funktionsstelle. Aufgabenprofile sind insbesondere auch bei inhaltlichen oder strukturellen Veränderungen ein hilfreiches Steuerungsinstrument, um den strategischen Einsatz und die Entwicklung von Personal zielorientiert zu bewerkstelligen. Daher müssen Anforderungsprofile bei der inhaltlichen Gestaltung sowohl die gegenwarts- als auch die absehbaren zukunftsbezogenen Anforderungen an den Stelleninhaber berücksichtigen.
- **Kompetenzprofile**: Zunächst gilt es zwischen Kompetenzen und Qualifikationen zu differenzieren. Qualifikationen umfassen das aktuelle Wissen und die gegenwärtig vorhandenen Fähigkeiten, die orientiert an einem Anforderungsprofil von einer externen Stelle überprüft und zertifiziert werden. Kompetenzen hingegen umfassen eine wohldefinierte Menge von körperlichen (praktisches Können) und kognitiven Fähigkeiten, Einstellungen und Werten (Dispositionen), um Probleme oder Aufgaben zielorientiert und verantwortungsvoll zu lösen, die Lösungen zu bewerten und das eigene Repertoire an Handlungsmustern durch Lernen weiterzuentwickeln. Im Unterschied zu Qualifikationen müssen diese nicht überprüft und zertifiziert sein. Kompetenzen können somit zwar Teil von Qualifikationen sein, umgekehrt können sie aber auch (zum Teil weit) über Qualifikationen hinausgehen. Kompetenzen können bestimmten Feldern/Klassen zugeordnet werden. Eine in der Praxis bewährte Einteilung stellen personale, aktivitäts- und umsetzungsorientierte, fachlich-methodische und sozial-kommunikative Kompetenzklassen dar. Diese werden oft auch als Schlüsselkompetenzen bezeichnet.

Zur Entwicklung eines *Anforderungsprofils* hat sich folgende Vorgehensweise in der Praxis bewährt:

- Zunächst wird ein Katalog notwendiger und wünschenswerter Anforderungen entwickelt, die in das Profil aufgenommen werden müssen. Die notwendigen Anforderungen müssen in jedem Fall vom Stelleninhaber erfüllt sein, wie z. B. der Führerschein bei einem Taxifahrer. Auch wünschenswerte, für die Stelle typische Anforderungen, werden erfasst, können aber in der Praxis mit unterschiedlichem Ausprägungsgrad erfüllt sein oder erworben werden, wenn der Mitarbeiter die Stelle bereits innehat. In der Regel sollten nicht mehr als zehn bis fünfzehn Merkmale formuliert werden, um eine Stelle eindeutig zu kennzeichnen. Ein Mehr führt meistens zu Unübersichtlichkeit und Überschneidungen.
- Daran anschließend werden diese Anforderungen gewichtet, da nicht alle immer komplett erfüllt sein müssen. Es wird also festgehalten, welche Merkmale besonders wichtig

sind und bei welchen eher Abstriche hingenommen werden können. Hierzu haben sich die Kategorien „stark ausgeprägt", „ausgeprägt" und „weniger ausgeprägt" bewährt.
- Als letzter Schritt wird ein Raster erstellt, mit dem die konkreten Stellen analysiert werden. Ergebnis sind zielgruppenspezifische und individuelle Entwürfe von Anforderungsprofilen, die mit den entsprechenden Organisationseinheiten und Stelleninhabern intern abgestimmt und dann verabschiedet werden

Zur Entwicklung von Kompetenzprofilen kann man auf einen reichen, aber auch sehr unübersichtlichen Erfahrungsschatz zurückgreifen. Dieser reicht von qualitativen bis zu quantitativen Verfahren, bei denen zusätzlich die Pole Selbst- und Fremdbeobachtung unterschiedlichen Stellenwert einnehmen. Den qualitativen Verfahren liegt ein biografisches Vorgehen zugrunde. Dabei werden aus den geleisteten Tätigkeiten Kompetenzen abgeleitet. Quantitative Verfahren arbeiten mit Listen von vorgegebenen Kompetenzen. Ausgehend von der Bearbeitung von Aufgaben (häufig in Form von Fragebögen) werden mit Hilfe meist digitaler Auswertungen Rückschlüsse auf Kompetenzen gezogen. Darüber hinaus lassen sich Verfahren mit Entwicklungs- und solche mit Anforderungsorientierung unterscheiden. In produktionsnahen Kontexten liegt der Schwerpunkt auf anforderungsorientierten Verfahren, bei denen die aktuellen oder zukünftigen Arbeitsaufgaben den Ausgangspunkt darstellen. Dabei wird häufig die Struktur der Anforderungsprofile zugrunde gelegt.

9.3.3 Bedarf- und Potenzialabgleich

Nach der Bedarfsermittlung geht es darum, den konkreten Entwicklungsbedarf der einzelnen Mitarbeiter abzuleiten. Dafür ist ein Vergleich zwischen der Bedarfssituation der Organisation und den Potenzialen und Entwicklungsbedürfnissen der Mitarbeiter notwendig. Um dabei die sich permanent ändernden Bedingungen adäquat berücksichtigen zu können, wird empfohlen, diesen Vergleich in regelmäßigen Abständen vorzunehmen. Dabei wird im Rahmen von Beratungs- und Fördergesprächen gemeinsam im Dialog mit den Mitarbeitern ein Profilvergleich vorgenommen und ggf. entsprechende Maßnahmen geplant bzw. vereinbart. Dabei lässt sich grundsätzlich das Beurteilungs-, das Zielvereinbarungs- und das Entwicklungs- oder Fördergespräch voneinander unterscheiden. In der Praxis werden diese drei Gesprächstypen allerdings oftmals nicht sauber getrennt, sondern zusammen als so genanntes „Mitarbeitergespräch" geführt. Letzteres birgt den Vorteil, die wichtigsten Punkte der übergreifenden Personalführung (Leistungsbeurteilung, Zielvereinbarung und Entwicklungsmöglichkeiten bzw. -notwendigkeiten) zusammenhängend zu besprechen. Dafür muss man allerdings den Nachteil in Kauf nehmen, dass für ein solches Gespräch mehr Zeit eingeplant werden muss. Erschwerend kommt hinzu, dass die drei Typen von Mitarbeitergesprächen unterschiedliche Zielsetzungen verfolgen, die im Gespräch für beide Gesprächspartner eindeutig voneinander abgegrenzt sein müssen. Inhalt und Ablauf eines reinen Fördergespräches, dessen Hauptfunktion darin liegt, den Mitarbeitern Entwicklungserfordernisse und -möglichkeiten aufzuzeigen, sind inhaltlich und didaktisch anders auszugestalten als die beiden anderen Gesprächstypen. Ob die drei Gesprächstypen voneinander getrennt geführt werden, ob es Vier-Augen-Gespräche oder Teambesprechungen sind, gilt es also situativ zu entscheiden. Wichtig ist jedoch, dass die Ziele eines Gespräches mit Mitarbeitern vorab klar und transparent sind.

Für die organisatorische und inhaltliche Vorbereitung, Durchführung und Dokumentation des Gespräches wird in der Praxis häufig mit Checklisten gearbeitet. Dafür gibt es eine Reihe von Mustern und Beispielen, aus denen sich leicht ein Instrument für den eigenen Kontext zusammenstellen lässt.

▶ Beisspielsweise setzt sich ein Fragenkatalog aus folgenden Fragen zusammen: Waren Ihnen in der Vergangenheit Ihre Arbeitsziele ausreichend bekannt? Was hat Sie in der Vergangenheit bei ihrer Arbeit besonders behindert oder begünstigt? Welche Arbeitsziele sehen Sie für die Zukunft als wichtig an? Mit welchen inhaltlichen oder organisatorischen Änderungen ist zu rechnen? Konnten Sie in der Vergangenheit alle Ihre Fähigkeiten zum Einsatz bringen? Sehen sie eine andere Tätigkeit als geeigneter an? Welche Erwartungen haben sie an die Organisation hinsichtlich Ihrer beruflichen Weiterbildung? Welche Position in der Organisation streben Sie an? Decken sich Ihre eigenen Erwartungen mit den Notwendigkeiten der Organisation?

Am Ende des Fördergespräches steht eine von Vorgesetztem und Mitarbeiterdem gemeinsam getragene konsensuelle Vereinbarung über die geplanten Fördermaßnahmen.

9.3.4 Durchführung der Entwicklungsmaßnahmen

Die Bandbreite der Fördermöglichkeiten ist groß und unübersichtlich. Darum wird verständlicherweise häufig auf altbekannte und damit klassische Formen zurückgegriffen. Dabei gilt es zu bedenken, dass nicht die Anzahl an Fördermaßnahmen den Ausschlag für den größtmöglichen Erfolg mit sich bringt. Vielmehr lassen sich mit gezielten und auf die spezifischen Bedürfnisse der eigenen Einrichtung und der betreffenden Mitarbeitern zugeschnittenen Maßnahmen die stärksten Effekte in der Weiterentwicklung des Personals erzielen.

Neben der eher klassischen Form des Seminars gibt es eine Vielzahl weiterer Möglichkeiten, die sich zur Weiterentwicklung der Mitarbeiter eignen und leicht in den Arbeitsalltag integrieren lassen:

• **Fortbildungsveranstaltungen** und **Seminare**: Bei der Auswahl einer geeigneten Fortbildung werden am besten zunächst die Vor- und Nachteile verschiedener Varianten abgewogen: intern, extern, auf die eigene Organisation zugeschnitten oder „von der Stange", Qualifikationsbausteine zum Erfahrungslernen, Experten-Hearings, durch Know-how-Impulsgeber.

- **Knowledge Breakfirst**: In lockerer Umgebung können Möglichkeiten für internen Austausch und Wissensmanagement geschaffen oder verbessert werden. Im Rahmen von strukturiertem Erfahrungsaustausch und kollegialer Fallberatung können einerseits neue Inhalte erarbeitet werden und andererseits bestehende Kommunikationswege in der Organisation verbessert oder neue geschaffen und ihre Nutzung geübt werden.

- **Interdisziplinäre Projektgruppen**: Gerade wenn sich eine Organisation mit vielen Veränderungen auseinandersetzen muss, können Projektgruppen neben dem konkreten Innovations- und/oder Veränderungsprojekt für die Entwicklung von Kompetenzen bei Mitarbeitern genutzt werden. Über solche Projekte lassen sich Teamkompetenzen, Projektmanagementfähigkeiten und Verhandlungskompetenzen fördern. Sie regen ferner den Austausch von Wissen untereinander an. Um Projekte für die Entwicklung von Mitarbeitern gezielt einzusetzen, ist es wichtig, dass die Projektteams über Basiswissen und eine gewisse Erfahrung im Projektmanagement verfügen. Sollte diese Voraussetzung nicht gegeben sein, bietet es sich an, ein Projektteam extern begleiten zu lassen und diese Kompetenzen parallel zur Projektdurchführung einzubringen und damit in der Organisation sukzessive aufzubauen.

- **Gruppen- und Einzelcoaching**, erfahrungsgestütztem **Feedback**, **Mentoring** und **Supervision**: Hiermit lassen sich ganz gezielt einzelne Mitarbeitende und/oder Gruppen von Mitarbeitenden fördern. Auch hier gilt es die Frage zu klären, ob man dabei auf interne Kräfte zurückgreift oder ganz bewusst externe Fachkräfte mit Coaching oder Supervision beauftragt, um auch einen externen Blick auf die eigenen Strukturen zu erhalten.

- **Internetbasierte Instrumente**: Auch Internetrecherchen zu konkreten Fragestellungen, die Teilnahme an internetgestützten Fachforen oder die zielorientierte Online-Kommunikation mit Experten können sinnvolle Wege der Personalentwicklung sein. Auf diesem Weg können oft in relativ kurzer Zeit sehr passgenaue Antworten auf eigene Fachfragen bzw. Lösungen zu Problemstellungen gefunden werden. Beim Transfer des über das Internet gewonnenen Wissens in die Praxis steht allerdings oftmals keine Unterstützung zur Verfügung und auch hier kann es sinnvoll sein, sich diese zusätzlich in Form von Beratung einzukaufen.

- **Learning near- und on-the-job durch job enlargement, job enrichment und job rotation**: In der Praxis, vor allem in kleineren Organisationen, werden bezüglich der Personalentwicklung schnell die Grenzen des Machbaren erreicht. Gerade in Zeiten hohen Arbeitsdrucks kann es eine hervorragende Möglichkeit sein, die eigenen Mitarbeiter arbeitsplatznah zu qualifizieren. Dabei sollte allerdings in jedem Fall berücksichtigt werden, dass die Verarbeitung und Verfestigung neuer Qualifikationen und Kompetenzen eine gewisse Lernzeit benötigt. Auch strukturierte Reflexionsphasen (so genannte „workouts") können beispielsweise arbeitsplatznahe Lernchancen bieten.

9.3.5 Dokumentation und Evaluation der Maßnahmen

Wird die Personalentwicklung als Prozess einer kontinuierlichen Verbesserung der Leistungen der eigenen Organisation verstanden, schließt sich an die Schritte Planung und Realisierung wie bei jedem anderen systematisch vollzogenen Prozess die Auswertung an. Im Sinne eines Personal-Entwicklungs-Controllings lassen sich im Rahmen der Auswertung Schlüsse für weitere Schritte ziehen, damit die Personalentwicklung tatsächlich ein strategisches Element der Entwicklung der eigenen Organisation sein kann. Dieser Schritt ist in der organisatorischen Praxis am wenigsten weit entwickelt und wird oft vernachlässigt. Allerdings kann nur durch regelmäßige Auswertung festgestellt werden, ob und inwieweit die angestrebten Ziele erreicht wurden.

Folgende Aspekte bieten sich für eine kritische Betrachtung an:

- **Kostenkontrolle**: Dieser Aspekt gibt Auskunft darüber, welche Kosten entstanden sind und erleichtert Kostenvergleichsrechnungen bei der Entscheidung zwischen alternativen Fördermaßnahmen. Er liefert auch eine Basis für Finanzierungsverhandlungen mit Zuwendungsgebern.
- **Erfolgskontrolle**: Hier wird versucht, den Entwicklungs- bzw. Lernerfolg der Mitarbeiter zu erfassen. Es geht darum festzustellen, ob der Mitarbeiter die angestrebten Qualifikationen oder Kompetenzen aufbauen konnte und in seinem konkreten Arbeitsalltag einsetzt. Der Nachweis der Wirksamkeit von Fördermaßnahmen ist insgesamt schwierig. Das alleine ist aber kein Argument, sie gänzlich zu unterlassen. Neben der direkten Leistungsbeobachtung am Arbeitsplatz können vor allem Befragungen der Mitarbeitenden, die an Fördermaßnahmen teilgenommen haben, sinnvoll Auskunft über „Erfolg" geben.
- **Rentabilitätskontrolle**: Die Rentabilitätbetrachtung stellt eine Verbindung zwischen Kosten und Erträgen (Kosten-Nutzen-Relation) her. Rentabilitätsberechnungen können allerdings nur dann sinnvoll durchgeführt werden, wenn eine Quantifizierung der Erfolge möglich ist (z. B. in einem Produktionsbetrieb durch eine gesteigerte Mengenleistung).

Epilog als Ausblick

10

Kognition bewegt sich in der Organisation und mit der Organisation, sie bewegt die Organisation und wird von ihr bewegt – und das zugleich in den in diesem Buch beschriebenen verschiedenen Formen und Ausprägungen.

10.1 Organisationsentwicklung und Industrie 4.0

Mit dem Begriff Industrie 4.0 wird ein vermeintlich neuer Ansatz umschrieben, bei dem Informations- und Kommunikationstechnologie (IuK) sowohl die Produktion selbst wie auch deren Infrastruktur in angeblich völlig neuer, d. h. revolutionärer Ausprägung vernetzt sind. Dabei baut Industrie 4.0 auf den sogenannten Cyber Physical Systems (CPS) auf. Man erwartet dann die Erzielung von Skaleneffekten durch branchenübergreifende Systeme bzw. Schnittstellen und Standards, wenn damit die fragmentierte Nachfrage einer sich immer weiter spezialisierenden Industrie überwunden werden kann. Ganz gleich wie man die Frage nach dem Wesen oder der Natur von Veränderungsprozessen in der Wirtschaft, Industrie bzw. Technologie beantworten will und sich damit zwischen einer revolutionären (als vierte Industrielle Revolution) oder doch eher evolutionären Charakterzuordnung (als Beginn einer vierten industrielle Evolution) entscheiden muss, ändert dies nichts an der Tatsache, dass sich die Wirtschaft derzeit im Umbruch befindet. So verändert sich durch die Vernetzung der Produkte aber nicht nur die Produktion bzw. Fertigung, sondern vor allem der Dienstleistungsbereich. Denn Bereiche wie Luftfahrt, Hotelgewerbe, Gesundheitswesen und Finanzdienstleistungen setzen die neuen Produkte bereits ein und fungieren als Trigger.

▶ Eine Fluggesellschaft mit vernetzten Flugzeugen, Bordsystemen und Gepäckräumen kann erheblich effizienter arbeiten. Wartungsprobleme können während des Flugs erkannt werden und bei der Landung liegen bereits die nötigen Ersatzteile bereit. Moderne Waschmaschinen und Trockner in einem Studentenwohnheim informieren die Studierenden über das Handy, wann eine Maschine frei ist und wann die Wäsche fertig ist. Und wenn sie defekt sind, können die Maschinen sofort Wartungspersonal anfordern. Gesundheitsdienstleister können die Auslastung von teuren Geräten, Räumen und medizinischem Personal erheblich optimieren und die Patienten besser versorgen. Intelligente medizinische Geräte, wie beispielsweise vernetzte Herzschrittmacher, ermöglichen eine Fernüberwachung von Patienten und damit sinnvollere und rechtzeitige Eingriffe. Und die Integration von Echtzeitdaten aus unterschiedlichen Quellen liefert neue Erkenntnisse und kann eine Änderung der Lebensgewohnheiten herbeiführen.

Aber nicht nur technologie-affine Dienstleistungsbereiche werden mit vernetzten Produkten arbeiten.

▶   Eine Reinigungsfirma wird an den Türen zu Toiletten oder Konferenzräumen Sensoren anbringen und sich nur auf die Räume konzentrieren, die wirklich gereinigt werden müssen. Ein Parkhausbetreiber wird jeden einzelnen Stellplatz mit einem Sensor ausstatten. Dann kann er die Nutzer per Smartphone-App zu freien Plätzen lotsen, Staus verringern und die Auslastung erhöhen. Zudem wird die App ein ticketloses, barrierefreies Bezahlsystem mit dynamischen Preisen und minutengenauer Abrechnung ermöglichen.

Darüber hinaus werden völlig neue Dienstleistungen entstehen.

▶   So wird im Bereich der Logistik über Anwendungen (Apps) auf dem Smartphone ungenutzte Transportkapazität auf den Straßen identifiziert, neue Routen und Fahrer rekrutiert, Angebot und Nachfrage abgeglichen.

So entstehen derzeit grundlegend neuartige Wertschöpfungsmöglichkeiten für die Wirtschaft. Im Fertigungssektor findet eine Evolution, wenngleich in einer für evolutionäre Prozesse ungewöhnliche Zeitspanne statt, aber auch andere Sektoren, wie der Dienstleistungssektor, bleiben von diesen Veränderungen nicht unberührt. Diese Veränderungen prägen nicht nur den Wettbewerb, sondern sie verändern auch das Wesen, die Arbeit und die Struktur von Organisationen. Viele der organisatorischen Veränderungen und Herausforderungen werden sich auch auf andere Bereiche ausdehnen. Bei Organisationen, die mit diesem Wandel zu kämpfen haben, stehen jetzt Probleme mit der Organisationsstruktur im Mittelpunkt und dieses Buch hat hier erste Wege aufgezeichnet, diese Probleme minimal-invasiv anzugehen. Insofern stellt dieses Buch auch eine Art Plädoyer für die Vernetzung von Organisationsobjekten dar, anstelle die seit Jahrzehnten etablierten Organigramme einfach maximal-chirurgisch aufzubrechen. Die vernetzten Produkte tragen dazu bei, dass die Menschen Grundstoffe, Energie und Anlagen deutlich produktiver nutzen. Die Folgen

für die Geschäftsprozesse werden sich in der gesamten Wirtschaft bemerkbar machen. Die
Daten von vernetzten Produkten werden eine völlig neue Art der Entwicklung, Produktion
bzw. Fertigung ermöglichen, weil sie entlang der gesamten Wertschöpfungskette zahllose
Optimierungsmöglichkeiten eröffnen.

▶   In die Produkte integrierte Sensoren erkennen Wartungs- oder Reparaturbe-
     darf, bevor ein Bauteil ausfällt. Das reduziert die Stillstandzeiten. Oder sie sig-
     nalisieren, dass eine eigentlich vorgesehene Wartung noch nicht erforderlich ist.

Wenn Produkte ihren Standort und ihre Auslastung melden, lässt sich das Optimum aus
ihnen herausholen. Das verringert die Wartezeiten und senkt den Energiebedarf. Dank Pro-
duct-as-a-Service-Modellen bezahlen die Kunden dann nur noch, was sie tatsächlich nutzen.
    Insgesamt stellt der Schritt in Richtung Industrie 4.0 einen wichtigen Zwischenschritt zur
Erhaltung eines erfolgreichen Produktionsstandorts dar. Insofern gilt es, diesen Weg mit zu
gestalten und autonome, selbststeuernde, wissensbasierte und sensorgestützte Produktionssysteme zu entwickeln, zu vermarkten und zu betreiben. Gleichfalls gilt es neben der technologischen Perfektion der Produktionsanlagen in Kombination mit einer stärkeren Integration
der Mitarbeiter, Kunden und Anwender der Produkte auch neue neue Geschäftsmodellinno-
vationen zu entwickeln. Letzteres bleibt bis auf weiteres den Menschen überlassen.

▶   So wird dem Menschen beispielsweise vermehrt die Rolle zukommen, mögli-
     che Lücken einer durch cyber-physikalische Prozesse überwachten Produktion
     oder Wertschöpfungskette mit Realisierungskompetenz zu schließen. Hierzu
     werden sie verstärkt neue Kommunikationsmöglichkeiten nutzen und „inni-
     ger" mit Organisationsobjekten im Allgemeinen und Produkt und Produktions-
     anlagendaten im Speziellen vernetzt sein.

Dennoch werden nicht alle Veränderungen zu Arbeitsverbesserungen führen und es ist
davon auszugehen, dass sich der Abbau einfacher, manueller Tätigkeiten nicht nur fortsetzen, sondern eher noch beschleunigen wird. Aber auch hier entscheiden über die Qualität
der zukünftigen Arbeit und der Arbeitsbedingungen nicht die Technologien oder deren
technische Sachzwänge, sondern wiederum Menschen, die diese Systeme entwickeln und
umsetzen müssen. Insosofern müssen die zukünftigen Produktionssysteme als hochinter-
operative sozio-technische Systeme verstanden werden. Ein Aspekt, dem heute leider noch
viel zu wenig Beachtung geschenkt wird.

10.2 Organisationsentwicklung als Wissenschaftssystem

Derzeit entwickeln sich transdisziplinäre Wissenschaftstrends, die sich an der fachübergrei-
fenden Konjunktur von Methoden und Begriffen ablesen lassen. Einer der Ansätze, die in
letzter Zeit verstärkt auftreten und dem man gar die Qualität eines „Paradigmenwechsels"

bzw. einer „wissenschaftlichen Revolution" zuschreibt, verdichtet sich im Begriff der „Kognition". In ihn werden nachhaltige Hoffnungen der Überbrückung der unmittelbaren Fachgrenzen, aber auch weitergehender Einheitstiftung gesetzt. Nicht nur benachbarte Wissenschaftszweige, die sich auseinander zu entwickeln scheinen, sollen methodisch wieder aneinander angenähert werden. Nicht nur die Kluft von Natur-, Geistes- und Sozialwissenschaften soll überwunden werden, sondern es wird auch die Hoffnung auf eine ganzheitliche Weltsicht geäußert, die wohl über das rein Wissenschaftliche hinausgeht, und auch sie verbindet sich mit dem Begriff der „Kognition". Soweit es die Wissenschaften betrifft, sind die Wissenschaftler herausgefordert, Chancen und Realitätsgehalt dieser – bestenfalls – Versprechungen bzw. – schlimmstenfalls – Verheißungen zu prüfen. Sie leisten damit nicht nur einen Beitrag zur Wissenschaftstheorie und Wissenschaftsphilosophie, sondern diese Reflexionen können ihrerseits Teil eines transdisziplinären Methodentransfers sein.

„Cognitive Organisation" als Wissenschaftssystem lässt sich anhand des in der folgenden Abbildung dargestellten vierstufigen Ansatzes konkretisieren, wie er im Rahmen dieses Buches bereits entwickelt wurde.

- Mit der Präzisierung von Begriffen und Definitionen verfolgt die Begriffslehre ein Ziel, das als Ausgangspunkt aller weiteren Überlegungen innerhalb und außerhalb des Wissenschaftssystems gilt und daher als essenzialistisch einzustufen ist.
- Im Mittelpunkt der Kognitionstheorie stehen das Erkennen und Erklären von Ursache-Wirkungs-Zusammenhängen, die wiederum auf die Begriffslehre zurückgreifen muss, um theoretische Aussagen (Erklärungen, Prognosen) ableiten zu können.
- Die Kognitionstechnologie überträgt die Ursache-Wirkungs-Zusammenhänge in lauffähige Ziel-Mittel-Systeme bzw. Problem-Lösung-Systeme.
- Im Zentrum der Kognitionsphilosophie steht zum einen die Formulierung von sogenannten Werturteilen, die benötigt werden, um die Ziele kritisch zu bewerten. Neben diesen eher normativen Aspekten gewährleistet die Kognitionsphilosophie im Allgemeinen und deren wirtschaftsphilosophische Ausrichtung im Besonderen aber auch, dass die Cognitive Organisation als Wissenschaft sich nicht alleine darauf beschränkt, Wissen zu schaffen und Gestaltungsempfehlungen zu geben, sondern auch Kritik am Bestehenden übt und darüber hinaus auch Visionen bzw. Utopien entwirft.

Letzteres bringt damit in anderen Worten zum Ausdruck, dass etwa Spekulieren und Querdenken (siehe u. a. Cognition Tank) ebenso Bestandteil des neuen Ansatzes sein muss, wie die wissenschaftlichen Überlegungen zu Sinn und Ethik. Es gilt damit zu vermeiden, dass Cognitive Organisation als Wissenschaft der Praxis hinterher hinkt. Anders als die reine Forschung und Lehre geht Cognitive Organisation demnach als angewandte Wissenschaft (hier also durch die Anreicherung von technologisierter Kognitionswissenschaft) über die theoretische Ebene hinaus, indem sie aus der Forschung und Entwicklung heraus konkrete Hilfestellung durch Methoden und Techniken zur prozessualen und funktionalen Ausgestaltung von modernen Organisationen in Form praktischer Handlungsempfehlungen leistet.

Ziel einer solchen Organisationsentwicklung als Wissenschaftssystem ist die möglichst exakte und allgemeingültige Beschreibung von betrieblichen Organisationen in Form von Wenn-Dann-Aussagen, die für möglichst alle Organisationen (eines bestimmten Typs) und möglichst auch zu jeder Zeit zutreffen. Die Vertreter einer solchen Organisationslehre müssen davon ausgehen, dass es Eigenschaften und/oder Verhaltensweisen von Organisationen gibt,

- die für alle Organisationen unter bestimmten Bedingungen gelten, also rauminvariant sind,
- die zu jedem Zeitpunkt gelten, also zeitinvariant sind, und
- die vom jedem Wissenschaftler mit dem gleichen Instrumentarium (z. B. den gleichen Fragebögen, den gleichen statistischen Methoden…) ermittelt werden können, also invariant gegenüber dem Wissenschaftler bzw. seinen Interpretationen sind.

Das Problem der Gesetzmäßigkeiten in einer solchen Wissenschaft ist also vielgestaltiger als das der reinen Naturwissenschaften. Eine Gesetzmäßigkeit im diesem Bereich kann entweder auf einer gegenseitigen Vereinbarung von Menschen oder wie in den Naturwissenschaften auf der Nichtverfügbarkeit der darin wiedergegebenen Eigenschaften und/oder Verhaltensweisen beruhen. Eine Organisationsentwicklung, die das Ziel verfolgt, zeit- und rauminvariante Gesetzmäßigkeiten zu entdecken und wiederzugeben, muss also bedenken, auf welchen Voraussetzungen ihr Untersuchungsgegenstand aufbaut und welche Folgerungen daraus zu ziehen sind (Abb. 10.1).

Aus derartigen Überlegungen heraus argumentiert der Autor, die Organisationsentwicklung solle nicht mehr unter dem Ziel der Aufstellung allgemeiner Gesetzmäßigkeiten betrieben werden, sondern zur Überwindung der Gesetzmäßigkeiten beitragen. Insofern spielt die Wissenschaft in dem Ansatz lediglich die Rolle eines neutralen Beobachters und Beschreibers. Die Kriterien ihrer Güte orientieren sich allein an ihrer konzeptionellen Klarheit (Konzeptionalisierung), der notwendigen Operationalisierung der theoretischen Begriffe (Formalisierung und Implementierung), der Überprüfbarkeit ihrer Aussagen an der Realität und der Strenge der Tests, der diese Aussagen unterworfen werden (Validierung).

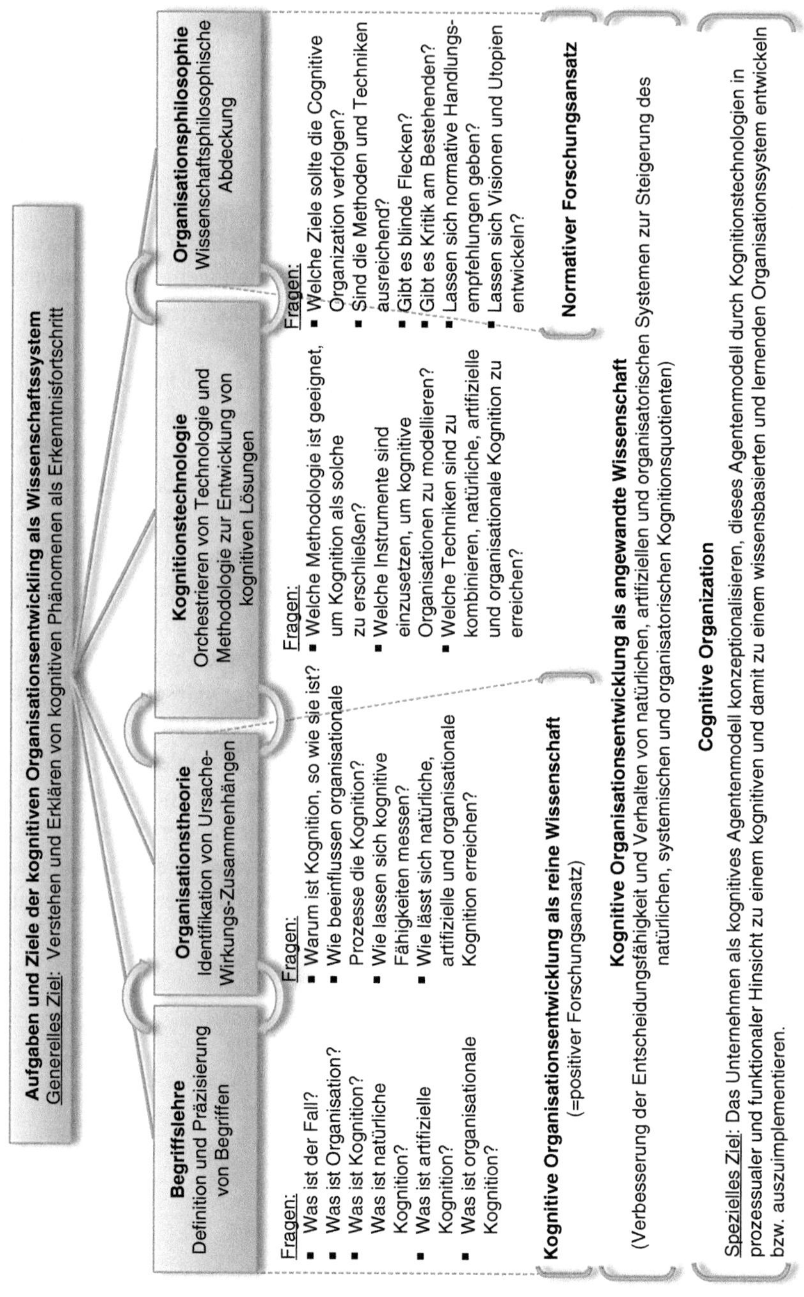

Aufgaben und Ziele der kognitiven Organisationsentwicklung als Wissenschaftssystem

Generelles Ziel: Verstehen und Erklären von kognitiven Phänomenen als Erkenntnisfortschritt

Begriffslehre
Definition und Präzisierung von Begriffen

Fragen:
- Was ist der Fall?
- Was ist Organisation?
- Was ist Kognition?
- Was ist natürliche Kognition?
- Was ist artifizielle Kognition?
- Was ist organisationale Kognition?

Organisationstheorie
Identifikation von Ursache-Wirkungs-Zusammenhängen

Fragen:
- Warum ist Kognition, so wie sie ist?
- Wie beeinflussen organisationale Prozesse die Kognition?
- Wie lassen sich kognitive Fähigkeiten messen?
- Wie lässt sich natürliche, artifizielle und organisationale Kognition erreichen?

Kognitionstechnologie
Orchestrieren von Technologie und Methodologie zur Entwicklung von kognitiven Lösungen

Fragen:
- Welche Methodologie ist geeignet, um Kognition als solche zu erschließen?
- Welche Instrumente sind einzusetzen, um kognitive Organisationen zu modellieren?
- Welche Techniken sind zu kombinieren, natürliche, artifizielle und organisationale Kognition zu erreichen?

Organisationsphilosophie
Wissenschaftsphilosophische Abdeckung

Fragen:
- Welche Ziele sollte die Cognitive Organization verfolgen?
- Sind die Methoden und Techniken ausreichend?
- Gibt es blinde Flecken?
- Gibt es Kritik am Bestehenden?
- Lassen sich normative Handlungsempfehlungen geben?
- Lassen sich Visionen und Utopien entwickeln?

Normativer Forschungsansatz

Kognitive Organisationsentwicklung als reine Wissenschaft
(=positiver Forschungsansatz)

Kognitive Organisationsentwicklung als angewandte Wissenschaft

(Verbesserung der Entscheidungsfähigkeit und Verhalten von natürlichen, artifiziellen und organisatorischen Systemen zur Steigerung des natürlichen, systemischen und organisatorischen Kognitionsquotienten)

Cognitive Organization

Spezielles Ziel: Das Unternehmen als kognitives Agentenmodell konzeptionalisieren, dieses Agentenmodell durch Kognitionstechnologien in prozessualer und funktionaler Hinsicht zu einem kognitiven und damit zu einem wissensbasierten und lernenden Organisationssystem entwickeln bzw. auszuimplementieren.

Abb. 10.1 Cognitive Organisation als Wissenschaftssystem

Stichwortverzeichnis

A

Abbildung, 141
Ablauforganisation, 36, 45, 98, 402
Abschottungsstrategien, 401
Absorption, 223
Abstraktion, 124, 331
Abteilungen, 77, 199
Abteilungsleiterkonferenzen, 97
Adaptionsprozesse, 336
adaptive Lernfähigkeit, 187
adaptive Selbsorganisationsphänomene, 385
Adäquatheit, 416
Adaptive Systeme, 129
Adaptivität, 418
Agency-Theorie, 68
Agent, 68, 158
agentenbasierten Organisationsmodell, 206
Agentensysteme, 164, 383, 416
Agenturtheorie, 231
Agglomerate, 226
Aggregat, 121
agile Entwicklung, 411
agile Methode, 514
agiler Prozesse, 374
Agilität, 460, 467
Akteure, 334
Aktion, 473
Aktivität, 107, 473
Aktivitätsmuster, 245
Aktoren, 344
Aktuatoren, 4
Akzeptanzplattform, 290
Algorithmisierung, 157

Allianzen, 215
allopoietisches System, 130
Amtshierarchie, 33
Amygdala, 150
Analyse, 410
Analytische Merkmale, 16
analytische Weg, 438
Anforderungen, 410
Anforderungsmanagement, 514
Anforderungsorientierung, 528
Anforderungsprofile, 527
Anlagenbau, 362
Anpassung, 59
Anpassungslernen, 269
Anreiz-Beitrags-Theorie, 51
Anreizvertrag, 69
antizipatorische Systeme, 498
Anweisungen, 104
Anweisungsimperative, 370
Anwendungslandschaft, 523
Arbeitsepisoden, 40
Arbeitsleistung, 38
Arbeitsmotivation, 28
Arbeitsplatz, 77
Arbeitsproduktivität, 29, 37
Arbeitsrecht, 2
Arbeitsteilung, 43, 210, 328
Arbeitszerlegung, 100
Arbeitszufriedenheit, 38
Archetypen, 277
Artefakte, 306
artifizielle Kognition, 157, 160
artifiziell-kognitive Modell, 159

Printed by Printforce, the Netherlands